现代建筑卫生陶瓷技术手册

中国硅酸盐学会陶瓷分会建筑卫生陶瓷专业委员会
中国建材咸阳陶瓷研究设计院 编著

中国建材工业出版社

图书在版编目（CIP）数据

现代建筑卫生陶瓷技术手册/中国硅酸盐学会陶瓷分会建筑卫生陶瓷专业委员会，中国建材咸阳陶瓷研究设计院编著．—北京：中国建材工业出版社，2010.4
ISBN 978-7-80227-677-2

Ⅰ. 现… Ⅱ. ①中… ②中… Ⅲ. ①建筑陶瓷—卫生陶瓷制品—技术手册 Ⅳ. ①TQ174.76-62

中国版本图书馆 CIP 数据核字（2010）第 029797 号

内 容 简 介

本书是由中国硅酸盐学会陶瓷分会建筑卫生陶瓷专业委员会和中国建材咸阳陶瓷研究设计院共同组织编写的一本建筑卫生陶瓷专业的大型工具书。全书包括建筑卫生陶瓷制品，原料，陶瓷工艺学计算，生产工艺，装饰技术及色料，产品常见缺陷分析，陶瓷机械设备，陶瓷成形模具，陶瓷窑炉及其附属设备，陶瓷产品的工业设计，陶瓷产品的后加工、配套与应用，理化分析与测试技术，工业卫生与环境保护，工厂设计共 14 章。本书融科学性和实用性于一体，适用于建材、建筑领域从事建筑卫生陶瓷科研、生产、设计、教学、管理及营销的各类人员阅读和参考。

现代建筑卫生陶瓷技术手册
中国硅酸盐学会陶瓷分会建筑卫生陶瓷专业委员会
中国建材咸阳陶瓷研究设计院 编著

出版发行：中国建材工业出版社
地　　址：北京市西城区车公庄大街 6 号
邮　　编：100044
经　　销：全国各地新华书店
印　　刷：北京中科印刷有限公司
开　　本：787mm×1092mm　1/16
印　　张：58
字　　数：1477 千字
版　　次：2010 年 4 月第 1 版
印　　次：2010 年 4 月第 1 次
书　　号：ISBN 978-7-80227-677-2
定　　价：150.00 元

本社网址：www.jccbs.com.cn
本书如出现印装质量问题，由我社发行部负责调换。联系电话：（010）88386906

编委会

主　　编：同继锋　闫开放

副 主 编：甘智和　史哲民　李中祥　杨洪儒　俞康泰　苑克兴　陈宗云　岳邦仁
　　　　　李　转　阎法强　廖惠仪　尹　虹　苏桂军

委　　员：（以姓氏笔画为序）
　　　　　马小鹏　马养志　王小兰　王文堂　王红花　王志鹏　王　珍　王　博
　　　　　任世理　刘玉梅　刘永发　刘西民　刘秀珍　刘　纯　刘镜民　许　霞
　　　　　年必军　杜夏芳　李振中　李　婷　李　缨　宋　琦　张　弦　陈建文
　　　　　陈　震　郑鸿均　赵海红　贾　军　贾树雄　黄　珉　康智勇　阎　宏
　　　　　阎蛇民　鲁雅文　温伟明

参编人员：（以姓氏笔画为序）
　　　　　马　力　文　忠　方桂琴　卢建萍　朱　彦　朱广达　朱明华　朱脉群
　　　　　刘云华　刘素文　许　霞　江显昇　孙　琳　孙泰新　杨文颐　李　沃
　　　　　李东声　李凝芳　吴建锋　辛立卫　沈君权　张长海　张亚男　张彦宁
　　　　　陈树顾　陈爱芬　陈理君　陈锦如　武立云　罗　峥　周志峰　周季楠
　　　　　郑树龙　郑曼云　赵从旭　赵志远　赵宗昱　胡宏根　姚治才　姚德良
　　　　　秦华湘　秦守信　徐晓红　郭宏亮　崔秀玉　韩正余　程传芳　谢进兴
　　　　　詹志法　廖远平　潘玉芳　霍青霄　冀雨田

编著单位简介

中国硅酸盐学会陶瓷分会建筑卫生陶瓷专业委员会

中国硅酸盐学会陶瓷分会建筑卫生陶瓷专业委员会是我国建筑卫生陶瓷科技工作者的学术团体，其前身是中国硅酸盐学会陶瓷专业委员会建筑卫生陶瓷学组，1993年改为现名。第五届委员会组织机构及委员名单如下：

主 任 委 员：同继锋
副主任委员：甘智和　史哲民　李中祥　杨洪儒　俞康泰　陈宗云　岳邦仁　李　转
　　　　　　阎法强　廖惠仪　尹　虹　苏桂军
委　　　员：（排名不分先后）
　　　　　　甘智和　史哲民　李中祥　杨洪儒　同继锋　俞康泰　岳邦仁　廖惠仪
　　　　　　苏桂军　刘恩超　彭炳林　冯长印　胡幼奕　路久成　刘鸿峰　吴　萍
　　　　　　高雅春　裴秀娟　马国强　韩东来　王同言　孟广峰　樊义金　赵士海
　　　　　　欧阳美环　张明健　孙玉霞　李　转　苑克兴　刘幼红　张世平　朱振峰
　　　　　　赵彦钊　马养志　余爱民　范盘华　柯英志　刘合心　梁伟民　肖智勇
　　　　　　周平南　王宏涛　黄齐国　吴国华　刘营芳　周　林　刘纪民　阎法强
　　　　　　赵绍增　陈宗云　高升洲　赵念章　徐景维　王锡波　李士良　孙守年
　　　　　　何　乾　都大元　尹　虹　吴基球　曾令可　刘一军　戴若冰　孔海发
　　　　　　许学锋　王榕茂　彭　芳　黄运东　黄　坪　况学成　王　伟　麦永尤
　　　　　　楼晓芳　刘桐芳　杜庆辉　蔡飞虎　赵崇康　陈迪晴　宁红军
秘 书 长：廖惠仪（兼）
副秘书长：苑克兴（常务）　孔海发　马国强
挂靠单位：中国建筑材料科学研究总院

中国建材咸阳陶瓷研究设计院

中国建材咸阳陶瓷研究设计院成立于1970年，其前身为原中国建筑材料研究院陶瓷研究所，1999年转制为科技型企业，现隶属于中国建筑材料集团有限公司，是我国唯一从事建筑卫生陶瓷科学研究、技术开发、工程设计、技术交流、产品质量监督检验和认证的国家级研究设计单位。国家建筑卫生陶瓷质量监督检验中心、国家建筑卫生陶瓷质量标准委员会、国家级刊物——建材技术《陶瓷》杂志社、国家陶瓷热工能耗测试中心、陕西省陶瓷技术工程研究中心等行业服务机构均设在该院。

30多年来，中国建材咸阳陶瓷研究设计院累计完成国家级重大科研项目16项；取得各类科研成果100多项，其中填补国内空白和具有国内领先水平的科研成果达30多项；持有各种专利授权30多项；获国家和省部科技奖励50多项，其中国家科技进步二等奖1项、三等奖3项，行业科技进步一等奖10项、二等奖20项，其他省部奖项10项，为推动我国建筑卫生陶瓷行业的发展做出了重大贡献。

中国建材咸阳陶瓷研究设计院正按照中国建筑材料集团公司"善用资源、服务建设"的理念，以"严谨诚信，求实创新"的一贯作风，努力进取，创造更大辉煌。

前　言

1. 建筑卫生陶瓷的定义和产品种类

通常把用于建筑装饰、建筑构件和卫生设施的陶瓷制品称为建筑卫生陶瓷。建筑卫生陶瓷包括陶瓷内墙砖、外墙砖和地砖等建筑砖类制品；洗面器、大便器、小便器、洗涤器、水槽、淋浴盆等卫生陶瓷制品；琉璃瓦、琉璃砖、琉璃建筑装饰器等建筑琉璃制品；日式、西式及各种陶质饰面瓦；黏土类粗陶砖、瓦、建筑浮雕等及各类陶管制品。黏土类粗陶砖、瓦和建筑浮雕等已划归砖瓦行业，陶管制品近年已被淘汰。

2. 我国建筑卫生陶瓷发展概况

我国建筑卫生陶瓷具有悠久辉煌的历史。商代的陶管；西周的板瓦、筒瓦、瓦当、瓦钉等屋顶陶瓦；战国时期的墙地贴面陶砖、大型空心砖、栏杆砖、陶井圈等；秦汉时期的"秦砖汉瓦"、汉代的低温铅釉陶质卫生器；三国时期的青瓷质卫生器；东晋到南朝时期的印花壁画砖；始创于北魏、流行于隋唐、明清达到高峰的建筑琉璃制品等中外闻名，为我国建筑和文化的发展做出了重大的贡献，也为世界文明做出了重要的贡献。

我国现代建筑卫生陶瓷的生产技术20世纪初由欧美传入，现代卫生陶瓷1916年在河北唐山开始生产，现代建筑陶瓷砖1926年在上海开始生产。经过近百年的发展，已经形成了较为完整的现代建筑卫生陶瓷工业体系，工艺技术、产品生产、装备制造和创新能力等均已进入世界先进行列。到20世纪末，我国建筑卫生陶瓷的产品产量一直稳居世界第一，我国已经成为世界最大的建筑卫生陶瓷生产和消费大国。我国现代建筑卫生陶瓷发展历程大致可分为四个阶段。

第一阶段为起始阶段（1916~1949年）。自1916年和1926年开始，我国分别在唐山、上海、温州、宜兴等地陆续建立现代建筑卫生陶瓷工厂。第一批现代建筑卫生陶瓷工厂在战争的创伤和洋货的冲击下发展艰难，到1949年，全国仅有3~4家工厂和作坊，技术和装备十分落后，卫生陶瓷总产量仅有6000件，陶瓷墙地砖总产量仅有2310平方米。

第二阶段为高速发展阶段（1950~1960年）。新中国成立后，国家经济建设的需求有力地推进了我国现代建筑卫生陶瓷工业的高速发展。通过恢复、改建、扩建老厂和建设新厂，到1960年，我国拥有大、中型建筑卫生陶瓷重点企业12家，年产卫生陶瓷141万件、陶瓷墙地砖211万平方米，平均年递增分别达到73%和98%，产品品种迅速增加、质量明显提高，初步形成了我国现代建筑卫生陶瓷工业体系。

第三阶段为曲折发展阶段（1961~1977年）。这个阶段经历了国民经济困难时期和十年"文革"时期，建筑卫生陶瓷经历了产品滞销，产量严重下降、回升，产量明显下降、回升和持续增长的曲折过程，其中，1966~1972年全国卫生陶瓷平均每年递减9.8%。到1978年，全国卫生陶瓷企业增加到44家，国家重点企业13家，年产卫生陶瓷228万件、陶瓷墙地砖546万平方米，平均年递增分别为2.6%和5.2%，卫生陶瓷和陶瓷墙地砖的产品品种分别达到 58 种和 212 种，产品质量提高，我国现代建筑卫生陶瓷工业体系得到进一步完善。

第四阶段为持续快速发展阶段。1978 年改革开放以来，随着国家经济建设速度的加快和人民群众生活水平的迅速提高，建筑卫生陶瓷的需求量猛增，各种性质、不同规模的建筑卫生陶瓷企业遍布全国。到 1993 年，预计全国建筑卫生陶瓷企业增加到近千家，年产卫生陶瓷 3341 万件、陶瓷墙地砖 53283 万平方米，平均年递增分别为 19.6% 和 35.7%，卫生陶瓷和陶瓷墙地砖的产品品种分别达到 58 种和 212 种，我国卫生陶瓷和陶瓷墙地砖的产量首次双双名列世界第一，成为世界建筑卫生陶瓷生产和消费大国。进入 21 世纪以来，我国建筑卫生陶瓷的需求量仍处于上升阶段，一直保持着世界建筑卫生陶瓷生产和消费大国的地位，与此同时，生产工艺、技术装备和产品质量不断提高，已达到世界先进水平。2008 年，我国已年产卫生陶瓷 1.54 亿件、陶瓷墙地砖 56 亿平方米。

目前，我国正处在由世界建筑卫生陶瓷大国发展成为世界建筑卫生陶瓷强国的关键时期。我们有理由相信，在不远的将来，我国将成为世界建筑卫生陶瓷的强国。

3. 编写本书的目的、意义、编写过程和分工

1993 年，中国硅酸盐学会陶瓷分会第二届建筑卫生陶瓷专业委员会组织了业界 60 多位专家学者，历时 5 年，于 1998 年编辑出版了《现代建筑卫生陶瓷工程师手册》。《现代建筑卫生陶瓷工程师手册》系统总结了新中国成立以后、特别是改革开放以来建筑卫生陶瓷行业在技术、工艺、装备、产品、检测和标准等方面取得的新成果，成为行业广大同仁了解现代建筑卫生陶瓷技术发展状况、学习和运用现代建筑卫生陶瓷新成果的一本工具书，为行业的技术进步做出了贡献，深受广大读者的厚爱。

最近十几年以来，我国建筑卫生陶瓷行业科技进步取得了显著的成效，新技术、新工艺、新装备、新产品不断涌现。坚持科技创新，推行节能减排、清洁生产、文明生产、走新型工业化道路，保持行业的可持续发展，建设建筑卫生陶瓷强国已成为行业的共识。为了系统总结近十几年来我国建筑卫生陶瓷行业取得的科技成果，为建设建筑卫生陶瓷强国提供科技支持，广大读者和不少行业同仁希望对《现代建筑卫生陶瓷工程师手册》进行修订、完善和再版。

中国硅酸盐学会陶瓷分会建筑卫生陶瓷专业委员会于 2008 年 5 月在咸阳陶瓷研究设计院召开了五届二次会议，会议研究决定由中国硅酸盐学会陶瓷分会建筑卫生陶瓷专业委员会牵头，依托咸阳陶瓷研究设计院并组织行业有关专家学者对《现代建筑卫生陶瓷工程师手册》进行重新修订，会议要求这次重新修订要对行业 10 年来取得的科技成果进行系统全面总结，篇幅要压缩，使全书具有全面、科学、简练和实用的特点，定名为《现代建筑卫生陶瓷技术手册》。

2008 年 6 月在咸阳陶瓷研究设计院召开了《现代建筑卫生陶瓷技术手册》第一次编写会议，成立了编委会，讨论通过了编写大纲、编写分工和进度安排。2009 年 3 月和 2009 年 8 月分别召开了编委会第二、第三次会议，分别对第一、第二稿进行了审阅和修改。2009 年 10 月，完成了全书第三稿的最后审稿、定稿工作。

本书主要编写人员分工：前言：同继锋、闫开放，第 1 章：温伟明，第 2 章：马养志，第 3 章：李缨，第 4 章：刘纯、王晓兰、刘玉梅，第 5 章：余康泰、张弦、许霞，第 6 章：杜夏芳、刘纯，第 7 章：康智勇、李转、李婷、刘秀珍，第 8 章：苑克兴、阎蛇民、王文堂，第 9 章：任世理、黄岷、李振中、陈建文、贾军、贾树雄，第 10 章：李中祥、廖惠仪，

第 11 章：王博，第 12 章：马小鹏，第 13 章：鲁雅文、刘西民、刘永发、王红花、王志鹏，第 14 章：刘西民、鲁雅文、刘永发、王珍、牟必军、王红花、宋琦、郑鸿均、王志鹏、陈震，附录：马小鹏。第三稿的最后审稿由同继锋、杨洪儒、史哲民、闫开放、苑克兴、廖惠仪、刘纯、阎宏、赵海红、刘镜民等完成。

由于《现代建筑卫生陶瓷技术手册》是在《现代建筑卫生陶瓷工程师手册》的基础上修订而成，《现代建筑卫生陶瓷工程师手册》的编写成员仍为《现代建筑卫生陶瓷技术手册》的编写成员。

在《现代建筑卫生陶瓷技术手册》出版之际，对为编辑、出版《现代建筑卫生陶瓷工程师手册》做出重大贡献的已故陶瓷科技工作者盛厚兴、姚玉桂、周汉民和李遏龙四位先生表示深切的怀念。

本书的出版得到了中国硅酸盐学会陶瓷分会建筑卫生陶瓷专业委员会成员单位和广大行业同仁的大力支持，谨向为本书的编辑和出版做出贡献的单位和个人表示深深的谢意。

尽管本书经过众多专家学者的努力编辑和审校，不当之处仍恐难免，恳请广大读者批评指正。

《现代建筑卫生陶瓷技术手册》编委会
2010 年 1 月

目 录

第1章 建筑卫生陶瓷制品 ··· 1

1.1 建筑卫生陶瓷的定义和分类 ··· 1
- 1.1.1 建筑卫生陶瓷的定义 ··· 1
- 1.1.2 建筑卫生陶瓷的分类 ··· 1

1.2 建筑卫生陶瓷的基本性能 ··· 4
- 1.2.1 陶瓷砖 ··· 4
- 1.2.2 卫生陶瓷 ··· 8
- 1.2.3 烧结瓦 ··· 12
- 1.2.4 建筑琉璃制品 ··· 14

第2章 原 料 ··· 16

2.1 天然矿物原料 ··· 16
- 2.1.1 黏土类原料及加工 ··· 16
- 2.1.2 长石类原料及加工 ··· 29
- 2.1.3 硅质原料及加工 ··· 32
- 2.1.4 钙镁质矿物原料 ··· 34
- 2.1.5 其他天然矿物原料 ··· 37
- 2.1.6 非传统陶瓷原料 ··· 42

2.2 化工原料 ··· 44
- 2.2.1 氧化物原料 ··· 44
- 2.2.2 金属盐原料 ··· 45
- 2.2.3 卤化物原料 ··· 45
- 2.2.4 其他原料 ··· 45

2.3 工业废渣原料 ··· 45
- 2.3.1 陶瓷工业废渣的再利用 ··· 45
- 2.3.2 其他工业废渣在陶瓷工业中的应用 ··· 46

2.4 适用于低温快烧的陶瓷原料 ··· 46
- 2.4.1 适用于低温快烧陶瓷原料的性能要求 ··· 46
- 2.4.2 已开发利用的陶瓷低温快烧原料 ··· 46

2.5 标准化原料 ··· 48

  2.5.1 国内外建筑卫生陶瓷原料标准化现状 ……………………………………… 48
  2.5.2 常用的标准化原料 …………………………………………………………… 50
参考文献 ……………………………………………………………………………………… 55

第3章 陶瓷工艺学计算 ……………………………………………………………… 56

 3.1 原料和配合料湿含量及化学成分的计算 ……………………………………………… 56
  3.1.1 原料和配合料湿含量及其换算 …………………………………………… 56
  3.1.2 化学组成中的灼减量及计算 ……………………………………………… 56
 3.2 坯料配方计算 …………………………………………………………………………… 57
  3.2.1 坯料、釉料组成的表示方法 ……………………………………………… 57
  3.2.2 原料和坯料的示性矿物组成计算 ………………………………………… 58
  3.2.3 按矿物组成计算坯料配方 ………………………………………………… 59
  3.2.4 按化学组成计算坯料配方 ………………………………………………… 60
  3.2.5 原料替换时配方计算 ……………………………………………………… 62
 3.3 釉料配方计算 …………………………………………………………………………… 64
  3.3.1 生料釉配方计算 …………………………………………………………… 64
  3.3.2 熔块配方计算 ……………………………………………………………… 65
  3.3.3 熔块釉配方计算 …………………………………………………………… 67
 3.4 坯的常用工艺性能计算 ………………………………………………………………… 69
  3.4.1 泥浆的计算 ………………………………………………………………… 69
  3.4.2 收缩率与含水率的计算 …………………………………………………… 72
  3.4.3 干燥敏感性的计算 ………………………………………………………… 73
  3.4.4 密度、气孔率、吸水率、吸湿膨胀及渗透性 …………………………… 74
  3.4.5 坯料的耐火度和烧成温度的计算 ………………………………………… 76
  3.4.6 力学性能的计算 …………………………………………………………… 77
  3.4.7 热学性能的计算 …………………………………………………………… 79
 3.5 釉的性能计算 …………………………………………………………………………… 81
  3.5.1 高温黏度和表面张力的计算 ……………………………………………… 81
  3.5.2 弹性模量计算 ……………………………………………………………… 83
  3.5.3 热膨胀系数计算 …………………………………………………………… 83
  3.5.4 熔融温度计算 ……………………………………………………………… 83
 3.6 坯和釉配方的计算机辅助设计（CAD） ……………………………………………… 84
  3.6.1 优化方法及优化目标 ……………………………………………………… 84
  3.6.2 配方优化设计的数学模型 ………………………………………………… 85
  3.6.3 满足配方要求的配方计算 ………………………………………………… 86
参考文献 ……………………………………………………………………………………… 88

第4章 生产工艺 ……………………………………………………………………… 89

 4.1 陶瓷墙地砖 ……………………………………………………………………………… 89

4.1.1　陶瓷砖的品种及其生产工艺流程 …………………………………………… 89
　　4.1.2　陶瓷砖坯釉料的种类和基本性质 …………………………………………… 93
　　4.1.3　陶瓷砖坯釉料制备的工艺流程和参数 ……………………………………… 100
　　4.1.4　成形 …………………………………………………………………………… 110
　　4.1.5　干燥 …………………………………………………………………………… 113
　　4.1.6　施釉 …………………………………………………………………………… 114
　　4.1.7　烧成 …………………………………………………………………………… 117
　　4.1.8　加工 …………………………………………………………………………… 120
　　4.1.9　成品检验与包装 ……………………………………………………………… 120
　　4.1.10　生产新技术 …………………………………………………………………… 120
　4.2　卫生陶瓷 ……………………………………………………………………………… 122
　　4.2.1　卫生陶瓷的品种及生产工艺流程 …………………………………………… 122
　　4.2.2　卫生陶瓷坯、釉料种类和基本性质 ………………………………………… 128
　　4.2.3　卫生陶瓷坯釉料制备的工艺流程和参数 …………………………………… 156
　　4.2.4　卫生陶瓷的成形 ……………………………………………………………… 174
　　4.2.5　干燥 …………………………………………………………………………… 179
　　4.2.6　施釉 …………………………………………………………………………… 184
　　4.2.7　烧成 …………………………………………………………………………… 186
　　4.2.8　卫生瓷加工 …………………………………………………………………… 189
　　4.2.9　成品检验与包装 ……………………………………………………………… 189
　　4.2.10　生产新技术 …………………………………………………………………… 191
　4.3　建筑琉璃制品及陶瓷饰面瓦 ………………………………………………………… 196
　　4.3.1　建筑琉璃制品的品种和典型工艺流程 ……………………………………… 196
　　4.3.2　建筑琉璃制品坯釉的种类和基本性质 ……………………………………… 198
　　4.3.3　建筑琉璃制品坯釉料制备的主要工艺流程和参数 ………………………… 201
　　4.3.4　陶瓷饰面瓦的品种和典型工艺流程 ………………………………………… 205
　　4.3.5　陶瓷饰面瓦坯釉的种类和基本性质 ………………………………………… 205
　　4.3.6　陶瓷饰面瓦坯釉料制备的主要工艺流程和参数 …………………………… 205
　　4.3.7　成形 …………………………………………………………………………… 207
　　4.3.8　干燥 …………………………………………………………………………… 209
　　4.3.9　施釉 …………………………………………………………………………… 211
　　4.3.10　烧成 …………………………………………………………………………… 211
　　4.3.11　成品检验和包装 ……………………………………………………………… 214
　4.4　熔块的制备 …………………………………………………………………………… 216
　　4.4.1　熔块的种类和基本特性 ……………………………………………………… 216
　　4.4.2　熔块用原料及典型配方 ……………………………………………………… 217
　　4.4.3　熔块制备的工艺流程和参数 ………………………………………………… 218
　　4.4.4　熔块窑 ………………………………………………………………………… 221
　4.5　陶瓷添加剂 …………………………………………………………………………… 221

    4.5.1 概述 221
    4.5.2 添加剂种类 222
    4.5.3 添加剂应用技术 233
    4.5.4 适应性实验 237
参考文献 239

第5章 陶瓷色料及装饰技术 241

5.1 陶瓷色料 241
    5.1.1 陶瓷色料概述 241
    5.1.2 陶瓷色料的组成和分类 241
    5.1.3 色料所用发色元素及原料 242
    5.1.4 陶瓷色料的制备 243
    5.1.5 色料配方实例 244
5.2 几种类型的陶瓷色料 246
    5.2.1 包裹色料 246
    5.2.2 液体色料 248
5.3 颜色釉 251
    5.3.1 颜色釉的分类 251
    5.3.2 颜色釉常用原料 251
    5.3.3 颜色釉的配制 253
    5.3.4 颜色釉配方实例 256
5.4 艺术釉和功能釉 256
    5.4.1 无光釉 256
    5.4.2 结晶釉 258
    5.4.3 金星釉 259
    5.4.4 铁红结晶釉 260
    5.4.5 金属光泽釉 261
    5.4.6 花釉 262
    5.4.7 变色釉 262
    5.4.8 虹彩釉 263
    5.4.9 偏光釉 264
    5.4.10 珠光釉 264
    5.4.11 荧光釉 265
    5.4.12 大红釉 266
    5.4.13 抗菌釉 267
5.5 干式釉 268
    5.5.1 干式釉的制备 268
    5.5.2 干式釉施釉工艺 268
5.6 彩料 269

5.6.1	丝网印刷彩料	269
5.6.2	釉上彩料	277
5.6.3	釉中彩料	280
5.6.4	釉下彩料	283
5.6.5	液体渗花彩料	285

5.7 色粒坯及化妆土 … 288
　5.7.1 色粒坯 … 288
　5.7.2 化妆土 … 291
5.8 装饰技术 … 293
　5.8.1 装饰方法概述 … 293
　5.8.2 釉上装饰 … 294
　5.8.3 釉下装饰 … 296
　5.8.4 釉中装饰 … 296
　5.8.5 釉层装饰 … 296
　5.8.6 坯体装饰 … 297
　5.8.7 综合装饰及"三次烧成或多重烧"装饰 … 298
参考文献 … 299

第6章 产品常见缺陷分析 … 300

6.1 外观缺陷术语解释 … 300
6.2 陶瓷砖常见缺陷分析 … 301
6.3 陶瓷饰面瓦常见缺陷分析 … 307
6.4 建筑琉璃制品常见缺陷分析 … 307
6.5 卫生陶瓷常见缺陷分析 … 311
6.6 产品常见缺陷与工序的关系 … 317
参考文献 … 318

第7章 陶瓷机械设备 … 319

7.1 原料制备机械设备 … 319
　7.1.1 粉碎机械 … 319
　7.1.2 筛分机械设备 … 334
　7.1.3 泥浆搅拌机 … 336
　7.1.4 除铁设备（磁选机） … 337
　7.1.5 泥浆泵 … 339
　7.1.6 压滤机械 … 342
　7.1.7 练泥机和真空练泥机 … 344
　7.1.8 石膏浆（泥浆）真空搅拌机 … 344
　7.1.9 真空泵 … 345
　7.1.10 喷雾干燥器 … 346

  7.1.11 粉料混合增湿造粒机械 ……………………………………………… 349
  7.1.12 称量喂料设备 …………………………………………………… 354
 7.2 成形机械设备 ………………………………………………………… 355
  7.2.1 干压、半干压成形机械 …………………………………………… 355
  7.2.2 卫生瓷注浆成形机械 ……………………………………………… 365
  7.2.3 塑性成形机械 …………………………………………………… 371
 7.3 干燥设备 ……………………………………………………………… 372
  7.3.1 连续式干燥设备 ………………………………………………… 372
  7.3.2 间歇式干燥设备 ………………………………………………… 376
  7.3.3 热风发生器 ……………………………………………………… 377
 7.4 贮坯转运设备 ………………………………………………………… 378
  7.4.1 装/卸载机 ……………………………………………………… 378
  7.4.2 补偿器 …………………………………………………………… 379
  7.4.3 辊道窑供砖及旁路贮坯系统 …………………………………… 379
  7.4.4 压机出口辊道及辊道（链道）输送系统 ……………………… 379
  7.4.5 贮坯车、推车线、转运车 ……………………………………… 380
  7.4.6 AGV 及 LGV 无轨自动贮运系统 ……………………………… 380
 7.5 施釉机械设备 ………………………………………………………… 381
  7.5.1 陶瓷砖施釉线 …………………………………………………… 381
  7.5.2 砖类干法施釉机 ………………………………………………… 382
  7.5.3 釉面瓦浸釉机 …………………………………………………… 384
  7.5.4 卫生瓷施釉机 …………………………………………………… 384
  7.5.5 卫生瓷施釉线 …………………………………………………… 386
 7.6 装饰专用设备 ………………………………………………………… 390
  7.6.1 丝网印制实验室设备 …………………………………………… 390
  7.6.2 往复式丝网印花机 ……………………………………………… 391
  7.6.3 旋转丝印机 ……………………………………………………… 394
  7.6.4 辊筒印花机 ……………………………………………………… 396
  7.6.5 数码喷墨印花机 ………………………………………………… 397
  7.6.6 三次烧成小型施釉装饰循环线 ………………………………… 397
 7.7 冷加工设备 …………………………………………………………… 398
  7.7.1 瓷质砖磨削抛光设备 …………………………………………… 398
  7.7.2 超洁亮生产线 …………………………………………………… 402
  7.7.3 切割设备 ………………………………………………………… 402
  7.7.4 瓷辊修磨机 ……………………………………………………… 404
  7.7.5 卫生瓷冷加工设备 ……………………………………………… 404
 7.8 拣选包装设备 ………………………………………………………… 406
  7.8.1 意大利兰玛瑙公司拣选包装线 ………………………………… 406
  7.8.2 国产自动检包线 ………………………………………………… 408

7.9 成品性能测试设备 ………………………………………………………………………… 409
   7.9.1 陶瓷砖性能测试设备 ……………………………………………………………… 409
   7.9.2 卫生陶瓷及配件性能检测设备 …………………………………………………… 412
7.10 典型设备的保养和维修 ……………………………………………………………… 412
   7.10.1 压机的保养和维修 ………………………………………………………………… 412
   7.10.2 球磨机的保养和维修 ……………………………………………………………… 414
   7.10.3 喷雾干燥器成套设备的保养和维修 ……………………………………………… 414
参考文献 …………………………………………………………………………………………… 416

第8章 陶瓷成形模具 …………………………………………………………………… 417

8.1 半干压成形模具 ………………………………………………………………………… 417
   8.1.1 模具的构造及分类 ………………………………………………………………… 417
   8.1.2 金属模 ……………………………………………………………………………… 418
   8.1.3 橡塑模 ……………………………………………………………………………… 428
   8.1.4 墙地砖压机模具发展动向 ………………………………………………………… 430
8.2 注浆成形模具 …………………………………………………………………………… 433
   8.2.1 卫生陶瓷注浆成形用模具的常用术语 …………………………………………… 433
   8.2.2 石膏工作模具的制造和使用中的基础知识 ……………………………………… 433
   8.2.3 石膏模型的设计和制造 …………………………………………………………… 443
   8.2.4 压力注浆成形模具 ………………………………………………………………… 451
8.3 琉璃瓦塑压成形模具 …………………………………………………………………… 457
   8.3.1 模具工作原理 ……………………………………………………………………… 457
   8.3.2 模具结构 …………………………………………………………………………… 457
   8.3.3 模具材料 …………………………………………………………………………… 459
   8.3.4 模具加工和使用注意事项 ………………………………………………………… 459
8.4 劈离砖挤出模具 ………………………………………………………………………… 459
   8.4.1 模具工作原理 ……………………………………………………………………… 459
   8.4.2 模具结构 …………………………………………………………………………… 459
   8.4.3 模具材料 …………………………………………………………………………… 459
   8.4.4 模具加工和使用注意事项 ………………………………………………………… 460
参考文献 …………………………………………………………………………………………… 460

第9章 陶瓷窑炉及其附属设备 ………………………………………………………… 461

9.1 现代陶瓷窑炉概况 ……………………………………………………………………… 461
   9.1.1 陶瓷窑炉的分类 …………………………………………………………………… 461
   9.1.2 建筑制品的热力学和低温快速烧成 ……………………………………………… 462
   9.1.3 现代陶瓷窑炉的评价标准和发展趋势 …………………………………………… 465
9.2 隧道窑 …………………………………………………………………………………… 465
   9.2.1 隧道窑的分类 ……………………………………………………………………… 466

9.2.2　隧道窑的结构 …………………………………………………………… 466
　　9.2.3　隧道窑的窑车及附属设备 ……………………………………………… 470
　　9.2.4　隧道窑的工作系统与热工制度 ………………………………………… 471
　　9.2.5　隧道窑的设计 …………………………………………………………… 472
　　9.2.6　隧道窑的操作控制 ……………………………………………………… 479
　　9.2.7　隧道窑常见故障及处理 ………………………………………………… 480
　　9.2.8　隧道窑的热平衡与热效率计算 ………………………………………… 484
　　9.2.9　常用隧道窑技术性能指标 ……………………………………………… 488
9.3　辊道窑 ……………………………………………………………………………… 489
　　9.3.1　辊道窑的分类 …………………………………………………………… 489
　　9.3.2　辊道窑的特点 …………………………………………………………… 489
　　9.3.3　辊道窑的结构 …………………………………………………………… 489
　　9.3.4　辊道窑的设计 …………………………………………………………… 503
　　9.3.5　辊道窑的安装 …………………………………………………………… 519
　　9.3.6　辊道窑的调试 …………………………………………………………… 525
　　9.3.7　辊道窑的维护与保养 …………………………………………………… 538
9.4　梭式窑 ……………………………………………………………………………… 543
　　9.4.1　梭式窑的特点与种类 …………………………………………………… 543
　　9.4.2　梭式窑的结构 …………………………………………………………… 544
　　9.4.3　梭式窑的设计 …………………………………………………………… 549
　　9.4.4　常用梭式窑技术性能指标 ……………………………………………… 551
9.5　熔块窑 ……………………………………………………………………………… 551
　　9.5.1　熔块窑的特点和分类 …………………………………………………… 551
　　9.5.2　熔块池窑 ………………………………………………………………… 552
　　9.5.3　坩埚炉 …………………………………………………………………… 553
　　9.5.4　回转式熔块炉 …………………………………………………………… 554
9.6　陶瓷窑炉用燃料及其燃烧设备 …………………………………………………… 555
　　9.6.1　陶瓷窑炉用燃料及特性 ………………………………………………… 555
　　9.6.2　助燃空气量与烟气生成量的计算 ……………………………………… 559
　　9.6.3　气体燃料的燃烧设备 …………………………………………………… 561
　　9.6.4　液体燃料的燃烧设备 …………………………………………………… 563
　　9.6.5　窑前燃烧系统 …………………………………………………………… 565
9.7　煤气发生站、配气站和油站 ……………………………………………………… 566
　　9.7.1　煤气发生站 ……………………………………………………………… 567
　　9.7.2　油站 ……………………………………………………………………… 582
　　9.7.3　配气站 …………………………………………………………………… 596
9.8　陶瓷窑炉的节能 …………………………………………………………………… 604
　　9.8.1　陶瓷产品生产的能耗现状 ……………………………………………… 604
　　9.8.2　节能新技术的开发与应用 ……………………………………………… 605

9.9 陶瓷窑炉的热工测量及控制仪表 ……………………………………………………… 605
　9.9.1 温度的测量和仪表 ………………………………………………………………… 605
　9.9.2 压力的测量和仪表 ………………………………………………………………… 607
　9.9.3 流速与流量的测量和仪表 ………………………………………………………… 607
　9.9.4 热流量的测量和仪表 ……………………………………………………………… 608
　9.9.5 气体成分的测量 …………………………………………………………………… 608
　9.9.6 气体湿度的测量 …………………………………………………………………… 608
9.10 陶瓷窑炉的自动控制 …………………………………………………………………… 609
　9.10.1 陶瓷窑炉常用的自动控制方法 …………………………………………………… 609
　9.10.2 隧道窑控制系统的设计与应用 …………………………………………………… 610
　9.10.3 辊道窑控制系统的设计与应用 …………………………………………………… 616
　9.10.4 梭式窑控制系统的设计与应用 …………………………………………………… 624
9.11 陶瓷窑炉用耐火材料 …………………………………………………………………… 625
　9.11.1 耐火材料的分类 …………………………………………………………………… 625
　9.11.2 耐火材料的组成 …………………………………………………………………… 626
　9.11.3 耐火材料的基本特性 ……………………………………………………………… 630
　9.11.4 轻质隔热耐火材料 ………………………………………………………………… 634
　9.11.5 重质耐火材料 ……………………………………………………………………… 641
　9.11.6 窑具材料 …………………………………………………………………………… 646
　9.11.7 砌筑用粘结剂 ……………………………………………………………………… 650
参考文献 ………………………………………………………………………………………… 652

第10章 建筑卫生陶瓷产品的工业设计 ……………………………………………… 653

10.1 工业设计的基本内容 …………………………………………………………………… 653
　10.1.1 工业设计的基本原则 ……………………………………………………………… 653
　10.1.2 工业设计的基本要素 ……………………………………………………………… 654
　10.1.3 工业设计的基本原理 ……………………………………………………………… 655
　10.1.4 工业设计的程序 …………………………………………………………………… 655
　10.1.5 工业设计在建筑卫生陶瓷行业中的地位和发展趋势 …………………………… 658
10.2 卫生陶瓷产品设计 ……………………………………………………………………… 659
　10.2.1 卫生陶瓷产品设计的特点和基本要素 …………………………………………… 659
　10.2.2 卫生陶瓷产品功能的设计 ………………………………………………………… 662
　10.2.3 卫生陶瓷产品造型设计的艺术构思 ……………………………………………… 667
　10.2.4 卫生陶瓷产品的饰面艺术 ………………………………………………………… 670
　10.2.5 卫生陶瓷产品设计经典范例图片 ………………………………………………… 672
10.3 陶瓷墙地砖产品设计 …………………………………………………………………… 681
　10.3.1 墙地砖产品设计的特点 …………………………………………………………… 681
　10.3.2 墙地砖产品设计的使用功能设计的相关因素 …………………………………… 682
　10.3.3 外观造型、图案与色彩的设计 …………………………………………………… 682

10.4　建筑琉璃制品和装饰瓦产品设计 ······ 689
　10.4.1　产品结构和风格特点 ······ 689
　10.4.2　中式琉璃制品设计要点 ······ 689
　10.4.3　西式装饰瓦设计要点 ······ 691
　10.4.4　简易装饰瓦设计要点 ······ 693
　10.4.5　其他方面的设计要点 ······ 693
参考文献 ······ 693

第11章　陶瓷产品的后加工、配套与应用 ······ 694

11.1　陶瓷产品的后加工 ······ 694
　11.1.1　陶瓷砖的后加工 ······ 694
　11.1.2　卫生陶瓷制品的后加工 ······ 695
11.2　陶瓷产品的配套 ······ 696
　11.2.1　陶瓷产品配套的重要性 ······ 696
　11.2.2　陶瓷产品配套的主要内容 ······ 696
　11.2.3　不同用途对卫生间的配套要求 ······ 699
11.3　陶瓷产品的安装与施工 ······ 700
　11.3.1　卫生陶瓷的安装与施工 ······ 700
　11.3.2　陶瓷砖的铺贴施工 ······ 701
参考文献 ······ 703

第12章　理化分析与测试技术 ······ 704

12.1　化学分析 ······ 704
　12.1.1　化学组成分析 ······ 704
　12.1.2　排放废气分析 ······ 708
　12.1.3　工业用水分析 ······ 711
12.2　矿物组成分析和显微结构的研究 ······ 712
　12.2.1　偏光显微镜分析 ······ 712
　12.2.2　电子显微镜分析 ······ 712
　12.2.3　热分析 ······ 714
　12.2.4　X射线衍射分析 ······ 716
　12.2.5　红外光谱分析 ······ 718
12.3　陶瓷材料性能的测试 ······ 719
　12.3.1　光学性能的测定 ······ 719
　12.3.2　力学性能的测定 ······ 720
　12.3.3　热学性能的测定 ······ 725
　12.3.4　化学稳定性能的测定 ······ 728
　12.3.5　吸水率的测定 ······ 729
　12.3.6　陶瓷砖性能的测定 ······ 731

12.3.7 陶瓷便器冲水功能的测定 732
12.4 陶瓷原料性能的测定 734
12.4.1 可塑性的测定 734
12.4.2 泥浆特性的测定 737
12.4.3 粉料的细度和颗粒分析 738
12.4.4 气孔率和体积密度的测定 740
12.4.5 釉高温熔体特性的测定 741
12.4.6 干燥灵敏指数测定 743
12.4.7 烧成温度范围的测定 744
参考文献 745

第13章 工业卫生与环境保护 746

13.1 工业卫生 746
13.1.1 建筑卫生陶瓷工业有害物质的来源及危害 746
13.1.2 有害物浓度和卫生标准 748
13.1.3 主要防护措施 750
13.1.4 防暑 759
13.1.5 个人防护 761
13.2 环境保护 761
13.2.1 环境污染的影响和环境保护标准 761
13.2.2 废水的产生及处理 770
13.2.3 粉尘治理技术及设备 774
13.2.4 噪声的产生及控制 793
13.2.5 煤气站、油站、配气站的环境保护与安全防护 799
13.2.6 环境保护管理 805
13.2.7 国外陶瓷工业环境保护现状 807
参考文献 808

第14章 工厂设计 809

14.1 基本建设程序 809
14.2 建设前期工作 809
14.2.1 项目建议书 810
14.2.2 项目可行性研究 810
14.2.3 环境影响评价 811
14.2.4 设计任务书 811
14.2.5 设计阶段和过程 812
14.3 工程设计的基本过程 814
14.3.1 设计资料的收集 814
14.3.2 设计过程的提资 819

14.4 工艺设计 … 823
14.4.1 工艺设计的主要任务和基本原则 … 823
14.4.2 工艺设计的步骤和方法 … 823
14.4.3 工艺流程的确定 … 824
14.4.4 物料平衡计算 … 825
14.4.5 设备选型和计算 … 828
14.4.6 工艺贮库堆场的面积计算 … 830
14.4.7 主要生产单元的工艺布置 … 831
14.5 总平面、土建及公用工程设计 … 834
14.5.1 总平面 … 834
14.5.2 土建 … 849
14.5.3 供电 … 850
14.5.4 给排水 … 852
14.5.5 采暖通风 … 855
14.5.6 压缩空气 … 856
14.5.7 概预算及技术经济 … 857
14.6 设计方案示例 … 864
14.6.1 年产400万m^2陶瓷釉面内墙砖生产线设计方案 … 864
14.6.2 年产90万件卫生陶瓷生产线 … 867
14.6.3 年产300万m^2抛光砖生产线 … 872
参考文献 … 876

附 录 … 878

附表1 我国陶瓷工业常用黏土的化学组成 … 878
附表2 国际标准组织推荐的筛网系列（ISO/R 565—1972） … 881
附表3 各种筛网对照 … 882
附表4 测温锥的软化温度与锥号对照 … 883
附表5 常用陶瓷原料常数 … 884
附表6 陶瓷常用国家和行业标准目录 … 894
附表7 陶瓷工业常用烟煤组成（工业分析）举例 … 898
附表8 常用煤气的化学组成分析举例 … 898
附表9 国产轻柴油规格 … 898
附表10 国产重柴油规格 … 899
附表11 我国部分天然气组成 … 899
附表12 常用液化石油气组成 … 899
附表13 液化石油气组分和性能数据 … 899
附表14 陶瓷工业常用典型焦炉煤气基本数据 … 900
附表15 陶瓷工业常用典型水煤气基本数据 … 900
附表16 我国部分无烟煤及焦炭典型气化数据 … 900

附表17　部分适用于常压固定床煤气发生炉烟煤的基本数据 …………………………… 901
附表18　陶瓷窑炉窑墙外表面与空气（静止）的传热系数 ………………………………… 901
附表19　水玻璃的成分与密度的关系 ……………………………………………………… 902
附表20　窑炉烧成火焰颜色与温度对照 …………………………………………………… 903
附表21　常用陶瓷泥浆固体含量与浓度、相对密度换算表（20℃）……………………… 903
附表22　摩氏硬度对照表 …………………………………………………………………… 904

第1章 建筑卫生陶瓷制品

1.1 建筑卫生陶瓷的定义和分类

1.1.1 建筑卫生陶瓷的定义

目前没有统一的定义,通常是指主要用于建筑物饰面、建筑构件和卫生设施的陶瓷制品。一般包括陶瓷砖、卫生陶瓷、烧结瓦、建筑琉璃制品等。

1. 陶瓷砖

按 GB/T 9195—1999《陶瓷砖和卫生陶瓷分类及术语》的定义,陶瓷砖是指由黏土或其他无机非金属原料,经成形、烧结等工艺处理,用于装饰与保护建筑物、构筑物墙面及地面的板状或块状陶瓷制品。也可称为陶瓷饰面砖。

2. 卫生陶瓷

按 GB/T 9195—1999《陶瓷砖和卫生陶瓷分类及术语》的定义,卫生陶瓷是指用作卫生设施的有釉陶瓷制品。

3. 烧结瓦

按 GB/T 21149—2007《烧结瓦》的定义,烧结瓦是指由黏土或其他无机非金属原料,经成形、烧结等工艺处理,用于建筑物屋面覆盖及装饰用的板状或块状烧结制品。通常根据形状、表面状态及吸水率不同来进行分类和具体产品命名。

4. 建筑琉璃制品

按 JC/T 765—2006《建筑琉璃制品》的定义,建筑琉璃制品是指以黏土为主要原料,经成形、施釉、烧成而制得的用于建筑物的瓦类、脊类、饰件类陶瓷制品。

1.1.2 建筑卫生陶瓷的分类

1. 陶瓷砖的分类

陶瓷砖的分类方法很多,GB/T 4100—2006《陶瓷砖》按照成形方法和吸水率进行分类,见表1-1。此外还有按用途、表面特征和其他方法来分类,分别见表1-2、表1-3、表1-4。

表1-1 陶瓷砖按成形方法和吸水率分类表

成形方法	Ⅰ类 $E \leq 3\%$	Ⅱa类 $3\% < E \leq 6\%$	Ⅱb类 $6\% < E \leq 10\%$	Ⅲ类 $E > 10\%$
A(挤压)	AⅠ类	AⅡa1类	AⅡb1类	AⅢ类
		AⅡa2类	AⅡb2类	

成形方法		Ⅰ类 $E \leqslant 3\%$	Ⅱa类 $3\% < E \leqslant 6\%$	Ⅱb类 $6\% < E \leqslant 10\%$	Ⅲ类 $E > 10\%$
B(干压)	BⅠa类 瓷质砖 $E \leqslant 0.5\%$		BⅡa类 细炻砖	BⅡb类 炻质砖	BⅢ类 陶质砖
	BⅠb类 炻瓷砖 $0.5\% < E \leqslant 3\%$				
C(其他)		CⅠ类	CⅡa类	CⅡb类	CⅢ类

表1-2 陶瓷砖按用途分类表

名称	定义
内墙砖	用于装饰与保护建筑物内墙的陶瓷砖
外墙砖	用于装饰与保护建筑物外墙的陶瓷砖
室内地砖	用于装饰与保护建筑物内部地面的陶瓷砖
室外地砖	用于装饰与保护室外构筑物地面的陶瓷砖

表1-3 陶瓷砖按表面特征分类表

名称	定义
有釉砖	正面施釉的陶瓷砖
无釉砖	不施釉的陶瓷砖

表1-4 陶瓷砖其他分类表

名称	定义
平面装饰砖	正面为平面的陶瓷砖
立体装饰砖	正面呈凹凸纹样的陶瓷砖
陶瓷马赛克	用于装饰与保护建筑物地面及墙面的由多块小砖（表面面积不大于$55cm^2$）拼贴成联的陶瓷砖
广场用陶瓷砖	用无机非金属粉料、粒料混合压制成形，经高温烧制而成的用于广场、步行街、社区园林等室外场所地面装饰的陶瓷制品，边长/厚度(L/d)不小于5
配件砖	用于铺砌建筑物墙脚、拐角等特殊装修部位的陶瓷砖
抛光砖	经过机械研磨、抛光，表面呈镜面光泽的陶瓷砖
渗花砖	将可溶性色料溶液渗入坯体内，烧成后呈现色彩或花纹的陶瓷砖
劈离砖	由挤出法成形为两块背面相连的砖坯，经烧成后敲击分离而成的陶瓷砖

2. 卫生陶瓷的分类

GB 6952—2005《卫生陶瓷》是按吸水率的大小把卫生陶瓷分为瓷质（$E \leqslant 0.5\%$）卫生陶瓷和陶质（$8.0\% \leqslant E < 15.0\%$）卫生陶瓷两大类。细分分别见表1-5、表1-6。

表 1-5 瓷质卫生陶瓷的分类表

种 类	类 型	结 构	安装方式	排污方式	按用水量分	按用途分
坐便器	挂箱式 坐箱式 连体式 冲洗阀式	冲落式 虹吸式 喷射虹吸式 旋涡虹吸式	落地式 壁挂式	下排式 后排式	普通型 节水型	成人型 幼儿型 残疾人/老年人专用型
洗面器	—	—	台式 立柱式 壁挂式			
小便器	—	冲落式 虹吸式	落地式 壁挂式		普通型 节水型	
蹲便器	挂箱式 冲洗阀式	—	—		普通型 节水型	成人型 幼儿型
净身器	—	—	落地式 壁挂式			
洗涤槽	—	—	台式 壁挂式			住宅用 公共场所用
水箱	高水箱 低水箱	—	壁挂式 坐箱式 隐藏式	—	—	—
小件卫生陶瓷	皂盒 手纸盒等	—	—			

表 1-6 陶质卫生陶瓷的分类表

种 类	类 型	安装方式
洗面器	—	台式、立柱式、壁挂式
不带存水弯小便器	—	落地式、壁挂式
净身器	—	落地式、壁挂式
洗涤槽	家庭用、公共场所用	台式、壁挂式
水箱	高水箱、低水箱	壁挂式、坐箱式、隐藏式
浴缸、淋浴盆		
小件卫生陶瓷	皂盒等	—

3. 烧结瓦的分类

按 GB/T 21149—2007《烧结瓦》分类，见表 1-7。

表 1-7 烧结瓦分类表

分类法	名 称
根据形状	平瓦、脊瓦、三曲瓦、双筒瓦、鱼鳞瓦、牛舌瓦、板瓦、筒瓦、滴水瓦、沟头瓦、J形瓦、S形瓦、波形瓦和其他异形瓦及其配件、饰件
根据表面状态	有釉（含表面经加工处理形成装饰薄膜层）瓦和无釉瓦
根据吸水率	Ⅰ类瓦、Ⅱ类瓦、Ⅲ类瓦、青瓦

4. 建筑琉璃制品的分类

按 JC/T 765—2006《建筑琉璃制品》分类，见表1-8。

表1-8 建筑琉璃制品分类表

分类法	名 称
按品种分类	瓦类、脊类、饰件类
瓦类根据形状分类	板瓦、筒瓦、滴水瓦、沟头瓦、J形瓦、S形瓦和其他异形瓦

1.2 建筑卫生陶瓷的基本性能

1.2.1 陶瓷砖（GB/T 4100—2006）

（1）表面质量：至少有95%的砖其主要区域无明显缺陷。

（2）干压陶瓷砖长度、宽度和厚度允许偏差应符合表1-9、表1-10的规定。

表1-9 瓷质砖、炻瓷砖、细炻砖、炻质砖尺寸允许偏差

允许偏差（%）项目			产品表面面积 S (cm²)				
			$S \leq 90$	$90 < S \leq 190$	$190 < S \leq 410$	$410 < S \leq 1600$	$S > 1600$
长度和宽度	偏差1[a]	瓷质砖	±1.2	±1.0	±0.75	±0.6	±0.5
		炻瓷砖、细炻砖、炻质砖				±0.6	
		抛光砖	±1.0				
	偏差2[b]	瓷质砖	±0.75	±0.5		±0.5	±0.4
		炻瓷砖、细炻砖、炻质砖				±0.5	
厚度		瓷质砖、炻瓷砖、细炻砖、炻质砖	±10.0			±5.0	

a) 每块砖（2条或4条边）的平均尺寸相对于工作尺寸的允许偏差（%）；
b) 每块砖（2条或4条边）的平均尺寸相对于10块砖（20条或40条边）平均尺寸的允许偏差（%）。

表1-10 陶质砖尺寸允许偏差   %

类 别		无间隔凸缘	有间隔凸缘
长度宽度	偏差1[a]	$l \leq 12cm$：±0.75；$l > 12cm$：±0.50	+0.6 ~ -0.3
	偏差2[b]	$l \leq 12cm$：±0.50；$l > 12cm$：±0.30	±0.25
厚度		±10.0	

a) 每块砖（2条或4条边）的平均尺寸相对于工作尺寸的允许偏差（%）；
b) 每块砖（2条或4条边）的平均尺寸相对于10块砖（20条或40条边）平均尺寸的允许偏差（%）。

（3）干压陶瓷砖边直度、直角度和表面平整度允许偏差应符合表1-11、表1-12的规定。

表 1-11　瓷质砖、炻瓷砖、细炻砖、炻质砖边直度、直角度和表面平整度允许偏差

项目 \ 允许偏差(%) \ 产品表面面积 S (cm²)		$S \leq 90$	$90 < S \leq 190$	$190 < S \leq 410$	$410 < S \leq 1600$	$S > 1600$
边直度（正面）	瓷质砖	±0.75	±0.5		±0.5	±0.3
	炻瓷砖、细炻砖、炻质砖				±0.5	
	抛光砖的边直度允许偏差为±0.2%，且最大偏差≤2.0mm					
直角度	瓷质砖	±1.0	±0.6		±0.6	±0.5
	炻瓷砖、细炻砖、炻质砖				±0.6	
	抛光砖的直角度允许偏差为±0.2%，且最大偏差≤2.0mm					
	边长>600mm 的砖，直角度用对边长度差和对角线长度差表示，最大偏差≤2.0mm					
表面平整度：中心弯曲度、边弯曲度、翘曲度	瓷质砖	±1.0	±0.5		±0.5	±0.4
	炻瓷砖、细炻砖、炻质砖				±0.5	
	抛光砖的表面平整度允许偏差为±0.2%，且最大偏差≤2.0mm					
	边长>600mm 的砖，表面平整度用上凸和下凹表示，其最大偏差≤2.0mm					

表 1-12　陶质砖边直度、直角度和表面平整度允许偏差　　　　%

类别		无间隔凸缘	有间隔凸缘
边直度（正面）		±0.3	
直角度		±0.5	±0.3
表面平整度	中心弯曲度、边弯曲度	+0.5 ~ -0.3	
	翘曲度	±0.5	

（4）挤压陶瓷砖尺寸及变形的允许偏差应符合表 1-13 的规定。

表 1-13　挤压陶瓷砖尺寸及变形的允许偏差　　　　%

分类	项目	长度和宽度		厚度	边直度	直角度	表面平整度		
		偏差1[a)]	偏差2[b)]				中心弯曲度	边弯曲度	翘曲度
AI类	精细	±1.0,最大±2mm	±1.0	±10	±0.5	±1.0	±0.5	±0.5	±0.8
	普通	±2.0,最大±4mm	±1.5	±10	±0.6	±1.0	±1.5	±1.5	±1.5
AⅡa类-第1部分	精细	±1.25,最大±2mm	±1.0	±10	±0.5	±1.0	±0.5	±0.5	±0.8
	普通	±2.0,最大±4mm	±1.5	±10	±0.6	±1.0	±1.5	±1.5	±1.5
AⅡa类-第2部分	精细	±1.5,最大±2mm	±1.5	±10	±1.0	±1.0	±1.0	±1.0	±1.5
	普通	±2.0,最大±4mm	±1.5	±10	±1.0	±1.0	±1.5	±1.5	±1.5

续表

分类	项目	长度和宽度		厚度	边直度	直角度	表面平整度		
		偏差1[a]	偏差2[b]				中心弯曲度	边弯曲度	翘曲度
AⅡb类-第1部分	精细	±2.0,最大±2mm	±1.5	±10	±1.0	±1.0	±1.0	±1.0	±1.5
	普通	±2.0,最大±4mm	±1.5	±10	±1.0	±1.0	±1.5	±1.5	±1.5
AⅡb类-第2部分	精细	±2.0,最大±2mm	±1.5	±10	±1.0	±1.0	±1.0	±1.0	±1.5
	普通	±2.0,最大±4mm	±1.5	±10	±1.0	±1.0	±1.5	±1.5	±1.5
AⅢ类	精细	±2.0,最大±2mm	±1.5	±10	±1.0	±1.0	±1.0	±1.0	±1.5
	普通	±2.0,最大±4mm	±1.5	±10	±1.0	±1.0	±1.5	±1.5	±1.5

a) 每块砖（2条或4条边）的平均尺寸相对于工作尺寸的允许偏差（%）；
b) 每块砖（2条或4条边）的平均尺寸相对于10块砖（20条或40条边）平均尺寸的允许偏差（%）。

（5）干压陶瓷砖的物理性能要求应符合表1-14的规定。

表1-14 干压陶瓷砖的物理性能要求

分类 项目		瓷质砖	炻瓷砖	细炻砖	炻质砖	陶质砖
吸水率（%）	平均值	$E \leq 0.5$	$0.5 < E \leq 3$	$3 < E \leq 6$	$6 < E \leq 10$	$E > 10$
	单值	≤0.6	≤3.3	≤6.5	≤11	>9
破坏强度（N）	厚度≥7.5mm	≥1300	≥1100	≥1000	≥800	≥600
	厚度<7.5mm	≥700			≥600	≥350
断裂模数（MPa）	平均值	≥35	≥30	≥22	≥18	≥15
	单值	≥32	≥27	≥20	≥16	≥12
耐磨性	无釉地砖耐磨损体积（mm³）	≤175		≤345	≤540	—
	有釉地砖表面耐磨性	报告陶瓷砖耐磨性级别和转数				
线性热膨胀系数从环境温度到100℃		若陶瓷砖安装在有高热变性的情况下应进行该项试验				
抗热震性		凡是有可能经受热震应力的陶瓷砖都应进行该项试验				
有釉砖抗釉裂性		经试验应无釉裂				
抗冻性		瓷质砖、炻瓷砖、细炻砖、炻质砖：经试验后应无裂纹或剥落； 陶质砖：对于明示并准备用在受冻环境中的产品必须通过该项试验，一般对明示不用于受冻环境中的产品不要求该项试验				
地砖摩擦系数		制造商应报告陶瓷地砖的摩擦系数和试验方法				

续表

分类＼项目	瓷质砖	炻瓷砖	细炻砖	炻质砖	陶质砖
湿膨胀	大多数有釉砖和无釉砖都有微小的自然湿膨胀，当正确铺贴（或安装）时，不会引起铺贴问题				
小色差	仅在认为单色有釉砖之间的小色差是重要的特定情况下时采用本标准方法				
抗冲击性	该试验使用在抗冲击性有特别要求的场所				
抛光砖光泽度	≥55				

(6) 挤压陶瓷砖的物理性能要求应符合表1-15的规定。

表1-15 挤压陶瓷砖的物理性能要求

分类＼项目		AI类	AⅡa类 第1部分	AⅡa类 第2部分	AⅡb类 第1部分	AⅡb类 第2部分	AⅢ类
吸水率（%）	平均值	$E≤3$	$3<E≤6$		$6<E≤10$		$E>10$
	单值	≤3.3	≤6.5		≤11		—
破坏强度（N）	厚度≥7.5mm 平均值	≥1100	≥950	≥800	≥900	≥750	≥600
	厚度<7.5mm 平均值	≥600					
断裂模数（MPa）	平均值	≥23	≥20	≥13	≥17.5	≥9	≥8
	单值	≥18	≥11		≥15	≥8	≥7
耐磨性	无釉地砖耐磨损体积（mm³）	≤275	≤393	≤541	≤649	≤1062	≤2365
	有釉地砖表面耐磨性	用于铺地的有釉砖表面耐磨性报告磨损等级和转数					
线性热膨胀系数从环境温度到100℃		若陶瓷砖安装在有高热变性的情况下应进行该项试验					
抗热震性		凡是有可能经受热震应力的陶瓷砖都应进行该项试验					
有釉砖抗釉裂性		经试验应无釉裂					
抗冻性		对于明示并准备用在受冻环境中的产品必须通过该项试验，一般对明示不用于受冻环境中的产品不要求该项试验					
地砖摩擦系数		制造商应报告陶瓷地砖的摩擦系数和试验方法					
湿膨胀		大多数有釉砖和无釉砖都有微小的自然湿膨胀，当正确铺贴（或安装）时，不会引起铺贴问题					
小色差		仅在认为单色有釉砖之间的小色差是重要的特定情况下时采用本标准方法					
抗冲击性		该试验使用在抗冲击性有特别要求的场所					

(7) 陶瓷砖的化学性能要求应符合表1-16的规定。

表1-16 陶瓷砖化学性能要求

项　目		要　求	
耐污染性		有釉砖	最低3级
		无釉砖	若在有污染的环境下使用，建议制造商考虑耐污染性问题
耐化学腐蚀性	耐低浓度酸和碱	制造商应报告耐化学腐蚀性等级	
	耐高浓度酸和碱	若准备将陶瓷砖在有可能受腐蚀的环境下使用，应按规定进行此试验	
	耐家庭化学试剂和游泳池盐类	有釉砖	不低于GB级
		无釉砖	不低于UB级（陶质砖无此项）
铅和镉的溶出量		当有釉砖是用于加工食品的工作台或墙面且砖的釉面与食品有可能接触的场所时，则要求进行该项试验	

1.2.2 卫生陶瓷（GB 6952—2005）

1. 外观质量

（1）釉面：所有裸露表面和坐便器的排污管道内壁都应有釉层覆盖；釉面应与陶瓷坯体完全结合。以下部位除外：安装面；坐便器和蹲便器水箱背部和底部、水箱盖底部和后部、瓷质水箱的内部，蹲便器安装后排污水道隐蔽面部分；洗面器后部靠墙部位、溢流孔后部、台上盆底部、洗面器角位和立柱的后部；净身器正常位非可见区域及隐蔽面；其他在窑炉内支撑烧成时非可见面区域。

（2）色差：一件产品或配套产品之间应无明显色差。

（3）外观缺陷：最大允许范围应符合表1-17的要求。

表1-17 卫生陶瓷外观缺陷最大允许范围

缺陷名称	单位	洗净面	可见面		其他区域
			A面	B面	
裂纹、坯裂	mm		不允许		不影响使用的允许修补
釉裂、熔洞	mm		不允许		—
大包、大花斑、色斑、坑包	个		不允许		
棕眼	个	总数2	总数2	一个标准面2；总数5	
小包、小花斑	个	总数2	总数2	一个标准面2；总数6	
釉泡、斑点	个	一个标准面1；总数2	一个标准面2；总数4	一个标准面2；总数4	
波纹	mm²	≤2600			—
缩釉、缺釉	mm²	不允许		4mm²以下1个	
磕碰	mm²	不允许			20mm²以下2个
釉缕、橘釉、釉粘、坯粉、落脏、剥边、烟熏、麻面		不允许			

2. 最大允许变形

卫生陶瓷产品的最大允许变形量应符合表 1-18 的规定。

表 1-18　最大允许变形　　　　　　　　　　　　　　mm

产品名称	安装面	表　面	整　体	边　缘
坐便器	3	4	6	—
洗面器	3	6	20mm/m 最大 12	4
小便器	5	20mm/m 最大 12	20mm/m 最大 12	—
蹲便器	6	5	8	4
净身器	3	4	6	—
洗涤槽	4	20mm/m 最大 12	20mm/m 最大 12	5
水　箱	底 3 墙 8	4	5	4
浴　缸	—	20mm/m 最大 16	20mm/m 最大 16	—
淋浴盆	—	20mm/m 最大 12	20mm/m 最大 12	—

注：形状为圆形或艺术造型的产品，边缘变形不作要求。

3. 尺寸

卫生陶瓷的尺寸允许偏差应符合表 1-19 的规定。

表 1-19　尺寸允许偏差　　　　　　　　　　　　　　mm

尺寸类型	尺寸范围	允许偏差
外形尺寸	—	规格尺寸×±3%
孔眼直径	$\phi < 15$	+2
	$15 \leq \phi \leq 30$	±2
	$30 < \phi \leq 80$	±3
	$\phi > 80$	±5
孔眼圆度	$\phi \leq 70$	2
	$70 < \phi \leq 100$	4
	$\phi > 100$	5
孔眼中心距	≤100	±3
	>100	规格尺寸×±3%
孔眼距产品中心线偏移	≤100	3
	>100	规格尺寸×3%
孔眼距边	≤300	±9
	>300	规格尺寸×±3%
安装孔平面度	—	2
排污口安装距	—	0 −30

4. 重要尺寸

卫生陶瓷产品重要尺寸名称和要求见表 1-20。

表 1-20 重要尺寸要求   mm

名　称	尺　寸	
坐便器长和宽	成人普通型	长 420、宽 355
	成人加长型	长 470、宽 355
	幼儿型	长 380、宽 280
下排式坐便器排污口安装距	305、400、200，特殊情况可按合同要求	
后排式坐便器排污口安装距	100、180，特殊情况可按合同要求	
下排式坐便器和带存水弯蹲便器排污口最大外径	100	
后排式坐便器和不带存水弯蹲便器排污口最大外径	107	
水封深度	≥50	
坐便器水封表面面积	≥100×85	
冲洗阀式坐便器进水口中心至完成墙的距离	≥60	
冲洗阀式小便器进水口中心至完成墙的距离	≥50	
大便器水道至少能通过固体球的直径	41	
小便器水道至少能通过固体球的直径	19	
坐便器与坐圈和盖的装配尺寸	140~155（不含专用产品）	
洗面器和净身器供水孔表面安装平面直径	≥供水孔直径+9，特殊情况可按合同要求	
洗面器和净身器排水口直径	44，高 51±6，特殊情况可按合同要求	
低水箱进水孔直径	25 或 29，特殊情况可按合同要求	
低水箱排水孔直径	65 或 81，特殊情况可按合同要求	
淋浴盆和浴缸排水口直径	60，特殊情况可按合同要求	
壁挂式坐便器安装螺栓孔间距	有 2 孔、3 孔、4 孔间距，其中 2 孔时为 176	
壁挂式坐便器安装螺栓孔直径	20~26，或为加长型螺栓孔	
坯体厚度	≥6	

5. 吸水率

规定瓷质卫生陶瓷产品的吸水率为 $E \leq 0.5\%$，陶质卫生陶瓷产品的吸水率为 $8.0\% \leq E < 15.0\%$。

6. 抗裂性

经抗裂试验后应无釉裂、无坯裂。

7. 功能要求

（1）便器用水量：便器平均用水量应符合表 1-21 的规定，坐便器和蹲便器在任一试验压力下，最大用水量不得超过规定值 1.5L，双档坐便器的小档排水量不得大于大档排水量的 70%。

表 1-21 便器用水量的要求　　　　　　　　　　　　　　　　　　　　　　L

坐便器	普通型（单/双档）	9
	节水型（单/双档）	6
蹲便器	普通型	11
	节水型	8
小便器	普通型	5
	节水型	3

（2）便器冲洗功能：应符合表 1-22 规定。

表 1-22 便器冲洗功能的要求

项目	产品类型		要求
洗净功能	坐便器		按规定方法三次试验，每次冲洗后累积残留墨线总长度≤50mm，且每一段残留墨线长度≤13mm
	蹲便器		按规定方法三次试验，每次冲洗后不得有残留墨线痕迹
	小便器		按规定方法三次试验，每次冲洗后累积残留墨线总长度≤25mm，且每一段残留墨线长度≤13mm
固体物排放	坐便器	球排放	按规定方法三次试验后，平均数≥85 个
		颗粒排放	按规定方法三次试验后，存水弯中存留可见聚乙烯颗粒平均数≤125 个，可见尼龙球平均数≤5 个
	蹲便器	试体排放	按规定方法三次试验后，试体排出排污口总数≥9 个
污水置换	坐便器		按规定方法试验后，大档稀释率≥100；小档稀释率≥17
	小便器		按规定方法试验后，稀释率≥100
水封回复	坐便器		按规定方法试验后，水封≥50mm
排水管道输送	坐便器		按规定方法三次试验后，球的平均传输距离≥12m
防溅污性	坐便器		按规定方法五次试验后，不得有水溅到试验模板上，ϕ≤5mm 的溅射水滴或水雾不计
	蹲便器		
溢流	洗面器		有溢流孔时，按规定方法进行溢流试验，5min 不溢流
	洗涤槽		
	净身器		
耐荷重性	壁挂式坐便器		应能承受 2.2kN 的荷重，无变形或任何可见破损
	落地式坐便器		应能承受 2.2kN 的荷重，无变形或任何可见破损
	洗面器		应能承受 1.1kN 的荷重，无变形或任何可见破损
	小便器		应能承受 0.22kN 的荷重，无变形或任何可见破损
	洗涤槽		应能承受 0.44kN 的荷重，无变形或任何可见破损
	浴缸		底面应能承受 1.47kN 的荷重，无变形或任何可见破损；侧面应能承受 0.22kN 的荷重，无变形或任何可见破损
	淋浴盆		应能承受 1.47kN 的荷重，无变形或任何可见破损
冲洗噪声	坐便器		按规定方法进行试验，累计百分数声级 L_{50}≤55dB，累计百分数声级 L_{10}≤65dB

8. 配套性的技术要求

配套性的技术要求应符合表 1-23 的规定。

表 1-23　便器配套性技术要求

项目		要　　求
冲水装置配套性	配套要求	满足规定的定量冲水装置，并保证其整体密封性
	技术要求	非接触式冲水装置应符合 CJ/T 194 的要求
		便器用冲洗阀应符合 JC/T 931 的要求
		便器用水箱配件应符合 JC 987 的要求
	防虹吸要求	应具有防虹吸功能
	安全水位要求	配套水箱的有效工作水位至溢流口的垂直距离≤38mm
		进水阀临界水位应高于溢流口水位，其垂直距离≥25mm
		水箱冲水装置的非密封口最低位应高于盈溢水位，其垂直距离≥5mm
坐便器坐圈和盖配套性		应配备与该坐便器配套使用的坐圈和盖
		所配套的塑料坐圈和盖应符合 JC/T 764 的要求
连接密封性要求		产品与给排水系统间的连接安装，应按生产厂的安装说明进行，且能在≥0.10MPa 的静水压下保持 15min 无渗漏
		各类产品用卫生设备软管应符合 JC 886 的要求

1.2.3　烧结瓦（GB/T 21149—2007）

1. 尺寸允许偏差

尺寸允许偏差应符合表 1-24 的规定。

表 1-24　尺寸允许偏差　　　　　　　　　　mm

外形尺寸范围	优等品	合格品
$L(b) \geqslant 350$	±4	±6
$250 \leqslant L(b) < 350$	±3	±5
$200 \leqslant L(b) < 250$	±2	±4
$L(b) < 200$	±1	±3

2. 外观质量

（1）表面质量：应符合表 1-25 的规定。

表 1-25　表面质量

缺陷项目		优等品	合格品
有釉类瓦	无釉类瓦		
缺釉、斑点、落脏、棕眼、熔洞、图案缺陷、烟熏、釉缕、釉泡、釉裂	斑点、起包、熔洞、麻面、图案缺陷、烟熏	距 1m 处目测不明显	距 2m 处目测不明显
色差、光泽差	色差	距 2m 处目测不明显	

(2) 变形：最大允许变形应符合表1-26的规定。

表1-26　最大允许变形　　　　　　　　　　　　mm

产品类别		优等品	合格品
平瓦、波形瓦	≤	3	4
三曲瓦、双筒瓦、鱼鳞瓦、牛舌瓦	≤	2	3
脊瓦、板瓦、筒瓦、滴水瓦、沟头瓦、J形瓦、S形瓦 ≤	最大外形尺寸 L≥350	5	7
	250＜L＜350	4	6
	L≤250	3	5

(3) 裂纹：裂纹长度允许范围应符合表1-27的规定。

表1-27　裂纹长度允许范围　　　　　　　　　　mm

产品类别	裂纹分类	优等品	合格品
平瓦、波形瓦	未搭接部分的贯穿裂纹	不允许	不允许
	边筋断裂	不允许	不允许
	搭接部分的贯穿裂纹	不允许	不得延伸至搭接部分的1/2处
	非贯穿裂纹	不允许	≤30
脊瓦	未搭接部分的贯穿裂纹	不允许	不允许
	搭接部分的贯穿裂纹	不允许	不得延伸至搭接部分的1/2处
	非贯穿裂纹	不允许	≤30
三曲瓦、双筒瓦、鱼鳞瓦、牛舌瓦	贯穿裂纹	不允许	不允许
	非贯穿裂纹	不允许	不得超过对应边长的6%
板瓦、筒瓦、滴水瓦、沟头瓦、J形瓦、S形瓦	未搭接部分的贯穿裂纹	不允许	不允许
	搭接部分的贯穿裂纹	不允许	不允许
	非贯穿裂纹	不允许	≤30

(4) 磕碰、釉粘：磕碰、釉粘的允许范围应符合表1-28的规定。

表1-28　磕碰、釉粘的允许范围　　　　　　　　mm

产品类别	破坏部位	优等品	合格品
平瓦、脊瓦、板瓦、筒瓦、滴水瓦、沟头瓦、J形瓦、S形瓦、波形瓦	可见面	不允许	破坏尺寸不得同时大于10×10
	隐蔽面	破坏尺寸不得同时大于12×12	破坏尺寸不得同时大于18×18
三曲瓦、双筒瓦、鱼鳞瓦、牛舌瓦	正面	不允许	不允许
	背面	破坏尺寸不得同时大于5×5	破坏尺寸不得同时大于10×10
平瓦、波形瓦	边筋	不允许	不允许
	后爪	不允许	不允许

(5) 石灰爆裂：规定优等品不允许有石灰爆裂，合格品石灰爆裂的破坏尺寸不大于5mm。

(6) 欠火、分层：各等级的瓦均不允许有欠火、分层缺陷存在。

3. 物理性能

烧结瓦的物理性能要求应符合表 1-29 的规定。

表 1-29 烧结瓦的物理性能要求

项 目	要 求	
抗弯曲性能	平瓦、脊瓦、板瓦、筒瓦、滴水瓦、沟头瓦类	弯曲破坏荷重≥1200N
	青瓦类	弯曲破坏荷重≥850N
	J 形瓦、S 形瓦、波形瓦类	弯曲破坏荷重≥1600N
	三曲瓦、双筒瓦、鱼鳞瓦、牛舌瓦类	弯曲强度≥8.0MPa
抗冻性能	经 15 次冻融循环不出现剥落、掉角、掉棱及裂纹增加现象	
耐急冷急热性	经 10 次急冷急热循环不出现炸裂、剥落及裂纹延长现象（只适用于有釉瓦类）	
吸水率	Ⅰ类瓦	E≤6.0%
	Ⅱ类瓦	6.0%＜E≤10.0%
	Ⅲ类瓦	10.0%＜E≤18.0%
	青瓦类	E≤21.0%
抗渗性能	经 3h 瓦背面无水滴产生（此项要求只适用于无釉瓦类，若其吸水率≤10.0%时，取消抗渗性能要求）	

1.2.4 建筑琉璃制品

1. 尺寸

尺寸允许偏差应符合表 1-30 的规定。

表 1-30 尺寸允许偏差　　　　　　　　　　　　　mm

尺 寸	允许偏差
$L(b)$≥350	±4
250≤$L(b)$＜350	±3
$L(b)$＜250	±2

2. 外观质量

外观质量应符合表 1-31 的规定。

表 1-31 外观质量要求

	缺陷名称	计量单位	要 求
表面缺陷	磕碰、釉粘、缺釉、斑点、落脏、棕眼、熔洞、图案缺陷、烟熏、釉缕、釉泡、釉裂	—	不明显
变形	L≥350	mm	≤8
	250≤L＜350	mm	≤7
	L＜250	mm	≤6

缺陷名称		计量单位	要求
裂纹	贯穿裂纹	mm	不允许
	非贯穿裂纹	mm	≤30
分层		—	不允许

3. 一般要求及物理性能

一般要求及物理性能应符合表 1-32 的要求。

表 1-32　一般要求及物理性能

一般要求	瓦之间及和配件搭配使用时必须保证搭接合适
	对以拉挂为主铺设的瓦，应有 1~2 个孔，能有效拉挂的孔为 1 个以上，钉孔或钢丝孔铺设后不能漏水
	瓦的正面或背面可以有以加固、挡水等为目的的加强筋、凹凸纹等
吸水率	≤12.0%
弯曲破坏荷重	≥1300N
抗冻性能	经 10 次冻融循环不出现裂纹或剥落
耐急冷急热性	经 10 次耐急冷急热性循环不出现炸裂、剥落及裂纹延长现象

第 2 章 原 料

陶瓷原料是陶瓷工业的基础。陶瓷原料主要有天然矿物原料和化工原料两种。本章主要介绍陶瓷工业常用的天然矿物原料中的黏土类原料、长石类原料、硅质原料、钙镁质原料及其他矿物原料和非传统矿物原料的结构、成分、成因、理化性能和用途，对化工原料只作了简单介绍。另外，本章还简单介绍了工业废渣原料、低温快烧原料和标准化原料的种类和使用情况。

2.1 天然矿物原料

2.1.1 黏土类原料及加工

1. 黏土原料的分类

由于黏土的成因和成分比较复杂，颗粒细小而难于精确鉴别和进行数量统计，加之成岩后发生变化又极易改变面貌，所以至今尚无一个完善的分类方法。本节仅介绍对建筑卫生陶瓷制品用黏土最有用的几种分类方法。

（1）按黏土的矿物成分分类，见表2-1。

表 2-1 黏土的矿物成分分类

类别名称	分类方法及原则	举　例
单矿物黏土	以某种含量>50%的黏土矿物来命名	高岭石黏土 蒙脱石黏土 水云母黏土 海泡石黏土
复矿物黏土	以两种或两种以上黏土矿物为主，>50%，采用复合名称来命名	高岭石-水云母黏土

（2）按黏土的成因分类，见表2-2。

表 2-2 黏土的成因分类

类别名称	成　因	举例	主要性能
残积黏土，或原生黏土，或一次黏土	由母岩生成后，即在原生地沉积而成	瓷石 瓷土	粗颗粒较多，杂质含量较少
沉积黏土，或次生黏土，或二次黏土	由母岩生成后，由水搬运至其他地方，沉积而成	紫木节、煤矸石、页岩	颗粒细，杂质含量较多

（3）按黏土的可塑性分类，见表2-3。

表 2-3　黏土的可塑性分类

类别名称	可塑性指数	举　例
高可塑性	>15	紫木节、膨润土
中等可塑性	7~15	瓷土、红矸
低可塑性	1~7	焦宝石、页岩、煤矸石、瓷石类
非可塑性	<1	叶蜡石等

（4）按黏土的耐火度分类，见表2-4。

表 2-4　黏土的耐火度分类

类别名称	耐火度指标（℃）
耐火的	≥1580
中等易熔的	1350~1580
易熔的	<1350

（5）按黏土矿石在水中的分散程度分类，见表2-5。

表 2-5　黏土矿石在水中的分散程度分类

类别名称	分类方法	举　例
软质黏土	易分散、高可塑性	紫木节、蒙脱石黏土
半软质黏土	可分散、中等可塑性	粉砂质黏土、瓷土类
硬质黏土	不分散、低可塑性	焦宝石、煤矸石、硬页岩

（6）按黏土矿石中 Al_2O_3 百分含量分类，见表2-6。

表 2-6　黏土矿石中 Al_2O_3 百分含量分类

类别名称	Al_2O_3 含量（%）
高铝的	>45
超基性岩（高碱性的）	38~45，SiO_2<45%
基性岩（碱性的）	28~38，SiO_2 45%~53%
半酸性的	14~28
酸性的	<14

2. 黏土原料的物质成分

（1）黏土原料的矿物成分

①黏土矿物　黏土矿物是黏土矿石重要的矿物成分，它赋予黏土矿石基本的性质，并指明其生成条件。

表2-7是美国经济古生物学家和矿物学家学会（SPEA）在1988年第二期《黏土矿物》短期教程中所使用的与黏土矿物相关的层状结构硅酸矿物分类表。

表 2-7 黏土矿物相关的层状结构硅酸矿物分类

层型	层间物	族	亚族	矿物（举例）
1:1	无或仅有 H_2O	蛇纹石 – 高岭石 $\chi=0$	蛇纹石	纤蛇纹石、利蛇纹石、铁铝蛇纹石
1:1	无或仅有 H_2O	蛇纹石 – 高岭石 $\chi=0$	高岭石	高岭石、迪开石、珍珠石、埃洛石（多水高岭石）
2:1	无	滑石 – 叶蜡石 $\chi=0$	滑石	滑石、镍滑石
2:1	无	滑石 – 叶蜡石 $\chi=0$	叶蜡石	叶蜡石
2:1	水化可交换阳离子	蒙皂石 $\chi=0.2\sim0.6$	皂石	皂石、锂皂石、锌皂石、斯蒂文石
2:1	水化可交换阳离子	蒙皂石 $\chi=0.2\sim0.6$	蒙脱石	蒙脱石、贝得石、绿脱石
2:1	水化可交换阳离子	蛭石 $\chi=0.6\sim0.9$	三八面体	三八面体蛭石
2:1	水化可交换阳离子	蛭石 $\chi=0.6\sim0.9$	二八面体蛭石	二八面体蛭石
2:1	非水化阳离子	真云母 $\chi=0.5\sim1.0$	三八面体真云母	金云母、黑云母、锂云母、铁云母
2:1	非水化阳离子	真云母 $\chi=0.5\sim1.0$	二八面体真云母	白云母、伊利石、海绿石、钠云母、绿磷石
2:1	非水化阳离子	脆云母 $\chi=2.0$	三八面体脆云母	绿脆云母
2:1	非水化阳离子	脆云母 $\chi=2.0$	二八面体脆云母	珍珠云母
2:1	氢氧化物	绿泥石 χ 不定	三八面体绿泥石	斜绿泥石、铬绿泥石、镍绿泥石、锰绿泥石
2:1	氢氧化物	绿泥石 χ 不定	二八面体绿泥石	顿绿泥石
2:1 规则间层	可变	无	无	钠板石、柯绿泥石、滑间皂石、羟硅铝石、绿泥间滑石
变1:1	无	无族名 $\chi=0$	无亚族名	叶蛇纹石、铁蛇纹石
变2:1	水化可交换阳离子	海泡石 – 坡缕石 $\chi=0$	海泡石	海泡石、纤钠海泡石
变2:1	水化可交换阳离子	海泡石 – 坡缕石 $\chi=0$	坡缕石	坡缕石
变2:1	可变	无族名 χ 不定	无亚族名	铁滑石、黑硬绿泥石、菱硅钾铁石

② 自生的非黏土矿物及其他组分 自生矿物是黏土生成过程中生成的，主要是铁、锰、铝的氧化物和氢氧化物（如赤铁矿、褐铁矿、水针铁矿、软锰矿、水铝石等），碳酸盐（方解石、白云石、菱镁矿等），氧化硅（蛋白石、自生石英等），长石，有时也有石膏、黄铁矿、磷灰石和石盐等。

此外，黏土还常含有有机质，如煤炭、腐殖质、沥青质及生物遗体等。

(2) 黏土原料的化学成分

黏土原料的化学成分主要是 SiO_2、Al_2O_3 和 H_2O。但由于不同黏土的矿物成分不同，其化学成分相差很大。如 Al_2O_3 在高岭石黏土中较高，MgO 在海泡石、凹凸棒石黏土中富集，K_2O 在水云母黏土岩中为最多。

3. 主要黏土矿物的结晶性质

(1) 高岭石族矿物

①高岭石的结晶性质见表2-8。

表 2-8　高岭石的结晶性质

化学式	$Al_4[Si_4O_{10}](OH)_8$
化学组成（%）	Al_2O_3 39.495，SiO_2 46.548，H_2O 13.957
晶系	三斜或单斜晶系
晶胞参数	$a_o=5.14Å$，$b_o=8.93Å$，$c_o=7.37Å$，$\alpha=91.8°$，$\beta=104.7°$，$\gamma=90°$，$z=1$
结构单元层	1:1 型（即一个 Si—O 四面体与一个 Al—O 八面体连接而成）；单元层间以氢键连接相结合，无其他阳离子和水存在
形态	土状、致密块状、球状、蠕虫状；粒度通常为 0.2~5μm，厚度 0.05~2μm；集合体可成塔状、书面状、手风琴状乃至片状集合体
硬度	2.0~3.5
相对密度	2.60~2.63
光学性质	$N_g=1.560~1.570$，$N_m=1.559~1.569$，$N_p=1.533~1.565$，$N_g-N_p=0.006~0.007$，(010) 面上消光角 $N_m\Lambda\alpha=1°~3°30'$，二轴晶 (−)，$2v=10°~57°$（平均42°），色散 $r>v$，弱

②迪开石的结晶性质见表2-9。

表 2-9　迪开石的结晶性质

化学式	$Al_4[Si_4O_{10}](OH)_8$
化学组成	同高岭石
晶系	单斜晶系
晶胞参数	$a_o=5.15Å$，$b_o=8.94Å$，$c_o=14.7Å$，$\alpha=\gamma=90°$，$\beta=103.35°$，$z=2$
结构单元层	1:1 型或 TO 型
形态	假六方鳞片状晶体，大小可达 0.1~0.5mm，集合体常呈塔状、六角柱状，有时为放射状、扇状
硬度	2.5~3.5
相对密度	2.59~2.62
光学性质	$N_g=1.566~1.570$，$N_m=1.561~1.566$，$N_p=1.560~1.564$，$N_g-N_p=0.006~0.009$，(010) 面上消光角 $N_m\Lambda\alpha=14°~20°$，二轴晶 (+)，$2v=50~80$，色散 $r>v$，弱

③珍珠陶土的结晶性质见表2-10。

表 2-10 珍珠陶土的结晶性质

化学式	$Al_4[Si_4O_{10}](OH)_8$
化学组成	同高岭石
晶系	单斜晶系
晶胞参数	$a_o=5.14Å$，$b_o=8.95Å$，$c_o=43.0Å$，$β=90°20'$，$z=6$；2M 多型的晶胞参数为 $a_o=5.15Å$，$b_o=8.91Å$，$c_o=15.70Å$，$β=113°42'$，$z=2$
形态	单晶体为六方形片状、板状，直径可达 5mm；集合体常呈宝塔状、六方柱状、鳞片状、放射状和致密块状
硬度	2.5~3.5
相对密度	2.59~2.627
光学性质	$N_g=1.563~1.566$，$N_m=1.562~1.563$，$N_p=1.557~1.560$，$N_g-N_p=0.006~0.009$；(010) 面上消光角 $N_m\land α=10°~12°$，二轴晶（+）或（−），色散 $r<v$，$2v=4°~90°$ 属正光性的珍珠陶土，其消光角近于 90°，且 $r<v$

(2) 埃洛石 (多水高岭石) 族矿物

① 变埃洛石（亦称水合多水高岭石、7Å 埃洛石、脱水型埃洛石、准埃洛石及变水高岭石，见表 2-11。

表 2-11 变埃洛石结晶性质

化学式	$Al_4[Si_4O_{10}](OH)_8 \cdot nH_2O$
化学组成（%）	SiO_2 43.512，Al_2O_3 39.919，H_2O 19.569
晶系	单斜晶系
晶胞参数	$C-C_m$，$a_o=5.15Å$，$b_o=8.90Å$，$c_o=7.5~7.9Å$，$β=105°$；变种铁变埃洛石：$a_o=5.16Å$，$b_o=8.92Å$，$c_o=9.6Å$，$β=105°30'$，$z=1$
形态	层间含残留水的变埃洛石 $d_{001}=7.9Å$，失去全部层间水的变埃洛石 $d_{001}=7.2Å$，集合体呈致密块状、土块状；电子显微镜下呈管状，或因脱水干裂而呈分叉状、枝状
硬度	1~2
相对密度	2.58
光学性质	单偏光镜下无色，近于均质性，二轴晶（−），$2v=0°~10°±$，平均折射率介于高岭石与埃洛石之间，即 $N=1.556±$ 或 $N=1.541~1.552$

② 埃洛石（原称叙永石、多水高岭石）的结晶性质见表 2-12。

表 2-12 埃洛石的结晶性质

化学式	$Al_4[Si_4O_{10}](OH)_8 \cdot 4H_2O$
化学组成（%）	SiO_2 40.847，Al_2O_3 34.568，H_2O 24.495[其中结构水（OH）与结晶水各占 1/2]
晶系	单斜晶系
晶胞参数	$a_o=5.15Å$，$b_o=8.9Å$，$c_o=10.1~10.25Å$，$β=100°12'$，$z=1$
形态	集合体呈球粒状、胶凝块状体，干后呈梭角状碎块，电镜下呈管状、筒状
硬度	1~2.5
相对密度	2.0~2.6
光学性质	$N=1.47~1.56$，凸起不明显，正交光下双折射率较低，几乎呈均质性

(3) 蒙脱石族和皂石族

①蒙脱石族（胶岭石或微晶高岭石）的结晶性质见表2-13。

表 2-13 蒙脱石的结晶性质

化学式	$(Na，Ca)_x nH_2O\{(Al_{2-x}Mg_x)[Si_4O_{10}](OH)_2\}$
化学组成	由于类质同象替换的结果，其化学组成呈现出复杂多变的特性
晶系	单斜晶系
晶胞参数	对称型 z/m，空间群 $C2/m$，$a_o=5.23Å$，$b_o=9.06Å$，c_o 随层间水含量而变化于 9.6～15.5Å 之间；Na-蒙脱石一般含一层水分子，$c_o=12.0Å$；Ca-蒙脱石一般含两层水分子，$c_o=15.5Å$；如果含三层水，c_o 可达 18～19Å，$\beta=99°\pm30'$，$z=2$
形态	通常为土状或隐晶质块状集合体，有时呈细小的鱼片状和球粒状，在电子显微镜下呈鳞片状、绒毛状、云雾状团状
硬度	1.5～2.5
相对密度	2.2～2.9
光学性质	$N_p=1.493～1.503$，$N_m=1.516～1.526$，$N_g=1.516～1.527$，二轴晶，负光性，$2v=0°～30°$

②皂石族的结晶性质见表2-14。

表 2-14 皂石的结晶性质

化学式	$Na_x nH_2O\{Mg_3[Al_xSi_{4-x}O_{10}](OH)_2\}$
化学组成	变化较大，八面体片中 Mg^{2+} 常被 Fe^{2+}、Fe^{3+} 以及 Zn^{2+}、Ni^{2+}、Cu^{2+}、Al^{3+} 等代替，四面体片中部分 Si^{4+} 为 Al^{3+} 所代替，x 通常小于 1
晶系	单斜晶系
晶胞参数	空间群 $C_3^4-C_c$，$a_o=5.33Å$，$b_o=9.21Å$，$c_o=30.72Å$；$\beta=97°$，$z=4$
形态	单体形态呈片状或板条状，通常呈致密块状、结核状、鳞片状集合体
硬度	1
相对密度	2.24～2.30
光学性质	负凸起，$N_g=1.511～1.527$，$N_m=1.510～1.527$，$N_p=1.479～1.490$，N_p 垂直 (001)，二轴晶 (-)，$2v=0°～40°$

(4) 蛭石族

蛭石的结晶性质见表2-15。

表 2-15 蛭石的结晶性质

化学式	$Mg_x nH_2O\{Mg_{3x}[AlSi_3O_{10}](OH)_2\}(Mg、Fe^{2+}、Fe^{3+})_3[(Si、Al)_4O_{10}](OH)_2\cdot 4H_2O$
晶系	单斜晶系
晶胞参数	对称型 m 或 2/m，空间群 C_c 或 $C2/C$，$a_o=5.35Å$，$b_o=9.25Å$，$c_o=n\times 14.5Å$，$\beta\approx 97°07'$，$z=2$，C_o 值随层间阳离子种类和层间水的多少而变化
形态	由黑云母和金云母等转化而成的为粗的、呈黑云母的假六方板状或鳞片状假象，细的呈土状，也有呈纤维状者，但极为罕见，解理沿 (001) 极为完善

硬度	1~4.5
相对密度	2.4~2.7
光学性质	多色性明显，无色至褐色，N_p 无色，$N_m = N_g$ 浅褐色或浅褐绿色
	$N_p = 1.525 \sim 1.560$，$N_m = 1.540 \sim 1.585$，二轴晶（-），由于光轴角极小（$2v = 0° \sim 8°$），很像一轴晶
化学成分（%）	多变，美国北卡罗来纳蛭石化学成分为： SiO_2 36.54，Al_2O_3 16.96，Fe_2O_3 2.78，FeO 0.95，NiO 2.32， MgO 19.78，CaO 0.06，H_2O^+ 11.16，H_2O^- 9.24

（5）水云母族　二八面体水云母族

伊利石的结晶性质见表 2-16。

表 2-16　伊利石的结晶性质

化学式	(K、H_3O)<1，nH_2O{(Al、Mg、Fe)$_2$[(Si、Al)$_4O_{10}$](OH)$_2$}
化学组成	与白云母相似，但 K_2O 比白云母低；SiO_2、MgO、FeO 比白云母高；H_2O 比白云母高
晶体结构	属 2:1 型层状结构。由于结构层与结构层的堆叠花样不同而形成不同的多型，常见的多型有 1M、$2M_1$ 和 1Md 型，较少 3T 型
形态	大小一般在 1~2μm 之间，在显微镜下呈鳞片状、板条状，集合体呈土状或致密块状
硬度	1~2，(001) 解理完全
相对密度	2.6~2.9
光学性质	折光率 $N_g = 1.57 \sim 1.61$，$N_m = 1.52 \sim 1.61$，$N_p = 1.54 \sim 1.57$，N_p 近于垂直 (001)，干涉色低，一般到一级黄，二轴晶（-），$2v = 10° \pm$

（6）绿泥石

人们通常把一组绿色的，含 Fe^{2+}、Mg^{2+}、Fe^{3+} 的层状铝硅酸盐矿物称为绿泥石，包括在晶体结构上属 2:1:1 型的绿泥石和 1:1 型的镁绿泥石。

绿泥石的晶体结构在形式上可以看成是由 2:1 型的"滑石层"加上一个独立的八面体片"氢氧镁石层"组成的。在绿泥石中存在着广泛的类质同象替换。在其结构中，各片间、层间相互叠置时能产生位移的地方很多，故其结构很复杂。表 2-17 列出了几种绿泥石的化学成分。

表 2-17　绿泥石的化学成分

名称	SiO_2	Al_2O_3	Fe_2O_3	Cr_2O_3	FeO	MnO	MgO	CaO	NiO	ZnO	PbO	BaO	H_2O
锰绿泥石	22.64	18.69	4.43	—	—	38.98	1.48	—	—	—	—	1.33	9.40
高锰绿泥石	33.06	0.58	9.42	—	—	33.83	11.55	0.07	—	0.42	0.56	—	10.33
铬绿泥石	33.12	9.50	—	7.88	1.98	—	35.36	1.24	—	—	—	—	12.29
												CoO	
富镍绿泥石	27.27	15.21	4.354	—	2.78	0.06	10.13	0.38	24.49	—	—	0.38	10.75

（7）坡缕石-海泡石族

①坡缕石（又名山软木、山柔皮、打白石）的结晶性质见表 2-18。

表 2-18　坡缕石的结晶性质

化学式	$(OH_2)_4(Mg、Al、Fe)_5[(Si、Al)_8O_{20}](OH)_2 \cdot 4H_2O$ 或 $(Mg_5)[Si_8O_{20}](OH)_2(OH_2)_4 \cdot 4H_2O$
化学组成（%）	SiO_2 56.93，MgO 23.87，H_2O 19.20 由于类质同象结果使坡缕石普遍含 Al_2O_3、Fe_2O_3、CaO，从而使 SiO_2、MgO 含量均低于理论值
晶系	单斜晶系，$C_{2h}^8 - P_2/m$ 层链状结构
晶胞参数	$a_o = 13.4\text{Å}$, $b_o = 18.0\text{Å}$, $c_o = 5.2\text{Å}$, $\beta \approx 90 \sim 93°$, $z = 2$
形态	纤维状或窄带状，电镜下呈长柱状或针状，集合体呈束状或交织状、树皮状、马粪纸状
硬度	$2 \sim 3$，当加热到 $700 \sim 800℃$ 后硬度 >5
相对密度	$2.05 \sim 2.30$
光学性质	二轴晶（-），$2v$ 不大，$N_g = 1.540 \sim 1.558$，$N_g - N_p = 0.030$

②海泡石的结晶性质见表 2-19。

表 2-19　海泡石的结晶性质

化学式	$Mg_8(H_2O)_4[Si_6O_{15}]_2(OH)_4 \cdot 8H_2O$ 或 $Mg_8[Si_{12}O_{30}](OH)_4(OH_2)_4 \cdot 8H_2O$
化学组成（%）	SiO_2 55.65，MgO 24.89，H_2O 19.46
晶系	斜方晶系，层链状结构
晶胞参数	$a_o = 13.4\text{Å}$, $b_o = 26.8\text{Å}$, $c_o = 5.28\text{Å}$, $z = 2$
形态	α-海泡石常呈纤维状、针状，β-海泡石为鳞片状；集合体呈束状、皮壳状、粉末状、致密状、黏土状、结核状
硬度	$2 \sim 3$
相对密度	$2 \sim 2.5$
光学性质	单偏光镜下无色，或黄色、浅棕色；干涉色一级黄，平行消光，正延性 $N_g = 1.525 \sim 1.529$，$N_p = 1.506 \sim 1.502$，二轴晶（-），$2v = 0° \sim 60°$

（8）非晶质黏土矿物

已发现的非晶质黏土矿物（确切地说应该是半晶质黏土矿物）有水铝英石、伊毛缟石、硅铁石和硅锰石等，以胶体形式存在于黏土中。其化学式或化学成分列于表 2-20 中。

表 2-20　非晶质黏土矿物的化学成分

矿物名称	化学式	化学成分（%）
水铝英石	$xSiO_2 \cdot yAl_2O_3 \cdot nH_2O$	Al_2O_3 　23.5~41.6 SiO_2 　21.4~39.1 H_2O 　39.0~43.9
伊毛缟石	$SiO_2 \cdot Al_2O_3 \cdot nH_2O$	
硅铁石	$xSiO_2 \cdot yFe_2O_3 \cdot nH_2O$	SiO_2 27.99　Fe_2O_3 34.25 FeO 0.54　MnO 2.33 H_2O^+ 7.14　H_2O^- 27.89
硅锰石	$xSiO_2 \cdot yMnO_2 \cdot nH_2O$	

注：滑石、蛇纹石和叶蜡石分别在 2.1.4 "钙镁质矿物原料" 和 2.4 "低温快烧原料" 中叙述。

4. 黏土及黏土矿物的性能

（1）可塑性　黏土最重要的性能之一。影响黏土可塑性的主要因素有：黏土的矿物成分；黏土的颗粒度及粒级分布；黏土颗粒的形状，溶媒中的交换性离子的种类、组合、浓度和化学价；黏土的阳离子交换能力等。

国内通常用可塑性指数、可塑性指标及其相应的含水率、可塑度系数来表示黏土可塑性。

（2）结合性能（又称粘结性）　在陶瓷生产中，黏土的结合性能比可塑性更具有现实意义。

一般按粘结能力的大小将黏土分为四类，见表 2-21。

表 2-21　按粘结能力的大小对黏土的分类

分类	能保持可塑泥团的最高加砂量（%）
粘结黏土	≥50
可塑黏土	20～50
非可塑黏土	20
石状黏土	不能形成可塑泥团

（3）干燥性能　黏土的干燥性能包括干燥收缩率、干燥强度及干燥灵敏度。

干燥收缩率分为线收缩率（S_g）和体收缩率（B_g）两种。

实践证明，黏土的体收缩约等于线收缩的 3 倍，误差仅为 6%～9%，所以实际中用 $B_g \approx 3S_g$ 进行计算。

干燥灵敏度是指黏土干燥时，可能产生变形和裂开时间早迟、速度快慢、强度大小的综合反映。根据干燥灵敏度系数 K 值的大小，可将黏土分为三种类型：

低干燥灵敏度　　　　　灵敏度系数 <1

中等干燥灵敏度　　　　灵敏度系数 1～2

高干燥灵敏度　　　　　灵敏度系数 >2

（4）烧结性　黏土非单一物质，所以没有固定的熔点。当温度超过 1000℃ 时，随着温度的升高，黏土中液相量逐渐增加，而气孔率相应降低，当黏土的显气孔率接近于零时，称为烧结。已烧结的黏土其开口气孔显著降低，吸水率一般在 2%～5% 之间。如温度继续升高，开口气孔全部消失之后，坯体发生软化或开始膨胀。从烧结完毕到开始软化之间的温度范围称为烧结范围。

（5）耐火性（度）　黏土的耐火性（度）是黏土高温性质之一。

耐火度的高低取决于矿物成分及杂质的含量。耐火度越高，熔融温度范围越宽。

（6）黏土的离子交换性　黏土的阳离子交换能力大小，常用交换容量来表示。所谓交换容量，指 100g 干黏土所吸附且能被交换的离子总数量（CEC）。据 R. E. Grim 的资料，不同黏土矿物离子交换容量（CEC）（mg 当量/100g 土）分别是：

蛭石 100～150　　　　　蒙脱石 80～150

高岭石 3～15　　　　　　云母黏土（d 型）10～40

埃洛石 40～50　　　　　变埃洛石 5～10

海泡石、坡缕石 20～30　　绿泥石 10～40

(7) 黏土的膨胀性　黏土的膨胀性是指黏土矿物晶体因吸水而使体积膨胀增大的现象。黏土的膨胀性分为内膨胀和外膨胀。

所谓内膨胀,指由于水分子进入结构单位层间,使 d_0 值增大致使晶格可发生膨胀的特征。如钙蒙脱石未加入水分前 $d_0=15.4Å$,加入后 d_0 可达 $20Å$。

外部膨胀性指黏土矿物颗粒之间的空隙吸附水分子后,引起黏土矿物颗粒体积增大的特性。

(8) 黏土的分散性　把黏土置于水中制成悬浮液,或者加入低浓度的阳离子溶液而制成悬浮液后,黏土颗粒长时间悬浮水中难以沉淀的性质称为黏土的分散性。

黏土的分散性随矿物种类、结构和粒度的大小不同而异。

(9) 黏土的凝聚性　处于高度分散的悬浮液或溶胶,在一定的物理或化学因素影响下,分散的黏土颗粒逐渐变大并向下沉降的现象称为黏土的凝聚性。引起凝聚的因素很多,如加热、蒸发、干涸、冷冻、振动、机械离心作用,以及在悬浮液中加入一定的盐类溶液等。

(10) 稠性(稠度)　黏土在一定量水的掺和与外力搅拌下,显示出既不是固体,也不是液体的中间型物体的硬度特点,称之为稠性(或稠度)。

(11) 黏性(黏度)　黏土悬浮液的黏性可以理解为黏土颗粒与溶液中的离子和极性水分子之间的连锁状所形成的。

黏土悬浮液的黏性(度)通常用恩氏黏度计或旋转黏度或扭力黏度计测得。

(12) 触变性　黏土凝胶液搅拌后黏度降低,流动性增大,再放置一定时间后又变成凝胶,这种性质称为触变性。

5. 黏土矿物的研究、鉴定方法

(1) 黏土矿物的 X 射线粉晶衍射分析。

①标准数据法　层状硅酸盐黏土矿物的 $00L$ 型衍射线,特别是 001 衍射线是黏土矿物的特征衍射线,是鉴别各族黏土矿物的主要依据。表 2-22 列出了各族主要黏土矿物的 d_{00L} 值。

表 2-22　各族主要黏土矿物的 d_{00L} 值

矿　物	d_{001}	d_{002}	d_{003}	d_{004}	d_{005}
蒙脱石	12～15		4～5		2.4～3
绿泥石	14.2	7.1	4.7	3.53	2.8
蛭石	14.2	7.1	4.7	3.53	2.8
伊利石	10.0	5.0	3.33	2.5	
高岭石	7.15	3.58	2.37		

在同类矿物中,各族之间主要利用 d_{060} 来进行。三八面体族矿物的 $d_{060}>1.51Å$,而二八面体族的 $d_{060}<1.51Å$。

黏土矿物经某些物理的或化学的方法处理后,会引起 d_{001} 值的变化。表 2-23 列出了常见黏土矿物经处理后的 d_{001} 或 d_{110} 衍射值。

表 2-23 常见黏土矿物经处理后的 d_{001} 或 d_{110} 衍射值

矿 物	未经处理 (Å)	Mg-甘油 (Å)	500~700℃加热2h(Å)
高岭石 (d_{001})	7.15	7.15	消失 (600℃)
伊利石 (d_{001})	10	10	10 (600℃)
蒙脱石 (d_{001})	12~15	18	9.6~10 (600℃)
蛭石 (d_{001})	14.2	14.2	9.3 (700℃)
绿泥石 (d_{001})	14.2	14.2	13.8 (600℃)
坡缕石 (d_{110})	10.4	10.4	10 (500℃)
海泡石 (d_{110})	12.05	12.05	10 (500℃)

② 标准图谱法　图 2-1 是几种主要黏土矿物的 X 射线衍射曲线。

（2）黏土矿物的热分析　黏土的差热失重分析是根据每种黏土矿物固有的热变化特征来确定其所属的矿物类型。下面介绍几种主要黏土矿物被加热时的热反应（相变、收缩、脱色等）特征。

图 2-2 是几种主要黏土矿物及其混合物的差热分析曲线。

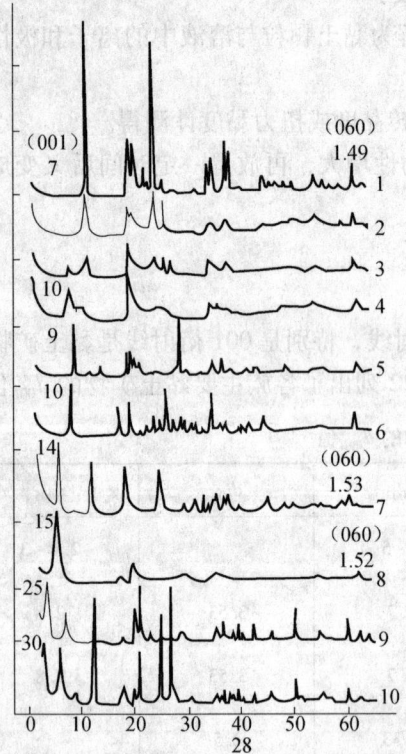

图 2-1　几种主要黏土矿物的 X 射线衍射曲线
1—关白高岭土；2—原蛙目；3—朝鲜高岭土；
4—中国埃洛石（多高岭石）；5—叶蜡石；
6—绢云母；7—绿泥石；8—蒙脱石；
9—累托石；10—须藤石（日本陶土）

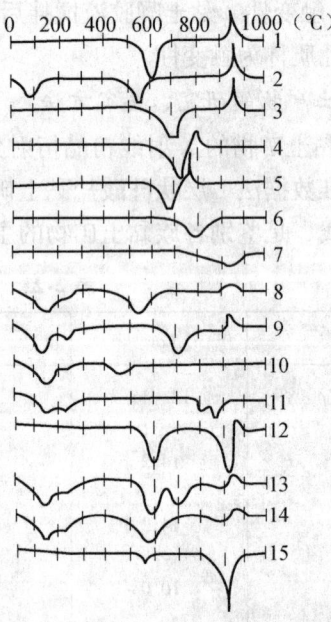

图 2-2　几种黏土矿物及其混合物
的差热分析曲线（DTA）
1—高岭土；2—埃洛石；3—迪开石；4—叶蛇纹石；
5—贵橄榄石；6—叶蜡石；7—滑石；8—伊利石；9—蒙脱石；
10—绿脱石；11—皂石；12—高岭石与 $CaCO_3$ 的混合物；
13—高岭石与蒙脱石的混合物；14—高岭石与伊利石
的混合物；15—石英与 $CaCO_3$ 的混合物

(3) 黏土矿物红外吸收光谱分析　层状硅酸矿物红外光谱由硅酸盐络阴离子 $[Si_4O_{10}]^{4-}$ 振动、羟基和水的振动以及八面体阳离子与层间阳离子振动组成。OH^- 和 H_2O 的伸缩振动位于高频区（3750～3200 cm^{-1}）；H_2O 的变曲振动在 1630 cm^{-1} 附近；OH^- 摆动频率则要看结构类型，或者在 950～910 cm^{-1}，或者在 700～600 cm^{-1} 范围，OH^- 平动频率较低，位于 400 cm^{-1} 以下。不同的矿物因其结构上的差异，均会产生不同特征的红外光谱。图 2-3 是几种主要黏土矿物的红外光谱图。

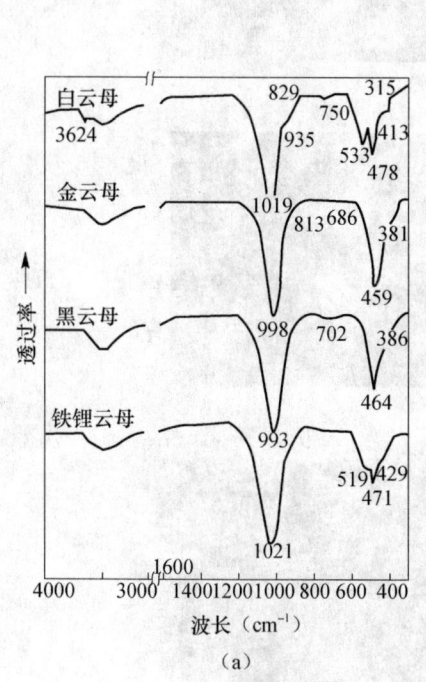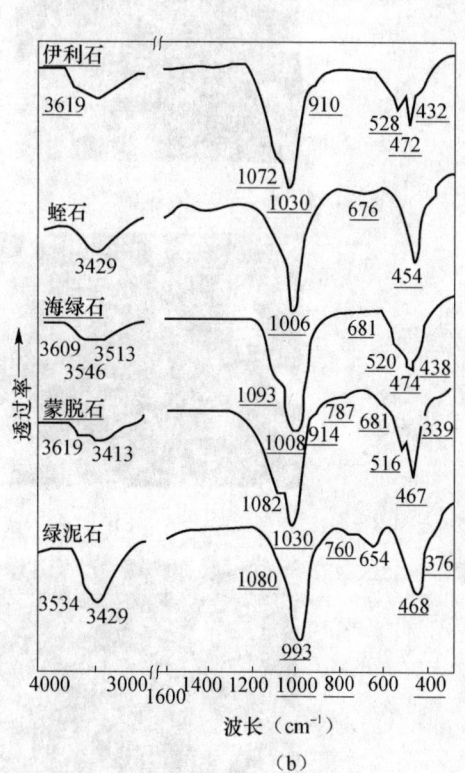

图 2-3　几种主要黏土矿物的红外光谱图

(4) 黏土矿物的电子显微镜（透射电镜和扫描电镜）分析　由于电子显微镜具有极高的分辨率，因此能够查明 0.1μm 以下矿物的形态。黏土矿物的种类往往可以从形态上来区分，它们的性能也可以从形态上得到解释。图 2-4 是几种主要黏土矿物的透射电镜照片。

6. 黏土原料的精加工

(1) 高岭土类原料的精加工

①水簸法（淘洗法）　水簸法是根据细黏土与粗粒的杂质悬浮在水中时具有不同的沉降速度的原理进行的。

水簸法的主要设备由粉碎机、搅拌机、除砂机、沉淀池与压滤机等组成。

水簸法操作方便，设备简单，因此，使用较广泛。但它占地面积较大，劳动强度高而且生产效率低。此外，水簸法对分离大于 50μm 的机械混合物效果好，而要分离几个微米的杂质与黏土矿物晶格中的杂质就无能为力了。

②水力旋流法　水力旋流法是湿法精选原料的一种效率较高的工艺措施。由于所需设备结构简单、投资少、维护方便、分离精选度高、生产量具有很大的波动范围等优点，所以在

国内外陶瓷工业中被广泛用来精选高岭土。

③浮选法 浮选法是以不同矿物表面被水润湿的性质不同为基础的精选法。亲水矿物在水中沉积，而疏水矿物则悬浮起。

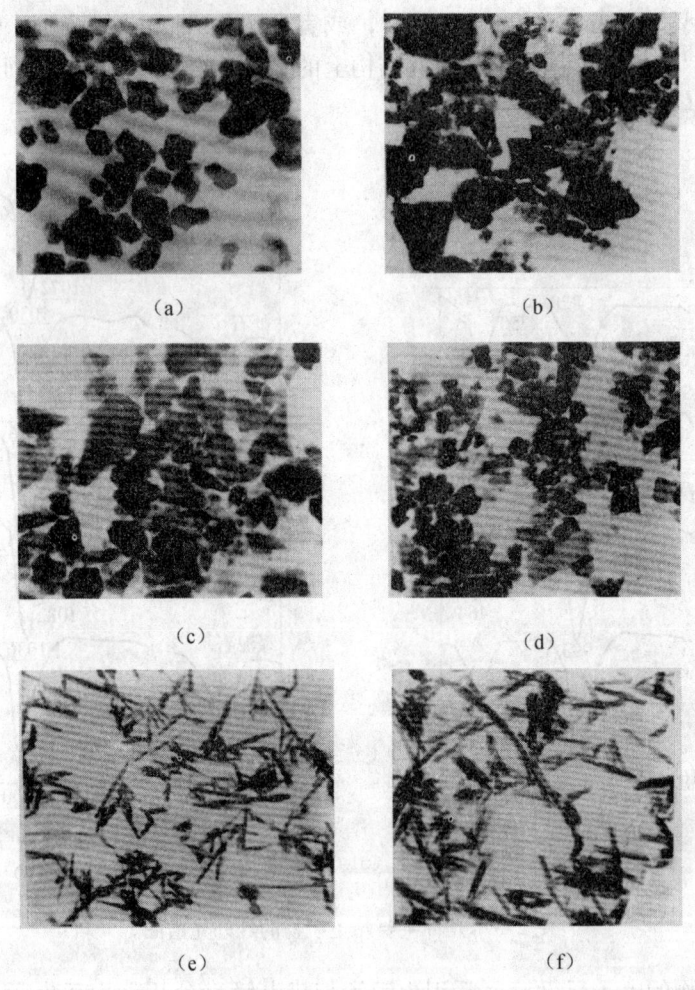

图 2-4 几种黏土矿物的透射电镜照片

(a) 苏州土（高岭石） 1500×；(b) 青田叶蜡石 6000×；(c) 章村土（绢云母） 15000×
(d) 章村土（绢云母） 10000×；(e) 叙永土（埃洛石） 15000×；(f) 叙永土（埃洛石） 15000×

浮选法适用于精选含有铁矿物和有机物的黏土。

为了提高浮选效果，都要使用捕集剂。常用的捕集剂有丁基黄药、胺盐（NH_4NO_3）、Na_2CO_3 及松油等。

④化学精选法 在酸性矿浆中加入连二亚硫酸钠（$Na_2S_2O_4$）强还原剂，与高岭土中氧化铁作用，把三价铁还原成二价铁，使其可溶于水，经过滤、洗涤除去铁，达到提高白度的目的。

⑤电渗电解精选法 苏州高岭土公司的二氧化硫电解法，使铁含量从 2%~3% 降到 <1%，白度从 60%~70% 提高到 83%。其实质是在高岭土泥浆中通入 SO_2，形成亚硫酸，在直流电作用下电解还原，阳极表面的连二亚硫酸钠与高岭土泥浆作用，使泥浆中的三价铁还

原成二价铁离子，经过洗涤除铁。

⑥磁选法：

a. 苏州高岭土公司与江西冶金研究所试制的 JSQC-2 型湿式平环强磁选机：磁场强度 19600G_5，入选矿浆浓度 7%~12%。当原料含 1.25% Fe_2O_3 时，处理后精矿含 0.72% Fe_2O_3。对 10μm 左右的浸染状褐铁矿除铁效果好。

b. 长沙矿冶研究院对江苏青山瓷土矿的高岭土用梯度磁选除铁时，使用 $(NaPO_3)_6$ 作分散剂可得到白度 90%、含铁 0.5% 的精矿。

⑦发达国家高岭土的生产技术 英国的英吉利瓷土公司、美国的佐治亚高岭土公司代表了世界高岭土工业的先进水平。其生产技术状况如下：

a. 用遥控高压水枪或斗容量为 15.3~17.6m^3 的机械铲，前端式装载机进行开采，用砂泵输送矿浆或自卸卡车运输矿石。

b. 用沉沙坑螺旋或耙式分级机和水力旋流器除砂。

c. 用带有运输螺旋的卧式连续分级机和刮板分级机分级，并使用分散剂提高矿浆浓度。

d. 用自动化操作的板框式压滤机、真空回转过滤机、槽式过滤机脱水。

e. 用直径为 9m 的喷雾干燥塔、转筒干燥机和板式干燥器进行干燥。

f. 美国首用超细粒浮选法解决高岭土的微粒浮选问题，美英合作研制用双液浮选法除去高岭土中的锐钛矿、电气石。

g. 用浮选法、选择性絮凝、氨浸法除硫。

h. 用分级法增加高岭土的细度。

i. 产品分级合理。按用途定牌号，质量稳定，检验严格，检验机构完善。产品用自动计量包装或散装外运，造纸用高浓度"浆状"高岭土用槽车直接送到用户。

(2) 叶蜡石及其他黏土的精加工

叶蜡石及其他黏土矿物的选矿方法与高岭土相似。如日本采用最简单的手选或包括水选在内的机械选矿方法。其加工选矿分干式和湿式两种。

美国北卡罗来纳州罗宾地方标准矿物公司对于叶蜡石和石英的分离，使用优先磨矿和分级相结合的流程。有的用浮选法，一般在碱性矿浆中添加硅酸盐和碳酸盐，用脂肪酸或氢氟酸、硫酸作捕集剂。在酸性矿浆中，捕集剂采用长键胺类或季铵盐类浮选，回收率达 80% 以上。

2.1.2 长石类原料及加工

1. 长石类原料

(1) 长石的分类

①按长石的化学成分分类，可分为四种：

钾长石 $K[AlSi_3O_8]$ 或 $K_2O \cdot Al_2O_3 \cdot 6SiO_2$，代号 Or potash feldspar

钠长石 $Na[AlSi_3O_8]$ 或 $Na_2O \cdot Al_2O_3 \cdot 6SiO_2$，代号 Ab sada feldspar

钙长石 $Ca[Al_2Si_2O_8]$ 或 $CaO \cdot Al_2O_3 \cdot 2SiO_2$，代号 An lime feldspar

钡长石 $Ba[Al_2Si_2O_8]$ 或 $BaO \cdot Al_2O_3 \cdot 2SiO_2$，代号 Cn barium feldspar

②按长石的化学成分与结晶化学特点分类，可分为两个亚族：

钾钠长石亚族　　　　　正长石 K[AlSi$_3$O$_8$] 单斜晶系
（正长石亚族）　　　　微斜长石 K[AlSi$_3$O$_8$] 三斜晶系
K[AlSi$_3$O$_8$] – Na[AlSi$_3$O$_8$]　　透长石（Na、K）[AlSi$_3$O$_8$] 单斜晶系
　　　　　　　　　　　歪长石（Na、K）[AlSi$_3$O$_8$] 三斜晶系

斜长石亚族　　　　　　钠长石　Ab　100% ~ 90%　　An　0% ~ 10%
Na[AlSi$_3$O$_8$] – Ca[Al$_2$Si$_2$O$_8$]　更长石　Ab　90% ~ 70%　　An　10% ~ 30%
　　　　　　　　　　　中长石　Ab　70% ~ 50%　　An　30% ~ 50%　三斜晶系
　　　　　　　　　　　拉长石　Ab　50% ~ 30%　　An　50% ~ 70%
　　　　　　　　　　　培长石　Ab　30% ~ 10%　　An　70% ~ 90%
　　　　　　　　　　　钙长石　Ab　10% ~ 0%　　 An　90% ~ 100%

(2) 长石的物理化学性质（表2-24）

表 2-24　长石的物理化学性质

指数 项目	种类	钾长石	钠长石	钙长石	钡长石
颜色		白、肉红、灰黄等	白，有时为红黄绿、灰黄等	白、灰、黄或红色	—
相对密度		2.56	2.605	2.77	3.45
硬度		6 ~ 6.5	6 ~ 6.5	6 ~ 6.5	6 ~ 6.5
晶系		单斜	三斜	三斜	单斜
组成（%）	SiO$_2$	64.70	68.70	43.20	32.00
	Al$_2$O$_3$	18.40	19.50	36.70	27.10
	RO(R$_2$O)	K$_2$O　16.90	Na$_2$O　11.80	CaO　20.10	BaO　40.90
热膨胀系数（1/℃）		7.5×10^{-6}	7.4×10^{-6}		
比热[kcal/(h·℃)]		0.187 ~ 0.189	0.19 ~ 0.197	0.1937	
熔融温度（℃）		1190（异元熔融）	1100	1550	1725
熔融范围		1130 ~ 1145℃，因变体存在，于1150 ~ 1200℃之间熔融，1250 ~ 1290℃全部熔化	1120 ~ 1250℃，因变体存在，常低于此温度	1250 ~ 1550℃，因混有钠长石，常低于此温度	

2. 长石原料的代用品

(1) 正长伟晶岩　几乎全部由碱性长石（条纹长石）所组成，有时也出现酸性斜长石和暗色矿物（如黑云母、角闪石等）。

(2) 霞石正长岩　霞石正长岩部分取代长石时坯体的烧成温度大大降低（坯体含有20%霞石正长岩与10%锂辉石时的烧成温度为1050℃），但烧成范围可增宽。霞石正长岩Al$_2$O$_3$含量较正长石高，一般在23%左右，故能提高机械强度使坯体在烧成中不易沉塌，同时使坯体的热膨胀系数有所增加，从而能适当地阻止釉裂。其主要性质列于表2-25中。

表 2-25 霞石正长岩的性质

项 目	内 容
化学成分	SiO_2 不饱和 $K_2O + Na_2O > Al_2O_3$（分子数） K_2O 4%~6%；Na_2O 5%~10%；$Fe_2O_3 + FeO$ 2%~4%；$CaO + MgO$ 1%~2%
矿物成分	不出现石英为特征；碱性长石 60% 左右；碱性辉石、角闪石以及铁云母 15%~20%；似长石（霞石、方钠石）可达 20%，含少量稀有元素
相对密度	2.54
熔 点	1160~1200℃（依碱量不同而变）

国外陶瓷工业对霞石正长岩的质量要求是：粒度小于 200 目，流动性好，铁和其他杂质含量低。

(3) 釉石 俗称釉果，主要由石英、绢云母组成，常含少量长石、方解石、高岭石和黄铁矿等杂质。釉石外观多呈青绿、浅绿、微黄色，致密块状，断口呈贝壳状，相对密度 2.65，硬度 6~6.5。

釉石和少量石灰质原料配合即可制成釉料，常作青釉或纹片釉的配料。

(4) 细晶岩 细晶岩以浅色矿物（长石、石英）为主要成分，因此有时统称为浅色脉岩。细晶岩按其出现浅色矿物组分的不同，可以分为花岗细晶岩、正长细晶岩、歪长细晶岩、闪长细晶岩、斜长细晶岩等，其中以花岗细晶岩最为常见。

我国湖南某地细晶岩的矿物成分为：石英（包括交代作用生成的）13%~23%；更（奥）长石 75%~80%；白云母 2%~6%；黄玉 0.2%~1.8%。

(5) 酸性玻璃熔岩 岩石成分以玻璃质为主，结晶矿物极少，具有玻璃质结构或基质为玻璃质的斑状结构。这类岩石按结构、构造、含水情况及其他物性可分为松脂岩、黑曜岩、珍珠岩。

(6) 其他长石原料的代用品 据报道，国外用作长石原料代用品的还有珍珠岩、火山灰凝灰岩、响岩、霏细岩、玄武岩、玉髓石、沸石、闪岩、泡沫岩、钙镁橄榄石、石岩斑岩、黑曜岩、粗石岩等都取得了良好的效果。

3. 长石类原料的精加工

(1) 泡沫浮选法

该方法主要适用于白岗岩或沙滩型长石矿物，也适用于伟晶花岗岩、半花岗岩、风化花岗岩和硅砂。一般流程为：大块矿石穿孔爆破→颚破→中碎→细碎→铵捕集剂浮选白云母→磺化油去掉石榴石等含铁矿物→铵捕集剂分离石英→压滤→脱水→干燥→产品。

(2) 日本研制的新方法

其流程为：黏土、细砂混合物→洗矿、筛分黏土→胺醋酸盐捕集剂浮选云母→二胺和石油磺酸捕集剂浮洗长石→长石通过滤水器成为精矿。

(3) 意大利研制出 16 型光度矿石分选机

用一种氨氖红色激光源射向矿石，光从颜色较浅的矿石反射出来，从而分开矿石和废石。

2.1.3 硅质原料及加工

1. 硅质原料的概念及物质成分

凡以 SiO_2 为主要成分，其含量与杂质含量等符合工业要求的岩石或砂子都称为硅质原料。自然界的硅质原料以石英族矿物为主，含微量长石、泥质和铁质等杂质。

2. 硅质原料的分类

（1）按硅质原料的物状分　岩类（脉石英、石英砂岩、长石石英砂岩、硅质岩），砂类（硅砂、海砂、石英砂、风化残积砂、风砂等），硅藻土。

（2）按硅质原料的用途分　耐火材料用、玻璃用、硅铁用、水泥用、陶瓷用。

（3）按硅质原料的矿床类型分　脉石英、硅质角岩、硅质砂岩、变质石英岩、硅质砂类。

（4）按硅质原料的成因分　热液型、沉积型、变质型三大类。

3. 石英族矿物

（1）石英族矿物的类型及特征见表 2-26。

表 2-26　石英的类型及特性

同质多变体 项　目	α-石英	β-石英	β-鳞石英	β-方石英	蛋白石
形成温度 （常压）（℃）	<573	573~867	867~1470	1470~1713	
晶系	三方晶系	六方晶系	斜方晶系	等轴晶系	非晶质
相对密度	2.65	2.51	2.27	2.22	因含水不同而变化 1.9~2.5
形态	菱面体和六方柱聚形	常见六方双锥	常见假六方板状	常见八面体	块状、多孔状、钟乳状，无固定形状
硬度	7	7			5~6
成因	分布十分广泛，中酸性岩浆岩热液、沉积、变质	只见于酸性喷出岩和浅成岩	酸性喷出岩	酸性喷出岩	火山温泉沉积，酸盐风化分解；古生物骨骼

（2）石英在加热过程中的晶型转化如图 2-5 所示。

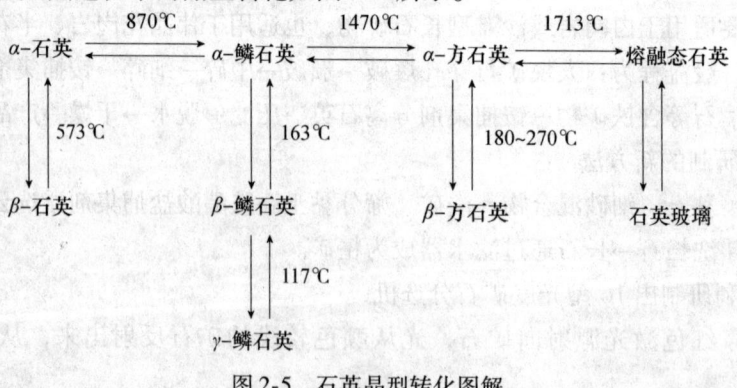

图 2-5　石英晶型转化图解

(3) 石英晶型转化中的体积变化值见表 2-27。

表 2-27 石英晶型转化中的体积变化值

转 化	温 度（℃）	体积膨胀（%）
β-石英 $\rightleftharpoons$ α-石英	573	0.82
α-石英 $\rightleftharpoons$ α-鳞石英	870	16.0
α-鳞石英 $\rightleftharpoons$ α-方石英	1470	4.7
α-方石英 $\rightleftharpoons$ 熔融石英	1713	0.1
α-鳞石英 $\rightleftharpoons$ β-鳞石英	163	0.2
β-鳞石英 $\rightleftharpoons$ γ-鳞石英	117	0.2
α-方石英 $\rightleftharpoons$ β-方石英	180~270	2.8

4. 我国硅质原料的资源概况

(1) 形成时代多，矿床类型全。从前震旦纪到现代各个地质时期均有矿产，各种成因类型均有产出。各类型矿床储量分布为：石英岩占 34.7%；石英砂岩 12.0%；海相石英砂 32.1%；陆相石英砂、长石石英砂 12.3%；石英脉 2%；碱性火山岩 6.9%。

(2) 资源丰富，分布广泛，相对集中。主要集中在中南区，其次是华东和西北，再其次是东北和华北，西南区最少。

(3) 优质矿少，中等和劣质矿石多。

(4) 资源远景大，能满足建设要求。

(5) 开发条件好，可供综合利用。

5. 生物成因的硅质沉积岩——硅藻土

化学成分：SiO_2 为 96%~97%，优质硅藻土可溶性 SiO_2 含量高，石英成分少。

矿物组成：以硅藻土为主，混入蛋白石、白硅石、燧石等，含少量黏土矿物——水云母、高岭石，碎屑矿物有石英、长石、黑云母及有机质等。

物性：硬度 1~1.5（硅藻骨骼微粒可达 4.5~5）；

相对密度：0.4~0.9（固结硬化后可达 2）；

熔点：1400~1650℃；

陶瓷工业对硅藻土的质量要求为：$SiO_2>85\%$，$Fe_2O_3<1\%$。

6. 硅质原料的精加工

(1) 国内目前岩类硅质原料的选矿流程

原矿→有的进行煅烧或水淬处理→破碎→筛分→洗选（普通清水池洗选、高压泵洗、机械清水洗选、机械药剂擦洗等）→选矿（磁选、药液选或其他选矿方法）→成品。

(2) 砂类矿或松散状非成岩类硅质原料的加工选矿流程

原矿砂→水选→过筛分级→含铁重矿物选矿→成品。

2.1.4 钙镁质矿物原料

1. 方解石（无色透明者叫冰洲石）（表2-28）

表2-28 方解石的结晶性质

化学式	$CaCO_3$
化学组成	CaO 56%；CO_2 44%
晶系	三方晶系，晶形复杂
形态	晶簇状，致密粒状（大理石）；致密隐晶质（石灰岩）；鲕状集合体（鲕状灰岩）；钟乳状（钟乳石和石笋）；疏松多孔状（石灰华）；松软土状（白垩）
物性	质纯者无色透明或白色，常染成各种颜色，玻璃光泽；硬度：3；性脆；相对密度：2.6~2.8
成因	沉积型，作为碎屑物或因生物化学作用沉积成石灰岩；热液型，金属矿床的脉石矿物或充填于喷出岩的气孔或裂隙中；风化型，$CaCO_3$ 溶解形成 $Ca[HCO_3]_2$ 于溶液中，当 CO_2 逸出时，则 $CaCO_3$ 可再沉淀。常形成钟乳石，石笋。反应如下：$$Ca[HCO_3]_2 \rightleftharpoons CaCO_3 + H_2O + CO_2$$
鉴别	以解理、硬度、加冷的稀盐酸剧烈起泡为特征

2. 菱镁矿（表2-29）

表2-29 菱镁矿的结晶性质

化学式	$MgCO_3$
化学组成	MgO 47.6%，CO_2 52.4%，常含 Fe、Mn、Ca 等类质同象混合物
晶系	三方晶系
形态	通常为细微的粒状集合体，呈白色，微带浅灰或浅黄
物性	玻璃光泽，解理依 {1011} 完全；硬度 4~4.5，性脆；相对密度 2.9~3.1
成因	热液作用于含镁的白云质灰岩和橄榄岩，可大规模聚集，外生作用亦可生成
鉴别	颜色、解理；遇酸反应微弱，只有加热盐酸才剧烈反应

3. 白云石（表2-30）

表2-30 白云石的结晶性质

化学式	$CaMg[CO_3]_2$
化学组成	CaO 30.4%；MgO 21.7%；CO_2 47.9%
晶系	三方晶系，晶体常呈弯曲马鞍状的菱面体，也常呈聚片双晶
形态	集合体呈粒状和致密块状，有时呈多孔状、肾状等
物性	灰白，微具浅黄、浅红、浅褐等色；玻璃光泽，解理平行 {1011} 完全；硬度 3.5~4；相对密度 2.8~2.9
成因	主要为海湖相沉积，也有由石灰岩经热液交代或成热液矿脉产出

图 2-6 是方解石、菱镁矿、白云石差热曲线，表 2-31 是方解石、白云石特征 X 射线衍射数据。

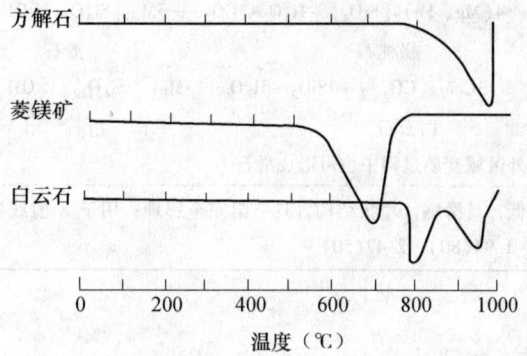

图 2-6　方解石、菱镁矿、白云石差热曲线

表 2-31　方解石、白云石特征 X 射线衍射数据

矿物	hkl	用于鉴别的主要晶面间距 d(Å)	窗口 $2\theta(CuK_\alpha)$
方解石	104	3.03　3.04~3.01	29.47　29.25~29.60
白云石	104	2.88~2.89　2.90~2.87	30.05　30.80~31.15

4. 萤石（又名氟石）（表 2-32）

表 2-32　萤石的结晶性质

化学式	CaF_2
化学组成	Ca 51.33%，F 48.67%，成分中常含稀土元素
晶系	等轴晶系
形态	通常为粒状、块状集合体
物性	纯净者为无色透明，但一般都带绿、紫黄色；玻璃光泽，条痕白色；硬度为 4；性脆；相对密度 3.18；若含钇和铈时可达 3.3 和 3.6；熔点 1300~1403℃
成因	主要为热液作用形成，在沉积岩中也有生成
鉴别	颜色、多组解理、硬度为特征，也可用化学试验测定： $CaF_2 + H_2SO_4 \longrightarrow CaSO_4 + 2HF\uparrow$

5. 滑石（表 2-33）

表 2-33　滑石的结晶性质

化学式	$Mg_3[Si_4O_{10}](OH)_2$ 或 $3MgO \cdot 4SiO_2 \cdot H_2O$
化学组成	MgO 31.89%；SiO_2 63.52%；H_2O 4.75%
晶体结构	单斜晶系，为层状（三层型构造）硅酸盐
形态	常呈鳞片状或致密块状集合体
物性	白色，但常带有浅渌、浅褐、浅红等色调；玻璃光泽，致密块体常呈脂状光泽；硬度为 1；具滑感；沿（001）完全解理；相对密度 2.7~2.8

成因	主要为富含 Mg 的岩石经热液蚀变而成，如： $4(Mg、Fe)_2[SiO_4] + H_2O + 3CO_2 \longrightarrow Mg_3[Si_4O_{10}][OH]_2 + 3MgCO_3 + Fe_2O_3$ 　　橄榄石　　　　　　　　　　　　　滑石　　　　菱镁矿　赤铁矿 $3CaMg[CO_3]_2 + 4SiO_2 + H_2O \longrightarrow Mg_3[Si_4O_{10}][OH]_2 + 3CaCO_3 + 3CO_2$ 　　白云石　　　　　　　　　　　　　滑石　　　　方解石 另外区域变质过程中也可形成滑石
鉴别	硬度低，具滑感，片状结构，具一组完全解理；用于 X 射线鉴定的主要粉末线（Å）3.11(100)，1.94(80)，2.47(50)

6. 蛇纹石

（1）蛇纹石的结晶性质见表2-34。

表 2-34　蛇纹石的结晶性质

化学式	$Mg_6[Si_4O_{10}](OH)_8$ 或 $3MgO \cdot 2SiO_2 \cdot 2H_2O$
化学组成	MgO 43.0%；SiO_2 44.1%；H_2O 12.9%（富含水的蛇纹石称胶蛇石，H_2O 达13%~17%）
晶体结构	晶质蛇纹石为两层型层状构造硅酸盐；单位构造层间以分子键相连，其构造与高岭石相似；为黏土矿物之一
物性	白色，但常带有浅渌、浅褐、浅红等色调；玻璃光泽，致密块体常呈脂状光泽；硬度为1；具滑感；沿（001）完全解理；相对密度2.7~2.8
成因	主要为热液对超基性岩中橄榄石、辉石交代反应的产物，如： $3Mg_2[SiO_4] + 4H_2O + SiO_2 \longrightarrow Mg_6[Si_4O_{10}][OH]_8$ 　　橄榄石　　　　　　　　　　　蛇纹石 $4Mg_2[SiO_4] + H_2O + 2CO_2 \longrightarrow Mg_6[SiO_4O_{10}](OH)_8 + 2MgCO_3$ 　　橄榄石　　　　　　　　　　　蛇纹石　　　菱镁矿 此外，白云质灰岩或白云岩受到侵入体有关影响，也可形成蛇纹石，如： $6CaMg[CO_3]_2 + 4SiO_2 + 4H_2O \longrightarrow Mg_6[Si_4O_{10}](OH)_8 + 6CaCO_3 + 6CO_2$

（2）蛇纹石的分类　按蛇纹石的成分和形态分为三类，见表2-35。

表 2-35　蛇纹石的分类

类别 特性	叶蛇纹石	胶蛇纹石	蛇纹石石棉 （纤维蛇纹石）
形态	单斜晶系隐晶致密块体或鳞片状集合体	胶态或隐晶致密块体	
颜色	黄、白、灰、淡绿、黄绿、绿，叶蛇纹石有时微带蓝色		
光泽	玻璃光泽，致密块体为油脂状光泽		丝绢光泽
硬度	3.5	2.5	2~3
相对密度	2.5~2.6	2.55	2.4~2.55
解理	若为片状，则可见（001）解理完全	胶态隐晶致密块体见不到解理	平行纤维方向具有（001）完全解理
化学性质	在酸中分解		更易在酸中分解

7. 磷灰石族

(1) 化学式

$A_5[XO_4]_3Z$ 化学式中：A 为 Ca^{2+}、Pb^{2+} 等；$[XO_4]$ 为主要阴离子 $[PO_4]^{3-}$ 或 $[VO_4]^{3-}$；Z 为附加阴离子 F^-、Cl^-、$[OH]^-$、O^{2-} 和 $[CO_3]^{2-}$。

(2) 分类

按附加阴离子的种类不同，分为以下几个异种：

氟磷灰石	$Ca_5[PO_4]_3F$	含 P_2O_5 42.06%
氯磷灰石	$Ca_5[PO_4]_3Cl$	含 P_2O_5 40.50%
碳磷灰石	$Ca_{10}[PO_4]_6[CO_3] \cdot H_2O$	含 P_2O_5 38.57%
羟（氢氧）磷灰石	$Ca_5[PO_4]_3(OH)$	含 P_2O_5 42.05%
氟羟磷灰石	$Ca_5[PO_4]_3(OH、F)$	
细晶磷灰石	$Ca_5[PO_4]_3(OH、F、Cl)$	

本族的另一些矿物：$Pb_5[PO_4]_3Cl$、$Pb_5[AsP_4]_3Cl$、$Pb_5[VO_4]_3Cl$ 与磷灰石的区别是相对密度大。

(3) 磷灰石 $Ca[PO_4]_3(F、Cl\cdots)$

① 化学组成　　$Ca_5[PO_4]_3F$：CaO 55.5%；P_2O_5 42.3%；F 2.2%。

　　　　　　　　$Ca_5[PO_4]_3Cl\cdots$：CaO 53.8%；P_2O_5 41.0%；Cl 5.2%。

② 物理性能　绿色、黄色、黄褐色和浅紫色等，胶体磷块岩因含有机质而染成深灰色至黑色；玻璃光泽，断面油脂光泽，性脆；硬度 5；相对密度 3.18～3.21。

③ 成因　在各种岩浆岩中皆成副矿物产出，表生成因往往是复杂的生物化学作用。

④ 鉴定特征　物性鉴定为特征。化学方法是将钼酸铵粉末置于磷灰石上，加上一滴硝酸，即产生黄色磷钼酸铵沉淀。

⑤ 用途　在陶瓷工业中，可在坯体中部分代替骨灰制作骨灰瓷。近年来在卫生陶瓷釉料中加入适量的磷灰石提高釉面的光泽度，增加柔和感。

2.1.5 其他天然矿物原料

1. 氧化物

(1) 锡石（表2-36）

表2-36　锡石的结晶性质

化学式	SnO_2
化学组成	Sn 78.8%；O_2 11.2%；成分中经常含有 Nb、Ta、Ti、Fe^{3+} 等混入物；钽锡石含 Ta_2O_5 达 9%
晶系	四方晶系
形态	晶体常呈四方柱和四方双锥聚形，通常为粒状
物性	通常为黄褐、黄色；含 Nb、Ta 高者甚至为沥青黑色；透明至半透明；条痕白色至淡黄褐色；金刚光泽，断口呈强油脂光泽；硬度 6～7；相对密度 6.8～7.0
成因	与酸性火成岩往往有联系，产于和花岗岩有关的伟晶岩和气成热液矿脉中
用途	陶瓷工业主要用锡石作为釉中的乳浊剂，以增加釉层对坯胎的覆盖能力

(2) 金红石（表2-37）

表2-37 金红石的结晶性质

化学式	TiO_2
化学组成	Ti 60%，O_2 40%；成分复杂，含有 Fe^{2+}、Fe^{3+}、Sn^{4+}、Nb^{5+}、Ta^{5+} 等类质同象混入物
晶系	四方晶系
形态	晶体呈柱状至针状，主要单形为四方柱（110）、（100）和四方双锥（111）、（101）；有时可出现复四方柱和复四方双锥，双晶常见
物性	常呈褐色、红褐色和暗红色；含铁多者呈黑色，半透明；条痕黄至黄褐，金刚光泽；硬度 6～6.5；相对密度随成分发生变化：4.2～5.6；熔点 1560℃
成因	分布广泛，形成在较高温度下，经常为酸性岩浆岩的副矿物
用途	常以钛白粉或金红石引入珐琅或低温陶器釉中作乳浊剂

2. 含锆矿物

(1) 锆英石（表2-38）

表2-38 锆英石的结晶性质

化学式	$ZrSiO_4$
化学组成	ZrO_2 67.1%；SiO_2 32.9%
晶系	四方晶系
形态	常呈四方柱和四方双锥的聚形，短柱至长柱状。晶体随成因而变化
物性	纯净者无色；常染成黄、橙、红、褐色；金刚光泽，有时油脂光泽；硬度 7～8；相对密度 4.6～4.71；性脆
成因	各种岩浆岩，尤其是花岗岩、碱性岩的一种常见副矿物；因硬度大、化学稳定性好，常转入砂中
用途	二氧化锆对降低热膨胀性效果显著，可以提高釉的热稳定性，还因它的化学惰性大，故能提高釉的化学稳定性，特别是耐酸能力；近年来锆英石微粉和超细粉广泛用作建筑卫生陶瓷的乳浊剂

(2) 含（富）铪锆石（Zr·Hf）[SiO_4]
化学组成：ZrO_2 48.18%～60.03%；HfO_2 2%～16.73%；含 HfO_2 >4%者为富铪锆石。
(3) 异性石（Na、Ca）$_5$Zr·Si_6O_{17}(OH、Cl)$_2$
ZrO_2 含量为 11.84%～12.82%。

3. 含锂矿物

(1) 锂辉石（表2-39）

表2-39 锂辉石的结晶性质

化学式	$LiAlSi_2O_6$
化学组成	Li_2O 8.07%；Al_2O_3 27.44%；SiO_2 64.49%；并含有 Na^+、Fe^{3+}、Cr^{3+}、Mn^{3+} 等混入物，有时含有 Cs 和稀土元素
晶系	单斜晶系
形态	柱状晶体，晶面具纵纹；集合体呈柱状，也有呈致密隐晶块体

物性	白色,常呈浅黄绿色及淡紫色调;(110)两组中等解理,解理夹角87°;硬度6.5~7;相对密度3.03~3.2;熔点1423℃
成因	为含Li花岗岩特征矿物
用途	在陶瓷工业中,锂在釉中的助熔作用极强,使用少量Li_2O或锂辉石可增加釉面光泽度,国外已广泛采用

(2) 锂云母(表2-40)

表2-40 锂云母的结晶性质

化学式	$KLi_{1.5}Al_{1.5}[AlSi_3O_{10}](F、OH)_2$
化学组成	K_2O 4.82%~13.85%;Li_2O 1.23%~5.90%;Al_2O_3 11.33%~28.82%;SiO_2 46.90%~60.06%;H_2O 0.65%~3.15%;F 1.36%~8.71%。在混入物中有CsO、Rb_2O等
晶系	单斜晶系
形态	晶体常呈板状,但少见,通常呈片状、鳞片状集合体
物性	常呈浅紫色,有时为白色、桃红色(含Mn);玻璃光泽;解理沿(001)极完全,解理面呈珍珠光泽;硬度2.5~4;相对密度2.8~2.9
成因	主要产于含Li的伟晶岩中,与锂辉石、含Li电气石、钠长石等共生,此外在云英岩和高温热液矿脉中也有产出
用途	除作为提取锂的主要原料之一外,在陶瓷釉料中作为助熔剂和提高釉面质量的原料之一,在陶瓷坯体中也有作为添加剂使用的报道;此外,可综合利用铷和铯等稀土元素

(3) 其他含锂矿物

锂磷铝石 $LiAl[PO_4]F$,含Li_2O 7.1%~10.1%;

透锂长石 $Li[Al,Si_4O_{10}]$,含Li_2O 2.9%~4.8%;

铁锂云母 $KLiFeAl[Si_3AlO_{10}](F、OH)_2$,含$Li_2O$ 1.1%~5.0%。

4. 含硼矿物

(1) 主要的含硼矿物

硼在自然界分布很广,已知含硼矿物百余种。作为硼酸工业原料的主要是含水和某些无水硼酸盐矿物,主要矿物有:

硼镁石:$Mg_2B_2O_5 \cdot H_2O$,含B_2O_3 38.4%;

水方硼石:$CaMgB_6O_{11} \cdot 6H_2O$,含$B_2O_3$ 50.53%;

钠硼解石:$NaCaB_5O_9 \cdot 8H_2O$,含B_2O_3 42.95%;

硼镁铁矿:$(Mg \cdot Fe)_2 \cdot Fe(BO_3)_2$,含$B_2O_3$ 17.02%;

硼钾镁石:$KMg_2B_{11}O_{19} \cdot 9H_2O$,含$B_2O_3$ 56.92%;

硅硼钙石:$CaBSiO_4(OH)$,含B_2O_3 21.8%;

硼砂:$Na_2B_4O_7 \cdot 10H_2O$,含B_2O_3 36.51%;

硬硼钙石:$Ca_2B_6O_{11} \cdot 5H_2O$,含$B_2O_3$ 50.81%;

方硼石:$5MgO \cdot MgCl \cdot 7B_2O_3$,含$B_2O_3$ 59.77%;

天然硼酸：$B(OH)_3$，含 B_2O_3 56.30%；

白硼钙石：$4CaO \cdot 5B_2O_3 \cdot 7H_2O$，含 B_2O_3 49.30%；

遂安石：$Mg_2B_2O_5$，含 B_2O_3 38.20%。

(2) 硼砂（表2-41）

表2-41 硼砂的结晶性质

化学式	$Na_2[B_4O_7] \cdot 10H_2O$
化学组成	Na_2O 16.2%；B_2O_3 36.6%；H_2O 47.2%
晶系	单斜晶系
形态	晶体短柱状、土状集合体和致密块体常见
物性	无色或白色，微带灰绿和蓝色等；玻璃光泽，断口油脂光泽，硬度 2~2.5；相对密度 1.69~1.72；易溶于水
用途	陶瓷釉料中使用硼砂，可降低釉的熔点和黏度，减少析晶倾向，提高热稳定性，减少釉裂，增强釉的光泽度和硬度；硼和钴、钛、镍等可制成金属陶瓷

5. 硫化物和硫酸盐

(1) 方铅矿（表2-42）

表2-42 方铅矿的结晶性质

化学式	PbS
化学组成	Pb 86.6%；S 13.4%
晶体构造	等釉晶系，阴阳离子配位数均为6
物性	灰黑色、条痕钢灰色、金属光泽，解理平行（100）极完全；硬度 2~3；相对密度 7.4~7.6

(2) 重晶石（表2-43）

表2-43 重晶石的结晶性质

化学式	$BaSO_4$
化学组成	BaO 65.7%；SO_3 34.3%
晶系	斜方晶系
形态	晶体常沿（001）发育而呈板状，少数呈柱状或三向等长的晶体；通常呈板状集合体，粒状或致密块状，也有具同心带状构造的钟乳状和具放射状构造的结核
物性	纯净者无色透明，因含杂质而染成灰白、浅褐、浅红等；硬度 3~3.5；相对密度 4.3~4.7

(3) 二水石膏（含水硫酸钙）（表2-44）

表2-44 二水石膏的结晶性质

化学式	$CaSO_4 \cdot 2H_2O$
化学组成	CaO 32.5%；SO_3 46.6%；H_2O 20.9%
晶系	单斜晶系
形态	晶体常沿010呈板状，且常以（100）呈燕尾双晶，也常呈纤维状集合体和致密块状，也有呈土状产出的

续表

物性	白色,也有无色透明的,因含杂质而呈各种浅色。玻璃光泽,解理沿(010)极完全,平行(100)和(011)中等;硬度1.5~2.0;相对密度2.3
成因	主要为化学沉积,也可由硬石膏吸水而成
用途	在陶瓷工业中主要用作注浆成形用工作模,也有用于母模的;另外,大量用作陶瓷坯体半成品的托板和托架等

6. 耐火材料用原料

(1) 耐火材料的种类及原料概况(表2-45)

表2-45 耐火材料的种类及原料概况

分类	名称	主要原料
硅酸铝质耐火材料	黏土-熟料质	耐火黏土和熟料(高岭土熟料或矾土熟料)
	高铝质	结合黏土(生黏土:$Al_2O_3 > 46\%$)及高岭土和高铝熟料
硅酸镁质耐火材料	堇青石-莫来石质	高铝质原料与滑石等含镁质原料,晶相以堇青石为主,莫来石次之
	莫来石-堇青石质	高铝原料与镁质原料,晶相以莫来石为主,堇青石次之
碳化硅质耐火材料	黏土结合 SiC	黏土 + SiC,SiC > 90%
	氮化硅结合 SiC	Si_3N_4 和 SiC,SiC > 70%,$Si_3N_4 > 20\%$ 等
	重结晶 SiC	SiC > 99%
其他材质耐火材料	黏土-熔融石英	黏土和熔融石英(70%)
	SiC-熔融石英	SiC + 石英玻璃 + 结合黏土、磷酸铝

(2) 耐火材料用的黏土原料

耐火材料用的黏土质原料主要是结合性能好的可塑性黏土、高岭土、高铝矾土及其熟料。镁质黏土主要是滑石、绿泥石及其他含镁黏土。

(3) 蓝晶石族矿物原料

蓝晶石族矿物的分类及特性(表2-46)

表2-46 蓝晶石族的分类及特性

分类	蓝晶石 $Al_2[SiO_4]O$	硅线石 $Al[AlSiO_5]$	红柱石 $Al_2[SiO_4]O$
化学组成	Al_2O_3 63.10% SiO_2 36.90%	Al_2O_3 63.10% SiO_2 36.90%	Al_2O_3 63.10% SiO_2 36.90%
晶系	三斜晶系	斜方晶系	斜方晶系
物性	浅蓝、白、灰、绿等色;玻璃光泽、透明硬度具方向性;平行于晶体延长方向为4.5,横切方向为6;相对密度3.56~3.68	无色、灰、浅褐、浅绿玻璃光泽、透明;硬度为6.5~7.5;相对密度3.23~3.24	灰、褐、浅红等色;玻璃光泽;硬度7~7.5;相对密度3.1~3.2
转变为富铝红柱石温度范围及体积膨胀率	1100~1480℃ 16%~18%	1550~1750℃ 6%~7.2%	1350~1530℃ 4%~5.4%

7. 特殊非塑性耐火原料和特殊生产用原料

(1) 含铍原料

含铍原料的种类及特性见表2-47。

表2-47 含铍原料的种类及特性

矿物名称	分子式	BeO含量（%）
绿柱石	$Be_3Al_2(Si_6O_{18})$	9.26~14.4
硅铍石（似晶石）	$BeSiO_4$	43.67~45.67
羟硅铍石	$Be_4[Si_2O_7(OH)_2]$	39.6~42.6
金绿宝石（铍尖晶石）	$BeAl_2O_4$	19.5~21.56
日光榴石	$Mn_8(BeSiO_4)_6S_2$	8~14.5

(2) 含锶原料

含锶矿物及锶含量：已知含锶矿物10多种，主要有：天青石 $SrSO_4$，含Sr 45%~47%；菱锶矿 $SrCO_3$，含Sr 55%~60%。

2.1.6 非传统陶瓷原料

1. 稀土金属原料

(1) 主要稀土金属原料（表2-48）

表2-48 主要稀土金属原料

主要矿物	含稀土总量TR(%)
独居石*（Ce、La、Py⋯）PO_4	65.13
氟碳铈矿* $Ce[(CO_3)F]$	74.77
氟菱钙铈矿* $Ce_2Ca[(CO_3)_3F_2]$	60.30
氟碳铈镧矿（Ce、La）FCO_3	>70
褐廉石（Ca、Ce）$_2$（Al、Fe）$_3$（SiO_4）（Si_2O_7）O(OH)	23.12
烧绿石 $NaCaNb_2O_6F$	10±
磷钇矿*（YPO_4）	62.02
硅铍钇矿* $Y_2FeBe_2(SiO_4)_2O_2$	51.51
褐钇铌矿 Y(Nb、Ta)O_4	39.94
钛钇矿（Y、Al）(TiNb)$_2$(O、OH)$_6$	32.41

* 为主要的稀土矿物，在我国具有重要的或比较重要的工业意义。

(2) 用于陶瓷工业的主要稀土元素的物理性质（表2-49）

表2-49 主要稀土元素的物理性质

元素名称	熔点（℃）	沸点（℃）	密度（g/cm³）(24℃)	电阻率（Ω·cm）	布氏硬度	金属的颜色与光泽	刚柔性
镧 La	918	3464	6.146	61~80	20~30	灰色	有延展性
铈 Ce	798	3433	6.770	70~80	20~30	灰色	有延展性
镨 Pr	931	3520	6.773	68	20~30	灰色	有延展性
钕 Nd	1021	3074	7.008	65	20~30	灰色	有延展性

（3）部分稀土陶瓷色料体系（表2-50）

表2-50 部分稀土陶瓷色料体系

组 成	颜色
$ZrO_2 - SiO_2 - Pr_6O_{11}$	黄
$ZrO_2 - SiO_2 - Pr_6O_{11} - V_2O_5$	绿
$ZrO_2 - SiO_2 - Nd_2O_3$	粉红、紫
$ZrO_2 - SiO_2 - CeO_2 - Er_2C_3$	粉红
$ZrO_2 - SiO_2 - CeO_2 - Nd_2O_3$	青紫
$ZrO_2 - SiO_2 - CeO_2 - Pr_6O_{11}$	橙黄
$ZrO_2 - SiO_2 - Pr_6O_{11} - La_2O_3$	柠檬黄
$ZrO_2 - SiO_2 - CeO_2$	象牙黄
$Al_2O_3 - Nd_2O_3$	淡紫红、玫瑰红
$Al_2O_3 - Nd_2O_3 - Fe_2O_3$	棕
$SiO_2 - Nd_2O_3$	淡紫红
$CeO_2 - Pr_6O_{11}$	粉红
$CeO_2 - V_2O_5$	棕、咖啡
$Al_2O_3 - V_2O_5 - Sm_2O_3$	黑
$Al_2O_3 - V_2O_5 - Y_2O_3$	黑

（4）用于陶瓷工业的稀土离子的颜色表（表2-51）

表2-51 用于陶瓷工业的稀土离子的颜色表

原子序数	离子	未成对电子数	主要吸收光谱线（Å）	颜色
57	La^{3+}	$0(4f^0)$	无	无
58	Ce^{3+}	$1(4f^1)$	2105、2220、2380、2520	无
59	Pr^{3+}	$2(4f^2)$	4445、4690、4822、5885	黄、绿
60	Nd^{3+}	$3(4f^3)$	3450、5281、5745、7395 7420、7975、8030、8680	红

2. 稀散元素

（1）镉 Cd 镉是一种银白色带蓝色光泽的金属，是显著的亲硫元素。熔点320.9℃，沸点765℃，密度（20℃）8.65g/cm^3。镉在陶瓷中主要用作制造颜料。

镉的主要矿物是：

硫镉矿（CdS），含 Cd 77%；

菱镉矿（CdCO$_3$），含 Cd 74.5%；

方镉矿（CdO），但均不形成单独矿床。

（2）硒 Se 硒是半金属。性质与硫相似，但金属性比硫强。熔点220℃，沸点685℃，是典型的半导体，性脆。主要的硒矿物有硒铜矿（Cu$_2$Se），硒铜银矿（Cu、Ag）$_2$Se，硒银铅矿（Ag$_2$Pb）Se，辉汞矿 Hg(SeS)。

（3）其他 锗、镓、铟、铊、铼、碲等，因在建筑卫生陶瓷工业中应用较少，在此从略。

3. 放射性矿产

（1）铀 U 铀是一种银白色金属，具放射性和核裂变现象。相对密度19.7；熔点（1130±2）℃，其氧化物在陶瓷工业中主要作颜料。

（2）钍 Th 钍是银白色金属，性柔，有延性，具放射性。在自然界一般与其他元素化合成氧化物、硅酸盐、磷酸盐和氟化物。

目前，氧化钍在陶瓷工业中主要用作耐火材料的组成部分。

已知的含铀矿物有170多种，含钍矿物120多种。

2.2 化工原料

建筑卫生陶瓷工业用化工原料主要用于色料与釉料中，化工原料以用工业纯为主，也有用化学纯或实验试剂的，一般不需要用优级纯和分析纯。

常用的化工原料如下。

2.2.1 氧化物原料

1. 铅丹（红丹）Pb_3O_4

铅丹纯品呈鲜橙红色粉末，有毒。制熔块时在600℃很快分解，$2Pb_3O_4 \longrightarrow 6PbO + O_2$，分解后的PbO熔点为888℃。$Pb_3O_4$的相对密度为9.1。

铅丹从无纯者，其杂质多为SiO_2、Al_2O_3、Fe_2O_3、Pu、Cu等。

2. 氧化锌 ZnO

俗称锌白，又名亚铅华，自然界较稀少。氧化锌为白色粉末，相对密度5.5~5.6。

3. 氧化钴 CoO

分子量为74.93，灰绿色立方晶体。常温下在空气中氧化为棕色，进一步变为黑色。相对密度为6.45，熔点（1795±20）℃，溶于无机酸溶液为红色。不溶于水和乙醇。在空气中煅烧390~890℃生成Co_3O_4，温度高于2800℃时分解。

4. 氧化高钴 Co_2O_3

又名黑色氧化钴和三氧化钴。分子量为165.86，相对密度5.18。熔点895℃。不溶于水和醇，溶于热盐酸和热硫酸，分别放出氯气和氧气。

5. 氧化铜 CuO

分子量79.55。相对密度6.40（立方）；6.45（三斜）。熔点1326℃，在1026℃已部分分解为氧化亚铜和氧气，不溶于水。

6. 二氧化锰 MnO_2

分子量36.91，相对密度5.026。不溶于水和硝酸，在空气中热至535℃分解成Mn_2O_3，并放出氧气，900℃以上成Mn_3O_4。

7. 三氧化二铁 Fe_2O_3

又名红色氧化铁，分子量159.69。相对密度5.24，熔点1565℃。不溶于水。

8. 三氧化二铬 Cr_2O_3

又名铬绿，分子量151.19。相对密度5.21，熔点（2266±25）℃，沸点4000℃。不溶于水、酸、碱溶液，能溶于热的溴酸钾溶液。

9. 其他氧化物

氧化锑（Sb_2O_3），氧化钛（TiO_2，又名金红石），氧化镍（NiO），氧化铋（Bi_2O_3），氧化镁（MgO），氧化铝（Al_2O_3，工业纯），五氧化二钒（V_2O_5），氧化锆（ZrO_2）及稀土氧化物（Nd_2O_3、CeO_2…）等。

2.2.2 金属盐原料

1. 沉淀碳酸钡（$BaCO_3$）

分子量193.35。有毒。微溶于水，不溶于乙醇，溶于酸和氯化铵溶液。常压下加热至1360℃分解为BaO和CO_2。α型为白色六方晶体。相对密度4.43，熔点1740℃；β型928℃变为α型；γ型为白色斜方晶体。

2. 碳酸锂 Li_2CO_3

分子量为73.89，白色轻质碱性粉末。相对密度2.11，熔点723℃，1310℃时分解。在冷水中比热水中溶解度大。

3. 碳酸锰 $MnCO_3$

分子量为114.95，相对密度3.125，热至100℃时开始分解成氧化锰（Ⅱ）和二氧化碳。不溶于水。

4. 碳酸锶 $SrCO_3$

分子量147.63。相对密度3.70，熔点1497℃。微溶于水。820℃开始分解，1340℃渐渐失去CO_2，白热时完全分解。

5. 其他金属盐

硫酸铍（$BeSO_4$）、硝酸钾（KNO_3）、硝酸钠（$NaNO_3$）、磷酸钙[$Ca_3(PO_4)_2$]。

2.2.3 卤化物原料

氟化钙（CaF_2）、氯化铵（NH_4Cl）、氯化亚铜（Cu_2Cl_2）、氯化亚锡（$SnCl_2$）及氯化钠（NaCl）等。

2.2.4 其他原料

氢氧化铝[$Al(OH)_3$]、氢氧化铁[$Fe(OH)_3$]、钼酸（$H_2MoO_4·H_2O$）及碱式碳酸铅[$2PbCO_3·Pb(OH)_2$，即铜白或铅粉]。

2.3 工业废渣原料

2.3.1 陶瓷工业废渣的再利用

（1）废陶瓷用于坯料、釉料中；
（2）废陶瓷用于制作透水性陶瓷砖；
（3）废泥坯、生坯、粉料等经过过筛、除杂后的再利用；
（4）抛光砖废料制作轻质陶瓷砖；
（5）粉尘、废水的回收再利用；

(6) 废匣钵　废窑具重新配料用于其他耐火材料的坯料中，也有用于彩釉砖、内墙釉面砖的坯料中；

(7) 废石膏经处理形成再生石膏后的再利用。

2.3.2　其他工业废渣在陶瓷工业中的应用

(1) 煤矸石用于陶瓷坯釉料和耐火材料中；

(2) 粉煤灰、高炉水渣、锑炉水渣、铜矿尾砂、硫酸尾渣、磷矿尾渣等在彩釉砖、内墙釉面砖、劈离砖、琉璃瓦等中的应用；

(3) 珍珠岩在低温快烧建筑卫生陶瓷坯料中的应用；

(4) 废玻璃、废玻璃生丝在陶瓷釉料、熔块中的应用。

2.4　适用于低温快烧的陶瓷原料

2.4.1　适用于低温快烧陶瓷原料的性能要求

(1) 干燥收缩和烧成收缩小；

(2) 热膨胀系数小，最好随温度的变化呈直线关系；

(3) 导热性能好，烧成时能迅速进行物理化学变化；

(4) 在烧成中易引起体积变化的矿物游离石英等含量少；

(5) 有害杂质含量少，灼减量小；

(6) 熔剂性能强，高温黏度低，但又不大幅度降低烧成范围。

凡具备以上条件之一个或几个者都可作为低温快烧原料。

2.4.2　已开发利用的陶瓷低温快烧原料

1. 叶蜡石 $Al_2(Si_4O_{10})(OH)_2$ 或 $Al_2O_3 \cdot 4SiO_2 \cdot H_2O$

(1) 叶蜡石的晶体化学特征

化学成分：Al_2O_3 28.3%；SiO_2 66.7%；H_2O 5.0%。

晶体结构：单斜晶系（也有发现三斜晶系的），为 2:1 型二八面体层状硅酸盐结构。叶蜡石的硬度为 1~2，相对密度 2.65~2.90。(001) 解理完全。特征粉末线（Å）为 3.07(001)、4.43(86)、2.42(72)。

(2) 叶蜡石的工艺性能

①结晶水少，加热时脱水缓慢，不收缩。在未烧结之前，在一定范围内会产生线膨胀（图 2-7），这种性能可以抵消在烧成过程中由于其他物料（如黏土、熔剂）所造成的收缩，扩大烧成范围，保证产品尺寸一致；且能降低坯体的热膨胀系数，减少坯体的吸湿膨胀。

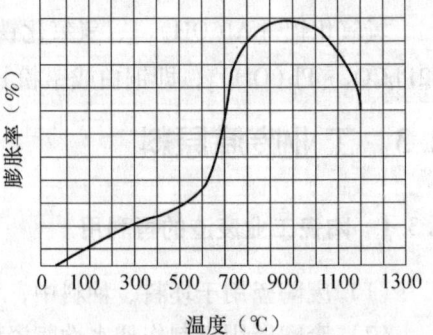

图 2-7　叶蜡石的热膨胀曲线

②叶蜡石在细磨后稍有塑性，泥浆又易稀释，流动性好，便于浇注。叶蜡石不被水浸润，粘结力差，因此，泥浆渗透性好，吸浆快，坯体干燥收缩小，且便于控制，故是卫生陶

瓷注料的优质配料。

③叶蜡石熔点高，耐火度可达1700℃以上，可提高瓷坯的烧成范围。

④导热、电导率低，绝缘性好，介电性能好，特别是在高频电流下，介电损失率小。

⑤对于强酸的作用具有化学稳定性。

⑥具有良好的机械加工和粉碎、磨细性能；磨成粉后具有高度的润滑性。

⑦粉末呈白色，颗粒越细，白度越高，焙烧后白度随之提高。

2. 硅灰石 $CaSiO_3$

（1）硅灰石的一般特性

化学组成：CaO 48.25%；SiO_2 51.75%。

晶体结构：硅灰石因形成的温度压力不同可形成三种同质多像体：

①α-$CaSiO_3$，低温三斜硅灰石（通称硅灰石）。

②α-$CaSiO_3$，低温单斜硅灰石（副硅灰石）。

③β-$CaSiO_3$，高温三斜硅灰石（假硅灰石）。

物性：单晶少见。纯的一般为耐久的明亮白色、银白色、灰色针状、纤维状集合体。因含杂质而呈灰、浅红、白、褐、灰黑等色。相对密度2.87～3.09。莫氏硬度为4.5～5.0。特征粉末线（Å）2.97(100)、3.0(80)、1.71(80)。

（2）硅灰石主要的工艺性能

①热膨胀系数低，膨胀系数变化小，而且为线性均匀膨胀。在25～800℃间的热膨胀系数为6.5×10^{-5} mm/(mm·℃)。烧成过程中不放出化学结晶水。

②熔点高达1544℃，若含杂质则熔点大大降低。一般在900℃时较稳定，1200℃开始缓慢转化为高温硅灰石。

③电阻值为$1.6～1.7 \times 10^{14}$ Ω/cm，是良好的高温绝缘材料，适合作低介电损耗瓷。

④耐酸、耐碱、耐化学腐蚀，但在浓盐酸中发生分解。

⑤硅灰石在相对较低温度下很容易与SiO_2、Al_2O_3共熔，减少热膨胀，降低产品收缩率，使其形状稳定。

⑥硅灰石针状颗粒提供了水分通过坯体快速逸出的通道，使干燥速度加快。

⑦轻微的湿膨胀。

3. 透辉石 $CaMg[Si_2O_6]$

（1）透辉石的一般特征

化学组成：CaO 25.9%；MgO 18.5%；SiO_2 55.6%。

形态：单斜晶系。通常为平行双面（100）、（010）发育的短柱状，斜方柱（110）常不发育，因而横断面呈近正方形。常依（100）形成接触双晶。集合体呈粒状、放射状。

物性：浅绿色或浅灰色。玻璃光泽。硬度5.5～6，相对密度3.27～3.38。主要粉末线（Å）为2.53(100)、3.00(80)、1.62(60)。

（2）透辉石的工艺性能

①具良好的热膨胀性。其热膨胀系数随加热温度提高呈直线性，属线性膨胀（图2-8）。

②透辉石的熔融性能。透辉石开始变形温度为1170℃；软化温度为1280℃；熔融温度为1290℃。据报道，由于

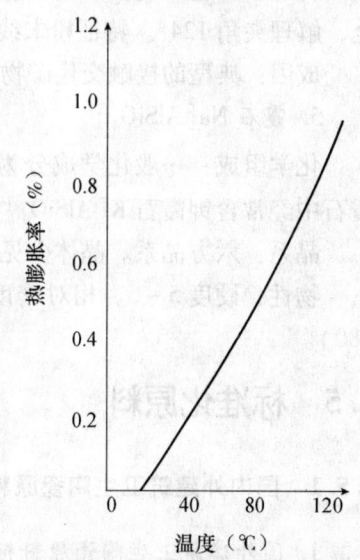

图2-8 透辉石的热膨胀曲线

Ca^{2+} 和 Mg^{2+} 取代 K^+ 和 Na^+，有利于莫来石化。

③透辉石的热谱特征。透辉石在加热过程中，没有重量上的损失，TG 曲线几乎为一平直线。DAT 曲线表明，矿石在加热过程中的热效应微弱（图 2-9）。

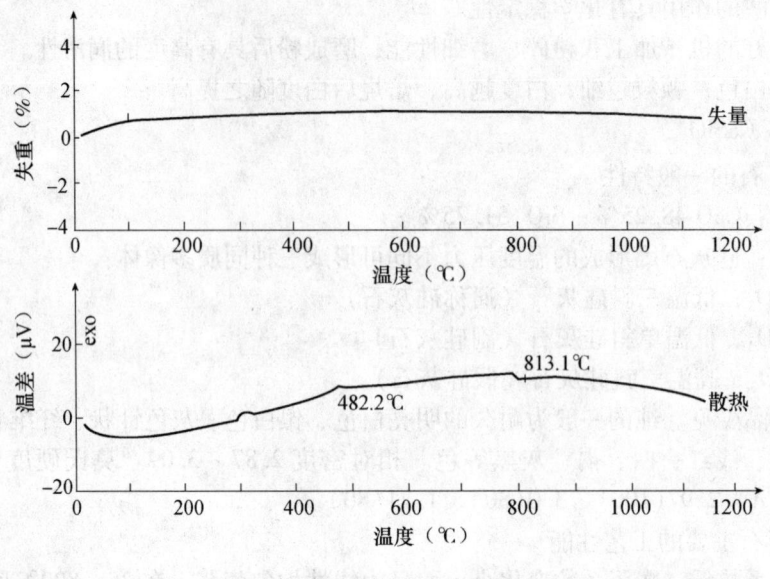

图 2-9 透辉石的热谱图

④透辉石的干燥性能。透辉石集合体呈粒状、短柱状，无吸附水和层间水。它不但本身无干燥收缩，而且由于它的加热而有利于其他形式的水分排出，所以可以实现快速干燥。

4. 透闪石 $Ca_2Mg_5[Si_4O_{11}]_2[OH]_2$

化学组成：CaO 13.8%；MgO 24.6%；SiO_2 58.8%；H_2O 2.8%。

形态：单斜晶系。晶体呈长柱状、针状。集合体为放射状或纤维状。

物性：白色、浅灰、浅绿色。玻璃光泽。条痕白色。硬度 5.5~6。解理沿（110）完全，解理夹角 124°。特征粉末线（Å）为 3.36(100)、1.52(100)、4.61(80)。

成因：典型的接触交代矿物。常发生在石灰岩、白云岩与火成岩接触带。

5. 霞石 $Na[AlSiO_4]$

化学组成：一般化学成分为：SiO_2 44.0%；Al_2O_3 33.0%；Na_2O 16%；K_2O 5%。这种霞石中经常含钾霞石 $K[AlSiO_4]$ 分子。

晶系：六方晶系。晶体少见，呈小柱状或厚板状。

物性：硬度 5~6。相对密度 2.6。主要粉末线（Å）为 3.01(100)、4.21(80)、3.83(80)。

2.5 标准化原料

2.5.1 国内外建筑卫生陶瓷原料标准化现状

1. 国外建筑卫生陶瓷原料标准化现状

近年来国外涌现的陶瓷原料标准化新工艺、新技术和新装备（如分散、絮凝新工艺、高效磁选机、细粉碎设备等），大都采用电脑监控，提高了选矿效率和自动化程度，降低了能耗，快速与电脑监控结合掺和设备则能确保原料成分的稳定。

（1）能从低品位矿石精选出优质高岭土和一系列看综合利用的产品，从而扩大了有开采价值的矿源。

（2）实现了单一产品的标准化、系列化，并改善其性能，从而满足不同用户的要求。

（3）陶瓷原料实现了用多种单一标准化原料配制成适合生产各种终端产品的标准化、商品化、系列化坯料的工业化生产。这些坯料以其优良的性能、稳定的质量，保证了终端产品质量稳定提高，并带来了显著的经济效益，例如：

在世界非金属矿物领域被称为巨型航母的 imerys 公司，是目前世界上最大的非金属矿物集团公司。它在世界 50 多个国家拥有 380 多家分公司，全球拥有上千种矿物原料，其使用领域涉及陶瓷、造纸、油漆、涂料、橡胶等行业。原世界著名的英国球黏土和高岭土公司——ECC 公司，就是 imerys 集团公司旗下的核心企业之一，其矿物原料从开采到加工处理，直至产品出厂到客户，全部实现了标准化操作、标准化管理和监控。它拥有世界一流的开采和加工处理技术，同时还拥有众多的来自世界各地的陶瓷行业技术精英，分别负责原料的加工处理过程中的品质监管、新原料的创新开发、客户的技术支持等。在英国、法国、美国、德国、新西兰和泰国等地，设有六处专门的大型试验开发中心，拥有世界一流的技术装备，聚集了众多资深陶瓷技术专家。在世界各地的矿山及加工工厂，该公司也都设有专门的质量控制试验检测室，小到每一车原料，加工中每间隔 1h 的取样，大到每一批次的产品，都有详细的技术检测数据，储存于大型的技术数据库，合格后才可以包装、出厂。因此，在 imerys 公司产品的每一个包装袋上面，都有一个产品批次编码，根据这个编码，就可以追溯到这一袋原料从开采到加工处理，直至出厂的整个过程的技术检测数据。

最主要的是，imerys 公司会根据客户不同产品的需求，迅速开发研制生产标准化的终端产品，特别是一些特殊性能的球黏土和高岭土，经特殊加工处理后，性能优良独到，例如具有高塑性、高强度的 BL2 球黏土，对于改善洁具坯体塑性差、强度低的配方，只需要添加 3%～5%，就会收到良好的使用效果。其英国的 Hycast 系列球黏土最适合生产大件卫生瓷产品，特别是要求规格齐整的 FFC 产品；其泰国的 Thaicast 和 Sancast 系列球黏土，特别适合于高档大件瓷质卫生洁具坯体的生产；球黏土的稀释范围宽、流动性好，可塑性好，强度还高，渗透性也好，四者优点集于一身，是洁具坯体生产的最佳标准化原料。还有法国的 Kaolinor IC，也是公司独有的一种可单独用作化妆土的高岭土，特别适合于墙地砖和 FFC 产品的坯釉过渡层，对改善产品的釉面亮度、平滑度、热稳定性，减少表面针孔、棕眼、碟形坑和釉裂。同时该公司在全球还拥有几百种适合于陶瓷生产的坯釉用标准化原料，目前 imerys公司在广州设有中国陶瓷部，专门负责对中国陶瓷企业的标准化原料销售和技术跟踪支持，在中国的球黏土、高岭土、长石等矿山加工项目也正在紧张地进行之中。

2. 国内建筑卫生陶瓷原料标准化现状

在国内，近年来随着建筑卫生陶瓷的飞速发展和国内外市场的变化，对陶瓷原料量上的需求越来越大，质量上的要求越来越高，陶瓷原料的标准化、系列化的呼声也越来越高。以广东矽比科嘉窑新会原料有限公司、广东新科美陶瓷原料有限公司为代表的一大批原料加工企业在我国南方涌现，使我国陶瓷原料的标准化、商品化、系列化迈上了一个新台阶。产品类型不同，其工艺流程亦不同，主要有两种：

一是：矿山勘探→开采→堆放陈腐→配料→均化→成形→检测→包装→出厂

二是：矿山勘探→开采→堆放陈腐→配料→均化→水洗化浆→除砂除杂→沉降分级→脱水成形→检测→包装→出厂

2.5.2 常用的标准化原料

1. 苏州土

苏州土产于江苏省苏州市阳山。矿床分布于阳山东、阳山西，分别定名为阳东矿、阳西矿。矿体呈不规则带状，储量约 4600 万 t，现由中国高岭土公司开采。经过选矿后分为优质瓷土和普通瓷土两大类。现简要介绍上海硅酸盐研究所对苏州土的研究结果。

（1）外貌观察及 1350℃ 烧后外貌（表 2-52）

表 2-52 苏州土外貌特征

样品品级	烧 前	烧 后
二号土	白色块状为主，有浅灰黑色云状混合层，部分破裂后很光滑，在水中部分水化	雪白有裂纹，吸水强
三号土	多数为淡灰黑色及灰白色块，部分为紫红块及夹层，水化微弱	白—雪白，淡紫红，部分呈白—微黄，有裂纹，吸水强
四号土	紫红及浅紫红块，部分有少量赭黄色夹层，部分水化	白—浅黄，深紫部分烧后呈深黄，赭黄夹层则呈铸铁状融化物，有大裂纹，吸水

（2）苏州土的化学成分（表 2-53）

表 2-53 苏州土的化学成分 %

成分\名称		SiO_2	Al_2O_3	Fe_2O_3	CaO	MgO	K_2O	Na_2O	TiO_2	SO_3	MnO_2	灼减量 $(I.L)$
苏州土	二号土	47.69	37.60	0.31	0.19	0.06	痕	0.03	痕	—	—	14.06
	三号土	44.98	39.54	0.28	0.15	0.06	0.21	0.16	0.18	—	—	14.86
	四号土	37.40	39.58	1.10	0.57	0.31	未定	未定	0.58	5.37	—	20.09

2. 界牌土

界牌土产于湖南省衡阳县界牌乡。储量大，易于开采，矿石质量好。原矿为粉红色、白色，半软质土块状，有明显的游离石英。1300℃ 烧后呈洁白色，质地疏松，吸水性强。下列为混合样性能。

（1）矿石的化学成分（表 2-54）

表 2-54 矿石的化学成分 %

成分\名称	SiO_2	Al_2O_3	Fe_2O_3	CaO	MgO	K_2O	Na_2O	TiO_2	SO_3	MnO_2	灼减量 $(I.L)$
界牌土	70.34	22.00	0.30	0.27	0.10	0.03	0.03	—	—	—	7.92

（2）矿石的颗粒组成（表 2-55）

表 2-55　矿石的颗粒组成　　　　　　　　　　　　　　　　%

>63μm	60~20μm	20~10μm	10~5μm	5~2μm	2~1μm	<1μm
23.45	22.23	9.12	10.69	5.07	1.81	27.62

（3）矿石可塑性能（表2-56）

表 2-56　矿石可塑性能

液限水分（%）	最大分子吸水值（%）	可塑性指数	可塑性指标	相应含水率（%）
42.55	21.72	20.83	2.05	39.05

（4）矿石结合性能（表2-57）

表 2-57　矿石结合性能

土/砂	100/0	80/20	60/40	40/60	20/80
结合强度（$\times 10^5$Pa）	9.85	8.26	7.84	5.28	4.57

（5）矿石干燥性能（表2-58）

表 2-58　矿石干燥性能

成形水分（%）	线收缩（%）	体收缩（%）	气孔率（%）
28.03	4.55	16.98	40.70

（6）矿石烧成性能（1300℃）（表2-59）

表 2-59　矿石烧成性能

线收缩（%）	总线收缩（%）	体收缩（%）	总体收缩（%）	体相对密度（g/cm³）	吸水率（%）
2.95	7.68	9.00	24.41	2.52	27.11

根据化学分析，差热、脱水、X射线及电镜等分析结果，表明界牌土主要属于杆状高岭石与石英的混合物，其中游离石英含量为40%~45%。

3. 佛山市高明新科美陶瓷原料有限公司系列黏土产品

（1）HBC 系列

适用于对白度有很高要求的抛光砖坯体。

①物理性能见表2-60。

表 2-60　HBC 系列的物理性能

性　能	HBC 024	HBC 035
水分（%）	≤28	≤28
干燥收缩（%）	5.79	6.00
干燥抗折强度（MPa）	4.20	2.79
烧成收缩（%）	8.26	7.52
吸水率（%）	11.03	14.02
白度（%）	>80	>84
黏度（mPa·s）	—	220

注：烧成收缩、吸水率、白度的测试条件为1200℃，保温30min。

② 化学成分见表 2-61。

表 2-61 HBC 系列的化学成分　　　　%

成　分	HBC 024	HBC 035
SiO_2	51.74	53.32
Al_2O_3	32.64	32.58
Fe_2O_3	0.70	0.50
TiO_2	0.27	0.15
CaO	0.09	0.08
MgO	0.21	0.20
K_2O	1.48	1.49
Na_2O	0.18	0.19
I.L	12.37	11.24

（2）SC 系列

适合于高档卫生陶瓷，具有低的烧失、良好的流动性、强度、注浆性能和烧成性能。

① 物理性能见表 2-62。

表 2-62 SC 系列的物理性能

性　能	SC 049	Dream Cast
水分（%）	≤25	≤25
筛余（%）	7.30	—
干燥收缩（%）	7.60	6.43
干燥抗折强度（MPa）	6.20	8.20
烧成收缩（%）	10.55	9.75
吸水率（%）	0.94	0.90
白度（%）	53.80	54
注浆速度	7.50	7.50

② 化学成分见表 2-63。

表 2-63 SC 系列的化学成分　　　　%

成　分	SC 049	Dream Cast
SiO_2	57.27	52.20
Al_2O_3	27.43	30.11
Fe_2O_3	1.71	1.49
TiO_2	0.69	0.67
CaO	0.16	0.22
MgO	0.41	0.42
K_2O	1.10	1.96
Na_2O	0.07	0.17
I.L	11.71	12.63

③颗粒分布见表2-64。

表2-64 SC系列的颗粒分布   %

型 号	<20μm	<10μm	<5μm	<2μm	<1μm	<0.5μm
SC 049	95	88	79	65	53	39
Dream Cast	97	86	75	69	53	31

④矿物组成见表2-65。

表2-65 SC系列的矿物组成   %

型 号	高岭石	石英	云母	长石	三水铝石	混层矿物
SC 049	65	21	10	1	1	2
Dream Cast	84	11	0.50	1	1	2.50

4. 矽比科嘉窑新会原料有限公司系列黏土

(1) 浮选高岭土

适合于釉料、化妆土及高级陶瓷坯体。

①物理性能见表2-66。

表2-66 浮选高岭土的物理性能

型 号	黏度(s)	酸碱度 pH	干燥强度(MPa)	白度(%)		收缩率(%)		吸水率(%)	
				1180℃	1250℃	1180℃	1250℃	1180℃	1250℃
GF-K15	45	6.5	1.1	89	89	3.6	7.0	29.7	21.8
GF-K18	45	6.8	1.1	90.5	90.5	5.1	10.0	25.4	16.7

②粒度分布见表2-67。

表2-67 浮选高岭土的粒度分布

粒径≤(μm)	1	2	5	10	20
GF-K15	16	26	50	75	93
GF-K18	27	44	70	42	97

③化学分析见表2-68。

表2-68 浮选高岭土的化学分析

型 号	SiO_2	Al_2O_3	Fe_2O_3	TiO_2	CaO	MgO	K_2O	Na_2O	I.L
GF-K15	49.1	35.5	0.4	0.1	0.2	0.2	1.0	0.3	13.0
GF-K18	48.6	36.0	0.3	0.1	0.2	0.2	1.0	0.2	13.0

(2) 超白/聚晶微分球土

适合于超白砖坯体。

①物理性能见表2-69。

表2-69 超白/聚晶微分球土的物理性能

型 号	黏度(s)	酸碱度pH	干燥强度(MPa)	白度（%）		收缩率（%）		吸水率（%）	
				1070℃	1180℃	1070℃	1180℃	1070℃	1180℃
雪白2号	30	6.5	4.0	87	88	4.4	8.5	22.0	13.7
雪白9号	50	6.6	4.2	84	85	4.4	8.5	19.5	12.2
雪白8号	30	5.8	4.1	80	80	5.9	10.5	18.4	9.2
GF-78强塑球土	50	6.1	4.8	78	78	5.3	9.5	17.0	9.0

②粒度分布见表2-70。

表2-70 超白/聚晶微分球土的粒度分布

粒径≤（μm）	1	2	5	10	20
雪白2号	43	58	79	87	95
雪白9号	40	53	74	85	96
雪白8号	50	61	77	91	96
GF-78强塑球土	40	53	74	85	96

③化学分析见表2-71。

表2-71 超白/聚晶微分球土的化学分析

型 号	SiO_2	Al_2O_3	Fe_2O_3	TiO_2	CaO	MgO	K_2O	Na_2O	$I.L$
雪白2号	51.3	33.0	0.5	0.3	0.2	0.2	0.7	0.2	13.5
雪白9号	52.0	32.0	0.56	0.3	0.2	0.2	0.8	0.2	13.5
雪白8号	48.5	33.0	0.8	0.4	0.3	0.2	0.7	0.2	14.0
GF-78强塑球土	52.0	32.0	0.95	0.45	0.2	0.2	0.8	0.2	13.5

（3）洁具球土和高岭土

适合于高级洁具坯体。

①物理性能见表2-72。

表2-72 洁具球土和高岭土的物理性能

型 号	流动性>（°）	干燥强度>（MPa）	白度>（%）	收缩率<（%）	吸水率<（%）
			1250℃	1250℃	1250℃
Excel Cast	315	6.5	45	11.0	3.0
11 S	325	5.5	55	10.0	3.0
GF-SCM20	335	6.5	60	10.0	3.0
GFK-20	350	0.5	80	9.0	22.0

②粒度分布见表2-73。

表2-73 洁具球土和高岭土的粒度分布

粒径≤(μm)	1	2	5	10	20
Excel Cast	56	66	80	91	97
11 S	55	63	74	86	97
GF-SCM20	53	60	76	87	97
GFK-20	17	31	60	85	96

③化学分析见表2-74。

表2-74 洁具球土和高岭土的化学分析

型 号	SiO_2	Al_2O_3 >	Fe_2O_3 <	TiO_2	CaO	MgO	K_2O	Na_2O <	I.L
Excel Cast	53.0~57.0	27.0	2.0	0.6~0.8	0.1~0.3	0.2~0.5	1.5~2.0	0.5	10.5~13.0
11 S	55.0~60.0	26.0	1.7	0.5~0.7	0.1~0.5	0.2~0.5	1.5~2.2	0.6	9.5~12.0
GF-SCM20	53.0~57.0	28.5	1.5	0.5~0.7	0.1~0.3	0.2~0.5	1.5~2.0	0.6	11.0~12.5
GFK-20	49.0	35	1.0	<0.7	0.1	0.2	1.2	0.1	12.5~13.5

参考文献

1 中国硅酸盐学会陶瓷分会建筑卫生陶瓷专业委员会. 现代建筑卫生陶瓷工程师手册 [M]. 北京：中国建材工业出版社，1998.
2 新科美陶瓷原料有限公司产品样本.
3 矽比科嘉窑新会矿业有限公司产品样本.
4 依美瑞斯（江门）陶瓷有限公司产品样本.

第3章 陶瓷工艺学计算

陶瓷材料的组成与结构决定着材料的性能，因此陶瓷材料配方的确定将直接影响产品的性能，是陶瓷生产过程中的一个最重要的环节。由于原料种类多，每一种原料中各种氧化物的含量又不相同，加上不同地区采用的原料成分差异也较大，使陶瓷配方的计算极其复杂。

陶瓷坯料、釉料配方的研究至今仍基本上是一门试验科学。目前的专业理论尚不足以精确地预报这类材料的性能，给出完全适用的组成及配方。一般尚需在专业理论指导下，通过大量的试验，摸索材料的性能与组成、结构及工艺条件之间的关系，然后再在考虑成本、价格、利润等经济因素的约束条件下，最终决定材料的组成和原料配方。

陶瓷企业由于原料成分的变动，或研究新的陶瓷配方常常需要进行陶瓷配方的计算，对于多种原料构成的配方，采用人工计算，计算量较大，需要的时间较多，精度难于精确控制，而采用计算机计算就容易克服上述缺点。所以，现代企业采用计算机计算陶瓷配方设计已是不可逆转的趋势。

本章主要介绍陶瓷坯料、釉料的配方计算和陶瓷材料性能方面的理论计算。通过本章的介绍使读者能够初步掌握有关陶瓷配方和性能的计算，为生产和理论学习提供初步的知识。

3.1 原料和配合料湿含量及化学成分的计算

3.1.1 原料和配合料湿含量及其换算

湿含量是指陶瓷原料或陶瓷坯料、釉料所含的游离水的比率。

设：所需测定的物料质量为$G(g)$，经 105~110℃烘干恒重后的物料质量为$G_1(g)$。干湿含量换算公式见表 3-1。

表 3-1 干湿含量换算公式表

湿含量		湿料量换算为干料量	干料量换算为湿料量	同种物料不同湿料量的换算
以湿基计	以干基计			
$W_w = \dfrac{G - G_1}{G} \times 100\%$	$W_d = \dfrac{G - G_1}{G_1} \times 100\%$	$G_1 = G - G \cdot W_w$	$G = G_1 + G_1 \cdot W_d$	$G' = (G - G \cdot W_w) \cdot (1 + W_d)$

注：W_w 为物料的湿基湿含量；W_d 为物料的干基湿含量。

3.1.2 化学组成中的灼减量及计算

1. 灼减量及其测定

灼减量是指陶瓷原料或陶瓷坯料、釉料等试样加热至 1000℃时损失的质量。它主要包括排出的水分、碳素及有机杂质燃烧后的挥发物、碳酸盐、硫酸盐等原料高温分解时排出的挥发物，以及其他各种高温挥发物。

2. 生料的化学成分换算为无灼减物料的化学成分

原料和配合料的化学组成通常需要换算成无灼减物料的化学组成，以便于坯、釉式的计算。若灼烧前试样的质量为 $G(g)$，灼烧后试样的质量为 $G_1(g)$，则灼减量：

$$I.L = G - G_1$$

灼减相对百分含量：

$$I.L(\%) = \frac{G - G_1}{G} \times 100\%$$

【例 3-1】 某釉料的化学全分析数据的有无灼减数据的换算，见表 3-2。

表 3-2 某釉料有无灼减数据的换算表

名 称	SiO_2	Al_2O_3	Fe_2O_3	CaO	MgO	K_2O	Na_2O	ZnO	$I.L$	合计
有灼减	70.10	12.52	0.31	2.72	1.53	5.85	2.52	1.44	2.95	99.94
无灼减	72.28	12.91	0.32	2.80	1.58	6.03	2.60	1.48	—	100

3.2 坯料配方计算

3.2.1 坯料、釉料组成的表示方法

坯料、釉料组成的表示方法通常有四种，即配料量表示法、化学组成表示法、矿物组成（又称示性组成）表示法和实验式（又称塞格式）表示法。

1. 配料量表示法

以所用原料的质量百分数表示，又称生料量（通常以干基计）表示。如刚玉瓷的配方为：工业氧化铝 95.0%，苏州土 2.0%，海城滑石 3.0%。这种方法具体反映原料的名称和数量，便于直接进行生产或实验。

2. 化学组成表示法

根据化学分析的结果，用各种氧化物及灼减量的质量百分比反映坯料和釉料的成分。

3. 矿物组成表示法

根据同类型的矿物在坯体中所起的主要作用基本上是相同的，把原料中所含同类矿物合并在一起，用黏土矿物、长石类矿物和石英三种矿物的质量百分比表示坯体的组成。

4. 实验式（塞格式）表示法

根据坯料和釉料的化学组成计算出各氧化物的分子数，按照碱性氧化物、中性氧化物和酸性氧化物的顺序列出它们的分子数。这种式子称为实验式（坯式或釉式）。

碱性氧化物：K_2O、Na_2O、Li_2O、CaO、MgO、BaO、ZnO、PbO、MnO、FeO 等；

酸性氧化物：SiO_2、TiO_2、ZrO_2、SnO_2、MnO_2、P_2O_5 等；

中性氧化物：Al_2O_3、Fe_2O_3、Sb_2O_3、Cr_2O_3、B_2O_3 等。

若以 "R" 代表某一元素，则碱性氧化物为 R_2O 和 RO，中性为 R_2O_3，酸性为 RO_2。

坯式通常以中性氧化物 R_2O_3 为基准,令其分子数为 1.0,则可写成下列形式:

$$\left.\begin{array}{c} xR_2O \\ yRO \end{array}\right\} 1.0R_2O_3 \cdot nRO_2$$

釉式因其中的碱金属及碱土金属氧化物起熔剂作用,故以它们的分子数之和为 1,则可写成下列形式:

$$\left.\begin{array}{c} xR_2O \\ yRO \end{array}\right\} uR_2O_3 \cdot vRO_2 \qquad x + y = 1$$

上面两式虽然相似,但可根据 RO_2 和 R_2O_3 之前的系数值来区别是坯式还是釉式。一般而言,坯式中 RO_2 和 R_2O_3 的分子系数较大,而釉式中 RO_2 和 R_2O_3 的分子系数较小。

3.2.2 原料和坯料的示性矿物组成计算

在估计原料及坯料的基本性能时,需要知道它们的矿物组成。准确判断矿物组成的方法是进行仪器分析。也可根据原料和坯料的化学组成粗略地计算出它们的主要矿物组成。其基本步骤如下:

(1) 化学组成中的 K_2O、Na_2O、CaO 各与一定数量的 SiO_2 和 Al_2O_3 结合成为钾长石、钠长石和钙长石。

(2) 将化学组成中的 Al_2O_3 总量减去形成长石所需要的 Al_2O_3 量,剩余的 Al_2O_3 可认为形成黏土矿物(以高岭石为代表进行计算)。

(3) 比较剩余的 SiO_2 和 Al_2O_3 含量,如 Al_2O_3 较多,则过多的 Al_2O_3 可当作水铝石 $Al_2O_3 \cdot H_2O$ 来计算。

(4) 若判断确实有碳酸根存在,则 MgO 可计算为菱镁矿 $MgCO_3$,CaO 可计算为菱镁矿 $CaCO_3$。若不存在碳酸根,则 MgO 可认为以滑石($3MgO \cdot 4SiO_2 \cdot H_2O$)或蛇纹石($3MgO \cdot 4SiO_2 \cdot 2H_2O$)形式存在。

(5) Fe_2O_3 的确定比较复杂,可根据肉眼和仪器的分析结果确定为赤铁矿(Fe_2O_3)、黄铁矿(FeS_2)或褐铁矿($Fe_2O_3 \cdot 3H_2O$)等。

(6) TiO_2 可用金红石来满足。

(7) 若 Na_2O 含量比 K_2O 少得多,则可把两者合量以钾长石来计算。

【例 3-2】 已知某黏土的化学组成(表 3-3),计算其矿物组成。

表 3-3 某黏土的化学组成

SiO_2	Al_2O_3	Fe_2O_3	CaO	MgO	K_2O	Na_2O	灼减
64.78	25.61	0.19	0.22	微量	0.32	0.23	8.65

(1) 计算各氧化物的分子数(灼减当作结晶水计算),见表 3-4。

表 3-4 各氧化物的分子数

氧化物名称	SiO_2	Al_2O_3	Fe_2O_3	CaO	MgO	K_2O	Na_2O	灼减量 ($I.L$)
氧化物含量(%)	64.78	25.61	0.19	0.22	微量	0.32	0.23	8.65
氧化物分子量	60.1	102	160	56.1		94.2	62	18
氧化物分子数	1.078	0.251	0.001	0.004		0.003	0.004	0.48

(2) 将各氧化物的分子数按表 3-5 的顺序排列,计算其矿物组成。

表 3-5　氧化物分子数排列表

氧化物分子数 矿物分子数	SiO₂	Al₂O₃	Fe₂O₃	CaO	MgO	K₂O	Na₂O	灼减量 (I.L)
	1.078	0.251	0.001	0.004		0.003	0.004	0.48
0.003 钾长石	0.018	0.003				0.003		
剩余	1.06	0.248	0.001	0.004		0	0.004	0.48
0.004 钠长石	0.024	0.004					0.004	
剩余	1.036	0.244	0.001	0.004			0	0.48
0.004 钙长石	0.008	0.004		0.004				
剩余	1.028	0.24	0.001	0				0.48
0.24 高岭土	0.48	0.24						0.48
剩余	0.548	0	0.001					0
0.548 SiO₂	0.548							
剩余	0		0.001					
0.001 赤铁矿			0.001					
剩余			0					

(3) 各矿物的质量及质量百分数,见表 3-6。

表 3-6　各矿物的质量及质量百分数

矿物名称	钾长石	钠长石	钙长石	高岭土	石英	赤铁矿
分子数	0.003	0.004	0.004	0.24	0.548	0.001
公式量	556.7	524.5	278.2	258.1	60.1	159.2
矿物质量	1.67	2.1	1.11	61.92	32.96	0.16
矿物质量百分数 (%)	1.67	2.1	1.11	61.92	32.96	0.16

(4) 把各种长石和赤铁矿均作为熔剂,一并列为长石矿物,得到黏土的矿物组成,见表 3-7。

表 3-7　某黏土的矿物组成

黏土质矿物	62.00%
长石质矿物	1.66% + 2.10% + 1.11% + 0.16% = 5.03%
石英质矿物	32.94%

3.2.3　按矿物组成计算坯料配方

已知坯料的矿物组成及原料的化学组成时,须先将原料的矿物组成计算出来,然后再进行配料计算。若二者的矿物组成均已知,则可直接计算配方。

其计算步骤通常是先满足黏土矿物组成,根据黏土矿物组成量计算其黏土用量,在引入黏土的同时还引进了长石、石英等其他矿物。剩余长石矿物量用长石类矿物满足。最后剩下的石英矿物用石英来满足。

【例 3-3】 已知原料的化学组成（表 3-8），计算配制成含黏土矿物 63.08%、长石矿物 28.62%、石英矿物 8.3% 的坯料配方。

表 3-8 原料的化学组成表

原 料	SiO_2	Al_2O_3	Fe_2O_3	CaO	MgO	K_2O	Na_2O	灼减量	总计
高岭土	48.3	39.07	0.15	0.05	0.02	0.18	0.03	12.09	99.89
黏土	49.09	36.74	0.40	0.11	0.20	0.52	0.11	12.81	99.98
长石	64.93	18.04	0.12	0.38	0.21	14.45	1.51	0.33	100
石英	96.6	0.11	0.12	3.02					99.85

(1) 按照【例 3-2】的方法计算各种原料的矿物组成。结果见表 3-9。

表 3-9 计算所得各种原料的矿物组成

原料	黏土矿物	长石矿物	石英矿物
高岭土	96.78%	1.96%	1.26%
黏土	89.72%	7.66%	2.62%
长石		100.00%	
石英		4.40%	95.60%

(2) 坯料的黏土矿物由高岭土及黏土两种原料供给。计算前应先确定两种原料的用量。考虑这两种的可塑性、收缩率、烧后颜色等各项工艺性能，初步确定坯料中的黏土矿物一半由高岭土供给，另一半由黏土供给。计算如下：

高岭土用量：$\left(\frac{1}{2} \times 63.08\right) \times \frac{100}{96.78} = 32.59\%$

黏土用量：$\left(\frac{1}{2} \times 63.08\right) \times \frac{100}{89.72} = 35.15\%$

32.59% 高岭土中含　　长石矿物：$32.59 \times 0.196 = 0.64\%$
　　　　　　　　　　　石英矿物：$32.59 \times 0.126 = 0.41\%$

35.15% 黏土中含　　　长石矿物：$35.15 \times 0.766 = 2.69\%$
　　　　　　　　　　　石英矿物：$35.15 \times 0.766 = 0.92\%$

高岭土与黏土共引入石英：$0.41\% + 0.92\% = 1.33\%$

剩余石英全部由石英供给，石英用量：$(8.30 - 1.33) \times \frac{100}{96.60} = 7.29\%$

7.29% 石英中引入长石矿物量为：$7.29\% \times 0.044 = 0.32\%$

由高岭土、黏土、石英引入的长石矿物量为：$0.64\% + 2.69\% + 0.32\% = 3.65\%$

长石需用量：$28.62\% - 3.65\% = 24.97\%$

计算所得原料配合为：高岭土 32.59%、黏土 35.14%、长石 24.97%、石英 7.29%。

3.2.4 按化学组成计算坯料配方

当产品和原料的化学组成都已知时，可采用以下两种途径进行配方计算：一种是利用组成的数据直接计算（直接计算法），另一种是先将数据换算成三个主要成分再进行计算（三元系统法)。

1. 直接计算法

根据原料性能和成形的要求,参照生产的经验先确定一两种原料的用量(如黏土、膨润土等),再按满足坯料、釉料化学组成的要求,逐个计算每种原料的用量。计算时要明确某种氧化物主要由哪种原料提供。这种方法对坯料、釉料均适用。具体计算方法见【例3-4】。

【例3-4】已知某厂生产无线电装置用高铝陶瓷及所用原料的化学组成(表3-10),计算各种原料的配料百分比。

表3-10 所用原料的化学组成

名 称	SiO_2	Al_2O_3	Fe_2O_3	CaO	MgO	K_2O	Na_2O	BaO	灼减	总计
坯料	14.79	78.92	0.22	1.66	0.82	0.02	0.36	3.2		99.99
煅烧氧化铝	0.08	99.30	0.04				0.58			100.00
苏州土	46.42	38.96	0.22	0.38		0.02	0.02		14.40	100.42
膨润土	63.88	20.32	0.83	2.30	4.11	0.28	0.20		8.04	99.96
石灰石	7.16	2.11	1.05	49.22	1.89				38.55	99.99
碳酸钡								77.71	22.29	100.00
菱镁矿	0.70		1.19	0.30	47.02				50.78	99.99

确定原料的依据如下:
(1) 以碳酸钡满足坯料中的BaO,以石灰石满足CaO,以菱镁矿满足MgO。
(2) 根据经验确定膨润土的用量。
(3) 苏州土的用量取决于坯料的可塑性要求和SiO_2的含量。
(4) 坯料中的Al_2O_3主要由煅烧氧化铝来保证。

将坯料化学组成列入表3-11,并进行计算。

表3-11 坯料化学组成列表计算

化学组成与含量	SiO_2	Al_2O_3	Fe_2O_3	CaO	MgO	K_2O	Na_2O	BaO	备 注
	14.79	78.92	0.22	1.66	0.82	0.02	0.36	3.2	
4.12 份碳酸钡 引入剩余								3.20	$3.2/77.71 \times 100 = 4.12$
4 份膨润土 引入剩余	2.55 12.22	0.81 77.97	0.03 0.19	0.09 1.57	0.16 0.66	0.01 0.01	0.008 0.352		
25 份苏州土 引入剩余	11.60 0.62	9.74 68.25	0.05 0.14	0.09 1.48	0.66	0.005 0.005	0.005 0.347		
3 份石灰石 引入剩余	0.22 0.40	0.06 68.19	0.03 0.11	1.48 0	0.057 0.603	0.005	0.347		$1.48/49.22 \times 99.98 = 3$
68.8 份氧化铝 引入剩余	0.055 0.345	68.19 0	0.027 0.083		0.603	K_2O 0.005	0.398 +0.051		$68.19/99.30 \times 100$ $= 68.67$
1.28 份菱镁矿 引入剩余	0.009 0.336		0.02 0.063	0.0038 +0.0038	0.002 0.001	0.005	+0.051		$0.003/47.02 \times 99.99$ $= 1.28$

按照表3-11计算原料的总量为：

4.12 + 4.0 + 25 + 3.0 + 68.67 + 1.28 = 106.07 份

化为各原料质量百分比为：

碳酸钡：$4.12/106.07 \times 100 = 3.88\%$

膨润土：$4.0/106.07 \times 100 = 3.77\%$

苏州土23.56%、石灰石2.83%、氧化铝64.92%、菱镁矿1.20%。

2. 三元系统法

先把坯料和原料的氧化物换算为 $R_2O - Al_2O_3 - SiO_2$ 三元系统（普通陶瓷坯料可换算成 $K_2O - Al_2O_3 - SiO_2$ 系统），然后用代数方法或图解法计算。

这种方法的依据是，熔剂氧化物对黏土熔点的影响和氧化物的当量质量相对应。如40份质量 MgO、56份质量 CaO、62份质量 Na_2O、80份质量 Fe_2O_3 的作用和94份质量 K_2O 的作用相同。因此，可将 MgO、CaO、Na_2O 的百分含量分别乘以相当的转换系数变为相当于 K_2O 的数量，将 Fe_2O_3 转变为相当于 Al_2O_3 的数量。由于在不同系统中或在同一系统中不同区域内，统一当量的不同氧化物的影响不完全相同，因此转换系数是有条件的。如在 $K_2O - Al_2O_3 - SiO_2$ 系统中莫来石区域内，MgO、CaO、Na_2O 对 K_2O 的转变系数分别为1.68、2.35、1.5，Fe_2O_3 对 Al_2O_3 的转换系数为0.9。

利用该方法计算出坯料和原料的成分，可以标出该成分点在相图中的位置，估计坯料和原料的高温性能。如能找到相图中和坯料成分点相近的等温线，得知其熔化温度，乘以某一温度系数，即可大致估计坯料的烧成温度。

但当用三种以上原料配方时，该方法的使用将会受到限制。如需详细了解该方法，请查阅相关书籍。

3.2.5 原料替换时配方计算

生产中往往由于原料质量发生变化，或某种原料供不应求，或者为了降低成本而改用新的原料，这时必须重新确定配方。新配方的要求是能维持原有的化学组成，不致影响产品的性能和过多变动工艺制度。在坯料中常遇到的是更换黏土原料。菲尔普斯（G. W. Phelps 1976）提出黏土质陶瓷重配时应同时考虑其他一些影响坯体性能因数的计算方法。其理论根据是除了化学与矿物组成外，坯料的颗粒分布、胶状物含量对黏土质陶瓷的性能也有不可忽视的关系。他把化学组成、矿物组成、<1μm 颗粒的百分比、胶体指数称为特征化指标。而其中对配方起主要作用的特征化指标称为关键指标。再更换原料时，关键指标维持不变。这种重配的计算方法同时兼顾了坯料的组成和工艺性能，而且根据产品性能的不同要求，提出不同的关键指标作为必须保证的数据，从而深化和简化了计算过程。

【例3-5】 某厂原用的卫生瓷坯配方为：高岭土E 28%，可塑黏土F 22%，长石34%，石英16%。今欲以可塑黏土A、B、C、D及高岭土G取代原用的黏土原料，试求能维持原有性能的配方。

(1) 根据生产经验，重配卫生瓷坯料时须保证的关键指标及其波动范围为：

①$SiO_2 \pm 0.5\%$，$Al_2O_3 \pm 0.5\%$；

②$K_2O + Na_2O$，摩尔数0.067~0.068；

③云母0.05%左右；

④有机物 0.4%～0.6%；
⑤<1μm 颗粒 ±0.5%；
⑥胶体指数 ±0.2mmol。

（2）通过计算（或测定）列出要求坯料的关键指标为：
①化学组成：SiO_2 65%，Al_2O_3 23.1%，K_2O 2.68%，Na_2O 2.41%；
②矿物组成：蒙脱石 3.7%，高岭石 32.7%，云母 8.8%，石英 23.7%，有机物 0.46%；<1μm 颗粒 25%；胶体指数 3.31mmol。

（3）先计算除去可塑性黏土 F 后，坯料成分与性能的变化。
①加入 10% 可塑黏土 D，以恢复有机物含量，并增加部分云母和胶体指数。采用可塑黏土 B 和 C 进一步调整有机物含量和补充不足的胶体指数。
②再计算除去高岭土 E 后成分与性能指标的变化，其结果是云母量明显减少，胶体指标也大为减少。引入高岭土 G 可增加 Al_2O_3，但颗粒粗，无云母引入，所以还须配入可塑黏土 A 以恢复云母含量（表3-12）。

表 3-12 原料的矿物组成及其他性质

矿物名称	蒙脱石	高岭土	云母	石英	有机物	<1μm 颗粒	胶体指数
可塑黏土 F	12.73	40	23.18	25.90	2.09	77.27	11.72
高岭土 E	3.21	81.78	13.21	0.72		25	2.6
长石		2.94		5.59		2.94	
石英				99.38			
可塑黏土 A	7.2	43.7	20.6	25.8	0.2	43	5.5
可塑黏土 B	5.6	68.0	5.9	16.5	1.2	70	8.0
可塑黏土 C	13.9	55.6	5.4	19.8	1.5	88	2.16
可塑黏土 D	19.4	36.0	18.4	26.2	4.0	68	1.20
高岭土 G		98.0	0.1			29	1.60

③由于更换黏土类原料后，SiO_2 含量增多而熔剂量减少，故须降低石英用量而增多长石数量，见表3-13。

表 3-13 更换黏土类原料的计算

组成与矿物	SiO_2	Al_2O_3	K_2O+Na_2O	蒙脱石	高岭石	云母	石英	有机物	<1μm 颗粒	胶体指数
要求的坯料 100.0	65.0	23.1	5.09	3.7	32.7	8.8	23.7	0.46	25	3.31
除去可塑黏土 F 22.0	12.7	6.1	0.57	2.8	8.8	5.7	5.7	0.46	17	2.58
剩余 78.0	52.3	17.0	4.52	0.9	23.9	3.7	18.2		8	0.73
引入可塑黏土 D 10.0	5.8	2.6	0.20	1.9	3.6	1.8	2.6	0.40	7	1.20
引入可塑黏土 A 5.0	3.0	1.4	0.11	0.4	2.2	1.0	1.3	0.01	2	0.28
引入可塑黏土 B 3.0	1.6	0.9	0.02		2.0	0.2	0.5	0.04	2	0.24
引入可塑黏土 C 4.0	2.3	1.1	0.02		2.2	0.2	0.8	0.06	4	0.86
第一阶段结果 100.0	65.0	23.0	4.87	4.2	33.9	6.9	23.4	0.51	2.3	3.31

续表

组成与矿物	SiO_2	Al_2O_3	$K_2O + Na_2O$	蒙脱石	高岭石	云母	石英	有机物	<1μm 颗粒	胶体指数
除去高岭土 E 28.0	13.1	10.7	0.43	0.9	22.9	3.7	0.2		7	0.73
剩余 72.0	51.9	12.3	4.44	3.3	11.0	3.2	23.2	0.51	16	2.58
引入高岭土 G 18.5	8.3	7.3			18.3				5	0.30
引入可塑黏土 A 9.5	5.7	2.6	0.21	0.7	4.2	2.0	2.5	0.02	4	0.52
第二阶段结果 100.0	65.9	22.2	4.65	4.0	33.5	5.2	25.7	0.53	25	3.40
减少石英 3.0	3.0						3.0			
剩余 97.0	62.9	22.2	4.65	4.0	33.5	5.2	22.7	0.53	2.5	3.40
增多长石 3.0	2.1	0.6	0.36				0.2			
第三阶段 100.0	65.0	22.8	5.01	4.0	33.5	5.2	22.9	0.53	25	3.40

可算出重配的配方为：可塑黏土 A 14.5%、可塑黏土 B 3.0%、可塑黏土 C 4.0%、可塑黏土 D 10.0%、高岭土 18.5%、长石 37.0%、石英 13.0%。

但上述结果中云母含量、有机物含量和胶体指数均与原先指标有较大的差异，为了生产的稳定，最好再反复进行详细的计算和更换一部分原料，以保证达到以前的指标。

3.3 釉料配方计算

3.3.1 生料釉配方计算

生料釉是以生料配方经混合磨细后上釉烧成的。在配方计算过程中，首先是要选择生料釉的釉式，要结合坯的化学组成和主要性能，参考国内外同类资料来确定。配制釉料一般选用较纯的原料，为计算方便，可采用原料的理论值，再列表计算。

【例 3-6】 已知某长石质生料釉的釉式为：

$$\left.\begin{array}{l} 0.486 K_2O \\ 0.449 MgO \\ 0.065 ZnO \end{array}\right\} 0.667 Al_2O_3 \cdot 6.692 SiO_2$$

计算其配方。

（1）根据釉式计算各原料的分子数，见表 3-14。

表 3-14 根据釉式计算各原料的分子数

化学组成与含量	SiO_2	Al_2O_3	MgO	K_2O	ZnO
	6.692	0.667	0.449	0.486	0.065
钾长石（$K_2O \cdot Al_2O_3 \cdot 6 SiO_2$）0.486	2.916	0.486		0.486	
余量	3.776	0.181	0.449	0	0.065
高岭土（$Al_2O_3 \cdot 2 SiO_2 \cdot 2H_2O$）0.181	0.362	0.181			
余量	3.414	0	0.449		0.065
滑石（$3MgO \cdot 4 SiO_2 \cdot H_2O$）0.149	0.596		0.449		
余量	2.818		0		0.065

化学组成与含量	SiO₂	Al₂O₃	MgO	K₂O	ZnO
	6.692	0.667	0.449	0.486	0.065
石英（SiO₂）2.818 余量	2.818 0				0.065 0.065
氧化锌（ZnO）0.065 余量					0.065 0

（2）根据分子数计算配料量，见表 3-15。

表 3-15 根据分子数计算配料量

原 料	分子数	分子量	配料量	百分数
钾长石	0.486	556.8	270.6	49.5
高岭土	0.181	258.2	46.7	8.4
滑石	0.149	379.3	56.5	10.3
石英	2.818	60.1	169.4	30.9
氧化锌	0.065	81.4	5.3	0.9

3.3.2 熔块配方计算

当采用易溶于水的苏打、硝石、硼砂、硼酸等原料施釉时，在施釉过程中它们容易被坯体吸收，使坯的烧结温度降低，而釉面的成熟温度因釉浆成分改变而提高。坯体干燥后，这些水溶性盐类又随水分蒸发而集中在坯体表面，烧后产生缺陷。此外在釉中常要引入一些有毒原料（铅的化合物、钡盐、锑盐等），它们作为生料直接引入釉中会造成工人中毒和环境污染。为此须将上述毒性原料和其他原料预先熔制成不溶于水或微溶于水、无毒的硅酸盐熔块。此外，烧制熔块过程中原料的挥发物排出，有利于以后制品的烧成，使难溶原料（BaO、Cr_2O_3、ZrO_2）等变得易熔，使釉料均匀，扩大配釉原料的种类等。

计算熔块釉时，首先要掌握熔块的配制原则。有人认为，应将绝大多数原料配入熔块，只留下 5%～10% 生高岭土配釉；也有人主张应留较多的生料，其量可高达 50%；另有资料提出熔块与生料间的配比会影响釉的熔融性能。熔块量多的釉对烧成温度的敏感性变小，不仅低温时能很好地流动，而且高温时流动性增加也不多，因而有的烧成范围变宽，所以主张采用小于 20% 的生料量为宜。生料应是不溶于水或具有良好悬浮性，并能在较低温度下熔于熔块中的原料。

1. 配制熔块的规则

（1）K_2O、Na_2O 除由长石带入外，均须置入熔块原料中，含硼化合物也须置入熔块成分以内。

（2）$\dfrac{RO_2 + R_2O_3}{RO_2 + RO} = 1:1 \sim 3:1$，这样可保持适当的熔化温度。

（3）$\dfrac{R_2O}{RO} < 1$，按此制成的熔块，可难溶或不溶于水中。

(4) $\frac{R_2O}{RO} > 2$，因硼盐的溶解度很大，提高氧化硅含量可降低其溶解度。

(5) 熔块配料中 Al_2O_3 的当量分子数应控制在 0.2 以内。如 Al_2O_3 太多，则高温黏度大，熔化困难，因而不能得到均匀的熔块；而且熔化温度较高，会导致 PbO、B_2O_3 及碱性物的挥发损失增大。

(6) OR（氧比）$= \dfrac{2 \times SiO_2 \text{ 的当量}}{RO + (3 \times Al_2O_3 \text{ 的当量})} = 2:6$

2. 熔块的配料计算

【例 3-7】 已知某熔块的釉式为：

$$\left.\begin{array}{l} 0.15K_2O \\ 0.228Na_2O \\ 0.375CaO \\ 0.187PbO \end{array}\right\} 0.15Al_2O_3 \left\{\begin{array}{l} 2.15SiO_2 \\ 0.614B_2O_3 \end{array}\right.$$

计算配方。

可列表进行计算。见表 3-16、表 3-17。

表 3-16 某熔块釉式的换算

化学组成与含量	K_2O	Na_2O	CaO	PbO	Al_2O_3	B_2O_3	SiO_2
	0.15	0.288	0.375	0.187	0.15	0.614	2.15
钾长石 0.15	0.15				0.15		0.90
余量	0	0.288	0.375	0.187	0	0.614	1.25
硼砂 0.228		0.288				0.576	
余量		0	0.375	0.187		0.038	1.25
$CaCO_3$ 0.375			0.375				
余量			0	0.187		0.038	0.15
Pb_3O_4 0.187×1/3				0.187			
余量				0		0.038	1.25
硼酸 0.038×3						0.030	
余量						0	1.25
石英 1.25							1.25
余量							0

表 3-17 某熔块配方的计算

原料名称	分子数	分子量	生料重	配料量（%）
钾长石 $K_2O \cdot Al_2O_3 \cdot 6SiO_2$	0.15	557	83.5	23.6
硼砂 $Na_2B_4O_7 \cdot 10H_2O$	0.288	382	110.0	31.1
$CaCO_3$	0.375	100	37.5	10.6
红丹 Pb_3O_4	1/3×0.187	685.6	42.6	12.1
石英 SiO_2	1.25	60	75.2	21.3
硼酸 H_3BO_3	2×0.038	62	4.7	1.3
合计			353.5	100.0

3.3.3 熔块釉配方计算

熔块釉由熔块和生料两部分组成，一般情况下引入可塑性黏土及熔块后，不足的石英及一部分容易悬浮的原料（如石灰石、氧化锌等）可作为生料。熔块和生料二者的比例可根据制品性能和生产工艺确定，通常取 4∶1。生料过少，釉浆的附着性和悬浮性差；生料过多，则会导致釉的熔融温度过高。

由熔块的实验式和熔块釉的实验式来计算熔块配方。

【例 3-8】 已知某熔块釉的实验式为：

$$\left.\begin{array}{l}0.1111K_2O\\0.2778Na_2O\\0.1667CaO\\0.4444PbO\end{array}\right\}0.15Al_2O_3\left\{\begin{array}{l}1.0000SiO_2\\0.5556B_2O_3\end{array}\right.$$

要求配制的釉的实验式为：

$$\left.\begin{array}{l}0.10K_2O\\0.25Na_2O\\0.25CaO\\0.40PbO\end{array}\right\}0.20Al_2O_3\left\{\begin{array}{l}1.50SiO_2\\0.50B_2O_3\end{array}\right.$$

熔块所用原料均为工业纯，求熔块釉配方。

（1）根据熔块实验式，进行熔块的配料计算，见表 3-18。

表 3-18 熔块的配料计算表

化学组成与含量	PbO	K_2O	Na_2O	CaO	Al_2O_3	B_2O_3	SiO_2
	0.4444	0.1111	0.2778	0.1667	0.1500	0.5556	1.0000
氧化亚铅 0.4444	0.4444						
余量	0	0.1111	0.2778	0.1667	0.1500	0.5556	1.0000
钾长石 0.1111		0.1111			0.1111		0.6666
余量		0	0.2778	0.1667	0.0389	0.5556	0.3334
硼砂 0.2778			0.2778			0.5556	
余量			0	0.1667	0.0389	0	0.3334
轻质碳酸钙 0.1667				0.1667			
余量				0	0.0389		0.3334
高岭土 0.0389					0.0389		0.0778
余量					0		0.2556
石英 0.2556							0.2556
余量							0

（2）计算熔块的生料配合量及配料百分数，见表 3-19。

表 3-19 熔块生料配合量及配料百分数

原料种类	分子量	分子数	配合量	配料百分数（%）
氧化亚铅	223.2	0.4444	103.19	32.96
钾长石	556.7	0.1111	61.85	19.76
硼砂	381.4	0.2778	105.95	33.84
轻质碳酸钙	100.1	0.1667	1669	5.33
高岭土	258.1	0.0389	10.04	3.21
石英	60.1	0.2556	15.36	4.91
生料配合量 = 313.08				合计 100.01

（3）根据釉式对熔块釉列表进行配料计算，见表 3-20。

表 3-20 熔块釉的配料计算表

化学组成与含量	PbO 0.40	K_2O 0.10	Na_2O 0.25	CaO 0.25	Al_2O_3 0.20	B_2O_3 0.50	SiO_2 1.50
熔块 0.90 余量	0.40 0	0.10 0	0.25 0	0.15 0.10	0.135 0.065	0.50 0	0.90 0.60
轻质碳酸钙 0.10 余量				0.10 0	0.065		0.60
高岭土 0.065 余量					0.065 0		0.13 0.47
石英 0.47 余量							0.47 0

（4）计算熔块的公式量，见表 3-21。

表 3-21 熔块的公式量

氧化物种类	氧化物分子量	氧化物分子数	氧化物质量（g）
PbO	223.2	0.4444	99.19
K_2O	94.2	0.1111	10.47
Na_2O	62.0	0.2778	17.22
CaO	56.1	0.1667	9.35
Al_2O_3	101.9	0.15	15.29
B_2O_3	69.6	0.5556	38.67
SiO_2	60.1	1.0	60.10
		熔块公式量 = 250.29	

（5）计算熔块釉的配料量及配料比，见表 3-22。

表 3-22 熔块釉的配料量及配料比

原料种类	当量	当量数	配料量	配料比（%）
熔块	250.29	0.90	225.26	80.36
轻质碳酸钙	100.1	0.10	10.01	8.57
高岭土	258.1	0.065	16.78	5.97
石英	60.1	0.47	28.25	10.08
		总配合量 = 280.30		总计 99.98

3.4 坯的常用工艺性能计算

3.4.1 泥浆的计算

1. 按相对密度法计算泥浆中干料及水分的含量

$$M = \frac{W_\rho S_d}{S_d - 1}(W_d - 1)V$$

$$W_w = \frac{1}{\dfrac{W_d}{\dfrac{S_d - W_d W_\rho}{W_d - 1}} + 1}$$

取 $W_\rho = 1 \text{kg/L}$，可简化为：

$$W_w = \frac{1}{\dfrac{W_d}{\dfrac{S_d - W_d}{W_d - 1}} + 1}$$

式中 M——容器中泥浆相应的干料质量，kg；

V——容器容积，L 或 m³；

S_d——固体物料的相对密度；

W_w——泥浆中的水分含量，%；

W_ρ——水的密度，kg/L 或 kg/m³；

W_d——泥浆的相对密度。

2. 湿法配料和干法配料的换算

湿法配料和干法配料的换算问题在实际生产中是经常遇到的，若已知浆料的体积和相对密度，则可用上述公式计算出浆料中固体物料的含量，再换算成干料的百分组成，即可算出干料配比，反之已知干料配比和配合料中各成分料浆及干料的相对密度，也可求出各种料浆的加入料。

【例 3-9】已知某卫生瓷坯料料浆的相对密度为 1.82，其生产工艺是硬质料和石英分别单独湿法球磨，球土则单独化浆，然后按容积配料法将三者混合均匀制成料浆，已知坯料配方（按干基算）是球土 26%，石英 20%，硬质料 54%，球土浆、石英浆和硬质料料浆的相对密度分别为 1.70、1.90、1.80，它们所对应干基的相对密度分别为 2.62、2.65 和 2.65。若要配制坯料料浆 1000L，问需球土浆、石英浆和硬质浆料各多少升？

(1) 先求出泥浆中混合干基的相对密度:

$$S_{泥浆} = S_{球土} \times 0.26 + S_{石英} \times 0.20 + S_{硬质料} \times 0.54$$
$$= 2.62 \times 0.26 + 2.65 \times 0.20 + 2.65 \times 0.54$$
$$= 2.642$$

(2) 再求出泥浆中相应的干料质量:

$$M = \frac{W_\rho S_d}{S_d - 1}(W_d - 1)V = \frac{2.642 \times 1}{2.642 - 1}(1.82 - 1) \times 1000 = 1319 \text{kg}$$

这样混合泥浆中各组分对应的干料质量为:

$$M_{球土} = 1319 \times 0.26 = 342.94 \text{kg}$$
$$M_{石英} = 1319 \times 0.20 = 263.80 \text{kg}$$
$$M_{硬质料} = 1319 \times 0.54 = 712.26 \text{kg}$$

(3) 最后求出各组分对应料浆的容积:

$$M = \frac{W_\rho S_d}{S_d - 1}(W_d - 1)V; \qquad V = \frac{M(S_d - 1)}{W_\rho S_d(W_d - 1)}$$

$$V_{球土浆} = \frac{M_{球土}(S_{球土} - 1)}{W_\rho S_{球土}(W_{球土} - 1)} = \frac{342.94 \times (2.62 - 1)}{1 \times 2.62 \times (1.70 - 1)} = 302.9 \text{L}$$

$$V_{石英浆} = \frac{M_{石英}(S_{石英} - 1)}{W_\rho S_{石英}(W_{石英} - 1)} = \frac{263.8 \times (2.65 - 1)}{1 \times 2.65 \times (1.90 - 1)} = 182.5 \text{L}$$

$$V_{硬质料浆} = \frac{M_{硬质料}(S_{硬质料} - 1)}{W_\rho S_{硬质料}(W_{硬质料} - 1)} = \frac{712.26 \times (2.65 - 1)}{1 \times 2.65 \times (1.80 - 1)} = 554.4 \text{L}$$

$$V = 302.9 + 182.5 + 554.4 = 1040 \text{L}$$

换算成1000L配合料浆,则:

$$V_{球土浆} = 302.9 \times \frac{1000}{1040} = 291 \text{L}$$

$$V_{石英浆} = 182.5 \times \frac{1000}{1040} = 176 \text{L}$$

$$V_{硬质料浆} = 554.4 \times \frac{1000}{1040} = 533 \text{L}$$

按容积法配料配制1000L坯料料浆,需要密度为1.70kg/L的球土浆291L,密度为1.90kg/L的石英浆176L,密度为1.80kg/L的硬质料浆533L。

3. 泥浆相对密度的调整与泥浆混合的计算

(1) 泥浆相对密度的调整与计算

1) 直接计算法(通常采用杠杆法)

【例3-10】 某卫生瓷泥浆的相对密度为1.86,现欲改为1.76,问需要加入水量多少?

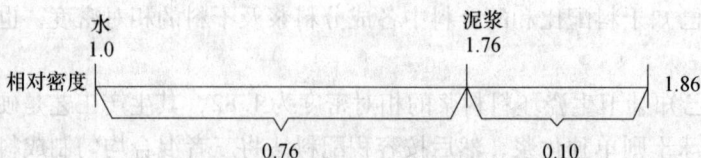

$\frac{0.10}{0.76 + 0.10} \times 100\% = 11.63\%$ (加入水的容积百分比),相对密度为1.86的泥浆应为:

$$(100 - 11.63)\% = 88.37\%$$

$$\frac{x}{100} = \frac{11.63}{88.37}, \quad x = \frac{100 \times 11.63}{88.37} = 13.16\%$$

即在相对密度为 1.86 的泥浆中，必须加入 13.16% 水（容积百分比）才能制得相对密度为 1.76 的泥浆。

2）使用泥浆相对密度调整表（表3-23）

表 3-23 泥浆相对密度调整表

在 100mL 原有泥浆中应加入的水量（mL）

2.20	2.15	2.10	2.05	2.00	1.95	1.90	1.85	1.80	1.75	1.70	1.65	1.60	1.55	1.50	1.45	1.40	1.35	1.30	1.25	1.20	拟调制的泥浆相对密度
																100	80	50	19		1.20
														95	85	60	43	18		8	1.25
												100	82	66	51	35	17		9	21	1.30
											88	70	58	43	30	15		10	22	35	1.35
									87	77	63	50	37	25	13		11	24	36	48	1.40
					100	90	78	66	57	45	32	22	12		12	26	37	49	60		1.45
				93	80	70	61	50	41	30	18	11		13	27	39	50	26	75		1.50
			85	73	66	55	46	36	27	17	10		14	28	40	62	65	78	95		1.55
		85	76	66	61	52	43	33	25	16		15	30	42	54	68	83	97			1.60
85	77	70	62	54	48	40	31	22	15	8		16	31	45	59	72	88	100			1.65
70	65	57	50	43	36	29	21	14	7		17	32	47	63	76	94					1.70
60	54	48	40	33	27	20	14	7		18	34	50	66	80	100						1.75
50	45	38	31	25	18	13	6		20	37	54	71	86	108							1.80
42	36	29	23	17	11	6		20	40	58	76	95									1.85
34	28	22	17	11	5		24	40	63	83	104										1.90
26	21	16	11	5		26	74	63	91												1.95
20	16	11	50		30	50	74	91													2.00
15	10	5		33	56	60	113														2.05
10	5		37	63	88	125															2.10
5		40	69	78	150																2.15
	43	75	111	166																	2.20

在 100mL 原有泥浆中应加入的固体物料量（g）

（2）泥浆混合的计算

已知两种以上泥浆的相对密度，欲用它们来配制某特定相对密度的泥浆，求每种泥浆需加入的量。

【例 3-11】 如有两种泥浆 A 和 B，相对密度分别为 1.2 和 1.8。今欲混合此泥浆，已得到相对密度 1.3 的泥浆，问每种泥浆各需多少升，方足以制备新泥浆 1000L？

采用杠杆法：

可知 B 泥浆 0.1 份，需 A 泥浆 0.5 份，故所求泥浆 1000L 中所需泥浆 A 的量为：

$$\frac{0.5}{0.1+0.5} \times 1000 = 833 \text{L}$$

所需泥浆 B 的量为：1000 - 833 = 167L

3.4.2 收缩率与含水率的计算

1. 收缩百分率的计算（表3-24）

表 3-24 收缩率的计算公式表

名 称	公 式	说 明
干燥线收缩率	$\alpha_d = \dfrac{L_0 - L_1}{L_1} \times 100\%$	α_d——干燥线收缩百分率，%； L_0——干燥前坯体长度，mm； L_1——干燥后坯体长度，mm
烧成线收缩率	$\alpha_f = \dfrac{L_1 - L_2}{L_1} \times 100\%$	α_f——烧成线收缩百分率，%； L_2——烧成后坯体长度，mm
总线收缩率	$\alpha = \dfrac{L_0 - L_2}{L_0} \times 100\%$	α——总线收缩百分率，%
线收缩率间的相互换算	$\alpha_f = \dfrac{\alpha - \alpha_d}{100 - \alpha_d} \times 100\%$，$\alpha = \dfrac{100 - \alpha_d}{100} \cdot \alpha_f + \alpha_d$	
干燥体收缩率	$V_d = \dfrac{V_0 - V_1}{V_0} \times 100\%$	V_d——干燥体收缩百分率，%； V_0——干燥前试样体积，cm^3； V_1——干燥后试样体积，cm^3
烧成体收缩率	$V_f = \dfrac{V_1 - V_2}{V_1} \times 100\%$	V_f——烧成体收缩百分率，%； L_2——烧成后试样体积，cm^3
总体积收缩率	$V = \dfrac{V_0 - V_2}{V_0} \times 100\%$	V——总体积收缩率，%
线收缩率和体收缩率间的关系式	$\alpha = \left(1 - \sqrt[3]{1 - \dfrac{V}{100}}\right) \times 100\%$	α——线收缩百分率，%； V——体积收缩率，%

2. 含水率的计算（表3-25）

表 3-25 含水率的计算公式表

名 称	公 式	说 明
可塑水量百分率	$T = \dfrac{W_p - W_d}{W_d} \times 100\%$	W_p——可塑试样的质量，kg； W_d——干燥试样的质量，kg
收缩水量百分率	$t_1 = \dfrac{V_p - V_d}{V_d} \times 100\%$	V_p——可塑试样的体积，cm^3； V_d——干燥试样的体积，cm^3
气孔水量百分率	$t_2 = T - t_1$	T——可塑水量百分率，%； t_2——收缩水量百分率，%

3.4.3 干燥敏感性的计算

黏土原料或黏土制品在干燥收缩阶段出现裂纹的倾向性称为干燥敏感性。干燥敏感性的大小一般用干燥敏感指数(K)衡量。它的定义是：在自然风干的条件下，正常可塑状态(工作水分)的湿坯试样，干燥体积收缩率和孔隙率的比值。它与坯体正常可塑状态所含水分高低、干燥收缩率及颗粒大小、形状和堆积密度等因素有关。

1. 干燥敏感指数(K)

$$K = \frac{M_1 - M_2}{M_2}$$

$$K = \frac{V_d}{V_p\left(\dfrac{M_p - M_d}{V_p - V_d} - 1\right)}$$

式中 M_1——试样成形时的绝对水分；

M_2——试样收缩停止时的临时绝对水分；

V_d——干燥前的可塑试样体积，cm^3；

V_p——干燥后的试样体积，cm^3；

M_p——干燥前的可塑试样体积，g；

M_d——干燥后的试样体积，g。

根据干燥敏感指数(K)的大小，可将黏土划分为三类：

低干燥敏感性黏土　　　　$K < 1.2$

中干燥敏感性黏土　　　　$1.2 < K < 1.8$

高干燥敏感性黏土　　　　$1.8 < K$

$K \leq 1$，一般较适合；$K = 1 \sim 2$ 者为中等；$K > 2$ 者易出现干燥缺点。

2. 干燥敏感性的高低也可用比收缩 φ (cm^3/g) 来衡量

$$\varphi = \frac{\Delta V}{\Delta M}$$

式中 ΔV——试样体积收缩，cm^3；

ΔM——收缩水量，g。

φ 越大，干燥灵敏性越大，干燥越不安全。一般黏土 φ 的变动在 0.5~0.9。

【例3-12】 某黏土制品试样干燥前的质量为86.4g，密度为2.4g/cm^3；干燥后试样的质量为72.4g，相对密度为2.26g/cm^3。试样用干燥敏感指数(K)和比收缩 φ 来分析该试样的干燥敏感性。

$$K = \frac{V_d}{V_p\left(\dfrac{M_p - M_d}{V_p - V_d} - 1\right)} = \frac{\dfrac{72.4}{2.26}}{\dfrac{86.4}{2.4} \times \left(\dfrac{\dfrac{86.4 - 72.4}{86.4} - \dfrac{72.4}{2.26}}{\dfrac{86.4}{2.4} - \dfrac{72.4}{2.26}} - 1\right)} = \frac{32.04}{36 \times \left(\dfrac{14.0}{36 - 32.04} - 1\right)} = 0.35$$

$$\varphi = \frac{\Delta V}{\Delta M} = \frac{36 - 32.04}{86.4 - 72.4} = 0.28$$

3.4.4 密度、气孔率、吸水率、吸湿膨胀及渗透性

1. 密度

(1) 真密度

真密度是材料的质量与其真体积(不包括气孔体积)之比。

对于陶瓷材料的真密度,《耐火材料真密度试验方法》(GB/T 5071—1997) 和国际标准(ISO 5018) 规定:把材料破碎、磨细到尽可能无封闭气孔存在的颗粒后,用测量试样干燥质量和真体积来测量真密度。

$$\rho = \frac{m_1 - \rho_1}{m_1 + (m_3 - m_2)}$$

式中 ρ——试样真密度,g/cm^3;
ρ_1——所选用的液体在实验温度下的密度,g/cm^3;
m_1——试样的干燥质量,g;
m_2——装有试样和选用液体的相对密度瓶的质量,g;
m_3——装有选用液体的相对密度瓶的质量,g。

(2) 体积密度

1) 对于致密定形陶瓷材料的体积密度,《致密定形耐火制品 体积密度、显气孔率和真气孔率试验方法》(GB/T 2997—2000) 和国际标准(ISO 5017) 中规定:

$$D_b = \frac{m_1 D_1}{m_3 - m_2}$$

式中 D_b——试样的体积密度,g/cm^3;
D_1——试验温度下,浸渍液体的密度,g/cm^3;
m_1——试样的干燥质量,g;
m_2——饱和试样的表观质量,g;
m_3——饱和试样在空气中的质量,g。

2) 对于高气孔率的定形陶瓷材料的体积密度,《致密定形耐火制品 体积密度、显气孔率和真气孔率试验方法》(GB/T 2998—2000) 和国际标准(ISO 2477) 规定:

$$D_b = \frac{m}{V} = \frac{m}{abc}$$

$$D_b = \frac{m}{V} = \frac{4m}{\pi d^2 h}$$

式中 D_b——试样体积密度,g/cm^3;
m——试样的干燥质量,g;
V——试样的体积,cm^3;
a、b、c——长方形试样的长、宽、高,cm;
d——圆柱体试样上、下两底面的平均直径,cm;
h——圆柱体试样的高度,cm。

3) 对于粒状陶瓷材料的体积密度,《致密定形耐火制品 体积密度、显气孔率和真气孔率试验方法》(GB/T 2999—2000) 规定,采用液体静力称量法和滴定管法两种方法测定。

① 按液体静力称量法：

$$D_b = \frac{m_1 D_1}{m_2 - m_1}$$

式中　D_b——试样体积密度，g/cm³；
　　　D_1——试验温度下，浸渍液体的密度，g/cm³；
　　　m_1——试样的干燥质量，g；
　　　m_2——饱和试样的表观质量，g。

② 按滴定管法：

$$D_b = \frac{m}{V} = \frac{m}{V_1 - V_2}$$

式中　D_b——试样体积密度，g/cm³；
　　　m——试样的干燥质量，g；
　　　V——试样的体积，cm³；
　　　V_1——滴定管最初液面读数，mL；
　　　V_2——滴定管最终液面读数，mL。

2. 气孔率

气孔率是材料中所含气孔体积与材料总体积的比例。

颗粒状松堆积体之间的空隙体积与堆积体的外观体积之比常称为空隙率。

气孔率有三种：

1）总气孔率，又称为真气孔率（P_t），指开口气孔与闭口气孔两类气孔的体积之和与材料总体积之比。

2）开口气孔率（显气孔率）（P_a），指开口气孔体积与材料总体积之比。

3）闭口气孔率（P_c），指闭口气孔体积与材料总体积之比。

表3-26　气孔率的计算公式表

名　称	计算式	说　明
总气孔率 P_t	$P_t = \dfrac{V_c + V_0}{V_b} \times 100\%$	V_c——封闭材料体积；
开口气孔率 P_a	$P_a = \dfrac{V_c}{V_b} \times 100\%$	V_0——开口材料体积；
闭口气孔率 P_c	$P_c = \dfrac{V_0}{V_b} \times 100\%$	V——材料总体积
三者关系	$P_t = P_c + P_a$	

3. 吸水率

吸水率是材料全部开口气孔所吸收的水的质量与干燥试样的质量百分比，按下式计算：

$$W_a = \frac{m - m_0}{m_0} \times 100\%$$

式中　W_a——材料的吸水率，%；
　　　m_0——干燥试样的质量，g；
　　　m——材料饱和吸水后的质量，g。

4. 吸湿膨胀

多孔性上釉陶瓷制品，如精陶制、半瓷质上釉制品长期暴露在潮湿空气中，或直接接触水，就会吸收水分引起坯体膨胀，导致釉面龟裂，这种现象称为吸湿膨胀，又称为时效龟裂或后期龟裂。

吸湿膨胀时所引起的拉引力可按下式计算：

$$\sigma_{拉} = \frac{VE}{100}$$

式中　V——在湿气作用下材料的体膨胀率，%；
　　　E——材料的弹性模量，MPa。

5. 渗透性

含有开口气孔的素坯或不施釉的陶坯，在压力作用下可让液体或气体渗透过去，这种特性称为渗透性。材料渗透性的大小可用渗透系数来衡量。

渗透系数 K 是指在一定压力下（10Pa）、单位时间（1h）内，单位面积（1cm²）、单位厚度（1cm）的坯体所通过的流量，计算公式如下：

$$K = f\frac{Fht}{b} \quad cm^3/(h \cdot Pa)$$

式中　f——渗透性常数；
　　　F——流体渗透的表面积，m²；
　　　h——液柱高度，cm；
　　　t——渗透时间，h；
　　　b——渗透距离（坯体的厚度），cm。

3.4.5　坯料的耐火度和烧成温度的计算

1. 耐火度

耐火度是指材料在无荷重时抵抗高温作用而不熔化的性能。它表征材料抵抗高温作用的性能。

中国标准（GB/T 7322—1997）和国际标准（ISO 528）规定了材料耐火度的实验方法，其要点是：将被测材料制成与标准测温锥形状、尺寸相同的截头三角锥，在规定的加热条件下，与标准测温锥弯倒情况作比较，直至试锥顶部弯倒接触底盘，此时与试锥同时弯倒的标准测温锥可代表的温度即为该试锥的耐火度。

耐火度可用下述公式估算：

$$t = \frac{360 + Al_2O_3 - R}{0.228}$$

式中　Al_2O_3——按 $Al_2O_3 + SiO_2 = 100\%$ 计算，质量百分数，%；
　　　R——按 $Al_2O_3 + SiO_2 = 100\%$ 计算的碱金属氧化物、碱土金属氧化物与 TiO_2 的总量，质量百分数，%；

应用上式时，应首先将化学分析值换算为无灼减量的百分含量。

2. 烧成温度

烧成温度可用下述公式估算：

$$t = \frac{360 + Al_2O_3 - R}{0.228}$$

3.4.6 力学性能的计算

1. 抗压强度

抗压强度是指材料在一定温度下,单位面积上所能承受的极限载荷。其公式如下:

$$S = \frac{P}{A}$$

式中 S——试样抗压强度,N/mm²;
  P——试样破坏时的总压力,N;
  A——试样受压面积,mm²。

2. 抗弯强度

抗弯强度是指材料在一定温度下,单位面积上承受弯矩时的极限折断应力,又称为弯曲强度、抗折强度、断裂模量。

一定尺寸的长方体试样在三点弯曲装置(图 3-1)上弯曲时,抗弯强度按下式计算:

$$\sigma_{弯} = \frac{3PL}{2bh^2}$$

式中 $\sigma_{弯}$——试样的抗弯强度,N/mm² 或 MPa;
  P——试样断裂时所施的最大载荷,N;
  L——两支点间的距离,mm;
  b——试样的宽度,mm;
  h——试样的高度,mm。

3. 抗拉强度

抗拉强度是指材料单位面积所能承受的最大拉应力,也称为抗张强度。其公式如下:

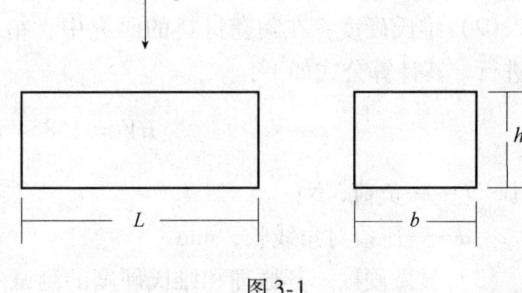

图 3-1

$$\sigma_{拉} = \frac{P}{F}$$

式中 P——试样断裂时所施加的最大载荷,N;
  F——试样的截面积,mm²。

4. 抗冲击强度

抗冲击强度是指材料抵抗动负荷的能力,以材料单位面积所能承受的最大冲击功表示。其公式如下:

$$A_k = \frac{W}{F}$$

式中 A_k——抗冲击强度,Nm/m²;
  W——试样所吸收的冲击功,Nm 或 J;
  F——试样断裂处横截面积,m²。

5. 硬度

硬度是材料抵抗弹性变形、塑性变形或破坏的能力,或者抵抗其中两种或三种情况同时发生的能力,是材料的一种重要力学性能。

(1) 莫氏硬度:陶瓷及矿物材料常用的划痕硬度,它表示硬度由小到大的顺序,不表示软硬的程度,见表3-27。

表 3-27 莫氏硬度表

10 级标准的顺序	材　料
1	滑石
2	石膏
3	方解石
4	萤石
5	磷灰石
6	正长石
7	石英
8	黄玉
9	刚玉
10	金刚石

(2) 维氏硬度:在陶瓷材料的研究中,精确测定材料的硬度,通常在维氏显微硬度计上进行。其计算公式如下:

$$HV = 1.854 \times 10^{-6} \times \frac{F}{d^2}$$

式中　F——负荷,N;
　　　d——压痕对角线长,mm。

(3) 显微硬度:其原理和维氏硬度的测试一样,只是由于使用的负荷小于9.8N,且压痕以微米(μm)为单位,故称为显微硬度。计算公式与维氏硬度相同。

6. 断裂韧性(破坏强度)

陶瓷材料均为脆性材料,它的特点是材料的破坏不存在形变过程,材料直接发生断裂。它的断裂应力低于材料的屈服应力,甚至低于许用应力。

对于脆性材料,材料是否破坏取决于应力强度因子 K 的大小,当 $K > K_c$ 时,裂纹就扩展,材料破坏。极限值 K_c 就称为断裂韧性。其中,K 用下式表述:

$$K = \sigma \sqrt{\pi a}$$

式中　σ——材料所受的应力;
　　　a——材料中微裂纹的半宽度。

7. 耐磨性

耐磨性指其抵抗固体、液体和含尘气流对材料表面的机械磨损作用的能力。

材料耐磨性的高低可以用耐磨系数来表示,计算公式如下:

$$K = \frac{G_0 - G_1}{F}$$

式中　K——耐磨系数，g/cm^2；
　　　G_0——磨损前试样质量，g；
　　　G_1——磨损后试样质量，g；
　　　F——磨损部分的面积，cm^2。

也可用磨损的试样体积来表示，公式如下：

$$K = \frac{V_0 - V_1}{F}$$

式中　K——耐磨系数，cm^3/cm^2；
　　　G_0——磨损前试样的体积，cm^3；
　　　G_1——磨损后试样的体积，cm^3；
　　　F——磨损部分的面积，cm^2。

3.4.7　热学性能的计算

1. 比热与热容

比热与热容是指温度每升高1K时单位质量的物质所吸收的热量，又称为质量比热。其单位为$J/(kg·K)$。

$$C_m = \frac{Q}{M(T_1 - T_0)}$$

式中　C_m——质量比热，$J/(kg·K)$；
　　　M——被加热物质的质量，kg；
　　　T_0、T_1——被加热物质在加热前、后的温度，K。

2. 导热性

材料的导热性，以导热系数（又称热导率）表示。

导热系数（λ）表示在能量传递过程中，热量从温度较高部分传至温度较低部分的数量，即在温度梯度$\frac{dT}{dx}$的条件下，单位时间通过单位面积传递的热量 q，导热系数的表达式如下：

$$\lambda = q / \left(-\frac{dT}{dx}\right)$$

式中　λ——材料的导热系数，$W/(m·K)$；
　　　q——热量密度，W/m^2；
　　　$\frac{dT}{dx}$——温度梯度，K/m。

3. 导温性

材料的导温性用导温系数（又称热扩散率）表示，它标志着材料受热时温度的传递速度。

$$a = \frac{\lambda}{c_p \gamma}$$

式中　a——材料的导温系数（热扩散率），m^2/s；
　　　λ——导热系数，$W/(m·K)$；

c_p——比定压热容,J/(kg·K);

γ——密度,kg/m³。

材料的导温系数集热扩散率主要取决于材料的导热系数和密度。

4. 热膨胀性

热膨胀性指材料的线度和体积随温度升降发生可逆性增减的性能,常以线膨胀系数或体膨胀系数来表示,其表达式如下:

$$\alpha = \frac{1}{L} \cdot \frac{dl}{dt}$$

$$\beta = \frac{1}{V} \cdot \frac{dV}{dt}$$

式中 α、β——分别为线膨胀系数和体膨胀系数;

L、V——分别为材料的长度和体积;

dl 和 dV——分别为温度变化(dt)时,材料长度和体积的微小变化量。

陶瓷材料由于其组成的复杂性,从低温到高温所有温度微小变化时的膨胀量均非恒定值,即长度或体积随温度线性增长的关系并不严格成立。有的陶瓷,热膨胀系数随温度升高而增加,有的降低,有的则在某一温度时突增或突减。因此陶瓷材料的热膨胀系数常以从常温到某一指定温度(低于软化温度)范围内的平均线膨胀系数或平均体膨胀系数来表示。

陶瓷材料的平均热膨胀系数计算公式如下:

$$\bar{\alpha} = \frac{1}{L_0} \cdot \frac{L_t - L_0}{T - T_0}$$

$$\bar{\beta} = \frac{1}{V_0} \cdot \frac{V_t - V_0}{T - T_0}$$

式中 $\bar{\alpha}$、$\bar{\beta}$——分别为平均线膨胀系数和平均体积膨胀系数;

L_t、V_t——分别为温度 T 时的长度和体积;

L_0、V_0——分别为温度 T_0 时的长度和体积。

如果膨胀系数很小,则可按 $\bar{\beta} = 3\bar{\alpha}$ 近似计算。

5. 热稳定性

热稳定性指材料经受剧烈温度变化而不破坏的性能,又称为抗热震性、耐急冷急热性。温度巨变使材料中存在一定的热应力,当热应力超过材料的抗拉强度时,陶瓷材料产生开裂破坏。

目前常用的抗热震断裂理论分析公式是 Winkelman-Schott 公式:

$$k = \frac{\sigma_b}{\alpha E} \cdot \sqrt{\frac{\lambda}{c_p d}}$$

式中 k——热稳定系数,k 值越高,热稳定性越好,K·m·s$^{-1/2}$;

σ_b——材料的抗拉强度,N/m²;

α——材料的热膨胀系数,K^{-1};

E——材料的弹性模量,Pa 或 N/m²;

λ——材料的导热系数,W/(m·K);

c_p——材料的比定压热容,J/(kg·K);

d——材料的密度，kg/m^3。

由此可知，陶瓷材料的热稳定性取决于材料的几个热学参数（λ、α、c_p）与几个力学参数（σ_b、E、d）。其中热膨胀系数影响最大，它是热稳定性的敏感参量。此外还与材料的形状尺寸以及急冷介质的传热系数与流速有关。

6. 高温蠕变性

高温蠕变性是指陶瓷材料在高温下受应力作用随时间变化而发生的等温形变。根据施加外力的方式，高温蠕变性分为高温压缩蠕变、高温拉伸蠕变、高温弯曲蠕变和高温扭转蠕变等。其中最常用的是高温压缩蠕变。

$$P = \frac{L_n - L_0}{L_i} \times 100\%$$

式中　　P——蠕变率，%；

L_i——试样的原始高度，mm；

L_n——试样恒温 n 小时的高度，mm；

L_0——试样恒温开始时的高度，mm。

7. 荷重软化温度

荷重软化温度是指材料在持续升温条件下承受恒定荷载产生变形的温度。在一定程度上表明制品在其使用条件相仿情况下的结构强度。

一般测定的是在一定条件下，自试样膨胀最高点压缩试样原始高度的变形 0.5%、1.0%、2.0%、5.0% 相对应的 $T_{0.5}$、$T_{1.0}$、$T_{2.0}$、$T_{5.0}$。

3.5 釉的性能计算

3.5.1 高温黏度和表面张力的计算

熔化的釉料能否在坯体表面铺展成光滑的优质釉面，与熔釉的黏度、润湿性和表面张力有关。黏度和表面张力过大或润湿性过小的熔釉就难于在坯体上铺展，而使釉面形成波浪纹、橘釉甚至缩釉。黏度和表面张力过小时，又易造成流釉、集釉，使釉层薄厚不匀，而且不能拉平釉面。在多孔坯上还会造成干釉的无光粗糙表面或形成针孔。黏度和表面张力良好的釉料，不仅能填补坯体表面的一些凹坑，而且还有利于坯釉之间的相互作用，生成良好的中间层。

1. 高温黏度

莱曼等人提供了陶瓷釉高温黏度的近似计算公式：

$$\eta = \frac{920}{k_z - 0.32}$$

$$k_z = \frac{100}{SiO_2 + Al_2O_3} - 1$$

式中　　η——高温黏度，P，$1P = 10^{-1} Pa \cdot s$；

k_z——黏度指数；

$SiO_2 + Al_2O_3$——釉组成中，该两组分的百分组成数。

注：上式只适合于低温釉，否则要进行修正。

【例3-13】 已知某精陶釉的化学组成（表3-28），该釉料的烧成温度为1160℃，试计算釉料在该温度下的高温黏度。

表3-28 某精陶釉的化学组成

组分	PbO	K_2O	Na_2O	MgO	ZnO	Al_2O_3	SiO_2	B_2O_3	合计
百分比（%）	22.2	5.8	3.8	0.5	1.1	10.1	47.8	8.7	100.00

$$k_z = \frac{100}{SiO_2 + Al_2O_3} - 1 = \frac{100}{47.8 + 10.1} - 1 = 0.727$$

$$\eta = \frac{920}{k_z - 0.32} = \frac{920}{0.727 - 0.32} = 2260.44 P = 226 Pa \cdot s$$

故此精陶釉在烧成温度下的高温黏度为226Pa·s。

2. 表面张力

表面张力是指两相界面在恒温、恒压下增加一单位表面积时所做的功，单位是N/m。

表面张力与温度的关系，可按下式计算：

$$\sigma = \sigma_0(1 - b\Delta T)$$

式中 σ——计算所得表面张力值，N/m；

σ_0——一定条件下开始的表面张力值，N/m；

b——经验系数；

ΔT——温度变动值，K。

表面张力与化学组成的关系，可采用加和性公式计算。

$$\sigma_{釉} = a_1\sigma_1 + a_2\sigma_2 + a_3\sigma_3 + \cdots$$

式中 $\sigma_{釉}$——熔融釉的表面张力值，N/m；

a_1、a_2、a_3……——不同组分（氧化物）的百分含量，%；

σ_1、σ_2、σ_3……——不同组分的表面张力因子。

某些氧化物在不同温度下的表面张力因子见表3-29。

表3-29 某些氧化物在不同温度下的表面张力因子

温度 组分名称	900℃	1200℃	1300℃	1400℃
K_2O	0.1			-0.75
Na_2O	1.5	1.27		1.22
Li_2O	4.6		4.5	
MgO	6.6	5.7	5.2	5.49
CaO	4.8	4.92	5.1	4.92
ZnO	4.7		4.5	
BaO	3.7	3.7	4.7	3.8
PbO	1.2			
Al_2O_3	6.2	5.98	5.8	5.85
Fe_2O_3	4.5	4.5		4.4

续表

温度 组分名称	900℃	1200℃	1300℃	1400℃
B_2O_3	0.8	0.23		-0.23
SiO_2	3.4	3.25	2.9	3.24
TiO_2	3.0		2.5	
ZrO_2	24.1		3.5	
CaF_2	3.7			

3.5.2 弹性模量计算

釉的弹性可以补偿坯与釉之间的接触层所发生的应力。通常用弹性模量来表示材料的弹性，弹性模量与弹性成倒数关系。

影响弹性的因素很多，除了化学组成，气泡的大小和数量、釉层的厚度及釉的不均匀性等因数都与其有很重要的关系，所以要得出材料的弹性模量主要靠实验测定。

利用加和性公式可粗略计算出弹性模量，其公式如下：

$$E_{釉} = a_1E_1 + a_2E_2 + a_3E_3 + \cdots$$

式中　　$E_{釉}$——釉的弹性模量，Pa；

a_1、a_2、a_3…——不同组分（氧化物）的百分含量，%；

E_1、E_2、E_3…——不同组分的弹性模量因子，Pa。

3.5.3 热膨胀系数计算

热膨胀系数一般由实验确定，但也可使用加和性原则估算。

$$P_{釉} = a_1x_1 + a_2x_2 + a_3x_3 + \cdots$$

式中　　$P_{釉}$——釉的膨胀系数；

a_1、a_2、a_3…——不同组分（氧化物）的百分含量，%；

x_1、x_2、x_3…——不同组分的膨胀系数因子。

表 3-30 为霍尔提出的线膨胀系数因子（室温～T_g），T_g 为玻璃转变温度。

表 3-30　线膨胀系数因子

氧化物	K_2O	Na_2O	CaO	MgO	ZnO	BaO	PbO	Al_2O_3	SiO_2
因子	3.0	3.86	1.5	0.20	1.0	1.2	0.75	0.50	0.20
SiO_2 含量（%）		20	60		76	87		96	100
因子		0.5	0.4		0.3	0.2		0.1	0.04

3.5.4 熔融温度计算

可采用加和性法则分两步估算釉的熔融温度，首先计算釉的熔融温度系数 k。

$$k = \frac{a_1n_1 + a_2n_2 + \cdots + a_in_i}{b_1m_1 + b_2m_2 + \cdots + b_im_i}$$

式中 a_1、a_2、$\cdots a_i$——易熔氧化物的熔融温度系数;

n_1、n_2、$\cdots n_i$——易熔氧化物的质量(%);

b_1、b_2、$\cdots b_i$——难熔氧化物的熔融温度系数。

m_1、m_2、$\cdots m_i$——难熔氧化物的质量(%)。

计算所用的各氧化物熔融温度系数见表3-31。

表3-31 氧化物熔融温度系数表

易熔氧化物		易熔氧化物		难熔氧化物	
氧化物种类	系数 a	氧化物种类	系数 a	氧化物种类	系数 a
NaF	1.3	Fe_2O_3	0.8	SiO_2	1.0
B_2O_3	1.25	CoO	0.8	Al_2O_3(>0.3%)	1.2
K_2O	1.0	NiO	0.8	SnO_2	1.67
Na_2O	1.0	$MnO_2 \cdot MnO$	0.8	P_2O_5	1.9
CaF_2	1.0	Na_2SbO_3	0.65		
ZnO	1.0	MgO	0.6		
BaO	1.0	Sb_2O_5	0.6		
PbO	0.8	Cr_2O_3	0.6		
AlF_3	0.8	Sb_2O_3	0.5		
Na_2SiF_6	0.8	CaO	0.5		
FeO	0.8	Al_2O_3(<0.3%)	0.3		

根据计算 K 值,由表3-32查出釉的相应熔化温度 T(℃)。

表3-32 釉的相应熔化温度表

K	2	1.9	1.8	1.7	1.6	1.5	1.4	1.3	1.2	1.1
T(℃)	750	751	753	754	755	756	758	759	765	771
K	1.0	0.9	0.8	0.7	0.6	0.5	0.4	0.3	0.2	0.1
T(℃)	778	800	829	861	905	1025	1100	1200	1300	1450

根据我国一些学者的推荐,认为采用耐火度公式,乘以0.85的经验系数,计算釉的始融温度是与实际情况相近的。

$$T_{始} = \frac{360 + R_2O_3 - RO}{0.228} \times 0.85$$

式中 $T_{始}$——釉的始融温度,℃;

R_2O_3——釉料中 R_2O_3 和 RO_2 总量为100%时,R_2O_3 所占的百分含量;

RO——釉料中 R_2O_3 和 RO_2 总量为100%时,相应带入其他熔剂氧化物的总量,RO 为 $R_2O + RO$。

3.6 坯和釉配方的计算机辅助设计(CAD)

3.6.1 优化方法及优化目标

过去的配方设计主要依赖于工艺人员的专业知识和经验,但要想找出一个最佳的配方实非易事。特别是原料多达几十种的条件下，手工计算费时费力，极易出错。在陶瓷配方及工艺条件设计中，借助计算机这一现代化的工具，节省人力、物力，这就是陶瓷配方设计的电算化问题。

无论陶瓷产品的组成、种类如何，其配方的计算方法基本相同，主要有下述步骤：
(1) 按其性能要求，参考生产经验或研究成果，初步选定一个或多个配方。
(2) 确定所用原料的品种，根据原料的成分计算满足坯釉的原料配比，同时还考虑到坯釉的工艺性能。
(3) 按照拟定好的配方，确定生产制度，进行试验，并根据样品的性能进行筛选，最终确定生产用的配方及工艺。

在坯釉配方的设计计算中，考虑到其性能指标、工艺参数等受工艺的影响较大，而且不可能建立相关的表达式，因此，不能直接以某性能指标作为优化参数，只能根据坯釉的化学组成与性能的关系，通过对坯釉化学成分含量的控制，达到控制其性能指标的目的。
(1) 使用原料的种类及各种原料的化学组成、理化性能。
(2) 根据产品性能的要求而提出的配料中化学组成要求。
(3) 根据工艺要求确定主要影响工艺条件的原料的加入量范围。

最优化方法解决实际问题也如同上述坯釉料配方的人工计算过程，一般分为三步进行：
(1) 提出最优化问题，确定优化目标、约束条件及所求变量，建立最优化问题的数学模型，确定变量，列出目标函数及约束式。
(2) 分析模型，选择合适的求解方法。
(3) 编写程序，用计算机求最优解，对算法的收敛性、通用性与简便性、效率及误差等做出评价。

3.6.2 配方优化设计的数学模型

一般采用以下两种模型：
(1) 单纯形法
1) 目标函数

以某种釉为例。设选取釉的熔融温度、热膨胀系数、表面张力为设计参数，建立目标函数为：

$$\min F = |F_1 - T| + |F_2 - a|^2 + |F_3 - S|$$

式中　F_1、F_2、F_3——分别为熔融温度、热膨胀系数、表面张力的计算值；
　　　T、a、S——分别为上述三个参数的控制值。

2) 约束条件

以釉的化学组成控制范围作为约束条件，则约束方程为：

$$LFQ(I) \leq FQ(I) \leq HFQ(I)$$

式中　$LFQ(I)$——釉中各组成的控制下限；
　　　$HFQ(I)$——釉中各化学组成的控制上限；
　　　$FQ(I)$——各化学组成的计算值。

(2) 线性代数法

设有 m 种原料，具有 $n-1$ 个配方目标，连同原料组成总和为 1（即 100%），共可联立 n

个方程，配方目标就是 n 行一列的矩阵，设为 $[\beta]$。对于所求 m 种原料的含量则是一个 m 行一列的未知矩阵，设为 $[X]$。原料特性为一个 n 行 m 列的系数矩阵，设为 $[A]$。对于原料求解 m 种原料的 n 个方程（$m<n$）转化成下式：

$$[A][X]=[\beta]$$

将上式两边同时左乘 $[A]^T$，$[A]^T$ 是 $[A]$ 的转置矩阵，得：

$$[A]^T[A][X]=[A]^T[\beta]$$

$[A]^T[A]$ 是一个 $m\times m$ 方阵，$[A]^T[\beta]$ 为 m 行一列的矩阵，于是得到一个由 m 个未知量、m 个方程所组成的线性方程组。然后通过高斯消元法化为上三角形式，最后逐步回代，可求得 X_1、X_2、$\cdots X_m$，满足配方目标的坯料配方即被求解出来。

从数学角度看，陶瓷坯釉配方的计算机计算就是求矩阵，数学求解无须知其物理意义，只要解是准确的即可。其解可以是正值，也可以是负值。但陶瓷坯釉配方设计不仅仅是解方程，还必须有物理意义，不能出现负值项。当出现负值项时，要采用原料替换，消除负值项，使解具有物理意义。

3.6.3 满足配方要求的配方计算

1. 釉料配方计算实例

【例3-14】 已知：（1）原料的化学组成（表3-33）；（2）釉性能要求：熔融温度：1280℃、热膨胀系数：55×10^{-7}℃$^{-1}$、表面张力：370dyn/cm；（3）釉料化学组成控制范围（表3-34）。计算釉料配方（含 $I.L$）（表3-35～表3-37）。

表3-33 原料的化学组成

氧化物	SiO_2	Al_2O_3	Fe_2O_3	CaO	MgO	K_2O	Na_2O	$I.L$
1	98.2	0	0.09	0	0	0	0	0
2	66.82	17.79	0.12	0.33	0.04	12.92	2.16	0.16
3	51.40	1.06	0.24	1.06	32.47	1.02	0.70	11.89
4	1.07	0.44	1.08	54.54	0	0.23	0.10	43.3
5	48.76	35.88	0.90	0.50	0.20	0.80	0	13.38
6	39.37	45.00	0.76	0.63	0	0	0	13.97
7	55.30	28.82	1.95	0.85	1.31	2.64	0.19	8.49

表3-34 釉料化学组成控制范围

氧化物	SiO_2	Al_2O_3	Fe_2O_3	CaO	MgO	K_2O	Na_2O
含量（%）	40～80	10～20	0～5	1～12	0.5～10	0～15	0.5～10

表3-35 釉料配方

原料	1	2	3	4	5	6	7
含量（%）	30.66	29.80	9.85	13.06	2.76	11.80	2.08

表3-36 釉化学组成

氧化物	SiO_2	Al_2O_3	Fe_2O_3	CaO	MgO	K_2O	Na_2O
含量（%）	68.24	14.00	0.43	8.14	3.60	4.40	0.79

表 3-37 釉料性能

熔融温度（℃）	热膨胀系数（℃$^{-1}$）	表面张力（dyn/cm）
1280	55×10^{-7}	370.0

2. 坯料配方计算实例

需配制的坯料组成和其他特性及原料特性见表3-38。满足目标的坯料配方见表3-39。

表 3-38 配方目标及原料特性

指标项目	配方目标（%）	黏土 A	黏土 B	黏土 C	长石	石英
SiO_2	65.6	54.10	58.30	45.00	66.80	99.60
Al_2O_3	22.70	25.30	27.80	39.20	19.60	0.10
Fe_2O_3	0.50	1.19	0.98	0.29	0.04	0.10
TiO_2	0.22	1.30	0.98	1.28	0	0
CaO	0.58	0.60	0.30	0.15	1.70	0
MgO	0.13	0.80	0.23	0.16	0	0
K_2O	3.39	1.50	1.82	0.14	4.80	0
Na_2O	1.60	0.34	0.28	0.05	6.90	0
I.L	5.83	14.80	8.87	13.65	0.20	0.04
黏土	33	45	52	99	0	0
云母	6	17	19	1	0	0
石英	26	30	26	0	4	99
有机物	0.8	6	1	0	0	0
粒级 <20μm	83	95	91	98	96	71
粒级 <10μm	66	93	82	94	49	41
粒级 <5μm	49	90	71	78	26	24
粒级 <2μm	33	80	55	54	10	6
粒级 <1μm	25	70	42	36	4	2
粒级 <0.5μm	19	56	30	22	1	0
比表面积（m²/g）	21.2	86.1	39.1	19.5	0	0

表 3-39 坯料配方

原 料	黏土 A	黏土 B	黏土 C	长石	石英
含量（%）	12.46	18.76	17.03	35.27	16.48

当有了计算过程的数学描述，并选定了一个适宜的算法后，就可以着手编写程序、设计软件及其界面。这些后面的工作往往交给计算机软件人员去做。他们对于软件工程有一系列的技术要求。他们常常更加钟爱成熟、有效的算法和久经考验的标准子程序。这样，可以减少在交付给用户后出现这样或那样的问题。现在市面上出售的商品软件一般都有友好而华丽的图形界面，并有完善的售后服务。

作为用户,应该更关心软件的技术内涵。采用逐步满足法原理的计算方法的翻版编制的程序及开发的软件,界面通常都比较友好,且有较多的人机对话功能,灵活性较大,但输入数据较麻烦,常需一些人工干预,因而运行效率较低,比较适合对计算机不太熟悉的工艺人员使用。目前流行较广的配方电算软件大多数都是按上面所介绍的数学描述及算法为基础的,功能大同小异,界面则各有不同。用户可依照自己的实际情况去选用,而不必过分考虑软件所选用的具体数学模型等问题。目前,许多软件是捆绑销售的,如配方电算软件就常与原料组成数据库、坯釉料组成数据库以及材料性能的建模寻优软件等组合成一个大的软件包。其功能较多,但售价不菲。用户可以根据自己的工作需求去选购,但追求"大而全",不一定划算。另外,软件是比较容易修改与拼接的。有经验的用户也可以要求软件供应商为自己"量身定做",以更好地满足工作需求。

参考文献

1 胡绳愚. 陶瓷计算 [M]. 北京:轻工业出版社,1983.
2 张忠铭. 日用陶瓷原料的分析与坯釉配方 [M]. 上海:上海交通大学出版社,1985.
3 刘康时. 陶瓷工艺原理 [M]. 广州:华南理工大学出版社,1990.
4 李家驹. 日用陶瓷工艺学 [M]. 武汉:武汉工业大学出版社,1992.
5 中国硅酸盐学会陶瓷分会建筑卫生陶瓷专业委员会. 现代建筑卫生陶瓷工程师手册 [M]. 北京:中国建材工业出版社,1998.
6 Griffiths R. and Radford C. Calulations in Ceramics [J]. Macloren. London,1965.
7 高力明. 计算材料学与材料结构的层次 [J]. 陶瓷学报,2004(6).
8 高力明. 元配料及其在建筑陶瓷工业中的应用 [J]. 陶瓷,2003(4).
9 高力明. 陶瓷坯釉料配方电算基础知识 [J]. 陶瓷,2002(8).

第4章 生产工艺

4.1 陶瓷墙地砖

4.1.1 陶瓷砖的品种及其生产工艺流程

陶瓷墙地砖品种有釉面内墙砖（简称釉面砖）、彩色釉面墙地砖（仿古砖、彩釉砖、外墙砖）、瓷质砖（抛光砖、耐磨砖）、锦砖（施釉锦砖、马赛克）、劈离砖（劈裂砖）、陶瓷大板（超薄陶纤板、超薄瓷质板）、红地砖（防潮砖）、干挂陶瓷板、道路及广场砖（麻石广场砖、透水砖）、手工工艺砖等。主要品种的工艺流程如下：

1. 釉面内墙砖

釉面内墙砖花色包括水晶釉、亚光釉和高光乳浊釉。生产工艺，从烧成工艺上可分二次烧成工艺及一次烧成工艺。二次烧成工艺又分高温素烧、低温釉烧工艺及低温素烧、高温釉烧工艺；从制粉工艺上分为干法制粉和湿法制粉工艺。

二次烧成及一次烧成工艺流程如下所示：

二次烧成：

硬质料→破碎 ┐
           ├→配料→球磨→过筛除铁→泥浆搅拌→制粉→陈腐→成形→干燥→素烧→拣选→施釉
软质黏土→拣选 ┘
                                    釉浆制备 ──→ 釉浆

（装饰印花）→釉烧→拣选→包装

一次烧成：

硬质料→破碎 ┐
           ├→配料→球磨→过筛除铁→泥浆搅拌→制粉→陈腐→成形→干燥→施釉
软质黏土→拣选 ┘
                                    釉浆制备 ──→ 釉浆

（装饰及印花）→烧成→拣选→包装

一次烧成与二次烧成比较实例见表4-1。

表4-1 某厂二次烧成与一次烧成工艺的每平方米消耗值

项目 工艺类型	坯体（kg）	釉（kg）	人员（人）	电耗（kJ）	热耗（kJ）	占场地（m²）
二次烧成	11.6	1.06	0.01693	2.50	112442	0.00562
一次烧成	14.11	1.05	0.0112	2.54	57571	0.001605

2. 彩色釉面陶瓷墙地砖

彩色釉面墙地砖花色有图案釉面、水晶釉面、亚光釉面、防滑釉面和仿古釉面。地砖以仿古砖为主流,墙砖以外墙砖为主流,外墙砖花色主要有长条砖、小方砖、石面砖及麻面砖。烧成工艺一般为一次烧成,也有少数二次烧成工艺,流程与内墙釉面砖基本相似。需要介绍的是,该产品在坯料制备工艺上分湿法制粉和干法制粉两种。

(1) 湿法制粉工艺

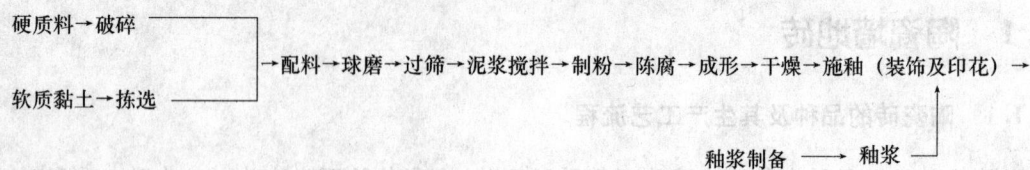

(2) 干法制粉工艺

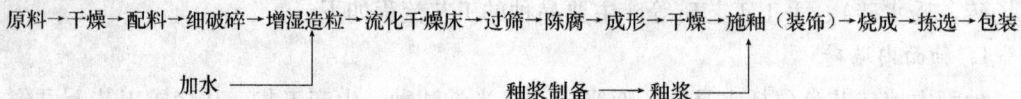

彩色釉面墙地砖干法与湿法制粉工艺能耗比较实例见表4-2。

表4-2 干法与湿法制粉工艺能耗比较

项目	方法	干法制粉 (kg标煤/t)	湿法制粉 (kg标煤/t)
(燃耗) 能耗	电耗	5.53	8.60
	热耗	5.61	67.38
	总计	11.11	75.98
水耗 (L/t)		40	480

3. 瓷质砖

瓷质砖中抛光砖主要花色有净色砖、斑点砖、渗花砖、大颗粒砖、梦幻砖、微粉砖、拼花砖、微晶玻璃复合砖。耐磨砖花色主要有净色砖、斑点砖、渗花砖、仿古砖、防滑砖。地砖以抛光砖为主,墙砖以釉面瓷质砖为主。主要工艺流程如下。

(1) 抛光砖工艺流程

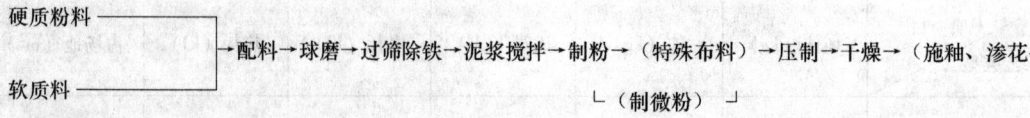

(2) 大颗粒抛光砖

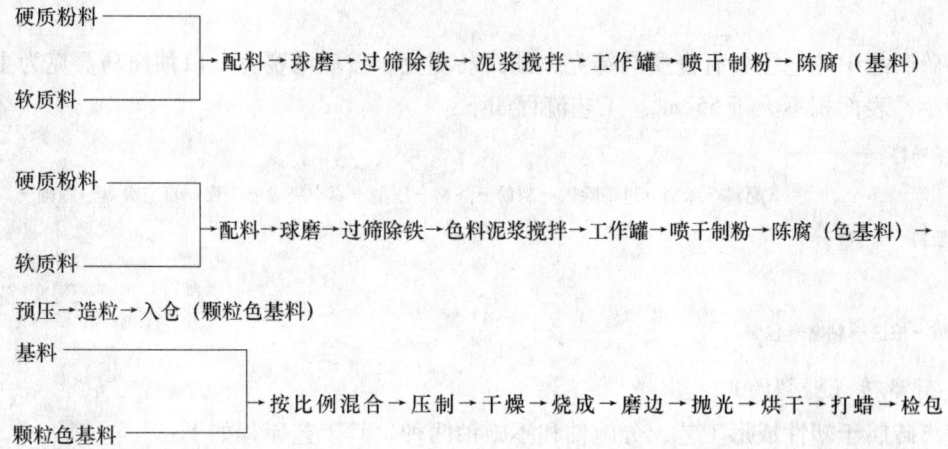

(3) 微粉砖、聚晶微粉砖

微粉砖是采用最新配料研磨技术，将部分原料研磨成比普通抛光砖粉末更细的粉料、结合二次布料及多管布料的生产工艺技术，使产品纹理图案纹理自然流畅，产品色彩千变万化。微粉砖具有吸水率低、高光泽度、立体感强、硬度高、耐磨性好的特点。由于其表面耐磨度极好，所以现在一般的厂家生产的超微粉砖只是将砖体表面的 2mm 左右采用微粉用料。微粉砖是现在市场上抛光砖的主要品种。

聚晶超微粉是属于微粉的一种升级产品，是在微粉的基础上，在砖体中融入了一些晶体的融块或颗粒。这种系列的产品除了具备微粉玻化砖的特点（如耐磨性能好、抗折强度高、吸水率低等）之外，在产品的外观上产品的立体效果更加地突出，更加地接近于天然的石材。

第一代微粉砖主要指"沙皮狗"类微粉砖，以 2001 年前后为代表，其主要缺陷在于微分混料技术不成熟，微分易结块、离散不均；第二代微粉砖主要指"乱纹类"微粉砖，其工艺缺陷是随机布料技术单调，造成砖面图案杂乱无章，纹理与色彩不够丰富逼真，以 2003 年前后砖为代表；第三代微粉砖为超微粉砖和聚晶微粉砖，基本解决了前两代工艺缺陷，以 2005 年来的产品为代表。其工艺最大的不同是：部分料需要专门细磨，而且需要专门造粒；不需要施釉线施釉；布料采用随机布料，次数可有一次、二次等。工艺流程如下：

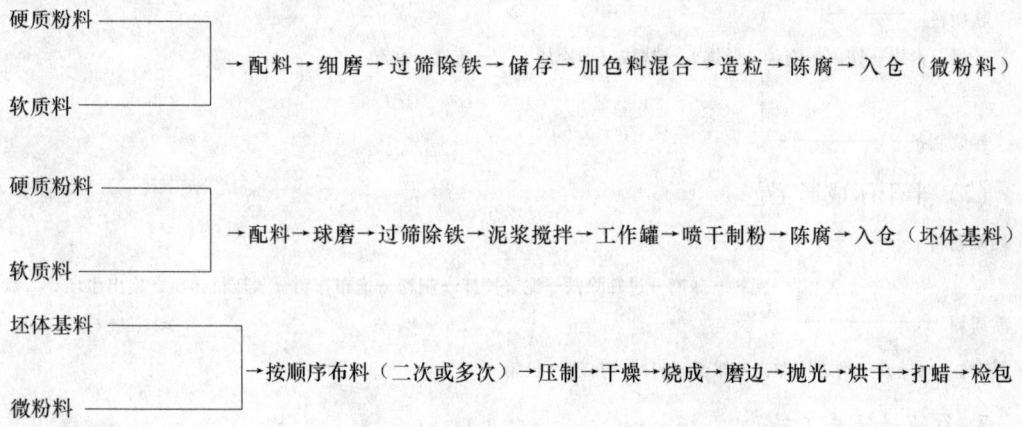

(4) 瓷质仿古砖

瓷质仿古砖是釉面砖，生产工艺流程与一次烧釉面砖类似。不同的是印花基本采用辊筒印花技术；烧成后除磨边外，有时需要对釉面进行釉抛，釉抛基本是半抛为主。

4. 锦砖

锦砖产品中花色主要有瓷质马赛克、釉面马赛克、玻璃马赛克。以釉面马赛克为主。尺寸比较小，表面积不大于 55cm^2。工艺流程如下：

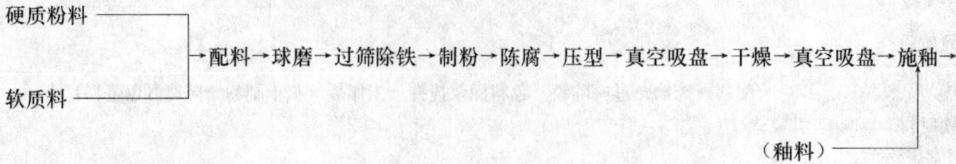

烧成→拣选→粘贴→包装

5. 劈离砖（劈裂砖）

劈离砖属于塑性成形工艺，分施釉和不施釉两种。其工艺流程如下：

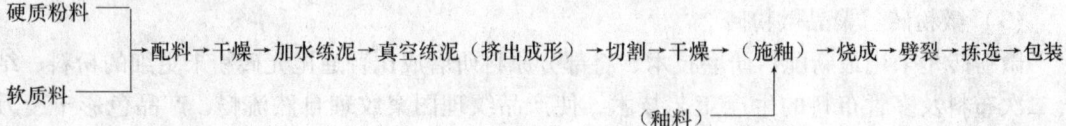

6. 陶瓷大板

陶瓷大板是近年出现的新品，花色主要有陶质釉面板、瓷质抛光板。主要特点是：规格较大、厚度较小，一般规格有 900mm×1800mm×6mm，900mm×2000mm×6mm，900mm×1800mm×4.5mm，900mm×2400mm×6mm 等。按材质分为陶纤板和瓷质板。可用于内墙、地面及外墙装饰。可塑辊压成形原理如图 4-1 所示。按工艺分为塑性成形和半干压成形，其工艺流程分别如下：

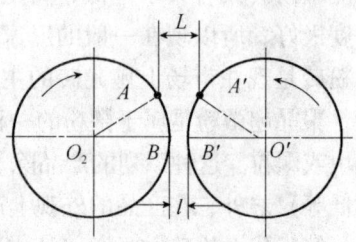

图 4-1 可塑辊压成形原理

（1）塑性成形工艺

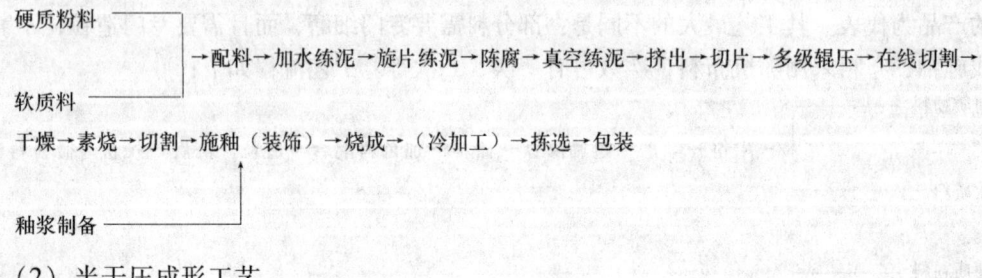

（2）半干压成形工艺

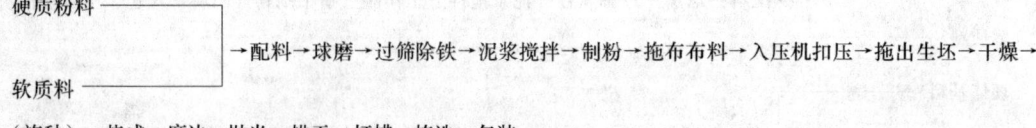

（施釉）→烧成→磨边→抛光→烘干→打蜡→拣选→包装

7. 红地砖及手工砖

该产品是用于特殊用途装饰砖，产量很小，生产企业规模不大。

（1）红地转工艺流程

原料→称量→混合→加水制粉造粒→陈腐→压型→干燥→烧成→拣选→包装

(2) 手工砖半可塑法成形工艺流程

原料→称量→混合→加水练泥→真空练泥→陈腐→模型压制→干燥→（施釉）→烧成→拣选→包装

8. 干挂陶瓷板

干挂陶瓷板是近年出现的新品种，主要花色有空心素面板、空心釉面板。主要特点是：以陶质为主，空心结构。施工时用专用挂件干挂于建筑物外墙，对建筑物有保温和装饰双重作用。一般规格有 400mm×600mm×28mm，400mm×800mm×28mm，600mm×800mm×28mm，600mm×1200mm×28mm 等。按材质分为陶质板和瓷质板。工艺分为塑性挤出成形，烧成用隧道窑或辊道窑，辊道窑烧成工艺在投资方面具有较大优势，其工艺流程如下：

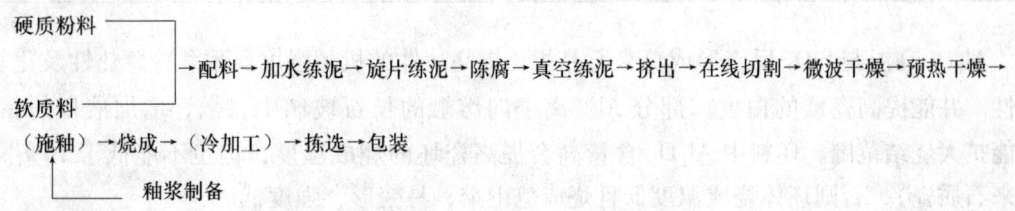

9. 道路及广场砖

广场砖主要花色有净色砖、麻点砖、导盲砖、异型砖。是用于铺贴室外广场的瓷质砖，工艺以半干压成形、辊道窑烧成为主。透水砖主要花色有净色砖、色点砖。它是具有可渗透水的一种铺路砖，工艺以半干压成形、隧道窑烧成为主，其工艺流程分别如下：

(1) 广场砖工艺流程

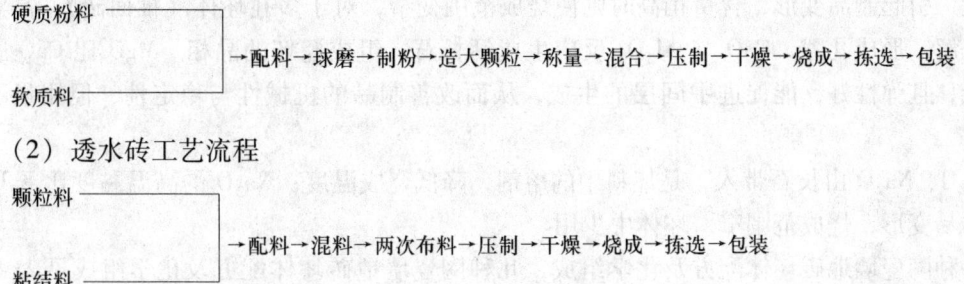

(2) 透水砖工艺流程

颗粒料 ┐
　　　　├→配料→混料→两次布料→压制→干燥→烧成→拣选→包装
粘结料 ┘

4.1.2 陶瓷砖坯釉料的种类和基本性质

1. 陶瓷砖坯料的种类及基本性质

(1) 陶瓷砖坯料种类

陶瓷砖坯体可分为精陶质、炻质、瓷质。精陶质坯体中又有黏土质、石灰质、长石质、混合质之分，其组成范围见表4-3。瓷质坯体组成范围是：$(0.3 \sim 0.45)RO \cdot 1Al_2O_3 \cdot (4.8 \sim 6)SiO_2$。

(2) 坯料组分中各种氧化物的作用

SiO_2 是坯料中的主要组分，主要由黏土和石英引入，在高温下，一部分 SiO_2 溶于玻璃相中，提高液相的黏度，增强抵抗变形的能力。另一部分与 Al_2O_3 反应，生成莫来石晶相，以增强瓷质的机械性能。若 SiO_2 含量过高，则可能有过多的游离石英存在于坯体中，以致使瓷质变脆并降低耐急冷急热性能。若 SiO_2 含量高于75%时，则坯体易炸。

表 4-3 精陶坯体的组成

组成类型	组成（%）				
	黏土	高岭土	石英	长石	石灰石
黏土质	75~85	15~25	—	—	—
石灰质	45~60		25~40	—	10~15
	60~75		15~30	—	10~35
长石质	45~60		25~40	8~15	—
	20~30	20~30	30~50	5~15	—
混合质	45~60		25~40	3~5	5~7

Al_2O_3 高温与 SiO_2 反应形成莫来石晶相，提高坯体的机械强度、耐急冷急热性及化学稳定性。并能提高瓷器的白度。部分 Al^{3+} 离子向熔触的长石玻璃中打散，增加液相的黏度，并能扩大烧结范围。坯料中 Al_2O_3 含量高会提高瓷坯的烧成温度，但也不能低于 16%（指莫来石质瓷），否则坯体烧成温度低且烧成范围窄，易变形，强度低。

Fe_2O_3、TiO_2 主要是由黏土原料带入坯料中的，对于白色坯体制品而言，它是有害杂质，使坯体着色，特别是两者共同存在于坯料中，发色更为强烈。在氧化气氛中烧成 Fe_2O_3 仅起着色作用，不参与反应，而在还原气氛中烧成 Fe_2O_3 还原成 FeO，FeO 与坯料中的 Al_2O_3 反应生成铁橄榄石，FeO 起熔剂作用，降低坯体的烧成温度。

CaO、MgO 起助熔作用，CaO 对于烧结性坯体（吸水率低的制品），在高温下降低玻璃相黏度，引起制品变形，含量稍高时则使烧成范围变窄，对于多孔坯体（釉面砖），高温碳酸盐分解，形成孔隙，CaO 与 Al_2O_3 反应生成钙长石。组成瓷坯的晶相。MgO 比 CaO 膨胀系数低，且弹性好，能促进中间层的生成，从而改善制品的机械性与稳定性，但用量不能过大。

K_2O、Na_2O 由长石带入，是坯料中的熔剂，降低烧成温度；Na_2O 的高温黏度比 K_2O 小得多，易变形，烧成范围窄，坯体中少用。

各种陶瓷墙地砖坯体配方及化学组成，几种陶瓷墙地砖坯体配方及化学组成见表 4-4、表 4-5。

表 4-4 坯体配方

产品与矿物	瓷质砖	釉面内墙砖						
		硅灰石质	石灰石质	长石质	混合质	紫砂红土质	叶蜡石质	滑石质
软质黏土	20~30	20~30	20~30	20~30	10~20	20~30	20~30	20~30
硬质黏土	20~30	20~30	20~30	20~30 5~12	20~30	10~20 0~10	10~20	10~20
长 石	20~35	0~10	35~45		1~2			
石 英	10~15		40~50	35~45	35~45	0~10		10~15
滑 石	0~5	0~5				0~5		35~45
石灰石			5~20		2~7			5~10
白云石					2~6			

续表

产品与矿物	瓷质砖	釉面内墙砖						
		硅灰石质	石灰石质	长石质	混合质	紫砂红土质	叶蜡石质	滑石质
硅灰石、透辉石		30~45				10~20		
叶蜡石							60~65	
烧成温度（℃）	1180~122	1060~1100	1060~1160	1230~1260	1180~1230	1040~1080	1060~1080	1120~1150
总收缩	7~9	<0.3	1	1	1	<0.5		
吸水率	<0.5	15~20	<21	<21	<21	16~19	<21	<21

表 4-5 坯体化学成分

产品与矿物	瓷质砖	釉 面 砖			
		硅灰石质	石灰石质	混合质	长石质
SiO_2	64~70	52~56	48~52	50~60	68~72
Al_2O_3	16~24	13~18	12~18	14~18	16~18
Fe_2O_3	<0.5	<0.5	<0.5	<0.5	<0.5
$CaO+MgO$	<2	15~28	14~17	10~16	1~2
K_2O+Na_2O	4~6	1~1.5	0.2~1	1.5~2.5	1.5~2.5
灼减量 I.L	<8	<10	14~18	14~18	8~12

实际配方举例（质量百分数,%）：

①瓷质砖

木节土　瓷砂　石英　长石　滑石　黑泥
25　　　26　　10　　24　　5　　10　　　烧成温度 1200~1220℃

②半瓷质砖

页岩红土（砂质）　页岩红土（泥质）　钾长石　石英岩
30　　　　　　　　30　　　　　　　　25　　　15　　烧成温度 1130~1150℃

③釉面内墙砖

a. 黏土质釉面内墙砖

焦宝石　石英　黏土　石灰石　滑石　长石
40　　　30　　15　　7　　　5　　　3　　烧成温度 1120~1140℃

b. 红坯釉面内墙砖

页岩红土　硅灰石　石灰石　石英　滑石
50　　　　20　　　10　　　15　　5　　烧成温度 1100~1120℃

c. 硅灰石质釉面内墙砖

硅灰石　石英　叶蜡石　黏土　瓷砂
35　　　10　　15　　　30　　10　　烧成温度 1080~1100℃

2. 釉料的种类及性质

(1) 釉用原料

1) 碱金属氧化物　属强熔剂，能提高釉的流动性，促使色料显色，提高釉面的光亮度。碱金属氧化物主要是靠以下原料引入的：

① 含钠原料

a. 钠长石　$Na_2O \cdot Al_2O_3 \cdot 6SiO_2$，钠长石中混有石英、氧化铁及微量氧化钙、氧化镁。

b. 硼砂　$Na_2O \cdot 2B_2O_3 \cdot 10H_2O$，$B_2O_3$ 占 36.5%，结晶水为 47.2%，其结晶水的量因温度变化而变化，配料前应先测其含水量。硼砂是强助熔剂，也是熔剂，能降低釉的黏度。与 K_2O、Na_2O 相比，使釉的始融温度降低，高温黏度变小。

② 含钾原料

a. 钾长石　$K_2O \cdot Al_2O_3 \cdot 6SiO_2$，天然钾长石中含有少量钠长石。

b. 碳酸钾　化工原料，分子式为：K_2CO_3。

c. 硝酸钾　化工原料，分子式为：KNO_3。

与 Na_2O 相比，含 K_2O 的釉有较高的机械强度，光泽度增高，膨胀系数降低。

③ 含锂原料

a. 锂云母　理论组成为 $LiF \cdot KF \cdot Al_2O_3 \cdot 3SiO_2$，$Li_2O$ 约为 6%，一般市售锂云母含 Li_2O 为 3%。

b. 锂辉石　理论组成为 $Li_2O \cdot Al_2O_3 \cdot SiO_2$，$Li_2O$ 约为 8%，一般市售锂辉石含 Li_2O 约 6%。

c. 碳酸锂　化工原料，分子式为 Li_2CO_3。

含锂原料价格贵，但使釉的膨胀系数低，流动性好，熔融温度低，仍常用于低温快烧熔块釉中。

2）碱土金属氧化物

① 含钙原料

a. 石灰石、白垩、大理石、方解石、分子式为 $CaCO_3$，理论组成 CaO 含量 56%，CO_2 44%，是釉中带入 CaO 的主要原料。

b. 轻质碳酸钙，工业产品，$CaCO_3$，纯度比石灰石高。

氧化钙能增加釉的硬度和耐磨性，与碱金属比，热膨胀系数小，可防止釉面开裂。在低温时，提高釉的黏度；在高温时，降低釉的黏度。

② 含镁原料

a. 滑石　$3MgO \cdot 4SiO_2 \cdot H_2O$。

b. 白云石　$MgCO_3 \cdot CaCO_3$，$MgCO_3$ 含量约为 44%。

c. 碳酸镁　$MgCO_3$，天然矿物菱镁矿，主要成分 $MgCO_3$。

在釉中 MgO 比 CaO 使釉具有更宽的烧成范围，增大釉的表面张力，降低其热膨胀系数，减少釉的开裂。

③ 含锶原料

碳酸锶　化工原料，分子式为 $SrCO_3$。

引入 SrO，能提高釉的流动性，降低软化温度，提高釉面光泽，增大釉面抗酸性及抗裂性。

④ 含锌原料

氧化锌　化工原料，分子式为 ZnO。

氧化锌在使用前需煅烧，以改善釉浆流动性，减少缩釉。在釉中起助熔作用，增加釉面光泽，增大釉的弹性模量，降低热膨胀系数，并能增加釉面硬度及抗水解性。用量过多，在釉中达到饱和时会析晶,析出 $ZnO \cdot 0.5SiO_2$(硅锌矿),导致釉面无光。锌釉有限制发色作用,特别是对铬绿的呈色不利。

⑤含钡原料

碳酸钡　化工原料,分子式为 $BaCO_3$。

BaO 比其他 RO 在高温时有更强的助熔作用,能增强釉面光泽,过多会出现无光,含 BaO 无光釉釉面呈丝状,如缎面状。

⑥含铅原料

氧化铅　PbO,又称密陀僧。

四氧化三铅　Pb_3O_4,又称铅丹。

铅釉光泽好,与碱金属相比可降低膨胀系数(用量多则作用相反),减小弹性模量,降低釉的高温黏度,扩大熔融范围。但釉面耐腐蚀性差,釉面的强度及耐磨性降低。使用时应防铅中毒。

3)三氧化二物

①含铝原料

a. 工业氧化铝　Al_2O_3 能改善釉的机械力学性能和化学稳定性,引入 $\alpha\text{-}Al_2O_3$ 减少黏土用量,能改善釉浆性能。无光釉中 Al_2O_3 含量高,多靠工业氧化铝粉引入。

b. 黏土　软质黏土可使釉浆悬浮,并使釉附着在坯件表面上。

c. 长石、叶蜡石　含有 Al_2O_3 成分。

任何一种釉都含有氧化铝的成分,它能提高釉的始融温度和高温黏度。氧化铝含量高的釉机械性能高,釉面硬度及耐磨性好,耐化学腐蚀性能好,但提高釉的成熟温度。

②含硼原料

a. 硼酸　化工原料,分子式为 $B_2O_3 \cdot 3H_2O$,溶于水。

b. 硼砂　化工原料,分子式为 $Na_2B_4O_7 \cdot 10H_2O$(10水硼砂),$Na_2B_4O_7 \cdot 5H_2O$(5水硼砂),$Na_2B_4O_7$(无水硼砂),带入 B_2O_3。

c. 钙硼石　理论组成 $2CaO \cdot 3B_2O_3 \cdot 5H_2O$,天然矿物,也可人工合成。

B_2O_3 为强助熔剂,增强釉面光泽,用量适当可降低膨胀系数(<15 质量百分数,%)。用量过多则会增加膨胀系数,它在低温有助于生成高黏度玻璃,而在高温则增大流动性。

4)二氧化物

①含硅原料

二氧化硅 SiO_2,常用天然脉石英。

它是釉的主要组分,SiO_2 可增加釉的机械强度,增强耐腐蚀性及化学稳定性,釉中引入 SiO_2 可降低膨胀系数,但过量会提高釉的熔融温度及高温黏度。

②含钛原料

a. 金红石　天然矿物,主要含 TiO_2,含 FeO 1%~2.5%,还有少量 SiO_2、V_2O_5 或 Cr_2O_3。

b. 氧化钛　化工原料,分子式为 TiO_2,陶瓷釉中常使用搪瓷级钛白粉。

钛化物能提高釉的耐腐蚀能力和防裂能力,它也是一种乳浊剂。

③含锡原料

氧化锡 SnO_2,乳浊剂,特别在含硼酸的熔块中效果更佳,氧化锡的粒度直接影响乳浊效果，平均粒度以 1μm 左右为宜。

④含锆原料

锆英石　天然矿物，$ZrO_2 \cdot SiO_2$，是釉中广泛使用的一种乳浊剂，能提高釉面硬度、白度及耐磨性，显著提高釉的高温黏度。

(2) 釉的化学性质

1) 釉的始融温度、熔融温度、流动温度：用釉料制成 $\phi 2 \times 3$mm 圆柱体在高温显微镜中测得。

①始融温度　釉柱因受热，顶部棱角开始变成圆形的温度。表示此时釉已软化，釉面开始封闭，坯体及釉本身组分分解气体，难以突破釉面排除出去。

②熔融温度　又称半球温度，釉柱继续受热软化，与底盘平面呈半球时的温度。该温度表示釉已开始成熟。

③流动温度　又称二格温度，釉柱继续受热，釉黏度降低、流散开来。此时测得釉面至底盘的高度，在高温显微镜中观察到仅为二小格。

熔融温度与流动温度之差称为烧成范围。

釉的熔融性能与釉的化学组成、细度、釉浆的均匀程度与烧成工艺有关。组成的影响主要取决于釉式中 Al_2O_3、SiO_2 和碱组分的含量和配比以及碱组分的种类和配比。

釉的上述三个特征温度选择，与烧成工艺有很大关系：现在建筑陶瓷烧成设备多采用辊道窑，或温差小的隧道窑，其工艺多用低温快烧，这样在选择釉料时，就需要有较高的始融温度。使坯料中的碳素及挥发物能挥发充分，而不至于在釉面熔融后，再突破釉面逸出而造成针孔，快速烧成，烧成周期短，需要釉料很快成熟，也就是说希望釉料的始融温度与熔融温度之差小，熔融温度与流动温度之差大，以保证有较宽的烧成范围。

2) 釉的高温黏度和表面张力　决定釉料在高温时是否能在坯体表面铺展得光滑严整。黏度过高、表面张力过大的釉料不易形成光滑平整釉面，易于窝藏气泡，气体突破釉面也很难愈合形成针孔，并且易形成波浪纹，乃至于缩釉。黏度和表面张力过小，又易造成流釉和局部集釉，使釉层薄厚不均、釉面不平，或在多孔性的坯体上造成干釉，形成无光粗糙表面。

釉的黏度随温度增高而降低，但表面张力不会因温度变化而有多大变化。除铅玻璃和已熔硼酸具有正的温度系数外，一般釉具有 $(0.04 \sim 0.07) \times 10^{-3}$N/m 的温度系数。黏度略高于 2000Pa·s 时才易形成平滑如镜的釉面。

氧化硼对玻璃黏度影响比较特殊，加入少量时（约15%以下），黏度则随 B_2O_3 含量增加而增加；而大于15%，则使黏度下降。在化学组成中，碱金属氧化物对降低表面张力作用较强，碱金属的离子半径愈大，其降低效应也愈显著，按表面张力由大至小，其排列顺序如下：

$$Li^+ > Na^+ > K^+ > Pb^+ > Cs^+$$

二价金属氧化物具有与一价金属氧化物相似规律，但随着离子半径的增大，对表面张力降低的温度不如一价金属显著。

$$Mg^{++} > Ca^{++} > Sr^{++} > Ba^{++} > Zn^{++}$$

釉的高温黏度测定方法是：将 5g 干釉制成圆球，放入如图 4-2 所示的半圆形瓷槽内，瓷槽下端连一直槽，将瓷板放在炉内呈 30°或 45°倾斜角烧成，待熔融温度后，进行适当的

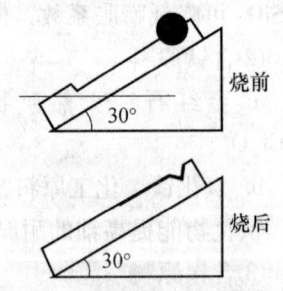

图 4-2　釉的高温黏度测定方法

保温，冷却后测定釉在直槽内流动的长度，即表示釉的高温黏度，一般在测定时与一个良好的釉料进行对比。

3）釉的膨胀系数和弹性　陶瓷制品施釉，可使制品强度提高20%～40%，但是有时施釉效果相反，使制品弯曲变形，或者釉面出现裂纹、剥落等缺陷。

釉、坯性能不适应，主要是坯、釉热膨胀系数不匹配，以及釉层弹性较差所致。釉的弹性好，可以补偿坯、釉互相接触中所产生的应力，这样制品加热、冷却速度可以加快，而不致产生缺陷。一般来讲，釉层越薄，则表现出较大的弹性，釉层较厚，坯、釉的中间层所起的作用相对减小，而不足缓和坯、釉之间因膨胀性不同出现的应力。

釉的组成对釉的弹性模数有影响：碱土金属氧化物提高釉的弹性模数，其中以CaO最为明显，碱金属氧化物则降低釉的弹性模数，B_2O_3的含量不超过12%时，能提高弹性模数，含量再增大则弹性模数降低，一般釉的弹性模数为59～69N/m^2。釉的膨胀系数与弹性模数可以按加和性法则进行计算（参阅第3章3.5"釉的性能计算"）。

4）坯釉间的反应　釉在坯体表面的熔融过程发生一系列的物理化学变化，其中也包含着釉与坯的相互作用过程。釉与坯的相互作用形成中间层的厚度，中间层的厚度一般为15～20μm，中间层对调和釉与坯体间性质上的差异，增进坯釉结合起着很大的作用。为此，必须使釉与坯的化学性质保持适当的差别，釉的酸性应比坯略低。坯釉之间的化学性质相差过大，则作用强烈会出现釉为坯所吸收的现象（干釉）。生产中常用检验方法：将釉滴在坯体表面上，烧后观察釉滴与坯体接触的边缘是否有一缺釉的圆圈。有一道缺釉圆圈者坯、釉相互反应，釉被坯所吸收。一般情况下，釉滴边缘均匀地附在坯体上，不出缺釉圆圈。

5）釉的化学稳定性　取决于硅氧四面体相互连接程度，由于碱金属或碱土金属阳离子嵌入硅氧四面体的网络结构中，使硅氧键断裂，从而降低了釉的耐化学侵蚀的能力。

钠—钙—硅玻璃表面侵蚀，是由于水解作用造成，$Na_2SiO_3 + 2H_2O \Longrightarrow 2NaOH + H_2SiO_3$，硅凝胶可以在玻璃表面均匀地或不均匀地形成一层胶体保护膜，玻璃的破坏速度就取决于水解速度和水通过硅凝胶保护层的扩散速度。

氧化硼（B_2O_3）在釉中取代碱金属氧化物（<12%），可提高釉的化学稳定性。二价金属氧化物抗水解能力，其顺序为$PbO > BaO > MgO > CaO > ZnO$。

一般而言，碱金属氧化物的减少，可提高釉的化学稳定性，但将导致釉料黏度及烧成温度的提高。

(3) 各种釉料的工艺参数（表4-6）

表4-6　各种釉料的工艺参数

种　类		细度、万孔筛余（%）	表观密度（g/cm^3）	水分（%）	施釉量（g/cm^2）
墙地砖		0.1～0.3	1.68～1.72	38～42	900～1000
釉面内墙砖	二次烧	0.1～0.2	1.43～1.47	48～52	1000～1100
	一次烧	0.1～0.2	1.68～1.72	38～42	1000～1100
瓷质砖表面釉		0.1～0.2	1.40～1.42	52～54	70～100
釉底料（底釉）		0.4～0.6	1.42、1.45	50～52	350～380
底面涂料		0.3～0.5	1.35～1.40	54～58	70～100

3. 坯釉适应性

（1）膨胀系数对坯釉适应性的影响　陶瓷制品的釉是脆性材料，抗压强度比抗张强度高得多，为了使坯体表面的釉层处于压应力状态，就需要釉料有比坯体较低的膨胀系数。也就是说，在烧成过程的冷却阶段，由于坯体的强烈收缩，而使釉层受到压应力。图4-3、图4-4表示釉的膨胀系数小于或大于坯时所引起的缺陷。

图4-3　釉的膨胀系数小于坯时　　　　　图4-4　釉的膨胀系数大于坯时

具有压缩应力的釉，称为"正"釉，用+号表示压应力。具有张应力的釉，称为"负"釉，用-号表示。正釉能提高产品的机械强度，改善表面性能和热稳定性。

减小釉的膨胀系数可采用以下几种方法：

1）增加 SiO_2 的含量，降低碱金属的含量；

2）以 B_2O_3 部分取代 SiO_2，使釉的熔融温度降低；

3）以膨胀系数小的氧化物替代膨胀系数大的氧化物，如引入 MgO 替代 CaO。

（2）中间层对坯釉适应性的影响　坯和釉在烧成过程中接触部分发生了物理-化学反应，互相渗透，形成整体，这中间层对坯釉适应性所起的作用与其厚度和性质以及坯釉的种类有关。高温瓷釉的组成接近于坯，加之烧成温度高，两者易于结合，釉裂少，对于低温精陶或半瓷质陶瓷而言，除考虑膨胀系数外，还必须注意坯与釉的反应特点和釉组成的挥发。

（3）釉的弹性和抗张强度对坯釉适应性的影响　有较高弹性的釉，能适应坯釉的形变所产生的应力，即便釉、坯膨胀系数相差稍大，釉层也不一定产生剥落或开裂。

（4）釉层厚度对坯釉适应性的影响　在偏光显微镜下观察釉层断面的应力分布，应力变化的总趋势为釉层加厚，釉的压应力降低，甚至还能转变成张应力。

釉层厚度不同，煅烧过程中组成改变的情况不同。在一般常用釉厚（<0.3mm）范围内，釉组成的变化对釉应力的影响尤为明显。

薄釉层在煅烧时，组成的改变相应变大，釉膨胀系数降低得也多，而且中间层的相对厚度增加，有利于提高釉中压应力，但釉层过薄将发生干釉现象。当釉厚>0.5mm时，釉应力降至最低值而且不再继续变化。釉和坯的种类不同，釉厚对应力的影响程度亦不同。

4.1.3　陶瓷砖坯釉料制备的工艺流程和参数

1. 坯、釉用原料的预处理

（1）黏土原料的风化及精选　原料堆场地一般需要铺设混凝土或石料砌筑，料库应分堆隔仓码放，带色原料应在白色原料的下风口。

软质黏土需风化，露天堆放 4~6 月的生产用量，室内也必须有一定储量，一般为 15~30d 用量。

带色坯体所用的软质黏土拣选时，一般将草木、砖块、煤渣等杂质，经手选挑出即可，而制造白色坯体的墙地砖原料，必须认真挑选，如铁的化合物、云母片等，都必须清除干净。

(2) 硬质原料的洗选和预烧　硬质原料可根据运输情况，储量为 1~3 个月。

白色坯体所用的硬质原料，经颚式破碎机破碎后洗涤，再用人工挑选。有些原料需经煅烧方可使用，如：

石英：煅烧后结构疏松易破碎，并可提高原料的纯度，煅烧温度为 1000℃ 左右。

滑石：煅烧目的是为了破坏其片状结构，煅烧温度为 1350~1400℃。

氧化锌、氧化铝：煅烧目的是为了改善浆料的流动性，煅烧温度为 1000~1200℃。

2. 坯料制备主要工序及工艺参数

(1) 黏土原料的干燥　干法制粉工艺的黏土原料必须控制其含水率，干燥方法有露天干燥和烘房干燥，干燥时注意干燥均匀。干燥温度不宜超过 110℃。

(2) 原料的粗碎、中碎　硬质块状原料一般要经过一级粗颚破、二级细颚破，细度达 40~50mm，然后经轮碾、振动磨、旋磨机或细雷蒙磨使其细度达 0.3~0.5mm。

由于陶瓷产品的特殊性能要求，不希望在原料加工过程中带入铁质，所以粉碎设备的金属部分最好不与原料直接接触，或采取多次除铁。

(3) 坯料的细碎

1) 球磨粉磨　建筑陶瓷细碎普遍采用的仍是间歇式球磨机，它既是细碎设备又起混合作用。磨机中的内衬有石衬及橡胶衬两种。橡胶衬比石衬薄，可提高有效容积，使用寿命比石衬高 1~2 倍，可降低运转噪声。但橡胶衬散热性差，当温度超过 85℃ 时，橡胶失去弹性、变硬、发脆，加剧磨损，故需控制使用温度。

增大研磨体的相对密度，可加强其冲击作用，并能适当减少研磨体的体积，提高研磨作用。小研磨体的研磨效率比大研磨体高，因为它与原料接触面积大，圆柱状研磨体的研磨作用也大些，圆柱体研磨作用较平均，粉碎后粒度分布较均匀。表 4-7 为不同密度球石的荷载率，表 4-8 为各种球石的表面积和接触点数。

表 4-7　球磨机的球石荷载率

研磨球类型	密度（g/cm³）	体积（%）	荷载率（kg/m³）
低密度介质	2.4	30~33	720~800
高密度介质	2.7	30~33	810~900
高密度氧化物	3.7		1020~1120

表 4-8　各种球石的表面积和接触点数

研磨球直径（mm）	20	30	40	50	60
球表面积（cm²）	12.56	28.26	50.24	78.50	113.04
球体积（cm³）	4.190	14.100	33.500	62.50	118.000
球数（m³）	143100	42570	19910	9193	5310
接触点数（m³）	858700	155420	107460	55153	31858
球表面积（m²/m³）	179.73	120.34	90.01	72.00	60.05

球磨机粉碎物料有湿法和干法两种。湿磨颗粒较细，单位容积产量大，灰尘少，出料可采用泵和管道输送，便于实现机械化。

料、球、水的比例：

干磨：料:球 = 1:(1.3~1.6)(松散体积比)。相对密度大的磨球可取下限，相对密度小的磨球可取上限。

湿磨：料:球:水 = 1:(1.5~2.0):(0.8~1.2)。应考虑原料的吸水性，吸水性强的原料应适当多加水。

磨球大小级配大致如下：

45%~50% 小直径磨球（20~30mm）。
25%~30% 中直径磨球（40~50mm）。
20%~25% 大直径磨球（50~60mm）。

加入的料应足够填补磨球的空隙（磨机体积的20%~22%）有必要在磨机中多加一些料时，最多可为磨机体积的25%。

如15t磨机直径较大，球石级配大致为：

20%~30% 小直径球石（40~60mm）。
40%~50% 中直径球石（60~80mm）。
20%~30% 大直径球石（80~100mm）。

2) 振动粉碎 利用研磨体在磨内高频振动，使物料粉碎的方法。振动粉碎的特点是：振动粉碎的效率比球磨粉碎高，混入的杂质少，坯料工艺性能好，颗粒较细，组成稳定，成形后生坯密度大、均匀，可降低烧成温度及收缩。但是，振动粉碎设备稳定性较差，使用寿命短，噪声大。

影响振动粉碎效率的因素：

①振动频率和振幅 一般而言，频率高，振幅大效率高。较粗颗粒的物料进行振动粉碎时需要较大冲击力，则需振幅较大。较细颗粒主要是靠研磨力而粉碎，需频率高些，故开始粉碎时，要求幅度大；而粉碎末期，要求频率高的振动。当频率与振幅一定时，振磨至一定时间后，颗粒会粘结聚集不会再变细，可确定为振磨时间。

②研磨体的材料、大小和数量 研磨体是由耐磨材料制成的磨球或磨棒（长度为直径的1~2.5倍）。

磨球大小与入磨物料直径比为1:(5~8)。

物料与磨球体积比为1:2.5。

磨球大小，球质量比为1:3~1:5(小球为磨球总量75%~80%)。

(4) 过筛与除铁 原料粉碎过程中要进行多次过筛，以便颗粒大小适合下一工序的需要。筛子有摇动筛、旋转筛和振动筛多种，建筑陶瓷厂多用振动筛。

原料本身含有的及加工过程中带入的铁杂质，对白色制品是极有害的。因此需要进行多道除铁，除铁分干式除铁和湿式除铁。干式除铁效率低，多用于粉料输送过程中，设备简单多采用一组或数组永久磁铁。湿式除铁多用于球磨后的浆料入浆池前和送往喷雾干燥塔的过程中。

(5) 泥浆贮存及搅拌 球磨后的泥浆含水率在30%~50%，需存放在备有搅拌机的浆池里，浆池有六角形和圆形，搅拌的作用是防止泥浆沉淀，使浆料均匀一致。

(6) 泥浆的脱水方法

1) 压滤 多采用室式压滤机，滤板为圆形或方形铸铁制成，滤布多用尼龙布，在压滤机的顶部或侧面装有控制滤板开启和闭合的定时装置，通过压缩空气将泥饼卸下。

影响压滤效率的因素从下面公式可以看出：

$$V = \frac{\pi \gamma^4 \Delta P \cdot t}{8 \eta l}$$

式中 l——泥饼厚度；
　　　η——水的黏度；
　　　γ——毛细管半径；
　　　ΔP——料层两侧压力差；
　　　V——在 t 时间内通过料层流出的滤液体积。

①压力大小 通常为 0.8~1.2MPa，当使用压力为 2MPa 时，泥饼水分为 20.5%，压力为 7.5MPa 时，含水率可降至 15.5%。

②加压方式 开始压滤时，用较低压力，以免泥层颗粒间毛细管半径减小和滤布孔隙被堵塞，等滤布附着一层泥饼后再加压，最初半小时左右加压 0.3~0.5MPa。然后升至 0.8~1.2MPa。

③泥浆温度 水随着温度升高其黏度降低，因此适当加热泥浆可提高榨泥速率，通常将泥浆加热至 40~60℃。

④泥料性质 颗粒越细，黏性越强的坯料榨泥越困难。

2) 喷雾干燥 主要由以下四个过程组成：泥浆的制备与输送，热源的发生与热气流的供给，雾化与干燥，干粉收集与废气分离。

①泥浆的制备与输送 从经济效益和干粉质量来说，喷雾干燥要求的泥浆浓度越大越好，泥浆浓度从 50% 增加到 65% 时，干燥塔油耗量几乎减少一半，而干粉体积密度则相应提高，体积密度大的粉料成形压缩比小。表 4-9 为泥浆浓度与喷雾干燥效果的关系。

表 4-9 泥浆浓度与喷雾干燥效果的关系

干燥方式	泥浆性质			热风进塔温度 (℃)	干粉性质					油耗量 (kg/t 干粉)	塔生产量 (t/h)
	水分 (%)	相对密度	进浆量 (m³/h)		水分 (%)	体积密度 (g/cm³)	0.4~0.15 (mm)	0.15~0.09 (mm)	<0.09 (mm)		
压力雾化（顺流）	53.40	1.385	1.041	500	7.62	0.803	64.84	24.70	10.46	109.5	0.725
	46.94	1.474	1.041	490	7.82	0.821	66.11	23.67	10.22		0.854
	42.10	1.600	1.100	470	7.42	0.846	14.11	19.08	6.81	64.8	1.04
离心雾化	59.30	1.33		450	7.8	0.78	29.2	45.8	25.0	117~138	1.25
	55.40	1.38		450	8.7	0.78	39.0	37.6	23.4	77.5	1.49
	49.70	1.45		450	8.8	0.78	46.0	34.3	29.6	63.5~8.7	1.53

为了取得较高浓度的泥浆，则需在球磨过程中加入稀释剂。引入稀释剂的种类及加入量对于泥浆的流动性有直接的影响。

建筑陶瓷工业常用的稀释剂有水玻璃、纯碱、腐殖酸钠、三聚磷酸钠、六偏磷酸钠、羧甲基纤维素等，其中以水玻璃、纯碱的稀释效果好，且价格较便宜，而釉浆中多采用三聚磷酸钠和羧甲基纤维素。电解质用量约为干坯质量的 0.3% ~ 0.5%。

泥浆的含水率根据坯料成分而定，含软质黏土多特别是膨润土的坯料含水率高，而含硬质黏土多的原料其含水率低，含水率一般为 30% ~ 48%。

为了便于管道输送和取得良好的雾化效果，泥浆的最佳黏度为 200 ~ 300cP。

②热源的发生与热气的供给　喷雾干燥设备采用的热源通常为天然气、煤气、轻油、重油、煤炭等，由于气体和液体燃料较为清洁可直接做热源，而固体燃料因含有灰分应净化使用。热气进塔温度为 400 ~ 500℃，直接燃烧的烟气温度高达 1000℃，所以要掺入冷空气以降低热气进塔温度。

表 4-10 为进风温度与粉料性质的关系；表 4-11 为进气温度与技术指标的关系；表 4-12 为离心雾化时排气温度与粉料性质的关系；表 4-13 为粉料水分固定（10%）时排气温度与产量的关系。

表 4-10　进风温度与粉料性质的关系

操作条件	热气温度（℃）	粉料水分（%）	体积密度（g/cm³）	粉料流动性
泥浆相对密度 1.33；离心机转速（3200r/min）；塔下侧壁负压 27 ~ 28mmH₂O	400	7.7	0.772	无变化
	430	4.0	0.766	
	450	3.6	0.78	
	465	2.9	0.78	
	480	2.3	0.77	

表 4-11　进气温度与技术指标的关系

进气温度（℃）	排风机电流（A）	干粉产量（t/h）	单位油耗（kg/t 干粉　kg/t 水分）	蒸发强度 [kg 水/(m³·h)]
400	39	1.061	54　　　93.9	2.72
450	35	1.098	53.8　　93.2	2.88
500	34	1.219	49.3　　88.0	3.10

表 4-12　离心雾化时排气温度与粉料性质的关系

操作条件	进浆量（m³/h）	排气温度（℃）	粉料水分（%）	粉料体积密度（g/cm³）
进气温度 470 ~ 480℃；塔下侧壁负压 25mmH₂O；离心盘转速（3300 ~ 3500r/min）	2.22	73	10.2	0.766
	2.10	75	9.8	0.75
	1.92	78	9.1	0.772
	1.83	82	8.9	0.75
	1.77	83	8.8	0.783
	1.80	85	6.4	0.772
	1.71	88	5.6	0.77 无变化

表 4-13　粉料水分固定（10%）时排离心雾化时排气温度与粉料性质的关系

干粉产量（t/h）	1.3 ~ 1.5	1.8	2.0 ~ 2.1	2.2 ~ 2.25
排气温度（℃）	46	49	50	51

③雾化与干燥　常用雾化装置有压力喷雾式喷嘴、离心式雾化装置。

对于建筑陶瓷而言,压力喷雾式喷雾干燥塔在技术上是最可行的,工作压力是影响喷射高度的主要因素,也关系着喷雾干燥塔的高度。不同孔径喷嘴的喷射高度和流量,均随压力增加而增大,见表4-14,一般讲喷雾压力愈高则雾滴愈细。

表4-14 不同孔径喷嘴的喷射高度和流量的关系

喷嘴孔径 (mm)	喷射高度(m)				流量(m³/h)			
	10	20	22	25	18	20	22	25
	工作压力(kg/cm²)							
ϕ1.4	5.5	6.0	6.1	6.2	0.187	0.223	0.225	0.238
ϕ1.8	6.0	6.2	6.3	6.5	0.286	0.291	0.31	0.347

离心式雾化随着离心盘转速增大,粗颗粒减少而细粉增大,见表4-15,因此粉料体积密度下降,成形时易分层和粘模,压缩比也会增大,功率消耗也增大。

表4-15 离心盘转速与粉料性能的关系

离心盘转速 (r/min)	粉料性能		颗粒组成(%)		
	水分(%)	体积密度(g/cm³)	0.42~0.12mm	0.105~0.076mm	<0.076mm
3600	7.1	0.79	68.4	19.0	12.6
4000	8.7	0.78	56.0	24.2	17.8
4500	4.8	0.76	50.0	29.6	21.4
4900	8.3	0.72	48.4	28.2	23.4

④干粉收集与废气分离 粉料离开塔后经振动筛过筛,合格的物料经皮带送往料仓,不合格物料回球磨机重新制浆。

喷雾干燥后的废气温度高达45~90℃,一般选用旋风分离器做分离设备,而不用袋式过滤器。废气中回收的细粉因颗粒太细,不便掺在粉料中使用,许多工厂采用重新制浆的方法。

喷干过筛后的料粉经皮带机送往料仓储存、陈腐,一般为1~2d的生产量。料仓下端锥体斜面与水平面的夹角不得小于60°。

3)练泥和陈腐 经过压滤得到的泥饼,其水分和固体颗粒分布不均匀,泥饼中含有大量空气不宜成形,容易引起变形和干燥及烧后开裂,因此泥饼需经多次练泥和陈腐。

泥饼经粗练即普通练泥机捏练后,再经真空练泥机,泥料中空气体积可降至0.5%~1%,其性能得到改善。练泥机的真空度要求控制在0.096~0.098MPa。

泥料在练泥过程中,物料颗粒因受力作用而产生定向排列,塑性成分愈多,定向排列情况愈严重。一般而言,挤制小直径泥段(120~140mm)时,泥段表面定向平行于泥段的中心轴,泥段的中心则垂直于中心轴,定向平面绕着泥段的轴线形成空间螺旋线。挤制大直径泥段(220~260mm)时,结构较复杂。外部表面的定向平面平行于中心轴(同小直径泥段),而向里的一部分为泥段中心距70~80mm处的定向平面与轴相交成,中心距12°~15°,中心部位独立的定向曲线。因此小直径泥段中最大的收缩方向可以认为接近径向,在中心部位各向异性的收缩作用最小,结构最好。大直径泥段内部处于复杂的应力状态,定向平面成S形,易造成开裂。

经练泥后的泥料需陈腐2~3d以改善其性能,陈腐的作用是使泥料中的水分分布更加均匀,黏土颗粒充分水化和离子交换充分完成,提高可塑性;增加腐殖酸物质的含量,改善泥料成形性能。

(7) 坯料制备方法

1) 半干法成形粉料的制备

①湿法球磨、干法制粉工艺（泥饼干燥打粉） 原料经配料、球磨后，达到所需要的粒度，放入储浆池，经压滤机脱水制成含水量为 20%~22% 的泥饼。泥饼经烘干，干燥至含水率为 7%~9% 的泥片，经轮碾机或打粉机制成所需的粉料。

此法工艺落后，粉尘大，劳动强度大，不能连续化生产，制成的粉料粒子形状不规则，流动性差、不适宜全自动液压压砖机使用。

②"笼"式制粉法 原料经球磨、压滤脱水后，由练泥机挤成泥条，泥条和热风同时进入打粉机，泥料打碎后进入干燥室，用气流干燥、空气分组，粗颗粒重新进入打粉机，细粉进入旋风收粉口，入料仓陈腐待用。这种方法比第一种方法大有改进，能实现连续化生产，干燥效率高，但是易产生大量的过干细粉，粉料颗粒呈三棱状，流动性较差。

③喷雾干燥制粉工艺 坯料经球磨制成泥浆，泥浆由高压泵呈雾状打入通热风的塔内，以通过热交换，使含水率为 30%~48% 的泥浆变为含水率为 4%~7% 的粉料。

这种湿法工艺虽然比压滤法脱水耗能大，设备投资费用大，但具有配方准确、粉料含水率稳定、能连续化生产、环境粉尘少等优点而受到欢迎，更重要的是通过喷雾干燥制得的粉料性能均匀，颗粒呈球状（图 4-5），流动性好。适宜于全自动压砖机使用，喷雾干燥制粉至今是大多数墙地砖厂采用的制粉方法。

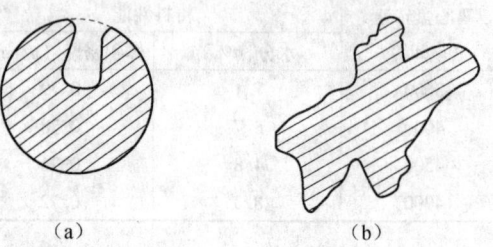

图 4-5 不同制粉法的粉料颗粒形状
(a) 喷雾干燥制粉颗粒形状；(b) 干法制粉颗粒形状

④新型干法制粉工艺 该工艺主要包括原料混合、细粉碎和增湿造粒两大部分。干燥后含水量为 <13% 的原料，经配料、混合、干法粉碎后，由旋风机将粒度合格的粉料收集起来，通过造粒机与水混合增湿造粒，造粒后的粉料含水率为 11%~12%，经流化床干燥器干燥后，含水率达 4.5%~6.5%，陈腐后用于压型。流化床干燥器粉料加热温度应 <35℃。

2) 可塑法成形泥料的制备

①干法制泥 将达到一定细度的干粉经称量、配料、混合、加水至 18%~22%，经练泥机粗练，真空练泥机排气后成泥段，或通过真空练泥机嘴前挤出成形。此法工艺简单，设备、厂房投资费用少。

②湿法制泥 将粉料经球磨制成泥浆，压滤脱水制成含水 18%~22% 泥饼，再经练泥机粗练，真空练泥机排气制泥。此种工艺设备投资、耗能较干法制泥高，产品质量易于保证。

(8) 坯料的工艺性质及其控制

1) 可塑性坯料

①可塑性坯料 是由固相、液相、气相组成的塑性-黏性系统，具有弹性-塑性流动的性质，是可塑成形的基础。因此，可塑性好，能满足成形要求，是可塑泥料最重要的性质。生产中通常要求泥料"塑性指标"大于 2。

②形状稳定性 可塑性好，保证坯料在外力作用下发生较大变形而不开裂，并被塑造成规定形状。形状稳定性是指被塑造成规定形状的坯体在外力取消后，坯体仍然保持原塑造形

③含水量　坯料必须含水量适宜且分布均匀。水分含量高,可塑性好,保形性差;水分低,可塑性差,难以成形。一般坯料含水率多在16%~22%之间,挤压成形坯料含水量偏低,辊压成形坯料含水率偏高。

④空气含量　可塑坯料中总是有分散状态的气泡存在,降低泥料可塑性而提高弹性,一般通过陈腐和真空练泥除去。因此,空气含量并非坯料固有性质,而是希望坯料中气泡尽量少而小,真空练泥真空度不低于0.096~0.098MPa。

⑤生坯干燥强度　反映坯料结合性的强弱,不仅对成形后的一系列操作有重要影响,而且也可以反映坯料的可塑性好坏。一般要求干燥后生坯抗弯强度>1MPa。

⑥干燥收缩　干燥收缩大,半成品在干燥中易开裂。但干燥收缩小的坯料,往往可塑性差。一般干燥线收缩率为4%左右。

2) 半干压坯料

①粒度和粒度分布　半干压粉料的颗粒是如前所述的经过造粒后形成的二次粒子聚集体。理论和实践证明,半干压粉料颗粒需要适当的粒度大小和级配。

例如,实际测定一瓷质砖粉料的粒度组成为:

A	>0.355mm	21.8%
B	0.355~0.25mm	31.9%
C	0.25~0.125mm	37.4%
D	<0.125mm	8.6%

在工业生产用压砖机模具填料后,模具中部和前端A、B、C、D四部分粒子分布如下:

	A	B	C	D
平均	21.8	31.9	37.4	8.6
模中	21.0	34.0	35.0	10.0
模端	33.0	36.0	26.0	5.0

这种情况说明,粗粒子和细粒子在填模过程中易于发生离析现象,质量大的大粒子易于在模端聚集,细粒则滞留在后。

将上述粉料的四种粗细不同的粉粒搭配,组成不同颗粒级配的粉料,在相同条件下压制成砖坯,并烧结,结果见表4-16。

表4-16　粉料颗粒级配对瓷质砖坯性能的影响

坯料的颗粒级配	弯曲强度（MPa）	
	生坯	成品
21.8A　31.9B　37.4C　8.6D	5.01	46.58
25A　25B　25C　25D	4.30	38.66
33.3A　33.3B　33.3C	4.21	41.89
75A　25B	2.44	37.18
25A　75B	1.53	42.70
75A　25C	3.53	38.86
25A　75C	2.47	—
75A　25D	3.43	43.42
25A　75D	1.26	53.50

表中 A、B、C、D 前的数字代表所含该粒子质量的百分数。由此可以明显看出：粉料粒度分布宽的生坯机械强度高。因为粒度有大有小，可以获得较紧密的颗粒堆积。同时还可以看出，烧成后砖坯的强度与生坯强度并无对应关系。最明显的是最后两组粉料制成的砖，生坯强度低，瓷坯强度高，表明成品的结构，不像生坯那样主要取决于粉料的几何因素，还与粉料在高温下的烧结活性有关。据测定，该试验粉料各组分的比表面积为（g/cm³）：

	原粉料	填模后端粉料
A	12.9	19.5
B	10.9	19.7
C	10.8	19.6
D	19.4	20.1
平均	13.5	19.7

这说明，喷雾干燥所得 <0.125mm 粉料，原始细粒子，反应活性高；最大粉粒 A 的比表面积比较高些，是因为较大粉粒中团聚较多的原始细粒子。至于填充在模端中的粉粒，如前所述，较大的粉粒多，而比表面积增加，因为粉料在运输和填模等运动过程中必然产生二次团聚，这些较大的二次团聚粒子粘结含有较多的原始粒子微粉。

因此，在生产过程中，既要控制坯料出磨时的原始粒子细度，又要控制喷雾干燥粉粒的粒度及其分布。

对于釉面砖、瓷质砖坯料，泥浆细度控制在 0.063mm 筛筛余 <1%，红坯墙地砖坯料，泥浆细度一般控制在 0.063mm 筛筛余 3%~7%。粉料粒度则需要根据所生产制品的大小和厚度决定，最大粉粒直径小于坯体厚度的 $\frac{1}{7}$（大颗粒瓷质砖造粒和填料方式不同，不在此限），一般以 <0.25mm 粒子为主。<0.125mm 粉料少于 10%。

②坯料含水率　坯料含水率高低与水分在粉料中分布的均匀程度，对压制成形操作和生坯质量产生直接影响。粉料含水率太低，压制过程中粉粒不易破坏、粒子间也不易发生可塑变形，压制出的坯体致密度低，粉料含水率过高，坯体易产生夹层、粘模等缺陷。半干压成形压力、粉料含水率和坯体密度间的关系如图 4-6 所示。

粉料含水率还要根据成形设备和造粒方法而定。打粉造粒，用手动压机成形时，粉料含水率要高，为 6.5%~7.5%；喷雾干燥造粒、用全自动液压机成形时，粉料含水率为 4.5%~5.5%。其他条件相同时，粉料水分波动最好在 ±0.2% 范围内，一般冬季含水量高些，夏季含水量偏低些。

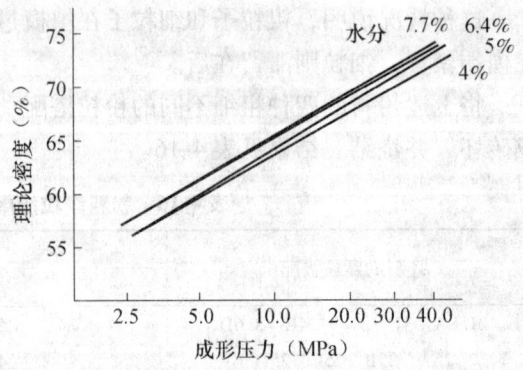

图 4-6　成形压力—水分—坯体密度间的关系

③粉料的流动性　粉料流动性好，说明粉料粒子间内摩擦力小，填料时易于填满模具的各个部位，颗粒间拱桥效应小，容易实现紧密堆积。一般用松散堆积时料堆的自然休止角 α 或者料堆高度变化来表示。

测定方法　将 ϕ30mm×50mm 圆桶放在水平的玻璃板上，密度间的关系装满待测粉料，齐口刮去自然松散装入而多余的粉料，向上轻快地提起圆桶，让料在玻璃板上自然流散。测定流散后料堆高度 $H(\text{mm})$ 或休止角 α。一般 α 为 $20°\sim 40°$。流动性好的生产坯料应保证 $\alpha<30°$。

粉料流动性 $f=50-H(\text{mm})$。一般离心雾化坯料 $f=31\sim 33(\text{mm})$，压力喷雾粉料 $f=32.5\sim 33(\text{mm})$，泥饼经轮碾打粉制成的粉料 $f=25\sim 26(\text{mm})$。

④粉料的压缩比　粉料装模高度 H_0 与成形后坯体高度 h_0 之比：$K=\dfrac{H_0}{h_0}=2\sim 2.5$。

压缩比实际上反映的是在压制条件和坯体致密度相同情况下，粉料被压缩的比。粉料颗粒级配合理、流动性好、拱桥效应小、粉料松装密度大，粉料的压缩比就小。所以压缩比也是表征粉料性能的一种形式。当然，在粉料含水率太低或单个粉粒强度太高，在成形中不易被压碎变形而致密化时，粉料压缩比也小，这也是不正常的。

⑤粉料的密度　单位体积粉料在松散状态下的质量，称为粉料的密度（ρ），或称松散密度，常以 kg/L 表示。松散密度高，象征填压模后粉料的密度高。压缩比小，相同情况下，坯体被压制的密度高，因此，希望在其他性能保持不变的情况下，尽量提高粉料的密度。泥饼打粉粉料 $\rho=1.1\text{kg/L}$ 左右，喷雾干燥粉料 $\rho=0.88\sim 0.92\text{kg/L}$。越是大规格产品，烧结致密度要求高的产品，越希望采用密度高的粉料。提高粉料松散密度的途径，除了改善粉料颗粒级配、改善粉料粒子的几何形状增加流动性以外，主要依靠增加泥浆密度来实现。

⑥粉料单粒子的强度　造粒形成的二次粉粒，必须有适当的强度，使粉粒在输送、填模过程中尽量不被破坏。否则，粉料中的细粉必然增多；同时，又希望在压制过程中颗粒重排时还保持完整，以利排气，但当压制压力增加，压制过程达到粉粒破碎或可塑变形时，粉粒必须能被压碎或发生可塑变形；否则，坯体不会致密或者要求压力再增加，消耗更多的动力。

3. 釉料制备主要工序及参数

釉料分生料釉与熔块釉。生料釉就是把原料直接研磨制成浆。熔块釉则是由熔块与生料两部分组成。熔块的制备是将需用的原料加工成一定细度，称量配比，均匀混合后，经高温制成玻璃体，然后水淬急冷成小碎块。

（1）釉料应具备的性质

1）合适的细度　釉浆细度直接影响釉浆的稠度和悬浮性，也影响釉浆与坯体的粘附能力与干燥收缩和釉的熔化温度及坯釉烧成后的性能和釉面质量。一般而言，釉浆越细其悬浮性越好，釉的熔化温度相应降低，釉坯粘附性能好并反应充分，釉面质量提高。但釉浆过细，稠度增大，给施釉带来困难，并易造成堆釉缺陷；釉浆过细，收缩大，造成干燥釉层开裂，烧后釉面卷缩或脱落，这在釉的高温黏度和表面张力大时尤为明显。一般工厂釉面砖乳浊釉细度为万孔筛余 $<0.1\%$，透明釉为 $0.1\%\sim 0.2\%$，而墙地砖釉则为 $0.2\%\sim 0.4\%$。

2）适中的釉浆相对密度　釉浆相对密度影响釉浆的黏度、稠化度、悬浮性，以及釉在坯体上的干燥速度。因此，直接影响着施釉速度和釉层的厚度。釉浆浓度调整以坯体状况和施釉方法而定。当施以二次烧成素坯时，因其空隙率大，吸水多而快，釉浆相对密度可小些，约为 $1.4\sim 1.45$。而施在一次烧成的生坯上，釉浆相对密度则控制在 $1.65\sim 1.75$。

3）适宜的高温流动性　釉的高温流动性好，釉能均匀地分布在坯体上，获得光亮的釉面。高温流动性过大，黏度太小，釉易被坯吸收，容易造成流釉或干釉现象。釉料的高温流动性决定于釉的化学组成和釉烧温度。

(2) 釉的制备过程　基本上与坯料湿法工艺相同。釉用原料种类多，且各种原料间用量比例相差较大，一些用量少的原料往往对釉性能影响灵敏，所以必须称量准确。釉的制备过程示意如下：

```
硬质块料→粗碎→洗选→细碎过筛→贮存 ┐
                                  ├→称量配料→球磨→过筛除铁→贮存→过筛→送往施釉工段
软质黏土→挑选→贮存 ────────────────┤        ↑（加水、电解质）
                                  │
化工原料（或熔块）─────────────────┘
```

制釉工段由于保洁需要，要与其他工段隔离开，为了操作方便不要离施釉工段太远。制釉磨机多为石衬球磨，最好是高铝瓷球，有条件最好用高铝磨衬。

釉料贮存罐为不锈罐上涂有树脂的金属罐。若用混凝土罐时，内壁应贴瓷砖，防止泥沙脱落掉入釉中。为了防止釉浆沉淀，贮存罐内备有慢速搅拌器。

釉浆中加入少量电解质可以改变釉料的黏度和触变性，这类电解质是碱性物质，如三聚磷酸钠、碳酸钠、硅酸钠、腐殖酸钠、AST 等；另一类是以提高黏度的絮凝剂，这类电解质是酸性溶液中的化合物，如氯化钙。

在含软质黏土少的釉料中，适量用些 CMC 可提高釉料对坯体附着力。对于一次烧成釉而言，CMC 不仅是稀释剂，也是保水剂，使底釉不致渗水过快而造成面釉出现针孔现象；对面釉来讲，用量适当可减少干釉及釉缩现象。

4.1.4　成形

建筑陶瓷的成形方法分两类：一类是塑性料团成形法（简称可塑法），即将含水 16% ~ 25% 的塑性泥团，通过各种成形机械进行挤压、温压、滚压、辊压等法成形；另一类是粉料压制成形法（简称压制法），即将含 4% ~ 7% 的粉料，在较高的压力下压制成形。

1. 可塑法成形

(1) 可塑法成形对坯料性能的要求　具有一定的可塑性，可塑坯料应有一个较高的屈服值，并有一个适量的延伸变形量，可塑法成形要求坯料组织均匀，含空气尽可能少。

(2) 可塑成形方法如下：

1) 挤压成形　采用挤压法成形时，可塑料团被挤压机的螺旋式活塞挤压向前，经过机嘴出来达到要求的形状。干挂陶瓷板、劈裂砖、角砖，都是用挤压法成形的，坯体的外形由挤坯机机头的内部形状所决定，坯体长度根据要求进行切割。挤压成形应注意下列工艺问题：

①挤制的压力　挤制压力过小时，要求泥料水分高才能顺利挤出。这样得到的坯体强度低，收缩大。若压力过大则摩擦阻力大，加重设备负荷。挤制压力主要决定于机头喇叭口的锥度（图4-7），锥角 α 过小，挤出泥料或坯体不紧密，强度低。如果锥角过大，则阻力大，设备负荷加重，甚至泥料向相反方向退回。根据实践经验，当机嘴出口直径 d 在 10mm 以下时，α 角约为 12°~13°；10mm 以上时，α 角为 17°~20°较合适。挤制较粗坯体，坯料塑性较强时，α 角可增大至 20°~30°。影响挤制压力的另一个因素是挤嘴出口直径 d 和机筒直径 D 之比，比值愈小则对泥料挤制的压力愈大。一般比值在 1/1.6 ~ 1/2 的范围内。

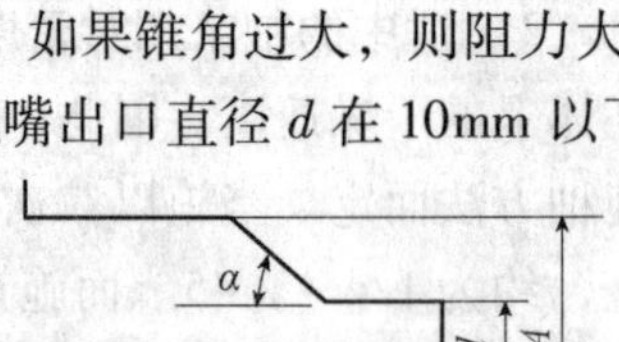

图 4-7　挤坯机机头尺寸

为了使挤出泥段或坯件表面光滑，质地均匀，机嘴出口处有一段定形带，其长度 L 根据机嘴出口直径而定，一般为 $L = 2 \sim 2.5d$。若此带过短，则挤出的泥段会产生弹性膨胀，导致出现横向裂纹，若此带过长，则内应力增加，容易出现纵向裂纹。

②挤出速率　当挤制压力固定后，挤出速率主要决定于主轴转速和加料快慢。出料太快时，由于弹性后效，坯体容易变形。

挤压成形常见如下缺陷：

气孔　由于练泥时真空度不够，经过挤泥机出口后坯体断面上出现裂纹。

弯曲变形　坯料水分太大，组成不均匀，承接坯体的托板不光滑，不平整。

管壁厚度不一致　型芯与机嘴的中心不同心。

表面不光滑　挤坯时压力不稳定，坯料塑性不好。

2) 湿压成形　将约20%水分的可塑泥料放在模型内，用金属模头加压成形。仿古的手工砖就是这种成形方法。成形后脱模常采用以下措施：

①一般在金属模头表面涂上润滑油，防止坯体粘模。

②利用真空脱模：成形后，向多孔石膏底模吹入空气，而石膏上模则抽真空。提起上模时，坯体附在上模表面，再向上模吹入空气，使坯体离开模型。

③加热金属脱模：加热的上模与湿泥料接触时，形成蒸汽膜，可防止坯体粘模。

3) 辊压成形　需要泥料有一定的可塑性，泥段掉到两个辊子中间，由于辊子的相对运动，将泥料轧成片状泥片，泥片落入输送带上切割成所需的尺寸。超薄陶纤板就是将挤出的泥片经辊压而成。轧坯成形常见以下缺陷：

①气孔：制泥段时，真空度不够，空气没有排尽。

②薄厚不均：调整轧辊开度不精确。

2. 压制法成形

陶瓷墙地砖生产中使用最多的一种成形方法。

(1) 粉料压制成形特点如下：

1) 用模型压制，粉料被均匀地分布于封闭的但有排气孔的模腔中，压制成形的粉料必须有可压性（即容积可变）。

2) 粉料在模腔内，由压机给予适宜的压力，压力大小随泥料性质及产品要求而异。

3) 成形料压力随着制品大小和厚度不同，采用"多次压"和"多向压"。

4) 升压速度和保压时间直接影响产品质量。

5) 粉料的流动性是决定是否能迅速填满模型的关键因素。

6) 压制成形的模具质量直接影响坯体的质量，因此必须保证模具有较高的光洁度、尺寸精度及高耐磨性。

7) 加压制度及压型操作对坯体质量有重大的影响。

8) 填料方式：粉料必须有良好的流动性和适量的含水量，能够迅速地均匀地将模腔填满，如果填料不均匀，会使坯体结构不匀，造成烧后变形、裂纹。

对于全自动液压压砖机而言，布料器的结构及下料方式应合理。

(2) 压制成形工艺参数及操作方式　成形压力视产品尺寸及技术要求而定，一般定为：

瓷　质　砖：32~35MPa。

彩釉墙地砖：20~30MPa。

釉面内墙砖：25~28MPa。

1) 成形压力对坯体烧成和吸水率的影响　随着成形压力的提高，制品的烧成收缩变小，吸水率降低。

2) 坯体含水率对坯体干燥强度的影响　坯料含水率过低，粉料压不实，密度小，强度低，含水率过高，坯体易重皮，粘模，也不易压制。一般要求自动液压机粉料含水率5%~6%，手动压机粉料含水率6%~7%。

3) 提高成形压力，可以降低烧成温度。

表4-17为不同的成形压力所引起的产品性能的变化。

表4-17　成形压力对产品性能的影响

成形压力（MPa）	15~20		28~40		15~28		28~40	
坯料种类	塑性坯料	瘠性坯料	塑性坯料	瘠性坯料	塑性坯料	瘠性坯料	塑性坯料	瘠性坯料
烧成收缩率（%）	0~0.3	0~0.3	0~0.8	0~0.1	8~9	6~7	6~7	4.5~5.5
吸水率（%）	≤22	≤18	≤22	≤18	0.5~2	0.2~1	0.5~1.5	0.2~0
抗弯强度（MPa）	11	12	12.5	13	32	35	35	39

成形时压力应适中，压力过高不仅无益于坯体强度和密度的提高，而且使得坯体中的残留压缩空气，在压力取消后膨胀引起过压层裂，压力过高，耗能也大。

4) 加压方式和加压操作　加压方式有盖模式：坯体压力由下部向上传递，坯体下部致密度高；另一种是塞模式，压力由上至下，上部致密度高。双面加压方式固然理想，但模具加工复杂，目前采用不多。

为了让坯粉中的空气能顺利排出，液压机的第一次加压，压力应小些，以利空气排出。然后短时间释放压力，使空气逸出，初压时坯体疏松，空气易于排出，加压速度可快些。第二次加压时，因坯体致密，加压速度应慢，延长保压时间排除残余气体。

坯料水分含量大也易造成层裂，因水分大，在不大的压力情况下，表面就被压实，水分封闭了气体通路，较多气体不易排出，在压力撤去后膨胀，造成坯体层裂。严重时，坯体表层鼓起或边部有明显的平行于表面的裂缝。水分含量过小，坯体不易压实，强度低，不足以克服残留在颗粒间少量气体膨胀的斥力，造成微裂纹。另外，当粉料含有大量细粉，在压制过程中，阻碍空气排除，也易产生层裂。

坯料中含有滑石、叶蜡石等片状结构的原料时，在压力作用下易成层状排列，容易产生层裂。

5) 脱模操作　根据实践，在上冲模压力尚未完全解除前，使模套下降脱模，能大大减少开裂起层现象。脱模时，如果上模减压过快，易造成横向开裂，即层裂。如模套下降过快，则易形成直裂，即通常指膨胀裂。

(3) 压制成形常见缺陷

1) 均匀性不一致方面的缺陷　粉料在以下性能不能满足要求时，易产生不均匀性的缺陷。

①粉料的流动性差　对于自动压砖机而言，粉料流动性 f 为32.5~35，休止角 $\alpha < 30°$；粉料的颗粒形状呈圆形其流动性才好，手动压砖机粉料的流动性可略差些。

②粉料的含水率　粉料含水率必须均匀一致，粉料应陈腐1~3d再使用；全自动液压压砖机要求粉料水分4.5%~6%；手动摩擦压砖机水分6%~7%。

③粉料的颗粒级配　要求以下级配的粉料、超细粉料过多，易产生分层。

粒度	>600μm	>250μm	>180μm	>175μm	>75μm	<75μm
百分比（%）	微量	50~60	25~35	10~15	3~5	微量

④可压性不够　可压性以可压指数 P_S 表示：

$$P_S = \frac{S}{n}$$

式中　P_S——可压指数；
　　　S——干坯抗折强度，MPa；
　　　n——湿坯抗折强度，MPa。

当 P_S 为 2~4 之间时，坯料就不会产生分层或密实度不够的现象。

⑤此外，不均匀性还表现在：

"厚坯"现象　这种缺陷是在闭模时，由于可移动的压头产生的空气流，拖卷一些细粉使边角增厚。为了消除上述现象，第二次下模要慢，如果可能的话，有必要增加粉料的水分或降低闭模速度。

粘模现象　这种缺陷产生原因于粉料含水量过大；模具加热温度不够，模具光洁度不够；擦模次数太少等。

2) 方正度缺陷

①布料不均匀　模腔内粉料由于布料不均匀，压制后坯料各部密度不等，烧后收缩不等，造成制品"弯边"或"楔形"（产品大小头）。

②模具安装不平行　底模与冲头不平行，坯体受力不均匀，厚薄不一致。

3) 其他方面的缺陷

①压后膨胀　在冲压时坯体受压，脱模时冲压压力释放，坯体会膨胀、压制时排气不良，在压力作用下气体沿着与加压力方向垂直的平面分布，当压力撤除后，气体膨胀形成层状裂纹。产生原因是：粉料含水率太高，排气不良；粉料含水率太低，湿坯强度低；粉料级配不当，压力过大，残留气体过分压缩，而压后膨胀较大。

②尺寸偏差　由于加料偏少或偏多、加料不均，而引起的四角厚薄不一。

③坯角开裂　边角填料太松，强度低引起开裂。

④硬裂　坯料水分不均匀，陈腐时间短，局部粉料有硬块造成坯体各处密度不一。

⑤掉边、掉角　操作不当，模具使用寿命过长，缝隙大而使砖坯角部疏松、粗糙。

4.1.5　干燥

1. 连续式干燥器

（1）卧式干燥器　陶瓷墙地砖多采用辊道式干燥器。压制后的坯体直接进入辊道窑下层带的干燥器内干燥，或独立的辊道干燥器内干燥。现已开发出三层、五层的卧式辊道干燥器。

此种干燥方法是生坯在通道中单向移动，干燥介质（热风）逆向流动。热源多采用烧成窑的余热、或换热器的热风，湿坯首先接触的是低温高湿气流，先加热坯体，而不排湿，然后接触高温、低湿的气流，坯体开始排除水分。中段设排湿风机抽出湿空气，尾部有气幕防止热空气排出并使制品降温。

这种干燥方法较为简单，制作方便，干燥制度可以调节，但由于湿坯体要在辊道上做长距离移动，坯体多为板状，若辊道不平整，湿坯体强度不足，易产生开裂。

（2）立式干燥器 湿坯体装在吊篮里在立式通道内做上升、下降的运动，并受热干燥。湿坯体在上升阶段预热、干燥，下降阶段冷却，干燥介质与坯体运动逆向，干燥机理与卧式相同。

立式干燥器有占地面积小、热耗低、动作平稳等优点，但制作加工精度要求高。

（3）半卧式干燥器 由于立式干燥器要求厂房有较高的高度，故将其形式改为半立、半卧，即制品移动时，上升一阶段，然后做水平移动，后下降。

2. 隧道式干燥器

将需干燥的坯体，按一定要求码放在干燥车上，干燥窑、干燥车类似隧道窑的窑体及窑车，由推车机将装有坯件的干燥车源源不断地推入干燥窑内干燥。干燥介质与坯体运动方向平行。干燥机理同卧式干燥器。

3. 室式干燥器

对于劈离砖、广场砖等采用挤出成形的含水率较高、坯体较厚的制品多采用室式干燥器。

将待干燥的坯体放在托架式小车上推入干燥室内，干燥介质（一般为热风）按一定的干燥制度进入干燥室内，为了使干燥室内温度均匀，干燥介质由上部吹入、下部抽出，干燥室内设有气流搅拌装置，使用温度均匀。

室式干燥器产量低，能耗高，劳动强度大，但设备简单，投资少，变更干燥制度灵活。

4. 微波干燥器

微波干燥器是一种新型的干燥设备，其加热时利用物质的介质损耗原理，在加热过程中通过物质的介质损耗将微波电磁场中的电磁能量转化为热能。微波干燥的原理是当电磁场不断变换其极性方向时，物质中水分子的极性也将随之不断改变其极性排列方向，因此产生类似摩擦生热的分子热运动效应。微波磁控管振荡频率是在2450MHz下不停地振荡，使水分子的极性也不断变化，分子与分子间产生摩擦，生热的分子热运动因聚集热量而达到物质加热脱水干燥之目的。

微波干燥具有如下特点：

①速度快、时间短、效率高、占用空间小；

②干燥时不需要进行预热和冷却过程；

③微波能干燥物质的各部位同时升温至一定的温度，克服了传统加热干燥中因物质内部水分向外扩散速度小于表面水分蒸发速度而导致干燥坯体开裂。

4.1.6 施釉

陶瓷墙地砖施釉量为坯体质量的$\frac{1}{18} \sim \frac{1}{14}$，但它的质量却直接影响产品的性能和等级。

现代陶瓷墙地砖的施釉是由多功能施釉线来完成的。根据工艺需要分一次烧成施釉线和二次烧成施釉线，其功能不仅有运输作用还有供砖装置、强度检验仪、整边机、90°转向机、清刷器、干燥室、擦边机、整修机、干刷器等；装饰功能有喷、浇、淋、甩、滴等及干法施釉装置，丝网印装置。为了使装饰手法更加丰富多彩，一条施釉线上有数台同类型装置；并有釉浆的收集器，带搅拌器的8字形釉浆桶。为了平衡生产，在丝网印机前装有补偿器；为了改善工作环境有收尘装置，近年来施釉线的末端装有大型补偿器（能储备115m² 砖），以取代储存区。现介绍几种施釉装置的特点，及其在使用中产生的缺陷和解决办法。

1. 淋釉装置

淋釉装置这一设备特别适用于均匀施釉，釉浆从扁平的缝隙中流出，釉浆相对密度为 1.40~1.45。采用此种装置施釉在砖的边缘部位较中部少，因釉浆受设备边缘摩擦力的影响，使其流速较中部慢。其产生的缺陷及解决方法如下：

(1) 因厚度不均匀造成的有规律沟纹　这是由于设备不良引起的缺陷，可能是淋釉装置阻塞或变形，也可能由喷头内部和外部的釉料局部过量，改变釉流的均匀性而引起。其解决方法：

1) 由于釉流出形状变形（系板材弯折或平面平行度缺陷造成）引起的沟纹，以更换整个装置的方法解决。

2) 由于淋釉装置阻塞引起的沟纹，可以通过在槽内做一个螺旋浆片的方法加以解决。如果相同的问题以一定的频率出现，应立即检查过滤网。

3) 由釉料增厚引起的沟纹。如果沟纹在内部可使用一个叶片，或在外部可用一块海绵，仍不起作用，则需停机清洗。

(2) 不规律或不均匀的沟纹　由于用很稀的釉料或釉料悬浮液的气泡而引起。其解决方法：

1) 因釉料太稀引起的沟纹，可以缩小装置的狭缝和减少施釉量避免。

2) 对于气泡，若不能在原装置上解决，则应使釉料流到一斜面上，以避免可能出现的涡流。如果沟纹出现在面砖运动方向的横向上，则是由于淋釉装置振动或输送线不均匀运动所引起。若想获得最佳施釉，淋釉装置应和坯体间的距离为3~4cm。

2. 钟罩式施釉装置

其作用与淋釉装置相同，由于易于管理，比淋釉装置使用更为广泛。该装置可以使用高密度釉料，因而可用于一次烧成砖的施釉。

钟罩式施釉装置施在砖的边部釉量比中部多。对于大型坯体，使用$\phi 66cm$的钟罩比$\phi 44cm$更佳。

由于该施釉线对地面振动敏感，不宜装在压机附近。其产生的缺陷及解决办法：

(1) 垂直于砖坯运动方向上的沟纹和波纹　这是由于釉料密度太低，坯体输送速度过低，钟罩装置振动造成的。其解决方法：

1) 减少釉流速率，并降低砖坯运动速度。

2) 增加釉流速率，并增加砖坯运动速度。

3) 解决地板振动，并使钟罩与施釉线振动部分隔开。

(2) 坯体缺釉　由于釉料太多或气泡造成钟罩面撕裂（无釉）。其解决方法是，对釉料进行陈腐，保持釉浆罐中釉面的高度。

(3) 砖坯运行纵向上的沟纹　由边上或钟罩杯上釉料局部过多引起，通过清理及清洗来解决。

3. 旋转圆盘施釉装置

由几个直径为120~180mm，每个厚度为2mm的圆盘组合而成，其厚度为50~100mm，进行离心施釉。

该设备对高密度及低密度釉料都可以使用，施釉量可从几克变化到上百克，也可以使用不同的釉料，进行多次施釉，并获得相当均匀的表面，该方法施釉使砖坯边缘不带任何釉料，无需进行刮边的清理工作。产生缺陷的原因在于：

（1）没有受圆盘离心作用的釉滴　其原因是釉料黏度太低；供给圆盘装置的釉料过量；圆盘间的内部形状和抽力不足。

（2）在砖坯运行方向的横向施釉不平整　其原因是圆盘间振动；输送系统运动不均衡。

（3）与砖坯运行方向平行方向上施釉为不平整　其原因是圆盘高度与砖坯宽度之比太小；圆盘组合体内釉料分配管未对准中心或局部阻塞。

（4）施釉不连续　其原因是由于釉料中粗颗阻塞；釉料黏度密度发生变化。

4. 管滴式施釉装置

以直径 3~4m 的一端封闭管子，替代圆盘施釉装置，在管筒上钻孔，另一开口端供釉，釉通过旋转管子从孔中滴到砖坯上。该装置所产生的缺陷与圆盘装置相同。

5. 杯滴施釉装置

该装置是根据杯的形状、旋转和输送速度以及杯的深度、釉的密度及黏度，"滴"出不同的效果，当使用成对的杯时，应具有相反的旋转方向，以清除釉滴朝同一方向滴落的问题。该施釉装置易产生以下缺陷：

（1）在与砖坯运行方向平行的两边是上的施釉量较多，在大尺寸的砖坯上尤为严重。

（2）较多的釉料滴在与砖坯运行方向相平行的一侧。其原因是杯和砖坯的垂直度、水平度不合适，杯的定心装置及供料装置有故障。

（3）釉料的密度很低，在砖坯的入口边和出口边上滴釉较少。

（4）在砖坯运行方向横向形成沟纹。其原因是杯的位置在釉线上不居中；砖坯运动速度过快或杯转动过慢。

6. 喷枪施釉装置

通过压缩空气把釉料雾化，喷洒在砖坯上。

喷枪施釉可以施很薄的一层釉，并可产生色彩明暗的艺术效果。

7. 刷涂装置

该装置用来从砖坯表面上除掉部分釉料，以突出装饰效果。

8. 干法施釉装置

本章施釉技术中已述及。

9. 砖坯施底部涂料装置

该装置是向砖坯底面施以难熔涂料，以防砖坯在烧成过程中粘辊。

10. 丝网印装置

该装置借助刮板的压力使油墨在丝网上通过感光处的织物开孔印到坯体上去。

丝网印分釉下丝网印和釉上丝网印两种：

（1）釉下丝网印　最好是在坯体上施以釉底料，并保持坯体清洁，釉下丝网印的基础是坯体具有均匀地吸收油墨的能力。

常见的缺陷有：凹陷、切口、裂纹或孔洞，特别是在细线场合，其原因是油墨干燥太慢，在施釉期间油墨起了防水作用，也可能是粉料研磨细度不够，烧后可以见到由较粗颗粒引起的孔洞，坯体丝网的清洁也是保证质量的条件。

(2) 釉上丝网印 釉面太干或大湿都容易引起粘网现象。釉料太湿，由于水的存在增加了丝网对釉料的粘接力；釉料太干，降低了釉料表层与下层间的粘接。常见的缺陷及原因如下：

1) 丝网印颜料相互重叠 其原因是前一种颜料干燥得太慢；二次丝网印间隔时间太短，前一种颜色来不及干燥；刮板力量太大。

2) 印刷缺陷 其原因是丝网质量不好；丝网与砖坯距离过大；刮刀运行过程中压力不均匀，砖坯运动不平稳。

3) 沟纹 其原因是刮片不平；丝网不平整。

4) 色差 油墨挤出速度不同；刮片压力不均；砖坯厚度差异太大；丝网磨损；油墨黏度变化。

除了机械及操作不当引起的施釉缺陷外，釉料本身的工艺不当也易造成以下缺陷：

1) 脱釉 烧后的产品在边缘角上出现无釉区，而在这周边有一层厚的圆形周边，严重时在整个产品上产生釉料收缩的珠粒。其主要原因是由于釉料的表面张力过大而引起，但也表现在物理性能不当方面。

①釉料中黏土使用不当，以致干燥过程中坯、釉收缩不一致，造成坯、釉分离。

②釉料中水分含量过多，干燥和烧成时发生显著收缩，其中也可能是由一些未经煅烧的吸湿原料而引起的，如氧化锌、滑石、大理石、氢氧化铝等，吸湿引起釉浆含水量过大。

③施釉量过大。

④釉料研磨过细。

⑤叠加施釉。

2) 龟裂与剥离 其原因是坯釉膨胀系数不匹配，当坯 > 釉时，产生剥离；当釉 > 坯时，产生龟裂。

4.1.7 烧成

1. 陶瓷原料在烧成过程中的物理化学变化

(1) 黏土质配方

1) 碳素和有机物的氧化

$2C + O_2 \longrightarrow 2CO \uparrow$ 约 600℃ 以上

$2H_2 + O_2 \longrightarrow 2H_2O$

$S + O_2 \longrightarrow SO_2 \uparrow$ 250 ~ 920℃

$2CO + O_2 \longrightarrow 2CO_2 \uparrow$

2) 硫化铁的氧化

$4FeS_2 + 7O_2 \longrightarrow 2Fe_2O_3 + 4SO_2 \uparrow$ 500 ~ 800℃

$2Fe_2(SO_4)_3 \longrightarrow 2Fe_2O_3 + 6SO_2 \uparrow$ 560 ~ 770℃

3) 碳酸盐、硫酸盐的分解

$MgCO_3 \longrightarrow MgO + CO_2 \uparrow$ 500 ~ 850℃

$CaCO_3 \longrightarrow CaO + CO_2 \uparrow$ 600 ~ 1000℃

$FeCO_3 + O_2 \longrightarrow Fe_2O_3 + CO \uparrow$ 800 ~ 1000℃

$2Fe_2(SO_4)_3 \longrightarrow 2Fe_2O_3 + 6SO_2 \uparrow$ 580 ~ 755℃

$FeSO_4 \longrightarrow FeO + SO_3 \uparrow$

$FeO + O_2 \longrightarrow Fe_2O_3$

4）结晶水的排出

高岭石脱水：$Al_2O_3 \cdot 2SiO_2 \cdot 2H_2O \longrightarrow Al_2O_3 \cdot 2SiO_2 + 2H_2O \uparrow$　　400～600℃
　　　　　　　　　　　　　　　　　　　偏高岭石

滑石脱水：$3MgO \cdot 4SiO_2 \cdot H_2O \longrightarrow 3(MgO \cdot SiO_2) + SiO_2 + H_2O \uparrow$　　600～970℃
　　　　　　　　　　　　　　　　　　顽火辉石

蒙脱石脱水：$Al_2O_3 \cdot 4SiO_2 \cdot nH_2O \longrightarrow Al_2O_3 \cdot 4SiO_2 + nH_2O \uparrow$　　600～750℃

5）晶型转变

$\beta\text{-}SiO_2 \longrightarrow \alpha\text{-}SiO_2$　　　　　　　　　　573℃

$\beta\text{-}SiO_2 \longrightarrow \alpha\text{-}$鳞石英　　　　　　　　870℃

无定形 $Al_2O_3 \longrightarrow \alpha\text{-}Al_2O_3$　　　　　　950℃

6）高温成瓷反应

$Al_2O_3 \cdot 2SiO_2 \longrightarrow 3Al_2O_3 \cdot 2SiO_2 + 2SiO_2$　　　1000℃以上
　偏高岭石　　　　　　莫来石

（2）硅灰石质配方

$CaSiO_3 + Al_2O_3 \cdot 2SiO_2 \cdot 2H_2O \xrightarrow{\Delta} CaO \cdot Al_2O_3 \cdot 2SiO_2 + SiO_2 + 2H_2O$
　硅灰石　　　　　高岭石　　　　　　　　钙长石　　　　　方石英

$(K_2O \cdot 3Al_2O_3 \cdot 6SiO_2 \cdot 2H_2O) \cdot nH_2O + CaSiO_3 + SiO_2 \xrightarrow{\Delta} CaO \cdot Al_2O_3 \cdot 2SiO_2 + K_2O \cdot Al_2O_3 \cdot 6SiO_2 + H_2O$
　伊利石（用白云母代）　　　　　硅灰石　　　　　　　钙长石　　　　　　　　　钾长石

（3）透辉质配方

$Al_2O_3 \cdot 2SiO_2 \cdot 2H_2O + CaO \cdot MgO \cdot 2SiO_2 \longrightarrow CaO \cdot Al_2O_3 \cdot SiO_2 + MgO \cdot SiO_2 + SiO_2 + H_2O$
　　高岭石　　　　　　透辉石　　　　　　　钙长石　　　　　　　　+　　　　无定形
　　　　　　　　　　　　　　　　　　　　　　　　　　　　　　　$xCaO \cdot MgO \cdot 2SiO_2$
　　　　　　　　　　　　　　　　　　　　　　　　　　　　　　　　　　透辉石
　　　　　　　　　　　　　　　　　　　　　　　　　　　　　　　　　　　↓
　　　　　　　　　　　　　　　　　　　　　　　　　$MgO \cdot SiO_2 \cdot xCaO \cdot MgO \cdot 2SiO_2$
　　　　　　　　　　　　　　　　　　　　　　　　　　　　　顽透辉石

$(K_2O \cdot 3Al_2O_3 \cdot 6SiO_2 \cdot 2H_2O) \cdot nH_2O + CaO \cdot MgO \cdot 2SiO_2 + SiO_2 \xrightarrow{\Delta} CaO \cdot Al_2O_3 \cdot 2SiO_2$
　伊利石（用白云母代）　　　　　　　　　透辉石　　　　　石英　　　　　钙长石

$+ MgO \cdot SiO_2 + K_2O \cdot 3Al_2O_3 \cdot 6SiO_2 + 2H_2O$
　　顽火辉石　　　　　钾长石

$+$

$xCaO \cdot MgO \cdot 2SiO_2$
　　透辉石
　　　↓

$MgO \cdot SiO_2 \cdot xCaO \cdot MgO \cdot 2SiO_2$
　　　顽透辉石

（4）叶蜡石质配方

$Al_2O_3 \cdot 4SiO_2 \cdot H_2O \longrightarrow 3Al_2O_3 \cdot 2SiO_2 + SiO_2 + 2H_2O \uparrow$
　　叶蜡石　　　　　　　　莫来石

叶蜡石在未烧结前，在 1050~1150℃时会产生线膨胀，这种热膨胀性能可经抵消在烧成过程中，由其他原料所产生的收缩。

（5）滑石质配方

$$3MgO \cdot 4SiO_2 + H_2O \longrightarrow 3(MgO \cdot SiO_2) + SiO_2 + H_2O \uparrow$$

滑石　　　　　　　　顽火辉石　　方石英

滑石在加热过程中生成顽火辉石，有微量的膨胀。

2. 烧成时所用窑型的选择

陶瓷墙地砖多为片状，烧成时多采用辊道窑，其次为隧道窑，历史上还曾用过推板窑、多孔窑。不同产品烧成时窑型选择见表 4-18。

表 4-18　不同产品烧成时窑型的选择

产品	辊道窑	隧道窑	推板窑	多孔窑
釉面内墙砖素烧	√	√		
釉面内墙砖釉烧	√			√
彩釉墙地砖	√			
瓷质砖	√			
锦砖	√（有垫板）	√	√	
陶瓷大板	√			
陶瓷挂板	√	√		
劈离砖		√		
红地砖	√	√		
麻石砖	√			
角砖	√	√		

3. 主要产品烧成温度及周期（表 4-19）

表 4-19　主要产品烧成温度及周期

产品	类型	材质	素烧		釉烧	
			温度（℃）	周期（min）	温度（℃）	周期（min）
釉面内墙砖	二次烧成	黏土质	1220~1260	隧道窑 16~20h	1040~1080	35~40
		硅灰石质	1080~1100	40~50	1020~1140	35~40
		页岩红土	1080~1100	40~50	1020~1140	35~40
	一次烧成	页岩红土			1100~1120	45~55
彩釉砖	一次烧成	页岩红土			1120~1160	45~55
瓷质墙地砖	一次烧成	黏土质			1190~1210	50~60
劈离砖	一次烧成	页岩红土			1140~1180	16~20h（隧道窑）
陶纤板	二次烧成	硅灰石质	1100~1180	40~70	1080~1100	40~50
干挂陶瓷板	一次烧成	页岩质	1080~1180	4~10h		

4.1.8 加工

随着陶瓷砖制造技术的发展，人们对陶瓷砖产品欣赏水平的提高，高档产品的后期加工也成为生产工艺的重要环节。墙地砖产品后期加工主要有：磨边、抛光砖打蜡、拼花切割等。

4.1.9 成品检验与包装

1. 检验

陶瓷墙地砖成品检验包括产品的外观检查和产品内在质量的检验两部分，检验标准分国家标准、国际标准、行业标准和企业标准。近年来国家标准和行业标准，已逐步与国际标准靠拢，一般企业标准更严于国家标准。

（1）外观质量检查

1）目测检查 将产品 $1m^2$ 放在检查者 $1m$ 之处，由检查者在一定的光照下按标准排出色差及所能见到的外观缺陷。

2）工卡量具及仪器的测量 利用工卡量其测量产品的尺寸、规格等，必要时采用直角度仪、翘曲度仪和平整度仪等检查。

（2）内在质量的检验 根据不同产品性能要求，按标准规定做下述内在质量的检验：

1）吸水率；2）抗热震性；3）抗弯强度；4）抗冻性，5）耐磨性；6）表面硬度；7）耐腐蚀性。

只有达到国家或行业标准中规定的内在质量要求的产品才能出厂，外观质量检查决定了产品的等级。

目前我国陶瓷墙地砖内在质量的检查，由企业内质检站定期去生产线抽查，外观质量的检查多在生产线上进行，当产品从窑炉（一般多为辊道窑）输送线运出时，检验员在生产线上就将产品进行分等，机械化程度较高的生产线设分拣机，在输送线上装有重锤，当强度不合格的产品通过时，则会压碎。生产规模较小的企业，产品出窑后，由检查员分等。

2. 包装

陶瓷墙地砖的包装一般采用纸箱包装，特殊情况下也采用木箱包装。近来大规格的墙地砖也有采用无包装法，即数片砖的二边用抗震的泡沫板夹住，然后用塑料胶带缠绕固定，这种方法不仅节省了纸箱的包装费用，对于大规格瓷砖来说还减少了运输过程中的损失。

中小型工厂多采用人工包装，纸箱用胶带粘牢。大型工厂多采用半自动化或全自动化包装线，半自动化生产线是由输送带将成品砖运到立式输送带之间，成品砖由水平位置转到垂直状况，将成品转送到包装箱内，由光电管控制纸箱运输带的前进距离为每添一块砖块的厚度，连续不断至装满，人工塞紧砖的空隙处，然后封箱，用胶带封口。全自动包装线分为六通道或十通道。分等级后的砖通过不同通道，进行包装，从装箱到封口全部机械化，整箱砖从通道内运出。

4.1.10 生产新技术

1. 瓷质砖制造工艺

（1）仿花岗岩大颗粒造粒工艺 将瓷质砖中的彩色斑点改制成大颗粒呈棱角状的斑点，

使之仿花岩的效果更佳,其工艺是将欲造粒的粉料,通过压型后呈色料块,将色料块粉碎成所需要的各种形状粒度,再与基料混合压型。色料块的粉碎方法有压碎过筛,也有将色料块送入带各种形状凹槽的双辊机中,色料块通过辊机强行压制,制成所需要的凹槽状颗粒。

(2) 二次喂料新工艺　为了减少瓷质砖通体使用彩色斑点的用量,将瓷砖下部基料与上部装饰部分分开,即上部用彩色斑点,而下部则用基料,这就需要压砖机装有二次布料装置,通过微机控制先喂上部的装饰性粉料,然后布底部基料,一次压型,这样可大大降低成本,增加装饰效果。

(3) 渗花技术　该工艺利用发色团水溶液喷、甩或将发色团浆丝网印制在瓷质砖坯上,这类发色团能够渗透到坯体内深度为 $1.5 \sim 2mm$,烧后经抛光效果极佳。这种渗花技术可以改变瓷质砖贫乏的装饰手法,使之有仿大理石或各种印染花布的效果。

该工艺的关键是获得能渗透到坯体内的发色团盐类溶液如重铬酸钠、氯化钴等。

为了提高渗透能力,常常将瓷质砖先低温素烧,再行渗花技术。

(4) 微粉装饰技术　该技术也采用二次喂料技术,基料要求较低,面料为通过多管布料布下的带色微粉料,以不同的方式混合,产生随机的、永不重复的面层图案。微粉的加工在压机上部平台进行。将喷雾干燥所得色料,经笼式粉碎机打成微粉,储存在微粉仓,再供给压机。

2. 施釉技术

(1) 干法施釉　将釉料中的熔块制成大小不同的颗粒,生料釉制成干粉釉进行混合,利用施釉线的干法施釉装置,将施过底釉及粘接剂的坯体撒上干粉料,然后再施薄薄一层光泽釉,一次烧成。

可以将色料加到熔块中形成带色熔块,也可通过锥形混料器将色釉把熔块包裹住。在烧成过程,通过带色的熔块和色釉之间互相作用,形成五彩缤纷的仿花岗岩、仿大理石釉效果。

(2) 坯、釉一次压型　通过二次喂料自动液压压砖机,将混合好熔块及生釉干粉,由计算机控制喂入模腔内,再喂入坯料后一次压制而成。

这种工艺的优点是大多数釉粉可回收再用,工艺简单,不需要湿法制釉及施釉线,釉面质量也可提高,但釉面的装饰效果有一定的局限性,并且釉面耐机械冲击降低。

(3) 静电施釉　干法与湿法静电施釉的原理相同,都是利用带电的粉状物料同性相斥、异性相吸原理,将釉附着在坯体上。将釉粉通过空气流悬浮输入高压电场,使之带负电,而坯体带正电,釉粉覆盖在坯体上,当釉粉与坯体之间的电位接近零时,则完成施釉过程。

3. 连续式球磨机

随着生产线规模的扩大,湿法制备泥浆的磨机也向大型化发展,间隙式的球磨机已不能满足需要。磨机向连续化、自动化的方向发展,出现了类似水泥磨的连续机。一端连续进料,另一端连续出料,在末端设过滤筛,达到细度的泥浆经过筛子流向浆池,贮存供喷干塔使用,筛上泥料回机继续研磨。

此工艺适合产量大的墙地砖厂使用,效率高,省电 $\frac{1}{3}$,减少占地面积约 60%。

4. 成形设备

(1) 大吨位压砖机　因大规格铺地砖成形的需要,压机的吨位越做越大,已定型的产品有 2500t、3200t 和 5000t、7800t 等。

（2）带吸盘压砖机 因小规格砖类（锦砖）连续生产的需要，压机附带吸盘，把压制好的坯体块，通过吸盘吸到托盘上进行干燥。

5. 锦砖的铺贴

为加快工程施工进度和便于检查锦砖正面质量，将锦砖正面铺贴牛皮纸改为背面粘尼龙网。铺贴墙面时，尼龙网嵌埋在混凝土内，不用刷洗。

6. 陶瓷砖超薄技术

以节能节材为目的，用湿法辊压或大吨位干法扣压，使得陶瓷砖减薄到 3~6mm，实现陶瓷砖原料减量 50%，降低消耗 45% 以上的目标。目前产品规格有：900mm×1800mm×5mm、900mm×2000mm×4mm、900mm×2400mm×4mm。质地有瓷质（抛光）和陶质（印花）两种。

7. 陶瓷砖微波干燥技术

针对挤出成形等高水分半成品干燥，开发的一种高效、连续微波干燥器。其特点是：干燥速度快、效率高、节能省电、产品少开裂。微波耗能指标见表 4-20。

表 4-20 微波耗能指标

序号	含水阶段	物料含水率（%）	干燥速度（kg/h）	耗电 [kW·h/kg(水)]
1	高含水	>30	1.0	1.0~1.2
2	一般含水	10~30	1.0	1.2~1.3
3	低含水	3~10	1.0	1.2~1.4
4	超低含水	<3	0.8	1.3~1.5

8. 干挂陶瓷板

以建筑节能为目的，研制的一种用于外墙保温的多孔陶瓷饰面板。施工主要以干挂方式。其规格有：600mm×400mm×30mm、800mm×600mm×30mm、1000mm×600mm×30mm、1200mm×600mm×30mm 等。

4.2 卫生陶瓷

4.2.1 卫生陶瓷的品种及生产工艺流程

1. 卫生陶瓷品种

卫生陶瓷按吸水率可分为半瓷质和瓷质两种。半瓷质：吸水率 0.5%~3%；瓷质：0%~1%，一般 <0.5%。按用途主要分为坐便器、蹲便器、洗槽、洗面器、拖布槽、水箱等。

2. 生产工艺流程

卫生陶瓷生产工艺流程，从本质上只有一种，其主线为泥、釉料制备→注浆成形→烧成。具体而言卫生陶瓷生产工艺流程是：根据设定配方，将不同原料按比例准确配料，配好的配合料入球磨制浆，合格的泥浆经过陈腐后送注浆线进行注浆成形，成形好的青坯经过干燥、施釉、干燥后入窑烧成，烧成的制品经过检验、加工后包装入库。其典型工艺流程如下：

第4章 生产工艺

(1) 工艺流程 A

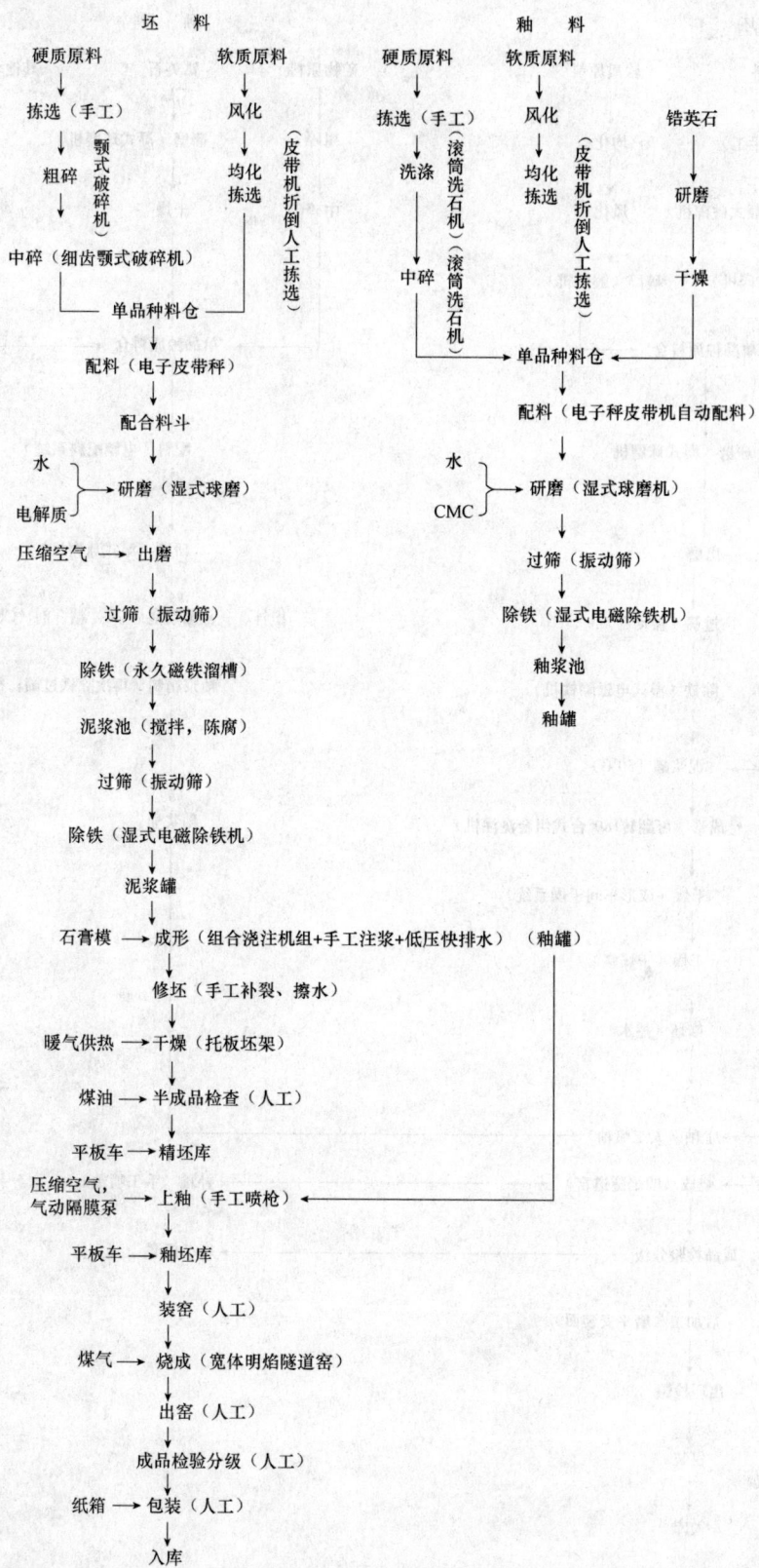

(2) 工艺流程 B

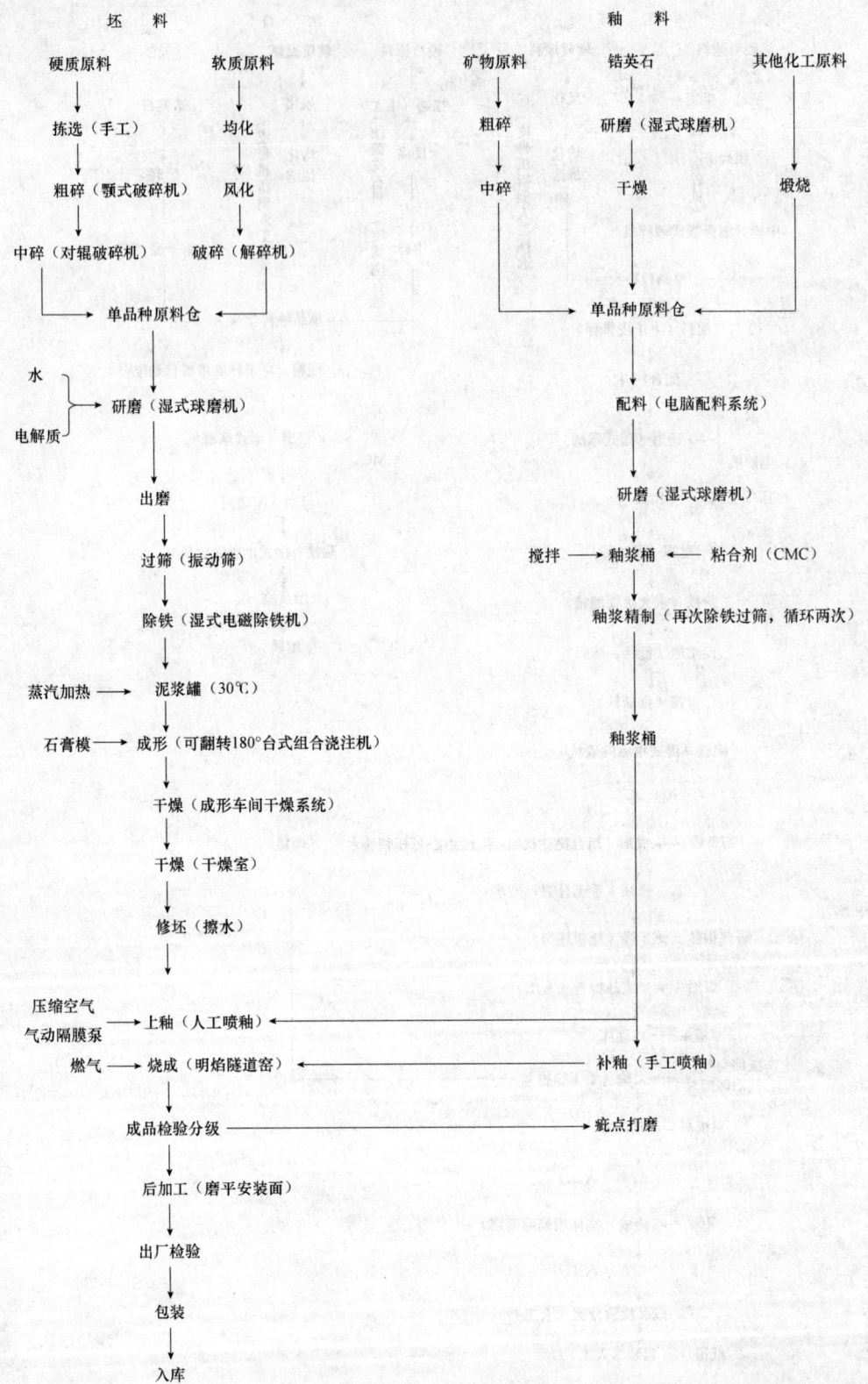

(3) 工艺流程 C

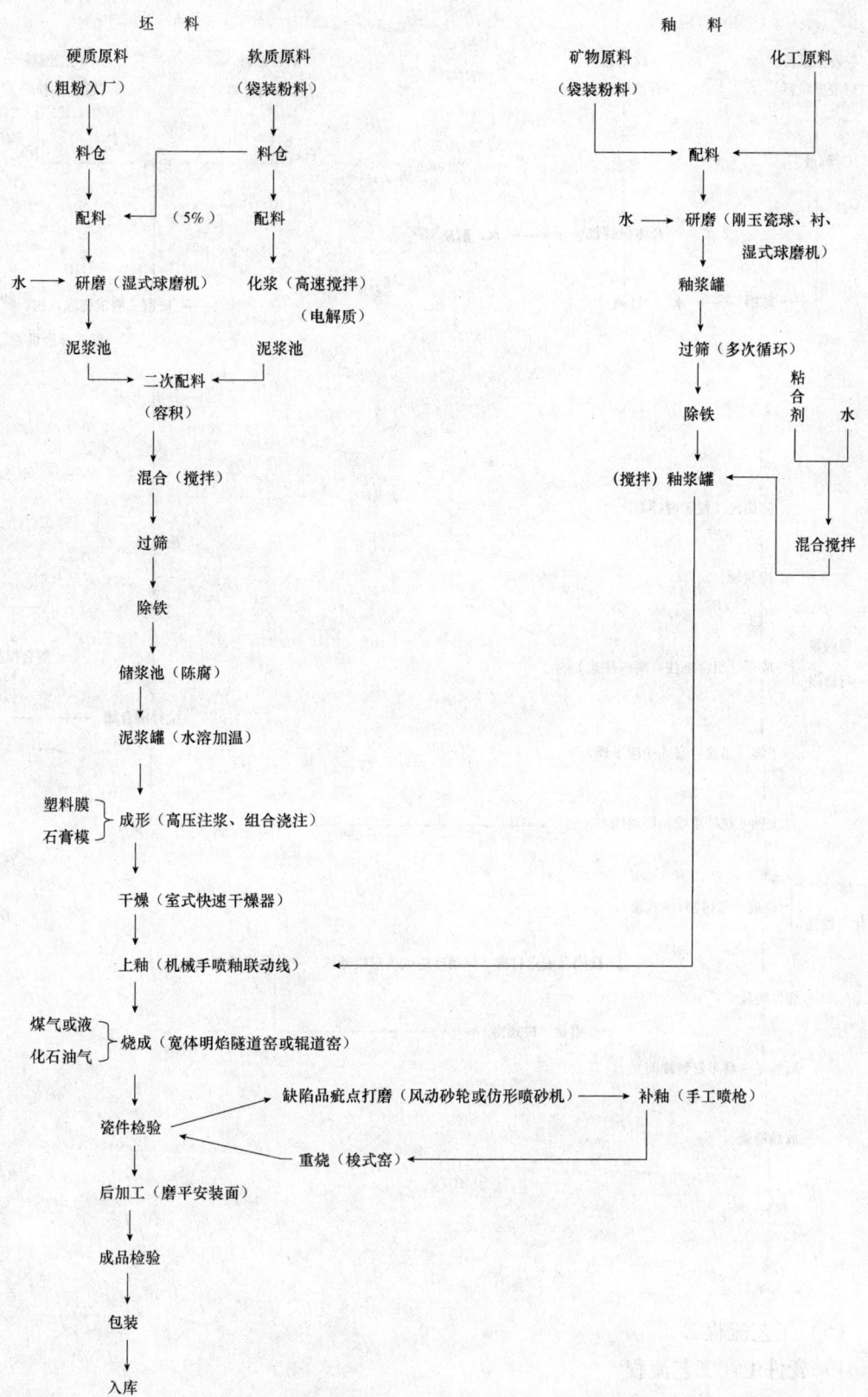

(4) 工艺流程 D

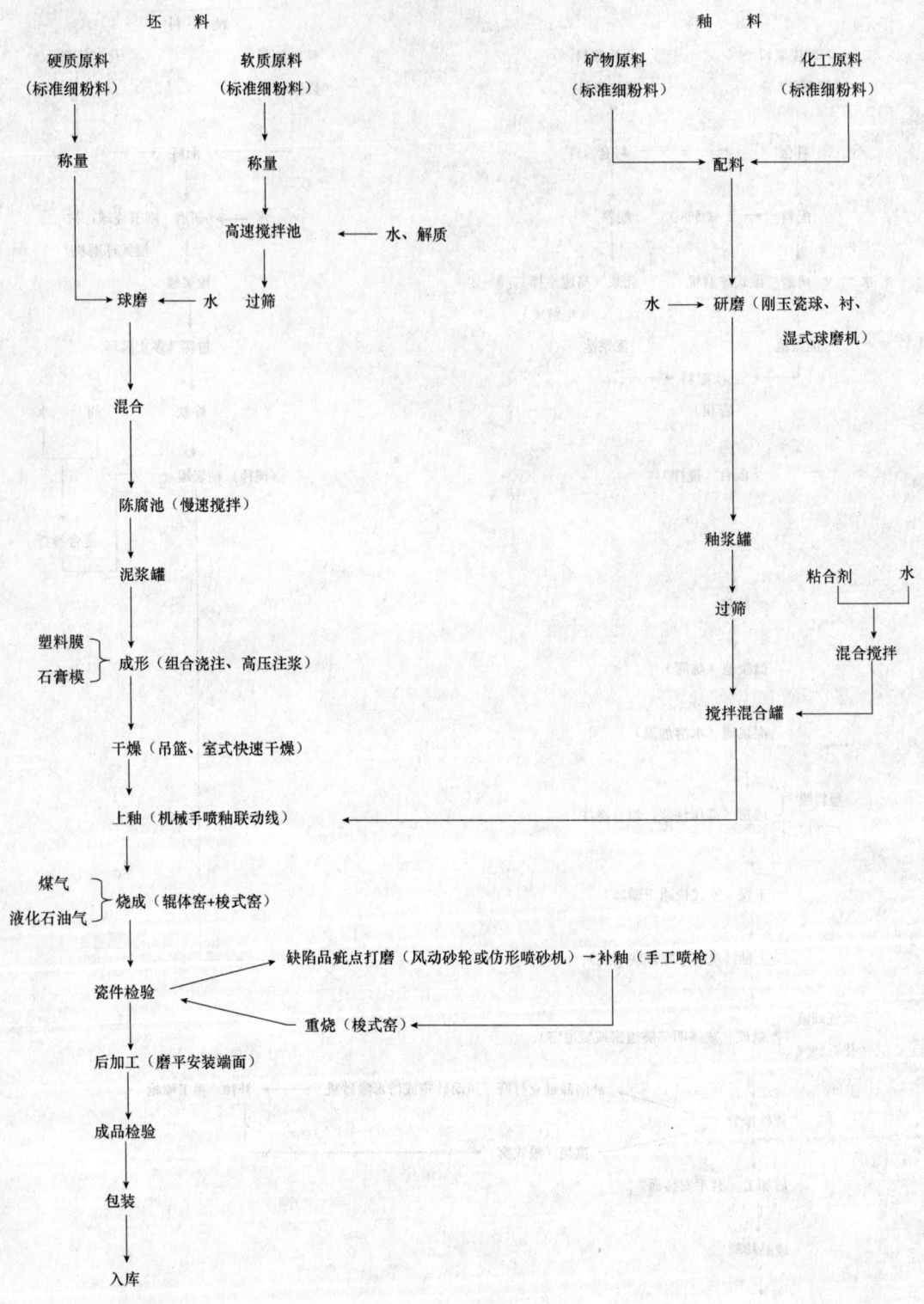

(5) 工艺流程 E

1) 瓷件生产工艺流程

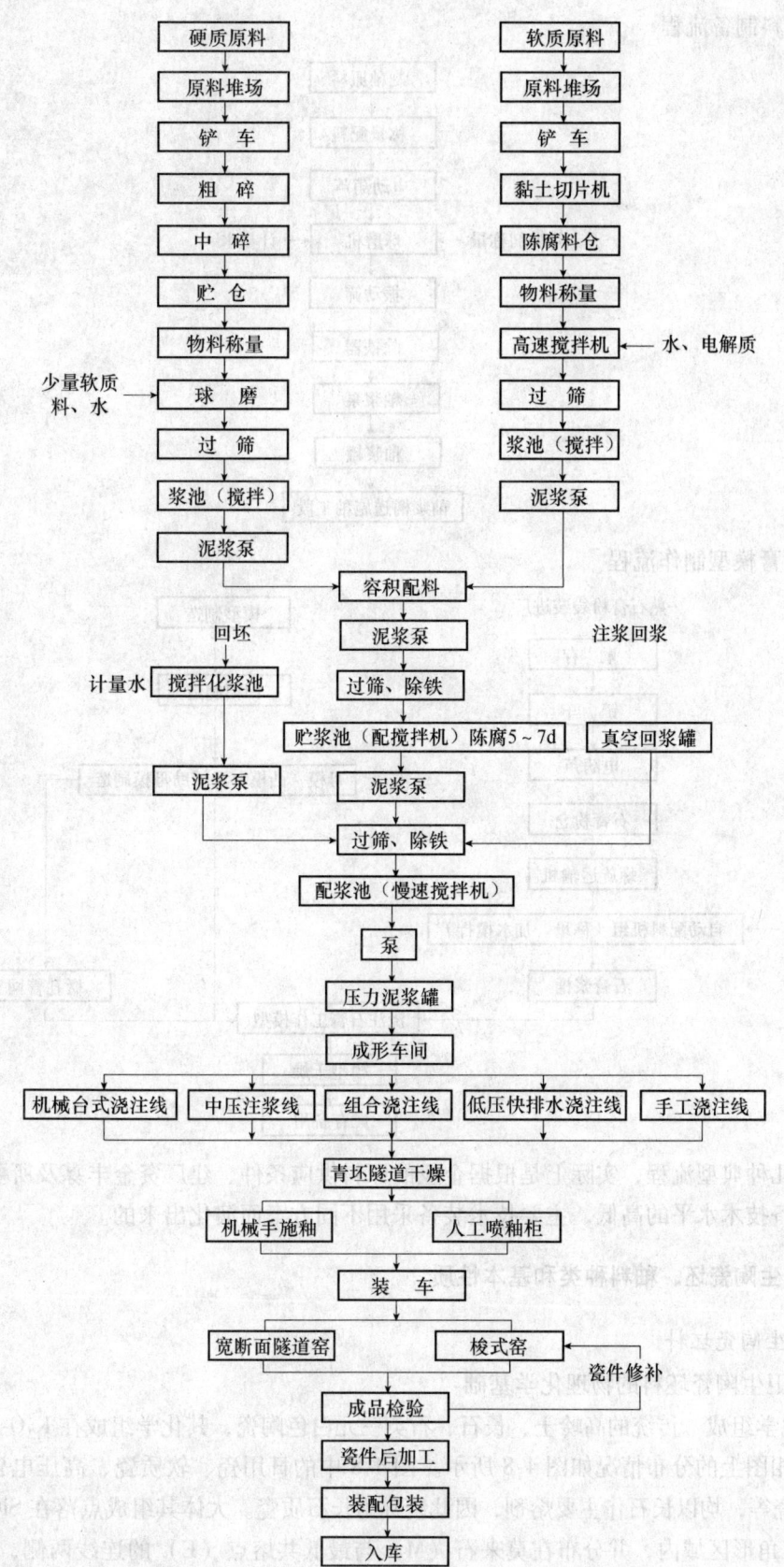

2）釉料制备流程

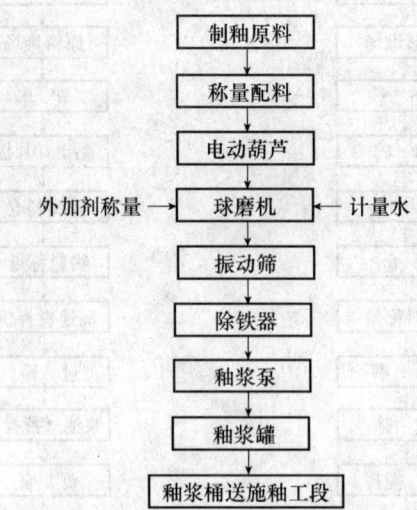

3）石膏模型制作流程

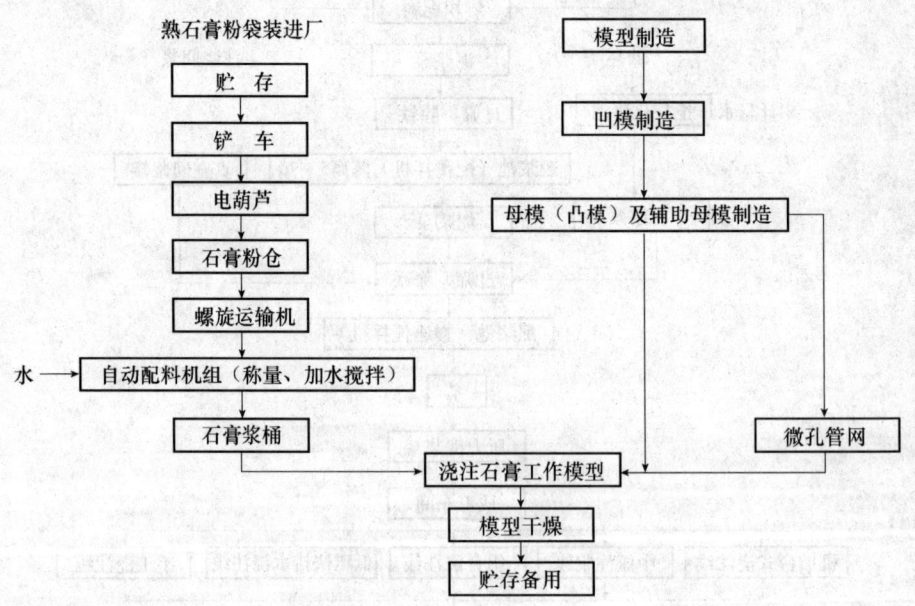

上述几种典型流程，实际上是根据企业的原料供应条件、建厂资金丰寡及所要求的产品档次和设备技术水平的高低，主要技术装备采用不同方案而演化出来的。

4.2.2 卫生陶瓷坯、釉料种类和基本性质

1. 卫生陶瓷坯料

（1）卫生陶瓷坯料的物理化学基础

1）化学组成　传统的高岭土、长石、石英三元白色陶瓷，其化学组成在 $K_2O\text{-}Al_2O_3\text{-}SiO_2$ 三元系统相图上的分布情况如图4-8所示。图4-8中的日用瓷、软质瓷、高压电瓷、高石英瓷、化学瓷等，均以长石作主要熔剂，因此统称为长石质瓷。大体其组成点落在 $SiO_2\text{—}3Al_2O_3 \cdot 2SiO_2$ 三角形区域内，并分布在莫来石（M）与最低共熔点（E）的连线两侧，据此可知，

该类产品烧成后应由莫来石、玻璃相和未溶石英构成。当然，未烧结时，坯体中还存留有气孔。在该区域内，随其组成不同，烧成等工艺参数的不同，便出现了不同性质、不同品种的白陶瓷产品。

组成点靠近 M 点，瓷的烧成温度高，靠近 E 点，成瓷温度低。

卫生陶瓷坯体，除明显属于长石质精陶和耐火黏土质的精陶外，还有两类性质和组成稍有差异、国内外名称不统一的坯体系统：

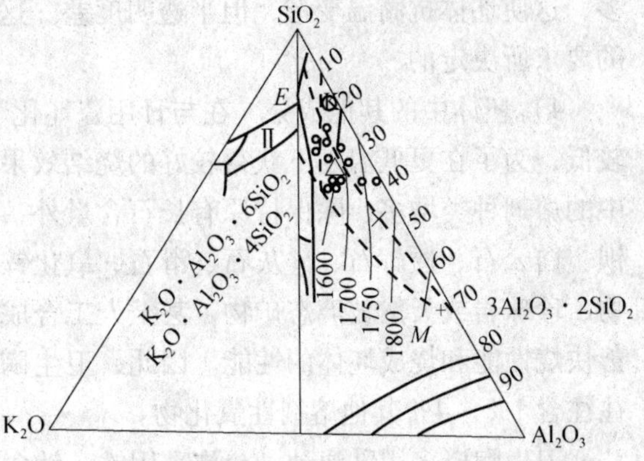

半瓷质：吸水率 0.5%～3%。

瓷质：0%～1%，一般＜0.5%。

图 4-8 "K_2O-Al_2O_3-SiO_2"三元系统相图

○—日用瓷；△—软质瓷；+—高压电瓷；K—高石英瓷；×—化学瓷；Ⅱ—高长石瓷（帕利安瓷）

根据统计，当代卫生陶瓷上述两种坯体的化学组成范围为：

SiO_2 64%～73%

Al_2O_3 20%～28%

$R_2O + RO$ 5%～8%

（其中 $K_2O + Na_2O ≮ 3\%$）

虽然变化较大，但与我国日用陶瓷坯料组成范围相仿，组成点在 M-E 连线更接近 E 点的区域。

2）矿物组成 传统三元组分白陶，是由高岭土、长石、石英构成，各种瓷的矿物组成范围如图 4-9 所示。

半瓷质坯体一般含：黏土物质 40%～50%，石英 30%～40%，长石 15%～25%；瓷质坯体含：黏土物质 40%～50%，石英 25%～35%，长石 20%～30%，另外往往还有 1% 以上碱土熔剂矿物。可见，这两种坯料组成均处于图 4-9 中半瓷（炻器、石瓷）与硬质瓷交界处，瓷质坯体则更接近于日用硬质瓷坯的矿物组成。

3）相组成 长石质瓷组成点如果正好在 M-E 连线上，理论上，瓷坯中只有莫来石和玻璃相。事实上，陶瓷坯体烧成不可能达到平衡状态，且多数情况坯料中石英粒子较粗，总会残留下一部分。日用陶瓷瓷坯中一般含：玻璃相 50%～75%，莫来石 10%～20%，石英 8%～12%，半稳定方石英 6%～10%，一般气孔体积＜1%。

半瓷质卫生陶瓷坯一般含：玻璃相 25%～45%，莫来石 15%～35%，石英加方石英 25%～50%，气孔体积＜10%。瓷质坯体：玻璃相 40%～55%，莫来石 15%～25%，石英加方石英 20%～35%。显然，相组成的最大特点是玻璃相少，石英骨架

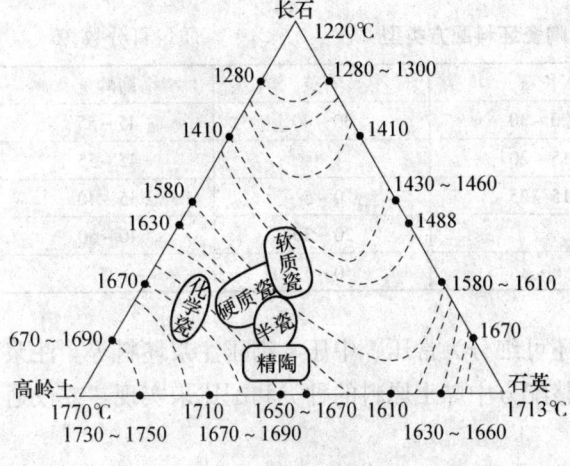

图 4-9 传统长石质瓷的矿物组成

多，这使坯体抗高温变形，但半透明度差。这是卫生陶瓷产品大、结构复杂，并对坯体性能的要求所决定的。

4) 坯体中的其他成分　在与日用瓷坯化学组成相近的情况下，卫生陶瓷的烧成温度已较低，为了在更低温度下获得较好的烧结效果，特别是近年来提倡低温快烧技术，引入坯料中的熔剂种类增多，除保持原有长石含量外，还引入其他矿化剂，如碳酸镁、碳酸钙、碳酸钡、白云石、透辉石、硅灰石、滑石、氧化锌、萤石、磷灰石，以及霞石正长岩、含锂化合物、珍珠岩或天然玻璃态矿物，甚至人工合成的高温熔块。有时不仅降低烧成温度，还可改善快烧性能和烧成坯体的性能。因此，卫生陶瓷坯，尤其是瓷质坯料、低温快烧坯料组成，往往含1%~4%其他熔剂性氧化物。

卫生陶瓷多用乳浊釉，允许采用铁、钛含量较高的黏土。卫生陶瓷坯体中一般 Fe_2O_3 + TiO_2 > 0.8%，有的高达 1.8%。

(2) 坯料配方设计的一般原则和方法

1) 卫生陶瓷坯体的分类　如前所述，按坯体烧结程度，卫生陶瓷坯体分陶质、半瓷质和瓷质三种。

陶质卫生陶瓷坯体气孔率>15%，易产生后期龟裂，目前只用来生产吸水率<11%的大件制品，如淋浴盆、双联洗涤器和大型厨房洗槽等。

半瓷质卫生陶瓷坯体吸水率<3%，是较传统的一类卫生陶瓷。

瓷质（玻化瓷）卫生陶瓷吸水率低（一般认为<0.5%），强度高，是目前生产高档卫生陶瓷坯体的选择方向。

按卫生陶瓷烧成温度和烧成周期分，一般把烧成温度1200~1300℃，烧成周期9h以上的卫生陶瓷视作传统卫生陶瓷，烧成温度在1200℃以下，烧成周期在9h以内的分别作为低温烧成、快速烧成或低温快烧卫生陶瓷。

按坯料所用原料特征，若把过去以长石（20%~30%）-石英（30%~40%）-高岭土（45%~55%）三类原料配成的配方称为传统配方，另引入较大量瓷石的，称为瓷石类配方。这样，可以分成如表4-21所示多种配方类型。为了保持卫生陶瓷坯料各项性能的稳定性，往往趋向同时用多种原料调制配方，表4-21中列举的配方类型并不是绝对的，有些配方可能设计介于两类之间的混合类型。

表4-21　卫生陶瓷坯料配方类型　　　　　　　　　　　质量百分数,%

配方类型	引入原料及含量	长石	石英	高岭土
传统配方		20~30	30~40	45~55
瓷石类	瓷石30~40	15~20		45~55
叶蜡石类	叶蜡石35~45	15~25	0~5	35~40
伊利石类	伊利石20~30		20~30	40~50
瓷砂类	瓷砂65~70	6~8	0~5	25

根据注浆成形方式方法不同，坯料配方还可细分为常压、中压、高压注浆坯料等。注浆方法或所要求的吸浆速度不同，往往通过调整配方中黏土原料的种类和配比来实现。或仅通过调整泥浆制备方法和工艺参数来完成。

2) 卫生陶瓷坯体配方设计的原则像任何陶瓷产品配方设计一样，卫生陶瓷坯料配方设计其基本原则也应当是：所设计的坯料组成和相应工艺性能必须满足烧成前后对坯料提出的各项技术要求。

坯体烧成前后的性能与坯料配方特性的相互关系极其复杂（图4-10），设计配方，就是调整各种原料的加入量和相应加工要求，使上述各种相互关系得以协调的过程。

图4-10 坯料烧成前后性能与其化学成分等表征特性间的相互关系

协调上述关系，在首先保证设计的配方能充分满足生产需要和产品质量要求的同时，还应当根据"因地制宜、就地取材、降低成本、提高效益"的原则，尽量选用当地原料或替代原料。

3）卫生陶瓷坯料配方试验方法和步骤：

①原料矿山定点考察；

②单一原料样品的测试；

③小样的试验和筛选；

④大样的试验和筛选；

⑤半工业试验。

（3）卫生陶瓷坯料组成的变化和举例

1）卫生陶瓷坯料组成的变化

①化学组成的变化 坯料的化学组成是决定产品烧成温度的基本因素，以往大多仅以 SiO_2、Al_2O_3 和 K_2O+Na_2O 含量作为评价化学组成的关键指标，其余 Fe_2O_3、TiO_2、CaO、MgO 含量指标不是配方设计主要考查项目，只是作为由黏土、长石和石英原料带入的杂质，含量低。Fe 和 Ti 氧化物总量对瓷坯色调影响较大，卫生陶瓷多使用乳浊釉，所以对其含量限制不严。例如 20 世纪 70 年代美国瓷质卫生陶瓷坯化学组成为（质量百分数,%）：

SiO_2 66.2~66.9，Al_2O_3 21.4~22.6，Fe_2O_3 0.3~0.6，TiO_2 0.6~1.0，CaO 0.2~0.4，MgO 0.1~0.2，K_2O 3.4~4.2，Na_2O 0.6~0.7。

20世纪70年代后，随着窑炉设备性能的改善，卫生陶瓷烧成温度降至1250℃以下，大多在1200℃左右。低温烧成降至1180℃以下；烧成周期由20h以上降至9~14h，辊道窑烧成周期甚至降到7h以下。与此同时，卫生陶瓷产品如连体便器的出现，单个产品体型增大，造型结构趋于复杂；一些新的注浆工艺出现，对泥浆性能提出了更高的要求。卫生陶瓷坯体配方的化学组成也随之发生了变化。变化的总趋势有以下几方面：

a. 熔剂成分总量由5%~6%提高到6%~8%。

b. 熔剂成分中CaO和MgO的含量分别或同时提高，CaO为0.5%~1.8%，MgO为0.8%~1.9%。

c. 熔剂成分中K_2O和Na_2O总量略有增加，增加的主要是Na_2O。K_2O一般为2.5%~3%，Na_2O 1%~3%。

d. 化学成分中总含量最高的SiO_2和Al_2O_3，作为卫生陶瓷坯体组成的关键性特性都相对变化不大。有些配方中Al_2O_3含量达26%~28%，则必须相应提高K_2O+Na_2O含量。

② 矿物组成的变化　同一化学成分组成，可以用不同原料或不同质量比的配方组成来满足。但这些化学成分相同而原料配比不同的坯料，可能表现出极不相同的工艺性能和烧结特性。显然，这是由于原料种类或配比不同，使坯料矿物组成，特别是由于黏土的种类或配比不同，使坯料中黏土矿物的种类、数量、黏土矿物的胶体特性发生明显变化所致。所以，在设计调整卫生陶瓷坯料配方时，应当像注意化学组成中SiO_2、Al_2O_3、CaO、MgO、K_2O、Na_2O这些关键性氧化物含量一样，关注其矿物组成。

在设计调整配方前，如果能较精确地测定出所用原料的矿物组成及其所含颗粒含量<1μm，有机物含量和阴阳离子交换当量，参照传统或成熟坯体的化学和矿物组成，则可按照G.W.Phelps的坯体配方调整原则，像平衡满足配方中化学组成中各关键成分一样，用不同原料同时平衡满足其矿物组成中主要关键性特征指标。

a. 黏土矿物　卫生陶瓷坯料，一般黏土矿物40%~50%，石英30%~45%，长石15%~30%。现代卫生陶瓷要求吸浆速度高，坯料烧成温度低，黏土矿物趋向于采用下限值，有的低至40%以下；长石含量采用上限值。此外，还有少量石灰石、白云石、硅灰石、透辉石、滑石等含钙、镁的矿物中一种或两种以上矿物组成，其总含量<10%。

b. 游离石英　石英能提高吸浆速度和干燥速率；烧成时由于晶型转变体积增加抵消此时由于黏土矿物脱水分解产生的收缩；最后残留在坯体中的石英构成骨架；溶入玻璃相的石英使玻璃相黏度提高，可防止产品烧成变形。因此，卫生陶瓷坯料中SiO_2含量高达64%~74%，其中游离石英，半瓷质坯料中占35%~45%，瓷质坯料中占20%~35%。为了缩短烧成周期，避免因游离石英高引起坯体在升温或冷却过程中开裂，现代卫生陶瓷趋向于降低引入坯料中的游离石英含量，采用30%~35%的下限值。其余SiO_2除由黏土、长石、云母等矿物引入外，宜以珍珠岩或其他富含无定形SiO_2的原料（如熔块）形式引入。

c. 微细云母　许多研究证明，卫生陶瓷坯料中含有3%~6%几个微米大小的云母矿物，有利于注浆和玻化。欧美等国多用含微细云母多的球土配料，我国的一些瓷石原料含有绢云母，也是常见的坯料优良候选原料。

③ 粒度组成的变化　粒度大小及其分布是关系烧成前后坯体性能的重要特性。坯料的加

工工艺和坯料配方同时对坯料的粒度组成产生重要的影响。而对泥浆性能和烧结性能产生重大影响的是坯料中小于 2μm 粒子所占比例。一般而言，这些粒子占 2%～30%，其中 95% 以上小于 1μm 粒子来自黏土矿物。这些微细的黏土矿物中小于 0.2μm 的极细胶体粒子，又是提高泥浆黏度、降低吸浆速度等产生不利影响的根本原因。因此，现代卫生陶瓷坯料中，应当适当减少小于 0.2μm 胶体粒子多的黏土，采用黏土单独化浆法制备坯料。

④其他　除化学、矿物和粒度组成外，影响坯料泥浆性能、干燥和烧成性能的因素，还有坯料中的有机物和可溶性阳离子（Ca^{2+}，Mg^{2+}）与阴离子（主要是 SO_4^{2-}）的含量。有机物 0.5%～1%，可溶性离子的交换量只限于每 100g 干料几个 mg。随着各种有机、无机添加剂的出现，现在调配坯料配方，已经不必完全依赖选择适当黏土平衡有机物或可溶性交换离子含量，而是部分借助添加外加剂来调节。

2）卫生陶瓷坯体配方举例　我国及国外一些坯料配方和化学组成及其相应性质与使用条件举例分别见表 4-22～表 4-25。

表 4-22　国内卫生陶瓷典型坯料配方　　　　　　　质量百分数,%

序 号	使用地区	配　　方	备　注
1	东北辽宁	硅石 28，锦州紫木 20，彰武黏土 13，碱石 12，长石 15，苏州黏土 6，洗粉 6，瓷坯粉 5，水玻璃 0.3，碱 0.2，水 31	烧成 1280℃，烧成总收缩率 14%
2	东北辽宁	硅石 26，山西洪山紫木节 17，彰武黏土 12，大同砂石 8，东湖泥 12，章村土 23，瓷坯粉 2，水玻璃 0.65，碱 0.08	烧成 1280℃，烧成总收缩率 13.5%
3	东北吉林	硅石 5，紫木节 5，水曲柳土 10，刘土 7，大同砂石（生）15，大同砂石（烧）20，长石 7，石岭风化长石 30，滑石英 1，水玻璃 0.49	
4	华北唐山	硅石 29，苏州土 20，唐山紫木节 15，大同砂石 5，生章村土 13，滑石 1，彰武黏土 3，烧章村土 15，碱 0.5，水 28	
5	华北唐山	石英 27，苏州土 10，烧大同砂石 13，紫木节 15，长石 16，彰武黏土 6，叶蜡石 6，碱干 6，滑石 1，碱 0.5	
6	华北唐山	石英 27，苏州土 17，碱石 11，彰武黏土 3，长石 21，紫木节 18，大同砂石 3，滑石（外）1，碱 0.5，水 31.5	干燥收缩率 3% 烧成收缩率 9.75%
7	华北北京	石英 32，大同砂石 18，章村土 16，洪山紫木节 24，王平山土 5，滑石 1，瓷坯粉 4，碱 0.2，水玻璃 0.4	干燥收缩率 2%～3% 烧成总收缩率 14%
8	华东山东	石英 32，新汶碱石 26，烧碱石 10，长石 18，界牌土 10，坊子黏土 14，碱 0.5，水玻璃 0.2，水 33	
9	华东上海	硅石 17，上虞蜡石 47，漳州黑泥 19，漳州白泥 13，仓后白泥 32，滑石 1，碱 0.1，水玻璃 0.55，水 30～32	
10	华东江西	星子高岭土（烧）15，星子高岭土（生）16，紫木节 15，界牌土 10～15，南港 50，滑石 1，长石 4，碱 0.4，水玻璃 0.25	
11	中南广东	硅石 6，花县泥 46，青草岭泥 29，长石 6，东莞黑泥 12，滑石 1，水玻璃 0.93，水 31	
12	中南广东	硅石 12，紫木节 8，白大龙 64，长石 7，滑石 1，水玻璃 0.48	
13	北方	紫木节 22，大同土 14，彰武黏土 7，章村土 19，砂岩 28，长石 4，滑石 3，瓷粉 4	1250～1280℃ 18～24h 烧成

续表

序号	使用地区	配方	备注
14	北方	紫木节14，大同土11，彰武黏土9，章村土14，禹县土14，瓷石10，石英26，滑石2	1180~1220℃ 12~16h烧成
15	中南	黑泥37，陆川土19，中苏土10，长石24，石英8，滑石2	1250~1270℃ 24h烧成
16	西北	老石旦黏土14，介休土13，简泉土3，左云土7，青埚泥4，烧青埚泥14，烧白砂石8，长石19，石英15，瓷粉3	1230℃ 20h烧成
17	山东	坊子土12，介休土6，青黏土12，生焦宝石15，诸城蜡石10，瓷石20，石英4，长石15，瓷粉4，熟焦宝石8	1200℃ 11~13h烧成 吸水率<2.5%
18	西北	浅水河土20~23，七角井土9~15，渔儿沟土4~6，界牌土8~11，烧大同土3~5，瓷粉6~9，长石17~20，滑石2~3，石英12~16	1180~1200℃ 16h烧成
19	河北	玉田陶石25~35，红砂岩8~18，紫木节15~20，碱石2~5，彰武黏土5~10，碱石8~13，白砂岩4~10，苏州土4~10，烧大同土5~10	1220~1230℃ 14.5h烧成
20	河南	粉红矸15~25，黑矸5~10，黄陵矸5~10，毛土地0~15，瓷石5~10，滑石1~3，瓷粉2~6，钾长石5~10，钠长石5~8，石英20~25	1180℃ 13h烧成

表4-23 国外卫生陶瓷典型坯料配方　　质量百分数，%

序号	国别或配方名称	配方	备注
1	美国	乔治亚高岭26.3，麦恩尼长石32.6，石英17.7，肯塔奇4号球土7.0，田纳西5号球土7，百里卡纳高岭土4.7	1300℃烧成
2	美国	球土25，高岭土20，霞石正长岩A-400 55	1160℃烧成
3	美国	球土27，高岭土23，石英20，霞石正长岩A-400 30	1230℃烧成
4	美国	球土27，高岭土23，石英27，霞石正长岩A-400 23	1300℃烧成
5	美国	球土27，高岭土23，石英29，霞石正长岩A-400 21	1300℃烧成
6	美国	球土25，英国瓷土25，钾长石25，石英25	1350℃烧成
7	英国快速浇注配方（霞石正长岩坯）	球土（山尼配合料75）23，瓷土（兰姆配合料）27，石英21，瓷坯粉5，霞石正长岩24	适用于运输带浇注、立式浇注和快速台架式浇注，可在3~4h内空浆、脱模，可于同一天下午修坯，干燥过夜
8	英国快速浇注长石坯	球土（山尼配合料75）23，瓷土（兰姆配合料）27，石曲26，长石24	
9	日本	陶石51，蛙目黏土14，高岭土14，叶蜡石9，长石12	1200℃烧成
10	日本	陶石50，蛙目黏土118，高岭土8，木节黏土7，长石14，溶剂3	组合浇注
11	保加利亚	高岭土34，塑性黏土14，石英砂12，钠长石30，瓷粉10	1180℃烧成
12	英国	高岭土12，黏土$N_1$18，黏土$N_1$10，石英10，长石35，纬晶岩15	1220~1240℃ 15~18h烧成
13	美国	球土12，球土22，瓷土9.5，高岭土7，长石31，燧石18	

表 4-24 国内卫生陶瓷典型坯料化学组成　　　质量百分数,%

序号	SiO_2	Al_2O_3	Fe_2O_3	TiO_2	CaO	MgO	K_2O	Na_2O	灼减量($I.L$)
2	64.80	20.6	0.30		0.62	0.67	2.67	0.84	8.86
4	63.94	24.56	0.44	0.28	0.40	0.39	2.27	0.48	7.05
5	67.46	21.50	0.41	0.65	0.06	0.70	1.84	0.53	6.78
7	59.65	26.01	0.39			1.01	2.91		9.24
8	65.28	21.67	0.57	0.43	0.45		2.66		8.94
12	65.86	21.9	0.43		0.43	0.65	3.67		6.84
13	72.74	17.65	0.25		0.46	0.38	3.93		5.01
14	64.22	23.31	0.51	0.32	0.33	0.81	2.22	2.71	7.51
15	63.88	22.03	0.70	0.34	1.57	1.22	2.01	0.96	7.0
17	62.43	25.61	0.42	0.38	0.89	0.23	2.32	0.51	7.41
18	63.33	24.14	0.88	0.58	0.53	0.16	4.04		6.34
19	68.90	19.80	0.84	0.13	0.47	0.99	2.84	1.43	5.03
20	65.69	21.24	0.80	0.51	0.55	1.30	2.63	0.62	5.59
21	62.84	22.17	0.83	0.49	1.61	0.70	2.13	1.02	7.91

注：坯料编号同表4-22。

表 4-25 国外卫生陶瓷典型坯料化学组成　　　质量百分数,%

序号	SiO_2	Al_2O_3	Fe_2O_3	TiO_2	CaO	MgO	K_2O	Na_2O	灼减量($I.L$)
11	70.50	20.61	0.89	0.37	1.24	1.24	1.07	4.27	
12	59.36	26.22	0.44	0.06	1.57	1.22	2.01	0.96	6.20
13	65.10	22.08	0.35	0.74	1.24	0.13	1.98	2.25	6.21

注：坯料编号同表4-23。

（4）卫生陶瓷坯料的基本性能

1）对坯料工艺性能的共同要素

①泥浆性能好

a. 泥浆流动性好。

b. 泥浆性能要稳定。

c. 含水率要尽可能小。

d. 泥浆要有适当的触变性。

e. 泥浆的渗水性要好。

②坯体要有一定的强度　这是大件制品注浆后修坯、干燥、施釉、装卸等各后续工种所必需的条件。卫生陶瓷制品不仅要求干燥后的坯体有一定的干坯强度，而且要求刚脱模的湿坯体就要有一定的强度，在脱模的工作台上能"站"得住。这些要求，首先必须在研制配方时，通过调整塑性料和瘠性料的比例为主要手段来实现，而改进注浆操作工艺，提高注浆

时模具和泥浆温度只能作为辅助手段。

③在相应烧成制度下，成品吸水率要达到要求，同时要求坯体的收缩率要尽可能小。这样可以大大降低大件制品在干燥和烧成过程中的变形和开裂，实现这个目标主要也是通过调整配方中原料的种类和配合比例来实现。

2）坯料的主要工艺性能指标　坯料在成形、干燥、烧成过程要求控制或需要达到的工艺技术指标，随坯体类型、制品种类和工艺流程的要求不同。一般控制在以下范围：

①泥浆密度　1.70~1.85g/mL。

②泥料细度和粒度分布：

　a. 细度：0.063mm 筛筛余 0.5%~3.5% 或 0.44mm 筛筛余 5%~7%。

　b. 粒度分布：>32μm 10%~13%，<10μm<50%。

③泥浆的流动性和黏度　流动性和黏度都取决于泥浆流动的内摩擦力，两者成反比关系。由于测定的方法和条件不同，各厂控制的流动性指标大都不能通用。

流动性　5′30″~7′30″（恩式黏度计，流出孔径 3mm，泥浆 200mL）；50″~80″（福特杯，φ4mm，100mL）

黏度　盖氏黏度计回转角 250°~290°（11/16 转子，英国线规 30 号扭丝），布氏黏度计 70~120cP。

④泥浆厚化度：1.1~8mm(60min)。

⑤吃浆速度：5~8mm(60min)。

⑥湿坯含水率：18%~27.5%。

⑦坯料塑性指数：8~12。

⑧干燥收缩率：2.2%~3.2%。

⑨干燥强度：>3.5MPa。

⑩烧成收缩率：7%~10%。

⑪总收缩率：9%~13%。

各厂所用原料不同，配方不同，生产条件不同，对上述工艺性能的要求千差万别，表 4-26 列举国内外各一家生产瓷质卫生陶瓷厂家的坯料配方工艺性能实测数据。

表 4-26　国内外各一家生产瓷质卫生陶瓷厂家的坯料配方工艺性能实测数据

性　能		国外工厂				国内工厂		
		一般泥浆		特殊泥浆		生产配方	试验配方	试验配方
		1号试样	2号试样	1号试样	2号试样			
泥浆密度（g/mL）		1.768	1.767	1.833	1.834	1.810	1.860	1.786
吸浆速度（mm/h）		7.3	7.7	8.0	7.8	6.2	6.1	7.8
盖氏黏度　回转角（°）	WB	270	270	280	290	270	250	272
	WC	29	28	28	28	30	40	8
触变性		85	84					
干燥强度（MPa）		3.8	4.0			2.53	2.45	3.31
干燥收缩率（%）		2.1	2.1	1.7	1.9	3.05	3.6	3.13
烧成收缩率（%）				4.0	3.8		2.6	8.26

续表

性 能		国外工厂				国内工厂		
		一般泥浆		特殊泥浆		生产配方	试验配方	试验配方
		1号试样	2号试样	1号试样	2号试样			
总收缩率（%）	坐便器	10.2	10.4	5.7	5.7	12.5	6.0	11.12
	小便器	0.33/0.27	0.31/0.29			0.1	12.5	0.71
吸水率（%）		0.21/0.23	0.21/0.20					
坯釉结合系数（×10⁻⁷）				+38	+38		+30	+35

3）影响泥浆工艺性能的因素　泥浆工艺性能的调控，是搞好卫生陶瓷生产中最复杂又难以把握的一个环节。这里先说明影响泥浆流变性能的一些因素。

①泥浆的黏度　对于泥浆来说，由于它是水和分散的固相颗粒所组成的特殊系统，其黏度的来源由三个方面组成：

a. 水分子本身的相互吸引力；
b. 固相颗粒与水分子之间的吸引力；
c. 固相颗粒相对移动时产生的碰撞阻力。

因此，对泥浆来说有如下经验公式：

$$\eta_s = \eta_0(1-c) + k_1 c^n + k_2 c^m$$

式中　　η_s——泥浆的黏度；
　　　　η_0——液体介质（水）黏度；
　　　　c——泥浆中固相浓度；
n、m、k_1、k_2——常数（取决于固相颗粒的性质，对于分散的高岭土泥浆来说：$n=1$，$m=3$，$k_1=0.08$，$k_2=7.5$）。

该经验公式的第一项描述分散介质（水）的作用，第二、三项描述固体颗粒的作用。

从上面经验公式所列出的泥浆流动的阻力来源可以看出，影响泥浆流动性的因素是由泥浆系统本身所决定的。

②泥浆密度（或含水量）　在低密度泥浆中，固体颗粒少，上式中第二、三项均小，而对于高密度泥浆，由于系统内固体颗粒多，上式中第二、三项较大，而第一项较小，第二、三项的作用显著增加，从微观结构来分析，这是由于密度增加，固体颗粒增加，固体颗粒与水分子之间的作用力，以及固体颗粒之间的碰撞力增加，泥浆颗粒发生相对位移困难，因此黏度增加，流动性下降。

对同一配方的泥浆，泥浆密度随含水量增加而降低。表4-27和图4-11表示实际测定的三个厂泥浆含水量与泥浆的黏度和流变性能的关系。

表4-27　泥浆含水量与黏度的关系

项　目		1	2	3	4	5
福山某厂泥浆	含水率（%）	27.07	30.09	31.59	32.71	33.87
	黏度（cP）	195.5	174.2	98.8	89.7	69.5
唐山某厂泥浆	含水率（%）	25.10	26.65	28.64	30.54	32.20
	黏度（cP）	1086	700	361.3	129.1	86.7
沈阳某厂泥浆	含水率（%）	29.73	30.90	33.83	34.40	35.63
	黏度（cP）	267.3	148.4	79.5	52.6	45.8

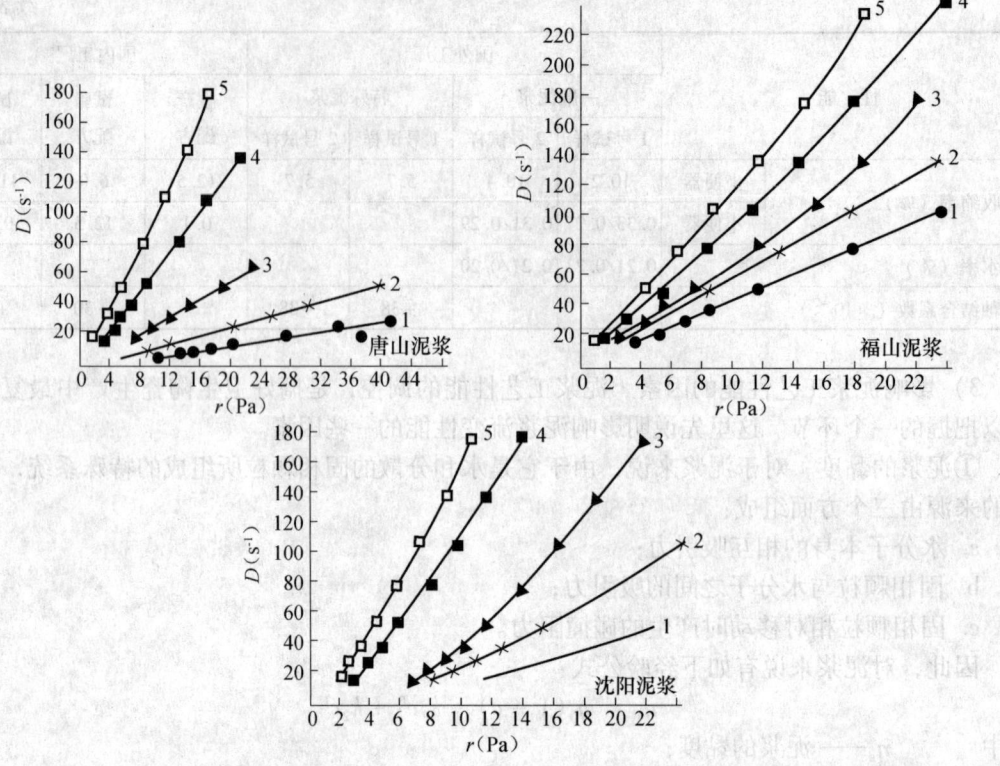

图 4-11 不同含水量的泥浆的流变曲线（21℃，搅拌 3min，曲线标号与表 4-27 中含水率相对应）

③颗粒大小对流变性能的影响 对泥浆而言，其流变性能是颗粒分布的函数。在同一浓度下，颗粒越细，泥浆的黏度越大。

表 4-28 和图 4-12 是同一配方坯料，球磨机研磨不同时间后，实际测得的泥浆固体颗粒分布、比表面积（泥浆的流变曲线）。

表 4-28 泥浆的比表面积及颗粒分布

泥浆的球磨时间（h）	比表面积（cm²/g）	颗粒分布（μm）（质量百分数,%）									
		1~7	7~12	12~20	20~30	30~40	40~50	50~80	80~120	120~180	180~200
4	3429	20.1	9.9	12.4	11.8	9.0	6.9	13.4	8.5	4.9	1.6
5	2671	20.4	10.8	13.8	13.0	9.7	7.3	13.0	7.1	3.2	0.7
6	3987	22.5	10.8	13.4	12.2	9.0	6.7	12.4	7.1	3.6	1.0
7	4665	24.9	12.4	15.0	13.3	9.2	6.6	10.6	4.9	1.8	0.3

④电解质对泥浆流变性能的影响 向泥浆中加入电解质是控制其流动性的有效方法，使泥浆在高浓度下获得足够的流动性。

表 4-29 和图 4-13 表示同一配方泥料，加入不同数量电解质（纯碱:水玻璃钢=1:1），在相同工艺条件加工的泥浆的流变性能的变化。图 4-14 表示这些泥浆的触变效应。因此可知，泥浆在电解质的量不够或过量，即泥浆未充分解凝时，其黏度、屈服值和触变性都较大。

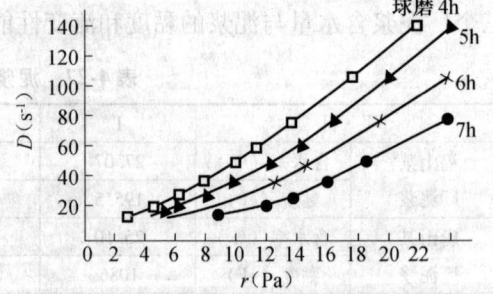

图 4-12 不同比表面积的泥浆的流变曲线（21℃，搅拌 3min）

表 4-29 泥浆试样的流变学参数

项目	A_0	A_1	A_2	A_3	A_4	A_5	A_6	备注
电解质加入量（%）	0	0.1	0.2	0.4	1.0	2.0	4.0	
屈服值（Pa）	94.0	44.0	10.9	1.5	0.28	0.34	7.1	
表观黏度（Pa·s）	2.12	1.12	0.25	0.072	0.026	0.052	0.17	$D=50(s^{-1})$
塑性黏度（Pa·s）	0.31	0.26	0.062	0.051	0.042	0.046	0.068	

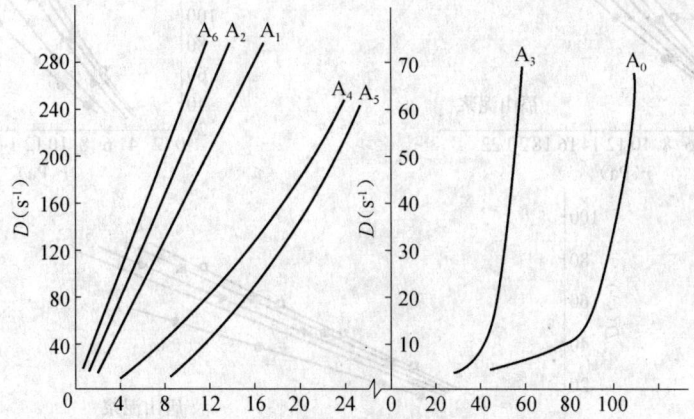

图 4-13 加入不同量电解质泥浆的流变曲线

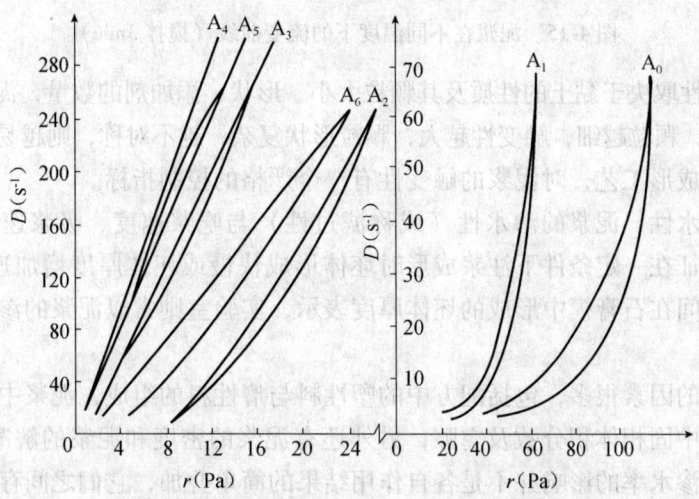

图 4-14 加入不同量电解质泥浆的触变效应曲线

⑤温度对流变性能的影响　图 4-15 是几种生产实际应用的泥浆在不同温度下的流变曲线。所有泥浆温度在生产控制的使用温度范围内，其黏度均随温度升高而降低，屈服值减小。

⑥泥浆的触变性　每种生产泥浆都具有一定的触变性。触变性产生的原因是由于呈鳞片状结构的黏土矿物表面各部分性质并非一样，特别是在一定条件下，这一差异表现得更为明显，因而会导致胶粒表面某部分吸引力占优势，某部分排斥力占优势，吸引力占优势的部分胶粒互相粘结起来，而排斥力占优势的部分，则会因胶粒间互相排斥而分散，因此就形成了疏松而有弹性的网架状结构。这种结构称为"超胶团结构"。"超胶团结构"的形成和拆散是泥浆触变性产生的原因。

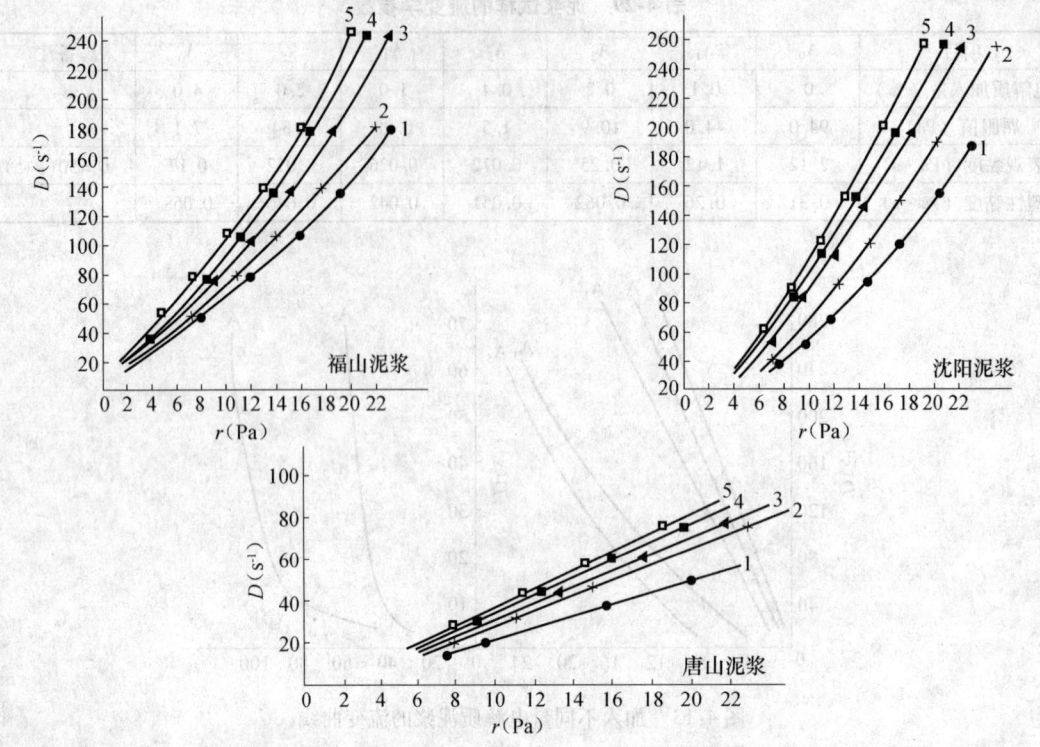

图 4-15 泥浆在不同温度下的流变曲线（搅拌 3min）

泥浆的触变性取决于黏土的性质及其颗粒大小、形状、添加剂的数量，泥浆的含水量和黏度等。一般来说，颗粒越细，触变性越大，颗粒形状复杂，越不对称，则越易表现出触变性。

传统的注浆成形工艺，对泥浆的触变性有一个严格的控制指标。

⑦泥浆的渗水性 泥浆的渗水性（或称滤过性）与吃浆速度、吸浆速度常数，都是以不同表达形式表征在一定条件下注浆成形时坯体形成快慢或坯体厚度增加速度的泥浆特性。生产中用单位时间在石膏模中形成的坯体厚度表示，实验室则常以泥浆的渗透率或泥浆吸浆速度常数表示。

影响渗水率的因素很多，包括配方中的塑性料与瘠性料的组成，泥浆中固体颗粒分布及比表面积，液体中固相体积分数及空隙，另外还有泥浆的密度和泥浆的解凝程度等。但是，所有这些因素对渗水率的影响并不是各自作用结果的简单叠加，它们之间存在着相互消长的关系。渗水率的直观表现是这些因素相互作用的结果。

传统常压注浆与压力注浆的实验结果证明，渗水率是影响注浆速度的最主要的因素。所以从降低坯体含水率的角度出发也要求有一个适当的渗水率（表 4-30）。

表 4-30 泥浆渗水率、密度与坯体参数的关系

编号	1	2	3	4	5	6	7	8	9	10	11	12	13
渗水率（$\times 10^{-14}$）	3.1	4.9	6.6	7.9	9.4	10.8	11.9	13.1	18.6	22.9	32.2	36.8	42.1
密度（g/L）	1810	1810	1800	1804	1791	1805	1800	1810	1797	1759	1788	1788	1780
含水率（%）	17.8	17.8	18.8	18.6	18	18.8	18.9	19.6	19.3	21.98	21.9	21.7	21.3
坯厚（mm）	4.9	6	7.4	8	8	9.1	9.7	11.3	12.9	14.7	19.3	20.4	21.5

4) 坯料的干燥和烧成性能

①坯料干燥性能 通常通过调整配方中可塑性原料的种类配比，控制泥浆细度来调控坯料的干燥收缩和干燥强度。除此之外，现代卫生陶瓷生产中，还应该注意以下因素的影响：

a. 用黏土单独化浆工艺加工泥浆，在不增加整个物料比表面积前提下，可提高黏性粒子含量和浇注的坯体密度。

b. 调整泥浆流变性，特别是泥浆的黏度和触变性。表 4-29 所列 7 种同一坯料配方的泥浆，注浆成形坯体的干燥强度分别为 1.04, 1.16, 1.63, 1.99, 2.05, 2.76 和 4.74MPa。说明未完全解凝的泥浆，吸浆速度快，但坯体结构疏松干燥强度低；过解凝时吸浆速度过低，且干燥强度显著增加，但坯体离模性恶化。

②坯体的烧成性能 坯体在烧成过程中发生一系列物理化学变化。图 4-16 和图 4-17 形象地说明了在加热过程中坯体结构和物相的变化过程。通常生产上比较关心的是：坯

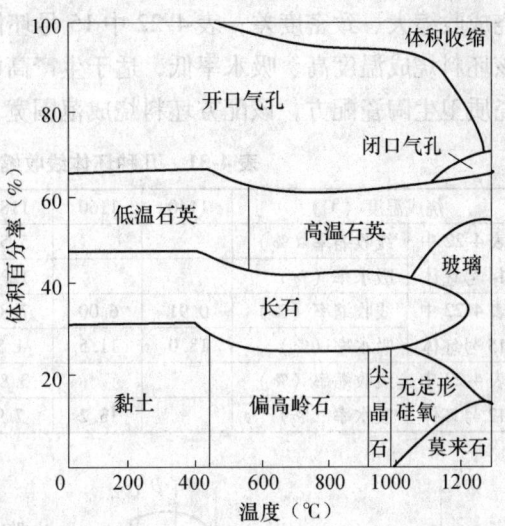

图 4-16 三成分瓷坯烧成时的结构组成

体在加热和冷却过程中的体积变化，烧成坯体的相组成和相应的物理性质。

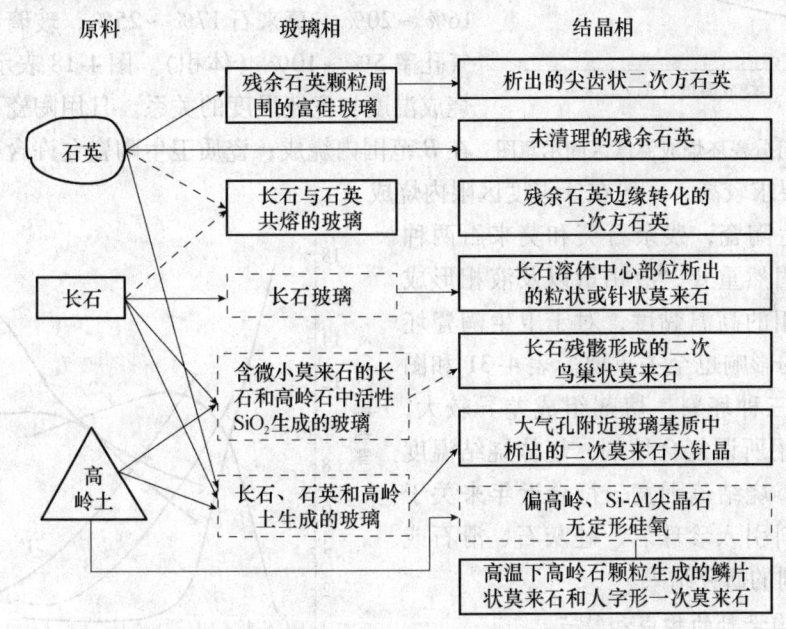

图 4-17 三成分陶瓷坯体结构中的物相组成

a. 加热和冷却过程中坯体体积的变化 由图 4-16 看出，从 450℃左右，由于黏土矿物脱水分解，坯体开始发生收缩；573℃游离石英发生晶型转变，体积膨胀。为了使这些反应比较平缓，为快烧提供条件，在配方调整中，可以采用多种黏土矿物原料搭配，以游离石英少的原料代入氧化硅。

坯体被加热 900℃左右，液相量明显增多，坯体收缩加剧，逐渐致密化。表 4-31 和图

4-18是实际测定的三个坯体的烧成温度与坯体收缩率和吸水率的关系,从线收缩率曲线和相对应的吸水率曲线,很容易判断坯体的烧结特性。其中表4-22中14号坯体,系我国北方一个历史较长的卫生瓷厂生产用坯料,用于1200℃烧成半瓷质卫生陶瓷,该坯料烧成范围窄、烧成收缩大、致密度差;表4-22中15号坯体系我国中南地区一企业1260℃瓷质卫生陶瓷,该坯料烧成温度高、吸水率低,适于生产高档产品;表4-23中12号坯体系国外某厂生产半瓷质卫生陶瓷配方,该配方坯料烧成范围宽、烧成收缩小。

表4-31 几种坯体线收缩率和吸水率随烧成温度的变化

烧成温度(℃)		1140	1160	1180	1200	1220	1240	1260	1280	1300
表4-22中14号坯体	线收缩率(%)			5.56	5.06	7.08	7.59	7.59	10.33	12.00
	吸水率(%)			12.5	9.5	6.4	4.3	2.8	1.9	
表4-22中15号坯体	线收缩率(%)	0.91	6.00	7.88	7.88	7.01	6.67	6.26		
	吸水率(%)	18.0	11.5	1.3	0.3	0.4	0.3	0.4		
表4-23中12号坯体	线收缩率(%)			3.84	3.84	5.45	6.96	6.57	6.78	9.49
	吸水率(%)		13.2	7.9	5.3	2.9	1.4	1.4		

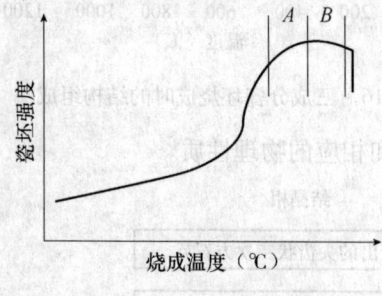

图4-18 三组分瓷坯烧成温度区间示意图

b. 坯体的相组成和显微结构 半瓷质、瓷质卫生陶瓷瓷坯的物相基本上与日用三组分陶瓷相近,只是烧结程度低,其中玻璃相少、残余石英相多、气孔多。例如一般瓷质坯体的相组成为:残余石英16%~20%,莫来石17%~25%,玻璃40%~50%,气孔率5%~10%(体积)。图4-18表示三组分瓷坯烧成温度与瓷坯强度的关系。日用陶瓷半透明度高,在B范围内烧成;瓷质卫生陶瓷允许含有较多气孔,但机械强度要求较高,一般在A温度区限内烧成。

对于卫生陶瓷,残余石英和莫来石两种晶相的含量固然重要,液相量以及液相形成的温度与液相的高温黏度,对于卫生陶瓷坯体烧结行为的影响也至关重要。表4-31和图4-19示出的三种坯料,熔剂组成差异较大,15号坯料采用所谓复合熔剂,坯体烧结温度低且吸水率、烧结范围宽,符合近年来关于低温快烧坯料引入珍珠岩、硅灰石、滑石或透辉石作熔剂的研究结果。

2. 卫生陶瓷釉的构成和特点

(1)釉的基本化学特征

1920年,F. E. Wright把玻璃的化学成分划分为三个组元:($SiO_2 + B_2O_3$),($K_2O + Na_2O + Al_2O_3$),($PbO + BaO + CaO + ZnO + MgO$)。将各种商业玻璃的化学成分按这三个元投到三角形内(图4-20)。

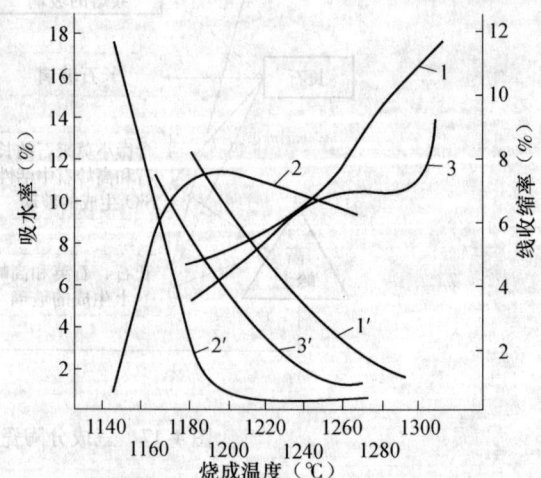

图4-19 几种坯体烧成线收缩率、吸水率随烧成温度的变化曲线
1、1'—表4-22中14号坯线收缩率曲线、吸水率曲线;
2、2'—表4-22中15号坯线收缩率曲线、吸水率曲线;
3、3'—表4-23中12号坯线收缩率曲线、吸水率曲线

由图 4-20 可以看出，所有的玻璃成分点都落在一条直线上（玻璃线），它通过 $K_2O \cdot 6SiO_2$ 和 $PbO \cdot SiO_2$ 两点。Wright 认为玻璃的基础是 $K_2O \cdot 6SiO_2$ 和 $Na_2O \cdot 4SiO_2$，PbO、BaO、CaO、ZnO、MgO 是作为外加物添入的。$K_2O \cdot 6SiO_2$ 和 $Na_2O \cdot 4SiO_2$ 中 K_2O 和 Na_2O 都约占 20%（质量）。

按当今结构化学的观点，将图 4-20 三个组成调整为：（$K_2O + Na_2O + Li_2O$）、（$SiO_2 + B_2O_3 + Al_2O_3 + P_2O_5$）、（$PbO + BaO + CaO + MgO + ZnO + FeO + Fe_2O_3$），则玻璃组成点落在图 4-21 玻璃线附近，其线性关系没有多大改变（个别高钡玻璃除外）。将 Na_2O-CaO-SiO_2 三元系统相图、K_2O-PbO-SiO_2 三元系统相图与图 4-21 比较，会发现图 4-21 中玻璃线的位置正好与以上三个三元系统中的低共熔线的位置一致。也就是说，玻璃线上的组成点容易在较低温度（1050～1150℃）下形成玻璃。

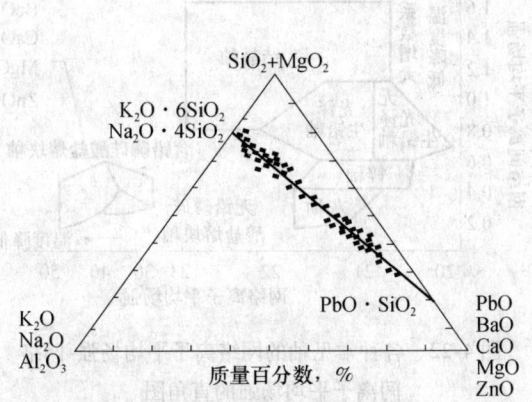 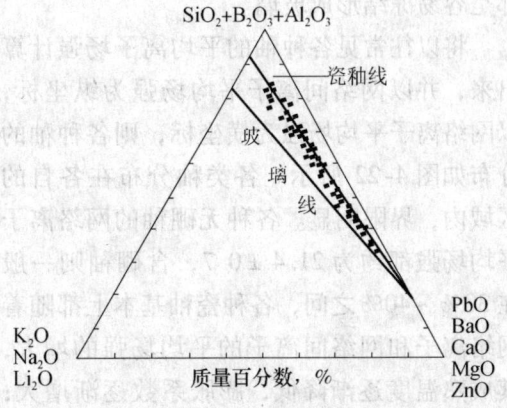

图 4-20 各种商业玻璃化学成分的三元分布　　图 4-21 各种瓷釉的化学成分的三元分布

如果将各种常见瓷釉的化学成分按（$K_2O + Na_2O + Li_2O$）-（$SiO_2 + B_2O_3 + Al_2O_3$）-（$PbO + BaO + CaO + MgO + ZnO$）三组元投影（图 4-21），瓷釉的成分必落在一条直线上，但此直线与玻璃线不重合。瓷釉线在玻璃线的上方，即更富（$SiO_2 + Al_2O_3 + B_2O_3$）。众所周知，瓷釉对膨胀系数有严格的要求，一般说膨胀系数较玻璃的小，所以更富（$SiO_2 + Al_2O_3 + B_2O_3$）。瓷釉线一端在（$K_2O + Na_2O + Li_2O$）10% 处，其原因是 $KAlSi_3O_8$-SiO_2 二元体系中最低共熔点在钾长石 58.2% 和二氧化硅 41.8% 处，即 K_2O 9.83%、Al_2O_3 10.68%、SiO_2 76.99%，这个点正是直线的一个端点。在 $NaAlSi_3O_8$-SiO_2 二元体系中，最低共熔点为钠长石 62% 和二氧化硅 38%。即 Na_2O 7.3%、Al_2O_3 12%、SiO_2 80.7%。这两个最低共熔点正好在瓷釉线的这个端点附近。值得注意的是，瓷釉的基础正好是钾长石（钠长石）和石英，其余的 PbO、BaO、CaO、MgO、ZnO 等都是添加物。因此，各种常见瓷釉在图 4-21 中也应该是直线。至于釉的直线没有通过（$PbO + BaO + CaO + MgO + ZnO$ 等）顶点，其原因是釉浆中必须加入少量的黏土，黏土是富硅铝的。如果对比图 4-21 中的玻璃线和瓷釉线，虽说两者位置不同，但相差不远，实际上成分的分布几乎重合，玻璃中 $K_2O + Na_2O$ 含量一般在 20% 以下，而釉中 $K_2O + Na_2O$ 含量应在 10% 以下。以上分析说明，釉在化学上与玻璃是相近的，但又具有与玻璃本质上的差异。

（2）釉的基本性质与其平均离子场强间的关系

根据玻璃网络结构学说，玻璃组分中的离子可分为三种：玻璃网络结构形成离子，如 Si^{4+}、P^{5+}、B^{3+} 等；网络间离子，如 K^+、Na^+、Mg^{2+}、Ca^{2+}、Zr^{2+}、Pb^{2+} 等；网络调整离子，如 Al^{3+}、Ti^{4+}、Zr^{4+} 等。其中网络结构形成离子和网络调整离子是玻璃网络的基本形成体，称为网络离子。离子场强 $F = \dfrac{Z}{r^2}$，Z 是阳离子的电价，r 为阳离子半径，离子场强（F）可用来衡量该阳离子作用于其周围氧离子的静电强度的大小，也是阳离子使其周围氧离子有序化程度的衡量尺度。

硅酸盐熔体在冷却过程中，阳离子都力图使氧离子围绕自己有序化形成最紧密堆积。若两种阳离子的场强是相等的，则多半以纯氧化物的形式分成两相，互不混熔。若两种阳离子的场强存在差别，则氧离子主要与场强大的阳离子构成最紧密堆积，而场强小的阳离子正好得到较高的配位数，这时多半形成化合物并结晶。

当两种阳离子的场强差别过大，则一般都是容易冻结形成玻璃。

将以往常见各种釉的平均离子场强计算出来，并以网络间离子平均场强为纵坐标，以网络离子平均场强为横坐标，则各种釉的分布如图 4-22 所示。各类釉分布在各自的区域内，界限明显。各种无硼釉的网络离子平均场强都约为 21.4 ± 0.7，含硼釉则一般在 30% ~ 40% 之间，各种瓷釉基本上都随着网络离子和网络间离子的平均场强的增大，其成熟温度逐渐降低，膨胀系数逐渐增大；

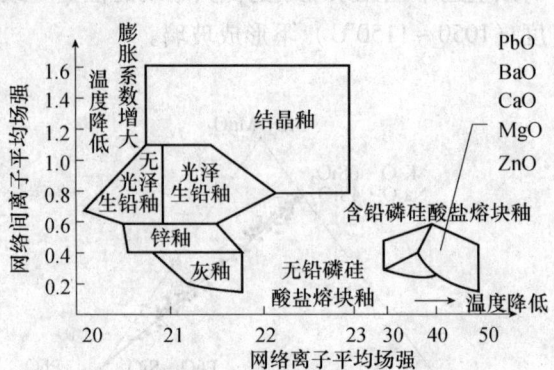

图 4-22　各种常见釉的网络离子平均场强-网络间离子平均场强的直角图

当网络离子平均场强基本不变时，随着网络离子平均场强的增加，瓷釉由光泽釉逐渐转化为无光釉，最后直至成为结晶釉；当网络间离子平均场强基本不变时，随着网络离子平均场强的逐渐降低，瓷釉由有光泽釉逐渐过渡到无光泽釉。

卫生陶瓷釉，按化学成分，其组成点应在图 4-21 瓷釉线的下部，按离子平均场强，应处于锌釉与灰釉区内。

从以上关于釉组成特性认识的基础上，查表 4-32，即可了解釉组成各种氧化物对釉的性能的影响，从而指导釉配方设计。

表 4-32　阳离子场强

元素	原子序数	符号	化合价	配位数	离子半径（Å）	离子场强
铝	13	Al	3^+	4	0.39	7.69
锑	51	Sb	5^+	6	0.60	0.833
砷	33	As	5^+	4	0.335	14.92
钡	56	Ba	2^+	6	1.35	1.48
铋	83	Bi	3^+	6	1.03	2.91
硼	5	B	3^+	3	0.01	300.00
				4	0.11	27.27
镉	48	Cd	2^+	4	0.78	2.56
				6	0.95	1.22
钙	20	Ca	2^+	6	1.00	2.00

续表

元素	原子序数	符号	化合价	配位数	离子半径（Å）	离子场强
铈	58	Ce	3^+	6	1.01	
			4^+	6	0.87	0.46
铬	24	Cr	3^+	6	0.615	4.88
钴	27	Co	3^+	6	0.546	5.49
铜	29	Cu	1^+	4	0.60	1.67
			2^+	4	0.57	3.51
				6	0.73	2.74
铁	26	Fe	2^+	4	0.63	3.17
				6	0.61	3.28
			3^+	4	0.49	6.12
				6	0.645	4.65
镧	57	La	3^+	6	1.032	2.91
铅	82	Pb	2^+	4	0.98	2.04
				6	1.19	1.68
锂	3	Li	1^+	4	0.590	1.69
				6	0.76	1.32
镁	12	Mg	2^+	4	0.57	3.51
				6	0.720	2.78
锰	25	Mn	3^+	6	0.645	4.65
镍	28	Ni	3^+	6	0.60	5.00
钾	19	K	1^+	6	1.38	0.72
硅	14	Si	4^+	4	0.26	15.38
钠	11	Na	1^+	6	1.02	0.98
锶	38	Sr	2^+	6	1.18	1.69
锡	50	Sn	4^+	4	0.55	7.27
				6	0.690	5.80
钛	22	Ti	4^+	4	0.42	9.52
				6	0.605	6.61
钒	23	V	5^+	4	0.355	14.08
				6	0.54	7.41
锌	30	Zn	2^+	6	0.740	2.70
锆	40	Zr	4^+	6	0.72	5.56
磷	15	P	5^+	4	0.17	29.41
氟	9	F	1^-	6	1.33	0.75

（3）卫生陶瓷釉组成的特点

清洁排污是卫生陶瓷的首要功能。在现代建筑中，卫生陶瓷的美化装饰功能也越来越重要。提高制品美化装饰效果，一靠造型，二靠釉面质量。卫生陶瓷釉组成具有以下特点：

1) 含乳浊剂　卫生陶瓷坯体含铁、钛等着色氧化物较多，白度较差。为了提高釉面白度或使颜色更加鲜亮，现在所有白釉和绝大部分色釉中都加入乳浊剂。卫生陶瓷釉常用乳浊剂见表4-33。

表4-33　卫生陶瓷釉常用乳浊剂

乳浊剂名称	釉中乳浊相	乳浊相折光率	乳浊相存在状态	使用特点
SnO_2	SnO_2	2.55	原始粒子	在任何釉中均能产生强烈乳浊；价格昂贵，仅用于特高档装饰釉中；对烧成气氛敏感，强氧化焰烧成
$ZrSiO_4$	$ZrSiO_4$	1.90	原始粒子	釉中SiO_2 > 54%时，主要以原始粒子形态出现。对气氛稳定，使釉高温黏度增加，要求使用平均粒径 < 2μm
	ZrO_2	2.20	釉中析出	釉中SiO_2 < 54%时，部分$ZrSiO_4$溶解析出斜锆石。其他仍主要以原始粒子形态出现。对气氛稳定，使釉高温黏度增加，要求使用平均粒径 < 2μm
TiO_2	$CaTiSiO_5$	1.90	釉中析出	釉中$\frac{CaO}{TiO_2}$ > 1（摩尔比）时析出$CaTiSiO_5$；不改变釉高温黏度，对气氛也较敏感
	TiO_2	2.65	釉中析出	釉中$\frac{CaO}{TiO_2}$ > 1（摩尔比）时析出金红石，使釉带黄色，应竭力避免

加入乳浊剂改变了釉熔体的结构，往往引起釉的高温黏度、表面张力的变化。拟定釉组成时需采取必要措施加以调整。

2) 使用合成的高温陶瓷色料　卫生陶瓷最普遍的装饰手段是使用单色颜色釉。因烧成温度高，所用色料几乎全部采用高温合成产品。表4-34列举了色料商提供的色料使用的釉组成类型和其他条件。

表4-34　适用卫生陶瓷釉的色料及使用条件

呈色	成分	最高烧成温度（℃）	使用范围	透明釉中用量（%）	乳浊釉中用量（%）
天蓝	Zr, Si, V	超过1300	非常稳定，可用于各种釉	8	4
黄	Zr, Si, Pr	1300	稳定，可用于各种釉	8	3
黄	Si, V, Ti	超过1300	可用于各种釉，要求氧化焰	8	5
黄褐	Zr, V	超过1400	最好用于高温，如卫生瓷	10	5
黄褐	Zr, V, Y	超过1400	最好用于高温，如卫生瓷	10	5
黄褐	Zr, V, In	超过1400	最好用于高温，如卫生瓷	10	5
褐	Zr, Si, Fe	1200~1300	最好用于锆乳浊釉	8	4
浅红	Cr, Al, Zn	1300	要求釉中Zr, Al高，Ca低		5~10
浅红	Cr, Sn, Ca	1250	釉中无Zn，Ca高	8	2
深褐	Cr, Sn, Ca	1250	釉中无Zn，Ca高	8	4
紫	Cr, Sn	超过1250	用于各种釉	8	6
深紫	Cr, Sn, Ca, Co, Si	1250	釉中无Zn，Ca高	10	4
灰紫	Cr, Sn, Co	1250	釉中无Zn，Ca高	8	5

续表

呈色	成分	最高烧成温度（℃）	使用范围	透明釉中用量（%）	乳浊釉中用量（%）
蓝	Co, Si	超过1400		4	1
蓝灰、深绿	Cr, Co, Si	超过1400	适用于各种釉	8~10	1~5
绿	Cr, Si	超过1400	用于无Zn釉	10	5
绿	Zr, Si, Cr, V	超过1250	适用于各种釉	10	5
绿	Cr, Ca, Si		釉中无Zn，Ca高	10	5
深绿	Cu, Fe	≈1200	含铅透明釉中呈色好		4
褐	Mn, Si	≈1200	含铅透明釉中呈色好		4
深褐	Fe, Cr, Ni	超过1300	用于含Zn釉较好	8	4
深褐	Fe, Cr, Mn, Zn	超过1300	用于含Zn釉较好	8	4
褐	Fe, Cr, Zn	超过1300	用于含Zn釉较好	8	4
褐	Fe, Cr, Zn, Al	超过1300	用于含Zn釉较好	8	3
褐	Zr, Si, Fe, Pr	1300	用于各种釉	10	4
蓝灰	Sn, Sb	1300	用于各种釉，氧化焰	6	2
灰	Sn, Sb, V	1300	用于各种釉，氧化焰	6	2
灰	Co, Ni, Si	超过1300	用于Zr乳浊釉好		2~5
灰褐	Zr, Si, Fe, V	1300	用于各种釉	10	8
灰黑	Fe, Cr, Co, Mn, Ni	≈1100	适用于低温透明釉	8	2
灰黑	Fe, Cr, Co, Ni	超过1300	用于无Zn釉	8	2
灰黑	Fe, Cr, Co	超过1300	用于无Zn釉	8	2

3）釉浆中含有添加剂　现代卫生陶瓷成品釉层厚达0.5mm左右，生釉层厚度0.9mm以上。釉要上得厚、平、结合牢固，釉料中要同时加入稀释剂、粘结剂、保水剂，有时还加入防腐剂或消泡剂。最常用的添加剂是羧甲基纤维素钠，有时可另外加稀释剂和保水剂 α-羧基乙叉双磷酸。

（4）卫生陶瓷釉的类型

1）按外观形态分

①透明釉　不存在明显乳浊相或较多其他结晶相的玻璃质釉。成本低、烧成范围宽，但不能遮盖坯体颜色。该类主要是石灰釉，基本釉式：

$$\left.\begin{array}{l}0.3K_2O\\0.7CaO\end{array}\right\} 0.3 \sim 0.4\ Al_2O_3 \cdot 30 \sim 45SiO_2$$

②乳白釉　组成中引入 SnO_2、ZrO_2、$ZrSiO_4$、TiO_2 等乳浊相成分，或同时引入含磷、氟、锌等辅助乳浊成分，能使入射光发生散射，从而遮盖坯体原有色调，外观呈白色的有光釉是各类卫生陶瓷产品普遍使用的釉料。目前主要使用的是以超细锆英石为乳浊剂或加入少量其他乳浊剂的锆乳白釉或锆质复合乳白釉。

③颜色釉　在透明釉或乳浊釉中加入高温陶瓷色料呈规定色彩的光泽釉，是当前卫生陶瓷使用面最广而色调变换最多的釉料。

④艺术釉　相对以上三类釉而言，凡是釉层在烧成或冷却过程中析出晶相而使釉面对光产生漫反射出现无光现象的或析出肉眼可见晶粒使釉层产生晶花等效果的，目的用于提高装饰效果的釉，均可称之为艺术釉。主要有无光釉和结晶釉两类。生产技术要求高，目前在实际大生产中应用还较少。

2）按化学组成和原料引入方式分

①卫生陶瓷釉过去多以上述组成的透明釉为基础组成，由于各种乳浊釉、颜色釉的出现，特别随着低温快烧工艺出现，釉的化学组成演变得越来越复杂，化学组成类型也较多。但其组成变化主要是其中的 R_2O 和 RO。例如：

无锌釉：制造含 Cr-Sn 系、Cr-Si 系、Fe-Cr-Co-Ni 系等色料的色釉。

含锌釉：制造含锌的各种棕色系列色料的色釉。

无锌高钙釉：制造含锡榍石型色料的色釉。

②卫生陶瓷釉绝大部分为生料釉，但为了改善釉面光泽或为了降低釉的成熟温度（例如1180℃以下烧成的釉），现在倾向在釉料配方中引入30%以下高始融点熔块。

（5）卫生陶瓷釉料配方举例

卫生陶瓷烧成周期相对较长，釉层在加热过程中物理化学反应比较完善，可以认为釉的性能基本上只取决于釉的化学组成，所以列举釉料配方时，有时只列举其氧化物质量百分组成或釉的通式。表4-35列举各种釉的配方，表4-36列举相应表4-35或新列举釉的化学组成，表4-37列举各种釉相应的通式或新列举釉的通式。上述三表中釉的编号一致。颜色釉的基础釉可参考乳白釉和透明釉调配。

表4-35　卫生陶瓷釉配方

序号	釉的种类	釉料配方（质量百分数,%）	备注
1	熟料精陶釉底料	长石25，白垩12，高岭土37，ZnO 5，石英15，SnO_2 6	1250~1300℃
2	陶质卫生陶瓷锡釉	长石37，白垩13，高岭土10，ZnO 10，石英26，SnO_2 4	1250~1300℃
3	透明釉	长石42，石英27，石灰石18，苏州土5，唐山碱石8	1250~1320℃
4	透明釉	长石55，石英19，石灰石16，苏州土6，烧滑石4	1230~1300℃
5	锡釉（日）	长石46.0，硅石15.5，蜡石4.0，菱镁矿11.1，石灰石6.8，烧氧化锌11.6，烧氧化锡5.0	1200℃
6	低温熔块锆釉	钠长石35，石英20，白云石9，黏土4，高岭土3，ZnO 4，熔块21，CoO 0.001	1140~1180℃
7	磷锆釉	石37，石英20，石灰石7，苏州土5，烧氧化锌5，滑石8，磷灰石6，锆英石13	1250~1280℃
8	含锂锆釉	长石40，石英18，石灰石6，苏州土5，烧氧化锌5，滑石6，硅灰石2.5，锂灰石1.5，锆英石16	1180~1220℃
9	低铝锆釉（英）	长石30.3，石英20.0，石灰石15.0，烧氧化锌4.2，滑石5，锆英石23.5，氧化铝2.0	1220~1240℃
10	高温锆釉	长石38，石英22，石灰石8，白云石5，苏州土4，ZnO 7，锆英石16	1260~1280℃
11	锆釉	长石42，石英20，黏土10，萤石6，滑石7，氧化锌3，锆英石12	1220~1260℃

表 4-36 卫生陶瓷釉化学组成

质量百分数,%

序号	釉的种类	灼减量 (I.L)	SiO_2	Al_2O_3	Fe_2O_3	TiO_2	CaO	MgO	ZnO	K_2O	Na_2O			ZrO_2	备注
3	透明釉	9.89	61.76	12.79	0.21	—	9.61	0.21		4.53	1.35				1250~1320℃
4	透明釉	7.96	60.68	13.05	0.21		7.28	2.85		6.92	1.08				1230~1300℃
7	磷锆釉		55.23	10.65	0.21	0.15	9.40	1.98	4.31	5.44		P_2O_5 1.74	F 0.12	10.38	1250~1280℃
8	含锂锆釉		57.58	12.04	0.22	0.22	9.51	2.40	4.80	5.96		Li_2O 0.14		7.56	1180~1220℃
9	低铝锆釉(英)		60.11	4.86	0.20	0.02	12.58	2.47	3.78		2.97			13.40	1220~1240℃
10	高温锆釉	6.20	56.38	8.78	0.17		6.36	1.08	6.74	4.60	0.80			8.29	1260~1280℃
11	锆釉	1.20	62.08	10.09	0.91	0.05	0.56	2.12	2.97	5.16	1.07	CaF_3 5.11		8.32	1220~1260℃
12	钛釉		59.21	8.45	0.24	5.88	8.23	2.13	2.19	4.40			BaO 5.96	9.17	1250~1280℃
13	无锌锆釉	7.57	61.78	8.99	0.20	0.17	5.92	3.40	6.10	2.93	0.86			3.92	1260~1280℃
14	无锌锆釉		58.01	11.57	0.23	0.17	7.39	1.38		5.05	2.18			6.92	1250~1280℃
15	稀土低温锆釉	8.41	55.46	11.96	0.22	0.15	8.30	1.54		5.26	2.27			6.92	1200~1240℃
16	骨灰乳白釉	4.14	59.95	11.56	0.15	0.11	2.86	3.20	6.14	6.08	1.10		La_2O_3 0.50	6.58	1200℃
17	锆釉(日)		60.29	9.84	0.23	0.17	14.96	2.60	4.59	4.30	1.03	P_2O_5 1.54		7.36	1240~1260℃ 1200℃多种色釉的基础釉
18			56.28	12.32			10.38	0.81	3.65	3.59	2.10		BaO 1.52		
19	锆釉	8.71	49.64	11.35	0.08		9.39	0.88	4.90		4.94			10.15	1210~1230℃

表 4-37 卫生陶瓷釉的釉式

序号	釉的种类	釉式			备注
6	低温熔块锆釉	$\left.\begin{array}{l}0.495\begin{array}{l}K_2O\\Na_2O\end{array}\\0.266CaO\\0.125MgO\\0.113ZnO\end{array}\right\}$	$\left.\begin{array}{l}0.240Al_2O_3\\0.0094B_2O_3\end{array}\right\}$	$\left.\begin{array}{l}1.594SiO_2\\0.164ZrO_2\end{array}\right\}$	1140~1180℃
7	磷锆釉	$\left.\begin{array}{l}0.190\begin{array}{l}K_2O\\Na_2O\end{array}\\0.503CaO\\0.147MgO\\0.159ZnO\end{array}\right\}$	$\left.\begin{array}{l}0.314Al_2O_3\\0.004Fe_2O_3\\0.027P_2O_5\\0.019F\end{array}\right\}$	$\left.\begin{array}{l}2.749SiO_2\\0.253ZrO_2\\0.006TiO_2\end{array}\right\}$	1250~1280℃
8	含锂锆釉	$\left.\begin{array}{l}0.066\begin{array}{l}K_2O\\Na_2O\end{array}\\0.468CaO\\0.163MgO\\0.163ZnO\\0.014Li_2O\end{array}\right\}$	$\left.\begin{array}{l}0.327Al_2O_3\\0.003Fe_2O_3\end{array}\right\}$	$\left.\begin{array}{l}2.581SiO_2\\0.161ZrO_2\\0.008TiO_2\end{array}\right\}$	1180~1220℃
9	低铝锆釉（英）	$\left.\begin{array}{l}0.093\begin{array}{l}K_2O\\Na_2O\end{array}\\0.614CaO\\0.167MgO\\0.126ZnO\end{array}\right\}$	$\left.\begin{array}{l}0.132Al_2O_3\\0.003Fe_2O_3\end{array}\right\}$	$\left.\begin{array}{l}2.744SiO_2\\0.299ZrO_2\end{array}\right\}$	1220~1240℃
10	高温锆釉	$\left.\begin{array}{l}0.169K_2O\\0.045Na_2O\\0.398CaO\\0.094MgO\\0.290ZnO\end{array}\right\}$	$\left.\begin{array}{l}0.300Al_2O_3\\0.003Fe_2O_3\end{array}\right\}$	$\left.\begin{array}{l}3.280SiO_2\\0.238ZrO_2\end{array}\right\}$	1260~1280℃
11	锆釉	$\left.\begin{array}{l}0.370K_2O\\0.101Na_2O\\0.056CaO\\0.390MgO\\0.213ZnO\\0.368CaF_2\end{array}\right\}$	$\left.\begin{array}{l}0.577Al_2O_3\\0.033Fe_2O_3\end{array}\right\}$	$\left.\begin{array}{l}6.308SiO_2\\0.379ZrO_2\\0.004TiO_2\end{array}\right\}$	1220~1260℃
12	锆釉	$\left.\begin{array}{l}0.095\begin{array}{l}K_2O\\Na_2O\end{array}\\0.500CaO\\0.180MgO\\0.092ZnO\\0.133BaO\end{array}\right\}$	$\left.\begin{array}{l}0.282Al_2O_3\\0.007Fe_2O_3\end{array}\right\}$	$\left.\begin{array}{l}3.350SiO_2\\0.252ZrO_2\end{array}\right\}$	1250~1280℃

续表

序号	釉的种类	釉式			备注
13	钛釉	$0.104K_2O$ $0.044Na_2O$ $0.340CaO$ $0.274MgO$ $0.247ZnO$	$0.283Al_2O_3$	$3.314SiO_2$ $0.103ZrO_2$ $0.237TiO_2$	1260~1280℃
14	无锌锆釉	$0.211K_2O$ $0.139Na_2O$ $0.517CaO$ $0.134MgO$	$0.445Al_2O_3$ $0.006Fe_2O_3$	$3.786SiO_2$ $0.221ZrO_2$ $0.008TiO_2$	1250~1280℃
15	无锌锆釉	$0.200K_2O$ $0.132Na_2O$ $0.531CaO$ $0.137MgO$	$0.421Al_2O_3$ $0.005Fe_2O_3$	$3.307SiO_2$ $0.202ZrO_2$ $0.007TiO_2$	1200~1240℃
16	稀土低温锆釉	$0.224K_2O$ $0.062Na_2O$ $0.177CaO$ $0.275MgO$ $0.262ZnO$ 外加0.5% La_2O_3	$0.394Al_2O_3$ $0.003Fe_2O_3$	$3.320SiO_2$ $0.186ZrO_2$ $0.005TiO_2$	1200℃
17	骨灰乳白釉	$0.102K_2O$ $0.038Na_2O$ $0.592CaO$ $0.144MgO$ $0.124ZnO$	$0.212Al_2O_3$ $0.002Fe_2O_3$ $0.024P_2O_5$	$2.219SiO_2$ $0.002TiO_2$	1240~1260℃
18	锆釉（日）	$0.115K_2O$ $0.102Na_2O$ $0.558CaO$ $0.061MgO$ $0.135ZnO$ $0.030BaO$	$0.363Al_2O_3$	$2.921SiO_2$ $0.180ZrO_2$	1200℃多种色釉的基础釉
19	锆釉	$0.113\begin{matrix}K_2O\\Na_2O\end{matrix}$ $0.596CaO$ $0.078MgO$ $0.214ZnO$	$0.240Al_2O_3$ $0.002Fe_2O_3$	$2.940SiO_2$ $0.293ZrO_2$	1210~1230℃

（6）釉的性质

1) 釉的工艺性质（釉浆的性质）

①釉浆密度：1.5~2.0kg/L

浸釉：1.5~1.6g/mL

静压喷釉：1.5~1.75g/mL

压力喷釉：1.8~2.0g/mL

②细度：0.02%~0.05%（0.063mm筛筛余）

③粒度：<0.010mm粒子>60%

④流动性：55~100s（恩氏黏度计，流出孔径ϕ4.75mm，200mL）

⑤屈服值：20×10^{-3}~32×10^{-3}N/m

对于手工浸釉或静压喷釉釉浆，屈服值太小，易出釉绺或流釉，釉浆易沉淀；屈服值太大，釉易厚化，流动性不好。压力喷釉釉浆，密度大，不易沉淀，在压力驱动下釉浆黏度较大也能顺利喷出。因此，对压力喷釉釉浆，屈服值和厚化度指标要求可稍放松。

⑥干燥速度（保水性）：18~25min

测定方法：将一个ϕ60mm，h=110mm的塑料环置于干燥石膏板上，用针管吸20~22℃釉浆5mL注入环中，记录釉浆表面水分形成的镜面反光作用消失的时间（图4-23）。

2）釉的熔融性能和其他高温性能

①釉的熔融性能　釉的形成一般可发生原料的分解、化合、熔化及冷却凝固这样一些反应或变化。由于釉的组成复杂，这些反应和变化往往交叉迭现。从生产应用出发，更为关心的是釉的始融温度、熔融温度范围、高温黏度和表面张力。低温快烧制品使用熔块，特别应当注重了解釉的始融温度。

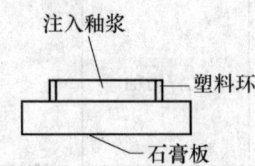

图4-23　釉浆干燥时间测定方法示意图

釉的始融温度（始融点）：高温显微镜下试样棱角变圆的温度。此时釉料已经熔化，但光泽不好，釉层开始全部封闭（在此温度前，釉层还存在贯通的开口气孔，允许坯体中逸出的气体穿过）。在釉的始融点到达之前，坯釉中的氧化分解过程已完成；烧还原焰时，在此之前强还原结束。

釉的全熔温度：高温显微镜下试样成半球状的温度。此时釉料熔化充分，表面流散平滑，出现良好光泽，因此，釉的全熔温度应当是釉的烧成温度。

釉的流动温度：高温显微镜下试样流散，高度相当于原有高度的三分之一的温度。此时釉层黏度较低，受重力作用而自然流淌。

釉的熔融温度范围：全熔温度至流动温度之间的温度。卫生陶瓷釉的烧成温度范围应处于其熔融温度范围的前半段。

釉的熔融性质受釉料组成、釉的细度、熔融升温速度等多方面影响，测定方法也较麻烦，所以平时多按实际烧成试样判定。表4-38列举了几种釉的熔融性能实测数据。

表4-38　几种釉的熔融性质

	No7*	No8*	No9*	No14*	No15*	No19*
始融温度**（℃）	1190	1125	1185	1200	1180	1180
全熔温度（℃）	1250	1180	1220	1255	1220	1220
流动温度（℃）	1360	1270	1305	1390	1370	1380

* 釉料组成见表4-35~表4-37。

** 试样升温速度5℃/min。

②釉的高温黏度和表面张力　这是关系釉层外观质量优劣的两个重要性质。高温黏度大，釉不平滑，易产生气泡、针孔等缺陷，表面张力太大易缩釉等。因实验室测定设备昂贵，故生产控制只简易测定釉料在坯体上流动的长度，判断其高温黏度是否适当。

测定方法：釉料4g，制成ϕ12mm圆柱；用坯料制成如图4-24所示形状。砖坯成45°放在烧成窑炉内的产品承载台面（隧道窑车面）上，釉柱置于砖坯顶部，随窑烧成。烧后测定釉流动长度。经验证明，流动70~85mm长比较合适。

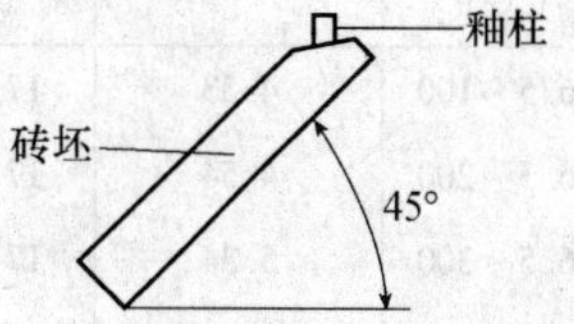

卫生陶瓷釉高温时表面张力变化不大，一般在340×10^{-3}N/m为好。加和计算值作相互比较，可供设计配方时参考。

图4-24　釉高温黏度测定示意图

③釉的物理化学性质　烧成后釉的性质，应分为外观的和内在的性质两类。

外观性质：平滑度、光泽度、色度和釉层厚度。一般卫生陶瓷釉多为乳浊釉，且其化学元素成分差别不大，釉面光泽主要取决于釉面平滑度。釉层厚度是工艺上保证釉面白度、减少色差、增加平滑度的措施。以下列举国外一些卫生陶瓷厂对釉层的测定项目及指标。

釉面平滑质量：1~5级，用标准样板标定。1级为优，5级为劣。

釉层厚度：0.40~0.45mm。

颜色，用色度计测定。标准值如表4-39，其中L为明度，a正值为红、负值为绿，b正值为黄、负值为蓝。

表4-39　卫生陶瓷釉面颜色测定标准

釉色	L	a	b
白	86.0	0	-1.2
粉红	70.0	13.0	5.0
蓝	64.0	-10.0	-12.5
黄	82.0	-2.5	25.0
象牙黄	82.0	-1.2	10.0
浅棕	71.0	3.5	12.0

注：表中数值的允许误差：$\Delta E = \pm 1.5$

$$\Delta E = \sqrt{\Delta L^2 + \Delta a^2 + \Delta b^2}$$

ΔL、Δa、Δb分别为L、a、b的测定值与标准值之差。

釉层的物理性质：釉层的各种机械性质、电学性质、耐化学稳定性等固然都很重要，但从生产控制的必要程度看，最主要是釉的热膨胀系数。

釉的热膨胀系数与其组成密切相关。根据硅酸盐玻璃的通常特性，曾提出过种种根据釉的化学组成计算釉的热膨胀系数的计算公式及其各种氧化物对玻璃热膨胀贡献的因子系数。由于各种成分对釉的影响十分复杂，且釉与真正的玻璃在本质上有所不同，计算得出的热膨胀系数与实测值很难完全吻合。唯有通过热膨胀仪实际测定才能获得正确数值。在条件相同情况下，采用同一公式、同一因子系数计算，可用来作为新拟定釉料热膨胀系数变化趋势的判断。表4-40为几种釉的热膨胀系数实测值。表中某厂瓷坯平均线热膨胀系数与一般坯体α相近（$\alpha \times 10^{-6}/℃ \approx 6 \sim 9$），为了使产品有较好的耐急冷急热性，希望在相应的温度区间内釉的热膨胀系数略小于坯的热膨胀系数。显然表中透明釉和19号锆釉热膨胀系数偏大。

表 4-40　几种釉的热膨胀系数

某厂卫生陶瓷坯		某厂透明釉		某厂锆釉（19 号）		锆釉（14 号）	
温度区间（℃）	$a(\times 10^{-6}/℃)$	温度区间（℃）	$a(\times 10^{-6}/℃)$	温度区间（℃）	$a(\times 10^{-6}/℃)$	温度区间（℃）	$a(\times 10^{-6}/℃)$
16.5~100	4.33	17~100	5.43	17.5~100	5.27		
16.5~200	4.54	17~200	6.35	17.5~200	5.90		
16.5~300	5.34	17~300	7.28	17.5~300	6.22		
16.5~400	6.06	17~400	7.94	17.5~400	7.01		
16.5~500	6.87	17~500	8.71	17.5~500	7.55	15~500	5.38
16.5~600	9.09	17~600	10.55	17.5~600	8.80	15~600	5.92
16.5~700	8.24	17~700	9.99	17.5~700	8.54	15~700	5.94
16.5~800	7.43	17~800	9.46	17.5~800	8.58	15~800	6.25
16.5~900	6.75	17~900	9.04	17.5~900	7.95		

（7）改善釉面外观质量的措施

属于釉面外观质量的规定只有色差和外观缺陷两项，而在外观缺陷中，真正能与釉的本质有联系的缺陷，仅棕眼和橘釉两种。但对高档卫生陶瓷产品，还应包括白釉的白度，色釉的鲜明性，釉面的光泽等项。

1）提高釉面白度的措施　白色卫生陶瓷产品是卫生陶瓷中最基本的品种。提高其釉面白度的主要途径是降低 Fe、Ti 含量，提高乳浊剂散射强度、增加辅助第二乳浊相和补色。

①釉用原料精选，要达到如下主要控制指标：

长石 $Fe_2O_3 \leq 0.2\%$；高岭土 $Fe_2O_3 \leq 0.6\%$；石英 $Fe_2O_3 \leq 0.1\%$

②原料、釉料封闭储存，防止飘尘带入着色物；

③原料、釉料加强除铁，防止各种设备、容器锈蚀；

④使用刚玉衬、刚玉球磨釉；

⑤改进釉料配方：增加少量 MgO、ZnO，引入 P_2O_5 和 F；

⑥使用平均粒度更小的乳浊剂（特别是用锆英石作主要乳浊剂的釉）；

⑦引入超细 Co_2O_3 0.01%~0.03% 补色。

2）提高釉面光泽的措施　固体表面的光泽强弱，取决于物质本身的折光率大小和表面粗糙度的高低。折光率高、表面平滑者，对入射光反射率高，则其光泽度高。因此，一切有利于提高釉的折光率和表面平滑性的措施都将有利于提高光泽。

①增加 BaO 和 SrO 成分，取代部分 CaO、MgO 和 ZnO，加入极少量 PbO。从釉玻璃成分角度提高釉的光泽，对于乳白釉来说，会同时减小釉基质玻璃与乳浊剂粒子间的折光率差，从而降低釉的乳浊程度，此时应同时提高釉层厚度。

②降低釉的高温黏度，并略使表面张力有所增加。Li_2O 取代部分 K_2O 和 Na_2O，能同时起上述两种作用，引入较大量的高始熔点熔块。

③所有能有助于减少釉面针孔、气泡、橘釉、波纹的工艺措施。例如：提高磨釉细度；采用压力喷釉；净化燃料，特别是降低 S 含量；改善窑内通风；采用与提高乳白釉白度一样的原料、釉料加工、储存办法等。

④所有能避免釉面产生析晶的措施。例如，避免釉组成 CaO、ZnO、MgO、BaO 含量过高；烧成后要急冷；窑内水蒸气、SO_2 含量不使之过高等。

⑤在坯釉适应性允许前提下，提高釉层厚度。

3) 提高色釉颜色鲜明性的措施　高档卫生陶瓷颜色釉面，不仅要求光亮平滑、釉质凝重细腻，没有色差，而且要求颜色色调纯正鲜明。也就是平常所说釉面颜色不发污。色调纯正鲜明，是指该釉对可见光某一波段光波特征吸收曲线不发生异常变化，始终表现出对特征吸收反射光波相对稳定的吸收反射曲线。从生产控制上，可采取以下措施，提高色釉颜色鲜明程度。

①选用 Fe、Ti 杂质少的原料。原料中的 Fe、Ti 化合物，溶于釉玻璃中，增加了玻璃的灰度。

②选择在釉玻璃中高温不分解、不受侵蚀的色料。分解或溶解的色料，其中的着色元素进入釉玻璃熔体中，即不再呈显在色料原结晶结构中的颜色，因为在玻璃中的着色元素此时的价态和配位态都可能发生改变。

③选用色料粒度分布范围窄，尤其是 $<5\mu m$ 粒子少的颜料。$<5\mu m$ 粒子在釉中易被溶解，$>30\mu m$ 粒子呈色能力较弱。

④制釉时采用耐磨，含 Fe、Ti 等杂质少的磨球或磨衬。

⑤稳定烧成制度，特别是烧成气氛。

3. 卫生陶瓷坯釉适应性

(1) 对坯釉相适应的基本要求　坯釉适应性是指坯釉有相互适应的物理性质，釉面在冷却或规定使用条件下不产生龟裂或剥落的性能。

坯釉不适应的卫生陶瓷产品最常见缺陷是釉面龟裂。原因在于：在龟裂产生时釉层内存在的张应力超过了釉层自身的抗张强度。因此，从抵抗釉层龟裂出发，对坯釉适应性的基本要求有：

1) 坯釉热膨胀系数相匹配　根据理论计算和实践经验，一般情况下，$\alpha_{釉} < \alpha_{坯}$，且 $\alpha_{坯} - \alpha_{釉} \not> (1-4) \times 10^{-6}/℃$，不产生剥釉。若 $\alpha_{釉} > \alpha_{坯}$，且 $\alpha_{坯} - \alpha_{釉} \not> 0.4 \times 10^{-6}/℃$，才有可能不产生龟裂。

2) 改善外界工艺因素，提高坯釉适应性

①釉层厚度适当　釉的组成不变时，在 $\alpha_{釉}$ 略小于 $\alpha_{坯}$ 的正常情况下，釉层增厚，外层釉中的压应力逐渐降低，釉层过厚，外层的压应力则可能变成张应力，降低了釉层抗龟裂的能力。

②形成适当厚度的中间层　在烧成过程中坯釉接触带产生化学反应和扩散，形成化学组成、相组成和结构介于坯釉之间的中间层，增强坯釉间的结合力。

③降低陶质卫生陶瓷坯体的吸水率或以 RO 代替熔剂中部分 R_2O，减小坯体后期湿膨胀。

(2) 防止卫生陶瓷釉面龟裂的措施

1) 釉料不变时

①减少坯料中高岭土用量，增加可塑黏土用量；

②减小坯料中可塑黏土，增加石英含量；

③降低坯料中长石含量；

④用极细的石英粉代替粗石英；

⑤降低坯料的烧结温度。

2）坯体不变时
①提高釉中 SiO_2 含量，降低溶剂含量，必要时同时提高釉中 SiO_2 和 Al_2O_3 含量；
②在熔剂成分中，以摩尔质量小的成分代替摩尔质量大的成分；
③有条件时，可引入 B_2O_3 或代替部分 SiO_2。
其他由于坯釉不适应造成的缺陷和预防措施见第6章。

(3) 检查和试验坯釉适应性的简易方法

1) 用工具钢尖头锤轻击制品釉面，釉面破裂形成放射状裂纹，釉层中存在张应力，是负釉，坯釉适应性不良；釉面裂纹呈同心圆状，则釉属正釉。

2) 用本坯泥浆成形坩埚，内装釉粉，随窑烧成。烧后坩埚内釉块层有裂纹，则该坯釉肯定不适应；釉块层不裂，则坯釉基本上匹配。

3) 用本坯泥浆成形一开口环状坯体，在环状坯体内侧施釉，随窑烧成。烧成后环口闭合，坯釉不适应，环口明显外张，则坯釉基本适应。

以上方法仅供生产现场作坯釉适应性初步判断使用。检测坯釉适应性最好还是借助于仪器测定出坯釉应力、坯釉膨胀系数。

4.2.3 卫生陶瓷坯釉料制备的工艺流程和参数

1. 坯料制备

(1) 坯用原料的预处理

1) 拣选 原料往往不同程度地含有杂质，使用前无论坯用或釉用，无论硬质料或软质料均应进行认真的拣选，以提高品位。

釉用硬质原料，如石英、长石等，拣选之后还应洗料，将原料在开采、运输、储存中混入的尘土和碎末杂质洗掉保证原料纯净。

2) 风化 指把原料露天堆放，使其经过风吹、日晒、雨淋的过程。软质黏土的风化期一般工厂都掌握在半年左右。

3) 均化 陶瓷原料中，化学成分、矿物组成及物理性能波动较大的主要是黏土，而黏土中又以软质黏土质量波动最为严重。为了保证生产工艺和产品质量的稳定，黏土尤其是软质黏土的均化十分重要。

简易均化的方法是"平铺直取"法，即将原料一层一层地摊开铺平，然后立切使用。一是"折倒"，即把风化好的大堆料用皮带机折倒一次。如果能够把上述两种方法加在一起，即进料时平铺存放，风化期后再折倒一次，则效果更佳。

4) 烘干 原料的烘干主要对软质黏土而言，黏土烘干的温度应低于110℃。

5) 黏土精制加工 黏土原料（主要是软质黏土）的精制，大体工艺流程如下：

入厂黏土→均化→风化→漂洗→化浆→压滤→挤成条块→烘干→装袋。

在漂洗过程中，有机杂质和可溶性盐类可随水漂除洗去，硬质料块被阻隔在筛上统一收集留作他用，从而获得黏土矿物含量高，组成和工艺性能稳定的优质黏土原料。

(2) 坯用原料选用标准 表4-41是我国北方多年生产经验积累下来的坯用原料使用标准。近年来，我国利用南方原料生产卫生陶瓷的开发工作蓬勃发展，表4-41~表4-44列举了南方一些原料的成分和工艺性能，与其他原料比较来看，广东、福建、江西、湖南等地的黏土原料，其性能与传统北方原料比较接近。

表 4-41　坯用原料标准及选料方法

原料名称	产地	化学成分标准（%）	外观标准（选后）	选料方法
石英	唐山	$SiO_2>96$，$FeO<0.25$，$(CaO+MgO)<1$	无明显杂质，劣块小于2%	
滦县砂岩	唐山	$SiO_2>95$，$Fe_2O_3<0.3$，$TiO_2<1$，$(CaO+MgO)<1$，$(K_2O+Na_2O)<1$	无劣块	人工
丰润砂岩	唐山	$SiO_2>86$，$Fe_2O_3<0.5$，$K_2O>3$，$Na_2O<5$	无劣块	拣选
长石	锦西	$Fe_2O_3<0.3$，$(K_2O+Na_2O)>13$，其中 $K_2O>10$	无明显杂质	
滑石	河北	$Fe_2O_3<0.8$，$MgO>30$，灼减量（$I.L$）<7	劣块小于5%	
章村土	河北	$SiO_2>45$，$Al_2O_3>36$，$Fe_2O_3<1$，$TiO_2<0.9$，$(K_2O+Na_2O)>8$	无明显劣块	
大同土	山西	$SiO_2\ 43\sim46$，$Al_2O_3\ 37\sim40$，$Fe_2O_3<0.5$，$TiO_2<1$，灼减量（$I.L$）<19	无明显劣块	
紫木节	唐山	$SiO_2\ 43\sim46$，$Al_2O_3>32$，$Fe_2O_3<1.6$，$TiO_2<1.5$，灼减量（$I.L$）<19	无明显杂质	风化后人工拣选
碱干	唐山	$Al_2O_3>33$，$Fe_2O_3<1.5$，灼减量（$I.L$）<18	无明显杂质	人工拣选
禹县土	河南	$SiO_2\ 41\sim44$，$Al_2O_3>31$，$Fe_2O_3<1.5$，$TiO_2<1.4$，灼减量（$I.L$）<20	黑色料块小于5%	风化后人工拣选
彰武土	辽宁	$SiO_2\ 70\sim80$，$Al_2O_3\ 13\sim17$，$(K_2O+Na_2O)\ 2.5\sim4$	无明显杂质硬块小于3%	风化后人工拣选
沁阳土	河南	$SiO_2\ 38\sim41$，$Al_2O_3\ 37\sim39$，$Fe_2O_3<3.5$，$TiO_2<2$，灼减量（$I.L$）<13	深黄色块状物小于5%	风化后人工拣选
瓷石	河南	$SiO_2\ 74\sim77$，$Al_2O_3\ 12\sim15$，$(K_2O+Na_2O)\ 9\sim11$	无明显杂质	人工拣选
苏州土	苏州	$Al_2O_3>35$，$Fe_2O_3<1.5$	无机械杂质	人工拣选
界牌土	湖南	$SiO_2\ 48\sim52$，$Al_2O_3\ 20\sim23$，$Fe_2O_3<0.6$，灼减量（$I.L$）<9	无明显杂质	风化后人工拣选
星子土	江西	$SiO_2\ 48\sim52$，$Al_2O_3\ 32\sim34$，$Fe_2O_3<1.5$，$TiO_2<0.4$，灼减量（$I.L$）<15	色正无明显杂质	
惠莱黑泥	广东	$SiO_2\ 42\sim45$，$Al_2O_3\ 31\sim34$，$Fe_2O_3<1$，灼减量（$I.L$）<22	色正无明显杂质	人工拣选
绢云母	福建	$SiO_2\ 72\sim78$，$Al_2O_3\ 14\sim18$，$Fe_2O_3<1.5$，灼减量（$I.L$）<4.5	无明显杂质	人工拣选
陶石	浙江	$SiO_2\ 69\sim71$，$Al_2O_3\ 18\sim23$，$Fe_2O_3<1$，灼减量（$I.L$）<8	无明显杂质块	人工拣选
洪山土	山西	$SiO_2\ 42\sim45$，$Al_2O_3\ 35\sim37$，$Fe_2O_3<1.5$，灼减量（$I.L$）<17	黄褐色土块状，黑色块小于10%	风化后人工拣选
衡阳土	湖南	$SiO_2\ 60\sim66$，$Al_2O_3\ 23\sim26$，$Fe_2O_3<1$，$TiO_2<0.5$，灼减量（$I.L$）<11	粉白色块状无明显杂质	风化后人工拣选
羊油矸	山西	$SiO_2\ 41\sim44$，$Al_2O_3\ 35\sim39$，$Fe_2O_3<1.5$，$TiO_2<1$，灼减量（$I.L$）<18	白色软质黏土无明显杂质	风化后人工拣选

续表

原料名称	产地	化学成分标准（%）	外观标准（选后）	选料方法
白庙土	陕西	SiO_2 63~67，Al_2O_3 28~31，Fe_2O_3 <0.5，TiO_2 <0.4，灼减量（$I.L$）<0.4	灰白色块状无明显杂质	风化后人工拣选
叶蜡石	浙江	SiO_2 63~67，Al_2O_3 28~31，Fe_2O_3 <0.5，TiO_2 <0.4，灼减量（$I.L$）<18	无明显劣质块状	人工拣选
榆树湾土	内蒙古	SiO_2 41~45，Al_2O_3 33~36，Fe_2O_3 <1，灼减量（$I.L$）<18	淡黄色土块状无明显杂质	风化后人工拣选

表4-42　我国南方一些黏土原料与国内外卫生陶瓷常用黏土原料化学成分的比较

序号	名称	颜色	状态	化学成分（%）								
				SiO_2	Al_2O_3	TiO_2	Fe_2O_3	CaO	MgO	K_2O	Na_2O	灼减量（$I.L$）
1	福建黑泥A	黑	块状	52.23	28.83	0.76	1.30	0.43	0.27	0.48	0.32	15.38
2	福建黑泥B	黑	块状	59.63	22.32	—	1.98	1.05	0.28	1.65	0.23	16.23
3	福建白泥A	玫瑰红	块状	54.25	28.93	0.37	1.91	0.73	0.56	0.34	0.55	14.26
4	广东白泥A	玫瑰红	块状	52.23	29.3	0.53	1.75	0.83	0.62	0.52	0.34	13.75
5	江西黑泥A	黑色	块状	40.54	1.28	0.07	0.32	20.28	17.71	0.16	0.41	19.23
6	江西黑泥B	深灰色	块状	35.78	1.09	0.06	0.28	24.18	16.29	0.16	0.31	21.85
7	山西大同土A	深灰色	块状	42.17	37.16	0.37	0.17	0.14	0.10	0.07	0.15	19.67
8	山西大同土B	黑色	块状	44.45	38.38	0.47	0.17	0.09	0.01	0.06	0.11	16.26
9	山西柴木节	黑棕色	块状	43.19	34.43	0.90	1.85	1.83	0.37	0.37	0.24	17.07
Δ10	英国球黏土A	—	—	53	30	1.0	1.2	0.2	0.3	2.0	0.2	14.4
Δ11	英国球黏土B			55	29	1.1	1.1	0.2	0.3	1.6	0.2	14.0
附1	浙江蜡石	米色	粉状	74.94	20.61	—	0.29	0.63	0.34	—	—	3.18
附2	福建蜡石	米色	粉状	69.21	21.63	—	0.32	0.69	0.25	—	—	3.95

表4-43　我国南方一些黏土原料与国内外卫生陶瓷常用黏土原料工艺性能的比较

序号	名称	泥浆相对密度	60min吸浆速度（mm）	干燥收缩（%）	干坯抗折强度（N/mm²）	烧成温度（℃）	烧成收缩（%）	总收缩（%）	吸水率（%）	烧后颜色	颗粒组成（%）			
											>63μm	63~20μm	20~2μm	<2μm
1	福建黑泥A	1.253	6.0	13.70	5.10	1230	12.50	24.50	5.60	乳白色	14.8	13.6	34.5	37.1
2	福建黑泥B	1.254	6.3	9.0	6.10	1250	8.8	17.0	3.70	乳白色	1.5	8.9	67.3	22.3
3	福建白泥A	1.261	8.0	10.0	3.5	1250	11.1	20.0	11.80	乳白色	5.9	9.3	64.6	20.5
4	广东白泥A	1.502	10.0	12.0	2.02	1250	14.3	24.6	7.20	乳白色	0	3.0	59.8	37.2
5	江西黑泥A	1.550	8.0	7.0	3.16	1230	8.0	14.4	22.6	白色	41.1	12.7	26.7	19.5
6	江西黑泥B	1.555	14.0	7.0	1.98	1230	7.5	14.5	12.1	乳白色				

续表

序号	名称	泥浆相对密度	60min吸浆速度（mm）	干燥收缩（%）	干坯抗折强度（N/mm²）	烧成温度（℃）	烧成收缩（%）	总收缩（%）	吸水率（%）	烧后颜色	颗粒组成（%）			
											>63μm	63~20μm	20~2μm	<2μm
7	山西大同土A	1.352	20.0	3.0	1.10	1230	7.2	10.0	20.0	白色	64.3	18.2	13.5	4.0
8	山西大同土B	1.388	23.0	3.5	0.74	1230	7.6	10.8	22.1	白色	14.7	6.1	22.3	59.1
9	山西柴木节	1.519	8.0	6.7	3.45	1230	11.7	17.0	9.4	乳白色	13.4	11.1	37.0	38.5
Δ10	英国球黏土A				5.5	1240	1	14.0	3.0	白度56	2.5	16.5		81
Δ11	英国球黏土B				3.5	1240		13.50	4.0	白度58	2.5	25.0		70
附1	浙江蜡石			1.0	0.28	1250	2.0	3.0	22.9	白色	0.6	21.8	64.9	12.7
附2	福建蜡石			1.7	0.66	1250	0.4	2.1	18.1	白色	36.1	15.1	38.9	9.9

表4-44 国内一些黏土原料单原料的泥浆性能

序号	原料名称	注浆性能 1h吸浆厚度（mm）	Baroid 压滤试验					
			时间（h）	厚度（mm）	含水率（%）	时间（h）	厚度（mm）	含水率（%）
1	介休土	11.02	24	17.2	30.70	60	25.42	27.37
2	唐山木节	9.94	24	10.75	26.50	60	15.04	25.09
3	英国土	8.04	24	8.32	27.36	60	9.81	28.18
4	漳州白泥	6.32	24	5.59	34.53	60	10.59	33.38
5	东莞黑泥	5.04	24	9.71	36.30	60	13.52	34.30
6	法库土	5.00	24	9.37	38.33	60	13.74	27.65
7	德国黏土	4.63	24	7.15	21.57	60	8.03	21.68
8	茂名黑泥	3.81	24	4.97	32.07	60	10.7	30.82
9	漳州黑泥	1.81	24	3.76	28.89	60	5.58	28.73
10	清远白泥		24	12.5	33.37	60	24.2	32.91
11	蔡坑白泥		24	5.89	19.95	60	8.8	19.50
12	漳平土	21.0	10	12.2	37.05	20	12.22	31.93
13	苏州土	17.6	10	10.2	48.69	20	15.96	47.51
14	龙岩土	16.0	10	11.03	34.62	20	10.84	29.78
15	茂名白泥	12.42	10	12	37.75	20	11.37	36.20
16	坯泥	6.1	10	4.4	20.79	24	7.05	21.13

陶瓷原料进厂和预处理过程质量检验的内容：
①原料外观性状：色泽、块度、粒度分布；
②黏土：pH值、黏度、耐火度；

③化学成分；

④矿物组成；

⑤烧成性状：烧后颜色、烧结状况、收缩率；

⑥原料含水率。

(3) 泥浆的制备和管理

1) 黏土原料的单独化浆

①黏土原料单独化浆的优点

a. 可以除去黏土中的杂质和有害成分。

b. 能保持黏土中的绝大部分自然颗粒及粗颗粒，改善泥浆的性能，加快吸浆速度，更能适合于大件、复杂产品的注浆要求。

c. 可以提高球磨机的效率，减少球磨机的台数。

②黏土单独化浆工艺流程与主要设备　适合我国目前情况的黏土单独化浆工艺流程示如图4-25所示。该工艺比传统制浆工艺增设的化浆池如图4-26所示。

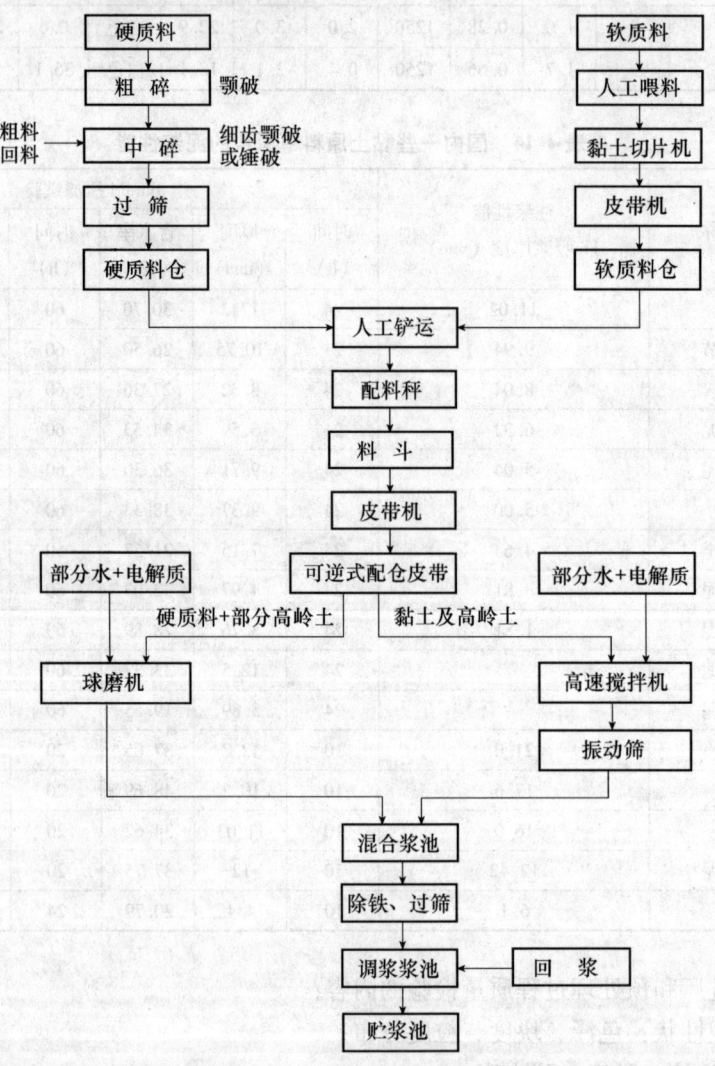

图 4-25　黏土单独化浆工艺流程图

配合单独化浆的设备有：

a. 黏土切片机　型号为400型、刀式，其主要性能如下：

刀轴长度：约800mm；

刀轴转速：13r/min；

生产能力：约12m³/h（根据所喂物料）；

进料最大粒度：400mm；

破碎后的粒度：50mm；

安装功率：15kW；

净重：2500kg。

b. 高速强力搅拌机　型号为820型，其主要性能如下：

转子直径：820mm；

转子转速：160r/min；

浆池直径：1220mm；

浆池深度：2180mm；

浆池容积：3.7m³；

装机容量：37kW。

c. 混合浆用双速螺旋搅拌机　型号为800/20型，其主要性能如下：

螺旋桨叶片直径：800mm；

螺旋桨转速：160r/min、40r/min；

浆池直径（通常为八角池）：约3150mm；

浆池深度：2200mm；

浆池有效容积：20m³；

装机容量：15kW。

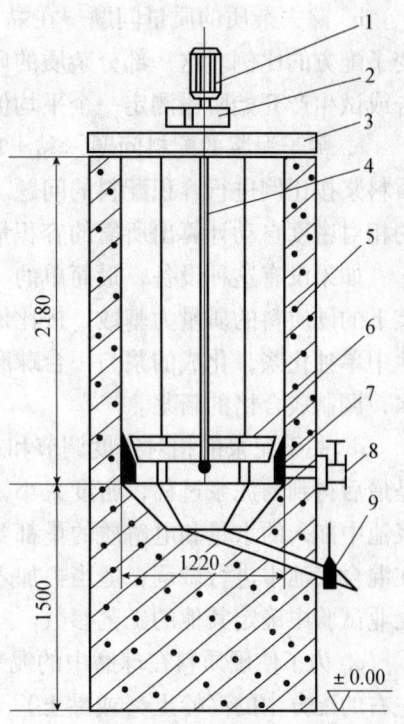

图4-26　黏土单独化浆池

1—电机；2—减速机；3—钢支架；4—轴；5—钢筋混凝土浆池；6—转子；7—定子；8—排浆口；9—排渣口

该机安装于钢筋混凝土池上，混合从球磨机来的和从黏土化浆高速强力搅拌机中来的泥浆，装备有双速电机，便于调节螺旋桨的速度。该搅拌机由支架、减速电机（有两档速度）、有防护的旋转轴、不锈钢制的三叶螺旋叶片组成。

d. 黏土单独化浆工艺辅助设备：

Ⅰ圆形振动筛1台。直径约900mm，双层筛网，装机容量1kW。用于化浆后泥浆的过筛，除杂质。

Ⅱ自动定量水表1台。直径ϕ50mm，用于给高速搅拌机配料时加入精确的水量。

Ⅲ容积配料设备1套。用于给来自球磨机和化浆机的不同相对密度的泥浆自动测相对密度，自动配料。

③黏土单独化浆工艺操作要点

a. 水、黏土和电解质的加入顺序　为了让黏土能广泛地吸收到电解质，并便于化浆机的启动，建议化浆池的加料顺序为：水；电解质；逐步加入黏土。为了让黏性好的黏土先吸收电解质而被稀释，因此建议先加入黏性比较好的黏土。

b. 除去杂质的质量问题　在黏土化浆后，过筛除去了一部分游离石英及其他杂质，改变了配方的比例。这一部分杂质的质量应在配料时预先扣除。扣除的质量可在半工业试验报告或试生产开始阶段测定一个平均值，像扣除黏土和其他原料中的水分一样预选扣除。

c. 关于泥浆的配料问题　黏土单独化浆工艺存在着化浆后的软质料泥浆和球磨后的硬质料浆按比例进行容积配料的问题。自动化的容积配料机，能自动测出相对密度，根据测出的相对密度自动计算出所需的容积量，然后自动称量配料。

如果没有这种设备，最简单的"土办法"是"一锅一锅炒"。具体操作时以每台球磨机装下的硬质料的质量为基数，按比例计算出相应的软质料的需要量，然后在其中的一个化浆池中单独化浆，化成的浆与一台球磨机加工的硬质料浆相混合，最后加入必需量的电解质和水，调制成合格的新浆。

d. 关于泥浆的相对密度调节和工艺参数控制　在黏土单独化浆工艺中，比较难处理的是最后得到的泥浆过稀，密度太小，或电解质过量。解决这个问题的办法是在球磨机中和化浆池中加入的水量和电解质的量都要略低于计算得出的量，最后不足的水量和电解质量可以在混合浆池中进行微调，适当再加入少量的水和电解质。各厂应根据自己原料的特性，在半工业试验中确定其他的工艺参数。

e. 为了使硬质料在球磨中的泥浆有一定的悬浮性，可以在硬质料入磨时，同时加入5%左右的配方中的高岭土（或黏土）。

2）对泥浆的调整与控测

①泥浆加工过程质量控制

a. 严格控制坯料关键指标的波动　卫生陶瓷坯料关键指标及允许波动范围：

Ⅰ SiO_2 ±0.5%

Ⅱ Al_2O_3 ±0.5%

Ⅲ $K_2O + Na_2O$ 摩尔数 0.067~0.068

Ⅳ 云母　5%左右

Ⅴ 有机物　0.4%~0.6%

Ⅵ <1μm 颗粒　±0.5%

Ⅶ 胶体指数（100g 坯料吸附亚甲基蓝数量）±0.2mg·mol

b. 监控环节

Ⅰ 原料进厂和预处理质量检测

Ⅱ 配方的修正

Ⅲ 配料原料含水率测定

Ⅳ 配料称量精度的监督

c. 粗、中碎和球磨加工的控制

Ⅰ 合理控制粗、中、细碎入料粒度

各级粉碎入料出料细度，不仅影响泥浆质量，且与原料破碎和粉磨加工的单位电耗有关（图4-27）。在无标准原料供应时，购进或自行中碎的硬质原料，最好粒度<3mm，一般在0.5~9mm，最大20mm。

Ⅱ 水质和加水量精确度

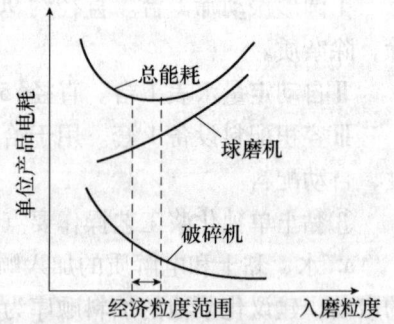

图4-27　破碎与粉磨系统的经济粒度

(Ⅰ) 水的质量要求：最好使用软水。一般情况下，要求水的 pH 值在 6.0~8.5 之间，最好为 7；Ca^{2+}，Mg^{2+} 不大于 10~15ppm，SO_4^{2-} <10ppm，Cl^{1-} <150ppm。水硬度高，可加少许焦磷酸钠；要除去 SO_4^{2-}，可加少许氯化钡或碳酸钡。

(Ⅱ) 加水量精确度：卫生陶瓷泥浆的黏度和触变性，受其含水量影响明显。往往水含量波动 1%，泥浆流变性即发生相当大的变化。扣除原料自身含水量，加水总量一定要低于泥浆成形含水率。

Ⅲ 球磨机操作

(Ⅰ) 球石质量：鹅卵石密度 >2.6g/cm³，莫氏硬度 >7，无裂缝，无麻孔。陶瓷球密度至少 ≥3.45g/cm³。

(Ⅱ) 球石大小和配比：大球∶中球∶小球 = (20%~25%)∶(30%~50%)∶(30%~50%)。鹅卵石球直径大球 80~100mm，中球 60~80mm，小球 40~60mm。陶瓷球直径大球 60~70mm，中球 35~45mm，小球 30~35mm。

(Ⅲ) 球石填充率和坯料填充率

球石装填量：磨机有效容积的 30%~40%；

料浆装填量：磨机有效容积的 40%~45%。

(Ⅳ) 球石的磨损与补充：球石磨耗与物料软硬和研磨时间有关。一般来说，氧化铝瓷球 2~2.2kg/t 干料，鹅卵石球 10~12kg/t 干料。应及时补充，并去掉直径 15~16mm 以下小球，补充最大直径球石。

② 泥浆性能的调整　注浆成形前对泥浆性能的控制是卫生陶瓷生产工艺中必不可少的日常管理。这是因为，每天注型后的余浆必须再添加新的合格的泥浆，再有成形及半成品检查后下来的下脚泥料和半成品废坯体（统称回料），经过处理成泥浆后，其性能也有一些变化，为了使泥浆稳定，必须均匀地配入泥浆中。有时泥浆相对密度过低时，也可用干回料进行适当的调整。注型后的余浆其性能也会变得不正常。所以注浆成形前的泥浆其实是由几种不同的泥浆混合在一起的泥浆，若不经过检测和调整，不可能使泥浆性能得到相对的稳定。

a. 检测方法

Ⅰ 相对密度　泥浆的相对密度是表征泥浆含水量多少的性能，同时也是稳定和测定泥浆其他各项性能的前提，只有泥浆的相对密度值在一定范围内时，测定或调整泥浆的其他性能时才有意义。所以泥浆的相对密度是泥浆性能的基础，在控制泥浆性能时首先要检测和调整泥浆的相对密度。

检测泥浆相对密度的方法有如下两种：

(Ⅰ) 相对密度计（波美度）测定法　将泥浆搅拌均匀，倒入 1000mL 的玻璃量筒中。将相对密度计用湿布轻抹一下后，轻轻插入量筒内的泥浆中，令其慢慢下沉，静置 30s 后，读出数值，以凹液面下线之读数为准。

(Ⅱ) 相对密度瓶测定法　将泥浆搅拌均匀，倒入 100mL 相对密度瓶中至刻度处（刻度以上的瓶壁和瓶口不准粘附泥浆），然后放在天平上称量。以同体积的水之质量（100cm²）除以泥浆质量（g），所得数值即为相对密度。

上述两种测定泥浆相对密度的方法应以相对密度瓶测定法所测得相对密度值为准，尤其是当泥浆性能恶变的情况下，相对密度计根本无法进行测定。但是上述两种方法所测得之密度数值差，可以大致判定该泥浆性能的优劣，当两者的实测值相差在 ±0.02 范围内，则该泥性能基本良好；反之则该泥浆性能不好，必须进行调整。所以泥浆相对密度的测定最好用上述两种方法同时进行测定。

Ⅱ 流动性与稠化度　流动性是泥浆重要的性能之一。合适的流动性是实现注浆成形的基本要素之一，是影响到注型后湿坯体加工性能、产品质量关键的工艺性能。

稠化度是影响到注浆时排除余浆后，浆面的光滑程度。同时也对湿坯体的性能、产品质量有一定的影响。

检测泥浆流动性与稠化度的方法有如下两种：

（Ⅰ）恩格拉黏度计法　首先将待测泥浆在容器内充分搅拌后，立即倒入黏度计的容器内。30s 后立即拔起木棒，以打开黏度计流出孔，同时启动秒表，待流出的泥浆恰好达到 500mL 刻度时，立即关住秒表，同时按下木棒将流出口塞住。此时秒表所示的时间值即为流动性数值。

继续再将上述检测完的泥浆进行充分搅拌，倒入黏度计的容器内。在其中停留 30min 后，测定流出 500mL 流浆后需时间（s）。将该数值与停留 30s 的流出时间（即流动性数值）之比，即稠化度等于 30min 与 30s 500mL 泥浆流出时间之比。

（Ⅱ）旋转黏度计测定法　先测定出泥浆 1min 转子在待测泥浆中的转数（即黏度值），此数值为该泥浆之黏度，然后再测定 5min 的转数。将 5min 的黏度值减去 1min 的黏度值并乘以 25 所得的数值定为稠化度。

Ⅲ 黏度

（Ⅰ）盖勒黏度计　又称扭力黏度计，是利用调扭丝的扭力带动转子在不同黏度泥浆中旋转，产生不同的剪切速率，以达到平衡。

盖勒黏度计的操作程序如下：

Ⅰ）首先对黏度计进行校验，即将旋转轮顺时针转 360°，用停止销固定，然后放松销，指针转第二圈最大值应在 0°±5°之内；

Ⅱ）将泥温为 30℃，已解凝的泥浆倒入试样杯中，上好转子旋转轮，顺时针转 360°用销固定，然后用试样杯搅拌器上下搅动 50 次，最后按下秒表开始计时；

Ⅲ）将试样杯马上放到平台上，将平台升起，到位，转子保证全部浸入泥浆中，拧紧平台螺母，秒表读数为 5s 时，放松销，指针在转动第二周时的最大角度，即为 5s 的读数；

Ⅳ）将旋转轮静止于 0°位，然后顺时针转 360°，用销固定好，同时按下秒表记时；

Ⅴ）当秒表读数为 5min 时（也可以在 90s 时）放松销，指针在转动第二周的最大角度即为 5min 的读数；

Ⅵ）触变值则为 $\Delta = 5''$，读数为 5' 读数。

（Ⅱ）布氏黏度计　布鲁氏黏度计是利用相同转子在不同泥浆中旋转有不同的剪切速度，从而表现出不同的表观黏度这一原理而测定泥浆黏度的仪器。

布氏黏度计的操作程序如下：

Ⅰ）首先对黏度计进行校验，旋转地角螺丝，将仪器调至水平；

Ⅱ）接通电源，将选用的二号转子上到轴上，并将转动速率调节钮转到 20r/min，然后打开电动开关；

Ⅲ）将泥浆温度调至 30℃，在解凝的情况下倒入 500mL 或 750mL 的塑料杯中，再均匀搅拌 1min 后，即按下秒表计时；

Ⅳ）此时速将塑料杯移到黏度计转子下，将转子降入至转子轴上刻线完全浸入泥浆中为止；

Ⅴ）在刻度盘上，分别于45″、90″、170″读数，在读数时，按下控制开关，使指针停留在当时的指示位置，以利准确读数；

Ⅵ）测量完毕后，关掉电动开关，将转子升起，以撤走泥浆杯；

Ⅶ）根据三个读数按照计算公式及给出的 XY 指数表，可计算出黏度值和触变指数（表4-45）。

表4-45　指数 X 和指数 Y 指数表（2号转子，转速20r/min）

半衰期（s）	指数 X	指数 Y	半衰期（s）	指数 X	指数 Y
126	0.310	0.460	166	0.442	0.815
128	0.320	0.480	168	0.446	0.829
130	0.330	0.500	170	0.450	0.844
132	0.341	0.522	172	0.454	0.858
134	0.350	0.544	174	0.458	0.872
136	0.360	0.565	176	0.462	0.886
138	0.369	0.585	178	0.466	0.900
140	0.377	0.606	180	0.470	0.914
142	0.383	0.624	182	0.474	0.928
144	0.390	0.643	184	0.478	0.942
146	0.396	0.661	186	0.482	0.955
148	0.400	0.678	188	0.486	0.969
150	0.406	0.694	190	0.490	0.982
152	0.411	0.710	195	0.500	1.014
154	0.416	0.726	200	0.510	1.047
156	0.420	0.741	205	0.520	1.079
158	0.425	0.755	210	0.530	1.112
160	0.429	0.771	215	0.540	1.145
162	0.434	0.786	220	0.550	1.177
164	0.438	0.801	225	0.560	1.209

计算公式如下：

$$计算半衰变周期时间(HLT) = \left(\frac{90″读数 - 45″读数}{170″读数 - 0″读数} \times 80\right) + 90$$

计算触变指数：（90″读数 - 45″读数）÷ 指数 X

计算黏度：（45″读数 - 触变指数 × 指数 Y）× 20

盖勒（扭力）黏度和布氏黏度都是利用泥浆在不同剪切速度率下的表观黏度，它们之间的近似换算关系如图4-28所示。

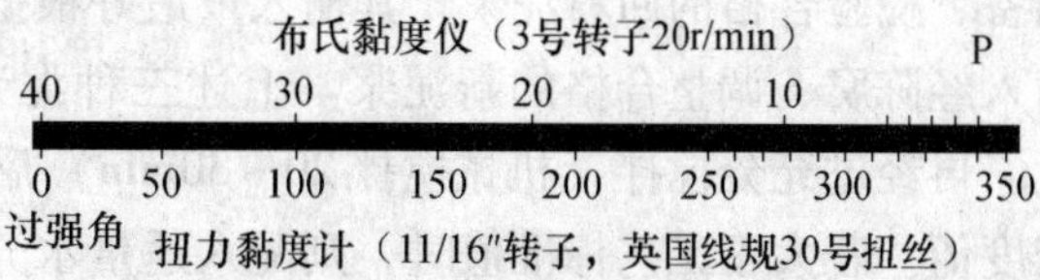

Ⅳ 湿坯体的加工性能

图4-28　布氏黏度和盖勒黏度近似换算表

这是一项泥浆与注浆成形实际操作关系很密切的性能之一。它表示注浆成形时，控浆后湿坯体硬度增长速度的快慢及湿坯体两面硬度的差别。以前只能是凭经验去掌握，为了达到用数字来描述，可采用"达因硬度仪"进行测定其具体数字。控浆后湿坯体硬度即与坯体干燥后的强度有关。而湿坯增长速度与注浆成形中的修粘实际操作有关系，在成形场中，若湿坯体硬度增长速度过快，不利于操作中的修理和粘接；若湿坯硬度增长速度过慢，则影响到注浆成形操作的速率。另外，控浆后湿坯体里（控浆面）外（接触模型面）硬度差别太大时，则坯体的本身质量就是问题，也可反映出泥浆性能的优劣。所以检测控浆后湿坯体的硬度对注浆成形实际操作有较大的意义。

检测的方法一是凭经验用手指按压，此方法不能用数字表现出来。另一种是用"达因硬度仪"检测，当控完浆后，立即用该仪器的测定部位分别接触湿坯体里外表面，此时仪表上指针所指示的数值即为所要测定的数值。然后待坯体在 1h 以后，用同样方法再测定该湿坯体的里外面的硬度。上述方法所测得的数值即可以判断出泥浆的加工性能之优劣。此种性能与泥浆配方、电解质的种类和数量、成形室内的温湿度有关。

Ⅴ 吸模速度

吸模速度直接关系到泥浆注入石膏模型后，吃浆时间的长短与坯体厚度的关系或比率，是注浆成形操作人员具体掌握坯体厚度（吃浆时间）的主要依据。尤其目前我国卫生陶瓷生产厂家均普遍采用台式注浆成形机械，注浆成形采用封闭式，无法直观地判定坯体厚度。所以，泥浆吃模速度的控制对注浆成形的操作有重要的参考作用。吸模速度的快慢也影响到坯体干燥后的强度，也是衡量泥浆性能优劣的一项重要指标。

吸模速度与泥浆配方、电解质的配入量和成形室的温湿度高低有较大关系。在注浆成形前对泥浆可以进行增减电解质的数量达到调整的目的。

吸模速度的测定方法：将待测泥浆倒入 40mL 的坩埚型的石膏模中，静置 30min 后，倒出剩余泥浆，待 1h 后将泥坯起出，用卡尺量出厚度。测定时可以与湿坯体加工性能的测定一起进行。

b. 调整方法

在参与泥浆调整前，首先要熟悉该泥浆的稀释曲线，掌握好最佳稀释点电解质的总配入量，以防止在调整电解质时配入过量。而配入的新泥浆的电解质总量也必须在最佳稀释点的下限范围，否则注浆前的泥浆调整成为不可能，当然泥浆中电解质过量时也可以用干回料进行调整，也可用电解质配入总量不足的泥浆调整。但是，这不属于本调整范围。另外，因为我国陶瓷用黏土原料大部分是未经均化或加工的原矿，故物化性能波动较大，尤其是酸碱度的变动，也影响到泥浆稀释曲线及最佳稀释点电解质的总配入量。泥浆在制备过程中混入了有害杂质，也同样影响到泥浆的稀释状况。所以要根据当时的具体情况，经常测试泥浆的稀释曲线及泥浆最佳稀释点的电解质配入总量，以便正确地指导泥浆的调整。

首先将当天注浆成形所排除的全部余浆放入泥浆调整专用池（或罐）内，然后输入经制备、检验合格的回料泥浆，其输入量最好根据回料总量的多少尽量做到均匀地配入。最后输入经陈腐、调整合格的新泥浆。上述三种泥浆的总量必须满足第二天注浆成形的总需要量。再经过充分搅拌（机械搅拌 20~30min）后，先用相对密度瓶法测定该池内泥浆的相对密度值。若大于工艺标准值时，则配入适量水分于泥浆池内，若小于工艺标准值时，则需用回料或其他泥浆池中的高相对密度泥浆适量配入进行调整，其配入的量（水分或干回料、高相对密度泥浆）可根据如下公式进行计算：

$$\omega = \frac{d - d_1}{d_1(d - 1)} \times 100\%$$

$$\chi = \frac{d(d_1 - 1)}{d_1(d - 1)} \times 100\%$$

式中　ω——泥浆相对含水量；

　　　χ——泥浆中干物料含量；

　　　d——坯料的真相对密度；

　　　d_1——泥浆的相对密度。

为了简化计算，实际生产中常利用上述公式预先计算出各种相对密度值的泥浆含水量和100mL泥浆中的干物料含量，并编制成表格。然后可以根据泥浆的相对密度值在表格中查出该泥浆干物料的含量和水分含量。从而可以更简便地计算出调整相对密度所需配入的水分、干回料量或其他不同相对密度泥浆的具体数值。

待泥浆相对密度瓶法所测得的相对密度值（简写为 $d_{瓶}$）达到工艺标准时，再用相对密度计法对该浆进行测试。所测得的值（简写 $d_{计}$）与 $d_{瓶}$ 值在 +0.02 范围时，方可转入后面性能的测试。若差值在 +0.02 以上时，则需取 1000mL 泥浆，用水玻璃进行微调整；当泥浆 $d_{计}$ 的值达到与 $d_{瓶}$ 值相差在 ±0.02 时，计算出 1000mL 泥浆所配入的水玻璃量，然后再换算出泥浆池内泥浆总量，并将水玻璃准确计量后，配入待测泥浆池中，经充分搅拌后再对 $d_{计}$ 值进行确认；达到 $d_{计} - d_{瓶} \leq ±0.02$ 时，方可转入下面的测试。

最后要根据待测池中泥浆的流动性（或黏度值）、触变性、吸模速度和湿坯体的加工性能进行综合调整。原则上讲，流动性不好、触变性过大、吸浆速度过快、湿坯体硬度增长速度过慢时，则需在待测泥浆中配入适量电解质。反之则不可再配入电解质。配入电解质的量，既要根据泥浆的各项测定值进行综合考虑，还要结合注浆成形实际操作人员对泥浆的真实反映的意见、成形室内的温湿度高低、当时的天气情况，并结合调试人员的经验决定。若因经验不足，无法决定电解质的配入量，则需取少量泥浆用水玻璃进行微调整后，再测试，最后确定电解质的总配入量，直到完全合格为止。

泥浆调控合格后，必须再次进行全面测试，将各项数据作好记录，制成表格进行保存。并将各项实测数据写在黑板上、公布在成形室显眼之处，以指导成形工序在注浆成形的实际操作。

在对泥浆的测试调整中若遇到异常情况时，责任者应将具体情况反映到主管领导处，以求得协调和及时沟通解决。因上述泥浆性能的调整项目与泥浆的配方（包括电解质配比）、原料性能波动、泥浆制备的工艺控制情况、成形室内的温湿度变化以及气候的变化均有直接关系。若上述情况发生变化过大时，在注浆成形前只通过调整水分或电解质是不可能使泥浆达到工艺标准的。

（4）解凝剂

1）解凝剂的类型　解凝剂也称为减水剂、稀释剂或解胶剂，概括起来分为无机化合物和有机化合物两类，按作用效能的不同又可分为以下三类，其中以一、二类较为广用。

①水化能力强的一价阳离子（如 Na^+）或能直接离解、水化，从而提供足够 "OH^-" 的化合物。常用者有 Na_2CO_3、水玻璃、焦磷酸钠和 NaOH、LiOH 等。

②水解时生成保护胶的解凝剂，如丹宁或富含丹宁烤胶、SiO_2/Na_2O 比值大于 2.0 的水玻璃、腐殖酸碱（钠）和亚硫酸纸浆液的碱液。

③生成不溶性盐类的物质，如草酸、柠檬酸、五倍子酸，这些弱有机酸只是在与碱性解凝剂混合后才能对泥浆的稳定性产生良好作用。

有机化合物的长链结构可以阻止微粒互相接近从而可保持泥浆的稳定，故含有腐殖质的黏土较易液化。

2）解凝剂的稀释机理　黏土质点带有负电荷，其颗粒表面吸附有各种盐类的 Ca^{2+}、Mg^{2+}、Fe^{3+} 等正离子，其中以 Ca^{2+} 为常见。当往泥浆内加入少量含有 Na^+ 离子的解凝剂（如 $NaOH$、Na_2CO_3、Na_2SiO_3）时，由于 Na^+ 容易解离，且水化程度大，部分吸附的正离子可被 Na^+ 置换，因而使胶粒间排斥增大，粒子易于分散而获得解胶效能；同时曾被质点聚集体机械地占有的水分也被解脱出来，且由于 Na^+ 所带水膜较 M^{2+}、M^{3+} 离子所带水膜厚得多，可使泥浆悬浮性能良好并处于稳定状态。当继续加入适量的上述解凝剂时，由于浓度的增加，其中的少量离子将黏土质点的负电荷中和，使吸附着的 Na^+ 离子的解离作用大为减少，因而其外的疏松结合水层的厚度也有减小并部分转变为自由水（游离水）使泥浆产生更好的稀释作用。解胶剂用量过多时，由于疏松结合水膜的减小至某一临界值，水膜不能阻止黏土质点相互吸引力的作用，使质点开始连成聚集体，部分自由水又浸入质点搭起架子的空隙间而被封闭着，因而使泥浆又复稠化。

3）解凝剂的选择　含有纯净氢黏土的泥浆，$NaOH$ 具有良好的解凝效能。但吸附 Ca^{2+} 的天然黏土，若仍采用 $NaOH$ 为解凝剂，则会产生 OH^- 与 Ca^{2+} 的反应而生成溶解度较大的 $Ca(OH)_2$，Ca^{2+} 的存在会形成泥浆的絮凝作用，因而只有选用如 Na_2CO_3 和 Na_2SiO_3 等弱酸的碱金属盐使 Ca^{2+} 形成不溶性的 $CaCO_3$、$CaSiO_3$ 而除去，并使此类黏土形成 Na^+ 黏土才能获得较好的流动性能。

对于可塑性较好且含有多量保护胶体的泥料，则当选用 Na_2CO_3 或加水分解不生成保护胶体的盐类作为解凝剂时，能加快坯体的成长速度并可获得干燥强度良好的坯件。此类浆料还可适用于成形较薄的制品。

泥料中如含有较多的 $CaSO_4$ 或 $MgSO_4$，以及二价、三价的阳离子时，如仅选用 Na_2CO_3 为解凝剂，其稀释效果不大明显，应加入一些能生成保护胶的解凝剂以及能消除多价阳离子影响的化和物［后者如 $BaCO_3$、$Ba(OH)_2$ 等］，才能获得良好的稀释效果。

黑色或深色的可塑黏土中常含有腐殖酸和木质素等有机质，当加入 Na_2CO_3、$NaOH$ 之类的稀释剂后，使泥浆呈碱性并有效地活化黏土本身的有机质，已由于腐殖酸等水解而形成保护胶体，因而能获得更易流动的泥浆。对于不含有机质的黏土（如苏州土等较纯的高岭土），就需要选择有聚合阴离子的钠盐作为解凝剂，使能有效地中和黏土结构中的边正电荷。此类解凝剂常用者有水玻璃、丹宁酸钠盐、聚偏磷酸钠（$(NaPO_3)_6$）等。

当采用水玻璃作为解凝剂时，其中含有的硅酸钠除了能以不溶性硅酸盐的方式除去上述能起聚凝作用的多价阳离子外，胶体硅酸离子（SiO_3^{2-}）还有保护胶体的作用，故可使泥浆获得较好的流动性，特别适用于调制可塑性小的泥料。由于水玻璃的解凝效能与其中的 SiO_2 含量有关，故用来调制注浆料的水玻璃，要求具有较大的硅钠比值（亦称水玻璃模数，即 SiO_2 与 Na_2O 的分子比值），此值常选取 2.3~3.4。SiO_2 含量以及水玻璃的模数（表 4-46）。

表4-46 水玻璃的成分（$Na_2O:SiO_2$）与密度变化关系（密度与Na_2O含量成正比关系）

SiO_2（%）	Na_2O（%）	密 度	SiO_2（%）	Na_2O（%）	密 度
Na_2O（%）-2.44SiO_2			Na_2O（%）-3.36SiO_2		
1.21	0.52	1.1014	1.80	0.55	1.0183
2.41	1.03	1.013	3.36	1.03	—
7.06	3.02	1.0935	6.72	2.06	1.0733
11.66	4.99	1.1600	9.89	3.03	1.1137
16.68	7.04	—	13.15	4.03	1.1499
19.64	8.29	1.2866	16.58	5.08	1.1934
21.92	9.25	1.3266	19.49	5.97	1.2404
24.17	10.20	1.3783	21.18	6.49	1.2653
25.64	10.82	1.3969	22.46	6.88	1.2839
27.00	11.40	1.4230	24.38	7.47	1.3170
28.39	11.98	1.4529	26.24	8.04	1.3476
29.43	12.42	—	27.74	8.50	1.3692
30.64	12.93	—	29.76	9.12	1.4078
31.65	13.36				
32.89	13.88				

用水玻璃稀释的泥浆所注成的坯件较为致密紧硬，坯体注成及干燥时间均较长；而用纯碱稀释的泥浆所注成的坯件则较为松软，坯体的成长速度较快。

水玻璃的稀释作用主要是由于其中的Na_2SiO_3组分水解生成游离的OH^-离子及胶体SiO_2(SiO_3^{2-})，OH^-离子能使黏土表面电荷密度增加，即负电性增大，而胶体SiO_2则能有效地中和黏土结构中的边正电荷以及吸附阳离子，使之不能削弱OH^-离子，亦即不能削弱黏土表面的负电荷。换言之，胶体SiO_2有聚合的能力又有向黏土表面定向的趋势。当此类解凝剂加入初期，尚能杂乱排列于黏土表面上面使泥浆的黏度下降，但陈放一段时间待Na^+离子定向后，聚合的胶体SiO_2被排挤到黏土卡片架构的片与片之间，因而使SiO_3^{2-}与两片表面上的Na^+加强了吸力致形成了致密的面-面絮凝物而沉积下来。而采用Na_2CO_3为稀释剂时，由于CO_3^{2-}不能有效地中和边正电荷，因而出现固体颗粒局部絮凝的悬浮液，此悬浮体静置一段时间后，由于重力的作用使固体颗粒发生沉降、脱水后即形成疏松多孔的泥层。

为了兼顾黏土的特性和上述物化特点，并考虑到陶瓷坯料中常采用了多种不同性质的黏土原料等系列因素，实际生产中使用的解凝剂各厂不一，例如唐山地区多选用纯碱（Na_2CO_3），湖南、江西一带有的工厂选用水玻璃与少量烤胶（配比约95:5）或水玻璃与腐殖酸钠（配比约66:34）组成的复合物为解凝剂，有些地区却选用水玻璃和纯碱（配比约50:50）组成的复合物作为注浆用泥浆的解凝剂，均可获得满意的效果。

4) 解凝剂的用量和时效　解胶剂的用量也会直接影响泥浆的流动性能。现工厂生产中引入的解胶剂用量常在干坯料的0.5%~0.6%以内，并对泥浆进行陈腐处理。因为解凝剂对泥浆的稀释效能不是瞬间所能完成,为充分发挥其解胶作用,必须经历陈腐过程。对泥浆进行适当时间的陈腐处理,可以降低解凝剂的用量并能增长石膏模的使用寿命。图4-29表示一种卫生陶瓷泥浆加入不同量水玻璃、陈腐不同时间的解凝曲线。

2. 釉料的制备

(1) 釉用原料的预处理和选用标准

1) 矿物原料 矿物原料拣选方法基本上与坯用原料相同,只是铁钛杂质含量要控制在更低的水平。

釉中使用的黏土类原料的性能要求则与坯用黏土不同。釉中黏土用量低、黏土主要起防止釉浆沉淀的作用,因此多选用杂质含量很低、悬浮性好的精制高岭土,用量3%~8%,大多釉中用5%左右。其他矿物原料选用标准见表4-47。

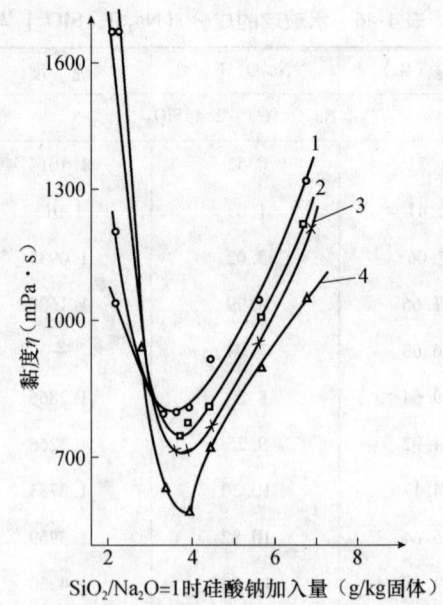

图4-29 浇注卫生瓷泥浆不同陈腐时间的解凝曲线
1—陈放12h;2—陈放2d;3—陈放3d;4—陈放14d

表4-47 釉用原料标准及选料方法

原料名称	产 地	化学成分标准 (%)	外观标准 (选后)	选料方法
石 英		$SiO_2 > 98$,$Fe_2O_3 < 0.25$	洁白,无杂质色块	水洗料块
长 石		$Fe_2O_3 < 0.3$,$K_2O > 10$,$(K_2O + Na_2O) > 13$	优质料块、无杂质	水洗料块
石灰石		$CaO > 52$,$MgO < 1$,$Fe_2O_3 < 0.3$,灼减量 $(I.L) < 45$	无杂质劣块	水洗料块
白云石		$MgO > 19$,$SiO_2 < 3$,$TiO_2 < 0.5$	无杂质劣块	水洗料块
锆英石	澳大利亚	$ZrO_2 > 63$,$Fe_2O_3 < 0.3$,$TiO_2 < 0.5$,灼减量 $(I.L) < 1$	无杂质	选出机械杂质
磷灰石	摩洛哥	$P_2O_5 > 32$	无明显杂质	筛选吸除铁屑
碱 干	唐 山	$Al_2O_3 > 36$,$Fe_2O_3 < 1$,灼减量 $(I.L) < 16$	无明显杂质劣块	人工拣选
锂辉石	新 疆	$SiO_2 > 60 \sim 70$,$Fe_2O_3 < 0.6$,$Li_2O > 4.5$	无明显劣质块	人工拣选水洗
硅灰石	辽 宁	$SiO_2 42 \sim 47$,$Fe_2O_3 < 1$,$CaO\ 40 \sim 45$,灼减量 $(I.L) < 8$	灰白色有玻璃光泽硬块	人工拣选
白 垩	山 西	$CaO\ 45 \sim 55$,$Fe_2O_3 < 0.5$,灼减量 $(I.L) < 45$	白色软质块状	人工拣选
胡 土	河 北	$SiO_2 65 \sim 68$,$Al_2O_3\ 14 \sim 16$,$Fe_2O_3 < 4$,灼减量 $(I.L) < 5$	黄色软质黏土	人工拣选
白长石	陕 西	$Al_2O_3\ 15 \sim 18$,$Fe_2O_3 < 0.4$,$(K_2O + Na_2O) > 12$	白色硬块无明显杂质	水洗人工拣选
滑 石	辽 宁	$MgO > 30$,$Fe_2O_3 < 0.8$,灼减量 $(I.L) < 7$	白色、粉红色、黄绿层状;青灰色、黑色块小于5%	水洗人工拣选

续表

原料名称	产地	化学成分标准（%）	外观标准（选后）	选料方法
方解石	江西	CaO 52~55, Fe_2O_3 <0.2, 灼减量（I.L）<45	无色或白色块状，无明显杂质	水洗　人工拣选
锂云母	江西	SiO_2 >45, Al_2O_3 21~24, CaO<0.1, MgO<0.1, Fe_2O_3<0.1, (K_2O+Na_2O)>9, Li_2O>3	无明显杂质	水洗、选出二次污染杂质
萤石	云南	CaF_2 >96, SiO_2<3, Fe_2O_3<0.2	有色块状、无明显杂质	水洗　人工拣选

2）特殊矿物原料和化工原料

①锆英石　常用锆英砂的化学成分和粒度分布见表4-48。

表4-48　锆英砂化学成分和粒度

化学成分			粒度		
氧化物	含量（%）	标准误差（%）	粒子尺寸（μm）	质量（%）	累积（%）
ZrO_2	65.5	0.5	+425	0.01	0.01
SiO_2	32.9	0.4	300	0.17	0.18
Al_2O_3	0.66	0.04	250	0.64	0.82
Fe_2O_3	0.18	0.02	212	2.92	3.74
TiO_2	0.25	0.02	180	6.67	10.50
P_2O_5	0.08	0.02	150	13.14	23.64
烧失量	0.34	0.04	125	25.87	49.51
			106	26.60	76.11
			75	22.57	98.68
			63	1.25	99.93
			-55	0.07	100.00

经过精加工的可用作卫生瓷釉的锆英石粉，典型的化学成分：ZrO_2 65.5%、SiO_2 33.0%、Fe_2O_3 0.04%、TiO_2 0.15%；典型物理性质：密度4.6g/cm^3，莫氏硬度7.5。粒度分布见表4-49。如自行加工作乳冲剂使用，其粒度至少应达到标准粉水平。

表4-49　锆英石细粉的粒度分布

粒度（μm）	粒度分布累积（%）			
	标准粉	特细粉	极细粉	超细粉
<1	38.4	47.2	53.3	61.1
1.5	46.0	57.5	54.2	73.0
2	51.6	64.9	71.1	77.9
3	64.7	81.9	85.9	89.9
4	79.9	93.9	97.2	100.0
5	—	—	100.0	
6	95.1	100.0		
9	100.0			
平均粒径（μm）	1.9	1.2	1.0	0.9

②常用化工原料　卫生陶瓷釉常用化工原料质量要求见表4-50。

表4-50　化工原料质量要求

原料名称	主要化学成分	质量要求
氧化锌	ZnO	ZnO>含量98.5%，盐酸不溶物<0.5%；1250℃以上锻烧
碳酸钡	$BaCO_3$	$BaCO_3$>含量98%，盐酸不溶物<0.8%
二氧化锡	SnO_2	SnO_2>含量98.5%，<3μm粒子>60%
二氧化钛	TiO_2	搪瓷级
氧化铝	Al_2O_3	Na_2O含量<0.4%，<10μm粒子>70%，$\alpha\text{-}Al_2O_3$>95%

(2) 釉浆的加工和质量控制

1) 釉料研磨

①湿式间歇球磨　最传统常用的磨釉装备，要求采用刚玉质或高铝质瓷衬和球。操作条件：

瓷球装填量：磨机有效容积的50%~55%

釉浆装填量：磨机有效容积的23%~33%

瓷球磨损量：1.5~2kg/t 干釉料

瓷球级配：大球20%、中球30%、小球50%

瓷球直径：大球ϕ38mm，中球ϕ32mm，小球ϕ25mm

②磨釉新设备

a. 搅拌磨

磨球：莫来石、刚玉或氧化锆瓷，ϕ0.6~5mm

磨衬：聚氨酯涂层或刚玉瓷

入磨粒度：<100μm

出磨粒度：<20μm

b. 环隙磨

研磨球：刚玉或氧化锆瓷ϕ1~2mm

磨衬：聚氨酯涂层

入磨粒度：<100μm

出磨粒度：<44μm

2) 釉浆质量控制

①釉料细度　实验研究和生产经验证明，釉料细，釉中气泡小，釉面针孔少，光泽提高，烧成中熔融性能增强，高温黏度下降，圆角-半球点的温度低，釉中未熔的残余石英粒子减少，甚至消失，从而消除了因残余石英粒子周围酸性玻璃体气体溶解度低产生气泡或针孔，以及由于残余石英粒子存在使釉的热膨胀系数增加的缺陷。

一般认为，釉粒子应<15μm，以2~10μm为主要粒子组成最好。生产中控制釉料的细度，应尽可能做到全部通过0.074mm筛，其中<10μm粒子>92%以上；<5μm粒子>50%以上。

②釉浆黏度

a. CMC 性质的影响　CMC(Carboxymetyl Cellulose)是一种聚合电解质，同时还起粘结和保水剂的作用，广泛用于卫生陶瓷釉浆。

分子式：$(C_6H_9O_4—O—CH_2COONa)_n$

化学结构式：

$$\left[\begin{array}{c}\text{结构式}\end{array}\right]_n$$

它一般是由纤维素与碱生成碱纤维素，再经一氯醋酸醚化而得。反应式如下：

$(C_6H_9O_4—OH)_n + NaOH \longrightarrow (C_6H_9O_4—ONa)_n + H_2O$

$$(C_6H_9O_4—ONa)_n + \underset{CH_2COONa}{\overset{Cl}{|}} \longrightarrow (C_6H_9O_4—O—CH_2COONa)_n + NaCl$$

CMC 外观为白色或黄色纤维状粉末，无味。易受潮，溶于水时成黏稠的透明胶状溶液，pH 值在 7~10 之前，不溶于醇、苯等有机溶剂，对光和热极稳定，制作时是先将纤维和碱作用转变成氢氧化钠纤维素，然后经过醚化而制成的。所制得的产品根据转化程度具有不同醚化度和聚合度，而醚化度对于可溶性是很关键的，其聚合度影响到实用范围，得到的水溶液的黏度大小决定于其聚合度，正是因为有不同的醚化度和聚合度，使得 CMC 有不同的性质，对釉浆的工艺性能有着不同的影响，市场上有低粘、中粘、高粘三种 CMC，要认真选用。

在生料釉中，加入不同聚合度 CMC，釉浆黏度变化大致如图 4-30 所示。低粘 CMC 解胶性强，粘结性差。使用高粘 CMC，可另加水玻璃 0.03%~0.1%。

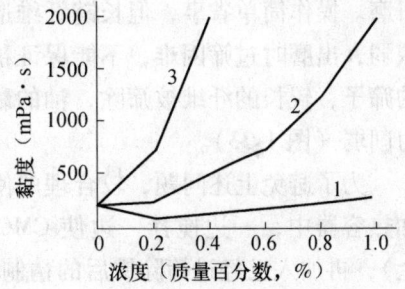

图 4-30　加入 CMC 的长石釉浆的黏度
（水∶釉比为 1∶2）
1—低聚合度；2—中聚合度；3—高聚合度

CMC 水溶液的黏度随温度升高而急剧降低（图 4-31）。加入 CMC 的釉浆，黏度也同样随温度而变化（图 4-32）。使用时应设法保持釉浆温度不产生太大变化，或随季节不同，调节用量。

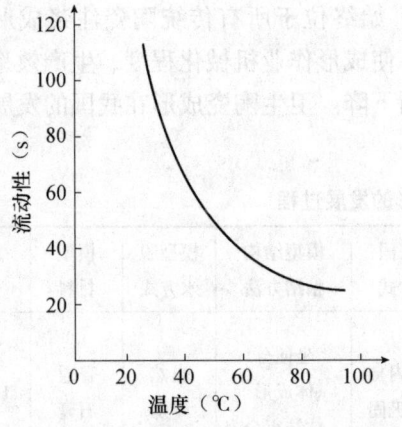

图 4-31　CMC 溶液流动性-温度关系曲线

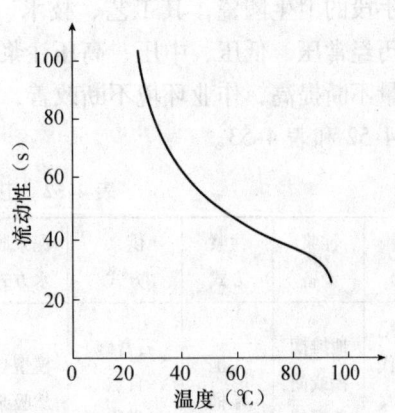

图 4-32　釉浆流动性-温度关系曲线

CMC 又是一种生物降解型物质，其水溶液在存放期间随其递降分解，黏度下降（表4-51），甚至产生气泡。因此，加入 CMC 的釉浆，应存放 2d，性能稳定后投入使用。储浆时间长，应加防腐剂、消泡剂。

表 4-51 CMC 的流动性随放置时间的变化

CMC 溶液放置时间	室温（℃）	溶液温度（℃）	CMC 1# 流动性（s）	CMC 2# 流动性（s）
24h	27.5	25.0	87.6	89.0
3d	26.0	25.5	79.7	78.7
4d	27.5	25.5	61.9	76.1
5d	27.0	25	50.3	72.5
10d	26.5	26	37.1	69.0

b. CMC 的加入方式　在典型工艺流程介绍中可以看到，制釉时 CMC 加入有两种方式。

釉料球磨时，CMC 与所有釉料组成一并加到磨中研磨。操作简单省事，但长链纤维遭到破坏，粘结性能减弱，出磨时过筛困难，不能保证釉料性能。过筛孔小的筛子，较长的纤维被筛除，釉的黏度下降，釉层结合力削弱（图4-33）。

为了避免上述问题，较合理的使用方法是：在水浴加热容器中，一边搅拌一边使 CMC 胶溶（浓度4%以上），再加入已经过筛除铁后的精制釉浆中，搅拌混匀，随时使用。

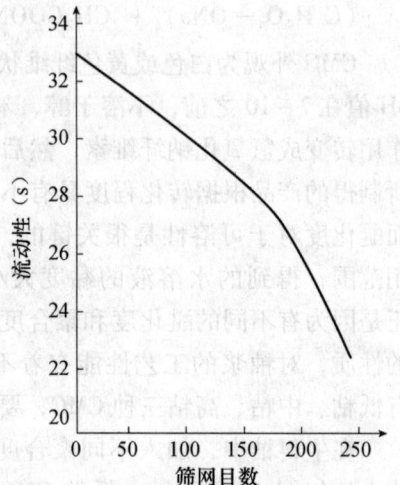

图 4-33 CMC 卫生陶瓷釉浆流动性与所过筛目的关系

4.2.4　卫生陶瓷的成形

1. 卫生陶瓷注浆成形工艺技术的发展

卫生陶瓷生产采用注浆成形方法，走过了近一个世纪的里程。随着注浆成形理论的发展和完善，注浆成形的工艺、技术、装备的发展革新层出不穷。到目前为止，仍以注浆为唯一成形手段的卫生陶瓷，其工艺、技术、装备的发展，始终位于所有传统陶瓷注浆成形的前列。历经常压、低压、中压、高压注浆的发展路程，使成形作业机械化程度、生产效率、坯体质量不断提高，作业环境不断改善，劳动强度不断下降。卫生陶瓷成形在我国的发展情况见表 4-52 和表 4-53。

表 4-52 卫生陶瓷注浆成形的发展过程

发展过程	注浆设备	注浆方式	供浆方式	泥浆脱水方式	回浆方式	巩固方式	模型结构粘结方法	模型脱水方式	模型材料	注浆效率
20世纪60年代前期人工浇注	地摊摆模或简单模架	人工端桶	石膏碗自然供浆	模型自然吸浆	人工端桶	模内自然巩固	坐便分体成形粘结组合	自然干燥	普通石膏	1次/d

续表

发展过程	注浆设备	注浆方式	供浆方式	泥浆脱水方式	回浆方式	巩固方式	模型结构粘结方法	模型脱水方式	模型材料	注浆效率
20世纪60年代后期管道浇注	模架摆模或配简单机械	管道压力注浆	石膏碗自然供浆	模型自然吸浆	管道负压回浆	模内自然巩固	坐便分体成形粘结组合	自然干燥	普通石膏	1次/d
20世纪80年代组合浇注（立浇）	组合浇注台式机械	管道压力注浆	高位槽静压供浆	模型自然吸浆	模内加微压空浆，管道负压回浆	模内微压巩固	坐便一次成形	自然干燥	高强石膏	1~2次/d
20世纪90年代低压快排水	组合浇注台式机械	管道压力注浆	加低压供浆（0.1~0.2MPa）	模型加压吸浆	模内加微压空浆，管道负压回浆	模内微压巩固	坐便一次成形	加压快速脱水	高强石膏内预埋脱水网络	2班/d 2次/班
20世纪90年代中压注浆	组合浇注台式机械	管道压力注浆	加中压供浆（0.3~0.5MPa）	模型加压吸浆	模内加微压空浆，管道负压回浆	模内微压巩固	洗面器一次成形	模型边吸浆边脱水	石膏与树脂复合材料	3班/d 5次/班
20世纪90年代高压注浆	高压注浆机组	管道压力注浆	加高压供浆（2.0~2.5MPa）	模型加压吸浆			坐便可一次成形也可分体成形粘接	模型边吸浆边脱水	多孔树脂模	8~12次/d

表4-53 不同形式的注浆成形工艺对比

注浆工艺	注浆设备	注浆次数	人工效率	供浆压力	模型材质	模型使用寿命	模型脱水方式	室内温度要求	室内湿度要求	泥浆要求	模内湿坯巩固	占地面积
台架式注浆	简单台架配以简单机械	1次/d	坐便6~10件/人	常压	普通石膏模	80次	室内自然干燥	白天（℃）25~30 夜间（℃）35~40	白天（%）60~65 夜间（%）40~50	普通泥浆	坐便过夜巩固	坐便器10个模 14m×6m
普通组合浇注（立浇）	组合浇注机组	1~2次/d	坐便20~30件/人	0.01MPa	强度较好的石膏模	80~100次	室内自然干燥	白天（℃）25~30 夜间（℃）35~40	白天（%）60~65 夜间（%）40~50	塑性好的泥浆	微压巩固0.01~0.02MPa	坐便器18~20个模 14m×4m
中压注浆	中压机组	3班/d 5次/班	洗面器70件/人	0.5MPa	复合材料模	500~700次	模型水分被压力排除	25~30℃	无定量要求	渗透性好的泥浆		洗面器35个模 12m×6m

续表

注浆工艺	注浆设备	注浆次数	人工效率	供浆压力	模型材质	模型使用寿命	模型脱水方式	室内温度要求	室内湿度要求	泥浆要求	模内湿坯巩固	占地面积
低压快排水注浆	低压快排水机组	2班/d 2次/班	坐便40件/人	0.1~0.2 MPa	内预置通水网石膏模	120~160次	模型水分被压力挤出	25~30℃	无定量要求	渗透性好的泥浆		坐便器20个模 17m×4m
高压注浆	高压机组	8~12次/h		2.0~2.5 次/h	高强度树脂模	1000次/h	同中压	常温	无定量要求	渗透性好的泥浆		坐便器1个模 6m×6m

人工抱桶浇注作为主要成形工艺已经淘汰。但作为一种补充或辅助方法，还偶用于小配件生产或新产品试制。

管道注浆，解决了泥浆输送和回浆管道化的问题，甩掉了人工抱桶的原始操作，注浆的其他方面并未改变。其他后来发展的工艺，均保留了管道送浆、加压、回浆的部分，主要发展了模型组合方式、加压、增加注浆吃浆速度的技术工艺。

普通台架式注浆，单个石膏模摆在台架上，人工开合模，或配以简单机械，完成部分翻转或开合模工作，可减轻部分体力劳动。

普通组合式注浆，早期称为立式浇注，注浆石膏模结构有重大改变，由单个摆在台架上，变成几十个模具为一组装设于一个台架上，构成一个完整的成形作业线。泥浆由管道输送、回浆，模型开合或翻转绝大部分靠机械完成，应用很普及。但对泥浆和模型性能要求高，结构比较复杂的产品不大适用，变换产品的品种规格比较困难。因此，20世纪80年代以来，台架式和组合式浇注在我国卫生陶瓷厂较长时期以来在并行发展。

根据产品开模形式，组合浇注机组可分为：

左右移动开模式：主要用来生产洗面器；

上下开模式：生产水箱、洗槽类产品；

左右上下模翻转90°或180°：生产坐便器。

为了提高吃浆速度，以上通过管道注浆的成形方式，也均可通过高位浆槽或泥浆罐通压缩空气等方式，对吃浆中的泥浆加压。因石膏模强度所限，注浆压力仅约0.02MPa，故又可称之为低压注浆。

在使用石膏模的前提下，想进而提高吃浆速度，把真空注浆技术与低压注浆两者结合起来，便构成了低压快排水注浆技术，保持台架式，组合式低压注浆的所有技术之外，其特点之一是另设一套真空机组，通过预埋在石膏模壁中的多孔管网，将已吸入石膏模中的水分迅速吸出，增加了成形坯体两侧的压差，明显加快坯体成长速度，缩短坯体巩固时间；特点之二是，坯体从模型中脱出后，从模型外部通压缩空气，短时间内排出模型中的水分。因此比过去靠加热干燥石膏模，整个注浆生产周期缩短。而且只要改换模型，原组合浇注生产略作改造即可改成低压快排水生产线，投资少。

再进一步提高吸浆速度，并改善坯体性能，显然只有进一步增加注浆成形压力。因此，在上述新工艺新技术出现走上生产的同时，20世纪60年代中期国外就开始了压力注浆的实用技术开发。1982年德国道尔斯特公司（DORST）与瑞士劳芬公司（LAUFEN）合作，首先研究成功高压注浆技术，采用微孔树脂模具。试验用注浆压力达到2.5~4MPa，用于卫生瓷的生产，注浆压力达到1.5~2MPa。高压注浆技术的开发成功，给卫生瓷的注浆成形带来了革命性的变化，1986年德国内奇公司（Neazsch）研究完成了中压注浆技术，用于工业生产。由于其采用高强度的α-石膏，注浆压力可以达到0.35~0.4MPa。我国也于90年代开始应用这两种新工艺装备投入生产，并显示出较好的综合经济效益。

第一，高压注浆要求的空间比传统注浆小。一台BDW80型高压注浆机占地面积30~50m²，一条40个石膏模具的组合浇注线，占地面积约100m²。而且制做石膏模具，供应和储藏石膏原料，模具的存放以及废弃石膏模具的处理，都需要很大的空间并增加工人的劳动强度。

第二，采用高压注浆可以节约能源。高压注浆浇注的坯体平均含水率比普通注浆浇注出来的坯体的平均含水率低，达到同样的干燥效果，所需干燥热能少，另外，高压注浆的模具不需干燥。

第三，改善了操作环境，降低了工人的劳动强度。高压注浆成形的湿坯含水率低，强度大，对环境的要求比传统注浆要宽松得多，成形车间的温度和湿度可以相对降低。注浆操作基本实现了半自动化，只需按动电钮，进行简单的修坯，极大地降低了工人的劳动强度。先进的设备使人的因素对产品质量的影响降低到最低的限度，只需对工人进行两三天的培训即可上岗操作机器。

2. 高低压注浆成形工艺因素和产品性能的比较

（1）坯体形成机理　高压注浆成形，坯体形成过程与板框式压滤饼的形成机制相同，可称为"压滤成形"。在石膏模中不给或仅给很低的压力注浆成形，坯体主要是靠泥浆颗粒被吸附在模型表面上，因此可称为"吸附成形"。然而它们都应递循相同的过滤机理（图4-34a），且可用相同的过滤方程来表达：

$$\frac{Q}{A} = \frac{1}{A} \cdot \frac{dV}{dt} = \frac{P}{\mu\left(\frac{\alpha\omega}{A} + R_m\right)}$$

式中　Q——水的过滤体积速度；

A——模具与泥浆接触的面积；

V——时间t内滤出水的体积；

P——过滤推动力；

μ——水的黏度；

α——滤饼的单位质量干固体的过滤比阻；

ω——单位体积泥浆的干滤合并质量；

R_m——模具的阻力。

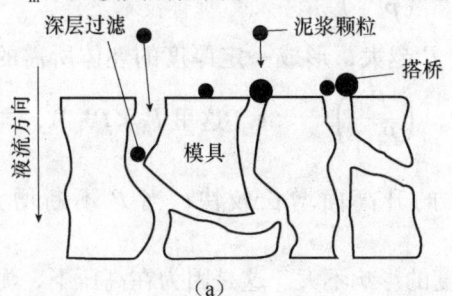 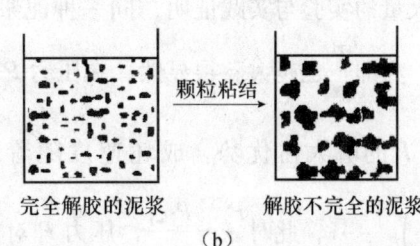

图4-34　过滤示意图

(a) 陶瓷注浆成形的过滤机理；(b) 泥浆显微结构示意图

1) 当模型内表面刚接触泥浆,即开始注模。表面尚未或刚刚形成坯体薄层时,式中 α 值接近于零,树脂模的 R_m 又很小,此时压力 P 加得过大,就会产生如图 4-34a 所示的深层过滤现象,易引起模具微孔堵塞。因此,高压注浆分两个阶段进行:

填浆:0.25~0.4MPa、180~300s,模具排气,颗粒在低压下桥接,不易堵孔。

吃浆:1~1.5MPa,400~700s,坯体厚度迅速增长,含水率低。

实际上的泥浆如图 4-34b 所示,总存在一些未完全解胶的絮凝粒子,这种触变结构促使粒子"搭桥"。所以,只要注模填浆阶段压力不太高,石膏模不会堵孔,树脂模也不至产生严重深层过滤现象。

2) 在实际注浆过程中,随着泥层加厚,滤阻增加,但泥浆本身性能基本不变,而且过滤水量与坯体厚度成正比。将上过滤方程处理后,可得:

$$t = \frac{\mu \alpha \omega}{2A^2 P} \cdot K^2 \cdot L^2$$

式中 t——注浆时间;

L——坯体厚度;

K——泥浆含水率及坯体与模型接触面积等有关的常数。

其他同上过滤方程。

根据研究,石膏模孔径主要分布在 $1~6\mu m$,按毛细管吸附理论计算,其吸附力不超过 0.1MPa(实际测得不同加水量的石膏模吸力波动在 0.026~0.064MPa 范围)。显然,高压注浆成坯时间应当比石膏模内成坯时间缩短很多。

3) 在过滤方程和导出的上述公式中,泥坯层的比阻 α 实际上应随 P 变化。因为泥浆中颗粒表面的水化膜在较大压力下肯定发生破坏,等于粒子被压缩,泥层结构变化。泥层滤阻的变化,可用压差指数函数表示:

$$\alpha = \alpha' p^s$$

式中 α——在任一压差 P 之下泥层的过滤比阻;

α'——比例系数,为单位压差下的泥层比阻;

s——泥层的压缩指数,可由实验测得,其值恒小于 1。

由此可得到:

$$\frac{P_i}{\alpha_i} = \frac{1}{\alpha'} P_i^{1-s}$$

$$\left(\frac{P_i}{\alpha_i}\right) \div \left(\frac{P_{i+1}}{\alpha_{i+1}}\right) = \left(\frac{P_i}{P_{i+1}}\right)^{1-s}$$

大量的实验与实践证明,同一种泥浆,压力 P 越大,形成一定厚度的坯体所需的时间越短,亦即 $\frac{P}{\alpha}$ 也越大。很显然,在压力 P 较低时,$\left(\frac{P_i}{P_{i+1}}\right)^{1-s} < 1$(这里 $P_i < P_{i+1}$),即 $\frac{P_i}{\alpha_i} < \frac{P_{i+1}}{\alpha_{i+1}}$,$P$ 的增大占优势,成坯速度随着压力 P 的升高而增长较快;当 P 不断增大时,$\left(\frac{P_i}{P_{i+1}}\right)^{1-s} \to 1$,此时 $\frac{P_i}{\alpha_i} \approx \frac{P_{i+1}}{\alpha_{i+1}}$,压力 P 对成坯速度的影响不大。这是因为在高压下,泥浆颗粒水化膜遭到严重的破坏,坯体进一步致密化,坯体的渗透率大幅度下降。实践也证明,当压力达到 4MPa 以上时,浇注速度随压力的增大而提高非常小。同时,大的压力需要大的合

模力,给机械装备及模具带来很大的问题,这是极不经济的。所以目前的高压注浆机,注浆压力一般不超过4.0MPa。用于卫生瓷高压成形工艺的注浆压力一般为1.5~2.0MPa。

(2) 泥浆性能　高低压注浆成形机理相同,操作时泥浆性能的影响也不可忽视。泥浆各项性能对低压注浆的影响,同样在高压注浆时表现出来,只是程度不同。归纳起来,两者对泥浆性能要求的差异见表4-54。

表4-54　高低压注浆对泥浆性能要求的差异

性能	低压注浆	高压注浆
配方	相同	相同
对泥浆性能的适应性	较差。对泥浆各项性能都要求严格,必须同时达到要求	较强。对某些性能指标不能适应低压注浆的泥浆,只要调整控制程序也可成形
对泥浆的稳定性要求	较高。每批泥浆性能波动,人工凭经验调整操作,机动性大	很高。泥浆波动,机械程序无法调整适应,因此希望使用标准化原料,严格各项操作,保证每批泥浆性能不变
泥浆温度	较低。最适宜 (30±2)℃	较高。最适宜 (40±1)℃
泥浆黏度	70~120cP	只要不沉淀,黏度可比低压注浆黏度低10~20cP,甚至<70cP
泥浆厚化度	1.1~1.25	要求不严,但以触变性小为好
泥浆密度	在流动性、厚化度允许下越高越好	同低压注浆

4.2.5　干燥

1. 干燥的意义

只要是注浆成形的卫生陶瓷坯体,脱模后坯体含水率一般>19%,有的高达23%以上。湿坯强度低,不便运输,更不能进行上釉、烧成。因此必须将其干燥至含水率<2%。

(1) 干燥脱水热耗　坯体干燥热耗,在传统同室成形干燥工艺条件下,可达6720kJ/kg以上,成形车间热耗约为全厂热耗的40%,因此,提高干燥热效率,有很大经济价值。

(2) 湿坯干燥,收缩率至少2%,若坯体各部位、坯体内外层脱水速度不一致,干燥收缩就不一致,会引起坯体内产生应力,导致坯体开裂。因此,保证坯体快速均匀干燥,降低生坯干燥损失,提高干燥热效率,是干燥工程的中心任务。由于卫生陶瓷产品坯体大壁厚,结构复杂,欲使坯体任何部分均匀迅速干燥,技术难度大。

(3) 干燥工艺前和成形后与上釉装烧相接,干燥技术装备不仅体现上述价值,还影响上下工序的工作环境和生产的连续性以及生产场地有效利用。

2. 干燥原理

(1) 坯体中的水　按其结合状态共分三类:

1) 化学结合水　矿物组成中的结构水,不能经过干燥除去。

2) 吸附水　物料中<$\phi 10^{-4}$mm毛细管、胶粒表面及纤维皮壁中吸附的物理化学结合物。这部分水含量与干燥介质中的温湿度平衡。

3) 其他存在坯体中呈自由状态的水　可以通过干燥全部除去。

(2) 干燥过程　坯体在干燥过程中水分与坯体体积、表面温度和干燥速率的关系如图

4-35 所示。在假设恒温、恒湿、干燥条件下，所发生的主要变化简列于表 4-55。

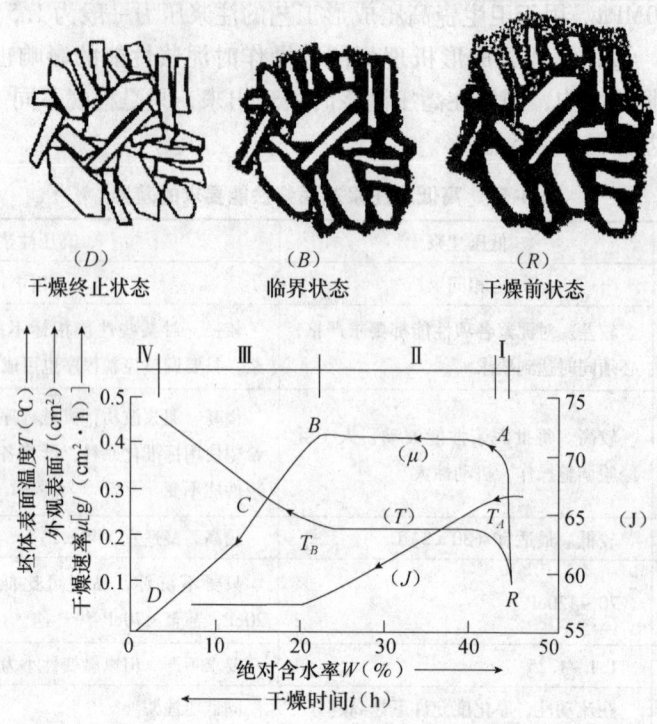

图 4-35　坯体干燥过程示意图

表 4-55　干燥过程中坯体发生的变化

干燥阶段	Ⅰ 升温阶段	Ⅱ 等速干燥阶段	Ⅲ 降速干燥阶段	Ⅳ 平衡阶段
参数变化	$R \rightarrow A$	$A \rightarrow B$	$B \rightarrow C$	$C \rightarrow D$
参数变化特点	T 迅速上升 μ 迅速上升 J 几乎不变 W 略有下降	T 不变 μ 不变 J 大量收缩 W 显著下降	T 上升 μ 下降 J 不变 W 下降	T = 干球温度 $\mu = 0$ J 不变 W = 大气平衡水
干燥特点	坯体吸收热量 ＞表面蒸发热，只有外扩散	吸收热＝蒸发热， 内$_{扩}$＝外$_{扩}$	吸收热＞蒸发热， 内$_{扩}$＜外$_{扩}$	吸收热＝蒸发热＝0 内$_{扩}$＝外$_{扩}$＝0
坯体中水分状态	表面有水膜，空隙毛细管充满水	空隙毛细管充满，表面连续水膜变薄消失	毛细管内水分逐渐减少，弯月面下降	＞10^{-4} mm 毛细管内水分全部蒸发
坯体性能变化	强度低， 温度上升至湿球温度， 无明显收缩	强度↑， 可塑性↓↓ 温度恒定，收缩率↑↑	强度↑↑， 可塑性＝0 温度上升至干球温度，收缩率＝0	强度不变， 可塑性＝0 温度上升至干球温度，收缩率＝0

可见，坯体在干燥过程中，体积的变化只发生在等速干燥阶段，至坯体内水分等于临界水分时终止，即此时坯体内固体颗粒最终完全靠拢。如果整个产品每个组成点，都同时处于

上述 4 个阶段。即坯体每个部位都处于同步干燥状态，坯体在等速干燥发生的收缩再大，也不至于产生应力。而实际产品形状复杂，体大壁厚，坯体断面上本身存在水分梯度、固有收缩率不同，更重要的是任何干燥技术，都不可能做到使坯体完全同步干燥。干燥工程的任务，就是根据坯体性质、产品品种、设备系统特点，制定和实施干燥损失率最低、热耗最少、干燥周期最短的工艺制度和管理措施。

3. 干燥方法和工艺制度

干燥方法：主要分两类，一类适于传统的用石膏模每天成形一次的企业，干燥在成形车间原地坯架上不动，可称为成形车间干燥系统；一类是建设专门的干燥器。干燥器按运转方式分为连续式干燥器和间歇式干燥器。按输送制品的方式不同，连续式干燥器分为窑车式、辊道式和高架传送带（吊篮）式。连续式干燥器，产品移动，沿干燥器长度方向各点的设定值不变。间歇式干燥器（又称室式干燥），产品不动，控制条件随时间改变。

(1) 成形车间干燥系统　过去成形车间，只供热，没有温、湿度调控系统，干燥周期很长。这种干燥方法在新建厂已不再采用。现在的成形车间干燥系统，安装有室内温、湿度控制系统，对整个成形车间内的温湿度等实行较精密的自动调控，保证该系统能够按照既定的干燥制度运行。

该干燥系统由空气调节装置（包括风扇、加热器、过滤器、空气混合器和冷却设备等）、排气装置、吊扇、控制板与控制系统和管道等部分组成，其平面布置示意图如图 4-36 所示。

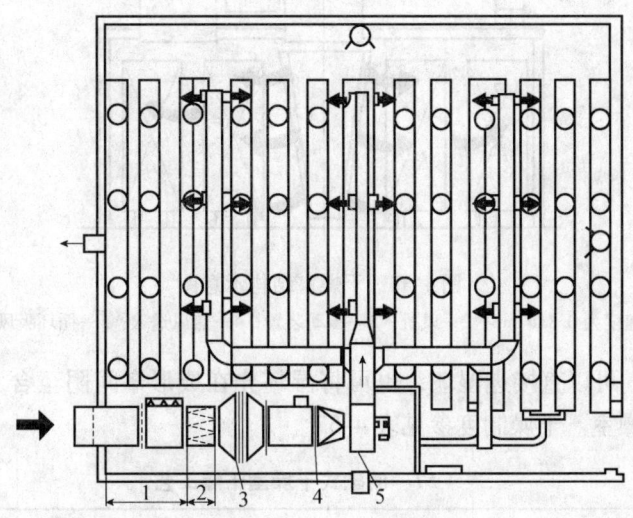

图 4-36　成形车间干燥系统图
1—空气混合段；2—过滤段；3—冷却管；4—加热器；5—风机

这一装置可提供环流供热，区域通风。干燥和成形车间的温、湿度调节，影响成形车间的温、湿度调节的主要因素，是要控制好供给足够的干燥用循环空气量和调节好成形车间内、外循环空气量。热源为蒸汽，窑炉余热或热风炉产生的热风。

工艺制度也有两类（表 4-56）。一种是坯体湿修后进行的，一类坯体只能干修的。湿修坯干燥一天。干修坯干燥两天。干修坯第一天干燥到含水率 5% 左右，干修后则无需严密控制干燥制度。

表 4-56　成形车间干燥系统干燥工艺参数

	时间	温度（℃）	湿度（%）	坯体含水率（%）
湿修坯（实例）	8:00~18:00	26~28	60~65	20~15
	18:00~24:00	28~35	65~50	
	24:00~6:00	35~50	50~30	
	6:00~8:00	50~28	30~60	1~2
干修坯	8:00~18:00	28±2	65±3	20
	18:00~20:00	28~40	65~60	
	20:00~6:00	40±2	60±3	
	6:00~8:00	40~28	60~65	5

（2）间歇式干燥室　避免了整个成形车间内加温干燥的缺点，可以给坯体的干燥提供最佳的干燥制度，国内外应用较多。其缺点是产量较低，不适应大规模的连续化生产。热耗为 4606kJ/kg 水。

干燥室结构如图 4-37 所示。其核心是使空气循环的旋风筒装置。

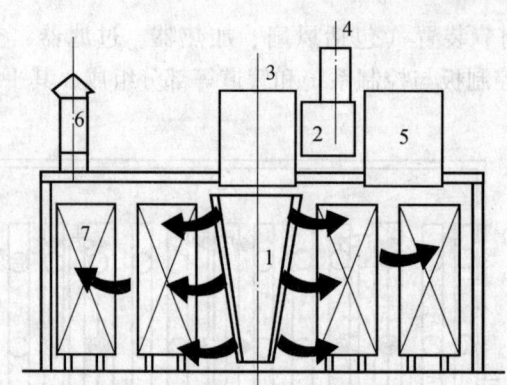

图 4-37　干燥室结构示意图

1—旋转风筒，旋转速度为 0.8m/min；2—风机；3—传动装置；4—热风送入；5—循环吸风；6—室内气体排出

间歇式干燥室，可以直接进湿坯，也可将湿坯先在成形车间阴至含水率 12% 左右（临界含水率）再过干燥室。干燥制度参见表 4-57。

表 4-57　间歇式干燥室干燥工艺

	时间	温度（℃）	湿度	含水率（%）	周期
湿坯（实例）	第一阶段	90		18~12	10~12
	第二阶段	60	90	12~8	
	第三阶段	80	50	8~4	
	第四阶段	40	<20	4~0.5	
阴干坯	第一阶段	室温→60~70		12~10	10~12
	第二阶段	60~70	50		
	第三阶段	60~70			
	第四阶段	60~70→室温		1~0.5	

(3) 连续式室式干燥室　一般分中温高湿、中温中湿和高温低湿三个区段。坯体用坯车或吊篮运载,并按一定的速度在直型或回型隧道内运行,湿坯经 10~12h 完成干燥过程。这类干燥装置系统,也称快速干燥器。热耗为 3768kJ/kg 水左右。

1) 吊篮干燥室工作系统及结构　吊篮干燥室有单通道、双通道和三通道等形式。

① 单通道吊篮干燥室工作系统（图 4-38）。

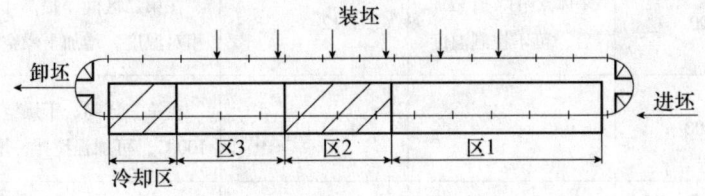

图 4-38　单通道吊篮干燥室工作系统图

② 双通道吊篮干燥室工作系统（图 4-39、图 4-40）　这种干燥室可吊架在成形车间上部,做成一架空的通道干燥室。送风是每米沿断面一圈都有,排风是汇总排出。

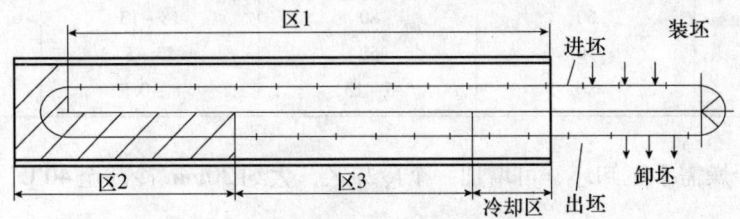

图 4-39　双通道吊篮干燥室工作系统图

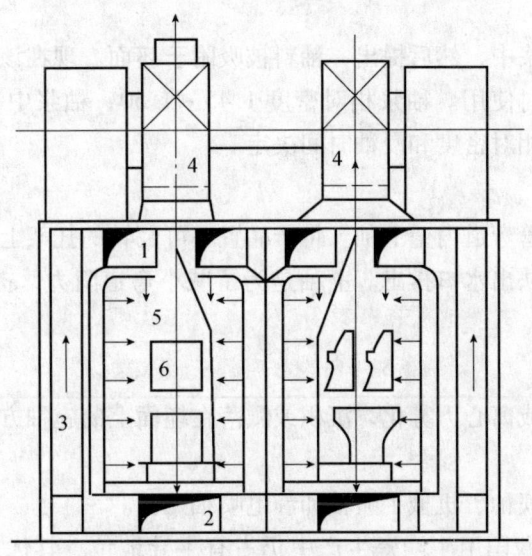

图 4-40　双通道吊篮干燥室横剖面图
1—送风箱；2—再循环风道；3—排风道；4—排风机；5—吊篮；6—坯体

2) 干燥制度

干燥时间一般为 4~7h,坯体水分由 17%~19% 干燥到 1% 以下。干燥温度和湿度分三个区间来调节控制,一般干燥工艺参数见表 4-58,某厂实际控制制度举例见表 4-59。

表 4-58　吊篮快速干燥器干燥工艺

区间	温度（℃）	湿度（%）	坯体含水率（%）	备注
一	室温→60	70~80	17~19→12	在第一区间的干燥时间约占整个干燥周期的50%，要控制好温、湿度和风速
二	60→90	坯体水分降到12%后，可不控制温度	12→4	在第二区间，提高干燥空气温度，减少相对湿度，增加干燥空气和风速
三	90~100		4→1以下	在第三区间，干燥空气温度保持在90~100℃，可加强搅拌，增加流速
冷却	90~100→40~45			

表 4-59　某厂快速干燥工艺参数

区间	温度（℃）	湿度（%）	坯体含水率（%）	周期（h）
一	60	80	18~13	
二	70	60	13~8	10~12
三	80	5~15	8~0.5	

如果快速干燥需手工卸坯，可增加一个冷却区，大约30min冷却至40℃。

4.2.6　施釉

1. 浸釉

将精修青坯浸入釉浆中，然后提出，釉料被吸附于坯面。现在该法只偶尔用于小件上釉或实验室做坯釉小试验时使用。釉浆相对密度 1.45~1.50，釉浆中一般可不加解凝剂和粘结剂。釉层厚度由釉浆相对密度和浸釉时间决定。

2. 浇釉

只用于坐便器排水管弯道内壁上釉。将产品置一可翻转的托架上，把釉浆从进水口端灌入，翻转坯体，使釉浆从出水口排出。上釉是为了减小弯道阻力，提高冲水功能，釉层薄，釉浆相对密度更小。

3. 喷釉

釉浆经过压缩空气或离心力雾化，沉积或溅落在坯面上的施釉方法，现在卫生陶瓷生产中广泛使用。

喷釉法可分为手工喷釉、机械手喷釉和静电喷釉几种。

（1）手工喷釉　在我国卫生陶瓷生产中仍占有主导地位。其优点是设备投资较少，设备故障停机停产的问题少，品种变更容易。只要釉浆调配合理，操作方法得当，可以生产出高档次的产品。因此，手工喷釉比较适合中国国情，即使在国际上的发达国家，人工喷釉仍比较普遍。

手工喷釉有"静压喷釉"和"压力喷釉"两种方式。静压喷釉是指釉浆放在离地面 1.8~2m 的高位槽内，釉浆靠高位静压流向喷枪，这时通入喷枪的釉浆压力仅为 0.025~

0.035MPa。由于釉浆压力较低，釉浆出枪量较小，釉浆颗粒的射出速度也较小，釉层附着力较低，很难保证釉层达到足够的厚度。

压力喷釉是利用压力罐或釉泵向釉浆施加 0.1~0.3MPa 的压力，压力高的釉浆通入喷枪，加大了出枪量和颗粒的喷出速度，提高了喷釉效率，提高了釉层厚度，也提高了产品的实物质量。现在我国大部分工厂采用压力喷釉。

压力喷釉的主要工艺参数：

釉浆密度：$1.6~2.0g/cm^3$，多数 $1.8~2.0g/cm^3$

压缩空气雾化压力：0.6~0.7MPa

釉浆压力：0.1~0.3MPa

喷釉遍数：4~5 遍

釉层湿重：$5~8g/100mm^2$

成品釉层厚度：0.4~0.9mm

喷釉生产效率：100~120 件/(班·人)

（2）机械手喷釉　用电脑控制的机械手完成人工喷釉操作的施釉技术。

喷釉雾化、沉积原理与人工喷釉相同，所使用的釉浆工艺参数，喷釉厚度等也与人工喷釉一样，所不同的只是以机械手模仿人手的动作，完成喷釉工作。

机械手主要分两类，一种是示教式机械手，一种是编程式机械手。示教式机械手在使用时由一名熟练喷釉操作人员直接操纵机械手上的喷枪，实际喷完一件产品示教，电脑即自动将工人的操作编制成程序预置起来，以后即可自动重复，操作相同产品的喷釉动作。一般用 6 个自由度的示教式机械手、编程式机械手的自控程序是人工根据坯体实物形状尺寸编制计算机语言输入电脑的，喷釉的质量与该程序编制的合理性密切相关（详见机械设备章节内）。

机械手只能完成喷枪的动作，因此，机械施釉线还必要配置坯体传输联动线，联动线上的承坯台在械手喷釉时，能按程序转动角度，配合完成喷釉全过程。

机械手喷釉，每条线产量 400~700 件/(台·班)。

（3）静电喷釉

1）静电施釉技术概述　高压静电施釉是一种以高压静电为核心动力的施釉工艺，带电的釉浆颗粒在高压静电场的作用下向陶瓷坯体表面吸附，喷枪向坯件施釉的速率取决于雾化的质量，而无因压力增高或降低造成的"锤打"及"褶皱"现象，在静电施釉过程中，雾化粒子在 100000V 高压下相互作用，并使粒子反弹获得极佳的雾化效果，从而保证釉面平滑光润，不起波纹。

雾化后带正电的粒子总是会被吸引到最近的接地物体——润湿的坯体上，釉浆粒子对坯体形成"全包"效果。因此，坯件不会出现人工极易产生的丢枪釉薄缺陷，釉浆粒子受高压电场的作用，对坯表面加速运动，形成高致密吸附层，使卫生瓷产品的边角挂釉这一技术难题得以解决。

高压静电施釉这种新技术具有三大优点：①产品釉面质量将会大幅度提高；②劳动强度会在大幅度降低而工作效率将成倍增长，整个生产过程将在 PC 机的精密控制下自动完成。③施釉过程将在一个密闭的设备内进行，可避免操作工人的矽肺职业病危害。此外，高压静电施釉，采取双层施釉，利用万能输送带输送方式，可以连续对坯件进行任意形式、任意角度的施釉加工。可保证高质量的釉层厚度，它避免了常规施釉方法（人工或机器人施釉）所造成的坯件边棱釉薄缺陷，使施釉工艺技术发生了根本性变化。经高压静电完成的施釉坯件釉面致密牢固，可减少釉面棕眼、釉针孔，克服釉面波面纹，增加釉层硬度，减免坯体搬运过程的机械损伤，提高成瓷的等级率。高压静电施釉的釉室密闭性能较好，整个施釉操作全部自动完成，彻底改变了施釉的作业环境。不仅如此，它还能更好地进行釉料回收，而且更换颜色较快，大幅度降低工人的劳动强度，工作效率成倍提高。高压静电施釉利用万能传送带的连续运转改变了常规施釉方法时间长、占地多的间断生产方式，降低了施釉成本费用，是目前卫生瓷行业施釉工序设计最先进、工艺技术水平最高的施釉方法。

2）高压静电施釉与传统施釉方法的对比

①产量高　其产量水平与4台机器人相当。一般来说，静电施釉可达到1500件/d，相当于18名工人的工作量。

②高质量　可进行双层施釉，对不合格的产品进一步校正处理，同时具有较高的自动化水平，对坯件表面可实现全包效果。这一特点是人工以及机器人难以做到的，甚至说是不能做到的。

③灵活性较强　可以喷施各种形状的新型产品，随机性很强，不需重设程序；而对机器人则需对每一个品种设定一次程序，对人工施釉则需有一段自适应阶段。

④变产快　仅20min，静电施釉便可以从一种釉色变到另外一种釉色，而机器人或人至少需要40min才可完成。

⑤工艺流程简单　高压静电施釉，可随意更改产品类型，工艺过程简单可靠。

⑥施釉质量均匀一致，无色差　对机器人来讲，在1个月内尚可保证其良好的再现性，而时间一长便会出现偏差。

4.2.7 烧成

1. 卫生陶瓷制品烧成的特点与要求

（1）卫生陶瓷坯、釉料的配方组成、化学组成、粒度组成、矿物组成，与一般以黏土、长石、石英为基础配料组成的传统白色陶瓷相近，因此在烧成过程中所要求的工艺条件，发生的各种物理化学反应与变化相仿，基本上可以用已知传统知识去解释烧成过程中发生的现象。因此，有关烧成过程中发生的变化和机理，以及热工装备、热工制度等不再赘述，有关知识参见第9章。

（2）卫生陶瓷坯体不能也不需要完全烧结，坯体至少具有>0.2%的吸水率，烧成温度总是处于相对于日用陶瓷产品烧成温度范围的前期，一般不至产生过烧起泡和膨胀，但应注意生烧缺陷，生产中加强成品的墨水渗透试验或吸水率测定。

（3）卫生陶瓷均采用氧化焰烧成，对窑内气氛性质的控制不像日用细瓷严格，但从提高热效率的角度出发，应当注意空气过剩系数不能太大。同时，采用氧化焰烧成更不宜过烧。

（4）卫生陶瓷产品壁厚、结构复杂、自重大，烧成过程中坯体收缩尺寸、坯体内外温差和高温荷重都比较大。因此，要特别注意产品装窑码放的技巧，使之平稳、收缩不受太大阻力，高温收缩后产品重心落在支承垫板上，如果产品局部自重大又无法做到与产品主体共同构成自支撑，则必须另行单独垫支；预热和冷却阶段，窑内温度与产品温度相差不能太大。

2. 烧成工艺操作

(1) 装窑。对坯、釉的要求

1) 用煤油检查裂纹、补釉、吹掸落脏。
2) 检查含水率,保证含水率<2%。

(2) 产品码放

1) 支承耐火材料比热容小、高温不变形,重烧收缩极小、尺寸正确、接触吻合;
2) 支承耐火物与产品间的质量比小;
3) 生坯与支承物直接接触的承重面铺垫软塑料片,少用、最好不用生耐火泥找平;
4) 产品大小高矮搭配得当,使车台面上部空间匀称;
5) 使每台车总装载质量(包括支承耐火物)大体相等。

(3) 烧成操作注意事项

1) 根据坯釉料的差热分析、烧结实验和热膨胀系数测定数据,制定烧成制度。
2) 严格控制燃料质量。柴油质量波动大,特别注意柴油含水率和含硫量的变化,含水量应<3%,含硫量应<0.3%。煤气质量要求为:

热值 >5225kJ/Nm³
H_2O <44g/Nm³
H_2S <500mg/Nm³
灰尘 <50mg/Nm³
NH_3 <680mg/Nm³

3) 烧成运行过程中注意烧嘴工况的变化。
4) 使用烟囱排烟的,应注意天气和季节变化。

3. 卫生陶瓷窑炉选型和技术经济指标

目前常用窑型只有三种,其主要工艺技术参数见表4-60。其中烧成周期16~18h的隧道窑烧成制度参数见表4-61。

表4-60 卫生陶瓷窑炉主要参数

窑 型	隧道窑	辊道窑	梭式窑
产量 [万件/(年·座)]	50~100	50~80	10~20
烧成周期 (h)	11~15	8~12	11~15
热耗 (kJ/kg瓷)	4600~5850	2700~3760	5400~6700
其他	1. 产量大,适于大型企业采用; 2. 生产运行平稳定,易于管理; 3. 特大件结构复杂产品烧成或经常变换产品品种适用性差	1. 适于快烧、能耗低; 2. 耐火材料垫板、辊子等窑具消耗较高	1. 特别适于面向市场,经常改换产品品种的企业; 2. 适于与隧道窑、辊道窑配套,专烧大件异型制品或重烧修补产品

表 4-61　卫生瓷隧道窑烧成制度参数一览表（烧成时间 16~18h）

烧成阶段		升降温速度（℃/h）	压力（mmH₂O）	气氛	备注
低温阶段 室温~300℃		升温：80~100	负压 −4~−5	氧化气氛 O_2 2%~5%	坯体入窑含水率平均应达到2%以下
氧化分解阶段 300~950℃		升温：80~150	次负压 −2~−3	氧化气氛 O_2 2%~5%	在 500~600℃ 应缓慢升温，此段升温速度尤为重要
高温阶段 950℃~最高温度		升温：40~80	微负压 −1~0	氧化气氛 O_2 2%~5%	要保障火焰温度梯度均匀性
高温保温阶段		温度保持在最高范围内	微正压 0~1	氧化气氛 O_2 2%~5%	
冷却阶段	急冷阶段最高~800℃	降温：200~250	正压 1~3	O_2 正常空气含量	冷风避免直吹制品
	缓冷阶段 800~500℃	降温：40~50	正压 0~1	O_2 正常空气含量	温度均匀尤为重要
	终冷阶段 500℃以下	100~150	正压 1~3	O_2 正常空气含量	在 270~200℃ 要降低冷却速度，整个阶段防止直吹制品，注意温度均匀性

4. 卫生陶瓷厂生产技术经济比较

烧成工序完成后，卫生陶瓷厂的所有技术经济指标基本上得到了全部反映。为此，在表 4-62 中列举了能代表当前我国卫生陶瓷技术装备和生产水平的工艺与技术经济指标与国外一些厂家实际工艺与技术经济指标的比较。

表 4-62　卫生陶瓷生产工艺和技术经济指标比较

指标	单位	西蒂（意）	阿克来·玛尔斯（英）	比希勒维（法）	中国
生产规模	万件/年	60	50	36	60
建筑面积	m²	21888	17931	27218	28800
工人数	人	200	426	450	373
原料用量	t/a	13350	11381	8581	14110
燃料总耗量	Nm³/a	9060000	10450000	12037600	12540000
电力耗量	万 kW·h		432	261	518
蒸汽耗量	万 t/a		6.48	1.49	7.77
耗水量	万 t/a	3.6	13.0	43.0	15.6
压缩空气耗量	万 m³/a		504	504	605
坯料球磨周期	h		16	10~16	10~16
釉料球磨周期	h		48	20~30	36~48
泥浆含水率	%		28~30	28~30	28~30
釉浆含水率	%		32~35	32~35	32~35
泥浆密度	kg/L		1.8	1.8	1.8
釉密度	kg/L		1.75	1.75	1.75

续表

指 标	单 位	西蒂（意）	阿克来·玛尔斯（英）	比希勒维（法）	中 国
平均干燥周期	h				10
烧成温度	℃	1230~1250	1250	1230	1180~1220
烧成周期	h	16	16	18	16
重烧温度	℃	1160			1130~1170
重烧周期	h	12~24			20
烧成能耗	kJ/kg 瓷	5434	5016		6270
重烧能耗	kJ/kg 瓷	8778	8360		7733
成品合格率	%	95（共15%重烧）	85	89.22	92（重烧后）

4.2.8 卫生瓷加工

卫生陶瓷成品的冷加工分为：

（1）安装面的后加工　高档卫生陶瓷制品要求其外形非常规整，安装面平整，能与地面、墙面、台板面紧密贴合，使贴合处自然、美观。卫生瓷制品安装面后加工的工艺原理是利用特殊设计的平面磨床，将瓷件固定在研磨台上，加工面向上，研磨台开始作往复运动或旋转运动，瓷件也随之运动，然后在瓷件正上方的砂轮转动并给进，将瓷件加工面磨平。在整个加工过程中磨床一般均对瓷件加工面喷水，以防止加工面过热而引起瓷件爆裂，并可冲走磨屑，起除尘作用。

（2）安装孔的后加工　卫生陶瓷五金及塑料配件的装配要求陶瓷件的安装孔要圆滑规整，这就需要除去安装孔内表面的毛刺、流釉等杂物，一般采用电动磨具对其进行手工磨削。为便于对不同尺寸的安装孔进行磨削加工，采用锥形金刚砂质磨头。

4.2.9 成品检验与包装

1. 成品检验

（1）成品检验内容　卫生瓷成品检验，是根据国家质量标准，运用检测仪器和检测手段，对成品质量进行目测质量检测，将检测的特性值与标准的要求，进行比较判定，以确定产品的等级和缺陷，确保出厂产品合格并将质量缺陷及时反馈到生产岗位，以改进和提高产品品质量。检验主要内容为：外观质量；规格尺寸；产品变形；便器冲洗功能；物理性能（吸水率，抗裂试验）。

（2）检验方式和程序　一般采用全数检验和抽样检验两种方式，其中外观质量、变形、孔眼尺寸、虹吸式坐便器冲洗功能等技术指标，均采用全数检验；外形尺寸、冲落式蹲便器冲洗功能、物理性能（吸水率和抗裂试验）及考验检验人员工作质量等指标，则采用抽样检验方式进行。

成品检验的工作程序是：①根据标准对产品实物质量，用量器具（钢直尺）检验设备，进行目测检查，确定产品的一、二、三级品和废品。②降级的产品，准确划分工序责任。③真做好检验记录和信息反馈。

卫生陶瓷标准沿革简况见表4-63。

表 4-63 卫生陶瓷标准沿革简表

年代	标准名称	标准号	主持制定部门	备注
1954	卫生陶瓷产品技术条件		重工业部建材局	废止
1960	建筑卫生陶瓷标准（部标）	建标 21—61	建筑工程部	废止
1967	卫生陶瓷（部标）	JC—131—67	建筑材料工业部	废止
1975	卫生陶瓷（部标）	JC—131—75	国家基本建设委员会	废止
1981	陶瓷大便器冲洗功能试验方法	GB 2580—81	国家建材局	废止
	建筑卫生陶瓷吸水率试验方法	GB 2579—81	国家建材局	废止
	建筑卫生陶瓷耐急冷急热试验方法	GB 2581—81	国家建材局	废止
1986	卫生陶瓷	GB 6952—86	国家建材局	废止
	卫生陶瓷规格及连接尺寸	GB 6953—86	国家建材局	废止
	卫生陶瓷外观质量	GB 6952—86	国家建材局	废止
1989	建筑卫生陶瓷吸水率试验方法	GB 2579—89	国家建材局	废止
1993	陶瓷大便器冲洗功能试验方法	JC 502—93	国家建材局	废止
1997	卫生陶瓷规格尺寸的检测方法	JC/T 664—1997	国家建材局	废止
2000	《6L 水便器配套系统》	JC/T 856—2000	中国建筑材料工业协会	废止
2005	卫生陶瓷	GB/T 6952—1999	中国建筑材料工业协会	废止
2005	卫生陶瓷	GB 6952—2005	中国建筑材料工业协会	现行

国家标准化实施条例规定："从事科研、生产、经营的单位必须严格执行强制性标准"。卫生陶瓷国标属强制性标准，是企业组织生产经营活动的基础，也是严格执行的技术法规。从事质检的工作人员，必须全面了解和掌握国标，在实际工作中认真执行，以维护企业信誉和用户的利益。

我国目前卫生陶瓷标准是 GB 6952—2005《卫生陶瓷》。包括分类、外观、最大允许变形、尺寸允许偏差、重要尺寸、吸水率、抗裂性、功能要求、配套性的技术要求等内容。

生产高档产品的企业也有参照美国标准 ANSI（A112.19.2M）或日本标准 JIS（R5207）检验的。

2. 卫生陶瓷包装

（1）卫生陶瓷包装的四种形式

1）草制品包装　用草绳机和草片将产品包严、捆紧，不能松动，产品之间应填充稻草等物品以防碰撞。

2）纸箱包装　纸箱国家标准，根据产品形状、大小制作纸箱，将产品放置箱内，用包装箱附件垫实后，再将箱体用塑料带打紧。如配套包装，可将所需配件装入箱内。

3）木箱包装　按国家标准全包木箱式板条木箱，将产品放置在箱体内，加固钉牢。

4）木框包装　将产品塑料布包好封闭严，将产品放置在上下木框内，用铁腰打牢。

（2）卫生陶瓷包装的要求

1）产品要轻拿轻放，不得造成磕碰。

2）包装的产品按等级和颜色，分别码放，不得有混等、混色事故。露天存放，应有防雨设施。

3）包装的产品，不得松动，以便于存放和搬运。

4）各种形式的包装产品，应印有生产厂名、产品名称、外形尺寸、产品等级及商标。

5）包装的产品要严防产品进水，防止冷冻造成的炸裂。
6）因包装出现质量问题，包装工要承担质量责任。

4.2.10 生产新技术

1. 高压注浆成形工艺

高压注浆工艺是国际上20世纪80年代初新兴的注浆成形先进技术，它改变了传统卫生陶瓷成形过程中单纯依靠石膏模毛细孔吸水的方法，使卫生瓷成形的周期发生了根本变化。高压注浆技术的独到之处在于坯件以"压滤"方式成形，其成形压力可达 5~2.0MPa，成形模具使用微孔树脂模，模具无需干燥，可连续循环浇注，对于单模设备，平均生产周期为 10~16min，对于组合浇注设备，生产周期大约为20min，它可以实现从模具夹紧到脱模各个工序的自动化，生产效率比传统工艺大大提高。

(1) 高压注浆的特点

1）坯体的成形速度较快；
2）干燥、烧成收缩小、坯体变形小；
3）制品的尺寸精度较高，表面光滑，修坯量小；
4）制品的生坯强度高，破损小；
5）能较好地进行薄型坯件或具有不同厚度坯件的成形；
6）注浆时能保证边缘和凸纹的尺寸精度；
7）产品质量较高，一级品率达95%；
8）与传统的注浆工艺相比，在烧成过程中，可减少产生针孔，模具不需干燥，节能；并可连续作业；
9）存放模具及生产所需的空间很小；
10）操作简便。

(2) 高压注浆成形设备类型与技术参数

以 Dorst 公司制造的压力注浆成形设备为例（详见7.2.2节）。

1）BDWC70型高压注浆机　适用产品为：坐便器和洗涤器（妇洗器），该机是全自动化的，配有自动取坯装置为单机双工位（即一台机有两套模具），4~5块组合式模具。该机技术参数见表4-64。

表4-64　BDWC70型注浆机技术参数

生产周期（次/h）		约4~6
合模力（t）	水平方向	70
	垂直方向	65
泥浆压力，最大（bar）		17
装机功率（kW）		15
压缩空气量（L/min）	当泥浆压力6bar时	约240
	当泥浆压力17bar时	约100
净重（t）		约22

2）DGS85型高压注浆机　适应产品：水箱（双面吃浆），一台机可装两套模具，四件产品，自动取坯。该机技术参数见表4-65。

表 4-65　DGS85 型高压注浆机技术参数

模型尺寸（mm）		1780×1000
生产周期（次/h）		约 7~9
合模力，最大（t）		85
泥浆压力，最大（bar）		15
装机功率（kW）		20
压缩空气量（L/min）	当泥浆压力 6bar 时	240
	当泥浆压力 17bar 时	2
净重（t）		10

3）BDW90 型高压注浆机　适用产品：洗面器、立柱、淋浴槽、水箱等。一台机可装 8 套模具。一套洗面器模具 1 件产品，一套立柱模具 2 件产品；一套水箱模具 3 件产品。该机技术参数见表 4-66。

表 4-66　BDW90 型高压注浆机技术参数

生产周期（次/h）		约 3~4
合模力（t）		90
泥浆压力，最大（bar）		15
装机功率（kW）		3
压缩空气量（L/min）	当泥浆压力 6bar 时	440
	当泥浆压力 17bar 时	8
水量周期当最大泥浆压力 46bar 时（L/min）		100
净重（t）		7.5

4）DGM80 型压注浆机　适应产品：小洗面器、水箱盖、小配件等。该机技术参数见表 4-67。

表 4-67　DGM80 型压注浆机技术参数

生产周期（次/h）	10~15
模型尺寸，最大（mm）	700×600
注浆压力 30bar 时，产品最大表面积（cm^2）	2500
合模力（t）	80
泥浆压力，最大（bar）	40
装机功率（kW）	2.58
压缩空气量当泥浆压力 6bar 时（L/min）	50
净重（t）	2.8

(3) 高压注浆成形的泥浆性能要求

由于高压注浆设备是由计算机控制，其生产周期的每一个步骤均是自动置零和重复执行的，所以泥浆性能必须稳定，任何泥浆性能的改变均影响成形后的产品的质量。

高压注浆成形是泥浆在微孔树脂模中加压压滤的成形过程，要求泥浆具有良好的滤水性或渗水性，通常应减少胶质含量高的原料用量（包括有机质及微细颗粒含量高的原料）；严格控制浆料的颗粒组成及分布；并使颗粒组成与模具孔径参数相适应，以实现快速成形。

国内某厂的泥浆工艺参数如下：

温度（℃）：40±1；密度（g/L）：1808±5；布氏黏度（cP）：705±50；触变指数：9±1；盖勒黏度：0″>275，0″~90″，25~30；颗粒度：1μm 以下<50%；

另一工厂的泥浆工艺参数如下：

泥浆颗粒分布：<20μm 85%，<5μm 55%，<1μm 30%，<0.5μm 20%；

泥浆含水率（%）：<30；pH 值：≈8.5；坯体干燥收缩率（%）：<2.8。

1）泥浆温度　每台高压注浆机都配有一个泥浆加热罐，泥浆温度控制在（40±1）℃。在开始注浆前，要用约60℃的水冲洗模具，使其温度与泥浆温度相适应。提高泥浆温度，不仅加速吸浆，且可缩短坯体巩固时间；另一方面，温度升高，泥浆流动性增加，空浆性能好，这样大大改善成形性能，提高生产效率。

2）黏度　高压注浆成形填浆压力可达5bar，注浆压力高达10bar以上，在不产生沉淀的前提下，泥浆黏度可比普通浆料适当降低，以获得良好的流动性，有利于回浆。

3）触变指数　高压注浆用浆的触变性可适当降低，以获得良好的空浆性能，但又不能太低，否则泥浆解胶完全，成形中"深层过滤"作用增加，泥浆中的细颗粒容易进入模具内，堵塞毛细管，同时触变指数又不能太高，否则湿坯强度不足，容易塌坯。

(4)　高压注浆成形模具性能

材质：树脂、多孔塑性；密度（g/cm³）：1.06；气孔大小（μm）：32~58；孔隙率（%）：41.54；吸水率（%）：37.80；干燥抗折强度（kg/cm²）：146；流量（L/min）：20~25；寿命（次）：2000~30000。

(5)　高压注浆成形工艺操作要点

以坐便器成形周期为例，如图4-41所示。

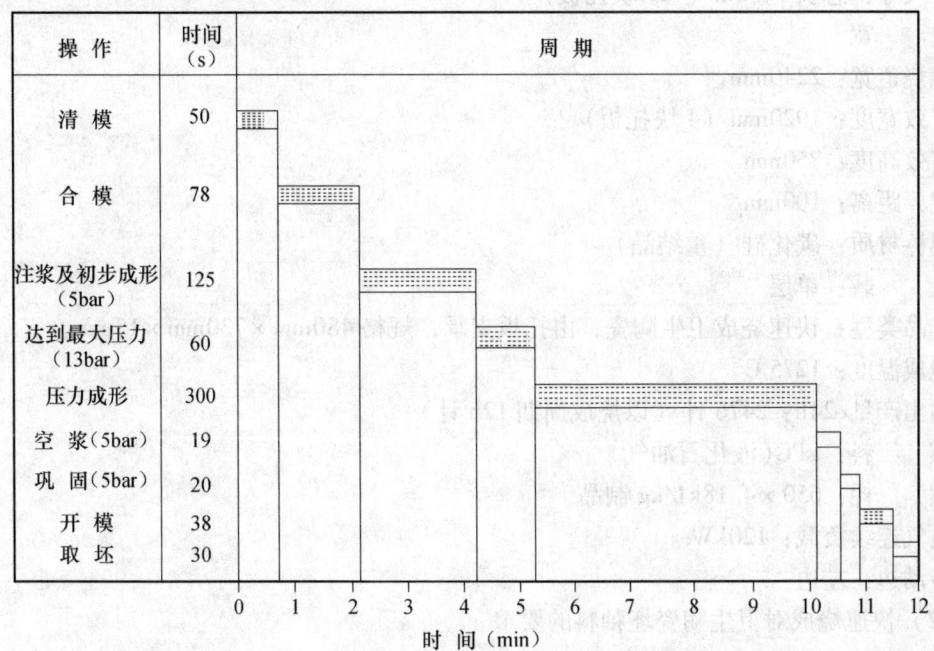

图4-41　坐便器成形周期

(6) 引进高压注浆成形工艺的存在的问题

1）设备投资大（单机总投资约是低压快排水的 2.4 倍），只能生产造型简单的产品，投资风险大。

2）树脂模的进口价格高（约是石膏模的 28 倍），国内这方面的技术还不过关，同时，浇注技术要求较高，泥浆性能难以保证稳定，影响成形产品的质量。

3）由于原材料以及其他一些软技术问题，国内引进的高压注浆机实际应用效果很不理想，一是设计能力未能达到要求，生产效率大大降低；二是模具未能达到其使用寿命；三是新产品开发难度较大，产品难以更新换代。

2. 辊道窑快速烧成

(1) 卫生陶瓷辊道窑　是一种连续快速烧成窑，卫生陶瓷通过托板承托输送入窑烧成。整个过程坯件的移动完全自动化，无需手工介入。

1）卫生陶瓷辊道窑的特点

①多种高速燃烧装置；

②标准模块结构，具有扩大和改动的潜力；

③加热和冷却区分设在不同的、较短的区段上，加热、冷却区均可调节，能保证准确的烧成曲线。

④重结晶碳化硅辊棒，可靠且寿命长；

⑤可排放多件托板，以保证高产；

⑥热量的回收可保证坯件完全干燥，并保证快速烧成；

⑦管理全计算机化，可报警并打印烧成参数等。

2）某卫生陶瓷辊道窑的主要技术参数

设　　计：预制标准模块，轻质砖内衬

窑尺寸：总长 94.6m（129 块托板）

内　　宽

燃烧道宽：2240mm

有效宽度：1920mm（4 块托板）

有效高度：750mm

辊棒距离：100mm

辊棒材质：碳化硅（重结晶）

负　　载：单层

产品类型：快速烧成卫生陶瓷，由托板支承，规格 480mm×730mm×15mm

烧成温度：1275℃

输出产量/24h：2476 件（以烧成周期 12h 计）

燃　　料：LPG（液化石油气）

燃　　耗：650×4.18kJ/kg 制品

电气连续负载：120kW

传动边：左边

(2) 快速烧成对卫生陶瓷坯釉料的要求

1）坯料

①采用适应快速烧成的坯用新原料，如硅灰石、叶蜡石等，减少坯体的干燥收缩和烧成

收缩，总收缩率<11%，以减少制品烧成过程的裂纹。

②减少坯料游离石英含量，调整坯料膨胀系数，防止快烧急冷过程产品的炸裂。

③采用压力注浆工艺，提高生坯的致密度，减少坯体烧成收缩。

2）釉料

①为适应快烧，必须在釉配方中引入高温熔块，拓宽釉料的熔融范围。

②调整釉的膨胀系数小于坯体的膨胀系数，提高釉面的热稳定性。

（3）烧成的工艺过程

烧成设备：德国 HelMSOTH 公司辊道窑

烧成气氛：氧化

烧成周期：8~12h

燃气辊道窑烧成曲线如图4-42所示。

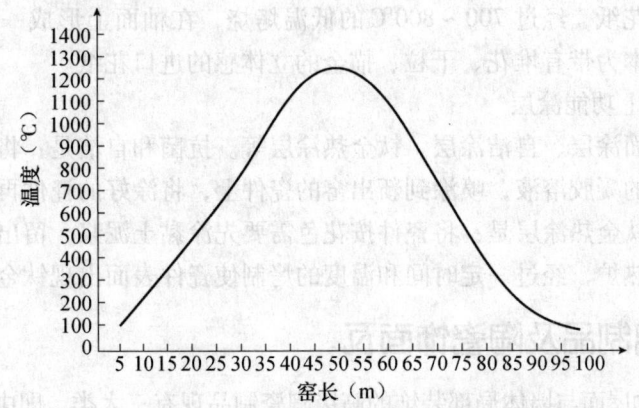

图4-42　燃气辊道窑烧成曲线图

3. 卫生陶瓷重烧技术

卫生陶瓷重烧在欧洲、日本相当普遍，以欧洲产品标准衡量，卫生陶瓷的烧成合格率为75%以上，返烧率为15%左右，其余为不合格产品（全部打碎）。目前，我国生产中高档卫生陶瓷的企业也逐渐采用重烧。对于那些因落脏、针孔极小、滚釉等缺陷而降级或不合格的产品，在一定范围内，通过修补后再重烧，以提高产品合格率。

（1）卫生陶瓷重烧的工艺流程

成品分级拣选→釉面有小缺陷的不合格品→打磨、锥钻
↓
拣选←梭式窑重烧←局部喷釉←釉泥修补

（2）重烧的技术要点

1）坯料　对坯体而言，卫生陶瓷重烧易出现的问题是炸裂。为了适应重烧，必须调整坯料的膨胀系数，有意识地在配方中减少游离石英的含量，提高坯体的抗热震性。

2）修补釉料　重烧修补釉，主要是调色，由于重烧的温度和时间与第一次烧成的条件不同，会使熔融釉和色料之间发生一定的交互反应，在某些情况下，还会发生重结晶，使釉面失光，故要求卫生陶瓷釉修补釉的烧成范围要宽，色釉的高温稳定性能好。

3）修补坯料　一般不再重烧，主要用环氧树脂 + $CaCO_3$ 作补料，比例1:1。

4）修补工具　主要有：小型电锥钻、小型打磨砂轮机、小型电热吹风机、喷釉枪、补

泥刀等。

5) 重烧 重烧大多数在间歇窑（梭式窑）中烧成，主要是梭式窑升、降温快，且灵活，重烧的烧成温度要比原烧成温度低 10～12℃，重烧制度与原烧成制度相比，前者有"前快后慢"，而后者有"前慢后快"的特点，梭式窑重烧曲线如图 4-43 所示。

4. 卫生瓷的新型装饰技术

(1) 卫生陶瓷釉上彩饰

一般是利用陶瓷烤花技术。在烧好的卫生瓷素面上，用乙醇和水的溶液做粘结剂，贴辅

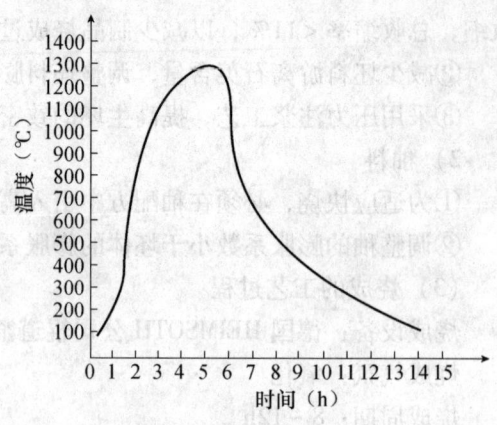

图 4-43 梭式窑重烧曲线

用色料印花的专用花纸，经过 700～800℃ 的低温烤烧，在釉面上形成一定的彩饰。现在高档彩饰用的花纸基本为带有堆花、干粒、描金的立体感的进口花纸。

(2) 卫生瓷釉上功能涂层

主要有抗菌表面涂层、自洁涂层、钛金热涂层等。抗菌和自洁是：将配制好的含有抗菌剂及其他憎水成分的凝胶溶液，喷涂到新出窑的瓷件上，将涂好的瓷件再次低温烤制，使涂层固定瓷件表面。钛金热涂层是：将瓷件按花色需要先涂黏土泥浆，留出需涂钛金部位并放入有电热钛棒的加热炉，经过一定时间和温度的烤制使瓷件表面出现钛金花饰。

4.3 建筑琉璃制品及陶瓷饰面瓦

我国用于建筑物屋面与墙体局部装饰的高级陶瓷制品现有三大类，即中式传统建筑琉璃制品、西式和日式陶瓷瓦以及新型陶瓷饰面瓦。它们的品种、装饰风格特色和使用特点见表 4-68。

表 4-68 中西式建筑琉璃制品及陶瓷饰面瓦

分 类	中式琉璃制品	西式陶瓷瓦	陶瓷饰面瓦
品种	板瓦、筒瓦、脊件及饰物等	西班牙瓦、德国瓦、法国瓦、日本瓦等	商曲瓦、鳞瓦、棱瓦及波形瓦等
表面装饰特点	高光泽琉璃釉或其他有光、无光色釉	高光泽琉璃釉或其他有光、无光色釉，也可以是无釉的装饰色胎
装饰风格	保留中国传统建筑琉璃制品特色	西欧风格或中西结合的特色	造型轻巧，线条多变，具有东南亚情调
使用特点	配件造型复杂且品种繁多，砌筑要求高，瓦件搭接严密，防雨水与装饰效果均佳	板瓦和筒瓦连成一整体，配件较少，瓦件搭接严密，防雨水与装饰效果都好	造型简易，配件简单，瓦件搭接不严密，需铺贴在混凝土屋面上，起装饰作用

4.3.1 建筑琉璃制品的品种和典型工艺流程

随着陶瓷机械性能不断提高，更能满足陶瓷生产工艺要求，建筑琉璃制品及陶瓷装饰瓦的生产工艺也越来越先进，引进的国外先进设备以及国内制造的先进设备，使生产过程全自动化得以实现。现将全自动生产及半机械化生产的典型工艺设备及流程列于表 4-69。

表 4-69 建筑琉璃制品与陶瓷饰面瓦的典型生产流程及装备

序号	工序名称	琉璃瓦、饰面瓦全自动生产流程（A）	琉璃瓦、饰面瓦半机械生产流程（B）	饰面瓦全自动生产流程（C）	饰面瓦半机械生产流程（D）
1	原料预处理及贮备	硬质原料粗碎、细碎及软质原料选料、预均化，然后进入料仓			
2	配料	装载机↓喂料机（地中衡）	人工称量配料	装载机↓喂料机（地中衡）	人工称量配料
3	坯料制备	双轴混合机↓对辊轧片机↓圆网练泥机↓陈腐室	球磨机↓压磨机↓双轴混合机↓练泥机↓附腐室	球磨机↓浆池↓喷雾干燥塔↓料箱陈腐	球磨机↓压滤机↓键板干燥机↓轮碾机↓陈腐室
4	成形	装载机↓喂料机↓对辊轧片机↓圆网练泥机↓喂料机↓真空挤压机↓冲压成形机	真空挤压机↓（冲压成形机）	自动液压压砖机↓输送平台	手动摩擦压砖机
5	干燥	坯件自动装卸机↓隧道式干燥器↓坯件链式自动传输线	隧道式干燥器↓隧道窑素烧	立式干燥机	辊道式干燥机或隧道式干燥器↓辊道窑或隧道窑素烧
6	施釉	自动淋油机	淋油机	自动施釉机	施釉机
7	烧成	坯件自动装卸机↓隧道窑↓成品自动装卸机	隧道窑（一次烧成或釉烧）	辊道窑	辊道窑或隧道窑（一次烧成或釉烧）
8	分选包装	成品打包机（经下人工分选）↓入库	人工分选包装↓入库	人工分选包装↓入库	人工分选包装↓入库

由于琉璃制品、饰面瓦的品种规格繁多，特别是中式琉璃瓦的配套件非常繁杂，所以对其中造型简单、配套量大的品种，才能使用全自动或半机械化生产方式，而造型复杂或配套

量小的品种，只能用手工或半机械化方式生产。现分析比较如下：

（1）全自动生产流程（A）特别适合西式瓦及中式瓦中的板瓦、筒瓦等品种的生产；流程（C）特别适合饰面瓦生产。（A）和（C）流程的特点是：

1）生产效率高，一条（A）生产线年产西式瓦 600 万件，只需 60 个工人。一条（C）生产线年产饰面瓦 60 万 m^2，只需 55 个工人。

2）工艺参数稳定，单机工艺参数调整以及全线工艺连接均有较强调控手段，使工艺参数易于实现稳定。

3）产品质量高。由于工艺参数受控，同时避免了人手多次重复传送过程造成的缺陷，产品合格率一般达到93%以上，产品内在质量也很高。

4）设备投资较大，设备维修费用高，还要有较高素质的机、电维修人员，才能保证设备可靠运转。

（2）半机械化生产流程（B）适宜生产中式、西式琉璃瓦及部分装饰瓦；流程（D）只适宜生产饰面瓦。（B）和（D）流程的特点是：

1）投资较小，费用低，设备维修也较容易。

2）产量大，但占用工人多。

3）工艺参数不稳定，需大力加强管理，严格控制。

4）产品质量相对低些。

对生产流程的选定，要视产品品种、原料特性以及投资规模来定。近年来各生产企业采用部分关键设备引进，配部分国内较先进设备，辅之以传统陶瓷机械组成生产线，也不失为一个好方案。

4.3.2 建筑琉璃制品坯釉的种类和基本性质

1. 坯料成分

（1）坯用原料

由于饰面瓦和西式瓦对坯胎的颜色没有特定要求，从浅黄色至枣红色均可以接受，中式琉璃制品坯胎只要求呈灰白色至浅黄色，所以生产所用原料来源极其广泛。可采用陶土、泥质页岩、煤矸石等黏土质原料以及石英砂（砂岩）、砂质黏土、低温烧结的矿物废渣等瘠性原料混配而成。某厂部分坯用原料见表4-70。

表 4-70 某厂部门坯用原料及组成

原料名称	SiO_2	Al_2O_3	Fe_2O_3	TiO_2	CaO	MgO	K_2O	Na_2O	灼减量 ($I.L$)
白清土	60.16	18.10	8.15	0.90	0.41	2.92	4.09	0.49	4.68
马前冲	71.78	14.60	0.93	—	2.22	1.42	4.26	0.35	4.30
本溪土	74.70	15.62	0.47	—	0.33	0.71	3.68	1.35	2.43
水曲柳	50.80	32.64	1.50	—	0.20	0.50	1.50	1.50	14.00
红黏土	60.65	16~17	7~8	—	<1	<1	1.5~2		6~7
黏土	60~65	18~20	2~3	—	<1	<1	15~2		7~8
砂质土	75~80	10~12	3~4	—	<1	<1	<1		4
岗砂	85~90	7~8	<1	—	<1	<1	<1		3

(2) 坯料配方　坯料配方实例如下：
No. 1　白清土 80%~85%　熟坯粉 15%~20%
No. 2　马前冲 40%~50%　本溪土 20%~30%　水曲柳 10%~15%　熟坯粉 8%~15%
No. 3　红黏土 40%~50%　黏　土 20%~30%　砂质土 10%~20%　岗　砂 10%~20%
(3) 坯料化学成分见表 4-71。

表 4-71　坯料化学组成

成分	SiO_2	Al_2O_3	Fe_2O_3	TiO_2	CaO	MgO	K_2O	Na_2O	灼减量 ($I.L$)
No. 1	60.61	18.24	8.21	0.91	0.41	2.94	4.12	0.50	3.98
No. 2	68.28	18.31	0.89	—	1.42	0.78	4.24	0.54	6.15
No. 3	65~70	16~18	4~6		<1	<1	1.5~2	—	6~7

(4) 坯式

No. 1
$$\left.\begin{array}{l} 0.030 CaO \\ 0.318 MgO \\ 0.158 K_2O \\ 0.027 Na_2O \end{array}\right\} \quad \left.\begin{array}{l} 0.777 Al_2O_3 \\ 0.223 Fe_2O_3 \end{array}\right\} \quad \begin{array}{l} 4.380 SiO_2 \\ 0.048 TiO_2 \end{array}$$

No. 2
$$\left.\begin{array}{l} 0.137 CaO \\ 0.102 MgO \\ 0.244 K_2O \\ 0.046 Na_2O \end{array}\right\} \quad \left.\begin{array}{l} 0.970 Al_2O_3 \\ 0.030 Fe_2O_3 \end{array}\right\} \quad 6.091 SiO_2$$

No. 3
$$\left.\begin{array}{l} 0.051 CaO \\ 0.153 MgO \\ 0.138 K_2O \\ 0.138 Na_2O \end{array}\right\} \quad \left.\begin{array}{l} 0.821 Al_2O_3 \\ 0.179 Fe_2O_3 \end{array}\right\} \quad 5.740 SiO_2$$

2. 釉料成分

传统琉璃制品是以琉璃釉彩为主要特征，琉璃釉又以绚丽多彩的低温釉自成一格。随着现代建筑的需要，要求提高琉璃制品的烧结程度，改善坯釉结合性能，减少冷热变化和冻融而造成釉面脱落等缺陷，琉璃釉无论是配方原料、理化性能和装饰效果，都扩大了范围，得到了提高。

我国南北两地生产的琉璃制品具有不同的风格。南方采用一次烧成，烧成温度稍高，用生料高温釉为多。北方采用二次烧成，釉烧温度稍低，以熔块低温釉为主，因此釉料的成分各有不同。为适应现代建筑需要，釉饰除了色彩鲜艳、高光泽、半透明的特点以外，也有乳浊、无光等效果。作为西式瓦，还有不施釉的装饰土胎瓦，已经大大超出传统琉璃制品的风格。现常见的釉色有金黄、翠绿、天蓝、银黑、铝灰、孔雀蓝、玫瑰红等。釉料种类见表 4-72。

表 4-72 琉璃制品釉料种类

釉料种类		釉料特点	烧成温度（℃）	应用范围
铅釉	生铅釉	光泽高，釉浆稳定性差，毒性大，坯釉结合不好	1100～1150	二次烧成
	铅硼熔块釉	光泽高，坯釉结合性能比高温釉稍差		
长石釉	长石釉	光泽比低温釉差，坯釉结合性能好，由废玻璃组成的则光泽较好	1200～1250	一次烧成
	钠钙釉			
	生料釉加少量熔块	光泽好，坯釉结合性能好	1200 左右	

（1）熔块化学成分见表 4-73。

表 4-73 熔块化学成分

熔块种类	SiO_2	Al_2O_3	Fe_2O_3	TiO_2	CaO	MgO	PbO	ZnO	B_2O_3	K_2O	Na_2O	ZrO_2	灼减量 (I.L)	合计
铅硼熔块	27.06	8.10	0.09	—	0.49	1.16	27.16	1.98	10.64	3.45	5.56	—	14.21	99.90
硼锆熔块	45.87	7.73	0.10	0.02	2.80	2.74	—	7.94	6.24	4.14	3.33	8.15	10.32	99.65

熔块的实验公式如下：

铅硼熔块：
$$\left.\begin{array}{r}0.1935K_2O\\0.4796Na_2O\\0.0404CaO\\0.1543MgO\\0.1304ZnO\end{array}\right\} \left.\begin{array}{r}0.4205Al_2O_3\\0.0001Fe_2O_3\\0.8151B_2O_3\\0.2122Pb_3O_4\end{array}\right\} 2.4051SiO_2$$

硼锆熔块：
$$\left.\begin{array}{r}0.1481K_2O\\0.1619Na_2O\\0.1578CaO\\0.2154MgO\\0.3090ZnO\end{array}\right\} \left.\begin{array}{r}0.2398Al_2O_3\\0.2821B_2O_3\\0.0003Fe_2O_3\end{array}\right\} \begin{array}{l}0.5910SiO_2\\0.0006TiO_2\\0.2103ZrO_2\end{array}$$

（2）二次烧成釉料配方实例

蓝釉　　硼锆熔块 85%～88%　　苏州土 7%～10%　　色料 5%～7%

棕色釉　铅硼熔块 60%～63%　　长石 13%～15%　　硅石 11%～13%　　氧化铁 6%～8%
　　　　苏州土 4%～6%

绿釉　　铅丹 70%～72%　　硅石 28%～30%　　氧化铜 4%～5%

黄釉　　铅丹 70%～72%　　硅石 28%～30%　　氧化铁 4%～5%

（3）一次烧成用釉料配方实例

金黄釉　钾长石 35%～40%　　石英 15%～20%　　方解石 15%～18%　　铅丹 4%～6%
　　　　高岭土 5%～10%　　氧化锌 4%～6%　　滑石 3%～6%　　茶赤 1%～1.5%

玫瑰红釉　钾长石 35%～40%　　石英 10%～15%　　方解石 10%～15%　　铅丹 10%～15%
　　　　　高岭土 5%～10%　　滑石 2%～4%　　圆子红 12%～16%

绿釉	钾长石35%~40%	石英15%~18%	方解石15%~17%	铅丹4%~6%
	高岭土4%~6%	氧化锌4%~6%	氧化铜2%~2.5%	
孔雀蓝	钾长石35%~40%	石英10%~15%	方解石4%~5%	孔雀蓝4%~6%
琉璃绿	白玻璃粉60%	高岭土10%~13%	草木灰15%~20%	氧化铜2%~2.5%

4.3.3 建筑琉璃制品坯釉料制备的主要工艺流程和参数

1. 原料的预处理

目前我国陶瓷原料的开采、加工的标准化程度还很低，原料预处理多在制品生产厂进行。

(1) 原料的储备和预均化　为使原料性能稳定，工厂应有足够的储备量，为改善由于矿层变化和开采原因造成的原料不稳定，需要一个原料预均化过程。把不同批次运回的原料呈水平层状铺放，待使用时垂直取料，这种预均化可以用装载机或皮带机作业实施，利用矿山场地、中转运输场地作多次预均化则更为有利。原料存放原则上在室内仓库分类贮存，以免被雨水冲走、引入杂质或互相混料。

(2) 黏土原料的风化　对于硬质黏土和风化较差的黏土，开采以后仍需堆放于露天进一步风化，使其易于粉碎，提高塑性。

(3) 原料的洗选　瘠性原料如混入各种杂质时，需要人工拣选或人工冲洗，以便进行洗选。洗选前先将原料破碎再用圆筒洗石机等设备洗涤。

(4) 黏土原料的干燥　黏土原料进厂时常含有较高的水分，如果生产工艺许可，则可以取样测定其水分后调整配比，原料不必进行干燥，但对于使用雷蒙机粉碎工艺或原料水分极不稳定影响配比时，则需黏土干燥至一定水分，黏土干燥可用链板式、回转式、竖井式等干燥器。

(5) 黏土原料的淘汰　作为屋面装饰陶瓷生产很少使用淘洗黏土，但当地方原料所限，黏土矿物中含有大量硅砂等杂质时，则必须除去，以满足成分和塑性要求，此时可采用沉淀池或水力旋流器进行淘洗。

(6) 原料的预粉碎　根据工艺设备特性，进厂原料应粉碎至一定块度和粒度，特别对于干法制备坯料的琉璃瓦生产工艺，软黏土须切成小块，硬黏土须细粉碎，以便容易和其他原料混合。瘠性原料更需要粉碎至规定范围。使坯料组分均匀。

至于釉用原料，为提高球磨效率，以及使不同硬度的原料球磨后均达到适合细度，也应进行预粉碎。

(7) 原料的预煅烧　一些原料应根据工艺要求进行预烧。如部分黏土预烧结可减少坯体收缩；釉用石英煅烧使其易于粉碎；滑石煅烧利于粉碎和成形。

2. 喷雾干燥制备粉料

作为半干压法生产饰面瓦，其坯料的制备方法与墙地砖的粉料制备工艺基本相同，为了适应自动压坯机，要求粉料具有良好的流动性，颗粒及水分分布均匀。大多采用喷雾干燥工艺造粒，其工艺设备流程是：

原料→喂料机→球磨机→浆池→喷雾干燥塔→贮料仓

压力喷雾干燥过程的工艺参数见表4-74。

表 4-74 喷雾干燥制备粉料工艺参数

工序	项目名称	单位	指标
球磨	球:水:料		2:0.5:1
	球磨时间	h	5~6
	浆料细度	0.061mm 孔径筛余%	8~10
	浆料密度	g/cm³	1.7
	浆料流动性	s/100mL	17~25
喷雾干燥	热风炉温度	℃	1300~1400
	塔顶温度	℃	500~580
	塔中温度	℃	150~250
	排气温度	℃	80~105
	浆料供浆压力	MPa	1.8~2
	喷嘴孔径	mm	1.8~3
	塔内负压	Pa	300

影响粉料水分大小的因素是浆料水分、浆料供应量（即喷枪数量多少和喷嘴孔径大小）、热风温度和流量等。一般情况下，浆料水分和喷枪数量是稳定的，故多以热风温度和流量以及在塔内的温度分布来调节粉料水分。

影响粉料颗粒级配的因素主要是浆料密度、供浆压力、喷嘴孔径、旋片角度和厚度。一般浆料密度大，喷嘴孔径大，粒子也粗。供浆压力和旋片角度影响着雾滴的喷射高度和角度，也影响到粒子的大小。

3. 轮碾法制备粉料

此工艺的特点是以轮碾获得实心粒子，工艺设备简单、投资少，但劳动强度大，所制得的粉料粒子形状不规则，颗粒级配难以控制，流动性差，因此只适应于冲压速度慢、压力低的手动冲压成形机生产，其工艺设备流程是：

原料→球磨机→浆池→压滤机→链板干燥机→轮碾机→陈腐

泥饼干燥一般采用室式干燥房或链板干燥机。

轮碾造粒过程可适当添加水分，以使粉料达到成形水分要求，同时将过细的粉末筛出，重新投入制浆。

粉料陈腐是必不可少的，通过48h陈腐使粉料水分均匀，结合性和流动性得到改善。在成形前还应过一次筛（1.4~1.17mm孔径），使颗粒进一步均匀。工艺参数见表4-75。

表 4-75 轮碾法造粒工艺参数

工序	项目名称	单位	指标
球磨	球:水:料		2:0.5:1
	浆料密度	g/cm³	1.7
	浆料细度	0.061mm 孔径筛余%	2~3
	球磨时间	h	6~8
压滤	浆泵压力	MPa	0.6~1
	泥饼水分	%	20~23

第4章 生产工艺

续表

工　序	项目名称	单　位	指　标
链板干燥	干燥温度	℃	160～200
	干燥时间	min	70～90
	泥段水分	%	7～10
轮辗造粒	筛网规格	孔径 mm	1.4～1.7
陈腐	陈腐时间	h	48

4. 干混法制备可塑性坯料

对于采用挤压及湿冲压成形的琉璃瓦和饰面瓦，其坯料必须具备良好的可塑性，使挤压后坯体不开裂；而且泥料水分应尽可能小，以减少干燥收缩和变形。在手工模印生产中式琉璃瓦中，也需使用可塑坯料。干法制备可塑性坯料是相对湿式球磨方法而言，其工艺设备流程如下：

原料→喂料机→双轴混合机→对辊轧片机→圆网练泥机→陈腐

以上过程一般经2～3次反复混练，中间由皮带运输机连接，形成自动流程，即可获得良好的可塑坯料。

原料由装载机至喂料机内，按配方要求称量，然后送往双轴混合机混合，再送至对辊轧片机，将初步混合后的原料轧成2～6mm厚度的薄泥片，当进入圆网练泥机后，薄泥片获得捏练作用而从筛网中被挤压成ϕ30mm左右、长短不一的泥段。经反复循环多次后，这些泥段即成为可塑性坯料。主要设备的技术参数见表4-76。

表4-76　主要设备技术参数

设备名称	型　号	规　格	生产能力	主轴转速	总功率	外型尺寸
单　位			t/h	r/min	kW	（长×宽×高）m³
喂料机	WL/20	容积20m³	40～60（min/次）	供料速度 0.65m/min	7.7	2×2.7×3.2
双轴混合机	YPH-400		10	20	11	3.6×1.3×0.87
双轴轧片机	H-870	间隙2～5mm	10	203	22	4.1×1.7×1.7
圆网练泥机	SF-10	筛盘直径1m	10	7.6	30	2.4×1.9×1.8

这种工艺简单，可连续自动进行、生产效率也极高，影响坯料性能的主要因素有以下几方面：

（1）由于不使用球磨机等粉碎设备，因此，要求软质原料的块度应小于80mm，硬质原料应预先粉碎至1mm以下。原料的细度范围应恒定，否则，坯料组分难以混合均匀。

（2）对辊轧片机对坯料具有捏练和粉碎的作用，通过辊筒间隙大小、转速等因素的调整，达到目的。一般间隙距离为2～6mm，辊筒转速为203r/min。

（3）圆网练泥机起着混合、捏练作用。如果加料均衡、转速和网眼孔径恒定，挤出的泥段可获得初步混练。

（4）坯料水分一般控制在17%～19%之间，根据各种原料带入的水分和对坯料水分的要求，可通过设在双轴混合机上方的喷洒水嘴及时调节水量。

（5）为了便于连续作业，坯料陈腐过程可将泥段投入 $20m^3$ 以上的大型喂料机中进行，虽然一次性投资增加，但流程紧凑，生产效率得以提高。

（6）从生产实践证明，由双轴混合至圆网练泥这一循环，起码经过三次，方能制出合格坯料，从工艺设备布局上，可以是三次循环后进行陈腐，也可以是两次循环后进行陈腐，在送至成形前再一次循环。工艺参数见表4-77。

表4-77 干混法制备可塑性坯料工艺参数

工 序	项目名称	单 位	指 标
原料贮备	进厂原料水分	%	<15
	软质原料块度	mm	<80
	硬质原料粒度	mm	<1
轧片	泥片厚度	mm	2~6
筛网练泥	坯料水分	%	17~19

5. 湿磨法制备可塑性坯料

对琉璃瓦或饰面瓦而言，湿法制备所获得的可塑性坯料，其性能是优良的。因为通过球磨，使坯料的组分均匀、细度要求获得足够保证，杂质细分散，而练泥机更能提高其可塑性、坯体强度高。但这一工艺所投入设备费用大，不能连续作业，劳动强度大。对于原料不能进行预处理、来源多变或对制品要求较精细的情况下，可使用此工艺。其工艺设备流程如下：

原料→喂料机→球磨机→浆池→压滤机→练泥机→陈腐

为了减少用人，降低劳动强度，压滤后的泥饼送入双轴混合机，圆网练泥机连成的生产线上。

这一工艺过程对坯料性能的影响因素分别是球磨细度、压滤泥片及练泥的水分、泥料程度，及其混练成熟程度。工艺参数见表4-78。

表4-78 湿磨法制备可塑性坯料工艺参数

工 序	项目名称	单 位	指 标
球磨	球:水:料		2:0.5:1
	浆料水分	%	48
	浆料细度	0.074mm 孔径筛余%	10
	球磨时间	h	2~6
压滤	浆泵压力	MPa	1~1.5
	泥饼水分	%	18~20
练泥	泥料水分	%	18~19
	真空度	MPa	0.1

6. 釉料制备

（1）熔块的制备 熔块所用原料必须经精选和细粉碎等预处理，以期达到纯度和细度要求。现行较先进的熔块制备工艺流程是：

原料→预处理→仓贮→电子自动称量配料→干式除铁器→带式拌料机→干式振筛机→全自控池窑→水淬→干燥

目前，国内大多采用人工称量配料，为提高准确性和避免人为误差，应采用电子自动称量系统。原料的混合可用轮碾机或多次过筛等形式，但较为先进的是带式拌料机，它由不同角度的钢带在转动过程中将一定细度的原料向着不同方向翻动达到混合均匀。

焙窑的种类多，在大生产中，广泛采用池窑，池窑能连续生产，产量大，但熔块料与火焰接触使挥发分有损失。较为先进的池窑是全自控纵向烧嘴顺流式熔化窑，熔块料由水冷式全封闭螺旋喂料器加入窑内，整个过程的喂料量、温度分布、出料温度等工艺参数均可严格控制。回转窑是种间歇熔窑，但熔制过程熔块料被不断地搅动，使熔块熔融透彻均匀，生产效率也高，对品种多、量不大的生产厂是非常适合的。除此之外，还有连续式和间歇式坩锅窑等熔化设备，池窑的熔化工艺参数见表4-79。

表4-79　池窑熔块制备工艺参数

项　目	单　位	参　数
原料细度要求	mm	<0.05mm
原料水分	%	<2　不得结块
机械混合时间	min	20
过筛次数	次	2
熔制温度	℃	1380～1400（视不同种类而定）
日产量	t	7
燃料种类		柴　油
燃料单耗	kJ/kg	20000

（2）熔块釉的制备　作为制品生产厂，为减少生产环节，可直接向原料加工厂购入精细矿粉、化工料及不同牌号熔块来配制熔块釉。其工艺流程是：

熔块
生料　→配料→球磨→振筛→贮浆池
色料

（3）生料釉的制备　生料釉的制备过程较为简单，即将生料直接研磨制浆。因此，生料的纯度、细度的稳定至关重要，其工艺流程是：

原料→预处理→配料→球磨→振筛→贮浆池

4.3.4　陶瓷饰面瓦的品种和典型工艺流程

陶瓷饰面瓦品种见表4-68，典型工艺流程见表4-69。

4.3.5　陶瓷饰面瓦坯釉的种类和基本性质

陶瓷饰面瓦坯釉的种类和基本性质见前4.2.3节所述。

4.3.6　陶瓷饰面瓦坯釉料制备的主要工艺流程和参数

1. 坯料主要工艺参数

（1）用于半干压法生产饰面瓦的粉料工艺参数见表4-80。

表 4-80 半干压粉料工艺参数

项目		单位	喷雾干燥粉料	轮碾制备粉料
浆料细度		0.061mm 孔径筛余%	8~10	5~8
粉料粒度分布	>0.351mm	%	—	>50
	>0.246mm		>80	
	<0.089mm		<5	
成形水分		%	6~7	8~9
粉料成形压缩比		—	1:(1.8~2.2)	1:(2.6~2.8)
坯体干燥收缩率		%	<1	<1
干坯抗弯强度		MPa	2.2	1.8~2
烧成温度		℃	1150	1150
烧成收缩率		%	4~5	3~5
制品吸水率		%	<10	<12
制品抗弯强度		MPa	25	25

（2）用于挤压法生产琉璃瓦的泥料工艺参数见表 4-81。

表 4-81 挤压法泥料工艺参数

项目	单位	参数
浆料细度	0.074mm 孔径筛余%	10
成形水分	%	18~19
坯体干燥收缩率	%	3~5
干坯抗弯强度	MPa	2~2.5
烧成温度	℃	1150
烧成收缩率	%	6~8
制品吸水率	%	8~10
制品弯曲破坏荷重	N	1200~2400

2. 釉料主要工艺参数（表4-82）

表 4-82 釉料主要工艺参数

项目	单位	一次烧成琉璃制品釉料	一次烧成装饰瓦釉料	二次烧成装饰瓦釉料
釉料细度	0.061mm 筛余%	0.02	0.02	0.02
釉浆密度	g/cm³	1.5~1.7	1.5~1.7	1.6~1.8
釉浆流动性	s/100mL	22~24	22~24	25~28
始熔温度	℃	1000	1000	880~1000
成熟温度范围	℃	1150~1200	1150~1200	1000~1140

3. 坯釉适应性

屋面装饰陶瓷对釉面硬度、耐磨性能要求不高，但对热稳定性、抗冻性要求较严。因此要求坯釉结合良好，制品才能历久常新。但实际上，传统琉璃釉含铅量高，膨胀系数大，普遍出现釉裂纹，使用铅、硼、钠含量较高的熔块釉二次烧成的制品，也容易出现后期龟裂，应特别注意坯釉膨胀系数的差值以及从烧制过程的中间层发育。对于使用以长石、石英为主的生料釉和生料釉添加熔块的一次烧成工艺，较容易达到理想的坯釉结合效果。影响坯釉适应性的因素除上述坯釉膨胀系数、中间层生成两方面之外，还有釉的弹性、抗张强度、釉层厚度以及生产过程的工艺因素，都必须充分考虑。

4.3.7 成形

饰面瓦大多数采用半干压法成形，也有采用塑压法成形。璃璃瓦因品种不同分别采用挤压、塑压、手工模印及注浆等方法成形。

1. 半干压法成形

半干压成形多采用大吨位自动液压成形机，这种自动压机不但有足够的压力，而且施压时间长，施压稳定。

自动压机必须用喷雾干燥粉料或流动性较好的粉料，以利快速填充模框和布料均匀。粉料水分过高，冲压时不易排气，容易粘模；水分过低，坯体不易致密，粉料颗粒过细，易造成坯体分层；颗粒过粗，坯面粗糙。因此，要求粉料的流动性、水分、粒子分布都必须均匀。推料均匀可通过调整压机的喂料器和推料框获得。压机每分钟冲压次数多少，视设备可靠性以及制品大小而定。为了设备的使用寿命及制品的质量，一般控制在13次/min为宜。最大工作压力的设定应与粉料结合性能、水分及坯体致密度要求等因素配合，务使坯体在不分层情况下获得较高的强度。模具对制品质量的影响至关重要，由于饰面瓦是一个立面的器型，只能使用插入式结构，模框与模芯的间隙一般在0.15mm左右。工作时，模芯的加热温度视模芯是钢面还是橡胶面而定。确定模具尺寸的因素是坯料干燥及烧成总收缩，粉料的填充深度压缩比，对于坯体出模的膨胀及边棱倒角、弧度都应缜密考虑。

自动压机的加压制度是通过控制屏由人工设定。其压力、压缩量、施压时间、施压次数、顶出力等参数之间的配合应根据不同的粉料性能通过实验确定。某厂20cm×20cm波形瓦自动压机成形工艺参数见表4-83。

表4-83　波形瓦自动压机成形工艺参数

项　目	单　位	参　数
压机最大压力	t	600
第一次施压压强	MPa	3~3.5
第二次施压压强	MPa	9~10
第三次施压压强	MPa	25~26
每分钟冲压次数	次/min	13~15
上模芯温度	℃	50~80
下模芯温度	℃	50
模面材料		橡胶
模芯间隙	mm	0.15~0.2
粉料填充压缩比		1:2
粉料水分	%	6.5~7.5
干燥前生坯强度	MPa	0.45
干燥后生坯强度	MPa	2.2
生坯膨胀	mm	0.15

2. 挤压法成形

中式琉璃瓦配套品种规格繁多，其中板瓦、筒瓦、光脊等器型结构简单的品种，配套量最大，一般采用挤压法成形。

挤压法成形的主要设备是真空挤压机，在结构上与真空练泥机相仿。由于挤压成形要求坯体水分较低（一般在17%～19%），以减少湿坯运送过程的变形和干燥收缩变形。因此，挤压机应具有强大的推出力，机体有足够的强度和耐磨性。成形模具的设计制造除根据制品形状以外，还应考虑泥料挤出过程的不均匀所造成致密不一、干燥开裂等缺陷，在机嘴周边应设调节装置，以便调整泥料挤出的致密程度，挤压法成形主要设备技术参数见表4-84。

表4-84 挤压法成形主要设备技术参数

设备名称	型 号	规 格	生产能力	主轴转速	总功率	外型尺寸
单 位	—	—	t/h	r/min	kW	（长×宽×高）mm^3
可调喂料机	B-50	容积2.6m^3	0.6～3.3m^3/h	—	3.75	2.9×1.4×2.3
真空挤压机	E-45D	—	5	9.5	22	4.85×1.62×1.3
自动凸轮冲压机	SCP-2	公称压力80t	18件/min	9次/min	5.5	2.0×2.1×2.6

挤出的泥坯是连续的，由人工根据制品规格截成合适长度，由于手工操作的准确度较差，一般都要再一次修整。为了达到高精度要求和提高生产效率，现在已采用同步切断机与挤压机配套使用。通过光电控制，将连续挤出的泥段切成规定长度，并用输送带送出。

为了提高生产效率，节省人力，提高产品质量，较为理想的是使用可调节喂料机与真空挤出机，同步切断机配成连续生产线。将陈腐后的直径约ϕ30mm的泥段通过装载机或皮带输送机送入可调喂料机料箱内，由可调喂料机的履带定量地供料给真空挤压机，这样的生产线，时产量可达5t湿坯料。

挤压成形后的湿坯还需用一定形状的木制或塑料制坯托支承、修整、钻孔、粘接、改型等后才送至烘房干燥。

3. 塑压法成形

对于西式琉璃瓦（西班牙瓦、日本瓦等），总体配套的品种虽然比中式琉璃制品少得多，但对其造型线条，必须用塑压法成形，才能满足器型要求。中式琉璃制品和饰面瓦的部分品种也可以采用此法生产。

塑压法是挤压法的延伸，通过真空挤压机制出具有简单初型的泥片后，送往冲压机进行湿冲压成形。因此，塑压成形所获得的坯体致密度较高，冲压机是塑压法的主要设备，通常采用凸轮冲压或液压两种结构。

塑压法要求泥料的水分越低越好，但限于挤压机工作条件，泥料水分只能在17%～19%之间。泥片的大小、厚薄、初型应与冲压模具相适应，冲压后泥片能延展充满模框，且无过多泥料溢出。对模具的设计除考虑制品总收缩等尺寸外，还应使泥料在模内获得足够的延展通道以及抽吸排气间隙。塑压模具一般使用钢模。对于液压机，其塑压过程的压力、压缩量、压制时间均根据泥料性能和制品器型通过试验确定。一般而言，泥料水分低时，压力可相应提高，压制时间加长，而压缩量只考虑填充比例。整个塑压过程可以是人工操作，即人工送入泥片启动冲压，人工取出湿坯，湿坯从模具中脱出时要借助真空气吸，气吸嘴应在制品表面合理分散排布。

近年来，引进国外的全自动生产线是由可调喂料机、皮带输送机、真空挤压机、自动切断机、气吸机械手、冲压机、气吸机械手、坯体自动堆叠机组成，由统一电屏控制，成为全自动过程，时产琉璃制品高达5t。

4. 手工模印成形和注浆成形

手工模印只适用于中式琉璃制品或装饰瓦中体积大、造型复杂的配套件。它是将混练成熟的泥片放入石膏模内壁，通过拍打成形、粘接、修整而成。由于手工操作，生产工人必须具有一定技能和经验。对于这一类大而复杂的配件，还可以采用注浆成形，制品的规整度也较手工模印成形要好。

4.3.8 干燥

干燥过程可采用多种干燥设备：(A) 隧道式干燥器；(B) 辊道式干燥器；(C) 全自动立式干燥器。此外还可以采用室式干燥器，必须根据制品形状和成形设备合理配套。各类产品所采用的干燥设备见表4-85。

表4-85 干燥设备选型

制品名称	成形工艺设备	干燥工艺设备选型
饰面瓦	手动压机半干压法成形	(A)(B)
	全自动液压机半干压法成形	(B)(C)
	手工挤压法成形	(A)
琉璃瓦	手工挤压成形	(A)
	手工塑压成形	(A)
	自动塑压成形	(A)

1. 辊道式干燥器

该机由水平排布的辊棒通过链条—齿轮传动，辊棒自转，将坯件支承在辊棒上，从入口传送至出口，达到干燥目的。干燥热源一般使用余热，也可以独立热风炉供热，热风与制品直接接触，逆向运行。

辊道式干燥器占地较大，但既可以人工进出坯件，也可以在干燥器前后装置自动入坯出坯机构，使其和自动压砖机、施釉线配套连成自动生产线，对饰面瓦生产是一个投资省、效率高的干燥设备。其有关参数见表4-86。

表4-86 辊道式干燥器技术参数

项 目	单 位	参 数
长 度	mm	60000
内 宽	mm	2100
辊棒中心距	mm	71
辊棒规格	mm	$\phi 40 \times 2500$
干燥周期	mm	60~70
最高干燥温度	℃	100
被干燥坯含水率	%	6~8
干燥坯含水率	%	<1

2. 立式干燥器

立式干燥器是一种全自动干燥设备。由链条带动多组吊篮自上而下循环运转，每组吊篮由多层辊棒组成支承坯架，辊棒在干燥机出入口处借助传动结构自转，同步地承接入坯和输出坯件，坯件的输入和输出均有自动输入输出机构与之配合。

干燥热源一般采用独立热风炉供热，热风与制品直接接触，温度分布合理，干燥效率高，生产量大，占地面积少，对于半干压法生产的饰面瓦是一个理想的干燥设备，尽管投资大，但越来越广泛地获得应用，具体参见表4-87。

表 4-87　萨克米 EVA70 立式干燥器技术参数

项　目	单　位	参　数
地面起最大温度	mm	6680
宽　度	mm	1500
长　度	mm	3600
吊篮数目	个	21
每个吊篮架子数	个	15
有效装载宽度	mm	1010
有效装载高度	mm	730
辊子水平间隔	mm	74
安装热功率	kJ	2×200000
最大工作温度	℃	250
被干燥坯最大含水率	%	7.5
干燥后坯含水率	%	<1
使用燃料		柴油等
安装功率	kW	27

3. 隧道式干燥器

隧道式干燥器是利用坯体车承载坯体，制品在其内与热风接触实现干燥。由于坯车承载量大，干燥周期可以较长，对大而厚的琉璃制品坯体干燥尤为有利。坯车可以直接使用隧道窑窑车，将湿坯装入匣钵或棚架内干燥，省去干坯再次装钵的过程，但干燥效率较低。专用坯车则可以较灵活地和更有效地干燥制品，还可以通过自动堆叠坯机构实现自动化生产。自动堆叠坯机构由光电信号控制机械手动作，通过真空气吸坯体实现自动装卸。

隧道式干燥器根据生产需要可设计成多通道或单通道，除利用余热外，还另设热风炉作补偿供热。简单的干燥器热风由多点引入与制品逆向流动，从另一端抽出。较为先进的则在干燥器内设置多道可自控往复移动的轴流风扇，使热气流成为湍流达到器内水平与垂直截面温度均匀，干燥质量和效率得以大大提高。具体参数见表4-88。

表 4-88　隧道式干燥器技术参数

项　目	单　位	参　数
单通道总长	m	60
通道数	条	2
内　宽	m	2.3
移动风扇	台	24
干燥温度	℃	65
干燥周期	h	48

4.3.9 施釉

饰面瓦和琉璃瓦制品的上釉通常采用淋釉和喷釉两种方式，也有采用浸釉方式，有手工操作、半机械操作和全自动操作三种类型。

手工淋釉方式除了应用于大件中式琉璃瓦制品施釉外，由于设施极为简易，对各种品种规格都适用，所以仍有不少生产厂沿用此方式。

半机械淋釉是使用淋釉机作业，淋釉机是由浆泵抽吸釉浆，定量地淋在制品表面，可以根据制品的大小调校每次淋釉量和中间间隔时间。

全自动淋釉机是将干燥后的坯体悬挂在链条传送带上。在连续传送过程中，由淋釉机将釉浆定量地淋在制品表面上。琉璃制品一般采用机械淋釉，淋釉工艺参数见表4-89。

表4-89 淋釉工艺参数

项 目	单 位	手工淋釉	机械淋釉
釉浆密度	g/cm³	1.6~1.7	1.7~1.8
施釉量	kg/m²	1.2~1.4	1.2~1.4
传送带速	m/min	—	12~13
干坯温度	℃	常温	常温

喷釉和甩釉一般是在施釉作业线上完成，可获得更高生产效率，坯件在胶带传输线上运行，进入喷釉柜内喷釉。喷釉之前设扫尘、吹尘、喷水等装置，以保证喷釉质量。喷釉是用釉泵以恒定压力、流量供浆给喷枪，以压缩空气雾化喷出。甩釉是离心喷雾方式，釉泵供浆经高速旋转的甩釉罐，釉成雾状甩出喷射到制品表面上。饰面瓦一般采用喷釉或甩釉，有关工艺参数见表4-90。

表4-90 喷釉、甩釉工艺参数

项 目	单 位	参 数
皮带线速度	m/min	6
甩釉头速度	r/min	3000~4200
喷釉枪气压	MPa	0.35~0.45
施釉次数	次	2~3
釉浆密度	g/cm³	1.58~1.63
施釉量	kg/m²	1
干坯温度	℃	>60

不管是手工、半机械或全自动淋釉形式，釉浆性能基本一样，只根据坯的性能和釉的成分作相应调整，都要求有较好的流动性。

待施釉的坯体干燥均匀，表面清理粉尘，适度润湿都是保证施釉质量的基本要求。为了坯体吸浆达到釉层厚度要求，可以将干燥后的带有一定温度的干坯进行"热喷"，其效果良好。

4.3.10 烧成

饰面瓦如采用隧道窑烧成，可以适应更多规格品种，但因为使用匣钵、棚板，使能耗增加，对于制品造型不复杂的饰面瓦，最理想的是采用辊道窑烧成，达到烧成周期短、节能高效的目的。琉璃制品由于造型复杂、规格品种多，一般采用隧道窑烧成，目前也正在试验采用辊道窑烧成的有关工艺。由于使用了辊道窑以及宽体隧道窑、高速等温烧嘴明焰烧成，使得烧成制度的控制精确度大为提高，单位制品的能耗大幅度下降，产品质量更高。

饰面瓦和琉璃瓦传统上采用二次烧成。二次烧成的制品内在质量和合格率都较高，但能耗大、效率低。现在越来越多采用一次烧成，特别是饰面瓦，使用生料釉一次快烧，坯釉结合良好，生产效率和质量都提高。

1. 辊道窑烧成

目前，常用辊道窑有柴油明焰辊道窑、煤气明焰辊道窑、重油半隔焰辊道窑，还有较为先进的石油气明焰辊道窑和较为简易的煤烧辊道窑。饰面瓦多采用重油半隔焰辊道窑或柴油明焰辊道窑一次快烧，也有采用电热式辊道窑作二次釉烧。有关结构及烧成工艺见表 4-91 和表 4-92。

表 4-91　重油半隔焰辊道窑技术参数及饰面瓦烧成工艺

项　目	单　位	参　数
总　长	m	65
窑内宽	m	1.35
辊棒直径	mm	$\phi 40$
棒中距	mm	70
烧嘴数量	支	8
烧嘴型号		B50
烧成周期	min	45
最高烧成温度	℃	1150
使用燃料		重油
燃料单耗	kJ/kg 制品	3800

表 4-92　电热式双层辊道窑技术参数及饰面瓦釉烧工艺

项　目	单　位	参　数
总　长	m	64
窑内宽	mm	1050
第一层辊子距窑底	mm	200
第一层辊子距窑顶	mm	220
第二层辊子距窑底	mm	150
第二层辊子距窑顶	mm	130
电热元件		硅碳棒 $\phi 25/100/400$
电阻丝	mm	$\phi 3.6$　$\phi 4.5$（Cr25 A15）
辊棒直径×长度	mm	$\phi 30 \times 1800$
辊棒中心距	mm	54
控制微机		W-85 型
总功率	kW	450
最高烧成温度	℃	1200
烧成周期	min	50

2. 隧道窑烧成

对于琉璃瓦,特别是产品较厚的日式和西式瓦,多采用隧道窑烧成,所使用的燃料有煤、重油、柴油等。装坯形式有匣钵装载,多层棚架裸装,单层裸装等。为了使坯体入窑水分保证小于2%,通常在入窑前,通过所设辅助隧道干燥室处理。目前较为先进的宽体单层裸装隧道窑,由于全自控高速等温烧嘴,窑内烧成段水平及垂直温差较小,一般在5℃以下,有关结构及烧成工艺见表4-93和表4-94。

表4-93 85m柴油隧道窑技术参数及日式瓦烧成工艺

项 目	单 位	参 数
总长	m	85
其中:预热带长		35
烧成带长		10
冷却带长		40
窑内宽	m	3.4
窑车面至拱脚高	m	0.4
烧嘴数量	对	13
烧嘴型号		OMV-13-2
窑车长×宽	m	2.45×3.05
烧成周期	h	20
最高烧成温度	℃	1150
烧成气氛		氧化
使用燃料		柴油
燃料单耗	kJ/kg制品	4000
坯体装载形式		单层裸装
辅助干燥室长	m	19
干燥温度	℃	85
干燥周期	h	6
坯体入窑水分	%	<2

表4-94 85m煤素烧隧道窑技术参数

项 目	单 位	参 数
总长	m	85
其中:预热带长		30
烧成带长		20
冷却带长		35
窑内宽	m	1.1
窑车面至拱顶高	m	1.5
燃烧室	对	7
窑车长×宽	m	2×1
烧成周期	h	59
最高烧成温度	℃	1150
烧成气氛		氧化
使用燃料		烟煤

4.3.11 成品检验和包装

目前，建筑琉璃制品执行行业标准 JC/T 765—2006。陶瓷烧结瓦执行国家标准 GB/T 21149—2007。成品检验工作一般靠人工逐一分选，也有少数在生产线上分选。成品包装质量水平也越来越高，纸箱包装较为美观。

1. JC/T 765—2006《建筑琉璃制品》行业标准简介

（1）本标准适用于屋面建筑琉璃制品，其他琉璃制品也可参照执行。

（2）品种分为三类。瓦类（板瓦、滴水瓦、筒瓦、沟头瓦），脊件，饰件类（吻、博古、兽）。

（3）包括：尺寸允许偏差、外观质量、一般要求以及物理性能。

（4）物理性能（表4-95）。

表 4-95　建筑琉璃制品一般要求及物理性能

一般要求	瓦之间及和配件搭配使用时必须保证搭接合适
	对以拉挂为主铺设的瓦，应有1~2个孔，能有效拉挂的孔为1个以上，钉孔或钢丝孔铺设后不能漏水
	瓦的正面或背面可以有以加固、挡水等为目的的加强筋、凹凸纹等
吸水率	≤12.0%
弯曲破坏荷重	≥1300N
抗冻性能	经10次冻融循环不出现裂纹或剥落
耐急冷急热性	经10次耐急冷急热性循环不出现炸裂、剥落及裂纹延长现象

（5）产品应按品种、规格级别分别包装。产品可使用草绳、竹筐、纸箱、木箱或其他材料包装。包装应牢固、捆紧。

2. 烧结瓦（GB/T 21149—2007）标准简介

（1）尺寸允许偏差：符合表4-96的规定。

表 4-96　烧结瓦尺寸允许偏差　　　　mm

外形尺寸范围	优等品	合格品
$L(b) \geq 350$	±4	±6
$250 \leq L(b) < 350$	±3	±5
$200 \leq L(b) < 250$	±2	±4
$L(b) < 200$	±1	±3

（2）外观质量

①表面质量：符合表4-97的规定。

表 4-97　烧结瓦表面质量要求

缺陷项目		优等品	合格品
有釉类瓦	无釉类瓦		
缺釉、斑点、落脏、棕眼、熔洞、图案缺陷、烟熏、釉缕、釉泡、釉裂	斑点、起包、熔洞、麻面、图案缺陷、烟熏	距1m处目测不明显	距2m处目测不明显
色差、光泽差	色差	距2m处目测不明显	

②变形：最大允许变形应符合表4-98的规定。

表4-98 烧结瓦最大允许变形　　　　　　　　　　　　　　　　mm

产品类别		优等品	合格品
平瓦、波形瓦		≤3	≤4
三曲瓦、双筒瓦、鱼鳞瓦、牛舌瓦		≤2	≤3
脊瓦、板瓦、筒瓦、滴水瓦、沟头瓦、J形瓦、S形瓦	最大外形尺寸 $L \geq 350$	≤5	≤7
	$250 < L < 350$	≤4	≤6
	$L \leq 250$	≤3	≤5

③裂纹：裂纹长度允许范围应符合表4-99的规定。

表4-99 烧结瓦裂纹长度允许范围　　　　　　　　　　　　　　mm

产品类别	裂纹分类	优等品	合格品
平瓦、波形瓦	未搭接部分的贯穿裂纹	不允许	不允许
	边筋断裂	不允许	不允许
	搭接部分的贯穿裂纹	不允许	不得延伸至搭接部分的1/2处
	非贯穿裂纹	不允许	≤30
脊瓦	未搭接部分的贯穿裂纹	不允许	不允许
	搭接部分的贯穿裂纹	不允许	不得延伸至搭接部分的1/2处
	非贯穿裂纹	不允许	≤30
三曲瓦、双筒瓦、鱼鳞瓦、牛舌瓦	贯穿裂纹	不允许	不允许
	非贯穿裂纹	不允许	不得超过对应边长的6%
板瓦、筒瓦、滴水瓦、沟头瓦、J形瓦、S形瓦	未搭接部分的贯穿裂纹	不允许	不允许
	搭接部分的贯穿裂纹	不允许	不允许
	非贯穿裂纹	不允许	≤30

④磕碰、釉粘：磕碰、釉粘的允许范围应符合表4-100的规定。

表4-100 烧结瓦磕碰、釉粘的允许范围　　　　　　　　　　　mm

产品类别	破坏部位	优等品	合格品
平瓦、脊瓦、板瓦、筒瓦、滴水瓦、沟头瓦、J形瓦、S形瓦、波形瓦	可见面	不允许	破坏尺寸不得同时大于10×10
	隐蔽面	破坏尺寸不得同时大于12×12	破坏尺寸不得同时大于18×18
三曲瓦、双筒瓦、鱼鳞瓦、牛舌瓦	正面	不允许	不允许
	背面	破坏尺寸不得同时大于5×5	破坏尺寸不得同时大于10×10
平瓦、波形瓦	边筋	不允许	不允许
	后爪	不允许	不允许

⑤石灰爆裂：规定优等品不允许有石灰爆裂，合格品石灰爆裂的破坏尺寸不大于5mm。
⑥欠火、分层：各等级的瓦均不允许有欠火、分层缺陷存在。
（3）物理性能：应符合表4-101的规定。

表 4-101 烧结瓦的物理性能要求

项 目	要 求	
抗弯曲性能	平瓦、脊瓦、板瓦、筒瓦、滴水瓦、沟头瓦类	弯曲破坏荷重≥1200N
	青瓦类	弯曲破坏荷重≥850N
	J形瓦、S形瓦、波形瓦类	弯曲破坏荷重≥1600N
	三曲瓦、双筒瓦、鱼鳞瓦、牛舌瓦类	弯曲强度≥8.0MPa
抗冻性能	经15次冻融循环不出现剥落、掉角、掉棱及裂纹增加现象	
耐急冷急热性	经10次急冷急热循环不出现炸裂、剥落及裂纹延长现象（只适用于有釉瓦类）	
吸水率	Ⅰ类瓦	$E \leqslant 6.0\%$
	Ⅱ类瓦	$6.0\% < E \leqslant 10.0\%$
	Ⅲ类瓦	$10.0\% < E \leqslant 18.0\%$
	青瓦类	$E \leqslant 21.0\%$
抗渗性能	经3h 瓦背面无水滴产生（此项要求只适用于无釉瓦类，若其吸水率≤10.0%时，取消抗渗性能要求）	

4.4 熔块的制备

4.4.1 熔块的种类和基本特性

1. 熔块的种类

熔块是建筑卫生陶瓷釉料制备中所用的一种半成品熔剂原料，是经过多种化工和矿物料配合、高温（1200~1550℃）熔化、水淬急冷等工序加工而成。分类如下：

（1）按熔块性能特点分类见表4-102。

表 4-102 熔块性能特点和分类

序 号	分类名称	主要性能
1	低温熔块	低熔点，成熟温度低于1050℃
2	高温熔块	较高熔点，成熟温度高于1050℃
3	含铅熔块	含铅，高温流动性好，光泽好
4	无铅熔块	无铅，无毒
5	透明熔块	透明性好，立体感强
6	乳浊熔块	乳浊度高，遮盖能力强
7	高膨胀熔块	膨胀系数高
8	低膨胀熔块	较低膨胀系数

（2）按使用范围分类见表4-103。

表 4-103 熔块使用范围

序 号	分类名称	主要性能
1	一次快烧普通地砖熔块	低熔点，成熟温度低于1050℃
2	一次快烧高温地砖熔块	较高熔点，成熟温度高于1050℃
3	传统二次烧成墙砖熔块	低熔点，高温流动性好，成熟温度1080~1120℃

续表

序号	分类名称	主要性能
4	二次快烧墙砖熔块	高始熔点,成熟温度1020~1080℃
5	一次快烧墙砖熔块	高始熔点,成熟温度高于1100~1200℃
6	卫生陶瓷用熔块	低熔点,熔融性能好,作溶剂用
7	干式施釉用熔块	高熔点,高温流动性小(某些装饰需要大流动性)
8	溶剂用熔块	低熔点,成熟温度低于1000℃

上述分类在实际应用中是交叉配合的,例如,同样应用于二次快烧内墙砖的熔块,就包括有乳浊、透明等多种型号,因此市售熔块品种极多。

2. 熔块的基本特性

(1) 使可溶性原料变为不可溶,使有毒原料变为无毒原料,增加釉用原料使用功能。

(2) 将部分或全部釉用原料熔融成硅酸盐玻璃,减少釉烧时分解化合反应,适合低温快烧工艺。

(3) 为调整色料釉料的使用温度,熔块作为助熔剂。

(4) 为开发新的装饰方法,熔块是干法施釉的釉料之一。

4.4.2 熔块用原料及典型配方

1. 原料质量要求

熔块用主要原料是质量较好的釉用原料,虽然不需用高纯度原料,但对预处理后的矿物原料及化工原料,要求着色氧化物、杂质含量低,化学成分和细度稳定,否则会严重影响熔块质量。例如锆英石粉的细度直接影响熔块的白度和乳浊度,若使用粒度为 $40\mu m$ 的粉料代替 $60\mu m$ 的粉料时,白度提高 5~10 度,其乳浊度也大大提高。具体要求见表 4-104、表 4-105。

表 4-104 主要矿物原料质量要求

原料名称	SiO_2	Al_2O_3	Fe_2O_3	TiO_2	CaO	MgO	K_2O	Na_2O	ZrO_2	细 度(mm)
石英粉	>98		<0.05							<0.075
长石粉	>60	>18	<0.05				>10	>2		<0.06
石灰石粉			<0.05		>54					<0.075
白云石粉			<0.05		>28	>20				<0.075
滑石粉	>60		<0.05			>30				<0.075
锆英石粉	>30		<0.02						>65	<0.06

表 4-105 化工原料质量要求

原料名称	纯 度(%)	原料名称	纯 度(%)
氧化锌	>99	碳酸钙	>98
硼砂	>99	硝酸钾	>98
硼酸	>99	铅丹	>98

2. 配方实例

(1) 高温地砖熔块

熔化温度：1400~1500℃　使用温度 1100~1200℃

硼砂 3~6　硼酸 5~10　长石 25~30　石英 25~30　锆英砂 0~10　氧化锌 5~10　石灰石 5~10　高岭土 0~10

(2) 普通地砖熔块

熔化温度：1280~1320℃　使用温度 1060~1120℃

硼砂 8~15　硝酸钾 2~5　长石 28~35　石英 25~30　锆英砂 8~12　氧化锌 3~8　石灰石 5~10

(3) 熔剂熔块

熔化温度：1200~1250℃　使用温度低于 1100℃

硼砂 8~15　纯碱 3~8　长石 30~40　石英 10~20　铅丹 2~5　氧化锌 3~8　石灰石 5~10

(4) 传统烧成墙砖熔块

熔化温度：1250~1320℃　使用温度 1050~1100℃

硼砂 8~15　硝酸钾 2~5　长石 20~30　石英 25~35　锆英砂 8~12　氧化锌 5~10　石灰石 8~15　铅丹 1~5

(5) 二次快速烧成墙砖熔块

熔化温度：1400~1500℃　使用温度 1020~1100℃

硼砂 3~5　硼酸 5~10　长石 25~35　石英 25~35　锆英砂 3~15　氧化锌 5~10　石灰石 8~15　铅丹 1~5　滑石 3~5

(6) 一次快速烧成墙砖熔块

熔化温度：1480~1530℃　使用温度 1080~1180℃

硼砂 0~5　硼酸 5~12　长石 25~35　石英 25~35　锆英砂 0~10　氧化锌 5~15　石灰石 8~15　铅丹 1~5　滑石 3~10　高岭土 0~5

4.4.3 熔块制备的工艺流程和参数

1. 典型工艺流程及主要设备

原料预处理→原料检验→（原料储备）→配方称量→混合→过筛除铁→（混合物储存）→熔化→水淬→干燥→检验→包装。

实际生产过程的工艺流程会因不同的熔块品种有所不同，大多数工厂已不再进行原料预处理，而直接购入合适的粉料。随着使用的生产设备不同，上述流程可以是全机械化，也可以是半机械化作业。

全机械化生产流程，是将各个工序通过辅助设备连贯成作业线，首先将散装或袋装原料解包后卸入粉料槽内，用压缩空气输送系统分别送至各储料罐，每个料罐的下端配有电子秤和皮带输送机，由电脑操作系统控制，当输入配方数据和指令后，系统可自行完成一个批量的配料。配好的料由螺旋输送槽送至带式搅拌机混合，完成后以同样方式或料罐车送至炉前储料罐。储料罐下端与池炉的水冷式螺旋喂料机连接，以连续或间歇形式将混合材料送入炉内。熔化好的熔体流入水池水淬，由斗式提升机收集湿熔块，通过皮带机送至转筒干燥，采用自动包装机包装。

熔块熔体除采用水冷外,也有为适应特别需要而采用风冷。将熔体直接流入带水冷内套的双筒轧辊中,熔体在急冷中被轧成薄片,经简易粗碎成小片状后,进一步在振动输送带上风冷,然后包装。采用全机械化作业流程效率高,监控方便,质量高,但投资较大。

半机械化作业流程是靠人工连接各工序,或部分工序由人工作业。其特点是投资省,规模大小可以灵活设置,但要加强质控管理。各工序主要设备见表4-106。

表4-106 各工序主要使用设备

序 号	工 序	主要设备
1	原料预处理	振动筛、搅拌磨、气流磨、球磨、雷蒙磨
2	原料储备	粉料罐、袋装料仓、压缩空气输送管、螺旋输送槽
3	配方称量	电子自动配料系统、磅秤
4	混合	抄带式搅拌机、抄板式搅拌机
5	过筛除铁	振动筛、干式永磁(电磁)吸铁器
6	混合料储存	粉料罐
7	熔化	坩埚窑、回转窑、电窑、池窑
8	水淬	水淬水池、轧片机风冷系统
9	干燥	自然晾干、转筒式干燥机
10	检验	各种仪器
11	包装	自动包装机、机械包装机

2. 混合料制备工艺控制

从原料购入到配成备用混合料的过程,必须掌握以下控制要点:

(1) 每批进厂原料应作细度、化学成分检测,保证符合规定要求。工厂原料储备量应根据原料来源稳定性及检测、实验、调整配方周期确定,一般不少于20d用量。

(2) 称量器具必须每次校核准。称料次序应与混料的投料次序相匹配。如用累计称量配料,则应先称小料,后称大料。

(3) 混合时应将受潮结块的硝酸盐、硼砂等原料预先粉碎,手工混合不少于三次,机械混合时间不少于30min。不管手工或机械混合,投料次序最好能使大料包小料,使混合更均匀。

(4) 混合后的粉料需进行过筛、除铁各一次,以防混合过程引入铁质、杂质,也保证粉料进一步均一。一般用孔径为2~4mm筛网。

3. 熔化工艺控制

(1) 工艺参数控制 粉料在熔化过程中,经过水分蒸发、结晶水排除、氧化分解、化学反应、局部烧结熔融、熔融均化等变化。整个过程要求在氧化气氛中熔融,主要控制的参数:温度、加料量、时间。

间歇式熔化窑,每次加料量是固定的,坩埚窑一般为其容量的85%,转窑一般为其容量的50%,因此,主要控制熔化温度和时间。

连续式熔化窑(池窑和电窑)主要控制进料量和熔化温度,进料量应与出料量相平衡,以保证炉内熔体层不低于基本深度。以二次快烧用乳浊熔块为例,熔化工艺参数列于表 4-107。

表 4-107 熔化工艺参数

炉 型	规 格	每次加料量	熔化温度	熔化周期
坩埚窑	5~10L	5~10kg/次	液面温度 1300℃	8h
转窑	1~2m³	500~1000kg/次	液面温度 1350℃	4h
池窑	10~15t	200~500kg/h	窑顶温度 1500℃	—

不同组分的熔块，所需要的熔化温度是不同的，各类型熔块的熔化温度列于表 4-108。

表 4-108 不同类型熔块的熔化温度

熔块种类	熔化温度（℃）
溶剂熔块	<1200
低温熔块	1250~1350
高温熔块	1400~1500

熔化温度高低直接影响到熔块的始熔温度、高温黏度和烧成范围等性能。熔化温度过高，会使熔块组分挥发过大。一般而言，同一组分的熔块，如熔化温度偏高，则黏度增大，始熔温度升高，烧成范围变窄。熔块过烧会使釉面出现针孔、无光、波纹等缺陷。

熔化时间过短，生料尚未熔化，时间过长，也会使低熔点组分挥发过多。

熔化温度曲线要求应与窑型、熔块性质、使用原料相结合，保证氧化分解充分，熔融透彻。

（2）操作要点　在加料时和熔化中，注意粉料受火焰气流影响而向外飞扬，造成熔块组成成分不准确情况。

转窑若是冷窑启动，需慢慢加热至 1000℃ 时才加料。在连续热运转时，加料后应先以小火燃烧，待粉料表层开始熔结后再加大火燃烧，同时转动窑体。如发现窑内燃烧不畅时，可暂停转动几分钟。

坩埚窑熔制时要掌握好熔平点，即液面无生料，中心略高于四周的状态，熔平前不可以搅拌，熔平后可搅拌一次，便于大气泡逸出和熔化均匀。

池窑要掌握好温度分布，出料口上端的独立烧嘴要控制好熔体流出温度，以防温度过低造成堵塞和影响水淬效果。

4. 水淬及质检

水淬水量必须足够，保证水温不超过 50℃，水淬后的熔块可自然晾干或烘干。

定期从窑内取样拉丝检查，不但是对熔块质量检查的方法，也是及时调整熔化工艺的依据。一般以拉丝 50cm 长，检查其颜色、透明度、光泽度、结节（夹生料）、气泡等项目，以标准样板评定质量水平。

水淬后的熔块，应按规定指标检测。

（1）外观　色泽纯正，没有结节，水淬均匀（布满微裂纹），没有杂质。

（2）理化项目　始熔温度、熔融温度、高温黏度等。

熔块的熔化质量最好用偏光显微镜测定其折光率的方法鉴定。单个熔块颗粒之间的折光率差异应不大于±0.003。

除作上述检测外,应定期作标准样实验,池窑一般4h做一个试样,转窑应每炉做试样。

4.4.4 熔块窑

1. 坩埚窑

熔块熔制的各个阶段均在同一坩埚中,坩埚的材质种类及质量、熔块的成分、熔制的温度和时间的控制等,均是影响熔化过程和熔块质量的因素。由于热效率低,生产效率低,只适应于小批量生产或进行实验研究用。

2. 转窑

转窑是间歇熔块窑,对工艺适应性强,换料方便,产量、质量及生产率比坩埚窑高,由于在熔制过程中,转筒在初期间歇转动,后期连续转动,随时按需要调整,保证了熔块的均一。因此,是某些特殊熔块的最佳熔制方法。其缺点是能耗高,工人劳动强度大。

3. 池窑

池窑是连续式生产的熔块窑,在大生产中应用最广。现在仍用的小型简易池窑,其加料过程敞开,窑内没有设置液面挡桥,燃烧和排烟系统也很简单,这种熔块窑最高熔化温度不高于1400℃,只能生产普通熔块,质量不高。池窑是连续式生产的熔块窑,在目前应用最广。

新型马蹄型池窑,配有两个蓄热室,以螺旋堆料机喂料。最高熔化温度可达到1500℃。能耗低、熔化率高、工艺稳定、质量稳定,是目前熔块生产的主要窑型。其热效率和生产效率高,见表4-109。

表4-109 熔块窑能耗对比

窑 型	坩埚窑	回转窑	池 窑
单耗(kJ/kg)	25.08~33.44	16.72~25.08	8.36~20.90
日产量(t)	0.1~1	1~3	10~15

4. 电熔窑

这种窑利用熔块熔体在高温下是一种良导体的原理设计的。电熔窑通常为多角形。粉料从顶部由振动机加料,上部进料区有括板机括平,中部熔化区装有电极,利用电流焦尔效应将熔体加热熔化,下部是均化区和熔体出料口。它的优点是整个过程处于密封状态,全自动控制,热效率高,熔块质量好。在玻璃熔制生产中已有不少应用,但在熔块生产中还使用较少。

4.5 陶瓷添加剂

4.5.1 概述

添加剂也称外加剂。在陶瓷生产为达到某一工艺目的而使用一些有机或无机物质,虽然用量不大,却起到不可缺少的重要作用。目前,我国在陶瓷生产中主要使用一些传统的添加剂,但品种较少,质量也远不能满足生产发展的实际需要,故开发新型化学添加剂有着广阔的发展前景。

新型添加剂作为化工行业中高新技术的产物，其优异的使用性能有力地促进了陶瓷生产向高效、高质量方向发展。

4.5.2 添加剂种类

根据添加剂的化学组成，可分为有机添加剂和无机添加剂两大类。

根据添加剂所起的作用，可分为解凝剂、湿润剂、增塑剂、润滑剂、化学粘结剂、临时性粘合剂、悬浮剂、触变剂、助彩剂、防腐剂、消泡剂、发泡剂、脱模剂、石膏模增强剂、助磨剂、絮凝剂和矿化剂等。

1. 解凝剂

目的是使泥浆获得解释，在含水量低的情况下具有较好的流动性。

解凝剂可采用无机电解质、有机酸盐类和聚合电解质。前者多用于黏土质泥浆中，后两者既可用于黏土质泥浆，也可用于瘠性料浆。

无机电解质量与黏土泥浆中的絮凝离子 Ca^{2+}、Mg^{2+} 等进行交换，生产不溶性或溶解度极小的盐类，另外还使泥浆变成碱性，这些都有利于促进泥浆稀释。

有机酸盐类加入泥浆后生成保护胶体，例如腐殖酸钠对泥浆具有解凝、增强、增塑、吸附以及悬浮等多种作用。

聚合电解质为水溶性聚合物，聚合度一般为 50~5000，具有线性结构，在水溶液中能充分吸附在固体粒子表面。如果聚合度达到 5000 以上单位，则可作粘合剂使用，聚合度达到 500000 以上单位则具有絮凝性。若获得相同黏度的泥浆，聚合电解质的用量一般比无机电解质大些，泥浆稳定性更好。表 4-110 列出一些常用的解凝剂。

表 4-110 常用解凝剂

类别	名称	分子式或主要组成	主要性状	使用特点（范围及一般加入量）
无机电解质	水玻璃	$Na_2O \cdot nSiO_2$ 模数 $n = 2.2 \sim 3.3$	浅黄黏稠液	0.1%~0.5% 普遍使用
	碳酸钠	Na_2CO_3	白色吸水性粉末或颗粒	0.1%~0.3% 可与水玻璃合用
	磷酸钠	Na_3PO_4	白色粉末	0.05%~0.2%
	焦磷酸钠	$Na_4P_2O_7$	白色粉末	0.05%~0.2%
	六偏磷酸钠	$(NaPO_3)_6$	白色片状或粉末，易潮解	0.05%~0.2%
	三聚磷酸钠	$Na_5P_3O_{10}$	白色粉末	0.05%~0.2%
	氢氧化钠	$NaOH$	白色颗粒或片状	0.05%~0.2% H-黏土
	草酸钠	$Na_2C_2O_4$	白色结晶粉末	0.05%~0.1% 与其他解凝剂合用
	草酸铵	$(NH_4)_2C_2O_4 \cdot H_2O$	无色结晶或颗粒	0.05%~0.1% 与其他解凝剂合用

续表

类别	名称	分子式或主要组成	主要性状	使用特点（范围及一般加入量）
有机酸盐类	腐殖酸钠	COONa — R — OH R：基本结构单元	黑色粉末或颗粒	0.1% ~ 0.2% 与水玻璃合用
	柠檬酸钠	$C_6H_5Na_3O_7 \cdot 2H_2O$	白色结晶颗粒或粉末	0.2% ~ 0.5%
	单宁酸钠	$NaC_{14}H_9O_9$	白色粉末	0.2% ~ 0.5% 不含有机质黏土
	橡碗栲胶	单宁酸	浅黄色粉末	0.2% ~ 0.5%
聚合电解质	羧甲基纤维素钠	R_nOCH_2OOCNa R：基本结构单元	白色粉末或细粒，吸湿性	0.1% ~ 0.3% 瘠性料
	聚丙烯酸钠		白色粉末或块状物	0.2% ~ 0.5%
	阿拉伯树胶	无固定分子式	白色或浅黄色粉末，或透明颗粒	0.2% ~ 0.5% 瘠性料
	木质素磺酸盐	R—⌬—SO₃—M—⌬—SO₃—R M：金属元素；R：基因	黄色或棕色粉末，易吸潮	0.2% ~ 0.5%
	鞣型减水剂（AST）	橡碗单宁和木质素的磺酸盐混合物	棕色粉末	0.2% ~ 0.5% 与纯碱合用

在陶瓷生产发达国家，目前已基本上不再使用水玻璃、碳酸钠等传统的解凝剂，而选用有机或无机复合物以及合成聚合电解质作为新型解凝剂，并形成系列化，对其不同性质的泥料具有针对性。新型解凝剂一般以单一形式加入，加入量 0.05% ~ 0.2%，与浆料一起球磨混合。与传统解凝剂相比较，新型解凝剂加入量小，解凝效果更显著，且解凝范围宽，使用方便。一些解凝剂由于其表面活性又同时兼有助磨作用，可缩短球磨时间 20% ~ 30%。表4-111 ~ 表 4-113 列出德国司马公司生产的一些解凝剂。

表 4-111 注浆坯料用解凝剂

产品名称	化学组成	外观	适用范围
DOLAFLUX B	腐殖酸盐-硅酸盐	灰色粉末	
DOLAFLUX F	腐殖酸盐-硅酸盐	灰色粉末	
DOLAFLUX SP NEU	腐殖酸盐-硅酸盐	灰色粉末	
DOLAPIX PC 67	聚合电解质	黄色黏液	陶器、瓷器和卫生陶瓷等
DOLAPIX PCN	聚合电解质	淡黄色液体	
GIESSFIX 162	硅酸盐	白色粉末	
GIESSFIX ZS	硅酸盐	白色颗粒	

表 4-112　喷雾干燥坯体用解凝剂

产品名称	化学组成	外观	适用范围
DOLAFLUX KW	腐殖酸盐-磷酸盐	灰色粉末	墙地砖、电瓷、长石瓷、滑石瓷
DOLAFLUX SP NEU	腐殖酸盐-硅酸盐	灰色粉末	
GIESSFIX C30	磷酸盐-硅酸盐	白色粉末	
GIESSFIX C91	磷酸盐-硅酸盐	白色粉末	

表 4-113　釉料用解凝剂

产品名称	化学组成	外观	适用范围
DOLAPIX G6	合成聚合电解质	淡黄色液体	釉料和化妆土
DOLAPIX PC67	合成聚合电解质	黄色黏液	
GIESSFIX G1	磷酸盐化合物	白色粉末	生料釉和化妆土
GIESSFIX G3	磷酸盐化合物	白色粉末	
OPTAPIX G1133	有机化合物	淡黄色浆	釉料和化妆土

意大利 Lamberti 公司生产的解凝剂主要成分为聚丙烯酸盐、磷酸盐和硅酸盐等。

2. 增塑剂

用于黏土含量低或不含黏土的坯体，使坯料颗粒之间形成液态间层，提高坯料的可塑性。普通陶瓷坯料常用可塑黏土、膨润土来提高其可塑性和坯体强度。常用的增塑剂为有机醇类或酯类，如甘油、钛酸二丁酯、己酸三甘醇、邻苯二甲酸二丁酯、硬脂酸丁酯、松香酸甲酯、乙基草酸以及纤维素衍生物、高聚合度多糖等。

德国司马公司的 ZUSOPLAST PS1 为高聚合度多糖，通常加入 0.1%～1%，适用于黏土含量低或不含黏土的坯体。表 4-114 为德国司马公司生产的一些增塑剂。

表 4-114　德国司马公司陶瓷坯体增塑剂的性能

产品名称	化学组成	外观	适用范围
GLYDOL N109	聚乙二醇醚	无色液体	含碳耐火材料
GLYDOL N193	酯类，阴离子型	无色液体	低黏土耐火材料
GLYDOL N1003	阴离子型表面活性化合物	乳白粉末	
GLYDOL N2002	表面活性化合物	棕色黏液	含碳耐火材料
ZUSOPLAST C21	纤维素衍生物	乳白粉末	黏土含量低或不含黏土坯体
ZUSOPLAST PS1	高聚合度多糖	乳白粉末	
ZUSOPLAST C28	纤维素衍生物	乳白粉末	砂浆

佛山陶瓷研究所生产的陶瓷坯体增强剂系列及性能介绍见表 4-115。

表 4-115　佛山陶瓷研究所陶瓷坯体增强剂的性能

产品名称	外观	推荐加入量(%)	作用	适用范围
CF-1 型坯体增强剂	棕色至棕黑色粉末	0.3～0.6	增强、增塑、助磨、悬浮、润滑	压制成形陶瓷砖及耐火材料
CF-2 型坯体增强剂	白色粉末	0.05～0.15	增强、增塑、悬浮	各种方法成形的坯体
CF-3 型复合增强剂	棕色至棕黑色粉末	0.5～0.8	增强、增塑、助溶、悬浮、润滑	压制陶瓷砖
AC 型坯体增强剂	白色粉末	0.3～1.0	增强、增塑、悬浮	各种方法成形的坯体

意大利 Lamberti 公司也生产系列坯料增塑剂，如 TENACEL 系列、CERFOEOL-R/75、AMISOLO HDC 和 RSICEL，V/4 等，化学组成为多酚衍生物、缩聚物、多糖衍生物或合成聚合物等，加入量通常为 0.5%～4%，适用于墙地砖、卫生陶瓷、日用陶瓷、美术陶瓷、特种陶瓷以及耐火材料等领域。

3. 润滑剂

在压制成形的粉末中，加入一定种类和数量润滑剂，可提高粉料的流动性，减小颗粒之间以及粉料与模具壁之间的摩擦，促进颗粒湿润和变形，增强坯体密度和均匀性。润滑剂对于耐火材料和特种陶瓷的压制和挤压成形尤为重要，一般是含有极性官能团的有机物，如硬脂酸、硬脂酸金属盐、矿物油、石蜡、微晶石蜡和天然石蜡等。表 4-116 为德国司马公司生产的系列润滑剂。

表 4-116　德国司马公司压制成形用润滑剂的性能

产品名称	化学组成	外观	适用范围
ZUSOPLAST 91/11	非离子型聚乙烯加合物	浅黄色液体	刚玉、莫来石、铝矾土、硅线石
ZUSOPLAST 92/5	非离子型聚乙烯加合物	浅黄色液体	氧化铝陶瓷、金属粉末
ZUSOPLAST 109/2	含阴离子化合物的聚乙烯加合物	浅黄色液体	碳化硅、铬镁耐火材料、黏土砖、砂轮
ZUSOPLAST 126/3	乳浊状的脂肪酸混合物	黄色液体	橄榄石、刚玉、莫来石、铝矾土、硅线石
ZUSOPLAST 5012	乳浊状的特殊油剂混合物	黄色液体	菱镁矿、铬镁矿、橄榄石
ZUSOPLAST 9002	非离子型聚乙烯加合物	无色液体	氧化铝陶瓷、滑石瓷、电瓷
ZUSOPLAST O9	碳氢化合物制剂	浅黄色液体	粉压和捣打混合物、挤压坯体
ZUSOPLAST O31	碳氢化合物制剂	浅黄色液体	氧化铝陶瓷、滑石瓷、电瓷
ZUSOPLAST O35	碳氢化合物制剂	黄色液体	氧化铝陶瓷、滑石瓷、电瓷
ZUSOPLAST O42	碳氢化合物制剂	浅黄色液体	氧化铝陶瓷、滑石瓷、电瓷
ZUSOPLAST O59	碳氢化合物制剂	浅黄色液体	氧化铝陶瓷、滑石瓷、电瓷
ZUSOPLAST O76	碳氢化合物制剂	浅黄色液体	陶器、炻器
ZUSOPLAST P42	磷酸基有机化合物	浅黄色液体	菱镁矿、刚玉、烧结氧化铝
ZUSOPLAST WE8	蜡制乳剂	白色液体	砂轮、氧化铝陶瓷、滑石瓷、瓷器
ZUSOPLAST WE36	蜡制乳剂	白色液体	砂轮、氧化铝陶瓷、滑石瓷、瓷器

其中 ZUSOPLAST 126/3 特别适合于挤压成形，加入 0.5%～2%，而 ZUSOPLAST 9002 适用于压制成形，加入量 0.5%～0.6%。

4. 化学粘结剂

可增加坯体的高温强度，即高温下参与坯体的化学反应并残留在坯体中。一般为无机物，如硅酸盐和磷酸盐，用于耐火材料居多，常用的有水玻璃、磷酸、磷酸铝、聚磷酸钠、硫铝、铝酸钠、硅溶胶和铝胶等。加入量通常为 1%～3%。表 4-117 为德国司马公司生产的各种化学粘结剂。

表 4-117 德国司马公司陶瓷坯体用化学粘结剂的性能

产品名称	化学组成	外观	适用范围
BUDAPUR 1	磷酸铝	无色液体	氧化铝坯体和砖
BUDAPUR 3	中性磷酸铝	黄色液体	氧化铝坯体和砖
BUDAPUR 4 SPEZIAL	磷酸钠	白色颗粒	氧化硅、氧化铝坯体及砂浆
BUDAPUR 6 SPEZIAL	磷酸钠	白色颗粒	氧化硅、氧化铝、氧化镁坯体及砂浆
BUDAPUR 8 SPEZIAL	磷酸钠	白色颗粒	氧化镁坯体及砂浆、水硬性耐火材料
BUDAPUR 15	磷酸铝	白色粉末	氧化硅、氧化铝坯体及砂浆
BUDAPUR 16	磷酸硼	白色粉末	氧化铝、碳化硅坯体
BUDAPUR 27	磷酸铬	绿色液体	氧化铝坯体和砖
BUDAPUR 28	中性磷酸铬	绿色液体	氧化铝坯体和砖
BUDAPUR 33	磷酸盐	白色粉末	氧化铝、锆、碳化硅坯体
LITHOPIX AS 21	硅酸盐	白色粉末	氧化铝、氧化镁的喷补混合物
LITHOPIX AS 85	磷酸盐-硅酸盐	浅灰色粉末	无水泥的振动浇注物
LITHOPIX P 9	磷酸盐	乳色粉末	氧化铝、锆、碳化硅坯体
LITHOPIX P 56	磷酸盐-硅酸盐	灰色粉末	氧化铝、氧化镁的喷补混合物
LITHOPIX P 91	不含碱金属的磷酸铝	白色粉末	氧化铝混合物
LITHOPIX P 92	磷酸盐	灰色黏液	砂浆、胶泥
LITHOPIX P 97	有机改性磷酸盐	白色粉末	碱性浇注物
LITHOPIX P 101	有机改性磷酸盐	黄色液体	碱性浇注物
LITHOPIX S 2	快速溶解硅酸钠	白色粉末	氧化硅、氧化铝、氧化镁耐火材料
LITHOPIX S 3	快速溶解硅酸钠	白色粉末	氧化硅、氧化铝、氧化镁耐火材料
LITHOPIX S 12	硅酸盐	浅灰色粉末	氧化硅、氧化铝、氧化镁喷补混合物
LITHOPIX S 19	硅酸盐	黄褐色粉末	氧化硅、氧化铝、氧化镁喷补混合物
LITHOPIX S 66	无水硅酸盐、碱性	浅灰色粉末	氧化硅、氧化铝、氧化镁喷补混合物
LITHOPIX S 74	硅酸盐	褐色粉末	氧化硅、氧化铝、氧化镁喷补混合物
LITHOPIX ST 5	硅酸盐	灰色粉末	氧化镁为主的修补混合物
LITHOSOL 1030	硅胶	混浊液体	陶瓷纤维、含石墨型材的密封、砂浆、胶泥
LITHOSOL 1530	硅胶	混浊液体	陶瓷纤维、含石墨型材的密封、砂浆、胶泥
LITHOSOL 1540	硅胶	混浊液体	陶瓷纤维、含石墨型材的密封、砂浆、胶泥
ZUSOSET M 1	有机改性的硅酸盐	淡灰色液体	氧化铝为主的无黏土砖
ZUSOSET TH 3	有机改性的硅酸盐	触变性淡灰色液体	不含黏土、水泥的砂孔耐火材料的触变性，特别是含碳耐火材料

5. 临时粘合剂

用来提高泥料的可塑性，增强生坯强度，减少破损。粘合剂在常温下将坯料颗粒包围、连续起来，烧成时则发生挥发、分解和氧化，一般在450℃以下烧失，留下少量灰分（0.5%~2%）。因此，临时性粘合剂一般是有机物及其溶液，具有中等分子量，约5000单位。表4-118为不同成形方法所用的一些粘合剂。

表4-118 不同成形方法所用的一些粘结剂

成形方法	粘结剂
挤压法	聚乙烯醇、羧甲基纤维素、桐油、糊精
轧膜法	聚乙烯醇、聚醋酸乙烯酯、聚乙烯醇缩丁醛、甲基纤维素
流延法	聚乙烯醇、聚乙烯、聚丙烯酸酯、聚氯乙烯、聚甲基丙烯树脂、聚乙烯醇缩丁醛
压制法	聚乙烯醇、聚苯乙烯石蜡、淀粉、甘油、阿拉伯树胶、糊精、木质素磺酸盐
注浆法	阿拉伯树胶、橡碗栲胶、羧甲基纤维素、聚丙烯酸酯

下面对一些常用的粘合剂作一简介。

(1) 羧甲基纤维素钠（CMC） CMC的制作是把纤维素与氢氧化钠反应生成碱纤维素，然后用一氯乙酸进行羧甲基化而成，其合成产物可用通式表示：

$$[C_6H_7O_2(OH)_{3-x}(OCH_2COONa)_x]_n$$

其中x代表醚化度（取代程度），x一般为0.4~1.5，n表示聚合度。醚化度决定产品的溶解能力，而聚合度对应用时的技术性能有重要影响。随着聚合度增加，CMC溶液的黏度显著增加，粘合强度和保水性提高。CMC溶于水变成活性阴离子，有胶体特性。目前已广泛应用于釉料和卫生陶瓷等方面的生产中。

(2) 甲基纤维素（MC） 在釉料工艺中起重要作用的其他纤维素是甲基纤维素，它通过碱纤维素与氯甲烷反应而成。与具有阴离子活性的Na-CMC不同，甲基纤维素溶液是非离子性的，因而是非碱性的，形成中性的胶体溶液，可以在较宽的pH值内稳定存在。与CMC相似，甲基纤维素根据聚合度呈现不同的黏度特性。由于是非离子性的，它不与浆料中的金属离子反应，因而适合作可溶性盐含量高的浆料的粘合剂。甲基纤维素具有表面活性使浆料起泡，因此，通常同时加入消泡剂。

(3) 羟甲基纤维素 通过二乙醚与纤维素钠反应而制得，作用与甲基纤维素相似，具有非离子特性，但粘合能力较低。

与所有纤维素一样，CMC、甲基纤维素和羟甲基纤维素加入到釉料时，如果加入量较大而且本身的分子量增大，则在釉层中会产生液相扩展。这一机制在陶瓷生产中适合作釉—釉间的彩饰。

(4) 藻朊酸盐 来自天然藻类的藤朊酸$(C_6H_8O_6)_n$的盐类或醚类。藻朊酸钠$(C_6H_7NaO_6)_n$和藻朊酸铵尤其适合于陶瓷使用。它们是水溶性的，具有阴离子活性，其黏度取决于聚合度。实际应用中在很多方面与CMC相似，是一种聚合电解质。

(5) 多糖 来自单糖的大分子糖类的总称，即由单糖连接形成的化合物。与单糖和低聚糖相比，多糖没有固定的分子量，在水中溶解度很低，并含有一定量的直链淀粉、支链淀粉和果胶。胶体溶液具有非离子特性，低黏度。早期使用天然多糖，如糊精。目前使用来源于植物原料并经过特殊生产工艺改性的多糖。

(6) 羧甲基淀粉（CMS） CMS是通过淀粉变性而得到的，其使用性能与CMC相似，在水中的黏度比较适中，具有诱导高黏度的特性。

(7) 橡碗烤胶　烤胶是林业化工产品,是利用植物中含有单宁的皮、根、茎、叶、果实或果壳做原料,经过加工制成的。橡碗烤胶溶解于水中,主要成分为单宁酸,其溶液具有渗透性、凝聚性、吸附性、弱酸性等胶体化学性质,在陶瓷泥料中是良好的保护胶和粘合剂。

(8) 木质素磺酸盐　一般从亚硫酸法造纸的废液中提取。为了改进木质素磺酸盐某些方面的性能,可以将废液进行脱糖、分级和改性等处理,或用其他阳离子置换钙离子,可制成含50%固形物液体状产品,经喷雾干燥制成粉状产品。产品有木质素磺酸钙、木质素磺酸钠和木质素磺酸铵等。作为粘合剂使用时,不脱糖的木质素磺酸盐比脱糖的优越(糖含量20%~25%),但含有糖容易引起吸潮并腐败变质,必要时可加入防腐剂。

另外,一价阳离子的木质素磺酸盐较二价或三价阳离子的具有更高的粘合强度,木质素磺酸盐作为粘合剂使用的最大特点是廉价,使用方便,易于与陶瓷浆料分散均匀。

(9) 丙烯酸酯的聚合物　通式为 $CH_2=CH-\overset{O}{\underset{\|}{C}}-OR$,醇基R对生成聚合物的性质与分子量有很大影响。丙烯酸酯聚合物大部分是丙烯酸酯与一种或多种单体(如苯乙烯和乙酸乙烯酯等)的共聚物。使用较为广泛的有丙烯酸乙酯、丁酯、2-乙基乙酯与乙酸乙烯或丙烯酸甲酯的共聚物,作为粘合剂使用时有高的分散性和结合强度,另外用于陶瓷浆料中不会像CMC和多糖那样发生发酵。

(10) 聚乙烯醇(PVA)　分子式为 $(C_2H_4O)_x$,其分子量一般为1300~100000,是乙烯醇的聚合物,通过将醋酸乙烯酯聚合,与氢氧化钠水解而得到。

PVA为白色或淡黄色的毛状或粉末状晶体,常温不溶于水,加热至70℃时可溶解96%~98%。聚合度太小,则结合强度低,脆性大;聚合度过大则弹性太大,在压制坯体上形成粗糙表面。加热分解过程中温度范围较宽(失重缓慢),煅烧后无残余物,特别适用于作为特种陶瓷的粘合剂。表4-119为德国司马公司生产的一些临时性粘合剂。

表4-119　德国司马公司坯体和釉料临时性粘结剂的性能

产品名称	化学组成	外观	适用范围
LITHOPLXLCA	木质素磺酸钙	淡褐色粉末	耐火材料和墙地砖坯体
OPTAPIX AC 95	丙烯酸分散乳液	白色乳液	氧化铝陶瓷、瓷器的喷雾浆料
OPTAPIX AM 100	不含碱金属的纤维素醚	乳色粉末	釉、化妆土、氧化铝陶瓷
OPTAPIX PA 4G	可快速溶解的聚乙烯醇	乳色颗粒	氧化铝陶瓷、铁氧体、金属粉末、电瓷、碳化硅、刚玉和耐火材料的浆料
OPTAPIX PA 20G	可快速溶解的聚乙烯醇	乳色颗粒	氧化铝陶瓷、铁氧体、金属粉末、电瓷、碳化硅、刚玉和耐火材料的塑性坯体
OPTAPIX PAF 35	聚乙烯醇化合物	浅黄色黏液	氧化铝陶瓷、铁氧体、金属粉末、电瓷、特殊耐火材料的喷雾浆料
OPTAPIX PS 13	阴离子型多糖	白色粉末	瓷、滑石、氧化铝陶瓷、耐火材料
OPTAPIX PS 94	改性多糖化合物	黑色黏液	耐火材料坯体、砂轮
OPTAPIX G 1133	有机聚合物溶液	浅黄色浆	釉和化妆土
OPTAPIX G 108 FLUSSIG	丙烯酸树脂溶液	浅黄色液体	釉和化妆土

产品名称	化学组成	外观	适用范围
OPTAPIX KG 6	高纯羧甲基纤维素钠，低黏度	白色粉末	釉和化妆土
OPTAPIX KG 12/C 12/G	高纯羧甲基纤维素钠，低黏度	白色粉末/颗粒	釉和化妆土
OPTAPIX KG 25/C 25/G	高纯羧甲基纤维素钠，中黏度	白色粉末/颗粒	釉和化妆土
OPTAPIX KG 50/C 50/G	高纯羧甲基纤维素钠，中黏度	白色粉末/颗粒	釉和化妆土
OPTAPIX 200G	高纯羧甲基纤维素钠，中黏度	白色颗粒	釉和化妆土
OPTAPIX 500G	高纯羧甲基纤维素钠，中黏度	白色颗粒	釉和化妆土
OPTAPLX 1000/C 1000/G	高纯羧甲基纤维素钠，高黏度	白色粉末/颗粒	釉和化妆土

国产釉用粘结剂有：SA-9921B、CMC-B、CMC-S、CMC-A。

6. 助彩剂

助彩剂是指在陶瓷制品装饰过程中使用的一些添加剂，包括固定剂、丝网印花介质、丝网印刷制版辅助剂以及贴花辅助剂等。

（1）固定剂　指在生釉面上形成一层牢固、致密的薄膜，因此可在砖坯釉后立即用丝网印刷等工艺在釉面上进行装饰。固定剂通过喷枪、离心机或"瀑布"等工艺直接地施到釉面上，使施釉和彩饰可以根据合理的操作顺序一起进行，避免了底釉对丝网的粘结，提高了印花质量和生产效率。固定剂在300℃时便全部烧失，不在釉面上留下任何碳沉积物，不产生釉面缺陷。如国内广东三水中隆陶瓷化学有限公司生产的印网釉固定剂 SA-1101，化学成分为高分子聚合物，外观为蓝绿色黏稠液体，相对密度（20℃）1.02，适用15℃以上环境使用。

（2）丝网印花介质　在印花颜料的调配时，最新采用以氧化乙烯或氧化丙烯为主要成分的水溶性印花介质，一般不再使用甘油，以适应不同的印花工艺和条件。印花介质含量一般为25%～35%，其余75%～65%为印花干料，一般不再加入水，必要时可加入一些解凝剂、增稠剂或粘合剂等。印花介质在250℃以上就全部烧失。表4-120为德国司马公司生产的丝网印花介质，表4-121为意大利 Lamberti 公司生产的丝网印花介质。

表 4-120　德国司马公司丝网印花介质的性能

产品名称	化学组成	外观	适用范围
DOLAFIX 155	合成聚合物分散体	白色液体	釉固定剂
DOLAFIX 1032	合成聚合物溶液	绿色液体	釉固定剂
DECOFLUX W 133	氧化乙烯加成物	黄褐色液体	水溶性丝网印花介质
DECOFLUX W 139	氧化乙烯加成物	橙色荧光液体	水溶性丝网印花介质，特别适合滚筒丝网印花
DECOFLUX W 254	氧化乙烯加成物	黄褐色液体	水溶性丝网印花介质
DECOFLUX WB 18	氧化丙烯加成物制剂	淡黄色液体	水溶性丝网印花介质
DECOFLUX WB 41	氧化丙烯加成物制剂	红色液体	水溶性丝网印花介质
DECOFLUX WB 54	氧化丙烯加成物制剂	乳白色	水溶性丝网印花介质
DECOFLUX WB 65	氧化丙烯加成物制剂	淡黄色液体	水溶性丝网印花介质
DECOFLUX WB 92	氧化丙烯加成物制剂	黄褐色液体	水溶性丝网印花介质

产品名称	化学组成	外观	适用范围
DECOFLUX WB 107	氧化丙烯加成物制剂	淡黄色液体	水溶性丝网印花介质
DECOFLUX WB 108	氧化丙烯加成物制剂	红色液体	水溶性丝网印花介质
DECOFLUX WB 409	氧化丙烯加成物制剂	无色液体	水溶性丝网印花介质
DECOFLUX WS 5	聚合物溶液	无色液体	水溶性丝网印花介质，适用于快速烧成
DECOFLUX MW 2	氧化丙烯加成物制剂	白色液体	彩料的水溶性介质
DECOFLUX RM 33	氧化乙烯加成物	无色液体	水溶性的彩料描线介质，适用于在瓷器上进行胶版印刷或手绘
DECOFLUX A 14	低黏性碳氢化合物	黄褐色液体	斥釉性丝网印花介质
DECOFLUX A 29	高黏性碳氢化合物	黄褐色液体	斥釉性丝网印花介质

表4-121　意大利 Lamberti 公司丝网印花介质的性能

产品名称	化学组成	外观	相对密度	适用范围
SEROIL BS22	乙烯衍生物	无色液体	1.05	一次烧成
INKOIL 901	乙烯衍生物	乳液	1.02	一次烧成
SEROIL TX	乙烯衍生物	无色液体	1.04	一次烧成，滚筒印花
SEROIL NE	乙烯衍生物	无色液体	1.1	一次烧成
SEROIL 520	乙烯衍生物	无色液体	1.14	一次烧成
PRINTOFIX 794	乙烯衍生物	浅黄色浮液	1.08	一次或二次烧成
SEROIL 580	合成聚合物	无色液体	1.12	二次烧成
SEROIL V/22	合成聚合物	无色液体	1.12	二次烧成
SEROIL L/61 NEW	乙烯衍生物	浅黄液体	1.06~1.07	三次烧成
SEROIL 770	丙烯衍生物	无色液体	1.02~1.05	三次烧成
SEROIL CS71	合成聚合物	浅黄液体	1.08	三次烧成
SEROIL CS98	合成聚合物	浅黄液体	0.99	三次烧成

上述印花介质与印花干料混合调配时，印花介质的含量一般为35%~45%。与乙二醇或聚乙二醇相比，这些印花介质加入后有助于提高研磨效率，得到的印花浆料性能稳定，无沉淀。最为重要的是，保证了印花浆料具有合适的流变性能，即在低剪切应力下保持高黏度，而在高剪切应力下易于流动。这样，在刮刀的作用下印花料易于通过丝网，不容易产生粘网堵塞现象，印花料移印到砖坯面上，黏度再次升高，并与砖坯之间有较高的结合强度，保证了印刷图案清晰、稳定，避免了相互溶合。印刷后的干燥时间可以通过选择不同型号的印花介质进行调节。对于三次烧成砖的装饰，印花料需有高的附着力和短的干燥时间，对此可将 SEROIL CS71 和 SEROIL CS98 混合使用。

（3）丝网印刷制版辅助剂　用于丝网的粘结、脱脂和感光等。表4-122列出德国司马公司生产的系列产品。

表4-122 德国司马公司丝网印刷制版辅助剂的性能

产品名称	化学组成	外观	适用范围
SYNGLUTIN DS	聚氨酯二元系统	液体	丝网粘结
SYNGLUTIN DS 4	聚氨酯二元系统	液体	丝网粘结
VERDUNNER SYNGLUTIN DS	甲酮	无色液体	丝网粘结剂的稀释
SIEBENTFETTER ZS	张力活性化合物	淡黄色液体	丝网脱脂剂
DOLAVIN KA	合成树脂化合物	蓝色黏液	具有良好斥水性的感光乳剂
DOAVIN 5	合成树脂化合物	蓝色黏液	具有良好斥水性的感光乳剂
DOLAVIN 11	合成树脂化合物	淡紫色黏液	耐水性溶剂感光乳剂
DOLAVIN 24	合成树脂化合物	紫色黏液	水溶性溶剂感光乳液
DOLAVIN 26	合成树脂化合物	白色黏液	浮雕模感光乳剂
GUMMAGON H	聚氨酯二元系统	液体	丝网印花模板的疏水剂
GUMMAGON WF	合成树脂化合物	绿色液体	丝网印花模板的硬化剂

（4）贴花辅助剂 陶瓷贴花纸在制版、纸张加工、瓷墨调配和印刷等工艺过程中需要有一些化学添加剂。表4-123列出德国司马公司的一些产品。

表4-123 德国司马公司贴花辅助剂的性能

产品名称	化学组成	外观	适用范围
DECOFLUC C 23	含萜烯的树脂混合物	黄色液体	贴花用丝网印花油
DECOFLUX C 43	含萜烯的树脂混合物	黄色液体	贴花用丝网印花油
DECOFLUX C 72T	含萜烯的树脂混合物	淡黄色胶体	半透明印刷花纸触变剂
DECOFLUX C L 17	树脂混合物溶剂	橙色黏液	花纸表面涂料
DECOFLUX C L 85	树脂混合物溶剂	橙色黏液	花纸表面涂料
DECOFLUX CL 114	树脂混合物溶剂	橙色黏液	花纸表面涂料
DECOFLUX CL 116	树脂混合物溶剂	橙色黏液	花纸表面涂料
DECOFLUX CL 132	树脂混合物溶剂	橙色黏液	花纸表面涂料
DECOFLUX CL 159	树脂混合物溶剂	橙色黏液	花纸表面涂料
DECOFLUX C L 170	树脂混合物溶剂	橙色黏液	花纸表面涂料
PRODUKT KX 1803	乙醇	无色液体	花纸浸入剂
SIEBREINIGER 1839	混合溶剂	无色液体	丝网印花模板清洁剂
DOLAFIX CW 74	混合溶剂	绿色液体	水溶性花纸固定剂
DOLAFIX CW 77	混合溶剂	红色液体	水溶性花纸固定剂
DOLAFIX CW 82	混合溶剂	红色液体	水溶性花纸固定剂

7. 悬浮剂

对陶瓷浆料具有稠化效应从而防止沉淀产生分离的电解质通常称为悬浮剂。过去使用氯化物（如NaCl）、二价或三价金属盐、硼酸盐、有机酸和膨润土等。目前使用的悬浮剂有聚酰胺制剂、聚丙烯酸盐和触变剂等。如德国司马公司的 STELLNITTEL ZS（电解质）、

STELLMITTEL506（聚酰胺），加入量只有 0.05%～0.2%，就有好的悬浮效果。另外，PEPTAPON 系列（泡胀化合物）也是理想的悬浮剂，通常加入量 0.1%～0.3%，在水中分散形成胶体，不起泡，尤其适用于釉浆和卫生陶瓷。

意大利 Lamberti 公司也同样产生有 REOTAN 系列悬浮剂，主要成分是聚丙烯酸盐，适用于喷露干燥或注浆料、釉料、化妆土、特种陶瓷和耐火材料等，加入量一般为 0.1%～0.5%，悬浮效果显著。

需要指出的是，在选择悬浮剂时，要考虑可能与粘合剂产生的化学反应，例如加有 CMC 的浆料不应使用含二价或三价金属离子的悬浮剂。

8. 触变剂

也称流变添加剂，使用后陶瓷浆料在高剪切应力下产生低黏度，而在低剪切应力下产生高黏度，如图 4-44 所示。这种新型的添加剂尤其适用于釉料和卫生陶瓷，既可改善坯釉结合，又可增加釉而平整度，尤其是竖面施釉时可防止釉滴和条纹的形成，避免在边缘处剩釉而造成凹凸不平，如图 4-45 所示。例如上面提到的 PEPTAPON 系列产品，它们是泡胀化合物，并含自有特殊的多糖，化学组成上主要是三价碱性无机物，其自由价键由季铵基和乙基纤维素等取代。主要分为以下三种类型：

（1）触变性和悬浮稳定性，不延长釉浆湿润时间，如 PEPTAPON 5。

（2）触变性和悬浮稳定性，具有粘合作用，如 PEPTAPON 9，PEPTAPON 52 和 PEPTAPON 58。

（3）触变性和悬浮稳定性，具有粘合和分散作用，如 PEPTAPON 74。

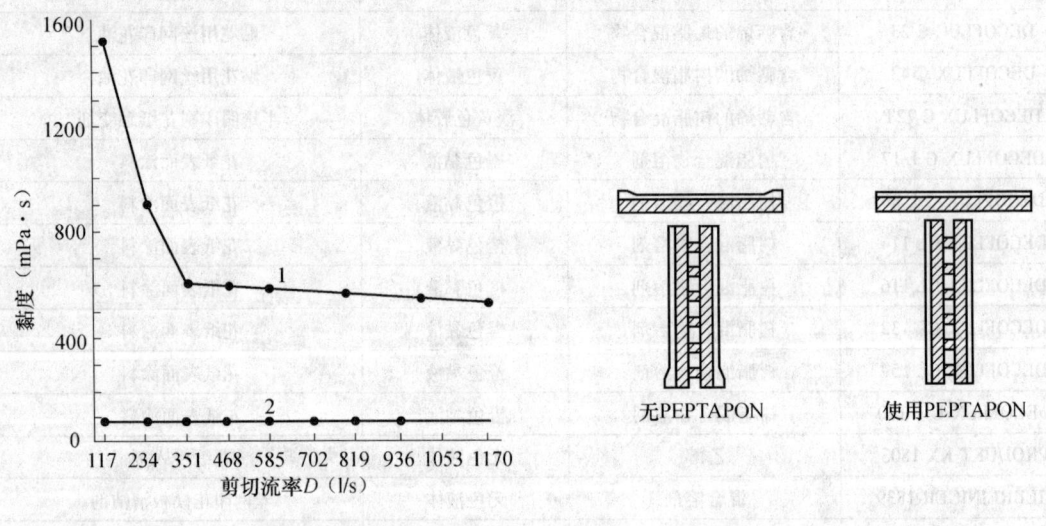

图 4-44　釉浆的触变性

注：d_{max} 下的剪切应力 = 92Pa

1—加入 0.4%PEPTAPONE52；2—无添加剂

图 4-45　施釉后砖的截面图

加入量一般为 0.05%～0.5%，加入后球磨 1～2h，浆料不产生气泡，不需加防腐剂，可长期存放。EPTAPON74 是一种适合于一次烧成的添加剂。既可增加釉面平滑度又防止起皮，既是粘合剂又是解凝剂。使用 PEPTAPON 型添加剂不必使用 CMC。

9. 防腐剂

早期使用的添加剂，如淀粉、天然胶和糊精等，容易由微生物侵蚀产生分解。合成的有机粘合剂，如 CMC 和复合多糖，也是细菌理想的培养基，加入几小时后就会受到侵蚀，使浆料黏度下降，结合力削弱。解决办法是加入防腐剂。过去使用毒性很强的汞化合物、苯酚和甲醛等。从环保方面考虑，目前使用的防腐剂不含这些有毒物质，如德国司马公司的 NOVAL 系列添加剂，化学组成是酰胺化合物和杂环化合物，有微毒，但不起泡。加入 0.05%~0.1% 的 NOVAL K23 可使含 0.2%CMC 的釉浆保存两个月以上。

意大利 Latmberti 公司生产的 CARBOSAN CD20 防腐剂，主要成分是羧甲基氯乙酰胺，加入量 0.05%~0.3%，可抑制多种细菌的生长，对泥浆、釉料，化妆土以及丝网印花料等的保存起到积极作用。

10. 消泡剂

某些粘合剂，如甲基纤维素，羟甲基纤维素或合成分散剂等，由于其表面活性，加入到陶瓷浆料中会产生不希望的气泡。在这种情况下，必须同时加入消泡剂。乙醇混合物、脂肪酸衍生物的酯类等可作消泡剂。例如德国司马公司的 CONTRAPUM 消泡剂，加入量不超过 0.1% 就有好的消泡效果。意大利 Lamberti 公司的 DEFOMEX SLE 消泡剂是有机硅乳液，加入量 0.1%~0.7%。

11. 发泡剂

引入表面活性化合物可使陶瓷浆料起泡，如德国司马公司的 SCHAUMUNGSMITTEL W53FL，加入 1%~2% 就可得到稳定均匀分布的泡沫，可制作注浆泡沫陶瓷。

12. 助磨剂

指可提高研磨粉碎效率的物质。球磨、振动、气流粉碎及其他细碎工艺都可采用助磨剂。助磨剂是具有表面活性的物质，如醇类（甲醇、丙三醇）、胺类（三乙醇胺、二异丙醇胺）、油酸及有机酸的无机盐类（如木质素磺酸盐、环烷酸钙）。一些气体（如丙酮气体、惰性气体）及固体物质（六偏磷酸钠、硬脂酸、硬脂酸盐、滑石粉）也可作助磨剂。例如加入 0.1%~0.2% 木质素磺酸盐或 AST 减水剂，一般可使陶瓷浆料的湿磨效率提高 20%~30%。干磨氧化铝时加入油酸，而湿磨时加入氯化铝。

4.5.3 添加剂应用技术

1. 陶瓷浆料的解凝

对于喷雾干燥料，含水量的降低可使干燥时能耗减少，并增加粉料的输出率。目前国内陶瓷厂家一般选用以下解凝剂：水玻璃、纯碱、腐殖酸钠、焦磷酸钠、六偏磷酸钠和三聚磷酸钠，通常水玻璃加入量 0.2%~0.5%，纯碱加入量 0.1%~0.3%，腐殖酸钠加入量 0.1%~0.3%，磷酸盐加入量 0.1%~0.2%，解凝剂的加入量根据所选用的原料矿物结构以及水质进行调节，确定理想的配比。含有一定比例的有机解凝剂特别适合瘠性黏土原料。使用合适的解凝剂（包括合适的加入量），墙地砖泥浆的含水量可下降至 35%~40%，一些陶瓷厂使用复合磷酸盐解凝剂使瓷质砖浆料的含水量达到 30% 左右。国外陶瓷厂普遍采用一些新型的高效解凝剂，如德国司马公司生产的 DOLAFLUX SP NEU 和 GIESSFIX C91 等，加入量 0.1%~0.2%，一般单独使用，不需与其他解凝剂配合，解凝效果优于国内使用的传统解凝剂。

在釉浆方面，国内一般选用水玻璃、纯碱和磷酸盐等作解凝剂。加入量通常为 0.2%~

0.5%。而国外则普遍采用丙烯酸盐或低聚合度的羟甲基纤维素钠作釉浆解凝剂,例如德国司马公司生产的 DOLAPIX PC67,加入量 0.1%~0.3%,球磨开始加入,球磨时间可缩短 20%~30%,也可随时加入釉浆中调节其黏度,使用十分方便,釉浆相对密度可达 1.80~1.95。

对于注浆成形浆料,低的含水量降低坯体收缩,减少石膏模的吸水量,缩短模型的干燥时间。一般不使用磷酸盐作解凝剂,因其对石膏模具有腐蚀作用,而普遍采用水玻璃、纯碱和聚合电解质等,加入量 0.2%~0.5%。通常水玻璃和纯碱复合使用,以调整吸浆速度和坯体软硬程度。鞣型减水剂(AST)与纯碱复合使用(加入量 0.2%~0.5%),具有良好的解凝效果并具有助磨作用。特别是聚丙烯酸盐,泥浆长期放置时也较稳定,对石膏模侵蚀也很小。国外一般选用 DOLAFLUX SP NEU 或 DOLAPIX PC67 作为解凝剂,由此还可提高吸浆速度,增强坯体强度,易于脱模。此外,还可用于高压注浆成形,推荐加入 0.1%~0.3% DOLAFLUX SP NEU 和 0.05%~0.3% DOLAPIX PC67,可以单一或复合形式加入。泥浆含水量一般在 30%~33%,其稳定性和触变性能满足注浆成形的工艺要求。

在陶瓷浆料制备过程中,还有一个对浆料性能产生重要影响的因素,即水的性质。水是陶瓷生产的主要辅助材料。对于不同的水质,解凝剂的种类及其使用量也不同。

水中的 Ca^{2+}、Mg^{2+} 和 SO_4^{2-} 等离子对泥浆的稳定性影响较大,容易引起泥浆的絮凝,一般要求水中 Ca^{2+}、Mg^{2+} 不大于 10~15ppm,SO_4^{2-} 小于 10ppm。除去 Ca^{2+}、Mg^{2+} 等离子,一是借助离子交换将水软化,二是加入磷酸钠或焦磷酸钠等将 Ca^{2+}、Mg^{2+} 变成不溶性物质。对于 SO_4^{2-},一般可加少量钡盐,如 $BaCO_3$,使之成为不溶性物。

水中 pH 值会影响坯料的可塑性,生产中一般采用中性水(pH=6.0~8.5)。

2. 陶瓷坯体的增强

目前,在墙地砖生产过程中普遍存在坯体强度不足现象。尤其是大规格墙地砖的生产,坯体破损率高达 10%~20%,严重影响了生产效率和产品质量的提高,造成不必要的经济损失。

增加陶瓷坯体强度主要从增加黏土塑性和加入合适的粘合剂两方面着手。一般而言,黏土的可塑性越高,其结合强度就越大,因此首先考虑选用一些高可塑性的黏土,如膨润土(一般加入量不超过 5%)。另一增强措施是加入合适的有机粘合剂,利用其分子长链将陶瓷颗粒包围、连接起来。有机粘合剂一般在 400℃ 以上温度便大部分碳化、烧失,对最终烧成产品的质量没有不良影响。选择粘合剂的基本原则是具有高的结合强度,加入后分散性好,不影响原有的生产工艺,同时不能过分增加生产成本。

对于压制成形的墙地砖和耐火材料,普遍选用木质素磺酸盐、淀粉、糊精、多糖、AST、腐殖酸钠和 CMC 等作坯体增强剂,加入量 0.2%~0.5%,一般可使坯体强度提高 20%~50%。采用复合添加的方法,有时可使坯体强度进一步提高。另外通常将粘合剂与润滑剂复合使用。增强剂加入后球磨时间不宜过长(一般为 1~2h),否则结合强度有所下降。如果浆料存放时间过长,需要加入防腐剂。

如果采用合理的生产工艺以及采用合适的增强剂,可使瓷质砖的干坯强度达到 2.5MPa 以上,釉面内墙砖的坯体强度超过 3.0MPa,这样坯体的破损率明显减小,并适应于随后的印花或渗花等装饰工艺，目前国内不少陶瓷厂的瓷质砖的干坯强度低于1.5MPa，甚至不到1.0MPa，釉面内墙砖的干坯强度只有2.0MPa左右，因此提高坯体强度是亟待解决的问题。国外一般采用木质素和多糖的复合型粘合剂，加入量约0.1%，可使墙地砖的坯体强度提高20%~30%，即使经快速烧成，坯体也不会产生黑心现象。

对于卫生陶瓷制品和其他注浆坯体，一般采用CMC、多糖和聚丙烯酸酯等作增强剂，加入量0.2%~0.5%。国外厂家倾向于使用0.2%~0.5%的CMC或PEPTAPON 5(或PEPTAPON 9)。

在墙地砖的生产过程中，粉料容易粘附在模具上，严重影响了产品质量和生产效率的提高。解决的方法除模具的因素外，可采用以下几种途径：

(1) 取代水玻璃、纯碱等传统解凝剂，或减小加入量，采用磷酸盐或一些新型的复合解凝剂，如DOLAFLUX SP NEU或LITHOPIXP 91等，加入量0.1%~0.3%。

(2) 加入合适的粘合剂，增加坯体强度，同时降低压制成形的粉料水分至5%~6%。

(3) 加入合适的润滑剂，增加粉料的流动性；0.1%~0.5%的ZUSOPLAST 9002，加入后球磨1~2h。

3. 釉面质量的调整

釉料的工艺性能单靠原料配方的调整是难以达到使用要求的，只能通过添加剂进行调节、改善，使生产能稳定、高效地进行，釉面质量才能得到显著提高。解决釉面质量问题，首先要从施釉阶段开始，获得平滑的起始釉面，否则在施釉阶段产生的缺陷在烧成过程中也是难以消除的。釉料添加剂的主要作用是调节黏度、固体含量、触变性、分散性、悬浮性、存放时间、干燥时间、平滑度、表面强度以及改善坯釉结合等。

使用的解凝剂有水玻璃、纯碱和焦磷酸钠等。目前国外普遍采用聚丙烯酸盐、磷酸盐复合物和低聚合度CMC等，这些解凝剂具有好的解凝效果和宽的解凝范围，使釉浆具有相对密度和低黏度。例如DOLAPIXG6、DOLAPIX PC67、GIESSFIX G1和GIESSFIX G3等，一般加入0.1%~0.3%，釉浆相对密度可达1.80~1.95，黏度为200~300mPa·s。施釉面更为平滑。即使在快速烧成过程中，这些添加剂也不会因为分解而对釉面产生不良影响。

为了增加施釉时釉浆流动的均匀性，可加入能减小表面张力的流平剂，由此改善釉面质量。例如意大利Lamberti公司生产的TENSIOL 398，为氧化乙烯和氧化丙烯的共聚物，可在施釉前加入球磨好的釉浆中，加入量0.05%~0.1%，由此可减少气孔、缩釉和橘釉等釉面缺陷。在实际生产过程中，通常把水喷洒在砖的表面，以确保砖坯均匀吸釉。国外陶瓷厂使用含1%~2%低聚合度CMC的溶液喷洒砖坯面。

此外，由于亲水盐移到砖坯边缘引起迁移现象是一次烧成釉中经常产生的缺陷，这主要是由于原材料或水中的杂质引起的，有时是在球磨过程中一些盐类的分解所致，如氯化物和硫酸盐。解决的方法是加入一些化学试剂，使其生成不溶于水的盐类，同时对釉的特性不产生不良影响。

为了增加生釉强度，改善坯釉结合，一般使用塑性黏土、淀粉、黄蓍胶、糖类和木素等，目前则使用纤维素衍生物、海藻酸盐、聚乙烯醇和多糖等。除能提供粘合性能外，还能调节湿润时间、流动性和黏度等。特别是高纯度的CMC起到了重要作用。使用CMC时，必须注意其聚合度，由此产生不同的黏度和结合强度。低、中聚合度的CMC适合于在室温下施釉，而中、高聚合度的 CMC 适合于在温度 50~90℃的砖坯面上施釉，由此获得更平滑的表面。加入量一般为 0.2%~0.5%。使用 CMC 时还需注意二价或三价金属离子所产生的中毒效应以及防腐问题。釉浆中的气泡可通过加入消泡剂来消除。

另外，触变剂如 PEPTAPON 系列对釉浆性能调节也具有理想的效果。

根据资料介绍，国外陶瓷生产厂家一般选用以下之一种粘合剂（德国司马公司生产）：

(1) 0.3%~0.5% OPTAPLX G1133；

(2) 0.1%~0.3% PEPTAPON 9 或 PEPTAPON 52 或 PEPTAPON 74；

(3) 对于墙砖，0.1%~0.3% OPTAPIX C12 G；

(4) 对于地砖，0.1%~0.3% OPTAPIX C50 G。

4. 丝印彩料调料剂

除了丝网以及制版质量外，在印花过程中采用合适的固定剂和印花介质可提高印刷质量，减少抹网次数，提高生产效率。

对于一次烧成，用 DOLAFIX 1032 或 DOLAFIX 155 作为固定剂，以 1:(10~20) 的比例与水稀释成溶液，喷洒在底釉上，形成一层保护膜，并在 8~10s 后就可进行印花。加入 DOLAFIX 155 使彩饰图案轮廓分明，而 DOLAFIX 1032 特别适合快速烧成。

平面丝网印花采用 KECOFLUX WB107、DECOFLUX WB108 或 DECOFLUX WB409 作印花介质，含量 25%~35%，其余 75%~65% 为印花干料，不加水，一起球磨可提高效率 20%~30%，由此可获得很好的印花效果，特别是多色印刷的情形。每种印花料之间不会产生相互混合。DECOFLUX WB409 适用于温度为 30~60℃的砖坯，DECOFLUX WB108 适用温度为 40~70℃，而 DECOFLUX WB107 适用温度为 50~90℃。

对于滚筒丝网印花，要求印花料有特殊的流动性，触变性不能太大，DECOFLUX WB108 和 DECOFLUX W254 较适合这种印花。

橡胶滚筒印花设备近年来越来越普遍使用，这需要黏度低又不会沉淀的印花料。DECOFLUX W139 适合于这种应用，既适宜一次烧成印花砖，又适宜二次烧成印花砖。使用这种添加剂还可以在已烧成釉面上印花。

对于二次烧成砖，可采用 DOLAFIX 1032 作固定剂，DECOFLUX W254 或 DECOFLUX WB92 作印花介质，含量 25%~35%，后者特别适合于多色印刷。

还有一些用于印花料的添加剂，如意大利 Lamberti 公司的 VISCOLAM 277，主要成分是氧化乙烯，用作印花料的增稠，保证其稳定性，加入量 1%~10%。另外还可以加入 REOTAN AC/I 或 REOTANL 等分散剂（0.2%~2%），用于降低印花料的黏度。为了提高印花料在移印后的砖坯的附着力，可加入 RESICEL V/4 或 RESICEL 4399（丙烯酸聚合物），加入量一般为 1%~2%。另外，PRINOIL DC 用作印花料的润滑剂和流变调节剂，加入量 0.5%~6%，由此可减小刮压作用引起的摩擦，延长丝网和刮刀的使用寿命，另外降低了印花料的表面张力，保持印花料在丝网上的湿润，避免堵塞网孔现象，有效解决粘网问题。

彩色渗花瓷质砖作为新型的建筑装饰材料有着广阔的市场前景。在渗花工艺过程中，需要使用一些化学添加剂。首先是渗花液的调配，一般采用水溶性的高分子有机螯合剂（溶剂），作为可溶性着色离子的载体（基础组分），然后加入可溶性的调粘物质，如 CMC、聚乙二醇、淀粉和阿拉伯树胶等。意大利 Lamberti 公司的 VISCOLAM 659 专门用于增加渗花液的黏度，加入量3%～6%。；另外必要时可在渗花液中加入消泡剂。这样，使渗花液具有一定的流动性、均匀性和湿润性，黏度适当，印刷过程不粘网、不堵塞网孔，移印后图案清晰。

为了增加渗透深度，在印刷前对干坯喷洒促渗剂，一方面降低坯体温度，另一方面将坯体表面的毛细孔打开，有利于渗花液的渗入。一次促渗后坯体水分应小于 0.5%。

当彩色渗花液移印在坯体表面后，再二次喷上促渗剂，以降低渗花液的表面张力，携带着色离子沿着毛细管渗入到坯体内部，并达到一定的深度。二次促渗后，坯体水分应小于2%。

5. 石膏模助剂

石膏模是陶瓷生产中广泛采用的多孔模具。在制模过程中，为了有效地控制半水石膏的凝结速度，提高模型强度，通常在石膏浆中加入添加剂，表 4-124 列出石膏模型常用的添加剂。

表 4-124　石膏模型常用添加剂

种类	名称
缓凝剂	硼砂、鞣型减水剂、明胶、腐殖酸钠、尿素、单宁酸钠、甘油、酒精、亚硫酸纸浆废液、三聚磷酸盐
促凝剂	硫酸钾、硫酸钠、硫酸氢、硝酸钾、硼酸钠、硼酸钾、碳酸钾、氧化钙
增强剂	液体桃胶、橡碗栲胶、腐殖酸钠、聚氧化乙烯、密胺甲醛树脂、酚醛树脂、密胺树脂、密胺树脂-乙二醇

（1）缓凝剂　延缓石膏的溶解和凝结过程，并可提高模型的强度。其作用原理主要是改变了二水石膏的结晶形状和大小，以及模型中晶体的结合强度和结构。

（2）促凝剂　加速石膏的溶解和凝结过程，但一般会降低模型的强度，故较少采用。

（3）增强剂　加入一些水溶性添加物代替工业用水调制石膏浆时，可使模型强度提高，其原因可能是这类溶液具有一定的黏性，有的是延缓了凝结过程。另一类增强剂是合成树脂。如将分子量为 200～400 万的聚氧化乙烯调成 0.3% 溶液加入石膏粉中，可使模型的使用次数提高一倍以上。加入 0.3%～0.57% 腐殖酸钠，模型强度可提高一倍，使用寿命延长 50%。德国司马公司的 SILUBIT G80，加入量 0.5%～1%，可增加膏水比，强度增加 100%以上，而对石膏模的吸水率没有影响。

注浆成形前，在石膏模具壁上涂上脱模剂，有助于注浆坯体和模具的分离、脱模，减少坯体破损。脱模剂一般为特殊油脂的乳液。传统使用的有中性软肥皂、煤油、蓖麻油、食用油和过氧化氢等。德国司马公司的 TRENEMULSION W165 以及意大利 Lamberti 公司的 DISTACCANTE 110 均有好的使用效果。

4.5.4　适应性实验

用于陶瓷生产的化学添加剂种类繁多，功能各异，即使是同一类型的添加剂也有系列化的产品。因此，在实际生产应用中，应根据所用的原材料、水质、生产工艺以及所要达到的目的要求等因素来选择合适的添加剂及其加入量，以发挥添加剂的最大效能，提高生产效率和产品质量，降低生产成本，增加经济效益。如果添加剂选择不当，则会适得其反。

在选择添加剂的过程中，首先必须熟悉添加剂的特性、作用机理、加入方法和适用范围等，然后进行系统的适应性实验，摸索出最佳的加入量。实际生产中往往需要几种添加剂复合使用才能达到理想的数量，合适的配比只有通过适应性实验才能确定。添加的基本原则是可加可不加的坚决不加，能少加的坚决少加，添加的种类尽可能少。在生产成本的评价方面，应综合考虑添加剂的价格、加入量以及所达到的实际效果。有些新型的高效添加剂，尽管价格较高，但加入量小，对提高产品质量和生产效率发挥了重要作用，总体而言，效益大于使用添加剂增加的成本，这样在生产中是有推广应用价值的。

首先是陶瓷浆料的解凝问题。解凝剂的种类和数量与所用原料以及水的性质有密切关系。一般加入合适量时能有效降低泥浆黏度，但超过一定的数量，泥浆黏度又会升高。许多解凝剂的解凝曲线都具有这一变化规律，因此研究泥浆黏度与解凝剂种类和加入量的关系（解凝曲线）具有十分重要的意义。图 4-46 表示出不同解凝剂加入量对釉浆黏度的影响。当使用碳酸钠-水玻璃复合解凝剂时，加入量为 0.3% 时黏度下降至最低点，但加入量稍加大，黏度就迅速增加。这表明解凝范围窄，浆料性能不易控制。而加入 DOLAPIX G6 新型解凝剂后，加入量在 0.2%～0.8% 的范围内釉浆黏度变化很小，即解凝范围宽。这对于实际操作是十分方便的。根据以上实验，可选择 0.2% DOLAPIX G6 作解凝剂，而碳酸钠-水玻璃复合解凝剂并不合适。

图 4-47 是不同解凝剂对于黏土浆料的解凝曲线。由此可见，德国司马公司的新型解凝剂效果明显，只要加入 0.2%～0.4%，就能使料浆具有高的流动度，且解凝范围宽。而传统的解凝剂一般加入量大于 0.5% 才获得较好的流动性，但加入量再加大会造成流动性的下降。腐殖酸钠单独使用时解凝效果最差，据此选择 0.2%～0.3% GIESSFIX C91 作为解凝剂最为有效。

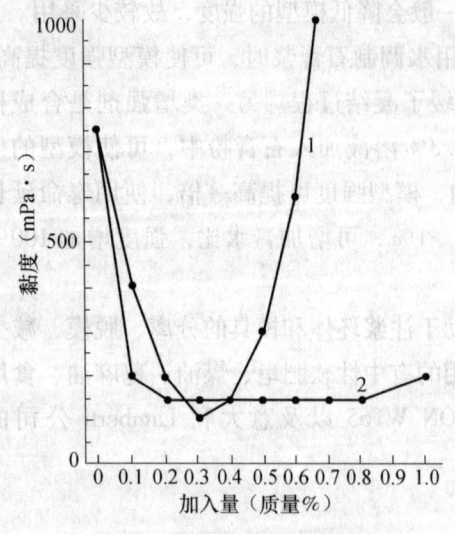

图 4-46　长石釉浆的解凝曲线
1—碳酸钠-水玻璃；2—DOLapix G6

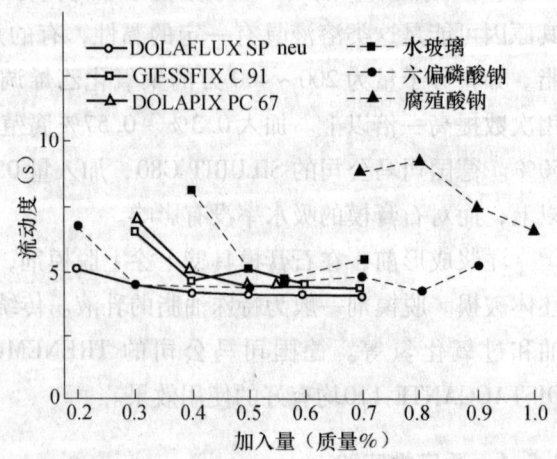

图 4-47　新型解凝剂和传统解凝剂的解凝曲线

图 4-48 所示为 CMC 添加剂加入量与釉浆黏度的关系。低聚合度的 CMC，如 OPTAPIX

KG6即使加入量达1%，釉浆的黏度增加很小。对于中等聚合度CMC，如OPTAPIX C50G，当加入量高于0.3%时釉浆黏度开始增加，电解质效应很大程度地消失。对于高聚合度的CMC，如OPTAPIX C1000G，由于高的固有黏度而具有稠化效应，当加入量达0.2%时黏度开始增加，同时可作为悬浮剂。通过以上实验，可根据施釉工艺选择合适聚合度的CMC作添加剂。

又如陶瓷坯体的增强问题，最有效的方法是加入有机粘合剂。粘合剂的水溶液具有不同的黏度，例如阿拉伯胶、木质素磺酸盐、糖精和糊精等属于低黏度，纤维素衍生物根据其聚合度可从低黏度至高黏度变化，藻朊酸盐、聚丙烯酰胺和黄耆胶等属于高黏度。应首先根据不同的成形方法对粘合剂的种类进行选择。一般加入量增大时，干坯强度也不断增加，逐渐达到饱和值，如

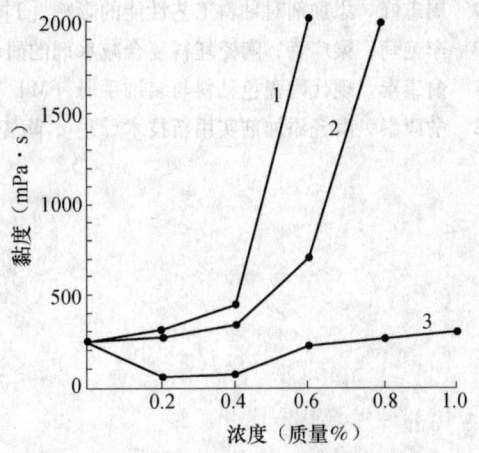

图4-48 加入CMC的熔块釉浆的黏度
1—OPTAPIX C1000G；2—OPTAPIX C50G；
3—OPTAPIX KG6

果加入量过小，不起增强作用或作用不明显，而当加入量过大时，则生产成本加大，并容易在快速烧成过程中造成黑心的现象。因此，应通过实验确定合适的加入量，例如在压制成形的墙地砖坯料中加入0.2%~0.5%的木质素磺酸盐，可使干坯强度提高20%~50%，而加入后对生产工艺及烧成产品质量没有不良影响。如果加入高黏度的粘合剂，则不适合于后续的喷雾干燥工艺。

参考文献

1　华南工学院，南京化工学院，武汉建材工业学院．陶瓷工艺学［M］．北京：中国建筑工业出版社，1984．
2　南京化工学院，华南工学院，清华大学．陶瓷物理化学［M］．北京：中国建筑工业出版社，1981．
3　祝桂洪．陶瓷物理化学［M］．北京：中国建筑工业出版社，1983．
4　H. 舒尔兹．黄照柏译．陶瓷物理及化学原理［M］．北京：中国建筑工业出版社，1983．
5　唐山陶瓷厂．建筑卫生陶瓷技术培训讲义，1990．
6　饶东生．硅酸盐物理化学［M］．北京：冶金工业出版社，1980．
7　西北设计院．国外陶管工业资料汇编，1993．
8　江西省水泥制品科学研究所．自应力钢筋混凝土管的生产与应用［M］．北京：中国建筑工业出版社，1973．
9　陈锦如．陶管柔性接头研制［J］．工业陶瓷．1985（3）．
10　陈锦如．煤矸石陶管［J］．建材技术（陶瓷）1986（6）．
11　陈达谦，陈锦如．家用高压陶瓷管工艺试验总结［J］．建材技术（陶瓷）．1980（4）．
12　朱脉群．陶管红亮釉［J］．建材技术（陶瓷）．1976（3）．
13　素木洋一．釉及色料［M］．北京：中国建筑工业出版社，1985．
14　刘康时．陶瓷工艺学原理［M］．广州：华南理工大学出版社，1990．
15　汪啸穆．陶瓷工艺学［M］．北京：轻工业出版社，1994．
16　中国建筑工业出版社，中国硅酸盐学会．硅酸盐辞典［M］．北京：中国建筑工业出版社，1984．
17　［日］素木洋一．刘达权，陈世兴译．张维翰校．硅酸盐手册［M］．北京．轻工业出版社，1988．

18 周志峰. 新型化学添加剂在陶瓷生产中的应用 [J]. 佛山陶瓷, 1993 (3) 8~18.
19 周志峰. 添加剂对釉料工艺性能的影响 [J]. 佛山陶瓷, 1993 (1) 1~11.
20 李艳莉, 梁广森. 陶瓷坯料复合减水剂的研制 [J]. 佛山陶瓷, 1996 (4) 23.
21 俞康泰. 现代陶瓷色釉料与装饰手册 [M]. 武汉: 武汉工业大学出版社, 1999.
22 俞康泰. 陶瓷添加剂实用新技术 [J]. 陶瓷增刊, 2001.

第5章 陶瓷色料及装饰技术

5.1 陶瓷色料

5.1.1 陶瓷色料概述

广义上,陶瓷色料是指在陶瓷制品装饰时使用的"着色材料",它包括色剂(着色剂)、色基、颜料和彩料(彩绘料)。

色料、颜料、色剂、色基、彩料这些术语有异同之处,但至今在陶瓷工业中实际使用时并没有一个严格的区分,往往用"色料"来表述。

5.1.2 陶瓷色料的组成和分类

1. 按其用途分类

(1) 釉上色料 用于在烧成的陶瓷釉面上进行彩饰的色料,主要由色剂和熔剂组成,熔融温度较低,彩烧温度也较低,一般在750~850℃。由于使用温度低,色料品种很多,色彩极其丰富。

(2) 釉下色料 用于生坯或素烧坯体上彩饰的色料,彩饰后再施以一层透明釉,它的熔融温度和烧成温度较高,一般在1250℃以上,彩色品种较少。

(3) 釉中色料 用于釉坯或烧成制品釉面上彩饰的色料,彩饰后可不再施釉或再施一层透明釉,属高温快烧色料。一般烧成温度为1050~1200℃,烧成温度为35~60min。釉烧时,色料渗入到釉层中而不被釉所溶解,或者少量溶解后,立即快速降温使釉面迅速封闭,色料便自然沉浸在釉中呈现近似釉下的效果,又有釉上彩的丰富色彩。

2. 按矿物结构分类(表5-1)

表5-1 色料按矿物结构分类表

矿物名称	举例
斜锆石	钒锆黄
硼酸盐	钴镁红
刚玉-赤铁矿	铝红、锰铝红、铁锰棕
拓榴石	钙铬硅绿
橄榄石	硅酸钴绿蓝
方镁石	钴镍灰
硅铍石	钴锌硅酸盐
磷酸盐	钴磷酸盐
红柱石	镍钡钛黄

续表

矿物名称	举例
烧绿石	铅锑酸盐黄
金红石	铬锑钛黄、锡钒黄、锑锡灰、锰锑钛黄、钒钛锑黄
榍石	铬锡红
尖晶石	铬铝锌铁红、钴铝酸盐蓝、钴锌铝酸盐黄、钴铬酸盐蓝绿、铁铬酸盐、锌铁酸盐、铁钴酸盐黑、铁钴铬酸盐黑
锆英石	钒锆蓝、锆镨黄、锆铁红、锆钴镍银灰、钴硒镉大红、锆铬橘黄

3. 按色料着色后制品颜色分类（表5-2）

表5-2 按色料着色后制品颜色分类表

颜 色	化学组成
粉红	铬-铝、铬-铝-锌、锰-铝、钴-镁、锆-银、锆-硅-铁、铬-锡-硅-钙
大红	锆-硅-硒-镉
鲜黄	锆-镉-硫
黄	锆-钒、锆-硅-镨、锆-硅-镨-铈、钛-铬-锑、锡-钒、锆-硅-钼-锑、铅-锑-铁、钛-锑-铁
绿	钙-铬-硅、铬-铝、铬-硅、铬-铝-硅、钴-铬-锌、铬-铝-硅、锆-硅-钒、锆-硅-钒-镨
蓝	锆-硅-钒、钴-锌-铝、钴-锌-硅、钴-锌-铝-硅、钴-铝、钴-硅
棕	铬-铁、锰-铁、钴-铁、铬-钴-铁、铬-钴-铝-锌、铬-锰-铁、铬-锰-铝-锌、铁-铬-锰-锌、铁-铝-锰、钴-铝-锌、钴-镍-铝-铬-铁
灰	锑-锡、钴-镍、锡-锑-钒、锆-硅-钴-镍、铬-铁
紫	铬-锡-钙-硅-钴、钕-硅、钕-铝
黑	铁-铬-钴-锰、铁-铬-钴-镍、铁-铬-镍、铁-铬-镍-铜、铁-铬-镍-铜-锰

5.1.3 色料所用发色元素及原料

陶瓷色料的呈色是以各种金属化合物产生的许多不同的颜色作为基础，实际应用于陶瓷器的发色元素很少，它们大多汇集在元素周期表中第四周期从原子序数23（钒）起到原子序数29（铜）止。此外，金和银也是重要的发色元素，在日用美术瓷的装饰上被广泛应用。原子序数57～71的稀土元素（镧系）中有几个能发色的元素，如镨、钕、铈等，尤其是镨能配制出颜色鲜艳、纯正的黄色料，已被广泛地应用于陶瓷色料生产中。

（1）铁的化合物　能配制红、黄、褐、黑等色料。常用的化合物有三氧化二铁、硫酸亚铁、氯化亚铁。

（2）钴的化合物　能配制蓝、绿、黑、褐等色料。常用的化工原料有氧化钴、氧化亚钴、四氧化三钴、硝酸钴、碳酸钴、醋酸钴等。

（3）铬的化合物　能配制绿、黄、红、褐、棕黑等色料。常用的化工原料有三氧化二铬、重铬酸钾、铬酸铅、醋酸铅等。

（4）铜的化合物　能配制红、紫、蓝、黑等色料。常用的化工原料有氧化铜、氧化亚铜、氯化铜、硫酸铜等。

(5) 锰的化合物 能配制粉红、紫、褐、黑等色料。常用的化工原料有氧化锰、磷酸锰、碳酸锰、硫酸锰等。

(6) 镍的化合物 能配制黄褐、青灰、绿、紫等色料。常用的化工原料有氧化镍、硫酸镍等。

(7) 钒的化合物 能配制黄、绿、蓝、黑等色料。常用的化工原料有五氧化二钒和偏钒酸铵等。

(8) 锑的化合物 能配制黄、橙、灰等色料。常用的化工原料有三氧化二锑和五氧化二锑。

(9) 镉的化合物 能配制黄、红等色料。常用的化工原料有碳酸镉和硫化镉。

(10) 稀土金属氧化物 氧化镨（Pr_6O_{10}）用来配置镨黄褐绿色料，氧化钕（Nd_2O_3）用来配制紫色料及变色釉，氧化铈（CeO_2）可用来配黄、红、褐等色料。

5.1.4 陶瓷色料的制备

陶瓷色料的制备有沿用多年的传统方法，也有最近发展起来的溶液法合成色料的新途径，合成出包晶的大红色料，但大部分仍采用固-相反应的方法。本节仅介绍一般通用的制备方法及有关注意事项。

1. 原料及加工处理

目前，建筑卫生陶瓷色料所用原料一般都使用工业纯或化学纯的化工原料，主要质量控制指标是化学组成、矿物组成、原料细度和制造方法。

陶瓷色料用原料一般可分为着色剂、载色母体及矿化剂。着色剂是指色料中能发色的原料。常使用上述的着色氧化物及相应的氢氧化物、碳酸盐、硝酸盐及氯化物。有时也使用磷酸盐、硫酸盐、铬酸盐、重铬酸盐等着色盐类。着色原料的颗粒要求有一定的细度，细颗粒能使固-相反应充分、色调均匀。根据生产工艺不同，其细度要求也不同，一般应在 200~400 目之间。

载色母体通常用无色氧化物、盐类或固溶体。其细度也应控制在 200~400 目之间。

矿化剂常用碱性氧化物、碱盐、硼酸、氟化物、钼酸铵或钼酸钠等。根据色料的种类与制造方法的不同，选择使用相应不同的矿化剂。其细度要求在 200~400 目之间。

我国市场上供应的化工原料多数尚未能达到上述细度要求，色料生产要在配料前对原料进行加工处理。传统的方法是采用球磨工艺，但球磨机能耗高，一般物料粉碎到 $60\mu m$ 后，所以球磨机效率很低。近年来，国内几个大型色釉料厂有的使用刚玉质球石和有同质材料磨衬的球磨机湿磨物料，有的使用振动磨干磨物料，取得了较好的效果，也可以使用研磨效率高、速度快的搅拌磨进行细磨。原料在细加工过程中注意不能混入铁质。磨衬可使用聚氨酯、刚玉质、橡胶质。研磨体可使用玛瑙球和刚玉球等。

2. 原料的配合混合

色料的最终色调受加入色料中各种成分的影响，为了使每批色料显色相同，必须按照配方将质量相同的原料准确地混合。

混合方法有湿法和干法。湿法是把各种原料称量配合后装入湿式磨机（如球磨机、搅拌磨等）中粉碎并混合，然后干燥、过筛。湿法混合有继续磨细的作用，对原料的细度要求不高，且混合均匀，但混合后要干燥过筛，工序比较繁琐。

干法混合是将各种已加工好的原料准确配合后，放入干式混合机中混合。这种方法适合原料中有可溶性物质的混合，但对原料细度要求较高（最好99%过400目筛）。目前，国内引进主要设备和技术的建筑卫生陶瓷色料生产厂家大部分产品采用干法混合，某些品种，如宝蓝、金棕则采用湿法混合。干法混合所用的混合设备为不锈钢材质。混合机类型有立式双螺旋锥形混合机、无重力混合机、振动式混合机、V型高效混合机及二维和三维运动混合机等。

3. 烧成

将混合均匀并干燥好的生料按色料的要求采用敞装、盖装、封装及松散、压实等方式装入耐火匣钵内煅烧，煅烧的目的是为了形成稳定的着色矿物。煅烧温度、烧成时间、烧成气氛是由色料的种类与配方决定的，且对色料的发色影响很大。煅烧温度应根据色料的组成与性质确定，通常分为高温和低温两种。低温煅烧温度一般波动于700~1100℃，如锆基色料的煅烧；高温煅烧则在1200~1300℃，如尖晶石类型色料的煅烧，烧成时间一般为10~16h，烧成周期平均为30h。在无特殊要求的情况下都用氧化气氛煅烧。煅烧用的窑炉以梭式窑、推板窑和隧道窑为主外，还采用了辊道窑以及近年来出现的色料合成专用的回转窑。

4. 细碎、洗涤与包装

煅烧后的色料要进行细碎。每种色料都有它最佳的呈色细度范围，一般平均粒度在3~10μm（不同制品、不同要求，细度也不同）。色料太粗则呈色不均匀，随着细度增加发色能力增强。但太细了呈色能力又会下降，所以色料的细碎十分重要。细碎可分为干法和湿法两种。干法粉碎适用于煅烧完全，硬度小和不含可溶性盐的色料。其特点是工艺简单、效率高、能耗低，粉碎设备一般使用锤式粉碎机，其细度要求全部过250目筛（最好过400目筛）。也有工厂采用球磨机进行干磨。合格的细料用真空吸走，保证细度。湿法粉碎是用湿式球磨机进行细磨，也可使用搅拌磨等，其细度同样要求全部过250目筛（最好过400目筛）。湿法粉碎后的色料应根据要求，如无可溶性盐即可进行干燥；有可溶性盐则根据可溶性盐的溶解性能，分别采用冷水、热水、稀盐酸进行反复洗涤，直到水清为止。一般将色料浆盛入搪瓷盘或不锈钢盘中，抽去料上的清水后送入干燥室干燥。干燥周期为24h，然后打粉过筛，最后经配色包装得到成品。色料生产的工艺流程如图5-1所示。

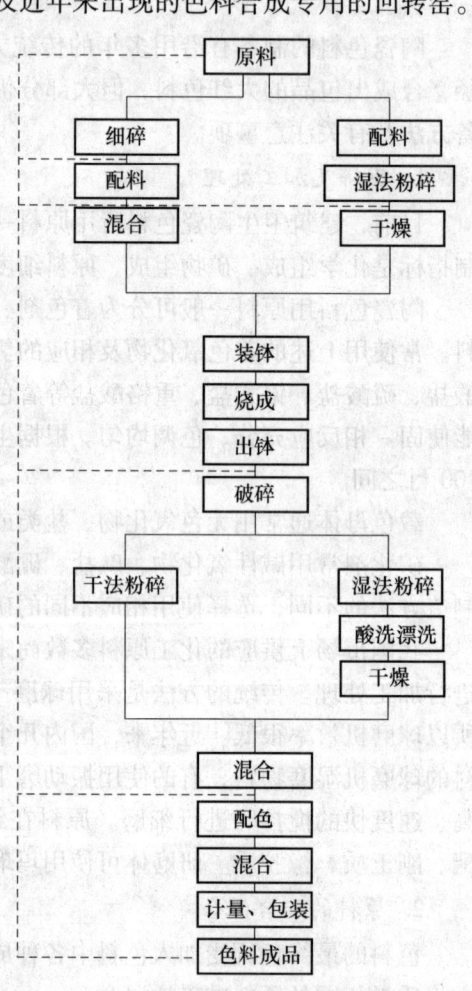

图5-1 烧结色料生产工艺流程图

5.1.5 色料配方实例

1. 红色料

（1）铬铝粉红

1）三氧化二铬12，氧化锌32，氢氧化铝47，硼酸9；煅烧温度1280℃。

2）三氧化二铬11，氧化锌30，氧化铝50，硼酸9；煅烧温度1280℃。

（2）镉锡红

1）三氧化二铬0.6，二氧化锡52，硅石23.2，石灰石23.2，硼酸1；煅烧温度1300℃。

2）铬酸铅5，二氧化锡47，硅石18，石灰石30；煅烧温度1280℃。

（3）锰红

1）氢氧化铝80，碳酸锰8，氟化钠4，氯化钠6，铅丹2；煅烧温度1200℃。

2）磷酸锰53，氢氧化铝47；煅烧温度1200℃。

（4）铁锆粉红

1）二氧化锆60，石英粉40，硫酸亚铁20，氟化钠6；煅烧温度950℃。

2）二氧化锆60，石英粉30，硫酸亚铁10，氟化钠3，氯化钠3；煅烧温度950℃。

2. 黄色料

（1）锡钒黄

1）二氧化锡91，偏钒酸铵9；煅烧温度1280℃。

2）二氧化锡95，五氧化二钒5；煅烧温度1280℃。

（2）钒锆黄

1）二氧化锆91，偏钒酸铵9；煅烧温度1280℃。

2）二氧化锆95，五氧化二钒5；煅烧温度1280℃。

（3）铬钛黄

1）二氧化钛88.5，五氧化二锑8.9，重铬酸钾2.6；煅烧温度1250℃。

2）二氧化钛90，三氧化二锑5，重铬酸钾5；煅烧温度1250℃。

（4）镨黄

1）二氧化锆65，石英粉35，氧化镨4，氟化钠6；煅烧温度1000℃。

2）二氧化锆60，石英粉40，氧化镨4，氟化钠5，钼酸铵5；煅烧温度1000℃。

3. 绿色料

（1）铬绿

1）重铬酸钾37，萤石21，沉淀碳酸钙21，石英21；煅烧温度1200℃。

2）三氧化二铬75，氢氧化铝25；煅烧温度1300℃。

（2）锆铬绿

1）煅烧锆英石34，石灰石32，重铬酸钾29，硼砂5；煅烧温度1050℃。

2）二氧化锆60，二氧化硅40，三氧化二铬10，氟化钠6；煅烧温度1100℃。

（3）孔雀绿

氧化铬17，氧化锌13，三氧化二铬46，氢氧化铝24；煅烧温度1280℃。

4. 蓝色料

（1）海碧蓝

1）氧化钴18，氢氧化铝74，氧化锌6；煅烧温度1280℃。

2）氧化钴20，氧化铝60，氧化锌20；煅烧温度1280℃。

（2）钴蓝

1）氧化钴10，氧化铝35，氧化锌5，长石30，硼砂20；煅烧温度1250℃。

2) 氧化钴 30，石英 70；煅烧温度 1250℃。

(3) 钒锆黄

1) 二氧化锆 63，二氧化硅 32，偏钒酸铵 6，氟化钠 5；煅烧温度 1000℃。
2) 二氧化锆 63，二氧化硅 31，五氧化二钒 6，氟化钠 6；煅烧温度 1000℃。

5. 棕色料

1) 铁铬锌铝棕

氧化锌 51，三氧化二铬 16，三氧化二铁 17，氢氧化铝 16；煅烧温度 1280℃。

2) 铁铬锌棕

氧化锌 55，三氧化二铬 22，三氧化二铁 23；煅烧温度 1240℃。

6. 灰色料

1) 锡锑灰

二氧化锡 90，三氧化二锑 10；煅烧温度 1300℃。

2) 锆镍灰

二氧化锆 56，二氧化硅 31，氧化镍 10，氧化钴 3；煅烧温度 1100℃。

7. 黑色料

1) 三氧化二铁 42，三氧化二铬 8，二氧化锰 25，氧化钴 25；煅烧温度 1250℃。
2) 三氧化二铬 43，三氧化二铁 45，氧化钴 12；煅烧温度 1250℃。
3) 三氧化二铬 31，三氧化二铁 39，氧化镍 30；煅烧温度 1250℃。
4) 三氧化二铬 30，三氧化二铁 30，氧化镍 18，氧化铜 22；煅烧温度 1240℃。

5.2 几种类型的陶瓷色料

5.2.1 包裹色料

与锆基色料相同，包裹色料的基体也为 $ZiSiO_4$，但与锆基色料不同的是，锆基包裹色料既不是固溶体色料，也不是由着色离子引入 $ZiSiO_4$ 中，而是由于 $ZiSiO_4$ 粒子在烧结过程中包入了微小的其他微晶，如 $Cd(S_xSe_{1-x})$，从而导致颜色的产生，这使得包裹色料被划分为一种新型结构的色料。除了 $Cd(S_xSe_{1-x})$ 系包裹色料外，新研制的紫色、绿色包裹色料（包晶中引入 Co、Cr）也已实现规模生产。

1. $ZiSiO_4/Cd(S, Se)$ 包裹色料

该系列色料已商品化，被广泛应用于墙地砖和卫生瓷装饰上。它的基本组成之一是 $Cd(S_xSe_{1-x})$，随着 x 值的不同，其呈色从大红转变为橙，继而转变为黄，见表 5-3。

表 5-3 硫化镉和硒化镉的比例及其与颜色的关系

颜 色	比 例	
	CdS	CdSe
黄	1	0
橙黄	3	1
鲜红	3	2
深红	1	9

然而，美中不足的是 CdS/CdSe 系色料在釉中的高温稳定性很差，通常到 800℃ 以上就要分解，而将这些色料用稳定的 ZiSiO₄ 晶体包裹，便可制得高达 1400℃ 的温度下仍然稳定的色料。表 5-4 是几种国产包裹色料的化学组成。

表 5-4　国产 $Cd(Se_{1-x}S_x)/ZrSiO_4$ 系列部分商品包裹色料的化学组成

组成 编号	IR-1（红） 鲜红（Red）	IO-1（橙） 鲜橙（Orange）	IY-1（黄） 鲜黄（Yellow）
ZrO_2(%)	63.50	64.80	65.30
HfO_2(%)	1.49	1.54	1.50
SiO_2(%)	26.40	26.50	24.80
CdO(%)	4.70	3.85	4.81
SeO_2(%)	1.65	0.80	0.02
K_2O(%)	0.59	0.50	0.67
Al_2O_3(%)	0.15	0.30	0.25
MnO(%)	0.16	0.17	0.18
SO_3(%)	1.26	1.35	2.28
Cl(%)	0.01	0.00	0.02

由于包裹色料之间可以相互混溶，因此利用上述三种色料可以调制出丰富的调和色。

2. 包裹色料的新型制备方法-化学共沉淀法

要获得高质量的釉下高温包裹色料，必须显著提高色剂在锆英石晶体中的渗入量，即提高包裹率。用传统的固-相反应方法合成这种色料时，包裹效率极低，大约只有 1%～2% 的硫硒化镉被包裹在锆英石的晶体中，因此满足不了呈色的要求。如用化学共沉淀法来制取，包裹效率可达 30%～50%，该色料可以用于 1400℃ 以下的颜色釉装饰中。化学共沉淀法制备包裹色料的工艺流程如图 5-2 所示。

3. 包裹色料的使用须知

（1）包裹色料在熔块釉中的要求

1）基釉的主要性能要求：$RI = 1.8 \sim 2.0$；$t_g > 500℃$；$t_f > 600℃$；$\alpha_1 \approx (60 \sim 80) \times 10^{-7}℃^{-1}$。

2）化学组成要求：碱含量 <5%；SiO_2 含量 <50%；PbO 含量约为 50%；碱土金

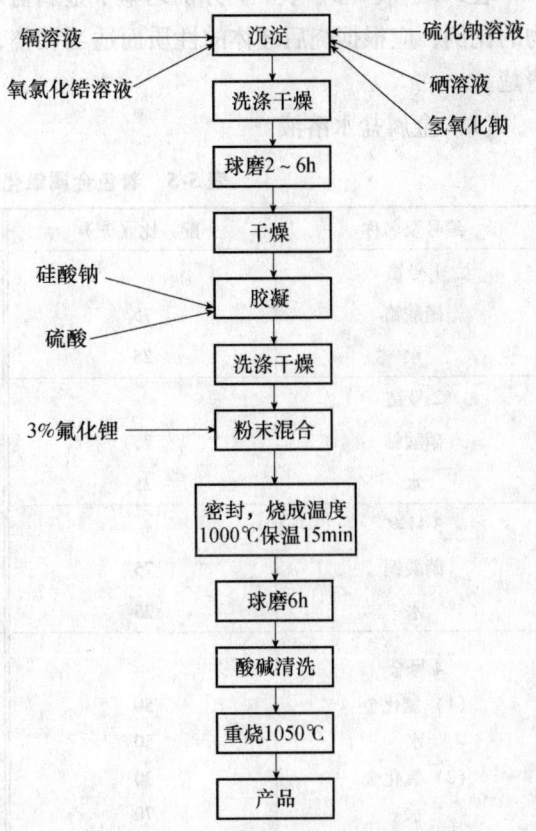

图 5-2　化学共沉淀法制备包裹型硫硒化镉大红色料的工艺流程图

属氧化物和硼的含量不可太高。

3）基釉和色料应在混合球磨前已达到要求的细度，只需混合均匀即可。

（2）包裹色料在卫生瓷釉中的要求

1）应在卫生瓷釉料接近细度要求时加入包裹色料，包裹色料与釉料一起球磨的时间不宜超过2h，以免破坏 $ZrSiO_4$ 包裹体。

2）釉料配方中不能加入 ZnO，以防止产生针孔。

3）减少 $BaCO_3$ 的用量。

4）不要加入透锂长石。

5）采用高梯度强力磁选机对釉浆进行仔细磁选和过滤，以清除有害杂质。

6）避免在还原气氛尤其是强还原气氛下烧成。

5.2.2 液体色料

1. 釉下液体陶瓷色料

釉下彩是在素烧坯或烧结坯体上采用加入着色氧化物的可溶性盐类，即氯化物或硝酸盐水溶液的方法。为了便于手彩或喷彩、印彩而加入糖、糖浆或加入甘油，使之具有需要的稠度，并加入酒精使之快干。

表5-5、表5-6、表5-7分别列举了金属盐水溶液、辅助溶液、色料等实例。但这些混合物的比例，应根据烧后坯体的性质而适当调整，在辅助溶液中加上苯胺色，在使用时更能看清楚。

（1）金属盐水溶液

表5-5 着色金属氧化物的可溶性盐水溶液

编号及名称	配 比（%）	编号及名称	配 比（%）
1号铬		5号铁	
硝酸铬	75	硝酸铁	75
水	25	水	25
2号钴		6号锰	
硝酸钴	75	硝酸锰	86
水	25	水	14
3号铜		7号镍	
硝酸铜	75	硝酸镍	75
水	25	水	25
4号金		8号铂	
（1）氯化金	50	氯化铂	95
水	50	水	5
（2）氯化金	30	9号铀	
水	70	硝酸铀	75
		水	25

(2) 辅助溶液

表 5-6 液体色料的辅助溶液

编 号	原料名称	配 比（%）	编 号	原料名称	配 比（%）
1	糖浆	65	3 （标准液）	糖浆	50
1	水	35	3 （标准液）	酒精	25
2	酒精	25	3 （标准液）	水	25
2	甘油	75	3 （标准液）	水	25

(3) 色料混合物

表 5-7 液体色料混合物

序 号	色 调	金属盐溶液	辅助溶液
1	暗蓝色	2号钴 71%	3号 29%
2	暗黄褐色	7号镍	3号 29%
3	土黄色	5号铁 71%	3号 29%
4	亮灰色	6号锰 71%	3号 29%
5	粉红色	4号（2）金 71%	3号 29%
6	浓褐色	4号（1）金 71%	3号 29%
7	亮灰蓝色	6号锰 57% 2号钴 14%	3号 29%
8	暗灰蓝色	7号镍 47% 5号铁 24%	3号 29%
9	亮黄褐色	7号镍 24% 5号铁 47%	3号 29%
10	亮褐色	1号铬 47% 7号镍 24%	3号 29%
11	暗褐色	1号铬 71%	3号 29%
12	亮灰绿色	1号铬 53% 2号钴 18%	3号 29%
13	暗灰绿色	1号铬 57% 2号钴 14%	3号 29%
14	亮蓝绿色	1号铬 20% 2号钴 20%	3号 60%
15	暗黄绿色	6号铬 35.5% 2号钴 35.3%	3号 29%
16	紫红色	4号（1）金 57% 2号钴 14%	3号 29%
17	暗绿色	3号铜 71%	3号 29%
18	铂灰	8号铂 71%	3号 29%
19	橙黄色	9号铀 71%	3号 29%

2. 釉上液体陶瓷色料

(1) 金水

金水是陶瓷装饰材料之一，它是一种外观呈棕褐色的黏稠液体。不同的金水品种可以分别用涂刷、描绘、印花等方法施于陶瓷釉面上，经 750~850℃ 彩烤后呈光彩夺目的黄金色泽。

金水是由硫化香膏与三氯化金结合而成的硫化香膏金的复合物。此种复合物溶解于挥发油（松节油、樟脑油、薰衣草油、迷迭香油等）和有机溶剂（硝基苯、丙酮、甲醇、乙醚、氯仿）中，并配加硫化香膏铋、硫化香膏铑、硫化香膏铬等制成。金水的组成很复杂，其中铑与金成合金，生成硫化香膏铑化合物，其他树脂酸金属盐，仍然保持其原来成分，混合存于金水中。铑的耐热性强，能保护金膜使之具有强的光泽，对提高金水质量起了很大作用；铋的熔点低，具有较好的附着力，能使金膜坚固地附着在瓷面上不脱落；铬虽有耐热性，然而不及铑优越，并能使金水烧后带黄色。

金水的保管和使用应注意以下几点：

1) 放置时间不宜过长，须放置阴凉干燥和气温较低的地方保管。一般情况应现倒现用，分批使用为好。

2) 使用金水的场所及需要施金的制品表面应力求干燥、清洁。金水揭盖或金水倒入容器应注意加盖收妥，防止灰尘、水分混入。

3) 金水开瓶前可微微摇动，注意不要把沉淀物摇起来和金水混用。沉淀物系单质金属，混入有灰尘之类的高熔点杂质，涂上去对呈色有影响（不光亮、显古铜色、黑色等），又因为沉淀物中含有较多的黄金，可以回收利用。

4) 新开瓶的金水如发现有散线或流浸现象，可将瓶塞打开，让金水中的部分溶剂挥发，即可使用，不宜随便烘烤和在强光下照射。若金水过浓，影响描绘性能，则可适量加入二甲苯、樟脑油、醋酸乙酯、四氢呋喃等进行调剂，但每次不宜加入过多，以免金的颜色发蓝、发紫。

5) 为保证金的回收，凡沾有金水的废料（金水瓶、描金笔、擦金纸和布容器），一律要妥善收集集中，请金水制造单位回收黄金。

(2) 电光水

电光水又称彩光料、光泽颜料。它是一种金属或金属氧化物。像薄膜一样附着在釉的表面，当施以特殊组成物质，然后在 650~800℃ 的温度下彩烤，这种薄膜便发出具有金属、珍珠和月光的色彩，颜色美丽动人。

电光水是一种特殊的液体陶瓷彩料。它是由树脂酸盐，即把各种金属的盐类混于一种树脂中制成金属皂，然后再溶解在一些油类（如松节油、樟脑油）中制成。

电光水的彩烤温度：瓷用 750~850℃，陶用 650~750℃。电光水的发光原理是：彩烤时其树脂酸盐分解，然后留存极细金属氧化物于釉面上，由于其中含有铋，铋易溶于釉中，使釉面上的氧化物出现特殊的光彩。

下列元素的金属氧化物，引入到电光水中可以发出固定的颜色和色彩。

镉——橘红色；铜——棕红色；铁—浅棕色、金色；锰——棕色；铀——黄绿色；

镍——浅褐色；钴——褐色；铂——银白色；金——带红的颜色；铬混有铅——黄色。

也可以用上述材料的两种或两种以上的调配，以获得所需要的颜色。

3. 坯体渗花用液体色料

渗透印花用液体色料，在玻化砖生产中又称为渗透印花调料或简称渗花釉。它由可溶性盐、熔剂、成糊剂、助渗剂四部分组成。如果只用于坯体或坯体粉料的染色，则不加成糊剂。

（1）可溶性盐

理论上，凡是能溶于水的过渡金属的有机和无机盐，都可以单独或复合用作玻化砖渗透印花釉的发色源。Co、Cu、Cr、Fe、Mn、Ni 的氯化物、硝酸盐、硫酸盐，或由这些金属的含氧酸盐中溶解度大的化合物，如重铬酸盐等都可以作为可溶性盐类使用。

（2）成糊（增稠、调黏）剂

它能使可溶性盐水溶液的黏度增加，适于丝网印刷的物质。该物质不可与可溶性盐溶液发生化学反应，不沉淀、不结块。

（3）溶剂

最廉价的溶剂是水，水质越纯越好。

（4）助溶剂

它是能够显著降低水的表面张力，从而促进水在坯体毛细管中浸润渗透的物质，如酒精、甲醇、正戊酸等醇和酸类物质。

5.3 颜色釉

颜色釉是用含有着色金属元素的原料或陶瓷色料配制的釉料，它不仅具备一般釉料防污、不吸水等性能，还具有装饰作用。在建筑卫生陶瓷工业，颜色釉主要用于生产卫生陶瓷、陶瓷墙地砖和琉璃制品。

5.3.1 颜色釉的分类

1. 按烧成温度分类

（1）高温色釉 1180~1250℃，主要用于卫生瓷和瓷质墙地砖装饰。

（2）中温色釉 1080~1160℃，主要用于彩釉墙地砖装饰。

（3）低温色釉 960~1040℃，主要应用于二次烧成釉面内墙砖装饰。

2. 按烧成火焰性质分类

（1）氧化焰颜色釉，建筑卫生瓷主要使用氧化焰烧成的颜色釉。

（2）还原焰颜色釉，工艺美术瓷用。

3. 按烧成后外观特征分类

单色釉、复色釉、无光釉、花釉、艺术釉、结晶釉、金属光泽釉等。

5.3.2 颜色釉常用原料

1. 着色剂

传统色釉的着色剂有着色金属氧化物及盐类，含有着色金属元素的原料和陶瓷色料。建筑卫生陶瓷最常用的着色剂是陶瓷色料，有时也使用含有着色金属元素，如含有铁的黏土配制黄色釉，多用于砖类的装饰。一般不直接使用着色金属氧化物配制色釉。

2. 主体原料

(1) 二氧化硅 SiO_2 釉的基本成分。常用的原料有石英、石英砂。在绝大多数釉中，SiO_2 的成分占 50% 以上，它能与很多氧化物化合形成复杂的硅酸盐。它在釉中的主要作用是：构成釉的网络骨架，提高熔融温度；减弱釉液流动性；扩大熔融温度范围，降低膨胀系数，增大釉面硬度和光泽度。

(2) 氧化铝 Al_2O_3 釉的重要成分。色釉中的氧化铝一般来自所用的黏土和高岭土以及长石原料。配制色料时，则使用化工原料氧化铝或氢氧化铝，它在釉料中的作用是：调节釉的熔融温度和釉液的高温黏度；增大釉面硬度和抗化学侵蚀能力。对一般的颜色釉，氧化铝可影响釉的颜色浓淡，甚至发生色变。

3. 辅助原料

(1) 熔剂

1) 氧化钙 CaO、氧化镁 MgO 釉的主要熔剂。色釉中钙的成分常取自石灰石、方解石、磷酸钙及白云石等，镁的成分常用自滑石、菱镁矿、白云石等原料。氧化钙在釉中的熔融作用强，能降低釉的高温黏度，增加釉的流动性和光泽，提高坯釉结合能力，并能促进绝大多数陶瓷色料呈色，但用量过多时反而提高釉的耐火度，使釉面失透无光。

氧化镁在高温中，能增大釉的熔融温度范围，降低釉的膨胀系数，增加其流动性，对色釉具有显色作用，但对于黑、铬绿等色料的呈色不利。

2) 氧化锌 ZnO。在许多类型的釉中氧化锌是很重要的成分，它具有助熔作用，增加釉的光泽，帮助显色。氧化锌、氧化镁和氧化铝混合使用，可提高乳浊能力，为无光釉的重要促进剂之一。制作无光釉时加入量为 8%～18%，其含量在釉中达到饱和时，会形成硅酸锌结晶，配制结晶釉时，加入量为 20%～35%。

氧化锌对于釉的色彩有很大的影响，例如能促进铬铝红、钴蓝、红棕等色料的呈色，但在铬锡红、维多利亚绿、黑色釉中就不能含有氧化锌。

3) 氧化铅 PbO。低温色釉常用的熔剂，在釉中的助熔能力很强，使釉料在高温烧成时具有良好的成熟范围，可提高釉面光泽度。釉中含有少量氧化铅，能使黑色釉呈色纯正，生产中常将氧化铅制成熔块后使用，以减少铅毒的危险。

4) 氧化硼 B_2O_3，又称硼酐。配制色釉常使用硼砂和硼酸，它们是制备熔块釉的主要熔剂，也是一种良好的矿化剂。硼化合物极易熔融，对于着色氧化物溶解性很强，能增强釉面光泽。

5) 氧化钾 K_2O、氧化钠 Na_2O 色釉料的主要熔剂，主要取自钾长石和钠长石。K_2O 比 Na_2O 的光泽度好，而 Na_2O 比 K_2O 的助熔性强，长石具有加宽烧成范围，降低烧成温度的优点，但引入过多时易使釉面龟裂。在配制熔块时使用 KNO_3、Na_2CO_3 等引入 K_2O 和 Na_2O。

(2) 乳浊剂

1) 二氧化钛 TiO_2 是一种良好的乳浊剂，并能参与发色和促进釉面结晶。常用的天然矿物为金红石。在普通釉中加入 8%～16% 的二氧化钛，可得到无光釉。

2) 二氧化锡 SnO_2 是一种良好的乳浊剂，但因其价格昂贵在实际生产中已很少使用。

3) 二氧化锆 ZrO_2 作为乳浊剂，可取代氧化锡，具有不易还原和无毒性等优点，但价格也很贵。

4）硅锆石 $ZrSiO_4$ 亦称锆英砂（石），是目前建筑卫生陶瓷生产中应用最为广泛的乳浊剂。锆英砂超细粉碎后（平均粒径 $1\mu m$ 左右），可以代替价格昂贵的二氧化锡和二氧化锆乳浊剂。色釉中引入适量的锆英砂超细粉不仅能起到乳浊作用，还可以使色调柔和、高雅。

5）磷酸钙 $Ca_3(PO_4)_2$ 色釉的重要熔剂之一。可取脊椎动物的骨骼煅烧骨灰制得，也可以采用化工原料和矿物磷灰石引入。釉料中引入适量磷酸盐可降低釉的高温黏度，并提高釉面的光泽度，使釉面具有柔润的感觉。

5.3.3 颜色釉的配制

将陶瓷色料配入基础釉中，经混磨、过筛制成釉浆，施于陶瓷坯体上，经烧成就得到颜色釉。

1. 基础釉料的选择

基础釉料的组成，对于釉的呈色效果有一定影响，同一种色料尽管加入量和工艺条件都相同，由于使用的基础釉料不同，会呈现不同的色调，因此，选用合适的色料及与之相适应的基础釉，在制作色釉成品中是十分重要的。

大中型色釉料生产厂家在出售色料时，也提供给用户一份本厂的产品使用技术指南，或在其产品目录上注明使用温度范围、加入量、气氛和有利及不利于呈色的元素，见表5-8和表5-9。使用者应根据以上资料选择使用，先经过实验室小型试验后再用于大生产上。

表5-8 色料与釉的适应性指南

颜 色	体 系	最高温度（℃）	气 氛	Pb	B	Mg	Ba	Zn	Ca	Sn	Zr
孔雀绿	Al-Co-Cr	1300	5			− >6%	−	−	− <6%		+ <3%
绿色	Al-Cr	1300	4								
V-蓝	Zr-Si-V	1300	4			− >6%	++				+
V-蓝	Zr-Si-V	1300	4			− >6%	++				+
Co-蓝	Al-Zn-Si-Co	1300	5			− >6%			− <6%		+ <3%
品蓝	Si-Co	1300	4			− >6%	+	+	+	−	−
蓝色	Al-Zn-Si-Co	1300	5								
蓝色	Al-Co-Cr	1300	5			− >6%			− >6%		+ <3%
孔雀蓝	Al-Co-Cr	1300	5			− >6%			− <6%		+ <3%
Pr-黄	Zr-Si-Pr	1300	2								++
Pr-黄	Zr-Si-Pr	1220	2								++
V-黄	Zr-V	1250	1						+		+
V-黄	Zr-V	1250	5						+		+

续表

颜色	体系	最高温度（℃）	气氛	Pb	B	Mg	Ba	Zn	Ca	Sn	Zr
黑色	Co-Cr-Fe-Mn	1300	3	+		>3%	−	−	−		+ <3%
黑色	Co-Cr-Fe-Mn	1300	3								
蓝灰	Zr-Co-Ni	1300	4			+ >6%	+ >6%	+ >6%			
棕灰	Zr-Co-Ni	1300	2			+ >6%	+ >6%	+ >6%			
灰色	Zr-Co-Ni	1300	4			+ >6%	+ >6%	+ >6%			
橙棕	Al-Zn-Cr-Fe	1250	2			− >6%		++	−	+	
深棕	Al-Zn-Cr-Fe	1250	2			− >6%		++	−	+	
深棕	Al-Zn-Cr-Fe	1250	2			− >6%		++	−	+	
深棕	Al-Zn-Cr-Fe	1250	2			− >6%		++	−	+	
棕色	Al-Zn-Cr-Fe	1250	2			− >6%		++	−	+	
铁红	Zr-Si-Fe	1220	1				++	− >3%			++
栗色	Sn-Ca-Cr	1250	1	++	−	−− >1%		−− >1%	++	++	+
粉红	Sn-Ca-Cr	1250	1	++	−	−− >1%		−− >1%	++	++	+
栗色	Sn-Ca-Cr	1250	1	++	−	−− >1%		−− >1%	++	++	+
紫色	Sn-Ca-Ce	1250	1	++	++			−−		−	+

注：1 为还原气氛——不能使用；2 为还原气氛——最好不用；3 为还原气氛——脱色；4 为还原气氛——稳定；5 为还原气氛——非常稳定。++非常有利；+适用；−最好不用；−−非常有害。

表5-9　大宇制釉色料说明

编号	色名	成分	最高烧成温度（℃）	备注
DP-205	钒锆蓝（Turquoise Blue）	Zr-V-Si	1300	适用各种釉
DP-233	宝蓝色（Dark Blue）	Co-Si	1300	适用各种釉
DP-236	深蓝色（Dark Blue）	Co-Al	1300	适用各种釉
DP-239	浅蓝色（Light Blue）	Co-Al	1300	适用各种釉
DP-253	孔雀绿（Peacock Green）	Co-Cr	1300	适用各种釉
DP-256	孔雀蓝（Peacock Blue）	Co-Cr	1300	适用各种釉
DP-303	绿色（Green）	Cr-Al	1300	适用各种釉

续表

编号	色名	成分	最高烧成温度（℃）	备注
DP-343	果绿（Victoria Green）	Zr-Si-V-Pr	1250	适用各种釉
DP-406	镨黄色（Praseodymjum Yellow）	Zr-Si-Pr	1200	适用各种釉
DP-503	锆铁红（Coral Pink）	Zr-Fe-Si	1200	适用各种釉尤适锆白釉
DP-506	桃红（Pink）	Mn-Al	1200	适用各种釉
DP-509	铬铝红（Light Pink）	Al-Cr-Zn	1200	适用高锌高铝釉
DP-549	酒红（Wine Red）	Sn-Cr-Fe-Zn	1200	适用无锌高钙釉
DP-553	粉红（Pink）	Sn-Cr-Ca	1300	适用无锌高钙釉
DP-555	玛瑙红（Maroom）	Sn-Cr-Ca-Si	1200	适用无锌高钙釉
DP-559	圆子红（Opaque）	Sn-Cr-Ca-Si	1200	适用无锌高钙釉
DP-603	橘黄色（Orange）	Ti-Sb-Cr	1200	适用无铅釉
DP-706	浅咖啡色（Brown）	Cr-Fe-Zn-Al	1300	适用无锌釉
DP-749	金利来（Golden Brown）	Cr-Fe-Zn	1300	适用高锌釉
DP-753	深咖啡色（Dark Brown）	Cr-Fe-Zn	1300	适用含锌釉
DP-803	蓝灰色（Blue Grey）	Sb-Sn	1300	适用各种釉
DP-806	深灰色（Grey）	Sb-Sn	1300	适用各种釉
DP-903	黑色（Black）	Cr-Co-Fe-Ni	1250	适用无锌釉
DP-906	黑色（Black）	Cr-Co-Fe-Ni	1250	适用无锌釉
DP-909	黑色（Black）	Cr-Co-Fe-Ni	1250	适用无锌釉

此外，目前建筑陶瓷墙地砖坯体多使用劣质陶瓷原料。一般红色坯胎对色釉的颜色影响较大，除施红棕、黑等色釉外，其余均需施一层白色底釉，底釉既可遮盖坯体的底色，又能形成良好的坯釉中间层，且利于颜色釉呈色纯正鲜艳。

2. 配釉及施釉

配釉是颜色釉制造工艺中的关键工序。需认真操作，准确称量。按所定配方配好基础釉后，再按加入比例精确称量所需色料，然后一起入球磨机细磨。细度达到要求（400目）的色料也可在基础釉磨好之前2h加入。研磨介质最好能用氧化铝或瓷质球。

色釉釉浆细度与普通釉不同，应根据色釉的性质与所采取的施釉方法而定，如单色釉釉浆细度可控制在万孔筛筛余0.02%~0.05%，出磨前要测定细度，出磨时釉浆要过筛。

施釉是色釉制作工艺中的重要工序。不同的色釉和不同的坯体应采用不同浓度的釉浆与不同的施釉方法，以求达到适当的釉层厚度。施釉后釉层厚度应均匀一致。

一般卫生瓷采用浸釉、浇釉和压力喷釉法施釉。喷釉法较为普遍，要求色釉浆的相对密度为1.85~2.0，釉层厚度0.5~0.7mm。

墙地砖则主要采用浇釉、喷釉、甩釉法施釉。采用不同的施釉方法对色釉的相对密度要求稍有不同。不同的产品，如两次烧成的釉面内墙砖和一次烧成的彩釉墙地砖的相对密度要求也不同。前者浇釉时，要求其釉浆相对密度在1.6~1.8，而后者的釉浆相对密度则在1.7~1.9。实际生产中要根据釉浆性质、施釉方法等通过实验确定。色釉的施釉厚度较白釉稍厚。

3. 烧成

目前，卫生陶瓷多在隧道窑中烧成，烧成周期较长（14~30h），且窑内气氛也有变化，因此，对温度气氛较为敏感的色釉，应在摸清情况后，选择适当的窑位装烧。

墙地砖多用辊道窑烧成，烧成温度较低，烧成周期短，一般为氧化气氛，较易获得色彩纯正、艳丽均一的色釉产品。

5.3.4 颜色釉配方实例

1. 卫生瓷用颜色釉

（1）浅绿　长石45，石英25，石灰石11，滑石5，氧化锌3，苏州土3，超细锆英砂粉8，外加锆黄色料2%，钒锆蓝2%；1230℃烧成。

（2）粉红　长石50，石英17，石灰石15，氧化锌5，苏州土4，超细锆英砂粉9，外加铬铝红色料6%；1220℃烧成。

2. 墙地砖用颜色釉

（1）红棕　长石50，石英22，石灰石16，氧化锌8，苏州土4，外加红棕色料4%；1160℃烧成。

（2）淡青　长石30，石英14，石灰石11，滑石5，超细锆英砂粉6，苏州土4，661熔块30，外加海蓝色料0.2%，钒蓝色料0.4%；1120℃烧成。

（3）宝石蓝釉　熔块93，苏州土7，钒锆蓝3.5；1050℃烧成。

（4）浅绿色釉　熔块90，苏州土7，氧化锌3，钒锆蓝1.5，钒锡黄2.5；1050℃烧成。

熔块配方为：硼砂24，长石15，石英20，工业氧化铝5，苏州土5，锆英砂粉20，铅丹10，石灰石5，氟硅酸钠6。

3. 琉璃瓦用颜色釉

（1）绿色　熔块93，苏州土7，氧化铜粉3.5%；900~1000℃烧成。

（2）黄色　熔块93，苏州土7，氧化铁5%；900~1000烧成。

以上熔块配方为：铅丹60，石英粉40。

5.4 艺术釉和功能釉

5.4.1 无光釉

呈现丝光或玉石光泽，而无强烈反射光的釉称为无光釉。形成无光釉主要有三条途径：（1）釉表面析晶；（2）釉表面用稀氢氟酸腐蚀降低光泽度；（3）适当降低烧成温度，使釉面无光。对于高档的建筑卫生陶瓷釉面装饰，以形成釉面细小结晶为主，其晶粒大小介于结晶釉和乳浊釉之间，一般在3~10μm。由于它均匀地分布在釉中，尺寸大于普通入射光的波长，且与基质的折射率有一定差值，从而使釉面对入射光产生一定散射而失去光泽，进而产生无光的效果。

无光釉按原料种类分，可分为生料无光釉和熔块无光釉；按烧成温度分，可分为高温、低温、中温三类；按晶体分，可分为钙、镁、锌、钛及复合无光釉等。釉中加入各种着色剂，即可形成具有各种颜色的无光釉。

1. 按析晶产物分类

（1）钙无光釉　釉中含有较高的氧化钙成分，即形成钙长石或硅灰石细小结晶。

【例5-1】　釉配方：1#熔块　62.0%　　　　1#熔块配方：铅丹　34.0%
　　　　　　　　　石英　5.0%　　　　　　　　　　　　石英　24.0%
　　　　　　　　　高岭土　8.0%　　　　　　　　　　　硼砂　18.0%
　　　　　　　　　硅石　20.0%　　　　　　　　　　　　长石　12.0%
　　　　　　　　　二氧化锡　5.0%　　　　　　　　　　石灰石　7.0%
　　　　　　　　　1060℃烧成　　　　　　　　　　　　高岭土　5.0%

【例5-2】　釉实验式：

$$\left.\begin{array}{l}0.066K_2O\\0.039Na_2O\\0.153MgO\\0.551CaO\\0.191ZnO\end{array}\right\}\left.\begin{array}{l}0.065Al_2O_3\\0.233B_2O_3\end{array}\right\}\begin{array}{l}1.17SiO_2\\0.156ZrO_2\end{array}$$

烧成温度为1100℃。

（2）镁无光釉　当釉中氧化镁含量较高时，在适当的釉成分中，即形成原顽辉石或透辉石细小结晶，而产生无光效果。

【例5-3】　釉实验式：

$$\left.\begin{array}{l}0.10K_2O+Na_2O\\0.25CaO\\0.22MgO\\0.43ZnO\end{array}\right\}\left.\begin{array}{l}0.10\sim0.12Al_2O_3\\0.05B_2O_3\end{array}\right\}1.10\sim1.30SiO_2$$

（3）锌无光釉　以锌为无光釉的结晶剂，主要晶相为硅酸锌结晶。

【例5-4】　长石　40%；　　石英　6%；　　氧化锌　14%
　　　　　苏州土　10%；　石灰石　16%；　滑石　20%
　　　　　大同砂石　12%；锆英石　6%。
　　　　　烧成温度　1180℃。

（4）钛无光釉　以二氧化钛作为无光釉的结晶剂，主要晶相为金红石。

釉配方：2#熔块　62.0　　　　2#熔块配方：铅丹　79.0
　　　　白云石　5.0　　　　　　　　　　　石英　21.0
　　　　长石　5.0
　　　　高岭土　12.0
　　　　石英　13.0
　　　　金红石　15
　　　　烧成温度　1100~1120℃。

（5）复合无光釉　从上述实例中可以看到，几种产生无光釉的结晶剂经常是复合使用。从X射线衍射分析结果得知，它们有钙长石、硅灰石、硅酸锌和原顽辉石等，其适宜用量CaO 0.4~0.5mol；MgO 0.1~0.14mol；ZnO 0.25~0.33mol。

除上述结晶剂外,还有莫来石晶体、磷石英晶体等也可产生无光效果,但使用不普遍。

2. 影响无光釉的因素

(1) 各种结晶剂的用量必须合适,太多或太少都会失去无光釉的特性。

(2) 硅铝比的影响　当碱性氧化物含量固定不变时,随着硅铝比升高,釉面会从无光→半无光→光亮,对于生料无光釉一般硅铝比在 7~8 为宜。

(3) 乳浊剂的影响　由于锆英石加入后,釉黏度增大会产生一系列缺陷,故在生料无光釉中,锆英石用量以 <4% 为好。

(4) 工艺的影响　烧成制度影响很大。根据不同的配方选择最佳烧成温度、保温时间、冷却速度是制作好的无光釉的关键。

5.4.2 结晶釉

结晶釉在日用瓷中应用较多较早,1964 年我国才开始用它来装饰建筑陶瓷产品,如釉面内墙砖、彩釉墙地砖等。结晶釉晶花在釉的表面有的呈冰花状、星球状、翠花状,有的集成晶簇形成花网、花纹、羽毛、兔毫等。千变万化,给人以美的感觉。尤其是最近发展的人工晶核定点定位引种,可按人们的设计生产出精美的产品。

1. 结晶釉的组成

结晶釉是在釉中含有一种或两种以上的结晶成分,使其在形成釉的熔融过程中过饱和,当冷却时,从液相中产生析晶,即形成各种结晶釉,它包括晶体中构成物质、助熔剂和呈色物质三个组成部分。

结晶釉主要是由引晶核形成的硅酸盐。已研究过的结晶釉组成系统近 30 种,两种或两种以上系统结晶釉类型又可复合派生出不同花色的结晶釉新品种。结晶釉一般以其引晶核来命名,如锌结晶釉、锌镁结晶釉。此外,还有钛系、铁系、锰系,以及锌钛等系结晶釉。一些釉面内墙砖用结晶釉的配方见表 5-10。用两种熔块的配方见表 5-11。

表 5-10　釉面内墙砖用结晶釉的配方　　　　　　　　　　　　　　　　%

序号	1#熔块	2#熔块	石英	高岭土	玻璃粉	氧化锌	滑石	氧化钙	氧化铁	氧化锰	氧化钴	氧化铜	氧化钛	五氧化二钒	海碧	样品色调
1	74		3	1	3	17	2							0.2	0.5	古铜色大结晶
2					71	7	3		4				13	2		金色小花结晶
3	75		3	1	3	16	2			0.25			0.1			蓝色小花结晶
4	62		4	1	15		1				0.6		0.2			浅绿色光亮结晶
5	78		3	1	3	16	2					2	16	0.4		绿色结晶
6	66		4	1	12	17	1				4	3	1			古铜色结晶
7	22	20	5	10	15	18	10		7.5							银灰色结晶
8	32	20	5	10	15	18			7.5							浅咖啡色结晶
9		66	5	5	8	9	8	4			0.6		0.22			黄绿色结晶
10		66	5	5	8	9	8	4		0.6						蓝花结晶
11		66	5	5	8	9	8	4						0.5		黄灰色结晶

表 5-11 用两种熔块的配方

原料份数	硼砂	硝酸钾	碳酸钾	氟化钙	氧化锌	氧化钛	碳酸钠	碳酸钡
1#熔块（份）	28	14	2	5	7			
2#熔块（份）			17		25	9	4	5

2. 基釉组成对结晶的影响

(1) 二氧化硅量要适当，如量过多，则黏度增大，生成结晶的比例降低。

(2) 硼量多时不能生成结晶。

(3) 氧化铝增加黏度，降低结晶速度。

3. 制作工艺

与普通釉无原则区别，但需注意以下几点：

(1) 结晶剂要在釉磨细后加入，混磨即可。

(2) 釉层厚度，一般在 1~1.5mm，结晶釉高温黏度下，为了减少流釉，可先在坯上施一层黏度大的底釉。

(3) 烧成是关键，要快烧慢冷，最关键是确定最高烧成温度和最佳保温时间。根据经验，总结出"烤、升、平、突、降、保、冷"七字操作法，具体介绍如下：烤——制品在低温阶段宜稍慢；升——制品干燥、脱去结晶水后，应尽可能快速升温；平——接近釉料开始玻化时，略加保温，以便釉和坯体中的物理化学反应进行得均匀，为下阶段快速作准备；突——尽可能快地突击升到最高烧成温度；降——快速降温至析晶保温温度；保——在析晶温度平稳保温，使晶体充分发育；冷——析晶完毕，在窑中自然降温，使制品冷却。

5.4.3 金星釉

金星釉实际上是铁硅酸盐结晶釉，其结晶埋藏于釉层内，在阳光照射下，釉面金星闪闪发光，增加装饰艺术效果。

1. 配方与工艺

(1) 熔块配方（%）：

长石 29.3，石英 15.9，氧化锌 1.2，硼砂 14.6，苏州土 1.5，铅丹 37.8。

(2) 釉料实验式：

$$\left.\begin{array}{l} 0.27K_2O + Na_2O \\ 0.02CaO \\ 0.05ZnO \\ 0.66PbO \end{array}\right\} \left.\begin{array}{l} 0.22Al_2O_3 \\ 0.76Fe_2O_3 \end{array}\right\} \begin{array}{l} 1.18SiO_2 \\ 0.72B_2O_3 \end{array}$$

(3) 用平装法装窑，烧成温度 1120~1140℃。

2. 制作要点

(1) 基础釉应在规定烧成范围内熔融，流动性要好，以选用铅硼熔块为宜，再加入显色兼结晶剂三氧化二铁 5%~8%，在釉熔融时，饱和的三氧化二铁熔于釉内，在烧到最高温度后，应快速降至 750~650℃，保温 10min 左右，以保证三氧化二铁凝聚析晶，成为悬浮于釉中的微小金色晶片，然后再继续冷却。从釉面上看，它给人以金光灿烂，晶莹耀眼的感觉。

（2）氧化铁原料中的三价铁含量必须较高，否则会影响色泽和结晶的生长。釉中的三氧化二铁的饱和度要适当，一般在 0.2~0.85mol 为好，过低不能得到好而均匀的晶体，过高会使釉面粗糙，光泽暗淡，不易形成金色闪点。

（3）釉中铝的含量，应尽可能低一些，否则会增加釉的难熔性和黏滞性，不利于析晶。

（4）氧化钠可稍多，它有助于金星生长，而氧化钙、氧化锌、氧化钛阻碍金星的生长。

（5）工艺控制要严。产品釉层必须均匀一致，最好在隔焰窑中煅烧，否则就得不到均匀一致的产品。

5.4.4 铁红结晶釉

铁红结晶釉是最符合墙地砖装饰的结晶釉之一，它在棕黑色釉面上分布有鲜艳的绯红色花斑，有的尚有金圈，绚丽多彩。

1. 形成机理

铁红结晶釉是一种含有铁磷酸盐生料釉。釉熔体在冷却过程中，由于磷硅酸盐玻璃基质中逐渐形成富铁液滴，分散在基质中的这种液滴表面张力小，能够聚集成团形成朱斑。这种聚集体继续产生液相分离，从而形成更加富铁的高铁相和低铁的贫铁相，在连续的高铁相中析出 $\alpha\text{-}Fe_2O_3$ 构成大红色。如从断面能很明显看出釉的表面颜色与釉面下的断层有着明显的颜色区别，上层是红色，下层是黑色，这是很明显的两种不同液相的分离现象。

2. 工艺要点

（1）釉料实验式

$$\left.\begin{array}{l}0.168K_2O\\0.072Na_2O\\0.480CaO\\0.280MgO\end{array}\right\}\left.\begin{array}{l}0.340Al_2O_3\\0.243Fe_2O_3\end{array}\right\}\begin{array}{l}2.730SiO_2\\0.155P_2O_5\end{array}$$

烧成温度 1270℃。

（2）影响因素

1）在配方中加入不同数量的磷酸钙，能明显影响铁红结晶釉的呈色效果。如以骨灰形式引入，含量达到8%~12%时，会出现鲜艳的红色晶花，以10%~15%最为适宜，因为配方中磷是使铁红结晶釉产生液相分离现象的主要成分之一。

2）配方中加入不同数量的三氧化二铁，会对铁红结晶釉的艺术效果产生较大的影响。Fe_2O_3 低于8%时，釉面呈黄棕色，而不是红色。当配方中引入10%~17%的三氧化二铁时，随着铁的增加，釉面颜色由黄棕色、金黄色向红褐色转化。

3）配方中引入不同数量的二氧化硅和三氧化二铝，则釉的颜色和斑纹的形貌都有不同程度的变化。当二氧化硅含量达 2.7300~3.1086mol 时，呈现褐棕底红晶花，釉面黏度增大。同样配方中氧化铝的含量大于 0.3400mol 时，改变硅铝的比值，使釉在一定范围内有适应的高温黏度，对于红结晶釉的形成和晶体生长起重要作用。

4）配方中还需要含有一定量的氧化镁，可促进镁铁尖晶石的生长呈现褐棕色釉面。

5）烧成制度的确定是关键。要严格控制升温制度，确定最高温度。如温度低则釉面黑而无红花,温度过高则大红花熔融消失。当接近最高温度时,要快速升温,保温时间要短(一般 5~10min),冷却也需要控制。1200~900℃之间是晶体形成的关键阶段。

5.4.5 金属光泽釉

指陶瓷制品的釉面产生色调和光泽等外观类似某种金属的陶瓷光泽釉,如金光釉、银光釉、铜红色金属光泽釉等。

1. 制作方法

(1) 调整釉料配方使之含有过量的金属氧化物,如 MnO_2、TiO_2、PbO、CuO、NiO、Fe_2O_3、V_2O_5 等。在釉料的烧成过程中,金属氧化物达到过饱和状态,析出金属,使釉面呈现金属光泽。

(2) 电镀法 通过电镀使金属离子附着于陶瓷釉面。电镀法成本高,且釉面不耐磨,易氧化,因而限制了其使用。

(3) 热喷涂法 在炽热的釉表面(600~800℃)喷涂有机金属盐溶液或无机金属盐溶液,通过高温分解在釉表面形成一层金属氧化物薄膜,由于不同种类的金属氧化物而呈现不同的金属光泽。

(4) 低温镀膜法 在干净陶瓷釉面上,用提拉法、旋转法、喷涂法、移液法涂覆一层金属盐溶液,干燥后再 600~800℃烧成,制得金属氧化物薄膜。该膜与釉层紧密结合,有金属光泽,根据膜层薄膜不同,釉面可呈现虹彩效果,也可呈现单一金属光泽效果。

2. 金属光泽釉实例

(1) 多彩金属光泽釉

基础釉配方:PbO 20%~55%;Na_2O 0.1%~10%;CaO 1%~15%;Al_2O_3 1%~18%;SiO_2 8%~80%;配入 5%~25% 的色剂。在 1020~1280℃下烧成,基础釉由熔块加生料配制而成,改变熔块比例可调节烧成温度和烧成时间。

在上述基础釉中分别加入表 5-12 中所示配方的色剂,可获得不同颜色的金属光泽釉。

表 5-12 金属光泽釉的颜色和所用着色剂的化学组成

色彩 \ 组成	MnO_2	TiO_2	CuO	NiO
黄色	60	20	10	10
白色	60	40	5	5
蓝色	72	16	2	10
红色	68	16	6	10

(2) 银色金属光泽釉

熔块配方:珍珠岩 70%;硼砂 30%;1300℃熔化。

釉配方:熔块 82%~85%,CuO 5%~7%,NiO 2%~4%,黏土 5%~8%;940~960℃烧成,釉面呈银色金属光泽釉。

(3) 黑色金属光泽釉

釉料组成范围是:B_2O_3 19%~45%,Al_2O_3 0.5~9%,SiO_2 2%~8%,P_2O_5 0.5~

3.0%，SrO 6%~24%，MnO 17%~60%，TiO_2 0.5%~9.5%。将化学纯或者工业纯的釉用原料配料后，在 1250~1350℃ 的温度下化成熔块，然后制成釉浆，按一般方法施釉，在 970~1020℃ 温度下烧成，保温 20~30min，即可得到从棕色到黑色的金属光泽釉，适当调整配方即可得到所需色调的釉面。该釉料适合建筑陶瓷制品中的内墙砖装饰，可快速烧成。

(4) 绿褐色金属光泽釉

配方为玄武岩 35%~40%，氧化铝 4%~7%，氧化锌 3%~5%，熔块 40%~50%，石英 3%~5%，黏土 2%~3%。将釉料施于坯体上，在 1020~1090℃ 进行一次快烧，烧成周期为 60~90min，即可得到绿褐色金属光泽釉面。其中熔块配方为玄武岩 50%~55%，硼砂 45%~55%，1300℃ 熔化。该釉适合于一次快烧墙地砖装饰。

(5) 银红色金属光泽釉

将组成为珍珠岩 70%，硼砂 30% 的配料在 1300℃ 下制成熔块，再按下述配方制成釉料：熔块 85%~90%，CuO 3.5%~5.0%，Cr_2O_3 0.5%~5.0%，黏土 5%~8%。釉料的化学组成为：SiO_2 53.1%~56.5%，Al_2O_3 11%~13%，B_2O_3 9.8%~10.4%，Fe_2O_3 0.3%~0.4%，CaO 0.5%，Na_2O 12%~12.8%，K_2O 2.4%~2.6%，CuO 3.5%~5.0%，Cr_2O_3 0.5%~5.0%。采用一般方法施釉后，在还原气氛下 950℃ 釉烧 3h，得到釉面呈金属光泽的银红色釉。该釉适合装饰红色黏土坯体的艺术品。

5.4.6 花釉

指釉面呈多种色彩交混、花纹各异的颜色釉。在建筑陶瓷中应用的一般有下列两种：

1. 釉里纹釉

在生坯上先厚施一层底釉，再在底釉上喷施一层面釉（为底釉厚度的 1/3）烧成后，釉面远看似有龟裂，近看光滑平整，釉中花纹有如动物斑纹，由于底釉及面釉中色剂不同，在烧成过程中，两种釉互相反应和颜色的互补作用形成别具一格的釉里纹釉。现举一黄地棕色斑纹釉为例：

底釉（%）石英 27，长石 43，石灰石 18，碱石 12，棕色料 8。

面釉（%）石英 27，长石 43，石灰石 18，碱石 12，锆黄色料 6。

2. 大理石花釉

顾名思义，大理石花釉是模仿大理石天然纹理的装饰花釉。

花纹的出现主要靠施釉方法来实现，现介绍如下：

(1) 浸釉法 将两种以上颜色的釉料分别缓缓注入浅盘中，略作搅混，砖沿釉浆浸釉。

(2) 甩釉法 先喷一层底釉，再甩上一些异色釉浆。

(3) 喷彩法 先喷一层底釉，再在砖上按要求喷彩。

(4) 抛磨法 在制品表面喷多层不同色釉，每一层都有意喷得凹凸不平，烧成后把釉层磨平或抛光。

5.4.7 变色釉

1983 年由山东工业陶瓷研究设计院研制成功，并用于内墙砖生产中。它是将研制成的硅酸钕变色色料加到含硅量较高的釉中，烧制出变色釉面砖及变色结晶釉（杭州瓷厂）。

变色色料有两种类型：其一为硅酸钕型，组成为富钕氧化物 60%~80%，石英粉 20%~

40%，硼砂5%～20%；其二为铝酸钕型，组成为氧化钕50%～60%，氧化铝30%～60%，硼砂5%～10%，均在1250～1300℃煅烧。区别是硅酸钕型色料可采用品位较低的富钕氧化物来合成，而铝酸钕型色料必须用化学纯的氧化钕来合成，否则颜色不正。二者价格相差十多倍。

变色色料在釉中的着色属于离子着色。钕的正常价态为三价，其离子的电子层结果为 $[x_0]4f^3$，钕离子的3个4f电子可在7个4f轨道之间任意跳跃，从而产生各种光谱和能级，在可见光区范围出现一些窄的吸收峰。其主要吸收峰为480nm、530nm、600nm、680nm处，在530nm和600nm处有强烈的吸收，即在黄、绿波段有狭窄的吸收峰。由于这窄峰的存在，便可将可见光谱分为两部分，当变换不同光源时，其颜色就有变化。

变色色料着色的制品在不同光源照射下呈现的不同颜色见表5-13。

表5-13 不同光源照射下钕变色釉的呈色

光源	白炽灯	蜡烛	高压钠灯	高压汞灯	钪镁灯	日光灯	阳光
颜色	粉红淡紫	浅粉红淡紫	橙红色	先呈红色转鸭蛋青后转为蓝绿色	蓝绿色	青色	红紫色

5.4.8 虹彩釉

虹彩釉是由于釉面析出的结晶膜或晶体与玻璃折射率不同，从而形成光的干涉效应而引起的虹彩。在阳光或者在明亮的室内光线照射下呈现出不同色调光彩闪烁的虹彩。

虹彩釉根据组成不同，可用于高温、中温及低温。更因引入的着色物质不同，可产生不同底色和不同虹彩结晶。主要有以下几个系列：

1. 铅-锌-钛系虹彩釉

是以铅-锌釉作为基础釉，加入二氧化钛，再加入促进二氧化钛晶体生成的偏钒酸铵，就会形成金红石型的二氧化钛针状晶体，由于其厚度很小，使光线产生了散射，故呈现了红、蓝、橙等虹彩现象。

釉料实验式：

$$\left.\begin{array}{l} 0.100K_2O \\ 0.037Na_2O \\ 0.013CaO \\ 0.017MgO \\ 0.365ZnO \\ 0.478PbO \end{array}\right\} \left.\begin{array}{l} 0.216Al_2O_3 \\ 0.002Fe_2O_3 \end{array}\right\} \begin{array}{l} 0.250SiO_2 \\ 0.233TiO_2 \\ 0.043V_2O_5 \end{array}$$

烧成温度1250～1280℃。

烧成制度对它的影响很大。在烧成过程中，需经二次保温，其中高温可获得优良的釉面质量。当降温至析晶区，再行保温是虹彩釉形成的关键。具体工艺是在烧成温度下保温20min，后以10～20℃/min的冷却速度冷至1060℃，在此温度下保温50min后自然冷却，即可得到虹彩釉面。

2. 钙-镁-铁系虹彩釉

在钙、镁的基础釉中加入氧化铁（8%）和稀土类氧化物。例如三氧化二铌（5%），在氧化气氛中1280℃烧成，可得棕色底釉橙红色虹彩的釉面。

3. 铅-锌-锰系虹彩釉

在铅锌的基础釉中加入二氧化锰及促进结晶的偏钒酸铵。烧成冷却时，在釉中析出黑锰矿，成三角锥状分布在釉中，形成金、银、蓝色虹彩。

4. 锂-铅-锰-铜-镍系虹彩釉

在锂铅锰的基础釉中外加氧化铜2%，氧化镍1%，于1280℃氧化气氛下烧成，则在深黑棕釉上形成磨光铜器般的金色光泽虹彩。

5.4.9 偏光釉

偏光釉着色的瓷砖具有偏光效果，可从不同角度看到不同颜色，从而形成不同的颜色，从而形成一种丰富多彩的梦幻般的装饰效果，是一种新型的高档建筑装饰材料。

1. 配方及工艺

它是采用适用于较高温度烧成、又能抵抗釉熔体侵蚀的无机偏光材料，以及不仅能满足坯釉结合，又能在较高温度下对偏光材料起一定保护作用的熔块配制而成。

熔块实验式：

$$\left.\begin{array}{l} 0.10K_2O \\ 0.14Na_2O \\ 0.28CaO \\ 0.48PbO \end{array}\right\} \left.\begin{array}{l} 0.11Al_2O_3 \\ 0.31B_2O_3 \end{array}\right\} 1.85SiO_2$$

釉料配方（%）：熔块85~90，苏州土3~5，无机偏光材料5~10，陶瓷色料（外加）1~5，外加剂：0.2~0.3。

釉烧温度850~900℃；烧成周期2~3h。

2. 影响因素

（1）基础熔块中，一定的SiO_2、Al_2O_3含量及适量的K_2O、Na_2O、CaO、PbO、B_2O_3，有利于偏光效果的产生；釉料的碱性组分不宜过高，否则会破坏无机偏光材料的表面晶体结构，降低甚至失去偏光效果。经实验认为，$(RO+R_2O)<0.55$为宜。

（2）釉烧温度不宜过高，在850~900℃之间，以取下限为宜。

3. 机理

偏光釉独特的偏光效果实际上是一种"视角闪色效应"，亦即随视角异色现象。实质是无机偏光材料以其原始状态分布于偏光釉中，即在釉中均匀分布着偏光材料的众多微小晶体，对光线的照射产生反射、吸收和干涉，从而产生独特的偏光效果。

5.4.10 珠光釉

珠光釉是将云母钛珠光颜色加至特殊组成的熔块中制成釉料，施于釉面砖上，在低于1100℃的釉烧温度下即可呈现绕软细腻的丝光状釉面。随着不同色料的加入就能产生出具有各种颜色珠光效果的釉面砖。

1. 云母钛珠光颜料合成工艺

（1）流程图（图5-3）。

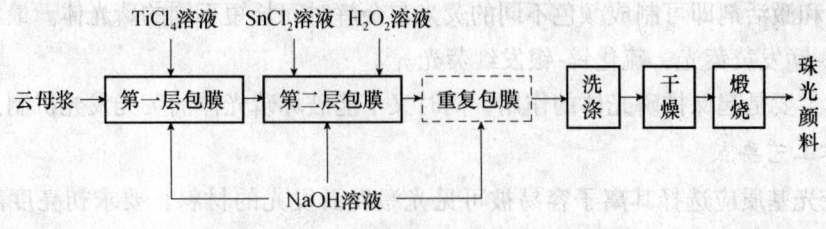

图 5-3 云母钛珠光颜料合成工艺流程图

（2）制作工艺　将人工合成云母粉配成悬浮液，在保持一定温度及酸度，并不断搅拌的情况下，反复滴加四氯化钛的盐酸溶液和氯化亚锡溶液，并静置，同时用氢氧化钠溶液来中和水解过程中不断分解生成的酸，须缓慢进行，并严格控制 pH 值。如 pH 值太小，云母表面沉积的含水氧化钛就不充分；若 pH 值太大，分散在悬浮液中的云母粒子就会聚集起来，从而得不到所希望的沉积效果。包膜后的溶液经洗涤、干燥、煅烧后就制成云母钛珠光颜料。

2. 珠光釉制备工艺

（1）熔块实验式

$$\left.\begin{array}{l}0.24K_2O + Na_2O \\ 0.24CaO \\ 0.52PbO\end{array}\right\} 0.14Al_2O_3 \left\{\begin{array}{l}1.99SiO_2 \\ 0.32B_2O_3\end{array}\right.$$

（2）釉配方

将 95% 上述熔块，5% 的苏州土，再外加 10% 云母钛颜料配制成釉，施釉烧成后即得到珠光釉面。

3. 珠光釉机理

由于制备云母钛的云母采用能耐 1100℃ 的人工合成氟金云母。它是云母外包膜二氧化钛的水合物，由于二氧化钛与云母折射率不同便产生珠光效果，再包膜二氧化锡等难熔氧化物是阻止易熔的釉成分侵蚀云母钛基体从而起到保护作用。当釉料冷却时，云母晶体在 700~800℃ 时又重新析出，形成珠光釉面。

5.4.11　荧光釉

某物质在受到外界能源激发后，可以发出可见光的现象，称为发光现象。若发出可见光，余辉维持在 10~8s 以上的，则称为荧光。具有发射荧光本领的陶瓷釉称为荧光釉。

1. 荧光釉的分类和组成

可分为场致发光和光致发光两种。可用于建筑陶瓷产品，作为标识、显示和照明用的以光致发光荧光釉为主。

荧光釉由磷光体（或称荧光物质）和玻璃体两部分组成。

磷光体是产生荧光的材料，由基质物质、微量的重金属活化剂和促进基质结晶化的熔剂组成。基质材料多半是第二主族金属元素的硫化物，如硫化钙、硫化锌、硫化镉等以及这些金属的硒化物和氧化物。激活剂一般是重金属，它们取代基质中的阳离子，成为激活中心。

不同的基质和激活剂即可制成颜色不同的荧光与余辉时间长短不同的磷光体。最常见的磷光体有硫化锌-锰发黄荧光、硫化锌-银发红荧光。

玻璃体主要是起保护磷光体的作用，同时又不能破坏磷光体的荧光发光机制。

2. 制作工艺要点

（1）荧光基质应选择其离子容易被可见光激发而发光的材料，要求初亮度高，余辉时间长。最常见的是锌、镉的硫化物，即硫化锌和硫化锌-硫化镉固溶体。

（2）根据选定的荧光基质，选择适当激活剂。例如对于硫化锌和硫化镉，最好的激活剂是铜、锰、金等。

（3）玻璃体的设计很重要，除了考虑本身的化学稳定性、热膨胀系数、釉面光泽等因素外，要特别注意不能含有影响磷光体发光的有害离子：如 Fe^{2+}、Ni^{2+}、Co^{2+} 等。此外，要求玻璃体的熔点低于磷光体分解或熔化的温度，还需要具有较高的透光性。

（4）荧光基质、激活剂、玻璃三者之间的比例要适当。

（5）要保证原料充分混合均匀，不引入有害物质铁、钴、镍。

3. 实例

荧光基质：玻璃粉 = 1:3，激活剂占荧光基质与玻璃粉总量的 0.001% ~ 0.01%。

荧光基质用硫化锌，激活剂用铜，保护体采用易熔玻璃（石英 32.5，无水硼酸 51.0，烧蓝晶石 52.5，锆英石 12.0，无水硼砂 19.9，碳酸锂 39.3，碳酸钙 32.7），釉烧温度 800℃ 以下。

据报道，新研制的特种发光材料，每次光照 2h，可使余辉时间长达 14h，且具有无毒害、无放射性、能耐 1200℃，价格低廉的特点。

5.4.12 大红釉

在陶瓷中能呈现大红颜色的色料只有硒镉红。硒镉红色料是硫硒化镉固溶体，其最大的缺点是分解温度较低，高于 800℃ 会分解变黑，所有只能用于釉上彩。近年来各国学者都对其提高使用温度进行研究，以开发出高温稳定的大红釉。

（1）将低温用的硒镉红色剂加入长石及低温熔块在 750℃ 下烧成烧结块，再配上熔块和高岭土制成釉，上釉制品在 960℃ 烧成。

（2）将低温用的硒镉红色剂配成特殊组成的熔块，然后配制成熔块釉。釉烧时尽量快速升温，一般能适应 1100℃，最好能适应到 1200℃。

红熔块组成（%）实例：

长石 20~30，石英 20~30，钟乳石 10~20，硼砂 10~20，硼酸 10~20，碳酸钠 10~20，氧化锌 5~10，硒镉红色剂 4。

熔化温度不能太高，保持刚能流下的温度。

大红釉配方（%）如下：

熔块 70~80，石英 5~10，锂辉石 5~10，苏州土 5，烧氧化锌 2；

烧成温度 1060~1070℃；烧成周期 1h（辊道窑中烧成）。

（3）最理想的是利用硫硒化镉-锆英石包晶质色料制作大红釉。目前包裹大红色料的化学共沉淀法生产工艺已日趋成熟。

5.4.13 抗菌釉

抗菌釉是含有抗菌剂——Ti、Ag、Zn等金属离子而具有杀菌、防霉功能的陶瓷釉。

1. 分类

按制作工艺不同抗菌釉可分为两种基本类型：

（1）在普通陶瓷釉配方中，添加抗菌剂而制成抗菌釉。该抗菌釉从外观上看与一般陶瓷釉无明显区别。

（2）在陶瓷釉面上，涂覆一层金属氧化物涂层制成抗菌釉。该釉层具有杀菌，防霉功能，且具有针具或金属光泽，也可称其为自洁釉。

2. 抗菌剂及抗菌机理

（1）抗菌剂：常用的抗菌剂有TiO_2，含银离子、锌离子等的氧化物或化合物。

（2）抗菌机理

1）TiO_2光催化作用 TiO_2在光照条件下，可使空气中的水发生分解，使其表面生成OH^-、H_2O_2、O^{2-}等反应活性强的物质。它们对细菌有杀灭作用，生成的H_2O_2有较强的杀菌消毒作用。

2）银离子可与蛋白质结合，抑制酶系统，破坏细胞核物质，所以能抑制乃至杀灭微生物。

3）正的抗菌金属离子与保持电负性的细菌作用，使细胞膜破损，从而抑制其生长、繁殖。

3. 抗菌釉的制作

（1）将抗菌金属离子如银、锌等氧化物或化合物与陶瓷质载体——黏土质、蜡石质、瓷石质等耐火度较高的材料和陶瓷釉料按一定比例混合、煅烧，而制得抗菌剂。将该抗菌剂加入陶瓷釉料中，施于坯体上，或施于施过底釉的陶瓷釉面之上，经烧成就得到抗菌釉。其主要工艺如下：

陶瓷坯料→成形→干燥→施底釉→施抗菌釉（抗菌剂——基釉）→烧成→包装→成品。

（2）将含有抗菌金属离子的化合物制备成溶液，用旋转法、提拉法、喷涂法、移液法等方法在陶瓷产品表面涂覆一层金属氧化物，该涂层在600~800℃温度下焙烧，得到抗菌釉面。

4. 抗菌性能

抗菌釉对大肠杆菌、绿脓菌、黄色葡萄球菌、霉菌等都有抑制杀灭的作用。对照实验，其24h的杀菌率可达99.9%。

5. 抗菌釉的应用

抗菌釉可用于卫生陶瓷、墙地砖釉面上。由于其本身的抗菌、杀菌、防霉等功能，所以用抗菌产品来装饰手术室、厨房、病房、厕所的墙地面与水箱、扶手，能防止细菌生长繁殖，提高公众健康水平。

5.5 干式釉

1. 干式釉的种类

干式釉有两种：一种是生料釉干粒，包括含有一定比例熔块组成的釉料干粒；另一种是釉用熔块粒。前者用于釉层较厚的全覆盖釉面上，后者用于全覆盖釉面和图案装饰。生料釉成本较低，而熔块釉装饰效果更好。

2. 对干式釉的要求

（1）由于所施釉层较普通湿式釉层要厚，所以要求干式釉与坯体两者的膨胀系数一定要匹配。

（2）干式釉的高温黏度应较高，以免在熔融时流到砖坯边缘下。其始熔温度视所施坯体是生坯还是素坯而定，避免造成气泡和针孔。

（3）干式釉中的色料，必须在高温下呈色稳定。

（4）生料釉干粒须有一定强度，保证施釉后仍具有粒状形态。

5.5.1 干式釉的制备

干式釉的组成与普通釉的组成基本上一致，有色的熔块粒需预先熔制好颜色熔块。

1. 生料釉干粒制备过程

釉用原料（包括熔块）→配料称量→球磨→压滤→干燥→造粒→筛分→备用

为了增加粒子的强度，可适当增加粘结剂。

2. 熔块粒子制备过程

熔块用原料→配料称量→混合→熔化→水淬→粉碎→筛分→备用

3. 干式釉调配

干式釉粒子按实际需要调配。干式釉装饰通常有全覆盖和印花两种。干式釉的调配主要是一定粒度的不同特性干粒的混合，也有一种方法是添加干燥粘合剂，以便在施干釉后喷洒清水时产生粘结作用，免去施干釉前的印胶水工序。干式釉调配比见表5-14。

表5-14 干式釉调配比

装饰方式	色釉干粒（%）	乳浊釉干粒（%）	透明釉干粒	粒 度（mm）
全覆盖用	3~8	92~97	适量	自由选择
印花用	0~100	0~100	适量	0.6~0.18

4. 施釉用胶水

胶水可用聚乙烯醇水溶液或1:3的CMC水溶液，分别以水浴煮溶和球磨机混溶后备用。

5.5.2 干式釉施釉工艺

1. 工艺过程

干坯→吹扫尘→（施湿式釉→丝网印花）→印胶水（满印或印花）→撒布干釉粒→吹气（消除多余干釉粒）→烧成

2. 操作要求

（1）干坯水分2%以下，干燥温度低于50℃。
（2）印胶水可用40根/cm的丝网满印或印花。
（3）干釉厚度：满印2~2.5mm，印花1.5mm左右。
（4）干式釉的施釉方式有三种：
震筛式：生料干粒不易碎，但控制不够好；
鸭嘴式：结构简单，但不易控制滚筒式；
滚筒式：控制准确，但生料干粒易碎。
干釉粒的回收可用皮带，压缩空气等形式从集料斗下送回加料斗再次使用。
（5）施釉后釉坯不宜放置长时间，以免积尘难以清除。
（6）干式釉烧成时冷却制度要特别注意，以防釉裂。

5.6 彩料

5.6.1 丝网印刷彩料

1. 丝网印刷技术

（1）制底版

1）就陶瓷丝网印刷而言，常用的制版方法有两种。

①照相法制作阳图　其流程是：分色照相→修版→挂网→阳图。分色照相时将单色原稿用照相机摄制成负片，将负片修整后再将负片在另外的软片上，经复制或放大制作成正片底版即阳图。挂网是将底版与网屏叠印。如彩色图可通过四色滤镜摄成四色的分色负片，再翻成正片底版。四色印刷通常用于陶瓷花纸。印刷色料也是特定的四色陶瓷油墨。

②电脑分色法　其流程是：扫描→电脑处理→激光照排成正片底版。扫描时将彩色参考原稿或实物图案纹样，通过扫描仪输入电脑；电脑处理是用手工方式创作处理过程，用电脑光笔在数字板上实现图案的描绘、切割、分离、拼接、叠加、放大、缩小、分色挂网及各种工艺处理后，生成单色图案，将其数据输入激光照排成像机，制成符合陶瓷印花要求的单色底版。

2）工艺参数

①单色底版挂网点角度为45°，双色印刷时各底版挂网点角度应有少许错开，以免显影后产生龟纹。四色印刷时，红、蓝、黑各底版挂网点应错开30°，不显著的黄色居于其间。

②挂网点线数要求　印刷要求越精细，网线数越高。各类墙地砖参考线数如下：

彩釉地砖，瓷质砖的底版挂网线数为16~24线/cm（40~60线/英吋）；

釉面砖类通常挂网线数为20~28线/cm（50~70线/英吋）；

三次烧成及陶瓷花纸的底版挂网线数为32~51线/cm（80~130线/英吋）。

3）制版设备

制版照相机、立式、卧式均可。照相光源有弧光灯、碘灯、氙灯等多种，可根据作业的种类、耗电量等选用。

①暗室设备主要有水槽，水槽内设有显影、定影、水洗用的盘。各工序的工作温度应保持20~22℃。要注意暗室换气，换气要注意不使室外光线漏入，在换气孔外设立滤尘器。

②陶瓷花样设计系统。它由电脑主机、设计软件（如Potoshop等）、喷绘机、电雕机、

真彩色图像扫描仪、激光雕网机、喷蜡（墨）制网机、激光胶片成像机等组成。

4）制版常用材料

①胶片

a. 照相拷贝　常用 Y2-800 暗室照相拷贝胶片（暗室使用红色灯光）。

b. 激光照排　用 LP-6328 二型激光照排胶片（暗室实用绿色灯光）。

②感光及冲洗材料　印刷胶片显影套药（3L 装粉剂），印刷胶片快速定影套药（3L 装粉剂）。

③其他材料　网屏、照片通过网屏摄出的胶片有深浅阶调之分，即把原稿的深浅层次，用网点的大小表示。其使用的网屏规格为：16~51 线/cm（40~130 线/英寸）。

(2) 制作印刷网版

1）常用的制网版方法

①手工直接制网版　其流程是：绷网→脱脂处理→涂布感光胶→干燥→晒版→显影及冲洗→干燥→硬化处理，即把丝网绷在框上用合成粘合剂将两者粘贴牢固，然后彻底清洗、脱脂。手工涂布感光胶经烘干形成感光膜，经曝光晒制，冲洗显影、硬化处理形成网版。

②手工间接制网版法　在适当的支持体上（如照相用基础胶片）涂布感光乳胶，将感光后形成的版模转移至丝网上（感光膜可自制或用市售商品），加固的方法有两种：一是加热法，用电熨斗在网面和版膜面分别烫 5min；二是溶剂法，将溶剂材料涂在网双面的网膜区待其干燥 2h（溶剂为异丙醇 85 份，水 10 份，甘油 5 份配成）。

2）网版制作工艺过程及参数

①材料检验　凡是网框变形，感光乳胶过期均不能使用，丝网有断线、接头、油污等也不能使用。

②选择丝网　应根据需要确定，注意材质、丝网孔宽、开度（网孔大小）、厚度、开孔率（网孔面积与丝网面积比率）、透墨量（丝网单位面积内透过油墨量）等指标。

丝网根数应根据印刷精细程度选用，根数越高，印刷越清晰。如果使用低根数丝网容易产生锯齿状波纹，可改用高根数丝网。丝网根数还要和网点底版线数匹配。通常丝网根数是网点线数的四倍，可防止波纹、龟纹，提高网点表现能力。通用 46 根/cm（120 目）以下的丝网生产。在意大利，多采用 70~79 根/cm（180~200 目）或更高根数。

③网框处理　一般选用铝质网框。网框的尺寸是承印物加大 20~30cm。网框的大小会影响到印刷压力，网布的弹性以及材料的节约。新购置的铝框第一次使用时，应清洗、脱脂，以免影响粘贴效果。

④绷网　绷网的角度无特殊要求，可按 90°绷网，但为了克服锯齿波纹，在底版不可改动的情况下，可改用斜法绷网（30°、15°）也是有效的。绷网所用张力应达到 9Pa 以上，应根据各种丝网材料特性而定，见表 5-15。

表 5-15　丝网材料和特性

丝网材料	延伸率（%）	张应力（kgf/cm²）
蚕丝	4~6	7~9
尼龙	5~8.5	8~10
涤纶	3~5.5	8~10
不锈钢	2~3	10~13

⑤脱脂和粗化处理 把绷好的丝网进行彻底的洗涤、脱脂是不可忽视的环节。可用20%以下浓度的碱液或甲苯基酸洗涤，并用清水冲净。也可用物理方法即用硬质细粉（磨网膏）将丝网表面摩擦洁净，再用水清洗，然后自然晾干。

⑥涂布感光乳胶 将感光乳胶倒入铲形刮胶器内（长度比框内宽度小50mm左右），先在内框网面自上而下涂刮一次，再在外框网面刮涂一次，干燥后在外框网面再刮涂一次，达到厚度适宜和均匀为止。干燥时烘箱温度控制在35~40℃，干燥完凉至室温后还需静置10min，让网受热产生的变形复原稳定，上述操作均在暗房进行。

最先进的涂布工艺是采用全自动涂布机，可两面同时或分别涂布，电子自动控制，涂布速度快，胶层均匀稳定。

⑦晒版 用真空晒版机进行晒版。通过曝光台上的抽真空装置，让丝网与胶片贴紧，曝光时间最好控制在1min 39s~2min，采用强紫外光灯作光源较好。

⑧显影冲洗 先用自来水以较轻柔的喷雾浸湿网版两面，然后对丝网面用高压水冲洗。曝光正确的网版可承受强有力的冲洗，冲洗至图案清晰。如果冲洗不完全，会产生锯齿状波纹缺陷，冲洗后再进行干燥。

3) 制网版设备

①手动或气动绷网机 气动比手动的效率和质量高得多，根据需要配置不同规格和数量的汽缸。

②干燥用烘箱 带加热送风和带红外线灯，送风的烘箱各一台。

③曝光灯（金属卤素灯3000~5000W）。曝光台应有抽真空装置，以使丝网和胶片贴合更紧。

4) 制网版常用材料

①网框 常用网框的材质都选用空心铝型材，很少用钢质和木质。作为网框的材料应具有耐丝网张力的充分强度，强度不够就会挠曲，就印不好产品。但网框应尽量轻，操作也轻便。

②感光及冲洗材料 感光乳胶，按印花彩料使用调和料性质可分为油性和水性彩料。因此网板感光胶也要根据耐油性和耐水性来选择，作为墙地砖丝印的彩料是水性的，一向使用重铬酸盐类感光乳胶。但因其对人体和环保不利，所以目前通常使用重氮光敏类感光乳胶，如瑞士科特公司的1636、1669型或国产SF重氮含量，都是适合陶瓷、纺织品印刷的丝网印感光胶。其特性是透视好，易于补网和对版，黏度低，适用于40~118根/cm（100~300目）丝网涂布；耐印力强，适合长期大量印刷。装饰感光乳胶的质量指标是固体含量，固体含量越多用量越少，涂布次数少，一般含量为45%左右。另一个感光性能，应根据生产网版工作量选用不同感光速度的乳胶。此外，分辨度、清晰度、耐水性均是重要指标。

重氮光敏剂对热、潮很敏感，要注意密封，不要受光。现使用的双组分重氮光敏胶，应将感光粉加水溶解，倒入乳胶中充分搅匀，在涂布前应消除搅拌时产生的气泡，搅拌后应放置4~24h，如果气泡未完全消除，将会在网版上产生气泡而产生针眼。如果用单组分重氮光敏胶，可直接涂布使用。

③丝网材料 制作丝网所使用的材料主要有蚕丝、尼龙、涤纶、不锈钢等。这些材料各有特性，可根据不同的用途选用。如果要高密度时可选尼龙、涤纶；如果要大网孔可选用不锈钢。尼龙（聚酰胺纤维）丝网强度高，耐磨性好，弹性大，回弹瞬间速度快，适合凸凹

面、曲面印刷，但延伸率较高，不适宜印刷精细图案和套版印刷。涤纶丝网延伸率低，尺寸稳定性好，适合印刷精细图案和套版印刷，但拉伸强度高，绷网时应加大绷网拉力。另外，与感光胶膜粘结力稍差，要加强网的脱脂和粗化处理。由于尼龙、涤纶织成的丝网可通过处理，使其减少延伸率，防止网孔变形，并增加强度和硬度，以加强丝网的适应性，故陶瓷印刷多用尼龙和涤纶丝网。

丝网的编织方法以织为主，编为辅，用于丝网印刷的以平织最多见。此外有绫织、缎织、辫织等。丝线的纺制方法为单丝、复丝和单复丝，陶瓷丝网印花选用单丝丝网，厚度为丝径的1.8倍。陶瓷丝网印花一般选用薄型网。

各类丝网规格见表5-16、表5-17。

表5-16 各类筛网的组织、原料及代号

织物组织及代号 筛网分类 原料类别及代号	全绞纱组织 Q	半绞纱组织	方平组织 F	平绞组织 P		斜绞组织 E
				常规织机	片梭织机	
蚕丝 C	CQ	CB		CP		
锦纶丝 J	JQ		JF	JP	JPP	
涤纶丝 D			DF	DP	DPP	
黄铜丝 H				HP		HE
磷铜丝 Q				QP		QE
不锈钢丝 B				BP		BE

表5-17 陶瓷常用筛网

型号规格	密 度（根/cm）	对应目数（目）	孔 宽（mm）	有效筛滤面积（%）	原 料
JF33	33	80	0.181	35.822	锦纶 30D
JF39	39	100	0.135	27.62	锦纶 30D
JF46	46	120	0.118	29.43	锦纶 20D
JF50	50	130	0.101	25.25	锦纶 20D
JF62	62	150	0.075	21.24	锦纶 15D
JF16	16	40	0.375	36	锦纶棕丝 0.25
JF32	32	80	0.213	46.24	锦纶棕丝 0.10
JF40	40	100	0.15	36	锦纶棕丝 0.10
JF48	48	120	0.128	37.95	锦纶棕丝 0.08

④辅助材料

a. 化学硬化剂 根据印花彩料使用的调合料分为水性和油性彩料。作为墙地砖丝网印彩料是水性的，因此需做硬化处理。硬化剂能使水性感光胶更耐溶剂、耐磨，冲洗及干净后的网版可用特殊的硬化剂加以硬化。一般而言，这种方法需在60℃固化1h，硬化后的网版不能脱膜再回收使用。

b. 脱膜剂 对所制网版有缺陷不可修复时，可用脱膜剂洗掉感光胶膜。适用于未经硬化处理的网版，先将网版冲洗洁净，然后涂刷丝网的两面，几分钟后用高压自来水冲刷至胶膜彻底脱净。

2. 丝网印刷彩料对色料的要求

(1) 呈色稳定，不溶解于釉，不和釉起反应。
(2) 膨胀系数与坯及釉相适应。
(3) 粒度分布合理，细度稳定，平均粒径一般小于 $10\mu m$。
(4) 适应不同使用要求的彩烧温度。

3. 丝网印刷彩料的常用色料（表5-18）

表5-18 丝网印刷彩料的常用色料

色料名称	成 分	使用温度（℃）	适用范围
黄色	Pb-B-Si	550	玻璃、搪瓷
镉硒红	Cd-Se-S	800	搪瓷、釉上彩料
宝蓝色	Co-Si	700~800	釉上彩料、三次烧烤花
绿色	Cr-Cu	700~800	釉上彩料、三次烧烤花
黑色	Cr-Cu	730~800	三次烧烤花
锰红	Mn-Al	<1300	各种釉、印花料
铁锆红	Fe-Zr-Si	<1280	各种釉、印花料
锆黄	Zr-Si-Pr	<1280	各种釉、印花料
钒锆黄	Zr-V	<1300	各种釉、印花料
绿色	Co-Cr-Al	<1300	各种釉、印花料
钒锆蓝	Zr-V-Si	<1300	各种釉、印花料
海碧蓝	Co-Al	<1300	各种釉、印花料
灰色	Co-Ni-Zr-Si	<1300	各种釉、印花料
黑色	Co-Mn-Cr-Fe	<1300	各种釉、印花料

4. 丝网印刷彩料常用调料剂

（1）对调料剂的要求

调料剂是一种液体，用以悬浮色料粉体并固定在承印砖坯上，它的质量好坏对印刷效果起决定作用，必须符合以下要求：

1) 具有一定的黏性，流动性。
2) 与彩料固体粒子有良好的悬浮力。
3) 与釉面有好的结合力。
4) 与水能互溶。
5) 氧化挥发温度低于450℃。

（2）常用调料剂

印花彩料一般用甘油、乙二醇、羧甲基纤维素、糖浆、三聚磷酸钠、聚乙二醇等作调料剂。在实际生产中，甘油、乙二醇用得较多。目前，许多厂家已生产出一些合成聚合物的溶液作为调料剂，一般以氧化乙烯、氧化丙烯为主要成分，制成液体状态或粉末状态。液体状态的调料剂在使用时一般为25%～35%，其余75%～65%为印花干釉，一般不再加入水，而粉料状态的调料剂就应先用水溶解后使用。

(3) 调料剂使用实例

1) 基础花料60%，甘油23%，糖浆（干基）8%，三聚磷酸钠0.2%（外加），色料1%～10%（外加）。

2) 基础花料90%～99%，色料1%～10%，乙二醇30%（外加），水20%（外加），CMC0.01%～0.1%（外加）。

3) 基础花料90%～99%，色料1%～10%，聚乙二醇25%（外加），水30%（外加）。

4) 基础干花料100份，甘油20份，乙二醇35份。

5) 基础干花料100份，乙二醇35份，水20份。

5. 丝网印刷彩料的制备

(1) 对彩料的要求

1) 所有的助溶剂必须与色料一起牢固粘在釉面上。

2) 彩料烧成后膨胀系数必须与釉及坯相适应。

3) 烧成后耐磨，抗化学性侵蚀。

4) 有一定的细度、黏度、流动性，便于丝网印刷。

(2) 彩料的种类

丝网印刷彩料是专供丝网印花的一种色料。它可直接装饰印刷在陶瓷釉面、生坯或素烧坯面上印刷后，再施一层透明釉，然后再一次釉烧。丝网印刷材料不仅适合于釉上、釉下、釉中丝网印刷，也适用于印贴花纸、喷涂、手绘等。

其中釉中丝网印彩料按其特性分为三种：

1) 平面丝网印彩料 是在坯体釉面上印花后一次烧成的彩料，以及在坯体釉面上印花后，再施一层透明釉，然后烧成的彩料。烧成后花纹基本上是平整的。

2) 蚀刻丝网印彩料 采用多量低熔点熔剂（其特性是高温黏度小，流动性大），添加蚀刻剂（如偏钒酸铵、V_2O_5）等组成。烧成后花纹在釉面上产生蚀刻效果。

3) 浮雕丝网印彩料 采用高温颜料和中度熔融温度的透明或乳白熔块调配，其性能是高温黏度大，流动性小，并采用低线数丝网版施以一定厚度的彩料，烧成后花纹在釉面上产生浮雕效果。

(3) 彩料的制备方法

1) 彩料的制备方法及工艺流程

彩料分别由色料、熔剂、釉用原料和调料剂组成。其制备方法有以下两种：

①直接球磨法 是将各种原料直接进入球磨加工制成彩料的方法，其如下：

原料→配料→球磨→除铁过筛→彩料

②干粉搅拌法 是将基础印花料预先加工成干粉，使用时加入调料剂搅拌均匀而制成彩料的方法，其工艺流程如下：

原料→配料→球磨→除铁过筛→烘干→粉碎→干花料→包装储存干花料→配料→搅拌→过筛→彩料

　　　　　　　　　　　　　　　　　　　　　　　　　　　　　调料剂—↑

干粉搅拌法比较标准化。只要预先调制好各种基础干花料，需调制中间色调时，可选用适当的干花料调配，简单快捷，适应颜色变化快的要求，适用于现代化大生产。

2）工艺参数

球磨时间：30~70h（根据原料性质及原料入磨细度而定）；

搅拌时间：0.5~1h；

细度：孔径0.041mm筛（325目）筛余小于0.5%；

密度：$(1.84 \pm 0.5) g/cm^3$；

流动性：100mL流量杯，15~180s（根据图案精细程度及丝网根数而定）。

3）使用注意事项

①彩料过稠，彩料水分过低时，印刷中发生经常性的粘网、堵网等现象。

②彩料太稀，彩料水分过高时，易发生沉淀，印刷时砖边角位的材料易化水，或整个花面化水。

③黏性太强，网面上的花料不易刮下，印出的图案被丝网粘去。

④印花前坯釉面上可以喷釉面固定剂。固定剂可用聚乙烯醇水溶液。

在实际生产中，彩料的黏度要根据图案特点、丝网根数、砖坯性质等多因素考虑。如大面积花，丝网在100~110目时，彩料就可以稀一点；如云状等过渡性色调图案，丝网用130~150目，彩料就相应要偏稠。

6. 丝网印刷彩料配方实例

（1）釉面内墙砖丝网印花彩料（表5-19）

表5-19 釉面内墙砖丝网印花材料

名　称	配　方（%）		使用范围（℃）	呈　色	装饰特性
红色料	半乳浊熔块70~80 黏土3~5 锆铁红15~27	100份	1050~1200	红色	平面
	调料剂	50份			
白色料	乳浊熔块40~50 氧化铝5~7 硅酸锆15~20 黏土5~7 氧化锡6~10 石英粉5~8	100份	1050~1200	白色	烧后稍微有点凸起，具有立体感
	调料剂	50份			
灰色料	低熔点熔块80~92 长石粉5~8 蚀刻剂3~5 黏土3~5 色料2~12	100份	1050~1200	浅灰色	具有蚀刻效果
	调料剂	55份			
黄色料	半乳浊熔块70~80 黏土3~5 锆黄15~27	100份	1050~1200	黄色	平面
	调料剂	50份			

续表

名　称	配方（%）		使用范围（℃）	呈　色	装饰特性
蓝色料	透明熔块 80~95 黏土 3~5 氧化钴 0.1~0.5 氧化锰 0.2~0.5 钒锆蓝 2~10	100 份	1050~1200	蓝色	平面
	调料剂	50 份			
绿色	透明熔块 80~95 黏土 3~5 绿色色料 5~15	100 份	1050~1200	绿色	平面
	调料剂	50 份			
黑色	半乳浊熔块 80~90 黏土 3~5 黑色色料 5~15	100 份	1050~1200	黑色	平面
	调料剂	55 份			

（2）彩釉墙地砖丝网印花彩料（表5-20）

表 5-20　彩釉墙地砖丝网印花材料

名　称	配方（%）	使用范围（℃）	呈　色	装饰特性
红色料	高铝熔块 15~25 半透明熔块 10~20 石英 10~20 长石 15~25 黏土 8~10 圆子红色料 8~10 CMC 0.25（外加） 甘油 35（外加） 水 50（外加）	1100~1300	紫红	平面
蓝色料	半透明熔块 15~25 长石 16~20 石英 8~12 烧滑石 6~10 ZnO 8~15 黏土 10~15 宝蓝色料 11~15 CMC 0.3（外加） 甘油 30（外加） 水 35（外加）	1100~1300	蓝色	平面
白色料	乳浊熔块 60~70 长石 3~7 方解石 10~14	1100~1300	白色	平面

续表

名　　称	配　方（%）	使用范围（℃）	呈　色	装饰特性
白色料	生滑石 2～6 $BaCO_3$ 4～8 黏土 3～5 CMC 1（外加） 甘油 35（外加） 水 30（外加）	1100～1300	白色	平面
棕色料	半透明熔块 15～20 长石 20～25 石英 7～10 滑石 4～8 石灰石 8～12 ZnO 4～8 $BaCO_3$ 1～2 锆英石粉 17～21 黏土 6～12 棕色料 13～16 CMC 0.25（外加） 甘油 30（外加） 水 32（外加）	1100～1300	棕色	平面
白色	含铅熔块 60～80 石英 10～20 $CaCO_3$ 10～20 V_2O_5 3～6 黏土 3～5 CMC 0.5～1（外加） 乙二醇 20～30（外加） 甘油 15～20（外加）	1100～1300	白色	具有蚀刻效果
白色	高温乳浊熔块 60～70 锆英石粉 25～30 高岭土 5～10 CMC 0.5～1（外加） 乙二醇 20～30（外加） 甘油 15～20（外加）	1100～1300	白色	凸花

5.6.2 釉上彩料

1. 釉上彩料的种类

釉上彩料通常分为新彩和粉彩两种。

新彩是受外来影响发展起来的，有人也称为洋彩。新彩的特点是色彩丰富，色彩在烧前与烧后变化不大,这种色料以平印贴花为主,故又称为"平印色料"。

粉彩是在古彩的基础上发展起来的,是我国自己独特的传统品种之一。粉彩装饰在瓷面上看起来有粉润效果,颜色烧后在瓷面上有一定厚度,光泽透亮,花纹凸起,立体感强,经久耐磨,这种色料以用于手工彩绘和各种艺术陶瓷为多。

2. 釉上彩料的生产工艺流程

釉上彩料的生产工艺流程有两种方法,釉上彩料的生产工艺流程如图 5-4 所示。

工艺流程1:

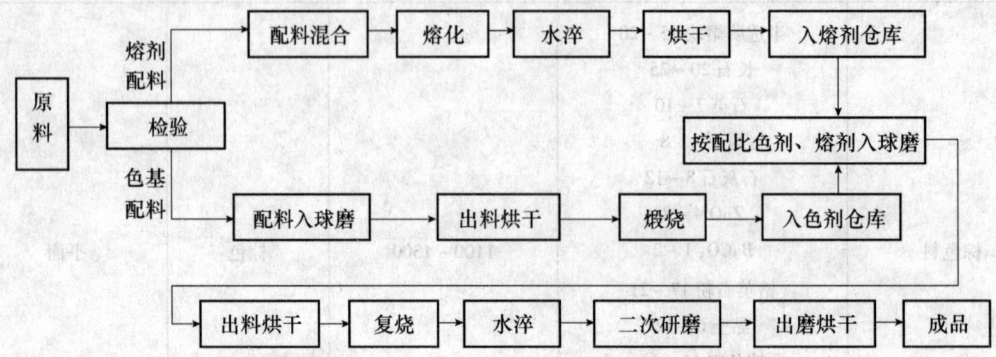

工艺流程2:

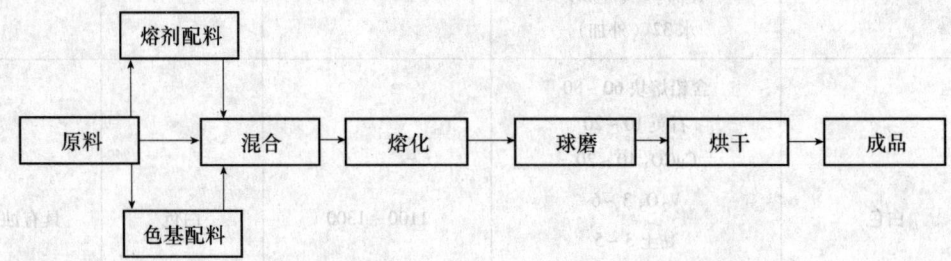

图 5-4 釉上彩料的生产工艺流程

3. 釉上彩料组成及配方实例

釉上彩是由色基、熔剂、调节剂三部分组成,典型的配方及工艺参数见表 5-21 ~ 表 5-23。

表 5-21 釉上彩用色基典型配方

名 称	配 方（%）	煅烧温度（℃）
深赤	硫化铁 66.7,硫酸锌 33.3	750 ~ 800
镉硒红	碳酸镉 73.8,硒 9.6,硫磺 16.6	650 ~ 680
橙红	碳酸镉 78,硒 7,硫磺 5	550 ~ 570
暗绿	氧化铬 100	磨细
深蓝绿	硫酸钴 47.93,重铬酸钾 50.45,氧化铅 1.62	1100 ~ 1200
草青	氧化锌 3.33,硝酸铅 5,氧化铬 62.5,氧化钴 29.17	1100 ~ 1200
深蓝	石英 27,硼酸 1.0,氧化锌 43,氧化钴 27,氧化铝 2	1150 ~ 1200
中蓝	硼酸 1.96,氧化铬 44.64,氧化锌 8.92,氧化锡 5.88,氧化钴 21.75,氧化铅 16.85	1150 ~ 1200

续表

名称	配方（%）	煅烧温度（℃）
浅蓝	氧化铝 70，氧化钴 30	1300～1320
海碧	氧化锌 7.03，氧化铝 66.93，氧化钴 26.07	1220～1300
天青	氧化锌 2.44，氧化铝 63.42，氧化钴 34.14	1100～1150
深黄	铅丹 38.4，氧化铝 0.98，氧化锑 24.68，氧化锌 15.9，硝酸钾 1.47，氧化锡 0.15，硝酸铅 18.42	950～1000
小豆茶	硫酸亚铁 66.7，硫酸锌 33.3	850～900
代赭	硫酸亚铁 20，硫酸锌 20，硝酸钾 60	700～750
深黑	氧化铁 9，氧化钴 44，氧化锰 28，氧化铬 19	1100～1150
艳黑	氧化钴 7.15，氧化锰 15.65，氧化铬 7.7，氢氧化铁 69.6	1000～1050
灰色	氧化锡 95，氧化锑 5	1300

表 5-22 常用熔剂典型配方

原料（%） 编号	铅丹	硼砂	硼酸	石英	氧化锌	长石	碳酸钙	氧化铁	氧化锑	硝酸钾	熔化温度（℃）
1	58.59		22.77	12.12	4.10			1.21	1.21		900～1000
2	27.7	13.9	9	17.1	2	27.9	22.4				900～1000
3	61.77		29.08	9.15							1000～1050
4	66.84		27.56	5.60							900～1000
5	70		25.00	5							800～900
6	56.18		22.4	15.32						6.1	800～900
7	50		36	14							800～900
8	60	20		20							800～900
9	60.46		23.4	12.41	3.73						900～1000
10	70		10	20							900～1000

表 5-23 粉彩用熔剂配方

原料（%） 编号	青铅	石英	硝酸钾	窗玻璃	备注
1#	49.19	37	12	1.7	1250℃煅烧
2#	52.6	39.2	7.9		700～1000℃熔化
3#	51.3	41.0	7.7		700～1000℃熔化

　　调节剂是在釉上彩料的制作，除了色基、熔剂外，为调整其色调和温度，又外加的化合物及其他物质，称之为调节剂。

4. 釉上彩料生产工艺特点

（1）对色基的要求

1）严格控制所有原料的质量，分析检验合格后方可使用。

2）配料时准确称量各种原料，确保配方的准确性。

3）严格控制色基研磨的粒度，一般要求 5μm 的达 85% 以上，蓝色剂、绿色剂 5μm 的达 90% 以上。

4）制定合理的色基烧成制度，根据色基的组成确定适当的煅烧温度和烧成气氛。

（2）对熔剂的要求

1）熔剂熔化性能好，光亮、柔和。

2）熔剂的组成成分对色基的着色无破坏作用。

3）熔剂的化学稳定性要好，耐酸碱和铅溶出量要达到标准。

5. 釉上彩料配方（表5-24、表5-25）

表 5-24　常用釉上新彩彩料配方

颜　色	成品（质量%）	备　注
深赤	1#熔剂：86.2，色基：10.35，调节剂：氧化铝 3.45	磨细，烘干，粉碎即可
镉硒红	2#熔剂：80，色基：20	650～700℃复烧，磨细
暗绿	3#熔剂：80，色基：20	800～900℃复烧，磨细
深蓝绿	3#熔剂：75，色基：25	800～900℃复烧，磨细
草青	4#熔剂：80，色基：20	磨细即可
深蓝	5#熔剂：53，色基：47	800～900℃复烧，磨细
中蓝	6#熔剂：81.59，色基：17.91，调节剂：硝酸钠 0.5	磨细即可
浅蓝	5#熔剂：76.92，色基：23.08	磨细即可
天青	7#熔剂：80，色基：20	700℃复烧，磨细
深黄	8#熔剂：62.5，色基：37.5	900～1000℃复烧，磨细
小豆茶	9#熔剂：72.73，色基：27.27	磨细即可
艳黑	10#熔剂：75.75，色基：24.25	磨细即可

表 5-25　常用釉上彩料配方

颜　色	成品	备　注
光明红	彩料：93.75～187.5g，1#熔剂：500g 金：3.125～6.25g	
老黄	青铅：46.4%，石英：46.4%，硝酸钾：7.00%，重铬酸钾：0.2%	各种原料必须预先经过粉碎、过筛，以利于高温时熔融完全和发色一致
锡黄	铅末：87%，锡灰：13%	
广翠	铅末：87.9%，铅粉：4.4% 硝酸钾：4.4%，氧化钴 3.3%	
大绿	青铅：38.5%，硝酸钾：5.8%，氧化铜：5.4% 石英粉：38.5%，玻璃粉：11.5%	

5.6.3　釉中彩料

釉中彩料是 20 世纪 70 年代发展起来的一种新型高温快烧色料。其装饰方法与贴花釉上彩绘近似,是装饰在带釉的瓷面上,关键是采用"一高二快"的升温方法,即在 1~1.5h 达到釉的熔融温度 1100~1250℃,使色料渗入到釉层中,而又被釉所溶解或少量溶解,随后立即快速降温,使釉面封闭,画面颜色渗入釉层中,呈现近似釉下的效果,故名"釉中彩"。

1. 釉中彩料生产工艺流程(图5-5)

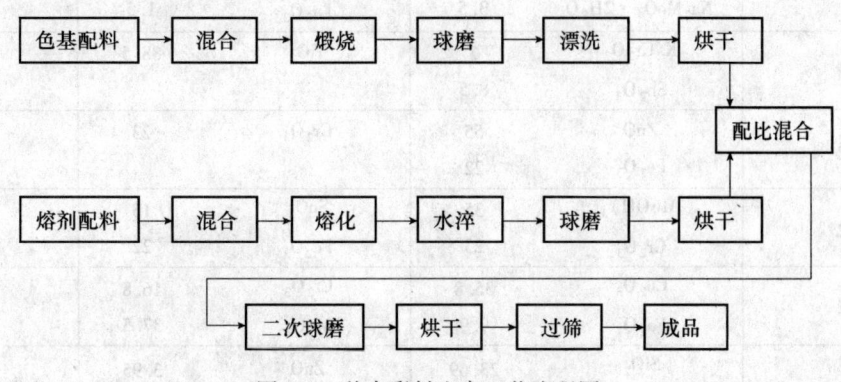

图 5-5 釉中彩料生产工艺流程图

2. 釉中彩料组成及配方实例

釉中彩料由色基加熔剂混合制成,要求色基发色力强、耐高温、颜色纯正。常见配方见表 5-26~表 5-29。

表 5-26 常用釉中彩料色基配方

颜色 \ 组成	配方(质量%)				煅烧温度(℃)
桃红	$Al(OH)_3$	70	$Mn_3(PO_4)_2 \cdot 3H_2O$	30	1300
玫瑰红	SnO_2	50	SiO_2	18	1300
	$CaCO_3$	25	$Na_2B_4O_7$	4	
	$K_2Cr_2O_7$	3			
钴蓝	SiO_2	50	Co_2O_3	50	1200
丁香紫	$Na_2B_4O_7$	16.32	Al_2O_3	35.78	1100
	ZnO	20.45	$K_2O \cdot Al_2O_3 \cdot 6SiO_2$	20.45	
	Co_2O_3	7			
海碧蓝	Al_2O_3	65	ZnO	10	1250
	Co_2O_3	25			
天蓝	Al_2O_3	71	Co_2O_3	23	1250
	Cr_2O_3	6	H_3BO_3	5	
浅蓝	SiO_2	30	ZrO_2	55	1000
	V_2O_5	7	NaF	8	
深绿	ZnO	3.14	Cr_2O_3	58.12	1200
	$CoCO_3$	38.74			
橄榄绿	$K_2O \cdot Al_2O_3 \cdot 6SiO_2$	66.67	S	38.74	1000

续表

颜色\组成	配方（质量%）				煅烧温度（℃）
薄黄	SiO_2	27.5	ZrO_2	57	1230
	NaF	4.8	Pr_6O_{11}	5.7	
	$Na_2MoO_4 \cdot 2H_2O$	3.5	La_2O_3	1.5	
浓黄	$K_2Cr_2O_7$	3	TiO_2	88.5	1230
	Sb_2O_3	8.5			
棕色	ZnO	55	Cr_2O_3	23	1230
	Fe_2O_3	22			
褐色	$Al(OH)_3$	35	SnO_2	15	1230
	Cr_2O_3	23	Fe_2O_3	22	
艳黑	Co_2O_3	35.8	Cr_2O_3	16.8	1250
	Fe_2O_3	9.9	MnO_2	37.5	
深灰	SiO_2	23.69	ZnO	3.95	1000
	$K_2O \cdot Al_2O_3 \cdot 6SiO_2$	27.63	ZrO_2	36.84	
	MnO_2	7.89			

表5-27 常用釉中彩料熔剂配方

成分（mol）\编号	1	2	3
PbO	0.424		
K_2O		0.274	0.057
Na_2O	0.492	0.241	0.287
CaO		0.193	0.331
MgO		0.049	
ZnO	0.0484	0.130	0.325
BaO		0.113	
Al_2O_3	0.264	0.274	0.163
SiO_2	1.60	2.230	2.78
ZrO_2			0.25
B_2O_3	0.525	0.290	0.317

表5-28 常见釉中彩料配方实例（一）

颜色\配方	组成（质量%）		成品	备注
	熔剂	色基		
黑色	长石35，石英10，硼酸25，硝酸钾25，碳酸钡15，碳酸锶20	NiO 5，Cr_2O_3 22.5，Co_2O_3 5，Fe_2O_3 17.5	色基：40% 熔剂：60%	
红褐色	长石35，石英10，硼酸25，硝酸钾25，碳酸钡15，碳酸锶20	$MnCO_3$ 55 Cr_2O_3 45	色基：1份 熔剂：2份	色基煅烧后粉碎，在100份中外加36份Fe_2O_3，混合煅烧至1000℃即为红褐色

表5-29 常见釉中彩料配方实例（二）

配方 颜色	成品（%）	备注
玫瑰红	色基：50　1#熔剂：50	适合
钴蓝	色基：50　3#熔剂：50	
海碧	色基：50　3#熔剂：50	
天蓝	色基：40　深绿色基：2，2#熔剂：58	
钒蓝	色基：50　3#熔剂：50	
橄榄绿	色基：30　2#熔剂：70	1050~1250℃
草青	锆黄色基：25　2#熔剂：70，深绿色基：5	
浓黄	色基：60　1#熔剂：40	
艳黑	色基：30　1#熔剂：53，瓷粉：15，氧化铝：2	
深绿	色基：30　2#熔剂：70	
棕色	色基：40　3#熔剂：30，瓷粉：30	

3. 釉中彩料生产工艺要点

（1）在高温下色料应迅速完成物理化学反应，并渗到釉层中。

（2）色基要稳定，不易与熔剂及釉料化合而脱色。

（3）釉料表面张力小，软化范围适应烧成条件。

（4）彩料的颗粒细度在 $15\mu m$ 以下。

（5）彩色色基与熔剂的比例为（20~60）:（80~40）。

5.6.4 釉下彩料

釉下彩是我国传统装饰方法之一。釉下彩料施于生坯或素坯上，并在上施一层透明釉再进行釉烧。

1. 釉下彩料的种类

釉下彩料可分为两类：液体彩料和固体彩料。

这里着重介绍固体彩料。固体彩料是一种不溶解的釉下彩料。它是由各种着色氧化物与氧化铝、高岭土或石英灯硅酸盐原料配制而成。由于釉下彩要适应高温烧成，所以，釉下彩料用的色基要求在高温下具有较好的稳定性。

2. 釉下彩生产工艺流程

配料→干法或湿法混合→煅烧→球磨→洗涤→烘干→粉碎→成品

3. 釉下彩料常用色基及配方实例（表5-30）

表5-30 釉下彩料常用色基及配方

颜色类别	颜色及配方（质量%）
粉红色	铬铝红：$Al(OH)_3$ 50~55，ZnO 30~35，Cr_2O_3 10~15，硼酸 8~10
	锆铁红：ZrO_2 30~35，SiO_2 13~18，NaF 8~10，NaCl 4~7
	锰红：$Mn(NO_3)_2$ 30~40，$Al(OH)_3$ 90~100

续表

颜色类别	颜色及配方（质量%）
粉红色	锆银红：ZrO_2 40~50，NH_4HF_2 40~50，还原剂 10，银盐 2~5
粉红色	铬锡红：SnO_2 40~50，$K_2Cr_2O_7$ 4~7，SiO_2 20~30，$CaCO_3$ 20~30，硼砂 4~6
黄色	钒锡黄：SnO_2 90~95，V_2O_5 5~10
黄色	钒锆黄：ZrO_2 90~95，NH_4VO_3 或 V_2O_5 5~10
黄色	镨锆黄：ZrO_2 48~62，SiO_2 28~32，Pr_6O_{11} 3~6，NaF 3~8，NaCl 3~5
黄色	铬钛黄：TiO_2 85~90，Sb_2O_3 8~9，$K_2Cr_2O_7$ 2~3
黄色	锑黄：Pb_3O_4 50~60，Sb_2O_3 3~5，Al_2O_3 10~20
绿色	铬绿：$K_2Cr_2O_7$ 22，SiO_2 23，石膏 7，$CaCO_3$ 15，铅丹 7，萤石 5，长石 6，$CaCl_2$ 5
绿色	钒锆绿：ZrO_2 60~65，SiO_2 30~33，V_2O_5 4~8
绿色	钴铬绿：$Al(OH)_3$ 20~30，Co_2O_3 10~20，ZnO 10~20，Cr_2O_3 30~40
蓝色	钒锆蓝：ZrO_2 50~60，SiO_2 25~30，V_2O_5 5~10，NaF 或 NaCl 10~20
蓝色	钴蓝（1）：Co_2O_3 30~50，SiO_2 40~70
蓝色	钴蓝（2）：Co_2O_3 10~30，Cr_2O_3 1~10，ZnO 10~40，Al_2O_3 10~30，SiO_2 10~50
棕色	深棕：Cr_2O_3 20~30，Fe_2O_3，20~30，ZnO 20~30，$Al(OH)_3$ 5~10，MnO_2 5~10，Co_2O_3 5~10
棕色	深黄棕：Cr_2O_3 20~30，Fe_2O_3 40~50，ZnO 10~20，$Al(OH)_3$ 5~10
棕色	豆沙棕：Cr_2O_3 10~20，Fe_2O_3 40~50，ZnO 10~20，$Al(OH)_3$ 5~10，MnO_2 10~20
棕色	巧克力棕：Cr_2O_3 20~30，Fe_2O_3 40~50
棕色	浅棕：$Al(OH)_3$ 30~40，ZnO 35~40，Cr_2O_3 8~14，Fe_2O_3 8~14
灰色	锑锡灰：SnO_2 90~95，Sb_2O_3 5~10
灰色	锆灰：ZrO_2 30~55，SiO_2 30~65，NiO 1~5，Co_2O_3 1~5
紫色	铬锡紫：SnO_2 40~50，$K_2Cr_2O_7$ 1~5，SiO_2 10~20，石灰石 20~30，Co_2O_3 1~5，硼砂 1~5
紫色	钕铝紫：Nd_2O_3 50~60，Al_2O_3 50~60，硼砂 5~10
紫色	钕硅紫：Nd_2O_3 50~80，SiO_2 20~40，硼砂 5~10
黑色	黑色（1）：MnO_2 50~60，Co_2O_3 10~20，Cr_2O_3 10~20，Fe_2O_3 10~20
黑色	黑色（2）：MnO_2 18~20，Co_2O_3 20~25，Cr_2O_3 7~10，Fe_2O_3 45~50

4. 釉下彩料生产工艺要点

（1）严格控制各种原料的质量，配料前必须分析、试烧。

（2）固定色料煅烧温度，减小因煅烧温度高低对色料造成的颜色色差。

（3）对含有可溶性盐的色料必须洗涤干净，以洗涤至清水或呈中性方可达到使用标准。

（4）根据使用要求，各种彩料品种的研磨细度必须达到预定指标，一般色料细度要求 250 目筛全过，含钴色料 320 目全过。

（5）釉下彩料的膨胀系数必须紧密地适合釉的膨胀系数，在使用过程中，可根据提供的装饰产品性能要求，添加适合的熔剂或长石等原料予以调节。

5. 几种日用陶瓷用釉下彩料配方（表5-31）

表5-31 几种日用陶瓷釉下彩料配方

配方 颜色	色基组成（质量%）	色基煅烧温度（℃）	成品
桃红	氧化铝81，碳酸锰7，氟化钠3.4，氯化钠2.6，氯化钙3，铅丹3	封烧1260	磨细即可
水绿	石英54，氟化钙10，氧化钴5，氧化锡2，氧化锡3，方解石10，匣泥6	1360	色基：50 长石：50
大绿	氧化铬44，氧化钴6，氢氧化铝32	1300	色基：80 长石：20
胶黄	氧化铈24，石英52，二氧化锡6	1350	色基：40 白釉：60
银灰	五氧化二钒20，二氧化锆22，石英40，氢氧化锂8，烧滑石10	1300	色基：80 石英：20
海蓝	氧化钴10，氧化铬5，烧氧化铅64，苏州土15	1350	色基：40 白釉：60
蓝绿	氧化钴10，氧化铬5，烧氧化铝40，石英22，石灰石15	1280	色基：30 石英粉：5 白釉：65
乳白	氧化锆40，石英35，长石10，烧滑石10，氧化锌5	1250	色基：80 长石：20

5.6.5 液体渗花彩料

1. 原料与配方

坯体渗花用液体色料都是具有显色作用的可溶性盐类，渗花用彩料是由色剂加一些辅助材料组成，可直接用渗花工艺。

（1）对渗花用色剂的要求

1）具有着色作用的可溶性无机盐

2）渗入坯体及在高温烧成中呈色稳定。

对于坯和丝网没有大的腐蚀性。

（2）常用渗花色剂（表5-32）

表5-32 常用渗花色剂的用量和显色效果

序号	原料名称	分子式	颜色	用量范围（%）	显色效果
1	氯化钴	$CoCl_2 \cdot 6H_2O$	红色晶体	1~8	蓝色
2	硫酸钴	$CoSO_4 \cdot 7H_2O$	红色晶体	2~8	蓝色
3	硝酸钴	$Co(NO_3)_2 \cdot 6H_2O$	红色晶体	1~5	蓝色
4	硝酸镍	$Ni(NO_3)_2 \cdot 6H_2O$	青绿色晶体	5~20	黄褐色
5	氯化镍	$NiCl_2 \cdot 6H_2O$	绿色片状晶体	5~20	黄褐色

续表

序号	原料名称	分子式	颜色	用量范围（%）	显色效果
6	醋酸镍	$(CH_3COO)_2Ni \cdot 2H_2O$	绿色单斜晶体	5~20	黄褐色
7	氯化铜	$CuCl_2 \cdot 2H_2O$	绿色晶体	5~20	绿色
8	硫酸铜	$CuSO_4 \cdot 5H_2O$	蓝色晶体	5~20	绿色
9	硝酸铜	$Cu(NO_3)_2 \cdot 3H_2O$	蓝色晶体	5~20	青色
10	重铬酸钾	$K_2Cr_2O_7$	橙红色晶体	1~5	黄色
11	重铬酸铵	$(NH_4)_2Cr_2O_7$	黄色晶体	1~5	黄色
12	氯化金	$AuCl_3$	红色晶体	5~20	桃红色
13	氯化铂	$PtCl_4 \cdot 5H_2O$	红色晶体	5~20	灰黄色
14	硝酸铀		黄色晶体	5~20	黄色
15	氯化锰	$MnCl_2 \cdot 4H_2O$	玫瑰花晶体	5~20	红色
16	氯化铁	$FeCl_3 \cdot 6H_2O$	棕色晶体	2~10	棕褐色

（3）渗花常用辅助材料（表5-33）

表5-33 渗花彩料常用辅助材料

序号	类别	材料名称
1	增稠剂	甘油、羧甲基纤维素、淀粉、阿拉伯树胶
2	稀释剂	水、工业酒精
3	渗透剂	表面活性材料水溶液
4	其他	纯碱、氨水

（4）渗花彩料常用配方（表5-34）

表5-34 渗花彩料常用配方

色系	序号	色剂	渗透剂	增稠剂
蓝色	1	硝酸钴 2~8	80~100	CMC 2~4
	2	氯化钴 2~8	80~100	CMC 2~4
灰色	1	氯化钴 1~8，氯化镍 5~20	100	CMC 2~4
	2	氯化钴 1~8，氯化镍 5~20	100	CMC 2~4
绿色	1	氯化铜 10~20	100	CMC 2~4
	2	硝酸钴 1~3，重铬酸铵 1~10	100	CMC 2~4
黄色	1	重铬酸钾 1~5	80~100	CMC 2~4
	2	重铬酸铵 1~5	80~100	CMC 2~4
黄褐色	1	氯化镍 5~20	100	CMC 2~4
	2	硝酸镍 5~20	100	CMC 2~4
黑色	1	氯化铁 10~20	100	CMC 2~4
	2	硝酸亚铁 10~20	100	CMC 2~4
粉红色	1	氯化金 10~20	100	CMC 2~4

2. 渗花彩料制备

(1) 工艺流程

原料→配方称量→球磨→过筛→陈腐→备用彩料。

(2) 工艺参数

对球磨混合的料球比为：料:球 = 1:(0.5~1.0)，球磨时间为 2~8h，球磨后必须过筛，全部都过孔径为 0.154mm (100 目) 筛，静置陈腐 12~24h。

渗花彩料密度一般为 1.05~1.2g/cm³，流动性根据丝网和使用增稠剂种类而定。

(3) 注意事项

1) 色剂的加入量视需要发色的深浅和配色要求而定。

2) 增稠剂可选用多种材料，但有部分材料需做预处理，如淀粉，应先煮成糊状。

3) 促渗剂是外购成品或自行调制，系由水和表面活性材料按一定的比例调制而成。在彩料配方中，根据实际要求彩料的密度和流动性，除了加入一定比例的促渗剂外，必要时可外加一定比例的水。

4) 渗花彩料的黏度在保证丝网印花效果的情况下，越小越好，有利于彩料渗入坯体中。

5) 渗花彩料的酸碱度一般控制在 pH6~8 的范围，以免损坏坯面，必要时可用纯碱或氨水加以调节。

6) 彩料存放期不宜太长，不要超过 15d，尤其是色剂加入量较大的彩料，时间过长会出现析晶现象或水解变质。

3. 渗花工艺过程

(1) 工艺流程

1) 干坯 (或素烧坯) →扫尘→喷水→丝网印花 (多次) →喷水 (多次) →干燥→烧成。

2) 干坯 (或素烧坯) →扫尘→喷水→喷彩料→喷水 (多次) →干燥→烧成。

渗花用砖坯有生坯和素烧坯两种，即一次烧成和二次烧成。采用素烧坯的二次烧成渗花工艺，其优点是渗花深度较深，砖坯破损小，边缘无裂纹，可多次套色 (括号内的工序是素烧坯渗花增加的流程，可多次印花和多次喷水)。

(2) 工艺参数及影响因素

1) 坯体在保证有足够的生坯强度情况下，应有良好的渗水性能，因此尽量少用黏土，多用瘠性料，必要时加入坯体增强剂。用于渗花工艺的砖坯的成形压强通常要比普通瓷质砖低 3~5MPa，以增加空隙，提高渗透性，如采用素烧坯渗花效果会大大提高。

2) 实际生产中，对一次渗花砖来说，坯体温度一般控制在 50~70℃，坯体含水率<0.2%，若温度过高，彩料在丝网上受热而使水分蒸发，黏度变大，彩料堵塞丝网，出现"粘网"，"花纹色泽不均"等缺陷。若温度过低，水分不易挥发，容易出现裂纹。

3) 对丝网孔径的要求，视印制的图案纹样和生坯、素坯渗花工艺而定。生坯渗花宜采用孔径 0.280mm(60 目)~孔径 0.170mm(90 目)；而素坯渗花宜用孔径 0.154mm(100 目)~0.125mm(120 目)；特别精细的图案宜用孔径 0.11mm(140 目)。

4) 丝网印刷前的喷水是为了调整坯体温度和增加坯体润湿程度，以利彩料渗入。印花后的喷水时为了帮助彩料进一步渗入坯中，水量越大，渗入深度越深，但色剂在坯内深度方向的浓度梯度变化也加大，且坯体强度急剧下降，会造成坯体裂纹，如需加大喷水量时，可分二次喷水。一般喷水量为，印花前 60~120g/m²，印花后 200~300g/m²。为了增加渗入功能，也可以在水中添加适量促渗剂。而二次烧成渗花砖，素烧坯印花后喷水量为 400~500g/m²。

5) 渗花线上砖坯运行速度与喷水、印花等机构的排布位置也是影响渗花效果的重要因素。一般输送带速度 12~20m/min，以每次坯体刚好全部吸入所喷水量和彩料时，开始下一工序为原则。

6) 渗入深度以 2~2.5mm 为宜，渗入深度少于 1.5mm 时，易在磨光时被磨去颜色，渗入太深也没有必要。

5.7 色粒坯及化妆土

5.7.1 色粒坯

1. 坯用色料

对色料的要求有：

(1) 高温呈色稳定性好，不受坯体成分影响。如受某种原料影响呈色时，应调整原料种类或色料种类，不受烧成气氛影响。

(2) 发色力强，有足够细度，平均粒径小于 30μm

(3) 不受浆料解胶剂影响，如对某解胶剂不适应时，应做调整。

2. 常用色料

常用坯用色料和色坯料配方见表 5-35、表 5-36。

表 5-35 常用坯用色料配方

色料名称	成 分	显 色	最高烧成温度（℃）
锰红	Mn-Al	粉红	1300
棕红	Fe-Si	红棕	1200
铬绿	Cr-Al	绿	1280
橘黄	Ti-Sb-Cr	橘黄	1250
普黑	Fe-Cr	灰黑	1280
艳黑	Fe-Cr-Co	灰黑	1300
钴蓝	Co-Al-Zn	蓝	1300
孔雀蓝	Co-Cr-Al	孔雀蓝	1300
孔雀绿	Co-Cr-Al	孔雀绿	1300
钒锆蓝	Zr-V-Si	青蓝	1300

表 5-36 常用色坯料配方

色坯料	配 方（%）	适用温度（℃）
桃红色	基础白料 100，锰红 2~5	1200~1250
红棕色	基础白料 100，棕红 2~4	1180~1200
绿色	基础白料 100，氧化铬 0.2~0.5	1200~1230

续表

色坯料	配方（%）	适用温度（℃）
绿色	基础白料100，草绿0.2~2	1200~1250
蓝色	基础白料100，钴蓝1~2	1200~1250
黄色	基础白料100，橘黄1~4	1200~1250
灰色	基础白料100，艳黑0.1~1	1200~1250
黑色	基础白料100，普黑2~4	1200~1250

3. 色粒坯料制备

色坯的制备方法，因不同产品、不同装饰方法而异。单色坯瓷质砖、无釉半瓷质砖（如红地砖、仿古青灰砖）的粉料可用直接喷雾干燥法；劈离砖的色坯基本上利用原矿物原料的色泽自然发色，很少或不用色料着色；色粒坯瓷质砖粉则可用混喷法（塔内混合）或粉料混合法（塔外混合）制备。

（1）喷雾塔混喷法

工艺流程：原料→配料→球磨→除铁过筛。

通过喷雾塔内色料喷枪配制的多少和调节色浆计量泵，可达到粉料按设定比例配色，可以单色，也可以多色。但由于混喷生产时，色浆污染了白色基础浆料，而细小的色粒也均布于白粉粒之中，使粉料中的色料不清晰，现很少采用此法。

（2）粉料混合法

1）工艺流程

由于基础白粉料和色粉料分别喷雾干燥而成，色粉料中细小的色粉可以预先除去回浆，使色粒清晰分布在基础坯料中，效果较好。

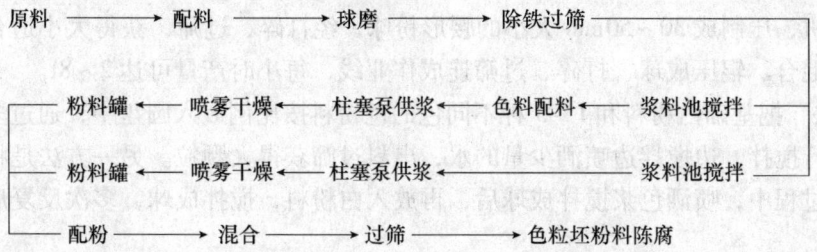

2）工艺参数

球磨的料∶球∶水 = 1∶(1.5~1.8)∶(0.4~0.5)。

球石大小配比：大球（60~80mm）20%~30%；
中球（50~60mm）40%~50%；
小球（30~50mm）20%~30%。

浆料的细度：孔径0.06mm筛（250目）筛余量1%~1.6%。

水分：32%~35%。

密度：1.7~1.8g/cm³。

浆料过筛孔径0.25~0.18mm筛（60~80目）。

喷雾干燥的供浆压力：1.2~1.6MPa。

粉料过筛：孔径2.3~1.7mm(8~10目)。

粉料水分：6%～8%。

粉料颗粒配比：孔径 0.56mm 筛上料 <15%。

孔径 0.28mm 筛上料 60%～80%。

孔径 0.154mm 筛上料 <8%。

基础白粉料和色粉料的水分、颗粒级配要相适应。两者掺合比例视装饰效果需要而定，一般为 10%～50%，也有用两种或三种色粒调配的，三种以上较为少用。

3）操作要点

①色料挤入基础浆料搅拌，而不是与基础原料进入球磨共同粉碎，色料的细度应全部通过孔径 0.048mm 筛（325 目）。

②色料加入基础浆料前，应将色料加水搅成色浆，或加入适量基础浆料搅成色浆，再放入基础浆料池中，搅拌不少于 2h。

③如加入两种以上色料时，相对密度小的色料应先加，搅拌适当时间后再加入相对密度大的色料，使浆料上下均匀，减少色差。

④色粒粉料中的细粉应尽量少，过细粉末应回浆池，以减少砖面的色痕缺陷。

(3) 大颗粒粉料制备法

大颗粒是指 3～10mm 大小的颗粒粉料。颗粒颜色结构形式除了单一颜色外，还可以由多种不同颜色的小色粒结成，或多种颜色层层包裹结成。粒子外形有各种形状。

1）流化床法　将喷雾干燥的基础白粉料送入振动流化床，在不断向前移动中，由喷雾嘴将色浆喷入处于"沸腾"状态的粉料中，粘结成大小不等的颗粒，经干燥、过筛，获取大小适合的大颗粒。整个过程连续进行，生产率高。但只能生产单色粒子，已很少使用。

2）辊压制粒法　把喷雾干燥基础白粉料，与一种或多种色粉料按一定比例混合均匀，然后进入对辊成球机，压制成 30～50mm 大小的腰形粉球，经打碎、过筛，获得大小适合的大颗粒。此工艺把混合、辊压成球、打碎、过筛连成作业线，每小时产量可达 2～8t。

3）搅拌成球法　把基础白粉料和 1～3 种不同色的色粉料按比例放入圆盘中，通过多种形式的搅拌机构进行搅拌，边搅拌边喷洒少量的水，出料过筛获得大颗粒。另一方法是将白粉料放入圆盘搅拌过程中，喷洒色浆搅拌成球后，再放入白粉料，搅拌成球，多次反复后达到层层包裹的效果。

上述三种工艺已有成套专用设备。对大颗粒料要求有一定的强度，不会在输送和混料时被破坏，其致密度不能太高；否则与基础白粉料的收缩不一致，水分也要和基础白粉料相适应。

大颗粒色粉料一般加入 30%～50%，再与基础色粒粉料混合后，配成成形用的大颗粒粉料。由于混合料中颗粒大小差异很大，在坯料转移过程中很容易出现偏析，造成色差，因此，充分混合后应尽量降低卸料落差。混合料输送一般采用平皮带，同时取消压型前的中间储料仓。

(4) 麻石砖颗粒粉料制备

麻石砖、花岗岩砖、广场砖等制品，除表面仿凿刻纹外，坯料是由白色或各种颜色的粉料，加入仿云母、仿石英、仿铁矿等效果的矿物粒料，通过混合，过筛制成成形用粉料，以达到仿天然石材的装饰效果，其颗粒粉料组成及级配见表 5-37。

表 5-37 麻石砖颗粒粉料组成及级配

原料	粒度（mm）	配比（1）（%）	配比（2）（%）
钾长石原矿粒	12~80	10~20	20~40
花岗岩石粒	12~80	10~20	20~40
辉绿岩或玄武岩或黑云母粒	16~40	0.5~2	0~2
白色或颜色喷雾干燥粉料	同喷雾干燥粉粒	65~80	60~80

4. 色粒坯料的成形布料工艺

色粒坯料在半干压法成形过程中的布料方法有以下三种：

(1) 均布法　将色粒坯料通过推料架均匀填充模框。

(2) 二次布料法　将白色基础料先填充模框内，然后再次推料将色粒坯料均匀填充模框。冲压成形是正打，即砖面向上。此方法可减少色坯料用量，但成形效率一般降低 50% 以上。

(3) 电脑布料法　在模框内布完基础白粉料后由电脑按预先设定程序（布料图案纹样），将一至多种色粒粉料同时一次排布在模框内，造成云状、大理石纹和各种花岗岩纹样，效果极为逼真。

大颗粒坯成形时，在布料过程中，由于大颗粒粉料在转移及刮料时向上表面移动，细颗粒料下沉，因此，砖坯正面应朝上。

5.7.2 化妆土

1. 化妆土概述

化妆土是一种天然黏土，或是由一种黏土熔剂和非可塑性物料混合制成的泥浆，将它薄薄地施于陶瓷坯体上用来掩盖坯体表面的颜色、缺陷、或粗糙及外露的有害矿物，起到化妆的作用。化妆土和釉的主要区别是，釉中有较多的玻璃相。化妆土一般均为白色，也有特意添加着色剂或利用黏土制成彩色化妆土用来装饰坯体表面。

化妆土一般分为两种。一种是在坯体上施好化妆土后再施釉，通常将此种化妆土成为釉底料或底釉，用于掩盖坯体中铁化合物的颜色，以提高釉面白度和颜色釉的呈色效果，通常选用烧后呈白色的黏土。另一种化妆土用于该改变坯体的表面颜色和抗风化能力。在制品的表面施此种化妆土后，使产品形成类似某种天然矿化物的表面，也有一种类似釉的化妆土其中熔剂成分较多，它不吸水、不挂脏，称之为"玻化化妆土"。

化妆土的用途很广，从日用陶瓷皿到建筑卫生陶瓷在国内外都有使用化妆土的。对建筑墙地砖和部分卫生陶瓷，为使表面完好并得到理想的颜色釉，常施一层底釉，再上面釉。而在劈离砖和饰面瓦常施一层玻化化妆土而不施釉。玻化化妆土可以大量取代釉料，降低产品成本。

2. 对化妆土的基本要求

化妆土常作为底釉，这时它是釉和坯的中间层，其本身性能直接影响到坯体和釉层的结合和性能。对化妆土要求如下：

(1) 必须是均匀的，具有细腻的结构。

(2) 应控制粒度，要求化妆土的细度小于坯体而大于釉料。

(3) 化妆土的干燥收缩和烧成收缩应适中，要略大于坯体的干燥收缩和烧成收缩。

(4) 化妆土的热膨胀系数要求介于坯体和釉料的膨胀系数之间，$\alpha_{坯} \geqslant \alpha_{化妆土} \geqslant \alpha_{釉}$。

(5) 化妆土泥浆的悬浮性能要好,并且烧前、烧后要能粘附在坯体上。

3. 化妆土用原料

单一的天然黏土很少能适于调制化妆土,绝大多数化妆土是由各种原料配制而成的。制作化妆土的原料包括以下六种。

(1) 黏土类

化妆土用的黏土分别为软质黏土和硬质黏土,黏土的调配视下列性质确定:

1) 所要求的白度。
2) 具有良好的掩盖能力,以掩盖坯体的缺陷。
3) 具有适宜的干燥收缩和烧成收缩。
4) 使泥浆具有适宜的稠度和悬浮性。
5) 具有良好的粘着性,使化妆土泥浆牢固地附着坯体上。

(2) 熔剂类

主要有长石、石灰石、白云石,也有加入玻璃和熔块的。根据烧成温度,化妆土的瓷化程度来调配其熔剂的种类和加入量,有时也可以加入氧化铅作熔剂。

(3) 填充剂

用石英作为填充剂以调配化妆土的收缩及热膨胀系数,并给予化妆土所要求的硬度。

(4) 硬化剂

为使化妆土干燥后更好地粘附在坯体上,加入一些硼砂或碳酸钠,两者均为可溶性的。当施于坯体表面上的化妆土干后,它们移析到表面,形成较硬的薄膜以减少搬运损伤,也可以使用有机物粘结剂如甲基纤维素、树胶之类。

(5) 失透剂

为提高化妆土的白度和掩盖能力,一般加入锆英石作为失透剂,也有加入氧化锡的,因价格昂贵,国内一般不用。

(6) 着色剂

化妆土可以采用任何用于釉料的着色氧化物,不过要想使色彩和釉接近,着色氧化物的百分含量较加到釉中的要高些。同时,也可将氧化物配合使用以得到多种颜色,也可采用加入坯泥中的色剂加入化妆土中进行着色。

4. 化妆土配方实例

应根据坯体及釉料的烧成温度、收缩以及热膨胀系数等性能合理地配制化妆土。对化妆土的要求是要它牢牢地粘附在坯体表面上,烧时不会开裂、剥落或边缘裂掉,不要溶解于釉中,不要从器皿表面松开或与釉不匹配。典型化妆土配方见表5-38。

表5-38 典型化妆土配方

温度范围	08~1号锥 (940~1100℃)			1~6号锥 (1100~1200℃)			6~11号锥 (1200~1320℃)		
坯体情况	湿	干	素烧	湿	干	素烧	湿	干	素烧
高岭土	25	15	5	25	15	5	25	15	5
球状黏土	25	15	15	25	15	15	25	15	15
煅烧高岭土		20	20		20	20		20	20
无铅熔块	15	15	15			5			5

续表

温度范围	08~1号锥（940~1100℃）			1~6号锥（1100~1200℃）			6~11号锥（1200~1320℃）		
坯体情况	湿	干	素烧	湿	干	素烧	湿	干	素烧
霞石正长岩				15	15	20			5
长石							20	20	20
滑石	5	5	15	5	5	5			
石英	20	20	20	20	20	20	20	20	20
锆英石	5	5	5	5	5	5	5	5	5
硼砂	5	5	5	5	5	5	5	5	5

化妆土的制备工艺基本上与釉浆的相同，其流程为：配料→球磨→除铁→过筛。

5. 化妆土的施挂方法

挂化妆土前与施釉一样，应将坯体表面清扫干净，有时要用砂纸磨平，通常是用刷子刷，用海绵擦，用压缩空气吹或用真空吸气机等将坯体的表面尘土除净。其中选用哪种方法为佳要看是素烧坯，是半干坯还是干坯而定。

（1）浸挂法

人工浸挂耗费人力、时间，并浪费泥浆，厚度仅靠人的感觉来掌握。用机械浸挂法则不存在这个问题，所以该法已成为小型制品施釉的一般方法。

（2）涂布法

指用刷子刷的方法。过去用于装饰品，现在用于澡盆等大型产品。方法是用稀泥浆反复刷。用直径约2.5~5cm刷油漆用的短毛圆刷子，在粗糙的坯体上先涂布两次泥浆，操作与油漆法相同，应注意勿使出现棕眼及气泡。涂完第一次后，在室温下晾干几小时至一天后，趁着仍湿润的情况，用叠平的鹿皮或羚羊皮将泥浆赶平。当化妆土已不发粘的时候再擦平。为使表层牢固以便于整修，也有泥浆中加明胶或骨胶的，在充分干燥后再用砂纸打磨，磨后保持厚度约为0.20~0.25cm。

（3）喷雾法

喷雾法有湿式和干式两种。前者用由生料所制的泥浆，相对密度为1.35左右；后者用熟料如煅烧黏土、烧氧化锌等制备。

湿式喷雾法用于溶化性化妆土，泥浆中含有足够的水分能使用喷雾法，喷成平滑的一层覆盖层，并能牢固地贴附在坯体表面。

干式法则用烧黏土和烧氧化锌等熟料和解胶剂等调制浓度较大的泥浆，水分较少但有同样的流动性，需要用黄茗胶、糊精或明胶等粘着剂。若不用粘着剂，则喷上的原料会成为粉状堆积层，并到处飞扬，不能使用。用于干式法喷上的化妆土层，干燥快，收缩小并且小角度部位也能喷上。

5.8 装饰技术

5.8.1 装饰方法概述

建筑卫生陶瓷产品的装饰方法很多，各具工艺特点和艺术风格。按制品装饰部位来分，有釉上装饰、釉下装饰、釉层装饰、坯体装饰和综合装饰五大类。其中釉中装饰、釉层装饰、坯体装饰和综合装饰是在建筑卫生陶瓷中发展最快、应用最广的方法。装饰方法和常用范围见表5-39。

表 5-39 陶瓷常用装饰方法分类表

类别	序号	装饰方法	适用的产品						
			釉面内墙砖	彩釉墙地砖	瓷质砖	有釉、无釉砖	劈离砖	装饰瓦琉璃瓦	卫生洁具
釉上装饰	1	手工彩绘	√						√
	2	贴花	√						√
	3	喷花							√
	4	印花	√						
	5	热喷涂	√	√		√			
	6	彩色镀膜	√			√			
釉下装饰	7	手工彩绘*							
	8	印花*							
	9	贴花*							
釉中装饰	10	丝网印花	√	√					
	11	喷彩	√						
	12	贴花							√
釉层装饰	13	颜色釉	√	√		√		√	√
	14	艺术釉	√	√	√	√			√
	15	干式釉	√	√					
坯体装饰	16	色坯			√	√	√	√	√
	17	色粒坯			√				
	18	色纹坯					√		
	19	渗花			√				
	20	压花（辊花）			√		√		
	21	浮雕					√	√	
	22	拼花			√	√			
	23	化妆土				√			
	24	气氛变色				√			
	25	镶填花			√				
	26	磨光			√				

* 釉下装饰的各种方法在建筑卫生陶瓷中应用很少。

5.8.2 釉上装饰

指在烧成后的制品釉面上进行彩饰加工的方法，通过彩绘、贴花等方法加彩后，进行低温彩烧，获得丰富多彩的效果。

1. 手工彩绘

使用釉上彩料，在成瓷釉面上绘画、描金、堆花等进行彩饰的一种方法，其装饰风格华丽、典雅。

2. 贴花

将陶瓷色料调成印刷油墨，印制成贴花纸后，贴在成瓷釉面上彩烧而达到装饰效果，一般应用在釉面的三次烧制品和卫生洁具上。

3. 喷花

釉上喷花应用在卫生洁具装饰上，具有生动活泼、浓浓多变的特色。首先制作模板，在镀锌板上通过凿刻、焊接形成与陶瓷器型相吻合的花模板，将其靠在器型面上，用喷枪或喷笔进行喷色，干燥后即可进行彩烧。

所用的喷花彩料是将釉上色料加入一定量的调料，球磨后过筛而成，由于喷花过程彩料雾粒飞扬，因此需设收尘设备。

4. 印花

通过丝网印或胶印方法，在成瓷釉面上印上图案纹样，其工艺过程和应用极广的釉中丝网印花相仿。

5. 热喷涂

把烧成后的制品，再送入小型辊道窑中，在600~800℃温度区间内将喷涂彩料通过伸入窑顶内的喷枪，以每分钟10~20次的往复频率，喷洒在砖面上。喷涂彩料热分解成金属氧化物，在釉面上形成一层具有金、银等金属光泽的彩色薄膜。利用这一方法获得的金属光泽涂层较为均匀，其附着力、光泽也比较高。

喷涂温度以釉面始熔温度点附近为宜，温度太低，釉料活性低，附着不牢固；温度太高，釉面已经熔融，易产生皱纹。

喷涂彩料通常是金属卤化物溶液或有机盐。一般使用Fe、Co、Cr、Ni、Ti、V等元素的有机盐，如乙酰丙酮盐，使用卤化有机物作为溶剂，保证有机盐充分溶解。

热喷涂方法也有在烧成窑中进行的。生坯在辊道窑中烧成进入冷却带时，选择适合的温度区间喷入喷涂彩料。

6. 彩色镀膜

彩色镀膜是利用镀膜技术将金属或金属碳化物、金属氮化物的离子或粒子附着在陶瓷釉面上，获得各种彩色的金属光泽以达到装饰效果的方法。陶瓷彩色镀膜常用的是溅射镀膜和离子镀膜。

溅射镀膜是在真空条件下利用离子轰击材料靶表面，使材料被击出的离子或粒子沉积在陶瓷表面上。离子镀膜是在真空条件下，利用气体放电将蒸发源物质蒸发成离子后附着在陶瓷表面。上述两种离子镀膜是通过镀膜机进行的。用于靶和蒸发源的材料见表5-40。

表5-40 靶材料和镀膜颜色

碳化物	镀膜颜色	氮化物	镀膜颜色
Be_3C_2	红色	Be_3N_2	灰色
YC_2	黄色	LaN	黑色
UC	灰色	ZrN	黄色

续表

碳化物	镀膜颜色	氮化物	镀膜颜色
ZrC	灰色	TaN	浅灰色
TaC	金褐色	CrN	银白色
WC	灰色	MnN	黑色
LaC_2	黄色	Mg_3N_2	黄褐色
CeC_2	橙色	TiN	金黄色
TiC	灰色	H_4N	黄褐色
NbC	褐色	Cr_2N	暗灰色
		WN	褐色

陶瓷制品在镀膜前必须进行清洗干燥。釉面平整无缺陷的产品，镀膜后表面平整如镜，光泽度极高，膜层牢固，耐磨，且耐酸、耐碱。

5.8.3 釉下装饰

以各种釉下材料在生坯或素烧坯体上加彩后，施以透明釉经高温一次烧成的装饰方法。其特点是色料与坯釉在高温中同时烧成，色料渗透于坯釉中，使图案光泽滋润，色泽晶莹艳丽。釉下装饰通常采用手工彩绘、印花、贴花等方法，在日用陶瓷生成中应用很广，效果极佳，但目前在建筑卫生陶瓷中还很少应用。

5.8.4 釉中装饰

指在坯釉或烧成制品釉面上加彩后，高温一次烧成的方法。包括在加彩后再施一层透明釉和不再施釉而直接一次烧成的方法。此方法具有适合高温快烧工艺，使用彩饰的色料广、生产效率高等特点。

1. 丝网印花

丝网印花是用印花材料通过丝网将图案纹样印在砖坯釉面上的一种方法，目前，印花材料的开发、丝网的版网制备技术、印花机械的性能及连接生产作业线的配套设施都日趋完善。

2. 喷彩

釉面喷彩工艺和釉上喷花工艺相仿。对墙地砖的喷彩，是通过喷釉枪的结构变化造成时通时闭的间歇喷射，或通过摆动改变喷射角度，直接将颜色釉或彩料喷至砖坯面上，造成云状、色斑状和阴阳色调等。对卫生洁具的喷彩工艺，除采用墙地砖喷彩方法以外，也可以将颜色釉或彩料通过模板喷在生坯釉面上。

3. 贴花

采用高温花纸贴在釉面上一次高温烧成的方法。

5.8.5 釉层装饰

指通过改变整个釉层的色泽、结构形式、物理性能而达到彩饰效果的一种方法。

1. 颜色釉

将色料和基础釉配成各种颜色釉料，采用喷、甩、淋等施釉方法将釉覆盖在坯体表面上的一种装饰形式。

2. 艺术釉

艺术釉是一种通过调整釉层的理化性能和内部结构，烧成后具有独特艺术效果的釉种。艺术釉的制作从原料配方到加工工艺都有特殊要求。一般应用的艺术釉有结晶釉、金星釉、金属光泽釉、珠光釉、偏光釉、变色釉、夜光釉以及一些有地方传统特色的釉种。

3. 干式釉

干式釉是将釉熔块或干釉块采用坯表层撒布，釉、坯一次压制成形，静电植被等形式，在坯表层上形成釉层的一种方法。具有立体感强、仿天然石材等效果，也能增加制品的其他使用功能。

5.8.6 坯体装饰

将色料以不同方式加入坯料中，使坯体全部、局部或按一定图案纹样着色，以达到装饰效果的方法，还包括采用立体浮雕、几何图形等艺术手法进行彩饰。

1. 色坯和色粒坯

将成形用坯料全部着色，或将部分坯料制成一定粒度的色粒，排布到粉料中一起成形烧成，便获得色坯和色粒坯的装饰效果。

2. 色纹坯

将两种不同颜色的坯泥按一定规律掺和在坯体上形成色纹坯。通常在挤出成形的劈离砖等制品上使用这一装饰方法，其外观可形成绞纹、木纹等纹样。其最大特点是色纹贯穿整个坯体、面和底的纹样能保持相同的形状。

色纹的产生是在挤出机加料时，将色纹泥料和基础泥料按一定比例和方式均匀连续加入，利用挤出机螺叶的旋转作用形成的。也有采用辅助挤出机将色泥挤入主机以达到色纹效果。

3. 压花、辊花

通过模压、辊花，在坯体表层形成立体浮雕状的一种装饰方法，是墙地砖仿花岗岩天然石材的手法之一。压花多用于半干压成形的制品，辊花多用于挤出成形的制品。

4. 浮雕

这是卫生陶瓷、建筑琉璃陶瓷等使用较多的装饰方法，在卫生洁具造型基础上增加浮雕，具有富丽堂皇、高贵典雅的风格。

5. 拼花

将墙地砖设计成各种几何图形，然后拼接使用。锦砖、广场砖、仿石砖和地砖等产品，都采用这种方法。

6. 镶嵌花

利用压制成形模芯，按装饰图案纹样，加工成凸状，坯体成形干燥后，在坯面凹坑镶填彩料，烧成后磨光。装饰风格类似纺织物的蜡染。

7. 渗花

利用丝网印花等方法，借助可溶性着色剂渗入坯体中进行装饰的方法。尽管受着色剂种类的局限，开发出的颜色还不够丰富多彩，但在瓷质砖生产中应用很广。

8. 化妆土

为改变无釉制品坯体表面颜色和提高抗风化能力，或为了掩盖坯体的原色，提高釉面的白度和色釉的呈色效果，以及防止釉层产生针眼气泡。通常在施釉前在坯正面施一层含玻璃相较少的浆料，前者称为化妆土，后者称为底釉。底釉在彩釉墙地砖上应用极多。

9. 气氛变色

在烧成高温区，以一定规律交变的氧化还原气氛，使坯体中氧化铁等着色氧化物产生不同的颜色，烧成后制品表面呈现色调阴阳渐变、色泽深浅不同、古朴典雅的效果。此方法一般应用在隧道窑烧成的劈离砖等无釉制品生产中。

10. 磨光

对陶瓷墙地砖表面进行精磨加工，会获得光滑平整、明亮如镜、典雅高贵的效果。对瓷质渗花砖，如果烧成后不磨光，其图案纹样模糊不清，色泽也不鲜艳，所以一般都经精磨。磨光也可以说是渗花装饰的最后一道工序。

磨光方法大多数应用在无釉墙地砖的坯体磨光中，也有应用于釉面的磨光上，这时要求釉层较厚（2mm 以上），釉层内不允许有气孔或气孔及其细小。磨光后的釉面非常细腻。

5.8.7 综合装饰及"三次烧成或多重烧"装饰

1. 综合装饰

一般应用两种或者三种装饰方法，令装潢效果更加丰富，如彩釉墙地砖采用颜色釉、丝网印花和干式熔块釉；瓷质砖采用色坯、色粒坯和渗花等。采用综合装饰要注意安排好各种装饰方法的使用次序，各种装饰方法使用的色料、釉料应与坯料及烧成相匹配，不能互相干扰，使用的设备应能满足作业线连续生产要求。

2. "三次烧"装饰工艺

近年，国内外流行的釉面内墙砖"三次烧"技术，更是综合装饰的典型。"三次烧"装饰工艺如下：

（1）工艺流程

釉面内墙砖"三次烧"通常是在釉烧后的釉面上进行，以达到立体感强，色彩丰富、艳丽夺目、高贵典雅的艺术效果。目前，较为流行的产品和品种及其加工工艺流程见表 5-41。

表 5-41 釉面内墙砖"三次烧"品种及工艺流程

序 号	种 类		工艺流程
1	釉上彩三次烧面砖	面砖↓清洁	印花→中温彩烧
2	描金三次烧面砖		印花→中温彩烧→描金、印金→贴花→低温彩烧
3	凸釉堆花描金三次烧面砖		印花→堆花→中温彩烧→描金→贴花→低温彩烧
4	水晶雕花三次烧面砖		印花→干法施釉→中温彩烧
5	水晶雕花描金三次烧面砖		印花→干法施釉→中温彩烧→描金→贴花→低温彩烧

根据装饰工艺需要，可彩饰后一次彩烧，也可以多次彩饰，多次彩烧，灵活运用。

(2) 常用材料

1）釉中丝网印花材料，基本上与釉上丝网印花材料相同，彩烧温度为1050~1100℃。

2）描金和印金用的金水和金膏，可选用市售含金量8%~12%的金水和金膏，用手工描金、或丝网印金等形式装饰，其彩烧温度为750~850℃。

3）堆花彩料或凸花彩料，通常是采用高温黏度大，表面张力大的熔块釉或直接使用熔块微粒，熔块粒为0.07~2mm，大小不等，有透明和不透明的，也有各种颜色的。用手工堆画、干法施釉等形式装饰，其彩烧温度为1050~1100℃。

4）水晶釉雕花彩料是采用高温流动性好、透明度高的熔块微粒。这种熔块主要由熔剂组成，可采用均匀撒布或通过低线数丝网［如16根/cm(40目)］干印进行彩饰。其彩烧温度为1050~1100℃。

5）花纸可用市售产品，也可以用花纸胶膜自制。彩烧温度为750~850℃。

3. 设备要求

图样的设计除了应用传统工具以外，包括花纸制作，网板制作过程均已引入电脑辅助设计。

彩饰加工过程，基本上以丝网印花流水线为主，借助各种工具手工操作配合而成。一条30m长的作业线，配有喂砖机、扫尘机、吹尘机各一台，1~3台丝网印花机，1~3套干燥器，干法施釉柜和喷釉柜各一个，还有多个人工彩饰加工台，日生产能力达到500m以上。但目前国内仍以独立彩饰加工台的作业形式为主。

为适应低温彩烧（750~850℃）和中温彩烧（1050~1100℃）两种工艺，以及多次彩烧过程，彩烧设备一般采用间歇式电炉和小型辊道窑两种。间歇式电炉用手工操作，间歇生产，量小但安排灵活，适应低温彩烧工艺。小型辊道窑连续生产，量大，且可进行低温和中温彩烧，适合专业生产厂和大型企业配套。小型辊道窑长度一般不大于50m，宽度一般不大于1.5m，彩烧周期为30~60min。

参考文献

1　[日] 素木洋一. 刘可栋, 刘光跃译. 釉及色料 [M]. 北京：中国建筑工业出版社，1986.
2　日用陶瓷工业手册 [M]. 北京：中国轻工业出版社，1984.
3　杜海清. 陶瓷釉彩 [M]. 郑州：河南科学技术出版社，1985.
4　高岛广大. 陶瓷器釉器科学 [M]. 日本：内田老鹤圃，1994.
5　俞康泰. 陶瓷色釉料导论 [M]. 武汉：武汉理工大学出版社，1998.
6　俞康泰. 现代陶瓷色釉料与装饰技术手册 [M]. 武汉：武汉工业大学出版社，1999.
7　俞康泰. 中国陶瓷色料产业的现状和展望，2007.

第6章 产品常见缺陷分析

本章所指的缺陷主要是陶瓷产品的外观缺陷。陶瓷产品的生产要经过原料制备、成形、干燥、施釉、烧成等生产工序，每个生产工序的偏差都有可能造成最终的产品外观缺陷。下面将建筑卫生陶瓷产品常见的缺陷进行归纳和分析。

6.1 外观缺陷术语解释

开裂：贯通坯体和釉层的裂缝。
坯裂：出现在坯体上的裂纹。
釉裂：出现在釉层上的微细裂纹。
缺釉：应施釉部位局部无釉。
缩釉：釉层聚集卷缩致使坯体局部无釉。
釉泡：釉面出现的开口或闭口泡。
波纹：釉面呈波浪纹样。
釉缕：釉面突起的釉条或釉滴。
橘釉：釉面似橘皮状，光泽较差。
釉粘：有釉制品在烧成时相互粘接或与窑具粘连而造成的缺陷。
针孔：釉面出现的针刺状的小孔。
棕眼：釉面出现的针样小孔眼。
斑点：制品表面的异色污点。
剥边：产品边缘出现条状或小块状剥落。
磕碰：产品因碰击致使边部或角部残缺。
夹层：坯体内部出现层状裂纹或分离。
色差：同件或同套产品正面的色泽出现差异。
坯粉：产品正面粘有粉料屑。
落脏：产品正面粘附的异物。
花斑：产品正面呈现的块状异色斑。
烟熏：因烟气影响使产品正面呈现灰、褐色或使釉面部分乃至全部失光。
坯泡：坯体表面突起的开口或闭口泡。
麻面：产品正面呈现的凹陷小坑。
熔洞：易熔物熔融使产品正面形成的孔洞。
漏抛：产品的应抛光部位局部无光。
抛痕：产品的抛光面出现磨具擦划的痕迹。
中心弯曲：产品正面的中心部位上凸或下凹。
边缘弯曲：产品的边缘部位上凸或下凹。

侧面弯曲：产品的侧面外凸或内凹。
翘曲：产品的一个角偏离由另三个角组成的平面。
楔形：产品正面平行边的长度不一致。
角度偏差：产品的角度不符合设计规定的要求。

6.2 陶瓷砖常见缺陷分析

陶瓷砖缺陷的产生原因和解决方法见表6-1。

表6-1 陶瓷砖缺陷的产生原因和解决方法

缺陷名称	产生原因	解决方法
开裂	1. 坯釉料的膨胀系数不匹配，产生应力	1. 调整坯釉料的配方，使之膨胀系数相匹配
	2. 粉料混有石英、石灰石等颗粒	2. 改善粉料加工、存放和成形的环境和设施，防止杂质混入
	3. 压砖机压力不足或过大、局部布料不均，坯体易产生应力裂或膨胀裂	3. 调整压砖机的压力，使布料均匀
	4. 模具配合及操作不当	4. 制造模具必须符合要求且安装合理，严格执行脱模的操作规程
	5. 瓷质砖渗花前后喷水量过大，在施釉线运送中开裂	5. 控制好喷水量，或采取一定的补救措施降低干燥速度
	6. 入窑水分过高	6. 严格控制入窑水分（一般在2%以下）
	7. 烧成曲线不合理，升温过急或冷却阶段急冷控制不当	7. 调整并控制好烧成曲线
坯裂	1. 坯料配方不合理，含游离石英过多	1. 调整坯料配方，使之膨胀系数相匹配，并减少坯料中游离石英含量
	2. 粉料含水率过高或过低	2. 调整并控制好粉料的含水率
	3. 粉料陈腐时间不足，水分不均匀	3. 保证粉料有足够的陈腐时间
	4. 坯体在传送过程中，特别是在坯体较湿、强度不高时受力过大	4. 解决湿坯在传送过程中受力过大的问题
	5. 干燥或素烧速度过快	5. 调整烧成或干燥制度，适当降低干燥、素烧速度和冷却速度
釉裂	1. 釉料与坯体的热膨胀系数不匹配	1. 调整釉料配方，使其膨胀系数相匹配
	2. 施釉时坯体温度过高或坯体过干	2. 调整并控制好施釉时坯体的含水率和温度
	3. 坯体施釉层过厚	3. 控制好施釉量，确保合理的釉层厚度
	4. 坯体在釉烧阶段炸裂及冷却阶段炸裂	4. 降低升温速度或进车速度，降低出车速度及延长出坯时间
缺釉	1. 坯釉料的膨胀系数不匹配	1. 调整坯釉料的配方，使之膨胀系数相匹配
	2. 釉料中可塑性原料用量过多	2. 适当减少釉料中可塑性原料的用量，降低釉料的高温黏度和表面张力
	3. 釉料中滑石、氧化锌、氧化铝等原料未经煅烧处理或含量过高	3. 选用经煅烧处理过的化工原料

续表

缺陷名称	产生原因	解决方法
缺釉	4. 釉料高温黏度过高或表面张力过大	4. 调整釉料配方，降低釉料的高温黏度及表面张力
	5. 釉料的颗粒过细	5. 适当增大釉料的粒度
	6. 施釉时，坯体表面的油污、灰尘等未清除干净	6. 完善施釉线上的清洁设施，保证施釉时坯体表面清洁
	7. 施釉时坯体过湿	7. 适当降低施釉时坯体的含水率
	8. 所施釉层过厚	8. 调整并控制好施釉量
	9. 多次施釉时，所间隔时间过长或施在已干燥的釉层上	9. 调整施釉线上多次施釉箱间的距离，使前一次所施釉刚被坯体吸收完时即施后一次釉
	10. 半成品存放、运送、装坯过程受外力撞击使局部釉层被擦（碰）落	10. 改善半成品存放、运送、装坯过程的管理
	11. 窑内水汽过大，使釉面受潮，釉层卷起	11. 加强窑内的排潮，使窑内水汽合适
缩釉	1. 釉料高温黏度大	1. 调整釉料配方，降低釉料的黏度
	2. 釉层干燥收缩大	2. 将生料变成熟料，降低收缩，同时釉料不能磨得过细
	3. 釉层与坯体之间结合程度低	3. 施釉时必须将坯体上的粉尘等清除掉，同时在素坯上喷适量的水防止釉层与素坯结合不良
	4. 釉烧预热制度不合理	4. 改进预热制度，避免局部升温过快
釉泡	1. 坯料含高温分解的原料过多，使釉料烧制过程中易产生大量气体	1. 减少坯料中高温分解原料的含量，用低灼减量的原料取代高温分解原料
	2. 釉料含硫酸盐、碳酸盐、有机物过多，或含过量的碱性氧化物等，使其在高温烧制阶段易产生大量气体	2. 调整釉料配方，降低有机物等的含量
	3. 釉料的始熔温度低，高温黏度高，使坯体分解的气体无法顺利排出	3. 调整釉料配方，提高始熔温度，降低高温黏度
	4. 粉料中混入了碳粒、胶屑、机油等有机物，使釉在熔融过程中易产生气泡	4. 改善粉料加工，存放和成形的环境及设施，防止有机物混入
	5. 施釉时，釉浆中夹有大量气体并汇集于釉层中	5. 充分搅拌釉浆，并控制好釉浆的陈腐时间
	6. 釉料中可溶性盐聚集在坯体的边缘处	6. 制釉时把可溶性盐类先制成熔块，熔块水淬时应充分水洗
	7. 釉层过厚而出现的收缩差	7. 调整好喷釉量，控制好釉层厚度
	8. 烧成曲线不合理，预热带升温过急或烧成温度过高	8. 调整并控制好烧成曲线
波纹	1. 施釉前坯体表面有条纹状	1. 调整坯料配方及压机压力
	2. 釉浆相对密度偏低，施釉时在坯体上流成条纹状	2. 调整并控制好釉浆的相对密度，使釉能在坯体上平展
	3. 釉浆黏度过大，使得釉雾化不良	3. 降低釉浆的黏度，确保釉雾化良好
	4. 釉熔体的黏度过高，流展性差	4. 降低釉熔体的黏度，使釉的流展性达到最佳值

续表

缺陷名称	产生原因	解决方法
波纹	5. 喷釉压力不足,使得釉雾化不良	5. 控制好喷枪压力,确保釉雾化良好
	6. 喷釉操作不当,如喷枪与施釉面不垂直,坯体在转盘上转动速度太快,使得坯体喷釉后其釉面成条纹状	6. 严格操作制度,以确保坯体喷釉后釉面的平展
	7. 喷枪的出料口有破损,使得坯体喷釉后其釉面成条纹状	7. 及时换掉有破损的喷枪,确保坯体施釉层平展
	8. 烧成温度偏低,使釉熔化不良,黏度过大	8. 调整并控制好烧成制度,保证各烧成带温度在适宜的范围内
釉缕	1. 施釉不均,施釉机内有釉滴落于产品上	1. 调整釉料配方及施釉机达到最佳,确保施釉产品质量达到最优
	2. 釉的烧成温度高于成熟温度,产品四周釉层过厚	2. 掌握合理的烧成温度
	3. 施釉时造成的坯体上的釉层不均处和釉缕未经修整而经原样烧成	3. 施釉时防止使釉层不均和产生釉缕等缺陷,若发现应及时修补
	4. 釉层过厚	4. 调整施釉线施釉量及速度
	5. 釉浆过浓	5. 适当稀释釉浆浓度
橘釉	1. 釉料配方不合理,烧成范围较窄	1. 调整釉料配方,扩宽釉的烧成温度范围
	2. 釉料的高温黏度过大,表面张力小,流展性差	2. 调整釉料配方,改善釉的高温黏度、表面张力
	3. 坯料中高温挥发物过多,烧失量过大	3. 调整坯料配方,适当减少高温挥发物多的原料用量
	4. 坯体入窑水分过高	4. 严格控制坯体的入窑含水率
	5. 施釉时坯体的干湿不均,吸釉能力不一,使釉层厚薄不一	5. 改善坯体的干燥工艺,使坯体各部位干湿均匀
	6. 釉层过厚	6. 适当减少施釉量,确保釉层厚度的适宜
	7. 高温保温时间短,有机物氧化分解不完全,釉玻化不良	7. 适当延长保温时间,确保有机物分解完全,釉玻化良好
	8. 装窑密度过大,气体流通不畅	8. 适当降低装窑密度,使窑内气体畅通
	9. 烧成时高温阶段升温速度过快或局部温度过高,使釉熔体发生沸腾	9. 调整并控制好烧成曲线,适当降低烧成温度和减小温差
	10. 烧成温度过低,使釉玻化不良,釉黏度过大	10. 按烧成制度控制好烧成温度,确保釉玻化良好
釉粘	装坯时坯件之间或坯件与窑具间的间隙过小或相互间接触,釉熔融后相互粘结	装坯时要使坯件间或坯件与窑具间留有适当的间隙(一般在1cm以上)
针孔	1. 坯体配方不合理,使得坯料的黏度不合理	1. 调整坯体配方,保证坯料适当的黏度和坯体的致密度
	2. 坯与釉的配方中含有机物和分解温度较高的硫酸盐等	2. 坯与釉的配方中有机物和分解温度较高的硫酸盐等含量要尽量少,减少烧失量
	3. 压砖机的压制力不均匀,使得坯体致密度不合理	3. 控制好压砖机的压力,保证坯体致密度和吸水率均匀

续表

缺陷名称	产生原因	解决方法
针孔	4. 提高化妆土的烧成始熔温度，导致排气不良	4. 降低化妆土烧失量，降低黏度，提高毛细孔数量，增加排气量
	5. 釉浆颗粒过细导致排气困难	5. 适当提高釉浆颗粒度，确保排气顺畅
	6. 面釉的始熔温度及施釉量的不恰当	6. 控制好面釉的始熔温度（一般为950℃），降低面釉的施釉量
	7. 烧成温度不合理，致使坯体排气不畅	7. 根据始熔点调整好坯体、化妆土和窑炉的烧成曲线，增加排气段
	8. 燃料中或煤气中硫含量高，或喷嘴调节不良产生游离碳，在高温期形成二氧化碳气体排出	8. 严格控制燃料中的硫含量，同时将喷嘴调节到最佳，防止高温形成二氧化碳气体
棕眼	1. 原料中有机物含量过高，未被充分氧化，烧成过程中会继续释放出气体，结果在釉层中形成气泡	1. 原料要精选，控制好原料中有机物的含量，使釉中产生的气体尽量少
	2. 坯用原料中发生分解反应释放出气体物质的碳酸盐、硫酸盐等杂质，在烧成过程中气体排出量大	2. 严格按要求控制好坯用原料的反应过程，减少杂质，减少烧成过程中气体的排出量
	3. 原料处理与贮存不当，致使泥浆发酵，使泥浆中产生大量气泡	3. 严格按规定存放泥浆，避免泥浆过热（一般应在25℃以下），防止泥浆发酵
	4. 泥浆罐内的泥浆真空脱气达不到额定真空度，使得泥浆罐底部的泥浆真空脱气不彻底，造成注浆泥浆中存有小气泡，结果在釉层中形成气泡	4. 完善泥浆的真空处理设施，使泥浆的真空脱气完全，消除泥浆中的气泡
	5. 釉料始熔温度过低，高温黏度过高	5. 调整釉料配方，提高釉料的始熔温度
	6. 熔块熔化不完全，夹有生料	6. 提高熔块的熔化质量，或选用质量好的熔块
	7. 釉底料保水性差，使施面釉时渗水过急，坯体空隙中的气体排出过急，突破釉面而形成小孔	7. 改善釉底料的保水性，适当增加保水性好的原料（如可增加高岭土类含量，也可以适当增加添加剂的量）
	8. 施釉时坯体温度过高、过干或喷水过少，使釉料渗入坯体的速度过快	8. 调整并控制好施釉时坯体的温度和水分
	9. 施釉前未将附在坯体表面的灰尘清除净	9. 保证施釉时坯体表面清洁
	10. 烧成温度过低	10. 调整并控制好烧成温度
斑点	1. 釉用原料中含有铁的化合物、云母等成分	1. 釉用原料要进行精选，降低含铁化合物等含量
	2. 原料存放或加工过程中混入铁屑、铜屑、焊渣等	2. 改善原料存放、加工过程的环境和设施
	3. 浆料的除铁设施或工艺失控（如筛网破、溢浆等），未能除净铁质	3. 完善浆料的除铁设施和生产工艺
	4. 半成品存放时表面落有异物，入窑时未及时清扫干净	4. 入窑前要将半成品表面清扫干净
	5. 燃料含硫量过高，烧成时与铁质化合而生成硫化铁	5. 选用含硫量低的燃料或进行除硫
磕碰	1. 坯体在运送或装坯过程中碰伤	在半成品和成品的装坯、出窑、运送过程中要轻拿轻放，避免与硬物的碰击
	2. 制品在出窑和运送过程中受硬物碰击	

续表

缺陷名称	产生原因	解决方法
夹层	1. 坯料中使用的软质黏土量过多	1. 在保证坯体有足够强度的情况下，减少软质黏土的用量
	2. 粉料含水率太低或太高，成形时排气不畅	2. 调整并控制好粉料的水分（一般为7%左右）
	3. 粉料陈腐时间不足，水分分布不均匀	3. 保证粉料有足够的陈腐时间（2~3d），使粉料水分均匀
	4. 粉料颗粒级配不合理，细粉过多	4. 调整并控制好粉料的颗粒级配（一般直径为0.2~0.8mm的颗粒在80%以上，直径为0.16mm的颗粒在8%以下为宜）
	5. 压砖机施压过急或模具配合不当，粉料中的气体未能完全排出	5. 调整压砖机的冲压频率和施压制度以适应粉料的性能（冲压次数以小规格砖16次/min左右，大规格砖8次/min左右为宜）
	6. 上下模具配合不好	6. 改善上下模具，使其达到配合密切
色差	1. 原料成分波动，差色离子含量不稳定	1. 原料精选，原料成分要保持相对稳定
	2. 配料系统精度不高，操作不当	2. 勤调、校配料系统，严格操作制度
	3. 泥浆性能控制不稳定	3. 严格制泥、釉料工艺要求，加强除铁
	4. 喷雾干燥造粒的粉料颗粒粗细不均，水分不均匀	4. 成形时保证加压制度的相对稳定，严禁随意操作，必要时根据粉性能适当调整压制参数
	5. 成形时压力发生变化，布料不均匀，使生坯厚度不均	5. 调整并控制好成形压力，同时要加强布料的均匀性
	6. 釉用原料不合适，釉浆性能波动，施釉量不当	6. 严格按照生产工艺精选制釉原料，使釉浆性能要稳定，同时施釉量要适当
	7. 烧成制度控制不好：窑压波动，气氛不稳定，窑炉温差大，最高烧成温度控制不当	7. 严格窑炉操作规程，确保窑炉内压力及气氛的稳定
落脏	1. 釉浆中混入杂质	1. 加强釉浆生产工艺的管理，出浆时和施釉前釉浆要严格过筛
	2. 半成品存放、运送过程其表面落有脏物，入窑时未清扫干净	2. 入窑（装坯）前要使半成品表面保持干净
	3. 装坯时窑具上的粒子脱落在半成品表面	3. 装坯时要轻拿轻放，防止窑具的粒子脱落
	4. 窑顶上的耐火砂浆、釉料的挥发物或风管的脏物掉在制品上	4. 定期清扫窑炉内壁和风管
花斑	1. 原料中含有较多的黑色有机物，悬浮浆料中，注浆后附在坯体表面，烧后显现异色	1. 对原料进行精选，清除黑色有机物，出磨泥浆过细筛，调整泥浆流动性
	2. 印商标操作不慎，使商标的颜色污染其他部位	2. 印商标和装坯时的操作要谨慎，避免异色污染
	3. 装坯时手上的脏物黏在坯体上，烧后使制品表面出现异色	3. 装坯时应洗干净手
	4. 烧成时燃油雾化不好，油滴落在坯体上	4. 改善窑炉的喷嘴或供油压力，使燃油雾化良好

续表

缺陷名称	产生原因	解决方法
烟熏	1. 釉料中氧化钙含量过高，容易吸烟	1. 调整釉料配方，减少氧化钙含量
	2. 产品入窑水分过高，使一氧化碳沉积浸入釉层	2. 严格控制产品的入窑水分
	3. 窑内氧化气氛不足，坯体中的有机物未能完全分解	3. 调整并控制好烧成气氛，确保坯体中的有机物完全分解
	4. 装坯密度过大，使窑内通风不畅	4. 适当降低装窑密度，加强通风
坯泡	1. 坯料中含高温分解的原料过多	1. 调整配料配方，减少坯料中高温分解原料的含量，用低灼减量的原料取代
	2. 粉料中混入了碳粒、胶屑、机油等有机物	2. 改善粉料加工、存放和成形的环境及设施，防止有机物混入
	3. 配料水分蒸发量过大	3. 降低配料的含水率
麻面	1. 混入坯料及釉料中的碳挥发物所致	1. 精选配料，尽量减少挥发物的含量
	2. 坯料及釉中硫酸盐的分解	2. 调整好釉料配方，降低硫酸盐的用量
	3. 窑内气氛中如硫氧化物和水蒸气，被坯体和釉吸收或脱出	3. 控制好窑内烧成气氛
	4. 因温度和压力的关系，使吸收于釉内的气泡放出	4. 控制好窑烧成制度，确保窑内温度与压力的协调
	5. 坯体干燥不透，水分在加热过程中放出	5. 坯体的干燥过程应严格按照生产工艺要求进行
熔洞	1. 坯料的细度不足，使坯料含有较大粒径的低熔物或有机物颗粒	1. 调整并控制好坯料的颗粒细度
	2. 坯料堆放、加工时混入杂质	2. 加强对原料堆放、加工环境和过程的管理
中心弯曲	1. 坯釉膨胀系数不匹配	1. 调整坯釉配方，使之膨胀系数相匹配
	2. 坯料中可塑性原料用量过大	2. 减少坯料中可塑性原料的用量，以减少坯体的收缩率
	3. 成形时布料或施压不均匀，使坯体密度不一致	3. 调整推料框栅格结构及压机动作，使推料框与下模的动作匹配
	4. 坯料中颗粒过细，使干燥及烧成收缩过大	4. 适当增大坯料颗粒，控制好坯体的收缩率
	5. 烧成温度过高或窑内压力不合理	5. 严格控制烧成制度，减小窑内温差
边缘弯曲	1. 坯釉膨胀系数不匹配	1. 调整坯釉配方，使之膨胀系数相匹配
	2. 窑内辊棒不圆滑，辊棒产生弯曲或辊棒间不平整	2. 及时更换变形的辊棒，确保产品顺利运行
	3. 辊棒间距太大，与坯体的规格不匹配	3. 缩小辊棒间距，尽量使辊棒保持在同一水平面上
侧面弯曲	1. 坯釉膨胀系数不匹配	1. 调整坯釉配方，使之膨胀系数相匹配
	2. 坯体在干燥或烧成过程中受热不均匀	2. 严格烧成制度，确保坯体在干燥或烧成过程中受热均匀
翘曲	1. 坯料中可塑性原料用量过多，坯体收缩过大	1. 减少坯料中可塑性原料的用量，以减少坯体的收缩率
	2. 坯料的颗粒过细	2. 适当增大坯料颗粒

续表

缺陷名称	产生原因	解决方法
翘曲	3. 坯釉料的膨胀系数不匹配	3. 调整坯釉配方，使之膨胀系数相匹配
	4. 成形时布料或施压不均，使坯体密度不一致	4. 调整推料框栅格结构和压砖机动作，使推料框与下模的动作匹配，达到布料均匀
	5. 粉料陈腐时间不足，水分不均匀	5. 保证粉料有足够的陈腐时间，确保粉料水分分布均匀
	6. 窑内辊棒不圆滑或辊棒间不平整，辊棒间距过大，与坯件的规格不匹配	6. 采用辊棒间距小的窑炉烧成或缩小辊棒的间距，尽量使辊棒在同一水平面
	7. 坯件在干燥或烧成过程中受热不均匀，使其内外或上下表面收缩不一致，烧成温度过高或窑内压力不合理	7. 调整并严格控制坯体干燥制度、坯体的烧成曲线和压力，减少同一截面的温差
楔形	1. 坯釉膨胀系数不匹配	1. 调整坯釉配方，使之膨胀系数相匹配
	2. 坯料中可塑性原料用量过多	2. 减少坯料中可塑性原料的用量，以减少坯体的收缩率

6.3 陶瓷饰面瓦常见缺陷分析

陶瓷饰面瓦缺陷的产生原因和解决方法，可根据不同的成形和烧成工艺参见表6-2和表6-4。

6.4 建筑琉璃制品常见缺陷分析

建筑琉璃制品常见缺陷的产生原因和解决方法见表6-2。

表6-2 建筑琉璃制品常见缺陷的产生原因和解决方法

缺陷名称	产生原因	解决方法
开裂	1. 坯料配方不合理，可塑性原料用量过多或过少	1. 调整坯体配方，控制好可塑性料的用量（一般在60%左右）
	2. 坯料（浆）中混有石英、石灰、硬泥等杂质颗粒	2. 改善原料加工、存放的环境，避免杂质混入，练泥时要将杂质除去
	3. 坯釉料膨胀系数不匹配	3. 调整坯釉料配方，使坯釉料膨胀系数的匹配性达到最佳
	4. 干燥时升温速度过快	4. 调整并控制好干燥升温速度
	5. 坯件入窑水分过高	5. 严格控制坯件的入窑水分（一般在2%以下）
	6. 烧成时温度曲线不合理，升温速度过快或急冷温度不当	6. 调整并控制好烧成曲线或急冷风幕的进风量
坯裂	1. 坯料配方不合理，含游离石英过多	1. 调整坯料配方，使之膨胀系数相匹配，并减少坯料中游离石英含量

续表

缺陷名称	产生原因	解决方法
坯裂	2. 粉料含水率过高或过低	2. 调整并控制好粉料的含水率
	3. 粉料陈腐时间不足，水分不均匀	3. 保证粉料有足够的陈腐时间
	4. 坯体在传送过程中，特别是在坯体较湿、强度不高时受力过大	4. 解决湿坯在传送过程中受力过大的问题
	5. 干燥或素烧速度过快	5. 调整烧成或干燥制度，适当降低干燥、素烧速度和冷却速度
釉裂	1. 釉料与坯体的热膨胀系数不匹配	1. 调整釉料配方，使之膨胀系数相匹配
	2. 施釉时坯体温度过高或坯体过干	2. 调整并控制好施釉时坯体的含水率和温度
	3. 坯体施釉层过厚	3. 控制好施釉量，确保合理的釉层厚度
	4. 坯体在釉烧阶段炸裂及冷却阶段炸裂	4. 降低升温速度或进车速度，降低出车速度及延长出坯时间
缺釉	1. 坯釉料的膨胀系数不匹配	1. 调整坯釉料的配方，使之膨胀系数相匹配
	2. 釉料的颗粒过细	2. 适当增大釉料的粒度
	3. 釉料中可塑性原料用量过多	3. 适当减少釉料中可塑性原料的用量，降低釉料的高温黏度和表面张力
	4. 施釉时坯体含水量过大	4. 控制好施釉时坯体的含水量（以1%以下为宜）
	5. 施釉时坯体表面粘有油污或灰尘等	5. 施釉前要将坯体表面的油污、灰尘等清除干净
	6. 施釉时因操作不当或施釉设备不正常，使坯体局部漏施釉	6. 完善施釉设备，提高操作人员的质量意识和技术水平
缩釉	1. 釉料高温黏度大	1. 调整釉料配方，降低釉料的黏度
	2. 釉层干燥收缩大	2. 将生料变成熟料，降低收缩，同时釉料不能磨得过细
	3. 釉层与坯体之间结合程度低	3. 施釉时必须将坯体上的粉尘等清除掉，同时在素坯上喷适量的水防止釉层与素坯结合不良
	4. 釉烧预热制度不合理	4. 改进预热制度，避免局部升温过快
釉泡	1. 坯料含高温分解的原料过多，使釉料烧制过程中易产生大量气体	1. 减少坯料中高温分解原料的含量，用低灼减量的原料取代高温分解原料
	2. 釉料含硫酸盐、碳酸盐、有机物过多，或含过量的碱性氧化物等，使其在高温烧制阶段易产生大量气体	2. 调整釉料配方，降低有机物等的含量
	3. 釉料的始熔温度低，高温黏度高，使坯体分解的气体无法顺利排出	3. 调整釉料配方，提高始熔温度，降低高温黏度
	4. 粉料中混入了碳粒、胶屑、机油等有机物，使釉在熔融过程中易产生气泡	4. 改善粉料加工，存放和成形的环境及设施，防止有机物混入
	5. 施釉时，釉浆中夹有大量气体并汇集于釉层中	5. 充分搅拌釉浆，并控制好釉浆的陈腐时间
	6. 釉料中可溶性盐聚集在坯体的边缘处	6. 制釉时把可溶性盐类先制成熔块，熔块水淬时应充分水洗

续表

缺陷名称	产生原因	解决方法
釉泡	7. 釉层过厚而出现的收缩差	7. 调整好喷釉量,控制好釉层厚度
	8. 烧成曲线不合理,预热带升温过急或烧成温度过高	8. 调整并控制好烧成曲线
波纹	1. 施釉前坯体表面有条纹状	1. 调整坯料配方,控制好压砖机的压力
	2. 釉浆相对密度偏低,施釉时在坯体上流成条纹状	2. 调整并控制好釉浆的相对密度,使釉能在坯体上平展
	3. 釉浆黏度过大,使得釉雾化不良	3. 降低釉浆的黏度,确保釉雾化良好
	4. 釉熔体的黏度过高,流展性差	4. 降低釉熔体的黏度,使釉的流展性达到最佳值
	5. 喷釉压力不足,使得釉雾化不良	5. 控制好喷枪压力,确保釉雾化良好
	6. 喷釉操作不当,如喷枪与施釉面不垂直,坯体在转盘上转动速度太快,使得坯体喷釉后其釉面成条纹状	6. 严格操作制度,以确保坯体喷釉后釉面的平展
	7. 喷枪的出料口有破损,使得坯体喷釉后其釉面成条纹状	7. 及时换掉有破损的喷枪,确保坯体施釉层平展
	8. 烧成温度偏低,使釉熔化不良,黏度过大	8. 调整并控制好烧成制度,保证各烧成带温度在适宜的范围内
釉缕	1. 施釉不均,施釉机内有釉滴落于产品上	1. 调整釉料配方及施釉机达到最佳,确保施釉产品质量达到最优
	2. 釉的烧成温度高于成熟温度,产品四周釉层过厚	2. 掌握合理的烧成温度
	3. 施釉时造成的坯体上的釉层不均处和釉缕未经修整而经原样烧成	3. 施釉时防止使釉层不均和产生釉缕等缺陷,若发现应及时修补
	4. 釉层过厚	4. 调整施釉线施釉量及速度
	5. 釉浆过浓	5. 适当稀释釉浆浓度
橘釉	1. 釉料配方不合理,烧成范围较窄	1. 调整釉料配方,扩宽釉的烧成温度范围
	2. 釉料的高温黏度过大,表面张力小,流展性差	2. 调整釉料配方,改善釉的高温黏度、表面张力
	3. 坯料中高温挥发物过多,烧失量过大	3. 调整坯料配方,适当减少高温挥发物多的原料用量
	4. 坯体入窑水分过高	4. 严格控制坯体的入窑含水率
	5. 施釉时坯体的干湿不均,吸釉能力不一,使釉层厚薄不一	5. 改善坯体的干燥工艺,使坯体各部位干湿均匀
	6. 釉层过厚	6. 适当减少施釉量,确保釉层厚度的适宜
	7. 高温保温时间短,有机物氧化分解不完全,釉玻化不良	7. 适当延长保温时间,确保有机物分解完全,釉玻化良好
	8. 装窑密度过大,气体流通不畅	8. 适当降低装窑密度,使窑内气体畅通
	9. 烧成时高温阶段升温速度过快或局部温度过高,使釉熔体发生沸腾	9. 调整并控制好烧成曲线,适当降低烧成温度和减小温差
	10. 烧成温度过低,使釉玻化不良,釉黏度过大	10. 按烧成制度控制好烧成温度,确保釉玻化良好

续表

缺陷名称	产生原因	解决方法
釉粘	装坯时坯件之间或坯件与窑具间的间隙过小或相互间接触，釉熔融后相互粘结	装坯时要使坯件间或坯件与窑具间留有适当的间隙（一般在1cm以上）
磕碰	1. 坯体在运送或装坯过程中碰伤	在半成品和成品的装坯、出窑、运送过程中要轻拿轻放，并避免硬物的碰击
	2. 制品在出窑和运送过程中受硬质碰击	
落脏	1. 泥浆中残存大颗粒硬质料如球石、石英、大同土等，过筛时漏筛或漫过筛网，注浆时随泥浆"注"在坯体内部或表面，使釉面凸起，严重时突破釉层	1. 要求原料车间严格控制泥浆磨制，同时要求泥浆房严格过筛操作，谨防漏筛；同时应定期清理所有泥池、泥罐
	2. 回坯泥、回浆泥中混有石膏没有及时清理，混在泥浆中继续使用时及合模时模型内表面脱落的石膏渣在注浆时注入坯体中	2. 严格按工艺控制值要求控制"水膏比"，避免倒出的模型糠实不一；模型烘干阶段，要根据模型干燥曲线合理调节，控制干燥制度（烘干室温度和烘干时间），避免把模型吹粉、吹糠和烘干过度
	3. 用毛巾、海绵、绒布、棉布等擦模、修湿坯、刷坯时不慎在废坯中入搅拌池或粘在湿坯表面没有剔除，经高速搅拌机搅成碎屑，过筛时躲过筛网拦截而进入泥浆，注入坯体烧成时形成纤维脏	3. 适当增加筛网目数，同时严格过筛；及时清理回坯池；不使用劣质、老化的毛巾、海绵、绒布；回坯中发现有上述杂物要及时捡出；擦坯、修坯、刷坯发现有上述碎屑要及时剔除，并要求用清水刷坯
	4. 扎圈眼、打孔、割口、修坯等造成的渣子、毛刺、坯粉等刷坯体、半成品检验、入窑前吸尘过程中没有彻底处理干净，在施釉、窑炉中飞落在坯体表面	4. 修坯时要将打孔、割口等出现的毛刺及时处理掉，以防后期脱落，完后要求用清水刷坯件，以避免坯体表面出现二次干粉
	5. 泥浆中混入铁或铁屑	5. 洒落在地上的泥禁止与好泥掺混；彻底清理回坯，禁止各种刀具等铁器混入，同时定期清理回坯池；设备安装、检修、维护后，要及时清理场地，清除铁屑
	6. 输送、储存泥浆的设备、管道没有及时清理	6. 定期或发现异常情况及时清理泥浆罐、高位槽、送浆管道
	7. 棚板等窑具结构疏松，使其粒子脱落在半成品表面	7. 定期清扫和更换窑具，防止其粒子脱落
	8. 窑顶上的耐火砂浆、釉料的挥发物或风管的脏物掉在坯件上	8. 定期清扫窑内壁及风管
烟熏	1. 烧成时升温速度过快，使坯体的有机物分解不完全，造成一氧化碳沉积	1. 调整并控制好烧成制度，保证坯料中有机物的完全分解
	2. 装坯密度过大，使窑内通风不良	2. 适当降低装坯密度，确保窑内通风良好
	3. 燃料燃烧不充分，使窑内氧化气氛不足	3. 增大进风量，使燃料充分燃烧
熔洞	1. 坯料的细度不足，使坯料含有较大粒径的低熔物或有机物颗粒	1. 调整并控制好坯料的细度
	2. 坯料堆放、加工时混入杂质	2. 加强对原料堆放、加工环境和过程的管理
	3. 练泥时未将木屑、低熔物等杂质清除干净	3. 练泥时要将坯料中的杂质除去，坯体入窑时，仔细清除黏在表面的异物

6.5 卫生陶瓷常见缺陷分析

卫生陶瓷常见缺陷的产生原因和解决方法见表6-3。

表6-3 卫生陶瓷常见缺陷的产生原因和解决方法

缺陷名称	产生原因	解决方法
开裂	1. 坯料含可塑性原料或游离石英等杂质，洗、选料不符合要求，形成应力	1. 调整坯料配方，减少可塑性原料及游离石英的含量（可塑性原料一般在30%以下）
	2. 分解反应释放出气体物质的碳酸盐、硫酸盐等杂质的存在会造成尚未熔化釉层剥离和破裂	2. 严格控制好坯料的反应进行程度，确保反应过程产生的气体能完全逸出
	3. 釉、坯线膨胀系数不匹配，如釉比坯线膨胀系数大，釉层中产生张应力，造成釉层龟裂	3. 调整坯釉料配方，使坯、釉线膨胀系数相匹配
	4. 泥浆细度不当（过粗、过细），均有可能引起开裂	4. 调整好泥浆的细度
	5. 电解质加入不当	5. 准确加入电解质，适当控制加入量
	6. 浆料过筛不当，出现漫筛，使石英、石灰石等颗粒混入浆料中	6. 完善泥浆制备、陈腐制度、改进设施和管理，防止杂质混入
	7. 泥浆陈腐时间不足，使得泥浆中的颗粒及各成分的分布均匀性和泥浆性能的稳定性差	7. 适当延长泥浆的陈腐时间，保证泥浆性能符合工艺要求
	8. 泥浆的厚化度过大，往往排浆性能不好，保型性不良，这样容易在模型的凹凸处、棱角处导致开裂	8. 适当降低泥浆的厚化度，确保泥浆的排浆性能
	9. 釉、坯线膨胀系数不匹配，如釉比坯线膨胀系数大，釉层中产生张应力，造成釉层龟裂	9. 调整坯釉料配方，使坯、釉线膨胀系数相匹配
	10. 釉浆相对密度过大，会使釉层厚度不均，易导致开裂	10. 适当调整釉的相对密度，使釉层厚度均匀
	11. 模具的刷水方法不当，模具过干或过湿，水分不均	11. 控制好模具的水分，刷模时使模具各部位的水分均匀
	12. 模型底部过湿或过干，造成制品底部开裂	12. 模型干燥要均匀，确保产品质量
	13. 脱模前放浆不当，使坯体的交界处余浆过多，干燥时在内交界处开裂	13. 严格按照操作要求进行操作，脱模前应将余浆放净
	14. 打孔工具或方法不当，打孔眼操作不当，打孔器具不锋利，坯体过软或过硬，造成制品孔眼部位开裂	14. 严格按操作规范要求进行操作，打孔时刀具要锋利，并做好打孔后的养护
	15. 气孔的位置排布不当	15. 合理排布坯体的气孔位置
	16. 干燥制度不合理，使坯体干燥过快，各部位收缩不均匀	16. 调整并控制好坯体的干燥速度，对干坯要用煤油查找裂纹，以免不合格品进入下道工序
	17. 在坯体粘接过程中，各部件与主体粘接不严、含水率不同，使坯体在干燥时收缩不一致，导致粘口开裂	17. 采用黏性较好的泥浆进行粘接，控制好各部件的含水量，使各粘接件的水分一致
	18. 半成品在运送、装坯过程中被碰伤或压伤	18. 半成品运送和装坯时要细心，轻拿轻放

续表

缺陷名称	产生原因	解决方法
开裂	19. 半成品与支垫接触不良，使其烧成收缩应力过大	19. 改善半成品与窑具的接触（可在半成品与窑具间撒放些石英粉，以减少烧成过程的应力），同时釉坯与垫一定要吻合
	20. 入窑水分过高，窑车运行碰撞，使产品受震动、碰伤	20. 严格控制入窑水分，装窑时要细心并掌握好釉坯重心
	21. 烧成制度不合理，操作不当使升温过速或降温不当，会使制品烧裂或炸裂	21. 调整和控制好烧成曲线，减小上下温差，控制降温速度
缺釉	1. 坯釉料配方不匹配，坯釉结合不良，产生收缩不一致	1. 调整坯釉料配方，使坯釉结合良好，坯釉收缩一致
	2. 坯料组成中含有可溶性盐类，在干燥不当的情况下，往往浓缩在坯体的边沿、棱角等水分容易蒸发的部位，形成"碱皮"	2. 控制好坯料组成中的可溶性盐类的含量
	3. 釉料颗粒过细	3. 调整并控制好釉料的研磨细度
	4. 釉的高温黏度过高，流展性差	4. 降低釉的高温黏度
	5. 釉浆的添加剂使用不当或加入量不准确	5. 调整添加剂的种类或用量
	6. 施釉时坯体表面黏有油污、灰尘等，减弱了釉在坯体表面的附着力	6. 施釉前要用清水将坯体表面抹干净
	7. 施釉时坯体过热，釉面干燥后又受潮	7. 施釉时适当降低坯体的温度，防止坯体吸湿
	8. 釉层过厚及釉层的厚度不均	8. 调整并控制好釉层厚度
	9. 釉、坯在存放过程中受潮，导致在烧成过程中釉层开裂卷起	9. 坯、釉在存放过程中，周围环境要尽量保持干燥
	10. 坯体在运送、装坯过程中因操作不慎，釉面局部被碰掉	10. 运送坯体和装坯时，要轻拿轻放，避免碰撞
	11. 窑内水汽过大，使釉面受潮，釉层卷起	11. 加强窑内的排潮
缩釉	1. 釉料高温黏度大	1. 调整釉料配方，降低釉料的黏度
	2. 釉层干燥收缩大	2. 将生料变成熟料，降低收缩，同时釉料不能磨得过细
	3. 釉层与坯体之间结合程度低	3. 施釉时必须将坯体上的粉尘等清除掉，同时在素坯上喷适量的水防止釉层与素坯结合不良
	4. 釉烧预热制度不合理	4. 改进预热制度，避免局部升温过快
釉泡	1. 釉的始熔温度低，造成在烧成过程中坯体产生的气体排出困难	1. 适当提高釉的始熔温度，使烧成过程中产生的气体容易排出
	2. 坯料含高温分解的原料过多，烧成过程中可产生气体的杂质增多，即烧失量大	2. 调整坯料配方，减少坯料中高温分解原料的含量
	3. 坯、釉料中的可溶性盐类因干燥而聚集在坯体的边缘与棱角部位，阻碍气体逸散	3. 调整坯釉料配方，降低可溶性盐类的含量
	4. 釉层过厚，使得在烧成过程中产生的气体排出阻力增大	4. 釉层应控制在适当范围内，以便烧成过程的气体顺利排出

续表

缺陷名称	产生原因	解决方法
釉泡	5. 坯体入窑水分过高，且窑内通风不良	5. 入窑前，坯体含水率应在一般要求的范围内，同时应保证窑内通风顺畅
	6. 模具上用作擦模的滑石粉未清除干净，粘附在坯体表面	6. 注浆前要将模具清理干净
	7. 成形时注浆速度过快使空气排除不畅，放浆不及时，发生空浆，双面吸浆不牢，或坯体厚度不均	7. 改善和控制好注浆速度，并保证模具的气眼畅通，出现空浆时要及时进行补浆
	8. 粘接用泥浆过稠，内含空气未排出，或粘接泥浆混入杂质	8. 调整粘接用泥浆的稠度（反复调制泥浆，使空气排出），并避免杂质混入
	9. 粘接泥浆溢出未刮净，形成浮浆	9. 坯体粘接后要将余浆刮净、找平
	10. 装窑密度过大，使得窑内通风不良	10. 严格按要求装窑，确保窑内通风良好
	11. 升温速度过快，在烧成过程中碳素、有机物、碳酸盐、硫酸盐等氧化分解不足，气体不能及时排出而被封闭在釉中	11. 应按烧成制度控制好升温速度，使烧成过程产生的气体能顺利排出
	12. 烧成温度过高，气化剧烈，使坯体表面形成大小不等的凸泡	12. 调整并控制好烧成温度，防止局部高温
波纹	1. 施釉前，坯体表面有条纹状不平	1. 施釉前，严格检查坯体的表面状况
	2. 釉料的配方不当，高温黏度大，流展性差	2. 调整釉料配方，保证釉浆流动性好
	3. 釉浆的添加剂不当或釉浆的黏度过大	3. 调整加入釉浆的添加剂种类或用量，改善釉浆黏度
	4. 釉浆的相对密度偏低，施釉时在坯体上流成条纹状	4. 适当提高釉浆的相对密度，确保釉在坯体上铺平
	5. 喷釉时压力不足，釉雾化不良，使釉面成点状	5. 调整并控制好喷釉压力，提高喷釉的雾化能力
	6. 喷釉操作欠佳，如喷枪与施釉面不垂直，坯体在转盘上转动速度太快，使得坯体喷釉釉后，釉层厚薄不均，釉面成条纹状	6. 操作工按操作规程操作，同时应检查喷枪的出口是否完好，保证釉层厚薄均匀
	7. 烧成温度偏低，使釉熔化不良，黏度过大	7. 调整并控制好烧成温度，使釉面充分熔融，确保釉的黏度适中
釉缕	1. 施釉不均，施釉机内有釉滴落于产品上	1. 调整釉料配方，控制好施釉机的釉液
	2. 釉的烧成温度高于成熟温度，产品四周釉厚	2. 掌握控制好合理的釉烧成温度
	3. 施釉时造成的坯体上的釉层不均处和釉缕未经修整而经原样烧成	3. 施釉时注意勿使釉层不均和产生釉缕等缺陷，若发现应及时修补
	4. 釉层过厚	4. 调整施釉线施釉速度
	5. 釉浆过浓	5. 适当降低釉浆浓度
橘釉	1. 釉料配方不合理，烧成范围较窄	1. 调整釉料配方，扩宽釉的烧成范围
	2. 釉的高温黏度过大，表面张力过大，流展性差	2. 降低釉的高温黏度，确保釉浆的流展性达到最佳

续表

缺陷名称	产生原因	解决方法
橘釉	3. 坯料中高温挥发物过多，烧失量过大	3. 调整坯料配方，适当减少高温挥发物多的原料用量
	4. 坯体入窑水分过高	4. 严格控制入窑水分（一般在1.5%以下）
	5. 施釉前坯体含水率较大，对釉层的附着力较小	5. 按要求控制好坯体的含水量，确保坯体对釉层的附着力
	6. 釉层过厚	6. 控制好釉层厚度
	7. 高温保温时间短，有机物氧化分解不完全，釉玻化不良	7. 适当延长保温时间，确保有机物分解完全，保证釉玻化良好
	8. 装窑密度过大，窑内空气流通不畅	8. 适当降低装窑密度，确保窑内空气顺畅
	9. 烧成曲线不合理，釉料熔融时升温过快或局部温度过高，超过釉的成熟温度	9. 调整并控制好烧成曲线，减小窑内温差，高温阶段适当保温
	10. 烧成温度过低，使釉玻化不良，釉黏度过大	10. 按烧成制度控制好烧成温度，确保釉玻化良好
针孔	1. 坯体配方不合理，使得坯料的黏度适宜	1. 调整坯体配方，确保坯料的黏度达到生产工艺要求
	2. 坯与釉的配方中含有机物和分解温度较高的硫酸盐等量过大，使反应过程产生大量气体	2. 坯与釉的配方中有机物和分解温度较高的硫酸盐等要尽量减少
	3. 釉浆颗粒过细导致排气困难	3. 适当提高釉浆颗粒度
	4. 注浆时操作过急，使泥浆中的气体来不急排出或泥浆过热发酵等	4. 注浆前的泥浆要缓慢搅拌，排除泥浆中裹入的气泡
	5. 面釉的始熔温度过低，使施釉量加大	5. 控制好面釉的始熔温度（一般为950℃），降低面釉的施釉量
	6. 釉层厚度不合理	6. 在确保釉浆性能的前提下，要确保施釉厚度
	7. 烧成温度不合理，致使坯体排气不畅	7. 根据始熔点调整好坯体、化妆土和窑炉的烧成曲线，增加排气段
	8. 燃料中或煤气中硫含量高，或喷嘴调节不良产生游离碳，在高温期形成二氧化碳气体排出	8. 严格控制燃料中的硫含量，同时将喷嘴调节到最佳
棕眼	1. 原料中有机物含量过高，未被充分氧化，烧成过程中会继续释放出气体，结果在釉层中形成气泡	1. 原料要精选，控制好原料中有机物的含量，防止烧成过程产生的大量气体
	2. 坯用原料中发生分解反应释放出气体物质的碳酸盐、硫酸盐等杂质，在烧成过程中气体排出量大	2. 严格按要求控制好坯用原料的反应过程，确保反应产生的大量气体顺利排出
	3. 原料处理与贮存不当，致使泥浆发酵，使泥浆中产生气泡	3. 严格按规定存放泥浆，避免泥浆存放的环境温度过高（一般应在25℃以下）
	4. 泥浆罐内的泥浆真空脱气达不到额定真空度，使得泥浆罐底部的泥浆真空脱气不彻底，造成注浆泥浆中存有小气泡，结果在釉层中形成气泡不能完全逸出	4. 完善泥浆的真空处理设施，使泥浆的真空脱气完全

续表

缺陷名称	产生原因	解决方法
棕眼	5. 模具含水量过大，对泥浆的吸水能力下降，使坯体中的含水率增大，干坯气孔率增大，结果在釉层中形成气泡	5. 控制好模具的含水量，模具过湿时应停用
	6. 成形时注浆速度过快，容易在坯体表面形成密集的针孔状小泡	6. 调整并控制好注浆速度，控制好注浆阀门的开度
	7. 因釉料过细，高温反应过急，釉层中的气体难以排除	7. 控制好釉料的细度及高温反应速度
	8. 施釉时未将附在坯体表面的灰尘清理干净	8. 施釉时应将坯体表面的灰尘清理干净
	9. 釉料的高温黏度太大	9. 降低釉料的高温黏度
	10. 入窑时釉坯含水率太高，使得水分剧烈排出导致局部生釉脱落	10. 入窑前控制好釉坯的含水率
	11. 烧成过程中升温速度太快，使得坯体中产生的气体排出滞后	11. 降低升温速度，确保坯体中的气体排出完全
	12. 高温点保温时间不足意味着由于表面张力的作用，釉熔体不能完全铺展到整个坯体表面以封闭由于坯体和釉料释放气体	12. 适当延长高温点保温时间，确保釉熔体完全铺展于整个坯体表面
斑点	1. 原料品质差，含铁量高，拣选和洗料不严格，使坯、釉料原料中含有或混入铁杂质	1. 坯、釉用原料尽量选用铁含量低的原料，同时拣选和洗料要彻底，以清除铁等杂质
	2. 釉用原料中含有铁的化合物、云母等	2. 釉用原料要进行精选，降低铁的化合物等的含量
	3. 原料存放或加工过程中混入铁屑、铜屑、焊渣等	3. 改善原料存放、加工过程的环境和设施，防止铁屑等杂质混入
	4. 不同颜色的回收釉混合、不同颜色的釉浆罐装釉前冲洗不干净都会造成不同色釉混合，结果导致斑点缺陷	4. 不同颜色釉装罐混合前，应先冲洗干净混合罐，再装入混合料
	5. 浆料除铁设施或工艺失控（如筛网破、溢浆等），未能除净铁质	5. 完善浆料的除铁设施和工艺
	6. 施釉前半成品存放及储运过程中表面落有异物，而入窑时未清扫干净	6. 施釉前要将半成品表面运输设备清扫干净
	7. 入窑前，釉坯表面的脏物未清扫干净，或装车时手上的脏物粘在釉坯表面	7. 入窑前，釉坯表面要保持干净
	8. 燃料含硫量过高，烧成时与铁质化合而生成硫化铁	8. 选用含硫量低的燃料或进行除硫
	9. 燃料问题：重油雾化不好，使油滴或产生的炭黑落在坯体上；热煤气中含有灰尘、焦油等杂质	9. 控制好燃料的纯度，调节并控制好雾化设备，防止燃料燃烧过程中产生杂质
	10. 贴商标或印商标时操作不当使其颜色污染其他部位	10. 熟练掌握贴标及印标技术，防止因技术不熟练而污染产品

续表

缺陷名称	产生原因	解决方法
磕碰	1. 半成品在运送、储存或装坯过程中被碰伤后未剔除，入窑烧成后表面开裂或部分残缺，残瓷断面有釉，为坯磕	1. 半成品运送时应加设软垫，并轻拿轻放，储坯场地应有条理
	2. 制品出窑或运送过程中被碰，残瓷断面细致无光泽，无吸釉现象，釉层边沿锋利，为出窑磕碰	2. 制品出窑和运送过程中应避免碰撞，产品之间加软垫，加强责任心
	3. 半成品装窑时被磕碰，受碰部分釉面有碰伤痕迹，为装磕	3. 半成品装窑时应轻拿轻放
色差	1. 原料成分不稳定，产生波动，着色离子含量发生变化	1. 选用符合标准的原料，保持原料成分相对稳定，定期检验化学成分
	2. 配料称量不准确，操作配料系统操作不当，原料成分发生变化	2. 配料要准确，制泥、釉浆时，除铁应严格，控制各工艺参数的稳定
	3. 泥浆容重、水分、黏度、筛余量控制不稳定	3. 原料要纯净，釉浆性能要稳定，施釉量要适当
	4. 产品进入窑炉烧成时操作不当	4. 烧成时应按窑炉操作规程进行操作，确保达到烧成曲线
	5. 釉浆性能不稳定，原料未精选，施釉厚度不一	5. 精选釉用原料，确保釉浆性能稳定
	6. 最高烧成温度控制不当；烧成周期变化，窑压波动使预热带、烧成带、冷却带发生变化；气氛变化；烧嘴开、灭不当；窑内温差大	6. 严格控制好最高烧成温度，稳定窑内压力，控制好窑内温度稳定
落脏	1. 施釉前坯体表面没有清理干净	1. 施釉前坯体表面要清理干净
	2. 釉浆中混入了杂质，施釉时杂质落在釉面上	2. 保持釉浆贮存场地和设施的清洁，施釉前釉浆要过细筛，防止漫筛现象
	3. 打孔后孔眼的泥块未清除干净，落在坯体表面	3. 清除干净打孔时脱落的泥块，提高打孔眼技术
	4. 装坯时半成品表面的脏物未清扫干净	4. 装坯时要清扫干净坯体表面
	5. 装坯时窑具清扫不干净或操作不当，使窑具的颗粒或杂物掉落在坯体上	5. 装坯时要清扫干净窑具，并要轻拿轻放
	6. 裸烧时，窑顶或风管的脏物掉落在坯件表面	6. 定期清理窑顶和风管，改善车间的环境，必要时釉坯存放加设防尘罩
	7. 打标志时污染坯体表面	7. 打标志时要小心操作，避免色迹污染釉面
烟熏	1. 装坯密度过大，使窑内通风不良	1. 适当降低装坯密度，保证火焰充分燃烧，窑内空气流畅
	2. 坯体入窑水量过大，坯体内有机物未能完全氧化排除，使碳素沉积于坯体中	2. 严格控制坯体入窑水量，适当调整反应时间，确保坯体内有机物完全氧化
	3. 窑具含水分较大，预热带升温速度控制不当，影响坯体氧化	3. 禁用湿窑具、湿垫、湿粉料装坯
	4. 窑内氧化气氛不足。在高温还原状态下，硫化物、碳化物和釉融为一体，釉面呈黄色	4. 调整并控制好窑内气氛。为使有机物充分氧化排出，要保持氧化气氛，需加大抽烟通风力度，保证气氛稳定。控制烧成临界温度范围及预热带升温

续表

缺陷名称	产生原因	解决方法
熔洞	1. 注浆成形操作不慎，石膏残屑附在坯体上，修坯时未清除掉。烧成后制品表面为土褐色熔斑点或熔洞	1. 注浆前认真清除坯体表面的石膏屑
	2. 注修操作不慎，将木屑、布丝、海绵渣等粘附在坯体上，使烧成后成品表面有各种纤维样熔洞，无釉覆盖	2. 注修操作后应立即清理干净坯体的杂物
坐便器冲洗功能不合格	1. 成形时，打坐便器冲洗圈眼的角度不符合规定	1. 圈眼的大小和数量要符合技术要求，眼的斜度为45°角向外偏
	2. 水道粘接装置的位置不当	2. 产品设计要保证冲洗功能达标，应按照要求粘接水道装置
	3. 水道裂、漏气	3. 水道放置要端正，防止水道裂、漏气
	4. 用水量不足或安装方法不当	4. 出厂前要逐件进行冲洗功能试验
蹲便器冲洗功能不合格	1. 进水孔的位置和角度不准确	1. 产品设计要保证冲洗功能达标，按工艺要求打好进水孔或圈眼孔
	2. 坯体过薄	2. 坯体厚度要达标
	3. 用水量不足，安装方法不符合国标	3. 按国标规定进行安装
坐便器水封功能不合格	1. 坐便器水道设计不合理	1. 在保证使用功能的前提下，尽量提高水封高度
	2. 坐便器水道粘接或放置不当，使水封达不到要求	2. 逐件进行水封试验
	3. 水道开裂，漏气、漏水	3. 逐件进行水封试验
吸水率不合格	因烧结温度低、瓷化程度差所致	要确定合理的烧成曲线，产品应达到完全瓷化，防止生烧
抗裂试验不合格	1. 坯釉料不匹配，膨胀系数不一致	1. 确定合理的坯、釉配方，确保膨胀系数一致
	2. 烧成时上、下温差大	2. 确定合理的烧成曲线，正确实施，定期检测，及时在工艺控制中处理已裂半成品

6.6 产品常见缺陷与工序的关系

建筑卫生陶瓷产品所有缺陷的产生与各工序密切相关，见表6-4。同一缺陷的产生来自不同工序，有多种原因；而同一工序又可能产生多种缺陷。为了严把质量关，必须仔细辨别某缺陷产生的工序，参照表6-4找准原因，提出针对性的解决方法。只有按技术要求和操作规程对各产品的每道工序加强管理，才能纠正操作不当引起的缺陷，从而牢固树立质量保证意识，按操作规程进行生产。

表6-4 产品常见缺陷与工序关系一览表

工序	陶瓷砖	建筑琉璃制品	卫生陶瓷
产品设计			冲水功能及水封功能不合格、尺寸偏差[#]
配方	夹层、变形[△]、裂、缺釉、棕眼、斑点、起泡、落脏、色差、色脏	变形、裂	棕眼、缺釉、橘釉、波纹、起泡、裂、变形[*]、色差、抗裂试验不合格、尺寸偏差[#]

工序	陶瓷砖	建筑琉璃制品	卫生陶瓷
泥釉料加工	夹层、变形、裂、缺釉、起泡、橘釉、烟熏、抗裂不合格	变形、裂色差、缺釉	斑点、落脏、缺釉、色差、色脏、波纹、裂、熔洞、起泡、棕眼、变形
成形	夹层、裂、磕碰、变形△	变形、裂	棕眼、色差、起泡、裂、变形*、磕碰、熔洞、未打孔眼、冲水功能与洗刷功能不合格、尺寸偏差#
施釉	釉裂、缺釉、起泡、棕眼、落脏、橘釉、釉面失透、色差、图案缺陷	缺釉	斑点、棕眼、落脏、缺釉、橘釉、色差、裂、波纹、起泡、色脏、光泽度差
干燥	变形△、落脏、裂、磕碰	变形△、落脏、裂、磕碰	落脏、裂、变形、磕碰
装出窑	变形△、落脏、烟熏、磕碰、生烧	釉黏、落脏、烟熏、磕碰	斑点、裂、落脏、烟熏、生烧、磕碰、变形*
烧成	变形△、裂、缺釉、起泡、釉面失透、棕眼、斑点、落脏、橘釉、烟熏、生烧、吸水率及抗裂不合格、图案缺陷、色差	变形、裂、落脏、生烧、烟熏、色差	斑点、落脏、橘釉、色差、波纹、起泡、裂、色脏、变形*、烟熏、生烧、釉面失透、光泽度差、吸水率及抗裂不合格
成品检验		漏检、误检、错判	
包装	不牢、混等、配套色差、磕碰、裂	不牢、混等、磕碰、裂	不牢、混等、配套色差、磕碰、裂

注：变形△——平整度偏差（中心弯曲度、翘曲度、边直度、直角度）。
    尺寸偏差#——安装孔眼平面度，孔眼圆度，外形尺寸。
    变形*——平面、整体、局部、边缘弯曲。

参考文献

1 国家质量技术监督局. GB/T 9195—1999 陶瓷砖和卫生陶瓷分类及术语［S］. 北京：中国标准出版社，1999.
2 裴秀娟，石振江. 陶瓷墙地砖工厂技术员手书手册［M］. 北京：化学工业出版社，2004.
3 于丽达，李春蓉. 陶瓷墙地砖生产技术手册［M］. 香港：国际展望出版社，1992.
4 裴秀娟，石振江，同继锋. 卫生陶瓷工厂技术员手册［M］. 北京：化学工业出版社，2006.
5 同继锋. 建筑卫生陶瓷［M］. 北京：化学工业出版社，2001.
6 赵连级. 卫生瓷生产［M］. 北京：中国建材工业出版社，1995.

第7章 陶瓷机械设备

陶瓷机械设备是生产出高质量陶瓷产品的保证。陶瓷生产所用设备一般为专用设备。随着我国陶瓷工业的发展,陶瓷机械设备也得到了飞速地发展,逐步由主要陶瓷设备进口国发展为具有自主知识产权、生产量最大的陶瓷机械设备生产强国。

7.1 原料制备机械设备

7.1.1 粉碎机械

1. 颚式破碎机

颚式破碎机在陶瓷工业中广泛用作粗碎设备,细牙颚式破碎机可用作中碎设备。其主要技术参数见表7-1。

表7-1 常用颚式破碎机技术参数

型号规格	PE-150	PEF250×400	PE-400	PEX-150×750	PEX-150×750	PEX-250×1000
生产能力 (t/h)	1~4	5~20	20~60	8~35	8~35	15~50
进料粒度 (mm)	125	210	350	120	120	210
出料粒度 (mm)	10~40	10~80	40~100	10~40	10~40	15~50
偏心轴转速 (r/min)	300	300	275	320	320	330
配用电机 (kW)	Y132S-4 (5.5)	Y180L-6 (15)	Y250M-8 (30)	Y180L-6 (15)	Y180L-6 (15)	Y280S-8 (37)
进料口尺寸 (mm)	150×250	250×400	400×600	150×750	150×750	250×1000
外形尺寸 (mm)	875×776×850	1450×1345×1296	1655×1732×1586	1380×1658×1025	1480×1624×1030	1530×1992×1380
设备质量 (kg)	810	2800	6500	3520	3916	6400
生产厂	上海建设路桥机械设备有限公司	桂林市通用机械有限公司	上海建设路桥机械设备有限公司	上海建设路桥机械设备有限公司	朝阳重型机械设备开发有限公司	上海建设路桥机械设备有限公司

2. 对辊式破碎机

对辊式破碎机是陶瓷工业中破碎黏性和潮湿块状物料的设备,适用于硬质黏土、煅烧过的黏土、白云石、长石和匣钵熟料等中等硬度原料的破碎,一般多用于中碎。其技术参数见表7-2、表7-3。

表7-2 对辊破碎机技术参数

轧辊直径 (mm)	轧辊长度 (mm)	最大给料粒度 (mm)	出料粒度 (mm)	轧辊转速 (r/min)	电机总功率 (kW)	生产能力 (t/h)
φ600	500	35	10~15	250	11	10~40
φ600	700	35	10~15	250	15	15~50
生产厂	福建省南安市敏捷机械有限公司					

表7-3 TG系列陶瓷对辊机技术参数

型号	电机功率(kW)	转速(r/min)	原料粒径(mm)	产品粒径(目)
TG140	2×0.75	1. 恒速辊 23 2. 调速辊 20~100	小于5	20~100
TG200	2×1.1	1. 恒速辊 23 2. 调速辊 20~100	小于5	20~100
TG300	2×1.5	1. 恒速辊 23 2. 调速辊 20~100	小于5	20~100
生产厂	咸阳陶瓷研究设计院机械厂			

3. 反击式破碎机

反击式破碎机构造简单,粉碎比大,单位产品能耗低,产品粒度均匀。但反击式破碎机存在工作部件磨损严重的缺点,因而阻碍了进一步的使用,其主要技术性能见表7-4、表7-5。

表7-4 PF型反击式破碎机技术参数

型号	给料粒度 (mm)	排料粒度 (mm)	生产能力 (m³/h)	电动机功率 (kW)	外形尺寸(长×宽×高) (mm)	质量 (kg)
PF500×400	<100	<20	2.5~5	7.5	1305×1000×1000	1500
PF600×450	<100	<20	3~6	11		2800
PF600×600	<150	25~40	6~12	22	1220×1300×1540	3270
PF700×500	<180	<30	8~12	30		3100
PF1000×700	<250	<30	9~18	37	2170×1840×1850	6000
PF1000×1000	<250	<50	18~34	75	2170×2370×1850	10300
PF12150×1000	<250	<50	25~50	90	3357×2255×2460	16500
PF14000×1000	<300	<25	180	380		25200
生产厂	洛阳大华机器厂					

表 7-5 PF 型反击式破碎机技术参数

型 号		PF-M0705	PF-M0807	PF1007	2PF-S1212	PF-M1415
转子直径（mm）		750	850	1000	1250	1400
转子长度（mm）		500	750	700	1250	1500
进料粒度（mm）		<80	<100	200	<700	<300
出料粒度（mm）		<3 占80%	0~40	0~30	0~20	<25
生产能力（t/h）		20	25	15~30	80~150	300
转子转速（r/min）		1470	650	670	$r_1=34$, $r_2=48$	740
主电机	型号	Y 200L-4	Y 200L$_2$-6	Y250M-6	JS 137-8 / JS 136-8	JSQ158-8
	功率（kW）	30	22	37	180/210	380
	转速（r/min）	1470	970	970	740	740
外形尺寸（长×宽×高）(mm)		2.071×1.69×1.0	1.785×1.547×1.635	2.604×2.34×1.75	5.3×4.5×5.15	2.924×2.643×2.643
机器质量（不含电机质量）(t)		2.66	3.14	6.574	54	13.2
备 注				矿石、焦炭、炉渣等	破碎石灰石	
生产厂		沈阳重型机器厂				

4. 锤式粉碎机

软质物料和中等硬度的物料能在锤式破碎机中很好地中碎、细碎。锤式破碎机的特点是粉碎比高（10~50）、单位产品能耗低、体型紧凑、构造简单、生产能力大，因此获得广泛使用。缺点是当破碎硬质物料时，锤子磨损较快；当有金属零件落入破碎机加料口内时，机器的部件易遭损坏或损伤。其主要技术性能见表7-6、表7-7。

表 7-6 PCH 型锤式破碎机技术参数

型 号	给料粒度（mm）	排料粒度（mm）	生产能力（m³/h）	电机功率（kW）	外形尺寸（长×宽×高）（mm）	质 量（kg）
PCH0606	200	<15	18~30	30	1350×1270×820	2400
PCH0808	200	<15	18~37	45	1750×1620×1080	5030
PCH1010	300	<15	30~42	90	2100×2000×1340	12000
PCH1016	300	<15	38~70	155	2700×2000×1350	12000
PCH1212	300	<15	30~62	132~280		13600
PCH1216	350	<15	50~80	220~355	3100×2800×17501	9100
生产厂			洛阳大华机器厂			

表 7-7　PCH 系列环锤式破碎机技术参数

型号	转子×直径长度（mm）	转子转速（r/min）	最大进料块度（mm）	出料粒度（mm）	生产能力（t/h）	电动机型号	功率（kW）	外观尺寸（长×宽×高）（mm）	挠力值（kN）	最大分离件（转子）质量（kg）	质量（不含电机）（kg）
PCH-0402	400×200	960	200	30	8~12	Y132M$_2$-6	5.5	810×890×560	1.65	190	800
PCH-0404	400×400	970	200	30	16~25	Y160L-6	11	980×890×570	2.52	300	1050
PCH-0604	600×400	970	200	30	22~33	Y180L-6	15	1505×1270×800	3.09	540	1430
PCH-0606	600×600	980	200	30	30~60	Y225M-6	30	1350×1270×820	6	730	1770
PCH-0808	800×800		200	30	75~105	Y280M-8	45	1750×1620×1080	4.95	1400	3600
PCH-1010	1000×1000	740	300	30	160~200	Y315M$_2$-8	90	2100×2000×1340	7.8	2700	6100
PCH-1010	1000×1000	740	300	30	200~245	Y315M$_3$-8	110	2100×2000×1340	7.8	2700	6100
PCH-1016	1000×1600		300	30	300~350	JS128-8	155	2700×2000×1350	12.71	3280	9200
PCH-1016	1000×1600		300	30	400~500	Y400-8	220	2700×2000×1350	12.71	3280	9200
PCH-1216	1200×1600	740	350	30	500~620	Y400-8	280	3100×2800×1750	23.10	5100	1500
PCH-1216	1200×1600	740	350	30	620~800	Y450-8	355	3100×2800×1750	23.10	5100	1500
生产厂	湖北省长阳矿山机器厂										

5. 轮碾机

轮碾机通常用作陶瓷原料的细碎或粗磨，由于其对物料的碾揉拌合作用，能同时实现对物料的粉碎和混合，但工作效率较低。

轮碾机有轮转式和盘转式两大类。碾轮的材料有石轮和铁轮；操作方法有干法和湿法（水碾）。

典型的轮碾机规格性能见表 7-8。

表 7-8　常用轮碾机技术参数

型号		LN1100×300	LN400×100	F1600×450		TCLN150
结构特点						轮转式、上部传动
粉碎方式		干式	干式	湿式		湿式
生产能力（kg/h）		1~1.5	1.2~1.7	0.05~0.08	0.08~0.1	4.5	1000~1500
碾轮	直径×宽(mm)			1600×450		1500×400
碾轮	材质	燧石	铸铁	燧石	铸铁	
主轴转速（r/min）						23
电机型号						XLD22-10-43
主电机功率（kW）		11	1.5	45		15
外形尺寸（mm）		3370×1960×2580	1300×790×910	1000×4660×3100		3000×2390×3017
设备质量（kg）		8000	830	21000		3100
生产厂		郑州中达重工机器厂	郑州中达重工机器厂	郑州中达重工机器厂		湖南五菱机械股份有限公司

6. 悬辊式粉碎机（雷蒙磨）

悬辊式粉碎机是一种高效率的干法细碎设备，其占地面积小、成套性强、成品粒度可调节、粒度均匀性好，所需细度的99%能通过相应筛目，这是其他粉碎机做不到的。

典型的悬辊式粉碎机的规格及技术性能见表7-9。

表7-9 悬辊式粉碎机技术参数

技术参数	型号	3R2714	4R3216	5R4119	4R3216	4R3216	5R4018
磨环内径（mm）		830	970	1270	970	970	1270
磨辊数目（个）		3	4	5	4	4	5
磨辊尺寸：							
直径（mm）		270	320	410	320	320	410
厚度（mm）		140	160	190	160	160	190
主轴转速（r/min）		145	124	95	140 或 124		
最大进料粒度（mm）		15	20	20	20	20	20
产品粒度（mm）		0.044~0.125	0.044~0.125	0.044~0.125	115~400目	0.044~0.125	0.044~0.125
生产能力（kg/h）		300~1600	1000~3200	2000~6300	1000~4000	1000~3200	2000~6000
分级机叶轮直径（mm）		1096	1340	1710			
通风机风量（m³/h）		12000	19000	34000			
通风机风压		1.67	2.70	2.70			
电动机功率	磨机（kW）	22	28	75			
	分级机（kW）	3	5.5	7.5			
	给料机（kW）	1.1	1.1	1.1	81	37	75
	提升机（kW）	3	3	5.5			
	通风机（kW）	13	30	55			
外形尺寸（mm）		8700×5000×7819	8200×5800×10580	10500×6500×13530	7961×4965×11880		
设备质量（kg）		9115	14200	14367	≈15000		
生产厂		上海冶金矿山机械厂	上海冶金矿山机械厂	上海冶金矿山机械厂	广西桂林矿山机械厂	青岛矿山设备厂	青岛矿山设备厂

7. H型环球式磨机

H型环球式磨机是一种"环与球"结合的中速立式磨机，能达到像筒式球磨机一样的运行可靠，又能像雷蒙磨一样制粉细度在100~500目之间任意可调。粉碎能耗仅为筒式球磨的1/4，雷蒙磨的1/3，粉碎粉料中的金属含量可减少80%。其技术参数见表7-10。

表7-10 H型环球磨机技术参数

磨机型号	H50A	H63	H80	ZQM110	ZQM140
生产能力（t/h）	0.4~1.4	0.8~2.8	1.8~4.6	7.5~9.8	15~18

续表

磨机型号	H50A	H63	H80	ZQM110	ZQM140
最大给料粒度（mm）	≤15	≤18	≤23	≤30	≤35
调节范围（目）	100~400	100~500	100~400	80~200	80~200
主机电机功率（kW）	15	22	35	65	110
机组总功率（kW）	36.8	55.7	80	130	270
主机质量（t）	4.5	8.5	13	35	48
占地面积（m²）	30	35	50	60	70
生产厂	西安西磨粉体工程设备有限公司				

注：标定产量的物料指进磨机物料的莫氏硬度≤8.5级，密度≥2.6g/cm³ 细度200目通筛率75%条件下的标准产量。非天然性物料及合成原料除外。

8. 球磨机

（1）工业球磨机　工业上广泛使用间歇式球磨机作为细磨设备，其规格按装料量计有 0.05、0.1、0.2、0.3、0.5、1、1.5、2.5、3、5、6、8、10、14、15、18、20、23、25、30、40、60、100t/次；内衬有用石衬、氧化铝衬与橡胶衬；传动方式有中心传动、外齿传动、皮带传动等方式。其技术参数列于表7-11。

表7-11　球磨机技术参数

规格 （t/次）	容量 （L）	筒体转速 （r/min）	筒体尺寸（mm） （直径×长度）	主电机功率 （kW）	机重 （t）	结构形式
0.05	200	46.00	600×700（实内594×688）	1.5		整体机架
0.1	330	40.60	700×900（实内694×888）	2.2		整体机架
0.2	680	38.20	700×900（实内694×888）	3	1	整体机架
0.3	1200	35.00	900×1100（实内894×1084）	4	1.6	整体机架
0.5	2000	30.00	1300×1500（实内1290×1480）	5.5	1.6	整体机架
1	3500	24.00	1600×1800（实内1588×1776）	11	2.2	整体机架
1.5	5000	23.00	1800×2000（实内1788×1972）	15	5	整体机架
3	7700	19.00	2100×2400（实内2084×2258）	22	8	整体机架
5	10700	17.50	2400×2600（实内2380×2394）	30	9.3	移动式
6	13800	16.20	2600×2800（实内2580×2594）	37		移动式
8	18200	14.46	2800×3200（实内2780×2990）	37	14.5	移动式
8	18200	14.46	2800×3200（实内2780×2990）	55	14.5	水泥基础
10	24550	13.70	3000×3800（实内2976×3530）	45	15	水泥基础
10	24550	13.70	3000×3800（实内2976×3530）	75	15	水泥基础
15	34000	13.30	3200×4600（实内3172×4278）	75	19.1	水泥基础
15	34000	13.30	3200×4600（实内3172×4278）	90	19.1	水泥基础
18	33000	12~13	3200×4500	90	19.7	
20	41200	13.00	3300×5225（实内3272×4908）	75	22	水泥基础
20	41200	13.00	3300×5225（实内3272×4908）	110	22	水泥基础
23	43000	12.5	3600×4650	110	25	
25	45000	12.80	3300×5800（实内3268×5336）	90	28.9	水泥基础

续表

规格 (t/次)	容量 (L)	筒体转速 (r/min)	筒体尺寸（mm） （直径×长度）	主电机功率 (kW)	机重 (t)	结构形式
25	45000	12.80	3300×5800（实内3268×5336）	132	28.9	水泥基础
30	52000	12	3400×6350	132	30	
35	58000	12.00	3532×6468（实内3500×6000）	160		水泥基础
40	67000	11.60	3600×7200（实内3564×6700）	160	32.2	水泥基础
40	67000	11.60	3600×7200（实内3564×6700）	160	32.2	水泥基础
40	67000	11.60	3600×7200（实内3564×6700）	200	32.2	水泥基础
50	85000	11.00	3836×8000（实内3800×7500）	200		水泥基础
60	100000	10.80	4040×8600（实内4000×8000）	200		水泥基础
60	100000	10.80	4040×8600（实内4000×8000）	250		水泥基础
60	100000	10.80	4040×8600（实内4000×8000）	280		水泥基础
100	170000	10	4000×15000	315	72.5	
生产厂	湖南五菱机械股份有限公司、佛山市石湾区科信达陶瓷设备有限公司、福建省南安市敏捷机械有限公司等						

（2）连续式球磨机 近年来，咸阳陶瓷研究设计院与湖南五菱陶瓷机械股份有限公司联合研制开发出了连续式球磨机，实现了原料制备的连续化、自动化生产。一端连续入料、一端连续出料，泥浆通过泵不断输送，在末端设过滤筛，达到要求的泥浆经过筛子到达浆池备用，筛上的泥浆送回球磨机继续研磨直到通过筛子为止。其外形如图7-1所示，技术性能见表7-12。

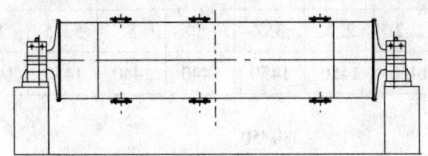
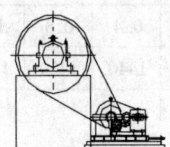
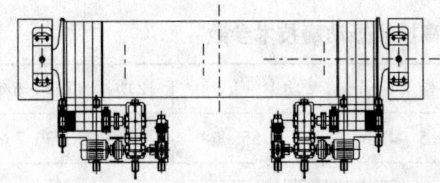

图7-1 连续式球磨机

表7-12 连续式球磨机技术参数

参数 型号	筒体尺寸 (m)	生产能力(t/h) （以白坯为准）	筒体转速 (r/min)	主电机功率 (kW)	辅助电机功率 (kW)	分仓
TCLM2210	φ2.2×10	5~7	16~17	132×2	11×2	根据用户工艺要求确定，一般分2~3仓
TCLM2214	φ2.2×14	6~9	16~17	200×2	11×2	
TCLM2814	φ2.8×14	12~15	12	355×2	30×2	
TCLM2815	φ2.8×15	13~16	12	355×2	30×2	
TCLM3015	φ3×15	15~18	12	355×2	30×2	
生产厂	咸阳陶瓷研究设计院、湖南五菱机械股份有限公司					

国外 SACMI 公司、B/T 公司均能生产陶瓷连续式球磨机，主要技术参数大同小异。

9. 振动磨

振动磨是一种效率较高的超细粉碎设备，其结构简单、外形尺寸比球磨机小，操作方便。处理量较同容量的球磨机大 10 倍以上，可进行干式、湿式、连续式和间歇式粉碎。通过调节振幅、振动频率、介质类型、配比和粒径等可进行细磨和超细磨，生产多种粒度组成的产品。用于超细磨时，入料粒度要求达 60 目，产品平均粒径可达到 $1\mu m$，甚至小于 $1\mu m$。振动磨有用橡胶衬、聚氨酯塑料衬、陶瓷衬和不锈钢衬。粉碎介质可用氧化铝、锆英石、氧化锆、铸钢、渗碳钢和碳化钨的圆柱体或球。介质充填率 30%～80%。达同样细度时，振动磨的能耗仅为球磨机的 1/7 左右。几种典型的振动磨主要技术参数见表 7-13、表 7-14、表 7-15、表 7-16。

表 7-13　LMP 系列振动磨技术参数

规格 \ 型号		LMP30	LMP50	LMP80	LMP100	LMP150	LMP200	LMP250	LMP300	LMP400	LMP600	LMP900	LMP1200	LMP1200Z
容器容量（L）		30	50	80	100	150	200	250	300	400	600	900	1200	1200
总高度（mm）		980	980	820	1000	1050	1100	1100	1160	1100	1250	1414	1650	1650
外形长度（mm）		590	690	910	970	1140	1140	1340	1340	1550	1820	2250	2250	2250
底座安装尺寸（mm）		Φ460	Φ540	Φ610	Φ610	Φ770	Φ770	Φ1030	Φ1030	Φ1380	Φ1200	Φ1630	Φ1630	Φ1630
总质量（kg）		200	230	380	430	500	510	720	720	900	1100	1500	1550	1500
振动电机	功率（kW）	0.4	0.8	1.1	2.2	2.2	2.2	3.7	5	5	5.5	11	11	15
	转速（r/min）	1440	1450	1450	1455	1450	1450	1450	1440	1440	1450	1450	1450	1450
	电压（频率）（V/Hz）	380/50												
生产厂		无锡泰源机器制造有限公司												

表 7-14　高振幅振动磨技术参数

型号	规格	振幅（mm）	产量（t/h）	功率（kW）	比功耗（kW·h/t）	粉碎比
MGZ-1	$\phi 200 \times 1300$	15	1.5～4.0	55	13.75～36.7	200～300
生产厂	西安建筑科技大学					

表 7-15　振动磨技术参数

型号	M18	M45	M60	M80	DM1	DM3	DM10	DM20	DM70
振幅	低振幅				高振幅				
电机功率（HP）	1/4	5	10	40	1/3	$1\frac{1}{4}$	5	10	40
装载量（1b）	200	1400～2000	5500～7500	1100～1600	220	475	1100	2700	9000
最大工作容积（m³）	0.01	0.102	0.265	0.689	0.034	0.085	0.283	0.566	1.98

续表

型 号	M18	M45	M60	M80	DM1	DM3	DM10	DM20	DM70
标准介质量（1b）	200	2100	5600	14000	80	300	1000	2000	7000
介质规格（in）	1/2	1/2	1/2	1/2	1/2	1/2	1/2	1/2	1/2
介质材质	Al_2O_3	Al_2O_3	Al_2O_3	Al_2O_3	Al_2O_3	Al_2O_3	Al_2O_3	Al_2O_3	Al_2O_3
外形尺寸直径（in）	18	48	66	83	24	33	48	63	89
高度（in）	30	55	76	103	39	41	44	60	74
生产厂	美国斯威科（SWECO）公司								

表7-16 内分级式振动磨技术参数

规 格	容 积（L）	功 率（kW）	振 幅（mm）	产 量（kg/h）	机 重（t）
ZMF-100	100	11	3~5	20~50	1.5
ZMF-200	200	15	3~5	40~100	2.5
ZMF-400	400	22	3~5	60~150	3.2
ZMF-800	800	37	3~5	80~250	4.5
ZMF-1000	1000	45	3~5	120~600	6.0
ZMF-1200	1200	55	3~5	200~800	7.5
ZMF-2000	2000	75	3~5	400~1000	9.0
ZMF-3000	3000	90	3~5	500~1200	12
ZMF-4000	4000	110	3~5	600~1450	15
ZMF-5000	5000	132	3~5	700~1600	18
ZMF-6000	6000	160	3~5	800~1800	22
ZMF-7500	7500	200	3~5	900~2000	30
ZMF-10000	10000	250	3~5	1000~3000	40
生产厂	德国柏林大学				

10. 搅拌磨

搅拌磨是高效的细磨、超细磨设备，是一种桶内设有搅拌器和介质的球磨机，借助于搅拌臂的旋转造成球磨介质的旋转、翻滚，形成剪切力和介质之间的撞击而达到研磨效果。对于同样的粉碎能量输入，搅拌磨所得到的粒径约是球磨的1/2，是振动磨的1/3。将物料磨到亚微米粒级，搅拌磨所需的时间比球磨和振动磨短得多，目前已成功地用于研磨铁氧体、碳化钨、陶瓷材料、锆英石、颜料、涂料等。因其操作简便、安全、维修少、效率高、需人力少、占地小、能耗低，作为超细磨设备，有广泛的使用前景。

试验室型和工业型搅拌磨均分为间歇式、循环式和连续式三类。筒体用不锈钢制成，可加氧化铝、碳化硅、氮化硅、氧化锆、橡胶、聚氨酯等各种衬。轴和搅拌臂可用氧化锆、碳化钨、硬质镍合金等制造，也可用金属外衬塑料。球磨介质可用不锈钢、铬钢、表面硬化的碳钢、莫来石、氧化铝、碳化钨、氧化锆、玻璃等制作，一般直径为 3~10mm 的小球或圆柱体。

几种典型的搅拌磨的主要技术指标见表 7-17、表 7-18、表 7-19、表 7-20。

表 7-17 搅拌磨技术参数

参数\型号	ZJM-20 实验室用	ZJM-20/25 实验室用	ZJM-45	ZJM-65	ZJM-90	ZJM-120
球磨桶容积（L）	7	7/12	70	230	580	1360
料浆容积（L）	4	4/6	35	110	308	720
球磨桶内径（cm）	20	20/25	45	65	90	120
入料尺寸（目）	40	40	40	40	40	40
出料尺寸	80 目~0.1μm 之间任意选择					
主电机功率（kW）	1.5	3.0	4.0	11	22	37
主电机电压（V）	380	380	380	380	380	380
主电机频率（Hz）	50	50	50	50	50	50
尺寸（长×宽×高）(mm)	700×350×1176	1100×650×1730	1370×900×2088	1690×1120×2415	1800×1370×3445	2078×1770×3732
机重（kg）	300	600	800	1400	2800	4200
生产厂	郑州市东方机器制造有限公司					

注：ZJM-20 型无泵送系统，ZJM-20/25 型自动升降。

表 7-18 间歇搅拌磨技术参数

型号	搅拌筒直径（mm）	主轴转速（r/min）	电机功率（kW）	球磨介质种类	球磨介质直径	备注
JM500	1200	60	37	按用户要求	与物料细度有关	用双速电机
生产厂	咸阳陶瓷研究设计院					

表 7-19 螺旋搅拌磨技术参数

技术参数\型号	JM230	JM500	JM600	JM800	JM1100
产品细度（μm）	2~45	2~45	2~45	2~45	2~45
处理量（kg/h）	10~80	100~800	150~1000	300~2000	400~3500
电机功率（kW）	3	11	15	22	45
设备质量（t）	0.9	2.65	3.4	7.5	9.5
生产厂	长沙矿冶研究院				

表 7-20　LJM 型立式搅拌磨技术参数

规格型号	功　率（kW）	主轴转速	介质直径	研磨介质	入料粒度（目）	出料粒度（μm）
LJM－5L	0.75	变频	Φ2～6	微晶氧化铝球/氧化锆球/氮化硅球/硅酸锆球等	≤40 目	1～5
LJM－10L	1.1					
LJM－20L	1.5					
LJM－40L	2.2					
LJM－80L	4/5.5	双速	Φ4～8			
LJM－120L	6.5/8					
LJM－200L	9/11					
LJM－300L	13/16					
LJM－650L	18.5/22					
LJM－1000L	26/32					
LJM－1500L	32/42		Φ6～8			
LJM－1600L						
生产厂	淄博启明星新材料有限公司					

11. 气流磨

气流磨是常用的超细粉碎设备之一。它利用高速气流（300～500m/s）或过热蒸汽（300～400℃）的能量使颗粒相互产生冲击、碰撞和摩擦，导致物料粉碎。混合气流中的固体含量高时，产品细度为 20～30μm。在固体含量低时，产品细度保持在 5～10μm。降低入磨粒度后，产品细度可达 1μm。气流磨的产品粒度分布较窄、表面光滑、形状规则、纯度高，广泛用于研磨化工产品和非金属材料，包括陶瓷乳浊剂（锆英石）、色料等。

工业上应用的气流磨主要有以下几种类型：平盘式、循环管式、对喷式。几种气流磨的技术参数列于表 7-21、表 7-22、表 7-23。

表 7-21　对喷式气流磨技术参数

型　号	长 A（mm）	宽 B（mm）	高 C（mm）	压缩空气耗量		最大给料速度（kg/h）
				7bar 20℃（m³/min）	7bar 110℃（m³/min）	
160.00	1250	1050	1950	1.1	—	50
160.02	1750	1500	3042	8.5	6.7	500
160.04	2740	1650	4366	17	13.3	1000
160.06	2300	2500	5100	25.5	20	1600
160.08	2700	2700	5900	34	26.5	2200
160.12	3900	2750	6800	51	39.7	4000
160.20	4120	4040	7530	85	74	6500
160.30	5700	5480	8830	128	112	10000
生产厂	德国内兹（Netzsch）公司					

表7-22 对喷式气流磨技术参数

型 号	100AFG	200AFG	400AFG	630AFG	800AFG	1250AFG
细度 d_{95} (μm)	2.5~40	4~50	5.5~80	7~90	7~90	7~90
空气耗量（6bar）(m^3/h)	50	200	800	2000	5200	10500
喷嘴直径（mm）	2	4	8	11	16	22
有效容积：粉碎室（L）料箱（L）	0.85 —	25~30 15	80~90 55	340 230	1250 1100	3400 3000
分级器：型号 驱动功率（kW） 转速（r/min）	50ATP 1 22000	100ATP 3 11500	200ATP 5.5 6000	315ATP 11 4000	3×315ATP 3×11 4000	6×315ATP 6×11 400
Alpine 过滤器型号	—	K6	M12	G20	G48	G104
Alpine 旋风器型号	GAZ180	MAZ224	KAZ315	KAZ500	KAZ800	KAZ1120
生产厂	德国 Alpine 公司					

QLD型流化床式气流粉碎机集粉碎、分级、混合、均化机理于一体，冲击速度高，颗粒受到气流喷嘴加速后对冲撞击，撞击速度是两相对速度的迭加，粉碎效率高，磨损小，能耗低，自动控制功能，操作十分方便，噪声小，结构紧凑，实现联机作业独特的优点，其技术参数见表7-23。

表7-23 QLD型流化床式气流粉碎机技术参数

参 数	型 号		
	QLD 350	QLD 450	QLD 680
粉碎压力（MPa）	0.6~1.2	0.6~1.2	0.6~1.2
耗气量（m^3/min）	8~12	16~22	33~44
处理量（kg/h）	20~250	50~500	120~1500
分级机最大转速（r/min）	8000	6000	4000
细度（μm）	2~50	2~50	2~50
外形尺寸（mm）	600×750×1620	1030×970×2014	1140×1075×2504
设备净重（kg）	270	530	970
系统总功率（kW）	65~90	132~160	300~335
生产厂	上海细创粉体装备有限公司		

12. 环隙磨

环隙磨为一种新型的超细磨，用于处理硬质和超硬的物料（氧化铝、长石、硅石、矿渣、氧化锆、碳化硅、氮化硅、碳化钨、莫来石等），它自然也可用于粉磨硬度较低的物料。用这种磨机可获得极细的粒度。其粉磨流程图如图7-2所示。

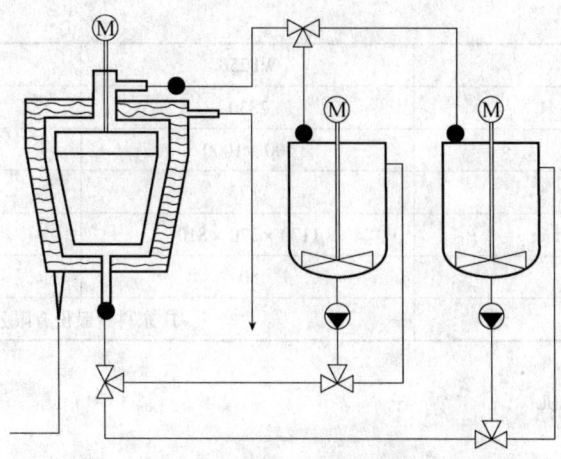

图 7-2　环隙磨粉磨流程图

环隙磨机有一回转器，位于圆筒形研磨室内，回转器和研磨室的旋转方向相反，在它们之间的环隙中装有研磨介质，其大小视需要而定（直径 0.3~0.4mm）。研磨物料以含水分散液状态引入磨机，并随回转器旋转而上升。当物料沿着环隙通过时，粒度逐渐变小，最后从磨机上部排出。这种悬浮液可再循环引入磨机数次，直到磨细到所要求的粒度为止。与球磨机相比，环隙磨可加强粒度控制和减少较分散的粒度分布，其绝对粒度也较小，小于 $2\mu m$ 的颗粒能达到 100%，同时获得最大的均匀性。因此，在一研磨周期中，可以将磨细过的物料与添加剂（如色料）混合，磨细和均化，入磨物料粒度为 $40~60\mu m$。研磨过程是连续的，只需用少量的研磨介质，就能注入极高的能量，从而获得极窄的粒度范围并使之重复。其技术参数列于表 7-24。

表 7-24　环隙磨技术参数

电机功率（kW）	2.4/3.1
齿轮转速（r/min）	200~2000 连续可调
研磨空间（L）	1.2~1.5 可调
研磨空间填充容积（%）	70~85
研磨介质	ZrO_2、$ZrSiO_4$、Al_2O_3、玻璃
研磨容器	燃烧无灰的塑料
最大研磨量（kg/h）	600
生产厂	Reimbold & Stick 公司

13. 微粉机

微粉机是生产微粉抛光砖时用于将喷雾干燥塔出来的颗粒状粉料进一步粉碎至微粉的笼式粉碎设备，其主要技术参数见表 7-25。

表 7-25　WF 型微粉机技术参数

型　号	WF250	WF320
输送电机功率（kW）	0.25	0.25
破碎电机功率（kW）	1.1	3.0

续表

型号	WF250	WF320
破碎转子转速（r/min）	2830	2840
微粉产量（kg/h）	600~1000	900~1500
微粉细度（80目筛余%）	>75	>85
外形尺寸（长×宽×高）（mm）	1170×370×810	1000×480×850
总重（kg）	80	110
生产厂	广东科达股份有限公司	

14. 实验室用研磨机

（1）瓷瓶球磨机

瓷瓶球磨机广泛使用在陶瓷实验室，用于制备坯料泥浆和釉浆。其主要技术参数见表7-26。

表 7-26 瓷瓶球磨机技术参数

项目 型号	球磨罐容积	辊子层数	每层辊子根数	工位	数显定时范围	电压（V）	功率（kW）	外形尺寸（长×宽×高）（mm）
QQM	1.5~20（L）	2	3	2~8	1min~99h	380	0.75	1240×610×930
QQM（1）	8个1.5L球磨罐	2	3	8	1min~99h	380	0.75	1240×610×930
QQM（2）	8个3L球磨罐	2	3	8	1min~99h	380	0.75	1240×610×930
QQM（3）	8个5L球磨罐	2	3	8	1min~99h	380	0.75	1240×610×930
QQM（4）	8个10L球磨罐	2	4	8	1min~99h	380	1.1	1450×700×1000
QQM（5）	8个20L球磨罐	2	4	8	1min~99h	380	1.1	1650×780×930
QM-A	1.5~20（L）	2	2	2~4	1min~99h	380	0.75	1210×485×930
QM-A（1）	4个1.5L球磨罐	2	2	4	1min~99h	380	0.75	1240×485×930
QM-A（2）	4个3L球磨罐	2	2	4	1min~99h	380	0.75	1240×485×930
QM-A（3）	4个5L球磨罐	2	2	4	1min~99h	380	0.75	1240×485×930
QM-A（4）	4个10L球磨罐	2	2	4	1min~99h	380	1.1	1450×520×1000
QM-A（5）	4个20L球磨罐	2	2	4	1min~99h	380	1.1	1650×580×1000
QMM（慢）	3转慢速脱泡机	2	3	8	1min~99h	380	0.75	1240×610×930
QM-A（慢）	3转慢速脱泡机	2	2	4	1min~99h	380	0.75	1210×485×930
生产厂	咸阳金宏机械公司								

注：变频器调速型型号为 QQM/B。

（2）快速研磨机

该磨机利用简单的机械转动，使物料在瓷罐中受冲击、振动、研磨而粉碎，适合于实验室的细磨和超细磨。一般20~40min一磨，粉碎速度是普通瓷罐球磨机的10倍。有单头、双头、多头等多种。几种快速研磨机的技术参数见表7-27、表7-28。

表7-27 快磨机技术参数

型号	头数	容量（L）	转速（r/min）	定时（min）	研磨料粒度（μm）	额定电压（V）	电机功率（kW/头）	质量（kg）	外形尺寸（mm）（双头）
KSY	单头、双头、多头	大罐500g 小罐250g	650	0~60	1~100	220	0.25×2	160	1100×660×960
生产厂	咸阳陶瓷研究设计院								

表7-28 四头研磨机技术参数

型号	头数	球磨罐容积	研磨细度（μm）	定时范围（h/min）	电压（V）	功率（kW）	外形尺寸（长×宽×高）（mm）
KQM-X4Z（/B）	4	0.5L×4=2L	0.1~5	0~99/60	380/220	0.55	660×490×655
KQM-X4Y（/B）	4	0.8L×4=3.2L	0.1~5	0~99/60	380/220	0.55	700×510×655
KQM-X4（/B）	4	1.5L×4=6L	0.1~5	0~99/60	380	0.75	840×570×760
KQM-X4A（/B）	4	3L×4=12L	0.1~5	0~99/60	380	0.75	840×570×825
KQM-X4B（/B）	4	5L×4=20L	0.1~5	0~99/60	380	1.5	960×660×936
KQM-X4C（/B）	4	10L×4=40L	0.1~5	0~99/60	380	3	1160×830×900
KQM-X4D（/B）	4	20L×4=80L	0.1~5	0~99/60	380	5.5	1300×930×998
生产厂	咸阳金宏通用机械公司						

（3）超细研磨机

该机广泛用于陶瓷生产企业色料、釉料深加工，可把酸性或超硬性物料粉碎到0.1μm级，生产效率和粉碎能力大大高于滚筒球磨、振动磨、雷蒙磨、气流磨，同时本机还可以将几种物料均匀混合在一起，因此它也是一种良好的分散设备。其主要技术参数见表7-29、表7-30、表7-31、表7-32。

表7-29 超细研磨机技术参数

型号	容量（L）	电机功率（kW）	球石规格（mm）	研磨时间（min）	出料细度（目）	出料压力（MPa）	最高温度（℃）
CX65	5~65	5.5	φ3.5~4.5	10~30	320	<0.2	45~60
生产厂	佛山市美嘉陶瓷设备有限公司						

表7-30 高效精细磨釉机技术参数

型号	容量（L）	电机功率（kW）	研磨粒径（mm）	最少研磨时间（min）	研磨粒量（kg）	冷却水压（bar）	质量（kg）
RD65	65	5.5	φ3.5~4.5	5	3.2	1	150
生产厂	鼎祥兴业公司						

表 7-31　JF 陶瓷印花釉料超细快速精磨机技术参数

型号	功率（kW）	容积（L）	工作行程（mm）	外形尺寸（长×宽×高）(mm)
JF - 7.5	机械 9	100	700	1500×700×2200
	液压 10	100	800	1550×750×1750
JF - 11	机械 14	150	800	1650×800×2500
	液压 14	150	1000	1750×800×1750
JF - 15	机械 18	200	800	1650×800×2500
	液压 8	200	1000	1750×800×1750
JF - 18.5	机械 21.5	300~400	1000	1850×800×2500
	液压 21.5	300~400	1000	1900×850×2050
JF - 22	液压 25	300~500	1000~1200	1900×900×2050
生产厂	广州从化新科轻化设备厂			

表 7-32　实验室精磨分散机技术参数

型号	功率（kW）	容积（L）	研磨时间（h）	工作温度（℃）
F2 双轴型	1.5（变频调速）	3（双半圆夹层容器）	2（细度可达到 25μm 以下）	40
JF 篮式	1.5（变频调速）	6（圆夹层容器）	2（细度可达到 25μm 以下）	40
生产厂	广州从化新科轻化设备厂			

7.1.2　筛分机械设备

1. 方形振动筛

方形振动筛技术参数见表 7-33。

表 7-33　方形振动筛技术性能

型号	筛面规格（mm）	外形尺寸（mm）	振频（次/min）	机重（kg）	生产厂
GY - 400E	400×700				冠宇机械厂有限公司
GY - 600E	600×900				
GY - 800E	800×1200				
TCIS0.4×2	500×800 双层	980×720×720	2850	90	湖南五菱机械股份有限公司
XT208	0.235m² 双层 上层 100 目 下层 120 目	1220×760×1170	2850	8~10	唐山轻机厂
NJS430	单层 0.15m² 15 目	960×660×500	2825	3~5	
TCIS 料仓振动筛	单层 0.6m² 8 目	1830×760×910	1410		
WDS205	1~2 层 6~200 目			110	湘潭炜达机电制造有限公司

2. 圆形振动筛

圆形振动筛技术性能见表 7-34。

表 7-34　圆形振动筛技术参数

型号	筛面规格	外形尺寸（mm）	振频（次/min）	筛网有效面积（m²）	产量（t/h）	电机功率（kW）	机重（kg）	筛网层数	生产厂
ϕ1000	ϕ1000、120目	ϕ1030×1328	1400	0.6（单层）	10~12	1.5	410	2~3	唐山轻机厂
ϕ630	ϕ630、150、180、200目	ϕ815×1175	1400	0.31（单层）	5~7	1.5	350	3	
TCIS/2	ϕ1200	1622×1316×1180	1400~1500	1		1.5	535	2	湖南五菱机械股份有限公司
TCIS0.7/2	ϕ1000	1424×1176×1180	1400~1500	0.7		1.5	475	2	
TCIS0.5/2	ϕ840	1213×1016×1160	1400~1500	0.5		1.5	430	2	
TCIS0.3/2	ϕ630	1148×966×1290	1400~1500	0.3		0.75	370	2	
XZKS-0.4M-3	ϕ400　2~400目		2800	0.09		0.75		3	河南新乡东方工业旋振设备厂
XZKS-0.6M-3	ϕ600　2~400目		2800	0.23		0.75		3	
XZKS-1M-3	ϕ1000　2~400目		1500	0.66		1.5		3	
XZKS-1.4M-3	ϕ1400　2~400目		1500	1.34		1.5		3	
XZKS-1.6M-3	ϕ1600　2~400目		1500	2.01		1.5		3	
XZKS-1.8M-3	ϕ1800　2~400目		1500	2.32		3		3	
XZKS-2M-3	ϕ2000　2~400目		1500	2.9		4		3	
GY-600-1S	ϕ600	600×600×710		0.95		1HP		1	
GY-600-2S	ϕ600	600×600×880						2	
GY-600-3S	ϕ600	600×600×1010						3	
GY-800-1S	ϕ800	900×900×710		1.81		1HP		1	
GY-800-2S	ϕ800	920×920×930						2	
GY-800-3S	ϕ800	920×920×1080						3	
GY-1000-1S	ϕ1000	1180×1180×780		2.72		2HP		1	冠宇机械厂有限公司
GY-1000-2S	ϕ1000	1180×1180×930						2	
GY-1000-3S	ϕ1000	1180×1180×1080						3	
GY-1200-1S	ϕ1200	1380×1380×980		4.15		$2\frac{1}{2}$HP		1	
GY-1200-2S	ϕ1200	1380×1380×1140						2	
GY-1200-3S	ϕ1200	1380×1380×1380						3	
GY-1500-1S	ϕ1500	1680×1680×1080		5.78		3HP		1	
GY-1500-2S	ϕ1500	1680×1680×1260						2	
GY-1500-3S	ϕ1500	1680×1680×1420						3	
GY-450	ϕ450	500×500×660		0.63		1/2HP		1	
GY-450S	ϕ450	500×500×660							
GY-450SA	ϕ450	500×500×1000							
GY-450SAS	ϕ450	500×500×1300							

7.1.3 泥浆搅拌机

1. 螺旋桨式搅拌机

螺旋桨式搅拌机用于容积较小的浆罐或浆池中搅拌泥浆或分散陶瓷回坯（制浆），其技术参数见表 7-35。

表 7-35 螺旋桨式搅拌器技术参数

型 号	桨叶直径 (mm)	轴转速 (r/min)	桨叶片数	电机功率 (kw)	浆池尺寸 $\phi \times H$(mm) 或容积（m³）	外形尺寸（mm）	机 重（kg）	生产厂
TCJJ20	ϕ200	270	3	0.75	0.3	1170×317×244	35	五菱集团机械公司
TCJJ30	ϕ300	200	3	1.1	1	1600×700×1450	160	
TCJJ40	ϕ400	180	3	1.5	1.7	2000×700×1670	170	
TCJJ50	ϕ500	288	3	3	3.5	2250×432×2066	380	
TCJJ63	ϕ630	165	3	5.5	5	2800×800×2200	460	
TCJJ75	ϕ750	165	3	5.5	10	3500×810×2510	530	
TCJJ85	ϕ850	253	3	15	15	3300×800×3320	1180	
ϕ400-Ⅰ	ϕ400	180	3	6级1.5	ϕ1600×1200	—	165	唐山轻机厂
ϕ400-Ⅱ	ϕ400	360	3	4级3			170	
ϕ630-Ⅰ	ϕ630	165	3	6级5.5	ϕ2300×1700	—	460	
ϕ630-Ⅱ	ϕ630	300	3	4级7.5			460	
ϕ750-Ⅰ	ϕ750	165	3	6级7.5	ϕ3000×2000	—	515	
ϕ750Ⅱ	ϕ750	300	3	4级15			550	

2. 涡轮式搅拌机

国外的涡轮式化浆机（高速搅拌机）用于湿法分散黏土和陶瓷回坯制成泥浆。该机的池底和搅拌叶片用特殊耐磨钢制造。意大利标准的高速搅拌机技术参数见表 7-36，外形如图 7-3 所示。

表 7-36 高速搅拌机技术参数

型 号	浆 罐		转 子				功率 (kW)
	有效容积 (m³)	总容积 (m³)	内径 (mm)	高 (mm)	直径 (mm)	转速 (r/min)	
80	0.08	12	540	540	300	290	1.5
500	0.5	0.6	900	980	450	290	5.5
1000	1.2	1.6	1400	1200	700	210	15
3000	3	4.5	1900	1600	900	160	30
5000	5	6.8	2200	1900	1000	140	55
10000	10	14.0	3000	2180	1300	110	55
15000	16	20.0	3500	2400	1500	90	75
20000	20	26.5	3800	2620	1600	80	110

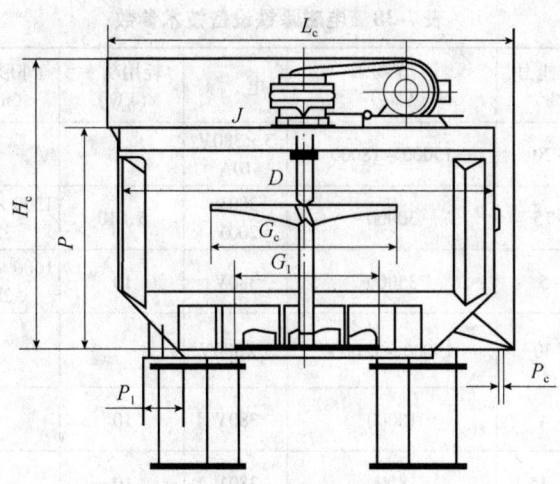

图 7-3 高速搅拌机外形图

3. 平桨(框式)搅拌机

平桨(框式)搅拌机一般装在容积较大的浆池中以低速搅拌泥浆,近年来也广泛用于在各种容积的釉浆罐中低速搅拌釉浆,其技术参数见表 7-37。

表 7-37 框式搅拌机技术参数

型 号	桨叶直径 (mm)	主轴转速 (r/min)	电机功率 (kW)	减速机	浆池尺寸 $\phi \cdot H$(mm) 或容积(m^3)	机 重(kg)
TCTJ200	ϕ2000	16.5	7.5	XLD7.5 -9-59	ϕ2500 15	1000
TCTJ260	ϕ2600	16.5	7.5	XLD7.5 -9-59	ϕ3000 20	1100
TCTJ350	ϕ3500	11.2	11	XLD11 -10-87	ϕ4000 40	1300
TCTJ450	ϕ4500	11.2	11	XLD11 -10-87	ϕ5000 60	1500
ϕ3500	ϕ3500	12	5.5		ϕ4000×3000	1400
ϕ4500	ϕ4500	12	7.5		ϕ5000×3000	1400
ϕ7000	ϕ7000	8	15		ϕ7500×4200	2000
生产厂	湖南五菱机械股份有限公司					

7.1.4 除铁设备(磁选机)

建筑陶瓷工业使用的除铁设备目前常用于泥浆的湿式除铁,电磁除铁设备一般为抽出滤芯冲洗铁渣的间歇式磁选机,近几年又出现了自动排渣磁选机,其性能见表 7-38。随着强磁性永久磁材的发展,永磁除铁机越来越多地使用于陶瓷工业中。流槽式除铁器全部采用 6000~7500Gs 的强磁性永久磁棒;工作腔背景场强为 3000~15000Gs 的高梯度强磁永磁自动清洗除铁机已用于建筑卫生陶瓷工业,其技术参数见表 7-39,结构图如图 7-4 所示。

表 7-38 电磁除铁设备技术参数

型 号	生产能力 (t/h)	工作场强 (G_S)	电源	耗用功率 (kW)	外形尺寸 (mm)	生产厂
KCTⅢ	5~20	15000~18000	3×380V 10A			佛山超能除铁设备公司
CX220	1~15	30000	380V 200V	5、10	1200×600×220	
CX280	1~5	35000	380V	10	1600×800×280	
KCT(Ⅲ)	5~30	15000~18000	3×380V			佛山市石湾区科信达陶瓷设备有限公司
JHCX-D18000Gs 干粉磁选机	3~4	18000	380V	10		广东省肇庆市骏华机械有限公司
JHCX-W18000Gs 浆液磁选机	13~15	18000	380V	10		
JHCX-W6000Gs 干粉磁选机	2~3	6000	380V	1.8		

表 7-39 永磁除铁设备技术参数

型 号	生产能力 (t/h)	磁滚筒规格 (mm)	磁场强度 (G_S)	电源电压 (V)	电机功率 (kW)	外形尺寸 (mm)
二合一振动筛选强力除铁机	1~5	25×600	9000	380		700×480×1540
粉料、颗粒全自动强力除铁机	1~3	100×600	6000、9000	380	0.75	
	2~4	100×1000				
GN-RCYC 全自动悬挂自卸式除铁机				380	0.75	1700×600×450
GN-350 全自动湿式除铁机	5~15	350×500	5000~6000	380	0.12	600×900×880
生产厂	佛山市冠能除铁设备有限公司					

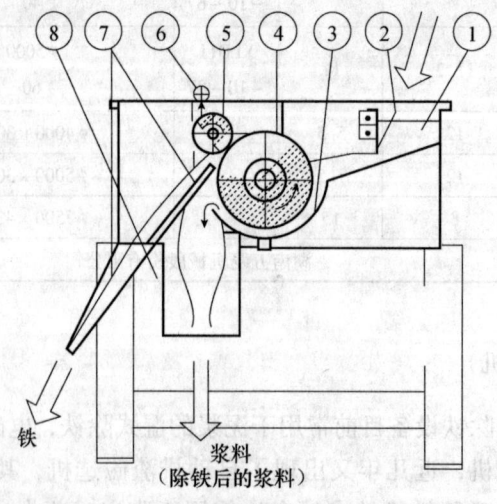

图 7-4 GY-F-1000 型强力自动清洗除铁器的结构图
1—入料槽；2—截流挡板；3—过滤槽；4—主磁铁轮；
5—副磁铁轮；6—自动喷水管；7—铁粉卸料滑板；8—液浆卸料口

7.1.5 泥浆泵

1. 专用倒浆泵

ZN型专用倒浆泵是近几年新开发的可以替代以往的隔膜泵、PN泵及各种潜水泵的换代产品,其技术参数见表7-40。

表7-40　ZN型倒浆泵技术参数

型号	流量（t/h）	扬程（m）	出浆口直径（mm）	进料口直径（mm）	电机功率（kW）	生产厂
ZN65-65-4	10~40	0~20	65	65	4	淄博华岩泵业有限公司
ZN50-50-1.5	3~5	0~10	50	50	1.5	
ZN65-65-7.5	10~60	0~30	65	65	7.5	

2. 气动隔膜泵

气动隔膜泵以压缩空气为动力,结构小巧、紧凑,可以方便地通过调节压缩空气的流量而调泥浆流量,是国内外广泛使用的一种泵型,其技术参数见表7-41。

表7-41　气动隔膜泵技术参数

型号	流量（m³/h）	最大空气耗量（m³/min）	扬程（m）	最大吸程（m）	最大供气压力（MPa）	外形尺寸（mm）	生产厂
TY7415气动隔膜泵	15	1.5	<6	4	0.7	580×570×930	湖南五菱机械股份有限公司
QBY-10	0~0.8	7	0~50	5	0.7	180×150×225	浙江永嘉长城水泵厂
QBY-15	0~1	7	0~50	5	0.7	180×150×225	
QBY-25	0~2.4	7	0~50	7	0.7	365×200×450	
QBY-40	0~8	7	0~50	7	0.7	365×250×450	
QBY-50	0~12	7	0~50	7	0.7	570×340×740	
QBY-65	0~16	7	0~50	7	0.7	570×340×740	
QBY-80	0~24	7	0~50	7	0.7	600×450×900	
QBY-100	0~30	7	0~50	7	0.7	600×450×930	
WL25~80	0.7~60		0~9.45		0.86		新珠江企业

3. 液动隔膜泵

液动隔膜泵是具有流量大的特点,但因其结构复杂,工作不太可靠,未能在陶瓷工业中得到广泛使用,其技术参数见表7-42。

表 7-42 液动隔膜泵技术参数

型号	流量 (m³/h)	压力 (kgf/cm²)	往返次数 (次/min)	活塞直径×行程 (mm)	电机功率 (kW)	泵口径 (mm) 吸入口	泵口径 (mm) 排出口
YGB-5/7	5	7	65	100×100	2.2	65	50
YGB-5/15	5	15	65	100×100	4	65	50
YGB-13/12	13	12	50	160×120	7.5	100	100
YGB-18/7	18	7	73	160×120	7.5	100	100

4. 液压柱塞泵

液压柱塞泵是伴随喷雾干燥工艺而发展起来的一种泵型,其结构简单、维修容易、工作可靠。随着柱塞直径的加大,泵流量加大,也成为适于向高层、远距离输浆的泵,同时适用于单泵向多台压滤机供浆(如在污水站),使用范围在扩大,其技术参数见表7-43。

表 7-43 液压柱塞泵技术参数

型号	流量 (m³/h)	压力 (MPa)	电机功率 (kW)	冷却水量	净重 (kg)	进浆口高度 (mm)	进浆口连接	出浆口高度 (mm)	出浆口连接	地脚尺寸 (mm)	平台尺寸 (mm)	最大外形尺寸(长×宽×高)(mm)	生产厂
YB85-0.1~0.9	0.1;0.4;0.6;0.9	2.0	1.5	接4′或6′自来水管1根即可	420	180	G2″	180	G1 1/2″	1130×330	1300×420	1215×850×1500	咸阳陶瓷研究设计院
YB85-1.5~2.8	1.5;1.8;2.8	2.0	4										
YB110-2.8~3.8	2.8;3.8	2.0	4/5.5		800								
YB110-5.5	5.5	2.0	7.5		830	157	G2″	489	G1 1/2″			1600×1070×1860	
YB120-6.1~7.1	6.1;7.1	1.0	11		850					1540×455	1700×520		
YB140D-10	10	2.0	11		900	153	G2″ 3/4″	497	G2			1600×1120×1900	
YB140-10~13	10;13	2.0	15		950								
YB200-15~19	15;19	2.0	18.5		1200	151	法兰	571	M95×2	1620×460	1900×520	1670×1280×2100	
YB200-24	24	2.0	22		1250								
YB200D-19~24	19;24	1.0	15		1180								
YB250-25~35	25;28;35	1.0 / 2.0	15 / 22		1500	177	法兰	627	M100×2	1790×565	2100×700	1950×1480×2250	
YB300-35~45	35;40;45	2.0	30		2800	170	法兰	643	M100×2	2010×565	2320×700	2130×1730×2100	

5. 螺杆泵

单螺杆是按回转啮合容积式原理工作的新型泵种，主要工作部件是偏心螺杆（转子）和固定的衬套（定子）。因定子选用多种弹性材料制成，所以这种泵对高黏度流体的输送和含有硬质悬浮颗粒介质或含有纤维介质的输送，有一般泵种所不能胜任的特点。其流量与转速成正比。传动可采用联轴器直接传动，或采用调速电机、三角带、变速箱等装置变速。这种泵零件少，结构紧凑，体积小，维修简便，转子和定子是本泵的易损件，结构简单，便于装拆。其技术参数见表7-44。

表7-44 G系列单螺杆泵技术参数

型号	压力0.3MPa			压力0.6MPa			可调转数		
	转数(r/min)	流量(m³/h)	电动机功率(kW)	转数(r/min)	流量(m³/h)	电动机功率(kW)	转数(r/min)	流量(m³/h)	电动机功率(kW)
G20-1	960	0.96	0.75-6级	960	0.8	0.75-6级	125~1250	0.1~1.5	1.1
	720	0.8	0.55-8级	720	0.5	0.75-8级			
	510	0.4	0.55-4级/齿轮箱	510	0.3	0.75-4级/齿轮箱			
G25-1	960	2.4	0.75-6级	960	2	1.5-6级	125~1250	0.1~3	1.5
	720	1.5	0.55-8级	720	1.27	1.1-8级			
	510	1.08	0.55-4级/齿轮箱	510	0.9	1.1-4级/齿轮箱			
G30-1	960	3.6	1.5-6级	960	3	2.2-6级	125~1250	0.2~4	2.2
	720	2.28	1.1-8级	720	1.9	1.5-8级			
	510	1.63	1.1-4级/齿轮箱	510	1.35	1.5-4级/齿轮箱			
G35-1	720	4.8	2.2-8级	720	4.04	3-8级	125~890	0.3~5	3
	510	3.36	1.5-4级/齿轮箱	510	2.8	2.2-4级/齿轮箱			
	380	1.92	1.1-4级/齿轮箱	380	1.60	1.5-4级/齿轮箱			
G40-1	510	6.8	2.2-4级/齿轮箱	510	5.6	3-4级/齿轮箱	125~890	0.3~10	4
	380	5.1	1.5-4级/齿轮箱	380	4	2.2-4级/齿轮箱			
	252	2.65	1.1-6级/齿轮箱	252	2.2	1.5-6级/齿轮箱			
G50-1	510	13.8	4-4级/齿轮箱	510	11.5	5.5-4级/齿轮箱	80~750	1~18	5.5
	380	10.2	4-4级/齿轮箱	380	7.5	5.5-4级/齿轮箱			
	252	5.6	3-6级/齿轮箱	252	4.4	5.5-6级/齿轮箱			
G60-1	510	20.8	7.5-4级/齿轮箱	510	16	11-4级/齿轮箱	63~630	1~20	11
	380	15.6	7.5-4级/齿轮箱	380	12	11-4级/齿轮箱			
	252	7.8	5.5-6级/齿轮箱	252	6	7.5-6级/齿轮箱			
生产厂	上海中成泵业制造有限公司								

6. 砂浆泵

用于输送固体物质按质量计不超过65%的含砂或污浊液体,其性能见表7-45。

表7-45 砂浆泵技术参数

型号	流量 (m^3/h)	扬程 (m)	转速 (r/min)	功率 (kW) 轴功率	功率 (kW) 配电机	效率 (%)	质量 (kg)	外形尺寸 (mm)
$2\frac{1}{2}$PS	30~70	23.5~2.1	1460	6.4~8	13	30~50	310	745×470×785
4PS	90~160	25~2.1	1200	14~17	30	44~54	610	1150×690×925
5PS	180~320	31~36	1080	35.3~44	75	50~62	980	1260×690×1110

7.1.6 压滤机械

压力过滤是当前陶瓷工业生产中将浆料脱水而得到水分在18%~26%的塑性泥料的基本方法,压力过滤的专用设备是压滤机。

1. 电动板框式压滤机(表7-46)

表7-46 电动板框式压滤机技术参数

型号	滤片 数量(片)	滤片 直径×厚度(mm)	进浆压力(MPa)	生产能力(kg/次)	电机功率(kW)	外形尺寸(mm)	质量(kg)	生产厂
TYL-25	25	400×14	1.47	100	1.5	2100×620×820	1400	萍乡陶机厂
TYL-25B	25	400×14	2	100	1.5	2100×620×820	1450	萍乡陶机厂
TYL-40A	40	805×40	1.47	650	5.5	3850×1290×1248	6400	萍乡陶机厂
TYL-40B	40	805×40	1.8	650	5.5	3850×1290×1248	6450	萍乡陶机厂
TYL-40C	40	650×40	2	500	7.5	4010×1450×1100	6400	萍乡陶机厂
TYL-60A	60	805×40	2.0	750	5.5	4857×1216×1255	6460	萍乡陶机厂
TYL-60B	60	650×40	2.5	600	7.5	4810×1450×1100	7200	萍乡陶机厂
TYL-80	80	805×40	2.5	850	5.5	4057×1216×1255	7500	萍乡陶机厂
TC-460	32	460×46	0.79	80	2.2	2893×1000×1140	2000	淄博大工机械
TYL735×40	40			1000	3	4420×1450×1240	7500	江津轻机厂

2. 液压板框式压滤机(表7-47)

表7-47 液压板框式压滤机技术参数

型号	滤片 材质	滤片 数量	滤片 直径×厚度(mm)	进浆压力(MPa)	生产能力(kg/次)	电机功率(kW)	外形尺寸(mm)	质量(kg)	生产厂
φ800	铸铁	50	800×45	0.98	850~1100	2.2	4580×1260×1000	7500	唐山轻机厂
φ800A	铝合金	50	800×45	0.98	850~1100	2.2	4580×1260×1000	5100	唐山轻机厂
φ800C	铸铁(铝合金)	59	805×50	1.96	1300	1.5	4800×1260×1000	9000	唐山轻机厂
φ800D(E)	铸铁	49	805×50	1.96	1100	1.5	4600×1200×1000	7000	唐山轻机厂

续表

型号	滤片 材质	滤片 数量	滤片 直径×厚度（mm）	进浆压力（MPa）	生产能力（kg/次）	电机功率（kW）	外形尺寸（mm）	质量（kg）	生产厂
TCYL75-50	铸铁	50	800×50	1.18	1000	2.2	4816×1260×1000	18900	湖南五菱机械股份有限公司
TCYL75-40	铸铁	40	800×50	1.86	800	2.2	4316×1260×1000	16950	
TCYL75K	铸铁喷涂	63	820×50	2.45	1300	5.5	5316×1260×1000	10500	
TCYL75-60	铸铁	60	800×50	1.18	1200	2.2	5316×1260×1000	10500	
YL-φ800	铸铁	80	800×50	1.96	2000	1.5	7190×1100×1277	10000	淄博大工机械
WD75K		80	820×26	0.4	1200~1500	3	5579×1943×1348	10500	湘潭炜达机电制造有限公司

近年来，根据生产要求，液压板框式压滤机向大型化发展，过滤面积可达 $400m^2$，其技术参数见表7-48。

表7-48 液压板框式压滤机技术参数

设备型号	X20MW/800-UB	X20MW100/1000-UB	X20MW100/1250-UB	X20MZE200/1250-UB	X20MZE400/1500-UB
过滤面积（m^2）	800	100	200	200	400
滤室容积（m^2）	1.2	1.5	3.0	3.0	6
过滤工作压力（MPa）	≤2.0	2.0	2.0	2.0	2.0
过滤工作温度（℃）	-10~90				
油缸直径（mm）	250	380	450	450	500
油缸最大有效行程（mm）	550	750	750	750	750
最大液压保护压力（MPa）	29	29	29	29	29
最高液压压紧压力（MPa）	25	25	25	25	25
电机功率（kW）	4	4	4	6.2	6.2

3. 网带式压滤机

网带式压滤机靠网带的挤压力将泥层水分挤出，形成滤饼。该型压滤机能连续生产，处理能力大，但滤饼水分高于板框式压滤机，较多用于抛光污水处理最后段的污泥脱水。佛山市华星鸿润机械有限公司生产的Hx环保型压滤机连续生产，处理能力强，电耗低。操作维护方便，防腐性能好，网带调偏灵敏，张紧可靠，寿命长。主要针对陶瓷、建筑、造纸、食品、印染、化工及城市给排水等行业的污水处理。有500、1000、1500、2000、3000型系列。

7.1.7 练泥机和真空练泥机

现代各种陶瓷生产，从砖瓦、陶管、大缸、至电瓷、日用陶瓷等，只要采用塑性成形，几乎全要用练泥机制备泥料。若在真空练泥机的机头前端装上模具，使挤出的泥坯具有要求的形状和尺寸，即可兼作挤压成形机使用，此时称真空挤泥机。真空练泥机的技术性能见表7-49。

表 7-49　真空练泥机技术参数

型号	结构特点	绞刀直径（mm）	生产能力（kg/h）	机咀直径（mm）	真空度（kPa）	电机功率（kW）	外形尺寸（mm）	质量（kg）	生产厂
TC-102	单轴、卧式	250	4000	150	96	22	4490×861×1740	2700	淄博大工机械
ZL-65L	立式	65	40~50	23	95	2.2	895×600×1980	710	郑州电缆厂
ZL-500	双轴、卧式	500	6000~9000	150~300	95	45	6950×2400×1650	12572	郑州电缆厂
ZL-800	双轴、卧式	800	9000~12000	240~480	95	115	5725×9600×2800	38680	
φ260A	双轴、卧式	260	2000~3000	160	100	22	3950×1420×1250	4000	唐山轻机厂
φ350	三轴、卧式	350	2500~3000	240	101	18.5	5218×1622×1127	7000	
TCZL20	双轴、卧式	200	1000	≤150	99	7.5	2312×620×790	1000	湖南五菱机械股份有限公司
TCZL25	双轴、卧式	250	2000~5000	170	99	30	3284×865×1230	2550	
TCN1235	双轴、卧式	350	4000~6500	任选	99	37	4138×2376×1519	4479	
TCN1317	三轴、卧式	170	700~900		99	4	2989×996×664	900	
TCN1333	三轴、卧式	330	3500~4500		99	18.5	5710×1520×1090	7000	
TCN1340	三轴、卧式	400	6000~7000	240	99	30	6570×1720×1500	8000	
WDL50	卧式	50	30			1.5			湘潭炜达机电制造有限公司
WDL250	卧式	250	5000			30	3584×865×1230	2550	
WDL1317	三轴、卧式	170	700~900			7.5	3050×1016×673	900	
TCJ250	卧式	250	1000		94	18.5	4365×1000×1485	7000	
TCJ350	三轴、卧式	350	4000~6000		98	55	4566×1950×1413	7000	
TCJ400	四轴、卧式	400	4000~6000		98	55	4566×1950×1413	7000	
TCJ1320	三轴、卧式	200	600~800			18.5	4290×996×1010	2000	

7.1.8 石膏浆（泥浆）真空搅拌机

泥浆真空搅拌机用于泥浆的真空处理，除去混入泥浆的气泡，使泥浆密度均匀，不易产生沉淀，以改善泥浆的流动性，提高陶瓷制品质量。

石膏真空搅拌机用于石膏浆的真空搅拌，除去石膏浆中的气泡，可提高石膏模型的强度，延长石膏模型的使用寿命。真空搅拌机的技术性能见表7-50。

表 7-50 真空搅拌机技术参数

型　号	有效容积 (l)	加料量 (kg)	主轴转速 (rpm)	电机功率 (kW)	真空度 (kPa)	外形尺寸 (mm)	生产厂
TCJJ300×320	20	15	75	2.2	92	650×600×300	宜兴市丁山陶瓷机械厂
TCJJ400×450	50	40	60	3	92	160	
TCDJ16	26.5			0.25		70×667×1756	景德镇市轻工机械厂
TCEJ800	800			0.75			
2X-15				0.75		730×12800×1350	深圳市经顺源陶瓷机械有限公司

7.1.9 真空泵

真空泵技术参数见表7-51。

表 7-51 真空泵技术参数

型　号	结构型式	轴速 (m³/h)	极限真空度 (kPa)	转速 (r/min)	进气口直径 (mm)	电机功率 (kW)	外形尺寸 (mm)	设备质量 (kg)	生产厂
水喷射真空泵	水喷射	28	2	—	50.8	7.5	1700×500×1300	200	唐山轻机厂
W_1	往复式	60	1.3	300	38.1	2.5	1644×584×641	750	
W_3	往复式	200	1.3	300	50.8	5.5	1412×582×655	750	
TL-1401	滑阀式	190	2.7	385	76.2	4	880×640×1200	490	淄博大工
LX-25	旋片式	90	0.07	400	40	3	840×430×800	240	湖南五菱机械股份有限公司
2B400-4A	旋片式	240	2.7	400	25	3	1660×600×1140	300	

SZ型水环式真空泵及压缩机是用来抽吸或压缩空气和其他无腐蚀性不溶于水的气体，以便在密闭的容器中形成真空压力，其技术参数见表7-52。

表 7-52 SZ型水环式真空泵技术参数

型　号	真空泵最大吸气量 (m³/min)			压缩机最大排气量 (m³/min)			电机功率 (kW)		转　数 (r/min)	水的耗量 (L/min)	泵质量 (kg)
	真空度为 0%	真空度为 40%	真空度为 80%	压力为 0	压力为 0.5 kg/cm²	压力为 1kg/cm²	真空泵	压缩机			
SZ-1	1.5	0.64	0.12	1.5	1.0	—	4	5.5	1440	10	140
SZ-2	3.47	1.65	0.25	3.4	2.6	1.5	7.5	11	1450 1460	30	150

续表

型号	真空泵最大吸气量（m³/min）			压缩机最大排气量（m³/min）			电机功率（kW）		转数（r/min）	水的耗量（L/min）	泵质量（kg）
	真空度为0%	真空度为40%	真空度为80%	压力为0	压力为0.5 kg/cm²	压力为1kg/cm²	真空泵	压缩机			
SZ-3	11.5	6.8	1.5	11.5	9.2	7.5	22	37	970	70	463
SZ-4	27	17.6	3	27	26	16	70	80	733 735	100	975
生产厂	上海华联水泵厂										

7.1.10 喷雾干燥器

喷雾干燥是将一定浓度的料浆（或悬浮液）在通入有热风的干燥塔内分散成雾状细滴，并随之得到干燥，获得颗粒状粉料的过程。我国在20世纪60年代中期，在特种陶瓷工业上，引进了喷雾干燥器。70年代中期，在建筑陶瓷工业上，使用了我国自己设计、制造的喷雾器。国内主要的墙地砖生产厂，以及从国外引进的生产线，几乎全部使用喷雾干燥器制粉料。喷雾干燥器按雾化形式可分为离心式、压力式和气流式。

1. 离心式喷雾干燥器

（1）实验室用离心式喷雾干燥器有两种，可用于实验室试制小批量的粉料。其干燥器性能如下：

1）移动式喷雾干燥器

型号：QZ7型

外形尺寸：1800mm×925mm×2200mm

质量：280kg

蒸发量：见表7-53

表7-53　蒸发量

干燥气体量（kg/h）	85	85	80	80	75
进气温度（℃）	150	170	200	240	350
排气温度（℃）	80	85	90	90	90
蒸发量（kg/h）	1.3	1.7	2.5	3.4	5.0
生产厂	无锡前洲化工设备厂				

加热方式：电加热　8kW

压缩空气压力：6kg/cm²

离心盘转速：25000~30000r/min

离心盘直径：ϕ50mm

2）高速离心喷雾干燥器

LPG系列高速离心式喷雾干燥器适用于乳浊液、悬浮液、糊状物、溶液等液体干燥设备。该干燥器干燥速度快，生产流程简化，操作过程方便，产品粒度均匀，流动性、速溶性良好，产品纯度高，其技术参数见表7-54。

表7-54　LPG系列高速离心式喷雾干燥器技术参数

参　数 \ 型　号	5	25	50	150	200–2000
入口温度（℃）	140~350自控				
出口温度（℃）	80~90				
水分最大蒸发量（kg/h）	5	25	50	150	200–2000
离心喷雾头传动形式	压缩空气传动	机械传动			
最高转速（r/min）	25000	18000	18000	15000	8000~15000
喷雾盘直径（mm）	50	120	120	150	180~240
热源	电	蒸气+电	蒸气+电；燃油、煤气、热风炉		
电加热最大功率（kW）	9	36	72	99	
外形尺寸（长×宽×高）（mm）	1000×930×2000	3000×2700×4260	3500×3500×4800	5500×4500×7000	按实际情况确定
干粉回收率（%）	≥95				
生产厂	四川省新津化工机械厂				

（2）工业用离心喷雾干燥器　工业用离心喷雾干燥器技术性能见表7-55。

表7-55　离心喷雾干燥器技术参数

项目	参数
水蒸发量（kg/h）	1164
生产能力（t干粉/h）	1.2
进塔热风温度（℃）	450
排风温度（℃）	90
燃料油最大耗量（kg/h）	130
塔内径×柱体高（m）	6.60×4.5
离心盘直径（mm）	350
离心盘最高转速（r/min）	6587
雾化量（kg/h）	2363
离心盘喷嘴孔径（mm）	6
喷嘴数（个）	12
离心机电机型号	Z2-72（L$_3$）（直流）
离心机电机功率（kW）	22
生产厂	咸阳陶瓷研究设计院

2. 压力式喷雾干燥器

压力式喷雾干燥器通过压力泵（泥浆泵）将一定浓度的浆料（或悬浮液）输送到干燥塔内，浆料在压力作用下形成雾滴，由热风干燥形成颗粒料的装置，其技术性能见表7-56。

表 7-56　压力式喷雾干燥器系列技术参数

型号	水蒸发量（kg/h）	热功率（kJ/h）	装机容量（kW）		
			燃油	燃气	燃煤
PD100	100	$3.6 \times 4.18 \times 10^2$	9	8	12.5
PD150	150	$5.5 \times 4.18 \times 10^2$	12	10	14.5
PD400	400	$1.46 \times 4.18 \times 10^3$	16	15	19.5
PD500	500	$1.9 \times 4.18 \times 10^3$	22	20	26.5
PD1000	1000	$3.7 \times 4.18 \times 10^3$	32	28	34
PD1500	1500	$5.5 \times 4.18 \times 10^3$	40	36	44
PD2000	2000	$7.4 \times 4.18 \times 10^3$	47	42	51
PD2500	2500	$9.4 \times 4.18 \times 10^3$	54	49	58
PD3200	3200	$1.21 \times 4.18 \times 10^4$	69	59	83
PD4000	4000	$1.46 \times 4.18 \times 10^4$	89	79	103
PD5000	5000	$1.85 \times 4.18 \times 10^4$	125	120	135
PD6000	6000	$2.69 \times 4.18 \times 10^4$	150	140	
PD8000	8000	$2.8 \times 4.18 \times 10^4$	175	168	
PD10000	10000	$3.6 \times 4.18 \times 10^4$	195	190	
PD12000	12000	$4.0 \times 4.18 \times 10^4$	235	230	
生产厂	咸阳陶瓷研究设计院、湖南五菱机械股份有限公司、广东科达股份有限公司等				

国外 4000 型以上喷雾干燥器典型产品的技术性能见表 7-57。

表 7-57　国外 4000 型以上喷雾干燥器技术参数

公司	SITI			SACMI			
型号	5000	6000	7000	ATM40	ATM51	ATM60	ATM100
水蒸发量（kg/h）	5000	6000	7000	4700	6000	8000	12000
热功率（kJ/h）	$5 \times 4.18 \times 10^6$	$6 \times 4.18 \times 10^6$	$7 \times 4.18 \times 10^6$	$4 \times 4.18 \times 10^5$	$5 \times 4.18 \times 10^6$	$7 \times 4.18 \times 10^6$	$10 \times 4.18 \times 10^6$
进风温度（℃）	500~600	500~600	500~600	400~600	400~600	400~600	400~600
泥浆流量（L/h）	2×9000	2×9000	2×9000	2×9000	2×9000	2×13000	3×13000
泥浆最大压力（MPa）	3	3	3	3	3	3	3
泥浆泵功率（kW）	2×15	2×15	2×15	2×15	2×15	2×22	3×22
喷嘴数（个）	20	24	27	28	32	40	48
单位热耗（kJ/kgH$_2$O）	800~850	800~850	800~850	800~850	800~850	800~850	800~850
排风机流量（m³/h）	59000	70000	80000	45800	57400	84700	11300
排风机功率（kW）	110	110	132	75	90	132	160
排风机压力（mmH$_2$O）	—	—	—	300	300	400	400
干燥塔内径×塔体高(m)	8.36×9.4	8.36×9.6	8.36×9.6	8.718×6.67	9.58×6.95	9.58×7.0	11.0×7.77
收尘器数目×外径(mm)	4×1200	4×1400	4×1400	4	4	4	4
总装机功率（kW）	149	157	175	125	140	197	274
总质量（kg）	53800	60300	61000	52000	63000	65000	90000

3. 气流式喷雾干燥器

气流式喷雾干燥器主要用于生产特种陶瓷的粉料，现仅举日本某公司生产的可用于电容器瓷的气流式喷雾干燥器为例。

型式：气流式喷嘴喷雾器

规格：连续

蒸发能力：45kg/h（50%含水量）

热风温度：350℃（最高）

加热器：0~130℃为蒸汽加热器，产量100kg/h

130~350℃为电热加热器，功率130kW，3相，50Hz，380V

电源：单相　　50Hz　　220V　　1kVA

　　　三相　　50Hz　　380V　　150kVA

7.1.11 粉料混合增湿造粒机械

1. V形分批成球机

V形分批成球机为一个V形筒，以低速回转，中空搅拌喷水轴以高速回转，先将固体粉末装入V形筒回转，液体（水、色浆）给入回转的中空轴，从轴上的离心喷雾盘喷出，成雾滴，固、液悬浮接触，固粒粘合成球后停机，放料。此机间断（分批）工作。

当往V形筒里加入不同色的粉料，中心轴不加液体，V形筒回转时，此机又可当分批式混料机用，可使不同物理性能的粉末混合均匀。

其中淄博启明星新材料有限公司生产的V形HL600型混料机技术参数为：容积600L，功率为5.5~7.5kW。

2. 双轴搅拌机

在原料处理中，双轴搅拌机常与轮碾机、提升机、振动筛及练泥机配套使用，过筛后的干粉料进入双轴搅拌机后，经过淋水，搅拌而成为湿润均匀的泥料，然后送入练泥机挤练成块。WDJS240×60型双轴搅拌机主要技术参数见表7-58。

表7-58　WDJS240×60型双轴搅拌机技术参数

主轴转速（r/min）	56
生产能力（m³/h）	30~40
配用动力	Y30-4级
配用三角带	7-C4000
外形尺寸（长×宽×高）（mm）	4500×1250×800
机　重（t）	3.2
生产厂	湘潭炜达机电制造有限公司

3. 调泥机（捏合机）

调泥机用于干法制可塑泥料时将经双轴搅拌和加水搅拌的泥块进一步捏合成水分均匀的可塑泥料。WDT20型调泥机技术参数见表7-59。

表 7-59　WDT20 型调泥机技术参数

容 积（L）	100
快桨转速（r/min）	28
慢桨转速（r/min）	19
翻缸方式	电磁阀
启盖方式	手拿式瓶盖
主电机功率（kW）	5.5
油泵电机功率（kW）	0.75
生产厂	湘潭炜达机电制造有限公司

4. 圆盘筛式给料机

圆盘筛式给料机对黏土、页岩、煤矸石等原材料细碎后进行搅拌混合均匀，净化处理，并具有均匀给料的作用。WD1200 型圆盘筛式给料机技术参数见表 7-60。

表 7-60　WDT20 型调泥机技术参数

生产能力（m³/h）	10～30
筛筒直径（mm）	Φ1200
集料盘直径（mm）	Φ1900
粉碎臂直径（mm）	Φ1190
筛孔尺寸（mm）	Φ22（小端）Φ25（大端）
入料粒度（mm）	3～5
粉碎臂转速（r/min）	0～8
集料盘转速（r/min）	6.5
电动机功率（kW）	32.2
外形尺寸（长×宽×高）(mm)	2400×1900×2300
质 量（kg）	6000
生产厂	湘潭炜达机电制造有限公司

5. 锥形悬臂双螺旋混合机

DSH 锥形悬臂双螺旋混合机是一种新型高效混合设备，可进行粉体与粉体混合、粉体与液体混合。该机对混合物适应性强；对颗粒物料不会压溃和磨碎；对相对密度悬殊和粒度不同的物料混合时物料不会发生分层离析现象；对粗、细粒和超细粉等各种颗粒，纤维或片状物料也能较好地混合。设备技术参数见表 7-61。

表7-61 锥形悬臂双螺旋混合机技术参数

型号 项目	DSH-0.3$_p^c$	DSH-0.5$_p^c$	DSH-1$_p^c$	DSH-2$_p^c$	DSH-4$_p^c$
全容积（m³）	0.3	0.5	1	2	4
装载系数	0.6	0.6	0.6	0.6	0.6
产量（t/h）	0.3~1	0.5~1.5	2~2.5	2.5~5	5~10
总功率（kW）	2.75	3.55	4.55	6.05	12.5
物料粒度（mm）	20~400	20~400	20~400	20~400	20~400
最大喷液量（%）	<8	<8	<8	<8	<8
公转（r/min）	2	2	2	2	2
自转（r/min）	143	143	57	57	57
外形尺寸（D×H）(mm)	936×1670	1142×2000	Φ1610×2520	Φ1970×3130	2280×3940
设备净重（kg）	550	600	1200	1500	2520
生产厂	江苏省阜宁县混合机厂					

注：C—碳钢；P—不锈钢。

6. 锥形双螺旋混合机

SLH锥形双螺旋混合机的用途和特点基本同锥形悬臂双螺旋混合机，其技术参数见表7-62。

表7-62 锥形双螺旋混合机技术参数

型号 项目		SLH-0.5	SLH-1	SLH-2	SLH-4	SLH-6	SLH-10
全容积（m³）		0.5	1	2	4	6	10
产量（t/h）		0.5~1.2	0.6~1.2	2~4	3~6.5	6.5~8.5	12
总功率（kW）		2.2	4	5.5	11/1.5	15/1.1	18.5/1.1
外形尺寸（D×H）(mm)		φ1230×2130	φ1530×2460	φ1940×3090	φ2310×4130	φ2710×4750	φ3160×5200
设备自重（kg）		820	1200	1500	3150	3400	3950
装载高度		不超过螺杆顶端叶片（相对密度<1.2）					
工作压力（大气压）		常压、微压或微真空					
混合物料		双组分或多组分料20~400目				40~500目	
混合均匀度	6~8min	<3	<3	<3	<3	<3	<3
	10min	<1.5	<1.5	<1.5	<1.5	<1.5	<1.5

7. 犁刀混合机

LDH 型犁刀混合机为一种新型、高效粉体混合设备，具有打碎、混合功能，应用于固－固混合，固－液混合，以及湿造粒、干燥、浓缩等复合工艺。LDH 型混合机技术参数见表 7-63。

表 7-63　犁刀混合机技术参数

项目＼型号	$LDH-0.3_p^c$	$LDH-1_p^c$	$LDH-2_p^c$	$LDH-4_p^c$	$LDH-6_p^c$
全容积（m^3）	0.3	1	2	4	6
装载系数	0.6	0.6	0.6	0.6	0.6
产量（t/h）	0.75	2.5	5	10	15
总机功率（kW）	7.7	10.5	10.5	22	29.6
物料粒度（目）	20～400	20～400	20～400	20～400	20～400
最大喷液量（%）	≤30	≤30	≤30	≤30	≤30
工作压力	微压（常压）	微压（常压）	微压（常压）	微压（常压）	微压（常压）
外形尺寸（$L×B×L_1$）（mm）	2584×1000×930	3324×1230×8641	4017×1458×2256		
总重量（kg）	920	1500	2100	3100	6750
生产厂	阜宁混合机厂				

注：C—碳钢；P—不锈钢。

8. 造粒机

增湿造粒机主要应用于原料采用干法研磨的陶瓷墙地砖半干压成形坯料的制备中，可分为立式和卧式两种。

（1）立式造粒机　其基本工作原理：设于线性补偿料斗中的上料位计控制进入其中的料量，料粉通过线性补偿料斗，由可调速螺旋给料机定量稳定地供给主机，当料斗中料位低于其中的下料位计时，增湿造粒机整机自动停止工作，进入主机的干原料粉与来自配水系统的定量压力雾化水相混合，在主机中达到增湿造粒的目的，制备好的成形坯料由主机出料口流出。

产量调节可在该机的最佳生产能力范围内通过调节螺旋给料机轴的转速来实现，不同的坯料含水率要求，可通过调节配水系统的三通调节阀和主机上设置的雾化器数量来达到。ZL－L1700 立式造粒机主要技术性能参数见表 7-64。

表 7-64　立式造粒机技术参数

型号	ZL－L1700（立式）	增压水泵水量（m^3/h）	2.4
生产能力（t/h）	1.7	增压水泵扬程（m）	35
增湿范围（%）	<8	料位计功率（W）	3
主机轴转速（r/min）	2900	主机质量（t）	0.71
主机电机功率（kW）	4	螺旋给料机质量（t）	0.165
螺旋给料机电机功率（kW）	2.2	线性补偿料斗重（t）	0.210
水泵用电机功率（kW）	0.33	配水器重（t）	0.163
生产厂	咸阳陶瓷研究设计院		

(2) 卧式造粒机 卧式辊筒式增湿造粒机亦为陶瓷墙地砖干法制备压型粉料的造粒设备。辊筒造粒机由螺旋抛料器、搅拌器、旋转喷水盘、直段辊筒、曲段辊筒和机架等构成。

其工作过程为干细粉料输进线性补偿料斗,螺旋给料机连续向辊筒造粒机给料;配水器恒压向辊筒造粒机给水。干细粉料由螺旋抛料器抛撒在旋转的直段辊筒内,同时旋转喷水盘喷出雾化水,在搅拌器和直段辊筒的作用下,干细粉和雾化水充分混合,形成颗粒料,并在曲段辊筒的作用下使颗粒自身滚动球化,达到造粒目的。

GZ25 和 GZ25A 型辊筒增湿造粒机稍加改进可用于仿石玻化砖压型粉料的制备,也是理想的粉料混合机。卧式造粒机的主要技术参数见表 7-65。

表 7-65 卧式造粒机技术参数

型号	生产能力(kg/h)	增湿率(%)	功率(kW)	质量(kg)
GZ25A	2000~3000	≤8	10.2	2000
GZ25	2000~3000	≤8	9.3	2000
WZ25	2000~2800	≤8	7.5	1500
生产厂	咸阳陶瓷研究设计院			

意大利 LB 公司是较早开发增湿造粒机的公司,其产品技术性能见表 7-66,工作原理图如图 7-5 所示。

表 7-66 TAG 型造粒机技术参数

型号	圆筒直径(mm)	圆筒长(mm)	功率(kW)	产量(t/h)	质量(kg)
TAG300/15	300	1500	10+7	0.5~1.5	800
TAG400/15	450	1500	18+10	1.8~2.5	1100
TAG600/15	600	1500	37+20	4~5	1300
TAG600/23	600	2300	55+40	10~12	1800
TAG800/125	850	2500	75+40	13~16	3000

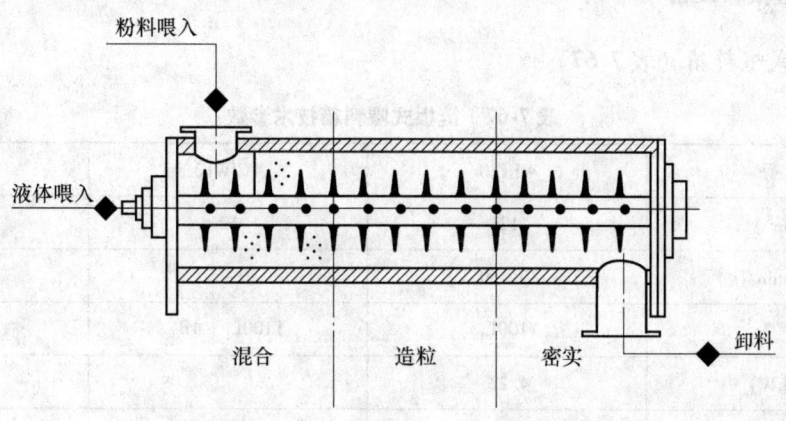

图 7-5 TAG 型造粒机结构原理图

9. 压块机(大颗粒造粒机)

压块机的关键是一对压辊,辊面是带凹槽的钢环,凹槽相对,将喷雾干燥所得的色粉料压出卵形的压块。料中加入极少量水,或在特殊情况下,在细磨物料中加入粘合剂,就可获得各种尺寸和形状的小压块。这些小压块经过粉碎过筛后可成为大粒、呈棱角状的斑点料，用于瓷质砖的生产，仿花岗岩效果极佳，大大丰富了瓷质砖的花色品种。图 7-6 是意大利 LB 公司生产的 FYSER600 – 400 型压块机，用厚钢板和电焊板制成的，适于物料的连续加工。

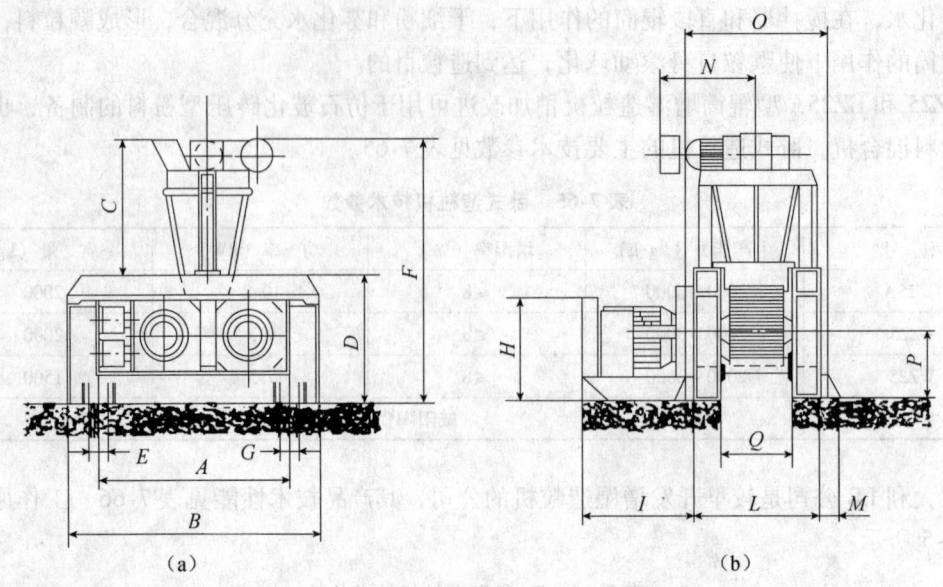

图 7-6　压块机外形图

北京德然公司生产的 DR – Z500/300 色料大颗粒造粒系统由料仓、给料机、造粒机、破碎机和分选振动筛组成，系统采用自动控制。主机造粒机从意大利引进，采用变频调速方式调整产量。造粒的硬度可视瓷砖生产工艺的要求，自由调节成形压力。破碎粒度可视工艺需要调整。系统生产能力为 2t/h，总装机容量 41kW。

7.1.12　称量喂料设备

1. 链板式喂料箱（表 7-67）

表 7-67　链板式喂料箱技术参数

型　号	WLT20	TCIW12	TCIW20
料箱容积（m³）	12	12	20
喂料时间（min/次）	30～50	30～50	30～50
主电机型号	Y100L$_1$	Y100L$_1$ – 4B$_3$	Y112M – 4
电机功率（kW）	4.22		
外形尺寸（mm）	7065×2010×2420	7000×2365×2740	7000×28.5×3300
全机质量（t）	6.25	6	7
生产厂	唐山轻机厂	湖南五菱机械股份有限公司	

2. 皮带式喂料箱（表7-68）

表7-68 皮带式喂料箱技术参数

型 号	料箱容积 (m^3)	喂料时间 (min/次)	电机总功率 (kW)	转 速 (r/min)	外形尺寸 (长×宽×高) (m)	质 量 (t)
WL/12	12	40~60	3	0.65	7×2.35×2.7	5
WL/20	20	40~60	3	0.65	7×2.37×3.2	6
WL/25	25	40~60	3	0.65	7×2.89×3.2	7
WL/30	30	40~60	3	0.65	7×2.89×3.65	7.5
WL/35	35	40~60	3	0.65	7×3.33×4	8
生产厂	佛山顺德区勒流科林达工控设备厂					

3. 称量设备

（1）电子秤 该称量系统由高强度秤台、高精度桥式传感器、称重显示仪和大屏幕显示器组成，可数字显示质量读数。如与配料监视器、打印机连接，就可组成一个监视自动配料过程的称量管理系统。通过控制柜可以控制皮带机按设定质量自动喂料。其技术参数见表7-69。

表7-69 电子秤技术参数

型 号	称量料量 (t)	显示分度值 (kg)	准确度	生产厂
TCS	0~60		Ⅲ级	湘潭市电子衡器公司
HCS-30W	30	10	Ⅲ级	长河衡器传感器应用技术研究所

（2）电子调速皮带秤 电子调速皮带秤可安装在料仓下，用于散状物料的计量和配料，有流量计算、产量累计功能，可接微机与打印机，用于自动配料。其技术性能见表7-70。

表7-70 电子调速皮带秤技术参数

名 称	型 号	最大给料量 (t/h)	皮带宽度 (mm)	最高带速 (m/s)
微电脑调速皮带秤	TDG500	1.5~6.5	500	0.02~0.09
电子调速皮带秤	SK650	1.5~24	650	0.006~0.10
悬臂调速皮带秤	XJ-650	1.5~24	650	0.006~0.10
生产厂	广东华普电器公司			

7.2 成形机械设备

7.2.1 干压、半干压成形机械

1. 等静压机

等静压机是对受压工件施加各向均匀静压力的机械。

冷等静压机以液体为介质，压制各种高质量、形状复杂的粉末制品，用于陶瓷、耐火材料、硬质合金等。

热等静压机是在高温和高压同时作用下进行材料的成形、密实和热处理的先进工艺设备，可用于各种粉末制品的成形、烧结和致密化。

冷等静压机的主要技术参数列于表 7-71，热等静压机的主要技术参数见表 7-72。

表 7-71　冷等静压机技术参数

型　号	轴向力（MN）	容器内径（mm）	有效工作高度（mm）	额定压力（MPa）	生产厂
LDJ240	2.4	Φ100	300	500	川西机器厂
LDJ1000	10	Φ200	1000	300	
LDJ2600	26	Φ320	1000	300	
LDJ4000	40	Φ400	1500	300	
LDJ6000	60	Φ500	1500（2000）	300	
LDJ10000	100	Φ630	2000（2500）	300	
LDJ15000	150	Φ800	2500	300	
LDJ24000	240	Φ1000	3000	300	
CIP130	1.99	Φ130	1030	150	中国钢研科技集团公司
CIP130	5.31	Φ130	800	400	
CIP200	25.13	Φ200	750	800	
CIP300	35.38	Φ300	800	500	
CIP400	31.42	Φ400	1400	250	
CIP500	58.91	Φ500	1460	300	
CIP750	132.47	Φ750	1800	300	
CIP850	170.15	Φ850	2400	300	
CIP1000	235.5	Φ1000	3000	300	

表 7-72　热等静压机技术参数

型　号	工作压力（MPa）	轴向力（MN）	炉膛直径（mm）	有效高度（mm）	设计温度（℃）	工作介质
HIP270	150	29.45	270	750	1500	Ar
HIP450	137.5	51.42	450	1000	1350	Ar
HIP690	150	99.72	690	1120	1500	Ar
HIP100	200	7.26	100	120	2000	Ar, N_2
HIP120	200	11.04	120	240	2000	Ar, N_2
HIP180	200	16.49	180	160	2000	Ar, N_2
生产厂	中国钢研科技集团公司					

2. 全自动液压压砖机

（1）全自动液压压砖机是陶瓷墙地砖生产的关键设备，也是专业化程度最高的压形设备。经过近三十年的发展，我国全自动液压压砖机跻身于世界同类产品先进行列。国内佛山恒力泰公司生产的 YP 系列全自动液压压砖机见表 7-73。

第 7 章 陶瓷机械设备

表 7-73 YP 系列全自动液压压砖机技术参数

参数 型号	最大压制力（kN）	模芯顶出力（kN）	动梁最大行程（mm）	动梁与底座最小间距（mm）	动梁与底座最大间距（mm）	左右立柱间净空（mm）	动梁工作面宽度（mm）	最大填料深度（mm）	空循环次数可达（min^{-1}）	周期加压次数（times）	主电机功率（kW）	主机重量（t）	常温水耗量（m^3/h）	系统耗气量（m^3/h）	系统装油量（L）
YP600	6000	70	150	370	520	1070	370	55	24	2~3	55	19	6	0.2	520
YP1000	10000	180	140	390	530	1400	500	60	26	2~3	55	28.8	12	0.2	700
YP1280	12800	180	125	395	520	1550	600	60	24	2~3	58.55	39.9	—	0.25	650
YP1300	13000	180	150	385	535	1600	600	60	25	2~3	55	40.1	15	0.25	650
YP1500	15000	180	150	450	600	1700	640	60	25	2~3	75	47.5	18	0.25	800
YP1680	16800	180	140	460	600	1450	640	60	24	1~2~3	79.29	43.8	—	0.25	700
YP1800	18000	180	150	450	600	1670	670	60	25	2~3	75	54.8	18	0.25	900
YP2080	20800	180	150	450	600	1600	700	60	22	2~3	75	61.1	18	0.4	1200
YP2500	25000	243	160	460	620	1900	750	60	23	2~3	90	76.1	18	0.5	1500
YP3280	32800	243	160	460	620	1720	920	60	20	2~3	90	93.3	18	0.5	1600
YP3500	35000	243	160	460	620	1720	920	60	21	2~5	90	94.3	18	0.5	1500
YP3800	38000	243	175	505	680	1720	1050	60	18	2~3	96.42	109	18	0.5	1500
YP4000	40000	265	175	505	680	1750	1100	70	19	2~5	90	102.7	18	0.4	1000
YP4280	42800	243	175	505	680	1720	1190	60	18	2~5	90	112.3	18	0.5	1500
YP5000	50000	265	195	505	700	1820	1250	70	16	2~5	110	118.5	15	0.4	1200
YP5600	56000	265	215	505	720	1900	1275	70	16	2~5	110	131.9	15	0.4	1200
YP7200	72000	320	255	510	765	2200	1370	80	16	2~5	132	178.8	18	0.5	1800

（2）广东科达机电股份有限公司生产的 KD 系列自动压砖机的主要技术性能见表 7-74。

表 7-74 KD 系列自动压砖机技术参数

参数 \ 型号	KD1300	KD1800	KD2100	KD2100W	KD3200	KD3200W	KD3800	KD3800W	KD4200	KD4800	KD5800	KD7800
公称压制力（kN）	13000	18000	21000	21000	32000	32000	38000	38000	42000	48000	58000	78000
动梁最大行程（mm）	130	140	160	160	180	180	180	180	180	200	210	250
动梁工作宽度（mm）	600	730	755	755	960	960	1220	1050	1160	1300	1300	1500
立柱净间距（mm）	1600	1750	1600	1750	1750	2250	1750	2400	1750	1750	1900	2200
最小闭合高度（mm）	395	430	430	430	450	450	470	470	470	470	470	500

续表

参数 \ 型号	KD 1300	KD 1800	KD 2100	KD 2100W	KD 3200	KD 3200W	KD 3800	KD 3800W	KD 4200	KD 4800	KD 5800	KD 7800
空循环频率(cycle/min)	≤25	≤24	≤23	≤23	≤22	≤22	≤20	≤20	≤20	≤19	≤18	≤16
填料深度(mm)	≤60	≤60	≤60	≤60	≤60	≤60	≤70	≤70	≤70	≤70	≤70	≤80
最大顶出力(kN)	220	220	220	220	220	220	260	260	260	260	260	320
液压系统压力(MPa)	15~17	15~17	15~17	15~17	15~17	15~17	15~17	15~17	15~17	15~17	15~17	15~17
主缸最大压力(MPa)	34	34	33	33	33	33	34	34	34	34	35	35
主电机功率(kW)	55	75	75	75	90	90	90	90	90	110	110	132
总功率(kW)	59	80	80	80	100	100	96	96	96	118	118	140
压缩空气气压(MPa)	0.4~0.6	0.4~0.6	0.4~0.6	0.4~0.6	0.4~0.6	0.4~0.6	0.4~0.6	0.4~0.6	0.4~0.6	0.4~0.6	0.4~0.6	0.4~0.6
系统耗气量(0.5MPa)(m^3/h)	0.3	0.3	0.4	0.3	0.5	0.5	0.5	0.5	0.5	0.5	0.5	0.5
冷却水压(MPa)	0.4	0.4	0.4	0.4	0.4	0.4	0.4	0.4	0.4	0.4	0.4	0.4
冷却水量(20℃)(m^3/h)	5~8	8~12	7~10	8~12	8~12	8~12	12~15	12~15	12~15	12~15	12~15	12~15
液压油量(L)	800	1000	900	1000	1000	1000	1200	1200	1200	1400	1500	1600
重量(t)	41.5	60	60	65	91	110	102	140	106	115	135	173

近几年，广东科达机电股份有限公司开发出了MODULO6800型压机。该压机为三梁八柱压机，技术参数见表7-75，配用特殊的拖带盛料系统后，现已成功地应用于900mm×1800mm×(3~6)mm的干压瓷质板的生产。

表 7-75 MODULO6800 型压机技术参数

公称压制力	kN	68000
动梁最大行程	mm	180
动梁前后宽度	mm	2700
立柱净间距	mm	1550
最小闭合高度	mm	490
空循环频率	Circle/min	≤17
填料深度	mm	≤80
最大顶出力	kN	260
液压系统压力	MPa	15~17
主缸最大压力	MPa	35
主电机功率	kW	132
总功率	kW	151
压缩空气气压	MPa	0.5
系统耗气量（0.5MPa）	m³/h	0.5
冷却水压	MPa	0.4
冷却水量（20℃）	m³/h	12~15
液压油量	L	1500
重量	t	157

（3）福建海源陶瓷砖自动液压机技术参数见表 7-76。

表 7-76 陶瓷砖自动液压机技术参数

参数 \ 型号	HP2100	HP2600	HP2800	HP3200	HP3780	HB1100	HCQ1000	HP3600	HP5000
公称压制力（kN）	21000	26000	28000	32000	37800	11000	10000	36000	50000
柱间距（mm）	1600	1600	1600	1600	1750	1400		1750	1820
活动梁最大行程（mm）	140	160	160	160	160	430	350	160	195
空循环次数（次/min）	≥20	>18	>18	≥18	>18				16
压制次数（次/min）	8~16	8~12	6~12	6~12	6~12	2~5	4	8~12	
液压油容量（L）	1100	1300	1300	1300	1500	800		1500	800
动梁工作面宽（mm）									1250
顶出力（kN）	15	15	15	15	15	9.8		150	260
最大填料深度（mm）	50	60	60	60	60	120		60	70
主机功率（kW）	75	75	75	90	90	55		90	132
液压回路最高压力（MPa）	17	16	16	16	16	17	60		
压制油缸最大压力（MPa）	33.5	34	34	34	34	38		31.5	34
模具加热功率（kW）	20	20	20	20	20	20			
工作台面尺寸（mm）							1400×800		
每次压制球数							10~20		
重量（t）	60	73	73	75	85	32	32	103	120
压制最大砖坯尺寸（mm）	600×600	700×700	700×700	700×700	900×900	500×500	Φ60		

(4) 咸阳陶瓷研究设计院设计开发的 SY 系列实验室用数控液压压砖机技术参数见表 7-77，TY 系列全自动液压压砖机主要参数见表 7-78。

表 7-77 SY 系列实验室用数控液压压砖机技术参数

型 号	SY35	SY60	SY120
最大压制力（kN）	350	600	1200
液压系统最高压力（MPa）	20	25	25
电机功率（kW）	3	4	7.5
最大填料深度（mm）	50	50	50
动梁最大行程（mm）	120	120	120
总重（kg）	375	475	625
随机模具规格（mm）	150×65	250×50	300×150

表 7-78 TY 系列全自动液压压砖机技术参数

型 号	最大压制力（kN）	电机功率（kW）	装料深度（mm）	动梁行程（mm）
TY160	1600	5.5	4~63 可调	165
TY250	2500	7.5	4~63 可调	165
TY300	3000	11	4~63 可调	165
TY400	4000	15	4~63 可调	165
TY500	5000	18.5	4~63 可调	165

(5) 国外萨克米公司压机技术性能指标见表 7-79。唯高公司研制的双活塞压机压制产品时，其工作表现有了很明显的提高，产品在压力均匀分布以及瓷砖表面的厚度上，误差很小，技术性能指标见表 7-80。

表 7-79 压机技术性能

项目	单位	萨克米公司												
压机型号系列		PH												
		7500	6500	5000	4200	3590	2500	2000	1600	1400	980	690	680	400	380	150
机体结构形式		三梁四柱									三梁两柱				
最大压力	t	7500	6500	5000	4200	3500	2500	2000	1600	1400	1000	600	600	400	400	150
推顶力	t		210		15	180	9.8	9.8	9.8	9.8	9.8	14	14	14		
动梁最大行程	mm	230												200	200
压制次数	次/min		2450	1750	18	1750	21	22	24	25	24	34	34	36		
立柱间距	mm	2450		1750		1430	1550	1450	1550	1400		1750	750	500		
填料高度	mm			62	50	50	50	60		60		60				
电机功率	kW			118		79	79	59	79	56.5	47.5		40			
模具加热功率	kW			60		24	24	24	24	24	32	24				
流满油箱液压油量	L			1300		1100	1050	800	800	550	380	480	350			

续表

项 目	单 位			萨克米公司								
冷却水量 (5~20℃)	m³/h			5.0	2.1	2.1	1.8	4.2		3	3	1.8
压机重量	t			87	62	49	38.5	38.5	28	17	17.5	12
压机高度	m				4.86	4.66	4.16	4.15	3.7	3.3	3.62	2.9
压机宽度	m				0.93	0.93	0.9	0.9	1.07	0.7	1.14	0.7
压机长度	m				2.45	2.45	2.27	2.27	2.12	2.02	1.77	1.02

表7-80 压机技术性能

参数 \ 型号	WK 1500	WK 2000	WK 2500 2800	WK 3500 4200	WK 5000 5500	WK2 3500	WK2 4600	WK2 6200	WK2 7200
最大压制力 (t/mN)	1500/14.7	2000/19.6	2500/24.5 2800/27.5	3500/34.3 4000/39.2	5000/49 5500/54	3200/31.4	4600/45.1	6200/60.8	7200/70.6
立柱间距 (mm)	1600	1750	1750	1750	1750	2250	2250	2500	2600
横梁最大行程 (mm)	160	160	160	200	200	200	200	200	200
最大填料高度 (mm)	40	40	70	70	70	70	70	70	70
液压回路电机功率 (kW)	75	75	90	110/132	132	110	132	160	160
模具加热功率 (kW)	37	37	50	50	50	50	50	60	60
辅助电机功率 (kW)	9	9	9	14	14	14	14	18	18
总功率 (kW)	121	121	149	174/196	196	174	196	238	238
液压回路最大压力 (bar)	180	180	180	200	200	200	200	200	200
油箱容积 (L)	700	1050	1050	1100	1250	1100	1250	1500	1500
冷却水耗量 (m³/h)	3.6	3.6	3.6	4.2/4.5	4.5	4.2	4.5	6	7
净重 (t/kN)	42/412	48/470	54/529 56/551	63/618 68/667	84/824 88/863	72/710	89/872	125/1220	142/1399
最大压制速度 (次/min)	25	24	22	20/18	15	20	16	12	9
最大填料宽度 (不带辊刷)(mm)	1400	1570	1570	1570	1570	2050	2050	2300	2400
最大填料宽度 (带辊刷)(mm)	1360	1530	1530	1530	1530	2010	2010	2250	2350

3. 压机布料系统

压机布料系统是压机的重要配套设备。自 20 世纪末 LB 公司开发出压机二次布料系统后，先布质量较低的基料，再布质量高的面料，大大降低了抛光砖的原料成本。21 世纪坯体装饰的抛光砖在我国迅速发展，走在世界前列，相应的二次布料、多管布料技术在我国也有了飞速的发展，得以生产出绚丽多彩的微粉砖、线条砖、仿石砖、聚晶砖等瓷质抛光砖产品。二次、多管多功能布料系统如图 7-7 所示。几种典型的布料系统的技术性能见表 7-81、表 7-82、表 7-83。

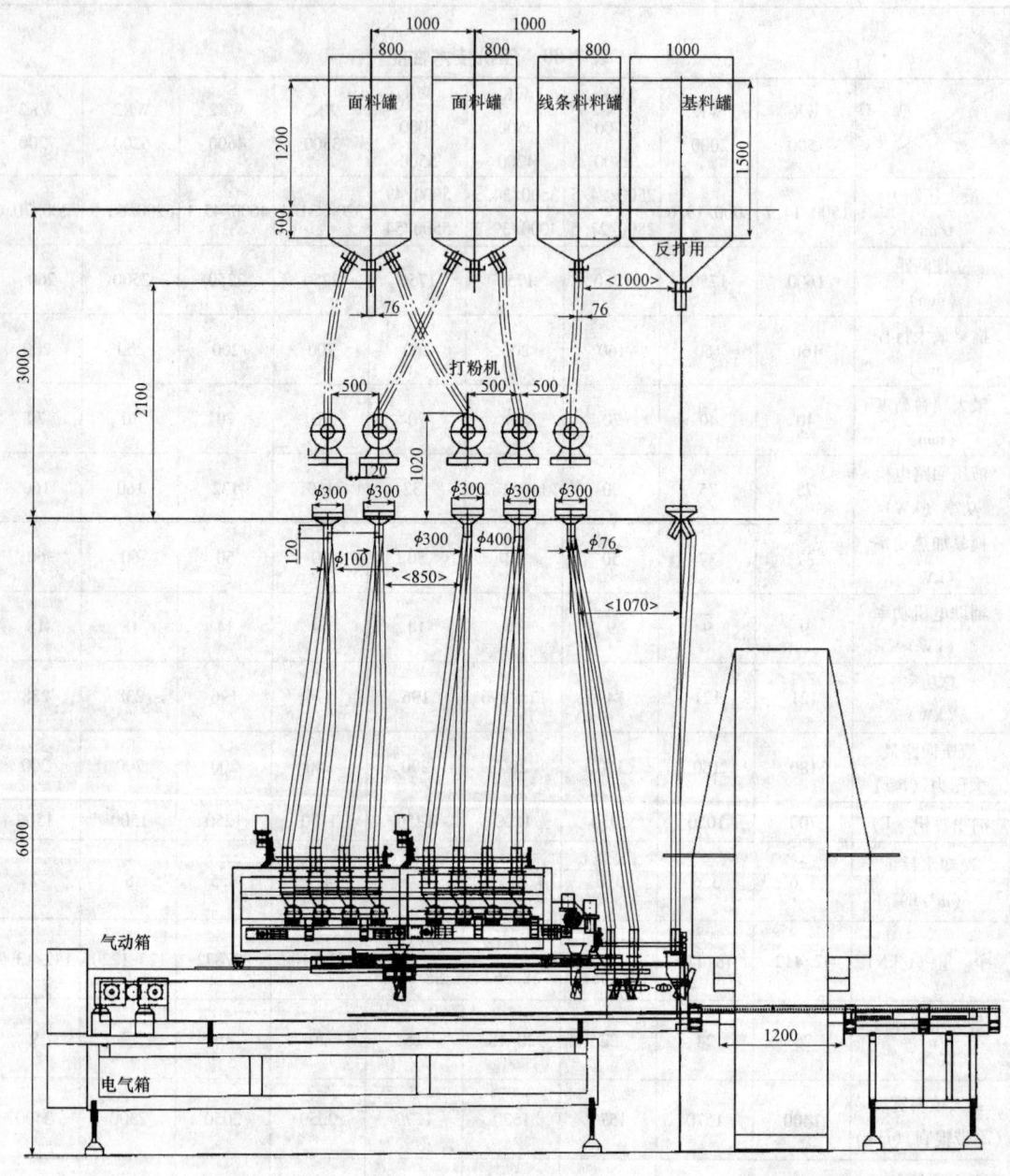

图 7-7 多管功能布料系统

表 7-81 WBL 超微粉二次布料系统技术参数

布料周期时间（s）	7~20
可布料最大规格（m）	1.2~1.8
面料布料次数（次）	1 或 2
布料厚度（mm）	7.5~10
生产厂	赛科陶瓷机械设备有限公司

表 7-82 KB 系列多功能布料机技术参数

型号			KB158	KB172	KB197
配置压机（最大压制力）		kN	18000	28000	
			20800	36000	
			28000	42800	
粉车最大宽度尺寸		mm	1580	1720	
系统空循环次数		min^{-1}	20	19	18
系统电压		V(Ac)	380	380	380
控制系统电压		V(Dc)	24	24	24
系统耗气量		m^3/h	0.3	0.3	0.3
普通布料方式次数	400×400	min^{-1}	7~9	—	—
	500×500		6~8	6~8	—
	600×600		5~7	5~7	5~7
	650×650		5~7	5~7	5~7
	800×800		4~6	4~6	4~6
	1000×1000		—	3~5	3~5
	1200×1200		—	—	3~4
幻彩布料方式次数	400×400	min^{-1}	7~9	—	—
	500×500		6~8	6~8	—
	600×600		5~7	5~7	5~7
	650×650		5~7	5~7	5~7
	800×800		4~6	4~6	4~6
	1000×1000		—	3~5	3~5
	1200×1200		—	—	3~4
微粉二次布料方式次数	400×400	min^{-1}	5~6	—	—
	500×500		4~6	4~6	—
	600×600		3~5	3~5	3~5
	650×650		3~5	3~5	3~5
	800×800		2~4	2~4	2~4
	1000×1000		—	2~3	2~3
	1200×1200		—	—	1~3
总机重量		t	3	4	5
生产厂			佛山市石湾区科信达陶瓷设备有限公司		

表 7-83 BC、BY 布料系统技术参数

参数 \ 机型		BC1720/1000	BY1720/1000X	BY1900/1000X	BY2200/1200X	BY1600/600D	BY1750/600D	BY1750/1000D	BY1900/1200D	BY2250/600D
适合压机内宽（mm）		≥1720	1720	1900	2200	1600	1750	1750	1900	2250
最大布料宽度（mm）	单次布料	1500	1500	1650	1950	1500	1630	1500	1770	2080
	二次布料	1430	1450	1600	1900					
适合压制砖坯规格（mm）		600×600−2W 800×800−1W 1000×1000−1W 1200×600−1W	1000×1000	1000×1000	1200×1200	600×600	600×600	1000×1000	1000×1000	600×600
实现布料次数	单次布料（次/min）	6~10	6~10	5~9	4~6					
	二次布料 普通（次/min）	3~4	3~5.5	3~5	3~4	9~15	9~15	9~15	5~10	5~14
	二次布料 线条（次/min）	2.5~3.5	3~4	2.8~3.8	2.5~3.3					
推料架行程（mm）		3000	3000	3000	3200	1000	1000	1800	1950	1100
压缩空气压力（MPa）		≥0.8	≥0.6	≥0.6	≥0.6	≥0.6	≥0.6	≥0.6	≥0.6	≥0.6
压缩空气用量（m³/min）		≥2	≥1.5	≥1.5	≥1.5	≥1	≥1	≥1	≥1	≥1
总功率（kW）		48	14	14	15	3.5	3.5	4.5	4.5	4.5
外形尺寸 长×宽×高（mm）		8800×2700×3300	5200×2700×3100	5100×2950×3100	5300×3250×3100	2500×2020×2050	2800×2500×2050	2300×2400×2000	4000×2800×2200	2900×3300×2000
总重（kg）		11230	4600	4900	6000	1640	1800	2000	3000	2000
生产厂		广东科达机电有限公司								

科达灵海公司还开发了"魔术师"成形装饰系统。该系统为模块化结构设计，所有模块均可独立或任意组合运行。各模块动作简单，可靠性高，能适应各种规格、各种档次的瓷砖生产。目前已经成功应用微粉模块、丝网模块、压模线条模块和基料模块，可以同时实现

丝网、微粉、分区微粉和线条等多种装饰方法。该设备在仿天然石材砖的制备技术上有着实质性的进步，能将天然石材所具有的鲜明色泽、丰富纹理、裂缝效果乃至细微的线条精确的表现出来，做到了色彩、纹理、质感的和谐统一。"魔术师"成形装饰系统不仅可以生产标准厚度的陶瓷墙地砖，而且可以生产薄至3mm厚的薄板，并且能够巧妙地利用尾料，是绿色的生产技术。

7.2.2 卫生瓷注浆成形机械

1. 微压组合浇注线

（1）洗面器（水箱盖）组合浇注线　国产洗面器（水箱盖）组合浇注线技术性能见表7-84。

表7-84　洗面器组合浇注线技术参数

型　号		TC2Z-220	TC2Z-225	TC2Z-235	TC2Z-240	TC2Z-250
模型总数（套）		40	50	70	80	100
注浆次数（次/d）		1~2	1~2	1~2	1~2	1~2
压缩空气压力（MPa）		0.588	0.588	0.588	0.588	0.588
注浆槽底高度（m）		1.7	1.7	1.7	1.7	1.7
轨架倾斜角度（°）		10~15	10~15	10~15	10~15	10~15
外形尺寸（mm）	长	11000	11500	15800	17300	20500
	宽	5500	5500	5500	5500	5500
	高	2260	2260	2260	2260	2260
设备质量（kg）		1842	2110	2743	3040	3568
生产厂		唐轻机厂				

（2）水箱（洗槽）组合浇注线　国产水箱（洗槽）组合浇注线技术性能见表7-85、表7-86。

表7-85　水箱组合浇注线技术参数

型　号		TC2Z-163	TC2Z-135
产品		水箱	洗涤槽
模型总数（套）		63	35
注浆次数（次/d）		1~2	1~2
电机功率（kW）		5.5	7.5
隔模重量（kg）		—	—
脱模速度（m/min）		0.66	0.66
外形尺寸（mm）	长	25700	25700
	宽	3960	3960
	高	3463	3463
设备重量（kg）		6800	6800
生产厂		唐轻机厂	

表 7-86　水箱立浇线技术参数

驱动形式	电动机、V 带、减速器、滚子链传动
上模架升降方式	吊链提升
模型压紧方式	气袋压紧
起坯方式	真空吸附卷扬式
模型数（套）	50
总功率（kW）	1.87
设备外形尺寸（mm）	22550×4100×3546
生产能力	1~3 次/d
生产厂	唐山贺祥锆业有限公司

注：原电动丝杠传动的水箱立浇线的配套电机功率为 5.5kW。

（3）坐便器（洗涤器）组合浇注线　国外坐便器组合浇注线有德国内兹（NETZSCH）公司的 Duravit 系统和 Keramag 系统，它们的主要技术性能列于表 7-87a。

表 7-87a　国外坐便器组合浇注线技术参数

类型	Duravit			Keramag	
浇注台数目	2	4	4(带模型干燥器)	2	2
每个浇注台模具数	30	30	30	27	27
烧注台长度（m）	约21	21	21	20	20
全长 L(m)	约24	45	45	23	22.7
总宽 W(m)	约6	6	6.5	7.7	7.7
总高 H(m)	约3	3	4.25	2.5	2.5
压缩空气表压（bar）	6	7	7	6	6
浇注次数（次/d）	1~2	1~2	3	1	1
压缩空气需要量[NL/(min·台)]	2000	2000	2000	—	—
4 台加热器耗热量（kcal/h）(3.5kg 蒸汽/个模型)	—	—	400000	—	—
耗电量（kW）	—	—	50	—	—

类似 Duravit 产品，咸阳陶研院、广州机电开发公司，唐山贺祥公司等均能制造。以咸阳陶瓷研究设计院产品为例，产品性能列于表 7-87b。

表 7-87b　坐便器组合浇注线技术参数

浇注线数目（条/组）	4
每条浇注线模型数	30
一次注浆产量（件）	120
浇注次数（次/d）	1~2
压缩空气压力（MPa）	0.5~0.7
热风装置耗热量（kJ/h）	$9\times4.18\times10^4$
蒸汽进口压力（表压）（MPa）	0.4
供电	3 相、50Hz、380V、6kW
外形尺寸（mm）	45800×6436×3597
重量（t）	12.4

注：本组合浇注线带热风装置，用于干燥模型，热源可用蒸汽，也可采用燃气热风。

我国的坐便器组合浇注线配上结构较复杂的模型，能一次成形喷射虹吸式坐便器，达国际先进水平。

（4）其他产品　洗面器立柱、小便器、浴室配件等均可在组合浇注线上生产，表7-88列出SITI公司配备了辅助脱模系统（带可伸缩辊道的脱模小车）的组合浇注线的技术性能。

表7-88　组合浇注线技术参数

产品类型	洗面器	立柱	冲洗水箱	浴室配件	小便器
模具数（套）	80	50（2件/套）	104	45（12件/套）	54
需要面积（m²）	20.00×6.50	24.00×3.50	24.00×6.50	20.00×3.00	24.00×3.50
占地面积（m²）	17.60×6.00	21.50×3.00	21.50×6.00	17.60×3.00	21.50×3.00
产量（件/班）	80	100	104	1620	54
工人数（人/班）	1	1	1	1	1
产量[件/人·班]	80	100	104	1620	54
安装功率（kW）	4	3	4	3	3
压缩空气耗量（m³/次浇注）	100	80	100	80	80
组件长度（m）	2.72	2.72	2.72	2.72	2.72
浇注（次/班）	1	1	1	3	1（2*）
班次（班/d）	1（2*）	1（2*）	1（2*）	1	1（2*）

*表示在带有模具干燥器的情况下。

2. 台式浇注成形线

模型放在浇注台上成形是传统的注浆方法，现代卫生陶瓷生产中采用机械装置开合模、翻转模型和取出坯体，以减轻工人的体力劳动，以下是几种典型的装置。

（1）SITI公司采用带自动模具操作车（Lem）的台式注浆线　该线有生产不需粘结坐圈的一次成形坐便器（净身器）和生产带粘结坐圈的坐便器两种类型，均带模具操作车，后者还带模型干燥系统，需粘结的坐圈挂在浇注台上方，便于打孔，然后翻转放下与坐便器体准确对位粘合。

该系统的主要参数列于表7-89。

表7-89　SITI公司台式浇注线技术参数

产品类型	不需要粘结坐圈的浇注系统		需要粘结坐圈的坐便器	
	坐便器	洗涤器		
模具数（套）	40	48	34	76
需要面积（m²）	18.00×6.50	20.00×6.50	15.00×8.00	40.00×9.80
占用面积（m²）	16.00×6.00	18.00×6.00	13.50×7.50	40.00×9.80
件/班	40	48	34	76
工人数/班	1	1	1	2
产量/人	40件/班	48件/班	34件/班	38件/班
安装功率（kW）	6.5	6.5	6.5	32

续表

产品类型	不需要粘结坐圈的浇注系统		需要粘结坐圈的坐便器	
	坐便器	洗涤器		
压缩空气/次浇注（m³）	100	100	100	200
长度模数（m）	2.80	2.80	2.80	1.60
浇注次数/班	1	1	1	1
班次/d	1	1	1	3

（2）北京东陶公司的机械台式注浆

1）坐便器台式机械　大胎和圈分别成形，然后粘结。大胎的成形机械八组模具为一台。由于采用双面吃浆，模型由上、下、左、右四块组成。注浆时大胎的位置正好与使用时相反即粘圈处朝下，底面朝上。机械由上梁、中梁及底座组成。上模挂在上梁上，由电动葫芦带动可上下运动，下模固定在中梁上，左、右模型也固定在中梁上，由中梁上设置的汽缸带动可左右运动。中梁可由一电动机带动作180°翻转，当上梁提升到一定高度之后再向上运动即可带动中梁也向上运动，底座与上、中梁不连接。

操作顺序：左、右模由气缸带动合模，上梁下降合模，注浆、排浆、巩固，开上模夹具，提升上模，当上模提升到一定高度时带动中梁也一齐向上运动，到某一位置停止，以便留出坯体翻转空间，开左、右模，在坯底部扣上接坯托板，夹紧接坯托板，中梁翻转180°，中梁连同上梁下降直至托板接触底座，松开夹具，用空气管将坯体与下模（现在下模在上边）吹离，由底座上取出坯体。中梁提升，翻转，合左、右模，合上模，夹紧上模后就可以进行第二次注浆。

2）洗面器台式机械　26组模型构成一台，机械主要由上梁、中梁和底座组成。石膏模型的上模（指注浆位置时）挂在上梁上，下模固定在中梁上，底座与上、中梁不连接。在最底处，电动葫芦带动上梁上升或下降，当上梁升到一定高度时，又可带着中梁一起向上运动，下模还可用手工扳动绕一中轴翻转180°。

操作顺序：合模、注浆、排浆、巩固，开上模夹具，提升上模，在下模的坯体上扣放托板，夹紧托板，上下模一齐提升，下模连同坯体翻转180°，降下下模使之落到底座上，松开托板夹具，提升下模，由底盘上取出坯体，下模翻转180°，降下模，降上模最后在合模位置停止，夹紧上下模后可进行下一次注浆。

3）水箱台式机械　42组模型构成一台，采用双面吃浆，模型由上模和下模组成。机械主要有上梁和底座。上模吊在上梁上，下模放置在底座上。

由合模位置开始，当吃浆结束时，从上模孔处吹压缩空气，将上模稍微托起，然后提升上梁，上模则提起，在坯体上作打孔等操作，最后由两个操作人员一同操作，用真空吸箱逐个从下模中将坯体吸在吸箱上提出。

台式机械只有在向上向下或翻转时才消耗动力，吃浆、巩固时都不消耗动力，因此电力消耗很小。而且，质量也不低于手工操作，劳动效率相当于手工操作的2~3倍，与手工操作相比节省成形占地面积，设备比较简单，维修费用低等。其缺点是互换性差，一种机械只能生产一类产品，如洗面器机械只能用于外形尺寸相差不多的洗面器产品。

东陶公司的旋涡虹吸式连体坐便器也可在机械台式注浆线上成形：每条线13套模具，生产效率是已知设备中最高的。

3. 低压快排水组合浇注线

低压快排水浇注线上使用的石膏模具中埋设微孔管网系统，成形时管中抽真空，这样泥浆在微压和真空的共同作用下形成坯体。脱模后，向微孔管网中吹入压缩空气使模具脱水，这样可实现每班注两次至三次，每天可两班生产。表7-90、表7-91、表7-92是几种比较典型的低压快排水组合浇注线。

表7-90 低压快排水系统技术参数

产品类型	洗面器	立柱	冲洗水箱	浴室配件	蹲便器
模具数目（套）	30	2 每套2件	40	45 每套12件	22
需要面积（m²）	18.00×5.00	15.00×5.00	21.00×5.00	21.00×5.00	15.00×4.50
占用空间（m²）	16.50×4.50	13.50×4.50	20.00×4.50	20.00×4.50	13.50×4.50
件/班	90	120	120	1620	66
工人数/班	1	1	1	1	1
产量/人	90件/班	120件/班	120件/班	1620件/班	66件/班
安装功率（kW）	28	28	28	28	28
压缩空气消耗量/次浇注（m³）	*	*	*	*	*
浇注次数/班	3	3	3	3	3
班次/d	3	3	3	3	3
生产厂			SITI 公司		

* 系统本身配有一台自动空气压缩机。

表7-91 RDCM低压快排水系统技术参数

产品类型	坐便器及洗涤槽	洗涤器及蹲便器	冲洗水箱加盖	洗面器	立柱	淋浴槽	小便器
工件/模具	1	1	2	1	2	1	1
模具/工作台	20	20	30	35	30	35	20
工件/工作台	20	20	60	35	60	35	20
次/班	2	2	2	2	2	2	2
班/d	2或3	2或3	2或3	2或3	2或3	2或3	2或3
1班产量	40	40	120	70	120	70	40
2班产量	80	80	240	140	240	140	80
3班产量	120	120	360	210	360	210	120
工作人数/工作台	1	1	1	1	1	1	1
占地尺寸（mm）	18000×2800	18000×2800	18000×2800	18000×2800	18000×2800	18000×2800	18000×2800
压缩空气压力（bar）	最大6	最大6	最大6	最大6	最大6	最大6	最大6
装机功率（kW）	10	10	10	10	10	10	10
净重（kg）	3000	3000	2700	2800	2800	2800	3000
生产厂				唯高（Welko）公司			

注：唯高公司的RDCM低压快排水系统采用无管网微孔石膏模具，模具内部并没有软管或网状物，而是采用特殊技术形成脉状结构。

表 7-92　国产低压快排水系统技术参数

产品	洗面器	坐便器	水箱
型号	DYX35	DYZ20	DYS30
坯件数/每模	1	1	1
模具数/每台设备	35	20	20
坯件数/每台设备	35	20	20
周期数/每班（8h）	2	2	2
每天班数	2	2	2
坯件数/班	70	40	60
设备操作人员	1	1	1
压缩空气压力（MPa）	0.6	0.6	0.6
最低泥浆温度（℃）	28	28	28
生产厂	咸阳陶瓷研究设计院		

4. 高压注浆成形机

高压注浆成形机采用微孔塑料模，可以生产洗面器、水箱之类 2 片模成形的产品，也可以生产用 4～5 片模具成形的产品，如坐便器。

德国道尔斯特（DORST）公司生产的高压注浆机的技术参数见表 7-93。

表 7-93　高压注浆成形机组技术参数

型号		DG160	DGS140	BDW80	BDW90	BDWC70	DGS85
产品		洗面器	洗面器	洗面器	洗面器	坐便器	水箱
浇注次数（次/h）		5～10	5～10	2.9～3.6	3～4	4～6	7～9
坯件最大尺寸（mm）		810×660	—	—	—	—	—
压机行程/坯体高度（mm）		最大790/300					
最大闭模力（kN）		1600	1400	900	900	垂直650 水平700	850
泥浆最大压力（bar）		25	20	15	15	17	15
消耗功率（kW）		11	2.5	6	3	15	20
压缩空气消耗量（L/min）	6bar	最大200	最大200	250	440	240	240
	15bar			130	8	100	2
需水量（4bar）（L/min）		50	50	50	100	100	
净重（kg）		14500	8500	7500	7500	22000	10000
模具片数		2	2	2	2	4	2
模具套数/台		1	1	7	8	2	4

注：生产能力取决于泥浆性能、坯件形状、尺寸厚度。

意大利原纳撒蒂（Nassetti）公司生产的高压注浆机的技术性能见表7-94。

表7-94　高压注浆机技术参数

型　号	IAP–1	IAP–4	SP/2	SP/4	SP/5
模型结构（块/套）	2	2	2	4	2–4–5
模型数（套）	1	4	1	1	1
产量（次/h）	20–30	10–15	6	5–6	5–6
锁模力（t）	90	90	80	80	80
泥浆压力（bar）	最大40	最大40	8~10	12~15	20
坯体表面积（cm²）	最大2250	最大2250			
模型尺寸（mm）	最大 700×700	最大 700×700		高700~850 长800~975	
安装功率（kW）	12	12	16	25	22
压缩空气耗量（L/min）	30（6bar）	50（6bar）			
水耗量（L/min）	20（4bar）	40（4bar）		33(3bar, 36℃)	
净　重（t）	2.5	3.7		20	20
占地面积（m²）	11.3	13.1	25	25	

国内最早开始高压注浆成形机组研发的单位是咸阳陶瓷研究设计院，目前研究工作还在进行。唐山惠达陶瓷（集团）公司研制开发的成形机组已应用于本公司的生产线上，效果良好。其技术参数见表7-95。

表7-95　高压注浆机技术参数

产　品		坐便器（体）	坐便器（圈）	洗面器	低水箱
模具结构（块/套）		4	2	2	2
模型数（套）		8	10	8	10
产量	min/次	24	30	30	14
	件/(天·台)	460	480	380	940
泥浆压力（MPa）		1.0	1.0	1.0	1.0
安装功率（kW）		48.4	15.4	15.4	45.15
压缩空气压力（MPa）		0.6	0.6	0.6	0.6
净　重（t）		115.96	16.9	16.9	40.5
占地面积（m²）		99	21	21	144
生产厂		唐山惠达陶瓷（集团）公司			

7.2.3　塑性成形机械

1. 劈离砖挤出成形机组

德国汉德尔（HANDLE）公司生产的真空挤出机压力高，可用于半硬塑性泥料的挤制成形，机头机嘴模具耐磨。其技术性能见表7-96。

表 7-96 真空挤出机技术参数

型 号	PZG 25a/16	PZG 25a/20	PZG 25a/25	PZG 35c/30	PZG 35c/30	PZG 45b/40
筒体直径（mm）	100	200	250	300	350	400
挤出压力（bar）	45	30	20	50	40	30
通过量（m^3/h）	1.0	1.5	2.5	8	12	15

挤出机后配有动切割机。林格（LINGL）公司的新型切割机带有数字式的切割长度可调功能，运用动切割原理，将砖逐块切割下来，其端部经增强处理。为了使用平稳，还采用了一个带分开凸轮的新型驱动系统，使切割机每分钟可以切割80对砖。

2. 饰面瓦成形机组

日本高砂公司生产的饰面瓦成形机组，包括真空挤出机、钢丝切坯机、压制喂料机、自动凸轮式压机以及瓦自动装载机用真空吸盘组。

3. 陶瓷质大板挤出——辊压成形机组

山东某公司采用塑性成形生产陶瓷薄板。坯料经配料、混料、加水、揉合、搅拌、练泥后入真空挤出机。挤出泥条，用动切割切成泥段，再进入多次辊压成形机。将泥段越压越薄，同时消除内部应力，最后经切边、素烧、施釉。再经过干燥和釉烧、水刀切割等工序，最终产品为 1000mm×(2000~3000)mm×(4~6)mm 左右的大规格陶瓷薄板砖。

7.3 干燥设备

7.3.1 连续式干燥设备

1. 砖坯立式干燥器

立式干燥器也称吊篮干燥器，它占地面积小，充分利用空间，托移式进出坯，减小坯体破损，热交换及热利用率高，自动化程度高，但因高度有限，不适用于 500mm×500mm 以上的大砖。

国外部分公司生产的立式干燥器技术性能见表 7-97。

表 7-97 国外立式干燥器技术参数

型 号	VD		VDL950		EVA170	EVA190	EVA270	EVA290
	TYPE9	TYPE7	TYPE9	TYPE7				
离地高度（mm）	9300	7200	9300	7200	6810	8930	6850	9700
吊篮数量（个）	28	22	25	20	21	27	20	26
每个吊篮层数（层）	13	13	15	15	14	14	13	13
每层有效装载面积（mm×mm）	750×960	750×960	950×1240	950×1240				
装机功率（kW）	31	25	43.5	38	29	40	49	56
热风机功率（kcal/h）	600000	400000	600000	400000	600000	600000	800000	800000
总装坯层数（层）								
进砖最高水分（%）					7.5	7.5	7.5	7.5
出砖水分含量（%）	<0.8	<0.8	<0.8	<0.8	<1	<1	<1	<1
生产公司	意大利 SITI 公司				意大利 SACMI 公司			

第7章 陶瓷机械设备

国产的立式干燥器20世纪90年代曾有几家公司生产，但均因国内生产大规格砖为主，目前国产的立式干燥器基本无公司生产了。

2. 卧式辊道干燥器

（1）几种典型的卧式辊道干燥器的技术参数见表7-98、表7-99、表7-100、表7-101。

表7-98 卧式干燥器技术参数

通道宽度（mm）	有效宽度（mm）	辊棒直径（mm）	辊棒间距（mm）	通道长度（m）	干燥周期（min）	工作温度（℃）	层数
1350	1150	φ27/φ30/φ33.7	40/45/50/60	视客户需求而定	30~120	100~250	1~5
1650	1400	φ27/φ30/φ33.7/φ40	45/50/60/65		30~120	100~250	1~5
1950	1700	φ30/φ33.7/φ40/φ45	45/50/60/65		30~120	100~250	1~5
2300	2050	φ40/φ45/φ50/φ55	50/60/65/75		30~120	100~250	1~5
2500	2200	φ45/φ50/φ55/φ60	60/65/75/85		30~120	100~250	1~5
2700	2400	φ50/φ55/φ60	65/75/85		30~120	100~250	1~5
2900	2600	φ50/φ55/φ60	65/75/85		30~120	100~250	1~5
3100	2800	φ50/φ55/φ60	65/75/85		30~120	100~250	1~5
3300	3000	φ50/φ55/φ60	65/75/85		30~120	100~250	1~5
生产厂	佛山市科信达陶瓷设备有限公司						

表7-99 MRD卧式辊道干燥器技术参数

参数＼分类	单层	双层	三层	五层
型号	MRD-S-1	MRD-H2	MRD-H3	MRD-H5
总长（m）	8.4~168	8.4~31.5	8.4~31.5	8.4~31.5
内宽（mm）	1200~1400	2350~3200	2350~3200	2350~3200
外宽（mm）	1520~3520	2940~3790	2940~3790	2940~3790
长度模数（mm）	2100	2100~2864	2100~2864	2100~2864
辊棒直径（mm）	29~65	42~60	42~60	42~60
生产厂	佛山市摩德娜机械有限公司			

表7-100 卧式辊道干燥器技术参数

项目＼分类	单层、双层、三层、四层、五层
产品类型	建筑陶瓷墙地砖，西瓦等
产品规格（mm）	73×73（外墙砖）~1200×1800（抛光砖）
产量（m²/d）	≤15000m²/d（600×600抛光砖） ≤20000m²/d（250×330内墙砖）
内宽（mm）	800~3200mm
燃料	LPG、天然气、焦炉煤气、水煤气、轻油等
生产厂	广东科达机电股份有限公司

表 7-101 卧式干燥器技术参数

参数 \ 分类	A	B	C	D
层数	1	2	3	5
模数段长（mm）	2100	2100	2100	2100
有效宽度（mm）	1150~2900	1150~2900	1150~2900	1150~2900
每个模数段最大热功率（kcal/h）	80000	130000	130000~200000	300000
工作温度（℃）	120~250	120~250	120~250	120~250
生产厂	SITI 公司			

（2）微波辊道干燥器

微波加热干燥技术以其独特的从内向外加热方式，很好地解决了高水分坯体快速干燥时易变形、易开裂等行业难题，微波干燥器的推出促进了一系列新陶瓷产品的成功问世（如挤出成形的大规格陶瓷空心板），提高了一系列产品的成品率（如湿法成形的大规格超薄陶瓷板）。其技术参数见表 7-102。

表 7-102 微波干燥器技术参数

序号	含水阶段	物料含水率（%）	干燥速度（kg·h/kW）	耗电（kW·h/kg 水）	备注
1	高含水	>30	1.0	1.1~1.2	
2	一般含水	10~30	1.0	1.2~1.3	
3	低含水	3~10	1.0	1.2~1.4	视物料吸波性能而定
4	超低含水	<3	0.8	1.3~1.5	
生产厂	佛山市辉特机械有限公司				

3. 隧道式干燥器

（1）国产隧道干燥室的技术性能见表 7-103。

表 7-103 隧道干燥室技术参数

序号	项目名称	单位	隧道干燥室	隧道干燥室	隧道干燥室
1	干燥制品品种		卫生瓷	卫生瓷	卫生瓷
2	干燥室型式		隧道式	隧道式	隧道式
3	干燥室总长	m	23	20.14	20.14
4	干燥室内宽	m	2.56	2.56	2.56 1.32
5	干燥室内高	m	2.05	2.07	2.07
6	干燥车尺寸（长×宽×高）	m	1.4×0.8×1.53	1.4×0.8×1.53	1.4×0.8×1.53
7	干燥室容车数	辆	每通道 16×4	14×2	14×3
8	干燥时间	h	24	30	24
9	一条干燥室年产量	万件/年	19.7	6	12

续表

序号	项目名称	单位	隧道干燥室	隧道干燥室	隧道干燥室
10	热源		隧道窑余热	隧道窑余热	隧道窑余热
11	热气进口温度	℃	50、70、85	50、60、90	50、60、90
12	热气出口温度	℃	35、45、60	35、45、60	35、45、60
13	热气出口湿度	%	90、45、25	80、50、20	80、50、25
14	备注		4通道	2通道	3通道

(2) 国外隧道式干燥室的技术性能见表7-104、表7-105。

表7-104 连续隧道干燥器技术参数

干燥周期（h）	48
热需要量（kJ/kgH$_2$O）	4700
热空气入口温度（℃）	130
热空气出口温度（℃）	42
空气量（m^3/h）	45800
干燥车长（mm）	2100
车数（辆）	88
装车量（块）	1848
供热量（GJ/h）	2.51
隧道长（mm）	42000
隧道宽（mm）	6000
隧道数	2
托板尺寸（mm）	2000×230×40
托板层数	11/7/5
生产厂	Lingl 公司

表7-105 SFD卫生瓷快速干燥器技术参数

长度模数（mm）	2400
总长（mm）	（模数节数×2.4）+300
层数	1层和2层两种
干燥器内轨道数	2
干燥周期（h）	4~6
干燥车标准尺寸（mm）	950×870
干燥车载坯量	洗面器 3 立柱 9 水箱 4 水槽 2 洗涤器 2
生产厂	SACMI 公司

7.3.2 间歇式干燥设备

间歇式干燥器用于干燥砖、瓦坯体、卫生瓷和石膏模型等。被干燥的坯体装在干燥车内推入干燥器,关上干燥器门,室内通入热风,热风的温湿度可以控制,可以采用窑炉余热作热源,也可用烧油、气的热风炉产生热风,为了减少干燥室内的湿度、温度梯度,避免坯体干燥开裂,往往在干燥室内装有可以移动的轴流风扇或装有带锥形旋转筒(上面沿轴向开上有狭缝,吹出热风)的旋转风机。按预定的干燥曲线控制风温,坯体干燥后停止给入热风,干燥室降到常温后推出干燥车。新型的室式干燥器在干燥的初始阶段,可往热风内喷入蒸汽,产生高湿度、低温度的热风,最大限度地减少干燥开裂。

1. 少空气干燥器

咸阳陶瓷研究设计院开发的卫生瓷少空气快速干燥器因其干燥周期短、能耗低、成品合格率高、干燥占用场地小,深受用户欢迎。ARD 系列少空气干燥器的技术参数见表 7-106,其中 ARD-28 型少空气干燥器的使用性能见表 7-107。

表 7-106 ARD 系列少空气干燥器技术参数

干燥产品名称	坯体含水率(%)	干燥周期(h)	生产能力(件)	能耗(kcal/kg 水)	备 注
卫生洁具	13~17	5~5.5	750~900	800~1200	装机容量:30kW
高压电瓷	13~17	8~11.5	1600~2300	1200~1500	设备总重:18t
日用陶瓷	13~15	4~5		800~1200	设备容积:250m^3
耐火材料	8~18	8~12		1200~1500	占地面积:110m^2
墙体材料	8~18	13~17		1200~1500	燃料种类:洁净燃料

表 7-107 ARD-28 型少空气干燥器技术参数

型 号	分风器数量(个)	有效容积(m^3)	卫生瓷装窑(件)	电瓷装窑(悬式,件)	最大供热能力(kW)	外形尺寸($L \times W \times H$)(mm)
ARD-11	1	35.4	200	420	99	5×5.5×4.5
ARD-20	2	72.3	410	870	200	10×5.5×4.5
ARD-28	4	132.2	750	1600	315	10.4×10.4×4.5
ARD-35	6	229.4	1300	2700	358	11×15×4.5

2. 内兹(NETZSCH)公司卫生瓷坯体干燥室

干燥室内 8 个架子一排,共 4 排,内有 4 台旋转风机通风,适于各种卫生瓷件混装干燥,配有自动导向干燥车,干燥工作全自动进行。其技术参数见表 7-108。

表 7-108 卫生瓷坯体干燥器技术参数

能力(件/d)	480
架子尺寸(长×宽)(mm)	2000×1000
层/车	2~3
件/车(平均)	15
室内尺寸(长×宽×高)(mm)	8700×11565×2600

续表

室内门高（mm）	2100
室内干燥温度（带程序控制）（℃）	40~90
干燥周期（h）	12~16h（视产品而定）
干燥室容量（按湿重18kg/件）（kg）	8640
水蒸发量（kg/h）	115
入坯水分含量（%）	16
出坯水分含量（%）	0.5
装机热功率（kcal/h）	158000
加热方式	天然气、燃烧烟气
轴流风扇风量（m³/h）	30000
风扇电机转速（kW）	0.9/3.6
锥形风筒转速（r/min）	1.51
锥形风筒电机（kW）	0.18

7.3.3 热风发生器

1. RF系列热风发生器

RF系列恒温湿热风干燥系统以柴油或燃气为燃料，输出热风，提高车间大面积的温度，用于卫生陶瓷和其他陶瓷产品坯件车间的恒温、恒湿控制，以达到干燥泥坯和石膏模型的目的，其技术性能见表7-109。

表7-109 RF系列热风发生器技术参数

型号	热功率（kW）	燃油量（kg/h） 燃气量（Nm³/h）	耗电功率（kW）	热风温度（℃）	生产厂
RF-J230C RF-J230T	107~305	9~29.5 4.5~12	12.1	30~120	广州机电工业经济技术开发公司
RF-J500C RF-J500T	153~713	15~70 6.5~28	32	30~120	
RF-J850C RF-J850T	254~1020	25~100 11~40	32	30~120	
RF-J1200C RF-J1200T	510~1683	50~160 21~67	39	30~120	

2. 煤粉高温烟气沸腾炉

煤粉沸腾炉烧煤是经过磨煤机将原煤（≤20mm）粉碎到150~200目，同时将其送入沸腾炉燃烧。用于建陶厂喷雾干燥塔，该炉采用多种飞灰内循环燃尽装置，使煤燃尽率更高，飞灰扬尘夹带少。其技术性能见表7-110。

表 7-110　GXDF 型热风炉技术参数

型　号	GXDF$_1$	GXDF$_2$	GXDF$_3$	GXDF$_4$
配套干燥塔	1000，1500 型	2000，2500 型	3200，4000 型	8000 型
供热能力（kJ/h）	$4\times10^6 \sim 5.8\times10^6$	$8\times10^6 \sim 10.5\times10^6$	$12.8\times10^6 \sim 16\times10^6$	$27\times10^6 \sim 32\times10^6$
负荷调节范围	1:4	1:4	1:4	1:4
炉膛温度（℃）	900~1150 可控	900~1150 可控	900~1150 可控	900~1150 可控
进塔热风温度（℃）	600~700 可控	600~700 可控	600~700 可控	600~700 可控
炉膛负压（Pa）	-20~-40	-20~-40	-20~-40	-20~-40
热效率（%）	90	90	90	90
标煤耗量（kg/h）	159~230	318~415	508~636	1200~1300
燃料种类	要求低位发热量在 5000kcal/kg 以上，煤种不限			
设备总重量（t）	100	125	155	190
生产厂	咸阳陶瓷研究设计院			

3. 水煤浆旋风加热炉

热风炉结构为全双层钢板结构，钢板厚度为 5mm。夹层为空气层，10cm 厚，风机冷风由夹层进入热风炉。内层钢板铺一层 4cm 保温棉，然后是一层 14cm 高铝不定形浇注耐火材料。喷枪和炉体直径根据产量不同而不同。一般为喷雾塔配套用。其选型标准见表 7-111。

表 7-111　水煤浆热风炉选型标准

序　号	炉　型	喷枪数（个）	产量范围（t/d）	适应砖类型	备　注
1	3M	6	150~350	釉面砖	不加除尘器
2	3.2M	8	350~450	釉面砖	
3	3.4M	8	450~500	釉面砖	
4	3.8M	10	500~650	釉面砖	
5	3M	6	150~250	抛光砖	外加除尘器，超白砖除外
6	3.2M	8	250~380	抛光砖	
7	3.4M	8	380~430	抛光砖	
8	3.8M	10	430~550	抛光砖	
生产厂	佛山市奥肯机械有限公司				

7.4　贮坯转运设备

7.4.1　装/卸载机

生产的装载机可将砖坯自动装于箱式储坯车的格栅内，装上储坯车，它包括补偿器、输送机构、电机、电器设备及控制柜。

卸载机将砖坯由储坯车自动卸出，然后通过输送装置送往辊道窑，配有补偿器、输送机构、电机、电气设备及控制柜，其主要参数见表 7-112。

表 7-112 装/卸载机技术参数

参数	重量（kg）	功率（kW）	空气耗量（L/min）	压力（MPa）	外形尺寸（mm）
装载机	1450	5.5	3	0.6	2500×1800×4200
卸载机	1450	5.5	3	0.6	2500×2800×4200
生产厂	襄樊重型机械厂				

7.4.2 补偿器

补偿器是为在压机、干燥设备、施釉线出现短暂停顿时，避免空窑的现象而设置的，其主要参数见表 7-113。

表 7-113 补偿器技术参数

型号	储坯规格（mm）	储坯量（m²）	装机功率（kW）	重量（kg）	备注	生产厂
CP100Y	200×200~1000×1000	100	5.5	4000	单吊笼式	佛山市华星陶机厂
CP150Y	200×200~1000×1000	150	7.5	5000	单吊笼式	
CP200Y	200×200~1000×1000	200	7.5	8000	双吊笼式	
	200×200~1000×1000	300				广东省佛山市石湾区美嘉陶瓷机械厂

7.4.3 辊道窑供砖及旁路贮坯系统

辊道窑供砖及旁路储坯机组安装在压机（或施釉线）与辊道窑之间。当压砖机（或施釉线）的供砖量与辊道窑入窑砖坯需求量不平衡时，可通过该机组的旁路系统，自动分流或补入砖坯，以保证辊道窑的连续均衡生产。该系统根据生产厂家的工艺要求，可调整设计。

7.4.4 压机出口辊道及辊道（链道）输送系统

一般包括压机出坯的辊道输送装置、中间连接辊道输送装置和入窑前辊道输送装置，其中压机出坯的辊道输送装置包括 1 个平面辊道，带有电机，用以将压制成形的砖坯自动转送、清扫、翻转、收集并形成方阵，送往辊道干燥窑，中间连接辊道输送装置将排成方阵的砖坯自动送往干燥窑的辊道输送连接装置上，进行连续运送，干燥窑辊道输送装置将砖坯不断地送入辊道干燥窑内，同时把方阵变为每排行距一致的连续输送砖坯。

此系统各部分的尺寸可以根据不同的工艺布置而在一定的范围内改变。两种翻坯器的技术参数见表 7-114、表 7-115。

表 7-114 FZ 型翻转平台技术参数

型号	FZ-95	FZ-600	FZ-800	FZ-1000
辊棒间距（mm）	38~43	70	70	80
辊棒直径（mm）	Φ28	Φ32	Φ36	Φ45

续表

型　号	FZ-95	FZ-600	FZ-800	FZ-1000
适合砖坯尺寸（mm）	73×(73~45)×95	200×(300~660)×660	200×(300~880)×880	500×(500~1100)×1100
装机功率（kW）	2.4	2.4	2.8	3.2
外形尺寸（mm）	3200×2200×1500	3600×2400×1500	3600×2400×1500	4000×2800×1500
生产厂	广东省佛山市石湾区美嘉陶瓷机械厂			

说明：以上规格自动翻坯辊棒间距可以调节翻坯辊台长度、宽度、高度，也可根据用户要求设计翻坯装置有机械自动夹紧砖坯装置，避免砖坯在翻坯时损坏。

表7-115　JF系列自动翻坯机技术参数

型　号	棒距（mm）	理论过坯宽度（mm）	适应最大砖坯规格		装机功率（kW）	压缩空气工作压力（MPa）	外形尺寸（长×宽×高）（mm）	总重（kg）
			长度（mm）	厚度（mm）				
JF130	71	1300	500	20	2.21		3600×2250×1450	1000
JF155	71	1550	600	20			3650×2500×1450	1100
JF170	75	1700	600	20	2.39	0.4~0.5	3710×2660×1550	1120
	80	1700	800	20			3960×2660×1550	1150
JF175	80	1750	1000	20			4020×2710×1550	1150
生产厂	佛山市恒力泰机械有限公司							

7.4.5　贮坯车、推车线、转运车

1. 贮坯车

由水平和垂直排列的空心方管组成平面立体框架结构，用以存放砖坯，送至储存区，待下一步生产用。

2. 推车线

液压推车线配有液压系统，脱钩装置，液压顶杆，电器设备及控制盘，推车线接受摆渡车运来的箱式储存车并将其送入或送出储存区。

3. 转运车（手动或电动摆渡车）

用于通过轨道转移箱式储坯车，把空载或满载的储存车，按生产要求送至各处。

7.4.6　AGV及LGV无轨自动贮运系统

AGV无轨自动贮运系统是国外发展起来的新型贮运系统，该系统采用了不需轨道的自动运输车，可按计算机发出的指令，自动地从某一位置运动到另一位置，抬起或放下装有建筑瓷或卫生瓷的坯架，灵活机动地在成形、干燥、施釉、烧成、拣选等工序间运送产品。此方式自动运输车由于没有轨道，不受生产车间场地限制，便于扩大生产及临时的生产调整，安装方便，便于维修。意大利B&T公司、SACMI公司、Wellco公司等均可提供此系统。运输车用蓄电池作能源。AGV车用电磁导向、LGV车用激光导向。运输车技术参数见表7-116。

表 7-116 运输车技术参数

外形尺寸（长×宽×高）(mm)	2000×1450×650
电池	48V500Ah
功率（kW）	6
持续时间（h）	10
最大充电时间（h）	8
最高速度（m/min）	60
生产厂	B&T 公司

7.5 施釉机械设备

7.5.1 陶瓷砖施釉线

施釉线是墙地砖生产线的主要设备之一，作为装饰材料，釉面墙地砖表面的釉彩饰是整个生产过程中的重要一环。佛山新景泰机械有限公司、美嘉陶机公司、希望机械公司、华星陶机、群星陶机、湘潭炜达机电制造有限公司等公司均能生产施釉机，其技术参数不尽相同。

近年来，随着仿古砖越来越受市场青睐，国内许多公司都开展了仿古釉线的研究开发。佛山新景泰公司生产的仿古施釉线含扫尘机、吹尘机、喷水机、水刀式喷釉机、抛坯机等设备。设备流程如图 7-8 所示，其主要设备参数见表 7-117。釉线配套设备，如扫尘机（圆盘式、滚筒式）、吹尘机、釉浆泵、圆振筛、圆形釉桶、八字釉桶、钟罩淋釉器（$\phi 460/\phi 660/\phi 800/\phi 1000/\phi 1200$）、圆盘甩釉机（单峰、双峰）、洗边机、调头机（转 90°）、90°转弯器、底浆机、储坯器等，许多陶机厂如佛山的新景泰陶机公司、群星陶瓷设备公司、伟声陶机厂、创巨能公司均有生产。

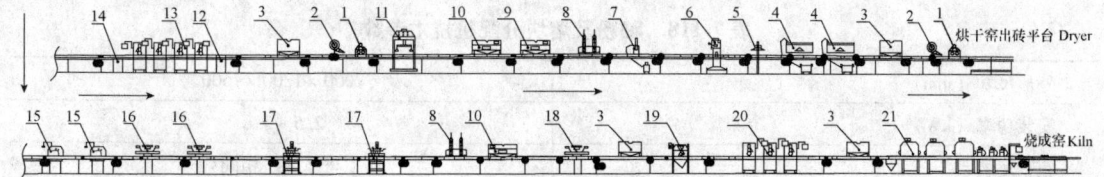

图 7-8 仿古砖施釉线

1—扫尘机；2—吹尘机；3—喷水机；4—水刀式喷釉机；5—钟罩式淋釉器；6—淋膜机；
7—单峰打点机；8—双峰打点机；9—单色云彩机；10—单枪四色云彩机；11—磨釉机；
12—分坯机；13—四色胶辊印花机；14—合坯机；15—单色胶辊印花机；16—皮带式印花机；
17—升降式皮带印花机；18—印胶水机；19—干粒机；20—三色干粉印花机；21—抛坯机

表 7-117 仿古砖施釉机技术参数

参数项目	型号	适合产品规格（mm）	喷枪数量（Pcs）	施釉量（10×10mm）(g)	功率（kW）	外形尺寸（L×W×H）(mm) I	外形尺寸（L×W×H）(mm) II	净重（kg）
水刀式喷釉机	NSD-066	100-660			1.5	1500×520×1290	1800×1120×1000	200
	NSD-088	200-880			1.5	1500×520×1290	1800×1300×1100	220
	NSD-100	300-1100			1.5	1500×520×1290	1800×1500×1200	240

续表

参数项目	型号	适合产品规格（mm）	喷枪数量（Pcs）	施釉量（10×10mm）(g)	功率（kW）	外形尺寸（L×W×H）(mm) I	外形尺寸（L×W×H）(mm) II	净重（kg）
高压喷水机	NZS-044	150-660	2		1.5	800×400×775	1200×1000×960	100
	NZS-066	200-800	2		1.5	800×400×775	1200×1200×1070	110
	NZS-088	400-1000	2		1.5	800×400×775	1200×1400×1100	120
直线式淋釉机	NLM-066	100-660		3-18	1.5	1100×400×1200		200
	NLM-088	200-880		3-18	1.5	1300×400×1200		250
	NLM-120	400-1200		3-18	1.5	1600×400×1200		300
打点机	NDD-066	150-660			1.1	780×1280×1650		75
	NDD-088	330-880			1.1	780×1480×1900		95
云彩式喷釉机	NYC-066	220-660			0.37	1500×1200×1100		110
	NYC-088	330-880			0.37	1500×1300×1230		130
磨釉机	NMY-066	100-660			2	1260×1300×1760		400
	NMY-088	100-880			2	1500×1500×1760		450
挂砂机	NGL-066	150-660			0.37	1050×1200×1700		150
	NGL-088	330-880			0.37	1050×1400×1700		180

7.5.2 砖类干法施釉机

国外为采用干法施釉工艺，开发了许多干法施釉设备，以下介绍意大利公司一些典型的干法施釉机（撒釉法）。

1. 釉粉及熔块分配机（表7-118）

表7-118 釉粉及熔块分配机技术参数

外形尺寸（mm）	2000×1200×1500
安装功率（kW）	2.5~3.8
施釉速度	与施釉线相同
砖坯规格（cm）	10×(10~66)×66
质量（kg）	550
生产厂	SACS公司

干釉通过该设备斗提及软管进入一存釉箱，干釉从存釉箱落入一小型布料器，布料器下部为一筛网，干釉最终通过筛网落在砖上。

2. E型干釉粉分配机及斗提机（表7-119、表7-120）（VSMAC公司）

表7-119 E型干釉粉分配机技术参数

电动变速器（HP）	0.5
电动振动器（HP）	0.17
加热照明器（kW）	2.50

外形尺寸（长×宽×高）(mm)	1100×700×2000
重量（kg）	85
生产厂	VSMAC 公司

表 7-120 斗提机技术参数

齿轮电动机安装功率（kW）	0.865
传动比	1/30
外形尺寸（长×宽×高）(mm)	1100×800×2950
重量（kg）	160
生产厂	VSMAC 公司

干釉通过斗提与软管掉在旋转的钟罩中部，钟罩在一圆桶内部，两者之间有一定间隙，使干釉正好从间隙落下，均匀撒在砖坯上。

3. DKG3 型施干釉料机

该机可以自动向砖上施干釉，通过间歇式的电子抽气泵自动进料自动循环，装有程序逻辑控制柜。其技术参数见表 7-121。

表 7-121 DKG3 型施干釉料机技术参数

砖尺寸（mm）	75×75～400×400
产量（件/min）	10
吸收功率（W）	4.5
外形尺寸（长×宽×高）(mm)	4000×1000×2500
生产厂	KEMAC 公司

该设备通过铝制 V 型括刀在丝网上前后运动，使 V 型括刀中间的干釉通过丝网所确定的图案在砖坯上形成规定的干釉图案。干釉堆积的厚度通过丝网与砖坯之间间隙大小调节。

4. 干粒机

干粒机主要用于将一定尺寸范围的固体颗粒均匀分布于陶瓷砖表面上，而获得一种特殊的艺术效果。其主要技术参数见表 7-122。

表 7-122 GF 系列干粒机技术参数

型号 项目	GF600	GF800
电源（V）	380	380
最大砖坯尺寸（mm）	700×700	900×900
功率（kW）	4.5	4.5
压缩空气消耗（L/min）	10	10
压缩空气压力（bar）	4～6	4～6
生产厂	佛山希望陶瓷有限公司	

5. 立式二次下料机

立式二次下料机是将干粉（熔块干粉及喷雾干燥的粉料）下料在砖坯上的机器。每台机器的一套完整的驱动系统上安装了4组（标准机器）下料单元。每组下料单元包括一个干粉罐及相应的送料单元、一片激光雕刻的硬质塑料网及配套的同步驱动单元。从干粉罐中释放出的干粉在重力的作用下，通过硬质塑料片上的激光雕刻出的小孔经过很短的距离落在与有硬质塑料网同步运动的砖坯上。其主要技术参数见表7-123。

表7-123 立式二次下料机技术参数

尺寸（mm）	图案数量（个）	块/min
550×680	3	30
450×480	4	50
300×360	5	70
250×280	6	110
200×220	7	170
100×160	8	190
生产厂	科弘精密陶瓷机械有限公司	

7.5.3 釉面瓦浸釉机

日本高砂公司生产的施釉机称为"自动瀑布式施釉机"。瓦坯挂在吊篮式输送线上，顺轨道下行运动，浸入釉池中，然后上行、离开釉池、浸釉时间取决于瓦坯运动速度。用釉泵补釉，多余的釉溢流，保证釉浆面不变。

7.5.4 卫生瓷施釉机

1. 卫生瓷喷釉柜

喷釉柜结构如图7-9所示，咸阳陶瓷研究设计院消化吸收生产的喷釉柜系列产品性能见表7-124。

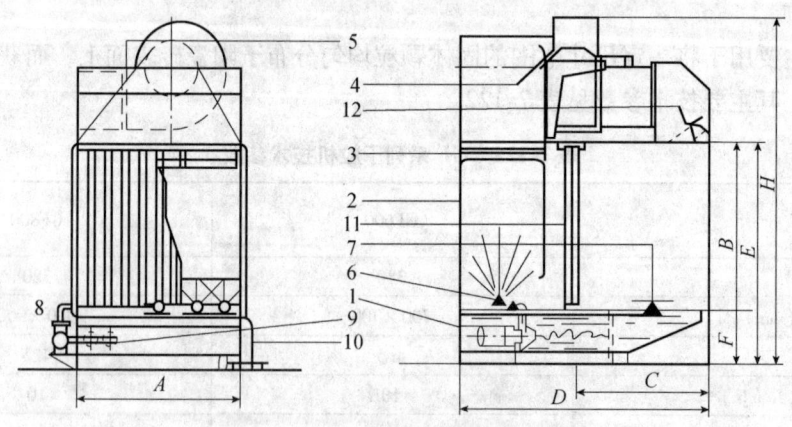

图7-9 喷釉柜结构图
1—水箱；2—喷釉柜；3—分离过滤器；4—风机；5—风阀；6—喷射系统；
7—转盘；8—循环泵；9—水过滤器；10—余浆排放；11—干式过滤器；12—空气循环调节阀

表 7-124 喷釉柜系列技术参数

产品名称	功率（kW）	耗水量（m³/班）	釉料回收量（kg/班）	外形尺寸（长×宽×高）(m)
标准施釉柜	5	0.5	5	1.7×2.7×3.7
双转盘施釉柜	5	0.6	6.6	2.2×2.7×3.7
双转盘施釉柜	8	1	8	3.5×2.7×3.7
双转盘施釉柜（带热风）	10	1	8	3.6×2.7×3.7
对称工位补釉柜	5	0.6		1.5×3.0×3.7
除尘柜	7	1		1.8×3.3×3.7
标准清洁柜	5	0.6		1.6×2.7×3.7
对称工位清洁柜	8	0.5		1.5×3.4×3.7

2. 水浴除尘式喷釉柜（表7-125）

表 7-125 水浴除尘式喷釉柜系列技术参数

工作台回转直径（mm）	1200～1500
隔釉层数（层）	3
除尘形式	水浴除尘
风机规格	G_4 -72 -3.6 3kW 2900rpm
生产厂	唐山贺祥铝业有限公司

3. 卫生瓷弯管施釉机

卫生瓷弯管施釉机是新近研制开发的坐便器返水弯内壁施釉工艺新产品，其操作采用全自动控制，可切实解决坐便器返水弯内壁施釉困难的技术难题，有效提高产品档次，性能见表7-126。

表 7-126 卫生瓷弯管施釉机技术参数

施釉形式	压力注浆、真空回浆
工作形式	转盘连续式
控制形式	程序控制
气源压力（MPa）	0.6
总功率（kW）	5.12
外形尺寸（mm）	2750×1400×1680
生产厂	唐山贺祥铝业有限公司

4. 卫生瓷喷釉机械手

NETZSCH 公司的 50.8 型机械手使用了一个几乎不需要维修的连接精确的运动操作器液压驱动装置，操作器包括3个旋转运动器和3个腕轴，操作器的动作过程已在 CP－模件中程序化，它能在几分钟内完成编程。

E.91 型机械手的自由编程比传统的液压机械手（如50.8）更加方便容易。机臂是有6个旋转轴的坚固铰链联结结构，由电动操作器控制，运行动作可直接编入 CP－模式，可称为直接示教式,即在机臂上对机械手直接示范操作过程,它就能直接编程记忆,并在工作时重复该过程。这种机械手在唐山惠达陶瓷(集团)公司得到很好的应用,其技术参数见表7-127。

表 7-127 机械手技术参数

产 品		连体坐便器	分体坐便器	洗面器	低水箱
喷涂时间(s/件)		270–310	210	120	95
结构				垂直多关节形(6自由度)	
最大动作范围	S轴			±180°	
	L轴			+155°,−110°	
	U轴			+255°,−165°	
	R轴			±200°	
	B轴			±140°	
	T轴			±360°	
最大速度	S轴			2.96rad/s,170°/s	
	L轴			2.96rad/s,170°/s	
	U轴			3.05rad/s,175°/s	
	R轴			6.20rad/s,355°/s	
	B轴			6.02rad/s,345°/s	
	T轴			9.16rad/s,525°/s	
允许力矩	R轴			31.4N.m(1.2kgf·m)	
	B轴			31.4N.m(1.0kgf·m)	
	T轴			15.7N.m(0.6kgf·m)	
允许惯性力矩(GD2/4)	R轴			0.7kg·m^2	
	B轴			0.7kg·m^2	
	T轴			0.2kg·m^2	
重复定位精度				±0.06mm	
负载质量				20kg	
电源容量				2.8kVA	
本体质量				280kg	
安装环境	温度			0~45°	
	湿度			20%~80%RH(不能结露)	
	振动			0.5G以下	

7.5.5 卫生瓷施釉线

1. 传统喷釉线

(1) NETZSCH 公司传统喷釉线如图 7-10 所示。

(2) SITI 公司传统施釉线如图 7-11 所示。

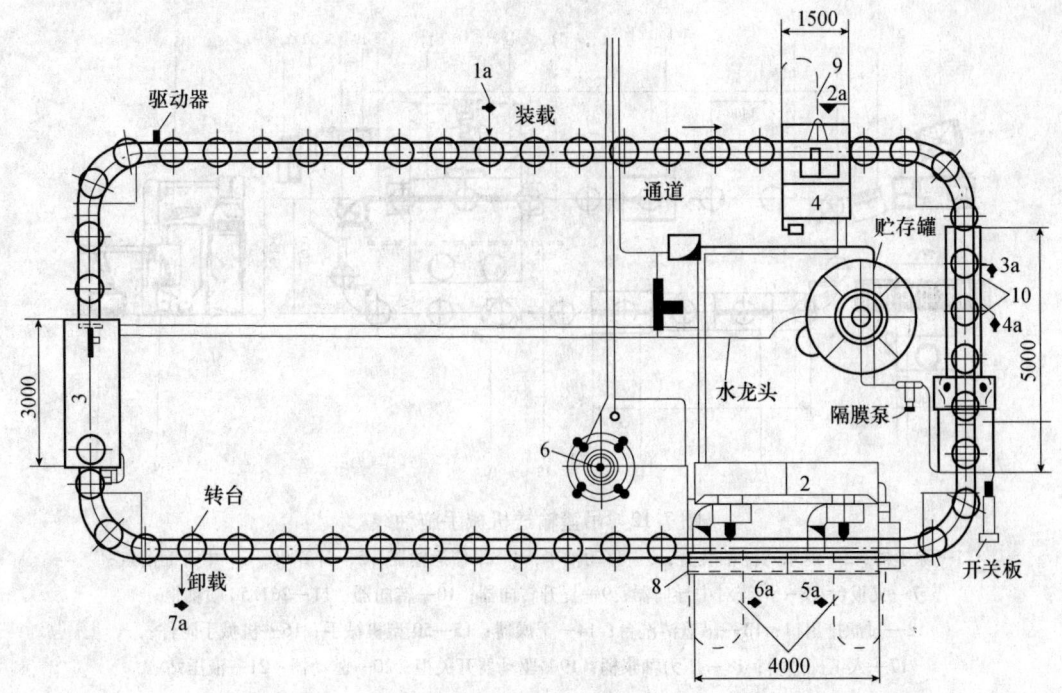

图 7-10 传统施釉线图

1—运输机；2—喷釉柜 4m；3—清洗柜 3m；4—除尘柜 1.5m；5—釉浆排空站；
6—釉浆储存罐；7—喷枪；8—空气调节阀；9—除尘喷枪；10—自闭式浇釉旋塞阀

1a~7a 操作工生产能力：最小 680 件/h，最大 2040 件/h；装载车数：52；装载车占地：1000mm（39″）

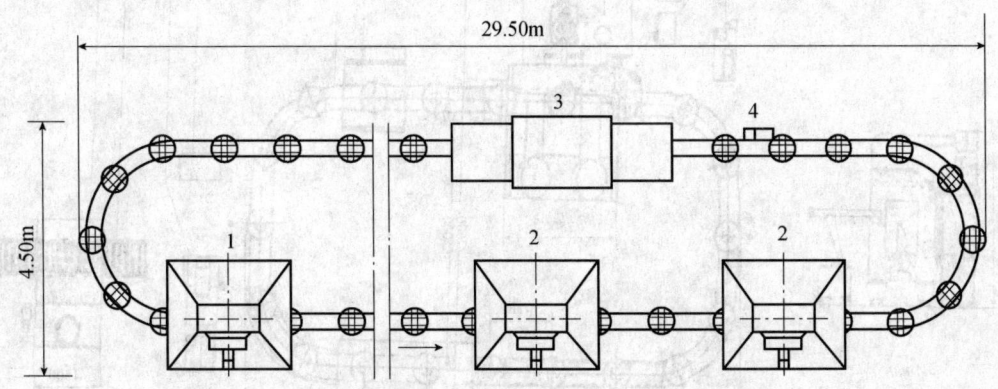

图 7-11 传统施釉线图

1—检坯与吹灰柜；2—施釉柜；3—转台的清洗器；4—驱动装置

该线主要参数：生产线上坯件数　　50 件
　　　　　　　产量　　　　　　　700 件/班
　　　　　　　整体尺寸　　　　　29.5m×4.5m
　　　　　　　班次/日　　　　　　3

2. 机械手自动施釉线

（1）吊篮输送式

以内兹公司产品为例，如图 7-12 所示。

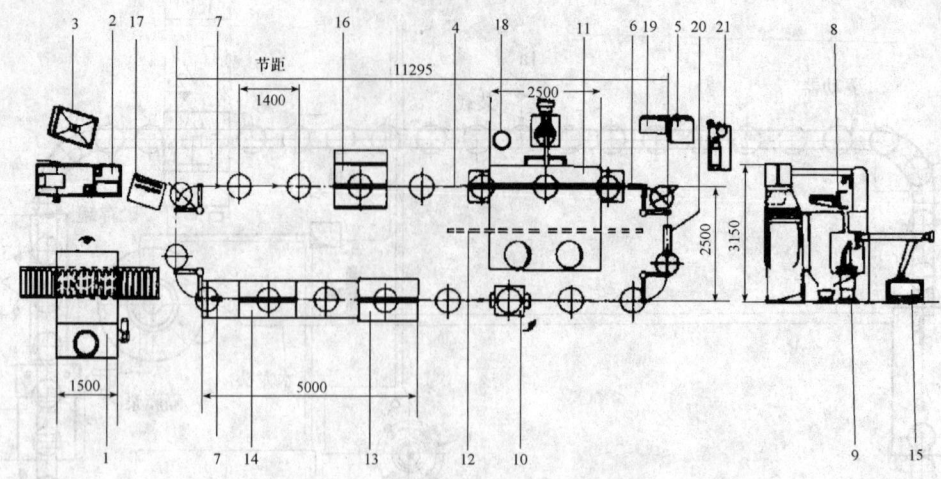

图 7-12 吊篮输送机械手施釉线

1—除尘器；2—返水弯浇釉装置；3—移动釉车；4—吊篮运输器；5—计算机；6—中心润滑点；7—夹板台；8—吊篮对中导向器；9—提升转向器；10—转向器；11—261.50 喷釉柜；12—过滤排出口；13—吊篮清洗台；14—干燥器；15—50 型机械手；16—机械手附件；17—人工拣选台；18—压力釉浆桶；19—驱动器开关柜；20—驱动器；21—液压站

（2）水平联动线式输送

以内兹公司产品为例如图 7-13 所示。

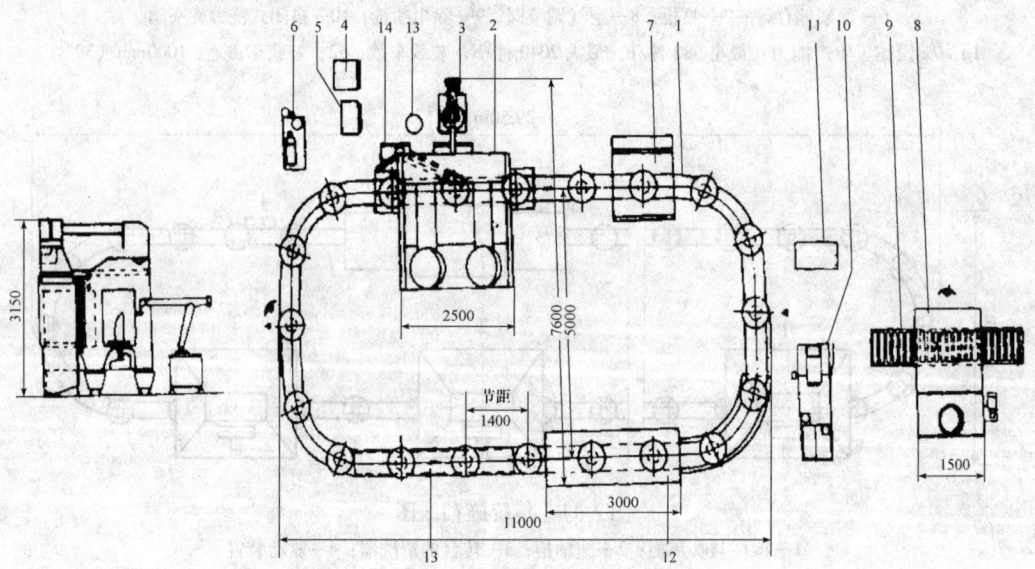

图 7-13 联动线输送机械手施釉线

1—水平输送器；2—喷釉柜；3—50 型喷釉机械手；4—计算机；5—电控板；6—液压站；7—自动分选台；8—检坯台；9—辊台；10—返水弯浇釉器；11—人工拣选台；12—冲洗柜；13—驱动器；14—转向器

（3）四工位旋转输坯施釉线

以 LIPPERT 公司产品为例，如图 7-14 所示。

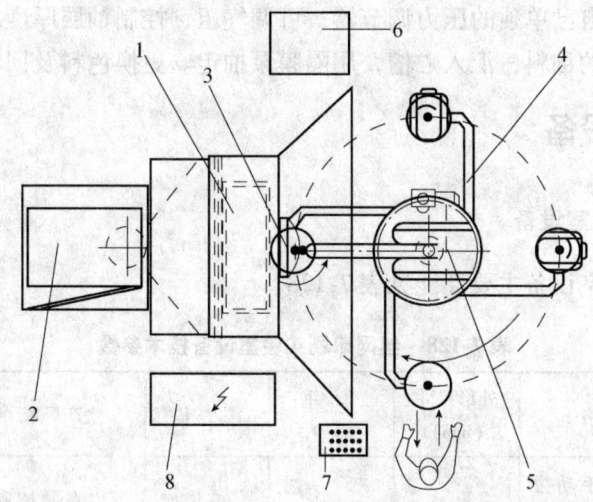

图 7-14　四工位机械手施釉线
1—喷釉室；2—收尘器；3—转台；4—圆盘传送带；5—喷釉机械手；
6—供釉系统；7—程序选择仪和控制柜；8—动力开关柜

3. 静电施釉系统

自 20 世纪 60 年代中期以来，英国已用静电系统对卫生陶瓷的坯体进行喷釉。经过改进后，近年来，在许多国家中安装静电施釉系统的速度发展很快，以英国 FLARE 集团的静电施釉系统为例，其改进处是：

（1）可以一起喷釉，即不需要对产品类型进行分批。

（2）传送系统与前后加工相连接，检查坯体人员把坯装上喷釉传送带，装窑车工从传送带卸下釉坯直接装上窑车。

（3）大批生产中采用两次喷釉。可以形成更好的釉层厚度，并且表面质量一致，传送带速度加快、产量大大提高。

（4）采用带有变带传动装置的安装在地面的圆盘传送带或在线型传送带。

（5）改成室式结构，使回收装置工作更好，釉颜色变换可更快。

由于带正电的釉料（超过 10 万 V）雾滴同性相斥，提高了雾化效果，雾化空气压力可从 0.56~0.63MPa 降到 0.21~0.28MPa，坯体带负电，吸引釉滴，坯棱边处电荷集中、釉层厚，减小了烧成后的色差（一般棱边处色浅）。

静电施釉的工序：

（1）装载　质检人员将合格坯体旋转到传送带转台上。

（2）检查和吹净　检坯，在最终检查站用压缩空气吹去工件上的灰尘和小泥片，用吸尘器吸掉槽内、管内的泥片。在修补室内，用 1~2 名工人（或用机械手）对难以喷到釉的表面（如坐便器槽内）先行补喷。

（3）一次喷釉　坯体从主室的第一排 12 个喷枪前通过，工件转动。

（4）二次喷釉　釉经一定时间干燥后坯进入第二排喷枪，工件从相反方向转动，涂上第二层釉。

（5）最终干燥　坯再走 4~5m，得到充分干燥后卸下，除去底面釉后将釉坯装上窑车。

（6）空转台用水清洗，去掉粘的釉。

每组 8 个喷枪有自己单独的压力调节器，可调气压，控制釉层厚度。用一行行的塑料挡板回收未喷到工件上的釉料，汇入贮槽，用隔膜泵抽走。更换色料及回收余釉约需 45min。

7.6 装饰专用设备

7.6.1 丝网印制实验室设备

国内丝网印实验室设备主要性能见表 7-128。

表 7-128 丝网印刷实验室设备技术参数

名　称		型号规格	外形尺寸（mm）	单重（kg）	功率	生产厂家	备　注
绷网机	手动	SB800 型手动拉网机（610mm×760mm） STK9 型手动拉网机 BWS1601T BWS801T BWS402B BWS80（套）	900×1100×1000 1300×1200×1000	50		广东顺德胜江丝网印刷机械厂 广东顺德顺联丝印技术中心 河北装潢印刷机械厂	可绷网框最大尺寸 700×800（mm） 可绷网框最大尺寸 1180×920（mm）
		XZ-Ⅰ型台式 XZ-Ⅱ型台式 XZ-Ⅲ型台式 XZ-Ⅳ型台式		60		无锡市纸品厂	可绷网框最大尺寸 450×300（mm） 可绷网框最大尺寸 600×450（mm） 可绷网框最大尺寸 800×600（mm） 可绷网框最大尺寸 1000×800（mm）
	气动	AB250 型气动拉网机（夹头宽 250mm） QWQ65 气动绷网机（夹头宽 250mm）				广东顺德胜江丝网印刷机械厂 河北装潢印刷机械厂	可绷网框最大尺寸 650×650（mm） 气源压力 0.4~1.0MPa 可绷网框最大尺寸 650×650（mm） 气源压力 0.4~1.0MPa
张网测压计						胜江丝网印刷机械厂	和手动绷网机配套使用
烘版箱		800 型(10~110℃) WWHF801A 卧式网版烘干箱 XHS740-A 型网版低温烘干箱（40~50℃）	1060×1130×980 1015×750×1000		220V 3.2kW	胜江丝网印刷机械厂 河北装潢印刷机械厂 无锡化工研究设计院	网柜最大尺寸 800×700（mm） 网柜最大尺寸 740×740（mm）

续表

名　称	型号规格	外形尺寸（mm）	单重（kg）	功　率	生产厂家	备　注
晒版机	700×800 紫外线晒版机 STK$_{10}$型自动晒网机 SWB800 晒版机 真空自控晒版框	晒网柜架 900×1000×1100 晒灯 1750×900×1180 550×340×920 1070×875×875	100 100 145	220V，250W，220V 框架 0.18kW 晒灯 1kW 380V，550W	胜江丝网印刷机械厂 顺联丝印技术中心 河北装潢印刷机械厂 无锡市纸品厂	网柜最大尺寸 700×800（mm） 网柜最大尺寸 1200×1200（mm） 网柜最大尺寸 800×600（mm）
照相机	ZW600 四开卧式照相机 ZW600A 四开卧式照相机 ZL600 四开立式照相机	3500×3100×2000 4400×1200×1900	1000 750	1500W×4 支 1500W×4 支 2.5kW	江苏泰兴仪器厂	原稿尺寸 700×1060（mm），感光版材尺寸 500×600（mm） 原稿尺寸 700×1060（mm），感光版材尺寸 500×600（mm） 原稿尺寸 500×600（mm），感光版材尺寸 500×600（mm）
上感光胶用不锈钢料斗	长度有 100，150，200，250，300，350，400，450，500，550，600（mm）				无锡市纸品厂	
永昌大型平面印刷设备	PA-1216～PA-2140 PA-J1216～PA-J2140			4～7kW	顺德永昌印刷机械有限公司	网框最大尺寸 1550×2100mm～2700×4700mm 还有许多型号

7.6.2 往复式丝网印花机

随着砖坯规格的变大，国内许多公司开发出了大规格丝网印花设备。

1. 佛山希望公司丝网印花机

佛山希望公司生产的皮带式印花机，升降式印花机、链条式印花机、双排链条印花机技术参数见表 7-129。

表 7-129 丝网印花机技术参数

型号\项目	皮带印花机（摇臂式）			皮带印花机（匀速式）		升降式印花机			链条式印花机		双排链条印花机
	B44	B66	B88	BY68	BY88	VP80	VP100	VP120	C44	C66	C88
砖坯尺寸（mm）	150×150~450×600	200×200~670×750	200×200~880×1000	200×200~670×880	200×200~880×1000	400×400~1000×1000	400×400~1150×1150	500×500~1400×1400	100×100~440×440	250×250~650×650	400×400~880×880
印花速度（pcs/min）	30~105	25~55	20~50	18~40	15~40	10~18	10~16	8~14	30~95	25~60	20~50
网框最大尺寸（mm）	700×1000	1050×1100	1200×1500	1200×1350	1200×1500	1200×1500	1400×1750	1500×2000	900×700	1050×1000	1150×1400
功率（kW）	1.5	1.5	1.5	1.5	1.5	2.5	2.5	2.5	0.76	0.76	0.76
压缩空气消耗（L/min）	1	1	1	1	1	5	5	5	0.5	0.5	0.5
工作压力（bar）	5~8	5~8	5~8	5~8	5~8	5~6.5	5~6.5	5~6.5	5~8	5~8	5~8
长度（mm）	1350	1565	1700	1700	1700	1550	1750	2000	1550	1900	2400
宽度（mm）	2230	2230	2700	2560	2700	2370	2450	2700	1500	1700	2020
高度（mm）	1350	1350	1350	1350	1350	1480	1550	1550	1350	1350	1350
重量（Kg）	430	480	700	700	800	1100	1200	1400	300	400	580

2. 佛山市美嘉陶瓷设备有限公司丝网印花机（表 7-130）

表 7-130 丝网印花机技术参数

设备名称		可印砖坯（mm）	印花速度（pcs/min）	网框最大尺寸（mm）	装机功率（kW）	工作气压（bar）	压缩空气耗量（L/min）	整机尺寸（$L \times W \times H$）（mm）	重量（kg）
皮带式印花机	BT400	200×200~440×440	60~80	950×700	1.55	5~8	1	2100×1400×1500	450
	BT600	300×300~660×660	30~55	1150×950	1.55	5~8	1	2300×1500×1450	500
	BT600B	300×300~660×660	25~40	1150×950	155	5~8	1	2300×1500×1600	500
	BT800	500×500~880×880	20~40	1450×1200	1.55	5~8	1	2600×1950×1600	600
	BT800B	500×500~880×880	18~40	1450×1200	155	5~8	1	2500×1950×1600	600

续表

设备名称		可印砖坯 (mm)	印花速度 (pcs/min)	网框最大尺寸 (mm)	装机功率 (kW)	工作气压 (bar)	压缩空气耗量 (L/min)	整机尺寸 ($L \times W \times H$) (mm)	重量 (kg)
快速平板式升降印花机	TB600A	250×330~660×660	28~45	1300×1100	3.5	5~6.5	<0.5	2000×1400×1600	600
	TAB700B	400×400~770×770	20~30	1300×1100	1.5	5~6.5	5	1950×1100×1600	500
	TAB700Y	400×400~770×770	20~30	1300×1100	1.5	5~6.5	7	1950×1100×1700	510
	TB800B	500×500~880×880	10~24	1500×1350	1.5	5~6.5	5	2100×2000×1400	1100
	TB800D	500×500~880×880	20~25	1500×1350	3	5~6.5	5	2200×1800×1400	1100
	TB800E	500×500~880×880	22~30	1500×1350	4	5~6.5	<0.5	2200×1800×1400	1100
	TB1000B	600×600~1150×1150	8~18	1700×1500	1.5	5~6.5	5	2350×2100×1600	1200
	TB1000E	600×600~1150×1150	20~28	1700×1500	4	5~6.5	<0.5	2350×2100×1600	1200
	TB1000D	600×600~1150×1150	18~26	1700×1500	3	5~6.5	5	2350×2100×1600	1200
	TB1200D	700×700~1350×1350	4~10	1900×1700	4	5~6.5	5	2900×2400×1600	1400
链条式印花机	TAV400 (单)	200×200~440×440	20~80 (30~95)	900×700	0.75	5~8	0.5	1400×1500×1250	430
	TAV500 (单)	300×300~620×620	10~30 (25~60)	1050×1000	0.75	5~8	0.5	1950×1850×1400	480
	TAV600 (单、双)	400×400~700×700	10~25 (20~50)	1350×950	0.75	5~8	0.5	2410×2000×1400	560
	TAV800 (双)	500×500~800×800	10~20 (20~50)	1150×1400	0.75	5~8	0.5	2500×2400×1400	580
平带式印花机	PT600F	200×200~660×660	15~35	1050×950	1.5	5~8	7	1500×1100×1900	520
	PT600	200×200~660×660	15~35	1050×950	1.5	5~8	6	1500×1100×1400	500

3. 广东顺德永昌印刷机械有限公司大型平面丝网印刷设备（表7-131）

表7-131 大型平面丝网印刷设备技术参数

型号 规格	PA – 1216 PA – J1216	PA – 1418 PA – J1418	PA – 1325 PA – J1325	PA – 1536 PA – J1536
最大印刷面积（mm）	1200×1600	1400×1800	1300×2500	1500×3600
最大网框尺寸（mm）	1550×2100	1800×2300	1800×3100	2000×4300
工作台面积（mm）	1450×2000	1700×2200	1600×2900	1800×4100
印刷效率（P/h）	550	500	400	300
机械重复精度（mm）	0.03			
使用工作气压（MPa）	0.5~0.7			
适用电源（V/Hz）	380/50~60			
机器总功率（kW）	4	5	5.5	6

7.6.3 旋转丝印机

丝网印刷所用的丝网一般是平面形，SYSTEM公司等开发了圆筒形丝网的印刷机。旋转丝印机采用圆筒形网，侧面由乳化的织物组成，四个不同的图像由照相制版而成。旋转印刷机的丝网比平网耐久。

1. ROTOFLEX 滚筒式丝网印花机（SYSTEM 公司）

该多功能的丝网印花设备可以加工从130mm×130mm到650mm×650mm规格尺寸的陶瓷砖，左右两边均可进料，尺寸的转换机动且迅速，不需调整机械，有关数据可以从控制台的键盘直接输入。该机在预置间隔时具有自动清洗网屏的功能，另外它首次在丝网印花设备上采用了釉泵进给系统，它能不断地搅拌以保证釉液的黏度稳定不变。

2. ROCKET 滚筒式丝网印花设备（SYSTEM 公司）

它是全自动系统，生产效率高，能连续不断地循环旋转工作。

3. 高速辊筒式丝网印花机（NASSETTI 公司）

意大利纳撒蒂公司在传统的 SERIMECK 系列印花机基础上不断改进和创新，生产出了新型的高速辊筒式丝网印花机，这种印花机兼备了多种优点，即速度高、适应广泛、全自动而且精度高。因而可以达到精美的瓷砖装饰效果。

在控制板上装有显示器，可以显示全部工作参数，即瓷砖尺寸、皮带速度、定位偏移尺寸、色釉料泵的工作状态。可以由人工通过键盘输入各种数据，例如：皮带速度、丝网运动等。操作人员进行编程时，液晶显示器可以指示各种可能的报警及设备状态的各种信息。

按照设备安全使用的要求，该设备电子控制系统装有全部所需的电气元件及电子元件，从而保证机器的可靠运行，由于采用强制通风系统，使机器可以反向运转。

该设备采用最先进的电子元件（IGBT功率晶体管）及智能操作系统以控制步进电机，并有保护系统对电路短路、电压过载及电压波动进行保护。

控制板上装有液晶显示器，可显示输入电压、电机控制过载、过热及电压过高并进行报警。色釉料泵，通过编程可对每周期的色釉料供应量进行测量，并可满足不同的要求。其参数见表7-132。

表 7-132　高速辊筒式丝网印花机技术参数

项　目	单　位	数　量	尺　寸（mm）	每分钟片数	辊筒图案版数
装机功率	kW	2.5	150×150	180	5
压缩空气压力	bar	6	200×200	160	4
外形尺寸	mm	1400×800×1350	300×300	80	3
重量	kg	420	400×400	52	2

4. 轮转式丝网印花机（OMIS公司）

OMIS公司所生产的最新式的轮转式丝网印花机，其丝网基本尺寸为20cm×20cm，每分钟能够生产170次。这使它能够对一次烧成产品用同一个轮转丝网印7种不同的装饰图案。一个工人只需50s就可更换印网，不用任何机械帮助。印网无需任何特殊垫圈支持，只要气动张紧，考虑到它的调节至今仍是手动，这是一个非常显著的优点。轮转丝网可在印花操作中连续清洗，无需停机。"R011Queen"可自动加釉，无需操作人员。

每一项机械调整都在机器背部进行，即工人面对的一边，这是新的欧洲标准所要求的。

由于连续旋转及转子与瓷砖的完全同步，丝网的磨损比平面上釉机大为减少。

先进的电子控制系统操作简便，以适应工人的要求，每一个参数都是字母、数字显示的，并对可能进行的改变参数的操作进行提示指导。

5. SZ系列丝网版滚筒印花机

佛山希望陶瓷机械公司生产的SZ系列丝网版滚筒印花机主要参数见表7-133。

表 7-133　SZ系列丝网版辊筒印花机技术参数

型　号 参　数	SZ44	SZ66	SZ88
砖坯尺寸（mm）	100×100~450×1000	150×150~670×1000	150×150~880×1100
印花速度（片/m）	30~250	30~80	30~80
功率（kW）	1.58	1.58	1.58
压缩空气消耗（L/min）	10	10	10
工作压力（bar）	4~8	4~8	4~8
长度（mm）	1600	1800	1800
宽度（mm）	1800	1900	2000
高度（mm）	1600	1600	1600
重量（kg）	680	700	750

7.6.4 辊筒印花机

1. MPS 辊筒印花机及辊筒制造系统（SYSTEM 公司）

MPS 系统由四台主要设备构成，它们既互相独立，又互相关联。

①MPS 工作站（MPS Work Sation）：它对要复制的图案进行数据采集，图像处理，色彩校正；当最后设置完毕后，图像信息被数字化，然后存在光盘里。

②MPS 激光实验室（MPS Laser Lab）：它直接由工作站控制，从光盘中取出图像信息，然后在涂有特殊合成橡胶的滚筒（MPS Roller）上刻花。

③MPS 的转轮凹版彩印机（MPS Rotocolor）：它是一种在线作业站，采用合成橡胶的鼓基（即 MPS 辊），可以提高生产工艺的可靠性和效率。它可以保证：最大的图样多样性，最紧凑的版式，较高的生产率、较低的釉耗量和人员的大幅减少。

④MPS 辊仓库：为了安全储存和快速找到印筒提供给生产厂家，仓库是垂直、紧凑的。

多台印花机可以连用，可同步进行印花装饰，每个工位可以分别按两种方式进行印花工作，C 型（同轴式）和 R 型（随机式）。

C 型：每个部分由一个相同对心的机构进行染色，该型机常用于反复印花；

R 型：每个部分为随机定位进行印花染色，以造成不同的效果，每一个印花坯体由滚筒进行印花，产生大量不同的组合，并可印出大理石效果花纹和仿自然材质的效果。其参数见表 7-134。

表 7-134 辊筒印花机技术参数

参数 \ 型号	C 型	R 型
印花面积（mm）	650×720	
砖坯尺寸（mm）	横向最小 150，最大 650 纵向最小 150，最大 600	横向最小 150，最大 650 纵向最小 150，最大 720
砖坯厚度（mm）	最小 4，最大 16	最小 5，最大 16
印花速度（m/min）	最小 5，最大 40	
印花频率	最大 600mm　60 片/min 最大 250mm　105 片/min 最大 150mm　130 片/min	
砖坯输送	5 根带 95mm　1 根带 640mm	
印花辊筒清洗	自动	
施釉浆筒工作容积（L）	101	
釉料损失量	极低（<5%）	
使用寿命（m²）	100000	

2. 多色辊筒印花机

佛山新景泰公司多色辊筒印花机可以使用干法（粉料）和湿法（印油）两种印花工艺生产，主要型号及性能见表7-135。

表7-135 多色辊筒印花机技术参数

型　号	适印产品规格（mm）	印花速度（m/s）	功　率（kW）	外形尺寸（mm）	净　重（kg）
SJG-066	100～660	0.2～0.8	6	5600×1600×1700	2500

7.6.5 数码喷墨印花机

像彩色打印机一样，把所需图案直接喷墨打印到瓷砖上，喷墨使用的墨水是符合标准的釉料配方。国外意大利 SERTAM 公司较早开始这项技术的研究，设备已开始应用于生产。国内佛山希望陶瓷机械设备有限公司也成功研制出第一台数码彩喷印花机。

由于设备的一次性造价较高，加之耗材"釉墨"价格高昂，数码喷墨印花机还达不到普及的程度，但由于其具有色彩逼真，没有纹路，能满足个性化需求等特点，可以想象，这种设备具有广阔的应用前景。

7.6.6 三次烧成小型施釉装饰循环线

为满足不同的工艺生产需要，意大利 KEMAC 公司推出两种型式的三次烧成小型施釉装饰循环线：MINI LINE 和 DÉCOR LINE。其工艺流程为：砖坯从贮坯车上由框架式装/卸载机卸下，并进入小型施釉线，经过丝印彩饰和干法施釉后通过装/卸载机的输出辊台，可根据装饰工艺需要多次循环，依此类推，最后一次施釉装饰后，砖坯由装/卸载机装在贮坯车上送往烧成工段。

1. 多功能丝印——干燥机组（KEMAC 公司）

（1）DKK/104 型丝印——干燥机

该设备由一台丝印机、两台立式干燥器和横向输送装置组成，可以完成丝印——干燥生产工艺的自动循环。

（2）DK3 系列和 TF 系列丝印机

该系列丝印机有印刷方向与输送方向同向和垂直两种型式，其程序化逻辑控制可满足生产工艺的需要。

2. 多片套拼丝印装饰台

KEMAC 公司的这种丝印装饰台有三种形式，一种是手动丝印装饰台，另两种为新开发的自动或半自动丝印装饰台，自动形式是以全自动方式完成套拼丝印工作的，即自动行走并定位控制行程和自动丝网印花，而半自动形式是行走及行程定位由人工控制，丝网印花为自动控制。

7.7 冷加工设备

7.7.1 瓷质砖磨削抛光设备

瓷质砖镜面加工线由刮平定厚机（或粗磨机）、精磨抛光线、磨边倒角线和分片机、对中、烘干、转向机等辅助机械组成。其典型的工艺流程为：分片输送（磨边倒角）—刮平定厚（粗磨）—磨抛—磨边倒角—烘干—防污打蜡（或超洁亮）—检验—装箱—入库。

（1）刮平定厚机

刮平定厚机采用高速旋转的金刚滚筒对瓷质砖表面进行刚性铣刮加工，使瓷质砖得到一个平整的表面及相同的厚度，从而大大提高瓷质砖的抛光产量和质量，降低抛光砖加工成本。由于滚筒上金刚砂条呈螺旋或人字形布置，金刚刀与砖表面是以点接触的方式进行加工。大大降低了刀具对砖的压力，使砖的破损率减少到最低限度，并有效地改善了刀具的冷却效果。广东科达机电股份有限公司生产的刮平定厚机的主要技术参数见表7-136。

表7-136 刮平定厚机技术参数

设备名称	刮平滚刀头数（个）	工作宽度（mm）	工作厚度（mm）	工作速度（m/min）	耗水量（L/min）	主传动电机功率（kW）	刮刀电机功率（kW）	升降电机功率（kW）	总功率（kW）	长度（mm）	总宽（mm）	总高（mm）	单机重量（kg）
GD650/4	4	400~650	8.5~20	2~14	200	5.5	11	0.37	50.98	4930	2290	1850	7080
GD650/6	8	400~650	8.5~20	2~14	300	5.5	11	0.37	73.72	6680	2290	1850	9800
GD800/4	4	500~800	8.5~20	2~14	240	5.5	15	0.37	66.98	5090	2490	1850	7440
GD800/5	5	500~800	8.5~20	2~14	300	5.5	15	0.37	82.35	6250	2490	1850	10200
GD800/6	8	500~800	8.5~20	2~14	360	7.5	15	0.37	99.72	6800	2490	1850	11260
GD1000/4	4	600~1000	8.5~20	2~14	280	5.5	18.5	0.37	80.98	5380	2690	1850	8570
GD1000/5	5	600~1000	8.5~20	2~14	350	5.5	18.5	0.37	99.85	6530	2690	1850	11550
GD1000/6	8	600~1000	8.5~20	2~14	420	7.5	18.5	0.37	120.72	7180	2690	1850	12350
GD1200/4	4	800~1200	8.5~20	2~14	320	5.5	22	0.37	94.98	6250	3000	1850	10420
GD1200/5	5	800~1200	8.5~20	2~14	400	5.5	22	0.37	117.35	7390	3000	1850	12980

佛山市石湾区科信达陶瓷设备有限公司生产的刮平定厚机主要技术参数见表7-137。

表 7-137 刮平定厚机技术参数

机 型	KG600-4	KG600-6	KG600-8	KG800-4	KG800-6	KG800-8	KG1000-4	KG1000-6	KG1000-8	KG1200-4	KG1200-6	KG1500-6
工作宽度（mm）	300~600	300~600	300~600	500~800	500~800	500~800	600~1000	600~1000	600~1000	800~1200	800~1200	1000~1500
金刚石滚筒数量（个）	4	6	8	4	6	8	4	6	8	4	6	6
金刚石滚筒直径（mm）	236	236	236	236	236	236	236	236	235	255	255	255
主传动速度（m/min）	3~9	3~9	3~9	3~9	3~9	3~9	3~9	3~9	3~9	2~8	2~8	2~8
单个滚筒驱动功率（kW）	11	11	11	15	15	15	18.5	18.5	18.5	22	22	30
升降电机功率（kW）	0.37	0.37	0.37	0.37	0.37	0.37	0.37	0.37	0.37	0.55	0.55	0.55
总功率（kW）	47	70	95	64	95	126	81	120	160	100	146	190
耗水量（L/min）	240	360	480	320	480	640	400	600	800	480	720	900
外形尺寸（长×宽×高）（mm）	5000×2560×1730	6700×2560×1730	8300×2560×1730	5500×2710×1730	7500×2710×1730	9200×2710×1730	6300×2910×1730	8300×2910×1730	10300×2910×1730	6200×3200×1930	8200×3200×1930	8400×3500×1930
总重量（kg）	7	9	12	9	11	16	10	13	18	11	15	17

（2）抛光机

广东科达机电股份有限公司的精磨抛光机采用国际上先进的摆动式长方磨头结构，在对砖表面进行旋转抛光的同时，六个磨块自选摆动对砖表面进行研磨，大大提高了砖的光洁度。磨头与砖表面为线接触方式，冷却条件好，成品率高，在新换磨头厚度略有差异或砖面不平整时，整个磨头能自动浮动调整，避免机器的振动，减少了砖的破损。精磨抛光机的主要技术参数见表 7-138。

表 7-138　精磨抛光机技术参数

设备名称	工作宽度（mm）	工作厚度（mm）	工作速度（m/min）	耗水量（L/min）	耗气量（L/min）	主传动电机功率（kW）	磨头驱动电机功率（kW）	摆动电机功率（kW）	总功率（kW）	长度总（mm）	宽总（mm）	高总（mm）	单机重量（kg）
PJ650/14A	400~650	8.5~20	3~9	420	250	3	11	2×2.2	161.52	11570	2670	2300	22500
PJ650/16A	400~650	8.5~20	3~9	480	275	4	11	2×2.2	184.52	12730	2670	2300	24500
PJ650/20A	400~650	8.5~20	3~9	600	325	5.5	11	4×2.2	234.54	16250	2670	2300	32500
PJ800/14A	500~800	8.5~20	3~9	420	250	3	11	2×2.2	161.52	11570	2870	2300	23500
PJ800/16A	500~800	8.5~20	3~9	480	275	4	11	2×2.2	184.52	12730	2870	2300	25500
PJ800/20A	500~800	8.5~20	3~9	600	325	5.5	11	4×2.2	234.54	16250	2870	2300	33500
PJ1000/14A	600~1000	8.5~20	3~9	420	250	3	11	2×2.2	161.52	11570	3070	2300	24500
PJ1000/16A	600~1000	8.5~20	3~9	480	275	4	11	2×2.2	184.52	12730	3070	2300	26500
PJ1000/20A	600~1000	8.5~20	3~9	600	325	5.5	11	4×2.2	234.54	16250	3070	2300	34500
PJ1200/14A	800~1200	8.5~20	3~9	420	250	4	11	2×2.2	161.52	11570	3270	2300	25500
PJ1200/16A	800~1200	8.5~20	3~9	480	275	4	11	2×2.2	184.52	12730	3270	2300	27500
PJ1200/20A	800~1200	8.5~20	3~9	600	325	5.5	11	4×2.2	234.54	16250	3270	2300	35500

佛山市石湾区科信达陶瓷设备有限公司生产的 KYP 系列圆弧抛光机技术参数见表 7-139。

表 7-139　KYP 系列圆弧抛光机技术参数

型号	KYP-800	KYP-1500	KYP-1800
加工宽度（mm）	100~800	100~800	100~800
加工速度（m/min）	0.4~2.5	0.4~2.5	0.4~2.5
总功率（kW）	22	26	26
外型尺寸（长×宽×高）（mm）	6500×2200×1680	8000×3000×1680	8000×3500×1680
重量（kg）	4000	5000	5500

（3）磨边倒角机

广东科达机电股份有限公司生产的单面磨边倒角机技术参数见表 7-140。薄板切磨边机技术参数见表 7-141。

表 7-140 单面磨边倒角机技术参数

技术参数	DB 系列单面磨边倒角机		
	DB200/3+1	DB600/3+1	DB600/6+1
工作宽度（mm）	100~200	100~600	100~600
工作厚度（mm）	8.5~20	8.5~20	8.5~20
速 度（m/min）	5~15	5~15	5~15
气源压力（MPa）	0.6~0.8	0.6~0.8	0.6~0.8
主传动电机功率（kW）	1.1	1.1	2.2
磨边头数量（个）	3	3	6
单磨边头电机功率（kW）	3	3	3
气动倒角头数量（个）	1	1	1
单气动倒角头电机功率（kW）	1.5	1.5	1.5
总功率（kW）	11.6	11.6	21.7
耗水量（L/min）	120	120	210
耗气量（L/min）	30	30	30
总 长（mm）	3200	3200	4250
总 宽（mm）	1350	1650	1650
总 高（mm）	1350	1550	1550
总 重（kg）	900	1200	1500

表 7-141 薄板切磨边机技术参数

设备名称	BS1000/6+6+2	BS2000/6+6+2
工作宽度（mm）	600~1000	1500~2000
工作厚度（mm）	3~8	3~8
工作速度（m/min）	2~6.5	2~6.5
耗水量（L/min）	420	420
耗气量（L/min）	50	50
主传动电机功率（kW）	2.2	2.2
切边头电机功率（kW）	3.2	3.2
磨边头电机功率（kW）	3.2	3.2
气动倒角头电机功率（kW）	1.5	1.5
总功率（kW）	43.6	43.6
长 度（mm）	5800	4770
总 宽（mm）	2480	3850
总 高（mm）	1550	1550
单机重量（kg）	4850	5150

陶瓷内墙砖经湿法磨边后，砖坯内吸足水分，须经干燥后才能包装出厂。广东科达机电股份有限公司开发了干法磨边机，陶瓷砖磨边后不需干燥，节能显著，其技术参数见表 7-142。

表 7-142 干法磨边机技术参数

设备名称	工作宽度（mm）	工作厚度（mm）	工作速度（m/min）	磨削量（mm）	耗气量（L/min）	总功率（kW）	长度（mm）	总宽（mm）	总高（mm）	单机重量（kg）
DGB600A/14+2	250~600	8.5~20	5~15	4~7	60	51.72	4550	3200	2550	6400
DGB600A/16+2	250~600	8.5~20	5~15	4~7	60	58.12	4650	3200	2550	6800

7.7.2 超洁亮生产线

超洁亮生产线 KMX 和 LUXCO 是广东科达机电股份有限公司拥有的自主产权的陶瓷抛光砖表面绿色纳米持久性保护膜的制成设备，用于改善和提高陶瓷抛光砖表面的防污和抗磨性能，最大程度地提高抛光砖表面的光泽度。设备具有节能、降耗、使用维护简单和制成产品耐磨性能更好等特点，其技术参数见表 7-143。

表 7-143 超洁亮生产线技术参数

设备名称	磨头数量（个）	工作宽度（mm）	工作厚度（mm）	输送带速度（m/min）	耗气量（L/min）	总装机功率（kW）	外形尺寸（长×宽×高）（mm）	单机重量（kg）
LUXCO800/18	18	400~800	8~25	2.7	112	300	14450×3150×2100	21000
KMX800/2F72	144	500~800	8~25	2.7	443	600	11600×3396×2100	22000
LUXCO1000/18	18	400~800	8~25	2.7	112	300	14450×3150×2100	22000
KMX1000/2F72	144	600~1000	8~25	2.7	443	600	11600×3396×2100	40000
KMX1200/2F96	192	800~1200	8~25	2.7	543	800	14450×3760×2100	48000
LUXCO800/15+2	17	400~800	8~25	2.7	84.5	300	12648×2745×2150	20000
LUXCO1000/15+2	17	400~800	8~25	2.7	84.5	300	12648×3220×2150	18000

7.7.3 切割设备

1. 连续切砖机

适用于地砖、石材分割成所需的条形、方形砖、菱形砖等，可以一次加工不同宽度的砖块。其技术参数见表 7-144。

表 7-144 连续切砖机技术参数

型号 参数	LJ-1 型单组刀连续切砖机		LJ-2 型双组刀连续切砖机		LJ-3 型三组刀连续切砖机	
	LJ-1/600	LJ-1/800	LJ-2/600	LJ-2/800	LJ-3/600	LJ-3/800
主轴头数	1	1	2	2	3	3
皮带宽度（mm）	620	820	620	820	620	820
刀片直径（mm）	Φ250~300	Φ250~300	Φ250~300	Φ250~300	Φ250~300	Φ250~300
主轴功率（kW）	15	15	15×2	15×2	15×3	15×3
整机功率（kW）	16.5	16.5	32.6	32.6	48.75	48.75
切割范围（mm）	25~600	25~800	25~600	25~800	25~600	25~800
外形尺寸（mm）	2110×1520×1630	2110×1720×1630	2560×1520×1630	2560×1720×1630	3010×1520×1630	3010×1720×1630
生产厂	佛山陶宝机械厂					

2. 节能高效环保陶瓷切割机

此设备具有低能耗、高功效、无粉尘、低噪声以及不用水等特点，从根本上解决了使用现有锯片式切割机所引起的诸多缺点。其技术参数见表7-145。

表7-145 陶瓷切割机技术参数

切割数量（1 台/d）	3200
用电量	0.25kW/h×8h
用锯片	使用刀轮刀头20d用一只
用水	无
生产厂	北京敏之诚切割工具制造厂

3. 水刀

水刀是具有全方位切割能力，可完成任意复杂形状的切割。几种典型的水刀切割的技术参数见表7-146、表7-147。

表7-146 DWJ-A/B 系列数控水切割平台技术参数

型号		DWJ-A/B-2	DWJ-A/B-4	DWJ-A/B-5	DWJ-A/B-6
结构型式		悬臂式	龙门式	龙门式	悬臂式
工作台尺寸（mm）		1500×2000	3000×2000	1300×1300	1500×2440
切割行程	X-轴（mm）	1450	3000	1200	1450
	Y-轴（mm）	1950	1800	1200	2440
	Z-轴（mm）	150	250	150	150
CNC 控制器		2000M 步进系统/FAGOR 交流伺服 AC			
精度	切割精度（mm）	±0.1			
	重复定位（mm）	±0.05			
快速定位速度（mm/min）		3000/15000			
电源		240V/380V/460VAC, 50/60Hz			
生产厂		南京大地水刀			

表7-147 YD 系列数控水切割平台技术参数

型号		YD1212	YD2015	YD3020	YD4020
切割台尺寸（mm）		1300×1300	2100×1600	3100×2100	4100×2100
切割行程	X-轴（mm）	1200	2000	3000	4000
	Y-轴（mm）	1200	1500	2000	2000
	Z-轴（mm）	180	180	180	180
CNC 控制器		步进系统/交流伺服系统 AC			
精度	切割精度（mm）	±0.1			
	重复定位（mm）	±0.05			
快速定位速度（mm/min）		6000/15000			
电源		240V/380V/460VAC, 50/60Hz			
生产厂		佛山永达水刀			

7.7.4 瓷辊修磨机

瓷辊修磨机是与辊道窑配套的专用设备。辊道窑中使用的瓷辊，在瓷砖的烧成中，常常粘结一些底釉及坯体颗粒，一起烧结在瓷辊上形成不规则凸起，从而影响瓷砖的质量，易造成烧成中叠坯。该机的用途是把瓷辊上附着的烧结物磨掉，磨光瓷辊以备再用，既可提高瓷砖的质量，又可使瓷辊延长使用寿命。其技术参数见表7-148。

表7-148 TL253型瓷辊修磨机技术参数

磨削瓷辊直径（mm）	$\phi 30 \sim 50$
磨削瓷辊长度（mm）	3200
磨头转速（r/min）	1450
导轮转速（r/min）	72
磨头电机功率（kW）	2.2
导轮电机功率（kW）	0.18
外形尺寸（mm）	$3600 \times 900 \times 1240$
整机重量（kg）	431
生产厂	唐山轻工机械厂

7.7.5 卫生瓷冷加工设备

高档卫生瓷要求外形极其规整，安装面平整，与地面、墙面和台板面紧密贴合，而陶瓷制品在烧成过程中难免有少量变形，因而高档卫生瓷制品在烧成后还经过一道冷加工，加工其安装面，主要是坐便器的下底面，挂式洗面器的靠墙面和台式洗面器与台板的接触面。冷加工设备实际上是经过改装或特殊设计的平面磨床。工件固定在床面上，加工面向上，随着床面作往复运动或旋转运动，砂轮转动并进给，将加工面磨平。一般对瓷件加工面喷水，以防加工面过热爆裂，并可带走磨屑、起除尘作用，干磨时需设除尘设备。

国外有专用的卫生瓷冷加工机。国内近年已开发了此类设备。咸阳陶瓷研究设计院设计制造出坐便器、洗面器用的修磨机。以加工台式洗面器的XMJ-B型洁具修磨机为例，其主要技术参数见表7-149。

表7-149 XMJ-B型洁具修磨机技术参数

磨头电动机转速（r/min）	2900
磨头有效磨削行程（mm）	50
工作转台转速（r/min）	1.5~3（按客户产品硬度予以设定）
最大工作高度（mm）	600
旋转工作台承重（kg）	520
砂轮规格（mm）	$\phi 150 \times 80$
配电功率	3.9kW/380V
设备主机尺寸（mm）	$1200 \times 850 \times 1500$
吸尘器尺寸（mm）	$930 \times 720 \times 1600$
设备总重（kg）	350

此修磨机由立柱、底座、摇臂架、磨头、旋转工作台、电控箱构成。磨头电机根据磨削材料而特殊设计，磨头砂轮采用特殊配方制造。对磨削硬质陶瓷、玻璃等有较好的耐用性。进刀采用手轮螺杆进给，在摇臂架下装有砂轮修整器，随时修整磨钝的砂轮磨削面。在磨削过程中，可利用弹簧压住摇臂，靠着摇臂架侧面自行磨削。为了保持良好的工作环境，本机配备一台特殊设计的旋风除尘器，在磨削过程中吸收磨屑。

电控箱安装在设备立柱上方，为一整体，控制旋转台、磨头、吸尘器等的电动机，并备有过载及漏电保护装置，确保设备运转安全、可靠。

唐山贺祥集团有限公司生产的台盆修磨机主要技术参数见表7-150。

表7-150　台盆修磨机技术参数

总功率（kW）	2.95
磨轮转速（r/min）	2840
工作台转速（r/min）	2.7~13
台上盆最大长度（mm）	600
台下盆最大长度（mm）	560
外形尺寸（mm）	1270×1040×1889

唐山贺祥集团有限公司生产的HX150型平面研磨机具有用途广泛、一机多用等特点。适用于连体坐便器、普通坐便器、洗面器、小便器、面具柱及鱼盘、元盘等，其技术参数见表7-151。PY400型大平面研磨机技术参数见表7-152。

表7-151　平面研磨机技术参数

型　号	HX150
磨轮直径（mm）	ϕ150
磨轮转速（r/min）	2890
外形尺寸（mm）	1540×1260×1920
机　重（kg）	1000

表7-152　大平面研磨机技术参数

型　号	PY400
磨轮直径（mm）	ϕ400
磨轮转速（r/min）	960
工作台直径（mm）	1200
工作台转速（r/min）	20
磨轮至工作台最大距离（mm）	710
机　重（kg）	1500
外形尺寸（mm）	1910×1885×2658

7.8 拣选包装设备

7.8.1 意大利兰玛瑙公司拣选包装线

意大利兰玛瑙（LAMINAL）公司拣选包装线的组成如图 7-15 所示。

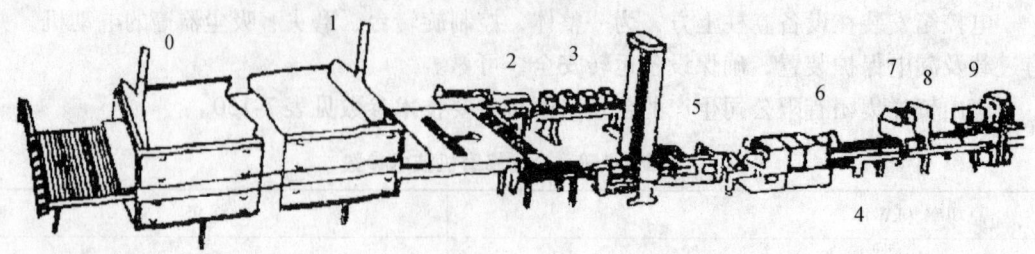
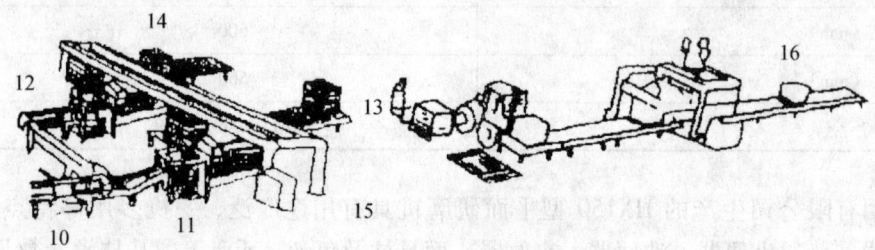

图 7-15 拣选包装线图

0—窑炉装载系统；1—单层辊道窑；2—窑炉卸载系统；3—应急码垛机；4—自动拣选线；
5—强度检测仪；6—裂纹检测仪；7—平整度检测仪；8—边裂纹检测仪；9—校准仪；
10—废品收集装置；11—一级品码垛机；12—二级品码垛机；13—放一级品的托架；
14—放二级品的托架；15—自动码包机；16—带60℃热收缩系统的捆扎集装机，外膜包装机

单机介绍：

1. 破边检验

砖的表面和完整性检验设备。该设备借助线性照相机来测试处于固定光照下的墙地砖，这样砖的边缘的各种缺陷因为其区域内的光线不同而可用照相机检测出来。该光学系统可检测小到 0.1mm 的缺边掉角问题。其技术参数如下：

最大尺寸：400mm×400mm

最小尺寸：100mm×100mm

供电电压：380V(单相)，220V(单相)

供电频率：50Hz

安装功率：2kW(380V)

皮带最大喂砖速度：80m/min

2. 平度检测器

Mod·cod·5 平度检测器适于计算陶瓷砖表面的平度。平度测量借助光学感应器进行，该系统工作时与检测的物品没有机械的接触，因此没有磨损，能保证长久的检测精度。这一设备也可安装在拣选线的出口。

技术参数：

最小尺寸：150mm×150mm

最大尺寸：400mm×400mm

供电电压：220V

供电电压频率：50Hz

皮带最大喂入速度：40m/min

3. 烧成开裂检测

GL44 和 GL55 型烧成开裂检测设备由两个高张力的检测单元构成，第一单元装有倾斜的刀刃，用于检测瓷砖边部的烧成开裂，第二单元装有垂直于流水线方向的刀刃，用于检测瓷砖内部的烧成开裂和夹层。两种型号都可以根据检测的瓷砖尺寸方便地变更操作方式。

GL44 型　最大尺寸：400mm×400mm

GL55 型　最大尺寸：500mm×500mm

供电：220V，380V＋零线＋地线

供电频率：50Hz

安装功率：1kW

4. 堆列机

该设备用于包装，具有特殊的技术特征：

（1）准确地将瓷砖一块块码成垛，操作时不损坏砖，并可根据码放砖的尺寸快速变换操作。

（2）捆扎装置安装在堆列机后面，可以减少捆扎时间。

（3）两砖排间的隔板自动定位。

（4）砖垛贮存保持输送线上有足够空位。

（5）三个辊柱链条驱动装置支撑输送带，并装有液压连轴节，可避免不平度和减小起始速度。

（6）整线为模数化结构，便于调整，使其适应于最大的变化场合和需要。

其技术参数如下：

最小尺寸：100mm×100mm

最大尺寸：400mm×400mm

电压：380V±5% 三相＋零线

电压频率：50Hz

安装功率：15kW

压缩空气：6atm

压缩空气用量：$1m^3/min$

能力：取决于砖尺寸和厚度（如200mm×200mm×10mm 砖，约180 片/min）

5. 自学式装载机（RT40～RT100）

该类机是按标准制造的，具有很多系列的机械组合，可满足各种实际需要，具有高性能，同时是集装化的光学装置臂。该机坚固耐用，定位精度达到 0.2mm。

机器能"自学"程序或用键盘输入，有一个自诊断程序。提起装置可提起若干物件，最大提起重量为 50kg。可据条形码识别产品。

7.8.2 国产自动检包线

1. 科达公司的自动检包线

广东科达机电股份有限公司生产的龙门式自动码包机、自动分拣机技术参数见表7-153，包装机技术参数见表7-154。

表7-153 龙门式自动码包机、自动分拣机技术参数

参数 \ 分类	门式自动码包机	自动分拣机
适应砖宽度（mm）	100~600	100~350
总 长（mm）	15580	6832
总 宽（mm）	4900	
装机功率（kW）	6.37	16.21
压缩空气耗量（L/min）	32	14.43
重 量（kg）	2500	1940

表7-154 包装机技术参数

参数 \ 分类	笼式自动包装机		坛式包装机
工作宽度（mm）	150×150~500×500	300×600	300×300~600×900
长 度（mm）	2530		2530
堆垛高度（mm）	320		180
装机功率（kW）	2.42		3.04
耗气量（L/min）	16.84		14.21
重 量（kg）	950		1022

2. 科信达公司的瓷砖自动检测线

佛山市石湾区科信达陶瓷设备有限公司的瓷砖自动检测线技术参数见表7-155。

表7-155 瓷砖自动检测线技术参数

型号	检测砖规格（mm）	产量范围（min）	外形尺寸（长×宽×高）(mm)
ZJC-C600	400×400	18~28 块（pcs）	4000×1500×1400
	500×500	16~23 块（pcs）	
	600×600	12~20 块（pcs）	
ZJC-C800	600×600	12~20 块（pcs）	4000×1500×1400
	800×800	6~12 块（pcs）	
ZJC-C1000	600×600	12~20 块（pcs）	4000×1500×1400
	800×800	6~12 块（pcs）	
	1000×1000	3~8 块（pcs）	

7.9 成品性能测试设备

7.9.1 陶瓷砖性能测试设备

近年来,市场对建筑卫生陶瓷质量的关注度不断提升,各企业对产品性能检测日益重视,成品性能测试设备也得到了很大的发展。主要生产厂有咸阳陶瓷研究设计院、宁夏机械研究所等。

1. 陶瓷砖综合测定仪(表7-156)

表7-156 陶瓷砖综合测定仪主要参数

型 号	测量范围(mm)		精 度(mm)	备 注
	最大尺寸	最小尺寸		
CZY-D-400	400	100	±0.05	1. 可用标准板调节 2. 可做直角度、翘曲度、中心弯曲度的测定
CZY-D-600	600	100	±0.05	1. 可用标准板调节 2. 可做直角度、翘曲度、中心弯曲度的测定
CZY-D-800	800	100	±0.05	1. 可用标准板调节 2. 可做直角度、翘曲度、中心弯曲度的测定

2. 湿膨胀测定仪(表7-157)

表7-157 陶瓷砖湿膨胀测定仪

规格型号	测量范围(mm)		精 度(mm)
	最大尺寸	最小尺寸	
100×100	100	100	0.001mm

3. 陶瓷砖釉面耐磨仪(表7-158)

表7-158 陶瓷砖釉面耐磨仪

型 号	转速(r/min)	偏心距(mm)	夹 具(个)
CYM-8	300	22.5	8

4. 无釉砖耐磨试验仪(表7-159)

表7-159 无釉砖耐磨试验仪

型 号	钢轮厚度(mm)	钢轮直径	备 注
CM-A	10±0.1	200±0.2mm	
CM-B	10±0.1 70±0.1	200±0.2mm	无釉砖 无机地面材料

5. 陶瓷砖釉面抗龟裂蒸压釜（表 7-160）

表 7-160　陶瓷砖釉面抗龟裂蒸压釜

型　号	试样最大尺寸（mm）	最大压力（MPa）	升压时间（h）
CZ-0.5	330×330	0.5±0.02	<1
CZ-1.0	330×330	1.0±0.02	<1

6. 数显陶瓷砖抗折试验机（表 7-161）

表 7-161　数显陶瓷砖抗折试验机

型　号	最大检测力（N）	工作台行程（mm）	准确度（级）	速率 $[N/(mm^2 \cdot s)]$	备　注
TZS-5000	5000	≥60	1	1±0.2	
TZS-6000	2000 4000	≥70	1	1±0.2	2000N 和 4000N 两档
TZS-8000	8000	≥75	1	1±0.2	
TZS-10000	10000	>75	1	1±0.2	

7. 陶瓷砖边直度、弯曲度测定仪（表 7-162）

表 7-162　陶瓷砖边直度、弯曲度测定仪

型　号	最大测量范围（mm）	最小测量范围（mm）	精　度（mm）
CBY-600	600×600	50×50	±0.1
CBY-1000	1000×1000	50×50	±0.1

8. 陶瓷砖恢复系数测定仪（表 7-163）

表 7-163　陶瓷砖恢复系数测定仪

型　号	下落高度（mm）	外形尺寸（mm）	钢球规格（mm）
CHY	1000	500×400×1440	ϕ19±0.05

9. 陶瓷吸水率真空装置（表 7-164）

表 7-164　陶瓷吸水率真空装置

型　号	真空室容积（mm）	外形尺寸（mm）	抽真空至（kPa）	备　注
CXK	200×200×10 试样不少于 15 块	720×600×1160	10±1	手动给排水
CXK-A	200×200×10 试样不少于 15 块	720×600×1160	10±1	自动给排水

10. 全自动低温冻融检测装置（表7-165）

表7-165 全自动低温冻融检测装置

型 号	体 积（mm³）	升温速率（℃/h）	温度范围（℃）	备 注
CLD	650×400×600	<20	-6~5	陶瓷砖抗冻性
LD		<20	室温至-40	卫浴产品抗冻性

11. 陶瓷砖抗热震性试验机（表7-166）

表7-166 陶瓷砖抗热震性试验机

型 号	电源电压 AC（V）	工作室温度（℃）	最大试样尺寸（mm）
CRS	380	145~150	600×600

12. 静摩擦系数测定仪（表7-167）

表7-167 静摩擦系数测定仪

型 号	最大检测力（N）	精 度（N）	峰值保持时间（min）	配重块（kg）	备 注
CJY	50	0.1	>5	4.5	陶瓷砖

13. 放射性检测仪（表7-168）

表7-168 放射性检测仪

型 号	仪器分辨率（%）	精 度（%）	定时 10~2550 时间（s）	样品数量（kg）	备 注
CIT-3000	>8	不确定度<20	10~2550	1000	建材产品

14. 原子吸收分光光度计（表7-169）

表7-169 原子吸收分光光度计

型 号	仪器分辨率（nm）	波长准确度（nm）	波长范围（nm）	仪器稳定性	备 注
TAS	>0.3	±0.2	190~900	30分钟内基线飘移<±0.005A	砖铅、镉溶出

15. 测色色差计（表7-170）

表7-170 测色色差计

型 号	重复性	准确度	复现性	仪器稳定性	备 注
SMY-2000SF	ΔE≤0.05	ΔY≤1.50	Δx、Δy≤0.002	ΔY≤0.15（1h）	小色差

16. 热膨胀系数测定仪（表7-171）

表7-171 热膨胀系数测定仪

型 号	最高炉温	位移测量误差	升温速度	温度误差	备 注
ZRPY	1000℃	≤0.1μm	2.5h达最高温度	±0.1℃	砖线性热膨胀

7.9.2 卫生陶瓷及配件性能检测设备

卫生陶瓷冲洗功能试验机采用机电一体化及相关技术，通过压力和流量等的调节与控制及试验对象的冲水量等数据的采集及执行机构（如电磁阀等）的运动状态的监控，提供满足标准的试验环境或条件，辅助检测的仪器仪表等，进行冲水量、冲洗功能、管道输送等检测，达到对卫生陶瓷检测的目的。

1. 卫生陶瓷冲洗功能试验机（表7-172）

表7-172 卫生陶瓷冲洗功能试验机

型 号	压力范围（MPa）	精度级	流量范围	升降台调节范围（mm）	备 注
WSC-1A	0~1	1.0	10~20L/min	0~10	
BCP-P	0~1	1.0	0.2~1.2m³/h		设备电源380V
XBCP-P	0~1	1.0	0.2~1.2m³/h		箱式；电源380V
XBCP-J	0~1	1.0	0.2~1.2m³/h		带管道输送（18m）
ECWTS	0~1	1.0	后续水量		后续水检测

2. 卫生陶瓷抗龟裂检测设备（表7-173）

表7-173 卫生陶瓷抗裂性检测设备

型 号	加热温度（℃）	制冷温度（℃）	煮沸时间（min）	急冷时间（min）
CKL	110±5	2.5±0.5	90	5

3. 卫生陶瓷荷载试验机（表7-174）

表7-174 卫生陶瓷荷载试验机

型 号	测力范围（N）	压力范围（MPa）	保持时间（min）	备 注
CHJ	0~2500	0~0.7	10	
WHY	0~2200N	可调	10	伺服液压

4. 便器水箱配件综合试验台（表7-175）

表7-175 便器水箱配件综合试验台

型 号	水位范围（mm）	压力范围（MPa）	负压范围（MPa）	精度级	备 注
SPZ-1	0.01~1000	0.05~2.1	0~-0.1	1.0	普通型
SPZ-4	0.01~1000	0.05~2.1	0~-0.1	1.0	豪华型

7.10 典型设备的保养和维修

7.10.1 压机的保养和维修

全自动液压压砖机是机电一体化的高科技产品，必须严格地按照使用说明书进行压机的安装、调试、使用与维修保养。对于压机良好的维护保养,不仅能提高设备使用寿命,更重要的是对砖坯质量的保证,以下为压机维护保养的一般原则:

1. 清洁

每班需将压机清洁一次,布料装置的料框周围、小车轨道等处的粉料必须清扫干净。

2. 润滑

自动压机的一些部分是依靠人工及时地进行润滑,其润滑位置主要是:

(1) 立柱的滑动部分及动梁内导套;
(2) 布料装置的轴承、链条、减速箱;
(3) 行程制动阀的活动部分;
(4) 排气装置的活动撑杆和安全装置的齿轮;
(5) 气动系统的油雾器。

立柱的滑动部分要用干净的布擦干净后,每班加注润滑油不少于两次,其他润滑位置每班都要加油润滑,并注意减速箱的油位是否达到要求。

3. 液压用油

(1) SACMI 压机推荐用 N32 抗磨液压油,WELKO 压机推荐用 N68 抗磨液压油,工作温度为 20~55℃,油温达到 40℃时即应向冷却器供水。

(2) 在第一次加入的油使用 300~400h 后,应及时更换。以后在正常使用 3000h 左右(可视实际污染程度而增减)更换一次,并同时清洗油箱和过滤器。

(3) 注意过滤器的堵塞情况,每隔大约 500h 清洗粗过滤器芯一次,如有报警即应提前清洗或更换器芯。

4. 蓄能器

(1) 定期检查蓄能器的充气压力,新蓄能器在第一周内检查一次,以后每个月检查一次,如有漏气应及时更换胶囊。

(2) 蓄能器的充气、排气、测定和修正充气压力,必须使用专用充气工具。

(3) 蓄能器需维修、拆卸和更换零件时,必须先泄去压力油,使用充气工具放掉胶囊中的高压氮气。当长期停止压机工作时,就将蓄能器油卸掉。

5. 液压系统

(1) 经常检查压机的密封情况,如有漏油及时处理,不允许带漏工作。

(2) 定期检查换向阀的动作灵敏情况和溢流阀的压力稳定情况,如有异常及时处理。

(3) 定期检查液压件的固定螺栓和联结件,这些螺栓均为高强度螺栓,不得以普通螺栓替换。

(4) 经常检查充液罐的油位,必要时及时补充。

(5) 液压系统在需要维修拆卸时,必须先用尽蓄能器的能量,放掉系统的液压油及系统内的压缩空气,并要仔细分析液压系统的油路,方可进行装拆维修。

6. 电器

(1) 定期检查各接近开关的安装及工作情况。

(2) 注意经常清除电器箱内的积尘,必要时用乙醚清洗各触头。

7. 其他

(1) 定期清洗模具,并检查其工作情况。

(2) 合理安装压机用吸尘装置,检查吸尘效果。

(3) 压机每次检修和装拆后,必须进行试动和检验,一切正常后方可正式投入生产。

7.10.2 球磨机的保养和维修

球磨机有多种结构,应按使用说明书进行保养维修,下面仅以 15t 和 20t 球磨机为例,说明球磨机维护的一般原则。

(1) 一定要按《操作规程》进行操作。

(2) 内衬:磨机内衬的材料由用户自备和镶砌,可用耐磨橡胶、硅质石衬或瓷衬。

(3) 使用橡胶内衬的磨机,筒内料浆温度不能高于 70℃,因此粉磨时间少于 12h 为宜。

(4) 18 根(24 根)三角胶带的规格和材质应合乎设计要求,每组长度误差不能大于 40mm(45mm),当使用一段时期失去弹性、变长、需要更换时,要全部一起更换,最好不要个别或一部分更换。

(5) 液力混合器应按说明书要求定期定量注油和更换油,采用 20 号透平油,参考油量为 14.5L(18L)。

(6) 各滚动轴承的润滑采用 3 号或 4 号钙基润滑脂(代号 ZG-3 或 ZG-4),约每月向各油杯注入一次,大小齿轮减速器采用 20 号或 30 号机械油(代号 HT20 或 HT30),从开始运转 200h 后进行第一次换油,到 400h 再换一次,正常运转后可每 3~6 个月换一次,平时注意补充油至油标高度。

(7) 每次开机前就拧紧所有紧固件,维持场地和设备的清洁。

(8) 当磨机内衬磨损减薄或掉缺后,应及时更换或镶补,以免磨损筒臂或污染料浆。

(9) 球磨机电控柜以及电控柜到用电点的线路,用电设备均应按期进行检查维修,具体检修内容和检修周期如下:

1) 日常维护检修:每日数次或根据需要随时处理运行中所出现的问题,更换损坏的元件,如指示灯、熔断器等。

2) 安全检查:一月一次检查接地、接零、绝缘情况。

3) 定期清理检查:三月一次清理积尘,添换电动机润滑脂,并检查接线是否松动。

4) 定期大修:一年一次更换不可靠的元件,进行电蚀触头的磨制,弹簧调整,磁铁表面油污的清除和电动机大修。

7.10.3 喷雾干燥器成套设备的保养和维修

喷雾干燥器成套设备包括柱塞泵、泥浆系统、干燥塔、热风炉、风机、下料器、振动筛、仪表控制柜等,其保养维修内容如下:

1. 日常检查

在操作开始时与操作期间按下表进行日常检查,日常检查各项目见表 7-176。

表 7-176 喷雾干燥器成套设备日常检查项目

序号	设 备	检查部分	检查内容
1	柱塞泥浆泵	1）密封环 2）泥浆阀 3）补、排油阀 4）液压件、管 5）压力、冲程次数	1）如无效，可更换，再无效，需更换柱塞 2）每班冲洗一次，观察有无不正常磨损 3）能否正常工作 4）有无漏油，磨损时更换 5）有无异常
2	风 机	所有工作部分	1）轴和轴承是否发热，是否缺油和冷却水 2）有无振动、噪声，必要时清洗风叶，并对风叶作静平衡
3	热风炉	1）烧嘴砖 2）炉内砌筑体	1）有无结焦，有结焦时清掉 2）有无掉砖，衬砖有无烧化
4	油浇嘴		雾化是否正常，有无结焦
5	回转下料器	1）轴及转子 2）减速电机	1）回转是否灵活，有无过度磨损，密封性如何（有无正常下料） 2）有无发热、异声
6	泥浆系统	1）过滤器 2）管道、阀门 3）喷嘴	1）有无堵塞（从过滤器前后泥浆压力差可看出），定时切换、清洗 2）有无泄漏，必要时补焊、更换 3）定期检查后更换喷嘴中易磨损的喷片、底片、旋涡片等件
7	振动筛	1）驱动部分 2）筛网	1）有无松动，发热 2）有无磨穿，必要时更换
8	电动机		检查有无发热、振动、噪声
9	干燥塔	1）下料管 2）全塔	1）下料是否正常，有无堵塞，必要时清洗干燥塔 2）有无开裂、漏风、漏保温材料
10	风阀		开闭是否灵活
11	仪表控制柜	1）仪表 2）电器	工作是否正常

2. 定期检查

为了避免突然事故，克服设备出了故障后修理上的困难，节省修理设备的时间和费用，应该选择有利场合和适当的间隙时间，对设备作定期检查。定期检查的项目见表 7-177。

表 7-177 喷雾干燥器成套设备定期检查项目

序号	设 备	检查部分	周期	内 容
1	电气仪表	1）电机 2）接触器(开关)继电器 3）指示仪表 4）温度记录仪 5）380V 和 220V 电路 6）接地	2 年 1 年 1 年 1 年 1 年 1 年	拆卸、洗涤、更换轴承润滑脂，绝缘试验（1000VMΩ 表测量应大于 10MΩ） 触头应无损坏，否则研磨或更换 校正 注油，清洗内部和校正 绝缘试验（地与各火线间的阻值大于 10MΩ） 接地电阻：仪表盘小于 50Ω 其他设备小于 100Ω

续表

序号	设备	检查部分	周期	内容
2	泥浆泵		3~6个月	运行2500h，更换液压油，更换阀箱中的磨损件（导向杆导向套，阀座等）
			6~12个月	更换磨损之柱塞盘根，更换活塞、活塞杆、液压阀上磨损的运动密封件，更换磨损的油泵
3	进、排风机（D型C型风机）	全部	1年	作仔细、彻底检修，若轴承不能用时，需更换，换润滑油，洗涤冷却水管修复或更换磨损的排风机叶轮等
4	热风炉		1年	打开检修孔，进炉检查耐火砖有无损坏、脱落、必要时更换
5	油烧嘴		6~12个月	拆卸、清洗、更换密封件
6	回转下料器	1）轴承和叶轮 2）减速器	3~6个月	检查磨损情况，必要时更换检查换油
7	振动筛			检查驱动部分，更换磨损件
8	整套设备	整体	1年	除了上述检查外，整套设备每年要有一次以上的检查，检查各设备的保温，涂漆、供排水系统，风油泵系统有无特殊故障（变形、开裂磨牙等）作适当处理

参考文献

1　中国硅酸盐学会陶瓷专业委员会陶瓷机械设备学组．中国陶瓷机械设备年鉴，1980~1984．
2　中国硅酸盐学会陶瓷专业委员会陶瓷机械设备学组．中国陶瓷机械设备年鉴，1985~1987．
3　中国硅酸盐学会陶瓷机械装备专业委员会．中国陶瓷机械设备年鉴，1987~1992．
4　林云万等．陶瓷机械手册［M］．上海：上海交通大学出版社，1991．
5　中伦陶瓷总公司．国外建筑陶瓷最新技术动态之二，1993．
6　中伦陶瓷总公司．国外卫生陶瓷最新技术动态之二，1994．
7　郑水林．超细粉碎原理工艺设备及应用［M］．北京：中国建材工业出版社，1993．
8　咸阳陶瓷研究设计院．赴美、英考察耐火材料、窑炉总结．1988．
9　郑岳华．陶瓷工业设计手册［M］．广州：华南理工大学出版社，1990．
10　1993~2009年国际陶瓷展览会上各公司产品样本．

第 8 章 陶瓷成形模具

成形是陶瓷生产中重要的环节,现代建筑卫生陶瓷的成形工艺都是利用成形模具来完成的。本章介绍的成形模具,包括半干压成形、注浆成形、塑压成形以及挤出成形等四类,它们分别适用于半干压陶瓷砖、卫生陶瓷、琉璃瓦和挤出成形陶瓷砖(或陶瓷板)的成形。

8.1 半干压成形模具

半干压成形也称模压成形,就是将干粉坯料填充入金属模腔中,施以压力使其成为致密坯体。半干压成形的优点是生产效率高、人工少、废品率低、生产周期短、生产的制品密度大、强度高,适合大批量工业化生产;缺点是成形产品的形状有较大限制,模具造价高,组织结构的均匀性相对较差等。

半干压成形的应用:在陶瓷生产领域以半干压方法制造的产品主要有瓷砖、耐磨瓷衬瓷片等。

我国陶瓷墙地砖自动压机模具经历了从国外引进到自主研发生产的过程,目前广东佛山已成为我国最大的陶瓷墙地砖自动压机模具生产基地。

8.1.1 模具的构造及分类

陶瓷墙地砖自动压机模具是压砖机的一个重要组成部分,通过它使粉料压制成形,它对砖坯的产量和质量有着重要的和直接的影响。

1. 模具的构造

图 8-1 为典型的模具图。它由上模和下模两个部分组成:上模由上模板、上模芯及磁吸板等零件组成;下模由模框、下模板、下模芯及衬板等零件组成。上模芯、下模芯和衬板形成砖坯的成形部分。

2. 模具的类型

(1)按结构分类 模具按结构分为插模和盖模两种。

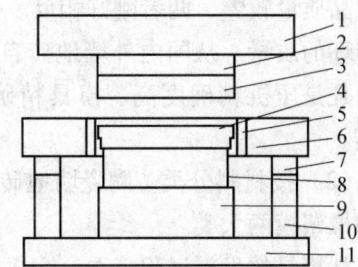

图 8-1 压砖机典型模具示意图
1—上模磁吸板;2—上垫板;3—上模芯;
4—下模芯;5—闸板;6—模框;7—调整垫;
8—下模磁吸座;9—推顶板;
10—固定支柱;11—底板

插模的特点是模框固定不动,并固定在下模底板上,上模直接进入模腔,装料、墩料和顶出等动作均由下模完成,如图 8-2 所示。

盖模的特点是模框浮动(一般由若干个液压缸支承),上模的尺寸比模腔大,因而上模不能进入模腔,而是压在与模框连结在一起的衬板上。装料、墩料、出坯等动作的实现视压机类型的不同而不同,有的压机是由模框来完成,但多数压机仍由下模来实现,如图 8-3 所示。

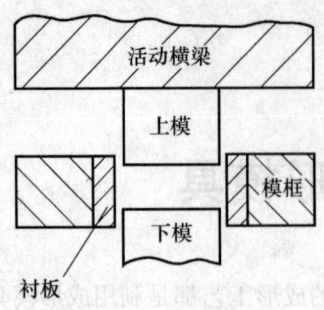
图8-2 插模简图

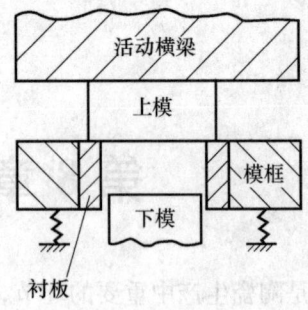
图8-3 盖模简图

插模与盖模这两种成形方式在国内外都被广泛应用，但由于结构形式不同，它们对压机的精确要求、制品质量、模具寿命等方面都有着很大的区别，见表8-1。

表8-1 插模与盖模的比较

序号	比较内容	插模	盖模
1	对压机精度要求	高（否则易"啃模"）	低
2	对模具精度要求	高	低
3	模具安装与调整	难	易
4	模具寿命	低	高
5	坯体质量	好（排气性好）	差（排气性差）
6	压机压力损失	无	有
7	衬板与模框连接	可以不用键	最好用键
8	制品形状	适应性广	适应性较窄
9	制品规格	适用于所有规格的砖	不适于特大规格的砖

从表8-1可以看出，插模的制成品质量好，但模具寿命较短；盖模的模具的寿命长，但制成品质量较差，两者刚好相反。一般而言，规格大的砖、厚度大的砖，最好用插模，以保证砖坯的质量。从国内外墙地砖自动压机模具发展的趋势来看，插模的应用越来越广。因此，凡是压机精确度高、模具精确度高，特别是在压制异形砖的情况下，应尽可能采用插模。

（2）按材料分类 陶瓷墙地砖自动压机模具按模具成形部分的材料来分，可分为金属模和橡塑模两大类。

从模具的发展过程来看，金属模已沿用了几十年，20世纪80年代末才出现了橡塑模。橡塑模是在金属基体材料的表面粘结上一层橡胶或塑料。与金属模相比，橡塑模的最大特点是大大减少了擦模次数，而且模具寿命也比较长，但橡塑模操作不当时，容易脱胶。现在，这两种模具都在广泛应用。

8.1.2 金属模

1. 模具材料

（1）对材料的要求 用来制作模具工作部分的材料应满足以下四个基本要求：

1）工作面应具有高硬度、耐磨性、强度和韧性 硬度是模具工作部分的一个重要性能指标，一般要求在HRC58以上。模具在工作过程中承受很大的压力和摩擦力，要求模具工作部分在这种条件下仍能保持其尺寸形状不变,持久耐用。提高模具工作部分的硬度,有利于提高其耐磨性,但硬度到了一定值以后,硬度的增加对提高耐磨性所起的作用就不明显了。

合金元素对模具钢硬度影响能力的次序为(由强到弱):W,Mo,Co,V,Cr,Mn。

合金元素对模具钢耐磨性影响能力的次序为(由强到弱):N,W,Mo,Cr,Mn。

2) 良好的加工性　模具材料应具有良好的热轧、锻压的热加工性能以及进行切割、磨削、研磨、抛光等冷加工性能。

3) 良好的热处理性能　模具钢在热处理时,要求淬火温度范围足够宽,减少出现过热现象。要求材料的淬透性好,并且热处理后变形要小。

4) 脱碳敏感性要低　模具钢在锻造和淬火过程中,都要进行加热,模具表面发生脱碳,会使模具表面层的机械性能降低。因此,要求模具材料的脱碳敏感性越低越好。

(2) 材料的种类　常用墙地砖压机模具的钢材及性能对比见表 8-2。

表 8-2　常用墙地砖压机模具的钢材及性能对比

模具钢名称	模具钢型号	优点
碳素工具钢	T7A,T8A,T10A,T12A 等,代表钢 T10A	价格便宜,切削性能好,能得到高的表面硬度 HRC58 左右,合金含量高,淬火后具有高的硬度
低合金工具钢	CrWMn,5CrNiMo,5CrNiTi,9CrSi,9MnV 等	这类钢含有少量合金元素,淬硬性和淬透性较前者好,淬火变形也比较小,耐磨性也较高
高合金工具钢	Cr12,Cr12Mo,Cr12MoV 等	合金含量高,淬火后具有高的硬度和高的耐磨性,并且淬透性好,淬火变形小。这类钢常用于形状复杂的热处理工艺要求严格的模具,故又称为"模具钢"或"Cr12 型钢"
高速工具钢	如 W18Cr4V 等	具有高的热硬性和高的耐磨性,广泛用于切削工具和冷挤压模具
轴承钢	如 GCr15 含 Cr 量为 1.3% ~ 1.65%	化学成分控制较严,淬火、回火后合金相组织稳定,经磨削加工之后,能得到高的表面光洁度,但淬透性不够好,常用于制作冷挤模
硬质合金和钢结硬质合金	如 YG8,YG15,YG20 等	是介于硬质合金和工具钢之间的一种新型材料,即硬度、耐磨性和刚性都比较好,退火后可以进行切削,故可以用于制作形状复杂的模具,可以进行淬火和回火,热处理变形也比较小,而且具有一定的可锻性和一定的冷塑性变形能力。常用于特种陶瓷成形模具上

意大利的墙地砖技术装备包括压机和模具在内,均属世界一流,其模具成形部分材料的牌号为 X210Cr13KU,是属于高合金工具钢,含碳量为 1.9% ~ 2.3%,Cr 含量为 12% ~ 14%。它介于我国的 Cr12 和 Cr12MoV 之间。一般来说,墙地砖自动压机模具金属模型腔部分的材料应优先采用 Cr12MoV。

2. 模具的设计

在正式设计模具以前,必须具有以下原始资料:

(1) 压机类型或型号,压机活动横梁下平面各固定孔的位置和尺寸,下梁上平面或下梁垫板固定孔的位置和尺寸，压机工作台与活动横梁下平面之间的最大和最小闭合高度。

上模与活动横梁固定在一起，因而，上模底板固定孔必须与活动横梁下平面的固定孔相一致。同理，下模与工作台固定在一起，因而，下模的下模板固定孔必须与工作台的固定孔一致。只有当压机的最大最小闭合高度知道了以后，才能决定上模和下模的高度。应当注意压机的类型或型号不同，压机的顶出装置与模具的连接方式方法也不同。

（2）模具的类型，是盖模还是插模，是金属模还是橡塑模。

（3）成品规格、厚度、侧面、正面、背面的形状，厂标图案。墙地砖的规格品种很多，厚度也有所不同，各地区、各工厂对砖的正面、背面、侧面的形状要求也各不相同。墙地砖模具模腔成形部分是由上模芯、下模芯及四周的模框衬板构成的一个封闭空间。成形部分的型面完全取决于坯体的形状。

为了出坯的方便和减少破损，模衬垂直型面一般设计成1°左右的出坯斜度。为了减少下模芯与衬板的摩擦，下模芯的导向部分仅为整个接触表面的一小部分。最早的生坯基本上是一个矩形的断面，但现在一般的生坯都为上小下大，砖的四个侧边出现了一个明显的凸台，因此，要设计出质量很高的模具，必须由使用厂提出生坯的图纸要求。生坯成形部分示意结构如图 8-4 所示。

模具间隙的设计是模具设计中的一个重要问题，一般而言，上模芯与模框衬板之间的间隙（插模）和下模芯与模框衬板之间的间隙计算公式为：

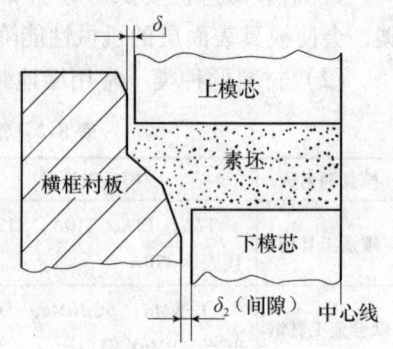

图 8-4 生坯成形示意图

$$\delta = \frac{H}{2000}$$

式中 δ——上、下模芯与模框衬板之间的单边间隙，mm；

H——生坯规格，mm。

应当指出，由于存在着出坯斜度、模具加热、模具使用时间的长短等一系列问题，所以模具的间隙不是一个恒定值。如果考虑到加工装配等因素，各腔的模具间隙实际上不可能是完全均匀一致的。根据长期的实践经验表明：一般模具间隙双边为 0.14~0.40mm，即单边间隙为 0.07~0.20mm 最为理想。总体来看，插模的间隙要求较盖模严格，因此，一般认为，插模间隙应比盖模的每边小 0.02~0.03mm。

（4）原材料的压缩比和收缩率　压缩比指成形前后粉料高度变化之比值。压缩比也称为压缩系数，其大小一般为 1.9~2.4 之间。

压缩比 K_0 的计算公式如下：

$$K_0 = \frac{\delta_{始}}{\delta_{终}} = \frac{\gamma_{终}}{\gamma_{始}}$$

式中 $\delta_{始}$——压制前粉料在模腔内堆集的厚度，mm；

$\delta_{终}$——压制后制品厚度，mm；

$\gamma_{始}$——压制前粉料的密度，g/cm³；

$\gamma_{终}$——压制后坯体的密度，g/cm³。

各种坯料的压缩比是不一样的，它由坯料的性质及压制时压力的大小决定。

坯料的含水率对压缩比有明显的影响，压缩比与坯料含水率及压强的关系如图8-5所示。

含水率 $W_3 > W_2 > W_1$

压形所得坯体在干燥、烧成时会产生收缩。其收缩率的计算方法如下：

$$S_0 = \frac{L_0 - L}{L_0} \times 100\%$$

式中　L——产品要求的长度（烧成后的长度），mm；

L_0——模具型腔相应边的长度（模具型腔内的坯体长度），mm。

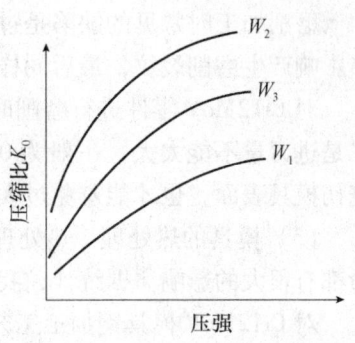

图8-5　压缩比与坯料含水率及压强的关系

从模腔中刚刚被顶出的砖坯，其坯体尺寸稍大于模腔尺寸。这是因为外压力消除以后，坯体内颗粒间被压缩空气膨胀，所以坯体尺寸变大。坯体膨胀变大的程度与压力大小、坯体种类以及排气情况等因素有关。坯体的收缩率为1%～8%之间。

（5）模具加热　在压制过程中，墙地砖压砖机模具一般都要加热，目的是在金属模和砖坯之间形成一层蒸汽膜，使原材料（粉料）和金属模两者隔开，从而达到不粘料或少粘料，延长擦模间隔，增加连续压制次数。

从当前情况来看，墙地砖压机模具的上模、下模、模框三者都要分别加热，加热温度都可实现自动控制。目前发展趋势是加热功率越来越大，以便缩短加热时间。加热方式过去为感应加热，而现在都改用电热棒或电热片加热。

加热温度：金属模一般为60～90℃，橡塑模一般为30～60℃，刚使用的新模具因间隙较小，故加热温度较低。另外，实际使用时，上模、下模、模框三个部分的加热温度视具体情况而有所不同。

3. 模具的制造与装配

（1）模具毛坯材料的锻造　模具零件毛坯材料进行锻造的目的：一是为了得到一定的几何形状，以达到节约原材料和节约加工工时；二是为了改进锻件的致密度，使组织均匀，消除钢材的各向异性，以求提高其使用性能。例如改变锻件的流线方向，或使流线弯曲，便可改善机械性能和使用性能。改善锻件的碳化物分布状况，提高其等级，以求改善其热处理性能和使用性能。

对于模具的一般结构零件，通常以得到一定的几何形状为主要目的，但对于模具成形部分关键件，必须通过锻造来改善原材料的性能。

（2）模具的机械加工　包括车削、铣削、磨削加工和电火花加工，对模具寿命也有着直接的影响，往往由于某种原因，造成模具的早期失效。

车削、铣削和磨削的高速切割、强力切削，往往造成加工表面的内应力和裂纹，机加工留下的刀痕很容易造成严重的应力集中，这些现象在淬火时往往造成模具工作部分的裂纹，这种裂纹在工作过程中逐步扩大，最后便可导致模具的开裂而报废，因此，在对模具钢零件进行机械加工时，不应进行高速切削或强力切削，并且切削量也应适当降低。

模具钢零件在进行粗加工以后，最好再进行一次调质处理，使其硬度为HRC24～28。为防止脱碳和变形的影响，故应留加工余量0.3～0.6mm。

磨削加工时常见的缺陷是过热和烧伤,这一现象容易造成表面软化及硬度降低,或由于热影响产生磨削裂纹,最后同样也可导致早期失效。

对 Cr12MoV 零件进行磨削时,一是砂轮不能太硬,一般多采用单晶刚玉砂轮进行磨削;二是进刀量不能太大,一般为 0.005~0.01mm;三是冷却要充分,这样才不至于在磨削中烧伤模具表面,也才能避免过大的内应力而出现磨削裂纹。

(3) 模具的热处理　热处理是模具加工过程中的关键工艺之一,它对模具的质量和寿命都有很大的影响。据统计,我国模具失效原因 50% 是由于热处理不当造成的。

对 Cr12MoV 模具钢加工工艺的安排,可以有以下两个方法:

1) 锻造→球化退火→加工成形→淬火与回火→钳修装配。
2) 锻造→球化退火→粗加工→淬火与回火→精加工→钳修装配。

Cr12 型钢是模具钢中合金元素含量较高的一类钢,它与高速钢有很相似之处,在冷作模具钢中耐磨性最好,还有很好的淬透性,淬火后的变形也较小。因此,这类钢得到了广泛应用,应用最多的首推 Cr12MoV。

Cr12MoV 模具钢经锻造后,必须经过球化退火。目的是为了消除内应力,改善材料内部组织,使晶粒均匀,便于机械加工。球化退火的工艺示意图如图 8-6 所示。

Cr12 型钢淬火时是在盐浴炉中进行加热,为保证淬火质量,应防止模具表面在加热时发生表面脱碳和氧化。

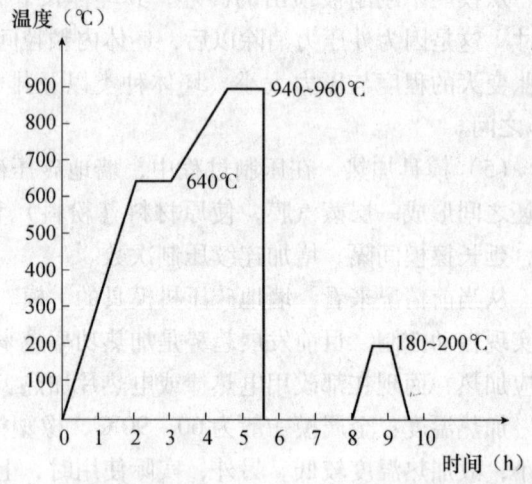

图 8-6　球化退火的工艺示意图

图 8-7、图 8-8 是 Cr12MoV 钢在盐炉中处理的两种淬火回火工艺。

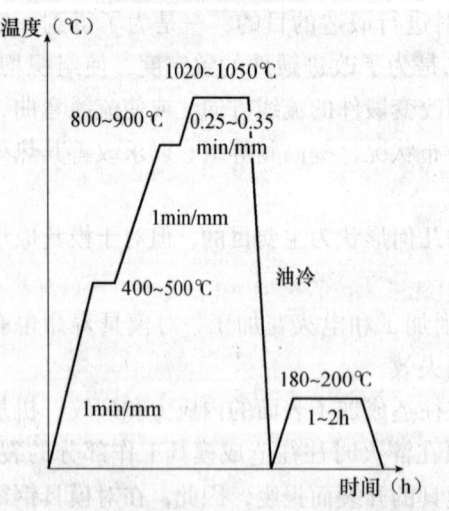

图 8-7　低淬低回（HRC62）

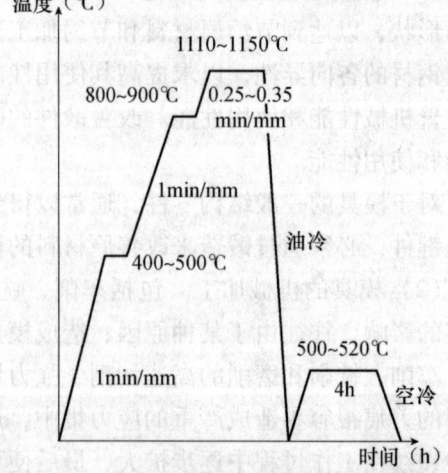

图 8-8　高淬高回（HRC60）

回火是把钢加热到临界点以下某个温度,保持一定时间后,冷却到室温的一种热处理工艺。淬火后回火是为了减少或消除淬火后的内应力,以得到稳定的组织,获得所需的机械物理性能。

回火后的硬度取决于回火温度。当回火温度为 160~180℃时，硬度为 HRC58~62。回火温度为 260~280℃，硬度为 HRC56~58。回火温度为 360~380℃，硬度为 HRC54~56。

Cr12 型钢在回火时应避开回火脆性区，以免工件经回火后产生脆性。Cr12 型钢的回火脆性区为 290~330℃。

Cr12Mo 钢具有很好的淬透性、热硬性、韧性和耐磨性。就淬火变形来说，它是 Cr12 型钢中淬火变形最小的一种。当钢的截面尺寸为 300~400mm 以下时，在油中淬火即可淬透。

图 8-9 为意大利某公司对压机模具上下模芯进行处理的工艺。

(4) 模具的研磨与抛光　零件经过车削、铣削、磨削甚至电火花加工以后，一般情形下，在零件表面留下了一层变质层和"磨削层"，严重影响了金属表面层的物理和机械性能。因此机加工后的模具工作面都必须进行研磨和抛光。在一般模具中，研磨和抛光的工作重要量占模具总工作量的 1/3，模具工作表面的研磨和抛光，不仅可以提高表面光洁度，提高加工件的表面质量，而且还可以大大提高模具的寿命。据有关资料介绍，光洁度提高一倍，模具寿命可以提高 50%。

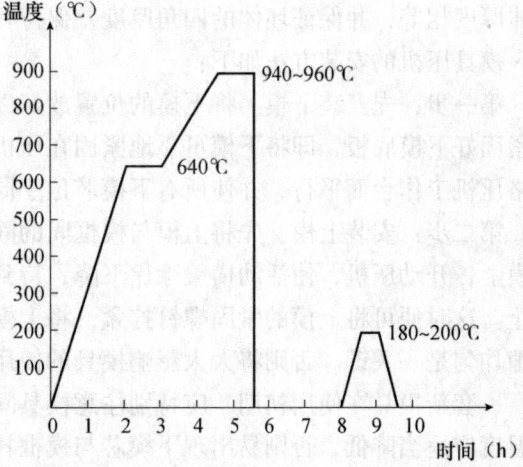

图 8-9　意大利某公司上下模芯热处理工艺

(5) 模具的装配与调试　要制造出一副合格的高质量的模具，除了保证零件的加工精度之外，还必须做好装配和调试工作。装配和调试工作的好坏，将直接决定砖坯质量和模具寿命。

在装配前，应首先检查零件的加工质量，如上、下模底板的平面度和平行度，上、下模模座的等高性和上、下模芯的等高性。必须注意：在同一副模具中，所有上、下模模座和上、下模芯都应分别在一次磨削中磨成，以保证机件等高。只要满足上述要求，便可保证上模下平面和下模上平面互相平行，从而保证压制成形的砖坯厚度相等。

模衬板、上模芯、下模芯等成形工作表面，都要经过仔细的研磨与抛光，使平面粗糙度达到或小于 Ra0.8。

墙地砖模具一般分为上模、模框和下模三个部分。装配时，一般应先装模框，然后以模框为基准，再分别装配上模和下模。

装配下模时，应保证防尘罩的密封性。否则，粉料将从缝隙中进入，最终导致下模板损坏，并且造成底面下部不平、各腔砖坯厚度不等等一系列问题。模衬板与模框的连接应紧密贴合，不仅如此，不论盖模还是插模，最好都有平键连接。特别是盖模，加键更是必要，以防止模衬板常发生向下移动的现象。

保证上、下模芯与模框的间隙达到设计要求并保证间隙均匀一致，这是墙地砖自动压机模型最重要的一项技术条件，这是一项十分细心，而且技术难度很高的工作。

模具加工和装配质量的好坏，只要通过试压就可以得到全面的检验。当压出来的坯体平整、等厚、四边无毛刺、没有凹凸不平、无麻面、不掉角掉边，就说明这副模具已经装配调试完毕。

4. 模具的使用与维修

墙地砖自动压机是现代化、电、液一体化的高技术产品，集中了当代机械、液压、自动控制等方面的最新成就，压机模具直接决定了产品的数量和质量，既精密，又贵重。这就要求操作和维修人员具有较高的素质，既能搞懂压机、模具工作原理，又能正确独立处理生产中出现的各种情况和问题。

(1) 模具的使用 在模具使用过程中应注意的问题：

1) 正确安装模具 应使上、下模的周围间隙均匀一致，使上下模能正确配合，工作时不发生啃模现象。应使各腔模具上、下模芯的工作表面之间互相严格平行，以保证压制后的坯体厚度相等，并保证坯体的四角厚度差保持在允许的范围以内。

模具压机的安装方法如下：

第一步：先安装下模。将下模的位置放好以后，使其与压机下部的顶出装置连接。然后再紧固好下模底板，即将下模可靠地紧固在压机工作台上。应使模框，所有下模芯的上平面严格压机工作台面平行，并使所有下模芯位于同一高度上。

第二步：安装上模。先将上模与模框间的间隙调整好，使各腔四周间隙相等，然后合在下模上，开动压机，使活动横梁徐徐下降，待到活动横梁下平面与上模底板大平面刚接触时为止。这时便可将上模的紧固螺钉拧紧，将上模可靠地固定在活动横梁上。注意使各腔四周间隙均匀是一关键。否则将大大影响模具的使用寿命。

一套新模具在使用初期，应特别注意模具间隙的变化情况。一般而言，初始阶段模具加热温度应适当降低，否则易出现下模芯与模框衬板之间产生剧烈的摩擦甚至卡死。

2) 正确加料 保证加料的均匀，确保压机不发生偏载，防止压机的晃动，以保护模具正常工作，避免"啃模"现象的发生。

3) 防止偶然的突发性事故的发生 应将入压机料仓的粉料过孔径为 3~5mm 的筛，以防粉料中混入杂物。一旦有了螺栓螺母等杂物，应立即停机清除。否则，将立刻导致模具的损坏。

(2) 模具的维修 模具的维修工作主要有：

1) 及时更换损坏了的模芯、衬板。

2) 及时修理电加热器。

3) 及时调整或紧固上下模芯或衬板。

4) 在修理车间重新修理、装配磨损了的旧模具，其中包括对模板平面的重新磨平等。

5) 修理旧的、用坏了的模芯或衬板。凡是产生塑性变形或磨损的部位，可用焊条进行补焊。模具补焊所用焊条的种类有：

①低合金工具钢 CrWMn 焊条。

②低合金工具钢 9Mn2V 焊条。

③堆焊焊条堆 802，堆 812。

④CHR322 或 CHR327 焊条。

⑤上海产 Stellite6 或 Stellite12 焊条。

用补焊的方法修补模芯衬板时，应注意和防止微观裂纹的发生，应使模芯或衬板预热，待达到一定温度后再进行补焊。补焊后，也应使温度慢慢冷却，这样才能达到好的补焊效果。

6) 用45号钢表面喷焊处理。

5. 金属模具的表面强化处理技术

墙地砖模具是一种易损件，使用寿命成了衡量其使用性能的一个重要指标。因此，提高模具寿命就成了一个重要的研究课题。

影响模具寿命的因素很多，模具的强化处理是提高金属模具的有效方法之一。

（1）TiN超硬涂层技术　近年来，TiN超硬涂层技术在国内外都得到了迅速的发展，TiN涂层技术有CVD（化学气相沉积）法、PVD（物理气相沉积）法和介于CVD、PVD之间的PCVD法三种。

1）CVD涂层法　这一方法问世较早，它是利用某种化学试剂在一定的能场中通过一系列氧化还原反应，在工作表面成膜。它适用于硬质合金的涂层。这一方法在当今世界上还保持着一定的优势。其主要特点是涂层时工作温度高，一般为954~1065℃，由于这一温度超过了常用墙地砖模具材料的回火温度，而且将会造成较大的变形，一般而言，CVD涂层法不适用于墙地砖模具的强化处理。

2）PVD涂层法　这一方法的原理是利用高能电子对涂覆金属的蒸发与电场加速而成膜。其主要特点是涂层时工作温度低，一般为200~500℃。墙地砖金属模的上下模模芯及侧面衬板的材料一般是高合金工具钢Cr12MoV做成的，这一材料的淬火方法可以有"高淬高回"和"低淬低回"两种，前者的回火温度为500~520℃。因此，PVD涂层法可以适用于墙地砖模具的强化处理。用"高淬高回"方法热处理后的模具，再用PVD法对其进行TiN涂层处理，模具原硬度不变，而且变形量极小，基本上可以不予考虑，所以这一方法在模具钢和高速钢工具、刀具中得到了极其广泛的应用。

3）PCVD涂层法　这一方法是吸取CVD法和PVD法之长，克服CVD法和PVD法之短的介于两者之间的一种方法。CVD法虽然设备简单、工艺性好、成膜性及膜的质量也好，但这一方法工作时工作温度太高，不仅会破坏事先热处理调整好的集体组织，还需重新真空淬火，增加成本，而且高温引起的变形对模具精度也极为不利。而PVD法虽沉积温度低，具有一系列优点，但因设备成本高，工艺及设备的维护难度大，且因受电场的强烈制约，难以对模具的不等位表面实现均匀涂覆，而且涂层膜与基体的结合力也比CVD法低，因此，在权衡了CVD法和PVD法两者的利弊之后，有人就提出了介于两者之间的PVCD法。

PCVD技术是利用低温等离子体使物质在低温时具有高化学活性的特性，取代传统的CVD法的外加热源，在450~600℃温度下便能实现需在1000℃左右高温下进行的化学反应。

因此，这一方法既有PVD的优点，又保留着CVD法的特征，适用于最后回火温度为450~600℃的钢材。

可以用作涂层的材料很多，以TiN涂层较为普遍。TiN涂层表面具有标准的金黄色，而且闪闪发光，美观好看。涂层厚度一般为2~10μm，TiN涂层的化学稳定性很高，耐蚀性也好，能起到防锈保护作用；TiN涂层的硬度很高，一般可以达到HV2000以上，即相当于HRC80~85（HRC60相当于HV713），因而具有极好的耐磨性，可以保护基体材料不受摩擦和磨损。据大量试验对比，一般可以提高模具寿命2~10倍。TiN涂层还具有良好的减摩特性，它的摩擦系数很小，据测定，TiN涂层之间的动摩擦系数仅为0.05~0.10，而钢对钢之间的动摩擦系数为0.18，前者仅为后者的28%~56%。TiN涂层在大气中加热到500℃左右不会改变涂层的使用性能。它的抗粘着性也非常好，TiN涂层具有干润滑剂的性能，因而它有利于减少粉料对模具工作面的粘结,延长压机压制时间,减少擦模次数。但应注意,涂层模具基体材料的硬度不应低于 HRC60,否则将会影响其使用寿命。另外,涂层模具基体材料在涂层前的表面粗糙度应小于或等于 Ra2μm,且表面粗糙度值越小越好。

(2) 电火花表面强化　这是电火花加工技术的一种特殊形式。其原理是利用硬质合金、高硬度高强度的合金钢等导电材料作工具电极,在空气或特殊气体中与被强化的工作表面之间产生火花放电,使工作表面形成工具电极材料的熔渗层,从而提高被涂覆材料表面的硬度、耐磨性、耐蚀性和使用寿命。

硬化层的深度一般为 0.02~0.05mm,强化后的模具寿命一般可提高 1~3 倍。

电火花表面强化处理注意事项:

1) 强化前应用煤油、汽油、酒精或甲苯等清除工件表面的油污及氧化层,以保证强化层与基体的牢固结合。

2) 强化时,电极与工件要保持适当的压力,使放电均匀,电流控制在 0.5~2A 范围内。

3) 强化时,切忌电极正对工件的棱角,以防破坏刃口;对加工件的拐角和窄小部分强化,应先将电极磨成楔形或三角形,以保证强化质量。

(3) 激光表面强化处理

1) 激光表面强化原理　激光束具有非常高的能量密度(10^4~10^{11}W/cm^2),可以在瞬间使金属材料加热、熔化,被加热或熔化的金属表层仅靠零件本体的热传导,即可获得极高的冷却速度。金属材料表面的激光强化处理技术就是利用上述这一特点,用激光强束对零件的特定表面进行扫描,通过合理控制处理规范进行淬火,就可得到含有高度弥散的、均匀细小的各种亚稳相和过饱和固溶体的工作层。这层具有高的耐磨性、耐腐蚀性、抗疲劳强度和显微硬度,又有相当好的塑性和韧性。强化表层和基体之间为冶金结合,结合强度超过现有表面处理方法所能达到的水平,在恶劣的工作条件下也不会发生剥落和裂纹。

2) 激光表面强化特点如下:

①能量密度高、冷却速度快,可获得具有优良物化性能的表面工作层。

②可运用激光束的反射,使零件特殊部位得到强化处理,而且其他方法因受条件限制是难以达到的。

③无须淬火介质,仅仅依靠零件本体的热传导。

④强化层通过冶金结合与零件本体结合得均匀牢固。

⑤经激光强化处理后,具有最小的变形。固态相强化可保证零件原有的表面粗糙度,因此可作为最后工序,使加工工艺大为简化。

⑥有利于生产过程中的自动化,激光扫描速度高,既可处理复杂零件的表面,而且生产效率高。

3) 激光表面强化处理技术的应用　对于墙地砖模具来说,激光表面强化处理主要有以下两种:

①激光相变硬化　激光辐射的功率为 10^3~10^4W/cm^2。操作时,把激光束照到具有固态相变的金属表面上,使金属表面快速把温度升到奥氏温度以上,当激光停止以后,利用金属本身热传导而发生"自淬",使金属表面发生马氏体转变。同时由于加热速度快(10^{-1}~10^{-2}℃/s)和冷却速度也快(10^3~10^8℃/s)可以获得极细的隐晶马氏体,硬度约比普通淬

火的硬度高15%~20%，深度约为0.1~0.8mm。

②激光合金化和激光涂敷：首先在零件需要合金化的部位涂上一薄层合金元素涂料，在强激光照射下，合金元素和基体金属表层同时熔化，形成由涂料合金元素和基体金属混合的新的合金结构表层，这样便可使零件表面获得更加耐磨、抗蚀和抗热的良好性质。

(4) 电火花激光复合强化技术　这一技术是在电火花强化处理的基础上，对零件再进行激光表面辐照处理后，可以使零件的耐磨性和抗腐蚀能力得到进一步提高。经有关单位测试Cr12模具钢经电火花激光复合强化以后，比单一电火花强化可以获得更高的物化性能，其耐磨性比电火花强化提高一倍以上；耐蚀性比电火花强化提高二倍左右。

(5) 化学热处理　模具零件如果仅仅采用淬火和回火的方法加以处理，往往还不能满足实际使用要求。在许多情况下，要求模具零件具有足够的强度和韧性以外，还要求表面具有更高的硬度和耐磨损、抗咬合、耐腐蚀等性能，这种表面与基体具有不同性能的双重要求，就是化学热处理的最大特征。所谓化学热处理，就是将钢加热到某一给定温度，使一种元素或几种元素渗入到钢的表面，从而改变其表面的化学成分，再通过相应的处理，达到预期的使用要求。模具零件常用的化学热处理方法有渗碳、渗硼、软氮化、碳氮共渗及氧碳氮和碳氮硼三元共渗等。

1) 渗碳　渗碳的方法可以分为固体渗碳和气体渗碳。固体渗碳是利用木炭、焦炭、木屑等材料做渗透剂所进行的渗碳处理方法。这是一种渗透剂，来源广泛，操作方便，不需专用特殊设备和简便易行的方法，渗碳温度一般为870~980℃，渗层深度为0.3~2mm，保温时间为1.5~13h。气体渗碳大多以煤油为渗剂，在井式气体渗碳炉中进行，渗碳温度一般为900~940℃，渗碳时间应根据试样渗层深度来决定，一般情况下，强烈渗碳期为4~8h，扩散保温期为1~3h。

渗碳前的基体材料一般为低碳优质碳素钢（10，15，20）或合金结构钢（20Cr，18CrMnTi，12CrNi3A等）

2) 中温气体碳氮共渗　碳氮共渗是将工件置于一定温度与压力的活性气氛中，使其表面同时渗入碳、氮两种元素的化学热处理方法。它分为高温（880~950℃）、中温（700~870℃）和低温（500~570℃）三种类型。高温碳、氮共渗以渗碳为主。其渗层组织、性能和应用范围均与渗碳相类似，生产中应用不多。低温碳氮共渗实际上就是软氮化。按共渗所用介质的不同，碳氮共渗又分为固体、液体和气体三种方法。其中，中温气体碳氮共渗是近年来国内发展较快，应用较广的方法之一。其特点是比渗碳时处理温度低，共渗速率快，有利于细化晶粒和减少变形，热处理后的综合机械性能比渗碳处理好，特别是耐磨性和抗疲劳强度都超过了渗碳处理。因此，碳氮共渗有逐步代替渗碳的趋势。

生产批量不大的模具零件的气体碳氮共渗一般在RJJ系列井式炉中进行，常用温度为820~860℃，共渗时间一般为4~6h。

适用于模具零件的共渗介质有：煤油加氨气、三乙醇胺甲酰胺等有机剂。

碳氮共渗的渗层厚度一般为0.6~0.8mm，渗层中的碳含量一般为0.8%~1.2%，氮含量一般为0.2%~0.45%。碳、氮共渗后的模具零件，其工作表面的使用硬度，一般均高于HRC60。

因为碳氮共渗时的温度比较低，所以大部分零件在共渗后可以直接淬火。不宜直接淬火的零件，可在共渗后空冷，随后重新加热淬火，然后再进行低温回火。

碳氮共渗的基体钢材，一般与渗碳用钢相同。对于陶瓷墙地砖模具而言，可用淬透性较好的 20Cr，20CrMnTi，20MnVB，20Mn2TiB 等材料，也有用 40 号钢，40Cr 等材料作为共渗钢，也取了很好的效果。

3) 软氮化　软氮化实质上就是在较低温度下进行的以渗氮为主的碳氮共渗，它具有处理温度低、共渗时间短、适用材料更为广泛等优点，它的设备不复杂，操作简单。处理后的模具能显著提高工件表面的疲劳强度和耐磨性。

软氮化分为固体、液体和气体三种方法。液体软氮化的渗剂在共渗时会产生氰酸盐，对人体健康有害，故很少应用。固体软氮化虽然在普通的箱式炉内即可进行，操作方便，且无公害，但缺点是共渗速率慢、周期长、渗层深度不均匀。

软氮化的温度一般为 570℃ 左右，软氮化处理时间一般为 1~2h。

墙地砖模具进行气体软氮化的钢材种类很多，但最好选用 Cr12 或 Cr12MoV。在软氮化以前，应对工件先进行淬火和回火，并进行精加工成形，在重新回火过程中进行软氮化处理。

软氮化处理表面深度一般为 0.02~0.1mm，表面硬度可达 HRC62~65 之间，耐磨性可提高 3 倍左右。

除了以上介绍的化学热处理方法以外，还有盐浴渗硼、碳氮硼三元共渗等处理方法。

8.1.3　橡塑模

橡塑模迅速代替金属模的原因，主要是橡塑模具有以下三大优点。

(1) 橡塑模在压制过程中，粉料不容易粘结在橡塑面上（俗称不"粘模"），停机软盘擦模时间大大减少，一般为几个小时擦一次，有的甚至一两天擦一次。而金属模一般是 10~30min 就要擦一次。停机擦洗模具，不仅直接影响生产，而且工人十分劳累，所以无论生产厂家，还是操作工人，都非常喜欢使用橡塑模。

(2) 橡塑模的加工制造方便，工艺简单，模具基体可以重复使用，加工周期短，和金属模相比，成本可以大大降低。

(3) 如果制造和使用得当，橡塑模的模具寿命比金属模要长，一般要高出 1/3 以上。

近年来橡塑模技术有了很大进步，体现在：

(1) 橡塑层与金属基体材料的粘结越来越牢靠，更不容易脱胶，因而模具寿命越来越长，应用范围越来越广。

(2) 橡塑材料配方越来越好，橡塑模工作面表面光洁度越来越高，因而连续压制时间越来越长，停机擦模的次数和时间越来越短，部分台湾产橡塑模和国外进口的橡塑模可以不用电加热器加热，有的模具在设计时就不设计电加热器，而其使用性能依旧完好。

(3) 过去不少压机的橡塑模主要应用在上模上（有背纹），下模芯用金属模，现在发展为上下模芯都采用橡塑模。

(4) 橡塑模不仅成功地应用在普通墙地砖模具上，而且现在也成功地应用在防滑砖、异形砖等特殊产品上。

影响橡塑模具在我国开发和应用的主要问题是橡塑材料、粘结剂和粘结工艺这三大关键技术。

1. 橡塑材料

橡胶和塑料并没有一个严格的界限，它们都是由一种或多种简单低分子化合物聚合而成,所以又称为高聚物或聚合物,都是属于有机高分子材料或简称高分子材料。

橡塑模的贴面材料的成分大致有以下几种:

(1) 主要成分　苯二甲酸二甲酯　　$C_{10}H_{10}O_4$
　　　　　　　苯二甲酸二乙酯　　$C_{12}H_{14}O_4$
　　其他成分　苯酚衍生物　　　　$C_{15}H_{24}O_2$
　　　　　　　苯并噻唑　　　　　C_7H_5NO
　　　　　　　硅聚合物　　　　　$C_{24}H_{22}O_{12}Si_{12}$

(2) 主要成分　苯乙烯　　　　　　C_8H_8
　　其他成分　异丙基苯
　　　　　　　苯并噻唑
　　　　　　　二丙基丙烷

(3) 主要成分　苯二甲酸二丁酯　　$C_{16}H_{22}O_4$

贴面层可由树脂或橡胶制的。国内线型聚酯(对苯二甲酸乙二醇酯)、聚苯乙烯、改性聚苯乙烯、硅橡胶、聚氨酯橡胶(UR)、丙烯酸酯橡胶(AR)、氯醇橡胶等都可以作为橡塑模的贴面材料,聚氨酯橡胶因其具有高硬度、抗撕裂、耐油、耐磨、耐老化和良好的机械加工性能等一系列优点而早就被冲压成形模具行业。

2. 胶粘剂

近年来胶粘剂发展很快,品种很多,门类齐全。大多数的胶粘剂对金属均有一定的粘合力,由于金属材料本身的强度大,所以,首先应采用强度较高的胶粘剂。

在选用胶粘剂的同时,还必须注意以下两方面的问题:

(1) 氧化膜　金属表面暴露在大气之中,自然生成的氧化膜凝聚力小,牢固程度差,但经过表面处理的氧化膜表面能高,胶粘容易,因此,胶接时一定要对金属表面进行处理,其处理方法可以有:

①砂布打磨后,用丙酮或醋酸乙酯清洗,晾干。

②用金刚砂喷砂后,用丙酮或醋酸乙酯清洗,晾干。

③磷化处理

(2) 内应力　用胶粘剂粘接金属时,由于两者的膨胀系数不同,粘接力会产生内应力,必须选择韧性好的胶粘剂,它可以缓和胶接界面的应力集中。

可以用于胶粘金属的胶粘剂很多,其中以环氧胶和酚醛改性胶(酚醛-丁腈胶粘剂,酚醛-缩醛胶粘剂)为最佳,可供参考选用的主要牌号见表8-3。

国内有的厂家采用聚乙氰酸酯胶(JQ-7)已取得了相当满意的结果。

表8-3　胶粘剂种类表

产品名称,牌号	用　途
HN-601胶(原711)	可用于金属、塑料、橡胶的粘结
弹性环氧树脂CJ-915	可用于金属、塑料、橡胶的粘结
CJ-91胶粘剂	可用于金属、塑料、橡胶的粘结
CJ-93环氧胶	可用于金属、塑料、橡胶的粘结
HN-301,302,303环氧胶	可用于金属、塑料、橡胶的粘结
801,802强力胶	可用于金属、塑料、橡胶的粘结

3. 胶接工艺

胶接工艺包括模具设计（胶塑层厚度）、压合设备、加热温度等几个方面的问题，现分述如下：

(1) 模具设计　橡塑模的模具设计如图8-10所示，胶塑材料的厚度一般为0.5~2mm。

(2) 压合设备　橡胶和塑料的成形都是通过各种压力机成形，无论国外还是国内都是用专用的橡胶压力成形机压合的。压力机的额定压力为50~200t左右。

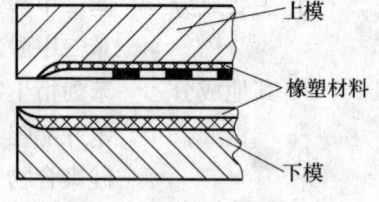

图 8-10　橡塑模的模具设计

(3) 加热温度和保压时间　压合时的加热温度与材料性能有关，一般在100~250℃，保压时间一般在15~20min左右。

(4) 胶粘基体材料的表面粗糙度　在这个问题上，存在这两种不同的看法：一种意见认为，基体材料表面越粗糙越好，使之胶粘牢固，不易脱落；而另一种意见则相反，认为被粘结的基体表面不必做得很粗糙，可以做得很光洁。实际上这两种做法都在实际中使用，而且压出的胶塑模都同样好用。看来基体材料表面粗糙度的高低不是什么关键，真正的关键在于胶塑材料、胶粘剂和压合时的胶粘工艺上。

(5) 基体材料　据国外材料推荐和根据国内实际使用情况证明，橡塑模具的基体材料一般应使用 Cr12MoV。

8.1.4　墙地砖压机模具发展动向

1. 半干压瓷砖模具的主流现状及趋势

(1) 目前陶瓷墙地砖模具完全以插模形式生产。国产模具已经非常成熟，达到了一个相当稳定的阶段。主流就是塑胶贴面模芯、硬质合金衬板，其使用寿命可达200万次。

(2) 使用寿命已经稳定在一个水平，小规格的砖70万次以上是基本要求，大规格的砖因各厂条件不同而有所差异，寿命也能有三四个月。

(3) 等静压模芯一度受宠，经过这几年的使用，优势已经失去，目前也有部分厂家的部分产品使用，但逐步减少的趋势。

(4) 近几年大规格地板砖是地板砖的主流，产品品种比较多。有普通的通体砖，模具没什么变化。而微粉、超微粉大规格地砖，因其粉体流动性差、透气性差、排气困难，压制成形时容易产生夹层，针对这些问题，出现了排气模芯。

排气模芯是在模芯的背面打锥形的孔，在与粉体接触的表面形成直径1mm的小孔，在压制成形中气体可以从小孔中排出，以减少夹层，达到提高压制成形速度和成品率的目的。砖在成形后，表面留有小凸点，烧成后经刮平、抛光对最终产品质量不会有大的影响，但排气孔对成品的花形还是稍有不利。所以有的厂家使用排气模芯，但多数厂家不用。这视各厂产品的要求而定。上下模芯都可采用排气模芯。

2. 几种新技术

(1) 等静压模具　等静压模具的模芯是在普通橡胶模芯的基础上发展起来的，模芯结构如图8-11所示，其工作原理是：在橡胶模芯的橡胶片与模芯基体之间注入具有一定压力的流体介质，并形成一个封闭的液压腔。由于橡胶片有一定的弹性变形。在压制过程中，流体介质会将压强各向均等地传递到橡胶片与砖坯的界面上，使被压砖坯在等静压力的作用下发生一定的体积变形,从而实现等静压成形(图 8-11)。

陶瓷墙地砖等静压模具,又称"等正压模具"、"等压模具"、"液压模具",在国外也有称为"几乎没有变形的模具"。在陶瓷墙地砖的生产中,坯体经常出现尺寸不一致、大小头、瘦腰、鼓肚、边角不规整、边上弯曲等缺陷。

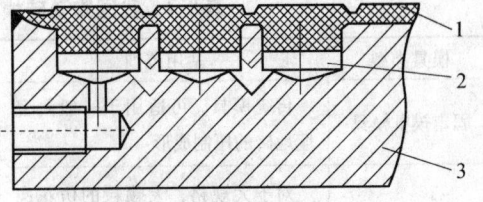

图 8-11 等静压模具示意图
1—橡胶片;2—液压孔;3—模芯基体

产生这些缺陷的主要原因之一是压制成形时,模具上下模芯的工作面之间因模具的制造、安装原因,导致平行度差。等静压模具的模芯表面有一定的柔性,模芯内充以液压油,由于液体可以以同等的压力传递到它所流通的任何部位,压型时即使上下模芯工作型面不平行,成形腔内布料不均,这时液压油可以迫使模芯型面产生一定的变形,从而使坯体表面各处都受到同等的压强,得到整个表面密实度相同,或基本相同的坯体,因而烧成后,产品的尺寸一致,变形大大减少,避免了次品和废品的产生,并且可以提高模具寿命。

(2) 高光洁度模具 对金属膜来说,型腔部分的表面光洁度越高越好。表面光洁度越高(即表面粗糙度小),就越不容易发生粘膜,就可减少擦模次数,增加压机压制的工作时间。国外先进模具型腔部分工作表面已经几乎达到了镜面的程度($Ra0.1$)。因而模具可以不用加热,压机也可以照常工作。有的压机模具虽然安装了电加热器,但由于型腔工作表面光洁度很高,所以实际上工作过程中电加热器并不使用。

提高型腔部分工作表面的光洁度,已成了当前墙地砖模具发展的主要方向之一。

(3) 模具材料的改性和强化处理 金属模成形部分材料一般都是用高合金工具钢Cr12MoV 制造的。即使如此,在使用了一定时间以后,模芯的不少地方仍然产生塑性变形或磨损,特别是模芯四个尖角处,变形和磨损都比较严重。为了提高模具的寿命,当前主要采用两种方法。

1) 对型腔部分材料进行表面强化处理 表面强化处理技术是涉及面非常广泛的一门新兴学科,其内容至少包括十几类上百种利用各种各样物理和化学过程的工艺方法。由于它的研究与发展创造了大量的高性能产品,节约了大量的材料和能源,所以近年来随着工业和科技的飞速发展,在全世界范围内都受到普遍的和越来越多的重视。

2) 在最容易发生变形和磨损的模芯的四个角上镶以钢质硬质合金,仅仅这一变革,模具寿命即可成倍提高,缺点是模具加工难度加大,增大了机械加工工作量,但就目前模具加工的能力和水平来看,完全有能力做到这一点。

3. 复合模具

墙地砖自动压机类型很多,但总体来看,它们都是由上传动部分(主缸)、下传动部分(顶出装置)、上料及模具部分、泵站和电气控制等几大部分组成。

国外最近出现了一种新型压机,它将下模和顶出装置设计成一个整体。换言之,这种新型压机把传统上放在底座里边的顶出装置放到了底座的工作台上,并和模具的下模结合成为一个有机整体。这一新设计大大简化了过去笨重的顶出机构,并使维修工作变得十分方便。同时也彻底取消了地坑,这一新的动向引起了各界人士的普遍关注,很有可能成为今后压机发展的方向。表 8-4 是目前我国陶瓷砖模具的几种流行类型及性能对照表。

表 8-4 我国陶瓷砖模具的几种流行类型及性能对照表

模具类型	适用范围	工作特点
固定模框模具	传统模具，可适用于一般陶瓷墙地砖的压制成形	结构简单、造价较低，砖坯质量一般
半插入式模具	对于大规格，大颗粒的仿花岗石抛光砖，更能显出其独特的优越性	相对于固定模框模具，上模芯与侧板磨损减轻，寿命提高，容易脱模，砖坯周边整齐光洁，砖坯的崩边、掉角、裂纹等减少，砖坯质量提高，但模具结构较复杂
双浮动模具	特别适用于表面有浮纹或砖坯厚度大的高档墙地砖	坯体在上模芯中成形，排气轻松均匀，脱模过程中坯体没有震动，砖坯质量好，但模具结构复杂、造价高、对压砖机精度要求高、装机调试比较困难
盖模模具	较早使用的一种模具，现在已经淘汰	结构简单、排气性能差
钢模模具	对于硬度较高的抛光砖，具有生产优势	砖坯表面光洁平整，但工作中模芯粘粉，需经常停机擦模，生产效率较低
普通橡胶模具	可适用于一般陶瓷墙地砖的压制成形	模芯胶层不粘粉料，模具使用中可以不擦模或少擦模，但胶面光洁度难以提高，砖坯表面质量不如钢模模具，且存在脱胶现象
等静压模具	对于收缩率较大的墙地砖，生产效果比较明显	具有普通橡胶模具的特点，而且砖坯各部位密度均匀，减少了成品砖的大小头及表面翘曲等变形缺陷，但存在流体泄漏现象
排气模具	特别适用于微粉、大颗粒和大规格等排气较困难的墙地砖压制成形	具有普通橡胶模具的特点，而且工作中排气顺畅，减少了上模芯上下往复排气次数，砖坯质量好，生产效率较高，但粉料易堵塞排气孔

近年来，我国陶瓷模具厂家攻克了多项世界性技术难题。江门某厂最早研制推出塑胶制造的模具，压砖速度大为提高；1994 年，星光厂研制推出合金模具侧板，改铬钢侧板为合金侧板，硬度由 60 提升到 85，模具寿命提高 10 倍，压砖次数由 30 万次提升到 200 万次；1998 年，固特厂研制推出排气模具，解决瓷砖分层、裂纹现象，提高压砖速度 40%~50%；2003 年，新鹏厂研制推出亚液态等静压陶瓷模具获省科技鉴定，并获得国家专利证书，解决了传统等静压易鼓泡问题；2005 年，新鹏厂研制推出双浮动模具，获得国家专利证书，令陶瓷成形密度更加均匀；2006 年初，奔达厂研制推出"全方位陶瓷模具排气总成"，获得国家专利证书，解决砖坯周边及砖坯中间分层问题，进一步提高产量；2006 年，迅发厂有 6 项产品获得国家专利证书。有些模具生产厂家的创新新技术，因为商业秘密原因，一直作为自己的保留技术和看家本领，从未公开过，自己独享成果。1987 年以来，意大利多项创新技术：模具压胶技术、单浮动模具等研制推出为我国建陶发展同样作过积极的贡献。

目前，我国陶瓷模具产能和产量均占全球一半以上，出口量与日俱增；品质上乘，几乎与国际同步，价格相对透明。但是，要我国陶瓷模具行业长足发展，立于不败之地，依然要靠科技创新，各厂家技术交流、信息共享、合作攻克技术难关，为提高我国建陶品质、产量再立新功。

8.2 注浆成形模具

8.2.1 卫生陶瓷注浆成形用模具的常用术语

1. 原胎

亦称原始模种,系指按照图纸或样品实物放尺制成的胎型,是卫生陶瓷生产过程中诸多种类胎膜的技术依据。

2. 凹胎

亦称模种,由原胎翻制而得,用它来翻制凸胎。

3. 凸胎

亦称母模,由凹胎翻制而得,凸胎是用以浇注工作模的胎模。包括底模与模围或型心与模围。

4. 工作模

亦称子模。由凸胎浇注而得,用来进行成形生产的模型。

卫生陶瓷注浆成形的胎膜制作必须依次进行:原胎—凹胎—凸胎—工作模。不循序经过前面三种胎膜的合理设计与制造,就不能获得批量生产用的工作模,这充分反映出这项工作的系统性、复杂性、严密性。因此,卫生陶瓷模具设计很自然地必须涉及上述各有关环节,乃至模型制造使用中的一些相关知识,否则工作模质量就没有保证。

制作母模的材料有高强石膏、水泥、硫磺及树脂,用于批量产品生产的母模材料通常采用树脂材料。工作模的材料有石膏、多孔树脂、多孔陶瓷等,在生产中根据不同的注浆工艺选用相应材料的工作模。

8.2.2 石膏工作模具的制造和使用中的基础知识

1. 石膏材料

石膏的主要化学成分为硫酸钙,根据含结晶水的多少以及晶型的不同可以呈现多种矿物形态,也分别有相应的名称,见表8-5。

表8-5 $CaSO_4 \cdot H_2O$ 系统各相的性能

晶相的分类	$CaSO_4 \cdot 2H_2O$	$CaSO_4 \cdot \frac{1}{2}H_2O$ α型	$CaSO_4 \cdot \frac{1}{2}H_2O$ β型	$CaSO_4$ Ⅲ型	$CaSO_4 \cdot 2H_2O$ Ⅱ型
名 称	二水硫酸钙 二水石膏 生石膏	半水硫酸钙 半水石膏 α-熟石膏	半水硫酸钙 半水石膏 β-熟石膏	无水硫酸钙 可溶无水石膏 Ⅲ型无水石膏 γ-$CaSO_4$	无水硫酸钙 不溶无水石膏 Ⅱ型无水石膏 β-$CaSO_4$
含水量(%)	20.92	6.2	6.2	0	0
密度(g/cm³)	2.31	2.76	2.62~2.64	2.58	2.93~2.97
摩尔体积	74.5	52.4	55.2	52.8	46.4~45.8
晶 系	单斜	菱形(假六方)		六方	斜方
折射率(%)	N_p = 1.521 N_m = 1.523 N_g = 1.530	1.559 1.559 1.584		1.501 1.501 1.546	1.570 1.576 1.614
确定性	稳定	介稳	介稳	介稳	稳定

生石膏在一定的温度下各相转变的关系如下：

$$CaSO_4 \cdot 2H_2O \xrightarrow{128 \sim 168℃} CaSO_4 \cdot \frac{1}{2}H_2O + 1\frac{1}{2}H_2O$$

$$\downarrow 180℃$$

$$\gamma\text{-}CaSO_4 + \frac{1}{2}H_2O + Q(热量)$$

$$\downarrow 360 \sim 400℃$$

$$\beta\text{-}CaSO_4 \xrightarrow{1225℃} \alpha\text{-}CaSO_4$$

用于制作石膏工作模具的石膏是粉状的 α-半水石膏和 β-半水石膏，通常将这两种石膏粉混合使用，以获得最佳的模具性能。传统的陶瓷厂都是自己制备熟石膏粉，质量很难保证。现在的石膏粉已经实现了专业化生产，陶瓷厂可以按工艺要求采购。

2. α、β 半水石膏的性能

半水石膏粉在制模过程中发生如下变化：

$$CaSO_4 \cdot \frac{1}{2}H_2O + 1\frac{1}{2}H_2O = CaSO_4 \cdot 2H_2O$$

无论是 α-半水石膏还是 β-半水石膏在常温下均可以与水结合形成二水石膏。α、β 半水石膏的水化性能见表 8-6。

表 8-6 α、β 半水石膏的性能

性　能	α-半水石膏	β-半水石膏
晶型	柱状晶体、晶面整齐	针状晶体、发育不完整
相对密度（g/cm³）	2.72 ~ 2.73	2.67 ~ 2.68
标准稠度的石膏与水之比	100/45 ~ 55	100/70 ~ 80
标准稠度的石膏浆	—	—
初凝时间不早于（min）	5	5
终凝时间不迟于（min）	30	20
标准稠度制品的吸水率（%）	35 ~ 40	50 ~ 60
抗折强度（kg/cm²）	30	15
表面显微强度（kg/mm²）	0.354	0.219
抗拉强度（kg/cm²）	(3d) 18 ~ 33 (7d) 25 ~ 50	(1d) 8 (7d) 16

3. 工作模具的形成原理

半水石膏加水调和后，在石膏浆具有流动性的时候注入母模，就可以制的任意形状的石膏模型。半水石膏加水反应生成二水石膏的理论用水量是 18.6%，而我们浇注模型时的实际加水量为 70% ~ 80%，这些过量的水均匀地填充在再生二水石膏晶体中，水分蒸发后就形成了具有一定强度和一定吸水性能的石膏模型。

半水石膏加水调和生成二水石膏的水化反应可按以下过程解释：

第一步半水石膏部分溶于水，生成半水石膏的饱和溶液。由于二水石膏的溶解度比半水石膏的溶解度小得多，所以此时形成的半水石膏的饱和溶液对二水石膏来说就是过饱和

溶液；

第二步溶液中析出二水石膏晶体，从而破坏了饱和溶液的平衡，又有新的半水石膏溶解于水，这样反应一直进行下去直到全部半水石膏都溶于水，又都形成了二水石膏晶体，溶液中最后保持了二水石膏和它的饱和溶液之间的平衡。溶液中刚刚析出二水石膏晶体时，晶体微粒之间通过水膜以范德华力相互吸引，这时浆体并未硬化，还具有触变性，这就是初凝，之后随着时间的延长，二水石膏的晶核大量生成、长大，晶体之间相互接触、交叉、连生。而形成一个牢固的结晶结构网，此时石膏浆体彻底硬化，并具有一定的强度，这就是石膏浆的终凝。

在实际生产中，从半水石膏加水搅拌直到石膏浆终凝，只有 20~30min，这个反应过程一结束，石膏模型的性能就固定下来了，要正确地掌握好反应过程，制造出性能好的石膏模型，就必须认真研究石膏粉的各项物理性能指标。

4. 制模石膏粉的技术要求

我国轻工行业标准 QB/T 1639《陶瓷模用石膏粉》的技术要求如下：

色白（改性石膏除外），无杂质结块。

自由水含量不得大于 0.5%。

物理和化学性能应分别符合表 8-7 和表 8-8。

表 8-7 制模石膏粉物理性能表

物理性能		一等品	合格品
筛余量（%）	0.15mm 孔径	0.0	
	0.090mm 孔径	≤1.0	≤2.0
标准稠度（%）	α	≤55	≤60
	β	≤70	≤75
初凝时间（min）	α	>8	
	β	>6	
终凝时间（min）	α，β	<30	
2h 湿抗折强度（MPa）	α	≥4.5	≥4.0
	β	≥3.2	≥2.7
45℃ 干抗折强度（MPa）	α	≥7.0	≥6.0
	β	≥6.0	≥5.0

表 8-8 制模石膏粉化学成分表 %

化学成分		一等品	合格品
结晶水	>	5.6	5.2
CaO	>	36.5	35.0
SO_3	>	52.0	50.0
Fe_2O_3	<	0.5	0.6
酸不溶物	<	2.0	

一般来说，制模用石膏粉的质量有两个方面决定的：第一是石膏矿的纯度，先进国家一

般要求纯度为 90%~95%，个别国家要求到 98%；第二是石膏粉的炒制工艺，先进的炒制工艺不仅应该能够控制 α、β 相的比例，而且还要控制半水石膏晶体的发育状态。这两个因素直接影响到石膏工作模的注浆性能及使用寿命。表 8-9 列出了部分企业石膏粉的性能参数。

表 8-9 部分企业石膏粉性能参数

生产厂矿	品 种	细度筛余量（%）	标准混水量（%）	吸水率（%）	初凝（min）	终凝（min）	湿抗折强度（MPa）	干燥抗折强度（MPa）	耐压强度（MPa）	膨胀率（%）
湖北应城石膏制品厂	SB-V(β石膏)	120目筛余量0	70		>7	<25	6		18	
	SB-IV(α+β)	<0.4	65		>8	<25	7		18	
湖北皮邦石膏股份有限公司	特制石膏		75		4~6	25	1.2		20	0.1
	ISI石膏		75~80		4~6	25	1.1		19	0.1
景德镇某企业	β特I	0.15mm 筛余量0	74	>38	>5	<30	2h抗折 >3.0	>4.6	注：适用于注浆模	
	α行二	0	55		8~14	<30	>4.5	>7.2	大型机压模	
	陶专	0	76	38~40	8~14	<30	>2.5	>4.2	卫生洁具	
	K型	0	45~38		>10	<40	6~8	9.6~12.8	原胎塑压模	
山东平邑石膏粉	α型	120目筛余量<1	50	>76		<30		5.0	12.1	
	高纯特粉级	0.15mm 筛余≤0.2	70	≥35	≥8	≤30	白度≥93	10		0.15
	高强粉A级	≤0.2	60	≥35	≥8	≤30	≥78	8		0.20
甘肃景泰石膏矿	α-半水石膏		20~30	45~47	12~15	15~20		8	12	0.11
	β-半水石膏				4~6	10.20		3	7.5	0.14
	α+β-半水膏		37	40~50				9.5	10.5	
天津某企业	α30% H65β70%	>48μm 21>160μm0.5	65	气孔率38	16~18	28~32	3.0	5.5	17	0.17
	α25% H75β75%	>48μm 21>160μm0.5	75	44	18~20	29~33	2.5	5.0	14.5	0.15

5. 半水石膏性能指标的物理意义

（1）标准稠度（标稠用水量）GB 5000—1985《日用陶瓷名词术语》的定义为：石膏浆按规定方法在玻璃板上坍塌成直径12cm时的水膏百分比。换句话说，标准稠度就是使100份石膏获得标准流动性所需的加水量。

（2）初凝时间与终凝时间 石膏浆的凝结速度，即初凝时间与终凝时间是石膏浆性能的又一项重要指标。在模型生产中凝结速度与注模操作密切相关，生产中一般都希望初凝时间长一点，终凝时间短一点为好。

初凝时间：在标稠用水量的条件下，从石膏粉撒入水中至其失去流动性开始变稠时所经过的时间。

终凝时间：在标稠用水量的条件下，从石膏粉撒入水中到浆体固化时所经过的时间。

(3) 细度　半水石膏粉的细度，它关系到石膏浆的凝结速度和模型强度，由半水石膏的水化过程可知，石膏粉愈细，颗粒的比表面积愈大，与水的接触面积增大，在水中的溶解速度加快，形成二水石膏晶核的速度也增加，也就是石膏浆的凝结速度加快。由半水石膏的细度、强度曲线可知，增加石膏粉的细度可以明显地增加模型强度，但吸水率相应降低。当石膏粉的细度达到一定限度时（有资料介绍其比表面积达到 $15000 cm^2/g$）由于产生较大的结晶应力，模型强度反而会下降。

(4) 半水石膏的纯度　半水石膏的纯度有两个方面的含义，第一是石膏矿石中所含的杂质必然带到半水石膏中去，第二是在二水石膏的加工过程中无论是何种加工方法都不可能将百分之百的 $CaSO_4 \cdot 2H_2O$ 转变成 $CaSO_4 \cdot \frac{1}{2}H_2O$，而是要形成 $CaSO_4 \cdot \frac{1}{2}H_2O$、$CaSO_4$ 及 $CaSO_4 \cdot 2H_2O$ 的混合体。

作为第一种意义上的纯度，我们主要应当控制石膏原矿石中二水石膏的含量，国外工厂一般都要求达到 95% 以上，而我们国家的石膏品位较低，高纯度的石膏不容易找到，我们目前使用的石膏粉用石膏矿石的纯度一般都在 85%～95% 范围内。杂质的存在会显著地降低模型的强度、耐磨度和使用寿命，尽量选用纯度高的石膏是提高模型质量的主要途径之一。

作为半水石膏第二种意义上的纯度，过去我们只检验结晶水的含量（半水石膏结晶水的理论含量为 6.2%），用以判断半水石膏的质量，这是很不够的。因为结晶水的含量只能判断半水石膏混合物中结晶水的总含量，而不能判断其中各占多少。

(5) 吸水率、气孔率与扩散系数　半水石膏加水调和浇注模型后，模型就有了一定的吸浆性能。这种性能的大小、优劣，除了泥浆操作方法的因素以外，作为模型本身的因素则主要由吸水率、气孔率和扩散系数等性能决定的。但模型的吃浆过程是一个复杂的物理化学过程，如何运用这些工艺参数来指导生产，有待进一步研究。这里主要介绍基本概念和测试方法。

1) 吸水率（C_a）　物料所吸收水的质量与试样质量之比，按下式计算：

$$C_a = \frac{g_1 - g_0}{g_0}$$

式中　g_0——干试样质量，g；
　　　g_1——水所饱和的试样质量，g。

2) 气孔率　影响材料吸水率的主要因素是材料的气孔率，又称孔隙度或真气孔率（H_u）。按下式计算：

$$H_u = \frac{D - R}{D} \times 100\%$$

式中　D——物料的真相对密度；
　　　R——物料的体积相对密度，g/cm^3。

气孔率说明模型材料内孔隙的总体积，气孔的种类又分为开放气孔和封闭气孔。开放气孔又分为气流通过和气流不能通过的两种。模型的吸水率主要与开放气孔有关。

研究模型的开放气孔，特别是能让气流通过的气孔具有十分重要的意义，国外新兴起的注浆成形新技术，例如组合浇注中的微压巩固、低压快排水注浆、中压注浆及高压注浆都是利用模型中的能让气流通过的开放气孔（当然不一定是石膏材料的模型）实现快速排水、快速成形的。

3）扩散系数 在单位时间里，液体在多孔材料中扩散的面积，可由下式计算：

$$D_g = \left(\frac{\theta}{2FC}\right)^2 \times \frac{\pi}{t}$$

式中 C——表示石膏模单位体积的最大吸水量，g/cm^3；
θ——面积为 $F(cm^2)$ 的石膏内表面同水接触 $t(s)$ 后扩散所吸收的水量，g；
D_g——扩散系数，cm^2/s。

现介绍简单的试验方法：用有断面的石膏模接触水，观察水纹在断面上上升的距离，测出时间 $t(s)$ 后，水纹与水表面的距离 $x(cm)$，用下式可求出试样的扩散系数：

$$D_g = \frac{x^2}{t}$$

模型吃浆速度与扩散系数的关系：扩散系数越大，模型吃浆速度越慢。这是因为：模型的扩散系数很大时，有很强的吸水能力，当泥浆注入模型以后，会很快形成一层很薄的坯体致密层，致密层透水能力差就阻碍了坯体的继续生长，因而就造成了形成规定坯体厚度的速度减慢；反之，模型的扩散系数较小时，贴近模型的泥浆颗粒排列疏松，透水性好，对后来的坯体形成有利，形成规定厚度的速度也就快了。当然，并非扩散系数越小吃浆越快，当小到一定范围时坯体的形成速度会减慢。

影响坯体扩散系数的因素很多，主要有石膏粉的种类、细度、膏水比、搅拌方式与搅拌时间等。减少模型扩散系数的方法主要有两种：一种是增加膏水比；二是延长搅拌时间。

（6）膨胀率 石膏浆在凝固过程中，一般都会产生微量的体积膨胀，有资料解释为：在石膏的加工过程中有部分半水石膏继续脱水变为无水石膏，这些无水石膏在水化时，由斜方晶系转化为单斜晶系从而产生微量的体积膨胀，这种解释可供参考。

石膏浆硬化膨胀的性能对于模型生产是一种有害的因素，它会造成脱模困难，损害母模，给操作带来麻烦，另外膨胀率过大的模型在使用过程中易变形，影响注坯操作。石膏硬化的膨胀率一般在 0.5% 左右，质量较好的石膏粉可达 0.2% 以下，质量差的可达到 1%。

石膏浆硬化膨胀率的测试方法可用专用仪器测量，也可用简单的精确测量膨胀尺寸的方法。

（7）模型的强度与硬度 模型的强度与硬度是关系到模型使用寿命的综合性能指标，研究模型质量的主要目标就是在保证良好的吃浆性能的前提下，尽量提高模型的强度和硬度，从而达到延长模型使用寿命的目的。模型强度的检测指标很多，包括抗压、抗折、抗拉，其中还可分出 2h 湿强度和干燥至恒重的强度。

QB/T 1640—1992《陶瓷模用石膏粉物理性能测试方法》标准中，对石膏粉的筛余量、标准稠度、凝结时间、抗折强度、抗压强度的测试条件及测试办法均作了规定。

6. 工作模型的浇注

为了获得强度高、使用周期长、吃浆性能好的模型，除了要选择好石膏粉外，还要讲究模型的浇注方法，把握好关键性的工艺参数，这些工艺参数和操作方法包括膏水比、搅拌时间及方法、真空脱气及水温控制、脱模时间及脱模剂、添加剂的加入等等。

(1) **膏水比** 在其他工艺条件不变的情况下，膏水比越大，石膏浆的凝结速度越快，模型的强度越高，吸水率越小，扩散系数也越小。膏水比与模型吃浆速度的关系比较复杂，在一定限度内增大膏水比可以提高吃浆速度，超过了此限度也会降低吃浆速度。

膏水比的最佳范围因半水石膏种类的不同而有所不同，使用 α-石膏粉的膏水比应当比 β-石膏粉大一些。选择最佳膏水比的主要原则有三点：一是保证模型具有良好的吃浆性能和脱模性能，即要求模型吃浆速度适中，湿坯脱模时不塌不粘，湿坯裂少；二是要保证模型有足够的强度，从而保证使用次数；三是要求石膏浆凝结时间适中，既要保证有充分的时间进行操作，又不影响效率。这三条原则中第一、第二条是必须保证的，第三条如保障不了可加添加剂调整凝结速度。

应该指出的是，膏水比是指生产上使用的加水量，与标稠用水量是两回事，生产上选定的膏水比的加入量一般都比标稠用水量要大。

(2) **搅拌与真空** 石膏浆的搅拌时间也是关系到模型性能的一项重要的工艺参数。石膏浆的充分搅拌可使石膏与水混合均匀，气孔分布均匀，有利于提高模型强度和改善模型的吃浆性能。但延长搅拌时间会使石膏浆的凝固速度显著加快，这一点又不利于注模操作。

石膏浆的搅拌工艺不但包括搅拌时间，还应包括搅拌机的转数，此外还包括叶轮的形状、角度等，但一般工厂都是固定搅拌机的转数（一般 300~400r/min）和叶轮，只控制搅拌时间。

据有关文献介绍，具有较多小结晶的模型结构比较长结晶的模型可提供更硬的模型表面。采用高速搅拌或延长搅拌时间，可以把正在生成的结晶搅成小结晶，从而提高模型的表面硬度。

在石膏浆搅拌的过程中进行真空处理，是模型浇注过程中的又一项新技术。真空搅拌可以抽出混入石膏浆内的气泡，使模型内气孔分布均匀，从而提高模型强度和吃浆性能。

(3) **水温控制** 水温对石膏浆的凝结速度、模型强度以及膨胀率都有影响，尤其是对凝结速度的影响较大。在其他参数固定的条件下，使用 20℃ 的水比使用 8℃ 的水可使石膏浆的初凝时间缩短 1/3 以上，工作模的性能也有显著改善。据介绍，日本东陶的控制标准是要求控制石膏浆的温度在 15℃，根据此要求来调整水温。

(4) **脱模时间及脱模剂** 脱模时间的掌握也是一项重要的工艺参数。因为如果石膏浆未完全达到终凝时，内部结构比较脆弱，提前脱模会破坏其内部结构，造成强度下降甚至出现裂痕。正确的方法是，确定终凝时间作为脱模时间的参数，在生产中认真执行。确定终凝时间不妨采用日本的方法，把温度计插入石膏浆中，观察温度最高点即为终凝点。

脱模时间提前了对模型质量不利，延长了也不行，因为石膏在固化时要产生体积膨胀，并同时放热，如不及时脱模，模型的膨胀和放热效应会对母模造成损害，也会造成脱模困难。

关于脱模剂的选择，我国一般习惯用植物油或化学脱模剂，而日本则提倡使用钾皂液。试验表明，仅就脱模的难易程度来说，钾皂的效果不如植物油和化学脱模剂好，比如使用表面比较粗糙的母模用钾皂脱模十分困难，而使用表面光滑的新型树脂母模或有弹性的尿脘母模时，就可以顺利脱模。

钾皂的主要优点是涂层较薄（用刷子刷上皂液，再用压缩空气管吹净液泡），避免了用植物油由于涂层不均造成的模型表面的波纹状斑，也消除了由于油层的影响新模型注浆前几次的坯体缺陷。另据有关文献介绍，皂液与石膏起化学反应生成油酸钙，这层生成物不溶于水，有利于提高模型表面硬度又不影响吃浆性能。

（5）添加剂　使用添加剂能够提高膏水比，缓凝添加剂能够延长搅拌时间，从而增加模型强度，提高使用次数。当然如果选购商品模具石膏粉，就可以不加添加剂，因为这样的石膏粉的性能是经过专门调整的。

7. 模型的干燥

模型的干燥过程是排除机械水的过程。模型中机械水的含量因膏水比的不同而不同，例如我们使用的膏水比为 1.25:1，其机械水的含量（湿基）为 $\frac{80-18.6}{100+80} \times 100\% = 34.1\%$（式中的 18.6 是 100 份半水石膏变为二水石膏的理论用水量）。

模型干燥过程的主要工艺参数是温度控制，即干燥温度一般不应超过 60℃，超过此范围会造成二水石膏脱水，使模型粉化，报废。

在实际生产中为了缩短模型的干燥周期一般在保持温度的同时加风造成气流循环以提高干燥速度，同时还要及时排除潮气保证较低的湿度。如生产上急需使用可采取强制干燥的方法，即适当提高干燥温度至 80℃ 左右，待模型半干后（含水率在 15%~20%），再移至 60℃ 以下的环境中正常干燥，这样可以进一步提高干燥速度，因为模型在含水量较大的情况下，所吸收的热量大都被蒸发的水分带走，模型本身的温度不明显升高，也不会造成二水石膏脱水。

近年来的低压快排水技术也为模具的干燥提供了新的方法，该方法是向埋设在模型内部通道加入压缩空气，使水分快速排出。

模型在干燥过程中会产生微量的体积收缩，容易变形。因此，在干燥过程中一定要上紧夹具，放平、垫实，零部件组装齐全，这样可能保证模型干燥后对口严密，不变形。

8. 模型的使用

（1）模型与泥浆界面的物理作用　在模型浇注的过程中，加入了过量的机械水，这些水分蒸发以后就在模型内部形成了均匀的无数的毛细孔，可以想象，石膏模型的微观结构是一种像泡沫塑料那样的多孔体。当泥浆与模型表面接触时，泥浆中的水分由于毛细管力的作用向模型内部扩散，随着水分扩散，泥浆颗粒就在模型表面一层一层地排列起来形成坯体。泥浆颗粒在形成坯体的同时，颗粒之间也形成毛细孔，并且与模型内部的毛细孔相通，泥浆中的水分就可以通过坯体的毛细孔进入模型的毛细孔，这样坯体就继续增长，由薄变厚，当坯体厚度达到规定厚度，排除剩余的泥浆，吃浆过程就结束了。吃浆结束，坯体内部的毛细孔与模型内部的毛细孔仍然是相通的，并且借助于水的表面张力使坯体能够贴着模型不至于脱落下来。随着时间的延长，坯体中的水分会继续向模型内部扩散，同时坯体中水分也逐渐降低，这就是模内湿坯的巩固过程。湿坯巩固过程开始阶段，坯体仍然处在触变状态，脱离模型后不能继续维持原来的形状。随着巩固时间的逐渐中断，巩固过程基本结束，这就是模型吃浆及湿坯巩固的物理过程。

（2）模型与泥浆界面的化学作用　模型材料 $CaSO_4 \cdot 2H_2O$，是微溶与水的，当模型充满泥浆时，模型会解离出 Ca^{2+} 和 SO_4^{2-}，即 $CaSO_4 \longrightarrow Ca^{2+} + SO_4^{2-}$。使用的泥浆是以 Na 盐作电解质，Na 与黏土颗粒结合形成 Na–黏土。在模型表面 Ca^{2+} 浓度较大情况下，会发生离子交换：

第8章 陶瓷成形模具

此反应的结果，消耗泥浆中的 Na^+，同时模型表面又会有新的 Ca^{2+} 解离下来，供反应继续进行，由于模型吃浆后会很快形成坯体，从而阻断了上述反应的进行。所以这样离子交换反应只能在泥浆刚刚注入模型的短暂时间内进行，它所影响的只是贴近模型的很薄的一层坯体。

Ca-黏土与 Na-黏土的颗粒排列状态是不一样的，形成坯体后 Ca-黏土的颗粒排列是架状结构，Na-黏土的颗粒排列是层状结构，如图 8-12 所示。

图 8-12 黏土结构示意图
(a) Ca-黏土的架状结构；(b) Na-黏土的层状结构

从图 8-12 中可以看到，Ca-黏土形成坯体颗粒排列疏松、透水性强，有利于坯体的生长和湿坯巩固；它的缺点是会造成湿坯粘膜，容易形成湿坯裂。Na-黏土所形成的坯体颗粒排列比较致密、透水性差，不利于坯体生长，但它有利于湿坯脱模，能减少湿坯裂，适合于模型较湿时的情况。

以上分析的两种颗粒排列状态都是理论状态，也叫极端状态。在实际生产中一般都是两种状态的并存。在实际操作中，有时需要坯体与模型结合得紧密一点，在操作上要采取措施向 Ca-黏土的方向调整。有时需要解决湿坯粘膜和湿坯裂的问题，就要采取措施向 Na-黏土方向调整。

以前述及，模型与泥浆坯体的物理化学作用主要发生在紧贴模型表面的很薄的一层坯体，而正是这很薄的一层是决定坯体质量的关键，它将决定坯体的生长速度，湿坯脱模的难易及湿坯裂多少等，因此贴近模型的坯体薄层应当是我们分析研究的重点。

(3) 注浆前的模型表面处理　模型注浆前除了用软刷掸净坯渣、尘土及碱毛之外，还有一项关键性的操作就是擦模。擦模又叫刷水，是全部注浆成形操作中的首要的基础性操作。擦模方法掌握得好可以做成理想的湿坯；反之则可能出现塌陷、变形、裂等废品。

在实际生产中，擦模方法是多种多样的，操作者应当根据模型的干湿、新旧程度、模型的部位、形状以及环境温度等因素而相应的变化。变换擦模方法的手段也是多方面的。如擦模力度的大小、用水量的大小、擦模水的浑浊程度以及所用材料的粗糙程度等。如此众多的可变因素操作者如何运用掌握的恰到好处，这就是擦模操作的难点所在。

在多年的生产实践中，操作工人和技术人员在擦模操作中积累许多经验，除了表 8-10 中所列的方法之外，在某些特殊情况下及模型的特定部位也不可不擦，例如模型的双面吃浆部位，坯体不太厚的一般不擦；模型太湿时，单面吃浆部位甚至低水箱的大立面也可以不擦。对于一些较长的模型芯子为了便于脱模，则要求采取另外一种措施即打滑石粉或掸上干坯粉或喷滑石浆，这些可认为是与擦模相反的操作，可以得到与擦模相反的结果。

表 8-10 擦模方法对照

擦模程度	用水量	水的浑浊程度	所用材料	擦模力度	适用情况
强擦模	大水量两遍	第一遍清水,第二遍重混水加石膏	新白布	反复重擦	新模第一次注浆,新模的悬面、立面
重擦模	大水量	较重混水	新白布	重擦	干模、较新模的悬面、大立面、气候干,泥浆稠
中擦模	中水量	混水或轻混水	半新白布	中等	气候、泥浆正常,模型干湿适当,一般单面吃浆部位
轻擦模	小水量	清水	旧白布或海绵	一带而过	后期模,湿模,双面吃浆处,气候潮湿

上述表中所列的方法大多可以从模型的吃浆机理中得到解释。擦模的作用除了湿润模型以外主要是要擦出一层石膏浆,促使 Ca^{2+} 更多地解离,以形成 Ca - 黏土结构层。加大擦模程度从现象上说可以保证坯体与模型结合紧密,从理论上说就是促使 Ca - 黏土结构层的形成,向水中加入泥浆颗粒提前形成 Ca - 黏土,向水中加入石膏粉是为了提供更多的 Ca^{2+};反之轻擦、不擦就是减少 Ca - 黏土结构层的形成,是为了达到湿坯不粘膜,不出坯裂的目的。

(4) 模型的维护与保养

在注浆成形操作中,随时注意爱护、保养模型是保证模型正常使用的关键。注浆前的扣模、擦模操作,要注意模型对口面必须清扫干净,注意保护好模型的棱角,防止磨损。各种模型卡具要保证松紧适当,卡具松了会冲开模型;过紧会把模型卡崩。

湿坯揭模以后,在口缝上的跑边泥必须用软物及时清理干净,否则会越积越厚,造成模型变形。

在实际生产中,经常会遇到因成形作业间温度不足而造成模型过湿的情况,长期使用过湿模型,不但坯体质量没有保证,对模型本身也是十分有害的。它会造成模型提前老化,而大大缩短使用寿命。这是因为在模型含水量较大的情况下,渗入模型内的盐类会与二水石膏发生化学反应:

$$CaSO_4 + Na_2CO_3 \rightleftharpoons CaCO_3 \downarrow + Na_2SO_4$$

这样就会使模型内部的结构受到严重的腐蚀和破坏。

经验证明,对于湿坯过夜巩固的品种来说,使用模型的含水率保持在 15% 左右为宜,对于当日出坯的品种来说应当在 10% 以下。

湿模型在干燥过程中容易变形,这一点也应引起注意。撤下来集中干燥的湿模型要讲究放置方法,最好不要分块放置,应当清理好泥边,上紧夹具,合理放置,待湿模至半干时再将夹具上紧一次,这样本来不严密的模型可以吻合得很严密。

在生产实际中,还经常遇到模型使用后期的"粉化"现象,即模型的外侧出现粉化、脱落的现象。这里所说的粉化并非二水石膏造成的粉化,而是渗入模型内的盐类作用的结果。产生这种现象的原因,主要是由于模型干燥过程中随着模型内部的水分向模型表面运动,溶解在其中的盐类也随之向模型表面运动。当水分蒸发到空气中时,这些盐类的一小部分以碱毛的形式在模型表面析出,而大部分则滞留在模型表面层的空气中。随着时间的延长,这些盐类越积越多就与模型发生了化学反应,造成模型的粉化现象。

在实际生产中通过仔细观察就可以发现,模型的粉化部位与模型内部的水分蒸发方向一致,即哪个部位是水分集中排除的区域,哪个部位就容易出现粉化现象。

模型的粉化现象如果发生在模型的非吃浆面,影响不是很大,而如果在吃浆面上发生,后果就很严重,会造成模型提前报废,给生产造成损失。

模型吃浆面的粉化现象只是在特定品种的特定生产方法时发生,例如地摊生产方法的洗面器和水槽等品种,其阳模在干燥状态下,芯子是朝上放置的,那么模型内的水分主要蒸发点就在芯子上部,所遇粉化也就在芯子上部出现。防止模型吃浆面粉化的方法有:

(1) 适当降低模型的干燥程度,使水分能够从模型四周均匀的蒸发。

(2) 采取提前合模的方法,夜间让模型整体干燥。因模型湿不宜提前合模的,可在芯子上部盖塑料布,以防止大量水分从顶点蒸发。

(3) 将模型的非吃浆面刮去一层,增加透气性,使水分向非吃浆面蒸发。

8.2.3 石膏模型的设计和制造

1. 模型设计与产品设计、模型制造的相互关系

模型设计首先要满足产品设计的要求,但同时要考虑:

(1) 符合模型制作工艺要求。

(2) 符合注浆成形工艺的要求。

模型设计应为一个独立的专业,通常是由模型技师根据产品设计图结合模型制造的需要来设定。产品设计师在构思产品设计方案时应同时考虑模型设计方案,并与模型技师共同完善并最后确定模型设计方案。因此,模型设计是一项承上启下的工作,同一件产品设计图纸,可以有不同的模型设计方案,应结合产品结构和生产工艺选择科学合理的方案。

2. 原胎(原始模种)的设计和制作

(1) 洗面器原胎的设计与制作 洗面器原胎的制作流程如图 8-13 所示。

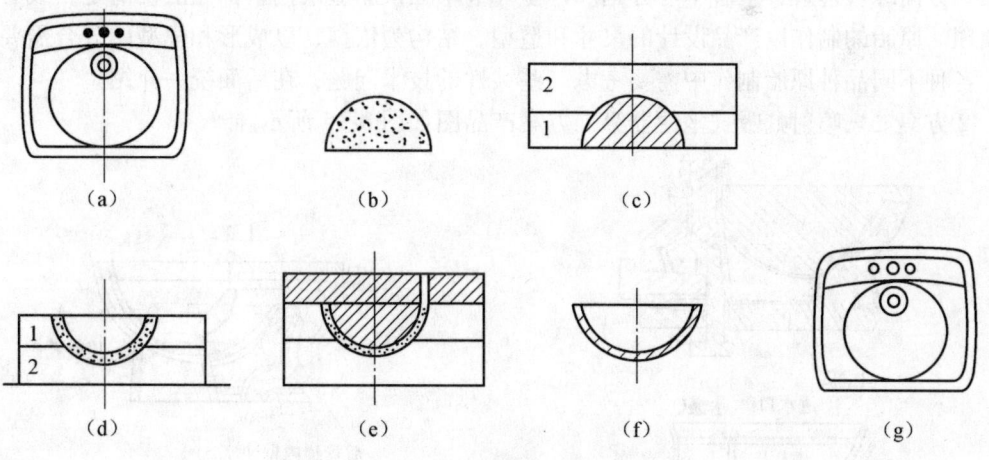

图 8-13 洗面器原胎的制作

(a) 俯视样板图;(b) 盆心;(c) 用盆心浇出下石膏模;(d) 浇注盆体;(e) 浇出上模;
(f) 石膏瓢;(g) 洗面器原胎

具体说明如下:

1) 按设计图纸加上放尺画出俯视样板图,样板图画在具有一定柔性的硬质纸板上,如图 8-13a 所示。

2) 把盆心部分剪下，再浇注一个石膏块，按样板做一个盆心模块，如图 8-13b 所示。

3) 将盆心模块先刷上漆，干后刷油，然后利用此盆心浇一套凹石膏模，模型分两段，便于盆心的取出，如图 8-13c 所示。

4) 将注好的模子翻过来，取出盆心，在模子口边围一圈泥条注上成形用泥浆，吃浆够坯体厚即放浆再把口修平，如图 8-13d 所示。

5) 吃浆坯体干后，刷好油，周围挡好小板，并留出注浆孔，如图 8-13e 所示。

6) 揭开上模把泥坯去掉，模内刷好油注上渗水泥的石膏浆制的石膏瓢，如图 8-13f 所示。

7) 用石膏瓢按样板图之外形倒出石膏原胎，经精细修理待用，如图 8-13g 所示。

(2) 坐便器原胎设计与制作　便器类分为大便器和小便器。大便器有蹲便器和坐便器；小便器有悬挂式和落地式。坐便器又分冲落式、虹吸式、喷射虹吸式、连体旋涡虹吸式和全卫生式多种。坐便器的原胎制作是所有卫生陶瓷器具原胎制作中技术最复杂的品种，需要有多方面的知识和较高的技术。下面按坐便器的类别分别加以介绍（需要指出的是一种产品不止一种做法）。这里介绍几种有代表性的设计制造方法。

1) 喷射虹吸式坐便器

①方案一（后出水结构做法），如图 8-14 所示，下为产品剖面，上为其模型设计。

上圈 Σ 和大档 K 单独各自分模注浆（分作原胎和模型）；模型上盖带一个大疙瘩，以便在吃浆时把水道的二档吃出来；帮套 B 和底模口与其他同类模型处理相同，借助 P、M、N 三个从外部插入的圆形石膏橛子的设计，组成便器排水管道后半部分，粘好大档 K 和上圈 Σ 后，按产品设计图在管道向下通口的相应部位堵上一块泥片 E（事先按形状、尺寸要求做好待用），扎好喷射口及圈下冲水孔即成。此方案的优点在于后半部排水管道是圈形，这种设计是有利于提高排水功能的因素之一。

原胎制作过程中，双面吃浆的大锅部位可采取洗面器盆心的做法，主要从原胎、模型和注浆三方面综合理解，三者不可分割。许多环节单独谈胎型或模型都无法说清楚，或者会过于烦琐。原胎的制作以产品设计的尺寸和造型、结构为依据，以成形和模型的分合需要而制作。各种不同品种原胎制作中需要考虑一些共性的技术问题，在后面统一介绍。

②方案二　喷射虹吸式坐便器第二方案产品图如图 8-15 所示。

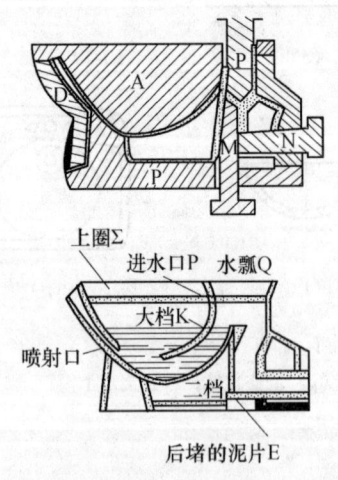

图 8-14　喷射虹吸式坐便器出水结构

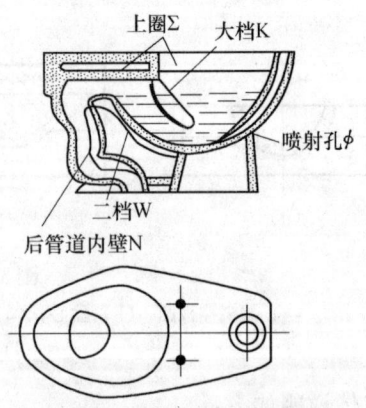

图 8-15　喷射虹吸式坐便器第二方案产品图

上圈 Σ 单独做成一套模型，大档 K 单独做一套模型，二档 W 由上盖模带疙瘩入内吃出；后管道内壁 N 单独一套模型，提前一天注浆，第二天先预埋该坯与相应模型部位，然后整体注浆。大档和上圈分别注浆，然后与整体粘结；喷射口用专用扎子按规定大小和部位扎出。原胎的制作相应分为大圈、大档、后管道内壁和大身四部分，大身部分先做锅和管道，后补底再连为一体。

③方案三　喷射虹吸式坐便器第三方案产品图如图 8-16 所示。

本原胎及模型设计方案系将产品分为 A、B、C 三部分，对应做三套模型，分别注浆再粘结组合而成。工作步骤：分别制作原胎按图 8-16A、8-15B、8-15C 三部分的对应工作模；以 A、B、C 三个原胎分别翻出凹凸胎；注出 A、B、C 工作三部分的对应工作模，三套工作模分别注浆得坯，经两次粘结组合而成（有关孔眼按规定做出）。

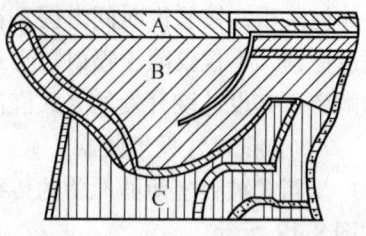

图 8-16　喷射虹吸式坐便器第三方案产品图

此方案优点在于不用粘结大档板而是由模型注成，可以减少成形裂、烧裂等缺陷，生产等级率高，成形操作容易掌握。

④方案四　喷射虹吸式坐便器第四方案产品图如图 8-17 所示。

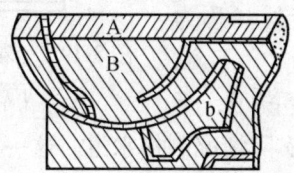 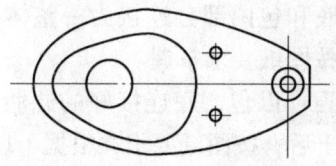

图 8-17　喷射虹吸式坐便器第四方案产品图

本胎膜设计方案在前三个的基础上有所新的突破，既简化了工艺，又有利于提高质量（降低破损），提高效率。

将产品分为 A、B 两大部分，分别做两套对应的原胎和模型，注浆粘结一次即成，管道的大档由大身的模盖疙瘩带出来，二档和后半截管道的靠内面壁由两大帮的模子按 b 部形状位置和产品进深尺寸，做成凸起的结构，再在注浆时带出来（产品设计 b 处是凹进去一块）。表面上看 b 处的设计产品局部管道外露影响美观，实际上 b 部处在产品安装后的视觉隐蔽部位，所以并不影响外形美，应该说是构思巧妙的一个实例。

⑤方案五　喷射虹吸式坐便器第五方案如图 8-18 所示。

前面四个方案各有特色，但都有成形粘结，有粘两次的，有粘一次的。本方案全部消除粘结，一次成形，采取本方案的企业要求有较高的技术基础，因为这种模型设计对石膏质量、模型制造精度和成形用的泥浆都有严格的要求。

a. 原胎的制作先做圈，二做锅，三做附水道，四做管道及尾部圈下连接板，五做底，最后连为一体，双面吃浆的锅按前面介绍过的方法掌握。

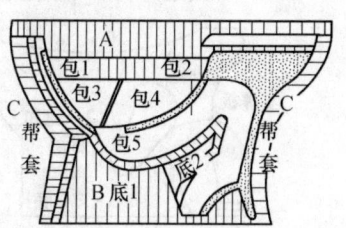

图 8-18　喷射虹吸式坐便器第五方案

b. 模型分块设计：一块圈，两块帮（左、右），两块底（包括活块底 2），五块芯（包 1～包 5）。

c. 注浆时圈朝下，脱模时顺次为先揭底 B，再去掉两帮 C，第三步用翻模机将坯体竖起 90°，以脱模圈模 A。并将坯体置于存坯架上，第四步逐次从坯体内取出包内五个活块和底内一个活块。

d. 活块模型的定位，外部以定位销，内部预埋磁铁连接定位。

e. 本方案的优点是模型分块，不能脱模的部位就断开，以定位销及磁铁连接组合好，整体注浆后，按脱模时间掌握，在大模块分离后顺次将活块逐块取出。这个方案的模型设计制造原理，不仅仅限于喷射缸吸式坐便器，而是可以类推到所有的卫生陶瓷模型，早期由咸阳陶瓷研究设计院开发的立式浇注线均采用此结构，已在全国卫生瓷行业普遍应用。

2) 坐箱式虹吸坐便器

坐箱式缸吸坐便器原胎的传统制作工艺，是将整件产品分五个部分单独做，四套模子，如图 8-19 所示。

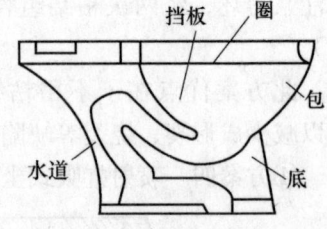

图 8-19 坐箱式虹吸坐便器示意图

第一步做上圈：注意上平面一定要磨平。

第二步做包：将圈上平面朝下放在平台上，刷好漆和油，接好做包。

第三步做底：按图纸要求单独做底，然后将底座放在包上，以石膏浆将底和包两部分连接为一整体，连接处（称为腰）外形和尺寸按图纸要求掌握。

第四步做水道：以包、底连接好的原胎顶一套模子，干后用其注坯。坯干后，按图纸要求并根据干坯内腔实际情况制作水道。这一部分必须按此步骤进行，否则做出的水道在腔内很难合适。

第五步做大档：做好的水道刷好漆和油，放在泥坯的内腔中，定好位，在水道上注石膏浆，按图纸要求修出合格形状和尺寸。

在成形时，是由圈、大身（包和底连接而成）、水道、挡板四部分单独各自注浆成形，然后依序三次粘结组合成为一件完整产品。

3) 一些特殊品种坐便器

图 8-20 的几个例子是通过产品设计，在造型、结构上作了彻底改进，胎型制作得到简化，它们的共同特点是成形都没有粘结，管道、挡板和圈在成形注坯时均由模型吃浆形成。而且除支撑板以外，主体部分都是单面吃浆，因此，原胎和模型的制作就大为简单了。

图 8-20 左边产品，按编好 1、2、3、4 顺序逐步直接做出，就成为一个整体胎型。

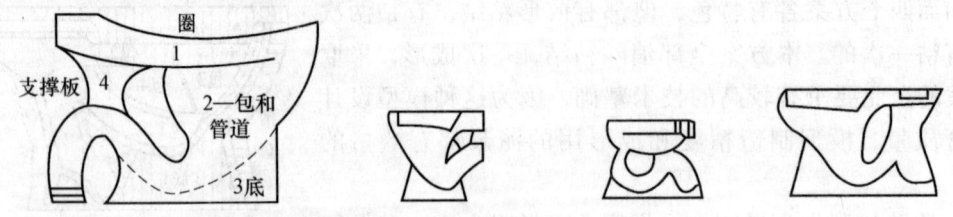

图 8-20 几种特殊品种坐便器

4) 旋涡虹吸式连体便器，如图 8-21 所示。

图 8-21a 是旋涡虹吸式连体便器的外观图（上）、俯视图（下）和解剖图（中），图 8-21b 是胎型制作步骤和结构分解图。

第 8 章 陶瓷成形模具

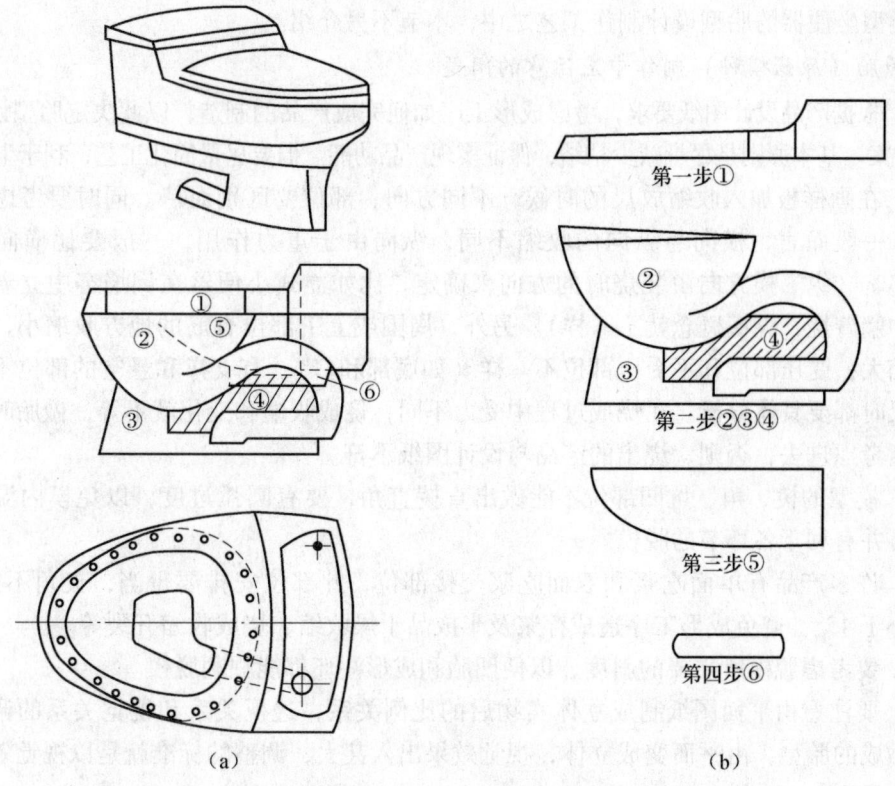

图 8-21 旋涡虹吸式连体便器及其胎型制作步骤
(a) 旋涡虹吸式连体便器；(b) 旋涡虹吸式连体便器胎型制作步骤

第一步先做圈（包括水箱上半部），成形时，这是一个注坯分件；
第二步做②③④部分，这也是一个注坯分件；
第三步做⑤水箱的下半部，在成形时单独注坯，与水箱的上半部和包身粘结在一起；
第四步做⑥附水道，这一件也是单独注坯粘结。
还有水箱盖，按图纸要求做成。
值得提出的是，由于这类产品体积大、质量大，在制胎时，水箱盖的内面和便器底部应考虑加一些加强筋，增强水箱盖的抗变形（下凹）和底部承压（减小底变形）能力。如图 8-22 所示。

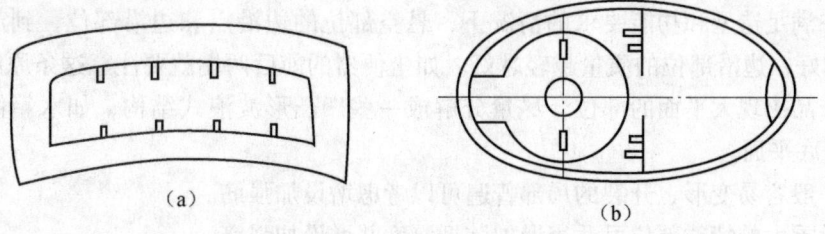

图 8-22 旋涡虹吸式连体便器水箱盖 (a) 和便器胎型加强筋 (b)

圈内下部的冲水眼附水道出水部分的旋涡口，水箱底部进水口、下水口、搬把口及其他安装孔眼位置，在胎型上按图纸要求做出位记，以便在注坯时按位记准确扎眼、削口，保证尺寸和功能要求。
卫生陶瓷中还有很多品种，如水箱、洗涤器、小便器等，但其设计原理包括在前面介绍的三大类型坐便器的胎型设计制作工艺之中，本节不另介绍。

3. 原胎（原始模种）制作中应注意的问题

（1）根据产品设计图纸要求，考虑成形工序如何完成产品的制造，以此决定胎型设计制造的基本方案。基本原则是尽量减少粘结，保证实现产品功能。但要尽量简化工艺，利于生产。

（2）在画样板加入收缩放尺的时候，不同方向、部位要区别对待。同时要考虑预变形的加尺。一般而言，横向与纵向的收缩不同，纵向由于重力作用，一般要比横向收缩大 1.5%~3%（纵、横方向由装烧时的方向来确定。比如立式小便器在倒焰窑中立着烧，在隧道窑中躺着烧，纵横概念就不一样）。另外，周围或上下部位有筋的地方收缩小，孔隙的地方收缩大；受压部位和不受压部位不一样（如底部和口）；有支撑和悬空的部位不一样等等。放尺时都要具体分析。在烧成过程中受力不同，烧成收缩和变化就不等，做胎时必须把这一因素考虑进去，否则，烧出的产品与设计图纸不符。

（3）模型的棱、角、坑凹部位不能做出直棱直角，要有圆弧过度，以免模内湿坯收缩时开裂，并有利于各环节的脱模。

（4）许多产品有单面吃浆和双面吃浆交接部位，此部位安排要得当，夹角不能太小，最好不小于45°，避免成形工序造成存浆及半成品干燥收缩、烧成收缩开裂等。

（5）要考虑脱模所需要的斜度，以便凹胎和成形注坯都能顺利脱模。

（6）要注意由平面图纸制成立体实物后的比例关系，透视关系和视觉关系的调整，根据图纸做成的胎型，由平面变成立体，视觉效果出入甚大，调整的标准就是以视觉效果与图纸接近为原则。

（7）在制作坐便器胎型时，要注意严格与排水功能和冲水噪声有关的管道结构以及有关孔眼的大小、位置和角度。所谓严格掌握就是按设计图制作，以免出了问题无从分析。

（8）产品设计包括三个方面：使用功能、制造工艺和艺术效果。在根据产品设计图进行模型设计制作时，有时会出现矛盾，模型师在修正时要注意三方面辩证统一。

4. 原胎设计与制造中的受力分析

在卫生陶瓷的生产过程中，特别是在成形和烧成工艺环节，碰到最多的问题是变形和开裂。产品变形开裂的因素很多，但原胎设计制造中的受力分布不合理是其重要的因素。

由于卫生瓷产品造型的不规则性和影响产品变形开裂的多因素性，使胎型设计中的受力分析较为复杂，一般的企业难以掌握，但有些规律仍可以利用。其一般性规律有以下几个方面：

（1）在满足造型和功能要求的情况下，悬空部位的边沿点和边沿部位，到产品重心的距离越近越好，边沿部位的质量越轻越好。如坐便器的前后两端就要注意这条原则。

（2）产品出现大平面的部位，尽量分解成一些凹凸形波浪式结构，如水箱侧面和连体便器的水箱底平面。

（3）一般容易变形、开裂的局部普遍可以考虑增设加强筋。

（4）承重大的特殊部位可适当增加胎型厚度并增设加强筋。

（5）拱桥原理在一些产品设计中可加以应用。

5. 凹胎、凸胎和工作模的设计与制造

（1）原胎、凹胎、凸胎、工作模与卫生陶瓷生产的关系：

1）试制阶段：

市场调研→产品设计→原胎制作→翻一套工作模小试→完善定型→凹胎→凸胎→工作模批量生产

2) 生产准备阶段：

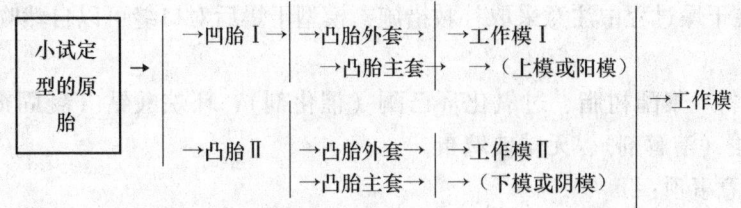

3) 生产阶段：

干燥的工作模→成形、注坯、修坯干燥→施釉、干燥→装、烧→检、选、测试、包装→市场销售、市场服务→信息反馈→试制阶段

(2) 凹胎设计与制作：

凹胎由原胎翻制而得，形状与工作模相同，但制造工艺上不同，翻完凹胎，原胎一般损坏较重，需修整好保存，凹胎制作得好坏直接影响后面的生产工序。倒凹胎要注意模型分块的设计，在保证生产需要的前提下越少越好，模型对口缝应尽量放在产品隐蔽面和边缘部位，以利于修坯，模型厚度一般以50~60mm为宜，抓模窝要安排合理。受力点和放卡具的地方可以适当加厚些，坐便器的底盘可以厚些（12mm左右），因为它要承受上模模型的压力。注浆眼、放浆眼、气眼都要安排合理，尽可能少。保证供浆充足，放浆干净，给气充分，这些部位胎型上要有明显标志，刷漆刷油要均匀。

通常以500号至600号水泥20%加石膏80%搅拌均匀，混合料：水为1.3:1搅匀后浇注凹胎。

(3) 凸胎的设计制造：

注意首先将凹胎刷好漆和油，漆要稀一点，刷4~5遍，油要刷均匀，料（水泥石膏混合料）水比例计量要准确（凸胎料：水为1.5:1），带活块的胎必须当天翻完，否则易变形。配套时把抓模窝注出，同时还要把外套的抠窝安排合理，以便倒模起外套。凸胎主体及外套部要放入铁筋，凸胎主体及外套都要有撬眼，孔眼位置都要有明显标志。胎型制完后把底部垫上软泥，打好铁皮加固。放在车上要垫平衡，干燥过程中随时注意温度，一般八成干就要从干燥窑中推出来，自然干燥一段时间，注意不能干燥过急，避免胎型炸。

(4) 工作膜的设计与制造

在翻制工作模之前，首先做石膏流动性试验，检查石膏性能是否符合要求，检查计量设备是否正常，新胎刷漆要稀些，刷4~5遍（每遍间隔10min左右）。刷油要均匀，不要造成局部油大或缺油、同时注意活块要对严、打紧、扫清赃物、先擦外套，再擦内胎，扣套时轻拿轻放，各种撅、管按位置放好，打好铁皮加固。调和石膏时，先放水后放石膏（水膏比为1:1.2），石膏在水中浸泡2min左右，然后搅拌30~45s，放浆注模要慢，用手和胶皮管伸入胎型内由下向上进行赶泡，倒出的模型要把毛刺、凹坑、油塔修好，并用湿毛巾擦光。

模型干燥时要垫实、垫平、露着气眼，重叠码放的要用软泥垫好，干燥室室温40~50℃。注意防止爆粉、炸裂、变形，干燥时间一般为10~15d。在推出干燥室之前提前一两天移至温度较低的地方，避免热模子出干燥室受风炸裂。

6. 玻璃钢母模和浇注树脂母模

(1) 玻璃钢母模

玻璃钢母模是用不饱和树脂（聚酯树脂）和玻璃纤维布一层一层地糊制的，它具有分块少、质量轻、表面光滑和使用次数多等优点，其缺点主要是易变形，浇注出的模型对口缝不够严密，但在干燥过程中注意采取补救措施，模型干燥后对口缝可以自然吻合，一般不影响使用。

1）使用材料　聚酯树脂、过氧化环己酮（催化剂）、环烷酸钴（凝固剂）、聚乙烯醇（脱模剂）、丙酮（溶解剂）、无碱玻璃布。

2）几点注意事项：

①在涂贴树脂、玻璃布之前，要严格检查石膏胎模的干燥情况。如果石膏胎模不干，树脂溶液则凝固不好，玻璃钢胎模的表面受到破坏，以致整个胎模报废。

②在刷树脂溶液时，在保证粘严玻璃布的情况下尽量少刷，以免造成收缩变形。

③在粘第一层玻璃布时严禁产生气泡。

④在整个玻璃钢胎模的制作过程中和倒模子生产使用时，要注意操作台的平整、防止变形。

⑤在整个玻璃钢胎模粘好后，要充分固化，不要急于脱模，防止变形。

3）制作工艺流程：

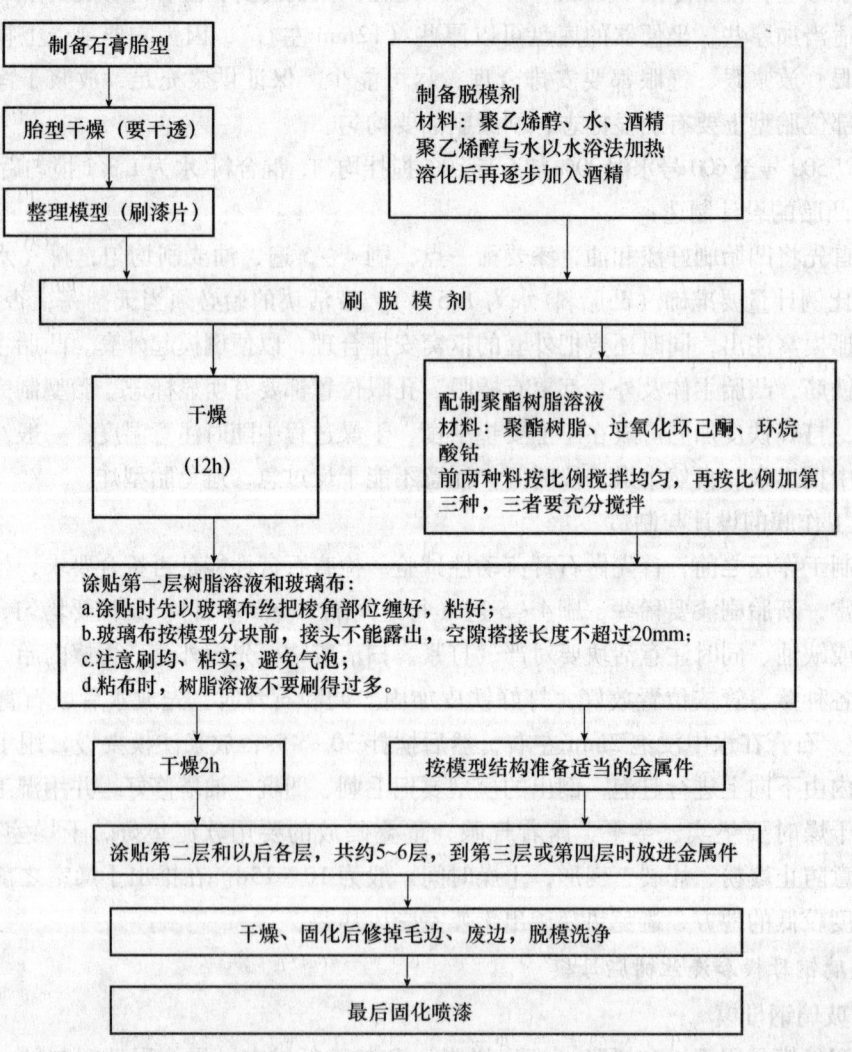

(2) 浇注树脂母模

浇注树脂母模的主要优点是表面光洁度高，不变形，使用寿命长，缺点是重量大，分块多。

1) 使用材料　环氧树脂、聚酰胺树脂、丙酮、石英砂、色剂、脱模剂。

2) 工艺流程　备好胎型，备好脱模剂，并在胎型上刷好待用。

①将环氧树脂按比例称好，放容器中，以水浴加热搅拌。

②按比例将丙酮放入环氧树脂中稀释。

③把聚酰胺树脂按比例加入环氧树脂的稀释液中，搅匀。

④按比例加入色剂，搅拌均匀。

⑤按比例加入石英砂，搅拌均匀。

⑥注入刷好脱模剂的胎膜中，注、修平。在25℃以上的室温中，放置12h即可硬化，再巩固12h。

⑦检查外胎围，进行修胎，并用100号水砂纸将脱模剂和石膏打磨干净，再用水洗净擦干，即可放置备用。

石膏水泥母模、玻璃钢母模及树脂母模的比较见表8-11。

表8-11　石膏水泥母模、玻璃钢母模及树脂母模的比较表

项　目	石膏水泥母模	玻璃钢母模	树脂母模
使用次数	100次	4000~5000次	10000次以上
质量（低水箱为例）	200kg	26kg	>200kg
分块（洗槽阳模为例）	4块	一条缝	4块
表面光洁度	较粗糙	较光	最光
材料费用（20″洗面器为例）	约240元	约3000元	约5000元

8.2.4　压力注浆成形模具

1. 压力注浆成形模具概况

卫生陶瓷压力注浆成形模具的种类、特点及所用模具的材质和寿命，见表8-12。

表8-12　压力注浆成形模具的种类、特点及所用模具的材质和寿命

压力注浆成形种类	注浆压力范围（MPa）	特　点	模具材质	模具寿命（次）
低压快排水注浆成形	注浆＜0.3　抽真空0.02~0.03　排水气压：0.2	1. 可以一班两次，一天两至三班注浆，浇注效率大为提高； 2. 模具不需干燥，节省干燥热耗； 3. 适合生产任何类型卫生瓷件； 4. 因是连续注浆，故模具数量可减少，占用空间大大减少； 5. 泥浆不需加热	β-石膏	100~120
			α-石膏	500
中压注浆成形	0.3~0.5	1. 生产效率高，成形质量好； 2. 可连续生产； 3. 模具不需干燥，成形热耗可降低50%； 4. 作业环境好； 5. 泥浆加热40℃	化学石膏	500~700
	0.6~1.0		树脂（塑料）	10000~20000

续表

压力注浆成形种类	注浆压力范围（MPa）	特　点	模具材质	模具寿命（次）
高压注浆成形	1.0~2.0 最大：4.0 常用：1.5	1. 可以一天三班，一班多次连续注浆，生产效率高； 2. 坯体表面光滑、清洁、致密，尺寸规整，不易变形； 3. 成品率提高10%； 4. 模具不需干燥，可节省模具干燥热耗2/3； 5. 坯体含水率低，为16%~18%，故坯体干燥时间短，坯体干燥能耗低； 6. 模具更换容易； 7. 占地面积小，只有传统成形的30%~50%； 8. 泥浆需加热至40℃	树脂（塑料）	20000~30000

卫生陶瓷压力注浆成形根据注浆压力大小划分为低压快排水、中压、高压注浆成形。低压、中压、高压的划分没有严格界限和统一标准，故其划分是相对的。

表中模具寿命是指最高水平，各公司用的材质不同，模具寿命有差异。必须着重说明的是，树脂（塑料）模具的寿命与普通石膏模具寿命概念不同，树脂模具的报废是因其微孔堵塞不通而无法实现正常浇注。

2. 压力注浆成形模具制作

压力注浆成形模具的制作过程与普通注浆成形模具相同：

原胎→凹胎（老模）→凸模（母模）→工作模

（1）低压快排水成形模具制作

1）种类　根据模具结构，低压快排水成形模具分为有微孔管网石膏模具（R.D.M模具）和无微孔管网石膏模具（R.D.C.M模具）两种。

2）R.D.M模具材料　β-石膏或α-石膏及微孔管网。

微孔管网是由带微孔的玻纤软管，浸有树脂固化定型聚合物纤维网和联结管构成。

3）R.D.M模具构造　R.D.M模具是由石膏浇注体及埋设于内部的微孔网状玻纤管和真空管路接口、排水管路接口组成。

4）R.D.M模具制作

①工艺流程

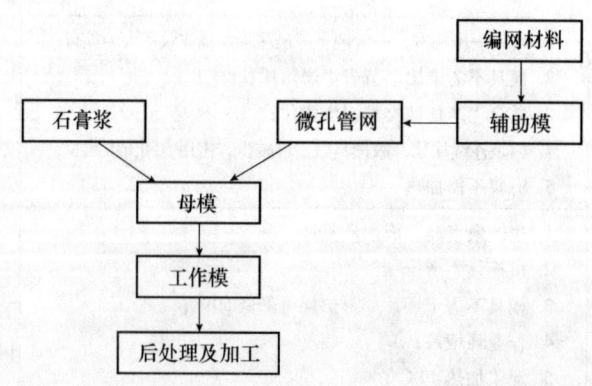

② 制作方法

a. 母模制作　制作模具用的母模与制作普通注浆成形模具用的母模完全一致。

b. 辅助模制作与编网　辅助模又叫辅助母模，是用来编制微孔管网用的。

辅助母模的制作方法与制作工作模用的母模的制作方法相同，其外形也相同。不同的是辅助模的工作面比母模高20mm，此外，辅助模的模上刻有间隔距离为25mm、深度4mm的等距沟槽。

编网材料：

微孔玻纤软管，$\phi=7.5$mm；编织网格用尼龙$\phi=9.5\mu$m。

固网用的树脂浸渍液：树脂＋催化剂＋引发剂＋滑石粉

编网方法：

在辅助模的每个沟槽中布上微孔玻纤软管，并剪去多余部分；把浸有树脂液的网（用尼龙编的，网格呈菱形，边长约为10mm×5mm），放在辅助模表面；再用相应的遮盖物盖住辅助模，并用夹具夹紧，待树脂浸渍液固化后取下遮盖物，沿辅助模外形修整使网周围多出10~15cm，等到全部干好后取出待用。

c. 工作模制作　先将编好的微孔管网按要求固定在母模对应曲面上，距浇注工作面2cm，然后将配好的β-石膏或α-石膏按水膏比1∶1.4的石膏浆浇入。当用α-石膏时，模型中的孔洞是在石膏凝固时从微孔管网中吹入压缩空气而形成。其他工作内容与制作普通注浆石膏工作模相同。

(2) 高压注浆成形模具制作

1) 高压注浆成形模具种类　根据结构分为两种：一种是有管网微孔树脂（塑料）模具；另一种是无管网微孔树脂模具。

2) 高压注浆成形模具材料　主要材料是树脂，如果是有管网型的，则管网也是其必要材料，其管网材料、制作方法等与R.D.M模具用的管网相同。

压力注浆对树脂（塑料）模具材质的一般要求为：

抗折强度　≮20MPa；

抗压强度：在10MPa压力下无明显变形；

通孔孔率：≮30%；

平均通孔孔径：20μm；

孔径范围4~40μm；

透水量：$1.0~1.3\times10^{-1}$m^3/(m$^2\cdot$s)。

意大利Nassetti公司的高压注浆树脂材质性能为：

抗折强度（干）：20~21.5MPa（干强度比湿强度约高10%）；

吸水率：35%~45%；

孔径：32~58μm的占85%；

在0.4MPa水压力下，厚度20mm、直径100mm的试样透水量为20~27L/min。

高压注浆成形技术是当今世界上卫生瓷成形及时的最高水平，而高压注浆树脂模具又是高压注浆技术得以实施的关键。因此，国外对树脂模具的制作方法，尤其是所用模具材料严格保密，树脂模具材料水平最高的当属日本。下面具体介绍几种树脂模具仅供参考。

A. 德国 G. Will 在其 1970 年的专利（1,808,391）中发明一种陶瓷压力注浆模具材料：

 Aerosil（Degussa）：   3 份；
 水：   33 份；
 聚甲基丙烯酸酯粉末：   33 份；
 苯酰或十二烷酰过氧化物：   0.5 份。

把以上物质加入下列物质中制成浇注糊剂。

 甲基丙烯酸酯液态溶解物：   33 份；
 $P\text{-}MeC_6H_4Nme_2$：   0.25 份。

该材料可用于 16~26 大气压下的注浆模具。

B. 德国 G. Will 在 1973 年美国专利（3,763,056）中提出的专利树脂模具材料为：

 水：   75 份；
 Pril（湿润剂）：   0.02 份；
 乙基丙烯酸盐-甲基丙烯酸酯共聚物：   10 份；
 甲基丙烯酸：   50 份；
 苯乙烯：   13 份；
 不饱和聚酯：   17 份；
 聚乙烯-聚丙烯乙二醇：   10 份；
 十二烷酰过氧化物：   1.2 份；
 50% 二甲基甲苯胺：   0.5 份。

在 160℃ 下乳化，交联 18min。

C. 德国 G. Will 在 1985 年申请的世界专利（8,502,578）中提出的树脂模具材料为：

不饱和顺丁烯二酸-二醇聚酯；
苯乙烯及甲基丙烯酸甲酯；
苯甲酰（塑化催化剂）；
非离子聚醚乙二醇；
复合润湿剂（以非离子表面活性剂为基础）乳化剂；
$Na_2B_4O_7$ 或 $Na_2O \cdot SiO_2$ 为加速剂；
聚甲基丙烯酸酯（摩尔质量 >200.00，平均晶粒尺寸 20μm）。

由以上物质构成的模具材料称之为 WIST。WIST 材料适用于压力注浆成形也适用于普通注浆成形。

D. Kishima 等人发明（美国专利 4,464,485）的具有开口气孔的多孔树脂模具材料为：

 双苯酚环氧树脂：   25.8%；
 硬化剂：   8.7%；
 硬化促进剂 TAP：   0.7%；
 硅砂粉末（54μm >30%）：   11.1%；
 水：   53.7%；

其中，硬化剂是由聚合脂肪酸 20%、油酸 40% 等组成的混合物。

该多孔材料的特性是：

平均气孔尺寸：4.0μm；

平均抗弯强度：7.8MPa；

干燥试样的表观气孔率：41%；

收缩率：0.18%。

该材料仅适用于压力注浆。

据介绍，德国 DORST 公司的高压注浆就采用这种多孔树脂模具。

3) 高压注浆成形模具结构　卫生瓷高压注浆成形模具由微孔树脂（塑料）固体、带沟槽塑料板和金属架组成，有的模型内部设有特殊管状排水系统或者模型内埋有微孔管网。

4) 高压注浆成形模具制作方法：

①微孔树脂和成孔方法

a. 微粒堆积法　通常适合于无机材料和有机材料类的微孔过滤树脂。其原理为：利用粉状（有机或无机粉末）自然堆积效应而形成孔道，经过烧结（对无机材料而言）或热处理（对有机材料而言），颗粒在烧结或热处理过程中，形成一定的液相使颗粒之间相互粘接，从而形成具有一定强度的不溶不熔的多孔材料。其最大缺点是孔径大小、孔径分布、孔率难以控制，工业化生产困难。

b. 可溶性盐法其原理是：向基体材料中加入可溶性无机盐类，经过成形，然后进行热处理或化学反应从而获得具有一定机械强度的固体材料。然后将这种材料置于溶剂中浸泡，以萃取其中的可溶性盐，结果在材料中留下通道，其最大问题是形成的通孔率低、通孔孔径分布离散型大，孔径难以控制。

c. 可挥发性物质法　其原理是向基体材料中加入可挥发性物质。在烧结过程中加入的物质受热挥发，在基体材料中形成孔道。其缺点是孔径、孔率难以控制，通常无法用于生产卫生瓷注浆成形模具。

d. 乳状液法　该方法的关键是乳状液或称乳浊液的形成。

乳状液是由两种互不相溶的液体所组成的分散系统，一种液体（分散相）分散在另一液体（分散介质）中，借助"乳化剂"的作用可获得稳定的乳状液。此体系中的两种液体，一种通常是有极性的水，另一种则是非极性物质，通常称为"油"。一般习惯上按液体的特性分为"油在水中"（水包油型乳液），记作油/水或 O/W 及"水在油中"（油包水型乳液），记作水/油或 W/O。

将制好的"乳状液"加入单体中，再加入填料、促进剂及引发剂混合搅拌，浇注成形经常温固化就可制的具有微通孔的树脂模具。咸阳陶瓷研究设计院采用这种方法。

②高压注浆成形树脂模具的制作方法　将调好的乳状液浇入由四周用铝板圈起来的母模模框内，该乳状液固化后就形成微孔树脂模，再经加工和处理，就可安装在高压注浆机上。意大利 Nassetti 公司高压注浆树脂模的乳状液配方及制备流程，见表 8-13。

表 8-13　意大利 Nassetti 公司高压注浆树脂模的乳状液配方及制备流程

成　分	名　称	加入比例	特　征
A	聚合物	27.5	白色粉末
B	聚合物	27.5	白色粉末

成 分	名 称	加入比例	特 征
C	表面活性剂溶液	26.5	无色溶液
D	单体	18.3	有刺鼻气味的无色溶液
E	催化剂	0.12	白色粉末

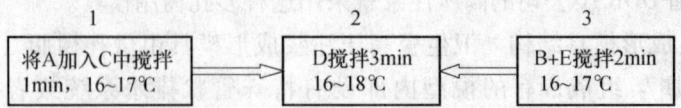

将制好的乳状液迅速倒入模框内，模框内的母模要求加热到40℃，表面要干净，模框上垫塑料布，抽风、排气，2h后脱模。

然后进行表面处理和加工：

a. 从模框中取出树脂模，拧出埋入的螺钉和注浆堵头；

b. 将两半模用木块和夹具夹紧，放入70℃水中浸泡12h，以使树脂完全交联反应，停止加热，使之随水冷却消除内应力；

c. 用立式铣床加工模具安装表面，铣平上下表面；

d. 在模具背面钻孔，Φ6mm，孔深距吃浆面20~25mm；

e. 加工铝制安装板，在安装板上与模具钻孔处相对应的位置上铣出宽6mm方格状沟槽，还要钻出与沟槽相通的排水孔，孔端安装接头；

f. 用木螺钉将树脂模固定在铝安装板上，模具与板接触面的四周贴带胶的泡沫塑料条用以密封；

g. 从安装板的接头处接管，用70℃热水和0.2~0.6MPa的压缩空气反冲模具，模具表面均匀渗水为止；

h. 将上述冲净的树脂模非工作面刷漆，将非过滤表面的孔封死；

i. 将两半模连同安装板固定在高压成形机上待用。

上述制作方式是不加微孔塑料管网的高压注浆成形树脂模具的制作方法。有微孔塑料管网的高压注浆成形树脂模具的制作与 R. D. M 模具用的管网相同，制作方法也相同。

5）树脂模具测试的主要参数，包括：

最大孔径，μm；

微孔孔径分布，%；

透水量，$m^3/(m^2 \cdot s)$；

吸水率，%；

强度：抗压强度、抗折强度，MPa；

热变形温度：℃；

收缩率：%。

(3) 中压注浆成形模具

1）中压注浆成形模具种类　根据其所用材料分为两种：一种为有微孔管网的化学石膏模具；一种为无微孔管网的树脂（塑料）模具。

2）中压注浆成形模具材料

①化学石膏或合成高强α-石膏：微孔管网；②树脂：微孔管网。

3) 中压注浆成形模具结构

①采用化学石膏或合成石膏或改性石膏加微孔管网的中压注浆成形模具结构，基本上与有微孔管网的 R. D. M 模具结构相同，其微孔管网材料、编网等也与之相同。

②采用树脂加微孔管网的中压注浆成形模具结构，基本上与有管网的高压注浆成形树脂模具类似。

4) 中压注浆成形模具制作

①树脂模具制作方法　中压注浆成形有管网树脂模具的制作方法基本上与高压注浆成形有管网树脂模具的制作方法相同，只是中压注浆成形树脂的通孔孔径控制在 $2\sim6\mu m$。

②石膏模具制作方法　中压注浆成形石膏模具的特点是石膏为化学石膏、合成石膏、改性石膏等，其适用压力范围为 $0.4\sim0.6MPa$。

典型合成石膏有：德国 Giulini Chemin 公司生产的 Sanicast MVV 系列合成石膏材料，德国 Borgarts 公司生产的 Sanidur 系列合成石膏材料。

咸阳陶瓷研究设计院研制的化学改性石膏材料，用于中压注浆成形模具寿命可达 500 次。

中压注浆成形石膏模内均埋有微孔管网是其特点之一，该微孔管网材料，编制方法均与 R. D. M 模具用的相同。

中压注浆石膏模具的制作方法也基本上与 R. D. M 模具的制作方法相同，只是其模具的微通孔是在石膏凝固前，将压缩空气从埋于模内的微孔管中吹出而得到的，是人造微通孔。

中压注浆成形石膏工作模的后处理：

a. 用细纱纸修补表面小缺陷；

b. 在非工作面涂刷一层 20% 虫漆乙醇防水层。

8.3　琉璃瓦塑压成形模具

8.3.1　模具工作原理

琉璃瓦成形是将含有18%左右水分的塑性坯泥，通过真空挤出机挤出具有初形的泥坯，送入塑压模具中冲压定形的，一般使用封闭式塑压模具，其工作原理是：

(1) 下模体固定，上模体向下位移至一定的位置时，开始形成"封闭型"型腔。

(2) 塑性坯泥在型腔内被挤压导向各部位，随着上模体的进一步下移至设定位置时，泥坯被定形。

(3) 上模体上移复位后，由真空吸盘在模体上取出定形坯件。

(4) 为便于脱模，除了在模面使用脱模剂外，在上下模体内设有气膜机构，使泥坯与模面形成一层气膜，减少粘着力，便于真空吸盘取出已定形坯件。

8.3.2　模具结构

1. 型腔

在塑压过程中，由上下模体、模框形成的。坯泥在此型腔内受到逐渐加压，最终获得足够压力，成为具有均匀致密度和设定形体的产品，如图 8-23 所示。

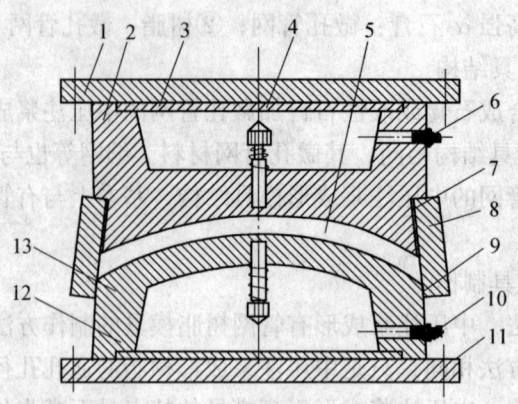

图 8-23 塑压成形模具示意图

1—上模底板；2—上模体；3—上模气封板；4—气膜结构；5—坯体形腔；6—上模进气接头；
7—上模护片；8—模框；9—下模护片；10—下模进气接头；11—下模底板；12—下模气封板；13—下模体

2. 底板

底板分为上模底板和下模底板，上模底板是压机上冲头和上模体的连接件。下模底板是压机底座和下模体的连接件。

3. 上模体和模框

两者通过螺栓形成刚性联结，不设置独立模框。模框内侧与垂直线保持约 1° 的倾斜度。当上模体下移至设定位置时，与下模体边棱的配合间隙理论上为零。模框的形式根据产品的形状而设计。

4. 下模体

支撑坯泥片，并与上模体、模框形成封闭式型腔，是坯泥形成设定形状的关键两个工作面之一。

5. 产生气膜的机构

如图 8-24 所示，气阀芯 1 由弹簧 3 的作用力向上提起，封闭了气门 2，当压缩空气进入上下模体气腔 4 时，经过气门缝隙，作用于气阀芯锥面上，克服弹簧力，从而把气阀芯向下压，打开气门，压缩空气从而进入"型腔"，在坯体与上下模体间形成"气膜"便于脱模。当切断压缩空气，由弹簧力作用，气阀芯自动"复位"，关闭气门。

实际工作时，可视脱模难易程度，通过气压系统的压力调节机构和流量调节机构调整气流以满足脱模需要。

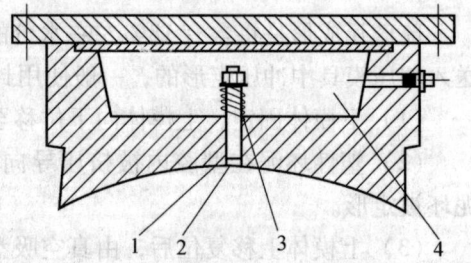

图 8-24 产生气膜结构示意图
1—气阀芯；2—气门；3—弹簧；4—气腔

6. 护片

护片是由 3mm 左右厚的普通钢板制造。作为易损件，主要是为了保护模体免受磨损和产品棱边倒角需要而设计的。当模框与下模体经过多次冲压摩擦接触，由于工作面在护片上，护片磨损，更换护片就可修复模具尺寸，而不必对模具模体进行处理。

8.3.3 模具材料

制造模具的材料要易于得到，且具有良好的机械加工性能及电蚀、线切割加工性能。所选用的材料，要具有足够的机械强度、耐压力及耐磨性能。

一般使用45号钢，当加工模具数量多时，亦可考虑采用球墨铸铁QT 60-2。

8.3.4 模具加工和使用注意事项

（1）模具设计时，首先要根据坯料的干燥和烧成总收缩率放尺。必要时还要对所使用的泥料进行试验，以测定其收缩率的确切值。

（2）型腔结构的设计，除了保证制品的形体以外，重要的是上下模体的配合要精度高、合理，以保证产品"飞边"少，减少上下模合模时棱边（角）冲坏的现象。

（3）为了方便模具的上机装卸，提高更换模具的效率，往往把不同产品的模具，使用同一模具底板，并做到标准化。

（4）送入下模体的泥坯片，其尺寸和质量必须准确。泥料太多，会使产品产生太多飞边，也加大模具的配合面磨损，缩短模具使用寿命。

8.4 劈离砖挤出模具

8.4.1 模具工作原理

泥料在挤出机推力的作用下，进入模具型腔，形成截面形状固定不变的坯条，连续的被挤出模具外，达到成形的目的，如图8-25所示。

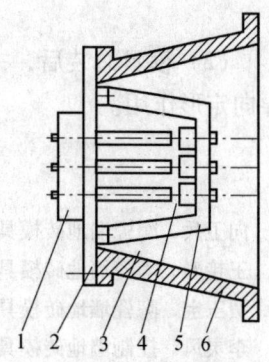

图8-25 挤出模具示意图
1—模框；2—底板；
3—型腔；4—模芯；
5—支架；6—挤出机嘴

8.4.2 模具结构

1. 型腔

泥料进入型腔后，经过模芯的导向作用，准备进入模框成形。

2. 支架

作用是固定模芯，使其在模框中保持正确的位置，形成中空的泥坯条。

3. 模芯

具有设定形状的悬梁，坯泥通过此处被挤压成一定的形状，模芯的形状设计，确定了劈离砖的底面形状。

4. 模框

模框的形状设计，决定了产品的外边面形状。泥料受到挤出机挤压通过模框，其外表形状得到定形。

8.4.3 模具材料

模框、模芯通常采用了Cr12MoV合金工具钢。优点是综合机械性能优良，尤其是热处理后的耐磨性能高，其余部分采用普通钢材即可。

8.4.4 模具加工和使用注意事项

（1）型腔结构的设计　除了保证产品的形体以外，要注意几个关键部位的尺寸。其支架的位置，如离底板近，则被分割后的坯泥结合不紧密，离底板太远，造成产品的尺寸误差大，产品变形。一般离底板的距离 100mm 为宜。支架的纵向截面视模芯的大小、挤出力、泥料水分而定。在保证足够的刚性情况下，越小越好，一般宽为 22mm 左右。

模芯的长度，根据泥料运动情况，在保证坯泥被分割后，有足够的定形作用而设定的，一般为 163mm 左右。模芯横截面，其形状如图 8-26 所示。为保证劈离砖烧成前后有足够的强度，而烧成后易于劈开，一般安装后的尺寸为 $a=3mm$，$b=1mm$。

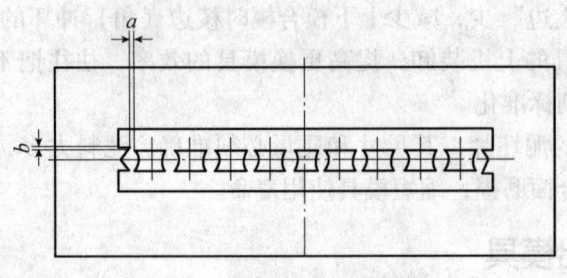

图 8-26　模芯横截面

（2）模具总装后，一般要求模芯比模框断面伸长 3mm 左右，目的是保证泥坯有足够的导向定形作用。

参考文献

1　向卫兵．陶瓷墙地砖模具类型及分析［J］．佛山陶瓷，2008，3．
2　王艳春．陶瓷墙地砖模具的设计［J］．佛山陶瓷，2006，7．
3　贾玉宝．陶瓷墙地砖模具及其对质量产生的影响［J］．陶瓷，2005，7．
4　李灵风．控制墙地砖模具变形、开裂的合理工艺［J］．河北陶瓷，2001，29：3．
5　刘彗平．化学复合镀 Ni-P．PTFE 在陶瓷模具上的应用［J］．电镀与环保，2006，26：6．
6　王　敏．聚氨酯橡胶在墙地砖陶瓷模具中的应用［J］．陶瓷科学与技术，2004，4．
7　肖任贤．陶瓷粉料恒压压型理论的流变学探讨［J］．中国陶瓷工业，2001，8：3．
8　李亚莉．建筑卫生陶瓷新型模具材料．全国建材工业陶瓷手册情报信息网资料．1988．
9　马养志等．赴意大利英国卫生瓷窑炉考察报告［R］．1997，5．
10　李中祥．卫生陶瓷模型设计与制造．河北建材［J］．1987：1~4．
11　孙泰新．卫生瓷石膏模型的制造与使用（中国建筑卫生陶瓷协会编．提高卫生陶瓷品质的研究，第二篇）1994．10．
12　中伦陶瓷总公司．全国卫生陶瓷技术发展研讨会暨厂长座谈会资料之七、八．1994．6．
13　李彦平．微孔塑料模具材料成孔机理及其影响因素研究（武汉理工大学硕士论文）［D］1996．5．
14　姚治才等．赴意大利德国卫生陶瓷新技术考察报告［R］．1997．1．
15　中伦陶瓷总公司．中国陶瓷 2000 年研讨会资料之三［R］．1997，5．
16　苑克兴等．石膏滤网式低压快排水组合浇注成形技术［J］．陶瓷．1996，5．
17　苑克兴．压力注浆研究进展与应用［J］．陶瓷．1996．1．

第 9 章 陶瓷窑炉及其附属设备

9.1 现代陶瓷窑炉概况

为适应规模化、连续化的生产要求，现代陶瓷工业窑炉常用辊道窑、隧道窑和梭式窑，产品输送多为窑车式、辊棒输送式，加热方式多为明焰式，燃料多采用气体、液体燃料或电能。

9.1.1 陶瓷窑炉的分类

陶瓷窑炉的分类见表 9-1。

表 9-1 陶瓷窑炉的分类

分类原则	窑炉名称	主要特点
按使用燃料（能源）分类	煤烧窑	烟煤，多人工操作，层状燃烧
	油烧窑	以重油、轻柴油为燃料
	气烧窑	以煤气、天然气、液化气为燃料
	电窑	利用电能转变为热能
按窑内火焰流动方向分类	升焰窑	火焰由下向上加热制品，窑顶排烟
	平焰窑	窑内火焰流动方向近似水平
	半倒焰窑	火焰由前方上升再倾斜流向后方下部排出
	倒焰窑	火焰由上向下加热制品，窑底排烟
按火焰是否接触产品分类	明焰窑	火焰接触产品
	隔焰窑	火焰不接触产品，而在隔焰道内流动
	半隔焰窑	部分火焰接触产品，部分在隔焰道内流动
按窑炉形状分类	圆窑	窑室为圆形
	方窑	窑室为方形
	隧道窑	窑室为隧道型
按烧成过程的连续与否分类	间歇式窑	装、烧、冷、出操作周而复始，生产是间歇、分批进行的
	连续式窑	窑分若干段，装、烧、冷、出操作在各固定段同时进行，各段热工制度稳定，生产连续进行
	半连续式窑	窑分若干段，装、烧、冷、出操作在各段分别进行，具有连续窑的性质；但各段热工制度都随时间而变化，具有间歇窑的性质
按烧成目的分类	本烧窑	干燥后并施釉的坯体直接入窑烧成
	素烧窑	将未施釉的坯体送入窑内进行焙烧，增加其强度，便于进行上釉装饰
	釉烧窑	对已素烧的坯体施釉装饰后，重新入窑烧成
	重烧窑	对未烧熟的坯体或修补后的瓷件重新入窑烧成
	烧花窑	焙烧贴花或彩绘的产品

续表

分类原则	窑炉名称	主要特点
按装烧方式分类	露（裸）装	火焰与坯体直接接触烧成
	钵装	坯体放在匣钵内，不直接与焰气接触烧成
	棚板装	坯体码在棚板上，入窑烧成

9.1.2 建筑制品的热力学和低温快速烧成

1. 建筑卫生陶瓷坯体的热力学性能

（1）陶瓷坯体的导温系数，见表9-2。

表9-2 陶瓷坯体的导温系数　　　　　　　　$m^2/h \cdot 10^3$

试件	温度（℃）	坯料			
		地面砖	墙面砖	琉璃制品	耐酸陶瓷
未烧的（干的）	200~400	0.88	0.95	1.2	1.15
	400~600	0.82	0.87	1.1	1
	600~800	0.79	0.8	1.1	0.9
预烧过的	200~400	1.2	1.2	1.4	1.3
	400~600	1.1	1.1	1.3	1.2
	600~800	0.95	1	1.3	1.1

（2）建筑卫生陶瓷坯体的抗折强度，见表9-3。

表9-3 建筑卫生陶瓷坯体的抗折强度　　　　　　　　MPa

温度（℃）	卫生瓷	地砖	墙砖		琉璃制品		耐酸瓷	
20	4.3	3.2	2.7	2	3.4	3.5	4.2	5.7
200	4.5	4.9	3	2.4	3.7	3.7	4.2	6.8
400	4.8	5.9	3.6	2.8	4.6	4.8	5	6.9
500	5.2	6.2	3.5	2.7	4.4	4.6	4.8	6.2
550	5.8	6.3	3.3	2.7	4	4.3	5.5	7.6
600	6	7.3	4.8	2.5	6	6.2	5.8	8.7
800	8	12.3	7.1	4.1	7.8	7.8	6.8	11.7
1000	12	31.5	15	8.6	—	—	—	—
1160	35	43	32	24	15	15	—	—
1220	42	—	—	—	—	—	—	—
1250	46	—	—	—	—	—	26	29

（3）建筑卫生陶瓷坯体的弹性模量，见表9-4。

表 9-4　建筑卫生陶瓷坯体的弹性模量　　　MPa

试件	温度(℃)	坯料								
		卫生瓷	地砖		墙砖		琉璃制品		耐酸陶瓷	
未烧（干的）	200	7280	6600	4000	7200	260	5250	5730	8850	9450
	400	7100	6000	3400	6800	7310	4900	5350	7060	6600
	500	6960	5700	3400	6600	8690	4640	5160	6250	7200
	550	7600	5300	3200	6500	9140	4150	4650	—	8370
	600	7830	7200	3600	8200	10580	4890	5850	7180	8600
	700	7550	7800	4000	8500	11580	—	—	7570	8230
	800	5900	5900	3400	8700	8600	5760	6790	6600	5600
	900	2510	—	—	7700	—	4290	4050	—	—
预烧过的	20～700	5600	48600	32500	28000	—	33200	32000	34300	25700
	800	19900	14000	16000	—	—	—	—	17800	12400

（4）建筑卫生陶瓷坯体的线膨胀温度系数，见表 9-5。

表 9-5　建筑卫生陶瓷坯体的线膨胀温度系数　　　$℃^{-1} \times 10^6$

试件	温度(℃)	坯料								
		卫生瓷	地砖		墙砖		琉璃制品		耐酸陶瓷	
未烧过的（干的）	20～200	7.2	7.5	7.6	8.1	5.1	2.8	2.8	9.6	8.7
	200～400	9.9	13.5	8.8	10.5	8.8	8.3	8.4	13.3	13.6
	400～500	10.1	25.5	19.4	12.3	9.7	17.2	16.8	21.7	20.6
	500～600	-4.5	43.2	31.4	—	-7.4	23.5	22.5	36	28.6
	600～800	-4.6	-1.8	-2	-2.3	-6.5	-0.9	-0.9	3.4	1.3
	800～900	-4.6	-36	-22	-2.3	-18.1	-2.2	-2.2	-15	-24
	900～1000	-91.6	-200	-176	-73.6	-66	-75.5	—	-41	-52
	1000～1100	-235	-278	-256	-73.5	-98.3	-125.8	—	-71	-86
	1100～1160	—	-200	0278	-266	—	-250.2	—	—	—
	1100～1200	-683	—	—	—	—	—	—	-236	-200
	1200～1250	-314	—	—	—	—	—	—	—	—
预烧过的	20～400	5.2	5.6	5.2	5.7	5.1	5.1	—	5.4	5
	400～600	8.7	15.6	13.4	14.6	17.6	11.2	—	10.3	11.9
	600～1050	4.7	1.2	1.4	3.8	3.5	2.9	—	11.9	11.4
	1050～1160	—	18.8	15.9	12.9	—	5.3	—	—	—
	1050～1200	7.7	—	—	—	—	—	—	—	9.1

2. 陶瓷坯体加热过程中的应力表现

（1）热应力

1) 由温差引起的热应力

在弹性状态即陶瓷坯体出现液相之前或液相凝固之后的状态，坯体表层和中心热应力的大小可按表9-6所列公式进行计算分析。

表9-6　各种形状物体热应力计算公式

物体形状	表面应力（MPa）	中心应力（MPa）
平板	$\sigma_y = \sigma_x = \mp \dfrac{2}{3} \cdot \dfrac{\alpha \cdot E}{1-\mu} \Delta t$	$\sigma_y = \sigma_x = \pm \dfrac{1}{3} \cdot \dfrac{\alpha \cdot E}{1-\mu} \Delta t$
实心圆柱体	$\sigma_x = \mp \dfrac{1}{2} \cdot \dfrac{\alpha \cdot E}{1-\mu} \Delta t$	$\sigma_x = \pm \dfrac{1}{2} \cdot \dfrac{\alpha \cdot E}{1-\mu} \Delta t$
实心球体	$\sigma = \mp \dfrac{2}{5} \cdot \dfrac{\alpha \cdot E}{1-\mu} \Delta t$	$\sigma = \pm \dfrac{2}{5} \cdot \dfrac{\alpha \cdot E}{1-\mu} \Delta t$

注：Δt——坯体表面与中心的温差，℃；
　　α——热膨胀系数，℃$^{-1}$；
　　E——弹性模量，MPa；
　　μ——泊松系数。

在表9-6中，正号表示张应力，负号表示压应力。一般认为烧成过程中制品内的传热属于不稳定热传导。

墙地砖类制品在辊道窑内明焰烧成可近似视为双面对称等速升温的无限大平板的传热。经推导后可得到：

$$\Delta t = \dfrac{-\theta \sigma^2}{2d}$$

式中　θ——制品的升温速度，$\theta = \dfrac{\mathrm{d}t_0}{\mathrm{d}t}$；
　　　σ——制品的加热厚度；
　　　d——制品的导温系数。

负号表示热量由表面传向中心。

导温系数是与物体密度和比热有关的物理量，所以热应力的大小也与制品的矿物组成和成形密度有关。

2) 由坯釉膨胀系数不同引起的热应力

在加热和冷却过程中，由于坯、釉膨胀系数不同将会产生热应力。这种应力对烧成质量的影响主要在坯体冷却到弹性范围以下时表现出来。坯体在冷却时，若坯体的线膨胀系数大于釉的膨胀系数，则坯体受到压应力，釉层受拉应力；反之，则坯体受拉应力，釉受压应力。坯釉膨胀系数不同引起的热应力与坯釉组成有关。

（2）由传质过程引起的应力

加热过程中，坯体中自由水、结晶水、挥发物、分解气体等在排出坯体的传质过程都会导致坯体内部产生应力。保持传热和传质过程相匹配，才能保证制品不出现缺陷。

3. 烧成制度及制定原则

烧成制度包括温度制度、气氛制度和压力制度，是保证陶瓷产品烧成质量而对烧成过程中温度、气氛与压力的具体规定。

制定烧成制度一般应考虑如下因素：

1）根据坯体成分和矿物组成确定所属相图，初步判断烧成温度和范围、烧成气氛及烧成过程中不同温度下分解气体量的多少。

2）根据胀缩曲线及显气孔率曲线确定坯体烧结温度范围。

3）根据差热曲线了解坯体吸热、放热情况，根据坯体形状尺寸及坯体加热过程中热性能测定，综合分析确定坯体各阶段极限升温速率和最大供热速度。对于施釉坯体应在坯体釉面熔化前排除分解气体，才能保证釉面质量。

4）要了解窑炉结构特点、装窑方式、燃烧种类、供热能力大小及调节的灵活性。

5）要尽可能多参考、了解同类产品的试验和生产资料。

4. 陶瓷制品的低温快烧

(1) 低温快烧的优点

主要包括：提高单窑的产量和单位有效容积的产量，有利于降低燃料消耗，有利降低生产成本，有利于环境保护，有利于延长窑炉寿命等。

(2) 实现低温快烧的关键

主要包括：寻求适合于低温快烧的陶瓷坯料和釉料的配料配方及制造工艺；使用现代陶瓷窑炉以满足制品低温快烧所需条件；降低坯体入窑含水率，满足坯体物化反应要求，控制制品内应力，避免造成坯体的烧成缺陷等。

9.1.3 现代陶瓷窑炉的评价标准和发展趋势

1. 评价标准

(1) 满足制品烧成要求，能够烧出高质量的产品。(2) 生产调节灵活性大，能适应市场对品种、数量变化的需求。(3) 烧成速度快、产量高、能耗低、炉龄长，经济效益好。(4) 自动化水平高，易于控制。(5) 对环境的污染小等。

2. 发展趋势

(1) 采用低温快烧技术。(2) 采用裸装明焰烧成技术。(3) 窑型以辊道化为主导。(4) 采用高效、轻质保温耐火材料及新型涂料。(5) 改善窑体结构，向降低高度、增加宽度、长度方向发展。(6) 采用先进的自动控制技术。(7) 窑车、窑具材料轻型化。(8) 采用洁净液体和气体燃料。(9) 充分利用窑炉余热。(10) 采用高速脉冲烧嘴。(11) 采用一次烧成新工艺。(12) 加强窑体密封性和窑内压力制度。(13) 采用微波辅助烧结技术。(14) 采用富氧燃烧技术等。

9.2 隧道窑

隧道窑是连续式生产的陶瓷窑炉，主要应用于卫生陶瓷、微晶玻璃板等产品的烧成。随着轻质耐火材料、高速等温烧嘴、脉冲燃烧技术等在隧道窑上的广泛应用，现代隧道窑与传统隧道窑已经有了本质的区别，能耗大大降低，产品烧成合格率大幅提高。

9.2.1 隧道窑的分类（表9-7）

表9-7 隧道窑的分类

分类依据	窑炉名称	特点	备注
按热源分类	1. 火焰隧道窑 2. 电热隧道窑	以煤、煤气或油为燃料 利用电热元件加热	
按火焰是否接触产品分类	1. 明焰隧道窑 2. 隔焰隧道窑 3. 半隔焰隧道窑	火焰直接接触产品 在火焰和制品间有隔焰板（马弗板），火焰加热隔焰板，隔焰板再将热辐射给制品 隔焰板上开有孔口，让部分燃烧产物与制品接触，或只有烧成带隔焰，预热带明焰	电热窑炉也有隔焰式（马弗窑），用隔焰板将电热元件和制品分开
按窑内运输设备分类	1. 窑车隧道窑 2. 推板隧道窑 3. 辊底隧道窑（辊道窑） 4. 输送带隧道窑 5. 步梁隧道窑 6. 气垫隧道窑		
按通道多少分类	1. 单通道隧道窑 2. 多通道隧道窑		

9.2.2 隧道窑的结构

隧道窑主要由窑体、窑车、燃烧系统、风机管道系统、控制系统和配套设备等部分组成。这里重点介绍窑体、燃烧系统、风机管道系统和控制系统，窑车及附属设备将在下节专门介绍。

1. 窑体

现代隧道窑的窑体一般由钢结构和耐火材料砌体组成。窑体既是窑炉的主体，又是各种管路和热工控制一次仪表、执行机构的支撑体。每个单元由金属框架和砌体构成。

窑体是由窑墙、窑顶和窑车衬砖围成的码烧坯体的空间，也就是隧道。耐火材料全部置于钢结构框架之内。金属框架一般采用型钢焊接而成。现代隧道窑砌体所用耐火材料均为轻质砖或硅酸铝纤维棉，窑顶大多采用轻质砖吊顶结构。

窑体的主要尺寸包括窑体长度、内宽、内高等。具体的数据取决于制品的品种、规格、单窑产量、装载方法和窑内温度均匀性等。目前建筑卫生陶瓷隧道窑的长度一般为40～120m之间，适宜的长度为70～80m。现代隧道窑趋向于降低内高，适当增大内宽（宽体窑）和单层码放制品（如卫生瓷）等。

隧道窑的窑体构造特点主要包括：①窑体是由窑墙、窑顶和窑车台面组成的长而直的工作通道；②要承受高温和火焰的冲刷；③窑体不动而窑车移动，需保持良好的密封性，尺寸精确；④窑体上设有燃烧设备、通风设备、砂封槽及测控仪表等，要有一定的强度。

对隧道窑窑体的要求是：①寿命长；②散热蓄热少、升温快；③密封性能好；④施工快、造价低。

传统隧道窑为现场砌筑施工，目前正向着模块式窑转变。窑炉公司按模数制造具有不同功能的模块，在现场按设计要求进行组装成窑。

由于现代陶瓷窑炉窑墙承受荷重较小，大多采用轻质耐火隔热材料取代传统窑墙耐火砖层和保温砖层，在同样热阻的条件下，使窑墙厚度和每平方米窑墙的质量大大降低，几种典型隧道窑窑墙性能的比较见表9-8。

表9-8 三种典型隧道窑窑墙性能的比较

结构形式	总厚度 （mm）	单位面积质量 （kg/m²）	散热热流密度 （W/m²）	外表面温度 （℃）	总热阻 （m²·℃/W）	单位面积蓄热量 （MJ/m²）
传统型	695	716.6	627	71.0	1.88	810
组合型	400	330.3	694	75.2	1.70	425
全纤维型	300	57.0	756	79.3	1.55	38.5

在满足同样保温要求的前提下，全纤维型窑墙结构的优点是：厚度最薄、质量最小、蓄热最少、单位面积价格与传统型差不多、抗热震性好、结构简单、易于施工；缺点是：工作面机械强度低，可能收缩粉化，影响使用寿命。可以采用喷涂保护涂层或覆盖耐火薄板的方法提高工作面机械强度，并严格在使用温度极限以下使用。典型的全耐火纤维型窑墙和组合型窑墙的结构示意如图9-1和图9-2所示。

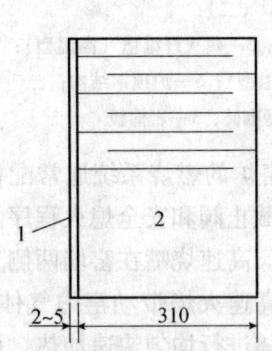

图9-1 全耐火纤维型窑墙结构示意图
1—钢板；2—耐火纤维折叠块（Z型砌砖）

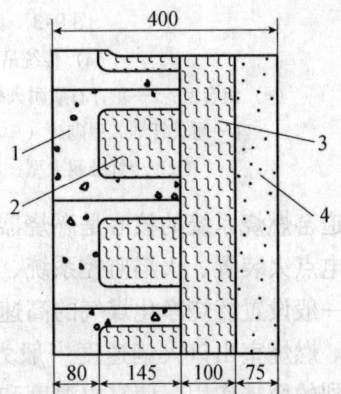

图9-2 组合型窑墙结构示意图
1—重质耐火浇注料预制块；2—耐火纤维棉；
3—耐火纤维板；4—硅酸钙板

由于现代陶瓷隧道窑窑宽比旧式窑大得多，现代陶瓷隧道窑窑顶大多采用平吊顶结构。宽体窑采用平吊顶的优点主要表现为：能够保证窑内有效高度一致，便于装车；窑内顶部中心空隙不会过大；有利于侧墙上部装设高速烧嘴（烧成带）；窑顶和窑墙都可以采用轻质耐火材料，窑体减薄，窑体质量大为减小，从而大大减低对窑炉基础的荷重要求，而且大大减少窑体的蓄热量。典型的结构示意如图9-3所示。

2. 燃烧系统

燃烧系统是窑炉的心脏，直接影响窑炉的烧成质量和能耗。陶瓷窑炉燃烧系统的基本功能是：安全可靠地组织燃料的燃烧过程，满足烧成工艺的要求，并实现预期的经济效益和环境效益。

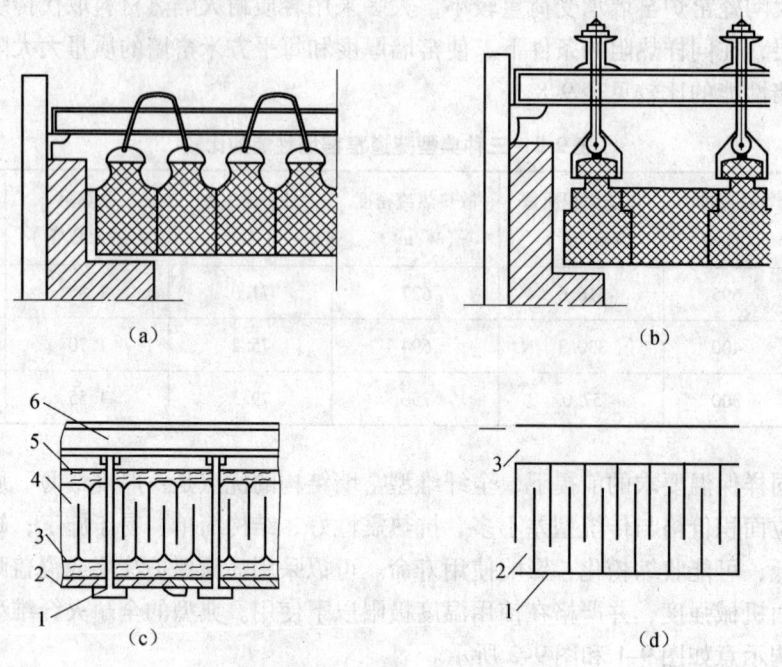

图 9-3 典型的吊挂式平窑顶结构示意图
(a) 传统吊挂型 (一); (b) 传统吊挂型 (二);
(c) 组合型：1—堇青石质耐火螺栓；2—堇青石质耐火薄板；3—耐火纤维毡（高温型）；
4—耐火纤维Z型砌砖（中温型）；5—耐火纤维毡（低温型）；6—炉顶钢结构；
(d) 全纤维耐火型：1—工作面；2—耐火纤维Z型砌砖；3—岩棉板

隧道窑燃烧系统的核心是燃烧器（烧嘴）。现代陶瓷窑炉的燃烧系统通常配备自动程序控制的电点火装置、火焰监控系统、安全防爆的自动煤气截止阀和安全熄火程序。现代陶瓷隧道窑一般设置燃烧净化煤气的高速烧嘴和高速调温烧嘴。高速烧嘴在窑墙两侧上下前后错开布置。燃烧室出口火焰速度一般为 70~100m/s。由于高速火焰带动窑内气体循环流动，起着强烈的搅拌作用，使窑内温度和气氛非常均匀，对坯体进行均匀快速加热，可以实现提高产品品质和产量、节约燃料、减少烟气中 NO_x 含量、保护环境的目的。

在隧道窑预热带一般安装高速调温烧嘴，在燃烧室出口引入调温气体（低温焰气或空气），使焰气温度与窑内温度接近，便于控制温度曲线，强化对流传热，降低窑内上下温差并使气氛均匀。不同燃烧器的设置方式如图 9-4、图 9-5 所示。

近年来，国外开发了高速烧嘴的脉冲控制系统，控制高速烧嘴以大火（接近于额定供热能力）和微火（维持能够点着烧嘴的供热能力）交替脉动加热，实现工艺要求的温度。同时使高速烧嘴在大火供热时，能充分发挥其高速焰气的搅拌、均化和强化对流传热的作用，使窑炉断面温差更小。

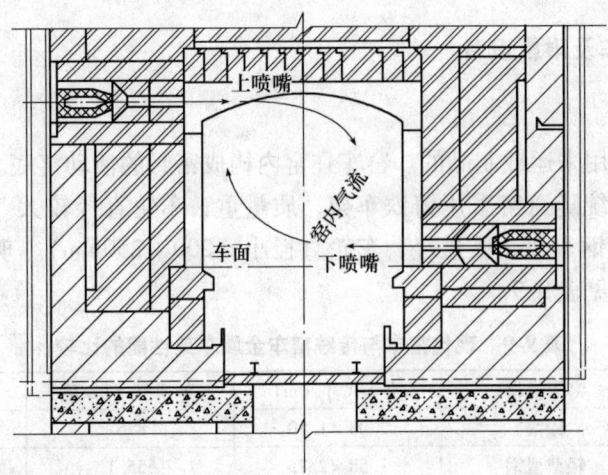

图 9-4 设置高速烧嘴的隧道窑

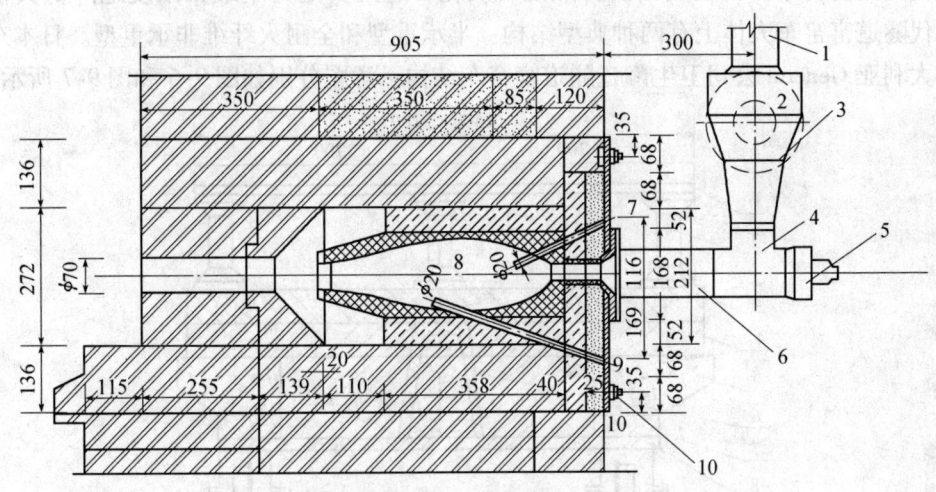

图 9-5 烧煤气的高速烧嘴及燃烧室

1—煤气管道；2—一次气管道；3—混合器；4—三通；5—烧嘴；6—直管；
7—点火孔；8—燃烧室；9—观火孔；10—固定装置

3. 风机管道系统

管路系统包括燃烧管路系统、排烟系统和冷却系统。燃烧管路系统由燃料供应系统、助燃风机及其相应的管路，以及自动调节阀、手动安全阀、烧嘴等组成。排烟系统由排烟风机及其相应的管路、阀门等组成。冷却系统包括急冷、缓冷、余热回收和窑尾冷却四个部分，急冷设于烧成带末端，由急冷风机将环境空气通过管路、阀门等直接打入窑内，冷却制品。缓冷不设强制性通风，而在急冷与窑尾之间，根据烧成制度调节抽热风支管上的调节阀，形成合理的负压曲线，使冷空气在冷却带不同部位按不同的量漏入窑内，达到缓慢冷却制品的目的。窑尾冷却是在窑尾单元上装轴流风扇，直接向制品吹风，使出窑产品温度降至接近室温。

4. 控制系统

控制系统包括整座窑的风机和传动系统启动、关闭，热工自动调节，报警系统及电子点火、火焰检测等内容。温度控制可采用计算机控制，也可采用计算机与温控仪相结合的控制方式。

9.2.3 隧道窑的窑车及附属设备

1. 窑车

隧道窑的窑车是用来运载制品的。窑车在窑内构成密封的活动窑底。窑车由金属车架及其耐火衬料组成。传统隧道窑采用铸铁车架，质量重、车轮直径较大（300~450mm）。现代隧道窑采用轻型型钢车架，质量轻、车轮直径小（200~250mm）。现代窑车与传统窑车金属车架性能的比较见表9-9。

表9-9 现代窑车与传统窑车金属车架性能的比较

窑 车	窑车衬料	窑车尺寸（m）	车架质量（kg/辆）	单位面积质量（kg/m²）
传统窑车	铸铁	2.08×1.10	876	382.9
现代窑车	轻型型钢	1.58×2.75	555.1	126.9

现代隧道窑窑车衬料最突出的特点是轻质化，这主要是为了最大限度地降低其蓄热能力。现代隧道窑窑车大体上有两种典型结构：半承重型和全耐火纤维非承重型。日本东陶公司和澳大利亚General公司卫生陶瓷隧道窑窑车结构示意图分别如图9-6和图9-7所示。

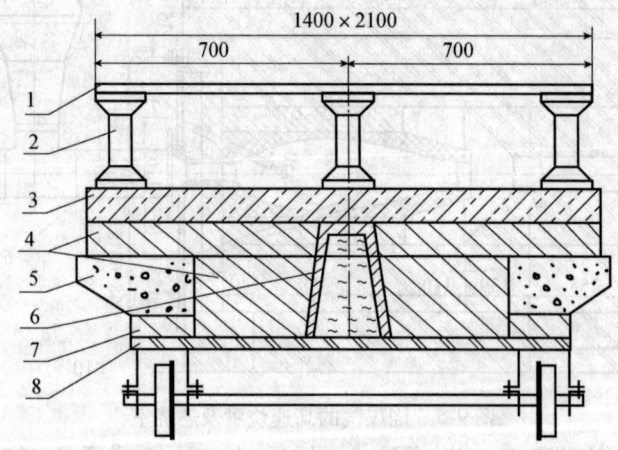

图9-6 日本东陶公司卫生陶瓷隧道窑窑车结构示意图

1—氮化硅结合碳化硅质棚板；2—高铝质空心短立柱；3—轻质高铝砖（1000kg/m³）；4—轻质黏土砖；
5—黏土质浇注料预制件；6—黏土质下立柱（内填耐火纤维棉）；7—黏土砖；8—水泥珍珠岩制品（底层）

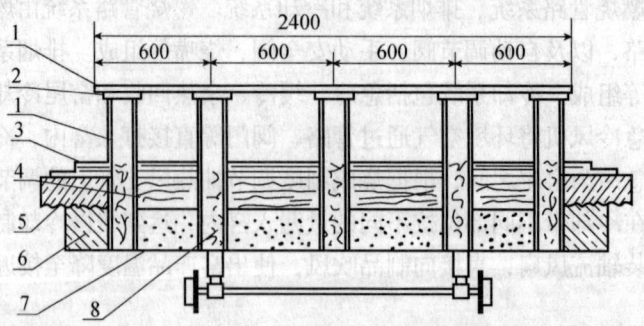

图9-7 澳大利亚General公司卫生陶瓷隧道窑窑车结构示意图

1—堇青石-莫来石质棚板、立柱；2—堇青石-莫来石质帽；3—耐火纤维毯；4—耐火纤维棉；
5—轻质堇青石-莫来石质上围砖；6—轻质堇青石-莫来石质下围砖；7—蛭石耐热混凝土；8—耐火纤维棉

2. 附属设备

隧道窑的附属设备主要包括窑车运行所需的机械设备。现代隧道窑窑车全套运行机械设备自动连锁,可以实现自动操作,形成窑车自动运行系统。这个系统包括窑头推车机、电动拖车、进出窑机及步进回车机。

(1) 推车机　推车机的作用是将装载制品的窑车按规定的推车速度由隧道窑的入口向前推进一个车位。常用的推车机有油压式、螺旋式和钢丝绳式等。油压式推车机的推进速度慢,平稳可靠,振动小,功率消耗低,结构紧凑,易于无级变速,使用较广泛。油压式推车机有单作用活塞式和双作用活塞式两种。单作用活塞式油压推车机靠重锤复位,现已少见。双作用活塞式油压推车机是通过电磁阀换向、改变压力油的方向来复位,如图9-8所示。

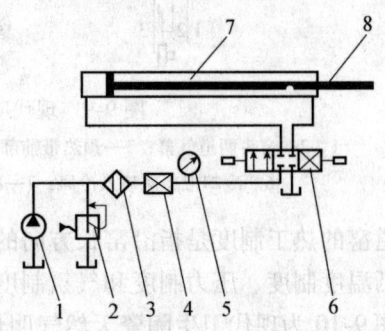

图9-8　具有双作用活塞式推杆的油压推车机示意图
1—油泵；2—溢流阀；3—滤油器；4—可调式节流阀；
5—压力表；6—电磁换向阀；7—工作油缸；8—推杆

(2) 拖车　拖车是窑车换道时的转运工具。一般工作在隧道窑的回车轨道上,窑头和窑尾各有一台拖车。拖车上设有与隧道窑轨道平行且轨距、标高均相等的轨道,以便窑车能顺利进出,并有阻止窑车在拖车上自由滑动的制动销。拖车的驱动方式有手推式、手摇式和电动式。目前,前两种已很少见。电动式拖车上安有电动机,经减速器驱动轮轴运行,由于运行平稳,劳动强度低,得到广泛应用。

(3) 步进回车机　安装在与隧道窑相平行的回车线上,用于将窑车由窑尾送回窑头,并可使窑车停在中途卸车台卸下产品,再行至装车台装载制品,驱动方式有液压式和电动式两种。

9.2.4　隧道窑的工作系统与热工制度

隧道窑的工作系统包括：燃烧系统、排烟系统和冷却系统。现代陶瓷隧道窑与旧式陶瓷隧道窑的工作系统大体上是相同的。现代陶瓷隧道窑工作系统的特点是：

(1) 使用高速烧嘴,不用冷却带直接流入烧成带的窑道风作为助燃空气；

(2) 烧成带两侧垂直和水平交错设置多个小功率高速烧嘴,有利于均匀窑温和调节烧成曲线；

(3) 预热带下部两侧设置多个水平交错排列的小功率高速调温烧嘴和调温搅拌风嘴,以利于均匀预热带截面温度和调节烧成曲线；

(4) 冷却带一般都分为三段：急冷段、缓冷段和低温冷却段,多采用直接冷却方式；

(5) 排烟孔比较集中于窑头,有利于充分利用烟气热量；

(6) 很少设车下压力平衡系统；

(7) 所用风机耐用性良好,大多不设备用风机；

(8) 依靠封闭气幕封闭,大多不设窑门等。

图9-9为现代明焰隧道窑工作流程示意图。

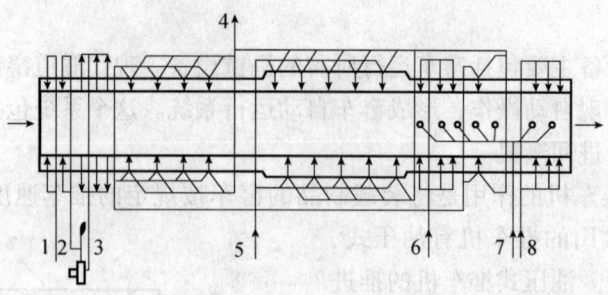

图9-9 现代明焰隧道窑工作流程示意图

1、2—窑头两道气幕;3—预热带前部的分组排烟口;4、5—预热带下部两侧的高速烧嘴;
6—冷却带高速喷入冷风;7—冷却带调温烧嘴;8—冷却带窑顶抽出热风口

隧道窑的热工制度是指沿窑长方向的温度分布、压力分布曲线及各带的气氛要求。热工制度包括温度制度、压力制度和气氛制度。温度制度是主要的,烧成曲线要满足烧成工艺的要求。图9-10为现代卫生陶瓷天然气明焰裸烧隧道窑实测的烧成曲线。压力制度是满足温度制度和气氛制度的保证,气氛制度则是根据生产工艺的需要制定的。

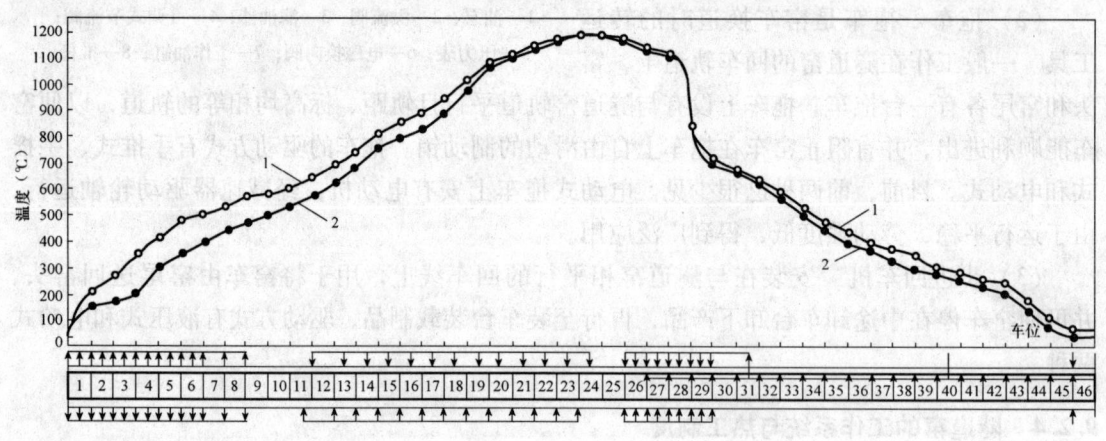

图9-10 现代卫生陶瓷天然气明焰裸烧隧道窑实测的烧成曲线

1—上部;2—下部

9.2.5 隧道窑的设计

隧道窑的设计包括收集原始资料、确定窑型、设计计算、确定工作系统等。设计计算包括窑体主要尺寸及结构的计算、燃料燃烧及燃烧设备的计算、通风设备及其他附属设施的计算三大部分。

1. 收集原始资料

(1) 生产任务 即年产量(或日产量、小时产量),由设计任务书给定。

(2) 产品种类和规格 由设计任务书给定。

(3) 工作日 按窑的结构、设备性能、维修能力等确定窑连续工作的时间。

(4) 成品率 根据窑的结构、操作情况、产品类型来决定,可参照类似窑炉的资料。

(5) 燃料的种类及组成 根据当地具体情况和发展,确定所用燃料的种类并了解燃料的主要性能、低位热值及组成等。

(6) 坯体入窑水分 根据窑炉结构对入窑水分的要求或干燥设备的性能确定。

(7) 原料的组成 根据配方实验及当地原料供应情况确定。

(8) 烧成制度 包括温度制度、气氛制度和压力制度，烧成曲线由配方实验所得的差热曲线以及类似的工厂经验确定，或通过半工业性试验来拟定。

2. 确定窑型

有了原始资料之后，应结合当地具体条件，参考同类产品烧成的实例，按高产、优质、低消耗及降低劳动强度的原则，进行若干方案对比后确定窑型。

3. 计算窑体主要尺寸

(1) 计算隧道窑容积 隧道容积是根据生产任务、成品率、烧成时间及装窑密度四个因素决定的。装窑密度是根据制品对焙烧过程的要求、制品的尺寸等找出最合理的装窑方法而计算出来的，也可以从生产实践中收集数据。烧成时间是由烧成曲线决定的。

$$V = \frac{G \cdot \tau}{K \cdot g}$$

式中 V——隧道容积，m^3；

G——生产任务，kg/h 或件/h；

τ——烧成时间，即坯体在窑内停留时间，h；

K——成品率；

g——装窑密度，kg/m^3 或件/m^3。

(2) 计算隧道窑内高、内宽、长度及各带长度

现代陶瓷隧道窑都采取矮而宽的截面，宽高比为 1.5~3.0，即所谓宽体隧道窑。窑内宽和内高要根据陶瓷制品的具体情况而定。

确定了隧道窑的内宽和内高，就可以算出隧道窑的有效截面积，并确定窑的理论长度。

$$L = V/F = \frac{G \cdot \tau}{K \cdot g_t}$$

式中 L——隧道窑理论窑长，m；

F——隧道窑有效截面积，m^2；

g_t——每米窑长的平均装窑密度，kg/m 或件/m。

隧道窑的实际长度应取窑车长度的整数倍，并考虑一定的余量。如考虑进车室一个车位的长度和出车端 0.5m 的余量，则

$$L_{窑} = (n+1)L_{车} + 0.5$$

式中 $L_{窑}$——隧道窑实际窑长，m；

n——窑内容车数；

$L_{车}$——一个窑车的长度，m。

隧道窑各带长度取决于陶瓷制品的烧成曲线。

$$L_{预} = L_{窑}\frac{\tau_{预}}{\tau}$$

$$L_{烧} = L_{窑}\frac{\tau_{烧}}{\tau}$$

$$L_{冷} = L_{窑}\frac{\tau_{冷}}{\tau}$$

式中 $L_预$、$L_烧$、$L_冷$——分别为隧道窑预热带、烧成带和冷却带长度，m；

$\tau_预$、$\tau_烧$、$\tau_冷$——分别为隧道窑中制品的预热时间、烧成时间和冷却时间，h。

4. 确定工作系统

确定工作系统的原则是：满足制品的焙烧要求，减少窑内温差，加速传热和充分利用余热，便于施工以及操作控制等，同时要考虑当地实际情况，就地取材，节约投资。确定工作系统的内容包括：燃烧系统、排烟系统和冷却系统，烧嘴、风机等设备的选型和布置，烟道、气幕等的布置等。

5. 确定窑体材料和厚度

确定窑墙、窑顶所用材料及厚度要充分考虑使用点的温度，对窑墙、窑顶的要求，砖型及外形整齐等因素。每层材料厚度应通过传热计算确定。

6. 燃料燃烧计算

燃料燃烧计算包括：燃烧所需空气量的计算，燃烧生成烟气量计算及实际燃烧温度的计算。

在已知燃料组成的情况下，可以精确计算出理论空气量、实际空气量、燃烧产物量及其成分和密度等。当仅知燃料的发热量时，一般按经验公式计算，先求出理论空气量和理论烟气量，再根据窑内空气过剩系数，算出燃烧需要的实际空气量和实际烟气量（烧还原焰时空气过剩系数 $\alpha=0.95$，烧氧化焰时 $\alpha=1.1\sim1.3$），然后求出理论燃烧温度和实际燃烧温度，并验算能否达到需要的烧成温度。若不能达到烧成温度时，应考虑预热空气或煤气，并计算出所需预热温度。计算过程见9.6节。

7. 隧道窑预热带及烧成带的热平衡计算与燃料消耗量的确定

隧道窑的设计热平衡计算分为两个部分：一是预热带和烧成带的热平衡计算，目的是计算每小时的热耗，即每小时的燃料消耗量。二是冷却带的热平衡计算，目的是计算冷空气鼓入量和热风抽出量。

（1）计算基准与范围 隧道窑是连续式窑炉，选用1h作为计算基准，以0℃作为温度基准。计算范围为预热带和烧成带。

（2）热收入

1）坯体带入显热 $Q_1(kJ/h)$ 的计算：

$$Q_1 = G_1 \cdot C_1 \cdot t_1$$

式中 G_1——入窑坯体质量，kg/h；

C_1——入窑坯体的平均比热，kJ/(kg·℃)；

t_1——入窑坯体的温度，℃。

2）匣钵或棚板等带入显热 $Q_2(kJ/h)$ 的计算：

$$Q_2 = G_2 \cdot C_2 \cdot t_2$$

式中 G_2——匣钵或棚板等质量，kg/h；

C_2——入窑匣钵或棚板等的平均比热，kJ/(kg·℃)；

t_2——入窑匣钵或棚板等的温度，℃。

3）燃料带入化学热及显热 $Q_f(kJ/h)$ 的计算：

$$Q_f = x(Q_{DW}^y + C_f \cdot t_f)$$

式中 x——每小时产品的燃料消耗量，kg/h 或 Nm^3/h；

Q_{DW}^y——燃料的低位热值，kJ/kg 或 kJ/Nm^3；

C_f——燃料的平均比热，$kJ/(kg·℃)$ 或 $kJ/(Nm^3·℃)$；

t_f——燃料入窑前温度，℃。

4) 助燃空气带入显热 Q_a(kJ/h) 的计算：

$$Q_a = V_a · C_a · t_a$$

式中 V_a——入窑助燃空气体积，Nm^3/h，$V_a = \alpha · V_a^0 · x$；

V_a^0——单位燃料完全燃烧所需理论空气量，Nm^3/h；

t_a——助燃空气入窑温度，℃；

C_a——助燃空气的比热，$kJ/(Nm^3·℃)$。

若一、二次空气温度不同，则助燃空气带入显热应分别计算。

5) 预热带漏入空气带入显热 Q_{lk}(kJ/h) 的计算：

$$Q_{lk} = V_{lk} · C_{lk} · t_{lk} = x(\alpha_g - \alpha_f)V_a^0 · C_{lk} · t_{lk}$$

式中 V_{lk}——每小时漏风量（kJ/h），$V_{lk} = x(\alpha_g - \alpha_f)V_a^0$；

α_g——烟气（离窑处）的空气过剩系数；

α_f——烧成带的空气过剩系数；

t_{lk}——漏入空气的温度，℃；

C_{lk}——漏入空气的比热，$kJ/(Nm^3·℃)$。

当预热带有气幕时，气幕入窑的空气量也包含在 V_{lk} 中。

6) 窑车带入的显热和热支出项目中窑车积蓄和散失热量合并考虑，此处不计。

(3) 热支出

1) 产品带出显热 Q_3(kJ/h) 的计算：

$$Q_3 = G_3 · C_3 · t_3$$

式中 G_3——出烧成带产品质量，kg/h；

C_3——出烧成带产品的平均比热，$kJ/(kg·℃)$；

t_3——出烧成带产品的温度，℃。

2) 匣钵或棚板等带出显热 Q_4(kJ/h) 的计算：

$$Q_4 = G_4 · C_4 · t_4$$

式中 G_4——匣钵或棚板等出烧成带质量，kg/h；

C_4——出烧成带匣钵或棚板等的平均比热，$kJ/(kg·℃)$；

t_4——出烧成带匣钵或棚板等的温度，℃。

3) 烟气带走显热 Q_g(kJ/h) 的计算：

$$Q_g = V_g · C_g · t_g$$

式中 V_g——离窑烟气体积，Nm^3/h，$V_g = [V_g^0 + (\alpha_g - 1)V_a^0]x$；

V_g^0——空气过剩系数为 1 时的烟气体积，Nm^3/h；

V_a^0——单位燃料完全燃烧所需理论空气量，Nm^3/h；

α_g——烟气（离窑处）的空气过剩系数；

t_g——离窑烟气温度，℃；

C_g——离窑烟气的平均比热，kJ/(Nm³·℃)。

4) 通过窑墙、窑顶的散失热（Q_5）的计算：

按通过多层墙壁稳定导热计算。一般是沿窑长把预热带和烧成带分成若干个区段，分别计算窑墙、窑顶的散热，然后相加。

5) 窑车积蓄和散失热（Q_6）的计算：

窑车积蓄和散失热是不稳定的传导传热。准确计算时应用二维非稳态传热求解。粗略计算时可取经验数据，对传统型窑车此项热支出占总收入的20%~25%，对全纤维窑车为总收入的2%~3%，对围砖半承重轻型窑车取前两种的中间值。

6) 物化反应耗热（Q_7）的计算：

①自由水蒸发吸热 Q_w(kJ/h) 的计算：

$$Q_w = G_w(2490 + 1.93t_g)$$

式中　G_w——入窑制品所含自由水的质量，kg/h；

2490——0℃时，1kg 自由水蒸发所需热量，kJ/kg；

1.93——在烟气离窑时的水蒸气的平均比热，kJ/(kg·℃)；

t_g——离窑烟气温度，℃。

②结构水脱水吸热 Q'_w(kJ/h) 的计算：

$$Q'_w = G'_w \times 6700$$

式中　G'_w——入窑制品所含结构水的质量，kg/h；

6700——1kg 结构水脱水所需热量，kJ/kg。

③其余物化反应吸热 Q_r(kJ/h) 的计算：

此项热支出要根据原料情况，查阅有关资料来计算。由于陶瓷烧成反应极为复杂，常根据经验数据大致估计，或用 Al_2O_3 的反应热近似地代替。一般按下式计算：

$$Q_r = 2100G_r \cdot Al_2O_3$$

式中　G_r——入窑干制品的质量，kg/h；

2100——1kg Al_2O_3 的反应热，kJ/kg；

Al_2O_3——制品中 Al_2O_3 含量的百分数。

对某些含有大量石灰石、白云石的建筑陶瓷制品，如白云石质釉面砖、硅灰石质釉面砖，可按下式计算物化反应热 Q_r（kJ/kg 产品）：

$$Q_r = G_r(21Al_2O_3 + 28.23CaO + 27.47MgO)$$

式中　Al_2O_3、CaO、MgO——分别为制品中 Al_2O_3、CaO、MgO 含量的百分数。

物化反应热为：　　　　　$Q_7 = Q_w + Q'_w + Q_r$

7) 其他热损失（Q_8）的计算：

该项热支出要根据具体情况，对比现有同类型窑的数据加以确定，一般占总损失的5%~10%。

(4) 列出热平衡方程式

$$热收入 = 热支出$$

$$Q_1 + Q_2 + Q_f + Q_a + Q_{lk} = Q_3 + Q_4 + Q_g + Q_5 + Q_6 + Q_7 + Q_8$$

该方程式中只有一个未知数，即燃料消耗量 x，可通过计算求出。最后列出预热及烧成带热平衡表。

8. 冷却带热平衡计算

冷却带设计热平衡计算的目的是求出冷风鼓入量和热风抽出量，计算方法与预热及烧成带热平衡计算基本相同。

首先确定热平衡的计算基准：1h、0℃；计算范围：冷却带；画冷却带热平衡示意图；列出热收入、热支出的所有项目，然后解热平衡方程式。在这个热平衡方程式中只有冷却空气需要量（V_x）一个未知数，其他项都已知，可求出 V_x。而可供干燥的热风抽出量是由冷却空气鼓入量和助燃二次空气量决定的，亦可求出。

(1) 热收入项目

1）产品带入显热 此项热量即为预热及烧成带产品带出显热 Q_3(kJ/h)。

2）匣钵或棚板等带入显热 此项热量即为预热及烧成带匣钵或棚板等带出的显热 Q_4(kJ/h)。

3）窑车带入显热 Q_9(kJ/h) 预热及烧成带窑车散失热约占窑车积热散热 5%，而 95% 的积热散热带进了冷却带，$Q_9 = 0.95 \times Q_6$。

4）冷却带送入空气带入显热 Q_{10}(kJ/h) 的计算：

$$Q_{10} = V_x \cdot C_a \cdot t_a$$

式中 V_x——总送入冷风量，Nm³/h；

t_a——冷却空气入窑温度，取大气温度，℃；

C_a——冷却空气的比热，kJ/(Nm³·℃)。

(2) 热支出项目

1）产品带出显热 Q_{11}(kJ/h) 的计算：

$$Q_{11} = G_{11} \cdot C_{11} \cdot t_{11}$$

式中 G_{11}——出窑产品质量，kg/h；

C_{11}——出窑产品的平均比热，kJ/(kg·℃)；

t_{11}——出窑产品的温度，℃。

2）匣钵或棚板等带出显热 Q_{12}(kJ/h) 的计算：

$$Q_{12} = G_{12} \cdot C_{12} \cdot t_{12}$$

式中 G_{12}——出窑匣钵或棚板等的质量，kg/h；

C_{12}——出窑匣钵或棚板等的平均比热，kJ/(kg·℃)；

t_{12}——出窑匣钵或棚板等的温度，℃。

3）窑车带走和向下散失热 Q_{13}(kJ/h) 的计算：此项热量一般按窑车带入显热的 55% 计算，即：$Q_{13} = 0.55 \times Q_9$。

4）抽送干燥用空气带走显热 Q_{14}(kJ/h) 的计算：

若冷却带送入的全部冷风 V_x 都送往干燥，则

$$Q_{14} = V_x \cdot C_{14} \cdot t_{14}$$

式中 C_{14}——抽出热空气在 t_{14} 温度时的平均比热，kJ/(Nm³·℃)；

t_{14}——抽出热风的温度，℃。

5）窑墙、窑顶散热 Q_{15}(kJ/h) 的计算：

计算方法与预热、烧成带相同。按通过多层墙壁稳定导热计算。根据窑的结构、材料、温度范围，将窑墙、窑顶分成若干段计算后相加。

6）间壁通道和二层拱通道抽出热空气带走显热 Q_{16}(kJ/h) 的计算：

间壁通道热空气带走显热的计算用换热器的传热方法计算，计算程序见表 9-10。

表 9-10 间壁通道计算程序

序号	项 目	符号	单 位	计算公式及数据来源	备注
1	窑内壁温度（前）	t'_n	℃	根据温度曲线给定	
2	窑内壁温度（后）	t''_n	℃	根据温度曲线给定	
3	进入间壁风温	t'_a	℃	给定，一般取周围空气温度	
4	出间壁风温	t''_a	℃	初设	
5	间壁道空隙高	h	m	设计给定	
6	间壁道空隙宽	b	m	设计给定	
7	间壁道空隙长	L	m	设计给定	
8	间壁板厚度	δ	m	设计给定	
9	一侧间壁道断面积	F_n	m²	$F_n = hb$	
10	间壁道内空气流速	w	m/s	给定	
11	一侧间壁道内空气流量	V	Nm³/h	$V = 3600wF_n$	
12	通道的当量直径	d	m	$d = 4hb/(h+b)$	
13	通道内对流换热系数	α_k	kJ/(m²·h·℃)	$\alpha_k = 12.6 w^{0.8} d^{-0.25}$	
14	通道壁的平均温度	t_{av}	℃	$t_{av} = (t'_n + t''_n + t'_a + t''_a)/4$	
15	壁的导热系数	λ	kJ/(m²·h·℃)	$\lambda = \lambda_0 + bt$	
16	总传热系数	K	kJ/(m²·h·℃)	$K = (1/\alpha_k + \delta/\lambda)^{-1}$	
17	对数平均温差	Δt_{av}	℃	$\Delta t_{av} = \dfrac{(t'_n - t'_a) - (t''_n - t''_a)}{\ln\dfrac{(t'_n - t'_a)}{(t''_n - t''_a)}}$	
18	间壁一侧的换热面积	F	m²	$F = HL$，H 为窑墙内侧高度	
19	空气换热效率	η		经验值，一般取 0.9	
20	一侧间壁中空气得到的热	Q	kJ/h	$Q = \eta K \Delta t_{av} F$	
21	空气在 t'_a 时的比热	C_1	kJ/(m³·℃)	查相关资料	
22	空气在 t''_a 时的比热	C_2	kJ/(m³·℃)	查相关资料	
23	验算 t''_a 的值	t''_{a1}	℃	$t''_{a1} = (Q + VC_1 t'_a)/VC_2$	
24	计算误差	$\delta t''_a$		$\delta t''_a = (t''_{a1} - t''_a)/t''_{a1}$	
25	判断			若 $\delta > 0.05$ 返回第 4 项重算 若 $\delta < 0.05$ 计算结束	

窑墙两侧的间壁是对称设置的。此外，二层拱顶间通道采用空气换热时，空气所得到的热量也可仿照以上程序计算。

$$Q_{16} = 2Q_{间壁} + Q_{拱间}$$

7）其他热损失 $Q_{损}$(kJ/h) 的计算：取经验数据，占总热收入的 5%。

（3）列热平衡方程式，求 V_x

$$热收入 = 热支出$$

$$Q_3 + Q_4 + Q_9 + Q_{10} = Q_{11} + Q_{12} + Q_{13} + Q_{14} + Q_{15} + Q_{16} + Q_{损}$$

9. 烧嘴的选用及燃烧室的计算

计算出每小时全窑燃料消耗量后,即可求出每个烧嘴每小时的燃料消耗量。选用合适的烧嘴,进行燃烧室的计算。燃烧室的计算是根据燃烧室空间热强度(每 $1m^3$ 燃烧空间能发出的热)求出燃烧室体积,根据窑墙的厚度、烧嘴砖的尺寸,确定燃烧室的深度,求出燃烧室的截面积;再根据砖形及工艺要求算出燃烧室的宽度和高度。现代陶瓷隧道窑普遍采用高速烧嘴,燃烧室的容积热强度非常高,可达 $2.1×10^8 W/m^3$,因此,燃烧室体积非常小,散热少,燃烧热效率高,而且有利于简化窑体结构,这对发展高温窑炉,节约燃料十分有利。

10. 烟道和管道计算,阻力计算和风机选型

根据燃烧计算出烟气量和空气量后,可求出烟气或空气管道的断面积:

$$F = \frac{V_0}{3600w_0}$$

式中 F ——管道的断面积, m^2 ;
V_0 ——烟气量或空气量, Nm^3/h ;
w_0 ——规定的流速, Nm/h ,可按表 9-11 确定。

表 9-11 烟气、风道规定流速表　　　　　　　　　　　　　　Nm/s

隧道窑两侧水平烟道	—	1.0~2.0
隧道窑总烟道	自然通风	1.5~3.0
	机械通风	2.0~4.0
高压净化煤气管道	煤气不预热	8.0~12.0
	煤气预热	6.0~8.0
低压净化煤气管道	煤气不预热	5.0~8.0
	煤气预热	3.0~5.0

排烟系统阻力计算一般是从窑内零压点算至烟囱入口,总阻力包括各段烟道局部阻力、摩擦阻力和负位阻力,是选择风机所需压头的依据。

助燃空气系统阻力计算一般是从空气管路入口算至出口,即烧嘴前。系统阻力和烧嘴前所需压头之和即为选择助燃风机压头的依据。

9.2.6　隧道窑的操作控制

隧道窑的操作控制包括温度、气氛和压力控制三部分。压力制度是温度制度和气氛制度的保证。

1. 各带温度的控制

温度控制是隧道窑操作控制中最关键的环节,直接影响制品的烧成质量。现代陶瓷隧道窑普遍采用温度自动调节系统,通过仪表或计算机、燃气空气比例调节阀等装置控制燃料和助燃空气的流量,实现窑炉各点温度按照设定的温度曲线自动调节。在预热带设置调温烧嘴、高速搅拌风装置,减少预热带上下温差,提高烧成合格率。

(1) 预热带温度的控制

传统隧道窑预热带温度的控制主要是通过调节排烟总闸、排烟支闸和各种气幕来实现。总闸开度大,则预热带负压大,易漏入冷空气,加剧气体分层,增大上下温差。总闸开度小,则抽力不足,排烟量减少,不易升温。排烟支闸的作用是分配各段的烟气,以满足各点

的温度要求。如果预热带末端支闸开度大，则大量热烟气过早地排出，热利用差，窑头温度低。如果末端支闸不开，则大量热烟气涌向窑头，使窑头温度过高。窑头支闸开度不能过大，以免该处负压过大，从窑门吸入过多冷空气。如果汇总烟道在窑侧时，则近总烟道的排烟支闸也不宜开得太大，以免把热烟气集中在该处，使该处温度过高，引起坯体炸裂。

现代隧道窑采用窑头集中排烟，并在预热带设置多个小功率高速调温烧嘴，用于调节窑内温度曲线。优点是能有效升温，窑内断面温差小，能充分利用烟气热量；缺点是要降温时只能关闭烧嘴，如想再降温则无能为力。因此，需要在预热带窑顶设多个冷风或低温热风喷嘴作为补充调节窑温的手段。

(2) 烧成带温度的控制

烧成带的温度控制是控制实际火焰温度。实际火焰温度应高于制品烧成温度 50~100℃。火焰实际温度的控制是通过调节单位时间内燃耗的消耗量和空气配比来实现的。单位时间燃烧的燃料多而空气配比又恰当，则火焰温度高。现代陶瓷隧道窑大多采用仪表或计算机配备执行机构及比例调节阀来自动调节燃料供应量和助燃空气供应量，而实现温度自动调节的。由于采用高速烧嘴，烧成带温度均匀、上下温差小。

(3) 冷却带温度的控制

陶瓷产品在 700℃ 以前可以急冷，直接喷入冷空气快速冷却。700~400℃ 为缓冷阶段，靠抽出热风将产品冷却，通过调节抽出热风的多少来调节冷却曲线。也可以采用间接冷却方式，即利用间壁墙及空心顶中的冷却风量调节冷却曲线。窑尾则直接鼓入冷风，使产品由 400℃ 冷至 80℃ 左右出窑。

2. 烧成带气氛的控制

烧成带气氛的控制主要是通过控制燃料量和空气量的比例来实现的。烧氧化气氛窑的气氛容易控制，控制空气过剩系数大于1，而不要太大，以节约燃料，提高温度。烧还原气氛窑在烧成带前一小段要控制氧化气氛，后一大段控制还原气氛，用氧化气氛幕来分隔这两段。氧化气氛时空气过量，火焰清晰明亮，可以一望到底，清楚地看到料垛；还原气氛时空气量微不足，火焰混浊，不容易看清料垛。

现代陶瓷隧道窑多采用高速无焰烧嘴，很难用肉眼观察火焰来判断气氛，多采用自动化仪表，如氧化锆氧量计、CO 分析仪等测量烟气中的 O_2 或 CO 含量来判断烧成气氛，然后根据需要自动调节燃气空气比例，从而实现气氛的自动控制。

3. 各带压力的控制

压力制度是为了通过调节窑内压力来保证温度制度和气氛制度而采用的一种手段。窑内最重要的是控制烧成带两端的压力稳定。如果窑内负压大，漏入的冷空气多，一方面温度低，气体分层严重，上下温差大，另一方面烧成带难以维持还原气氛。如果窑内正压过大，则大量热气体向窑外冒出，损失热量，恶化劳动条件，还容易烧坏窑车，造成事故。调节窑内压力曲线的主要手段是排烟总闸与支闸、抽热风闸、向窑内的鼓风量（包括烧嘴的开度、急冷风与窑尾冷风开度）及料垛码法、推车速度等。一般烧煤气、烧油的隧道窑，零压点控制在预热带与烧成带之间。

9.2.7 隧道窑常见故障及处理

1. 倒车

窑车上的坯体在隧道窑内发生倒塌的现象，是隧道窑常见的故障之一，发生的主要原因是：

(1) 装车不符合要求，或坯垛不稳，或垫砖松动等。

(2) 入窑坯体水分过高，预热带窑头温度过高，或者预热带上下温差过大，造成炸坯，坯体炸碎后可直接造成坯垛部分倒塌，也可能卡在窑车和窑墙之间的间隙内，造成进车阻力加大，料垛或垫砖移动，最终引起坯垛倒塌。

(3) 烧成温度过高或保温时间过长，制品过烧变形，造成制品柱歪斜而倒塌。

(4) 窑内温度分布不合理，棚架高温强度低或耐急冷急热性能差，造成棚架碎裂等。

(5) 与窑墙或突出物相碰。

(6) 窑车脱轨或窑车走行不平稳。

(7) 其他原因。

有时也可能是以上几种因素同时存在。处理倒车事故的具体措施要根据具体情况确定。如轻微的倒车或发生在冷却带的倒车，有时可不用停窑处理，而随车推出。

若倒车发生在预热带头部几个车位，可将燃烧室停火，打开窑门，利用推车机或回车机等，将窑车逐个拖出，直到把事故窑车拖出后，再继续进车。

若事故发生在烧成带附近，应尽量利用烧成带前后的人孔处理。

若事故车已过冷却带人孔，且倒车严重，继续进车会使倒车范围扩大时，应该停火并停止冷却带鼓风，打开冷却带窑门，从尾部将窑车逐个拖出，直到可顺利进车为止。

当处理事故窑温下降时，要注意冷却速度不可太快。特别应注意大量冷风入窑，而造成窑体损坏和正常窑车上装载的制品开裂等问题。

为了防止倒车事故要严格保证装车质量，入窑前一定要逐车检查，尽量把事故消除在窑外。其次要控制好入窑水分，并应严格烧成操作，稳定热工制度。

2. 窑车烧坏

如果窑车下部温度过高，轻则会使窑车轴承的润滑油烧干、烧焦，重则使裙板和砂封板变形，造成窑车无法正常运行，维修工作量也相应增大。这种事故一般发生在烧成带和冷却带，产生原因主要是窑车上部压力过高，或者窑车上下密封不严所致。

解决的办法是降低车下温度，车下吹风冷却；适当提高车下压力，使窑车上下压力得到平衡；搞好窑车的密封，砂封槽每班要定量加砂，保证密封作用；若窑车裙板已发生变形，要及时处理平整。

3. 烧嘴系统故障

燃油、燃气烧嘴系统常见故障、产生原因和排除方法分别见表9-12、表9-13。

表9-12 燃油烧嘴常见故障分析表

序号	故障现象	产生原因	排除方法
1	燃烧不完全	(1) 空气量不足	(1) 加大空气量 (2) 提高空气压力
		(2) 雾化不好，火焰中有明显火星	(1) 提高油温 (2) 改进烧嘴雾化性能
		(3) 油与空气混合不好	(1) 适当调节空气量 (2) 改进油嘴结构

续表

序号	故障现象	产生原因	排除方法
2	火焰往一边抖动	(1) 油出口变形 (2) 控油针变形 (3) 风、油嘴不同心 (4) 油喷口结焦	更换喷油口 更换或校直油针 重新装配同心 清理喷油口
3	结焦严重，燃烧调节困难	(1) 雾化不好 (2) 操作不合理 (3) 调节阀失灵 (4) 油路堵塞	(1) 提高油温 (2) 适当加大空气 (3) 改进油嘴结构 改进操作，熄火时禁止燃油流入油嘴 检查、校正风油调节阀 用蒸汽清扫管路
4	附件漏油	(1) 密封材料差 (2) 装配不当	采用石棉橡胶垫 重新装配
5	喷嘴漏油	(1) 油进口不严 (2) 雾化剂压力太低 (3) 油温太低	重新安装进口接头 提高雾化剂压力 提高预热油温度
6	噪声大	(1) 油喷嘴油量大 (2) 空气受热急剧膨胀 (3) 烧嘴结构不合理	降低油嘴负荷 使空气混合减慢并减少过剩空气 加以改进
7	烧嘴振动严重	(1) 燃油沸腾 (2) 共鸣	降低油预热温度 去除炉内突出物或改变炉膛形状
8	周期性噪声	火焰振动	(1) 调整火焰 (2) 清理油嘴喷油口 (3) 适当改变烧嘴砖口大小和角度

表 9-13 燃煤气烧嘴常见故障分析表

序号	故障现象	产生原因	排除方法
1	回火：火焰缩入烧嘴内燃烧，混合管发红，烧嘴声音异常	(1) 喷头被烧损 (2) 喷射能力降低 (3) 煤气压力太大 (4) D/d 值太大	(1) 关小煤气阀，烧嘴缓冷 (2) 及时换喷头 (3) D/d 值选合适 (4) 更换节流垫圈
2	脱火：火焰离开喷头在空间燃烧	(1) 混合物喷出速度大于燃烧速度 (2) 一次空气过剩系数太大	(1) 关小空气阀 (2) 点炉时轻轻开启煤气阀
3	空气管道内回火爆炸	(1) 低压烧嘴使用时没开风机 (2) 煤气逸入空气管道	打开鼓风机

续表

序号	故障现象	产生原因	排除方法
4	点不着火，燃烧不稳定	(1) 烧嘴结构不合理，空气不足 (2) D/d 值不合理 (3) 煤气压力低	(1) 调整喷嘴位置 (2) 加大混合室 (3) 合理选择 D/d 值，低压烧嘴可取消节流孔板
5	不完全燃烧，火焰软而无力	(1) 一次空气过剩系数太小 (2) 烧嘴结构不合理 (3) D/d 值不合理	增加空气 使烧嘴结构合理 合理改变 D/d 值
6	漏气	(1) 铸件有裂纹或疏松 (2) 连接垫烧损：垫太薄或两面未涂油 (3) 螺纹处麻铅油被烧损	换铸件 换垫或两面涂 MoS_2 润滑脂或黄油 螺纹处用铅油和麻拧紧

4. 推车机故障

(1) 油缸筒漏油　可能是密封牛皮碗磨损、破裂，此时应更换牛皮碗；也可能是新牛皮碗干缩，故换用新牛皮碗时，应预先放温水中浸泡后才能使用。

(2) 油泵供油量不足，车速减慢　检查出油管的油量，若不出油或出油量小，应检查油泵的钢球阀门，看弹簧是否太紧或太松，球与阀座是否吻合严密，进油管上过滤器的滤网是否堵塞，然后对症处理。若以上没有问题，应继续检查泵前的密封环是否压紧，密封圈是否完好。

(3) 顶杆推出后不能退回　可能是牛皮碗太紧，回油阀失灵，回油管堵塞，顶杆太长或其他原因产生变形，配重下降时受阻等，查明原因后进行排除。

5. 停电

如遇突然停电，而工厂又没有备用发电设备时，应停止燃烧并尽可能保持窑内的温度和气氛。具体的措施要视系统的特点和窑炉构造特点而定。对于燃油隧道窑可参照以下步骤：

(1) 关闭油阀、齿轮泵及电加热器；
(2) 关闭高压风机；
(3) 堵塞烧嘴口或卸下烧嘴，防止高温辐射烧坏烧嘴；
(4) 切断所有电动设备的电源开关；
(5) 关闭排烟总阀；
(6) 必要时用蒸汽吹扫油管路，防止油管重油凝固；
(7) 巡视检查，发现异常情况及时处理。

来电后的点火操作步骤如下：

(1) 逐步打开总烟道闸板或启动排烟风机；
(2) 开启齿轮泵及电加热器；
(3) 启动高压风机；
(4) 先开雾化风阀，再开油阀，进行喷嘴点火；
(5) 启动其他风机，急冷风机和抽热风机要根据冷却带温度上升情况，逐渐恢复到正常开度；

(6) 根据烧成带升温情况，逐步增大推车速度，烧成带温度恢复正常后，即可按正常速度进车。

9.2.8 隧道窑的热平衡与热效率计算

热平衡计算包括物料平衡计算、热平衡计算和热效率计算三个部分。一般要求热平衡测算的偏差不大于5%，物料平衡的偏差应小于5%。

1. 物料平衡计算

（1）收入项 窑坯体的质量在扣除水分和灼烧减量后应等于出窑制品的质量。

$$M'_{sp}(1-W_{sp})(1-L) = M'_{cp}$$

式中 M'_{sp}——测试期间入窑坯体的总质量，kg；
M'_{cp}——测试期间出窑产品的总质量，kg；
W_{sp}——入窑坯体平均含水量，%；
L——坯体灼烧减量，%。

物料平衡的基准为1kg出窑产品。以符号 M_{sp} 表示1kg出窑产品的坯体入窑质量（kg），则：

$$M_{sp} = \frac{M'_{sp}}{M'_{cp}} = \frac{1}{(1-W_{sp})(1-L)}$$

（2）支出项
1）坯体中自由水含量 M_{zs}(kg/kg产品)：$M_{zs} = M_{sp} \cdot W_{sp}/100$
2）干坯体质量 M_{gp}(kg/kg产品)：$M_{gp} = M_{sp} - M_{zs}$
3）坯体灼烧减量 M_{sj}(kg/kg产品)：$M_{sj} = M_{gp} \cdot L/100$
4）坯体中结构水含量 M_{js}(kg/kg产品)：$M_{js} = M_{sj} - M_{CO_2}$

或

$$M_{js} = M_{sj} - M_{gp}\left(\frac{44}{40} \times MgO + \frac{44}{56} \times CaO\right)$$

$$M_{js} = M_{gp}(L - 1.1MgO - 0.786CaO)/100$$

式中 M_{js}——每1kg产品的坯体所含结构水的质量，kg/kg产品；
M_{CO_2}——每1kg产品的坯体，由于$MgCO_3$和$CaCO_3$热分解生成CO_2气体的质量，kg/kg产品；
MgO、CaO——分别表示干坯中氧化镁和氧化钙的质量百分数，%。

（3）物料平衡式：$M_{sp} = M_{zs} + M_{cp} + M_{sj}$

2. 热平衡计算

（1）热收入
1）燃料燃烧的化学热 Q_r(kJ/kg产品)：$Q_r = M_r Q^y_{DW}$

式中 M_r——每1kg产品的燃料消耗量，kg/kg产品或Nm^3/kg产品；
Q^y_{DW}——燃料的低位热值，kJ/kg或kJ/Nm^3。

2）燃料带入的显热 Q_x(kJ/kg产品)：$Q_x = M_r C_r t_r$

式中 t_r——燃料入窑前温度，℃；
C_r——燃料的比热，kJ/(kg·℃)或kJ/(Nm^3·℃)。

气体燃料的比热，按混合气体比热计算，等于气体燃料中各组分的体积百分数与该组分平均定压容积比热乘积之和。

燃料油的比热：$C_r = 1.74 + 0.0025 t_r$

如果液体燃料中含水分较高时,应分别计算燃料与水的比热。

3) 助燃空气带入的显热 Q_{zk}(kJ/kg 产品): $Q_{zk} = V_{zk}C_{zk}t_{zk}$

式中 Q_{zk}——每 1kg 产品助燃空气量带入窑的显热,kJ/kg 产品;

V_{zk}——每 1kg 产品助燃空气量,Nm³/kg 产品,当实测不便时,可依烧成带和预热带交界的实测平均空气过剩系数 α_j,并按下式计算:

$$V_{zk} = \alpha_j V_k^0 M_r$$

式中 V_k^0——单位燃料完全燃烧所需理论空气量,Nm³/kg 燃料;

t_{zk}——助燃空气入窑温度,℃;

C_{zk}——助燃空气的比热,kJ/(Nm³·℃)。

烧油时,如果雾化空气与助燃空气温度不同,应分别计算其流量与带入的显热。

4) 预热带漏入空气带入的显热 Q_{lk}(kJ/kg 产品)

漏风量通常不能直接测定,需根据烟气成分推算。单位产品的漏风量 V_{lk}(kJ/kg 产品)按下式计算:

$$V_{lk} = M_r(\alpha_y - \alpha_j)V_k^0$$

故 $$Q_{lk} = V_{lk}C_{lk}t_{lk} = M_r(\alpha_y - \alpha_j)V_k^0 C_{lk}t_{lk}$$

式中 α_y——烟气(离窑处)的空气过剩系数;

t_{lk}——漏入空气的温度,℃;

C_{lk}——漏入空气的比热,kJ/(Nm³·℃)。

当预热带有气幕时,气幕入窑的空气量也包含在 V_{lk} 中。由于气幕和漏入空气的温度不同,必须测定气幕入窑的空气量和带入窑内的显热,并从 V_{lk} 中扣除气幕带入窑的空气量。

5) 冷却空气带入的显热 Q_{lf}(kJ/kg 产品): $Q_{lf} = \Sigma(V_{lf}C_{lf}t_{lf})$

式中 V_{lf}——每 1kg 产品的窑尾冷风、急冷风、间接冷风及车下冷风入窑量,Nm³/kg 产品;

t_{lf}——冷却空气入窑温度,℃;

C_{lf}——冷却空气的比热,kJ/(Nm³·℃)。

6) 坯体带入的显热 Q_{sp}(kJ/kg 产品): $Q_{sp} = Q_{gp} + Q_{ps}$

式中 Q_{gp}——每 1kg 产品的干坯带入窑的显热,$Q_{gp} = M_{gp}C_{gp}t_p$,t_p 为坯体入窑温度,C_{gp} 为入窑坯体在 t_p 下的平均质量比热;

Q_{ps}——每 1kg 产品的坯体中含有的水带入的显热,$Q_{ps} = (1 - M_{gp})C_{ps}t_p$,其中 C_{ps} 为水的比热。

7) 窑车带入的显热 Q_{cr}(kJ/kg 产品)

金属部分和车衬材料分别计算后相加。窑车金属部分的质量和温度、车衬材料的质量和温度均应取实测的平均值,并换算为以 1kg 产品为基准。

8) 辅助材料带入的显热 Q_{br}(kJ/kg 产品)

9) 热总收入 Q_s(kJ/kg 产品)

$$Q_s = Q_r + Q_x + Q_{lk} + Q_{zk} + Q_{lf} + Q_{sp} + Q_{cr} + Q_{br}$$

(2) 热支出

1) 产品带出的显热 Q_{cp}(kJ/kg 产品): $Q_{cp} = M_{cp}C_{cp}t_{cp} = C_{cp}t_{cp}$

式中 t_{cp}——产品出窑的平均温度,℃;

C_{cp}——出窑产品的比热,kJ/(Nm³·℃)。

2) 坯体水分蒸发和加热水蒸气耗热 Q_{sz}(kJ/kg 产品): $Q_{sz} = Q_{zs} + Q_{js}$

每 1kg 产品的坯体中自由水蒸发所需热量 Q_{zs}(kJ/kg 产品) 可按下式计算：

$$Q_{zs} = M_{zs}(2490 + 1.93t_{yp})$$

式中 t_{yp}——离窑烟气温度，取实测值，℃。

每 1kg 产品的坯体中结构水脱水所需热量 Q_{js}(kJ/kg 产品) 可按下式计算：

$$Q_{js} = 6700M_{js}$$

式中 6700——1kg 结构水脱水所需热量，kJ/kg。

空气中带入的水分量很小，加热至窑温度所消耗的热量一般忽略不计。

3）坯体焙烧过程物理化学反应耗热 Q_h(kJ/kg 产品)

一般按下式计算：

$$Q_h = 2100M_{gp}Al_2O_3$$

对某些含有大量石灰石、白云石的建筑陶瓷制品，如白云石质釉面砖、硅灰石质釉面砖，可按下式计算其物化反应热 Q_h(kJ/kg 产品)

$$Q_h = M_{gp}(21Al_2O_3 + 28.23CaO + 27.47MgO)$$

4）窑车带出的显热 Q_{cc}(kJ/kg 产品)

5）辅助材料带出的显热 Q_{bc}(kJ/kg 产品)

以上这两项热量参照热收入相应项目计算。

6）烟气带走的显热 Q_{yq}(kJ/kg 产品)

$$Q_{yq} = V_{yq}C_{yq}t_{yq}$$

式中 V_{yq}——每 1kg 产品的离窑烟气量，Nm³/kg 产品。

烟气量一般利用毕托管直接测定，其中包含有坯体水分蒸发的水蒸气体积，故在计算 Q_{yq} 时应减去坯体水分蒸发后加热至离窑温度的耗热量（$=1.93M_{zs}t_{yq}$），因为此项热量已计入第二项 Q_{sz} 中。

V_{yq} 的值也可按下式计算，即：

$$V_{yq} = M_r[V_y^0 + (\alpha - 1)V_k^0]$$

但式中的理论空气量 V_k^0 和理论烟气量 V_y^0 应根据液体燃料的元素分析计算。不能提供元素分析结果时，可根据燃料发热量按经验公式计算。

C_{yq}——烟气在 t_{yq} 下的平均定压容积比热，kJ/(Nm³·℃)，应依据实测的烟气成分和温度按下式计算：

$$C_{yq} = 0.01\sum X_iC_i$$

式中 X_i——烟气中各组分气体的体积百分比；

C_i——相应各组分气体的比热，kJ/(Nm³·℃)。

在精确计算 X_i 时，应扣除坯体水产生的蒸汽。

7）窑体散热 Q_{yt}(kJ/kg 产品)

$$Q_{yt} = Q_q + Q_d$$

式中 Q_q、Q_d——分别为窑墙和窑顶的散热损失。有以下两种测算方法：

①根据测出的表面温度计算

窑墙散热：$Q_q = [\sum\alpha_q(t_q - t_k)F_q]/M'_{cp}$

窑顶散热：$Q_d = [\sum\alpha_d(t_d - t_k)F_d]/M'_{cp}$

式中 t_k——周围空气温度，℃；

F_q、F_d——分别为窑墙、窑顶各个测区的散热面积。划分测区以温度相差不大（一般不大于 20℃）且相邻近、便于测算为宜；

t_q、t_d——分别为窑墙、窑顶各个测区的实测表明温度，℃，取平均值；

α_q、α_d——分别为窑墙、窑顶对空气的综合传热系数，kJ/(m²·℃)，可按下式计算：

$$\alpha_q = 9.20(t_q - t_k)^{0.25} + \frac{16.72}{t_q - t_k}\left[\left(\frac{t_q + 273}{100}\right)^4 - \left(\frac{t_k + 273}{100}\right)^4\right]$$

$$\alpha_d = 11.70(t_d - t_k)^{0.25} + \frac{16.72}{t_d - t_k}\left[\left(\frac{t_d + 273}{100}\right)^4 - \left(\frac{t_k + 273}{100}\right)^4\right]$$

②采用热流计直接测定表面散失热流 Q_{yt}（kJ/kg 产品）

采用此方法也应对窑墙和窑顶划分测区，而后进行测量和计算，全部相加后即得全窑散热。其计算公式如下：

$$Q_{yt} = \Sigma(qF)/M'_{cp}$$

式中　q——窑体测点处的热流密度，kJ/(m²·h)；
　　　F——与 q 相应的测区面积，m²。

8) 抽出热风带走的显热 Q_{rt}（kJ/kg 产品）

$$Q_{rt} = \Sigma(V_{rt} C_{rt} t_{rt})$$

式中　V_{rt}——每 1kg 产品的抽出热风量，包括直接、间接和车下抽出的热风，Nm³/kg 产品；
　　　t_{rt}——热风的温度，实测值，℃；
　　　C_{rt}——热风的比热，kJ/(Nm³·℃)。

9) 化学不完全热损失 Q_{hb}（kJ/kg 产品）

$$Q_{hb} = 12628 V_{gy} \cdot CO$$

式中　CO——烟气中一氧化碳的体积百分数，一般用奥氏气体分析仪测定，%。

10) 炉口及孔洞的辐射热损失 Q_{kf}（kJ/kg 产品）

$$Q_{kf} = \sigma_0(T_t^4 - T_k^4)F\varphi/M'_{cp}$$

式中　σ_0——绝对黑体的斯芯藩-玻耳兹曼常数，等于 20.4kJ/(m²·K⁴)；
　　　T_t、T_k——分别为炉膛内的温度和外界的温度，K；
　　　F——孔口辐射面积，m²；
　　　φ——门孔系数，取决于小孔的形状、尺寸及窑壁的厚度。

11) 其他未计入的热损失 Q_{qt}（kJ/kg 产品）

12) 总热支出 Q_z（kJ/kg 产品）

$$Q_z = Q_{cp} + Q_{sz} + Q_h + Q_{cc} + Q_{bc} + Q_{yq} + Q_{yt} + Q_{rf} + Q_{hb} + Q_{kf} + Q_{qt}$$

(3) 列热平衡方程，求出燃料消耗量

热平衡方程为：

$$热收入 = 热支出$$

3. 热效率、余热利用与单位热耗计算

(1) 热效率计算 η

隧道窑的热效率是评价窑炉热工过程的重要指标之一。

$$\eta = \frac{Q_{yx}}{Q_r} \times 100\%$$

式中 Q_{yx}——产品在焙烧过程中达到工艺要求时,理论上必须消耗的热量,kJ/kg 产品,可按下式计算:

$$Q_{yx} = Q_{qh} + Q_h + Q_{sc}$$

式中 Q_{qh}——坯体水分蒸发并加热至烟气离窑温度耗热,kJ/kg 产品;
Q_h——坯体焙烧过程中物化反应耗热,kJ/kg 产品;
Q_{sc}——产品焙烧至最高温度耗热,kJ/kg 产品,可按下式计算:

$$Q_{sc} = C_{cp}t_{sc} - C_{qp}t_{sp}$$

(2) 余热利用效率 η_y

指隧道窑已利用的余热与燃料燃烧的化学热之比,即:

$$\eta_y = \frac{Q_{rf}}{Q_r} = \frac{Q_{rf}}{M_r Q_{DW}^y} \times 100\%$$

式中 Q_{rf}——抽出热风带出的热量,kJ/kg 产品。

(3) 单位产品的热耗 Q_{Rh}

指测算期间燃料燃烧的化学热与同期生产的合格产品之比,kJ/kg 合格品。

$$Q_{Rh} = \frac{Q_r}{M_{cp} \cdot \eta_h}$$

式中 η_h——产品合格率,%。

4. 评价与结论

通过对窑炉全面的热工测试以及热平衡计算,可以对该窑炉的运转情况和技术经济指标作出评价,进一步分析存在问题产生的原因及解决办法。

9.2.9 常用隧道窑技术性能指标

评价陶瓷窑炉的技术是否先进、性能是否优良、经济上是否合宜等应主要从以下八个方面来判断。

1. 单位产品热耗

单位产品热耗是指烧制 1 千克合格产品所需的耗热量,是衡量现代隧道窑技术性能是否先进的最重要指标之一。降低单位产品热耗对节约能源、降低产品成本有着重要的作用。

2. 生产能力

现代工业发展趋势是大规模生产。一般来说,规模越大,效益越好,因此,要求窑炉的生产能力就越来越大。否则,窑炉座数过多、生产线复杂、占地面积大、厂房大、劳动力多、投资大。

3. 烧成品质

烧成品质的好坏不仅体现在窑炉的烧成合格率,还体现在烧成优等品率的高低。烧出高品质的产品是窑炉的首要性能。影响产品品质的因素很多,不能只由烧成产品品质来判断窑炉烧成性能的优劣。可以从窑炉各带或各烧成阶段截面温度均匀性、烧成曲线的可调性评价烧成性能。

4. 使用寿命

为了保证生产稳定和提高工作高效,要求现代陶瓷隧道窑必须有较长的使用寿命和大修周期。

5. 自动化水平

为了保证温度制度和气氛制度能够精确而稳定的实现,现代陶瓷隧道窑均装备有自动控制系统。自动化水平的高低是衡量窑炉技术性能先进与否的重要因素。

6. 单位生产能力投资额

这是一个经济指标，单窑生产能力愈大，单位生产能力投资额就愈小。

7. 环保水平

窑炉是一种对环境有较大影响的设备。评价窑炉的环保水平主要包括 SO_2、SO_3、NO_x、CO、CO_2、烟尘等的排放量以及车间增温和噪声的大小。

8. 生产灵活性

品种产品必须满足市场的变化。窑炉应能烧制不同品种产品，而且容易和迅速转变产品品种。要求窑炉具有较强的适应能力和有很好的生产灵活性。

9.3 辊道窑

辊道窑是一种连续式的陶瓷窑炉。用一根根平行排列、横穿工作通道的辊棒组成"辊道"，通过辊棒的转动，带动制品从进窑运行到出窑，完成整个烧制过程。辊道窑主要用于陶瓷墙地砖的烧制和日用瓷的烤花，同时也少量用于日用瓷和其他产品的烧制。

辊道窑于20世纪80年代初由意大利引入我国，30多年来，随着我国墙地砖产业的发展，辊道窑也取得了明显的技术进步，长度由80m发展到350多米、内宽由1.5m发展到3m，燃料由煤炭发展为液体和气体燃料，控制由手动发展为自动。由于低温快烧技术的使用，烧成周期越来越短，烧出的产品产量和质量都有了极大提高。

9.3.1 辊道窑的分类

(1) 按产品加热方式分为：明焰辊道窑、隔焰辊道窑、半隔焰辊道窑。
(2) 按燃料种类分为：煤烧辊道窑、油烧辊道窑、气烧辊道窑、电热辊道窑、微波辊道窑。
(3) 按工作通道分为：单层辊道窑、双层辊道窑。
(4) 按窑顶结构分为：吊顶（吊板、吊砖）结构和拱顶结构。

目前国内普遍使用的多为单层、明焰、气烧辊道窑，吊顶和拱顶兼而有之，吊顶居多。国内、外有少量双层辊道窑，主要是为了节约用地，国内双层辊道窑主要以隔焰窑为主。从操作性来讲，还是单层辊道窑较好。

9.3.2 辊道窑的特点

(1) 可快速烧成：辊棒上下均设置烧嘴，使单片瓷砖上下同时受热。低温快烧技术的不断发展，使产品的烧成周期越来越短。
(2) 产品质量好：辊道窑容易温度自控，同时比较容易调节窑炉通道内的上下左右温差，大大提高了产品优级品率。
(3) 节能：不用隔焰板、窑车、匣钵等大量吸热的耐火材料。
(4) 很容易实现生产自动化并与其他设备组成完整的自动化生产线。

9.3.3 辊道窑的结构

1. 辊道窑的总体结构

辊道窑的总体结构如图9-11所示。

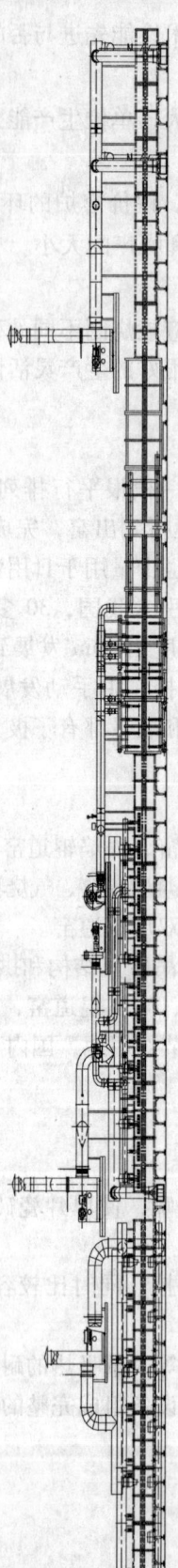

图9-11 辊道窑的总体结构

窑炉分段制作，每段箱体节距为2.2m左右，内宽和总长度根据产量而定，瓷质砖的内宽目前做到2.5m，也有做到3m的，陶质釉面地砖的窑炉内宽可以达到3m。目前窑炉长度最长已经做到350m。

2. 窑段的分布

辊道窑各窑段的分布图如图9-12所示。窑体断面图如图9-13所示。风机分布图如图9-14所示。

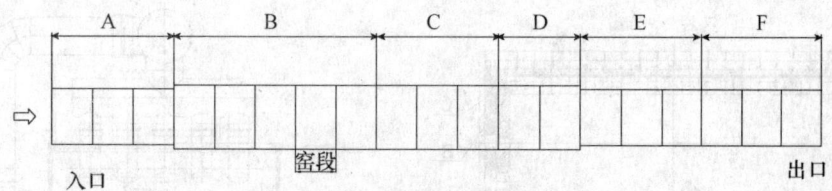

图9-12　窑段的分布图
A—前窑带；B—预热带；C—烧成带；D—急冷带；E—缓冷带（又称间冷带）；F—终冷带（又称尾冷带）

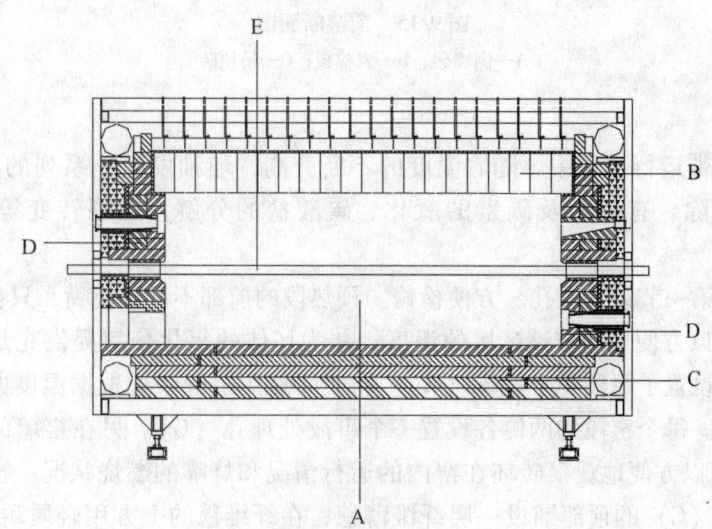

图9-13　窑体断面图
A—窑炉内腔；B—窑顶；C—窑底；D—窑墙；E—辊棒

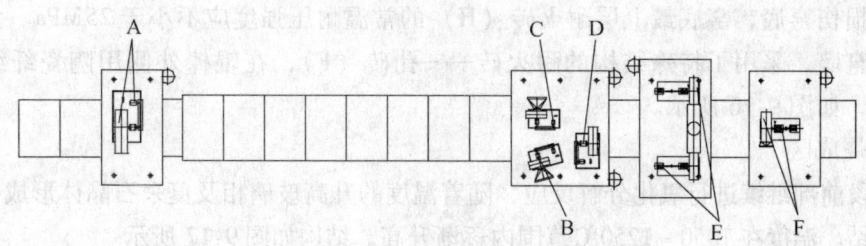

图9-14　风机分布图
A—排烟风机；B—急冷风机；C—助燃风机；D—热交换风机；E—抽热风机；F—尾冷抽热风机

3. 各窑段的结构

（1）前窑区

在此工作段中，坯体将蒸发掉残留的表面水和施釉过程中吸收的水分。

本段没有布置烧嘴,窑内的温度通过调节各段排烟上下抽风罩下蝶阀的开度来调节,温度在200~500℃范围内变化。坯体温度取决于运行的速度和坯体特性,在50~400℃之间变化。

窑底和窑墙用耐火砖隔热(A),并在窑墙的耐火砖和钢架结构之间用保温纤维(B)来隔热,同时根据不同产品要求采用耐火砖吊顶(C)或吊挂保温纤维材料的形式,如图9-15所示。

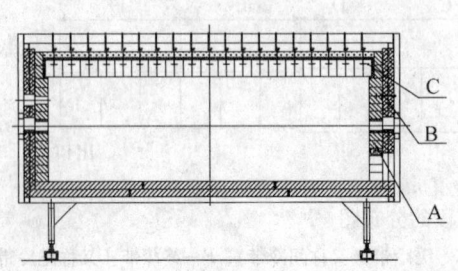 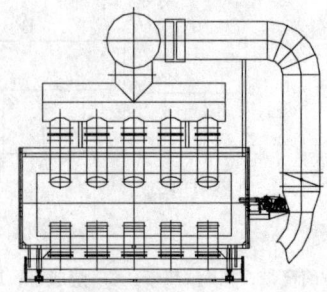

图9-15 前窑断面图
A—侧墙砖;B—岩棉板;C—吊顶砖

(2) 预热区

坯体在预热带运行过程中,随着温度的不断升高,坯釉发生一系列的物理化学反应,主要有结晶水排除、有机物及碳素的氧化、碳酸盐的分解、晶型转变等。温度范围为500~1050℃。

在预热段的第一节设置人孔,方便检修。预热段的前部不设置烧嘴,只在辊上部交错设置风口(J),可以方便地调节该区域的温度,并为坯体的氧化分解提供充足的氧气;在预热带的后部辊下设置了每段4个烧嘴(A)。在实际使用过程中可根据温度曲线的要求决定开启烧嘴的数量。每个窑段的两侧各设置一个事故处理孔(G)。另在窑墙的两侧都设置了观察孔(B),可以方便地观察砖坯在窑内的运行情况和烧嘴的燃烧状况。窑顶采用吊顶结构,并在吊顶砖(C)的顶部铺设一层纤维薄毯,在纤维毯的上方用轻质耐火浇注料浇注。窑墙采用轻质高铝砖和轻质黏土砖(E)砌筑,并在砖的外侧加多层纤维板保温(D)。窑底的各层采用不同温度级别的耐火砖,全部采用轻质耐火砖(I)铺底,同时为了保证处理事故时不损伤窑底,窑底最上层耐火砖(H)的常温耐压强度应不小于25MPa。为了辊棒顺利通过窑墙,采用了特殊结构的耐火砖——孔砖(F),在辊棒外侧用陶瓷纤维棉填塞空隙部分,如图9-16所示。

(3) 烧成区

烧成段前部继续进行氧化分解反应,随着温度的升高玻璃相及莫来石晶体形成,产品在高温下烧结。温度在1050~1250℃范围内逐渐升高。结构如图9-17所示。

烧成段每个窑段设置8个烧嘴,每8个或4个(过渡段4个)烧嘴为一个控制组,通过自动调节燃气量大小来调节该组温度。每个窑段均设置观察孔和处理孔,便于及时发现和处理窑内出现的问题。迎火面选用轻质莫来石耐火材料,保温层按不同的温度层面使用不同温度级别的耐火纤维制品,保证窑炉能在最高工作温度下工作时保温良好。为了减小各控制区之间气流和气氛相互影响,在适当的控制区之间设置了挡火板(B)和挡火墙(A),并将挡火板用安装支架（C）和调节架（D）固定于窑段上，如图9-17所示。

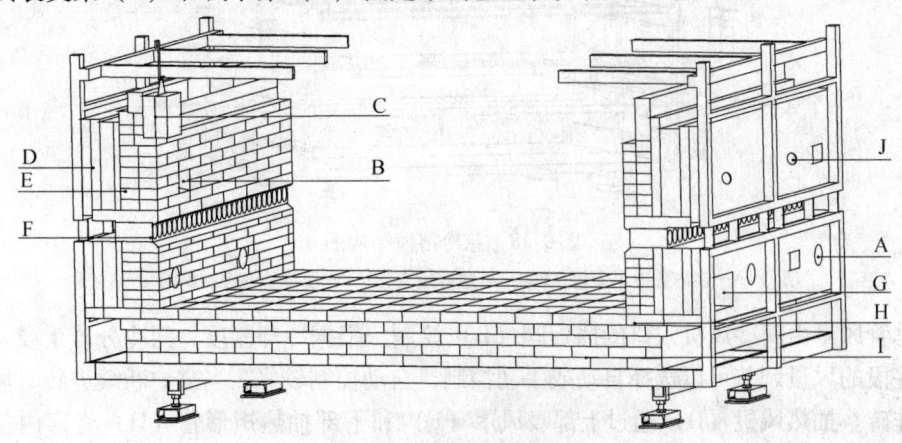

图9-16 预热区断面图

A—烧嘴；B—观察孔；C—吊顶砖；D—纤维板；E—轻质黏土砖；
F—孔砖；G—事故处理孔；H—耐火砖；I—轻质耐火砖；J—风口

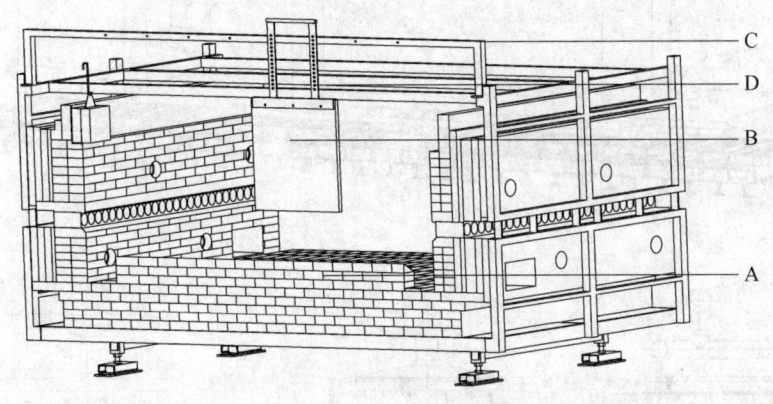

图9-17 烧成区断面图

A—挡火墙；B—挡火板；C—安装支架；D—调节架

（4）急冷段

坯体在750℃以上，坯内液相还处于塑性状态，可以急冷，急冷可防止液相析晶、晶体长大及低价铁氧化，从而提高坯体的机械强度，同时可以大大缩短冷却时间，急冷段温度自控。

急冷段分若干组，风机变频控制或总管由执行器控制，自动根据设定温度调节入窑的冷风量，从而调节急冷段的温度。分组支管由手动控制，方便调节不同窑段所需风量的配比。急冷风支管在辊上辊下分布，可分别调整辊棒上下的温度。由于急冷段温度比较高，窑内急冷风支管（A）采用耐热的不锈钢材料。急冷风机鼓出的冷空气通过窑内急冷管上的小孔打入窑内，每根急冷管前都设置了蝶阀（C），可以方便调节进入窑内的空气量。急冷第一段下部也设置了一个人孔，便于检修，如图9-18所示。

（5）缓冷段

坯体温度在750℃以下，坯内液相开始凝固，石英晶型转化引起体积收缩，造成坯体内部出现应力集中，因此需控制冷却速度。此段采用间接冷却的方式，冷风不直接打入窑内，这样可以起到调节时不影响窑压而使砖缓慢降温的目的。

间冷管上不打孔，风管横穿窑内，窑外的自然空气从间冷管（J）的一端抽入，从另一端

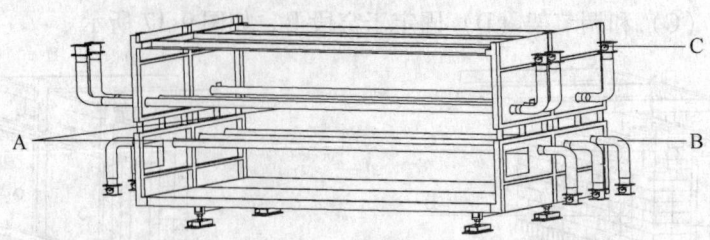

图 9-18 急冷窑段结构图

A—窑内急冷风支管；B—窑外急冷风支管；C—急冷管前控制蝶阀

抽出，总管风量由间冷风机入口的插板阀（B）控制。根据冷却制度，间冷分若干段，分段调温，这些段的风量调节可以选择自动或手动控制，自动控制较好，当窑炉断续进砖时可减少缓冷区的炸砖。抽热风机（D）通过上部吸风罩（F）和下部抽热矩形管（H）将窑内急冷段过来的热风排出，风量的大小由风机入口的插板阀（E）控制。每个吸风罩的风量由其顶部的蝶阀（G）调节，下部抽热矩形管抽取的热量由方蝶阀（L）决定，如图 9-19、图 9-20 所示。

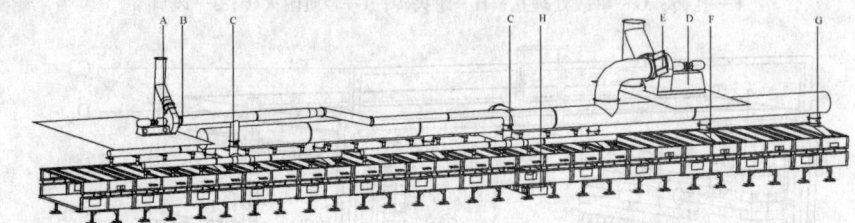

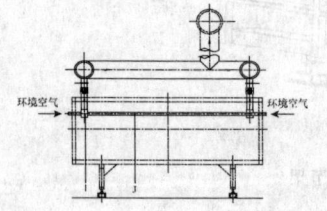 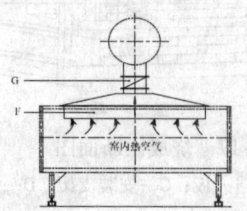 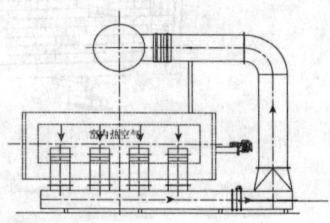

图 9-19 缓冷段的风管路系统

A—间冷风机；B—间冷总管插板阀；C—间冷分组支管；D—抽热风机；
E—抽热总管插板阀；F—抽热吸风罩；G—吸风罩前阀门；H—下部抽热矩形管

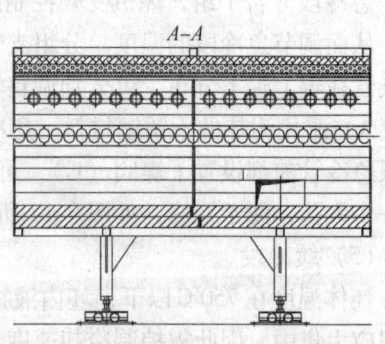

图 9-20 缓冷窑段结构图

(6) 尾冷

尾冷段采用轴流风机（B）吹风的方法冷却，具有风量大、出砖温度低的特点。轴流风机吹出的冷风经窑内吹风管（A）直接对砖坯吹冷风，再用一台风机或直排管路将换热后的风抽出，如图9-21所示。

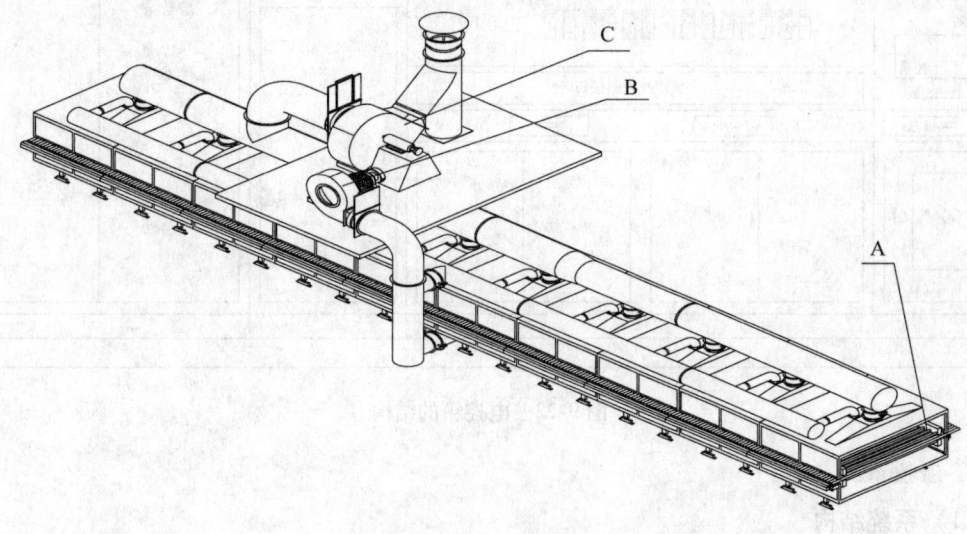

图9-21 尾冷系统
A—尾冷风管；B—尾冷吹风机；C—尾冷抽热风机

4. 供电系统

(1) 供电系统应满足以下条件：

1) 环境温度小于37℃；
2) 外部环境粉尘应小于5mg/m³，相对湿度小于85%；
3) 电源电压在标准电压±10%以内；
4) 电源频率允许误差在1%之内；
5) 供电系统保证不出现内部中断、浪涌电压和干扰。

如果1) 和2) 不能保证，用户必须另选安装地点或控制室内加装空调。如果3)、4) 和6) 不能保证，用户应在供电状况较好时才打开控制器、调节器和巡检仪，或者使用其他的非间断性电源。同时，用户必须注意窑炉和烟囱的防雷电保护。

(2) 交流电源要求

工作电压：0.9~1.1倍市电；
工作频率：0.99~1.01市电频率（长期工作）；
　　　　　0.98~1.02市电频率（短期工作）

(3) 柜内配电底板要求

符合最低保护条例IP40，参考标准为EN 60204—1（GB 5226.1—2008）。电缆在线槽内布设，电缆连接用带护套的连接件。所有的电缆均为多级式，电线保护等级与电缆相同。接线槽和接线管不是作为接地用，而是作为导线的机械保护。所有的电气材料（护套、连接器、电缆压线耳等）均为自动灭弧型。所有的电缆均为防火（火花）型CEI 20—35（GB/T 5023.1—2008）。电控箱的结构如图9-22所示。

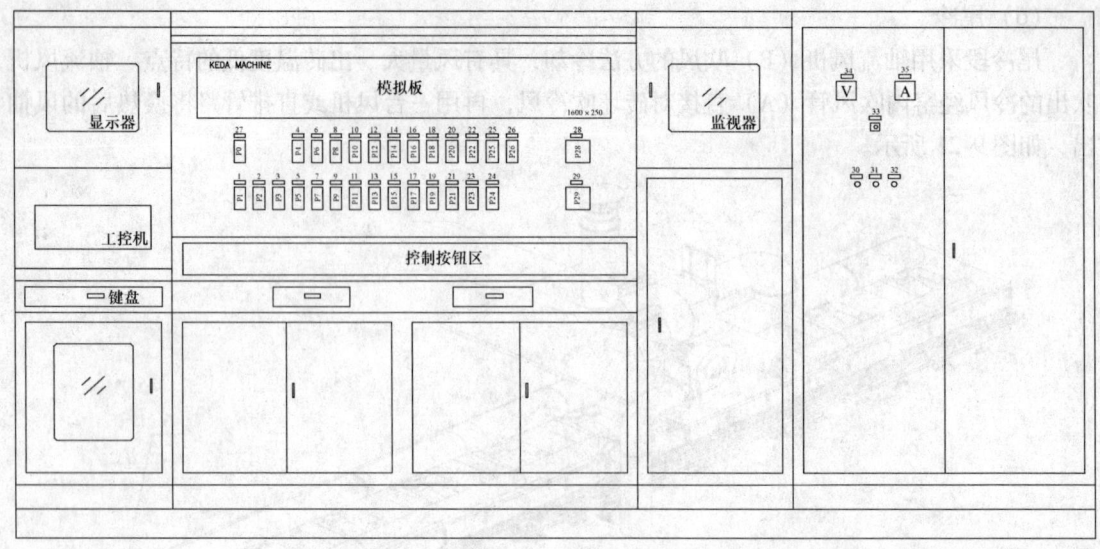

图 9-22 电控箱的结构

5. 温控系统

（1）系统结构

主要由温度调节器、电动执行器、热电偶、多路巡检表组成。

1）温度调节器的功能是显示温度，并通过内部参数的设定与热电偶和电动执行器配套使用对温度实现自动控制。电动执行器的功能是按温度调节器给出的信号，使其带动阀门调节燃气实现温度自动调节。

2）急冷段温度控制：在急冷风机主管道上装有 1 个电动蝶阀，通过温度调节器控制阀门的开度，从而控制急冷段温度。

3）间冷段温度控制：在间冷风机支管道上装有 1 个电动蝶阀，通过温度调节器给出的信号控制阀门的开度，从而控制间冷段温度。

4）热电偶：作用是温度测量，与巡检仪和温控调节器配套使用。

5）巡检表：用于显示非控制点温度。

（2）温控原理

窑温主要是通过温控单元调节燃气量的大小来调节，整个温控系统由多个温控单元组成，每 4~8 个烧嘴为一个控制单元，辊上、辊下分别控制。每个温度调节单元主要由调节器、执行器、执行器带动的调节阀、烧嘴和热电偶几个主要部分组成。调节单元在正常工作时，调节器中要输入一个设定温度，单元热电偶来实测窑内本单元的温度，并把该温度的毫伏信号送回到调节器，使其与设定温度比较，如果实测温度低于设定温度，调节器应会输出一个信号，使执行器带动调节阀向开大燃气的方向变化，使窑温上升。如果实测温度高于设定温度，调节过程与此类似，只是电动执行器带动调节阀向开度小的方向变化，以减少烧嘴喷出的燃气量，使窑温下降，最终使实际温度与设定温度一致。温控原理简图如图 9-23 所示。

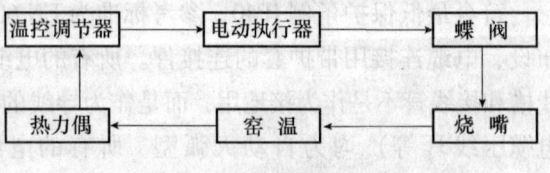

图 9-23 温控原理简图

6. 故障报警和安全保护

为了使操作人员及时发现和处理窑炉各关键部位设备的故障，设置故障报警系统。报警显示设置在窑炉控制柜上，当监视的任一部分出现故障时，即出现声音和显示报警，有些故障发生后要自动切断燃气供应，这些故障包括：

(1) 传动报警

当传动系统出现电机过载、变频器故障、传动停止时报警。

(2) 燃气压力过高或过低报警（自动切断燃气供应）

燃气主管路上设有两个压力开关，当压力超过上限或下限时，报警系统报警。

(3) 热继电器报警

窑炉各电机超载电流过大时热继电器断开，报警系统报警。

(4) 排烟风机过载或停机（自动切断燃气供应）

(5) 助燃风机过载或停机（自动切断燃气供应）

(6) 停电（自动切断燃气供应）

有些窑炉在传动侧还设有安全绳，如果传动造成人身事故时，操作人员在传动侧的任一部位拉动安全绳，即可使传动停止转动。有的窑炉还设有叠砖报警，但当窑炉长度超过150m时，市场上还没有这种电器元件供应。有的窑炉传动在每个减速机带动的传动组内，均设检测辊棒停转检测装置，一旦传动链条扯断而使辊棒停止转动，即发生声光报警。

7. 传动系统

(1) 工作原理

传动系统大多采用45°螺旋斜齿轮传动方式，一般每三个窑段为一传动组，每组由一台减速电机带动，由变频器调节速度，可以设计每台减速机一个变频器，也可以多个减速机一个变频器。

当发生堵窑事故需处理时，事故前的辊棒可以调成往返摆动，事故后的辊棒可继续将砖坯送至窑出口，这样设计可以将事故缩小到最小范围。螺旋斜齿轮传动采用油浴润滑。

整个传动系统示意图如图9-24所示。

主传动电机 —链传动→ 主传动轴 —45°螺旋斜齿轮→ 辊棒座 → 辊棒 —摩擦→ 砖坯

图9-24 传动系统示意图

由于陶瓷辊棒在高于700℃的窑温下必须处于转动状态，否则辊棒会弯曲，实际生产中遇有停电现象时主传动电机停止工作，这时传动系统就要采取应急驱动。应急驱动是一台小型柴油发电机（用户自备），在正常情况下，发电机并联在窑炉的电控系统中，处于备用状态。停电时，要求在30s内自动启动发电机，并带动窑炉传动运行。

(2) 陶瓷辊棒的使用和维护

陶瓷辊棒作为承载并传输制品的部件，相似于两端支承的一根横梁，主传动端有卡簧片卡住辊棒，防止辊棒可能的横向移动，被东侧的一端由两个相邻的轴承支承，制品排在上面，由辊棒的转动带动制品向前运行，如图9-25所示。

陶瓷辊棒的使用和维护包括：

1）涂辊棒涂料：在辊棒的工作长度部位，涂上辊棒涂料，以保护辊棒面。辊棒涂料主要成分为 Al_2O_3，涂层的厚度视辊棒釉而定。

2）上耐磨弹簧：耐磨弹簧能防止辊棒磨损，保证辊棒保持在同一平面。

3）辊棒两端塞棉：陶瓷辊棒孔内端头附近塞好高温耐火棉，这可减少窑内辊棒把热量传到端部，防止辊棒断裂。

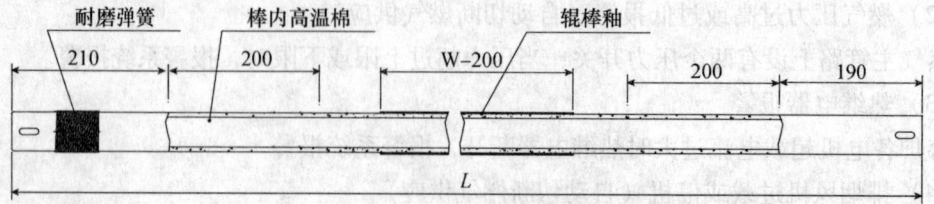

图 9-25　陶瓷辊棒工作示意图

4）定时辊棒的清洁：由于坯粉、滴釉等原因，会造成辊棒上存有堆积物（有的产品在预热带与烧成带交接处较多），随之出现砖坯走向不成直线，窑炉出砖不整齐，可能会引起砖坯的阻滞。避免或减少这种现象的方法是仔细进行砖坯的清扫，严格实行施釉操作规程。定期检查和清理辊棒。将有堆积物的辊棒取下，用专业机器或手用金刚磨光片清洁重新刷涂料后，可用于窑炉相应区域。为了全面掌握陶瓷辊棒的损坏、清洁磨损情况，要建立辊棒的使用档案，根据使用的情况，适时地周期地更和换维护辊棒。

5）坯底涂层：为防止砖坯在辊棒上粘接、熔化，保护辊棒，必须在接触辊棒的砖坯底面涂上一层保护层，坯底涂层的主要成分为 Al_2O_3 和黏土。

6）辊棒的更换：烧成段断辊棒时，必须补充相同温度级别的辊棒，并事先预热后再用。定期换辊棒时，辊棒从窑内抽出来后，千万不能置于地上，否则辊棒急冷，容易断裂；不能让它静止，必须放在专用设备上保持低速转动，辊棒才不会变形。

（3）传动系统的结构

传动系统的结构如图 9-26 所示。

8. 风管路系统

（1）排烟风管路

排烟风管路系统位于前窑段，由排烟风机、风管路及辅件组成。风机通过管道抽吸窑内废气，促使窑内气体由烧成带向入窑方向流动。排烟方式采用窑头集中排烟，辊棒上下均有排烟口分布。该管路设计使烟气流动方向与制品入窑方向相反，逆向换热使烟气与制品热交换效率大大提高。其结构如图 9-27 所示。

抽风罩分别对辊棒上部和下部进行抽风。排烟风机内烟气的温度由热电偶来显示，热电偶设置在排烟风机的入口，风机入口设有配冷风阀。排烟风机入口温度一般控制在 250℃ 左右，最高不能超过 300℃。如温度超高时，可使用配冷风阀来调节，温度太高会烧坏风机。排烟风机与燃气主管安全阀电气联锁。

窑内压力主要靠排烟风机和抽热风的抽力共同作用形成。

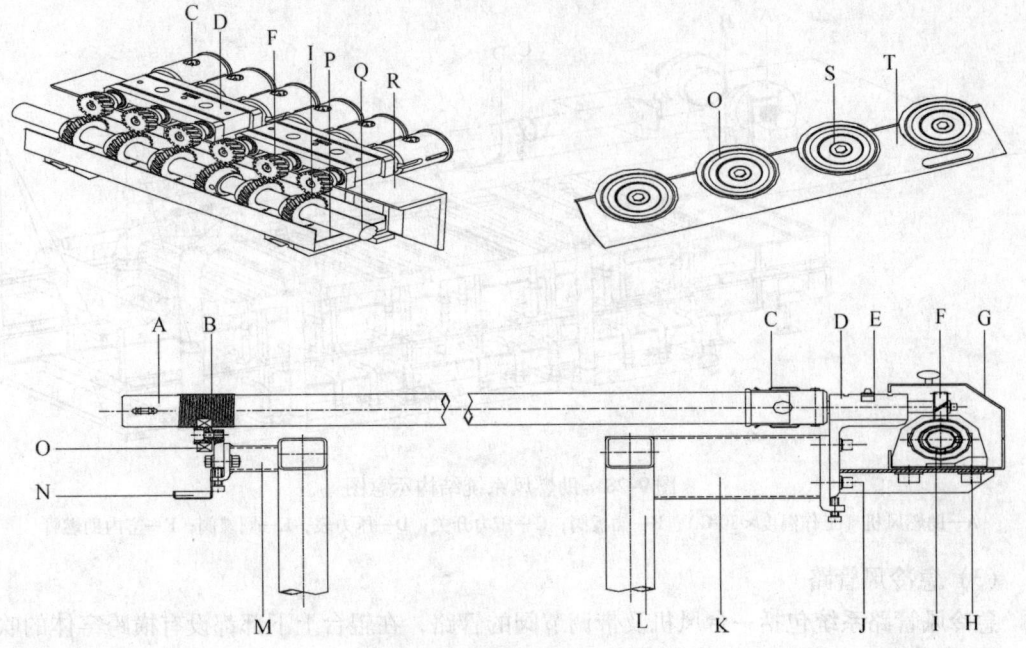

图 9-26 传动系统的结构

A—辊棒；B—弹簧套（辊棒用）；C—辊棒夹套；D—辊棒轴承座；E—加油嘴；F—小齿轮；G—油槽盖；
H—带座轴承；I—大齿轮；J—油槽支脚；K—主动支脚；L—框架；M—被动支脚；N—被动油槽；
O—被动轴承；P—油槽；Q—传动轴；R—传动角钢；S—轴承芯套；T—从动板

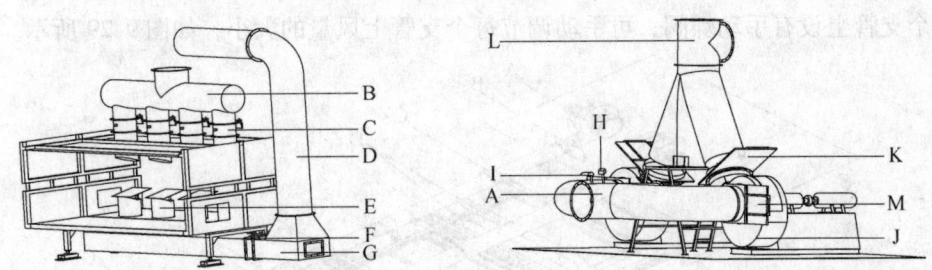

图 9-27 排烟管路结构示意图

A—排烟主管；B—排烟横管；C—圆蝶阀；D—排烟下落管；E—窑内支管；F—矩形抽风盒；G—排烟异形管；
H—压力开关；I—热电偶；J—排烟风机；K—排烟风机出口插板阀；L—余热三叉管；M—排烟风机入口插板阀

（2）助燃风管路

助燃风管路由风机及管路组成。风机吸入室温空气并加压后分成四股，由位于钢结构框架四角的上下分支助燃风管送给每个烧嘴进行助燃。烧嘴前有球阀用于调节进入烧嘴的风量大小，以达到最佳燃烧状态。在低温段窑体通道上部，设有调温风喷管，助燃风由此喷入窑内用以调节窑内温度，减小窑体横断面上下温差，强化砖坯内部的有机物的氧化分解。正常生产情况下，助燃风供给的量和温度是相对恒定的，恒定的助燃风有利于保持窑内压力制度稳定，如图 9-28 所示。

助燃风机出口的主管上调置了压力开关，风压小于设定值时，燃气主管安全阀自动切断燃气供应。同时又设置了压力表，用来显示助燃风压的大小。

有的窑炉有利用窑炉余热加热助燃风装置，此时助燃风管应加保温措施。

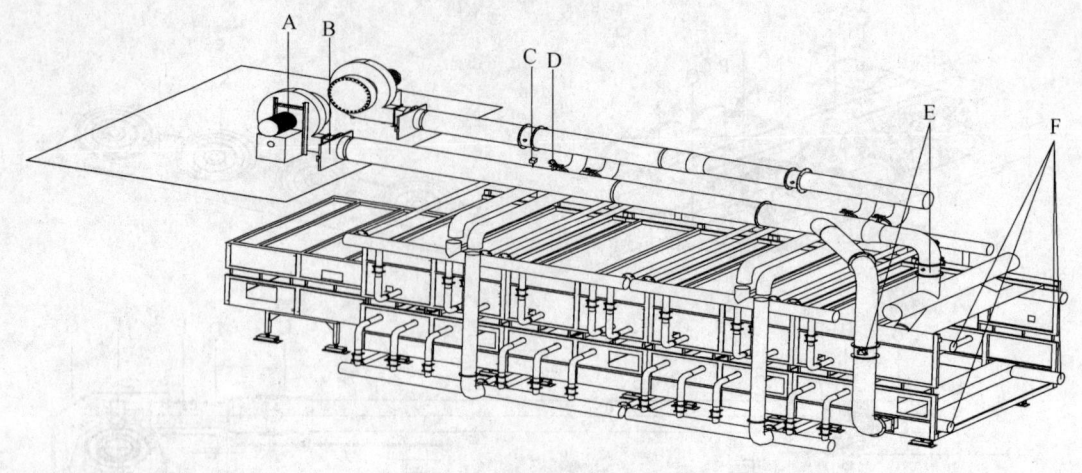

图 9-28 助燃风系统结构示意图
A—助燃风机（工作温度＜80℃）；B—插板阀；C—压力开关；D—压力表；E—圆蝶阀；F—窑内助燃管

（3）急冷风管路

急冷风管路系统包括一台风机及带调节阀的管路，在辊台上下部都设有横跨窑体的吹风管，并在吹风管上均匀地开设了小孔或长槽，自然风由支管的两端同时打入。温度的自控是靠变频器控制风机的转速或者在风机出口的主管上设置电动蝶阀来实现，由温控表设定急冷需要的温度，它不断地与热电偶实测温度相比较，指挥电动蝶阀开大或关小，实际温度偏低时，阀门关小，反之开大。

每个支管上设有手动蝶阀，可手动调节每个支管上风量的大小，如图 9-29 所示。

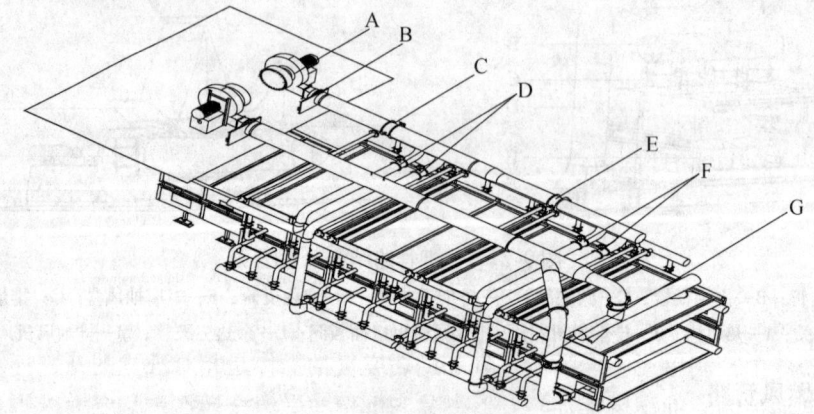

图 9-29 急冷管路系统结构示意图
A—急冷风机（工作温度＜80℃）；B—插板阀；C—电动执行器＋蝶阀；
D/F—分组蝶阀；E—手动蝶阀；G—支管蝶阀；H—窑内吹风管

（4）缓冷风管路

缓冷风管路由间冷风管路和抽热风管路两部分组成。间接冷却风由间接冷却风管一端抽入，另一端抽出，与窑内没有风量交换，只有热量交换，风量大小不影响窑内压力。抽热风是排除窑内急冷风与制品进行热交换后的热空气，并与排烟风机配合形成适当的压力制度。该系统由高温风机及管路组成。风机通过窑顶部管道抽吸窑内热空气，降低窑内气体热容量，提高制品冷却速度，如图 9-30 所示。

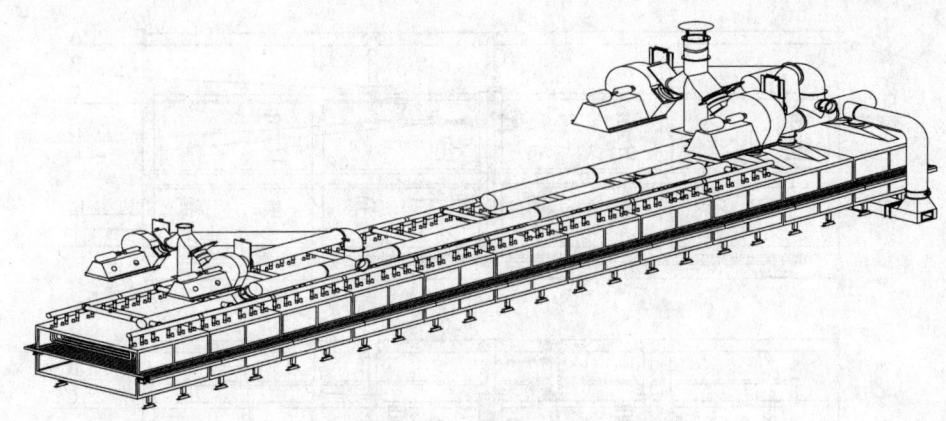

图 9-30　缓冷系统结构示意图

(5) 尾冷风管路

尾冷风管路采用轴流风机由窑体一侧经直冷吹风管送入窑内，与窑内制品以降低制品最终出窑温度。窑内气体由引风机或排气罩自然排出车间外边，如图 9-31 所示。

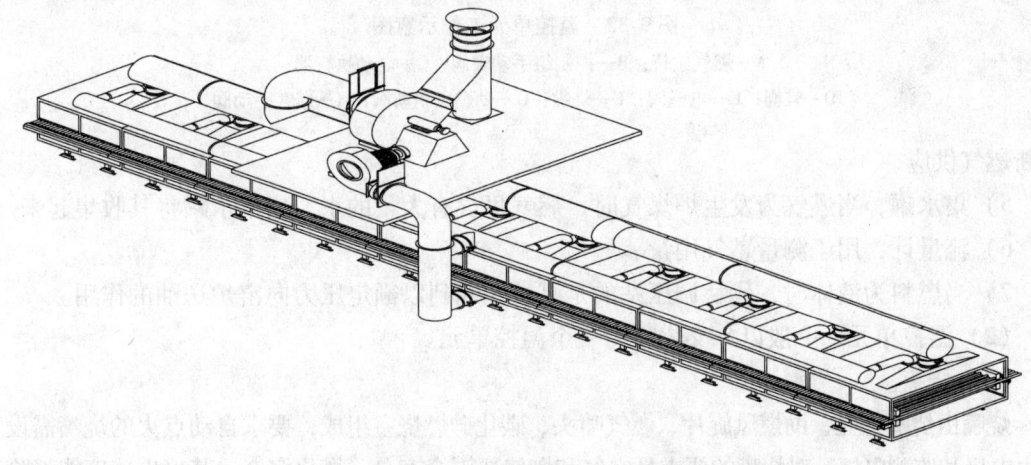

图 9-31　尾冷系统结构示意图

9. 燃烧系统

燃烧系统由调压站、温控单元和烧嘴构成，烧嘴分别布置于窑炉的辊上与辊下，每 4 个或 8 个烧嘴为一个控制单元。烧嘴的燃气和助燃空气的操作是相对独立的，燃气由控制组上的执行机构自动控制，助燃风手动控制，燃气和助燃空气混合后在燃烧室内燃烧，高速喷向窑内。另外，还可以使用柴油等液体燃料，使用液体燃料除需助燃空气外，还需有高压雾化风，以使液体燃料雾化后充分燃烧，不同燃料烧嘴结构有所变化。烧嘴点火有自动和手动两种，自动点火需要在嘴前设置自动点火系统。温控单元工作示意图如图 9-32 所示。

(1) 调压站　燃气在上窑前需对燃气进行减压稳压，使燃气稳定在窑炉需要的压力范围内，调压站一般配置有以下元件：

1) 过滤器，用于过滤掉燃气内的灰尘。
2) 稳压器，自动稳定燃气的压力。
3) 安全切断阀，当窑炉发生会引起后患的故障时，此阀自动切断燃气供应。
4) 最大最小压力开关，当燃气最大最小压力超出允许范围时，发出信号。安全切断阀

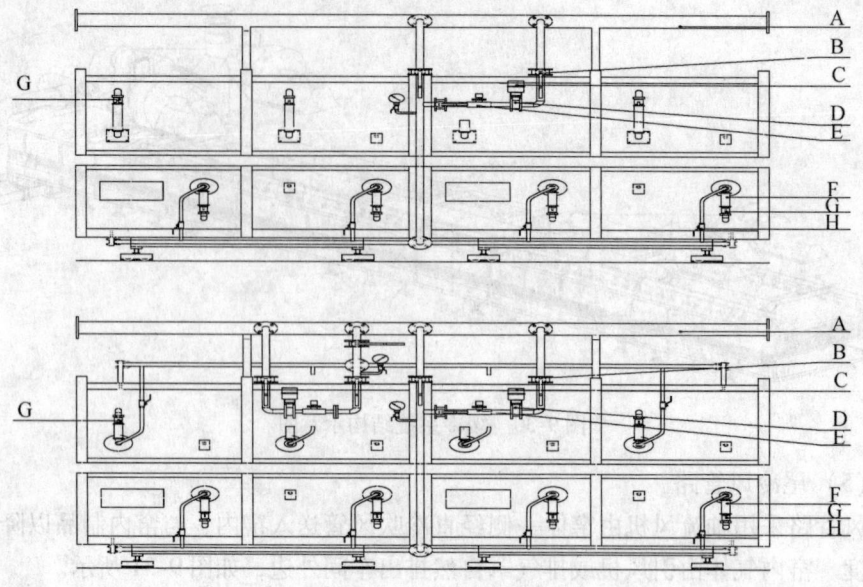

图 9-32　温控单元工作示意图

A—燃气主管；B—控制组手动蝶阀；C—电动执行器；
D—蝶阀；E—电磁阀；F—烧嘴；G—助燃风手动阀；H—燃气手动阀

切断燃气供应。

5）集水罐，当燃气为发生炉煤气时，燃气里含有大量的水，用集水罐将其收集起来。

6）流量计，用于测量燃气用量。

7）当燃料为液体时，代替调压站的是泵站，起到以额定压力向窑炉送油的作用。

(2) 温控单元，一般以 8 支烧嘴为一个温控单元。

(3) 烧嘴。

烧嘴由烧嘴外壳、助燃风旋片、燃气喷头、碳化硅燃烧室组成，要求自动点火的烧嘴需设置点火电极和监测电极。对烧嘴的要求是空气和燃气要混合充分、燃烧完全，其喷出速度能消除窑炉断面温差，满足窑炉气氛和温度要求。在燃气和助燃风入口均设有测压嘴，如图9-33所示。

一般使用单个烧嘴热功率在 21000kJ/h 左右，目前多数为佛山地区制造。

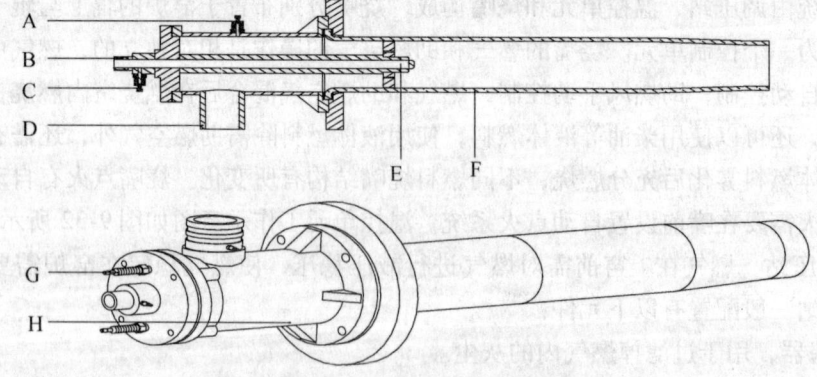

图 9-33　烧嘴结构示意图

A—助燃风测压嘴；B—燃气入口；C—燃气测压嘴；D—助燃风入口；E—燃烧喷头；
F—碳化硅燃烧室；G—电极（点火电极和火焰检测电极各一）；H—烧嘴外壳

9.3.4 辊道窑的设计

1. 辊道窑的总体设计

（1）三带的划分和长度、内宽的确定

辊道窑三带的划分与隧道窑一样，分为预热、烧成和冷却三大部分。三带的比例一般根据烧制产品的烧成曲线（图9-34～图9-37）而定。

以上四条不同类型的产品烧成曲线有较大的不同，必须根据不同的产品的烧成曲线进行三带的划分和烧嘴的布置，但有时一条窑要兼顾烧制多种产品，设计时就要引起注意。

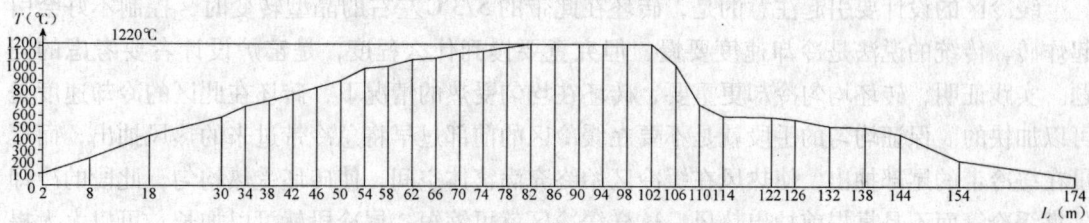

图9-34　瓷质砖烧成曲线

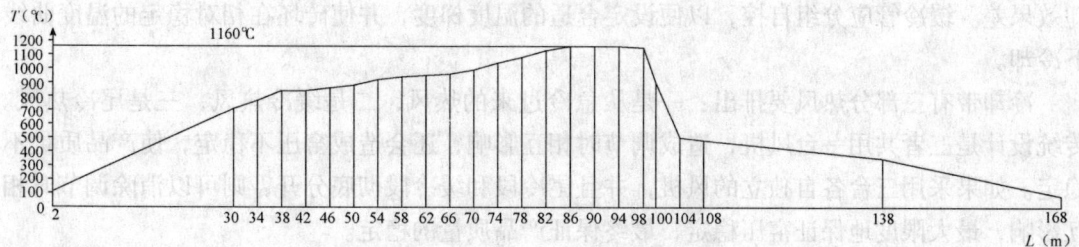

图9-35　一次烧内墙釉面砖烧成曲线

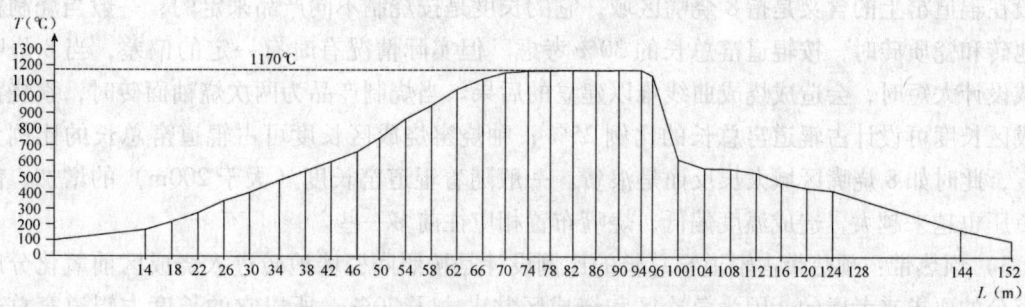

图9-36　二次烧内墙砖素烧烧成曲线

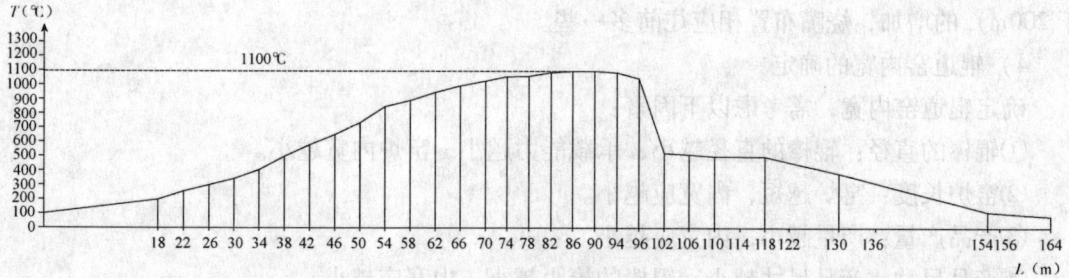

图9-37　二次烧内墙砖釉烧烧成曲线

1）冷却带：冷却带由急冷、缓冷、尾冷三部分组成，冷却带占辊道窑总长的比例，是按照陶瓷墙地砖冷却制度要求和产品出窑温度不能太高的思路来定的。不管烧制什么产品，一般按辊道窑总长的40%考虑，这时如果冷却管路设计合理的话，烧制抛光砖时，产品出窑温度应在100℃以下。如果烧制快速烧成配方的产品、容易炸裂的釉面产品、或者窑尾出砖为机械式集砖时（出砖温度小于80℃），冷却带应适当加长。但实际情况有时有一定的偏差，如目前佛山地区很多窑炉公司设计冷却带的长度占辊道窑总长的比例为35%，产品出窑温度达180℃以上，有的甚至达220℃以上，这种设计完全是以追求产量为目的，在国际上是不允许的，随着时代的进步，这种情况会逐步得到纠正。

缓冷区的设计要引起注意的是，砖坯在此带的573℃左右的晶型转变时，控制不好会引起炸砖，传统的说法是冷却速度要慢，但究竟要慢到什么程度，是窑炉设计者要考虑的问题。实践证明，砖坯均匀冷却更重要，砖坯在均匀受热的情况下，砖坯在此区的冷却速度是可以加快的。保证均匀的手段就是不要在缓冷区的前部过早将急冷带过来的热风抽出，而尽量在缓冷带的尾部抽出，使热风在缓冷区始终充满窑体空间，使砖坯受热均匀，此段的冷却是靠缓冷管而不是靠提前抽出热风。这样缓冷区就可缩短，尾冷段就可以加长，可以大大提高冷却效果。目前传统设计的主要问题是缓冷区偏长，缓冷管少，尾冷区偏短，造成产品冷却效果差。缓冷管应分组自控，以便设定合适的温度梯度，并使砖坯在相对稳定的温度曲线下冷却。

冷却带有三部分热风要排出：一是从急冷过来的热风，二是缓冷热风，三是尾冷热风。传统设计是三者共用一台风机，造成调节时相互影响，还会造成窑压不稳定，使产品质量不稳定。如果采用三台各自独立的风机，并且尾冷段和缓冷段彻底分开，则可以消除调节时相互影响，最大限度地保证窑压稳定，最终保证产品质量的稳定。

2）烧成带：烧成带占辊道窑总长的比例，是按照陶瓷墙地砖烧成制度要求来考虑的。一般在辊道窑上的含义是指8烧嘴区域，它的长度是按烧制不同产品来定的，一般当烧制釉面地砖和瓷质砖时，按辊道窑总长的30%考虑。但实际情况有时有一定的偏差，当8烧嘴区域设计太短时，会造成烧成曲线难以建立的后果。当烧制产品为两次烧釉面砖时，素烧窑烧成区长度可设计占辊道窑总长的比例25%；釉烧窑烧成区长度可占辊道窑总长的比例为20%，此时如8烧嘴区域太长反而是浪费。一般随着辊道窑长度（大于200m）的增加，前部负压也越来越大，造成温度偏低，烧嘴布置相应往前多一些。

3）预热带：预热带占辊道窑总长的比例设计是按照陶瓷墙地砖进入烧成区前氧化分解要充分的要求来考虑的，因为急冷区和烧成区共占去了70%，所以它的长度占辊道窑总长的30%。其中4烧嘴区域占10%左右，紧挨在8烧嘴区域之前。一般随着辊道窑长度（大于200m）的增加，烧嘴布置相应往前多一些。

4）辊道窑内宽的确定。

确定辊道窑内宽，需考虑以下因素：

①辊棒的直径：辊棒的直径越小，承载能力越小，窑炉内宽越小。

②窑炉长度：窑炉越短，内宽应越小。

③产品产量：产量越小，内宽应越小。

④产品尺寸：产品尺寸越小，辊棒的棒距越小，内宽应越小。

⑤断面温差：内宽越大，断面温差越大。

⑥有效断面摆好砖坯后，每侧到窑墙之间要留有150mm左右的间隙，这个间隙尺寸随着窑长的增加而增加。

5）辊道窑内空高度的确定。

确定内空高度时，应考虑以下因素：

①从减小窑内上下温差方面考虑，内空高度不宜太大。

②窑炉长度方面，长度越长，产量越大，烟气量越大，相应内空应越高。以前内宽2.5m，长100m左右时，高温区窑墙为五层标砖，目前窑炉长度在200m以上的，一般为六层砖。有的做成拱顶窑，其目的也是加大内空，但要注意，不要引起加大上下温差的后果。

③燃料方面，同等产量的窑炉，以发生炉煤气为燃料的烟气要大于以天然气为燃料的烟气，所以烟气大些，内空应高些。

④不同部位的窑段内空应不同，应越往前越高。尤其在排烟区，内空过低时，很容易引起炸坯。

6）辊道窑长度的确定。辊道窑的长度是根据产量和产品的烧成周期而定的，首先根据产品确定内宽，然后根据内宽和产品规格计算装窑密度，再根据产量 $Q(m^2/d)$、烧成周期 $T(min)$、装窑密度 $R(m^2/m)$ 来计算窑炉长度 $L(m)$。

$$L = \frac{QT}{R \times 60 \times 24}$$

（2）烧嘴的布置

烧嘴的布置设计原则是要满足生产时所烧制产品的烧成曲线，在这个前提下设置适当的余量。不同的产品有不同的烧成曲线，按道理说应该有不同的烧嘴布置，但是窑炉还要考虑通用性，也就是说在一条窑上可以烧制不同产品，如果用户有这个要求，设计者就必须按照需要烧嘴最多的产品来考虑。从以上三带划分的说明可以知道，烧制一次烧釉面墙地砖和瓷质砖的窑炉布置烧嘴多些，而烧制两次烧釉面砖的窑炉布置烧嘴少些。

当前辊道窑有越做越长的趋势，较长的窑炉（大于200m）烧嘴布置应该多一些，尤其是预热区，随着窑炉长度的增加，预热区的负压也在增加，随着负压的加大，预热区升温变得困难。所以说，较长的窑炉预热区烧嘴布置应该多一些，并且这个区域的烧嘴热功率还要选得大一些。

（3）箱体布置

箱体是指窑炉的壳体，即钢架。它的里边砌有耐火保温材料，外边安装烧嘴、观察孔、事故处理孔，顶上要支撑风管路、燃气管路和电缆线槽。它们的结构是根据位于不同带和不同的功能而结构不同，主要是不同带的耐火保温材料区别较大。

目前辊道窑的箱体普遍采取的是分段制作的方式，一般2m多一段，每段布置8支烧嘴。近两年有部分窑炉供应商在长窑（大于200m）上烧成区或预热区设置长度在1.8m左右的短窑段，意在加密烧嘴，其实也可以用加大单个烧嘴的热功率的方法。

（4）风管路布置

风管路分排烟管路、助燃风管路、急冷风管路、缓冷风管路，抽热风管路、尾冷供抽风管路。这些管路体积庞大，被布置在窑顶上，所以它直接影响着窑炉整体的美观性。设计风管路时，不仅要考虑它的功能性，还要考虑它的美观性，总体上要求排列有序，横平竖直，阻力小，不要有太多的空间交叉，还要操控方便，节约材料。一条辊道窑风管路设计的是否美观和实用,直接反映了设计者的水平高低。

(5) 燃气管路的布置

和风管路一样,同样具有功能性和美观性的要求,尤其是设计低压煤气管路时,要求压损小,操控方便。大多数燃气管路的分组支管设在窑炉的一侧,也有的为了窑炉两侧的压力均衡,而从中间进入的。经常操作的阀门最好设在人一扬手就能够得着的位置。调压站上的过滤器、安全阀、手动阀等需经常操作,一定要考虑操作方便,如位置较高时,则应设计操作平台。

(6) 电控系统的布置

电控系统由总控制室和电缆桥架等组成。总控制室一般设在窑尾位置,控制室应加装空调,以防夏天车间温度太高时电器元件动作不可靠。电缆桥架应远离高温区域,防止烤坏电缆。电缆桥架的安装应保证横平竖直,引出的电线应穿管不应裸漏。窑炉顶部和底部分别设电缆桥架显得更规整美观。动力线和控制线应分开走线槽,以免造成干扰。尤其是变频器线路,对温控器干扰较大,必要时使用屏蔽导线。风机的电控箱和变频器控制箱可就近放在风机平台下,这样既可避免变频器对控制系统的干扰又可节约电缆,但注意要远离热源。

(7) 传动系统的布置

目前传动一般都用螺旋齿轮形式,减速机用摆线针轮减速机,每三个窑段用一台减速机,采用变频器调速,到底几台减速机用一台变频器,各厂家要求不同,但总体上要求急冷之后和烧成之间分开控制。烧成区多用一些变频器控制,可对产品的调试起到一定的帮助作用。陶瓷辊棒一般选用两种,一种是中温辊棒,另一种是高温辊棒,两种在窑炉上的实用应有明显的界限,以免生产中弄混。

(8) 利用余热加热助燃风的方法

利用余热加热助燃风可以节约燃料,根据计算,助燃风每提高100℃,可节能4%,并且十几年以来人们对此一直没有停止过尝试,但是成功的并不多,到底是为什么呢?主要还是没有找到一个对窑炉运行没有影响的好方法。目前有几种方式:①由窑尾抽热风机的出口直接引一根管子到助燃风机入口,这种方式很简单,但窑尾的热风的温度是不稳定的,如果将它作为助燃风使用,势必造成窑炉温度随着助燃风的温度波动而波动。②将缓冷风的一部分直接送给助燃风机入口。③在急冷段的上侧加换热管,将助燃风间接加热。从温度的稳定性上来说,后两种要好一些,但第三种成本较高。

2. 辊道窑分部设计

(1) 箱体钢结构的设计

箱体钢结构的作用是支撑耐火保温材料、支撑传动系统、支撑风管路和燃气管路、支撑电缆桥架、安装烧嘴和观察孔附件。从其起到的作用可以看出,箱体应该有足够的强度和刚性,所以在选择材料上,如立柱横梁等方管大小的选用,都应考虑到这一点。

上下侧扇(以辊棒为中心)之间的连接方式有两种:一种是由立柱连通下来并且作为窑腿,穿辊棒位置在立柱上铣长圆孔;另一种是上下侧扇之间用立板焊接,一般每侧用六块8mm厚的立板。这两种的后一种结构好一些,因为当使用前一种结构时,当两个窑段对好插好辊棒后,两个立柱后边很难塞棉,造成密封不严,在烧成带正压区热气外泄严重,正压太大时还会使立柱烧变形,难以修复,甚者使窑段报废。

每段窑有四支窑腿,窑腿的位置设计有两种:一种是由立柱延伸下去作为窑腿;一种是放在窑段下边一个受力合理的位置。后一种结构好一些,因为这种结构受力合理,砌筑耐火保温材料后,下横梁不易变形;而前一种受力不合理,砌筑耐火保温材料后下横梁很易变形,尤其设计宽体窑时,这一点很重要。

钢架的设计,其制造精度的要求很重要,其要求有窑段长度偏差,侧扇对角线的偏差,端面对角线的偏差,窑段内部以辊棒中心为平面的对角线偏差,窑段内部空间对角线的偏差。这些偏差要求在辊道窑制作的章节中已列,这里不再重复。制作时保证这些偏差在要求范围内很重要。因为它直接关系到传动运行的好坏,而传动运行的好坏直接又关系到产品质量的好坏。如果钢架制作精度不够,会给后续工带来不可弥补的问题。

(2) 耐火保温砌体的设计

1) 耐火保温材料的选用原则

耐火保温材料的选用是根据窑炉总图的要求来进行的。其选用原则就是材料的使用温度要高于最高工作温度一个等级,例如,当工作温度为1250℃时,材料的选用就应按1300℃以上。在保证使用温度前提下,尽量选用轻质砖。

2) 按应用部位不同选择不同的耐火保温材料

如烧成带(1000~1250℃)的应火面,应以耐火为主,目前使用最多的是体积密度0.8的轻质莫来石砖(TM26),既耐火又保温,是一种很好的能放在烧成带应火面的耐火材料。在它后面的一层,则以保温为主,体积密度为0.6的TM23砖是首选材料,它的特点是导热系数低,保温性能好。

事故处理孔过桥砖可选择三级重质高铝或重质黏土均可,选择是以高温强度为主。

在预热区一般以0.8的轻质高铝砖和0.8轻质黏土砖为主。有些窑炉公司认为窑底不重要,选择低档的体积密度1.0的轻质黏土砖,这种砖的保温性能较差,窑底散热会很厉害,其实窑底的散热还是要从侧壁返上来,其结果窑墙也显得很热。

辊孔砖的选择以高温强度为主,一般选择重质高铝砖。辊孔砖最容易出现裂纹缺陷,应严格选择,剔除有裂纹缺陷的砖。辊孔砖的设计需注意每相邻两块砖之间均应预留膨胀缝,一般为3mm,例如三孔砖的长度应为三个棒距减去3mm。到货时应严格检查长度尺寸,其长度偏差一般要求±1mm。同时检查孔距偏差,孔距偏差一般要求±0.5mm。

吊顶砖一般选用体积密度0.9的轻质莫来石和高铝砖,其强度要求比窑墙用砖稍高一些。当然,如果体积密度0.8的强度够用时,就不要选用体积密度0.9的砖。一般冷态耐压强度达到2MPa以上即可。设计时注意,粘上吊板之后,吊板孔的中心至吊砖下沿应有严格要求,尺寸偏差不得大于±0.5mm,当然,粘吊板时必须使用工装才能保证这个要求,也只有这样才能保证窑顶内部平整。

耐火纤维制品的选择,一般首先考虑的是使用温度,要比实际使用温度高出一个档次,当实际使用温度1000℃时,应选用分类温度1260℃的材料。如果选用了不适用的低档次的材料,很快就会收缩粉化,失去保温效果。尤其高温区的膨胀缝用的陶瓷纤维毯,直接接触火焰,需选用含锆纤维毯。第二要考虑的就是导热系数,越低越好。陶瓷纤维棉最好选用甩丝成形法的产品,特点是纤维长,容易成团,塞孔砖外侧时,不宜脱落。喷吹法成形的陶瓷纤维短,渣球多,导热系数大,不容易成团,塞孔砖外侧时,很容易脱落。陶瓷纤维毯最好选用长纤维的针刺毯,它有一定的抗拉强度。陶瓷纤维毡最好选用使用以渣球含量小的陶瓷纤维为原料,采用真空成形法制作的,其特点是体积密度小,保温性能好。陶瓷纤维板最好选用机制板,强度高,体积密度小,不容易收缩,保温性能好。辊道窑常用耐火保温砖主要理化指标见表9-14。辊道窑常用纤维及制品保温材料指标见表9-15。

表9-14 辊道窑常用耐火保温砖主要理化指标

耐火材料名称 品牌	温度级别（℃）	体积密度（g/cm³）	Al_2O_3含量（%）	Fe_2O_3含量（%）	导热系数[W/(m·K)]	重烧线变化（%）	常温耐压强度（MPa）	备注
JM23	1260	0.48	37	0.7	400℃时 0.12	1230℃ 24h 0.2	1.2	摩根
JM26	1430	0.8	58	0.7	400℃时 0.25	1400℃ 24h 0.1	1.6	摩根
JM28	1540	0.89	67	0.6	400℃时 0.3	1510℃ 24h 0.4	2.1	摩根
JM30	1650	1.02	73.4	0.5	400℃时 0.38	1620℃ 24h 0.8	2.2	摩根
TJM23	1260	0.5	45	0.8	400℃时 0.118	1230℃ 12h 0.1	1.2	国产
TJM26	1427	0.78	58	0.7	400℃时 0.29	1400℃ 12h 0.4	2.3	国产
TJM28	1538	0.88	66	0.6	400℃时 0.33	1510℃ 12h 1.0	4.1	国产
NG0.6	1100	0.6	45	<2	350℃时 0.25	1200℃ 8h <2	1.5	国产
NG0.8	1150	0.8	45	<2	350℃时 0.35	1250℃ 8h <2	2.5	国产
NG1.0	1250	1	45	<2	350℃时 0.5	1350℃ 8h <2	3	国产
LG0.8	1300	0.8	>48	<2	350℃时 0.35	1400℃ 8h <2	3	国产
LG1.0	1300	1	>48	<2	350℃时 0.5	1400℃ <2	4	国产
GG-0.5a	900	0.5			300℃时 0.15	900℃ <2	0.8	硅藻土
GG-0.6	900	0.6			300℃时 0.17	900℃ <2	0.8	硅藻土
GG-0.7a	900	0.7			300℃时 0.2	900℃ <2	2.5	硅藻土
SG-0.8	900	0.8			300℃时 0.26	900℃ <2	5	硅藻土
SG-1.0	900	1			300℃时 0.3	900℃ <2	8	硅藻土

表 9-15 辊道窑常用纤维及制品保温材料指标

耐火材料名称 品牌	温度级别（℃）	体积密度（g/cm³）	导热系数 [W/(m·K)]	重烧线变化（%）	规格（mm）	备注
LYGX-164B	1050	200~240	600℃ 0.08	950℃ 24h ≤-2.5	1200×1600× 12.7/25/50	山东鲁阳纤维板
LYGX-264B	1260	280~320	600℃ 0.087	1000℃ 24h ≤-2.0	1200×1600× 12.7/25/50	山东鲁阳纤维板
伊索1600板	1600	180	800℃ ≤0.23	1400℃ 24h ≤2	900×600× 20	苏州伊索莱特纤维板
伊索1260毡	1260	230	600℃ ≤0.15	1100℃ 24h ≤3		高纯纤维毡
伊索1160毡	1160	230	600℃ ≤0.15	≤3	600×400×50	苏州伊索莱特标准纤维毡
伊索1260毯	1260	128	600℃ ≤0.16	1100℃ 24h≤ 3.0	7200×600× 6/12.5/25 3600×600×50	苏州伊索莱特
伊索1400毯	1400	128	1000℃ ≤0.3	1300℃ 24h ≤3.0	7200×600× 6/12.5/25	苏州伊索莱特
伊索1260板	1260	250	800℃ ≤0.23	1100℃ 24h ≤3.0	900×600× (15~50)	苏州伊索莱特
伊索1000板	1000	250	600℃ ≤0.19	900℃ 24h ≤3.0	900×600× (15~50)	苏州伊索莱特
伊索1400棉	1400	60~200 包装密度190	1000℃ ≤0.33		270×600×780 15kg	苏州伊索莱特
伊索1260棉	1260	包装密度190	800℃ ≤0.16		270×600×780 15kg	苏州伊索莱特
伊索WDS板	1260	260	800℃ 0.045			苏州伊索莱特
硅酸钙板	1100	220 抗折≥0.4	100℃ 0.065	1050℃ 16h≤2.0		莱州
硅酸钙板	1000	220 ≥0.4	100℃ 0.06	1000℃ 16h ≤1.8		莱州
FT-350板/毡	350	60	300℃ 0.12		1200×600× 30/40/50/70/100	西斯尔岩棉
FT-450板/毡	450	80	300℃ 0.1		1200×600× 30/40/50/70/100	西斯尔岩棉
FT-650板/毡	650	100	500℃ 0.15		1200×600× 30/40/50/70/100	西斯尔岩棉

续表

耐火材料名称		体积密度	导热系数	重烧线变化	规 格	备 注
品牌	温度级别（℃）	（g/cm³）	[W/(m·K)]	（%）	（mm）	
FT-120 板/毡	650	120	500℃ 0.15		3000×600× 30/40/50/70/100	西斯尔岩棉
LW 散棉	650				12.5kg	西斯尔岩棉

3）窑墙厚度的设计

窑墙厚度一般根据烧成温度和所选用的耐火保温材料的导热系数，再根据有关计算公式计算出来的。根据计算和实际使用效果，耐火保温材料选用一些质量中等以上的产品，烧成温度在1250℃以时，窑墙厚度405mm足够。窑墙太厚，辊棒要相应加长，而辊棒加长，一是增大企业的后续成本，二是易造成辊棒下垂加大。典型的烧成区窑炉断面图和耐火保温材料的配置表见图9-38和表9-16。

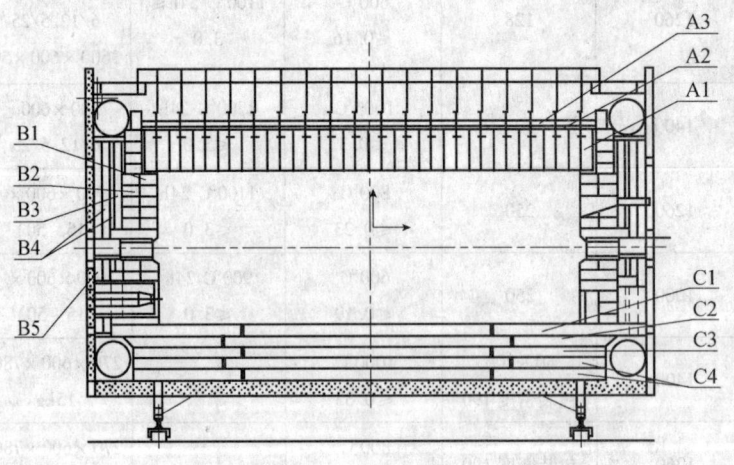

图9-38 烧嘴区窑炉断面图

注：A1~C4 见表9-16。

表9-16 烧嘴区耐火保温材料的配置表 mm

标记号	窑顶 A		窑墙 B		窑底 C	
	材料	厚度	材料	厚度	材料	厚度
1	0.8TM26	280	0.8TM26	115	0.8TM26	67
2	1260 陶瓷纤维毡	20	0.6TM23	115	0.8 高铝聚轻球	67
3	珍珠岩浇注料	40	1000 陶瓷纤维板	50	0.8 轻质漂珠砖	67
4			1000 陶瓷纤维毡	75	0.6 硅藻土砖	134
5			120 容重岩棉板	50		
总厚度		340		405		335

4)膨胀缝的设计

膨胀缝的大小一般是依据耐火材料的膨胀系数来计算得出的,一般辊道窑每段窑的中间一道,相邻窑段间一道,均为15mm。

5)烧嘴砖的设计

烧嘴砖的设计在辊道窑的设计中占有很重要的位置,因为它决定着燃烧效果和窑炉断面的温差。其材质要求除耐火度外,还有热震稳定性要好,使用寿命要求在一年以上。目前市场上有两类材质的烧嘴砖,一种是重质耐火材料(高铝质、硅线石质、蓝晶石质等)制作而成,特点是体积大,重量大,储热量大,更换困难,成本低;另一种材质为碳化硅,特点是体积小,重量轻,储热量小,更换容易,成本高。实践证明,后一种较好,虽然成本高一些,但其优点大于前者,可以直接在窑墙上打孔安装,整体性很好,可以做成调温烧嘴,随意更换。两种结构如图9-39和图9-40所示。表9-17为重结晶碳化硅和反应烧结碳化硅制品的技术参数。

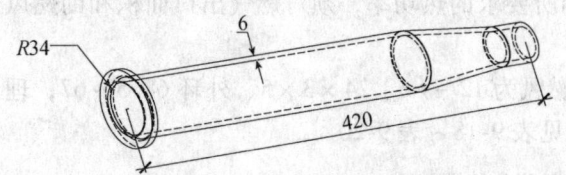
图9-39 碳化硅烧嘴砖结构图(单重1.75kg)

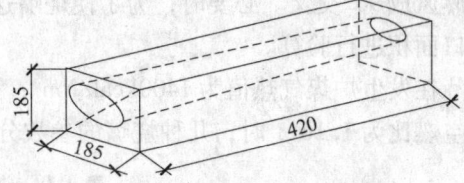
图9-40 重质高铝烧嘴砖结构图(单重30kg)

表9-17 碳化硅制品的技术参数

项目		指标	
		ReSiC	SiSiC
体积密度 (g/cm³)		2.60~2.72	≥3.02
显气孔率 (%)		≤16	≤0.1
抗折强度 (MPa)	20℃	≥90	≥250
	1200℃	≥100	≥280
热膨胀系数 ($10^{-6}K^{-1}$)		4.8	4.5
导热系数 [W/(m·K)]		23	45
杨氏模量 (GPa)(20℃)		240	320
最高工作温度 (℃)		1650	1350

6)观察孔的设计

观察孔是用来观察烧嘴燃烧情况和砖坯情况的,一般直径为φ30mm,外边需设计一个塞子塞住。观察孔最好直接在窑墙上打孔,这样窑墙整体性强,对密封和保温有利,陶瓷纤维保温层部分需埋设陶瓷管,陶瓷管的内径为φ30mm。如果设计专门的观察孔砖,因为这个砖长度必须和窑墙的厚度一样(通过陶瓷纤维保温层),所以造成了窑内外通缝,很不利于密封保温。

7)事故处理孔的设计

事故处理孔是用来当发生堵窑情况时,清理出落在窑底的砖坯或折断的辊棒,一般方口的尺寸为400mm×300mm左右。事故处理孔的特点是平时很少用,尺寸又较大,所以密封很重要,如密封不好,在正压区烟气外泄严重,熏坏面板;在负压区吸进冷风太多,使预热区难以升温,严重者会使烧成区正压太大,难以达到微正压。一般设计成曲折密封形式,在窑墙的耐火砖部分用砖做成带曲封的塞子，在窑墙的保温层部分，用陶瓷纤维毯切成稍大于孔尺寸的方块填满，外边设计一个盖子盖上。不要设计成与盖子一体的一个整体塞子，很难密封。

8) 保温层部分的设计

保温层指的是窑墙耐火砖之后的耐火纤维制品部分，此部分以保温为主，用的全是轻质耐火纤维产品。紧挨耐火砖应该使用一层温度级别较高的 25~50mm 厚的陶瓷纤维板，因为陶瓷纤维板不易收缩，如果使用陶瓷纤维毯很容易收缩。陶瓷纤维板之后可用陶瓷纤维毡，现在的陶瓷纤维毡可以做成很大的块，并且强度也比较高，相似于板，整体性强，保温效果好。

(3) 烧嘴的选型设计

烧嘴一般在市场购买，但必须在选型时注意其结构和关键尺寸，其结构必须有助于助燃风和燃气混合充分，燃烧完全。注意助燃风的旋风片，厚度应在 10mm 以上，太薄时起不到导向作用，助燃风不能旋转，助燃风和燃气混合不充分，燃烧不完全。燃气的出口方向应与助燃风成 90°交叉。必要时，为了使烧嘴达到所要求的热功率，须对燃气出口面积和助燃风出口面积进行验算。

在发生炉煤气热值为 $1400kcal/Nm^3$；助燃风为 $12-\phi6$、$24\times3\times5$、外环 $68.5~67$；理论空燃比为 1.16:1 时，几种烧嘴的参数分别见表 9-18~表 9-20。

表 9-18 发生炉煤气烧嘴参数

压力 (Pa)	空气		发生炉煤气 斜面 $9-\phi6$、圆柱面 $12-\phi5$				发生炉煤气 斜面 $9-\phi5.5$、圆柱面 $12-\phi5$			
	面积 (mm^2)	流量 (m^3/h)	面积 (mm^2)	流量 (m^3/h)	功率 (kcal/h)	空燃比	面积 (m^2)	流量 (m^3/h)	功率 (kcal/h)	空燃比
200	859	36.06	490	23.4	32760	1.54	450	21.5	30100	1.68
300	859	44.17	490	28.7	40200	1.54		26.3	36800	1.68
500	859	56.98	490	37.0	51800	1.54		33.9	47500	1.68
600	859	62.39	490	40.5	56700	1.54		37.1	51900	1.68
700	859	67.38	490	43.7	61200	1.54		40.0	56000	1.68
800	859	72.03	490	46.2	65400	1.54		42.8	59900	1.68
900	859	76.35	490	49.5	69300	1.54		45.4	63600	1.68
1000	859	80.47	490	52.2	73100	1.54		47.9	67000	1.68

表 9-19 天然气烧嘴参数

压力 (Pa)	空气流量 (m^3/h)	天然气 $12-\phi2.25$			天然气 $12-\phi2.0$			天然气 $12-\phi1.75$		
		流量 (m^3/h)	功率 (kcal/h)	空燃比	流量 (m^3/h)	功率 (kcal/h)	空燃比	流量 (m^3/h)	功率 (kcal/h)	空燃比
700	48.0	5.03	41800	9.5	3.97	33000	12.1	3.03	25200	15.84
800	51.3	5.37	44600	9.5	4.24	35200	12.1	3.24	26900	15.84
900	54.4	5.68	47100	9.5	4.49	37300	12.1	3.43	28500	15.84
1000	57.3	5.99	49700	9.5	4.73	39300	12.1	3.61	30000	15.84
1500	70.2	7.34	60900	9.5	5.80	48100	12.1	4.43	36800	15.84

注：助燃风：$10-\phi3.5$、$10-\phi3$、$3\times4.5\times24$；天然气：热值 $8300kcal/Nm^3$；理论空燃比：9.64:1。

表9-20 液化石油气烧嘴参数

压力 (Pa)	空气流量 (m³/h)	液化气 12 - ϕ1.5			液化气 12 - ϕ1.4			液化气 12 - ϕ1.3		
		流量 (m³/h)	功率 (kcal/h)	空燃比	流量 (m³/h)	功率 (kcal/h)	空燃比	流量 (m³/h)	功率 (kcal/h)	空燃比
700	48.0	1.22	32900	39.3	1.06	28600	45	0.91	24600	53.0
800	51.3	1.30	35100	39.3	1.13	30500	45	0.97	26200	53.0
900	54.4	1.38	37300	39.3	1.20	32400	45	1.03	27800	53.0
1000	57.3	1.45	39200	39.3	1.26	34000	45	1.09	29400	53.0
1500	70.2	1.78	48100	39.3	1.55	41900	45	1.34	36200	53.0

注：液化石油气热值：27000kcal/Nm³，相对密度1.954；助燃风：10 - ϕ3.5、10 - ϕ3、3×4.5×24；理论空燃比：29:1。

助燃风打孔总面积：$A = 859 mm^2$；

助燃风总管总面积：$A = 1006 mm^2$（1.2″，内径ϕ36），如按内径ϕ30计：$A = 707 mm^2$；

煤气气打孔总面积：$A = 490 mm^2$；

煤气气总管总面积：$A = 572 mm^2$（1″）。

(4) 风管路的设计

1) 排烟风管路的设计：排烟管路在窑炉上的分布，主管的吸入口尽量靠前边，一般短窑（长度小于180m）在第一、第二组支管之间，长窑（长度大于180m）在第二、第三组支管之间。一条窑到底应设计多少组排烟支管，应以窑长为基准考虑，窑越长，支管组数越多。原则是不要太多，一般200m长的窑炉，设五组。太多不但引起浪费，靠近高温区的支管还易被烧变形。正常仅使用三道，后两道基本关闭或开得很小。

上支管和下支管的走势有两种设计：一是上下二级支管用一根管；二是上下二级支管分开。第二种较好，并且错开位置与总管连接较好，以免调整时互相干扰。每组上下二级支管下各设三级支管5根个插入窑内，插入窑内部分用不锈钢材料。窑下的一级支管和二级支管的连接有两种方式，一是从一端连接，二是从二级支管的中间连接。第二种方式较好，因为它有利于窑炉断面温度均匀。

排烟总管的直径一般与风机入口直径相同，没有必要放大，但一般也不缩小，风机入口直径的设计与风机的压力和流量有关。在流量一定的前提下，压力越大，直径越小。有一些窑炉公司为了节约材料，将排烟总管的直径从风机入口开始就缩径，严重制约了风机的流量，这是完全错误的设计。一、二、三级支管依次根据它前一级的支管来设计直径，原则是此级多根支管截面积的总和不能小于它前一级支管的截面积。

如果排烟部分设计加上压力自控，对稳定窑压和稳定产品质量将有很大好处。

2) 助燃风管路的设计：与助燃风机出口连接的助燃分为窑上和窑下两根一级支管，每根一级支管又分窑炉左右两根二级支管，烧嘴前的助燃风总管由二级支管引出。如果窑炉较长（大于150m）时，随着窑炉的加长需两到四组一级支管才能满足使用，主要是因为一般一级支管埋在窑墙的四个角内，位置有限，其直径不能随着窑炉的加长而加大。

助燃风总管路的直径应不小于助燃风机出口的等量直径。烧嘴前的助燃风支管（三级支管）直径应满足每个烧嘴最大热功率所需的助燃风量。注意三级支管与二级支管焊接之前,在二级支管上打的孔应不小于三级支管的内径。

当助燃风加热时,一定要根据其温度重新计算助燃风量,再根据所得的风量计算和确定所有的助燃风管径。此时助燃风管外部要加保温。

当一级支管分二级支管不均等时,在两个二级支管上应设调节阀,以便平衡压力。

3) 急冷风管路的设计:目前业内使用的窑炉急冷风都是自动控制,自动控制分两种方式,一种是电动执行器带电动蝶阀,另一种是变频控制,目前变频控制居多。总管从风机引出后,分辊上和辊下两根一级支管,由两根一级支管又各分为左右两根二级支管,窑内的吹风支管与各自的二级支管相接,并且是两侧同时进风。

设计窑内吹风支管上的小孔的孔径时注意,单根吹风支管上的所有孔径的截面积加起来应不大于吹风支管的截面积。

一条窑到底应设计多长急冷带,应根据不同的产品、产量计算和选用急冷风机后,再根据急冷风总管的直径和要使用的吹风支管直径来计算,当然,这属于简略计算。例如已知急冷风总管的直径为$\phi 500$,欲选用$\phi 89$的吹风支管,每段8根。则应设计急冷段的节数为:

$$N = \frac{500^2}{89^2 \times 8} = 3.95 \text{ 节}$$

从以上计算可以看出应设计4节急冷段,再加上安全系数,设计5节足够了。

4) 抽热风管路的设计:抽热风管路布置在缓冷区,作用是抽出急冷带热交换后的热风,有的窑炉公司将这部分与缓冷和尾冷三者合起来用一台风机和一套管路,虽然这种方式节约成本,但只能用在较短(小于100m)的窑炉。它的缺点是调节时相互影响,尤其是无论调节哪部分,均会使窑压波动,而窑压的波动会引起产品质量的波动。所以,在设计时,这三者要尽量分开。

抽出方式是在窑顶设抽热风盒,抽热风盒设计多少道,视产品和产量而定,产量大时,道数多一些,原则是越接近缓冷段尾部越密,也就是说,尽量使热风在后部抽出,这样可使缓冷区断面温度均匀,减少炸砖的发生,有釉砖和瓷质砖更应注意。

如果抽热部分设计加上压力自控,对稳定窑压和稳定产品质量将有很大好处。

5) 缓冷风管路的设计:缓冷风管路布置在缓冷区,采用间接冷却原理,窑内冷却管设在辊棒上部,插入窑内的冷却管上并不打孔,车间自然风从窑的一侧进入管内,热交换后从另一侧抽出。这样无论怎样调整,均不影响窑压。插入窑内的缓冷却管直径的大小和每段窑炉所配的数量多少,都直接影响着冷却效果。

缓冷采用分组温度自控的方式较好,瓷砖在此区域对温度变化很敏感,易炸裂,分组温度自控可灵活设置温度梯度,并且自动控制温度,从而尽量减少砖坯在缓冷带的炸裂。

最好采用单独风机缓冷,这样当用手动或自动调整时,并不影响窑压,同时自身也不受其他部分的调整的影响。

6) 尾冷风管路的设计:当砖坯走出缓冷区时,缓冷区尾部温度为200℃左右,此时进入尾冷区的砖坯已比较安全,可快速冷却。尾冷区打入冷风有两种方式:一是和急冷区一样,在管路上打孔,采用一台冷却风机将车间自然风通过小孔吹向砖坯;二是每个窑段设4个轴流风扇,直接向窑内吹风。第二种结构比较简单实用,成本也低一些。第一种比第二种换热效率高一些。尾冷热交换后的热风的抽出比较简单，但也有两种方式：一种是从窑内引出一道至二道风管伸出车间外边，自然排风或在管道内加轴流风扇；另一种是用一台风机，通过设在尾冷窑顶的若干道吸风盒，将热风强制排出车间外边。前一种成本低，效果差，加轴流风扇又会引起维修不便。一般多采用后一种。

目前国内窑炉大多数都存在着产品出窑温度高的问题，主要还是因为冷却待带管路设计不合理的问题，这里有必要引起设计者的高度重视。

(5) 风机的选用

风机的选用主要依据选择流量的数据，如产品品种、产量、燃料种类、燃料热值、热风温度等；还有选择风机全压的数据，如窑炉长度、窑炉内空的宽度和高度尺寸、管路直径、管路的长度和走向等。因为压力计算比较复杂，在这里不作讨论，仅按类比法确定。在这里仅讨论流量的大概计算。下面以一条日产 $10000m^2$，产品为 $600mm \times 600mm$ 渗花抛光砖（$26kg/m^2$），燃料为发生炉煤气（热值 $6060kJ/Nm^3$），内宽 2.5m，内空高 900mm 辊道窑为例计算风机的选型。需要注意的是，理论计算仅作为选择风机的基础数据参考，实际的使用情况千变万化，此时经验非常重要。

1）排烟风机的选用

首先计算出煤气的小时用量：根据烧制 $600mm \times 600mm$ 渗花抛光砖，能耗按每千克制品 2400kJ 计算，则每小时耗煤气量：$10000 \div 24 \times 26 \times 2400 \div 6060 = 4290 Nm^3/h$。

根据计算出的煤气的小时流量计算烟气的小时流量，通过手册查得发生炉煤气的理论烟气量为 $1.84 Nm^3/Nm^3$，空气过剩系数按 1.3，则烟气的小时流量为：$4290 \times 1.84 \times 1.3 = 10260 Nm^3/h$。实际烟气温度有时达到 300℃，此时烟气流量应为：$10260 \times \dfrac{273+300}{273} = 21546 m^3/h$，此时所得的流量还不是最后选择风机的依据，考虑到窑头漏风和预热带负压引起的漏风，还要乘以一个安全系数，一般根据窑炉密封程度不同取 2~3 之间。

2）助燃风机的选用

发生炉煤气的理论空气量为 $1.16 Nm^3/Nm^3$，空气过剩系数按 1.2，则助燃风量应为：$4290 \times 1.16 \times 1.2 = 5972 m^3/h$，一般车间窑顶部位温度较高，如果按 45℃ 计算，则助燃风量应为：$5972 \times \dfrac{273+45}{273} \times = 6957 m^3/h$，此时所得的流量还不是最后选择风机的依据，考虑到氧化区供风和风机效率的问题，还要乘以一个安全系数，一般取 2 左右。

3）急冷风机的选用

砖坯进入急冷区时的温度为 1230℃，砖坯出急冷区时的温度为 650℃，急冷区空间温度为 550℃，砖坯产量为 $10000 \div 24 \times 26 = 10833 kg/h$，以此为基准计算所需风量。

陶瓷砖坯的比热容：$C_m = 0.84 + 26 \times 10^{-5} t_m$ [$kJ/(kg \cdot ℃)$]（其中 t_m 为砖坯温度）

当砖坯温度 1230℃ 时：$C_{m1} = 0.84 + 26 \times 10^{-5} \times 1230 = 1.16$ [$kJ/(kg \cdot ℃)$]

当砖坯温度 650℃ 时：$C_{m2} = 0.84 + 26 \times 10^{-5} \times 650 = 1.009$ [$kJ/(kg \cdot ℃)$]

则砖坯在急冷区散出的热量为：

$Q = 1.16 \times 10833 \times 1230 - 1.009 \times 10833 \times 650 = 8.32 \times 10^6 kJ/h$

忽略窑墙等部位散热，全部由急冷风降温。从手册中可查得 $1 Nm^3$ 空气加热到 550℃ 时，所需热量为756kJ，则需空气量为：$8.32 \times 10^6 \div 756 = 11005 \text{Nm}^3/\text{h}$

当车间空间温度为40℃时，所需空气量为：$11005 \times \dfrac{273+40}{273} = 12617 \text{m}^3/\text{h}$

实际选用风机时，还要乘以安全系数1.1左右。

4）抽热风机的选用

在急冷区打入冷风 $11005\text{Nm}^3/\text{h}$，这些风要靠抽热风机抽出，一般抽热风机出口温度为250℃左右，则抽热风机的理论热风量为：$11005 \times \dfrac{273+250}{273} = 21083 \text{m}^3/\text{h}$，实际选用风机时，还要考虑窑体漏风等因素，一般再乘以安全系数1.2左右。

5）缓冷风机的选用

计算缓冷风机的风量时，应考虑以下几个方面：

①从急冷过来的热风从550℃降为250℃时所散的热量 $3.7 \times 10^6 \text{kJ/h}$，计算过程略。
②从急冷过来的砖坯从650℃降为350℃时所散的热量 $3.7 \times 10^6 \text{kJ/h}$，计算过程略。
③窑体、辊棒、风盒等所散的热量，占散热量的45%左右。
④间接冷却管的换热效率，一般按90%计算。

总热量应为：

$$Q_\text{总} = 2 \times 3.7 \times 10^6 \times 0.55 = 4.07 \times 10^6 \text{kJ/h}$$

从手册查得每 1Nm^3 空气加热到250℃时，所需热量为328kJ，则需空气量为：

$$4.07 \times 10^6 \div 328 \div 0.9 = 13780 \text{Nm}^3/\text{h}$$

一般引风机的选用按200℃计算风量，则缓冷风机风量为：

$$13780 \times \dfrac{273+200}{273} = 23870 \text{m}^3/\text{h}$$

6）尾冷供风机的选用

基本数据：砖坯进入尾冷区的温度为350℃，砖坯出尾冷区的温度为100℃，进入尾冷抽风机时热风的温度为80℃。

砖坯在350℃时的比热容：$C_{m1} = 0.84 + 26 \times 10^{-5} \times 350 = 0.931 \text{kJ/(kg}\cdot\text{℃)}$

砖坯在100℃时的比热容：$C_{m1} = 0.84 + 26 \times 10^{-5} \times 100 = 0.866 \text{kJ/(kg}\cdot\text{℃)}$

砖坯在尾冷区散出的热量为：$Q = 10833 \times (0.931 \times 350 - 0.866 \times 100) = 2.69 \times 10^6 \text{kJ/h}$

从有关手册查得将 1Nm^3 的空气加热到80℃时需用热106kJ，则尾冷需空气：$2.69 \times 10^6 \div 106 = 25377 \text{Nm}^3/\text{h}$。当车间温度为30℃时，需用空气量为：$25377 \times \dfrac{273+30}{273} = 28165 \text{m}^3/\text{h}$。

7）尾冷抽风机的选用

尾冷区要供入 $25377 \text{Nm}^3/\text{h}$ 的空气，这些空气换热后温度升至80℃，由尾冷抽风机排出，风量应为：$25377 \times \dfrac{273+80}{273} = 32813 \text{m}^3/\text{h}$。

（6）燃气管路的设计

燃气管路的设计依据是通过产品的种类及设计产量、能耗、燃气种类及热值计算出燃气的用量，再根据燃气的用量和设计流速（参考《工业炉设计手册》）计算各部分管路的直径。管道材质按以下选择：当煤气压力大于等于50kPa时，一律选择无缝钢管制作。当煤气压力小于 50kPa 时，如果公称通径 $DN \leqslant 150mm$，选用低压流体输送焊接管（GB 3092—82）；如果公称通径 $DN > 150mm$，选用壁厚 6~7mm 无缝钢管或电焊管。

需说明的是燃气有好多种，热值相差悬殊，在计算管路时要注意。如发生炉煤气最低热值 $5225kJ/m^3$，石油液化气的热值达 $104500kJ/m^3$，天然气 $35500kJ/m^3$。另外还有杂质含量的问题，在各种燃气中，属发生炉煤气杂质含量最高，含有水、灰尘、焦油、硫化物等。这些杂质，必须在制气过程中用专用设备和工艺去除，如果这些杂质跑到窑上的管路里来，如水太多时就会发生堵塞管路，使气压不稳定；如焦油和灰尘太多，沉积在控制温度的自控阀里，使阀门运转不灵，温度失控；还会使烧嘴喷头堵塞，升温困难。含硫太多时，会使釉面砖的釉面不亮。上面所说的水、灰尘和焦油在制气过程中是不能彻底去除的，所以我们在燃气管路的设计时，还要考虑这一项。

(7) 传动系统的设计

传动系统的设计一般分为传动形式的确定，减速机形式的确定和在窑长方向的分布，辊棒直径和节距的确定等。

1) 传动形式的确定。实践证明，采用螺旋齿轮分组传动比较适用，优点是简单可靠，如果螺旋齿轮的材料选用 45 号钢，并且齿面采用淬火处理，其寿命达 4~5 年。目前在佛山地区辊道窑的螺旋齿轮传动系统已达到规模化标准生产，在佛山地区有几家专业生产辊道窑的螺旋齿轮传动系统的工厂，有条件的工厂都采用数控机床加工，加工工艺比较成熟，有一整套保证传动精度的工艺流程。螺旋齿轮传动缺点是需采用油浴润滑，处理不好容易漏油。也有个别工厂采用伞齿轮传动，其齿轮材料是粉末冶金，还掺有钼材料，其加工工艺是压铸成形。优点是有自润滑功能，不需油浴润滑，没有漏油的可能。缺点是需采用特殊模具成形，未形成规模化生产，价格较高。

2) 减速机形式的确定和在窑长方向的分布。国内目前普遍采用摆线针轮减速机，变频调速，这种减速机外形体积较小，安装方便，故障少。一般一台减速机带三个窑段，三台减速机或更多采用一个变频器，也有的为了方便调试砖距，在烧成区每台减速机用一台变频器。需注意的是减速机减速比的选择，需按照一个中等烧成周期产品计算出辊棒的线速度，再根据齿轮和链论的齿数比计算出减速机的减速比，再加上变频器的变频范围，可得到一个烧成周期范围较宽的传动系统。

3) 传动减速比的确定。

①确定辊棒的线速度。由窑炉的长度除以产品烧成周期即可得出，如窑炉长度为 260m，烧成周期 50min 时，辊棒的线速度为 $v = \frac{260}{50} = 5.2m/min$。

②确定辊棒转速。如选用直径为 $D = 60$ 的辊棒，辊棒的线速度 $v = 5.2m/min$，则辊棒转速 $n_2 = \frac{5.2 \times 1000}{3.14 \times 60} = 27.6 \text{ r/min}$。

③确定减速机的输出速度。已知大螺旋齿轮齿数 $Z_1 = 22$，小螺旋齿轮（连接辊棒）齿数 $Z_2 = 15$，主动链轮（连接减速机）齿数 $Z_3 = 15$，被动链轮齿数 $Z_4 = 30$，辊棒转速 $n_2 = 27.6r/min$，则减速机输出转速 $n_1 = 27.6 \div \left(\frac{15}{30} \times \frac{22}{15}\right) = 20.24r/min$。

④确定减速机的减速比。当减速机电机转速为 1450r/min 时，则减速机减速比 $i = \dfrac{1450}{20.24} =$ 71.6。这里计算出的减速比为没有变频器调速的前提下得出的，当采用变频器调速时，还要考虑变频器调速范围，再确定合适的减速机的减速比。

4）辊棒直径和节距的确定。辊棒直径是根据窑炉的宽度和所烧制的制品的单位平方米质量来制定的。辊棒的直径和棒距初步确定后，先按实际工作情况计算出每根辊棒的承重 P_0（kg），然后用下列公式进行校核：

$$P = K \times \frac{R_C \times 3.14 \times (D^4 - d^4)}{8 \times L \times D \times 9.8}$$

式中 P——单根辊棒允许承受载荷，kg；

K——安全系数，0.2~0.3；

R_C——1350℃下辊棒的实测抗弯强度，MPa；

D——辊棒外径，mm；

d——辊棒内径，mm；

L——辊棒的两支点距离，mm。

如果其结果是 $P > P_0$ 时，则辊棒的直径和棒距满足设计使用要求，否则需重新选择辊棒的直径和棒距。

辊棒的棒距设计需考虑两点，一是每块砖坯至少应与三个棒距接触，二是一般棒距不小于辊棒的直径加 15mm。

表 9-21 是金刚牌辊棒的理化指标。

表 9-21 金刚牌陶瓷辊棒性能参数一览表

性能	项目		型号				
			VJ95	VF95	DF95	GF98	KF-A
物理性能	密度（g/cm³）		2.2~2.4	2.3~2.5	2.5~2.7	2.7~3.0	2.5~2.7
	表观气孔率（显气孔率%）		22~26	20~25	16~20	12~16	15~20
	吸水率（%）		8~10	8~10	6~8	4~6	6~8
	弯曲强度（MPa）	室温	40~50	45~55	50~60	60~70	50~60
		高温	>30	>40	>40	>50	>60
			1300℃			1350℃	
	热膨胀系数（×10⁻⁶/℃）(25~1000℃)		5.7~6.0	5.7~6.0	5.9~6.2	5.9~6.2	5.8~6.1
	耐急冷急热性		好	很好	很好	好	很好
	最高使用温度（℃）		1200	1250	1300	1400	1300
主要化学成分	Al_2O_3（%）		74~76	74~76	72~74	76~78	72~74
	SiO_2（%）		21~23	21~23	20~22	16~18	18~20
	Fe_2O_3（%）		0.4~0.6	0.4~0.6	0.3~0.4	0.2~0.3	0.2~0.3

续表

性 能	项 目	型 号					
		VJ95	VF95	DF95	GF98	KF-A
应用领域	辊道窑	√	√	√		适用于重油、混合油、渣油、焦油、煤气等为燃料以及碱性气氛较强的辊道窑高温段使用
	釉面砖	√	√	√		
	彩釉砖	√	√	√		
	瓷质砖	√	√	√	√	
	日用陶瓷		√	√	√	
	磁性材料			√	√	
	微晶玻璃			√	√	
	卫生洁具			√	√	
	高技术陶瓷				√	
规格		直径$\phi 21 \sim \phi 70$mm，长度≤4800mm				
直线度		≤0.07%×长度				

注：1. 表中理化数据是通过实验室测试样品所得，仅供实际使用不同规格产品时参考。
   2. 辊棒尺寸、支承点距离、辊棒中心间距、在窑内的载荷量及负载宽度决定辊棒的最高使用温度。
   3. 表中最高使用温度是在实验室状态下的推荐数据，长期实际使用温度比最高使用温度低30~50℃。

9.3.5 辊道窑的安装

1. 辊道窑基础的制作

在施工前应严格按照车间的平面布局图放出窑炉基础的中心线及基础线，将基础位置开挖至老土，然后回填夯实，再按照基础图要求浇注钢筋混凝土。如果基础部位是凹地回填而成，必须打桩。

窑炉基础的单位承重力应大于20千克/平方厘米（20kg/cm^2），保持平整，整个地面水平面误差不能超过±15mm，窑炉基础应每隔40~60m留一道膨胀缝。

2. 辊道框架结构的制作和安装

（1）安装前的准备工作

1）下料：下料前，首先验证材质、型号、规格是否与图纸设计相吻合，并编号堆放。放样和号料，应根据工艺要求预留焊接收缩余量、切割系数、刨边和铣平等加工余量。加工制作件的切割线与号料线的允许偏差±0.5mm。

切割前，应将钢材表面切割区域内铁锈油污等清除干净，切割后，断口上不得有裂纹和大于1mm缺棱，并应清除边缘上的熔瘤毛刺和飞溅物等。切割截面与钢材表面的垂直度应不大于钢材厚度的5%，且不得大于1mm。

2）框架结构侧扇的制作：严格按图纸要求制作侧扇，要求侧扇的表面平整度误差小于1mm。侧扇的对角线误差小于1.5mm。其他尺寸误差小于±0.5mm。

3）辅件的制作：辅件即烧嘴框架、事故处理孔框架、观察孔框架等，辅件应严格按图纸要求制作。

4）安装模板的制作：严格按图纸要求制作安装模板，要求模板的制作误差小于±0.5mm。

5）检查侧扇是否符合图纸要求，确保在误差范围内。严格执行首件检验制度，即当第一件侧扇焊好后，严格按图纸要求检验首件的各部位尺寸，发现误差及时调整模板，准确无误后再往下进行。

（2）按平面布置图确定窑炉位置，在地面上用墨线弹出窑炉的中心线，并确认窑炉地基的中心线与窑炉的中心线重合。

（3）根据车间设备工艺布局图及窑炉基础图，在所要进行安装的场地上确定设备的定位基准。找出第一箱的起始位置作出中心线的垂直线作为第一箱窑炉框架前端面的起始基准线。

（4）以设备中心线为准，画出滑动脚座位置线。

（5）检查窑炉基础的水平情况以确定窑炉第一箱的水平高度，应以整个窑炉基础的最高点和最低点的中间值（绝对值小于30mm）为第一箱的水平高度（为保证调节螺栓有足够的调节范围，在画滑动脚座位置线时要测量并记录每一滑动脚座位置处基础地面的水平误差。调节螺栓的调节标准范围为±30mm，当基础地面水平误差超过±30mm时，低洼处应用适当厚度钢板垫高以便后面安装时最高位与最低位均有调节余地）。

（6）把第一节窑段所需滑动脚座安放在基础地面上并用膨胀螺栓固定，并临时焊接使滑动底座固定不动。由四人或五人为一个安装小组，将第一节窑段侧扇两端与安装模板通过定位销固定。然后放在滑动脚座上并用连接梁点焊上，调整使连接梁中点的投影点落在中心线上（用重锤吊线），要求窑段钢结构框架端面中心（即窑炉中心）垂直投影与安装场地中心线重合，左右偏差小于±1mm。同时使钢结构框架前端面垂直投影线与起始位置线对齐，前后误差小于±1mm。利用底部调整螺栓调节整体框架的水平度，水平度基准为窑体两端立柱辊棒中心孔下边缘组成的平面，要求窑段水平度误差小于±1mm。检查窑段的对角线及两端的对角线要求对角线的误差小于±1mm，如果大于±1mm，就要用焊拉杆的方法调整消除误差，调整符合要求后，再复查中心线及前端面垂直投影线和水平是否达到要求，确认达到要求后要将调节螺栓下面的锁紧螺母向上拧紧并将调节螺栓与滑动底座焊上以固定。

（7）将第一个窑段与第二个窑段连接处的模板的定位销打出，将第二个窑段的侧扇与第一个窑段用螺栓连上，并将另一端与模板用定位销固定。要求中心线误差小于±1mm，窑箱体侧面的垂直度误差小于1mm，箱体侧框架的对角线误差小于±1.5mm，箱体截面的对角线误差小于±1.5mm，箱体顶、底面的对角线误差小于±1.5mm，水平误差小于±1mm，调整完毕后用定位销及螺栓将第一、第二节框架相邻立柱连接紧固。每安装完一个窑段，应测一下安装后窑体的总长，及时消除长度方向上的误差。不得形成累积误差，全窑窑长方向误差不得超过±5mm。

（8）如何消除长度误差：安装时，箱体长度的误差必须在拼装每两箱时及时消除，不能形成累积误差。当箱体偏长就要调紧相邻段的连接螺栓，如果误差太大调整不了，就应将箱体侧扇割开重做。如果箱体偏短就适当调松螺栓，误差较大时在相邻段间加垫铁片。

长度误差的消除与否关系着后面传动的安装辊距是否能保证、辊棒是否水平、关系着以后传动走砖的情况，也就是窑炉能否正常生产的关键。长度误差如果过大将导致辊棒高低不平，砖阵紊乱。

（9）各窑段拼装后应复校钢架辊棒中心标高，全窑误差不得超过±1.0mm。安排一人至两人加焊顶、底中间纵梁的立面两面和平面，并且均要焊接。钢架顶、底横梁与立柱之间的平面和立面要求满焊。钢架上、下侧纵梁与立柱和顶、底横梁交接的位置，立面和侧面满焊。钢架全部焊接完毕后，要将钢架表面清除焊渣、打磨、除锈、喷防锈漆。如图纸有明确技术要求的，必须严格按图纸要求施工。

（10）按图纸要求铺设底板，底中间纵梁和底板纵向的两边要求断续焊，长30~40mm，间距200mm。在其他部位必须尽可能多地将钢板与底梁点焊。

（11）采用吊棉顶的顶板与顶纵、横梁处采用断续焊，长100mm，间距200mm。

（12）当窑段安装完毕后，按照图纸将辅件安装于窑段上。

3. 传动系统的安装

（1）传动系统安装前的准备。检查窑炉长度误差和对角线误差是否在允许的误差范围内，检查水平误差是否在允许范围内。在以上各项检查均合格的条件下开始传动的安装。

（2）根据检查结果在消化以上误差的原则下，将传动大角钢与角码组装好，然后将角码焊接在窑炉主动边侧扇相应位置上。在焊完一组后将另一对角码与大角钢组装好，再把角码焊在另一个箱体的主动边侧扇上。在焊接时一定要注意用水准仪或用透明水管检查大角钢在窑上的水平，其误差不得超过±1mm。

（3）用水准仪或用透明水管找出被动边被动支撑条角码的焊接位置。焊接时应注意主动边与被动边的水平误差不得超过±0.5mm。对角线误差不得超过±1mm。

（4）将辊棒夹套和轴承座组装后夹套应转动灵活，辊棒夹套的径向跳动偏差和夹套中心线相对大角钢安装面高度的偏差应在要求范围内。

（5）传动侧和被动侧的误差，安装后辊棒上平面两侧误差不超±1mm（冷调试时可根据走砖情况改变）。

（6）根据图纸规定的传动电机在窑上的分布情况安装传动轴上电机链轮和齿轮。主被动齿轮啮合良好，转动灵活。

（7）将传动电机座按图纸要求焊接在窑炉侧扇的相应位置。

（8）传动减速电机的安装应保证主被动链轮在一条直线上，链条张紧合适，然后安装好链条防护罩。

（9）在电机开动前，必须检查减速机内的油位情况将合适的润滑油加到油位镜的中心红点处。

（10）由电工接上电源线检查接线正确可靠后开动电机检查减速机发热和噪声是否超标。如果超标要作出相应的检查处理直至合格。

（11）插入辊棒准备冷调试。

4. 窑体的砌筑

（1）窑体砌筑前的准备

①按国家或企业标准及材料订购合同的要求，进行耐火、保温材料和制品规格尺寸及外观质量的检验、分类堆放。现场运输、装卸耐火制品时，按窑炉不同部位使用不同材质的要求，将耐火制品放置相对应的位置，轻拿轻放，并采取相应的保护措施。

②检查窑底板铺设是否平整是否有反弹现象，如有反弹应在此处加焊直至没有反弹

为止。

③放出框架中心线检查框架是否符合设计要求，如有不符合要求的应该立即让框架安装人员返工或调整，直至合格为止。

④确定标高，按通道截面尺寸，以辊棒中心标高定出上下通道尺寸，测定各砖层水平标高并进行预排，校核砌体的放线尺寸，严格按照设计图纸砖层高度和灰缝尺寸统一砌筑。按单元长度和宽度及砖缝和膨胀缝的要求，进行砌体预排。如砖的尺寸误差达不到砖缝和膨胀缝要求时，应进行适当的加工，并做好技术记录。

(2) 窑底的铺砌

在完成以上工作后开始铺砌，按照设计图纸的要求，根据各段温度不同的要求，使用不同的材质，上层与下层错缝砌筑。铺砌时应注意按图纸留设膨胀缝。砌筑每层砖后都要检查标高，以便及时消除偏差。

(3) 窑墙的砌筑

①在窑墙砌筑前必须先检查窑底标高是否达到要求，在确认达到要求后再开始砌墙。砌筑时必须严格按图纸要求的各部位的材质要求选用相应的材料。

②砌墙时必须每层砖拉线以确保每层砖的标高，注意按图流设膨胀缝。将膨胀缝缝内的杂物清理干净，再根据图纸要求，用相应温度级别的纤维毯填塞。

③对现场砌筑的窑炉采用错缝砌筑以加强保温，对出口窑炉每箱两端必须整齐留设膨胀缝，以保证箱体运输和到达现场后的拼装。

④窑墙砌筑时每层砖均必须在保证窑炉中心线和内宽的前提下操作，必须注意灰浆饱满度≥96%，窑炉砌筑应按四一操作法"一块砖、一刀灰、一揉紧、一靠拢"操作。

⑤窑墙保温层的纤维棉板之间必须压实，每层板之间必须错缝，对纤维板之间的缝隙要用相应的散棉填塞好以保证保温层的保温效果。保温层铺设时一定严格按图纸每层使用相应的材料，窑墙砌筑时，每砌筑一层砖墙后，先将墙脚与保温层之间的缝隙用相应材质的散棉填塞、层层见缝填塞。

⑥孔砖砌筑前必须保证下墙的标高要达到要求。孔砖的砌筑不用泥浆，而是用陶瓷纤维纸铺垫在上下，保证孔砖的自由膨胀和收缩，同时方便对孔砖的调整。每块孔砖用两根钢棒穿在传动夹套上，检查上、下、左、右的间隙，要求钢棒在孔砖内上边的间隙小于下边的间隙3mm左右，防止升温后，窑墙向上膨胀，辊棒擦孔砖的下端。由于孔砖是不打浆砌筑在抽出辊棒时应特别小心以免抽出时碰动孔砖。

⑦预留烧嘴砖的安装孔时一定要注意烧嘴砖的中心线要与烧嘴中心线相吻合，烧嘴砖四周用含锆纤维毯包好砌筑。砌筑完后将烧嘴砖周围的缝隙用含锆毯补塞好。

对采用碳化硅枪套的窑炉，一是在窑墙上钻枪套安装孔时，一定要制作夹具，保证孔不能歪斜；二是在安装碳化硅枪套包毯时前部一定要空出180mm左右的距离。

⑧砌筑时必须严格按图纸要求在相应部位留设事故处理孔、观火孔、观察孔等相应的孔洞。

(4) 吊顶砖的砌筑

①吊顶砖的粘结。粘吊顶砖时必须首先清除吊顶砖表面的灰尘等。粘结前还要检查粘结剂是否合格，然后将上面一块砖的砖面及吊板槽内用粘结剂填满，放好吊板，再将上面一块砖的吊板槽内用粘结剂填满，两块合一，前后左右揉动，将挤出的泥浆刮掉，粘结好的吊顶

砖放在一旁堆放整齐。两块吊顶砖及不锈钢吊片按图纸要求粘结整齐。粘结吊顶砖时，粘结剂必须饱和均匀。粘结吊顶砖的吊片时必须制作简易工装，保证所有吊片的吊钩孔中心与吊顶砖下沿的距离尺寸保持一致。

②粘结好的吊顶砖待干结后开始吊挂。砌筑吊顶时，按设计图纸上的通道高度尺寸来砌筑，将吊顶砖周围打满粘结剂，一挤一揉，这样才能保证吊顶砖的泥浆饱满度符合要求。窑炉吊顶时应按图纸要求选用厚度为20mm的含锆纤维毯（高温区）、高铝纤维毯（中温区）、普通硅酸铝纤维毯（低温区）填补膨胀缝。窑内吊顶砖缝勾缝，不要在吊顶砖缝隙周边抹粘结剂，应勾成清水缝。

(5) 窑顶保温层的铺设

首先按照图纸将各窑段相应的纤维毯根据两组吊顶砖之间的宽度切成相应的宽度，然后铺设在两组吊顶砖的吊片之间，在铺完一层后按图纸要求再铺上硅酸铝纤维棉或膨胀珍珠岩捣打料。

5. 风机管路系统制作安装

(1) 管道制作

风管下料前，先量好尺寸，画点线定位，将对角线用卷尺量准，用等离子切割机切割或剪板机定尺剪板。风管整排，先将风管焊缝用铁锤打圆后，管口径用小铁锤排圆，要求圆的直径一样。管道对口的错口偏差，应不超过管壁厚的20%，且不超过1.5mm，调正对口间隙，不得用加热张拉和扭曲管道的方法。管道焊缝应有加强面高度和遮盖面宽度，2~3mm厚的钢板，焊缝2~3mm；4~6mm厚的钢板，焊缝3~4mm。管道的对接焊缝或弯曲部位不得焊接支管，弯曲部位不得有焊缝，接口焊缝距起点应不小于1个管径，且不小于100mm，接口焊缝距管道支、吊架边缘应不小于50mm。焊接管道分支管，端面与主管表面间隙不得大于2mm，并不得将分支管插入主管的管孔中。分支管管端应加工成马鞍形。

管道焊口尺寸的允许偏差为：焊口平直度：允许偏差：$1/6 \times$壁厚；焊缝加强面：高度、宽度允许偏差 +1mm；深度允许偏差：小于0.5mm；咬边长度允许偏差：小于焊缝长度的10%。

管道焊接完后，应作外观检查。如焊缝有缺陷，应采取以下措施：

①焊缝不足部分进行补焊，对过高和过宽缝则做修整；

②焊瘤应铲除；

③咬合深度大于0.5mm清理后补焊；

④焊缝过热影响表面有裂纹，将焊口铲除重新焊接；

⑤焊缝表面弧坑、夹渣或气孔，铲除缺陷后补焊；

⑥管子中心线错开或变折，重新修整。

阀门的制作应牢固，调节和制动装置应准确、灵活、可靠，并标明阀门的启闭方向（开启方向为手柄与管道平行方向，关闭方向为手柄与管道垂直方向）。多叶阀叶片应能贴合，间距均匀，搭接一致。制作风管大小闸板，全部采用螺丝连接。阀板关闭时应严密，能有效地阻隔气流。

风机平台制作按图纸设计，考虑周边能通行工作人员及维修方便。

(2) 风机及管道安装

风机到场时，按国家或行业标准进行验收，图纸有特殊要求的按要求检查，并检查附件是否齐全风机安装前，先检查风机、电机型号、功率、方向角度是否符合图纸的设计要求。参考设备总图安装相应管道、平台及风机。管道安装注意事项：

1）按图施工，注意合理的安装顺序。

2）管道间用法兰或管箍连接时，其间的橡胶石棉垫或石棉绳密封填料要正确添加，做到严密无泄漏。

3）各类管道阀门安装前检查启闭灵活性，开关手柄的方向是否是与管道平行为开、与管道垂直为关。安装时注意使开关手柄朝向易于操作的方向。有些阀门对于介质流动方向有要求，请按要求安装。

4）风管与配件可拆卸。

5）支、吊、托架位置应正确、牢固可靠。水平安装：风管直径小于400mm，支、吊、托架的位置间距不超过6m；大于或等于400mm，支、吊、托架的间距不超过5m；水平度的允许偏差每米不应大于2mm，总偏差不应大于10mm。垂直安装：每根立管的固定件不应少于两个，垂直度的允许偏差，每米不应大于1mm，总偏差不应大于5mm。悬吊的风管应在适当处设置防止摆动的固定点。支、吊、托架不得设在风口、阀门、检查门处，吊架不得直接吊在法兰上。安装在托架上的圆形风管，宜设托座。

6）排烟、排潮、抽热等窑外热风管按设计图纸安装，每10m留设一道软接头，接头缝宽留50~80mm，用石棉布包箍一道，外用250mm铁板包箍。

大于ϕ400mm管径以上的风闸板，要求用"三角"螺栓定位。

7）助燃支风管在开孔前定好中心线高度尺寸，做一个模具，画好线，开孔时支管走向允许误差1mm。

8）窑内急冷不锈钢支管，应根据设计要求的间距和孔径进行钻孔，不得随意更改。

9）缓冷段底部抽热风罩口加焊钢板网，以防产品掉入风罩内。窑头底部排烟抽吸口加焊烟囱帽，以防砖坯掉入抽吸口内堵塞排烟管道。

10）所有烟囱帽，严格按图纸制作固定。

11）平台安装时，注意其立柱位置不可妨碍更换辊棒。风机平台底下固定风机脚的槽钢要求垂直焊接。

12）风机安装前检查叶轮与壳体间隙大小，转动不允许有碰撞、摩擦，所有固定零件的螺栓应拧紧。

13）检查风机的联轴器或带轮是否安装得可靠，风机轴与电动机轴的同轴度是否符合技术规定，三角皮带的张力是否适宜及带轮安装是否符合要求。风机应安装平稳，两风机的平整度相差≤±2mm。风机传动装置外露部分应增设防扩罩。

14）安装减振器，各组减振器承受荷载的压缩量应均匀，不得偏心。安装减振器的平台面应平整，减振器安装完毕，应检查其安装水平度、垂直度、轴承同轴度。在其使用前应采取保护措施，以防损伤。

15）风机运行时会产生振动，风机与风管都采用软连接不可与管道硬性连接，更不允许用风机承担管道质量。

16）高温风机运行时，主轴轴承需要冷却，冷却方式有风冷和水冷两种，如水冷时请按要求连接冷却水管，具体连接尺寸见《风机说明书》。

17）风管路上的压力表安装要方便观察。

6. 燃烧系统的制作安装

（1）燃烧系统的制作

各种阀门、管件弯头等应按设计图纸和清单上指定的产地，规格型号、材质订购。各种阀门到场时，按国家或行业标准进行检查验收。对各种进场的煤气管按国家或行业标准进行检查验收。要求无砂眼无裂纹表面无损伤。

1）按照设计图纸对煤气管进行下料，将煤气管内的杂物铁锈等清除干净。

2）按照设计图纸进行煤气管的焊接，焊接时管道对口的错口偏差，应不超过管壁厚的10%，且不超过0.5mm，调正对口间隙，不得用加热张拉和扭曲管道的方法。管道焊缝应有加强面高度和遮盖面宽度，4~6mm厚的管，焊缝3~4mm。不同管径的管道焊接采用变径管同心连接。

管道焊接完后，应作外观检查。如焊缝有缺陷，应采取如下措施：①焊缝不足部分进行补焊，对过高和过宽缝则做修整；②焊瘤应铲除；③咬合深度大于0.5mm清理后补焊；④焊缝表面弧坑、夹渣或气孔，铲除缺陷后补焊；⑤管子中心线错开或变折，重新修整。

3）对煤气管道进行除锈喷防锈漆，然后再喷黄漆。

（2）燃烧系统的安装

1）总体管路走向和控制分组应符合图纸规定。

2）管路安装前应清理干净管道内的污物，同时应做到横平竖直，美观好看。

3）法兰和螺纹连接应正确添加密封填料，做到严格密封不漏气。

4）注意各功能设备对于介质流动方向有要求时，请按要求安装。

5）管道阀门安装前检查启闭灵活性，安装时注意使开关手柄朝向易于操作的方向。

6）安装螺纹连接管件时应注意用力适当，避免滑扣和拧爆阀门。

7）燃烧管路上的压力表和流量计安装要便于读数。

7. 电气系统的安装

参考水电气布置图放置主电气控制柜。参考设备总图及电气原理图安装电缆桥架，现场安装各类柜外控制件，如电磁阀、热电偶、压力继电器、电动执行器、自动点火器等。将减速机、风机及各类柜外控制件电源线或信号线通过电缆桥架接至主控制柜相应接线端子。

9.3.6 辊道窑的调试

1. 辊道窑的冷调试

（1）清理设备周围现场，去除设备上或设备中的杂物，尤其注意传动系统齿轮之间、链条与链轮之间、风机及管路中不可有杂物。各润滑系统按要求添注润滑油。

（2）电气接线检查：按电气原理图及元器件使用手册检查电器设备接线情况。断开控制柜外电器设备电源开关，检查柜内接线情况，应排列整齐，接头牢固无松动。将每台减速机在空载情况下送电试运转，观察运行情况，检查启动、停止开关是否灵活，如有转向相反请调整。减速机运转符合要求后，停止运转并安装好减速机与传动主轴间链条，调节减速机到传动主轴间距离，使链条张紧适当。

(3) 传动冷调

1) 传动检查

①全面检查设备安装情况，如：检查有无缺损件，传动系统防护罩、连接件紧固情况等，如有不妥之处及时调整。

②将减速机与传动主轴间的链条从主动链轮上摘下，人工盘动链条使主轴转动，观察齿轮啮合情况，要求转动灵活，阻力均匀，无卡阻现象。发现问题及时调整。

③开启传动减速机空载运转8h，检查电机运转情况，检查电机、减速机温升情况，检查合格后，装上减速机与传动轴之间链条。再开启传动减速机运转8h，检查运转是否正常。对不正常的要立即处理直至正常为止。

2) 插入辊棒

一般所用陶瓷辊棒分为中、高温两种，应注意区分，严防用错。陶瓷辊棒插入传动系统辊棒夹套中以前，要先做好如下工作：

①将辊棒作好大小头标记，分区域放置大小头的朝向。

②在辊棒与被动托轮接触处套上保护弹簧（由于辊棒的烧制工艺，辊棒有大小头之分，按辊棒的标记，保护弹簧按两种装配：大头套弹簧、小头套弹簧各一半）。

③在辊棒的工作长度2500mm部位（内宽2500mm窑炉）涂上保护涂料。保护涂料分两次涂刷，第一次涂料晾干后再刷第二遍。涂料主要成分为Al_2O_3和黏土细粉，涂层厚度约0.3~0.5mm。

④陶瓷辊棒孔内两端窑墙位置处塞好相应窑段使用的高温陶瓷纤维棉，这可减弱窑内热量沿辊棒向外传导降低能耗，同时又可以保护传动夹套及其辊棒座内的轴承和被动边的轴承不被烧坏。

3) 调节辊棒

①所有辊棒上平面处于同一高度，辊棒中心与孔砖长圆孔中心重合或略高于长圆孔中心2~3mm。

②所有辊棒间距调整一致，窑段连接处辊棒间距允许有±1mm误差。

③检查辊棒是否与孔砖发生干涉，并校正孔砖。

4) 润滑

①摆线针轮减速机：N100~N220（GB 443—84 = ISO VG 100~220）机械油，在停机状态下加油，加油量为观油孔的居中位置。

②链条润滑：3号通用锂基脂（GB 7324—87 = Mobilgrease XHP 222）。

③齿轮副润滑：N100机械油（GB 443—84 = ISO VG 100）油池中润滑油加入量以运转时油面浸过大齿轮齿底即可。

④传动主轴轴承：3号通用锂基脂（GB 7324—87 = Mobilgrease XHP 222）。

⑤辊棒座轴承润滑：二硫化钼锂基脂。

⑥被动端托辊轴承：二硫化钼锂基脂。

⑦风机轴承：N100-N220（GB 443—84 = ISO VG 100~220）机械油。

(4) 风机的调试

1) 确认风机内及其连接管道内无异物，特别注意气割的铁板边角料和焊瘤的清除。

2) 用手或工具扳动联轴器或带轮2~3转，检查风机转子转动是否灵活，有无"憋劲"

或"卡住"的现象。检查进、出口阀门开、关是否灵活，并关闭进口阀门，出口稍开。

风机送电试运行（水冷却风机运转前必须通水），观察运行情况，如转向相反请调整。打开与风机连接的管道系统中所有阀门，缓慢打开风机进、出口阀门，利用风机产生的气流吹扫管道，同时观察有负载情况下风机运行情况。注意检查管道有无泄漏情况，如有泄漏及时处理。吹扫完毕后，逐步关闭管道系统各阀门。

引风机均系按输送气体介质的最高温度（200℃或更高）来计算所需功率和选定电动机，气体介质温度高，密度小，所需功率就小。引风机选定电动机功率比常温下的通风机的功率小很多。引风机在常温启动时，如风机阀门开的较大或全开，会使电机超载跳闸，这就要求常温启动时将引风机进口阀门关闭或关小开度不超过30%，待介质温度逐渐升高时再将阀门开大，并要注意电动机的超载情况。风机的启动要依次进行，启动完一个风机后要观察电流表的电流，要等电流稳定后，才能启动下一台风机。

3) 出于安全原因，如果抽烟风机没有首先启动，就不可能启动助燃风机。而且，如果以上两风机没有启动，则无法打开主燃气管路电磁阀。

(5) 调压站及燃气管路的调试

用助燃风或压缩空气吹扫燃气管道，完毕后，关闭燃气管路各控制组的手动球阀，关闭所有不能承受0.4MPa压力的器件两端的阀门以保护这些器件在打压时不损坏。将总管内打入0.3MPa的压缩空气，在保持该压力的情况下，用肥皂水在焊接缝及法兰和螺纹连接处检查有无泄漏。

关闭烧嘴前燃气球阀，打开各控制组的手动球阀，将全窑燃气管内打入0.1MPa的压缩空气，在保持该压力的情况下，对各燃气分、支管上的阀门，焊缝，法兰连接处用肥皂水试漏，一旦发现泄漏要认真修补，确保无任何泄漏。

分组打开各控制组的手动主球阀，并逐个清理烧嘴喷头。完毕后，关闭管道各阀门。

(6) 安全保护故障报警系统的调试

按窑炉安全保护系统故障报警内容逐项进行模拟实验，确保安全保护系统运行可靠，调试步骤如下：

1) 开启传动系统，将其中任意一台电机停止，看是否发生声光报警，看是否此组（一个变频器控制的电机数为一组）前边的所有减速机摆动，此组后边的减速机正常运转。检查是否达到以上要求，直至所有传动电机均达到以上要求为止。

2) 开启传动系统，将其中任意一台变频器停止，看是否发生声光报警，看是否此组（一个变频器控制的电机数为一组）前边的所有减速机摆动，此组后边的减速机正常运转。检查是否达到以上要求，直至所有传动电机均达到以上要求为止。

3) 开启排烟风机，然后开启助燃风机再打开煤气手动阀、电磁阀和气动安全阀。停止助燃风机，检查煤气电磁阀和气动安全阀是否立即关闭，并发出声光报警。检查达到要求后，再开启排烟风机，然后开启助燃风机再打开煤气电磁阀和气动安全阀。停止排烟风机，检查煤气电磁阀和气动安全阀是否立即关闭，助燃风机是否停止并发出声光报警。直至达到要求为止。

4) 使煤气压力达低于下限，检查煤气电磁阀和气动安全阀是否立即关闭，并发出声光报警。使煤气压力达高于下限，检查煤气电磁阀和气动安全阀是否立即关闭，并发出声光报警。

5）停止供电，检查煤气电磁阀和气动安全阀是否立即关闭。

（7）温度控制系统的调试

1）温度调节器及电动执行器

在温度调节器投入使用前，应详细阅读使用说明书，对温度调节器输入 PID 参数，这些参数值的大小，是从实践中总结出来的，它的正确与否，直接关系到温控系统运行的优劣。

断开电动执行器电源，对温度调节器进行通电。对每一个温度调节器进行各项功能检查，正常后将控制状态设置为"手动"控制。接通电动执行器电源，通过该控制组温度调节器人工控制键驱动电动执行器关或者开。当温度调节器阀门开度显示为"0"时，控制蝶阀应在最小位置。这个开度大小应使烧嘴能着火为准；当温度调节器阀门开度显示为"100"时，控制蝶阀应在完全打开位置。

以上操作完成后，将温度调节器控制状态设置为"自动"控制，改变其温度设定值，当设定温度与实测温度有偏差时，温度调节器将控制电动执行器向偏差趋于减小的方向运行。

手动调节助燃风时，要求助燃风量在电动阀开度最大时也能保证燃气充分燃烧。

当温控表显示电动阀开度为零时，电动阀必须有一定的开度，此开度以达到烧嘴小火燃烧且不熄灭为原则。

2）巡检仪

巡检仪通电调试，参考《巡检仪操作使用手册》对其功能逐一检查。

3）急冷自动控制

急冷风机的控制是由急冷带上部电动执行机构自动控制风机的出口阀门开度大小来控制急冷温度。其原理与上述的温控原理相同，只是阀门开度相反。

当急冷段温度变化由变频器控制风机转速的大小来实现时，实测温度高于设定值时由温控表给出信号，增大变频器的频率使风机的转速变快，以降低温度；实测温度低于设定值时，由温控表给出信号，降低变频器的频率，使风机转速变慢，以提高温度。

将变频器下限设定为 10Hz，上限设定为 60Hz。

（8）传动冷态运行调试

窑炉冷态连续运行 8h 无故障后，在窑炉有效宽度摆放砖坯，前后五排或更多，检查辊棒输坯情况。砖坯进入通道时，随时观察砖坯在辊棒上的运行情况，并测量外侧两块砖坯到框架的距离，要求砖坯在通过窑内时，任意位置左右跑偏误差不大于 30mm，五排砖或更多排前后错位不大于 50mm。以上走砖试验在连续作 3 次以后，如每次偏差均在允许范围内，视为传动走砖合格。

通过主控制柜内减速机变频器调节变频器输出频率，观察减速机转速变化情况。同时进行走砖试验，记录在一定的频率下，砖坯通过设备的周期，找出频率与周期的相应关系，建议工作频率在 30~60Hz 之间。

按下主控制柜操作面板上的"强制摆动"按钮，设备传动系统应处于全线正反转摆动状态，调整摆动时间，看是否与实际相符。

切断市电，启动发电机，调整至使用电压，切换至窑炉传动供电，检查发电机工作是否正常和窑炉运行情况。

以上各项工作完成以后，设备冷调试结束。建议在冷调试合格以后，设备仍需连续冷态运行 24h 以上，以检验设备运行的稳定性，及时更换有问题的各功能设备，减少正常生产中的故障率。

2. 烘窑和热调试

（1）点火烘窑

1）点火前的准备工作

①确认窑内已吹扫干净。

②确认调压站各手动阀、各控制组燃气主球阀、所有烧嘴前燃气球阀全部处于关闭状态。

③参照设备总图安装挡火板，挡火板与窑顶缝隙处塞好高温陶瓷纤维棉，此项工作很重要，挡火板处如不填实陶瓷棉，设备运行后会造成火焰外窜，烧坏吊顶砖的吊钩吊板，最终造成吊顶砖脱落的严重后果。

④测温孔、事故处理孔、观察孔密封要保证良好，保持窑内密封。

⑤孔砖与辊棒缝隙处塞好陶瓷纤维棉，散棉不能超出窑体钢架。

⑥启动排烟风机、助燃风机。

⑦启动窑炉传动减速机。

2）点火操作

点火前的准备工作完成后，按下述步骤进行点火：

①燃气主管气体置换：全开燃气调压站旁路阀门，全开窑上燃气主管道尾部放散阀，化验管道中燃气的含氧量，含氧量小于 0.5% 才可使用。

②确认助燃风压力与要求一致，一般烧嘴前压力不低于 300Pa（工作时根据需要再调整）。

③确认燃气主管压力与要求压力一致，一般为 5~8kPa（根据实据需要而定）。

④关闭调压站旁路阀门，打开安全电磁阀，根据烘窑升温曲线从最后一组烧嘴开始打开控制组自控阀管路阀门，关闭旁路阀门。

⑤将温度控制器置为"手动"状态，阀门开度置为"0"。

⑥断开该控制组中电动执行器与阀之间的连接，手动将电动阀的开度打开到 15%~20% 之间。

⑦调节烧嘴前助燃风阀开度在 30%~40%。

⑧点火器打火，慢慢开启烧嘴前燃气球阀，当确认已被点燃后，慢慢开大燃气球阀，再慢慢加大助燃风球阀开度，使燃烧充分为止。

⑨逐个打开烧嘴前燃气球阀，按⑦、⑧步骤点燃烧嘴，并使之正常燃烧（烧嘴一定要成对点燃，避免窑内温度不均现象发生）。

⑩每点燃一个控制组的 2 个烧嘴后，应将烧嘴前燃气球阀开至最大，同时手动将自控阀慢慢关小，直到烧嘴的火焰达到最小而不至于熄灭为止。

⑪将控制组的执行器与自控阀之间的连接固定。

⑫将温度控制器置为"自动"状态，并设定所需要的温度。

⑬根据烧成曲线，每点燃控制组的一对烧嘴后，都要进行一次最小火焰调整工作，否则该单元的温度不能自动控制再设定温度。

⑭点燃烧嘴的组数和该组的烧嘴数是根据升温曲线进行的，温度不要偏离升温曲线。所以，没有规律可循，一切围绕升温曲线进行。当每个控制组的烧嘴全部点燃后，一定要进行一次最小火焰的调整。当全窑升温完毕入砖坯前，还要进行一次全面的各组烧嘴最小火焰的调整，否则将影响温度控制精度。

3）烘窑

参考烘窑升温曲线：

常温~200℃：32h
200~250℃：32h
250~300℃：32h
300~500℃：32h
500~550℃：24h
550~600℃：32h
600~650℃：32h
650~700℃：4h
700~750℃：24h
750~800℃：32h
800~850℃：24h
850~950℃：24h
950~1100℃：16h

烘窑共约16d，1100℃后进入保温状态，等候随时升温进砖。

4）烘窑时注意事项

①严格按升温曲线升温，视全窑温度分布情况依照烘窑升温曲线，逐步成对点燃各窑段下部烧嘴。

②在各段的下部烧嘴点燃后，辊上温度低于辊下温度50~70℃时，在升温曲线允许的情况下成对点燃上部烧嘴。

③U形管检测各控制组烧嘴前燃气压力。当温度控制器开度显示为"0"时，嘴前压力约为100Pa（以烧嘴火焰最小又不灭火为准）；当温度控制器开度显示为"100"时，嘴前压力应为2~4kPa。

④在窑温低于700℃时，随时巡查烧嘴燃烧情况，发现熄灭及时点燃。

⑤窑温达700℃时需开动急冷风机和抽热风机。

⑥在窑温达700℃以上后，此时如烧嘴熄灭，窑内高温会自行点燃烧嘴，但需要检查烧嘴的燃烧状况是否正常。

5）检查烧嘴燃烧状况

①打开观察孔和事故处理孔，观察对面烧嘴的燃烧情况。正常燃烧的烧嘴火焰是蓝色，火焰底部为黄色。如火焰是黄色，底部为红色，则燃烧不正常，需增加助燃空气量或减少燃气量。

②根据窑温分布情况，要适当调整相关挡火板的上下位置及排烟风机前管道上闸板的开度，以便调节全窑压力分布，从而调节温度分布。

③循环水冷却风机在启动前就应打开冷却水，轴承温度要控制在80℃以下。

④烟气温度超过250℃时，要打开排烟管道上的配风阀，使进入排烟风机的烟气温度在250℃以下。

⑤烘窑期间，随点燃烧嘴数量的增加，助燃风压力、窑内压力会出现变化，应随时观察并调整。

⑥密切注意窑体耐火材料和钢结构的膨胀情况及孔砖与辊棒相碰的情况。操作人员因特殊情况需在窑顶上行走时，切不可踩踏窑顶耐火材料。

⑦烘窑期间，传动系统要连续运转，并随时检查传动系统的运行情况。

⑧烘窑期间，应随时观察设备各部分运行情况，发现问题及时处理。

⑨设备温度达到800℃后，可送入坯体（或制品次品）检验窑炉高温下输坯情况，如有问题及时调整。同时可以给冷却带带温烘窑，提高冷却带的温度，减少投产时产品的风惊等缺陷。

⑩无论是烘窑期间，还是正常生产，窑内压力都不可太高，否则轻者熏黑窑墙外侧板，重者使钢架变形不能正常走砖。一般烧成带尾部控制在0~5Pa之间，烘窑期间低一些，正常生产时最高不超5Pa。

⑪烧嘴点火一定注意：点哪支就开哪支烧嘴前的供气球阀，严格禁止未点火时为烧嘴供燃气。尤其是突然停电之后，一定要关闭所有嘴前燃气球阀，待来电后再按程序点燃。

⑫设备长期停窑后再启动时，请按以上操作顺序执行，烘窑时间可适当缩短，但不应少于7d。

⑬设备烘窑达到1150℃后，如设备各部分运转正常，按制品的烧成曲线调试制品的烧成周期，即可送入砖坯投入生产运行。

3. 制品烧成热工过程及调整

设备燃烧系统燃烧产生的烟气在窑炉排烟风机的作用下，由烧成带向预热带流动，同时温度逐渐降低，坯体入窑后与烟气逆向运行而不断加热升温。下面以调试一条内宽2.5m、长216m的，产品规格为600mm×600mm渗花砖，产量10000m^2/d为例，描述热调试过程，如图9-41（a）所示。某厂163.8m窑炉日产11000m^2而耐磨烧成曲线如图9-41（b）所示。

(1) 排烟带

温度范围：常温~500℃。此处指砖坯的温度而非表温，表温要比砖坯的温度高100~200℃。随着砖坯入窑时间的增加，砖坯与窑炉表温的差距逐步减少。

作用：排除干燥后坯体中的残余水分、部分结晶水和窑炉烟气。此阶段非常关键，如果此阶段水分排除过快会产生裂纹或炸砖，如果此阶段没有将残余水分全部排除，在进入下阶段时由于水分在600℃以上的高温下很容易由于水分的剧烈蒸发而产生边裂。

对于目前的快速烧成，入窑水分应控制在2%以下。一般采用提高入窑温度，使产品快速加热提前排水，在保证烧成周期不变的条件下尽量缩短加热时间，以增加排水时间。一般以入窑3m左右处的温度达到350~400℃为宜，10m左右处的温度达到400~450℃为宜，17m左右处的温度达到480~520℃为宜，24m左右处的温度达到530~580℃为宜，这样既能快速加热提早排水，减少排水所需的时间，又不会由于升温过快而引起开裂和炸砖。如果前温过低就会延长排水时间，从而导致延长烧成周期，否则就会在后面进入较高温度时由于水分未完全排除而引起开裂或炸砖。在砖坯温度达到450℃以上时，开始有部分结晶水排除。

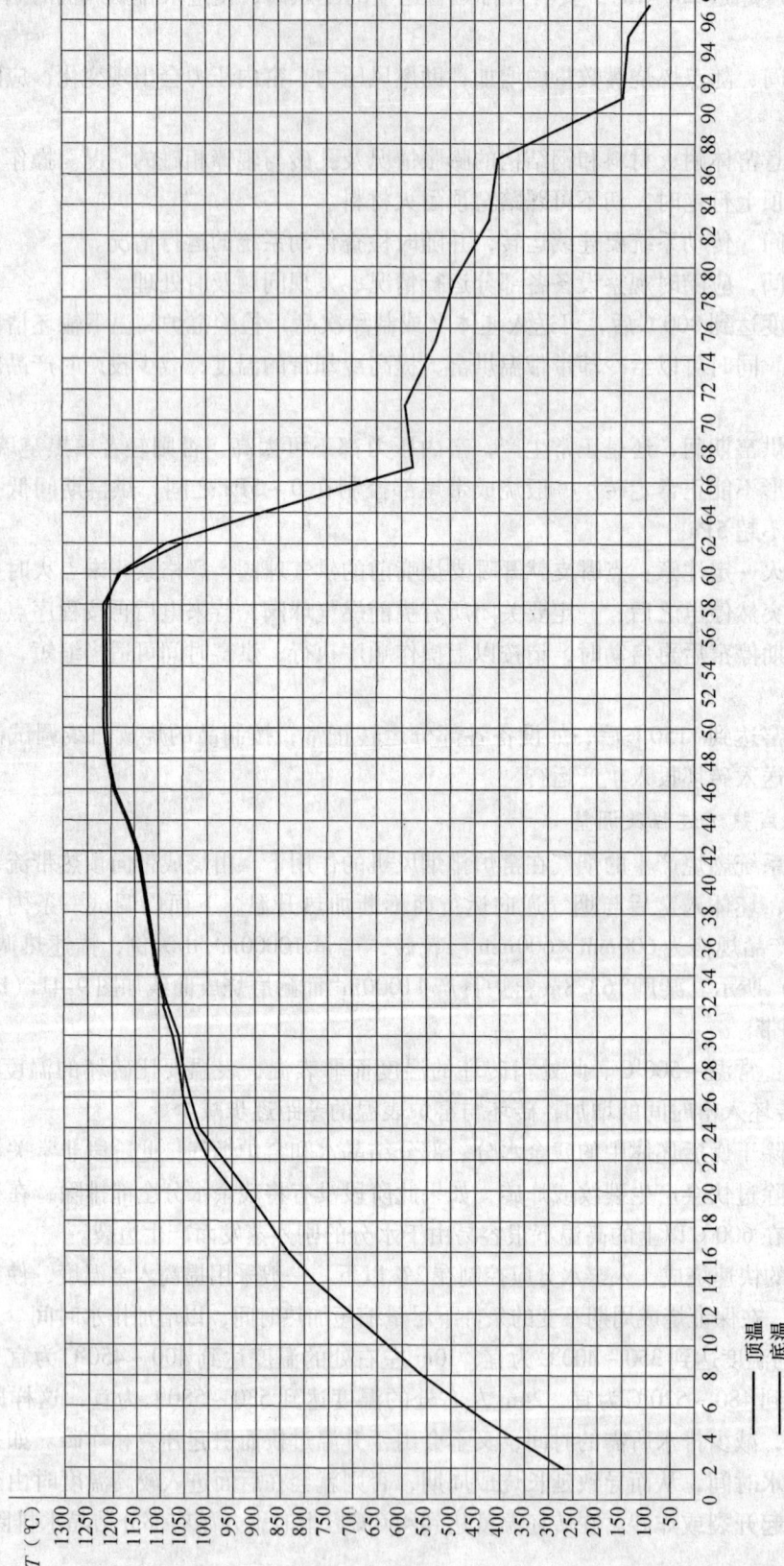

图9-41（a） 某厂215 6m窑炉日产10000m²渗花抛光砖烧成曲线

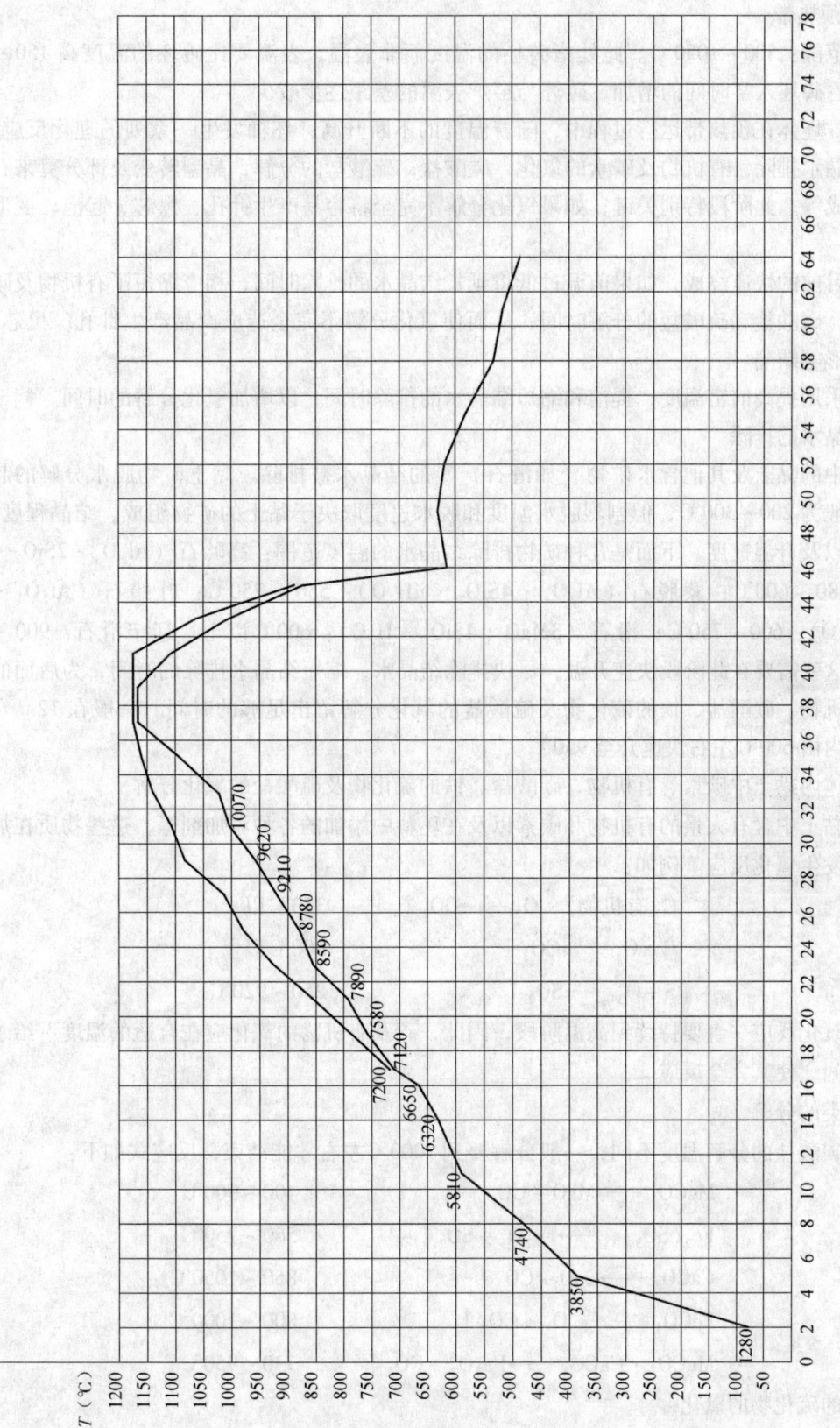

图9-41 (b) 某厂163.8m窑炉日产11000m²耐磨砖烧成曲线

(2) 预热带

温度范围：500～1050℃。此处指砖坯的温度而非表温，表温要比砖坯的温度高150～50℃。随着砖坯入窑时间的增加，砖坯与窑炉表温的差距逐步减少。

作用：坯体在预热带运行过程中，随着温度的不断升高，坯釉发生一系列的理化反应，主要有结晶水排除，有机物及碳素的氧化，碳酸盐，硫酸盐的分解，晶型转变及部分莫来石液相的生成等。此阶段特别关键，如果氧化分解不完全将容易产生针孔、黑芯、起泡、变形等缺陷。

对于目前的快速烧成，如果前温过低将延长结晶水的排除时间，相应缩短了有机物及碳素的氧化、碳酸盐和硫酸盐的分解时间，从而使氧化分解不完全造成产品产生针孔、黑芯、起泡、变形等缺陷。

一般采用提高前窑温度，提前和缩短结晶水的排除时间，以增加氧化分解的时间。

①结晶水的排除

坯料中的黏土及其他含水矿物（如滑石）等的结晶水被排除。黏土矿物脱水分解的起始温度一般为200～300℃，但剧烈脱水温度和脱水速度取决于黏土的矿物组成、结晶程度、坯体厚度以及升温速度。下面是几种矿物排除结晶水的温度范围：高岭石（$Al_2O_3 \cdot 2SiO_2 \cdot 2H_2O$）：480～600℃；蒙脱石（$Al_2O_3 \cdot 4SiO_2 \cdot nH_2O$）：550～750℃；叶蜡石（$Al_2O_3 \cdot 4SiO_2 \cdot H_2O$）：600～750℃；滑石（$3MgO \cdot 4SiO_2 \cdot H_2O$）：600℃以上；辽宁滑石：900～1000℃。这就需要在此阶段快速升温，尽快排除结晶水，缩短结晶水排除的时间，为后面的碳素、有机物、碳酸盐、铁的硫化物及硫酸盐的氧化分解留出足够的时间。一般在12m左右的长度内由600℃左右快速升至950℃。

②坯体内黏土中碳素、有机物、碳酸盐、铁的硫化物及硫酸盐的氧化分解

某些黏土中含有大量的有机物和碳素以及在坯料中添加的各种添加剂等，这些物质在加热时都会发生氧化反应。例如：

$$C(有机物) + O_2 \longrightarrow CO_2 \uparrow \qquad 350℃以上$$

$$C + O_2 \longrightarrow CO_2 \uparrow \qquad 600℃以上$$

$$S + O_2 \longrightarrow SO_2 \uparrow \qquad 250～920℃$$

有的氧化反应一直要持续到高温阶段，因此，碳及有机物的氧化应在合适的温度下给予足够的时间，使其完全反应。

③盐类的分解

各种碳酸盐的分解温度不同，一般分解要到1000℃左右才能结束，反应式如下：

$$MgCO_3 \longrightarrow MgO + CO_2 \uparrow \qquad 400～900℃$$

$$Fe_2(SO_3)_3 \longrightarrow Fe_2O_3 + SO_2 \uparrow \qquad 560～750℃$$

$$CaCO_3 \longrightarrow CaO + CO_2 \uparrow \qquad 850～1050℃$$

$$FeCO_3 \longrightarrow Fe_2O_3 + CO_2 \uparrow \qquad 800～1000℃$$

$$MgCO_3 \cdot CaCO_3 \longrightarrow Fe_2O_3 + CO_2 \uparrow \qquad 730～950℃$$

④铁的硫化物的氧化

黏土中的硫化物会在800～1000℃基本氧化完全，主要反应为：

$$FeS_2 + O_2 \longrightarrow FeS + SO_2 \uparrow \qquad 350 \sim 450℃$$

$$FeS + O_2 \longrightarrow Fe_2O_3 + SO_2 \uparrow \qquad 500 \sim 800℃$$

坯体中的碳素有机物、碳酸盐和硫酸盐的氧化分解主要集中在 800~1050℃ 才能完成。而此阶段表温一般要比砖坯的实际温度（特别是砖坯中心的实际温度）高 100℃ 左右。因此，在对生产渗花砖的窑炉进行调试时，此阶段以很快的速度将温度升至 950℃ 左右（这里应注意快速升温时烧嘴的燃烧状况，一定要完全燃烧必须烧氧化焰不能是还原焰，否则不仅不能起到加强氧化的作用反而导致氧化不好），然后缓慢升至 1100℃（用 40m 左右的窑长）。尽量延长 950~1100℃ 温度段的长度，使砖坯中的碳素、有机物、碳酸盐、硫化物及硫酸盐得到充分氧化分解。

⑤石英晶型转变和少量液相的生成

坯体中石英在 573℃ 和 870℃ 发生晶型转变，使体积膨胀，即：

$$\beta\text{-石英} \rightarrow \alpha\text{-石英} \qquad 573℃（体积增大 0.82\%）$$

$$\alpha\text{-石英} \rightarrow \alpha\text{-鳞石英} \qquad 870℃（体积增大 14.7\%）$$

在 900℃ 左右长石与石英、长石与分解后的黏土颗粒在接触位置处有低共溶物质的液相生成。

在此氧化分解阶段所发生的物理变化为：由于坯体中结构水的排除，碳酸盐等的分解以及有机物碳素的氧化，使坯体的质量急速减轻，气孔率增大，不同程度地发生了体积变化，同时有少量液相生成使坯体强度增加。

从以上的数值上看，870℃ 时 α-石英转化为 α-鳞石英的体积变化大达到 14.7%，而 573℃ 时的 β-石英转化为 α-石英的体积变化大只有 0.82%，似乎 870℃ 时 α-石英转化为 α-鳞石英会出现严重问题，但实际上由于它们的转化速度非常缓慢，同时转化时转化时间也很长，再加上液相的缓冲作用，因此使得体积的膨胀进行缓慢，抵消了固体膨胀应力所造成的破坏作用，对生产过程的危害反而不大。而低温下 573℃ 时的快速转化，虽然体积膨胀很小，但因其转化迅速，又是在无液相出现的所谓干条件下进行转化，因而破坏性强，危害性大。但在此阶段由于随着温度的升高产品收缩相抵消一部分，在此阶段只要坯体中石英含量不太高一般也不会开裂。因此此阶段只要适当控制可以快速升温。

(3) 烧成带

温度范围：1050℃~烧成温度（此处指砖坯的温度而非表温，刚进入烧成带时表温要比砖坯的温度高 50~80℃。随着砖坯入窑时间的增加，砖坯与窑炉表温的差距逐步减少，特别是在高火保温段两者温度逐步接近最后相差很少几乎相同）。

作用：继续进行氧化分解反应，玻璃相及莫来石晶体形成，产品在高温下烧结。坯体在此阶段的物理化学变化如下：

在预热带进行的氧化分解未完全完成的部分在此阶段继续进行直到砖坯表面熔融烧结气孔封闭为止。

①大量液相和莫来石新相的形成

由黏土矿物分解出的无定形 Al_2O_3 和 SiO_2，在 950℃ 左右开始转变为 $\gamma\text{-}Al_2O_3$，约在

1000℃以上与SiO_2反应生成莫来石。

随后约在1070℃开始熔化,析出白榴石并熔成液相。长石的熔化量随温度的升高而增加,此时熔体中的钾、钠离子向高岭石残骸扩散,形成少量熔质,从而促进高岭石转化为莫来石晶体。

②新相的重结晶和坯体的烧结

随着温度的继续升高,长石不断熔化,温度达到1200℃以上时几乎完全熔化,使液相量大为增加,液相不断溶解石英颗粒和黏土分解产物,当Al_2O_3和SiO_2溶解并达到饱和时,则从液相中析出新的比较稳定的结晶相——莫来石。析晶后的液相对Al_2O_3和SiO_2而言又呈不饱和状态,因此溶解过程不断交替进行,促使莫来石晶体不断长大并交错贯穿于瓷坯中起"骨架"作用,使瓷坯的强度增大,逐渐被烧结。

液相的另一个作用是能填充内孔隙,促使晶体重排,互相靠拢,彼此粘结成为整体,使坯体致密化。

在此阶段所发生的物理变化主要有:

——气孔率迅速降低,这是由于烧成中液相物质填充于坯体的孔隙所造成的。

——体积急剧收缩,由于玻璃相和莫来石晶相聚结成致密的结构,晶相的增多也加大了相对密度,造成体积的急剧收缩。

——强度、硬度增大,由于不断长大的莫来石晶体交错贯穿于瓷坯中起骨架作用,使瓷坯的强度、硬度增大。

——色泽改变,坯色由淡黄、青灰转变成白色,坯体显出光泽并具有半透明感,标志着坯体瓷化烧结。

在此阶段坯体一方面要继续升温,另一方面坯体内部要进行复杂的物理化学变化,此时不仅窑炉内不同部位的坯体之间存在差异,而且坯体内部反应进行的情况也不一致。为使坯体内部物化反应进行更加完善,促使坯体内组织结构趋于均匀一致,尽量减少窑内各处的温差,在烧成温度下进行高温保温和选择适当的止火温度(烧结温度)是非常重要的。止火温度有一个波动范围,对于烧结范围宽的坯料,可适当提高止火温度,减少保温时间。对于烧结范围窄的坯料,可适当降低止火温度而延长保温时间。

从以上我们可以看出,调试渗花砖等瓷质砖时,必须注意在刚进入烧成带时,由于有部分的碳素有机物、碳酸盐和硫酸盐的氧化分解未完成要继续完成。因此,在1150℃以前适当放慢升温速度(用16m左右从1100℃升至1150℃)以利于氧化分解的继续完成,在1150℃以后适当加快升温速度(用10m左右从1150℃升至烧成温度),这样可以减少波浪变形和大针孔的产生。用22m左右来高火保温以保证产品内外烧结度基本一致,保证产品的吸水率达标,以确保产品无后期变形。在此阶段要控制好烧嘴火焰的燃烧状况,保证正常燃烧,否则容易造成不同部位、不同时间的产品不相同。

(4) 急冷带

温度范围:1200~650℃。

作用:坯体在750℃以上,坯内玻璃相处于塑性状态,急冷可防止液相析晶、晶体长大及保持釉面光泽,并提高制品的机械强度,同时可以大大缩短冷却时间。如果此阶段降温不够,将增加缓冷阶段的压力。对于目前的快速烧成,由于在窑炉长度、烧成周期一定时此阶段降温不够,很容易造成砖坯在缓冷段降温困难,在过完缓冷段时砖坯的温度还在晶型转变的温度500℃以上,因而造成在最终冷却带风惊(有人称为"热炸")。如果降温过快、急冷风打入太多、缓冷前端温度过低,在缓冷前端就产生风惊(冷炸)。一般此段窑长11m左右在第9m左右处设有急冷自动控制,此处设定温度以540~560℃为宜。此段砖坯的实际温度还在650℃以上。

(5) 缓慢冷却带

温度范围:650~500℃。

作用:600℃以下,坯内液相开始凝固,石英晶型转化引起体积收缩,造成坯体内部出现应力,因此需控制冷却速度。此段采用间接冷却的办法,冷风不直接打入窑内,这样可以达到不影响窑压而使砖缓慢降温的目的。此阶段是产品冷却的至关重要的阶段,如果此段冷却过快,很容易在此阶段产生风惊(冷炸);如果此段冷却过慢,很容易在下阶段产生风惊(热炸),这是由于如果产品在离开此阶段时产品内部温度还未降到500℃以下就容易由于石英的晶形转变而产生风惊。此窑缓冷段共16个窑段靠近急冷两段无缓冷管也无抽热管,缓冷段缓冷管共分六组自动控制,每组两个窑段,每个自动控制组的设定温度分别为560℃、540℃、520℃、500℃、480℃。只抽热无缓冷管的5个窑段控制温度点两个分别为420~450℃、350~400℃。

(6) 最终冷却带

温度范围:500~100℃。

作用:坯体温度在500~300℃范围时,可以快冷,但在300~200℃之间由于有一次石英的晶型转变需注意适当控制冷却速度,防止坯体冷炸。但由于此阶段产品温度已经较低,冷却速度不会太快。一般不会产生风惊,故此段采用直接对砖坯吹冷风,及时将热风抽出的办法,使烧好的砖坯快速冷却下来。

4. 制品烧成热工调试中各温控表、烧成周期、窑压等的调整

(1) 按工艺确定的制品烧成曲线及周期调整窑炉

①根据制品烧成曲线,为每个温度调节器设定温度值,并使温度调节器处于自动控制状态。

②通过主控制柜内调频旋钮调节变频器输出频率,使传动系统运转速度满足烧成周期需要。

③通过调节各风机的变频器频率或阀门开度、管道阀门开度、挡火板的高度,调整出符合工艺要求的窑内压力制度(在窑的关键部位设置窑压表,随时监测窑内压力变化)。窑内辊上的零压面控制在急冷前一个位置较为合适。此窑零压位控制在急冷前30~35m处,如果窑内压力过高、正压过大会引起窑炉的钢结构变形,烧坏窑炉,大大缩短窑炉的使用寿命,同时也会引起砖坯变形、黑心等缺陷的产生。如压力过低,即负压过大,则不仅能耗增加,还会使窑内温差增大,烧出的砖出现尺寸差和色差等缺陷,同样会引起砖坯变形缺陷的发生。

④通过调整助燃风与燃气的配比,调整出符合工艺要求的窑内气氛制度。助燃风过少会引起窑温难升,造成不完全燃烧,使产品氧化不好引起砖坯变形、黑心等缺陷的产生。助燃风过量不仅造成燃气能耗增加而且造成变形缺陷的产生。

产品的烧成是一个逐步摸索、反复试验的过程,当确定出制品在本窑内的最佳烧成曲线、烧成周期和窑内各段压力、气氛制度等热工参数后，如没有特别需要请不要轻易变更。

（2）热调试注意事项

①挡火板调整后，一定要用高温陶瓷纤维毯和棉填实两侧，以防火焰外窜烧坏吊钩、吊板，造成吊顶砖脱落。

②孔砖两侧陶瓷棉使用一段时间后会收缩和粉化，应及时填充或更换，保证窑炉密封。

③事故处理孔和观察孔用后要及时密封，防止烟气外溢。

④要密切观察烧嘴砖（燃烧室）的运行情况，出现大的裂纹应及时更换。因为烧嘴砖碎掉后，很快就会危及窑墙。

⑤烧成带微正压操作时，最高正压不能超过5Pa。

⑥一定要按说明书操作程序点火，否则有可能发生爆炸事故，后果严重。

⑦必须按说明书升温，新窑或维修更换耐火材料后升温时间不少于15d，正常停窑检修不少于7d。如升温太快会使窑墙裂缝，吊顶砖断裂掉落，严重降低窑炉的使用寿命。

⑧助燃风的供给必须满足窑炉升温时的需要，否则升温时烧成带温度升不上去，燃气会到预热带甚至到排烟风机里燃烧，后果是预热带温度失控，烧坏排烟管路和风机。

⑨热风机在冷态启动时应关小阀门，否则可能会超载跳闸。

⑩要定期清洗燃气总管的过滤器，必要时，更换过滤网。

⑪要定期清理辊棒，不要混用不同特性的辊棒。

⑫正常生产更换辊棒，应使用干燥的和预热好的辊棒。

⑬正常生产时如果停止进砖，应关闭窑最前部部分烧嘴或打开事故处理孔，以免预热带和排烟带温度太高。待正常进砖时再点燃烧嘴或关闭事故处理孔。

9.3.7 辊道窑的维护与保养

1. 传动系统的维护与保养

（1）定期更换润滑油

①减速机初次运行300h后更换一次润滑油，以后每3个月更换一次。

②齿轮副润滑油经常检查，发现减少及时补充，每隔6个月应放出油盒中的脏油，更换新的润油。

③传动链条一个月加一次润滑脂。

④主传动轴轴承、辊棒座每3个月加一次润滑脂。高温段加二硫化钼锂基脂，其余加钙基脂或锂基脂。

⑤被动端辊棒托轮每周滴注一次润滑油。

（2）定期检查运动件运行情况

①每天检查链条要注意调整张度，不可过松过紧或偏斜。

②每班检查减速机、电机等运转正常，无异常噪声或温升。

③每半小时检查辊棒运转正常，无脱落、断棒或停转现象。

④每周检查各种连接件、紧固件无松动脱落现象。

⑤每天检查有无异物、脏物卡阻的隐患。

(3) 陶瓷辊棒的使和维护（参见 9.3.3）

①给辊棒涂保护料层：在辊棒的工作长度部位，涂上辊棒涂料，以保护辊棒面。辊棒涂料主要成分为 Al_2O_3 和黏土。

②套上耐磨弹簧：耐磨弹簧能防止辊棒磨损，保证辊棒保持在同一平面。

③给辊棒塞棉：陶瓷辊棒孔内端头附近塞好高温耐火棉，这可减少窑内辊棒把热量传到端部，防止辊棒断裂。

④辊棒的清洁：由于坯粉、滴釉等原因，会造成辊棒上存有堆积物（有的产品在预热带与烧成带交接处较多），随之出现砖坯走向不成直线，窑炉出砖不整齐，可能会引起砖坯的阻滞，需对辊棒进行清洁或修整。

⑤严格实行操作规程，仔细进行砖坯清扫。用紫铜片将毛边刮干净，然后用毛刷扫干净。

⑥经常检查和清理辊棒。将有堆积物的辊棒取下，用专业机器或手用金刚磨光片清洁重新刷涂料后，可用于窑炉相应区域。为了全面掌握陶瓷辊棒的损坏、清洁磨损情况，要建立辊棒的使用档案，根据使用的情况，适时地周期地更换和维护辊棒。

⑦坯底涂层：为防止砖坯在辊棒上粘结、熔化，必须在接触辊棒的砖坯底面涂上一层保护层，坯底涂层的主要成分为 Al_2O_3 和黏土。控制坯底涂层的质量，一般将砖底涂料的浓度控制在 28～30 波美度。以烧成后砖底有一层淡淡的白色为止。

⑧更换辊棒时，应将窑炉温度降至 800℃ 左右，否则容易造成断棒。辊棒从窑内抽出来后，必须保持低速转动，否则辊棒容易变形、断裂。

⑨更换断辊棒时，必须用烘干预热后的辊棒。

2. 电气和仪表系统的维护和保养

（1）检查电气控制柜内各组件应工作正常，无异味、异声、过热、接触不良等情况，更换不可靠组件，每日一次。

（2）检查各类指示灯、显示仪等应正常，无损坏或异常现象，更换不可靠组件，每日一次。

（3）检测各风机电机的工作电流值，并做好记录，每周一次。

（4）温控表正常工作后，不要随意改变 PID 参数值。

（5）柜内每周清扫一次，吹扫元器件上的灰尘。应用吸尘器吸尘。

（6）对灰尘较多的现场电柜应每两天至三天吸一次尘，总之以电柜内清洁无灰尘为准。

3. 风管路和燃烧系统的维护和保养

（1）风管路及燃烧系统的维护与保养

①风机运行正常，无异常噪声、振动，电机无异常噪声及温升。

②风机冷却水必须正常供应。

③管道工作正常；风量调节方便可靠；阀门开启灵活，无锈蚀或卡阻。

④燃烧系统烧嘴燃烧正常，无冒烟、蹿火现象，无异常燃烧噪声。温度控制可靠，反应灵敏，控制精度满足烧成工艺要求。

⑤经常检查总管的燃气压力，使其控制在要求的范围内。

⑥定期清洗燃气过滤器，防止堵塞。

⑦经常检查烧嘴燃烧室的破损情况，及时更换破损的烧嘴砖。

⑧经常检查烧成带正压不能高于5Pa。

⑨孔砖与辊棒之间、挡火板与窑顶之间经常检查有无漏火现象，发现后及时塞好高温陶瓷纤维棉。

(2) 风机的定期维护与保养

①初次运行1个月后更换一次润滑油。

②风机连续运转3~6个月，要进行一次轴承检查，并每3个月更换一次润滑油。

③定期清除风机内部的灰尘、污垢等。

④定期检查风机三角皮带磨损情况。

4. 长期停窑注意事项

(1) 停窑时应注意根据温度变化情况适当调整降温速度，在刚降温时先将除下部少数几支烧嘴外的各组烧嘴的燃气阀关闭，关停尾冷部分的风机。待温度降到750℃以下时关小未开的烧嘴的助燃风，关停急冷风机、间冷风机、抽热风机。待温度降到600℃以下时关闭未开的烧嘴的助燃风，待温度降到400℃以下时关闭余下的烧嘴及其助燃风，并关停助燃风机，随后关停排烟风机。待温度降至常温时方可停止传动电机并将辊棒抽出，以保护窑炉及窑内的辊棒。窑内的辊棒也可以像换棒时一样在800℃左右时将辊棒换出以保护辊棒。将抽出的辊棒进行打磨，上辊棒浆然后入库保存。

(2) 停窑后应进入窑内对窑炉进行检查维修，应对窑炉的风机、传动、电机、电器部分等进行检修。

(3) 长期停窑时，应在容易锈蚀的部分涂上防锈剂或油漆。

(4) 停掉冷却水，并且轴承座的冷却水要放掉，以防冬季结冰而冻裂。

(5) 防止电动机和其他电气部件受潮。

5. 发电机的定期维护与保养

参照《发电机使用保养手册》制定出保养日程表，以保证发电机能随时启动投入运行。

6. 其他维护与保养事项

①经常检查传动齿轮的啮合情况，发现异常及时调整。运行一段时间后主动齿轮的固定顶丝可能松脱，紧固时一定要让传动停一下进行紧固工作，运转时紧固很危险。

②经常检查传动链条的张紧情况，发现较松时及时张紧。

③定期清理辊棒，否则辊棒结疤时会使走砖情况变差。

④用水冷却的风机必须保证水流畅通。

⑤发电机应每天运转一段时间，以保证随时使用。

7. 故障分析与排除

(1) 传动系统常见故障与处理，见表9-22。

(2) 停电

窑炉在运行时，有时会遇到突然停电，需窑炉操作人员对此紧急处理，步骤如下：

①快速关闭各烧嘴前燃气手动球阀，要确保关严。

②同时关闭控制组手动球阀和调压站调压阀前的手动球阀，确保关闭。

③工作人员应在停电半分钟内启动应急驱动，将电送到窑炉。

④打开窑上燃气主管尾部手动放散阀。

表 9-22　传动系统常见故障与事故处理

现象	产生原因	排除方法
噪声大	链轮不在一条直线上 链条太松或太紧 链条或链轮磨损 链轮、斜齿轮断齿 润滑不良 减速机磨损 电机轴承磨损 油槽或链条罩与链条、链轮、齿轮发生干涉	调整链轮位置 调整链条 更换链条、链轮 更换链轮、斜齿轮 加润滑油 更换传动减速机 更换电机轴承 调整油槽或链条罩
链条跳齿	链条磨损 链条过松 链轮齿根部堆积了杂物 链轮尺寸不对或与链条不配套	更换链条、链轮 张紧链条 清除杂物 更换正确尺寸链轮，保证配套
辊棒不转	卡簧片断裂，辊棒从辊棒夹套脱落 辊棒座轴承损坏 链条断裂 传动减速机故障 传动电机烧毁 传动电机控制问题 大齿轮紧定螺钉松动，齿轮滑脱 小齿轮锁紧螺钉松掉，平键脱落，齿轮空转 主传动轴联轴套滑脱	更换卡簧片 更换轴承 更换链条 更换、维修传动减速机 更换、维修传动电机 电工维修 校正大齿轮，锁紧螺钉 装好平键，锁紧螺钉 校正主传动轴联轴套，锁紧螺钉
出砖凌乱	传动水平问题 辊棒堆积物太多 砖坯进窑不整齐或不密排 被动面弹簧脱落	重新调整局部水平 清理辊棒 调整或改进入窑机 更换弹簧
断辊棒	辊棒与孔砖干涉 辊棒座轴承运转不灵活 被动边轴承卡滞 窑内堆砖 吊顶砖、挡火板脱落 辊棒质量差 换辊棒时操作不当	调整孔砖位置 更换辊棒座轴承 更换被动轴承 传动转入摆动状态，清理堆砖 清理吊顶砖、挡火板，查明脱落原因 重新购买辊棒 严格按操作规程操作

（3）恢复供电时点火，步骤如下：

①检查控制柜电压，370~400V 为正常，观察电压是否稳定，同时将传动转速适当调整。

②按以下顺序启动风机：排烟风机、助燃风机、抽热风机、急冷风机（按需要）、冷却风机（按需要）。启动风机时，要等前一台启动的风机运转正常后，再启动下一台风机。

③打开调压站调压阀前的手动阀，确认并打开窑上燃气主管尾部放散阀。

④待燃气主管稳压后的压力达到使用要求的值并稳定后（观察压力表），从烧成带尾部开始点燃烧嘴，一组烧嘴点燃后，点燃其余烧嘴。

(4) 突然停燃气或燃气压力低于允许的最小压力，主管道关闭，处理步骤如下：

①快速关闭各烧嘴前燃气手动球阀，要确保关严。

②同时关闭控制组手动球阀和调压站调压阀前的手动球阀，确保关闭。

③打开窑上燃气主管尾部手动放散阀。

④停止砖坯入窑。

⑤关小助燃风机。

⑥待烧成带后部的砖走出后，关闭间冷风机、急冷风机、冷却风机、抽热风机。

⑦遇有安全电磁阀关闭的情况，处理步骤与上述相同。

⑧询问停燃气原因，排除故障。

停气后，再次点火的步骤与停电后点火步骤基本相同，但如停气是由于燃气站或管道故障，则再次点火前，燃气主管道要进行气体置换，含氧量小于0.5%然后才可点火。

(5) 砖坯叠砖

砖坯叠砖产生的主要原因有：

①烧成时砖坯严重变形或破碎；

②辊棒断裂或不转；

③辊棒上粘结物过多，致使砖坯走偏；

④砖坯粘辊棒；

⑤传动减速机不转；

⑥传动减速机前后速度不合适，窑头传动减速机速度快过窑后方向传动减速机的速度。

叠砖位置判断方法如下：

①如果窑炉某段连续几根或整根轴或整台电机控制的辊棒都不转，则一定是叠砖的位置所在。

②从观察孔和事故孔判断，如果在此口看不到砖坯，叠砖定在此位置之前。

③从窑头或窑尾向窑内观察。

如果窑内叠砖的情况不严重且叠砖继续行走，可以让其正常走出，但应密切注意观察直至该部分全部走出为止。如果叠砖严重，砖坯不能正常走出，按以下步骤处理：

①启动窑炉强制摆动，停止砖坯进窑。事故发生位置往窑尾方向的砖让其正常走出。

②如果发生在最高温度段或以后，必须立即降低窑炉温度。

③抽出叠砖段事故处理孔上方的辊棒让叠砖砖坯掉入窑内，如果砖坯已粘在辊棒上，辊棒无法抽出则必须打断辊棒让其掉入窑内。

④将掉入窑内的砖坯和断辊棒从事故处理孔钩出。

预防叠砖的方法是：

①定时巡回、检查辊棒的运转情况，发现问题及时处理。

②如烧成时某处砖坯炸裂严重，辊下碎坯堆积过高，影响窑内砖的正常行走，这时应及时清除这些碎砖。

③在使用辊棒前要刷保护涂料，砖在入窑前要上坯底涂层。

④保持烧制的砖与烧成制度相符，不能烧不明烧成温度的试样。

9.4 梭式窑

9.4.1 梭式窑的特点与种类

1. 梭式窑的特点

（1）生产过程是间歇、分批的，烧成周期由装窑、烧窑、冷窑和出窑 4 个过程组成；

（2）窑内热工制度和烧成制度都是按一定规律随时间而进行周期性变化的，不是恒定的；

（3）能够灵活改变热工制度，生产方式和时间安排灵活，对烧成制品适应性强，既可作为生产的主要烧成设备，又可作为辅助烧成设备；

（4）结构紧凑，占地面积小，相同产量下，投资比隧道窑低；

（5）排烟温度变化大：烧成初期温度低，烧成后期温度高；

（6）热耗比辊道窑、隧道窑高，单位容积效率低。

2. 梭式窑的种类

梭式窑是一种现代化的间歇式窑炉，被烧的制品码放在窑车上，推入窑内关闭窑门，密封好后，既可开始按烧成曲线烧窑，止火后冷却至出窑温度，再打开窑门将窑车拉出或推出，如图 9-42、图 9-43 所示。

梭式窑的分类：

按所用能源的种类可分为油加热、气加热和电加热三种；

按窑内轨道和容车数可分为单排、双排和三排等，每排可容车 1 辆或多辆，根据窑的有效容积大小决定；

按窑体两端所设窑门数可分为一端有窑门和二端均有窑门两种；

按火焰流动方向，可分为倒焰、平焰和旋风等类型。

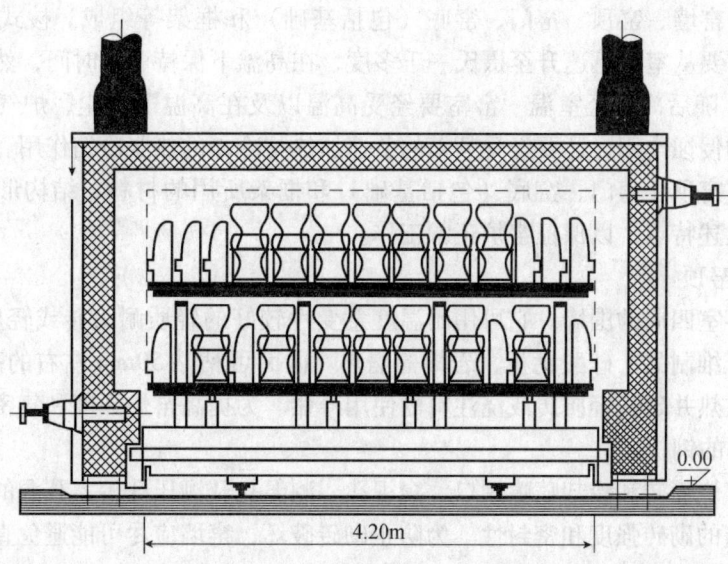

图 9-42 梭式窑剖面图

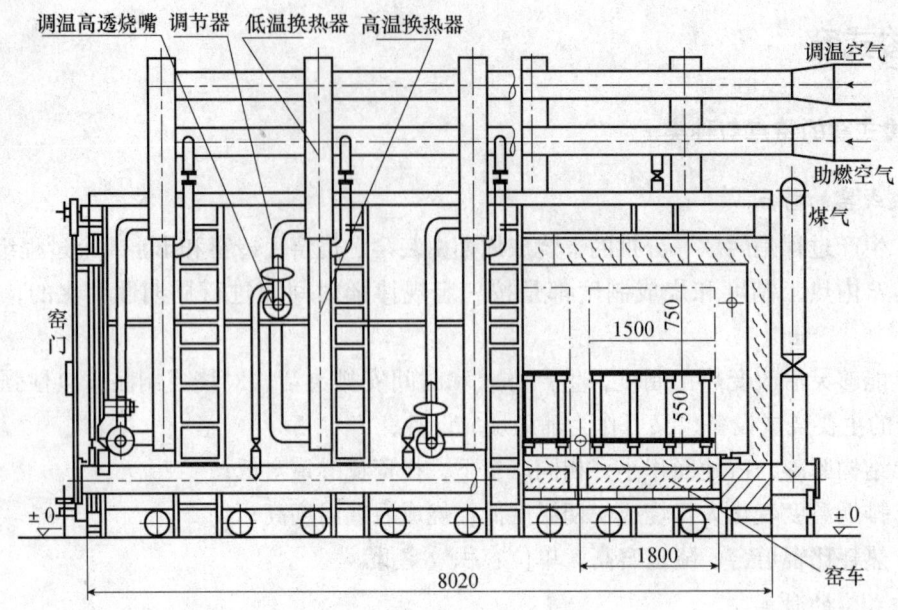

图 9-43 梭式窑外观图

9.4.2 梭式窑的结构

梭式窑在建筑卫生陶瓷行业主要以油、气加热为主，因此这里主要介绍以油、气为加热源的梭式窑结构。梭式窑由窑体系统、燃烧系统、排烟系统、余热利用系统、冷却系统等组成。

1. 窑体系统

窑体系统由窑室系统、窑车系统等组成。

(1) 窑室系统

窑室系统由窑墙、窑顶、窑门、窑底（包括基础）和框架等组成。梭式窑窑室工作条件相当恶劣，它要从室温迅速升至摄氏一千多度，在高温下保持一段时间，然后再急速冷却至 600~700℃，随后冷却至室温。窑室要经受高温以及在高温下炉尘、炉气、坯体与釉料的低熔挥发物的侵蚀作用，还要经受频繁的急速加热与冷却的热胀冷缩作用。因此，组成窑室系统的窑墙、窑顶、窑门、窑底（包括基础）和框架所用的材料、结构形式和尺寸等方面都必须适应上述特点，以保证窑炉正常工作。

1) 窑墙、窑顶

窑墙是指窑室四周的围墙。它可用耐温度急变性较好的轻质耐火砖或轻质浇注料砌筑，外部用硅酸铝纤维制品、硅酸钙板、岩棉等隔热。内面可粘贴50mm左右的高温耐火纤维，以减少蓄热、散热并延长轻质砖或浇注料的使用寿命。为提高窑炉强度和气密性，窑墙外常包以 3~5mm 厚的钢板。

窑墙上开有烧嘴砖和冷却喷嘴用口、窥视孔、测温孔及测压孔等。孔洞的设置应注意不使它们影响窑墙的砌砖强度和密封性。为防止砌砖破坏，窑墙应尽可能避免直接承受附加载荷，窑门、管道、换热器等应设在钢架上。在强度较低的轻质耐火砖和耐火纤维制造的窑墙上，也不应放置质量较大的烧嘴砖等，它们应由钢架来承重。

窑顶按其结构形式可分为拱顶和吊顶两种。

拱顶是用楔形砖砌成，拱顶的拱角一般在60°~180°之间，60°的拱顶采用得较多。拱顶的材料常用轻质高铝砖，拱顶上面采用硅酸铝纤维、岩棉等轻质材料。在拱顶砖的内面可以粘贴50mm左右的耐高温耐火纤维，以减少蓄热、散热并可延长轻质砖拱顶的使用寿命。

断面较宽的现代梭式式窑常采用平吊顶。平吊顶是由异型砖构成，异型砖用吊杆单独地或者成组地吊在窑炉的钢梁上。吊顶砖的材料常用轻质耐火砖，吊项砖外面常用硅酸铝纤维等轻质耐火材料覆盖。

由于重质耐火材料的蓄热量很大，现代梭式窑大量使用隔热性好、体积密度小、蓄热量小的耐火纤维。耐火纤维窑墙和窑顶的结构主要有三种：

①用陶瓷杆锚固多层不同材质的耐火纤维毯。烧成温度高的窑采用氧化铝纤维、莫来石纤维、含锆纤维、高铝纤维；烧成温度较低的窑采用普通硅酸铝纤维，甚至岩棉毯，这样的结构经济合理。但陶瓷杆锚固件是重质材料，蓄热多，还是传热的良导体，因此增大了蓄热和散热损失。另外，如果陶瓷杆的品质不过关，在多次冷热交替下会断裂，纤维毯就会脱落，这种结构现已日趋减少。

②在冷端用轻型耐热钢夹紧并锚固耐火纤维Z形折叠块，Z形折叠块需用同一材质的纤维毯制成，在材料的利用上并不十分合理。但施工方便，使用可靠，是目前全纤维炉衬的主流结构，应用广泛。

③带堇青石-莫来石护瓦，用陶瓷杆锚固多层不同材质的耐火纤维毯或Z形折叠块。护瓦具有保护耐火纤维免遭冲刷及侵蚀作用，但其本身是重质材料处于窑墙的热面，加上陶瓷杆锚固件的蓄热、导热作用，其蓄、散热量会比较高，并使造价与施工难度增加。目前仅在少数窑上使用。

2）窑门

现代陶瓷梭式窑的窑门大多采用型钢和钢板焊接而成，内侧衬有耐火纤维或轻质耐火砖。应注意窑门的使用条件，避免高温下产生变形。

窑门放置在窑门框、窑车端面紧密接触，以减少冷空气的吸入或热烟气的漏出及热辐射的损失，常用耐火纤维进行密封，采用机械压紧、气动压紧和液压压紧都可达到密封的目的。其中用人工操作机械压紧，方法简单可靠，投资少；气动和液压压紧虽然投资较多，较为复杂，但能实现自动操作。

窑门放置在窑门框上，窑门框与窑体钢架联成一体。窑门框的温度较高，且窑内一侧的温度要比窑外侧的温度高许多。因此，窑门框通常用耐热铸铁或热刚制作，且留出不均匀膨胀的余地。

窑门的开闭运动方式有垂直或倾斜升降、一侧开闭、两侧开闭、整个窑门与窑体分离然后向一侧滑，或做成窑门车等多种方式。

尺寸不大、重量轻的侧开窑门或窑门车用人工即可开闭；尺寸和重量较大的应采用电机、气动或液压作为动力。

垂直或倾斜升降的窑门常用滑轮机构，并挂一平衡重锤，以减轻提升的重量。窑门的提升常采用电机作为动力，也可用气动、液压作为动力。

窑门及其他运动机构通常固定在钢架上，并尽量使窑门不与窑门框、窑墙、窑车发生碰撞。

3）窑底和框架

为使窑墙、窑顶坚固，并能在操作情况下保持其形状，梭式窑须设立钢筋混凝土基础和钢框架。基础的作用是防止窑体的塌陷，稳固框架。框架的作用是：

①加固窑体的轻质耐火材料构件、砌体，承受窑炉拱顶的旁压力或窑炉吊顶的全部重量，并把它们的作用力传给窑炉基础。

②构成窑炉骨架，在它上面安置窑炉全套附属设备，如窑门框、烧嘴、管道、仪表及电缆等。

③抵抗轻质耐火材料构件、砌体的高温膨胀，防止窑体产生变形。

钢立柱是钢结构的主体，用地脚螺栓固定在钢筋混凝土的基础上。为了使窑炉的钢架成为牢固的整体，钢立柱之间须用角钢或槽钢焊接连在一起，此时窑的各部分砌砖，必须留有膨胀缝并夹有衬垫物，以保证砌体的外形尺寸不发生很大的变化。现场组装梭式窑就是将钢构架分段做成便于运输的牢固构件，窑衬、管道、轨道等已预先装配，到现场后只需进行简单的联结组装工作，即可进行调试交付使用。

（2）窑车系统

窑车系统由窑车、窑具、拖车和轨道等组成。

1）窑车

窑车的台面在窑内构成密封的窑底，梭式窑窑车结构与隧道窑的基本相同，但梭式窑窑车一般比隧道窑的大，而且密封方式有所不同。

窑车装载着坯件推入窑内，经预热、烧成、冷却后由窑内拖出，待产品接近室温即可进行卸车和重新装载坯件，窑外已装好的另一组窑车可立即推入窑内进行烧制。

为充分利用梭式窑的生产能力，通常配备窑内可容纳窑车数量的2倍，甚至3倍以上的窑车。

窑车的密封措施是直接影响窑车运行和窑炉操作性能的主要因素之一，通常通过沙封和耐火纤维密封体的压紧来实现。

窑车两侧耐火纤维密封体的压紧是靠手动、气动、电动、液压等方法来实现的。压紧的机械、汽缸或液压缸设在窑门或窑墙的下部，窑车进入窑内就位之后，才启动动力或人工将耐火纤维密封体压紧，实现密封。窑车出窑之前，撤出压紧设施后方能出窑。因此，一些自动化程度较高的梭式窑实现连锁控制。密封装置未压紧，不能点火；密封装置未松开，不能打开窑门。

用电动或手动的方法进行压紧，简单可靠，投产少；用气动或液压实行压紧，机构简单，易实现自动控制，但要注意选用可靠的气动或液压元件，避免运行中发生漏油、漏气及其他故障而影响窑炉的运转。

窑车端部的密封积转小，目前多采用耐火纤维作为密封件，靠顶紧窑车进行密封，一般密封效果尚好。但当车端的耐火纤维毡密封填料不满、粉化脱落或对压不良也让容易起火，故应加强维修，发现问题及时更换，否则密封不良就会大量蹿火，造成烧坏窑车的事故。

2) 窑具

梭式窑一般窑内有效高度较大，窑车上设置多层棚架，可多层码放产品，稳定性要求高。

梭式窑窑具结构多种多样，采用的材料也各不相同。窑具应尽量采用高温强度好、厚度薄的材料，烧制卫生陶瓷的梭式窑常使用堇青石-莫来石或碳化硅质的空心长立柱、棚板及薄形多孔板，使用重结晶碳化硅质或氮化硅结合碳化硅质的横梁、各种形状的支凳、棚板连锁件等窑具来支撑和固定制品。

3) 拖车

拖车是梭式窑运行窑车、进窑与出窑用的设备，多为电动。

有的梭式窑两端都设有窑门，窑车往返穿梭而过，无须将窑车运到另一轨道上，可不设置拖车。

对于中、小型梭式窑，由于采用轻型窑车，进窑、出窑、运转窑车和拖车等工作较为轻松，人工都能承担，可以不采用电力驱动。

梭式窑的进、出车可以用在一固定轨道上移动的小车装置来实现，用往返运动的钢丝绳牵引，小车上装有可以改变方向的单向推（拉）头，以推（拉）动窑车进（出）窑，窑车到位时，触动连锁开关，自动断电，窑车停止运动，随后推（拉）头往返到推（拉）车的预备位置上。小车的启动应有人工控制，小车的驱动应采用可调速的电控装置，以保证窑车启动平稳。进（出）窑的速度不应大于10m/min。

梭式窑的进、出车也可以采用液压或气动机构来实现。

4) 轨道

窑车运行轨道由窑内轨道、窑外拖车轨道、窑外停车轨道和装车轨道等组成。现代梭式窑采用轻质窑车，装载质量也较轻，一般采用轻轨。

2. 燃烧系统

现代梭式窑的燃烧系统都用高速烧嘴。因为是间歇式窑炉，所有使用的高速烧嘴有两个特点：一是烧嘴射程需要不断调温；二是烧嘴功率需要有较大变化。因此，多采用高调节比的调温高速烧嘴。大、中型梭式窑的窑室空间尺寸往往比隧道窑的大，其烧嘴射流要求较高的速度，最大喷口速度在100m/s左右。烧嘴通常采用立体交错地布置在窑室的两侧墙上。在料机垛间应留出100~400mm的火道。其宽度随隧道增大而增大。有热回收装置的梭式窑的烧嘴使用经热回收设备的热空气助燃。随窑室升高，此助燃空气温度也越来越高。

有的梭式窑采用普通高速烧嘴。这种梭式窑的调节性能较差，窑温均匀性和气氛均匀性也因此较差，烟气向制品的传热速率也差一些。但烧嘴结构、管路及控制系统都不调温高速烧嘴的简单一些。这种燃烧系统可应用于烧成工艺要求不很高的场合。

由于梭式窑烧嘴功率变化较大，为使燃料与助燃空气能按给定的空气系数同时增减，梭式窑燃烧系统大都配有燃料-空气比例调节器。有采用面积控制系统的，有采用压力控制系统的，但流量控制系统的则不多见。不少梭式窑采用连杆联动燃料阀和助燃空气阀的比例调节（面积控制）。这种装置简单可靠，但因阀门的线性范围有限，难以精确保持燃料-空气的比例。

3. 排烟系统

梭式窑的排烟系统是由排烟孔、烟道、烟道阀门、烟囱、排烟机或喷射排烟器等组成。排烟的抽力是靠烟囱、排烟机或喷射器产生的。排烟方式分为自然排烟与机械排烟两类。当排烟阻力在500Pa以下时，可选用自然排烟（即烟囱）。

烟囱分为砖烟囱、钢筋混凝土烟囱和钢板烟囱三种。烧制陶瓷的梭式窑常选用钢烟囱和砖烟囱。

排烟阻力较大，采用自然排烟有困难时，则采用机械排烟。机械排烟分为通风机排烟和喷射器排烟两大类。前者排烟温度根据通风机耐高温性能而受到限制，一般不高于250℃，温度过高时需混入冷空气来降低烟气温度。喷射排烟可不受排烟温度的限制，虽然效率低，但应用方便，投资少。

排烟孔可布置在窑底、窑顶、窑侧墙下等。

烟道是指梭式窑排烟孔至烟囱底或排烟机之间的砖砌通道或金属管道，包括垂直支烟道、水平支烟道、汇总烟道和总烟道等。

烟道不宜过长，以免烟气阻力大，温度增加。烟道断面要合理，不宜过小，过小阻力大；也不宜过大，以免浪费和增加烟气温度降，基本的要求是下游的烟道流通断面积大致等于其上游各烟道流通断面积之和。如总烟道流通断面积大约与各水平支烟道流通断面积之和相等。

烟道内设置烟道闸门，用以调节窑内压力。控制窑炉的热工制度，对提高燃料利用率及产品质量等方面有重要作用。

常用的烟道闸门有耐火材料（黏土质、高铝质）烟道闸板、铸铁烟道闸门（温度低的采用铸铁，温度较高的用高硅耐热球墨铸铁）和耐热钢（Cr25Ni20、1Cr18Ni9Ti 等）制件的耐热闸板。

烟道闸门也有用上述材料做成转动式的，主要用于进行自动控制的窑炉，但结构较复杂，安装要求严格，烟气温度过高或操作不当，易出现故障。

窑内压力的调节可利用烟道闸门来调节流通的阻力，也可用调节排烟装置产生的抽力来实行。如调节喷射器的喷射介质的喷射速度，从烟囱的旁路通入空气以降低排烟速度，改变排烟机转速来降低抽力等，都是一些比较可靠的方法。

4. 余热利用系统

梭式窑的热耗高于隧道窑和辊道窑的重要因素是排烟损耗过大，达到燃料化学热的60%～85%。梭式窑的离窑烟气温度与制品温度相差无几，因此，合理利用排烟带走的热量来预热助燃空气是降低能耗的主要措施之一。

热回收设备有：对流式（空气流平行于换热表面）、喷流式（空气流垂直于换热表面）、辐射式等。喷流式的给热系数比对流式的高一倍以上，因此可以显著降低壁温，成倍地减少换热面积。近年来，喷流式得到广泛的应用。北京工业大学近年研究出两种新型热回收设备：一种是插入管喷流辐射式热回收设备，每根管子都是顺流或逆流流向的多级串联喷流换热管，可在1400℃烟气温度下工作，空气预热温度达到烟气进口一半左右，维修容易；另一种是烟筒型喷流辐射式热回收设备，每段换热筒的空气侧为顺流向的多级串联喷流式结构，烟气侧为大直径圆筒。这种热回收设备烟气侧的流体阻力小，可在1400℃或更高的烟气温度下工作，空气预热温度也可以达到烟气进口温度的一半左右。

近年来还出现梭式窑排烟口防辐射损失装置。由于在高温时窑内温度比排烟口内高得多，因而有相当多是辐射热造成的损失。此装置为蜂窝结构，烟气流动不受影响，但可大大减少从排烟口辐射损失的热量。这种装置还可避免窑内高温面直接对热回收设备器壁的辐射。

5. 冷却系统

梭式窑在冷却阶段是靠烧嘴喷射空气或经热回收装置的预热空气冷却制品。空气管道就是原来的助燃空气管道，使用的风机也是原来的助燃风机。

9.4.3 梭式窑的设计

1. 有效容积

梭式窑有效容积 $V_{效}$ 可按下式计算：

$$V_{效} = \frac{G\tau}{\kappa\rho}$$

式中　G——梭式窑每小时产量，件/h 或 t/h 或 m^2/h；
　　　τ——烧成周期，窑车从入窑到出窑经历的时间，h；
　　　κ——每窑次烧成合格率，%；
　　　ρ——装窑密度，件/m^3 或 t/m^3 或 m^2/m^3。

2. 炉底面积

已知单位时间内进行加热的产品质量，即炉子的生产能力，即可按下式计算炉底面积 A：

$$A = G/P \quad (m^2)$$

式中　G——梭式窑每小时产量，件/h 或 t/h 或 m^2/h；
　　　P——炉子生产率，件/($m^2 \cdot h$) 或 t/($m^2 \cdot h$) 或 $m^2/(m^2 \cdot h)$。

求得炉底面积后，还应根据最大加热件尺寸及其他工艺要求确定炉底宽度 B 与炉底长度 L。加热件在炉底的摆放位置应保证：炉墙两侧及炉底前后端与加热件之间应留有 150~200mm 的间隙。

3. 炉膛高度

炉膛高度影响到炉内热交换过程的正常进行。炉膛高度过高，会使炉子升温速度降低，燃料消耗增大，炉体造价增高；炉膛高度过低，会使工件受热不均匀，延长工件均热时间，同样不利于提高炉子升温速度和节约燃料。炉膛需保证有充分的辐射面积，又需使炉气充满炉膛，此外其高度也与工艺需要的炉内装料高度、烧嘴安装高度等因素有关。

对于常规炉型，一般根据加热室炉底宽度 B 与长度 L 的平均尺寸，即炉底平均边长 $B' = 1/2(B+L)$，选取炉膛高度经验值 $H(m)$。

使用直焰烧嘴加热炉时，$B' = 0.5 \sim 1m$ 时，$H = (1 \sim 0.8)B'$；$B' = 1 \sim 2m$ 时，$H = (0.8 \sim 0.6)B'$。

使用平焰烧嘴加热炉时，$B = 0.5 \sim 1\text{m}$ 时，$H = (0.8 \sim 0.6)B'$；$B' = 1 \sim 2\text{m}$ 时，$H = (0.6 \sim 0.5)B'$。

非常规炉型或规格较大的炉子，炉膛高度可参照下式计算：

$$H = (A_b - A_g)/2(L + B) + h \quad (\text{m})$$

式中 A_b——不包括炉底在内的炉壁内表面面积，$A_b = \omega A_d$，m^2；

ω——炉围伸展度，对于燃气炉：$\omega = 3.5 \sim 4$，对于燃油炉：$\omega = 3 \sim 3.5$；

A_d——炉底面积，$A_d = LB$，m^2；

A_g——炉子拱顶内表面面积，对于 60°拱顶：$A_g = 1.046A_d$；对于 90°拱顶：$A_g = 1.11A_d$；

L、B——炉底长度及宽度，m；

h——炉子拱顶弦高，m。

4. 烧嘴数量及布置

选择烧嘴前，先进行燃料消耗计算，根据炉子最大燃料消耗量确定烧嘴数量。烧嘴总能量应为最大燃料消耗的 1.2~1.3 倍。烧嘴间间距一般取 0.696~0.928m。

炉膛宽度小于 1.5m 时，允许只在单侧炉墙上布置烧嘴，但为了改善炉内气流情况，更好地均匀炉温，炉膛宽度大于 1m 时，往往在双侧炉墙上均考虑布置烧嘴。

烧嘴安装高度应超过加热件装料高度，以避免火焰主流部分直接与加热件接触，防止过热和烧损。

5. 有关计算参数

（1）离炉（如排烟口处）烟气温度：低于正常炉温 50~100℃。

（2）下排烟时烟道闸门前烟气温度：950~1000℃（炉温 1300℃）。

（3）排烟速度。烟气在烟道各区段内的流动速度称排烟速度，梭式窑排烟速度取值表见表 9-23。

表 9-23 梭式窑排烟速度取值表

排 烟 速 度（Nm/s）					
上 排 烟			下 排 烟		
排 烟 口	分 烟 道	总 烟 道	排 烟 口	分 烟 道	总 烟 道
1~2	0.5~1	0.8~1.5	1.5~2	0.8~1.5	1~2

注：当实际选用的烟囱抽力有较大富裕时，可采用比表内数据适当加大的烟气流速，但排烟口的最小截面积不应小于 116mm×116mm。

（4）离炉烟气量

离炉烟气量可按下式计算：

$$V_y = KBV_a \quad (\text{Nm}^3/\text{h})$$

式中 K——系数，0.95~1.05；

B——炉子最大燃料消耗量，Nm^3/h 或 kg/h；

V_a——单位燃烧生成气量，Nm^3/Nm^3 或 Nm^3/kg。

（5）炉膛压力

计算炉子排烟阻力时，规定炉膛零压线在炉底平面上，此为正常的炉内压力分布。

9.4.4 常用梭式窑技术性能指标

典型梭式窑的主要技术数据见表9-24。

表 9-24 典型梭式窑的主要技术数据

项 目	卫生瓷梭式窑（美国 SD 公司）	卫生瓷梭式窑（意大利 Siti 公司）	电瓷梭式窑（美国 Bickley 公司）
窑容积（m^3）	56.9	184	
燃料	液化石油气	燃气	发生炉冷煤气64
总烧成时间（h）	16~24	12~18	92
窑具与产品质量比		约1.2~1.3	0.45~0.5
装载容量（m^3）	31	99	64
年产量	12万件/年	40万件/年	737.8t
烧成温度（℃）	1260	1160~1180（重烧）	1270（还原气氛）
排烟口位置	顶部排烟	烧嘴处排烟	窑车中心向下排烟
烧嘴个数	6（脉动式）	18	15
热回收设备形式	无	自身预热烧嘴	管式
单位热耗（kJ/kg）	约10.5	约7.5（重烧）	43.5
窑门形式	垂直升降式	两侧旋开式	倾斜升降式
窑车长×宽（m）	16.56×5.49	1.45×5.0	
窑长×内宽×内高（m）	4.95×5.75×2.00	13.1×5.2×2.7	

9.5 熔块窑

熔块窑是制备熔块的热工设备。将部分原料在熔块窑内加热，使其熔化成均一玻璃状物质，然后用水淬成小块，即熔块。熔块窑与玻璃熔窑类似。

9.5.1 熔块窑的特点和分类

1. 熔块窑的特点

（1）熔块窑物料在加热过程中不仅发生化学反应，而且其形态也发生变化。入窑原料为数种粉料，在窑内加热后熔化成具有流动性的熔融体，流出后遇水急冷又成固体。

（2）熔块窑内传热主要是热源向配合料与熔体的传热。

（3）熔块窑内物料可承受较大温差。

（4）窑衬不仅要承受高温，还要承受熔体的化学侵蚀，工作条件比较恶劣。

（5）窑内温度低处熔体黏度高、流动性差，故温度下降大处，如流出口易出现堵塞。

2. 熔块窑的分类

熔块窑的分类见表9-25。

表 9-25 熔块窑的分类

分类原则	分类结果	分类描述
按生产过程的连续与否分类	间歇式	间歇加料，间歇出料，窑内各部位热工制度随时间而变化
	连续式	连续加料，连续出料，窑内各部位热工制度基本稳定
按热源类型分类	燃气	燃料为天然气、液化石油气、发生炉煤气等气体燃料
	燃油	燃料为柴油、重油、汽油等液态燃料
	电热	采用电加热方式
按加热方式分类	间接加热	如坩埚窑，热源将热量传递给坩埚，通过坩埚再加热其内物料，使其熔化
	表面直接加热	热源直接加热物料，向其传热，使其熔化
	内热	电极埋入物料中，当电流通过时使其加热熔化
按外形分类	坩埚窑	料粉在坩埚内加热熔化
	池窑	料粉在熔池内加热熔化
	转窑	料粉在回转的窑内加热熔化

9.5.2 熔块池窑

熔块池窑可以连续加料，也可以间歇加料。按火焰流向可以分为马蹄焰和直焰两种基本形式，按流液口位置可以分为流液口在前和在后。目前，马蹄焰池窑应用较广。

1. 直焰式池窑

直焰式池窑的特点是没有返火，火焰自烧嘴喷入，加热熔池物料，然后由另一端排出；窑阻力较小，结构简单。但排烟温度高，热利用率较低。

2. 马蹄焰池窑

(1) 马蹄焰池窑的结构

马蹄焰池窑的结构如图 9-44 所示，主要特点是在窑体端墙（前部）安装烧嘴，加料口在后部窑顶（也有设于后端墙和侧墙的），而流液口一般在前部池底。池底沿长度方向分成两个区：加料熔化区和澄清区。

烧嘴喷出的火焰入窑后先由前向后，加热熔池内的釉熔体（玻璃液），此时与玻璃液的流向相反；到后部挡墙时分成两路，分别沿侧墙折向前，此时与玻璃液流向相同。最后由设于端墙两侧的排烟口进入侧墙内的支烟道，再经汇合烟道、主烟道，由排烟风机、烟囱抽出。

(2) 马蹄焰池窑的主要参数

马蹄焰池窑的主要参数包括：内宽、内高、流液口尺寸、烧嘴喷口至流液口中心距离等；还包括一些运行参数：熔化温度、产量、单位热耗等。一般池窑的单位热耗范围为：10~17MJ/kg 熔块。

(3) 马蹄焰池窑筑炉材料的选用

窑体胸墙一般用高铝砖砌筑，大碹用硅砖，液面以下用莫来石砖砌筑，流出口采用电熔锆刚玉砖、锆英石烧结砖或锆英石浇注料捣打。

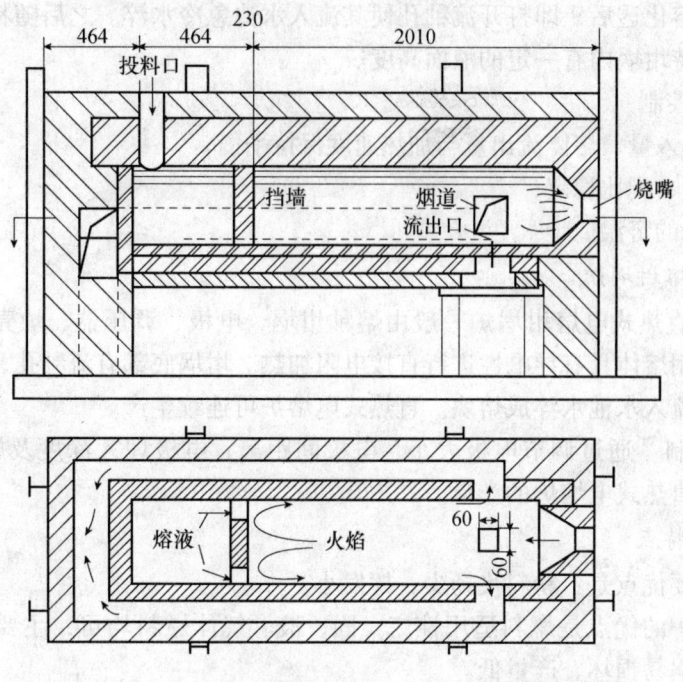

图 9-44 马蹄焰池窑的结构示意图

(4) 马蹄焰池窑燃烧与传热的特点

马蹄焰池窑火焰以辐射、对流方式加热溶液上表面，一般带有蓄热室。液面以上窑墙和窑顶起辐射传热中间体的作用。熔体内部则主要靠导热。受热面积小是其主要缺点。为了强化传热，采用的方法有：

①提高火焰辐射能力；
②提高燃烧温度，但也不能太高，过高时窑体寿命缩短且物料挥发损失增大；
③采用马蹄焰，合理组织窑内气体流动，延长火焰在窑内停留时间；
④在侧墙内设烟道，对熔体辅助加热；
⑤强化火焰对液面的对流传热。

9.5.3 坩埚炉

按加热方式有外热式火焰加热坩埚炉和内部直热式电熔坩埚炉两种，按生产方式可分为间歇式和连续式两种。

1. 外热连续式火焰加热坩埚炉

(1) 结构

结构示意图如图 9-45 所示。锥形熔釉坩埚置于耐火材料砌筑的炉膛内，高温烟气由烧煤或烧油燃烧室产生。在熔釉坩埚的底部开有流釉孔。开炉前先用一瓷球或瓷管堵住流釉孔，经 2~3d 烘炉以后，待坩埚内完全红热即可开始加料，并继续加满坩埚。

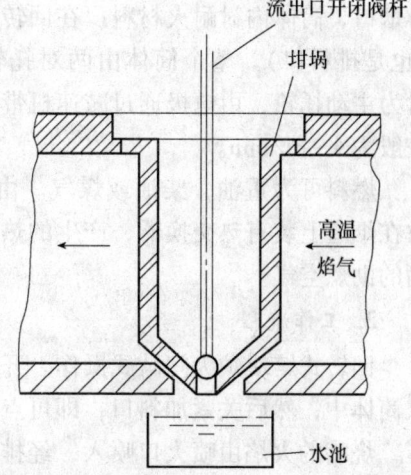

图 9-45 外热连续式火焰加热坩埚炉结构示意图

当下部生料熔化透后，即打开流釉孔使其流入水池急冷水淬。之后随料粉熔制速度不断补加生料，并保持坩埚内有一定的液面高度。

（2）操作与控制

1）生料粉加入量、熔体流出量与加热速度保持平衡；

2）原料纯度、配比稳定；

3）保证规定的窑温。

2. 直热式电熔坩埚炉

（1）结构　直热式电熔坩埚炉一般由熔釉坩埚、电极、调压器、炉壳等组成。在坩埚内埋入电极，利用熔体具有导电性进行直接电阻加热。坩埚底部有流釉孔，熔化均匀后打开流釉孔，熔体即流入水池水淬成熔块。直热式电熔炉可连续生产。

（2）生产控制　通过调节电极大小、电极间距离、电极埋入深度及施加电压的高低，可以方便地调节直热式电熔炉的产量。

3. 坩埚炉的特点

坩埚炉的主要优点是：粉料飞扬少、挥发小。

外热式坩埚炉的优点是燃料适用性广，固、液、气体燃料均可，主要缺点是换热效率低、能耗大、坩埚易损坏、产量低。

内部直热式电坩埚炉由于采用电阻内热，故换热效率高，热效率可达70%以上，熔体温度高，熔化完全，质量好。

9.5.4 回转式熔块炉

1. 结构

回转式熔块炉为间歇式熔炉，结构示意图如图9-46所示，主要由回转炉、传动系统、燃烧系统、排烟系统、水淬池（车）、换热器等组成。

回转炉总长度一般为2～3m，直径1～1.5m，中部为直段，两头为锥度段。一端为喷火口，另一端为排烟口，筒体内衬耐火材料。在回转炉中部有加料口（也是排料口）。整个筒体由两对托轮支撑，其中一对为主动托轮，由电极通过减速机带动起旋转，转速一般为4～8r/min。

燃料可为重油、柴油或煤气。由于排烟温度高，故在烟道上装有热交换器，产生的热风可作为本窑烧嘴的助燃空气。

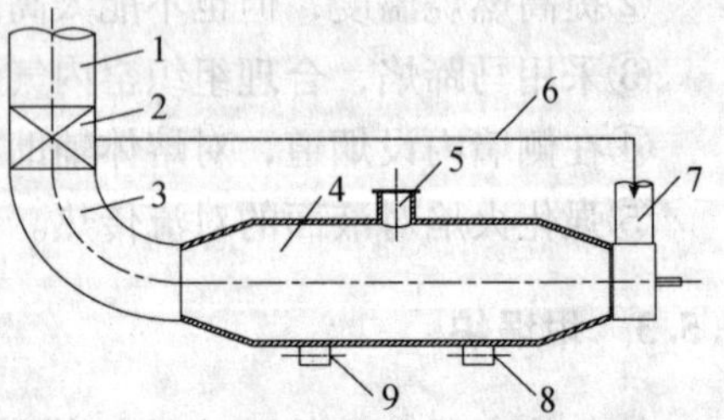

图9-46　回转式熔块窑结构示意图
1—烟囱；2—热交换器；3—排烟口连接管道；4—回转式熔块炉；5—加（卸）料口；6—热风管；7—烧嘴；8—主传动托辊；9—托辊

2. 工作流程

回转式熔块炉为间歇式操作。开炉前，先一次性将已配料、搅拌均匀的粉料由加料口加入筒体中，然后关紧加料口，即可点火升温。

烧嘴的火焰由喷火口喷入，经排烟口、连接管道、换热器和烟囱排出。

粉料经干燥、预热氧化分解等一系列反应，全部熔融好后停炉。打开加料口将熔体倒出进行水淬。水淬车可沿轨道推至卸料口，接料完毕后推走。

整个熔制周期为 4~5h，每天可烧 4~5 炉次。

回转熔块炉的热耗水平一般为 16~25MJ/kg 熔块，较好水平为 11~12MJ/kg 熔块。

3. 加料量

每次加料量以低于两端火焰进出口下缘 100~200mm 为宜。

4. 炉内传热方式

（1）高温火焰以对流和辐射方式直接加热物料；

（2）高温火焰以对流和辐射方式加热炉壁，炉壁再向物料辐射和传导传热。

5. 烧嘴选择

回转炉很短，高温火焰在炉内停留时间很短，故不适于采用扩散角较小的直焰烧嘴。

当烧重油或柴油时宜选用转杯式烧嘴，雾化矩张角大（60°~80°），传热系数大且有利于延长火焰停留时间。但需注意烧嘴能力与炉子配套，以保证能完全燃烧，不污染物料。

当烧净化煤气或液化石油气时，因火焰黑度很小，辐射能力低，宜选用平焰烧嘴，使火焰做附壁的旋转运动，强化对流传热，可弥补辐射传热的不足。

6. 特点

优点：操作简便，产量易于工厂生产规模配套；熔制过程中炉料受到回转搅拌，有利于提高熔块质量。缺点：间歇式作业，炉体长度短，排烟温度高，热耗较大。

9.6 陶瓷窑炉用燃料及其燃烧设备

9.6.1 陶瓷窑炉用燃料及特性

陶瓷窑炉所选用的燃料随着时代的发展和燃料的不断发现、开发，有一个逐渐演变的过程。我国的陶瓷生产有着悠久的历史，所以在陶瓷的生产过程中采用的燃料也很丰富。古代烧制陶、炻器等产品的窑炉主要以薪柴为主，燃煤发现后，逐渐发展到使用燃煤作为主要的烧制燃料，再到发现并有了炼油技术后，窑炉也开始选用重（渣）油、轻油等，随着天然气、液化气等燃料的不断发现，作为窑炉可采用的清洁燃料逐渐得到广泛的应用。

清洁燃料的主要特点是烧制产品时火焰可以直接接触产品，并且不会对产品产生污染，燃烧后排出的尾气对环境的污染程度小。目前根据国家的有关规定，洁净燃料主要包括天然气、液化石油气、各种经过净化的煤制气以及柴油、煤油等。

我国煤炭储量大，燃料结构以煤炭为主的生产方式持续了相当长的时间，由于煤炭的直接使用对产品的污染，所以大多采用燃煤隔焰烧成。随着洁净燃料的广泛使用，燃煤作为主要燃料的窑炉越来越少，但由于洁净燃料的供应、价格等因素影响，采用燃煤制气的间接利用方式还是在相当多的窑炉上得到应用。燃煤制气包括了专门的工厂集中制气和用户自建煤气发生炉制气，由于窑炉所使用的是煤炭经过处理形成的可燃洁净气体，所以此处可理解为所使用的是洁净燃料，而不将其归纳入燃煤的窑炉。

1. 常用燃料及其燃料特性

陶瓷窑炉常用液体燃料有煤油、柴油、重油等，都是石油炼制过程的产品，其分子量、黏度、凝固点以煤油最低，轻柴油次之，重柴油又次之，重（渣）油最高。

(1) 煤油

煤油分为航空煤油、拖拉机煤油、灯用煤油及炉用煤油四种。一般煤油由 $C_{9\sim16}$ 的烃类组成,平均分子量在 200~250 之间,馏程 150~300℃,20℃密度 0.78~0.84g/cm³,低热值约 42.8~43.5MJ/kg,闪点不应低于 40℃,否则使用不安全。煤油一般不会凝固,黏度比轻柴油小,易汽化燃料。

(2) 柴油

由 $C_{15\sim30}$ 的烃类组成,一般含炭 85.5%~86.5%,含氢 13.5%~14.5%。柴油分为轻柴油和重柴油两种。

1) 轻柴油 表 9-26 列出国产轻柴油部分规格(GB 252—2000)。轻柴油馏程为 160~365℃,20℃密度 0.74~0.90g/cm³,低位发热量 42.7~43.0MJ/kg,根据凝固点不同分为 10 号、0 号、-10 号、-20 号和 -35 号五个牌号。

表 9-26 国产轻柴油规格

序号	项目	品质指标				
		10 号	0 号	-10 号	-20 号	-35 号
1	运动黏度(20℃)(×10⁻⁶m²/s)	3.0~8.0	3.0~8.0	3.0~8.0	2.5~8.0	2.5~7.0
2	10% 蒸余物残炭不大于(%)	0.4	0.4	0.3	0.3	0.3
3	灰分不大于(%)	0.025	0.025	0.025	0.025	0.025
4	硫含量不大于(%)	0.2	0.2	0.2	0.2	0.2
5	机械杂质	无	无	无	无	无
6	水分含量	痕迹	痕迹	痕迹	痕迹	痕迹
7	闪点(闭口)不低于(℃)	60	60	60	60	50
8	凝点不高于(℃)	10	0	-10	-20	-35

注:由含硫 0.3% 以上原油制得的轻柴油,硫含量许可不大于 0.5%;由含硫 0.5% 以上原油制得的轻柴油,硫含量许可不大于 1%。

2) 重柴油 国产重柴油规格见表 9-27。重柴油馏程为 250~450℃,20℃密度为 0.90~0.95g/cm³,低位发热量 40.6~44.0MJ/kg。

表 9-27 国产重柴油规格

序号	项目	品质指标		
		RC3-10	RC3-20	RC3-30
1	运动黏度(℃)不大于(×10⁻⁶m²/s)	13.5	20.5	36.5
2	残炭不大于(%)	0.5	0.5	1.5
3	硫含量不大于(%)	0.4	0.6	0.8
4	机械杂质不大于(%)	0.5	0.5	1.5
5	水分不大于(%)	0.5	1.0	1.5
6	闪点(闭口)不低于(℃)	65	65	65
7	凝点不高于(℃)	10	20	30

注:由含硫 0.5% 以上原油制得的重柴油,硫含量许可不大于 2.0%,残炭许可不大于 3.0%。

(3) 重油

重油的元素组成大致为:C(84%~87%),H(11%~13%),N+O(1%~2%),含硫

量波动大，低硫重油<1%，高硫重油可达6%。低位热值38%~44%MJ/kg。我国重油按50℃黏度分为五个牌号，各牌号的质量标准见表9-28。

表9-28 国产重油的质量标准

项 目	质 量 指 标				
	20号	60号	100号	200号	250号
代 号	RZ-20	RZ-60	RZ-100	RZ-200	RZ-250
恩氏黏度（°E）80℃	5.0	11.0	15.5	—	—
100℃ ≤				5.5~7.5	25
凝固点（℃）	15	20	25	36	45
开口闪点（℃）≥	80	100	120	130	—
灰分（%）≤	0.3	0.3	0.3	0.3	—
水分（%）≤	1.0	1.5	2.0	2.0	—
含硫量（%）≤	1.0	1.5	2.0	3.0	—
机械杂质（%）≤	1.5	2.0	2.5	2.5	—

(4) 天然气

天然气有开采出来后经脱水、脱硫、分离降压直接送至用户使用和将其液化后（LNG）贮存使用两种形式。

1) 组成 天然气是多种气态烃类 $C_{1~6}$ 的混合物，其中主要是甲烷 CH_4。表9-29 为我国部分天然气的组成。

表9-29 我国部分天然气的组成

序号	产地	种类	CH_4	C_2H_6	C_3H_8	C_4H_{10}	C_6H_{12}	H_2S	其他
1	大庆油田	伴生气	79.95	1.9	7.6	5.62	—	—	3.31
2	胜利油田	伴生气	86.6	4.2	3.5	2.6	1.1	—	2.0
3	大港油田	伴生气	76.29	11.0	6.0	4.0	—	—	2.07
4	四川自流井气田	非伴生气	97.12	0.56	0.07	—	—	0.02	2.23
5	四川威远气田	非伴生气	86.8	0.11	—	—	—	0.88	12.88
6	四川卧龙河气田	非伴生气	95.97	0.55	0.10	0.03	0.04	1.52	1.80

2) 性能

①天然气由地下开采出来时压力高达几十巴到几百巴，用户一般需减压后使用。由于压力较高，适于采用高压喷嘴燃烧。

②热值高，一般为 33.5~37.7MJ/Nm³。

③着火浓度范围窄，一般为 5%~15%。

④火焰传播速度小，常温、常压下最大可见火焰传播速度不到 1.0m/s。

⑤天然气发热温度高，约为 2000~2040℃。

⑥当与空气混合良好时火焰黑度小，仅为液化石油气（LPG）的 1/2 弱。

⑦理论空气量大，约为 7.0~11.2Nm³/Nm³。对烧嘴混合要求高。

⑧天然气、C/H（质量比）约为 3.0~3.2，燃烧产物中水汽含量高。

(5) 液化石油气（LPG）

1) 组成 LPG 为以 C_3 和 C_4 为主的烃类气体混合物，组成变化大，部分 LPG 的组成见表9-30。

表9-30 几种液化石油气（LPG）的组成　　　　　　　　　　　　　体积%

序号	$Q_{net,ar}$（MJ/Nm³）	C_2H_6	C_2H_4	C_3H_8	C_3H_6	C_4H_{10}	C_4H_8	C_5H_{12}	其他
1	105.86	0.57		15.37	34.06	40.23	9.5	0.45	0.37
2	84.24	16.0	0.8	63.4	14.4	2.6	0.2	0.3	2.3
3	95.05			76.8	10.9	6.6	1.9	2.3	1.5
4	86.25			61.2	12.7	14.5			11.6
5	92.11			90.7	3.5	3.8	0.1	0.5	1.4

2) 性能

①热值高：Q_{GW}一般按体积计时为 85～108MJ/Nm³，按质量计时为 45～50MJ/kg。

②密度大。

③纯净，含硫量小，是烧制高档陶瓷制品的理想燃料。

④燃烧所需理论空气量高达 24～30Nm³/Nm³。若燃烧前用空气稀释时，LPG 体积浓度应高于着火浓度范围上限的 1.5 倍。

⑤火焰传播速度较低。

⑥蒸汽压较高，要求减压阀工作可靠。37.8℃约为 0.9～1.5MPa。LPG 蒸汽压随温度的升高而急剧增加，随温度的降低而急剧减小。气化是吸热过程，在供气过程中贮罐温度、压力、组成会不断变化。

3) 气化方式

①自然气化　使用时储罐温度下降，从环境中自然吸收环境热量，以维持继续气化所需的热量，供气量少，适于民用等。

②强制气化　人为对 LPG 进行强制加热，使其气化。适于工业部门用量大的场合。强制气化一般需设气化器，气化过程在气化器中进行。有等压强制气化、加压强制气化、减压强制气化三种方式。

4) 混气方式　使 LPG 与空气、烟气或热值较低的燃气按一定比例混合，变为热值适度（一般为 16～17MJ/Nm³）燃气供给用户使用，可与其他燃气代换，作为补充和应急气源。混气方式有：用气态 LPG 引射空气或其他气体、一定压力的空气与 LPG 在混合器中混合后再由鼓风机加压送出、流量比例调节式三种。

2. 燃料的热值

(1) 燃料的高位热值 Q_{GW}

单位燃料、完全燃烧，其燃烧产物冷却到反应前的起始温度，而燃烧产物中的水蒸气则冷却为 0℃ 的液态水时所放出的全部热量，单位为 MJ/kg 或 MJ/Nm³。

(2) 燃料的低位热值 Q_{DW}

单位燃料、完全燃烧，其燃烧产物冷却到反应前的起始温度，而燃烧产物中的水蒸气则冷却为 20℃ 的液态水时所放出的全部热量，单位为 MJ/kg 或 MJ/Nm³。

(3) 固、液体燃料热值计算

当已知燃料元素分析时，可用门捷列夫公式计算：

$$Q_{DW}^y = 339C^y + 1030H^y - 109(O^y - S^y) - 25W^y$$

式中 C^y, H^y, O^y, S^y, W^y——分别为应用基燃料中 C, H, O, S, H_2O 的质量百分组成, %。

$$Q_{DW}^y = 25(W^y + 9H^y)$$

当已知煤工业分析时, 采用我国煤炭研究院提出的公式计算。

重油的发热量与相对密度（15/4℃）有关, 可查阅和参考机械技术手册。

(4) 气体燃料热值计算公式

$$Q_{DW} = 126CO + 108H_2 + 358CH_4 + 590C_2H_4 + \cdots + 232H_2S$$

式中 CO, H_2, CH_4, C_2H_4, H_2S——分别为气体燃料中可燃成分的体积百分数, %;

126, 108, 358, ···, 232——分别为 CO%, H_2%, CH_4%, ···H_2S% 的低位发热量, MJ/Nm^3。

(5) 标准燃料

国家标准 GB 2589—81 规定：低发热量等于 29.27MJ（或 7000kcal）的固体燃料, 称 1kg 标准煤（简称标煤）。

9.6.2 助燃空气量与烟气生成量的计算

1. 燃烧空气量

(1) 燃烧计算中假定的助燃空气的成分, 见表 9-31。

表 9-31 助燃空气成分

组成气体	容积成分		质量成分	
	%	比值	%	比值
氧	21	1.000	23.2	1.00
氮	79	3.762	76.8	3.31
合计	100	4.762	100	4.31

(2) 理论空气量 V_A^0 单位燃料完全燃烧按化学反应方程式计算所得的理论上最少的空气量（Nm^3 空气/Nm^3 燃料）。

(3) 实际空气量 V_A：单位燃料燃烧时实际供给的空气量（Nm^3 空气/kg 燃料或 Nm^3 空气/Nm^3 燃料）。

(4) 过剩空气系数 α：实际空气量与理论空气量之比, 即：

$$\alpha = V_A/V_A^0$$
$$V_A = \alpha V_A^0$$

(5) 已知固、液体燃料元素成分, 求 V_A^0：

$$V_A^0 = 0.0889C^y = 0.267H^y + 0.033(S^y - O^y)$$
$$V_A = \alpha V_A^0$$

(6) 已知气体燃料容积成分, 求 V_A^0：

理论需 O_2 量为：

$$V_{O_2}^0 = \left[0.5CO + 0.5H_2 + \left(m + \frac{n}{4}\right)C_mH_n + 1.5H_2S - O_2\right] \times \frac{1}{100}$$

由此：$V_A^0 = 0.0238(CO + H_2) + 0.0476\left(m + \dfrac{n}{4}\right)C_mH_n + 0.0714H_2S - 0.0476O_2$

（7）以上各式求得的 V_A^0 和 V_A 均为干空气量，未考虑大气中实际含有水蒸气的体积，设大气的湿含量为 x 时，助燃所需的湿空气体积分别为：

$$V_{AS}^0 = V_A^0(1 + 1.61x)$$

2. 烟气生成量

（1）理论烟气量 V_G^0 为单位燃料与理论空气量进行完全燃烧时所生成的烟气量（Nm^3/kg 或 Nm^3/Nm^3）。

（2）已知固、液体燃料元素成分，求 V_G^0：

$$V_G^0 = 0.089C^y + 0.323H^y + 0.0124W^y + 0.033S^y + 0.008N^y + 0.0263^y$$

（3）已知气体燃料容积组成，求 V_G^0：

$$V_G^0 = \left[CO + H_2 + \left(m + \dfrac{n}{2}\right)C_mH_n + 2H_2S + CO_2 + N_2 + H_2O\right]\dfrac{1}{100} + 0.79V_A^0$$

（4）已知固、液体燃料元素成分，求实际烟气量：

1）当 $\alpha > 1$ 时：$V_G = V_G^0 + (\alpha - 1)V_A^0$

2）当 $\alpha < 1$ 时：$V_G = V_G^0 - 0.79(1 - \alpha)V_A^0$

（5）已知气体燃料容积成分，求实际烟气量 V_G：

1）当 $\alpha > 1$ 时：$V_G = V_G^0 + (\alpha - 1)V_A^0$

2）当 $\alpha < 1$ 时：$V_G = 0.79(1 - \alpha)V_A^0 + \alpha V_G^0$

3. 燃料燃烧近似计算公式（表9-32）

表9-32 不同燃料的理论空气量和理论烟气量近似计算公式

燃料种类		热值 Q_{DW}^W 单位	理论空气量 V_A^0		理论烟气量 V_G^0	
固体燃料		MJ/kg	$0.241Q_{DW}^W + 0.5$	Nm^3/kg	$0.213Q_{DW}^W + 1.65$	Nm^3/kg
液体燃料		MJ/kg	$0.203Q_{DW}^W + 2.0$	Nm^3/kg	$0.265Q_{DW}^W$	Nm^3/kg
气体燃料	$Q_{DW}^W < 12.5$	MJ/Nm^3	$0.209Q_{DW}^W$	Nm^3/Nm^3	$0.173Q_{DW}^W + 1$	Nm^3/Nm^3
	$Q_{DW}^W > 12.5$	MJ/Nm^3	$0.26Q_{DW}^W - 0.25$	Nm^3/Nm^3	$0.272Q_{DW}^W + 0.25$	Nm^3/Nm^3
天然气	$Q_{DW}^W < 35.8$	MJ/Nm^3	$0.264Q_{DW}^W + 0.05$	Nm^3/Nm^3	$0.264Q_{DW}^W + 1.05$	Nm^3/Nm^3
	$Q_{DW}^W > 35.8$	MJ/Nm^3	$0.264Q_{DW}^W$	Nm^3/Nm^3	$0.282Q_{DW}^W + 0.38$	Nm^3/Nm^3

4. 不同燃料 V_A^0 和 V_G^0 的取值范围（表9-33）

表9-33 不同燃料 V_A^0 和 V_G^0 的取值范围

项目	烟煤 （Nm^3/kg）	重油 （Nm^3/kg）	发生炉煤气 （Nm^3/Nm^3）	天然气 （Nm^3/Nm^3）
V_A^0	6~8	10~11	1.05~1.4	9~14
V_G^0	6.5~8.5	10.5~12	1.9~2.2	10~14.5

5. 燃烧温度

把燃料在实际条件下稳定燃烧时,其气态燃烧产物所能达到的温度称为实际燃烧温度(t)。若燃料为完全燃烧,没有任何热损失且燃料与助燃空气带入的物理热也用于加热烟气时,把烟气所能达到的温度称为理论燃烧温度(t_0),由此:

$$t = \frac{Q_{DW}^y + Q_R + Q_K - Q_b - Q_{ch} - Q_f}{V_y C_y}$$

$$t_0 = \frac{Q_{DW} + Q_R + Q_K - Q_f}{V_y C_y}$$

式中　Q_R——燃料的物理热;
　　　Q_K——空气物理热;
　　　Q_b——不完全燃烧热损失;
　　　Q_{ch}——燃烧产物传给周围物体的热量,包括物料吸热和散热;
　　　Q_f——烟气中 CO,H_2O 等热分解消耗的热量;
　　　V_y——实际烟气量;
　　　C_y——烟气的比热。

若空气、燃料均不预热,不计热分解且用理论空气量燃烧($\alpha = 1$)时,此时理论燃烧温度便只和燃料性质有关,称为燃料的理论发热温度(t'_0),可得:

$$t'_0 = \frac{Q_{DW}}{V_0 C_{y0}}$$

式中　V_0——理论烟气量;
　　　C_{y0}——理论烟气的比热。

9.6.3 气体燃料的燃烧设备

1. 气体燃料的燃烧过程与燃烧方式

气体燃料的燃烧过程包括:燃气与空气的混合、混合气体的加热和着火、完成燃烧化学反应三个阶段。当燃烧区温度超过 1000℃ 时,化学反应速度很快。因此,在实际窑炉条件下,制约燃烧速度的主要因素是混合过程(速度和完善程度)。根据混合过程的特点可分为长焰燃烧、短焰燃烧和无焰燃烧三种不同的燃烧方式,三种不同燃烧方式的优缺点对比见表 9-34。

表 9-34　气体燃料不同燃烧方式的优缺点对比

燃烧方式	长焰燃烧(扩散式燃烧)	短焰燃烧(部分预混合方式)	无焰燃烧(完全预混合方式)
描述	燃气在烧嘴内完全不与空气混合,喷出后靠扩散作用再混合燃烧,火焰较长,属有焰燃烧,决定燃烧速度的关键因素是混合过程	燃气在烧嘴内与部分空气(称一次空气)预先混合,喷出后边燃烧边与剩余的助燃空气(称二次空气)相遇,混合燃烧	燃气在进烧嘴前或在烧嘴内与全部助燃空气预先混合完全。在燃烧室或喷出后立即燃烧。看不见明显的火焰轮廓,故称无焰燃烧

续表

燃烧方式	长焰燃烧（扩散式燃烧）	短焰燃烧（部分预混合方式）	无焰燃烧（完全预混方式）
优点	1）燃气压力可以较小； 2）允许将燃气预热到较高温度； 3）不回火； 4）火焰长，温度均匀，黑度大	性能介于长焰与无焰燃烧之间	1）燃烧速度快，热强度高； 2）燃烧温度高； 3）空气过剩系数小； 4）燃烧完全
缺点	1）燃烧较慢； 2）要求空气过剩系数大； 3）易出现不完全燃烧		1）燃气和空气预热温度不能过高； 2）有出现回火的危险

2. 常用烧嘴的分类（表9-35）

表9-35　常用烧嘴的分类表

分类方式	名　称
燃烧方法	扩散式烧嘴（长焰烧嘴）
	部分预混烧嘴（短焰燃嘴）
	完全预混烧嘴（无焰烧嘴）
燃气喷出速度	低速烧嘴，喷速小于30m/s
	中速烧嘴，喷速30~70m/s
	高速烧嘴，喷速大于70m/s
压力	高压
	中压
	低压
输出功率	大型
	中型
	小型

3. 陶瓷窑炉常用燃气烧嘴

（1）低压涡流式烧嘴　属于短焰烧嘴，主要特点是：①燃气适用范围广，可烧净发生炉煤气、混合煤气、焦炉煤气等。煤气喷口加涡流片后也可烧天然气。②燃气与空气均可预热，但预热后其能力下降。③烧嘴前煤气压力低，最低为40mmH_2O。设计值是80mmH_2O。压力过高时可加适当的节流垫圈降压。④结构简单。

（2）高速烧嘴和调温高速烧嘴　高速烧嘴的主要特征是焰气喷出速度高，一般不小于70m/s，最高可达300m/s。目前陶瓷窑炉高速烧嘴的喷出速度在70~100m/s。调温高速烧嘴是指喷出焰气的温度可以利用改变调温气体（空气或烟气）掺入量，在很大范围内进行调节的高速烧嘴。目前某些烧嘴调温范围下限已可降至60℃。因此，调温高速烧嘴特别适于间歇式窑炉和连续式窑的预热带。

具有代表性的产品有:

1) 北京工业大学预混型高速烧嘴。主要性能包括:①烧热效率可达93%以上,空气系数1.05时,烟气中CO<0.05%。②烧嘴前煤气、空气压力在50Pa~10kPa以上,空气系数在0.6~1.6之间都能稳定燃烧。调节比7:1。在生产使用中从未发生回火现象。③烧嘴前煤气、空气压力为3.5kPa时,喷速可达100m/s,在窑内造成强烈的循环气流,保证制品均匀、快速加热。④可使用600℃助燃空气,以降低燃耗,减少污染。⑤低污染,烟气中NO_x<100ppm(气系数为1.05,室温空气助燃时)。⑥点火简便安全。点火前燃烧室为负压,点火小火焰可自行吸入燃烧室内点火,也可直接火花塞放电点火。火花塞位置合理,不易氧化,使用寿命长。⑦燃烧室空间热强度高达$116×10^6W/m^3$,燃烧室体积小,散热小,便于安装。⑧同一烧嘴可烧不同的燃气,从热值很低的高炉煤气直至热值很高的液化石油气,而且可在操作中换烧。⑨利用引射原理,可以使用低压或高压燃气(从10Pa~30kPa)。⑩备有合理的紫外线火焰监测器接头,可保持监测器洁净,无须冷风吹扫。

2) 日本东陶公司高速烧嘴。该类烧嘴用125℃热空气助燃,烧嘴前风压1.8~5.4kPa,流量63~118Nm^3/h;喷嘴前燃气压力0.4~3.7kPa,流量4.8~9.7Nm^3/h。空气系数1.05~1.20,烧嘴喷火口为扁长方形,焰气喷速31~60m/s。每个烧嘴配备自力式燃气调压器一台,使烧嘴前燃气压力与助燃空气压力同步增减,以保持燃气、空气比例的恒定。此烧嘴投产以来运转正常,无须维修。据反映可使烧嘴的空气系数波动小于±0.05,实测结果与此相近。燃烧组织合理,燃烧完全,烟气中CO含量小于0.01%,NO_x含量最高为62ppm。缺点是体积大,保温差,散热多。

3) 德国Riedhammer公司高速烧嘴。烧嘴燃气压力6kPa,空气压力3kPa,焰气喷速60m/s,烧嘴结构简单,但混气不理想。

4) 北京神雾WDH-TCC型燃气高速燃烧器。它属于燃气与空气半预混烧嘴,主要特点是噪声小、不回火、不脱火,调节范围1:6。改换不同品质燃气时,只需更换烧嘴芯即可。

此外,意大利Mori公司高速烧嘴、瑞士Niro公司高速烧嘴、国内开发的GS、FR、SZ-X三种型号、近十种规格的高速等温煤气烧嘴,燃净化发生炉煤气、水煤气、焦炉煤气、天然气、液化石油气,可以用于陶瓷明焰裸装隧道窑。

高速烧嘴的燃烧室材质,因工作条件恶劣,一般采用重结晶碳化硅质耐火材料制作。

9.6.4 液体燃料的燃烧设备

1. 液体燃料的燃烧过程与燃烧方式

液体燃料的燃烧方式有雾化燃烧法和气化燃烧法两种。气化燃烧法是将液体燃料蒸发为气体后按气体燃料的燃烧过程进行燃烧。陶瓷工业窑炉烧油时一般采用雾化燃烧法。

(1) 雾化法燃烧过程 燃油被雾化成微细的油粒子,油粒子受热蒸发成油蒸汽,油蒸汽与助燃空气混合,着火燃烧。蒸发和燃烧过程如控制不当,不能及时与助燃空气混合,就会析出炭粒、油焦而冒黑烟。

(2) 影响燃烧速度的主要因素 主要包括:①油粒直径。直径越小,燃烧越快。②油雾与空气的混合状况。混合越好,燃烧越快。③燃烧室温度和传热情况。④油的沸点。沸点高,燃烧速度低。

(3) 雾化方法 可分为机械雾化法、介质雾化法和气泡雾化法等。

1) 机械雾化法包括高压雾化和转杯雾化。高压雾化是利用高压油(P=2MPa左右)从喷嘴小孔高速喷出时受到的摩擦力使油雾化成微粒。转杯雾化是通过油流过高速（$n=4000\text{r/min}$ 以上）旋转的转杯时利用离心和摩擦力使其雾化。

2）介质雾化法是利用雾化介质的动能冲击油流股，使其分散成油粒群，当油粒群在气流中高速运动时进一步粉碎成微粒。雾化介质包括高压空气、高压蒸气和低压空气等。陶瓷窑炉多采用低压空气雾化，空气压力在15kPa以下。

3）气泡雾化法是在燃烧器的特殊结构通道中注入压缩空气（或蒸汽），使之在燃油中形成巨大数量的气泡，气泡经过运动、变形、加速等一系列过程，到烧嘴出口时薄气泡破裂，变成极细的液滴。气泡雾化法的特点是液滴的索太尔平均直径为 $SMD \leq 20\mu m$，液滴尺寸的均匀度大（尺寸分布指数 $N>2$），与助燃空气混合充分而又均匀。

2. 燃油喷嘴的分类（表9-36）

表9-36 燃油喷嘴的分类

分类方式	名　称	
雾化方法	机械雾化	
	高压（空气、蒸汽）雾化	
	低压雾化	
	气泡雾化	
按油流与雾化介质的相对流向	直流式	按近平行相遇
	涡流式	切线方向相遇
	交流式	以一定角度相遇
按雾化级数即油与雾化介质的作用次数	一级雾化	
	二级雾化	
	三级雾化	
按油与雾化介质形成混合物的位置	外混式	在喷嘴出口外面混合
	内混式	在喷嘴内部混合

3. 陶瓷窑炉燃油烧嘴及特点

（1）R型比例调节式燃重油烧嘴。该类烧嘴具有三级空气雾化和采用烧嘴内回油，特点是：①具有三级空气雾化，雾化质量好；②采用烧嘴内回油，有利于保证烧嘴内油温和油压的稳定；③燃油与空气比例调节，调节油量时，助燃（雾化）空气出口断面相应变化使空气量能同时成比例增大或减小；④雾化空气可作全部助燃空气，也可另吸入部分助燃空气；⑤火焰短（1~2.5m）而清亮，扩散角大，温度较高（达1600℃以上），调节比大；⑥结构复杂，对油质要求严格，过滤不好时易堵塞。

R型烧嘴由日本引进，在陶瓷窑炉上已使用多年。近年来我国开发了PL1~PL3三种规格的节能烧嘴，在陶瓷窑炉上使用获得了较好的节能效果。

（2）美国Bickley公司燃重油高速调温烧嘴。这种烧嘴的喷油嘴为中压外混式，重油从油嘴末端6个小孔以一定角度喷出，经预热的雾化风，通过油嘴外壳与内油管之间形成的风道、内油管末端外侧的旋流片后与油流汇合，进行雾化。风温、油温为100~120℃，雾化压力为69~71kPa，不随油量变化而改变。与喷嘴相连的还有压缩空气短管，用于清扫油嘴内剩油。助燃空气沿切线方向送入烧嘴外壳风套，从风套内侧的4个小孔以一定角度喷入。

预热空气由上、下两个风管送到燃烧室喷口前与燃烧产物混合，并由喷口高速喷出。设有液化石油气、空气预混型小烧嘴与高压电点火火花塞，紫外线火焰监视器等。

这种烧嘴的特点是：①采用类似柴油机供油的 ANOTA 柱塞泵供油，使燃油产生不同频率的周期性脉冲。脉冲频率按供油量不同在 300~3000Hz 波动。油泵的缸数从 2 缸到 8 缸不等，使用中依供油量的要求，每一烧嘴选用不同缸数，可精确地控制油量和合适的雾化压力。可用于明焰裸装烧成，不会污染制品。②自动化程度高。③重油进烧嘴前应去除杂质，否则易堵塞。

（3）MHB 系列高速柴油烧嘴。这种烧嘴的特点是：①采用三级雾化并以旋转方式喷射到燃烧室内，燃烧较完全，可用于明焰裸烧辊道窑。②适用 0# 柴油，并需经过滤器过滤。③雾化风压高，动力消耗较大。主要性能见表 9-37。

表 9-37 MHB 系列高速柴油烧嘴主要性能

项 目	最大油耗（kg/h）	使用油压（kg/cm^2）	雾化风压（kg/cm^2）	雾化风量（m^3/h）	助燃风压（mm H$_2$O）	助燃风量（m^3/h）
MHB-Ⅰ	3.5	1.5~9	0.5~0.65	6~8	80~200	16~25
MHB-Ⅱ	3.0	1.5~8	0.45~0.55	6	80~150	14~22
MHB-Ⅲ	2.5	1.5~8	0.35~0.5	5	80~150	14~18

（4）北京神雾 WDH-TCA、WDH-TCB 型燃油高速燃烧器。WDH-TCA 系列柴油烧嘴和 WDH-TCB 系列重（渣）油烧嘴均采用气泡雾化的原理，主要特点是：①燃烧完全、燃烧效率高；②雾化介质用量少，火焰刚性强；③焰气喷射速度高达 100m/s 以上，火焰长度 0.2~5m，火焰锥角 20°~80°；④调节范围 1:6。另外，这类烧嘴的油孔尺寸和气孔尺寸比目前其他烧嘴大 3 倍以上，结构合理，不发生结焦、堵塞问题，使用寿命一般 2 年以上，喷头半年内不用清洗。

9.6.5 窑前燃烧系统

窑前燃烧系统包括燃气-空气管路、烧嘴功率和空-燃比调节（窑温、气氛控制）及附属设施（安全保障系统、点火系统、测控仪表系统等）。其中烧嘴功率和空-燃比调节是窑前燃烧系统的主体。

1. 喷头混合型烧嘴的空-燃比调节系统

喷头混合型烧嘴使用的均压阀燃气/空气比值调节系统的工作原理如图 9-47 所示。

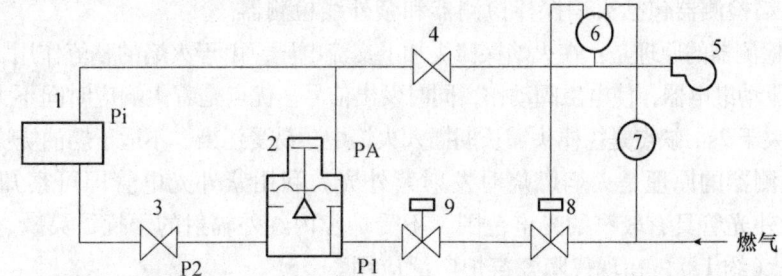

图 9-47 喷头混合型烧嘴使用的均压阀燃气/空气比值调节系统
1—烧嘴；2—均压阀；3—调节阀；4—手动或电动调节阀；5—鼓风机；
6—空气压力下限幅器；7—燃气压力下限幅器；8—燃气紧急切断阀；9—调节阀（稳压降压）

该系统采用压力控制原理。调节烧嘴功率的主动控制阀设在空气管道上，比率调节器（均压阀）设在燃气管道上。从空气管道主动控制阀 4 的下游引出压力信号至比率调节器的压力信号接口。当开大阀 4 时，空气量增大，同时阀后空气压力上升，使比率调节器的阀芯下移，开大燃气流量，使燃气流量与空气流量成比例增加。关小阀 4 时，情况刚好与此相反。

2. 预混型燃气烧嘴的均压阀燃气/空气比值调节系统

预混型燃气烧嘴的均压阀燃气/空气比值调节系统一般采用文丘里式混合器（图 9-48、图 9-49），文丘里喷嘴高速喷出作用使混合管压力通常为负压。

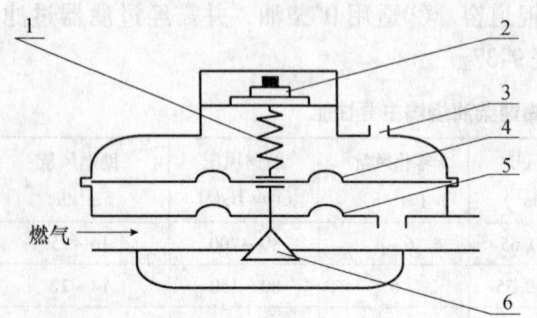

图 9-48　比率调节器（均压阀）结构原理图
1—弹簧；2—调节螺丝；3—压力信号接口；
4—主薄膜；5—隔离薄膜；6—阀芯

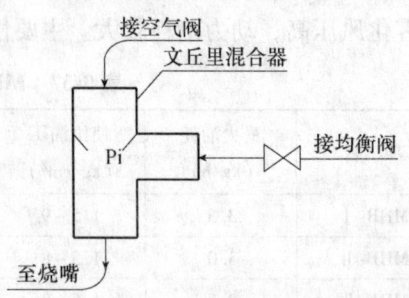

图 9-49　文丘里混合器连接管路示意图

3. 点火装置

（1）电火花点火器　是现代陶瓷窑炉应用最广泛的点火方法，电火花点火需要 $5\sim10\,kV$ 的高电压，可通过变压器、电子脉冲装置或压电装置获得。

（2）小火点火器　从燃气管道上引出点火支管，利用微小燃气流量先点燃小火点火器，待小火火焰确实点燃，再点燃主燃烧器。主燃烧器点燃后，小火熄灭，熄火保护装置开始对主火进行监测。

（3）还有电热丝点火（热丝点火）器和火炬点火。火炬点火已很少使用。

4. 火焰检测器

火焰检测器是燃烧安全保护装置的检测元件，作用是检测火焰是否存在。若火焰意外熄灭，应立即（要求在 1s 内）发出熄火信号，并启动熄火保护装置，关断燃气管路电磁阀。

常用的火焰检测器包括火焰探棒检测器和紫外线检测器。

火焰探棒检测器的原理是：在火焰探棒头加上交流电压，由于火焰的整流作用，输出直流电流，经放大后驱动继电器，使电磁阀动作，同时发出信号。优点是着火响应时间不大于 0.5s，熄火响应时间不大于 2s。缺点是探棒头需长期插入火焰中，易受污染，不适于燃油烧嘴。

紫外线检测器的原理是火焰燃烧时发射紫外光，利用紫外光电管即可察知火焰是否存在。特点是紫外光管具有较窄的光谱范围，不受炉膛内红外辐射的干扰，灵敏、可靠、火焰响应时间较短（约 1s），在现代陶瓷窑炉广泛应用。

9.7　煤气发生站、配气站和油站

燃料供应是陶瓷厂生产过程的重要环节。由于所用燃料不同，需设置煤气发生站、配气站或油站。

9.7.1 煤气发生站

陶瓷工厂一般使用常压固定床煤气发生炉。陶瓷工厂煤气站产气量一般不超过 6000～8000Nm^3/h。

1. 发生炉煤气的气化原理

根据常压固定床煤气发生炉的气化方式可分为混合煤气和水煤气，根据煤气炉的结构又可分为单段炉和两段炉。

(1) 单段式混合煤气发生炉气化原理　入炉的煤块自上而下移动，与由下而上的逆向汽化剂（空气+水蒸气）相接触，在高温作用下通过传热与传质，进行化学反应，生成 CO、H_2、CH_4 等可燃气体。

按照煤在煤气炉内的气化反应过程可将炉内分为六层。

① 灰渣层　煤在炉内气化过程中产生的灰渣，覆盖在炉箅之上，形成灰渣层。主要作用是保护炉箅不会被氧化层高温烧坏。灰渣层的厚度一般为 100～300mm。

② 氧化层　也称火层。在氧化层，氧与碳发生剧烈燃烧反应而生成 CO_2，且放出大量的热（$C + O_2 \longrightarrow CO_2 + 408.8MJ$），是气化反应过程的主要区段。氧化层的厚度一般为煤块大小的 3～4 倍，约为 100～200mm。氧化层内的操作温度应控制在 1200℃ 左右，这与煤的化学活性有关，反应活性强的煤，氧化层的温度可以适当低一些；反之，就应高一些，但不能比煤的灰熔点 ST 高，否则会使炉内结渣，影响正常气化。

③ 还原层　由于灼热的碳具有很强的夺取氧化物中的氧而与其化合的能力，因此，此间 CO_2 与水蒸气被碳还原成 CO 和 H_2，主要反应如下：

$$C + CO_2 \longrightarrow 2CO - 162.4MJ$$
$$C + H_2O \longrightarrow CO + H_2 - 118.8MJ$$
$$C + 2H_2O \longrightarrow 2H_2 + CO_2 - 75.2MJ$$

上述反应均系吸热反应。还原层的下部温度较高，为 950～1000℃，厚度为 300～400mm；而其上部温度为 700～750℃，厚度为下部的 1.5 倍，约为 450mm。

④ 干馏层　随着热量的传递，其温度逐渐下降，自上而下为 150～700℃，煤料在此进行低温干馏，使煤中的挥发分裂解，生成甲烷、烯烃和焦油，并呈气态或汽态逸出，成为煤气的组成部分。

⑤ 干燥层　上升的热煤气与刚入炉的煤块进行热交换，此时煤中的水分受热蒸发。干馏层与干燥层的高度，应随煤中的挥发分和水分的多少而变化，一般为 400～600mm。

⑥ 空层　炉内料层上面的自由空间，主要作用是汇集炉内所生成的煤气，空层的高度为 250mm 左右。

煤气炉内所进行的气化反应过程是比较复杂的，既有气化反应，也有干燥与干馏过程。而实际操作时，相邻两层往往是相互交错的，各层之间的温度也是逐渐过渡的。

(2) 两段式混合煤气发生炉的气化原理　在单段式煤气炉的上部，增加一层干馏层，即构成两段式煤气炉。两段炉既吸收了煤炭干馏时产生的热值较高的干馏煤气，又吸收了煤炭完全气化所能产生的较多的气化煤气，集两者优点于同一煤气炉之中。

煤在两段炉内的反应过程，大致可分为五个区段：煤的干燥与预热、煤的干馏与半焦化、煤的气化反应、煤的燃烧、灰层冷却,其中前两个区段又称为干馏段,后三个区段又称为气化段。

干馏段是两段炉的重要组成部分。挥发分含量较高的弱粘煤、长焰煤以及褐煤,从炉顶布J煤器进入干馏段之后,与来自气化段的部分热煤气逆向接触,在100~550℃温度条件下进行干燥、预热和低温干馏,煤中的有机质随着温度的渐序升高,会产生一系列变化,形成气态(煤气)、液态(焦油)和固态(半焦),典型的烟煤干馏热解过程见表9-38。

表9-38 典型的烟煤干馏热解过程

煤的受热温度(℃)	煤的热分解过程
100~150	放出附在煤中的水分
150~200	放出吸附于煤中的CO_2和CH_4
200~250	开始热分解,产生再生的热解水,并放出较多的CO_2
250~300	开始有焦油析出
350~400	产生强烈的热分解,放出CO_2、CH_4、C_mH_n、H_2、N_2、H_2S以及SO_2等,其中较多的是可燃气体。此时,有一定粘结性的煤开始软化并产生胶质体
400~450	大量焦油析出
450~550	焦油停止逸出,具有一定粘结性的煤,经软化、熔融、固化而收缩形成半焦
550~900	以缩聚为主,并熟化成焦炭

干馏段一般高5~6m,煤料停留时间为10~12h。煤干馏并生成干馏焦油最佳温度为400~450℃,焦油呈汽态随上段煤气逸出。焦油中的轻质组分较多,沥青质和游离碳很少,黏度小而易流动。与单段炉相比,干馏简化了净化煤气的工艺流程,减轻了由于洗涤冷煤气时所造成的废水污染。

煤料在干馏段内脱除挥发分之后,生成半焦下移到气化段,在此进行与单段炉相同的气化反应。

两段炉产生的煤气,由两个煤气出口被引出。由干馏段内产生的干馏煤气汇同来自气化段的载热煤气一起从顶部煤气出口被引出,温度为90~120℃,发热量为7.12~7.54MJ/Nm^3。气化段所产生的煤气,其中一部分作为载热体上升进入干馏段,而另一部分从底部煤气出口被引出,温度为500~600℃,发热量为5.65~6.08MJ/Nm^3。

2. 煤气发生炉

固定床煤气发生炉有单段炉和两段式炉两种类型。

单段炉为单筒形炉体。常见的单段炉有:Д型炉、Wellman型炉及W-G型炉。Д型炉(图9-50)为苏联设计的旧类型。Wellman型炉(图9-51)为美国设计的旧类型。W-G型炉(图9-52)即Wellman-Galusha型炉的简称,为美国较新设计的类型,优点较多:可气化6~13mm的碎煤;料层较厚,达2.0~2.7m。其他类型炉料层只有1.0m左右或更薄。因此,这种类型炉气化完全而且均匀,煤气热值比较稳定,气化强度较高。这种类型炉为干式排灰,不像其他类型炉为湿式排灰那样,鼓风压力受限于水封高度,干式排灰的鼓风压力可以提高，因而煤气出口压力高，有利于净化和输送，热效率较高，灰渣含碳量较低，约15%~17%，而其他炉型常达20%~30%。W-G型炉的缺点是每台炉价较高，厂房要求较高，因而投资较高。表9-39是三种单段炉型的比较。

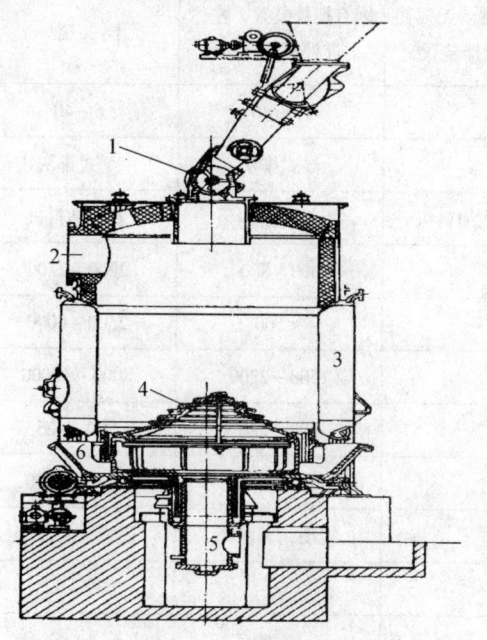

图 9-50　Д 型煤气发生炉
1—鼓式加煤机；2—煤气出口；3—水夹套；
4—Д 型炉箅；5—气化剂进口；6—灰盘

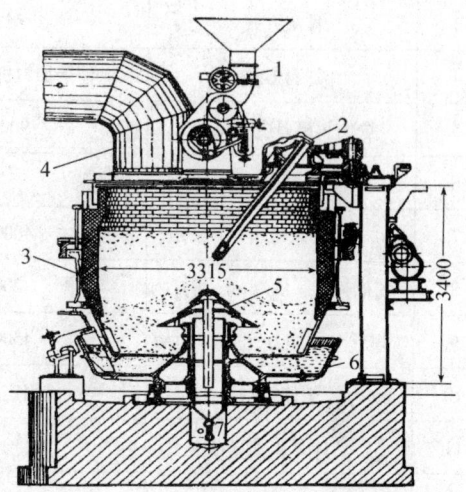

图 9-51　Wellman 型煤气发生炉
1—加煤机；2—摆动式搅拌棒；3—转动炉体；
4—煤气管；5—炉箅；6—灰盘；7—气化剂进口

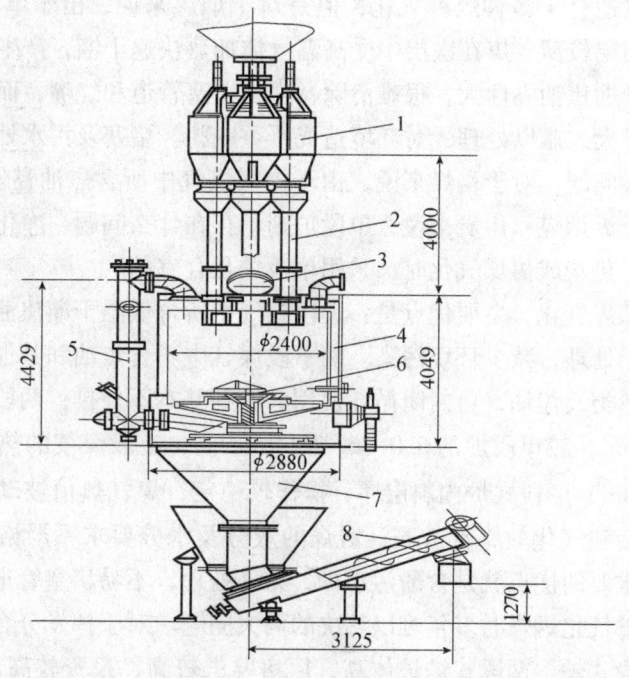

图 9-52　W-G 型煤气发生炉
1—储煤箱；2—下煤管；3—煤气管；4—水夹套；5—气化剂管；6—炉箅；7—储渣斗；8—螺旋出渣机

表 9-39　三种单段炉型的比较（以 $\phi 3.0m$ 内径炉比较）

序号	项目	Д型炉	Wellman 型炉	W-G 型炉
1	适应煤种	无烟煤、焦炭、弱粘烟煤（无搅拌装置）低粘烟煤（带搅拌装置）	因有搅拌装置，左述煤种都可适用	同Д型炉
2	煤的块度（mm）	18~60	13~40	6~40
3	排灰方式	湿式排灰	湿式排灰	干式排灰
4	加料方式	双钟罩加料机或转鼓式加料机	同左	多管加料机
5	炉内料层厚度（mm）	900~1150	600~800	2000~2700
6	煤气出口压力（Pa）	<500	<500	2500~6000
7	炉底风压（Pa）	4000~6000	1500~2200	8000~10000
8	气化强度 [$kg/(m^2 \cdot h)$]	200~240	200~280	300~425
9	煤气生产能力（Nm^3/h）	4500~5500	4500~6500	5000~7500
10	炉体结构	固定，有水套	转动，无水套	固定，有水套
11	炉体总质量（t）	40	30	30~32
12	设备总高（m）	9.1	7.6	14.5
13	价格比	1	0.87	1.3（不带搅拌装置）

　　单段炉虽然可以适合于多种煤种气化，但是对于烟煤来说，由于单段炉内料层厚度不大，因而其干燥干馏层较薄，煤在次层中受高温气体加热快速干馏，产生高温干馏焦油进入煤气中，这种高温干馏焦油黏性大，很难清除，常常堵塞管道和烧嘴，而且净化系统产生的含酚及焦油的污水量大，难以处理，对环境造成严重威胁。堵塞及污水处理是单段炉多年来一直未能解决的两大问题。对于褐煤来说，由于褐煤煤气中所含焦油黏性不大，易于排除，因此问题不大。对于无烟煤和焦炭来说，单段炉则不存在什么问题，净化系统也较简单。因此，当选用无烟煤、焦炭或褐煤气化时，采用单段炉是合宜的。

　　两段式炉适合烟煤气化，主要优点是：上段煤气中所含低温干馏焦油易于分离清除，产生含酚污水少，易于处理，减少环境污染。而下段煤气中不含焦油和其他干馏产物，净化简单，净化用水不含酚类及焦油，可封闭循环使用，做到基本不外排；两段式炉的混合煤气热值达 $6.7~7.1MJ/Nm^3$，较单段炉的 $5.0~6.3MJ/Nm^3$ 高，上段煤气的热值则更高一些，可达 $7.12~7.54MJ/Nm^3$；两段式炉内料层厚，操作较稳定，煤气热值波动幅度仅为单段炉的一半左右；气化强度和气化效率都较高；对煤的灰分及水分要求不严格。对于陶瓷窑炉来说，两段式炉的最重要的优点就是含酚污水少，易于处理，不易堵塞管道和烧嘴。两段式炉能较好地解决单段炉气化烟煤时多年难以解决的两大问题。对于挥发分含量少的无烟煤和焦炭则不必要使用两段式炉。两段式炉炉体高，厂房要求较高，投资较高。两段式炉料层厚，因此对煤的块度要求较严，要求含粉量低，以免流体阻力过大。表 9-40 为典型的单段炉与两段式炉性能指标的比较。

表 9-40 典型的单段炉与两段式炉性能指标的比较

炉 型	内 径 (m)	燃料	气化强度 [kg/(m²·h)]	煤气产量 (Nm³/h)	煤气热值 (MJ/Nm³)	气化效率 (%)	煤气净化程度	含酚污水处理量	投资比
单段炉	3.0	大同烟煤	265	5000	6.28	70	差	大	1
两段式炉	3.0	大同烟煤	335	7800	6.69	82	好	小	1.3~1.5

两段式炉的类型，按干馏筒内部结构分为简单型和热交换型；按干馏筒内部分隔与否分为不分隔型和分隔型；按下段煤气引出方式分为中心管引出式和周边引出式等。简单型两段式炉结构简单，操作可靠。热交换型两段式炉其原理是：下段高温煤气的显热用于补充干燥和干馏所需热量，比较合理。但由于干馏筒炉衬做成热交换型则耐火砖转型复杂，砖缝多，易漏气。分隔型两段式炉下料比较均匀。一般内径较大的两段式炉采用分隔型。分隔型炉的缺点是较易造成料层拱悬。内径较小的两段式炉为了克服周边与中心流体阻力不同造成中心气流量偏小的缺点，以及充分利用下段煤气显热加热上段，采用中心管将下段煤气引出的方式。图 9-53 ~ 图 9-56 是几种两段式炉的结构示意图。

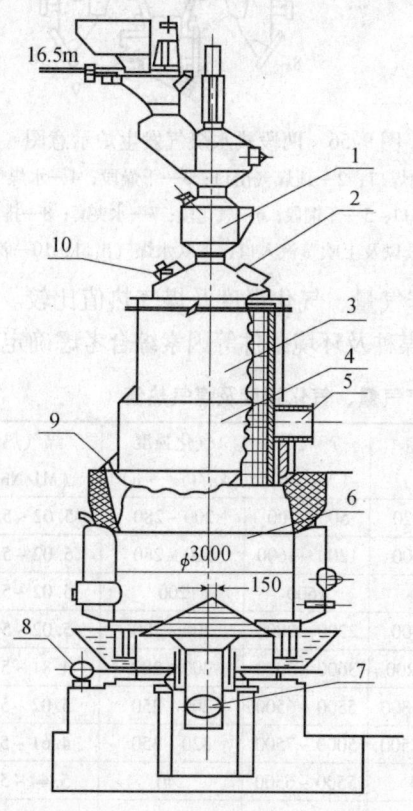

图 9-53 中国航空工业规划设计研究院的两段式炉
1—煤位控制器；2—上段煤气出口；3，4—干馏筒；
5—下段煤气出口；6—气化段；7—气化剂入口；
8—液压传动装置；9—探火孔；10—探煤孔

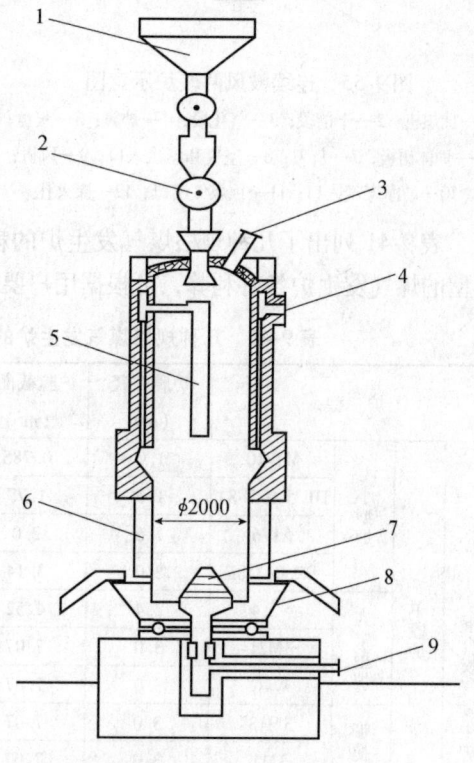

图 9-54 FWH 公司两段式炉
1—煤仓；2—加煤机；3—上段煤气出口；
4—下段煤气出口；5—中心管；6—水夹套；
7—炉箅；8—灰盘；9—气化剂入口

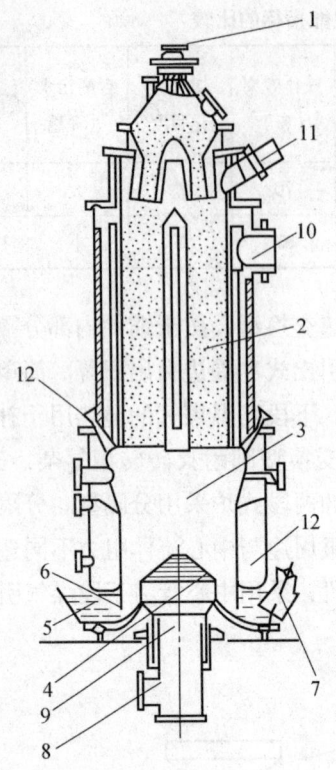 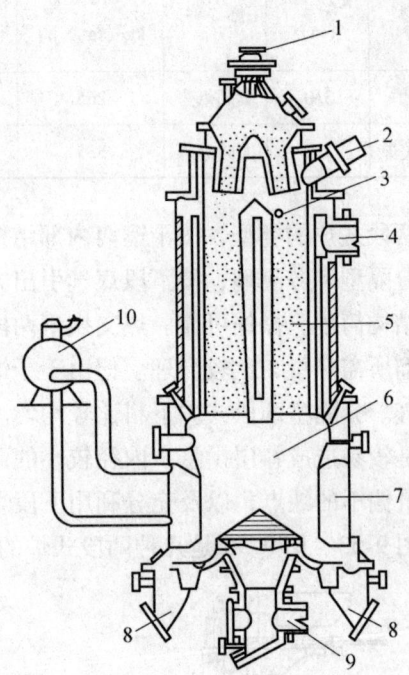

图 9-55 连续鼓风两段炉示意图　　　　　　图 9-56 两段式水煤气发生炉示意图
1—加煤机；2—干馏段；3—气化段；4—炉箅；5—灰盘；　　1—加煤口；2—顶煤气出口；3—干馏段；4—水煤气及
6—炉体裙板；7—灰刀；8—空气和蒸汽入口；9—风机；　　鼓风出口；5—干馏段；6—气化段；7—水夹套；8—排渣口；
10—洁净煤气入口；11—顶煤气出口；12—探火孔　　　　　9—鼓风及上吹蒸汽入口，下吹水煤气出口；10—汽包

表 9-41 列出了几种规格煤气发生炉的耗煤量、产气量、气化强度及煤气热值比较。不同类型的煤气发生炉各有利弊，可根据用户要求、气化煤种及环境条件等因素综合考虑确定。

表 9-41　几种规格煤气发生炉的耗煤量、产气量、气化强度及煤气热值

炉 型			炉膛直径 (m)	炉膛截面积 (m^2)	耗煤量 (kg/h)	产气量 (Nm^3/h)	气化强度 [$kg/(m^2 \cdot h)$]	煤气热值 (MJ/Nm^3)
混合煤气发生炉	单段炉	小型炉 MT-10	1.0	0.785	160~220	500~700	200~280	5.02~5.65
		D1.5-0.7-84	1.5	1.77	350~500	1200~1600	200~280	5.02~5.65
		φ1.6	1.6	2.0	400	1600	200	5.02~5.65
		D2.0-3-86	2.0	3.14	600~900	2200~2800	200~280	5.02~5.65
		大中型炉 φ2.4	2.4	4.52	900~1200	3600~5000	200~280	4.81~5.44
		3M21	3.0	7.07	1400~1800	5500~6500	200~280	5.02~5.65
		W-G	3.0	7.07	2300~2500	5000~7500	320~350	4.61~5.24
		带搅拌炉 3M13	3.0	7.07	1700	5500~6500	240	5.44~5.86
		3MT	3.0	7.07	1200~2000	4500~6500	180~280	5.44~5.86
		TG-3m	3.0	7.07	1500~2500	5000~7500	210~350	5.44~5.86
	两段炉	φ2.0	2.0	3.14	800~900	2600~2800	250~280	6.10
		φ2.6	2.6	5.31	800~1500	2600~4900	150~280	6.07~6.28
		φ3.0	3.0	7.07	2000	6200	280	6.15~6.62

续表

炉 型		炉膛直径（m）	炉膛截面积（m^2）	耗煤量（kg/h）	产气量（Nm^3/h）	气化强度 [$kg/(m^2 \cdot h)$]	煤气热值（MJ/Nm^3）
水煤气发生炉	单段炉	$\phi 2.26$	2.26	4.01	1000	1200	250	10.46
		$\phi 3.6$	3.6	10.17	3500~4000	4500~5000	340~390	9.64~10.48
	两段炉	$\phi 1.6$	1.6	2.0	500	650	250	10.8
		$\phi 3.3$	3.3	8.55	2500	3300	290	12.1
		$\phi 3.6$	3.6	10.17	2900	4000	290	12.5

单段炉制气设备和司炉操作都比较简单，还可以气化具有一定粘结性的烟煤，而且煤气站的工程造价也较低，是目前使用最多的炉型。但是，在气化过程中，尤其是气化烟煤，会因产生大量难以处理的焦油渣和含酚废水而污染环境。

两段炉所产煤气热值较高且稳定，另外气化效率和热效率也都比较高，特别是上下段煤气较干净，在冷却净化过程中，不会产生大量的难以处理的焦油渣和含酚废水，所生成的少量酸液，可以通过焚烧分解成 CO_2 和水蒸气，大大缓解了煤气站对环境所造成的污染。因此，两段炉是近年来兴起的很有发展前途的炉型，在建筑卫生陶瓷厂煤气站使用的最多。但是，两段炉的炉身较高，设备结构也较复杂，工程造价也高。

水煤气热值较高，几乎是混合煤气的两倍。但是，水煤气发生炉炉体结构和司炉操作都比较复杂，而且每循环一次的制气过程，约有25%的时间没有被有效利用，无效能耗大，气化效率和热效率都比较低。另外，由于在制气过程中吹入的水蒸气，只有50%被分解，因此，水煤气中的含水量较高，给冷却脱水带来一定困难。

3. 煤气的净化与冷却

从煤气发生炉引出的煤气，不仅温度较高，而且煤气中夹带一些灰尘、煤尘、焦油、硫化氢，以及水分等，因此，必须对出炉煤气进行净化与冷却。

煤气净化系统，不论是单段炉，还是两段炉，都可分为：煤气不含焦油和含焦油的两种。

煤气不含焦油的净化系统比较简单，传统的做法是出炉煤气先经过竖管冷却器进行直接冷却及粗洗，然后经过瓷环填料塔进行精洗，由煤气鼓风机加压，再通过捕滴器送至用户。这种净化工艺成熟，能够满足净化要求。但其缺点是必须采用封闭循环，循环水量大，每台$\phi 3.0m$发生炉循环水量约为50t/h，并需设置循环水凉水塔。图9-57为这种循环系统的流程图。近年来国外间接冷却系统，即采用间接冷却方式，使煤气不与外来水接触，只产生冷凝水，量少便于处理。这种净化系统是出炉煤气先经过旋风收尘器，再经过废热锅炉、间接冷却器，然后加压送至用户。这种净化流程既能充分回收煤气显热，而且产生污水很少，每吨煤约产生50~100kg冷凝污水，即每台$\phi 3.0m$发生炉产生约70~100kg/h冷凝污水。两段炉下段煤气产生冷凝污水更少。这样少的污水处理较容易，一般采用焚烧炉高温分解方法处理。间接冷却的净化系统投资较高，而且系统流体阻力较大，需要出炉煤气压力较高，否则难以保证净化系统处于正压。废热锅炉也存在堵塞与腐蚀问题。图9-58是两段式炉下段煤气净化系统，为意大利IGI公司的一种间冷与直冷相结合的煤气不含焦油的净化流程图。

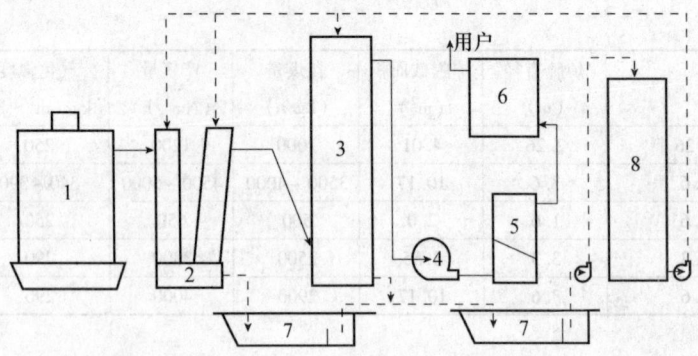

图9-57 煤气不含焦油的直接冷却净化流程图
1—一段式发生炉；2—双竖管冷却器；3—填料洗涤塔；4—煤气加压风机；5—捕滴器；6—脱硫箱；7—沉淀池；8—凉水塔

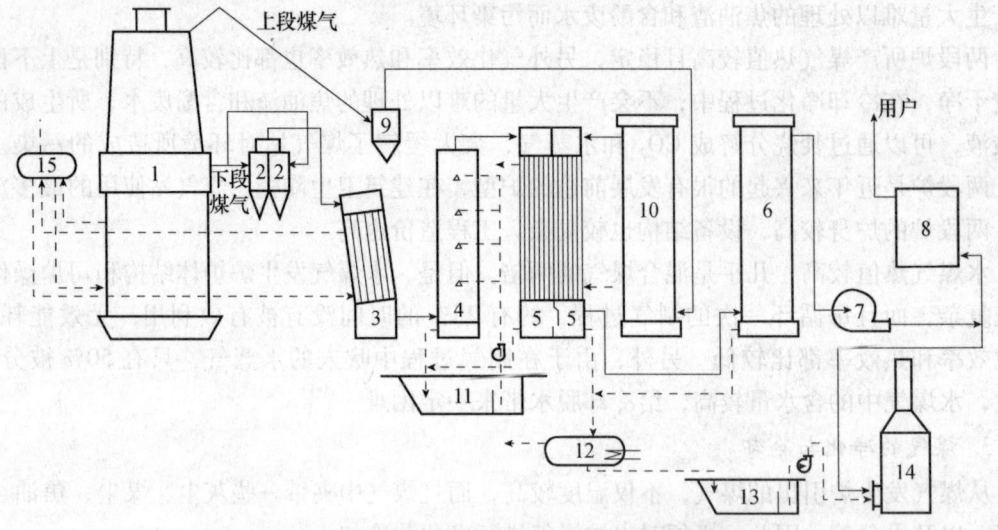

图9-58 意大利IGI公司两段式炉的净化流程图
1—两段式发生炉；2—下段煤气旋风收尘器；3—废热锅炉；4—洗涤塔；5—间接冷却器；6—电捕油器；
7—煤气加压风机；8—脱硫箱；9—上段煤气旋风收尘器；10—电捕焦油器；11—沉淀池；
12—油水分粒器；13—沉淀池；14—污水焚烧炉；15—汽包

煤气含焦油的净化系统比较复杂。传统的净化系统是：出炉煤气先经过先经过竖管冷却器进行直接冷却及粗洗，然后经过二级电捕焦油器，再入瓷环填料塔进行精洗，由煤气鼓风机加压，再通过捕滴器送至用户。这种净化方法产生含酚及焦油污水量大，难以处理。如采用封闭循环污水方法，则因污水含有机物质较多，需用药剂或生物处理，难以长期循环使用。先进的这种净化系统则采用间接冷却方式。例如气化烟煤的两段式炉的上段出炉煤气（约120℃）经旋风收尘器到电捕焦油器，再至间接冷却器（降至35～40℃），然后到电捕油器，加压后送至用户。旋风收尘器及电捕焦油器捕集到的焦油不含水，而间接冷却器和电捕油器收集到的轻油和冷凝水在油水分离器中分离。冷凝污水用焚烧炉处理。图9-58的两段式炉上段煤气净化系统就是这种净化流程。

当煤中含硫较多时应当设置煤气脱硫装置，以保证送往窑炉的煤气含 $H_2S < 50mg/Nm^3$。现一般采用氧化铁干法脱硫，设备简单，脱硫效果好，但时间一长则脱硫效果显著下降。氧化铁吸收剂可以放置在空气中氧化再生使用，但每次更换使用再生氧化铁时须补充新的吸收剂约15%。这种干法脱硫应在低于49℃条件下工作，否则吸收剂脱硫后不能再生使用。

煤气净化与冷却的设备包括：

(1) 旋风除尘器　连接在煤气炉出口处。不管是热煤气，还是冷煤气，对出炉煤气都需要进行除尘，否则就会堵塞设备与管道，如图5-59所示。

(2) 竖管　连接在旋风除尘器出口处，有单竖管与双联竖管，其作用是冷却与洗涤煤气，即可将热煤气从500℃左右冷却到90℃左右，又能洗掉煤气中70%左右的灰尘和20%左右的焦油，如图9-60所示。

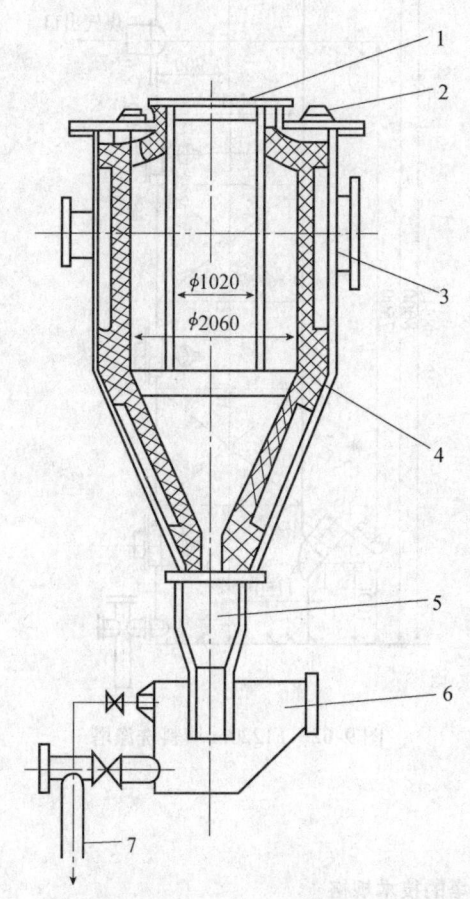
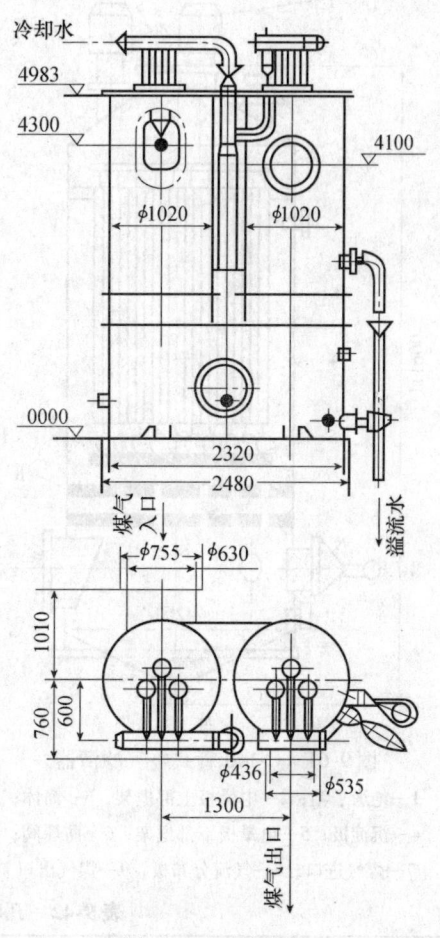

图9-59　旋风分离器

1—煤气出口；2—清灰孔；3—煤气入口；4—耐火砖衬；
5—排灰管；6—水封槽；7—排水管

图9-60　双联竖管

竖管是靠喷淋水冷却和洗涤煤气的，被清洗下来的焦油渣（焦油、煤尘、灰尘的混合物），可定期人工清理排出。

(3) 电气滤清器　清除煤气中焦油的专用设备。就其结构而言，有管式、同心圆式、板式三种，如图9-61所示。

(4) 洗涤塔　主要作用是对煤气进行冷却与脱水，也能除去一部分焦油与灰尘分为空心塔和填料塔。

空心洗涤塔的塔内分三层淋水装置，喷水量上层占50%，而中、下层各占25%。如果塔内分两层淋水，则上层为70%，下层为30%。煤气在塔内流速为1.5~1.8m/s。淋水强度不应低于15t/(m²·h)，喷头的有效水压为0.1~0.15MPa。

填料洗涤塔的塔内可分层填装木格或瓷环,木格填料虽然表面积和自由容积都不大,但是能形成很好的润湿表面。瓷环虽然表面积大,有助于冷却水与煤气的充分接触,但是容易破碎与堵塞。煤气在塔内流速为 0.4~0.8m/s,停留时间为 15~35s。填料洗涤塔的结构如图 9-62 所示,几种填料洗涤塔的技术规格见表 9-42。

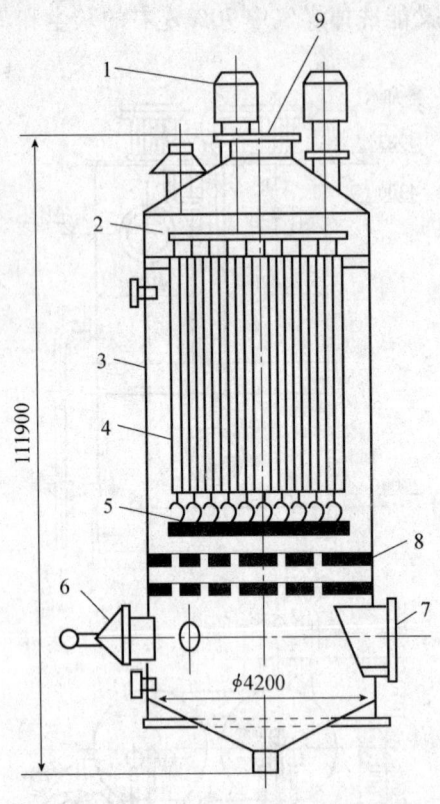

图 9-61 C-140 管式电气滤清器

1—绝缘子箱;2—电晕极上部框架;3—筒体;
4—沉淀极;5—电晕极下部框架;6—防爆阀;
7—煤气进口;8—气流分布极;9—煤气出口

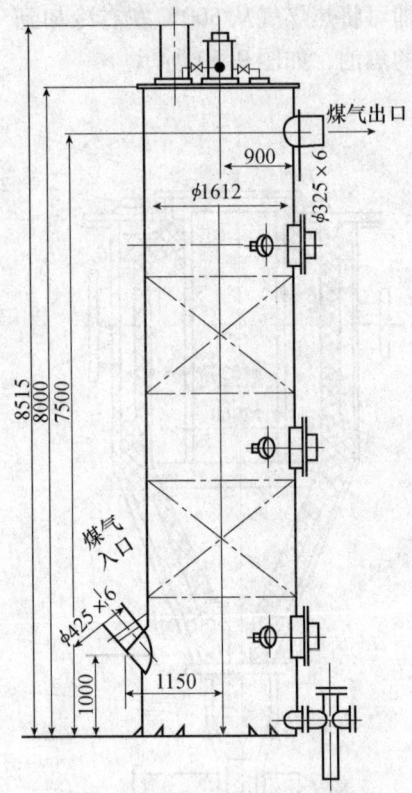

图 9-62 F1220m 填料洗涤塔

表 9-42 几种填料洗涤塔的技术规格

项 目	φ1220	φ1620	φ2820
塔径（mm）	φ1220	φ1620	φ2820
塔高（mm）	6200	9500	14600
处理煤气量（m³/h）	1500~2000	3200	7000
冷却水进塔温度（℃）	30~45	30~45	30~45
冷却水出塔温度（℃）	45~50	45~50	45~50
煤气出塔温度（℃）	35~40	35~40	35~40
冷却水耗量（t/h）	15~20	40	80
设备总重（kg）	2800	7900	9300

(5) 急冷器　采用两段炉时，下段煤气经旋风除尘器之后，进入急冷器，类似于单竖管，内装有高压淋水喷头，骤然间 600℃ 左右的高温煤气可被冷却到 65℃ 左右。每处理 1000Nm³ 煤气，约需冷却水 30t。除尘效率可达 95% 以上。

(6) 间接冷却器　采用两段炉时，由于上段煤气温度较低，通过电气滤清器之后，大部分重质焦油已被清除下来，即使残存少量轻质油，其黏度小，易流动；而下段煤气通过旋风除尘器与急冷器之后，其中大部分灰尘也被清洗下来。因此上下段煤气都比较干净，可以采用间接冷却器。上下段煤气分别进入带分隔板的间接冷却器之后，煤气中约有 80% 的轻质油被冷凝下来，以及少量含酚的冷凝液。出间接冷却器的煤气温度大约在 35℃。每处理 1000Nm³ 煤气，约需冷却水 10t。间接冷却器属于列管式换热器，煤气在管间的流速为 3~4m/s，如图 9-63 所示。

(7) 废热锅炉　气化无烟煤的单段炉和气化烟煤的两段炉的下段煤气都可以采用废热锅炉。可将 500~600℃ 的热煤气降至 200~250℃。这种冷却方式可以回收部分高温煤气显热。废热锅炉结构示意图如图 9-64 所示。

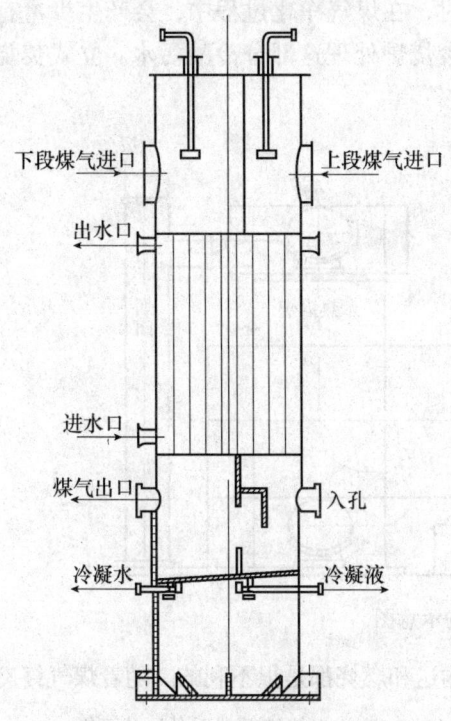

图 9-63　带分隔的间接冷却器

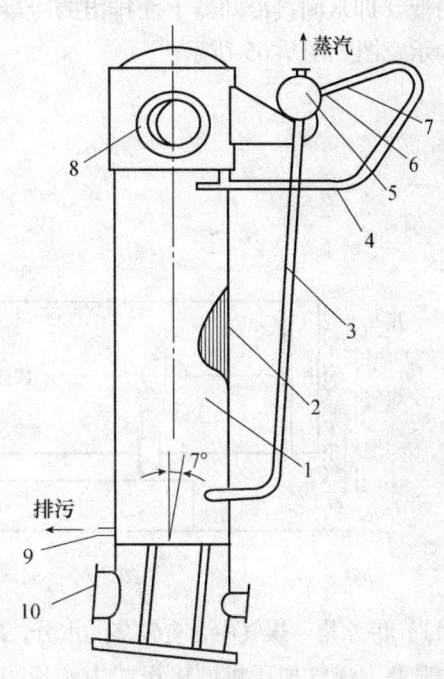

图 9-64　废热锅炉结构示意图
1—炉外壳；2—炉管；3—下降管；4—上升管；5—液位计；
6—汽包；7—蒸汽出口；8—煤气进口；9—排污管；10—煤气出口

(8) 捕滴器　是用来捕集在洗涤煤气过程中煤气所携带的水滴，结构简单，一般为圆筒式，内堆放瓷环填料，通常处理 1000Nm³ 煤气，约需填装 1m³ 瓷环，煤气的流速为 0.5~1.5m/s，阻力损失为 49~98Pa。

(9) 脱硫装置　对中、小型煤气站，宜采用干法脱硫，干法脱硫有箱式和塔式两种。脱硫箱虽然占地面积大，但是维修管理方便；脱硫塔虽然设备结构紧凑，占地面积小，但是维护管理不善。安装脱硫装备时，应考虑备用，以便于再生脱硫剂。活性脱硫剂的主要技术性能见表 9-43。

表 9-43　活性脱硫剂的主要技术性能

项目	单位	指标
粒度	mm	>5mm≤10%；<3.5mm≤5%
机械强度	%	≥90
水容量	%	≥75
硫容量	mg/g	950
填装密度	g/L	500~550
总孔隙容积	m^3/g	0.65~0.80
颗粒相对密度	g/cm^3	0.45~0.55
脱硫效率	%	≥98（对H_2S而言）

（10）焚烧炉　采用两段式煤气发生炉气化烟煤时，在煤气净化过程中，会产生少量有毒的酚液（即从间接冷却器下面排出的冷凝液）。用焚烧炉处理这部分冷凝污水。立式焚烧炉结构示意图如图 9-65 所示。

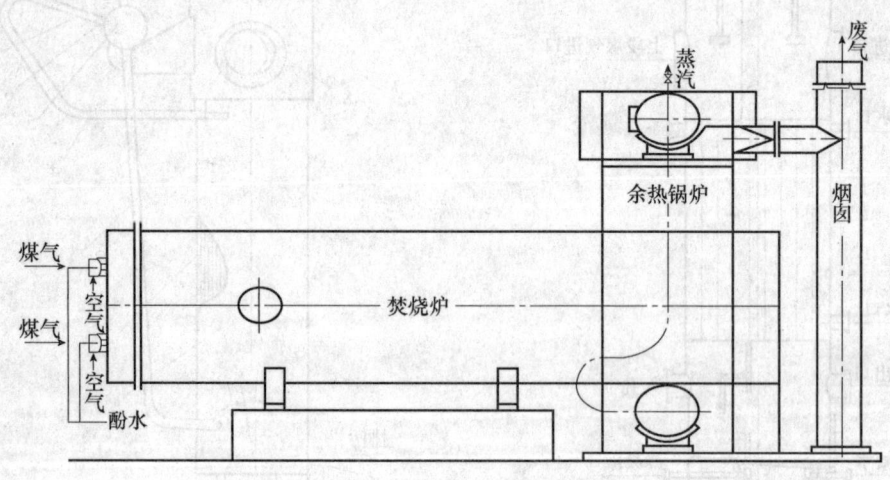

图 9-65　立式焚烧炉结构示意图

（11）凉水塔　煤气中含有较多的水分，对煤气的输送和燃烧都是很不利的。随着煤气终冷温度的升高，煤气加压机的输送能力和压力，煤气的热值和燃烧温度都呈下降趋势。尤其在炎热的夏天，由于煤气的终冷温度的升高，有时甚至接近60℃，因而煤气中的水分较多，致使一些陶瓷厂的窑炉温度烧不上去。为了降低煤气的终冷温度，设置凉水塔是非常必要的。

目前，一些中小型煤气站的水循环系统中，大多数采用玻璃钢冷却塔，这种类型的冷却塔，由玻璃钢外壳、可调速的轴流风机和旋转布水器组成，属于空气与水逆流接触热湿交换型，如图 9-66 所示。

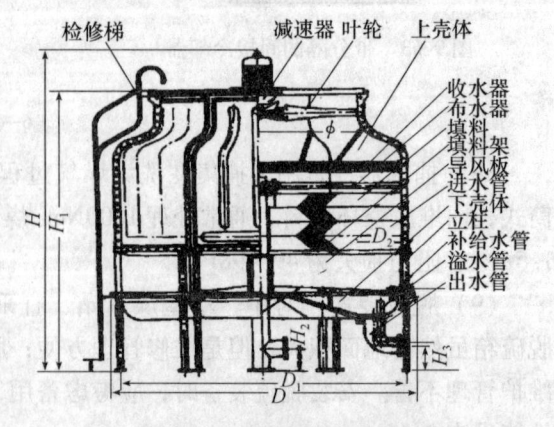

图 9-66　凉水塔结构示意图

4. 煤气的输送与储存

(1) 煤气的输送 发生炉煤气一般采用高转速离心式煤气加压机输送。

1) 煤气量（Q_m）的计算

$$Q_m = Q\left(1 + \frac{t_m}{273}\right)\left(1 + \frac{d_m}{0.804}\right)\left(\frac{101.33}{P_1 + P_2}\right) \cdot f$$

式中　Q_m——煤气量，m^3/h；
　　　Q——煤气站供给的最大煤气量，m^3/h；
　　　t_m——煤气温度，℃；
　　　d_m——t_m温度时煤气中的含水量，kg/m^3；
　　　P_1——地区的平均大气压，kPa；
　　　P_2——煤气加压机升压，kPa；
　　　f——煤气加压机并联和泄漏系数，一般取1.15～1.25。

2) 煤气加压机压力（P）的计算

$$P = \Delta P_1 + \Delta P_2 + \Delta P_3$$

式中　P——煤气加压机所需压力，kPa；
　　　ΔP_1——煤气加压机后管道与管件的阻力损失，kPa；
　　　ΔP_2——用气点所需煤气压力，kPa；
　　　ΔP_3——煤气加压机入口煤气压力，kPa。

3) 煤气加压机所需电功率（$N_煤$）的计算

$$N_煤 = \frac{Q_m \cdot P}{3600 \times \eta_2 \cdot \eta_3} \cdot \eta_4$$

式中　η_2——机械传动效率，取0.98；
　　　η_3——煤气加压机机械效率，取0.7～0.85；
　　　η_4——电动机容量系数，取1.1～1.3。

4) 煤气加压机台数（Z_m）的确定

$$Z_m = \frac{Q_m}{Q_{mD}} + n_1$$

式中　Q_{mD}——煤气加压机的额定流量，m^3/h；
　　　n_1——备用台数，一般1～5台备用1台。

煤气发生站配套用推荐煤气加压机的技术性能见表9-44。

表9-44　煤气发生站配套用推荐煤气加压机的技术性能

型　号	转速（r/min）	序　号	风量与流量		配用电机	
			流量（m^3/h）	全压（kPa）	型号	功率（kW）
MQ30-1250	2900	1	765	11.47	YB160M_1-2	11
		2	1075	12.02		
		3	1380	12.37		
		4	1690	12.47		
		5	2000	12.36	YB160M_2-2	15
		6	2300	12.06		
		7	2610	11.60		

续表

型号	转速(r/min)	序号	风量与流量		配用电机	
			流量(m³/h)	全压(kPa)	型号	功率(kW)
MQ40-1600	2930	1	1110	14.87	YB180M-2	22
		2	1550	15.58		
		3	2000	16.03		
		4	2440	16.16		
		5	2890	16.02	YB200L$_1$-2	30
		6	3330	15.63		
		7	3775	15.03		
MQ50-1850	2950	1	1340	17.01	YB200L$_1$-2	30
		2	1870	17.83		
		3	2410	18.35		
		4	2950	18.50		
		5	3490	18.34	YB200L$_2$-2	37
		6	4020	17.89		
		7	4560	17.20		
MQ90-1700	2950	1	3000	16.21	YB255M$_1$-2	45
		2	3820	16.53		
		3	4651	16.93		
		4	5480	17.11		
		5	6300	16.93	YB255M$_2$-2	55
		6	7130	16.73		
		7	7960	16.21		
AI80-1.096	2940		4800	9.41	YB200L$_1$-2	30
AI110-1.076	2950		4800	9.41	YB200L$_1$-2	30
C100-1.233	2950		6000	22.85	YB280S-2	75

(2)输气管路的计算

1)输气管道的允许流速,见表9-45。

表9-45 输气管道的允许流速

气体种类	管道种类		允许流速(m/s)
空气	总管		8~12
热煤气	总管		2~6
	半净煤气和煤气加压机前管道		4~8
冷煤气	煤气加压机后	煤气加压机出口管	15~20
		D_g200~400	2~4
		D_g400~600	4~6
		D_g600~800	6~10
		D_g800~1000	8~12
		D_g1000~1200	12~14
		1200以上	>14

续表

气体种类		管道种类		允许流速（m/s）
蒸汽	过热蒸汽	主管		40~60
		支管		35~40
	饱和蒸汽	主管	$D_g=65\sim150$	30~40
			$D_g\geq200$	40~50
		支管（D_g50）		20~30

2）冷煤气管道的流速、流量及阻力损失，见表9-46。

表9-46 冷煤气管道的流速、流量及阻力损失

直径×壁厚 （mm）	管道 截面积 （m²）	流量与阻力	煤气在管道内的流速（m/s）											
			2	3	4	5	6	7	8	9	10	12	14	16
219×6	0.036	流量（m³/h）	225	340	450	565	680	790	968	1090				
		每100m管道阻力损失（Pa）	39.2	88.3	157	245	353	470	618	785				
273×6	0.054	流量（m³/h）	386	530	710	880	1060	1230	1512	1703	1892			
		每100m管道阻力损失（Pa）	29.4	68.7	128	245	275	382	490	628	775			
325×6	0.077	流量（m³/h）	530	830	1020	1280	1530	1790	2040	2425	2700	2960		
		每100m管道阻力损失（Pa）	24.5	55.9	98.1	167	235	314	412	520	647	785		
377×6	0.104	流量（m³/h）	754	1130	1380	1730	2080	2420	2760	3100	3760	4140		
		每100m管道阻力损失（Pa）	20.1	49.0	88.3	137	196	275	353	451	549	665		
426×6	0.134	流量（m³/h）	970	1450	1940	2250	2700	3150	3600	4050	4500	5820		
		每100m管道阻力损失（Pa）	18.6	42.2	75.5	118	177	235	314	392	481	598		
529×6	0.210	流量（m³/h）	1510	2260	3020	3780	4250	4950	5650	6350	7050	9070	10600	
		每100m管道阻力损失（Pa）	14.7	33.3	58.8	93.2	137	186	245	314	392	559	736	
630×6	0.300	流量（m³/h）	2160	3240	4320	5400	6100	7150	8150	9180	10200	12950	15500	17300
		每100m管道阻力损失（Pa）	12.8	28.4	49.0	78.5	118	157	206	255	324	461	618	785
720×6	0.394	流量（m³/h）	2840	4250	5660	7080	8500	9700	11000	12500	13850	16600	19800	22600
		每100m管道阻力损失（Pa）	10.8	24.5	44.1	68.7	98.1	137	177	226	275	392	539	687
820×6	0.513	流量（m³/h）	3680	5530	7360	9200	11100	12700	14500	16300	18100	21700	25800	29400
		每100m管道阻力损失（Pa）		21.6	39.2	58.8	88.3	103	157	196	245	353	471	588
920×6	0.647	流量（m³/h）	4660	6980	9310	11650	13900	16300	18300	20600	22900	27500	32600	37200
		每100m管道阻力损失（Pa）		19.6	34.3	49.0	78.5	93.2	137	177	216	314	422	539

(3) 煤气储存 煤气发生站所生产的煤气,供一个或几个陶瓷厂使用,分布很多个用气点,因而会出现煤气供需不平衡,造成煤气管网内压力不稳定,忽高忽低,进而导致窑炉温度波动,会影响陶瓷产品的烧成质量。因此,设置储气柜以保证各用气点的煤气压力稳定是很必要的。

另外,水煤气是间歇生产,只有在制气阶段,才会有煤气产出,而其余时间无气供应,必须设置储气柜。

一般中、小型陶瓷厂自建的煤气站,选用 $1000m^3$ 直立式湿式储气柜即可。而大型陶瓷厂,可选用 $3000m^3$、$5000m^3$ 直立式湿式储气柜,如图 9-67 所示。

9.7.2 油站

油站是由卸油、储油、供油三部分所组成。一般而言,陶瓷厂的用油量不大,年耗油量在 3000~12000t。

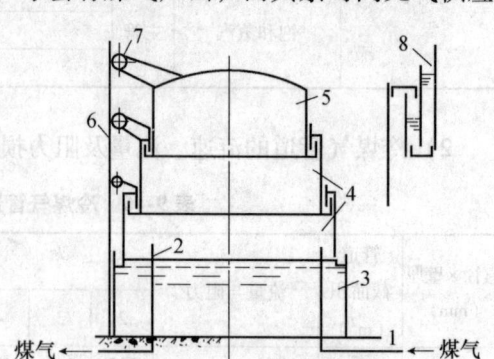

图 9-67 直立式湿式煤气贮柜
1—煤气进口;2—煤气出口;3—水槽;4—塔节;
5—钟罩;6—导向装置;7—导轮;8—水封

1. 储油

(1) 油罐容积与油罐个数的确定

油罐容积（V）的计算:

$$V = \frac{G \cdot Z}{\rho k}$$

式中 V——油罐容积,m^3;
　　　G——日平均耗油量,t/d;
　　　Z——油罐储油天数,d;
　　　ρ——油品密度,t/m^3;
　　　k——油罐的有效容积系数（钢油罐 $k=0.9$）。

大、中型陶瓷厂采用火车油罐车运油时,距油源较远,可按 15~20d 储量考虑。油源就在本地附近,可按 10d 储量考虑。中、小型陶瓷厂采用汽车或驳船运油时,可按 20~30d 储量考虑。如汽车运油,油源就在附近,可按 5~7d 储量考虑。

(2) 储油罐 一般油站多采用钢制拱顶油罐。由于陶瓷厂用油量不大,油罐容积多采用 100~500m^3。钢制拱顶油罐系列、规格见表 9-47。

表 9-47 钢制拱顶油罐系列、规格表

公称容积 (m^3)	实际容积 (m^3)	罐底圈内径 (mm)	高度 (mm)		钢材 (kg)		
			h	h_1	钢板	其他	合计
100	121	5324	5510	455	4390	70	4460
200	228	6532	6870	558	6739	116	6855
300	320	7732	6870	848	8462	138	8600
400	414	8040	8240	881	10057	143	10200
500	524	9040	8240	986	11734	161	11895
1000	1085	12048	9600	1471	20130	215	20345

(3) 油罐进出管道的连接 在罐体上开孔接管时,应在开孔周围增焊加强补板。在罐区内布置管道时,应考虑操作人员步行方便,并在集中敷设管道的适当位置设过桥。罐前阀件并列布置时,管道间距应考虑在阀件最突出的边缘之间,保持100mm以上的净距离,如图9-68所示。

(4) 油罐内油品加热计算

1) 油品升温所需热量(Q_1)计算

$$Q_1 = \frac{1000\rho_p \cdot k \cdot V \cdot C \cdot (t_2 - t_1)}{\tau}$$

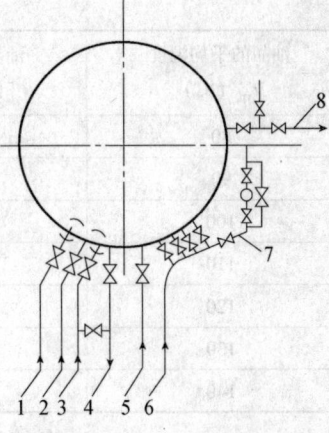

图9-68 油罐进出管道的连接
1—加热器的蒸汽进口管;2—进油管;
3—热回油管;4—出油管;5—冷回油管;
6—扫线管;7—凝结水排出管;8—排水管
注:当采用小回流供油管系统时,
热回油管及与出油管相连的连通管均取消。

式中 Q_1——油品升温所需的热量,kJ/h;
ρ_p——平均温度下油品的密度,t/m³;
k——油罐的有效容积系数(钢油罐k=0.9);
V——油罐的实际容积,m³;
C——油品的平均比热(见表9-48),kJ/(kg·℃);
t_1——油品加热初温,℃;
t_2——油品加热终温,℃;
τ——油品升温时间,h,当$t_2-t_1 \leq 25$℃、$V \leq 1000$m³时,按24h考虑。

2) 油品保温所需热量(Q_2)的计算

$$Q_2 = q_1 + q_2 + q_3$$

式中 Q_2——油品保温所需的热量,kJ/h;
q_1——罐顶散失的热量,kJ/h,$q_1 = K_a(A_a + 0.1A_b)(t_{yp} - t_1)$;
q_2——罐壁散失的热量,kJ/h,$q_2 = K_b \cdot 0.9 \cdot A_b(t_{yp} - t_1)$;
q_3——罐底散失的热量,kJ/h,$q_3 = K_c \cdot A_c(t_{yp} - t_1)$;
K_a——罐顶向空气的传热系数(见表9-49),kJ/(m²·h·℃);
K_b——罐壁向空气的传热系数(见表9-49),kJ/(m²·h·℃);
K_c——罐底向空气的传热系数(见表9-49),kJ/(m²·h·℃);
A_a——罐顶表面积(见表9-50),m²;
A_b——罐壁表面积(见表9-50),m²;
A_c——罐底表面积(见表9-50),m²;
t_{yp}——油品的平均温度,℃;
t_1——最冷月份的平均温度,℃。

表9-48 油品的比热 C 值

油品的平均温度 t_{yp}(℃)	油品的平均比热 C[kJ/(kg·℃)]	油品的平均温度 t_{yp}(℃)	油品的平均比热 C[kJ/(kg·℃)]
0	1.738	40	1.831
10	1.763	50	1.863
20	1.788	60	1.888
30	1.813	70	1.914

续表

油品的平均温度 t_{yp} (℃)	油品的平均比热 C [kJ/(kg·℃)]	油品的平均温度 t_{yp} (℃)	油品的平均比热 C [kJ/(kg·℃)]
80	1.939	150	2.114
90	1.964	160	2.140
100	1.989	170	2.165
110	2.014	180	2.190
120	2.039	190	2.215
130	2.064	200	2.240
140	2.089		

表 9-49 钢制储油罐罐顶、罐壁、罐底的导热系数

	K_a [kJ/(m²·h·℃)]	K_b [kJ/(m²·h·℃)]	K_c [kJ/(m²·h·℃)]
无保温层	4.19~8.38	16.75~29.3	≈0
有保温层	≈4.19	$K_b = 0.95 \sum \frac{\delta_w}{\lambda_w}$	≈0

注：δ_w—罐壁或罐壁保温层的厚度；λ_w—罐壁或罐壁保温层的采热系数，kJ/(m²·℃)。

表 9-50 拱顶油罐的容积及表面积

油罐公称容积 (m³)	油罐实际容积 V (m³)	$0.9V$ (m³)	油罐顶直径 D (m)	油罐高度 h (m)	油罐罐顶表面积 (m²)	$A_a + 0.1A_b$ (m²)	油罐壁表面积 (m²)	$0.9A_b$ (m²)	油罐罐壁表面积 (m²)
100	121	108	5.30	5.51	23	32.2	92	82.8	22.3
200	228	205	6.50	6.87	34	48.1	141	126.9	33.5
300	320	288	7.70	6.87	49	65.7	167	150.3	47.0
400	414	372	8.00	8.24	53	73.8	208	187.2	50.8
500	524	472	9.00	8.24	66	89.4	234	210.6	64.0
1000	1085	977	12.0	9.60	120	156.3	363	326.7	114.0

3）油品所需加热面积（A_z）的计算

$$A_z = \frac{1.25Q}{K_z(t_z - t_{yp})}$$

$$Q = Q_1 + Q_2$$

$$K_z = \frac{1}{1/\alpha_z + R_i}$$

$$\alpha_z = B_1 \cdot \sqrt[3]{\frac{t_z - t_{yp}}{\gamma_p}} \left(当 \frac{D_z^3(t_z - t_{yp})}{\gamma_p} \geq 0.03 \text{ 时}\right)$$

$$\alpha_z = B_2 \cdot \sqrt[3]{\frac{t_z - t_{yp}}{D_z^3 \gamma_p}} \left(当 \frac{D_z^3(t_z - t_{yp})}{\gamma_p} < 0.03 \text{ 时}\right)$$

式中 A_z——油品所需的加热面积，m²；

Q——油品加热所需总热量，kJ/h，当有热油回到油罐时，应减去其带回的热量；

Q_1——油品升温所需的热量,kJ/h;
Q_2——油品保温所需的热量,kJ/h;
K_z——蒸汽至油品的总传热系数,kJ/(m²·h·℃);
α_z——蒸汽管壁至油品的放热系数,kJ/(m²·h·℃);
R_i——蒸汽管壁的附加热阻(见表9-51),m²·h·℃/kJ;
B_1——系数(见表9-52);
B_2——系数(见表9-52);
t_z——加热蒸汽的饱和温度,℃;
t_{yp}——油品的平均温度,℃;
γ_p——温度等于$(t_z+t_{yp})/2$时,油品的运动黏度,m²/s;
D_z——加热器排管外径,m。

表9-51 附加热阻 R_i 值

条 件	R_i(m²·h·℃/kJ)
油品洁净且不易在加热管上结垢;加热管较新无锈;6个绝对大气压以上的蒸汽	0.00024
油品不很洁净,油品温度较高,易结垢;加热管较旧;3~6个绝对大气压蒸汽	0.00048
油品不洁净,易结垢;加热管铁锈较多;3个绝对大气压以下的蒸汽	0.00072

表9-52 系数 B_1、B_2 值

油品密度 ρ_{20} (t/m³)	B_1	B_2	油品密度 ρ_{20} (t/m³)	B_1	B_2	油品密度 ρ_{20} (t/m³)	B_1	B_2
0.845	16.6	11.8	0.895	15.4	11.1	0.945	14.3	10.3
0.85	16.4	11.8	0.90	15.3	11.0	0.95	14.2	10.3
0.855	16.3	11.7	0.905	15.2	10.9	0.955	14.0	10.2
0.86	16.2	11.6	0.910	15.1	10.9	0.96	13.9	10.1
0.865	16.1	11.5	0.915	15.0	10.8	0.965	13.8	10.0
0.87	16.0	11.5	0.92	14.8	10.7	0.97	13.7	10.0
0.875	15.9	11.4	0.925	14.7	10.6	0.975	13.6	9.9
0.88	15.8	11.3	0.93	14.6	10.6	0.98	13.5	9.8
0.885	15.7	11.2	0.935	14.5	10.5	0.985	13.4	9.7
0.89	15.6	11.2	0.94	14.4	10.4	0.99	13.2	9.7

4)加热蒸汽消耗量(G_z)的计算

$$G_z = \frac{Q}{i_n - i_{ns}}$$

式中 G_z——加热蒸汽消耗量,kg/h;
i_n——加热器入口的蒸汽热焓(见表9-53),kJ/kg;
i_{ns}——加热器出口凝结水的热焓(见表9-53),kJ/kg。

表 9-53 干饱和蒸汽和饱和凝结水参数

绝对压力（kPa）	饱和温度（℃）	饱和蒸汽热焓 i_n(kJ/kg)	凝结水的热焓 i_{ns}（kJ/kg）
98.1	99.1	2675.36	415.02
147.1	110.8	2706.06	464.34
196.1	119.6	2706.90	502.02
294.2	132.9	2724.90	558.13
392.3	142.9	2737.90	602.51
490.3	151.1	2747.93	636.84
588.4	158.1	2755.47	666.99
686.5	164.2	2761.75	693.37
784.5	169.6	2767.19	717.23
882.6	174.5	2771.76	738.59
980.7	179.0	2775.56	758.68

（5）油罐的保温　油罐的保温能够减少罐壁的散热损失，虽然一次性投资要大一些，但保温后能够节省大量的蒸汽，而且还能够使油温均匀。保温材料可根据当地情况选用。

（6）油罐的操作压力与检验

1）拱顶油罐的操作压力。正压 +1961Pa、负压 -490Pa。

2）拱顶油罐的试验压力。正压 +2158Pa，罐内充水不低于 1m，负压 -490Pa 罐内充满水，排水抽真空。对罐底进行严密性检验，对罐壁和罐顶进行严密性和强度检验。

3）油罐基础的沉陷试验，要求基础的不均匀下沉不应超过基础直径的 1.5/1000，最大不应大于 40mm。

2. 供油

油泵房是油站的供油中枢，由油过滤器、油泵、燃油加热器组成。

由于重油（或渣油）的黏度较大，为了满足燃油喷嘴的雾化要求，还需要对油品进行再加热。各种燃油喷嘴对油品的黏度要求见表 9-54。某炼油厂重油黏度与温度的关系见表 9-55。

表 9-54 各种燃油喷嘴对油品的黏度要求

燃油喷嘴种类	运动黏度，$S_t \times 10^{-4}$（m²/s）
旋转式雾化	0.182 ~ 0.246
低压空气雾化	0.246 ~ 0.338
中压空气雾化	0.338 ~ 0.465
油压式雾化（小型）	0.246 ~ 0.277
油压式雾化（大型）	0.123 ~ 0.156
蒸汽雾化（外混）	0.465 ~ 0.776
蒸汽雾化（内混）	0.725 ~ 1.165

表 9-55 某炼油厂重油黏度与加热温度的关系

加热温度（℃）	70	80	95	120
运动黏度，$S_t \times 10^{-4}$（m²/s）	4.385	2.264	1.092	0.428

(1) 燃油加热器

燃油加热器分为蒸汽加热器和电加热器。蒸汽加热器有套管式、列管式和蛇形管式。电加热器有管状、电感应和电热带式。由于陶瓷厂的用油量不大，以采用蒸汽列管式加热器或管状电加热器为宜。

1) 油品升温所需热量（Q）的计算

$$Q = G \cdot C \cdot (t_2 - t_1)$$

式中　Q——油品升温所需热量，kJ/h；
　　　G——最大加热油量，kg/h；
　　　C——油品的平均比热，kJ/(kg·℃)；
　　　t_1——油品的进油温度，℃；
　　　t_2——油品的出口温度，℃。

2) 蒸汽加热器传热面积（F）的计算

$$F = \frac{Q}{K \cdot \Delta t_m}$$

式中　F——蒸汽加热器的传热面积，m²；
　　　Q——油品升温所需热量，kJ/h；
　　　K——传热系数，kJ/(m²·h·℃)，$K = \dfrac{1}{\dfrac{1}{\alpha}\left(\dfrac{D}{d}\right) + R}$；
　　　α——管内油品的放热系数，一般可取 419~628kJ/(m²·h·℃)；
　　　D——管外径，mm；
　　　d——管内径，mm；
　　　R——管子的积垢热阻（一般可取 0.00024~0.00048），(m²·h·℃)/kJ；
　　　Δt_m——平均温度，℃。

$$\Delta t_m = \frac{t_1 + t_2}{2}$$

3) 蒸汽消耗量（G）的计算

$$G = \frac{Q}{\Delta i \cdot \eta}$$

式中　G——蒸汽消耗量，kg/h；
　　　Δi——蒸汽与冷凝水的平均热焓（一般可取 2094MJ/kg），kJ/kg；
　　　η——热效率，可取 0.9~0.95。

几种蒸汽加热器的主要技术指标见表9-56。2.8m² 蒸汽列管式燃油加热器结构示意见图9-69。

表9-56　几种蒸汽加热器的主要技术指标

蒸汽加热器类型	传热系数 [kJ/(m²·h·℃)]	比传热面 (m²/m³)	蒸汽耗量 [kJ/(kg油·℃)]	设备金属耗量 (kg/m²)
套管式	461~586	4~15	0.4~0.6	150~200
列管式	398~502	18~40	0.5~0.7	35~80
蛇形管式	335~419	4~12	0.7~0.9	90~120

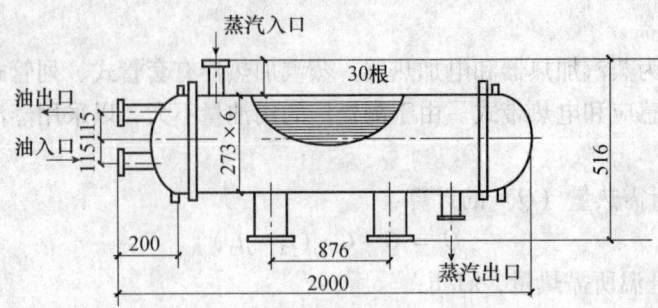

图 9-69 2.8m² 蒸汽列管式燃油加热器

4）电加热器的功率与传热计算

①电加热器功率（E）的计算

$$E = \frac{G \cdot C \cdot \Delta t}{4.1868 \times 860 \eta}$$

式中 E——加热油品所需的功率，kW；

G——被加热油品流量，kg/h；

C——被加热油品的平均比热（见表9-48），kJ/(kg·℃)；

Δt——被加热油品的温升，$\Delta t = t_2 - t_1$，℃；

t_1——被加热油品初温，℃；

t_2——被加热油品终温，℃；

η——电加热器的效率，可取 0.85~0.9。

②传热计算 当已知电加热器的尺寸及油的流向，以及电热元件表面壁温 t_w 时，可按有关传热原理计算油侧放热系数 α_i[kJ/(m²·h·℃)]。如果油的平均温度为 t_i℃，则电热元件单位面积单位时间内的放热量为：

$$q_1 = (t_w - t_i)\alpha_i \quad \text{kJ/(m²·h·℃)}$$

设 W 为电加热器的功率（kW），F 为电加热器的换热表面积（m²），则电加热器单位面积单位时间内的放热量为：

$$q_1 = \frac{860 \times 4.1868 W}{F} \quad \text{kJ/(m²·h·℃)}$$

若要热平衡必须是 $q_1 = q_2$。当 $q_1 > q_2$ 时，表明被加热的油品没有达到预定温度；当 $q_1 < q_2$ 时，表明电热元件的能量未能完全放出来，电热元件温度上升，电阻丝可能被烧坏。

SRY型油用管状电热元件技术性能和结构示意分别见表9-57和图9-70。

表 9-57 SRY 型油用管状电热元件技术性能

型 号	电压 (V)	功率 (kW)	外形及安装尺寸 (mm)			质 量 (kg)	最高工作温度 (℃)
			A	B(浸入油中长)	C		
SRY2-220/1	220	1	307	230		1.45	300
SRY2-220/2	220	2	507	430		1.90	300
SRY2-220/3	220	3	707	630		2.35	300
SRY2-220/4	220	4	922	845		2.83	300
SRY3-220/1	220	1	625	375	570	0.77	300
SRY3-220/2	220	2	825	575	770	1.01	300

续表

型号	电压(V)	功率(kW)	外形及安装尺寸 (mm) A	B(浸入油中长)	C	质量(kg)	最高工作温度(℃)
SRY3-220/3	220	3	925	675	870	1.13	300
SRY3-220/4	220	4	1125	875	1070	1.37	300
SRY3-220/5	220	5	697	620		2.45	100
SRY3-220/6	220	6	807	730		2.70	100
SRY3-220/8	220	8	1007	930		3.05	100

注：1. 工作电压允许误差不大于其额定值的1.1倍，外壳应有效接地。
2. 工作环境的相对湿度不大于95%，无爆炸性和腐蚀性气体。

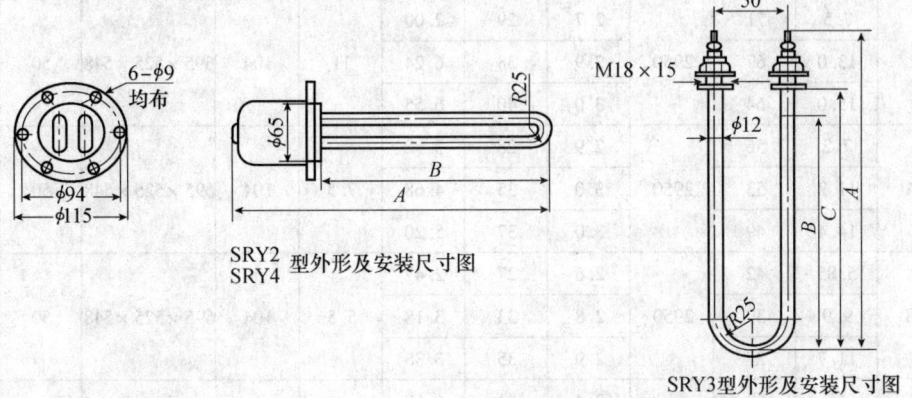

图9-70　SRY型管状电加热元件图

（2）油过滤器

由于油品在装卸过程中可能混入杂质，必须在泵前安装油过滤器。卸油时通常采用往复泵或离心泵，由于泵内的流通部分较宽，滤网网孔可大一些，一般为2~3mm。在供油泵前，由于多采用齿轮泵或螺杆泵，因齿轮或螺杆的间隙很小，为了保护泵体，油过滤器的网孔应为0.2~0.45mm。过滤器的网孔总流通面积与进口管断面积的比值应符合以下要求：往复泵和离心泵前5~10；螺杆泵和齿轮泵前20~30。低压燃油细过滤器结构示意图如图9-71所示。

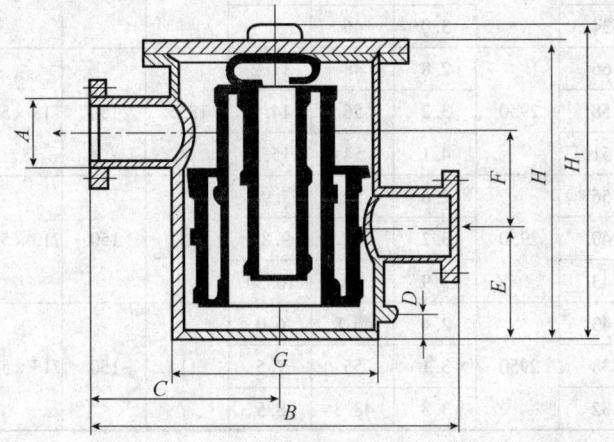

图9-71　低压燃油细过滤器结构示意图

注：设计压力：10kg/cm²；试验压力：15kg/cm²。工作温度：<250℃。油品：燃料油。腐蚀裕度：1mm。过滤网通流净面积为进口截面30倍，网孔为80目，用不锈钢丝制成。

(3) 油泵

输送油品的泵有离心泵、齿轮泵和螺杆泵等。

1) 离心泵　结构较简单，运行时维护检修方便；对输送含杂质油品不敏感，流量较均匀。但其输送重油的效率低，尤其是流量小、扬程较高的多级离心油泵的效率更低。另外，启动前必须灌泵，而且泵的有效吸入高度低。Y型离心油泵应用得较多，其主要技术性能见表9-58。

表9-58　Y型离心油泵的技术性能

型号	流量 (m³/h)	扬程 (m)	转速 (r/min)	汽蚀余量 (m)	效率 (%)	功率 (kW) 轴功率	功率 (kW) 电机功率	质量 (kg)	外形尺寸 (长×宽×高) (mm)	口径 (mm) 吸入	口径 (mm) 排出
50Y60	7.5	71	2950	2.7	29	2.00	11	104	695×525×548	50	40
	13.0	67		2.9	38	6.24					
	15.0	64		3.0	40	6.55					
50Y60A	7.2	56	2950	2.9	28	3.92	7.5	104	695×525×548	50	50
	11.2	53		3.0	35	4.68					
	14.4	49		3.0	37	5.20					
50Y60B	5.85	42	2950	2.6	27	2.47	5.5	104	695×525×548	50	50
	9.9	39		2.8	33	3.18					
	11.7	37		2.9	35	3.38					
65Y60	15	67	2950	2.4	41	6.68	11	160	700×525×578	65	50
	25	60		3.05	50	8.18					
	30	55		3.5	57	8.90					
65Y60A	13.5	55	2950	2.3	40	5.06	7.5	160	700×525×578	65	50
	22.5	49		3.0	49	6.13					
	27	45		3.3	50	6.61					
65Y60B	12	42	2950	2.2	38	3.73	5.5	160	700×525×578	65	50
	20	37.5		2.7	47						
	24	34		3.0	46						
80Y60	30	66	2950	2.8	48	11.2	18.5	150	713×525×585	80	65
	50	58		3.2	56	14.1					
	60	51		4.1	54	15.5					
80Y60A	27	56	2950	2.6	52	7.91	15	150	713×525×585	80	65
	45	49		3.2	61	9.85					
	53	43		3.9	59	10.50					
80Y60B	24	43	2950	2.4	46.8	6.0	11	150	713×525×585	80	65
	40	38		3.1	55	7.5					
	47	32		3.3	48.3	8.5					

2) 齿轮泵　属容积式泵。其特点是体积小、质量轻、流量均匀，但调节性能较差，当负荷变化时压力波动较大，齿轮易磨损。有一定的吸程高度，可用于汽车卸油时将卸油池中

的油转送储罐或用于码头驳船卸油,也可作为小流量燃油系统的供油泵。KCB 与 2CY 型齿轮泵的技术性能见表 9-59。

表 9-59　KCB 与 2CY 型齿轮油泵的技术性能

型号	流量 (m^3/h)	压力 (MPa)	允许真空度 (MPa)	转速 (r/min)	功率 (kW)	配用电机 型号	进出口径 (mm)	允许介质最大黏度 (mm^2/s)
2CY1.1/3.3-2	1.1	0.33	-0.05	1500	1.5	Y90L-4	20	230
2CY1.1/14.5-2	1.1	1.45	-0.05	1500	1.5	Y90L-4	20	230
KCB18.3	1.1	1.45	-0.05	1500	1.5	Y90L-4	20	230
2CY3.3/3.3-2	3.3	0.33	-0.05	1500	1.5	Y90L-4	25	230
KCB55	3.3	0.33	-0.05	1500	1.5	Y90L-4	25	230
2CY3.3/10-2	3.3	1.0	-0.05	1500	2.2	$Y100L_1$-4	25	230
2CY5/3.3	3.3	1.0	-0.05	1500	2.2	$Y100L_1$-4	25	230
KCB83.3	5	0.33	-0.05	1500	2.2	$Y100L_1$-4	40	230
2CY6/3.3	6	0.33	-0.05	750	3	Y132M-8	50	700
2CY6/6	6	0.6	-0.05	750	3	Y132M-8	50	700
2CY8/3.3	8	0.33	-0.05	1000	3	Y132S-6	50	500
2CY8/6	8	0.6	-0.05	1000	4	$Y132M_1$-6	50	500
2CY8/10	8	1.0	-0.05	1000	5.5	$Y132M_2$-6	50	500
2CY12/3.3	12	0.33	-0.05	1000	5.5	Y132S-4	50	500
2CY12/6	12	0.6	-0.05	1500	5.5	Y132S-4	50	230
2CY12/10	12	1.0	-0.05	1500	7.5	Y132M-4	50	230
2CY18/3.6	18	0.36	-0.05	1000	5.5	$Y132M_2$-6	70	700
KCB300	18	0.36	-0.05	1000	5.5	Z_2-61	70	700
2CY18/6	18	0.6	-0.05	1000	7.5	Y160M-6	70	500
2CY29/3.6	29	0.36	-0.05	1500	7.5	Y132M-4	70	230
KCB483.3	29	0.36	-0.05	1500	11	Y160M-4	70	230
2CY29/6	29	0.6	-0.05	1500	15	Y160L-4	70	230
2CY38/1.8	38	0.18	-0.05	1000	5.5	Z_2-61	100	500
2CY38/2.8	38	0.28	-0.05	1000	11	Y160-6	100	500
2CY38/8	38	0.8	-0.05	1000	22	$Y200L_2$-6	100	500

注:表中的技术参数是在一定黏度条件下的数据,随着油品黏度的增大,其流量及允许真空度会相应减少。

3)螺杆泵　属容积式泵。近年应用较普遍。其优点是:①流量连续且均匀,油压脉动小,运行平稳、振动小、无噪声;②工作效率较高,其容积效率可达 90% 以上,泵的总效率为 0.7 ~ 0.8;③可以达到很高的供油压力(7.2 ~ 19.6MPa),并可做到在高压下供送小流量;④泵的排出压力与转速无关(决定于泵后油系统的反压力),而流量基本上与转速成正比(与压力变化关系不大),故适用于定量供油,以及通过变速来调节流量;⑤有一定的自吸能力(吸入真空高度可达 4 ~ 6m),并可瞬时高压启动,除第一次启动须先灌注适量的液体,以免干启动螺杆磨损,以后启动时可不必再灌液体,也不必在吸入管上安装逆止阀;⑥结构简单紧凑,体积小,质量轻,拆卸较方便。缺点是:制造精度要求很高,不易检修,不宜输送含杂质油,对泵前油过滤器要求很高。3G 型三螺杆泵的技术性能见表 9-60。

表 9-60　3G 型三螺杆泵的技术参数

型号	流量 (m³/h)	压力 (m)	转速 (r/min)	汽蚀余量 (m)	功率 (kW) 轴功率	功率 (kW) 电机功率	质量 (kg)	口径 (mm) 吸入	口径 (mm) 排出
3G25×4	2	1.0	2900	4	1.1	1.5	9	25	20
3GC25×4	1.6	2.5	2900	4	2.2	3.0			
3Gr25×4	0.8	1.0	1450	3.5	0.5	0.75			
3GCr25×4	0.6	2.5	1450	3.5	1.1	1.5			
3G25×6	1.6	4.0	2900	4	3.4	4.0	11	25	20
3GC25×6	1.4	6.0	2900	4	5.0	5.5			
3Gr25×6	0.6	4.0	1450	3.5	1.6	2.2			
3GCr25×6	0.4	6.0	1450	3.5	2.5	3.0			
3G30×4	3.6	1.0	2900	4.5	1.9	2.2	15	32	25
3GC30×4	3.2	2.5	2900	4.5	3.8	4.0			
3Gr30×4	1.6	1.0	1450	4	0.9	1.5			
3GCr30×4	1.2	2.5	1450	4	1.9	2.2			
3G36×4	6.5	1.0	2900	5	3.2	4.0	21	50	40
3GC36×4	6.0	2.5	2900	5	6.2	7.5			
3Gr36×4	2.8	1.0	1450	4.5	1.6	2.2			
3GCr36×4	2.4	2.5	1450	4.5	3.1	4.0			
3G36×6	6	4.0	2900	5	10	15	25	50	40
3GC36×6	5	6.0	2900	5	15.5	18.5			
3Gr36×6	2.4	4.0	1450	4.5	4.8	5.5			
3GCr36×6	2	6.0	1450	4.5	7.7	11			

(4) 供油泵的计算

1) 供油泵流量 (q_{gb}) 的计算

$$q_{gb} = k_g \sum q_{gn}$$

式中　q_{gb}——供油泵的流量,m³/h;

　　　k_g——考虑回油比后的系数,为使用油点压力稳定,取 $k_g \geqslant 1.2$;

　　　$\sum q_{gn}$——各用油点的耗油量总和,m³/h。

2) 供油泵总扬程 (H_{gb}) 的计算

$$H_{gb} > \Delta h_g + \Delta H_g + \frac{P_y}{\rho_y}$$

式中　H_{gb}——供油泵所需的总扬程,m;

　　　Δh_g——用户喷嘴处与供油泵吸入最低油面的高差,m;

　　　ΔH_g——供油系统的总压力降,MPa;

　　　P_y——用户喷嘴处所需的最高油压,MPa;

　　　ρ_y——油品密度,kg/m³。

供油泵所需的总扬程应按至各用油点压力降的最大值确定。

3. 油管路

油管路是油站的重要组成部分。

(1) 油管路的敷设

油管路可以与厂内其他管路共同敷设，一般沿地面敷设，也可架空或采用地沟敷设。基本要求是：油管路（包括保温层）管底与地面不宜小于0.3m；架空油管与铁路、公路、人行道的最小垂直净距为铁路（管底至轨顶）6m、公路（管底至路面）4.5m、人行道（管底至地面）2.2m；沿铁路或公路敷设油管路时，水平间距不应小于20m；油管坡度不应小于0.003；油管应装置吹扫管；油管路沿线设置可靠的防静电接地装置；油管路一般应设蒸汽加热伴管，伴管的蒸汽应从高处引入，并在最低处设置疏水器。架空、沿地面和地沟敷设油管路布置间距见表9-61。

表9-61 油管路的布置间距

项 目	管路敷设方式	
	架空或沿地面	地沟
管道保温层表面与管道之间的最小净距	150	150
管道保温层表面与墙之间的最小净距	150	
管道保温层表面与梁、柱或设备之间的最小净距	100	
管道保温层表面与沟壁之间的最小净距		150
管道保温层表面与沟底之间的最小净距		150
管道保温层表面与沟顶之间的最小净距		100

(2) 油管路的设计

1) 管道直径（d）的计算

$$d = 18.8\sqrt{\frac{q}{v}}$$

式中 d——管道内径，mm；

q——管内的最大输油量，m^3/h；

v——管内的油品流速（见表9-62），m/s，油品黏度与流速的关系见表9-62。

表9-62 油品黏度与流速的关系

油品的运动黏度（m^2/s）	平均流速（m/s）	
	油泵吸入管（$D_g25 \sim D_g150$）	油泵排出管（$D_g25 \sim D_g150$）
0.01~0.05	0.4~1.5	0.6~2.0
0.05~0.15	0.3~1.4	0.5~1.7
0.15~0.30	0.2~1.3	0.4~1.5
0.30~0.50	0.2~1.2	0.4~1.4
0.50~0.70	0.2~1.1	0.3~1.3
0.70~0.85	0.2~1.1	0.2~1.1
0.85~1.00	0.2~1.0	0.2~1.0

注：对重油或渣油，一般情况下，泵前不应大于0.8m/s，泵后不应大于1.2m/s。

2) 油管路压降的计算
①直管段压降

$$\Delta H_z = \lambda \frac{L}{d} \cdot \frac{v^2}{2g}$$

式中　ΔH_z——油管路直管段的压降，MPa；
　　　λ——管内油流动时的摩擦系数，计算公式见表9-63；
　　　L——油管路直管段的长度，m；
　　　d——油管路的内径，m；
　　　g——重力加速度，9.81m/s²。

表9-63　λ的计算公式

Re 值	管内油的流动状态	λ 的计算公式
$Re \leq 2000$	层流	$\lambda = 64/Re$
$2000 < Re \leq 100000$	光滑摩擦区内的紊流状态	$\lambda = 0.3164/Re^{0.25}$
$Re > 100000$	混合摩擦区内的紊流状态	$\lambda = 0.0032 + 0.221Re^{-0.237}$

②局部压降

$$\Delta H_j = \sum H_j = i \sum \frac{L_d}{100}$$

式中　$\sum H_j$——油管道的局部压降之和，MPa；
　　　ΔH_j——油管道附件造成的局部压降，MPa；
　　　L_d——管道附件的当量长度，m。

$$i = 100 \frac{\lambda}{d} \cdot \frac{v^2}{2g}$$

③油管路总压降

$$\Delta H = \Delta H_z + \Delta H_j = i \left(\frac{L}{100} + \sum \frac{L_d}{100} \right)$$

$$\Delta H = i \frac{L}{100}(1 + \alpha)$$

式中　ΔH——油管路的总压降，MPa；
　　　α——不同直径油管路局部压力降的附加系数：
　　　　$D_g \leq 65$mm 时，$\alpha = 0.2$；
　　　　$D_g 80 \sim 100$mm 时，$\alpha = 0.25$；
　　　　$D_g 125 \sim 150$mm 时，$\alpha = 0.30$。

为了简化计算，在估算油泵出口至用户间油路系统总的局部压降时，可以用油管路直管段的压降附加 α 值确定。但油管道总的局部压降的准确计算，应根据系统的具体条件进行。

(3) 油管路保温

油管路在输油时必须进行保温，尤其是输送黏度较大的重油或渣油和在北方寒冷地区。油管保温一般采用蒸汽伴管，并且外包保温层。油管伴热管及保温层厚度见表9-64，油管伴热蒸汽消耗量见表9-65，油管伴热保温结构图如图9-72所示。

表9-64 油管、伴热管及保温层厚度

油管(mm)		蒸汽伴热管(mm)	保温层厚度（mm）		
			Ⅰ类	Ⅱ类	Ⅲ类
一根油管时					
$D45 \times 3$		$D32 \times 3$			
$D57 \times 3$		$D32 \times 3$			
$D73 \times 3$		$D38 \times 3$	35～40	40～50	50～60
$D89 \times 3$		$D38 \times 3$			
$D108 \times 4$		$D38 \times 3$			
两根油管时					
大管	小管				
$D45 \times 3$	$D38 \times 3$	$D_g 3/4''$			
$D57 \times 3$	$D45 \times 3$	$D_g 3/4''$			
$D73 \times 3$	$D45 \times 3$	$D32 \times 3$	35～40	40～50	50～60
$D89 \times 3$	$D57 \times 3$	$D38 \times 3$			
$D108 \times 4$	$D73 \times 3$	$D38 \times 3$			

表9-65 油管伴热蒸汽消耗量

油管(mm)		一根油管伴蒸汽管					两根油管伴蒸汽管				
	大管	$D45 \times 3$	$D57 \times 3$	$D73 \times 3$	$D89 \times 3$	$D108 \times 4$	$D45 \times 3$	$D57 \times 3$	$D73 \times 3$	$D89 \times 3$	$D108 \times 4$
	小管						$D38 \times 3$	$D45 \times 3$	$D45 \times 3$	$D57 \times 3$	$D73 \times 3$
蒸汽伴热管(mm)		$D32 \times 3$	$D32 \times 3$	$D38 \times 3$	$D38 \times 3$	$D38 \times 3$	$D_g 3/4''$	$D_g 3/4''$	$D32 \times 3$	$D38 \times 3$	$D38 \times 3$
100m³油罐的伴热蒸汽总耗量(kg/h)		24	25	33	34	40	16	17	20	23	24

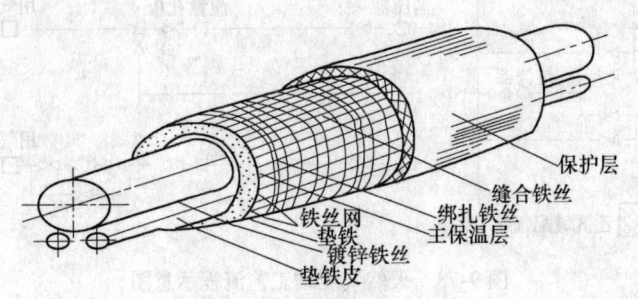

图9-72 油管伴热保温结构图

（4）油管路及蒸汽伴管的试压

油管路及其伴管安装完毕之后，应进行系统严密性试验，以便检查各连接部位（焊缝、法兰接口）的严密性。试压具体要求见表9-66。

表 9-66 油管路试压要求

管道类别	严密性试验（试验压力 P_s，工作介质压力 P_{gz}）	试验程序及要求	检验工具
泵后油管路	一般采用水压试验 $P_s = 1.25 P_{gz}$，但是 P_s 不小于 196.1kPa，P_{gz} 为油泵示性曲线的最高压力	1. 升压至 P_s 后，恒压 5min； 2. 降压至 P_{gz}。进行检查，以焊缝及其他接口无渗水、滴水现象，压力表指示亦无变化为合格	降压检查时，用 1.5kg 小锤轻敲焊缝
泵前油管路	$P_s = 1.25 P_{gz}$，但是 P_{gz} 不大于 784.5kPa，P_{gz} 为油管扫线时的蒸汽工作压力		
蒸汽伴管	$P_s = 1.25 P_{gz}$，但是 P_{gz} 不小于 196.1kPa，P_{gz} 为蒸汽的工作压力		

9.7.3 配气站

随着近年来陶瓷工厂烧成设备的现代化及清洁生产的要求，气体燃料已经得到广泛地应用。当采用天然气、液化石油气作燃料时，需设置天然气或液化石油气配气站。

1. 天然气配气站

陶瓷厂所使用的天然气，一般都在天然气输气干线上接支管，并设置配气站，也可接于城市天然气输配管网的中压管线上。

(1) 配气站的工艺流程

厂区天然气配气站的设置，主要取决于气源的供气情况，往往为了不使供气中断，可从厂外天然气输气干线上的两个区域配气站各引一条专线进厂区配气站。由于天然气中含有硫、水分及其他杂质，应设置过滤器。根据天然气的进站压力与用气点的使用压力选择合适的调压器，通过调压之后向厂内各用气点供气。对于用气压力要求严格的用气点，可在用气点附近再增设调压器，如图 9-73 所示。

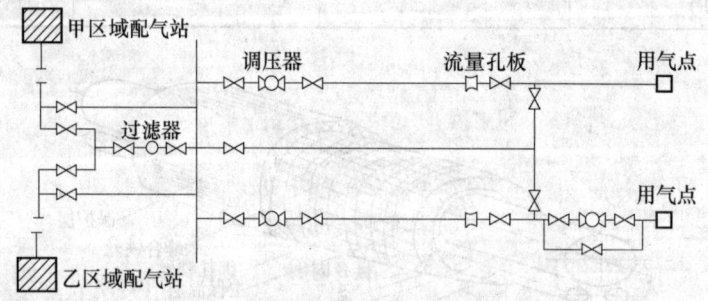

图 9-73 天然气配站工艺流程示意图

(2) 配气站布置

由于天然气是压力较高的易燃易爆气体，因此配气站不应设置在厂中心地带，而宜布置在厂区周边一角。设置围墙，其高度不低于 2m，并警示"严禁烟火"。

配气站内的设施属甲类生产车间，耐火等级不应低于 2 级，设计时应根据建筑设计防火规范考虑与周围的道路、设施、建筑物、构筑物、高压线以及厂区管线的防火安全距离，站区应考虑防雷,以及煤气设备与管线的静电接地。

调压器可以室外布置,其间的净距不宜小于1.5m。

配气站内设有值班室、仪表室、工具间等。仪表室宜采用水磨石地面,值班室与仪表室采用装有玻璃窗的隔墙隔开。建筑物的门窗向外开启,应考虑泄压设施,如图9-74所示。

(3) 管道的输气量、直径及终点压力的计算

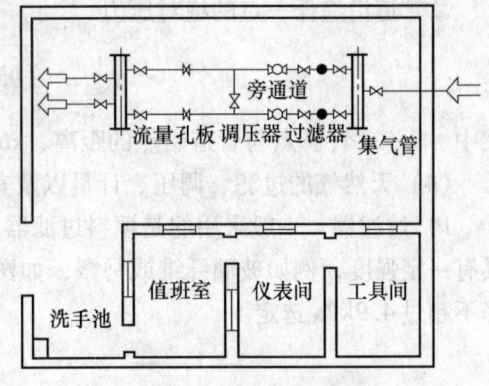

图9-74 天然气配站平面布置示意图

1) 输气量(Q_0)的计算

$$Q_0 = 19.2 d^{\frac{8}{3}} \sqrt{\frac{P_1^2 - P_2^2}{\Delta KTL}}$$

式中 Q_0——天然气的输气量,Nm^3/h;

d——管道直径,cm;

P_1——管道始点的绝对压力,MPa;

P_2——管道终点的绝对压力,MPa;

Δ——天然气的相对密度;

K——天然气的压缩系数 $K = \frac{100}{100 + 0.12 P_p^{1.15}}$,脱去凝析油的石油伴生气的压缩系数 $K = \frac{100}{100 + 0.16 P_p^{1.25}}$,天然气或石油伴生气的平均绝对压力 $P_p = \frac{2}{3}\left(P_1 + \frac{P_2^2}{P_1 + P_2}\right)$ MPa;

T——天然气的绝对温度,K;

L——管道长度,m。

一般情况下,天然气的绝对压力不会超过117.68kPa。当天然气的绝对温度$T = 288K$、相对密度$= 0.56$时,计算流量公式可简化为:

$$Q_0 = 1.507 d^{\frac{8}{3}} \sqrt{\frac{P_1^2 - P_2^2}{L}}$$

2) 管道直径(d)的计算

$$d = 0.33 Q_0^{0.375} \left(\frac{\Delta KTL}{P_1^2 - P_2^2}\right)^{0.1875}$$

在确定站内、厂内,以及车间架空管道的直径时,为了减少噪声与振动,管道内的天然气实际流速不宜超过20m/s。

3) 管道的终点压力与沿途任一点压力的计算

①管道终点的绝对压力

$$P_2 = \sqrt{P_1^2 - \frac{2.713 \times 10^{-3} Q_0^2 \Delta KTL}{d^{\frac{16}{3}}}}$$

②管道沿途任一点的绝对压力

$$P_x = \sqrt{P_1^2 - (P_1^2 - P_2^2)\frac{S_i}{L}}$$

式中　S_i——计算点与管道始点的距离，km。

(4) 天然气的过滤、调压、计量以及安全保护装置

1) 过滤器　一般采用的是填料过滤器，其内充填经过油浸润过的细而长的纤维，而且具有一定强度，例如玻璃纤维或马鬃，如图9-75所示。过滤器的直径可按流经的天然气压降不超过4.9kPa选定。

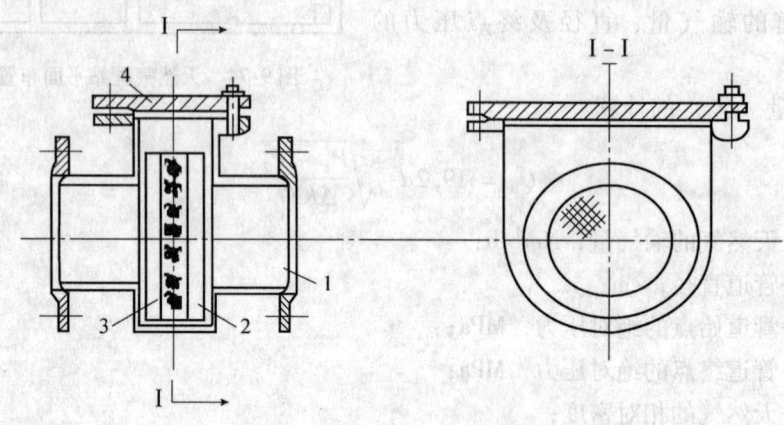

图9-75　填料过滤器结构示意图
1—过滤器外壳；2—填料盒；3—填料；4—盖

2) 调压器　目前，许多天然气输配系统配气站都采用自动式压力调节器。工作原理是利用被调介质压力，通过主阀、指挥器和调节针型阀的相互作用，使输出压力按照给定值达到稳定。调节压力波动范围为±5%。特点是调压器结构简单，使用方便。TZY-40K型自动式调压器的技术性能见表9-67。

表9-67　TZY-40K型自动式调压器的技术性能

公称直径 (mm)	20	25	32	40	50	65	80	100	125	150	200
阀座直径 (mm)	10、12 15、20	25	32	40	50	60	80	100	125	150	200
行程 (mm)	10	16		25			40			60	
通过能力 (m³/h)	1.2、2.0 3.2、5.0	8	12	20	32	63	100	160	250	400	630
膜头有效面积 (cm²)	200	280		400			630		1000		

3) 流量计　在配气站内安装流量计可以计量进气量和向厂内各用气点的供气量，以利于进行生产成本核算和能耗计算。

通常采用节流孔板与双波纹管差压计配套，对天然气进行流量测量。这种流量测量装置往往会因为在节流孔板处出现腐蚀、结垢或锐度磨损造成孔板尺寸变化，而影响测量精度。例如，孔板的锐度磨损1/64弧度，就会引起4%的测量误差。另外，差压与流量成平方关

系，差压的变化会使流量变化很大。

近年来，具有一定先进性的气体涡街流量计，可以用来测量天然气流量。涡街流量计输出的超声频率信号，在远距离传输时有较强的抗干扰能力，应适合于与计算机配套，实现自动控制。如果配装密度计与计算器，就可方便地读出标准气体流量。涡街流量计所测得的流速特性为线性关系，上下限误差基本一致。涡街流量计的基本误差为±5%。

4）安全阀 一般情况下，当天然气的工作压力 >9.8kPa 时，可采用微启式弹簧安全阀；当天然气的工作压力 <4.9kPa 时，可采用水封式安全阀。

天然气放散压力的确定：

当 $P_j \leq 29.4$ kPa 时，$P_{fs} = 1.15P_j + P_{aq}$（绝对压力），kPa；

当 $P_j > 29.4$ kPa 时，$P_{fs} = P_j + 0.5 + P_{aq}$（绝对压力），kPa；

式中 P_j——计算压力，kPa；
   P_{aq}——地区大气压力，kPa；
   P_{fs}——放散压力，kPa。

弹簧安全阀放散断面积的计算：

$$A = \frac{G}{200P_{fs}}\sqrt{\frac{T}{M}}$$

式中 A——放散断面积，cm²；
   G——天然气的放散量，kg/h；
   T——天然气的绝对温度，K；
   M——天然气的分子量；
   P_{fs}——放散压力，kPa。

天然气的放散量 G，应不小于调压器的最大通过能力减去生产可能出现的最低用气量，且不可小于调压器最大通过能力的10%。

微启式安全阀阀座直径的计算：

$$d = 0.15A/h$$

式中 d——安全阀阀座直径，cm；
   A——放散断面积，cm²；
   h——阀芯开启高度，cm。

5）可燃气体报警装置 由于管道连接或阀门密封不严，加之天然气压力较高，会向外泄漏，致使车间内空气中的天然气浓度增加，当达到5%时，就有爆炸危险。安装可燃气体报警器，将其调到规定范围，当空气中的天然气浓度达到此范围时，就会产生灯光或音响信号，以警示工作人员注意，以便采取措施。

2. 液化石油气配气站

(1) 液化石油气配气站的工艺流程

带自卸泵的液化石油气专用汽车罐车进站后，首先应检查储罐的压力及液位高度，然后再接通气、液相橡胶软管，打开阀门，启动罐车上的自卸泵，即可向储罐内灌注。卸完之后关闭阀门，卸掉软管，测量并记录储罐内的压力与液位高度。液化石油气站工艺流程图如图 9-76 所示。

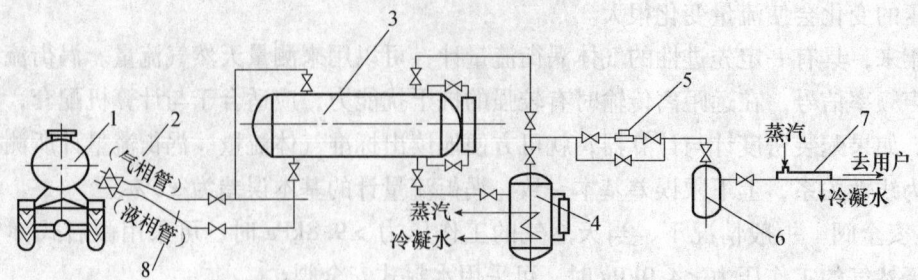

图 9-76 液化石油气站工艺流程图

1—带自卸泵汽车槽车；2—气、液相软管接头；3—贮罐；4—蒸发器；5—减压器；6—气液分离器；7—过热器；8—橡胶软管

来自储罐的液化石油气，经过蒸发器、减压器、气液分离器、过热器等，即可向用气点供应合乎要求的燃气。一般蒸发温度不得超过45℃，液化石油气的过热温度也应小于80℃。

（2）液化石油气的预混

为了便于输送和有效使用液化石油气，可向用气点提供预混后的液化石油气，优点是：

1）防止再液化　纯液化石油气的露点较高，当气温降低时，可能在管道中产生冷凝液。为了降低液化石油气的露点，可向液化石油气中掺入一定比例的空气。例如，纯液化石油气，在36.3kPa压力下，温度为1℃时，便会出现冷凝液。如果采用20%的液化石油气与80%的空气所组成的混合气，在36.3kPa压力下，温度为-11℃时，尚未出现冷凝。

2）可减少泄漏时的损失　预混后的液化石油气，由于相对密度减小，扩散率增加，所以泄漏损失和危险性都将随之减小。

3）燃烧充分　液化石油气燃烧时所需的空气量很大，如丙烷需用24倍的空气，丁烷需用31倍的空气。若预混一部分空气后，再送至用气点，将有助于液化石油气的充分燃烧。

但是，液化石油气预混所用的混合器，在结构上一定要保证混合时不会形成进入爆炸极限的稀释气范围，应装有可靠的安全装置，而且在使用和维修时，都应特别注意安全。

液化石油气的预混方式有引射式、鼓风式和比例流量式三种。对于中、小型液化石油气混气站，多采用引射式或鼓风式，如图9-77所示。

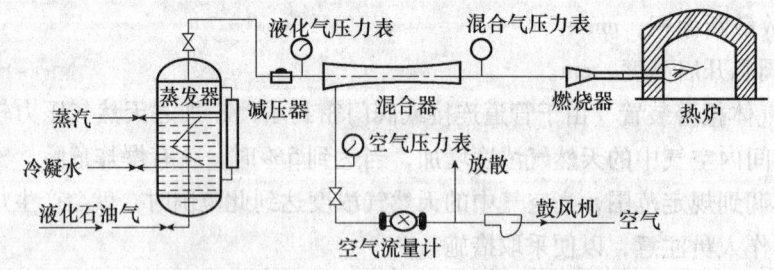

图 9-77 中压鼓风引射式混气装置示意图

（3）液化石油气配气站储存规模的确定

当由一个液化石油气生产厂供应时，储罐的设计总容量一般按日用量的15~20倍计算；当由一个以上液化石油气生产厂供应时，储罐的设计总容量，可按小于日用量的15倍计算。

根据日耗量及其储存天数来确定液化石油气储罐容积，可按下式计算：

$$m = \frac{G}{V_{储} \cdot K}$$

式中 m——储罐数量;

G——液化石油气的储存容量,m^3;

$V_{储}$——单个储罐的容积,m^3;

K——储罐充满系数,一般取 0.8~0.85。

一般中、小型液化石油气配气站,采用两个储罐为宜。

(4) 液化石油气配气站的布置要求

1) 液化石油气配气站为甲类生产车间,耐火等级不应低于 2 级,设计时应根据建筑设计防火规范考虑与周围的道路、设施,以及厂区管线的防火安全距离。站区应考虑防雷与静电接地安全保护。

2) 液化石油气配气站应为独立建筑,设置围墙,并警示"严禁烟火"。

3) 储罐容积小于 $10m^3$ 时,可考虑布置在室内,此时储罐安全阀上的放散管应引至室外,并高出屋面 2m 以上。储罐之间的净距应等于相邻较大储罐的半径,但不应小于 1m。储罐容积大于 $10m^3$,宜室外布置。

4) 储罐应布置在标高较低的地带,并且应在主导风向的下风侧。站内的所有房间,均不允许设地下室或半地下室,以及地下管沟。

5) 站内的排水,不可直接与厂区排水系统相连,应首先通过专设的水封井,井内的水封高度不应低于 250mm,以隔绝液化石油气泄漏到排水系统。

6) 站内应装设防爆型强制通风系统。在工作时间内,每小时换气 10 次。在非工作时间内每小时换气 3 次。其进气、排气应使 2/3 的空气通过强制通风由下部排出,1/3 的空气从上面的通风帽或天窗排出。

7) 不经常有人操作的房间,应尽量利用门窗自然通风,在室内的下部设置百叶窗,并且尽可能贴近地面。

8) 当采用液化石油气汽车罐车运输,装卸台布置站外,与储罐间距不应小于 30m。另外应有宽度不小于 3.5m 单车道,以及根据车型考虑回车场地。

(5) 液化石油气配气站的平面布置(图 9-78、图 9-79)。

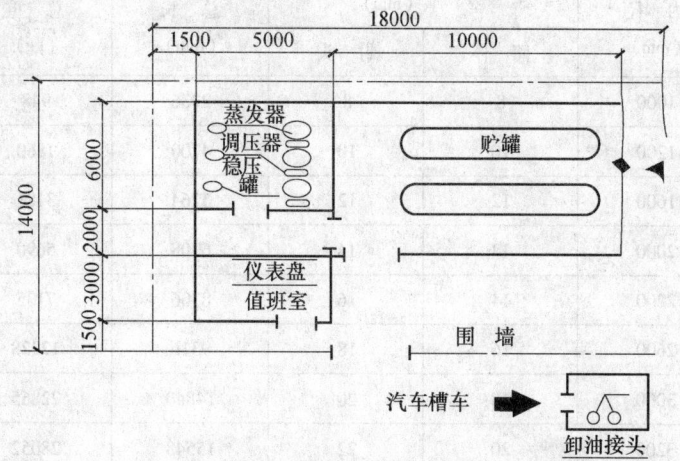

图 9-78 贮罐室内平面布置图

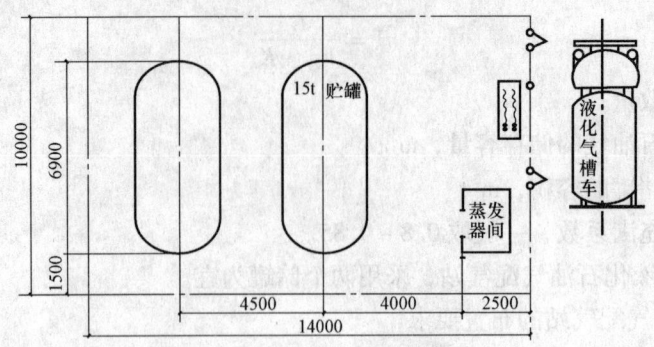

图 9-79 贮罐室外平面布置图

(6) 液化石油气配气站常用设备

1) 液化石油气汽车罐车　中、小型液化石油气配气站大都采用汽车罐车运输。在罐车上装有泵、液位指示器、计量器、压力表、温度计、安全阀，以及气态阀与液态阀等。几种国产液化石油气汽车罐车型号及规格见表 9-68。

表 9-68　几种国产液化石油气汽车罐车型号及规格

型　号	装载质量（kg）	总　重（kg）	整车外形尺寸（长×宽×高）（mm）
黄河 YD5150GYQ	5500	15995	8010×2494×3033
北结 BJG5170GYQ	6000	16500	8438×2480×3044
五峰 JXY5263GYQ	10000	26120	10555×2500×3350

2) 液化石油气储罐　储罐有卧式圆柱形和立式球形罐两种，前者为小型，后者为大型。在储罐上装有人孔、液位计、安全阀、液相接管、气相接管、压力表和温度计等。卧式圆柱形和立式球形储罐规格分别见表 9-69、表 9-70，卧式和球形储罐结构分别如图 9-80、图 9-81 所示。

表 9-69　液化石油气卧式圆柱形储罐的主要技术规格

公称容积（m³）	内径（mm）	壁厚（mm）		总长（mm）	总重（kg）	设计压力（MPa）
		筒体	封头			
2	1000	8	8	2736	948	1.8
5	1200	10	10	4700	1860	1.8
10	1600	12	12	5264	3181	1.8
20	2000	14	14	6908	5690	1.8
30	2200	14	16	8306	7135	1.8
50	2600	16	18	9316	12228	1.8
100	3000	18	20	14840	22865	1.8
120	3200	20	22	15548	28052	1.8

表 9-70　液化石油气立式球形储罐技术规格

公称容积（m³）	实际容积（m³）	球体内径（mm）	球体重（kg）	总重（kg）	工作压力（MPa）
50	52	4600	8410	9050	1.57
120	119	6100	18480	19598	1.57

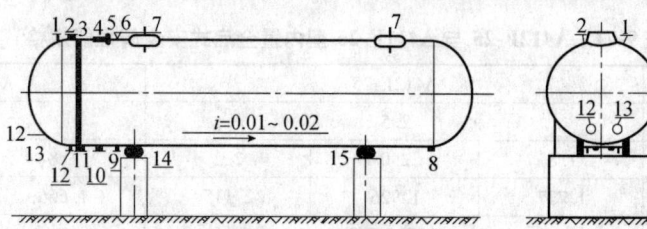

图 9-80　卧式贮罐构造

1—就地液位计接管；2—远传液位计接管；3—就地压力表接管；4—远传压力表接管；
5—液相回流管接管；6—安全阀接管；7—人孔；8—排污管；9、10—液相管接管；
11—气相管接管；12—就地温度计接管；13—远传温度计接管；14—固定鞍座；15—活动鞍座

3）储罐附件

①液位计　储罐上安装的液位计，除常见的透光式玻璃板液位计外，还有翻板式液位计、浮筒磁力式液位计及磁性浮子液位计。

常用的透光式玻璃板液位计可以直接指示储罐内液化石油气的液位，液位计两端阀门内各装有一个钢球，当玻璃板因意外事故破裂时，钢球在罐内压力的作用下，自动密封，以防止液化石油气的喷射。这种液位计结构简单、使用方便、价格便宜，但是容易堵塞或因玻璃板污染而影响观测。对量程较大的储罐，需几段玻璃板液位计接起来用，拆卸较麻烦。另外，当液位计本身和罐内温度不一致时，其液位是不可能一致的，其偏差将随温差的大小而变化，特别是当液位计在日光照射下，或外界温度有大幅度变化时最为显著，如图9-82所示。

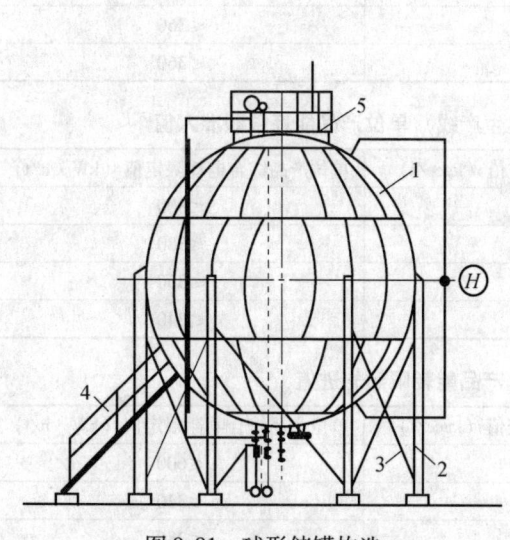

图 9-81　球形储罐构造

1—壳体；2—支柱；3—拉杆；4—盘梯；5—操作台

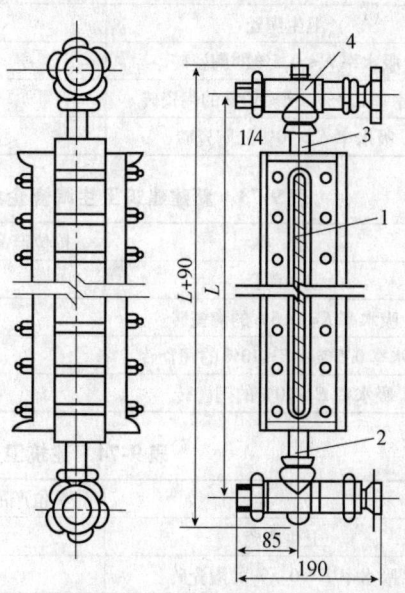

图 9-82　透光式玻璃板液位计

1—玻璃板；2—下金属管；3—上金属管；4—阀

①利用干簧开关的磁性浮子液位计，目前已广泛地用于液化石油气储罐。可按液位计精度要求决定干簧开关的间距，干簧开关并列的数量越多，精度越高，其间距可做到3mm。这种液位计不受高温、低温、高压、真空的影响。

②安全阀 安全阀的作用是当储罐内压力超过规定数值时，自动排出过剩压力，以防止事故发生。A412F-25与A411F-25型内置全启式安全阀是液化石油气专用的安全阀，性能规格见表9-71。

表9-71 A412F-25与A411F-25型内置全启式安全阀性能规格

型号	A412F-25			A411F-25	
公称压力	2.5			2.5	
设计压力（MPa）	1.8	2.0	2.2	1.8	2.2
密封试验压力（MPa）	1.737	1.926	2.115	1.666	2.058
强度试验压力（MPa）	3.75			3.68	
开启压力（MPa）	1.94	2.14	2.35	1.94	2.373
排放压力（MPa）	2.23	2.354	2.585		
回座压力（MPa）	1.54	1.71	1.88	1.552	1.897
排放系数	0.8			0.6	
适用介质	丙烯、丙烷、混合液化石油气				

9.8 陶瓷窑炉的节能

9.8.1 陶瓷产品生产的能耗现状

GB 21252—2007《建筑卫生陶瓷单位产品能源消耗限额》的单位产品能耗原限定值、准入值及先进值见表9-72～表9-74。

表9-72 建筑卫生陶瓷单位产品能耗限额限定值

分类	单位产品综合能耗定值（kgce/t）	单位产品综合电耗限定值（kW·h/t）
卫生陶瓷	≤800	≤1000
吸水率 $E \leq 0.5\%$ 的陶瓷砖	≤340	≤400
吸水率 $0.5\% < E \leq 10\%$ 的陶瓷砖	≤300	≤360
吸水率 $E > 10\%$ 的陶瓷砖	≤320	≤360

表9-73 新建建筑卫生陶瓷企业（含新建生产线）单位产品能耗限额准入值

分类	单位产品综合能耗定值（kgce/t）	单位产品综合电耗限定值（kW·h/t）
卫生陶瓷	≤700	≤800
吸水率 $E \leq 0.5\%$ 的陶瓷砖	≤330	≤380
吸水率 $0.5\% < E \leq 10\%$ 的陶瓷砖	≤260	≤350
吸水率 $E > 10\%$ 的陶瓷砖	≤280	≤340

表9-74 建筑卫生陶瓷单位产品能耗限额先进值

分类	单位产品综合能耗定值（kgce/t）	单位产品综合电耗限定值（kW·h/t）
卫生陶瓷	≤550	≤600
吸水率 $E \leq 0.5\%$ 的陶瓷砖	≤300	≤320
吸水率 $0.5\% < E \leq 10\%$ 的陶瓷砖	≤220	≤280
吸水率 $E > 10\%$ 的陶瓷砖	≤240	≤260

9.8.2 节能新技术的开发与应用

节能减排是现代工业技术发展的主题,建筑卫生陶瓷窑炉烧成技术在节能减排方面也出现了一些新的技术,有些新技术还在不断的发展和完善。陶瓷窑炉的一些节能新技术见表9-75。

表9-75 陶瓷窑炉节能新技术及节能效果

窑炉系统	节能技术	节能效果
窑体及窑车	采用轻质、保温性好的窑体砌筑材料	减小窑体散热25%~50%
	改变窑体结构,增加宽度、长度、减小高度	提高窑炉单产,降低单品产品能耗
	窑车、窑具材料的轻型化	减小窑车、窑具材料耗热的25%~50%
	窑型的辊道化	较大幅度降低,烧成能耗
燃烧系统	采用洁净液体或气体燃料	提高产品质量,节能效果明显
	采用高速烧嘴	可比传统烧嘴节约燃料25%~30%
	微波辅助烧结技术	将在建陶窑炉上开发
控制系统	对窑炉进行计算机全系统精确控制	可节约能耗5%~10%
余热利用	排出烟气的余热利用	可降低能耗6%~8%
	冷却带排出现空气的利用	可减少能耗5%~10%

9.9 陶瓷窑炉的热工测量及控制仪表

9.9.1 温度的测量和仪表

1. 温度的测量仪表

温度测量仪表可分为接触式测量和非接触式测量两大类。非接触式测量仪表有红外测温仪、激光测温仪等;接触式测量仪表有表面温度计、热电偶、热电阻、温度计等。常用测温仪表分类和特点见表9-76。

表9-76 常用测温仪表分类及特点

原 理	种 类		使用温度范围(℃)	精度(℃)	线性化	响 应	记录与控制
膨胀	水银温度计		-15~+650	0.1~2	可	一般	不适
	有机液体温度计		-200~+200	1~4	可	一般	一般
	双金属温度计		-50~+500	0.5~5	可	一般	适
压力	液体压力温度计		-30~+600	0.5~5	可		适
	蒸汽压力温度计		-20~+350	0.5~5	非		适
电阻	铂(或铜)温度计		-260~+1000	0.01~5	良	一般	适
	热敏电阻		50~+350	0.3~5	非		适
	表面温度计		0~500	0.3~5			不适
热电势	热电偶温度计	R	0~+1600	0.5~5	可	快	适
		K	-200~+1200	2~10			适
		E	-200~+800	3~5	良		适
		J	-200~+800	3~10			适
		T	-200~+350	2~5			适

续表

原理	种类	使用温度范围（℃）	精度（℃）	线性化	响应	记录与控制
热辐射	光学温度计	700～3000	3～10	非	—	不适
	光电温度计	200～3000	1～10		快	适
	辐射温度计	约100～3000	5～20		一般	适
	比色温度计	180～3500	5～20		慢	适
	红外测温仪	-30～900	±1		快	适

2. 热电偶温度计

热电偶温度计由热电偶、连接导线、显示及调节仪表（二次仪表）三个基本单元组成。热电偶为敏感元件，有标准型和非标准型之分。

标准型热电偶的性能与应用范围见表9-77。

表 9-77　标准型热电偶的性能与应用范围

分类	名称	型号（新）	型号（旧）	分度号（新）	分度号（旧）	热电极材料（正极）	热电极材料（负极）	测温范围（℃）	普通型误差限	主要特点
贵金属热电偶	铂铑^{10}-铂热电阻	S	WRLB	S	LB-3	铂铑^{10}	铂	0～1450	2.5%	性能稳定，抗氧化，最高用到1600℃，不宜用于还原气氛
	铂铑^{30}-铂铑^{6}热电阻	B	WRLL	B	LL	铂铑^{30}	铂铑^{6}	800～1700	±0.5%	最高用到1800℃（短期），性能比S型更稳定，不宜用于还原气氛
	铂铑^{13}-铂热电阻	R	—	R	—	铂铑^{13}	铂	0～1450	2.5%	性能与S型相近
贱金属热电偶	镍铬-镍硅热电偶	K	WREU	K	EU-2	镍铬^{10}	镍硅	0～1250 -200～0	±2.2%或±0.75% ±2.2%或±2%	长期使用1000℃，热电势与温度关系近似线性，热电势率比S型高
	镍铬-康铜热电偶	E	—	E	—	镍铬^{10}	康铜	0～900 -200～0	±1.7%或±0.5% ±1.7%或±1%	热电势率大灵敏度高，700℃时为80μm/℃比K型高一倍
	铁-康铜热电偶	J	—	J	—	铁	康铜	0～750 0～350	±2.2%或±0.75% ±1%或±0.75%	价廉、灵敏，测温范围广，可用于还原和氧化气氛，但铁易氧化生锈
	铜-康铜热电偶	T	WRCK	T	CK	铜	康铜	-200～0	±1%或±1.5%	最高使用温度<300℃，能抵抗湿气侵蚀，可用于真空氧化、还原气氛
	镍铬-考铜热电偶	—	WREA	—	EA-2	镍铬^{10}	考铜	0～600 -200～0	±4℃，±1%	短期可用于800℃，低湿到-200℃，热电势率大，未列入标准型热电偶

注：表中 R 型和 WREA 型未列入标准热电偶。

非标准型热电偶种类很多，用于高温测定的有钨－铼系热电偶和碳－石墨热电偶。常用热电偶的补偿导线基本性能见表9-78。

表9-78 常用热电偶补偿导线的基本性能

配用热电偶名称	补偿导线型号	线芯材质		绝缘层颜色		热电势（E100，0℃）mV	备 注
		正极	负极	正极	负极		
铂铑－铂	SC	铜	铜镍	红	绿	0.645	新旧型号同[2]
镍铬－镍硅	KC	铜	康铜	红	蓝	4.095	新旧型号同
镍铬－镍硅	KX	镍铬	镍硅	红	黑	4.095	新型号
镍铬－康铜	EX	镍铬	铜镍	红	棕	6.317	新型号
铁－康铜	JX	铁	铜镍	红	紫	5.268	新型号
铜－康铜	TX	铜	铜镍	红	白	4.277	新型号
铜－康铜	—	铜	康铜			4.10	旧型号
镍铬－考铜	—	镍铬	考铜	红	黄	6.95	旧型号

注：1. 补偿导线型号的第一个字母表示热电偶型号，第二个字母 C 表示补偿，X 表示延伸型，下同。
2. 新型号指电偶为我国的标准热电偶。SC 与 KC 型补偿导线与旧型号 WRLB、WREU 热电偶的补偿导线材质及 100℃时的热电势相近。
3. 贱金属热电偶型号为 WRCK，分度号 CK，其补偿导线材质与电偶同。
4. 贱金属热电偶型号为 WREA，分度号 EA-2，其补偿导线材质与电偶同。

热电偶温度计的二次仪表包括：

（1）动圈式毫伏计 用于一般温度的显示和控制。

（2）电位差计 有手动平衡和自动平衡两大类，前者主要用作实验室仪表和标准计量仪表，后者主要用于显示记录和控制。

（3）温度变送器 将温度信号转换为 $0 \sim 20\text{mV}$（DDZ-Ⅱ型）和 $4 \sim 20\text{mA}$（DDZ-Ⅲ型）标准信号送入自动调节器或工业控制计算机的 A/D 转换器。

3. 测温锥 （见附录）

9.9.2 压力的测量和仪表

压力测量仪表包括液柱式、弹性式和环形三种。

液柱式压力计包括 U 形压力计、单管与多管压力计、倾斜式微压计和补偿式微压计。弹性式压力计包括弹式压力表、膜片式压力表、膜盒式压力表和霍尔片式压力变送器。环形压力计又称环形压力（压差）计。

9.9.3 流速与流量的测量和仪表

流速与流量测量仪表主要有：

1. 动压测定管（皮托管）

将皮托管插入流体中某点，同时测出该点的全压 $P_全$ 和静压 $P_静$，并在液柱式差压计中比较出它们的差值，即动压 $P_动$，由 $P_动$ 即可计算出该点的流速 ω。

2. 节流式流量计（变差压式流量计）

这是一类工业上广泛应用的流量测量仪表。它的原理是利用流体流经管道内预先安装的节流装置时，产生的压差来测量流量的大小，其基本组成部分有节流装置、导压管路、差压流量计等。常用的节流装置有孔板、喷嘴、文丘里管和文丘里喷嘴。其中孔板最简单，用得也最广泛。这些装置由于有较完整的资料，现已标准化，故称标准节流装置。在实际使用过程中，只要严格遵照标准中的规定进行，可不必单独校正。

3. 转子流量计（定差压变截面式流量计）

转子流量计结构简单，压力损失小，测量范围大，而且安装使用方便，因此广泛用于实验室和工业上。

4. 椭圆齿轮流量计

这是一种容积式流量计，适用于重油等高黏度流体的流量计量，一般固定安装在管路中。

9.9.4 热流量的测量和仪表

直接测定热流的仪表称为热流计。热流计的种类很多，根据测试原理的不同可分为导热式、热量计式、辐射式等。目前我国尚未形成系列和建立国家标准，现在用得较多的是导热式热流计。

导热式热流计是利用一块已知导热系数的柔性薄膜，将其粘贴在被测表面上，当热流通过薄膜时，由于热阻的存在，膜的两个与热流垂直的表面将产生温差，温差的大小与热流成正比，测出热流量。

9.9.5 气体成分的测量

陶瓷工业窑炉气体成分分析的主要任务有烟气成分分析、窑内气体分析和煤气分析。

目前气体成分分析的仪器种类很多，常用的分析气体干成分的有奥氏气体分析器，以及测量气体中水蒸气含量的干湿球温度计和吸湿法测量仪器。这些方法和仪表都只适用于临时热工标定而不能进行连续自动测量。应该指出，像 RD 系列热导式气体分析器（可分析 H_2、CO_2、SO_2），QGS 及 HQG 型红外线气体分析器（可连续分析 CO、CO_2、CH_4 等），以及二氧化锆氧量计等连续式自动气体分析器，在陶瓷工业窑炉自动化中都有广阔的应用前景，只是目前使用尚不广泛。

9.9.6 气体湿度的测量

测量气体湿度常用的方法有干湿球温度计法、吸湿法和露点法三种。其中干湿球温度计法用得最广。

干湿球温度计在使用中要注意由干球到湿球的过程应是绝热过程，安装时须将湿球置水杯上沿 20~30mm，既能使杯中的水在毛细作用下沿脱脂棉纱上升经常润湿温包，又不会妨碍空气自由流动。

干湿球温度计有简易型和自动型两种。自动型可连续测量和自动记录气体或空气的相对湿度。如 CS-1101 型（用于气体）和 CS-1102 型（用于空气），测量范围：相对湿度20%~100%；温度 10~40℃，40~70℃，70~100℃。测量精度为 ±3%。全套仪器由湿度发送器、抽气装置、水箱及记录仪表（或比值变送器）四部分组成。

9.10 陶瓷窑炉的自动控制

9.10.1 陶瓷窑炉常用的自动控制方法

陶瓷窑炉中烧制陶瓷制品有很严格的烧成制度。陶瓷窑炉运行时需要准确控制其烧成工况，以求符合烧成制度。

烧成制度包括温度制度、气氛制度和压力制度。

温度制度是窑炉内制品温度随时间或位置变化的规定。如在直角坐标上，以横坐标表示烧成时间或位置，以纵坐标表示制品温度，将温度制度在此坐标系上绘成曲线称为烧成曲线。

气氛制度是窑炉内制品周围气体性质随时间或位置变化的规定。气体性质是以其中游离氧或还原成分的含量（体积百分比）而定，一般是以 $O_2\%$ 或 $CO\%$ 来表示。

压力制度是窑内气体压力随时间或位置变化的规定。规定压力制度的主要目的是为了保证温度制度和气氛制度的实现。

对窑内温度、压力、气氛的控制模式，一般采用 PID（比例积分微分）、FC（模糊控制）、PC（程序控制）的一种或它们的混合形式。

陶瓷窑炉控制系统最重要的是控制温度。自动燃烧控制的基本任务，首先是满足生产工艺对温度的要求，其次是在满足温度要求的前提下完成最佳燃烧工况的控制。

最佳燃烧工况的控制通常包括空/燃比控制、空/燃比的闭环修正、窑压控制，以及气氛控制。

1. 空/燃比控制

在满足工艺对温度要求的前提下，调节燃料与助燃空气的流量，保证最佳的助燃空气和燃料用量的配合比例。

2. 空/燃比的闭环修正

废气中的残余氧浓度是反映炉内燃烧情况的一个标志。通过成分分析仪可以检测出残余氧气浓度，进而换算出空气过剩系数 α，再根据工艺对炉内气氛的要求，确定 α 的范围（欠氧燃烧为 0.9~1.05，过氧燃烧为 1.06~1.10），实际空/燃比的闭环修正，使之处于最佳数值。

3. 窑压控制

窑内压力控制在微正压，可以防治冷空气吸入和火焰外窜，保证炉温和燃烧过程稳定。一般采用微差压变送器、调节器、电动执行器和烟道闸板等构成窑压定值控制系统，使窑压保持在 0~50Pa 范围内。窑内各部分压力往往不同，可以分段给予调整。

近年来，推出的新型窑采用变频调速装置来控制风机转速，从而使窑内压力达到工艺要求值，控制精度高又可节能，是一举两得的新措施。

4. 气氛控制

一般用氧分析仪，在线分段测试。从窑相关各段通过细管引出窑内气体送入氧分析仪氧敏传感器入口。各节支管上开关阀门均有计算机控制，如要检测某节上气氛，就把该节阀门打开，其他支管上阀门都关闭，检测前要用负压排吸掉上次检测某节上残留的气体，否则测到的数据误差极大。在线氧含量分析仪控制，技术上有一定难度，如无条件进行在线控制，可采用离线氧量分析，人工定期修正空/燃比。

在燃烧方式上，目前使用最多的是两种方式：一种是连续燃烧，是调节燃料管阀门和空气管上阀门开度大小，来控制窑内温度升降，一般说来，用微机控制完全能胜任，它是根据控制器输出量大小来调节相关蝶阀开度，这种控制容易做到，但由于蝶阀是非线性器件，在不同燃烧工况下，难以确保空/燃比，充分燃烧也难达到理想程度；另一种是脉冲式燃烧，阀门要么全开要么全闭，不存在非线性问题，空/燃比能极易调好，它是以阀门开启时间长短和频度来控制窑温的。有两种动作（指阀门开关动作），一种是开关周期固定，只调节开启时间长短即变化输出电量波形的占空比；另一种是周期、占空比都变化。脉冲式燃烧，空/燃比能保证定值，又可充分燃烧，达到节能目的，但控制技术上比连续式燃烧要难些。窑内温度均匀性比连续式燃烧逊色些。它的优点是十分突出的，近年来在隧道窑、梭式窑都能得到推广运用。这里分别介绍现代隧道窑、辊道窑及梭式窑的典型控制系统。

9.10.2 隧道窑控制系统的设计与应用

1. 隧道窑控制系统的设计

（1）检测系统

检测系统包括温度、压力、流量和气氛的检测。

1) 温度检测

隧道窑最重要的是烧成曲线。严格来讲，烧成曲线的温度是指制品表面温度，但在生产中难以经常连续的检测出温度。现一般都是用多支热电偶沿窑长不等距地测量窑温，重要的地方较密，不太重要的地方则较稀。热电偶可以从窑顶中心插入，可以从窑墙上部插入。现代隧道窑多为吊顶，从窑顶插入不太方便，故多从窑墙上部插入，有交错地从窑墙两侧插入，也有对插方式。前者节省电偶数支，后者则可得知窑内两侧温度的均匀性。

此外，燃气、助燃空气及排烟的温度也都应检测。

2) 压力检测

隧道窑的压力检测主要是窑内压力曲线的检测。一般是沿窑长设置若干在窑车台面高度处的测压管。由于压力曲线仅在窑炉调试时才需要详细了解和调整，故经常的仅限于几个关键点，如烧成带与预热带交界处、烧成带与极冷段的压差等。

隧道窑的压力检测有燃料管、助燃空气管、极冷风管、排烟管及搅拌风管等的压力。这些检测的目的是监视是否正常，以及作为连锁控制的信号之用。

3) 流量检测

隧道窑的流量检测有燃料流量、助燃空气流量等。通常燃烧系统分为若干组，因此流量就有总的和分的。最重要的是燃料的总流量，因为关系到节能的问题。燃料总流量的检测应有满意的精度和稳定性。

4) 气氛检测

气氛检测的目的是监视气氛的性质，注意是烧成带的气氛性质，以及燃料和空气的配比是否恰当。由于烧嘴很多，各烧嘴的燃料空气配比只能在调试时检测，而在生产中仅检测预热带和烧成带交界处窑内烟气的空气系数。气氛检测还有个目的是为了解排烟管中的空气系数，从而得知窑内漏气情况是否正常。连续气氛检测常用的是氧化锆分析仪。在烧成带设置若干取样口，排烟管上也设置取样口。由于气体分析仪表易出故障，需要精心维护，因此气氛只检测，不进入自动控制的闭环中。

(2) 控制系统

1) 窑炉热工参数控制系统

现今多采用集散型控制系统，使用上位机和下位机，也逐渐推广使用分布式控制系统。上位机的主要功能是显示、打印生产数据和程序；下位机的主要功能的检测和控制窑炉热工参数（温度、压力、流量、气氛），并向上位机报告，还向上位机传输窑车运行工况数据及故障信息。图9-83为这种集散型控制系统的原理框架图。

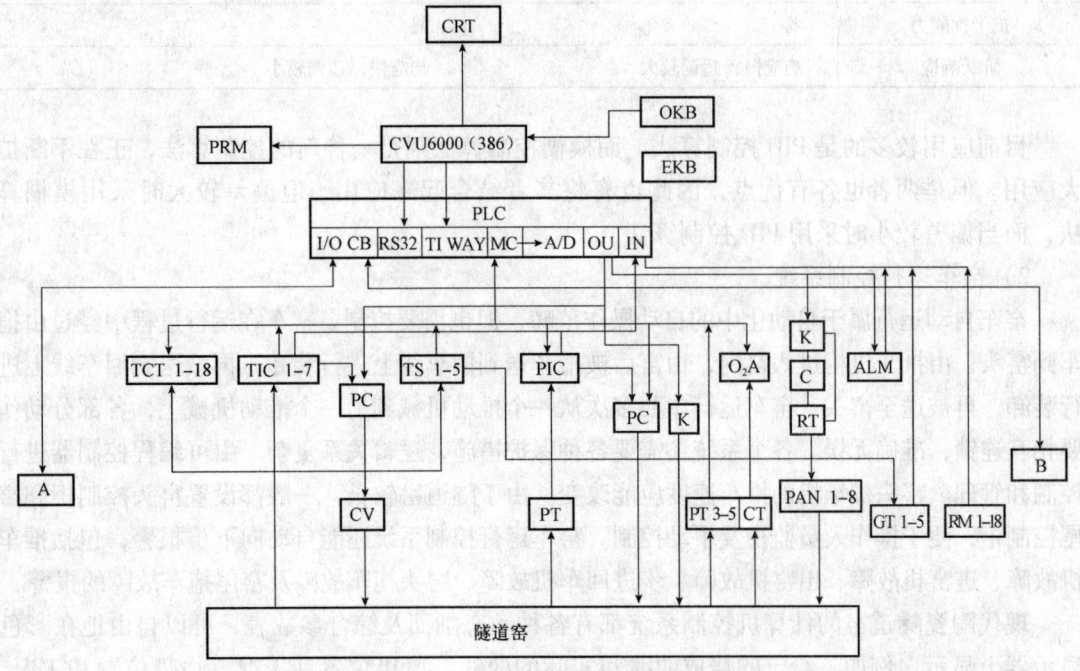

图 9-83　隧道窑典型集散型控制系统的原理图

隧道窑热工参数控制系统中最重要的是温度控制。现都是采取分组控制方式，即将燃料系统分为若干组，例如，预热带的分四组，烧成带的分两组。有的隧道窑各组都可以自动控制；有的为了简化，只有烧成带的各组可自动控制。预热带及烧成带的温度控制是以检测的窑温为被调参数，以燃料流量为调节参数而助燃空气流量为从动参数，按开环比例调节其流量。有的隧道窑为了简化控制系统，在氧化气氛的情况下，只调燃料流量；或在还原气氛的情况下，只调助燃空气流量。还有的隧道窑的急冷段也有温控，以急冷段窑温为被调数据，以急冷风量为调节参数。也有的隧道窑为了保证产品出窑温度恒定，在低温冷却也设置温度自控。作为被调参数的窑温检测点的选取十分重要，一般是选取该段下游处有代表性的敏感的窑温检测点。在计算机控制系统中，在显示器上能清楚地显示给定的烧成曲线和实际的烧成曲线（用不同颜色表示）。

压力自动控制主要是烧成带窑压的恒定控制，以烧成带窑压为被调参数，以排风机的速度为调节参数。用变频调速器控制排烟风机电机的转速。有的现代梭式窑为了简化，不采用窑压自动控制。

控制算法基本分为 PID 控制及模糊控制两类，特点比较见表 9-79。

表 9-79 PID 控制及模糊控制的特点

项目	PID 控制算法	模糊控制算法
控制原理	以偏差的比例、积分、微分构成算式求输出量	以经验列出 if…then…条件语句，组成规则表，或构成 R 矩阵求式的输出量
整定问题	在投入运行前要整定相关系数	不必整定相关系数
特点	灵活性好但稳定性差	对参数不敏感，鲁棒性好，稳定性好
适用范围及控制质量	仅适用于线性系统，较好	可用于线性系统、非线性、时变滞后系统，好
抗干扰能力	弱	强
阶跃响应	响应慢，超调较大	响应快，超调较小

目前应用较多的是 PID 控制算法，而模糊控制算法则是一种新的控制算法，正在不断扩大应用。但是两者也各有优点，因此也有将二者结合起来应用，但偏差较大时采用模糊算法，而当偏差较小时采用 PID 控制算法。

2) 窑车运行控制系统

窑车自动运行属于自动化中的自动操作范畴，但也需要控制。窑车在运行过程中经过由拖车到窑头，由推车机构进入窑内，由窑后被拖车送到回车线上进行装卸，再被送到回车线上进行装卸，再被送至窑头。窑车运行中要多次从一个推动机械到另一个推动机械上，各部分动作要相互连锁，准确无误。各个系统还需要各种保护措施，逻辑关系复杂。由可编程控制器进行控制和管理。窑头推车机的推车速度应能改变。由于隧道窑较长，一般都设置窑头控制柜和窑尾控制柜，便于操作人员监视及手动控制。窑车运行控制系统还能自动向下位报警，包括推车机故障、进窑机故障、出窑机故障、步进回车机故障、窑头拖车故障及窑尾拖车故障的报警。

现代陶瓷隧道窑的计算机控制系统都有各种动态画面及综合参数表，可以自由地在彩色显示器上显示，例如，给定的烧成曲线和实际的曲线、风机位置和工况、烧嘴位置和工况、窑车运行情况，各自热工参数综合显示表等。

2. 隧道窑控制系统的应用

以国内某高温梭式窑为例，该窑全长 89m，分为预热带（39.1m）、烧成带（24m）和冷却带（21.9m）。共 36 个车位，其中 1~16 车位为预热带，17~27 车位为烧成带，28~36 车位为冷却带，如图 9-84 所示。

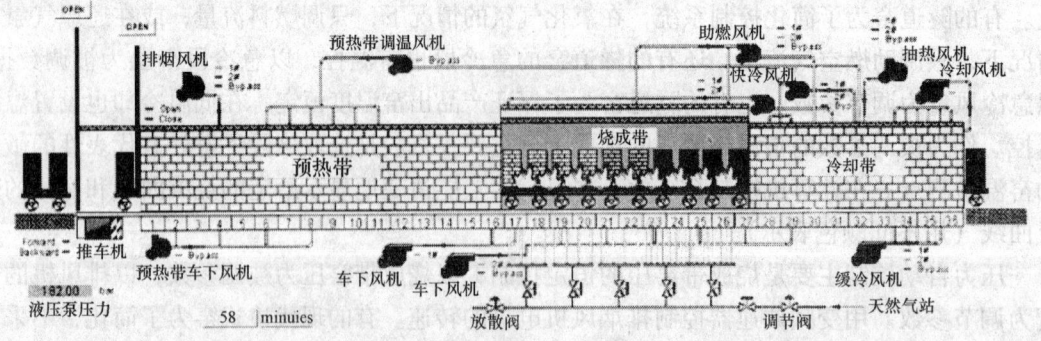

图 9-84 高温隧道窑计算机监控系统流程图

(1) 计算机控制系统总体设计

该系统能够实现对隧道窑温度、压力、流量的自动控制，窑门和推车机动作的自动逻辑连锁控制，以及对整个隧道窑运行过程中所有参数的监控、操作和查询。

该隧道窑计算机监控系统主要设备包括：2台工控机、1套西门子S7-300控制单元、6套欧陆2408控制器、7套变频器。

控制系统的结构图如图9-85所示。该控制系统功能上可以分层为二级，即基础自动化级和监控级。基础自动化级由控制单元、变频器和控制器组成，可以实现隧道窑的温度、压力等回路控制，以及窑门、推车机的逻辑动作控制。当操作站或控制单元发生故障时，2408控制器和变频器能够保证系统在手动模式下独立运行。监控机由装有 WINCC C6.0 以及其他应用软件的操作站组成。两台操作站设计成为冗余系统，一台计算机损坏丝毫不会影响任何控制及操作的进行。操作工和管理员能够在监控机查询每台窑车的历史数据，监视整个窑长度方向上的温度、压力曲线以及检验产品的质量等。

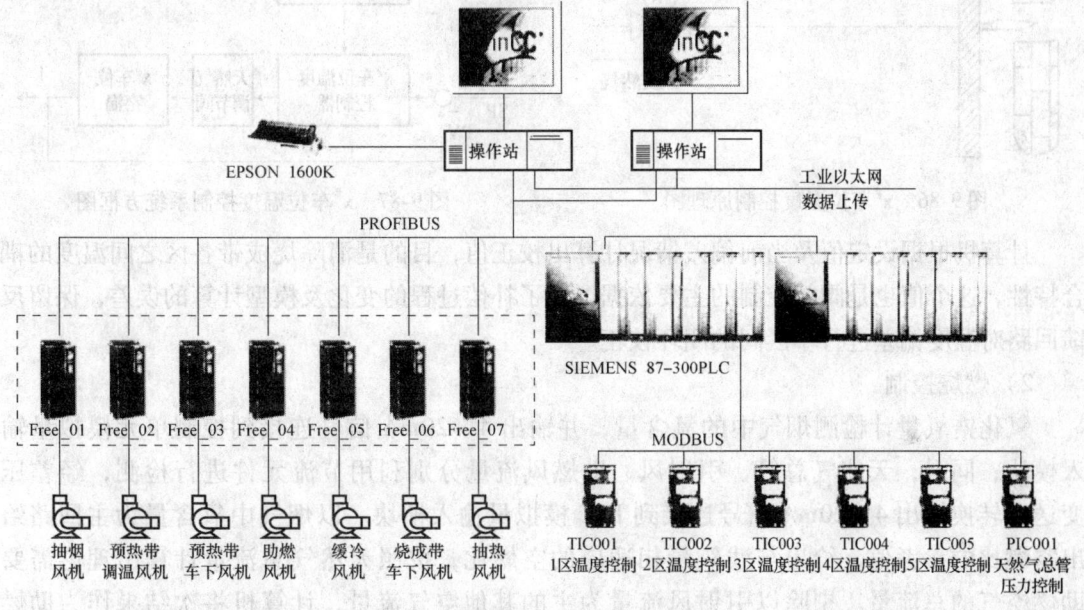

图9-85 高温隧道窑控制系统结构图

欧陆2408单回路控制器应用于控制系统中，主要用来控制烧成带5个区域的温度。该2400系列高稳定性控制器可以对PID控制或电动阀控制进行组态，也可满足于电加热或燃油/气加热控制。该控制器具有PID参数自整定功能，尤其适合温度对象的自动控制；具有通讯功能，可以与控制单元一起构成一套复杂的控制系统。这样既保证了没有计算机情况下的简单手动和自动控制，又可以融合到计算机控制系统当中，构成高级控制结构。其他压力、流量的回路控制由控制单元中的软件PID功能实现。

(2) 过程控制策略

基础自动化系统主要包括：排烟风机压力控制回路、车下压力平衡控制回路、预热带温度控制回路、助燃空气流量控制回路、缓冷风机流量控制、烧成带温度控制回路、烟气氧含量控制回路和抽热风控制回路。以烧成带温度控制和燃烧控制进行介绍。

1) 烧成带温度控制

红外温度计检测烧成带 $x^\#$ 车位温度，经温度变送器转换为 4～20mA 信号连接到控制单元模拟量输入模块。按照事先约定的原则（SLCT），选择一个温度信号由控制单元的模拟量输入模块输出到 2408 控制器的过程值输入端（4～20mA），经 2408 控制器与设定值比较、计算后，输出 4～20mA 信号至天然气电动调节阀。期间，为了提高温度相应速度，减少超调和各区回路间的扰动，控制单元通过通信方式对 2408 控制器输出进行智能修正。控制原理图如图 9-86、图 9-87 所示。

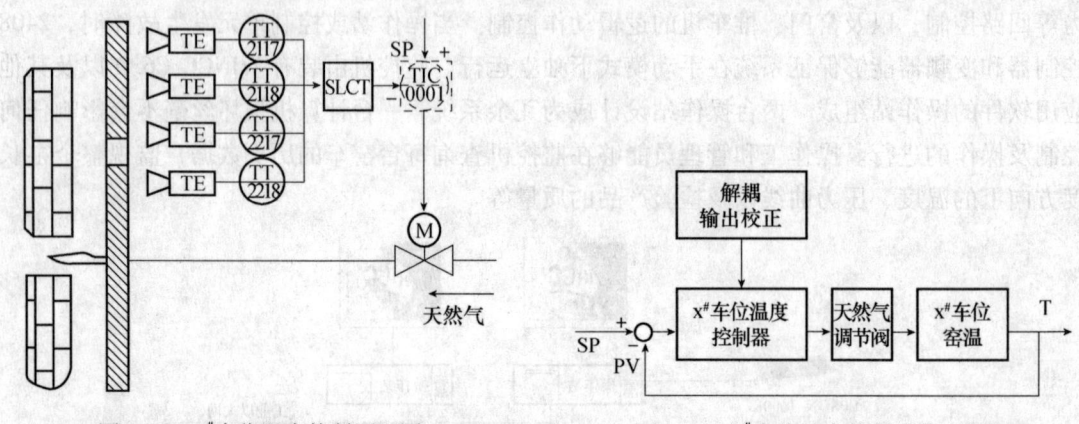

图 9-86　$x^\#$ 车位温度控制原理图　　　　图 9-87　$x^\#$ 车位温度控制系统方框图

计算机根据设定值及当前偏差情况计算出校正值，目的是消除烧成带各区之间温度的耦合特性，这个值也是阀门控制的主要依据。为了补偿过程的变化及模型计算的误差，保留反馈回路对温度偏差进行小区间的闭环校正。

2) 燃烧控制

氧化锆氧量计检测烟气中的氧含量，并输出 4～20mA 信号连接到控制单元模拟量输入模块；同时，天然气总管、引射风、助燃风流量分别利用节流元件进行检测，经差压变送器转换输出 4～20mA 信号连接到 PLC 模拟量输入模块。以烟气中氧含量为主回路给出空燃比的参考值，给出与残氧量相适应的空燃比，按照天然气总流量计算出理论需要助燃空气的总流量。剔除以引射风流量为主的其他空气流量，计算机将次结果作为助燃风控制器的设定值（图 9-88），助燃风控制副回路通过变频器调整助燃风流量，保证燃料的充分燃烧。

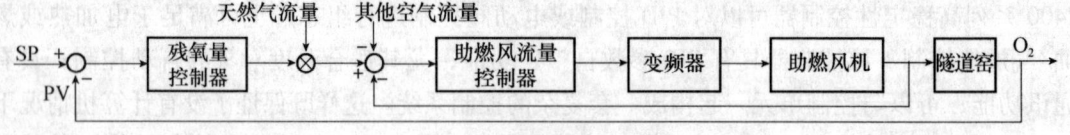

图 9-88　燃烧控制系统方框图

（3）逻辑控制策略

除了结合耦合算法的过程控制策略设计外，逻辑控制也是这套控制系统的一大特点。所谓全自动控制，就是实现从过程控制到推车机、窑门的所有设备的自动控制。车放到预备位后，所有的动作都是由控制单元自动完成的，控制逻辑主要流程如图 9-89 所示。

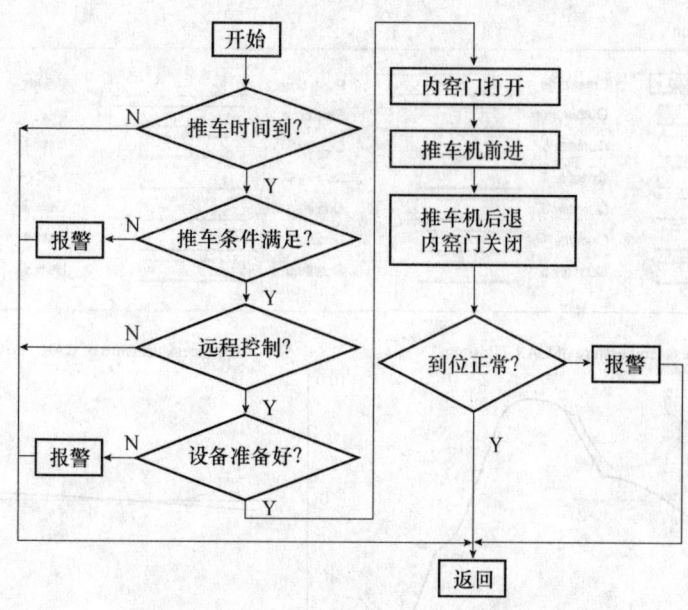

图 9-89　推车机和窑门控制流程图

(4) 监控及信息管理系统

采用最新流行的界面风格，设计开发了监控界面。在监控功能中，除了常规设计的监控功能外，还集成了产品信息管理系统。

1) 监控功能

①采集全窑的工艺参数值、电气参数值及生产设备的运行状态信息。以形象的流程画面为背景，将数据显示在中心控制室操作站上，对需要操作的设备和参数，设计按钮和输入窗口，用鼠标、键盘或触屏方式进行操作。

②检测或运转设备出现越限或故障时，流程图上相应的图例红光闪动，并发出报警声响加以提示。报警的笛声可以通过键盘解除，红光继续保持，直至该故障消除，闪动才停止。

③画面中设计同一风格的菜单、按钮、箭头等人机接口器件，用于画面间的相互切换或弹出窗口，十分方便、直观。

④报警归档和操作事件归档，便于历史操作查询和故障分析。

⑤过程参数数据归档查询，最大归档周期一年。周期内可以随意查询和检索数据，便于分析过程运行状态，寻找过程最佳工作点。

⑥定时、随机报表打印功能。

2) 产品信息管理功能

为了提高管理水平，科学地对隧道窑生产过程的全部信息进行分析和归档，便于管理者对生产进行监测和评价，通过大量的统计信息和方便的查询手段，有助于实现对产品质量进行连续跟踪和管理。

图 9-90 是某一车成品砖在窑内的温度、压力曲线，曲线完整地记录了从台车入窑至出窑期间所经历的温度和压力情况。通过比对分析实际曲线和理想曲线，可以对产品质量进行清晰的评价。此外，系统还可以查找某一特定时刻的各个车位的窑温窑压情况。

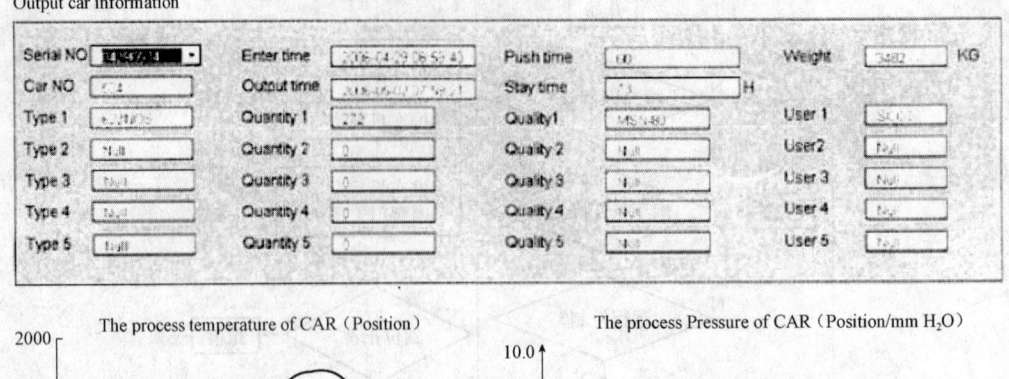

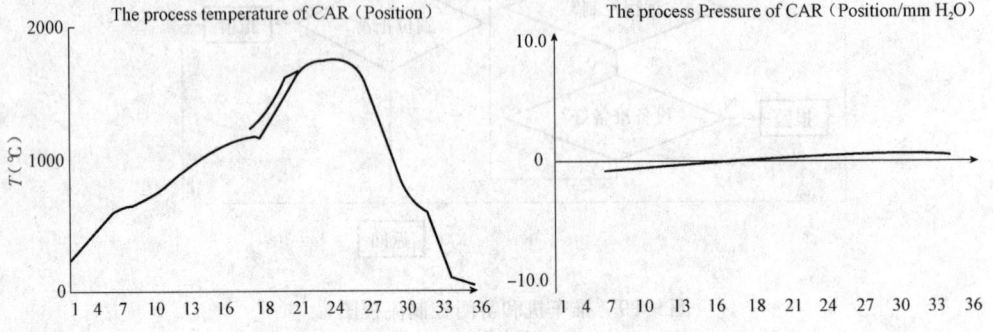

图 9-90　台车信息查询画面

9.10.3　辊道窑控制系统的设计与应用

1. 辊道窑控制系统的设计

辊道窑的检测系统基本上和隧道窑的相同，区别仅在于温度检测分辊上空间和辊下空间，辊上热电偶较多，辊下则较少。通常由侧墙插入，也有将辊上热电偶从窑顶插入的。辊道窑的控制系统较早有采用集中式或分散式的，现在则多采用集散型和分布型控制系统。

（1）窑炉热工参数控制系统

辊道窑的温控系统也是分组控制，例如，一条长 77.7m 烧制面砖的煤气辊道窑的烧成带辊上辊下各分为 7 个组，每组有 4 对烧嘴，由一支热点偶检测窑温作为被调参数，调节这组的煤气调节阀，以煤气流量作为调节参数。由于是氧化气氛，为了简化，只调煤气，采用智能仪作为下位机。另外，在急冷段以急冷风量调节急冷段温度。一台智能仪控制一个温度点，采用 PID 控制算法。所以智能仪都与一台上位机相连。预热带和冷却带其余两段不采用自动控制。

辊道窑的压力控制系统一般仅有燃料压力稳定控制系统（燃油或燃气），其他如排烟风机抽离、助燃风压力等只检测不自动控制。

（2）辊子转速控制系统

辊子窑转速控制系统最大的特点是辊子转速控制系统。辊道窑辊子窑转速决定制品在窑内的前进速度，也及窑的产量。现通过一具体的实例来说明辊子窑转速控制系统。某辊道窑的传动系统分为 12 段，各传动段分别由一台电机和一个无级变速箱相连接，电机减速后带动辊传动。各段制品运行速度可独立调节，也可由 CPU 统调。该辊子转速控制系统原理如图 9-91 所示。

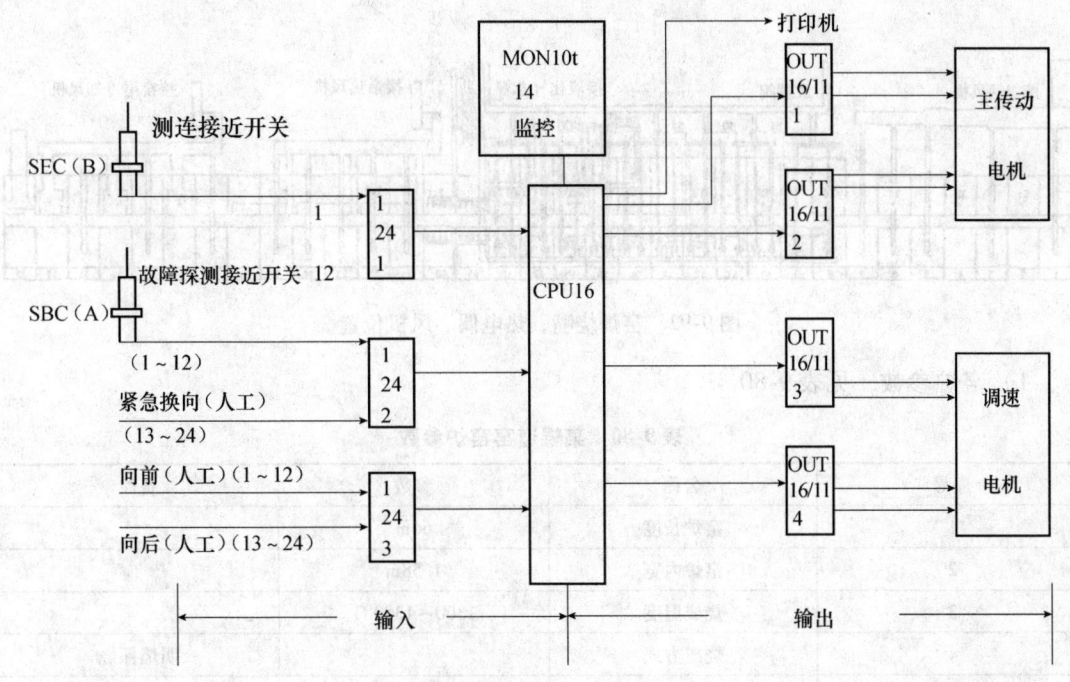

图 9-91 辊子转速控制系统原理

辊道的运行方式有以下三种：

① 正常情况下，辊子全部正转，辊道运行制品从窑头走向窑尾。

② 窑内出现制品堆积，发生堵塞的情况下，辊子全部周期性正反转，制品在辊道上"摆动"，形成原地踏步。辊子的正反转可放置辊子变曲。

③ 窑内出现制品堆积，发生堵塞的情况下，但为了堵塞地段之后的制品能够继续完成烧成并出窑，堵塞地段及按之前②的方式，而在其后按①的方式。

专业微机处理器可根据故障探测接近开头发来的辊子不能转的信号，或窑头窑尾外窑内堆积监视器发来的报警信号，利用手动操作来发出指令，使辊道②按③的方式运行。辊子的正反转方向是靠改变主传动机的相位来实现的；辊子的正反转则是靠改变调速电机的相位来实现的。

2. 辊道窑控制系统的应用

以国内 2005 年建设的一条 66m 液化气辊道窑小型 DCS 监控系统的设计为例介绍。

(1) 窑炉结构

窑炉长度 66m，共 33 节，每节 2m。1~7 节为预热带，8~19 节为烧成带，20~33 节为冷却带。预热带有热电偶 3 支，烧成带 15 支，冷却带 4 支。烧成带共装有烧嘴 56 支。整个窑炉对后 48 对烧嘴燃气量和助燃风量进行控制，由 8 支热电偶检测窑内温度，并作为该段窑炉温度控制端的输入参数，通过执行器来控制该段进入烧嘴的燃气量，从而实现对该段窑炉温度的自动控制。冷却带用 4 支热电偶的信号作为显示该段温度的参数，从而可以调节急冷风和冷却风的大小。各烧嘴、热电偶、风机的位置如图 9-92 所示。

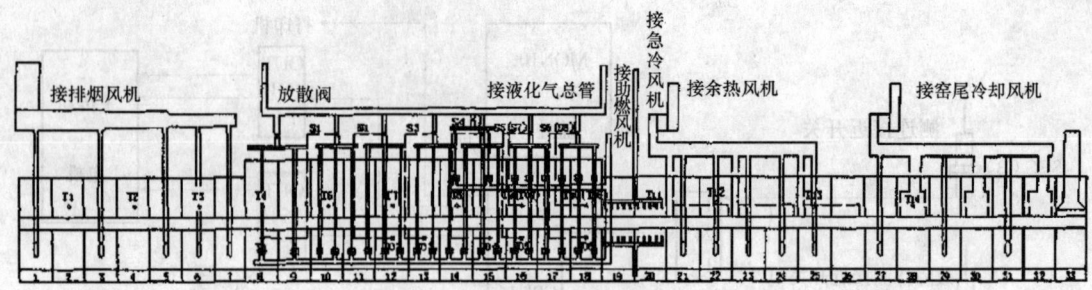

图 9-92 窑炉烧嘴、热电偶、风机位置

1) 窑炉参数，见表 9-80

表 9-80 某辊道窑窑炉参数

序号	名称	参数	备注
1	窑炉长度	66m	
2	窑炉内宽	1.58m	
3	烧成温度	1300~1350℃	
4	烧成方式		明焰裸烧
5	燃料种类		石油液化气
6	烧成周期	6~18h 可调	
7	装机容量	71.2kW	其中 25.6kW 为备用
8	烧嘴数量	56 支	对后 48 支进行自动控制
9	年产量	1000 万件	以 4.5″英式碗计件

2) 风机参数，见表 9-81

表 9-81 某辊道窑风机参数

序号	名称	型号	功率	台	备注
1	排烟风机	Y6-48NO6-3	11kW	2	一开一备
2	助燃风机	9-26NO4.5A	7.5kW	2	一开一备
3	急冷风机	9-26N4A	5.5kW	1	
4	余热风机	Y6-48NO6-3C	11kW	2	一开一备
5	冷却风机	4-72N6	4kW	1	

3) 传动参数，见表 9-82

表 9-82 某辊道窑传动参数

序号	名称	型号	功率	备注
1	主传动	388-60Ⅱ	9×0.75kW	
2	回车线		9×0.55kW	

(2) 监控系统组成

监控系统由硬件部分和软件部分组成。

1）监控系统的硬件组成（图9-93）

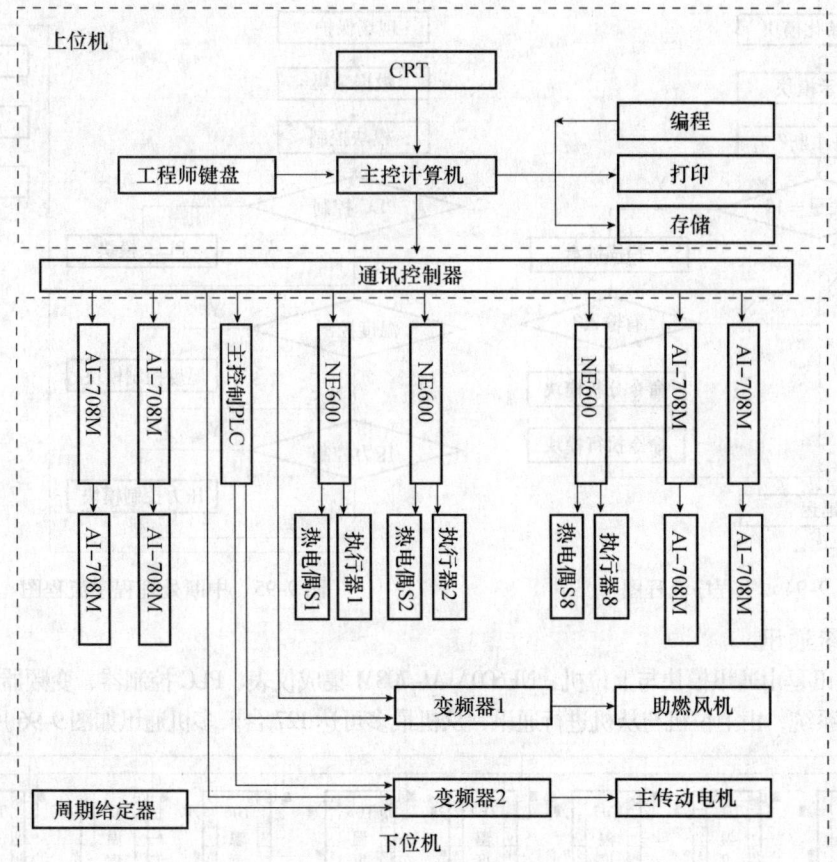

图9-93 某辊道窑监控系统的硬件组成

2）系统的功能

上位机与通讯控制模块组成控制站，控制站的主要功能是完成控制站与外部设备之间的双向通讯，为生产过程参数提供多种形式的记录、显示、打印。有丰富的人机界面和软件资源。它包括控制回路定义、画面组态、流程图绘制、报表设置。程序可用VB编写，专用的监控程序在WINDOWS操作系统下运行。

上位机的主要功能是显示、记录、打印生产过程中的生产参数和热工参数，保存系统参数。监控系统安全，发出故障报警信号提示，修改下位机的程序和有关参数设定，与下位机保持通讯。

下位机的主要功能是对窑炉运行的各项参数进行检测和控制，并向上位机作出报告，发出故障报警信号。

3）软件功能

监控软件主要由主程序、中断程序和集成仪表应用程序三部分。主程序、中断程序流程方框图如图9-94、图9-95所示。

软件的要求主要是：

①用户组直观，操作简单，全中文显示，菜单加键盘操作。

②高可靠结构，系统有冗余设计，为避免局部失效而导致整体失效，使系统发生混乱。

③所有软件都运行在WINDOWS下，确保软件不发生冲突。

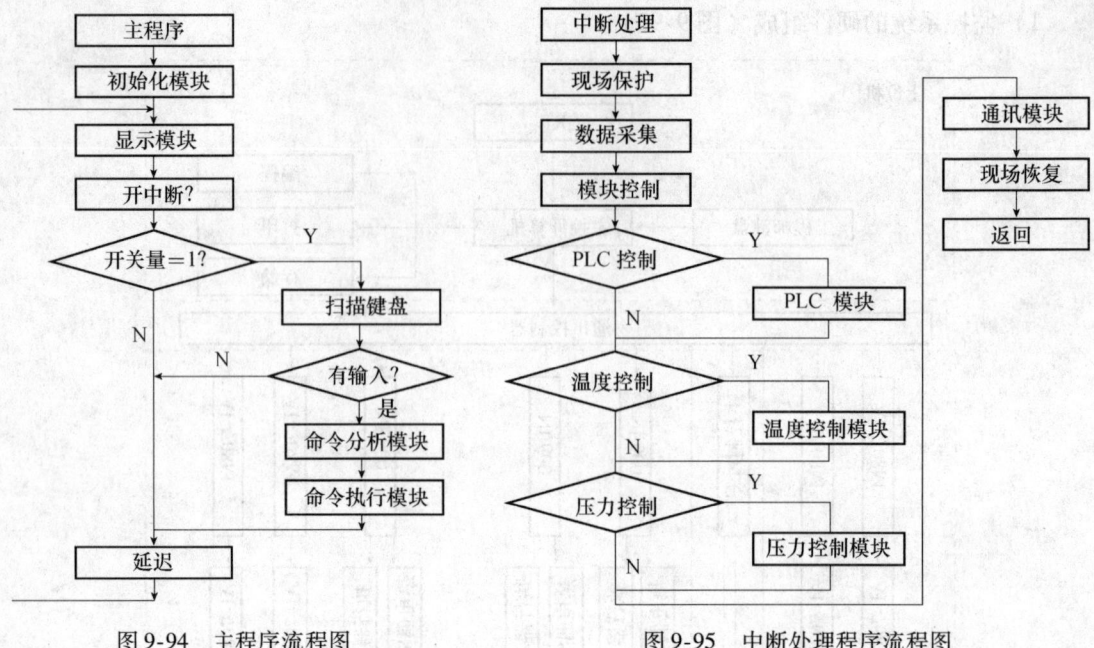

图 9-94 主程序流程图　　图 9-95 中断处理程序流程图

4）系统通讯

系统通讯是由通讯模块与上位机、NE600\AI-708M 集成仪表、PLC 控制器、变频器组成的主从式多机通讯系统，由上位机与从机进行通讯，从机最多可达 127 台。多机通讯如图 9-96 所示。

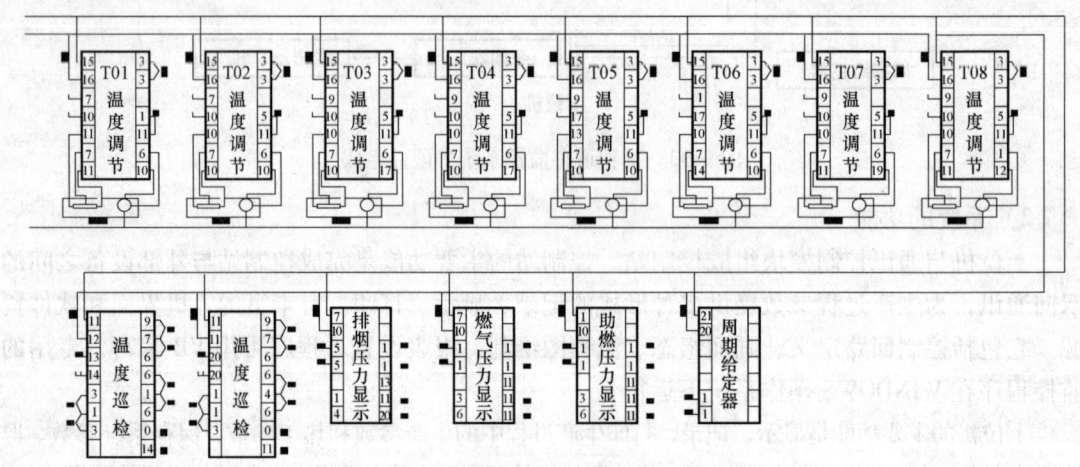

图 9-96 多机通讯图

①主机与从机的通讯过程：主机发出从机地址，进入接受状态，接受从机应答信号（实际就是相应从机的地址信息）；所有的从机均接受主机发出的地址信息，且与本机地址进行比较，当接受到地址信息与本机地址相符时，表示该机被选中，将该机信息发给主机（执行 CLR SM2 指令，使 SM2 为 0）以便主机随后发出的信息能被接受。对于未被选中的从机因 SM2 仍为 1，因此不能接受主机发出的指令；主机接收到从机应答信号，发出指令信息；从机正确接收主机指令信息后，发出应答信号给主机，主 - 从机通讯过程结束。

②从机与主机通讯过程：发送前从机选检测 TXD 引脚，如果为高电平，则表明没有其他从机给主机发送信息，主机的 RXD 引脚处于空闲状态；从机确认主机的 RXD 引脚处于空闲状态后，发出地址信息到主机；从机接收到主机应答信号后，发出数据给主机，然后令从

机 SM2 为 0，以便接收主机正确信号；主机正确接收后，再发"接收正确"信号给从机；从机接收到主机发送的"接收正确"信号后，表明数据通讯结束。

（3）传动系统监控

传动系统实现半成品的全自动运输过程。系统要完成装半成品、卸成品工序。传动棚板要完成进、出窑、转角、升降等功能，要确保其准确无误，保护措施得当。因此传动系统选 PLC 编程控制器，使得控制灵活方便。传动系统可分为主传动和回车线两部分，主传动是由变频器、调速电机、斜齿轮、棍棒等组成。由变频调速器对其运行速度进行调节控制。回车线由窑头转角机、窑头快进电机、窑尾转角机、窑尾快出电机、升降电机、回车输送带组成。主传动及所有风机的启、停，燃气总阀等由主控制的 PLC 进行控制。主控制 PLC 同时对整条窑炉的报警系统控制。电路如图 9-97 ~ 图 9-99 所示。

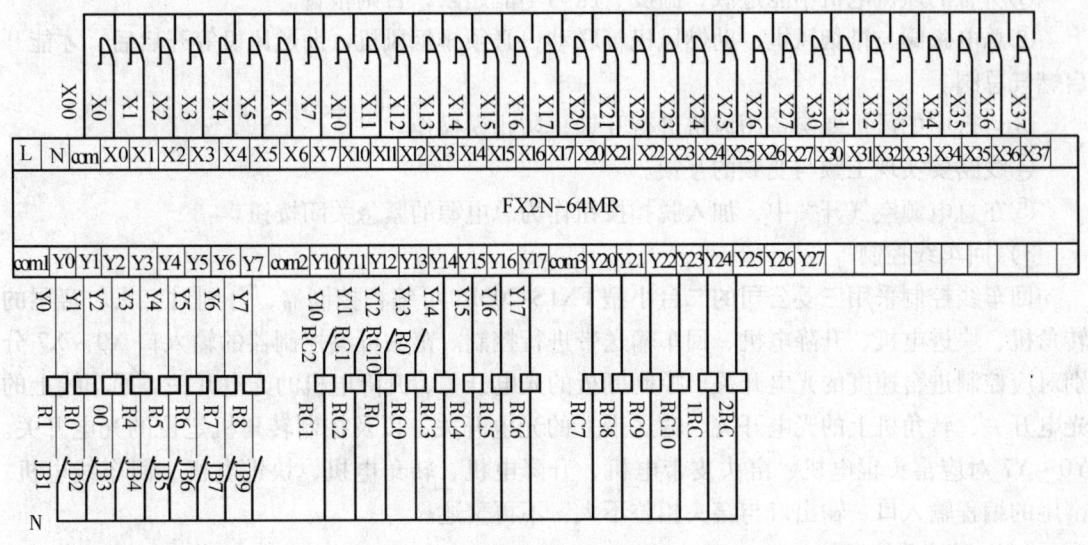

图 9-97 主控 PLC 图

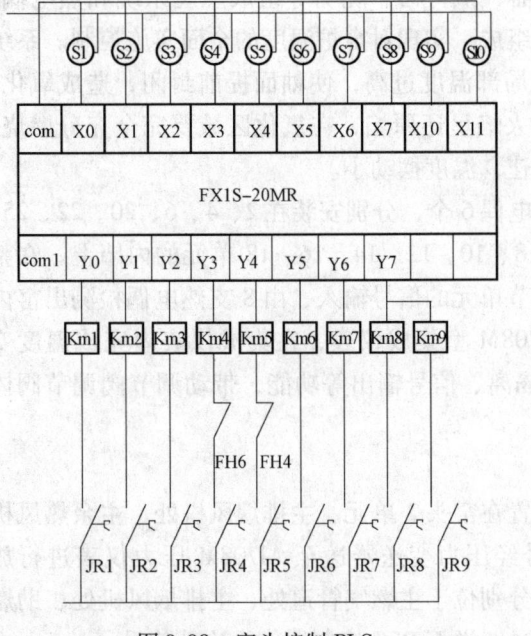

图 9-98 窑头控制 PLC

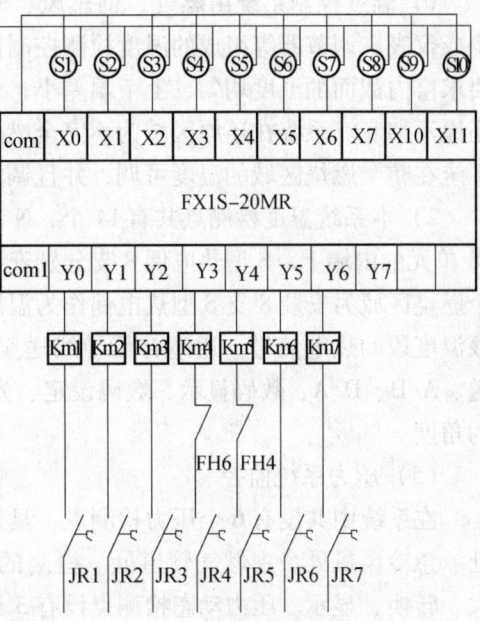

图 9-99 窑尾控制 PLC

具体分析如下：

1）主控制

主控制采用三菱公司的 FX2N-64MR 为核心编程器件，对窑炉的风机系统、棍棒运转系统、主电磁阀、电机过载、温度超限、压力超限、传动故障等集中加以控制。输入接口中的 SB1~SB17、SB18、SB19、SB20、SB21、SB22 为各风机的启动、停止按钮，分别对应编程器中的输入口 X0~X16、X20、X21、X22、X23、X24、X34、X35、X36。输出接口 Y0~Y7 分别对应控制风机控制部分；Y10~Y13 对应传动控制电路部分；输出口 Y14~Y17、Y20~Y23 分别对应各种报警电路部分；Y24、Y25 分别对应电磁总阀、放散阀。

2）主控制系统要求

①所有的风机电机不能过载，温度、压力不能超限，否则报警。

②总电磁阀与排烟风机、助燃风机等联动，必须排烟风机、助燃风机等开启后，才能开启燃气总阀。

③运行中的风机要与备用风机进行互锁，防止误操作。

④线路要实现工频与变频的互锁。

⑤在总电源空气开关中，加入脱扣按钮作为总电源的紧急关闭按钮。

3）回车线控制

回车线控制采用三菱公司的二台小型 FX1S-20MR 可编程控制器，分别对窑头、窑尾的转角机、块进电机、升降电机、回车输送带进行控制。窑头可编控制器的输入口 X0~X7 分别对应控制进窑速度的光电开关、控制棚板的光电开关、升降电机的光电开关、回车线上的光电开关、转角机上的光电开关、输送带上的光电开关，以及控制转角机定位的光电开关。Y0~Y7 对应窑头辊电机、窑头皮带电机、升降电机、转角电机、快进电机、回车线电机。窑尾的编程输入口、输出口与窑头相差不大，不再赘述。

（4）温控系统监控

1）温度控制系统由燃气、助燃风、调节器、执行器、烧嘴等组成燃烧系统和热电偶、集成仪表、调节器等组成的温度检测控制回路组成，实现对窑炉温度的全面实施控制。系统要求窑内截面的温度均匀，上下温差小，避免局部温度过高，使釉面提前封闭，造成氧化、还原不彻底。系统在还原区域为不完全燃烧，火焰呈还原焰，在氧化区域要完全充分燃烧。系统在整个燃烧区域的温度可调，并且调温迅速，温度摆动小。

2）本系统温度检测点共有 14 个，N 型热电偶 6 个，分别安装在 2、4、6、20、22、25、28 单元的内墙上。S 型热电偶 8 支分别安装在 8、10、12、14、16、18 单元的内墙上。在整个燃烧区域另安装 8 支 S 型热电偶作为温度调节单元的信号输入，由 8 支热电偶检测出窑内该温度段的热电信号。通过补偿导线送至 AI708M 型集成仪表，在集成仪表内完成温度变送、A/D、D/A、数码显示、数码设定、光电隔离、信号输出等功能，带动调节阀调节阀体的角度。

（5）压力系统监控

在系统中共设有 6 个压力检测点，具体位置在窑头 2 单元、主排烟风机处、主余热风机处、急冷风机处、主燃气管道处。检测的信号经压力变送器送至 AI708M 压力仪表进行放大、转换、显示。压力动态检测点设有 3 处，分别位于主燃气管道处、主排烟风机处、助燃风机处。它们的信号分别送至微机作显示与记录，送至 PLC 控制器作为连动信号。

(6) 事故处理系统

包括燃料切断、温度超限报警、压力超限报警、传动故障报警、设备故障报警等。

液化气是热值很高的无污染的燃料，燃点很低，易挥发，如产生事故处理不及时很容易发生爆炸，因此在液化气管路安全控制上设有很多自动控制系统。只有当风机正常、助燃风机正常、主燃气管道压力正常、传动系统正常、烧嘴点火都正常时，燃气总阀才能打开，进行正常供气，确保其安全工作（图9-100）。窑炉正常工作时，液化气总管上的变送器将液化气压力信号传送给压力表，当燃料发生泄漏并产生压降，超过设定的上、下限时，与压力表连锁状态的电磁阀立即切断燃料供应，并发出声光报警，同时从控制屏幕上也能直观地观察到故障情况，从而进行故障排除。当窑炉温度、燃气压力、风机压力超过设定的上、下限值时、传动发生故障时、电机过载时同样发出报警信号。

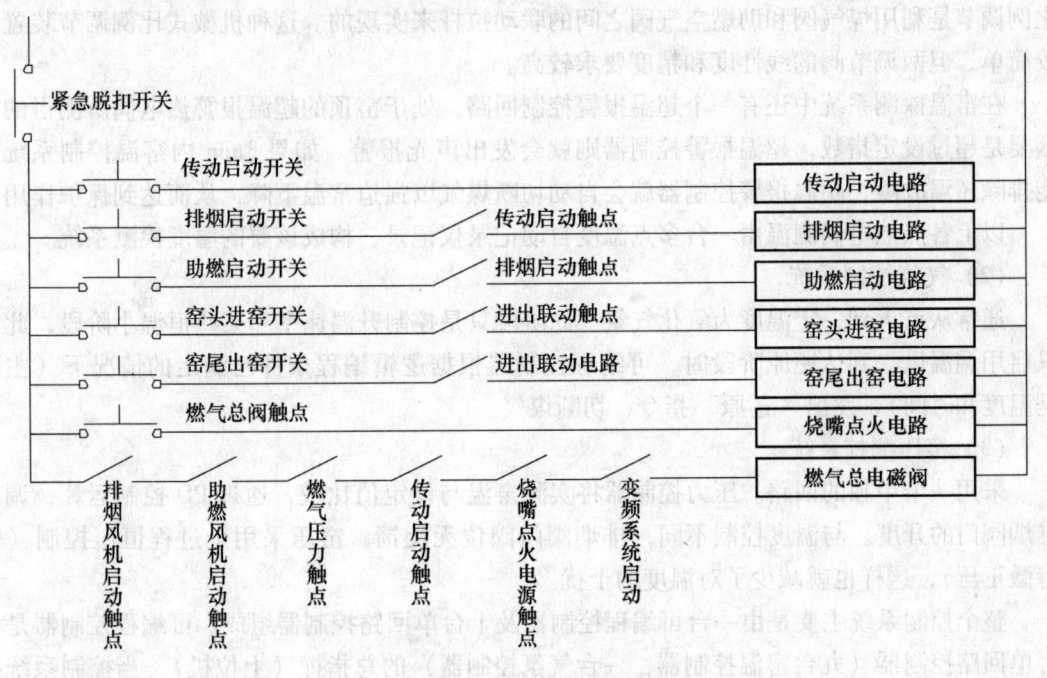

图9-100　信号连锁示意图

(7) 施工要求

EN600、AI-708M系列集成仪表提供电隔离的RS485通信接口，最多可连接仪表多达127台，与上位机组成控制网络。通信距离达1200m。

1) 上位机需外接RS232/RS485转换接口。为保证通信质量建议采用双绞线，终端安装匹配电阻（R120欧姆1/4W）。

2) 上位机运用专用监控软件，检查、修改仪表中的各种参数。仪表前的各种按键功能都可以由上位机实现。

3) 仪表采用先进的专家模糊PID自适应算法。仪表应设置好相应的通讯地址，上位机才能识别地址不同的仪表。

4) PLC可以运用SWOPC-FXGP/WIN-C软件，自带SC-09专用通讯电缆，集成仪表可使用厂方提供的AIDCS应用软件。两种软件与用VB编写的程序可运行在中文WINDOWS/ME/NT/2000/XP等操作系统下。

5) 在系统中外加有线或无线网卡，就可实现远程控制。

9.10.4 梭式窑控制系统的设计与应用

梭式窑为间歇式窑，在运行时不是要求控制各热工参数恒定不变，而是要求各热工参数的设定值随时间按一定程序改变，由此进行自动控制。因此其自动控制系统比联系式炉的要复杂一些。现以使用发生炉冷煤气 $64m^3$ 电瓷梭式窑为例来说明陶瓷梭式窑的测控系统。

(1) 窑温测控系统

间歇式窑的窑温测控系统一般是采用分区控制。该梭式窑在两侧窑墙分上、中、下三排交错分布 15 个高速调温烧嘴，因此将窑室划分为 9 个控制区，各区由单回路控制器单独控温。以烧嘴对面的热电偶的检测温度为被调参数，以煤气量为调节参数，煤气与助燃空气的比例调节是利用煤气阀和助燃空气阀之间的联动拉杆来实现的。这种机械式比例调节装置比较简单，但两调节阀的线性度和精度要求较高。

在窑温探测系统中还有一个超温报警控制回路。处于窑顶的超温报警热电偶所测得的窑烟要是超过设定指数，超温报警控制器则就会发出声光报警。如果 3min 内窑温控制系统不能排除超温故障，超温报警控制器就会自动切断煤气以强迫窑温下降，从而达到保护作用。

以上各点热电偶测温由一台多点温度自动记录仪记录，构成该要的温度检测系统。

(2) 气氛控制系统

通常从点火到一定温度为氧化气氛。此阶段只是控制升温速率和某些恒温小阶段，此时只启用调温风。到达还原阶段时，可编程控制器根据逻辑编程条件已满足的情况下（主要是温度和时间），发出"还原"指令，切断煤气。

(3) 窑压测控系统

采用一个单独的回路。压力控制器将实测窑温与设定值比较，通过 PD 控制运算，调节排烟阀门的开度。与温度控制不同，排烟阀门阀位无反馈。窑压采用全过程恒压控制（保持微正压），这样也就减少了对温度的干扰。

整个控制系统主要是由一台可编程控制器及十台单回路控制器组成。可编程控制器是十台单回路控制器（九台窑温控制器，一台气氛控制器）的总指挥（上位机）。当控制系统投入运行时，可编程控制器将内存的烧成曲线、调温风量及还原煤气量与时间的曲线，以模拟信号形式按程序分为窑温控制系统和气氛控制，作为它们的设定值，使窑温和气氛在单回路控制器的控制下，按照设定值变化，以满足烧成工艺要求。这两路模拟信号都用工程单位值独立编程。两条设定曲线都以折线近似，可有 16 个可编线段。可编程控制器中还有 7 种标准热电偶热电势可供选用，因此可直接输入热电势信号。

除此之外，可编程控制器还可输出 8 个可编程序的逻辑指令。这些逻辑指令可以按照输入的逻辑信号、编程曲线值或时间，或者三者的组合逻辑关系为条件。8 个逻辑指令用作烧成过程中"还原"、"冷却"、系统关断或还原气氛强弱的五种级别的控制信号的第一通道输出 9 个窑温单回路控制器的设定值；第二通道输出调温风阀位信号或还原煤气阀位信号。

控制系统的可编程控制器及单回路控制器是以微处理器为核心元件的数字式智能装置。整个系统由 21 片微处理器和相应的接口组成一个小型集散型控制系统。因此具有危险分散、系统可靠性较高的优点。由于这些数字式装置有 0.025% 的信号分辨率，因此控制精度较高。

图 9-101 为该梭式窑的控制系统。

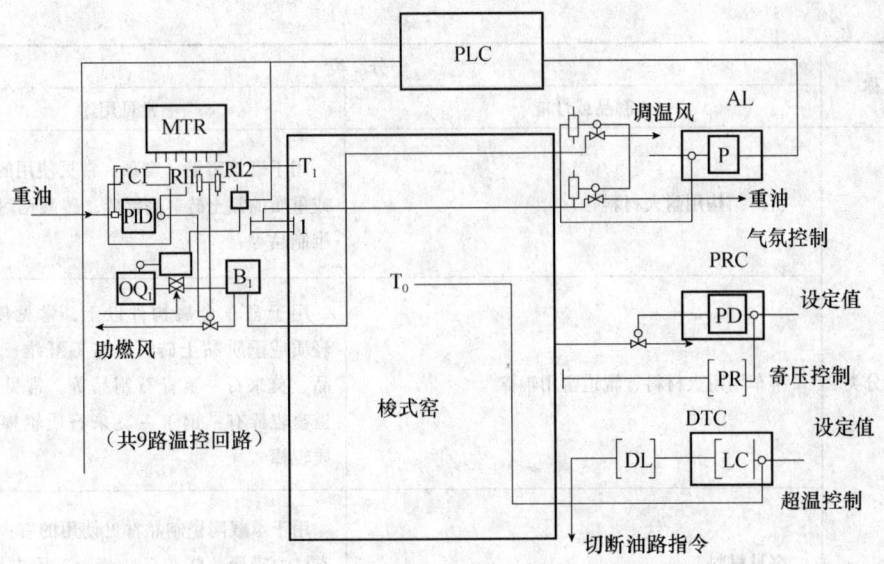

图 9-101 梭式窑的控制系统（燃料为重油）

PLC—可编程控制器；MTR—多点记录仪；$TC_1 \sim TC_9$—车回路温度控制器；$T_1 \sim T_9$—热电偶；$B_1 \sim B_9$—烧嘴；$R_1 \sim R_9$—还原油喷嘴；$OQ_1 \sim OQ_9$—重油计量泵；$VFM_1 \sim VFM_9$—计量泵变频调速控制器；AL—气氛控制器；PRC—压力控制器；DTC—超温控制器；DL—延迟继电器；PR—压力变送器；T_0—超温报警热电偶

9.11 陶瓷窑炉用耐火材料

陶瓷窑炉用耐火材料包括窑体结构用耐火材料（一般包括窑墙、窑顶及烧嘴砖或燃烧室所用特形耐火材料）、窑车用耐火材料（当产品输送方式为窑车输送时）、窑具材料（某些产品在烧成时所需要的棚板、匣钵等）。

随着陶瓷工业窑炉的技术进步，现代陶瓷窑炉已逐渐减少了重质耐火材料的使用，取而代之的是蓄热小、保温性能好、强度高、重量轻的轻质耐火材料或耐火纤维制品。这样，使得陶瓷窑炉的热利用率逐步提高，产品烧成所使用的能源消耗大大降低。

9.11.1 耐火材料的分类

耐火材料品种繁多，分类方法也多种多样。陶瓷工业用耐火材的常见分类见表 9-83。

表 9-83 陶瓷窑炉用耐火材料的常见分类

分类名称	分类	
	制品或性能	常见用途
化学矿物组成分类	硅酸铝质制品：黏土砖、高黏砖、莫来石制品、硅线石制品等	窑墙、窑顶、燃烧室或烧嘴砖、窑车部分部位
	堇青石–莫来石质制品：堇青石–莫来石匣钵、莫来石-棚板等	窑具材料
	碳化硅质制品、重结晶碳化硅制品、氮化硅结合碳化硅制品、反应烧结碳化硅制品等	支柱、横梁、棚板、卫生瓷辊道窑辊棒等

续表

分类名称	分类	
	制品或性能	常见用途
使用部位分类	窑体结构用耐火材料	用于砌筑窑墙、窑顶，常见使用的有：轻质或重质的黏土砖、高铝砖；砖酸铝耐火材料纤维制品等
	窑车用耐火材料、辊道窑用辊棒	用于窑车金属构件以上，常见使用的有：轻质或重质黏土砖；硅酸铝纤维、碳化硅制品、莫来石-堇青石制品等。常见使用的辊道窑辊棒有：钢玉-莫来石质辊棒；碳化硅质辊棒
	窑具材料	用于承载陶瓷制品常见使用的有：碳化硅质支柱、横梁；莫来石-堇青石质支柱、棚板；堇青石-莫来石质匣钵等
以制品体积密度分类	重质耐火材料，陶瓷窑炉常见有：刚玉-莫来石砖、硅线石砖、碳化硅系列、堇青石-莫来石系列	用于烧嘴砖、窑具材料
	轻质耐火材料，常见的有：黏土轻质砖系列、高铝轻质砖系列	用于窑体砌筑、窑车、热风炉等
	耐火纤维及制品，常见的有：硅酸铝耐火纤维、高铝耐火纤维、含锆陶瓷纤维、含铬陶瓷纤维	用于窑体、窑车、辊道窑孔砖外填塞、辊棒填塞等

9.11.2 耐火材料的组成

陶瓷窑炉用耐火材料一般用化学组成、矿物组成和结构组成进行描述。

1. 化学组成

化学组成即耐火材料的化学成分，是耐火制品的最基本特征之一。因此常用化学组成来标志材料的高温性能和区分类别与制品等级。

耐火材料使用于较高温度的工况，组成制品成分的氧化物、非氧化物和复合矿物的熔点是制品能够适用于多高温度的重要因素之一。常用氧化物、非氧化物和复合矿物的熔点见表9-84～表9-86。

表9-84 常用氧化物熔点

氧化物	熔点（℃）	氧化物	熔点（℃）
SiO_2	1725	Cr_2O_3	2435
ZrO_2	2690	MgO	2800
Al_2O_3	2050	CaO	2570

表 9-85 常用非氧化物熔点

名　称	化学组成	熔　点（℃）
碳化硅	SiC	2700
氮化硅	Si_3N_4	2170
碳化硼	B_4C	2350
氮化硼	BN	3000
石墨	C	3700

表 9-86 部分耐火复合矿物熔点

矿物名称	化学组成	熔　点（℃）
莫来石	$3Al_2O_3 \cdot 2SiO_2$	1810
锆英石	$ZrO_2 \cdot SiO_2$	2180
白云石	$MgO \cdot CaO$	2300①
镁铝尖晶石	$MgO \cdot Al_2O_3$	2135
镁铬尖晶石	$MgO \cdot Cr_2O_3$	2180
镁橄榄石	$MgO \cdot SiO_2$	1890
堇青石	$2MgO \cdot 2Al_2O_3 \cdot 5SiO_2$	1460②

2. 矿物组成

在化学组成一定的情况下，耐火材料的矿物组成对材料性能起到了决定性的影响。

耐火材料的矿物组成有些是材料的本征特性（例如硅线石、蓝晶石、红柱石为同质异物构体，SiO_2 各温度下的变体），大部分与材料形成的工艺条件（或矿相成因）有关。

耐火材料化学成分理论配比下的矿物组成是以相图表示。图 9-102、图 9-103、图 9-104 分别示出了 Al_2O_3-SiO_2 系统、MgO-Al_2O_3-SiO_2 三元系统和 CaO-Al_2O_3-SiO_2 三元系统相图。

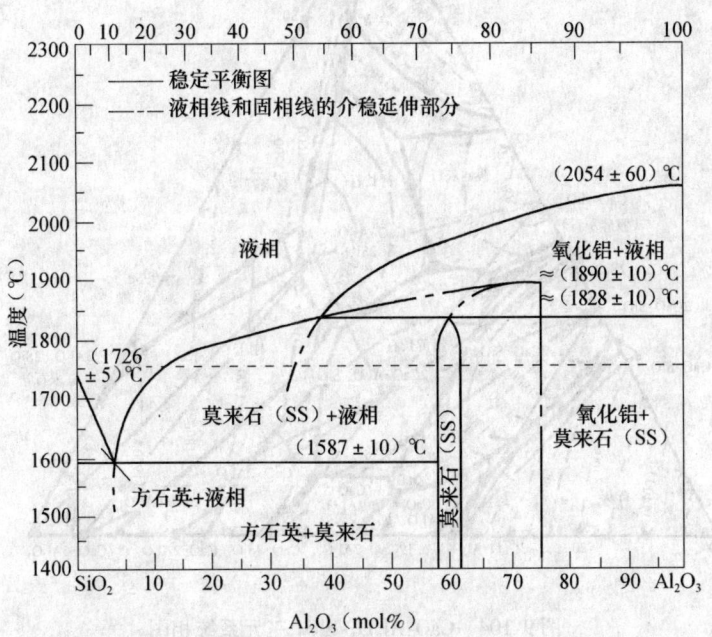

图 9-102 Al_2O_3-SiO_2 系统相图

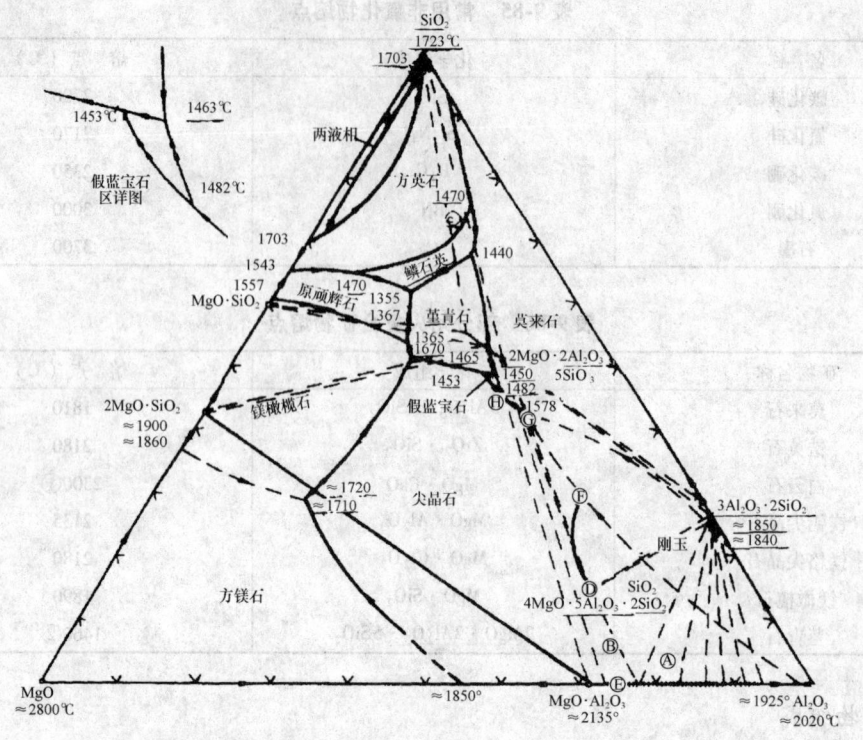

图 9-103 MgO-Al₂O₃-SiO₂ 三元系统相图

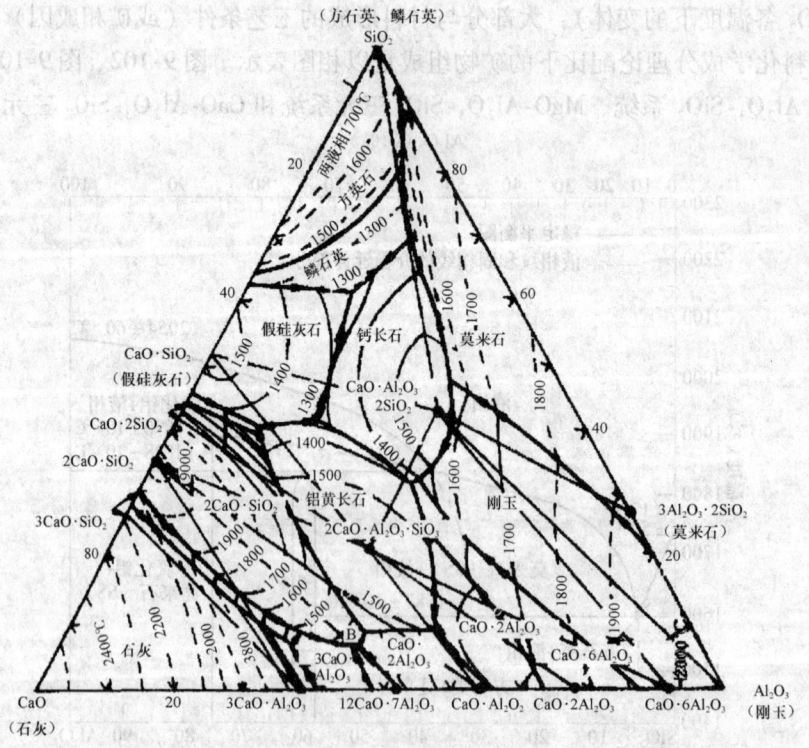

图 9-104 CaO-Al₂O₃-SiO₂ 三元系统相图

耐火材料的主矿相代表了耐火制品的主要性能。例如：堇青石是一种热膨胀系数较低、高温力学性能较高的矿相，但它是一种不一致熔融矿物，耐火度约在1550℃，它的初晶区被一个三元低共熔点1355℃所控制，所以最高使用温度一般在1400℃以下。莫来石的高温强度较高，热膨胀率较低，抗化学侵蚀性强，所以在陶瓷窑炉使用的窑具中经常用堇青石和莫来石复合制成窑具制品，得到热震性能好、高温强度高的材料性能，而且随着堇青石和莫来石组分比例的不同，制得的窑具可以使用于不同工况。刚玉矿物 $\alpha\text{-}Al_2O_3$ 具有较高的耐火度和高温力学性，也常用于窑具的材料体系中。碳化硅在2100℃以下形成 $\beta\text{-}SiC$，在2100℃以上形成 $\alpha\text{-}SiC$，因SiC具有高熔点、高硬度、低热膨胀系数及高温下的高机械强度，所以在陶瓷窑炉中也有广泛的应用。氮化硅是金属硅在高温下通过氮化硅处理而得到的合成矿物，它具有高熔点、较低的热膨胀系数以及优良的高温机械强度，也常被用于陶瓷窑炉用耐火材料制品的材料体系中。总之，在陶瓷窑炉用耐火材料体系中，有利用单一矿相的优良性能制得的耐火制品（例如重结晶碳化硅制品等），更多的是利用不同矿相的性能特点进行复合而得到使用于不同工况条件下的耐火材料制品（例如：堇青石－莫来石质、氮化硅结合碳化硅质等）。陶瓷窑炉用耐火材料常用的几种矿物性能见表9-87。

表9-87 陶瓷窑炉用耐火材料常用部分矿物性能

矿 物	分子式	熔 点（℃）	晶系	体积密度（g/cm³）	莫氏硬度	热膨胀系数（1/℃）
刚玉	$\alpha\text{-}Al_2O_3$	2050	三方	4.0	9	8×10^{-5}
莫来石	$3Al_2O_3\cdot2SiO_2$	1870	斜方	3.03	6~7	5.3×10^{-6}
堇青石	$2MgO\cdot2Al_2O_3\cdot5SiO_2$	1460℃分解	六方	2.57~2.66	7~7.5	1.25~2.6×10^{-6}
碳化硅	SiC	2827	六方	3.2	9.2~9.6	5.0×10^{-6}
氮化硅	Si_3N_4	1900℃分解	六方	3.2	9	2.5×10^{-6}
硅线石	$Al_2O_3\cdot SiO_2$	1500℃左右转变成莫来石	斜方	3.1~3.24	6~7.5	—
蓝晶石	$Al_2O_3\cdot SiO_2$	1100℃左右转变成莫来石	三斜	3.53~3.69	7.5	—
红柱石	$Al_2O_3\cdot SiO_2$	1400℃左右转变成莫来石	斜方	3.13~3.29	7.5	—
钛酸铝	$Al_2O_3\cdot TiO_2$	1860	斜方	3.702	—	0.8×10^{-6}

3. 结构组成

耐火材料的结构组成通常是指材料的显微结构组成。耐火材料的结构组成一般为多相、非均一结构，是由具有颗粒形状的骨料和填充在骨料之间的结晶矿物或玻璃相结成。骨料一般由耐火材料制品中的主晶相组成，主晶相是耐火制品结构的主体，除了要选择熔点较高、热膨胀系数较小等性能的化合物或单质外，还希望它们的晶体发育充分、完整，晶粒尺寸能控制在最能体现其优良性能的范围内，这样才能真正发挥出该晶相的耐火性能。而对于其质，通常其所占组分比例不大、成分结构复杂、作用明显，往往对耐火制品的某些性质有着决定性的影响。

在耐火制品的生产过程中，原料的纯度、结合剂的种类、粒度大小、颗粒级配、坯料的混合均匀度、成形方式、烧成温度及烧成过程等因素都会影响到制品的结构组成。结构组成来源于制品的工艺过程、而结构组成又决定了耐火制品的使用性能，所以耐火材料的生产工艺过程、制品的结构组成和制品的使用性能三者间有着内在的必然联系。通过对材料显微结构的观察来对材料的结构组成进行分析，从而优化工艺控制参数，提高制品的使用性能和使用寿命已成为材料工作者进行科学研究的常用技术手段。

堇青石-莫来石质耐火制品的结构组成一般是由以莫来石为骨料和以堇青石为基质的结构单元组成。在骨粒的结构单元中以莫来石颗粒组成为主，由于工艺条件的不同在显微结构中也会出现刚玉、红柱石、石英等颗粒单元，在以合成堇青石引入且黏度较大时还会有极少量的堇青颗粒。在基质结构单元中，主要有以绒团状微细晶粒为主，也有极少量气孔和其他杂质相微细晶或玻璃相存在。

碳化硅窑具材料体系中，重晶碳化硅结构组成具有单相性特征，所以具导热性、导电性、抗化学侵蚀性和抗热震性优异。氮化硅结构中，碳化硅以碳化硅为骨料、氮化硅为基质结构单元，基质单元对氮化硅结合碳化硅材料性能有着较大影响，很多研究都是从基质中引入其他化合物或者从工艺的角度控制氮化过程来提高氮化硅结合碳化硅的性能。反应烧结碳化硅在渗硅过程中一部分 Si 与 C 发生反应生产成 SiC，一部分 Si 填充气孔形成很致密的以 Si 为结合相的基质结构单元，使得反应烧结碳化硅制品有着较高的常温强度和高温抗氧化性能。

耐火材料的组成设计一般遵循三个基本原则：

（1）应用相图知识，充分考虑基质料及基质料和骨料之间可能在高温发生的化学反应，特别要注意反应产物及其熔点，反应产物之间的低共熔点、液相量等。

（2）颗粒级配是否合适，最大粒径的选择是否合理，所有这些都会影响制品的烧成收缩、气孔率、机械强度和热稳定性。

（3）骨料和基质料的组分比例及基质料的细度和分散程度都会影响制品性能，也是影响制品烧成温度的因素。利用微粒或超细粉应用于耐火材料基质配方中能够改善耐火材料制品的性能，使其成为窑具性能提高的技术措施。

9.11.3 耐火材料的基本特性

耐火材料由于使用工况的不同对材料的基本特征的要求也有所侧重，陶瓷窑炉用耐火材料制品常用的特性有结构性质、热学性质、力学性质和使用性质。

1. 耐火材料的基本结构性质

（1）气孔率

耐火材料的气孔可分为封闭气孔、开口气孔和贯通气孔三类。封闭气孔的气孔封闭在制品中不与外界相通。开口气孔的气孔一端封闭，另一端与外界相通，能为流体填充。贯通气孔的气孔贯通于制品的两面，能为流体通过。

在耐火制品的检测标准中，以显气孔率（开口和贯通气孔体积之和）占制品总体积的百分率表示，计算公式为：

$$P_0 = \frac{m_3 - m_1}{m_3 - m_2} \times 100\%$$

式中　m_1——干燥试样的质量，g；

　　　m_2——饱和试样的质量，g；

　　　m_3——饱和试样在空气中的质量，g；

　　　P_0——制品的显气孔率，%。

(2) 吸水率

吸水率是制品饱和吸水后水的质量与制品质量的比值,计算公式为:

$$W_0 = \frac{m_3 - m_1}{m_1} \times 100\%$$

式中 m_1——干燥试样的质量,g;
　　　m_3——饱和试样在空气中的质量,g;
　　　W_0——耐火制品的吸水率,%。

(3) 体积密度

体积密度是制品干重与总体积的比值,用 g/cm^3 表示,计算公式为:

$$D_b = \frac{m_1 D_L}{m_3 - m_2}$$

式中 m_1——干燥试样的质量,g;
　　　m_2——饱和试样的表观质量,g;
　　　m_3——饱和试样在空气中的质量,g;
　　　D_L——在试验温度下,浸渍液体的密度,g/cm^3;
　　　D_b——耐火制品的体积密度,g/cm^3。

2. 耐火材料的基本热学性质

(1) 热膨胀性

耐火材料在连续式窑炉初次使用和间歇式窑炉反复使用及窑具的周期使用中常伴有较大的温度变化,这样就带来了制品长度与体积的变化,这种变化会严重影响热工设备砌体的尺寸严密程度及结构,甚至会使新砌体破坏。此外,耐火材料的热膨胀情况还能反映出制品受热后的热应力分布大小、晶型转变及相变、微细裂纹的产生,也影响到材料的抗热震性能。

耐火材料制品在温度区间内热膨胀的变化率是不尽相同的,在通常情况下,一般是用平均热膨胀系数来表征材料的热膨胀性。线膨胀系数的计算公式如下:

$$\alpha = \frac{\rho}{(t - t_0) \times 100}$$

式中 α——试样的线膨胀系数,$10^{-6}°C^{-1}$;
　　　ρ——试样的线膨胀率,%;
　　　t_0——室温,℃;
　　　t——试验温度,℃。

由于制品的线膨胀系数很小,一般情况下体积膨胀系数就不再另测量,而用线膨胀系数值的3倍来表示。部分耐火制品的热膨胀系数见表9-88。

表9-88 部分耐火制品的热膨胀系数

名　称	黏土砖	莫来石砖	刚玉砖	碳化硅制品
热膨胀系数 ($10^{-6}°C^{-1}$)(20~1000℃)	4.5~6.0	5.5~5.8	8.0~8.5	4.2~4.8

(2) 热导率

热导率是用耐火材料的导热系数表示,定义为在单位温度梯度条件下,通过材料单位面积的热流密度。

耐火制品中的气孔对热导率有较大的影响，气孔内气体的热导率低，因此气孔总是降低材料的导热能力。通常情况下，同材质的耐火制品气孔率越小，体积密度越大，导热性越好。

耐火制品材质的化学组成及晶体结构也对热导率有明显的影响，碳质耐火制品就有着较高的导热能力。

（3）比热容

耐火材料比热容的定义是常压下加热1kg样品使之升温1℃所需的热量。

耐火材料的热容指标在设计和控制窑体的升温、冷却以及窑车、窑具的蓄热计算中经常要用到。部分耐火制品的比热容见表9-89。

表9-89 部分耐火制品的比热容

名称	比热容 [kJ/(kg·℃)]	名称	比热容 [kJ/(kg·℃)]
耐火黏土砖	1.15(1000℃)	JM26 隔热砖	1.10(1000℃)
硅线石砖	1.08(1000℃)	JM28 隔热砖	1.10(1000℃)
堇青石－莫来石制品	1.0(1000℃)	Al_2O_3 46.5% 陶瓷纤维	1.13(1000℃)
JM20 隔热砖	1.05(1000℃)	含锆陶瓷纤维	1.13(1000℃)
JM23 隔热砖	1.05(1000℃)	多晶纤维（$Al_2O_3$72%）	1.25(1000℃)

比热容的表示式为：

$$C = \frac{Q}{G(t_1 - t_0)}$$

式中　Q——加热试样所消耗的热量，kg；

　　　G——试样的质量，kg；

　　　t_0——试样加热前的温度，℃；

　　　t_1——试样加热后的温度，℃；

　　　C——耐火制品的等压比热容，kJ/(kg·℃)。

3. 耐火材料的基本力学性质

耐火制品力学性质包括耐压强度、抗拉强度、抗折强度、弹性模量和高温蠕变等。除常温强度外，还经常用到直接在高温状态下的强度值。

（1）耐压强度

耐压强度是耐火制品按标准尺寸规定测得的单位面积上所能承受而不被破坏时的极限压应力。计算公式如下：

$$S = \frac{F}{A}$$

式中　F——直至试样被破坏为止的最大压力，N；

　　　A——试样承受载荷的截面积，mm^2；

　　　S——耐火制品的耐压强度，MPa。

（2）抗折强度

1）常温抗折强度

耐火制品的常温抗折强度是指在室温下，规定尺寸的长方体试样在三点弯曲装置上被压弯而不折断时所能承受的极限应力。计算公式如下：

$$R_{\text{I}} = \frac{3}{2} \cdot \frac{FL}{bh^2}$$

式中　　F——试样断裂时的最大载荷，N；

　　　　L——支撑点间的距离，mm；

　　　　b——试样中部的宽度，mm；

　　　　h——试样中部的厚度，mm；

　　　　R_{I}——耐火制品的抗折强度，MPa。

2) 高温抗折强度

耐火制品的高温抗折强度是指在规定的高温条件下，单位截面所能承受的极限弯曲压力。测定原理和计算公式与常温抗折强度相同，只是增加了高温条件。

陶瓷窑炉中使用的棚板、匣钵等，高温抗折强度是检验制品性能优劣的一项重要指标。

4. 耐火材料的基本使用性质

耐火制品的使用工况不同，对制品的性能也提出了各种要求，能否满足这些要求的性能指标，就成了制品质量的主要衡量指标，也是延长使用寿命，提高使用价值的重要依据。

(1) 耐火度

耐火度是材料在无荷重时抵抗高温作用而不熔化的性能。由于耐火材料是由多种矿物组成的多相固体混合物，所以没有统一的熔点，而是在一定温度下开始产生了液相，随着温度升高液相不断增加，在某一温度下固相才能全部熔融为液相，在这两个温度点之间，都是固液相共存的。

耐火度是由所测材料制成的截头三角试锥与标准耐火锥，在温度升高过程中弯倒的状态比对而得到的。当试锥和标准锥弯倒并且顶部接触到底盘，这时弯倒的标准所代表的温度就是试锥的耐火度，标准测温锥的标号与温度的对照表见附表4。

耐火制品的化学成分、矿物组成及其分布状况都是影响耐火度的基本因素。基质单元的高温性能是影响耐火度的最重要的因素。由于耐火度是在没有载荷时材料的高温性能，所以耐火度不能作为耐火制品的使用温度，实际允许使用温度要比耐火度低得多，但耐火度作为制品的一个基本性质，它也是合理选用耐火材料的一个重要参考依据。

(2) 荷重软化温度

荷重软化温度是指耐火制品在持续升温的条件下，承受恒定载荷产生变形的温度。它表示耐火制品同时抵抗高温和载荷两方面作用的能力。

荷重软化温度的测定一般是加压0.2MPa，随着温度按规定的速率升高。试样发生热膨胀，从试样膨胀的最高点压缩至它原始高度的0.6%为软化开始点温度，4%为软化变形温度。

陶瓷窑用耐火材料，特别是窑具材料，需要有长时间在高温下承受载荷的能力。所以荷软度是一个重要的使用性质，但有些耐火制品制造商是以高温抗折强度来示出材料高温下承受载荷的能力，一般情况下这两种指标都可以作为制品使用性质的选用依据。

(3) 热震稳定性

耐火材料抵抗温度急剧变化而不被破坏的性能称为热稳定性。测试方法是让试样所处环境进行急剧的冷热交换，记录其不损坏次数，或记录被损坏到一个统一规定程度并记录其次数，或测定经规定的热交换的次数后的残余强度值。加热方式有整体加热或单面加热，冷却方式有水冷或风冷。

影响耐火制品热稳定性的主要因素是材料的热膨胀系数、强度、弹性模量、气孔率及结构的均匀性。低热膨胀系数的材料具有优良的热稳定性。在陶瓷窑炉中，间歇式窑炉和窑具制品材料的热稳定性要求甚高。

(4) 重烧线变化

重烧线变化又称残余线变化，是指对耐火制品试样加热到规定温度，保温一定时间并冷却至室温后，其长度方向所产生的残余膨胀或收缩。

重烧线变化是评定耐火制品的一项重要指标，对于化学组成相同的制品重烧线变化产生的原因，主要是耐火制品烧成不充分。这种制品在使用中一些物化反应继续进行，从而使制品的体积发生膨胀或收缩。

耐火浇注料等不定形耐火材料，使用前未经烧成，因而在达到最高使用温度后，其体积稳定性是必须确定的一项重要性能指标。在国际惯例中，常将残余线收缩值 1.0% 的温度定为不定形耐火材料的最高使用温度，将残余收缩在 1.5%~2.0% 定为不隔热材料的温度等级。

9.11.4 轻质隔热耐火材料

轻质隔热耐火材料是指气孔率高、体积密度低、导热率低的耐火材料，常见的有硅砖、耐火纤维及制品、轻质耐火浇注料等。

1. 轻质耐火砖

(1) 常用标准　轻质耐火砖国际上常用 ASTM (美国标准协会标准) 和 JLS (日本工业标准) 标准进行牌号分类，我国是以材质分类。相应标准可查耐火材料标准汇编。

(2) 部分轻质耐火砖性能指标　国内已有很多企业生产轻质耐火砖，部分产品的性能指标分别见表 9-90 ~ 表 9-94。

表 9-90 依索轻质隔热砖性能指标

牌号 指标	B1	B2	B4	B5	B6	B7	C1	C2
分类温度 (℃)	900	1000	1200	1300	1400	1500	1300	1400
密度 (kg/m^3)	650	650	780	780	870	960	1060	1140
重烧收缩 (%) JIS R2613 (℃×8h)	0.68 (900)	0.80 (1000)	0.30 (1200)	0.30 (1300)	0.60 (1400)	0.90 (1500)	0.70 (1300)	0.80 (1400)
耐压强度 (ASTM C93, MPa)	3.0	3.2	1.2	1.4	2.4	3.6	4.4	5.7
抗折强度 (ASTM C93, MPa)	1.5	1.8	0.7	0.8	1.8	2.0	2.5	3.1
热膨胀 (JIS R2617, ℃)	0.10 (900)	0.23 (1000)	0.50 (1000)	0.50 (1000)	0.48 (1000)	0.50 (1000)	0.50 (1000)	0.50 (1000)
化学成分 (%) Al$_2$O$_3$	12	12	41	41	41	62	40	41
Fe$_2$O$_3$	4.2	3.6	1.2	1.4	0.9	1.2	1.2	
匹配胶泥	RM-1300	RM-1300	RM-1300	RM-1300	RM-1400	RM-1500	RM-1300	RM-1400

续表

牌号\指标	YK23	YK25	YK26	YK28	YK30	YK32	AB96	AB98
分类温度（℃）	1230	1300	1400	1500	1550	1600	1650	1700
密度（kg/m³）	550	800	800	900	1000	1100	1350	1500
重烧收缩（%）JIS R2613（℃×8h）	0.3 (1230)	0.4 (1300)	0.40 (1400)	0.6 (1500)	0.6 (1550)	0.6 (1600)	0.4 (1650)	0.3 (1700)
耐压强度（ASTM C93, MPa）	1.1	1.8	1.9	2.5	2.8	3.0	8.5	9.5
抗折强度（ASTM C93, MPa）	0.8	1.2	1.2	1.4	1.6	1.8	—	—
导热系数 350℃[W/m·K]	0.15	0.26	0.26	0.33	0.38	0.43	—	—
热膨胀（JIS R2617,℃）	0.46 (1000)	0.46 (1000)	0.47 (1000)	0.48 (1000)	0.48 (1000)	0.49 (1000)	—	—
化学成分（%） Al_2O_3	40	42	54	62	74	80	96	98
化学成分（%） Fe_2O_3	1.2	1.0	0.9	0.8	0.7	0.5	0.4	0.4
匹配胶泥	RM-1300	RM-1300	RM-1400	RM-1500	RM-1500	RM-1600	RM-1600	RM-1600

表 9-91 埃索轻质隔热砖性能指标

牌号\指标	TJM 23	TJM 26	TJM 28	TJM 30 砖	TJM 3000
分类温度（℃）	1260	1425	1538	1550	1600
密度（kg/m³）	500	800	900	1000	1000
重烧收缩（%）JIS R2613（℃×8h）	0.20(1300)	0.40(1400)	0.40(1500)	0.38(1550)	0.38(1600)
耐压强度（ASTM C93, MPa）	1.8	2.0	3.0	4.0	4.0
抗折强度（ASTM C93, MPa）	0.7	1.5	2.0	2.5	2.7
热膨胀（%）（JIS R2617,℃）	0.46(1000)	0.44(1000)	0.48(1000)	0.47(1000)	0.48(1000)
导热系数 [W/(m·K)], ASTM C201 平均400℃	0.20	0.26	0.29		
平均600℃	0.24	0.29	0.32		
平均800℃	0.28	0.32	0.35		
化学成分（%）: Al_2O_3	38.0	55.0	65.0	70.0	72.0
SiO_2	60.0	43.0	33.0	28.0	26
Fe_2O_3	1.0	1.0	0.7	0.6	0.5
CaO				0.2	0.1
尺寸及包装（mm）	230×114×65/75，10块/标准小包装				

表 9-92 兴贝轻质隔热砖性能指标

牌号 指标	ZQ-0.5	ZQ-0.6	ZQ-0.7	ZQ-0.8	ZQ-0.9	ZQ-1.0	ZQ-1.1	ZQ-1.2	ZQ-1.3	ZQ-0.9B
Al_2O_3（%）	≥48	≥48	≥48	≥48	≥48	≥48	≥48	≥48	≥48	≥48
Fe_2O_3（%）	≤1.0	≤1.0	≤1.0	≤1.0	≤1.0	≤1.0	≤1.0	≤1.0	≤1.0	≤1.0
体积密度（g/cm³）	0.5	0.6	0.7	0.8	0.9	1.0	1.1	1.2	1.3	0.85~0.95
耐压强度（MPa）	≥1.0	≥1.2	≥1.4	≥1.6	≥2.0	≥2.5	≥3.0	≥3.5	≥4.5	≥4.5
抗折强度（MPa）	≥0.6	≥0.8	≥1.0	≥1.2	≥1.5	≥2.0	≥2.5	≥3.0	≥3.5	≥3.0
重烧线变化（8h）	1300℃ ≤0.5%	1300℃ ≤0.4%	1300℃ ≤0.3%	1400℃ ≤0.5%	1400℃ ≤0.4%	1400℃ ≤0.3%	1450℃ ≤0.5%	1450℃ ≤0.4%	1450℃ ≤0.3%	1450℃ ≤0.5%
导热系数（350℃）[W/(m·K)]	≤0.18	≤0.20	≤0.22	≤0.24	≤0.26	≤0.28	≤0.30	≤0.33	≤0.36	≤0.28
热震稳定性（1000℃空冷）（次）	≥20	≥20	≥20	≥20	≥20	≥20	≥20	≥20	≥20	≥20
耐火度（℃）	≥1710	≥1710	≥1710	≥1730	≥1730	≥1730	≥1790	≥1790	≥1790	≥1730

表 9-93 金刚莫来石轻质砖性能指标

项目		型号		
		JGQ1206	JGQ1408	JGQ1509
体积密度（g/cm³）		0.6	0.8	0.9
重烧线变化（%）		≤1.0 1230℃×24	≤1.0 1400℃×24h	≤1.0 1510℃×24h
耐压强度（MPa）		≥1.2	≥2.0	≥3.2
热膨胀系数（1000℃），×10⁻⁶		≤0.5	≤0.5	≤0.6
导热系数[W/(m·K)]		≤0.2	≤0.25	≤0.35
最高使用温度（℃）		1230	1400	1500
化学成分（%）	Al_2O_3	≥40	≥55	≥65
	SiO_2	—	—	—
	Fe_2O_3	≤1.0	≤1.0	≤0.7

表 9-94 华能公司莫来石轻质砖

型号 理化性能	MJ-1400			MJ-1500		
	0.6	0.8	1.0	0.6	0.8	1.0
Al_2O_3(%)	50	50	50	68	68	68
Fe_2O_3(%)	<1.0	<1.0	<1.0	<0.8	<0.8	<0.8
常温耐压强度（MPa）	1.96	3.92	7.84	1.96	3.92	7.87
荷重软化开始点（℃）	1300	1350	1400	1350	1400	1450
耐火度（℃）	1750	1750	1750	1790	1790	1790
1400℃重烧线变化（%）	<1.0	<0.8	<0.8	1500℃ <1.0	1500℃ <1.0	1500℃ <1.0
热导率（350℃）[W/(m·K)]	0.26	—	—	0.27	—	—

2. 耐火纤维及制品

耐火纤维及制品在陶瓷窑炉使用很普遍，国内也有企业生产，部分耐火纤维及制品性能指标见表 9-95 ~ 表 9-98。

表 9-95 埃索陶瓷纤维性能指标

指标\产品牌号	1260 纤维棉	1400 纤维棉	1500 纤维棉	1600 纤维棉
分类温度（℃）	1260	1425	1500	1600
熔点（℃）	1760	1700	1760	—
颜色	白色	白色	绿蓝	白色
平均纤维直径（μm）	3.5	3.5	3.5	3.1
纤维长度（mm）	~250	~250	~150	~100
纤维密度（kg/m³）	2600	2800	2650	3100
渣球含量（>212μm）(%)	18	18		
导热系数 kcal/(m·h·℃) [W/(m·K)]，ASTM C201, 190kg/m³				
平均 400℃	0.08	0.08		
平均 600℃	0.12	0.12		
平均 800℃	0.16	0.16		
平均 1000℃		0.23		
化学成分（%）:				
Al_2O_3	47.1	35.0	40.0	72
SiO_2	52.3	49.7	58.1	28
ZrO_2		15.0		
Cr_2O_3			1.8	
棉的包装（kg/箱）		15		

表 9-96 鲁阳陶瓷纤维毡性能

分类温度（℃）		1260	1260	1400	1400
产品代码		LYGX-253	LYGX-353	LYGX-453	LYGX-553
加热永久线变化（%）		1000℃×24h≤-3	1100℃×24h≤-3	1200℃×24h≤-3	1350℃×24h≤-3
理论导热系数 [W/(m·K)]	平均 200℃	0.040 ~ 0.053		0.045 ~ 0.060	
	平均 400℃	0.080 ~ 0.105		0.085 ~ 0.110	
	平均 600℃	0.145 ~ 0.169		0.150 ~ 0.172	
理论体积密度（kg/m³）		200/220			
含水率（%）		≤1			
有机物含量（%）		≤7			

表 9-97 伊索公司耐火纤维制品性能

产品牌号 / 指标		伊索1000毯	伊索1260毯	伊索1350毯	伊索1425毯	伊索1500毯	伊索1600毯
分类温度（℃）		1000	1260	1350	1425	1500	1600
熔点（℃）		1760	1760	1760	1700	1760	—
颜色		白色	白色	白色	白色	绿蓝	白色
平均纤维直径（μm）		2.6	2.6	2.6	2.8	2.65	3.1
纤维长度（mm）		−200	−250	−150	−250	−150	−100
纤维密度（kg/m³）		2600	2600	2600	2800	2650	3100
导热系数 [W/(m·K)]	400℃	0.09	0.07				
	600℃	0.15	0.12		0.13	0.13	0.06
	800℃	0.22	0.16	0.20	0.20	0.19	0.10
	1000℃			0.28	0.29	0.26	0.14

产品牌号 / 指标		伊索1000板	伊索1260板	伊索1400板	伊索1600板
分类温度（℃）		1000	1260	1400	1600
密度（kg/m³）		250	250	250	400
线性收缩（%）（℃×24h）		1.3(900)	1.1(1100)	1.6(1200)	1.2(1400)
抗折强度（MPa）		0.5	0.5	0.5	0.6
灼减（%）		≤7	≤7	≤8	≤8
导热系数 [W/(m·K)]	400℃	0.08	0.09		
	600℃	0.13	0.14	0.1	0.12
	800℃	0.2	0.18	0.14	0.16
	1000℃			0.20	0.21

产品牌号 / 指标		伊索1000	伊索1260	伊索1400	伊索1600	伊索1700	伊索1800
分类温度（℃）		1000	1260	1400	1600	1700	1800
密度（kg/m³）		250/300	250/300	300/350	300/350	350/400	350/400
线性收缩（%）（℃×24h）		1.3(900)	1.5(1100)	1.6(1200)	1.2(1400)	0.13(1600)	0.12(1700)
抗折强度（MPa）		0.5	0.5	0.5	0.4	0.8	
导热系数 [W/(m·K)]	400℃	0.07	0.08				
	600℃	0.12	0.13	0.09	0.11	0.14	
	800℃	0.18	0.16	0.13	0.14	0.18	0.21(at800℃)
	1000℃			0.18	0.19	0.23	0.23(at1200℃)
	1200℃					0.29	0.30(at1400℃)

表 9-98 埃索咸陶瓷纤维毡性能

型号 指标	1260 纤维毯	1400 纤维毯	1500 纤维毯	1600 纤维毯
分类温度（℃）	1260	1400	1500	1600
熔点（℃）	1760	1700	1760	—
颜色	白色	白色	绿蓝	白色
平均纤维直径（μm）	3.5	3.5	3.5	3.1
纤维长度（mm）	~250	~250	~150	~100
加热线收缩（%）	(1100℃×24h)1.8	(1300℃×24h)1.5		
渣球含量（>212μm）(%)	18	18		
导热系数 kcal/(m·h·℃)[W/(m·K)]，ASTM C201				
1260 毯	64kg/m³	96kg/m³	128kg/m³	160kg/m³
平均 400℃	0.13	0.12	0.07	0.09
平均 600℃	0.21	0.17	0.12	0.14
平均 800℃	0.30	0.25	0.16	0.20
1400 毯			128kg/m³	160kg/m³
平均 600℃			0.13	0.14
平均 800℃			0.20	0.20
平均 1000℃			0.29	0.28
化学成分（%）：				
Al_2O_3	47.1	35.0	40.0	72
SiO_2	52.3	49.7	58.1	28
ZrO_2		15.0		
Cr_2O_3			1.8	
毯的密度（kg/m³）	64，96，128，160			
毯的尺寸（mm/卷）	7200×600×6，12.5，20，25，38；3600×600×50			

表 9-99 埃索咸陶瓷纤维组地块性能

型号 指标	1260 纤维折叠块	1400 纤维折叠块	1260 纤维层叠块	1400 纤维层叠块
分类温度（℃）	1260	1400	1260	1400
密度（kg/m³）	160，190，220			
加热线收缩（%）	(1100℃×24h)1.0	(1200℃×24h)1.1	(1100℃×24h)1.0	(1200℃×24h)1.1
导热系数 kcal/(m·h·℃)[W·(m·K)]，ASTM C201(160kg/m³)				
平均 400℃	0.09		0.09	
平均 600℃	0.14	0.14	0.14	0.14
平均 800℃	0.21	0.21	0.20	0.20
平均 1000℃		0.26		0.28
组块的尺寸（mm/块）	300×300×150，200，250，300			

续表

型号 指标	1260 纤维贴面块	1400 纤维贴面块	1500 纤维贴面块	1600 纤维贴面块
分类温度（℃）	1260	1400	1500	1600
密度（kg/m³）	130，160			
加热线收缩（%）	（900℃×24h）1.3	（1200℃×24h）1.5	（1300℃×24h）1.2	（1400℃×24h）1.1
导热系数 kcal/（m·h·℃）[W/(m·K)]，ASTM C201（160kg/m³）				
平均 400℃	0.12			
平均 600℃	0.17	0.12	0.10	
平均 800℃	0.25	0.16	0.14	
平均 1000℃		0.21	0.19	
贴面块的尺寸（mm/块）	300×300×50，75			

3. 轻质耐火浇注料

耐火浇注料在一些新型陶瓷窑炉上也有应用，部分轻质耐火浇注料性能见表9-100、表9-101。

表 9-100　伊索轻质耐火浇注料

指标		轻质隔热保温浇注料						
		YLC-130	YLC-125	YLC-120	YLC-110	YLC-100	YLC-90	YLC-80
最高使用温度（℃）		1300	1250	1200	1100	1000	900	800
体积密度（g/m³）		1.4	1.3	1.2	1.1	1	0.8	0.6
耐压强度 1000℃×3h（MPa）		5	6	4	4	4	1.7（900℃×3h）	0.6（800℃×3h）
烧后线变化（%）（℃×3h）		0.6 -1300	0.7 -1250	0.6 -1200	0.6 -1100	0.5 -1000	0.7 -900	0.5 -800
导热系数 600℃ [W/(m·K)]		0.36	0.33	0.32	0.3	0.28	0.25	0.17
化学成分（%）	Al_2O_3	43	42	38	32	30	28	28
指标		氧化铝空心球浇注料	氧化铝空心球浇注料	高强莫来石轻质浇注料	高强莫来石轻质浇注料	轻质莫来石浇注料	轻质莫来石浇注料	
		YLC-165	YLC-160	YLC-145	YLC-140	YLC-135	YLC-130	
最高使用温度（℃）		1650	1600	1450	1400	1350	1300	
体积密度（g/m³）		1.5	1.5	1.7	1.7	1.4	1.4	
耐压强度（MPa）	1100℃×24h	7.5	17	25	25	6	5.5	
	1300℃×3h	20	22	20	20	5	5	
烧后线变化（%）（℃×3h）		0.4 -1600	0.5 -1500	0.6 -1450	0.8 -1400	0.7 -1350	0.7 -1300	
导热系数 [W/(m·K)]	400℃	0.42	0.42	0.58	0.58	0.4	0.38	
	800℃	0.48	0.48	0.64	0.64	0.45	0.43	
化学成分（%）	Al_2O_3	98	94	70	68	65	65	
	Fe_2O_3	0.3	0.4	0.8	0.9	0.9	1	

表 9-101 兴贝轻质耐火浇注料

牌 号	体积密度（kg/m³）110℃/900℃		抗压/抗折（MPa）110℃/900℃		重烧线变化（%）	耐火度（℃）	导热系数[W/(m·K)]
ZJQ-1700	1700±50	<1700	15/2.5	8/1.5	1400℃<-0.3	>1790	800℃<0.7
ZJQ-1400	1400±50	<1400	6/2	4.5/2	1300℃<-0.6	>1650	500℃<0.5
ZJQ-1200	1200±50	<1200	5/1.8	4/1.2	1100℃<-0.8	>1500	500℃<0.4
ZJQ-1100	1100±30	<1100	4.5/1.8	3.5/1.0	1000℃<-0.3	>1450	500℃<0.35
ZJQ-1000	1000±30	<1000	4.0/1.0	3.0/0.8	900℃<-0.3	>1420	350℃<0.25
ZJQ-900	900±30	<900	3.5/1.0	3.0/0.7	900℃<-0.4	>1380	350℃<0.25
ZJQ-800	800±30	<800	3.0/0.8	2.5/0.6	900℃<-0.4	>1330	350℃<0.23
ZJQ-700	700±30	<700	2.8/0.6	2.0/0.4	900℃<-0.5	>1320	350℃<0.21
ZJQ-600	600±20	800℃<600	1.0/0.6	800℃ 0.6/0.3	800℃<-0.8	>1250	350℃<0.18
ZJQ-500	500±20	500℃<500	1.0/0.4	500℃ 0.5/0.3	800℃<-0.8	>1250	350℃<0.16
ZDPJ-60	>2500		30/4.0	1300℃ 40/7.0	1300℃<-0.5	>1250	
ZS-D	>2700		35/5	1400℃ 45/7.0	1400℃<-0.5	>1790	
ZS-G	<1350		10/2.5	815℃ 8/1.5	1400℃<-0.5	>1450	350℃<0.35

9.11.5 重质耐火材料

重质耐火材料也称为致密形耐火材料，此类材料在现代建筑卫生陶瓷窑炉中的使用量已经大大减少，一般在窑炉烧嘴周围采用热膨胀系数小、热稳定好的重质耐火材料，常用的有刚玉-莫来石砖、莫来石砖、硅线石砖及碳化硅系列制品。

辊道窑用辊棒也属于致密类形耐火材料，常用的有刚玉-莫来石质和碳化硅质的陶瓷辊棒。

1. 致密类形耐火砖

（1）常用标准

陶瓷窑炉常用的黏土砖、高铝砖、刚玉-莫来石砖、莫来石砖、硅线石砖、碳化硅砖的标准，在耐火材料标准汇编中可以查到。

（2）重质耐火材料制品

重质耐火制品以前在陶瓷窑炉中使用比较普遍，随着新型轻质耐火材料的出现和窑炉结构的变化，重质耐火制品的用量在逐渐减少。华能高铝砖性能指标见表9-102，磷酸盐结合高铝砖性能指标见表9-103，硅线石砖/红柱石砖/堇青石莫来石砖性能指标见表9-104，山东耐火三厂黏土砖、高铝砖性能指标见表9-105。

表 9-102 华能高铝砖性能指标

项 目	指 标			
	LZ-75	LZ-65	LZ-55	LZ-48
Al_2O_3	75	65	55	48
耐火度，≥（℃）	1790	1790	1770	1750
0.2MPa荷重软化开始温度，≥（℃）	1520	1500	1470	1420

续表

项 目		指 标			
		LZ-75	LZ-65	LZ-55	LZ-48
重烧线变化（%）	1500℃，2h	+0.1 −0.4			
	1450℃，2h				+0.1 −0.4
显气孔率，≤（%）		23		22	
常温耐压强度，≥（MPa）		53.9	49.0	44.1	39.2

表 9-103　磷酸盐结合高铝砖性能指标

项 目	指 标				
	P-75	P-65	PA-77	PG-75	PG-80
Al_2O_3，≥（%）	75	80	77	75	80
耐火度	1770	1770	1770	1770	1770
常温耐压强度，≥（MPa）	58.8	75	63.7	60	80
0.2MPa 荷重软化开始温度，≥（℃）	1350	1400	1300	1450	1500
热震稳定性次数（1100℃水冷）（次）		30		30	35
体积密度，≥（g/cm³）	2.65	2.7	2.7	2.7	2.8

表 9-104　硅线石砖/红柱石砖/堇青石莫来石砖性能指标

品 种 项 目	硅线石砖		红柱石砖		堇青石莫来石砖	
	LS-65	LS-60	HS-60	HS-55	SPCD-50	SPCD-60
Al_2O_3（%）	65	60	60	55	50	60
耐火度（℃）	1790	1790	1790	1770	1770	1790
显气孔率（%）	22	22	22	22	24	24
常温耐压强度（MPa）	50	50	40	40	40	50
荷重软化温度 KD（℃）	1550	1500	1500	1450		
重烧线变化	±0.2	±0.2	±0.2	±0.2	线膨胀率 （1000℃） =±0.5%	线膨胀率 （1000℃） =±0.5%
热震稳定性（1100℃水冷）（次）	20	20	20	20	12	12

表 9-105　山东耐火三厂黏土砖、高铝砖性能指标

项 目/牌 号	黏土质（Fie-clay）		高铝质（High-Alumina）			
	N-1	N-2a	LZ-75	LZ-65	LZ-55	LZ-48
Al_2O_3（%）	≥42	≥40	≥75	≥65	≥55	≥48
耐火度（℃）	≥1750	≥1730	≥1790	≥1790	≥1770	≥1750
荷重软化温度 KD（℃）	≥1400	≥1350	≥1520	≥1500	≥1450	≥1420

续表

项目/牌号		黏土质（Fie-clay）		高铝质（High-Alumina）			
		N-1	N-2a	LZ-75	LZ-65	LZ-55	LZ-48
重烧线变化率（%）	1500℃×2h			+0.1 −0.4	+0.1 −0.4	+0.1 −0.4	
	1450℃×2h						+0.1 −0.4
	1400℃×2h	+0.1 −0.4	+0.1 −0.5				
显示孔率（%）		≤22	≤24	≤23	≤23	≤22	≤22
常温耐压强度（MPa）		≥29.4	≥24.5	≥53.9	≥49.0	≥44.1	≥39.2
用途		一般工业窑炉					

表 9-106 兴贝重质耐火制品性能

化学成分（%）		铬刚玉质	锆莫来石质	锆刚玉质	碳化硅
Al_2O_3		>70	>60	>60	>10
SiO_2		<23	<25	<10	10
SiC					70~80
ZrO_2			10	10	
Cr_2O_3		>0.5			
物理性能	耐火度（℃）	>1790	>1750	>1750	>1700
	荷重软化点（℃）0.2MPa	1670	1650	1690	1500
	显气孔率（%）	20~22	20~22	20~22	20~22
	体积密度（g/cm³）	>2.5	2.6	3.0	2.4
	常温耐压强度（MPa）	60	70	60	50
	重烧线变化（%）	1500℃×3h ±0.15	1500℃×3h ±0.15	1500℃×3h ±0.15	1500℃×3h ±0.15

表 9-107 金刚莫来石制品性能指标

项目		型号				
		JGM-1	JGM-2	JGM-3	JGM-4	JGM-5
体积密度（g/cm³）		≥2.65	≥2.65	≥2.6	≥2.6	≥2.4
显气孔率（%）		≤17	≤17	≤19	≤17	≤24
耐压强度（20℃，MPa）		≥100	≥100	≥90	≥80	≥60
荷重软化温度（℃）(0.2MPa, 0.6%)		≥1600	≥1600	≥1600	≥1620	≥1520
使用温度（℃）		≤1600				
化学成分（%）	Al_2O_3	≥75	≥70	≥65	≥70	≥65
	SiO_2	≤22	≤25	≤30	≥7(SiC)	—
	Fe_2O_3	≤0.5	≤0.5	≤0.5	≤1	≤1

2. 辊道窑用辊棒

建筑陶瓷烧成现在已经以辊道窑为烧成设备，卫生陶瓷烧成也有使用辊道窑的，辊道窑用辊棒是窑炉极为重要的配、备件，它的质量可以影响窑炉的运行和产品的质量。部分辊道窑用辊棒的性能指标见表9-108～表9-111。

表9-108 康荣陶瓷辊棒性能指标

型号 项目	DS78	DS88	DS98
铝含量（%）	70～73	74～76	76～78
体积密度（g/cm³）	2.40～2.45	2.5～2.6	2.55～2.65
抗折强度（MPa）	45～50	55～60	65～70
吸水率（%）	9.5～10.5	7.5～8.5	7～7.5
耐急冷急热性 （室温-使用温度）	非常优良	非常优良	非常优良
线膨胀系数（0～1000℃）	$5.8 \times 10^{-6} K^{-1}$	$6.0 \times 10^{-6} \times^{-1}$	$6.2 \times 10^{-6} K^{-1}$
使用温度（℃）	1250	1300	1350
耐火度（℃）	1750	1800	1850

表9-109 陶星陶瓷辊棒性能

项目	型号		
	GTA868	2TA878	3TA868
外型	单壁直管形	双壁管形	竹结节管形
直径公差（mm）	$\phi D + 0.2$、-0.5	$\phi D + 0.3$、-0.6	$\phi D + 0.5$、-0.5
长度公差（mm）	±3.0		
直线度（mm）	≤0.07%·L		
圆度（mm）	≤0.5		
体积密度（g/cm³）	≥2.5	≥2.55	≥2.5
吸水率（%）	8～12	7～11	8～12
弯曲强度 （25℃/1300℃，MPa）	>60/40	>75/50	>60/40
热膨胀系数 （×10/℃）（25～1000℃）	5.5～6.2	5.5～6.2	5.5～6.2
耐急冷急热性1300～25℃	特别好	很好	特别好
常用工作温度	1250℃	1300℃	1250℃
Al_2O_3、ZrO_2	≥76%	≥78%	≥76%
SiO_2	≥22%	≥21%	≥22%
$K_2O + Na_2O$	≤0.55%	≤0.5%	≤0.55%
瓷质抛光砖	√		用于生产大规格
釉面砖	√		
耐磨仿古彩釉砖	√		
日用陶瓷·磁性瓷		√	
微晶玻璃陶瓷		√	
电子、化工陶瓷	√	√	

直径ϕ25～65mm、长度30～4800mm

表 9-110 万顺陶瓷辊棒性能

性能	项目	型号 HT90	型号 HT96	型号 HT98
物理性能	密度（g/cm³）	≥2.4	≥2.6	≥2.8
	表观气孔率（显气孔率%）	20~25	15~20	10~15
	吸水率（%）	8~12	7~10	4~7
	弯曲强度（25℃/1350℃，MPa）	>50/30	>60/40	>70/50
	热膨胀系数（×10⁻⁶/℃）(25~1000℃)	5.8~6.2	5.8~6.2	5.8~6.2
	耐急冷急热性（1300~25℃）	很好	很好	很好
	工作温度（℃）	≤1200	≤1300	≤1350
主要化学成分	Al₂O₃	74%~76%	72%~74%	78%~80%
	SiO₂	20%~26%	19%~21%	14%~16%
	Fe₂O₃	≤0.3%	≤0.3%	≤0.2%
外观尺寸	直径公差（mm）	φD+0.3		
	长度公差（mm）	±3.0		
	直线度（mm）	≤0.07%·L		
	圆度（mm）	≤0.5		
应用领域	釉面砖	√	√	√
	彩釉砖	√	√	√
	瓷质砖	√	√	√
	日用陶瓷		√	√
	磁性材料			√
	电子陶瓷			
	微晶玻璃		√	
规格	直径φ21~60mm，长度≤4800mm			

表 9-111 星光碳化硅辊棒规格

常用辊棒规格型号			辊棒外观尺寸标准		
设计图号	截面尺寸（mm）	最大长度（mm）	检测项目	单位	公差标准
RR2818	28×18	1600	直线度	‰	≤1.5
RR3020	30×20	1700	圆度	mm	1.0
RR3323	33×23	1800	外径	mm	±1.0
RR3525	35×25	1900	长度	mm	±2.0
RR3828	38×28	2100	裂纹		没有
RR4028	40×28	2500	熔洞		没有
RR4230	42×30	2500			
RR4533	45×33	2800			
RR5038	50×38	3000			
RR5543	55×43	3200			
RR6046	60×46	3200			

9.11.6 窑具材料

窑具是指在烧成陶瓷制品时需要用到的支撑、放置或盛装坯体的耐火材料,通常包括棚板、立柱、垫板、匣钵等。由于其要盛放产品或需要进行装配和反复使用,所以对它的规格性和热稳定性要求甚高。现代建筑卫生陶瓷生产中常用的窑具材料有堇青石－莫来石、重结晶碳化硅、反应烧结碳化硅、氮化硅结合碳化硅、氧化物结合碳化硅等。

1. 碳化硅系列窑具

碳化硅系列窑具材料经过多年的发展,现在已经有了氧化物结合、氮化硅结合、重结晶及反应烧结(渗硅)等材质的窑具产品,碳化硅系列窑具主要用于立柱、横梁、棚板等。以部分碳化硅材料的性能比较及部分窑具产品的性能指标见表9-112~表9-115。

表9-112 星光重结晶SiC性能指标

性能指标	单位	STARRY
STARRY 制品的力学和热学性能		
化学成分:		
SiC	Vol%	≥99
Si_3N_4	Vol%	0
FreeSi	Vol%	0
体积密度	g/cm^3	2.65~2.75
显气孔率	%	15
抗弯强度在20℃	MPa	90~100
抗弯强度在1200℃	MPa	110
抗弯强度在1350℃	MPa	120
抗压强度在20℃	MPa	300
导热系数在1200℃	W/(m·K)	36.6
热膨胀系数在1200℃	$a\times10^{-6}/℃$	4.69
热震稳定性		好
最高工作温度	℃	1620(氧化物)

表9-113 星光反应烧结SiC性能指标

性能	单位	指标值
含量:SiC	%	90~92
Si	%	8~10
最高工作温度	℃	1380
体积密度	g/cm^3	>3.02
显气孔率	%	<0.1
三点抗弯强度(20℃)	MPa	260
三点抗弯强度(1200℃)	MPa	280
导热系数(1200℃)	W/(m·K)	45

续表

性能	单位	指标值
热膨胀系数（1200℃）	$10^{-6}/K$	4.5
弹性模量（20℃）	GPa	330
弹性模量（20℃）	GPa	300
维氏硬度	kg/mm^2	2400
断裂韧性	$MPa \cdot m^{1/2}$	3.3
耐酸碱腐蚀性		优

表 9-114　星光碳化硅横梁规格型号

常用横梁规格型号			横梁外观尺寸标准		
设计图号	截面尺寸（mm）	最大长度（mm）	检测项目	单位	公差标准
RB3030	30×30	1500	直线度	‰	≤1.5
RB3040	30×40	1600	边长	mm	±1.0
RB3050	30×50	1800	长度	mm	±2.0
RB4040	40×40	2000	裂纹		没有
RB4050	40×50	2200	熔洞		没有
RB4060	40×60	2500			
RB5050	50×50	2500			
RB5060	50×60	2500			
RB5070	50×70	2500			
RB6070	60×70	2500			
RB6080	60×80	2500			
RB6090	60×90	2500			

表 9-115　福赛特重结晶 SiC 性能指标

项目	单位	指标
体积密度	g/cm^3	≥2.65
显气孔率	%	15~16
高温抗折强度 1400℃	MPa	≥100
碳化硅	%	>99
最高使用温度（氧化气氛）	℃	1650
导热系数	$W/(m \cdot K)$	24

2. 堇青石-莫来石质窑具

堇青石-莫来石质窑具是近十年来在国内有了很大的技术提升，通过对窑具制品的生产工艺控制、制品显微结构和制品性能的相关性研究，通过引进国外的先进设备和技术，国内的堇青石-莫来石窑具制品的性能指标和使用寿命都有了较大的提高。部分堇青石-莫来石窑具材料及制品的性能指标见表 9-116~表 9-118。

表 9-116 创导堇青石-莫来石窑具性能指标

技术性能		单位	创导窑具牌号						
			TRECOR	TRETOP	TREMON	TRESUN	TRETIC	TREMUL	TREHEN
矿物组成			堇青石-莫来石	堇青石-莫来石	堇青石-莫来石	堇青石-莫来石	堇青石-莫来石	堇青石-莫来石	堇青石-莫来石
化学成分	Al_2O	%	45	43	35	38	61	40	38
	SiO_2	%	45	49	55	51	32	47	52
	MgO	%	6.5	5.0	7.5	8.0	5.0	6.0	6.5
体积密度		g/cm³	1.90	1.95	1.85	1.90	1.60	2.00	1.95
显气孔率		%	28	24	28	28	46	24	26
20℃抗折强度		MPa	12	16	20	12	10	15	12
1250℃抗折强度		MPa	10	11	12	15	9	12	9
25~1000℃膨胀系数		10^{-6}/K	3.0	3.5	2.6	2.4	3.9	2.4	2.3
20℃时的比热		kJ/(kg·K)	1.0	1.0	1.0	1.0	0.8	1.0	1.0
热震稳定性			★	★★★	★★★	★★★★	★★	★★★	★★★★
最高工作温度		℃	1300	1300	1300	1350	1300	1250	1250

表 9-117 创导堇青石-莫来石中空板规格及高温承载能力

厚度 (mm)	宽度 (mm)	最大长度 (mm)	单位质量		1200℃时最大承载 (kg/500mm)
			kg/m	kg/m²	
25	270	900	8.5	31.5	24
	310	900	9.2	31.0	28
	380	900	11.6	30.5	34
	450	900	13.5	30.0	40
	500	900	14.8	29.5	45
30	260	1000	9.1	35.0	45
	280	1000	9.7	34.5	48
	350	1000	11.9	34.0	58
38	230	1000	10.1	43.2	80
	240	1000	10.3	42.8	85
	250	1000	10.7	42.8	90
	260	1000	11.3	42.6	95
	280	1000	12.8	45.8	100
	300	1000	13.6	45.5	102
	305	1000	13.9	45.5	105
	350	1350	16.1	46.0	125
	380	1350	17.9	47.0	135
	400	1350	18.5	46.4	140
	420	1480	20.0	47.5	150

续表

厚度(mm)	宽度(mm)	最大长度(mm)	单位质量 kg/m	单位质量 kg/m²	1200℃时最大承载(kg/500mm)
38	440	1480	21.0	47.5	157
	450	1480	21.4	47.5	160
	480	1480	22.3	46.6	170
	500	1480	23.3	46.6	175
	520	1480	24.0	46.1	180
	550	1480	25.2	45.8	195
	590	1480	26.9	45.6	205
	600	1480	27.1	45.1	207
	610	1480	27.5	45.1	210
	680	1480	30.0	44.2	240
	750	1480	32.4	43.2	260
80	300	1500	29.2	97.3	205
	350	1500	34.2	97.7	250
	448	1500	45.5	101.6	320

表 9-118 金刚堇青石－莫来石窑具性能指标

项目		型号 CM-1	型号 CM-2	型号 CM-3
化学成分(%)	Al_2O_3	40	42	39
	SiO_2	46	45	51
	MgO	6.5	6.0	8
最高工作温度(℃)		1250	1300	1320
体积密度(g/cm³)		2.0	2.0	1.9
显气孔率(%)		25	23	26
热膨胀系数-1000℃($\times 10^{-6}$/℃)		2.5	2.6	2.2
抗折强度(MPa)	常温(℃)	11	13	16
	1250℃	8	10	11
荷重软化温度 $T(0.6℃)$		1400	1420	1390

3. 窑具的装配

连接件窑具系统如图 9-105 所示，互锁定位连接窑具系统如图 9-106 所示，卫生瓷分品种窑具如图 9-107 所示。

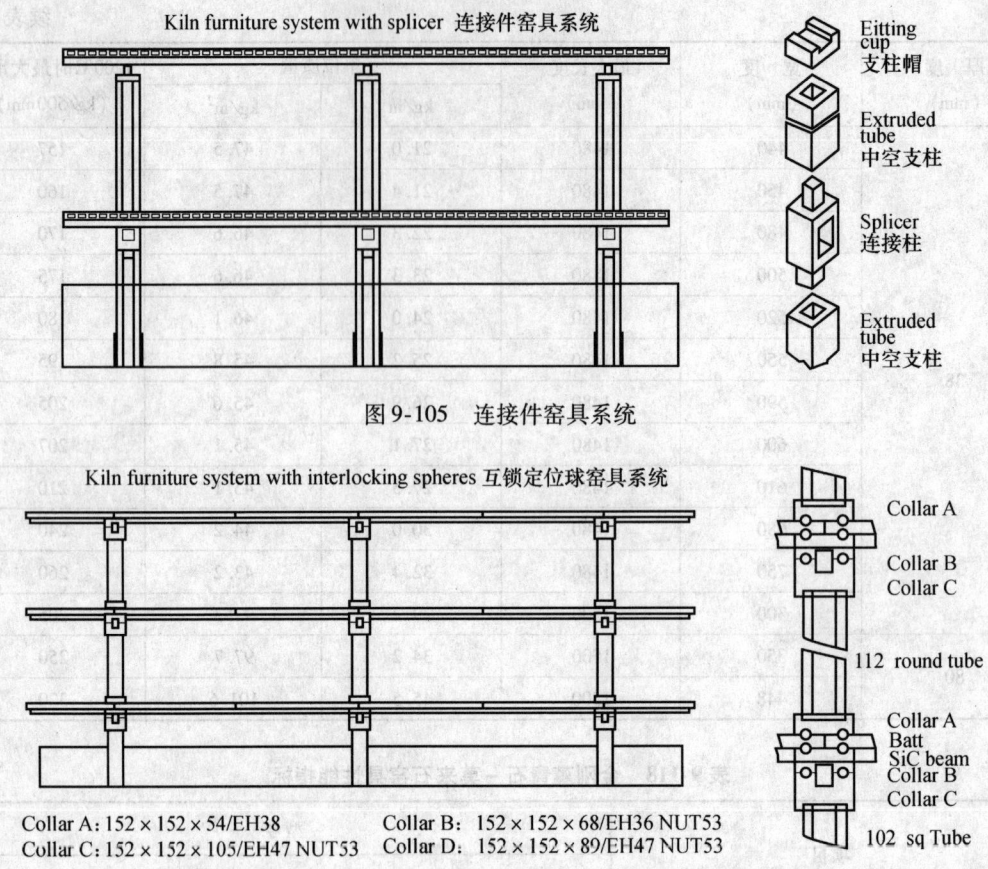

图 9-105 连接件窑具系统

图 9-106 互锁定位连接窑具系统

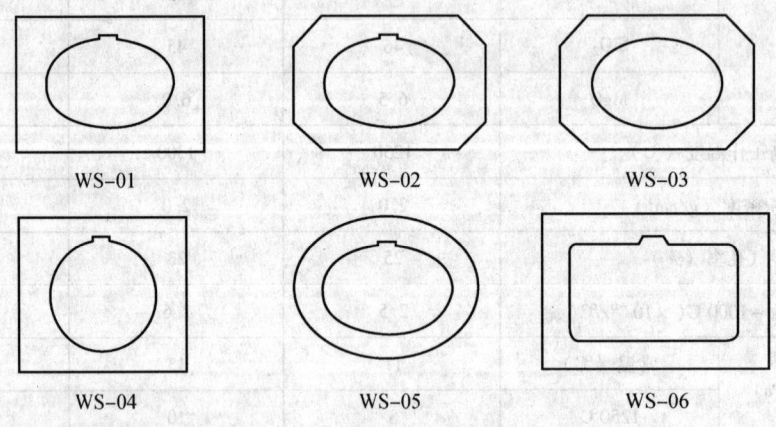

图 9-107 卫生瓷分品种窑具图

9.11.7 砌筑用粘结剂

在建筑卫生陶瓷工业窑炉普遍采用轻质砖和耐火纤维制品的窑炉建造工艺中,砌筑用粘结剂也相应发展,新型粘结剂的主要特点为:多数为气硬性胶泥,砌筑时具有优良的涂抹性,在空气中硬化后具有很高的粘结强度。胶泥的化学组成与砌体的化学组成相匹配,不会在高温下产生低共熔点相。大多数胶泥为液态，用塑料桶密封包装，使用时搅拌成黏状后即可使用。部分砌筑用粘结剂的性能指标见表9-119～表9-121。

表9-119 埃索威耐火胶泥性能

指标		SAS-D	SAS-W	HAS-D	HAS-W	P-150
最高使用温度（℃）		1450	1450	1600	1600	1400
密度（kg/m³）						2200
刷涂2mm时的使用量（kg/m²）		2.9～3.7	4.7～5.6	3.3～4.1	5.1～6.0	
砌筑隔热砖时的用量（kg/1000块砖）		140～180	230～270	160～200	250～290	150～200
水加入量（质量%）		32～34	—	28～31	—	4～8
结合强度（kg/cm²）	烧至500℃时		4		13	
	烧至1000℃时		7		14	2.0
	烧至1300℃时		8		13	4.0
	烧至1500℃时				9	3.0
化学成分（%）	Al_2O_3	42.8	31.2	47.2	36.4	4
	SiO_2	46.8	62.7	43.8	56.0	90
	Fe_3O_2	1.6	1.5	1.2	2.0	
	CaO	0.4		0.2		
适用的砖型号		TJM-23		TJM-26、TJM-28、TJM-30、TJM-3000		TJM-26、TJM-28、TJM-30、TJM-3000
尺寸及包装		25/30kg/包（桶）				

表9-120 伊索耐火胶泥性能

指标		RM1300	RM1400	RM1500	RM1700
化学成分（%）	$Al_2O_3 \geq$	40	53	60	90
	$Fe_2O_3 \leq$	1.2	1	0.9	0.6
荷重软化温度（℃）		1320	1410	1550	1600
抗折强度1300℃烧后（MPa）		3.9	4.6	5	4.2
状态		浆糊状	浆糊状	浆糊状	浆糊状
适用砖型号		B1、B2、B4、B5、C1、YK23、YK25	YK26、B6、C2	YK28、YK30	YK32、AB96、AB98

表 9-121 兴具耐火胶泥牌号及性能

牌 号	使用温度（℃）	升温干燥时间	所用材质	粘结抗折强度（MPa）	
				110℃	1300℃
PA-40	1250	300℃小时	黏土质	>1.0	>3.0
PA-48	1300	300℃小时	高铝质	>1.5	>3.0
PA-55	1350	300℃小时	高铝质	>1.5	>4.0
PA-60	1400	300℃小时	高铝质	>1.5	>4.0
PA-75	1450	300℃小时	半刚玉质	>1.5	>4.0
PA-85	1500	300℃小时	刚玉质	>2.0	>4.0
PA-95	1600	300℃小时	刚玉质	>2.0	>5.0
AT100	1700	300℃小时	纯刚玉质	>2.0	>5.0

参考文献

1　陈帆. 现代陶瓷工业技术装备 [M]. 北京：中国建材工业出版社，1995.
2　宋嵩. 现代陶瓷窑炉 [M]. 武汉：武汉工业大学出版社，1996.
3　王秉铨. 工业炉设计手册（第二版）[M]. 北京：机械工业出版社，2002.
4　盛厚兴，同继锋. 现代建筑卫生陶瓷工程师手册 [M]. 北京：中国建材工业出版社，1998.
5　梁善良. 66m 液化气日用瓷辊道窑小型 DCS 监控系统的设计 [J]. 中国陶瓷工业，2007（2）：39－45.
6　秦树凯，杨英华，张亚忠等. 泰国 SRIC 公司 TK7 高温隧道窑计算机控制系统 [J]. 耐火材料：2007（3）：237－240.

第 10 章　建筑卫生陶瓷产品的工业设计

10.1　工业设计的基本内容

建筑卫生陶瓷产品设计属于工业设计的范畴。

工业设计（产品设计）是一门科学与艺术有机统一的边缘学科。在工业发展到一定阶段，人们才认识到它的作用和重要性。世界工业革命经过了一个多世纪的探索后，从 20 世纪 30 年代起，才逐步建立了工业设计这门新的学科和专业。

工业设计包括多方面的内容，它的核心是产品设计。产品设计是全面考虑制品的所有环节，从人的某种特定需要开始，到提高产品的物质性和精神性功能，节省原材料，利于制造，提高效率，降低成本，适应消费者的心理及消费者的需要等，将生产及消费各个环节的因素，统一在一件产品或一个系统的系列产品中。工业设计的目的就是使产品符合人们对物质功能的要求，又满足人们审美情趣的需要，以最少的人力、物力求得最大的社会效益和经济效益。当今社会，工业设计已成为企业市场竞争的重要手段。工业设计学结构如图 10-1 所示。

10.1.1　工业设计的基本原则

工业设计的原则是创造合理的使用方式，对产品而言，就是具有实用性、经济性、审美性和独创性。工业设计有强烈的时代性，它在不同的历史阶段体现出不同的科技水平、不同的审美情趣、不同的消费要求。

实用性与经济性：在设计中应充分理解某种具体产品所规定设计的目的和任务。为了实现它，必须发现并选择与功能相吻合的构成形式，使用适当的材料，决定合理的加工方法，还有制作费，即成本要考虑尽可能降低。

审美性：设计中不能按照设计者个人主观臆断去追求美，而是应该按照人们及时代的要求去寻求美。必须立足于时代性和社会性，创造某种具有新魅力的美，这与强调依存于作者个性的纯美术大不相同，设计者不能仅停留在自我表现上，而是要使自己的设计具有社会意义。

另外，设计需要有独特的创造性，产品的竞争实质是设计智力的竞争，是创造力的竞争。所谓创造，指的是对过去的经验和知识的分解组合，使之实现新的功用。而创造力则是进行这种分解组合的能力，创造力是知识量与扩散思维能力的综合。

实用性、经济性、审美性三者是密切相关的，只有将三者有机结合起来，使它们在设计和生产过程中协调一致，才能使产品在各个方面都表现出富于独创性的设计思想，使产品更好地为经济建设和人民生活服务。

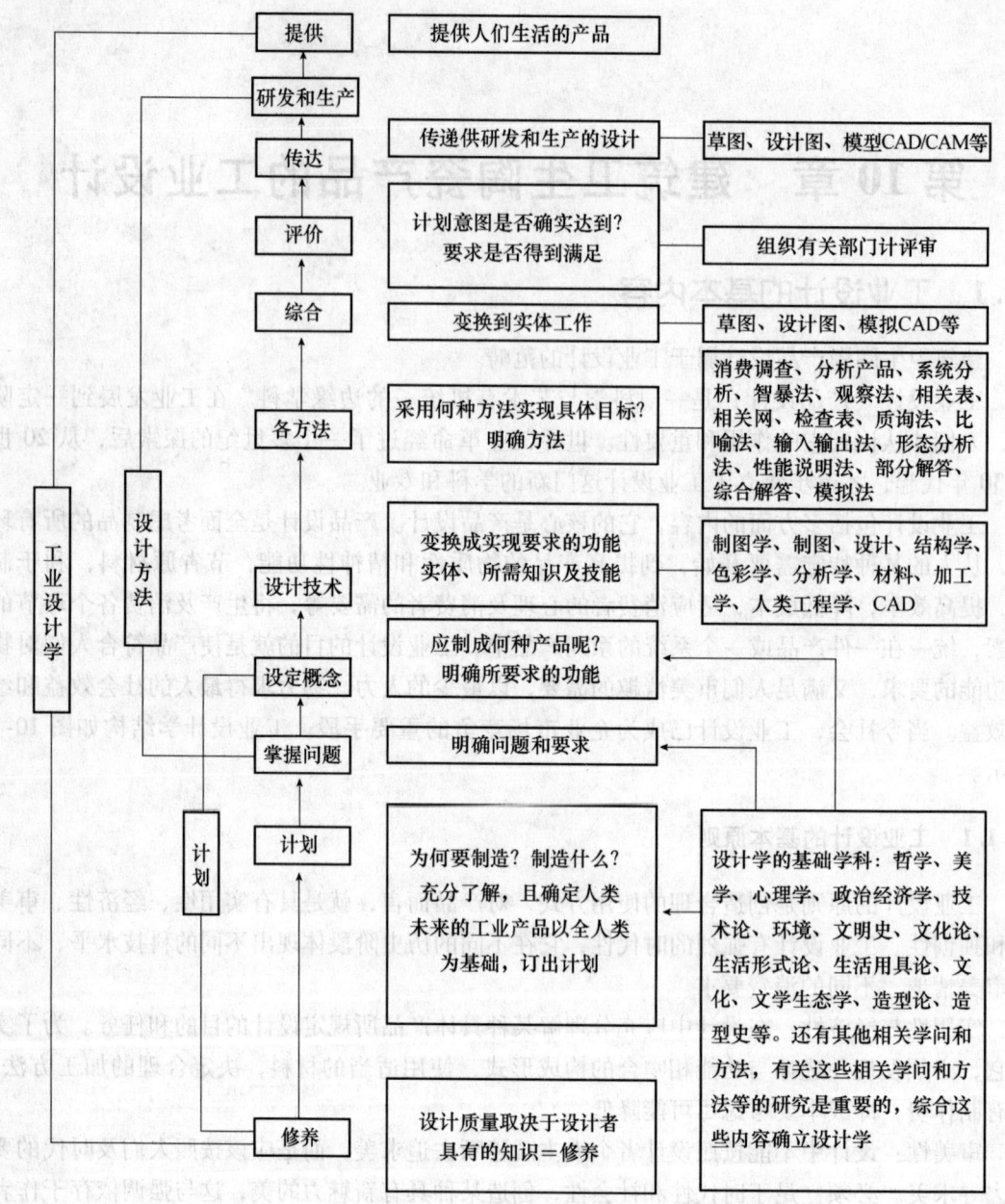

图 10-1 工业设计学结构图

10.1.2 工业设计的基本要素

工业设计的三要素是使用功能、物质技术条件和造型形象。功能是目的，物质技术条件是基础，造型形象是手段。设计师要在使用功能的指导下，将现代社会可能提供的新材料、新技术创造性地加以运用，使设计品成为一个和谐、完美的整体。

使用功能是工业设计的主要目的，也是设计的出发点。功能是工业设计中居主导地位的要素，对产品形象有着决定性的影响。现代社会对产品功能的概念已有很大的变化和发展，除了产品基本使用功能外，还包括安全、舒适、美观、对心理健康的影响和不会造成环境污染等复杂因素，因此对产品的功能设计要求越来越高。

物质技术条件是工业设计的物质基础，是实现设计目的的手段，主要包括材料、加工工艺中的设备和技术。与当时先进科学技术的成果密切相关。物质技术条件对设计有直接的影响。新材料、新工艺、新技术有利于促进设计的改进与提高。

造型形象是功能、物质技术条件和艺术内容的综合表现，通过形状、色彩、装饰等的艺术处理而构成，反映出设计者不同的艺术修养和工艺、功能研究的综合水平和创造能力。

在上述三要素中，使用功能是主导，但是，产品的造型形象也不应该是被动的。在同样的条件下，可以运用不同的构造方式、不同的工艺手段，创造出不同的造型效果。因此，只强调功能而忽视造型是错误的，使用功能、物质技术条件、造型形象三者是辩证统一的。

10.1.3 工业设计的基本原理

工业设计的基本原理是科学与艺术的交叉和统一。要从产品的功能、材料、构造、工艺、形态、色彩等诸因素，从社会的、经济的、技术的角度加以综合处理，达到符合人们对产品的物质功能的要求和满足人们审美情趣的需要。变化与统一是工业设计美学法的基本原理。均衡与稳定，对比与调和，韵律与节奏，主从与重点，过渡与呼应，比例与尺度，比拟与联想等是美学的一般形式法则。美学原理与法则指导着人们进行工业设计的构思，且最终体现设计美学的完整与统一。

变化与统一的基本原理是在变化中求统一，于统一中求变化。没有变化的统一就会变得特别单调。反之，如果不考虑统一的前提去随意变化就会杂乱无章。变化中求统一的艺术手段主要是充分发挥美感因素中的一致性，借助于调和、呼应等法则来实现其美感因素的内在联系，使人产生统一的感觉。统一中求变化则借助于各种美感因素的差异性方面，如强调对比等形式法则来展现其整体造型中美感因素的多样变化，使人不觉单调。

10.1.4 工业设计的程序

工业设计大致可分为准备阶段、设计阶段和完善阶段。实际上设计工作和产品的生产、销售全过程，即市场调研—设计—研制—生产—销售—信息反馈—进一步改进，息息相关，密不可分，是一个不断循环、不断提高的过程。

准备阶段主要是开展市场调研，研究积累设计资料，以便把握市场及产品的过去、现在的基本情况和未来的发展趋势。作为建筑卫生陶瓷产品的设计者，我们应考虑使用心理、时代潮流、消费能力、产品特点、使用环境、生产技术等因素。

产品设计的范围及与企业部门的关系如图10-2所示，产品设计的一般流程如图10-3所示，产品设计调查范围如图10-4所示。

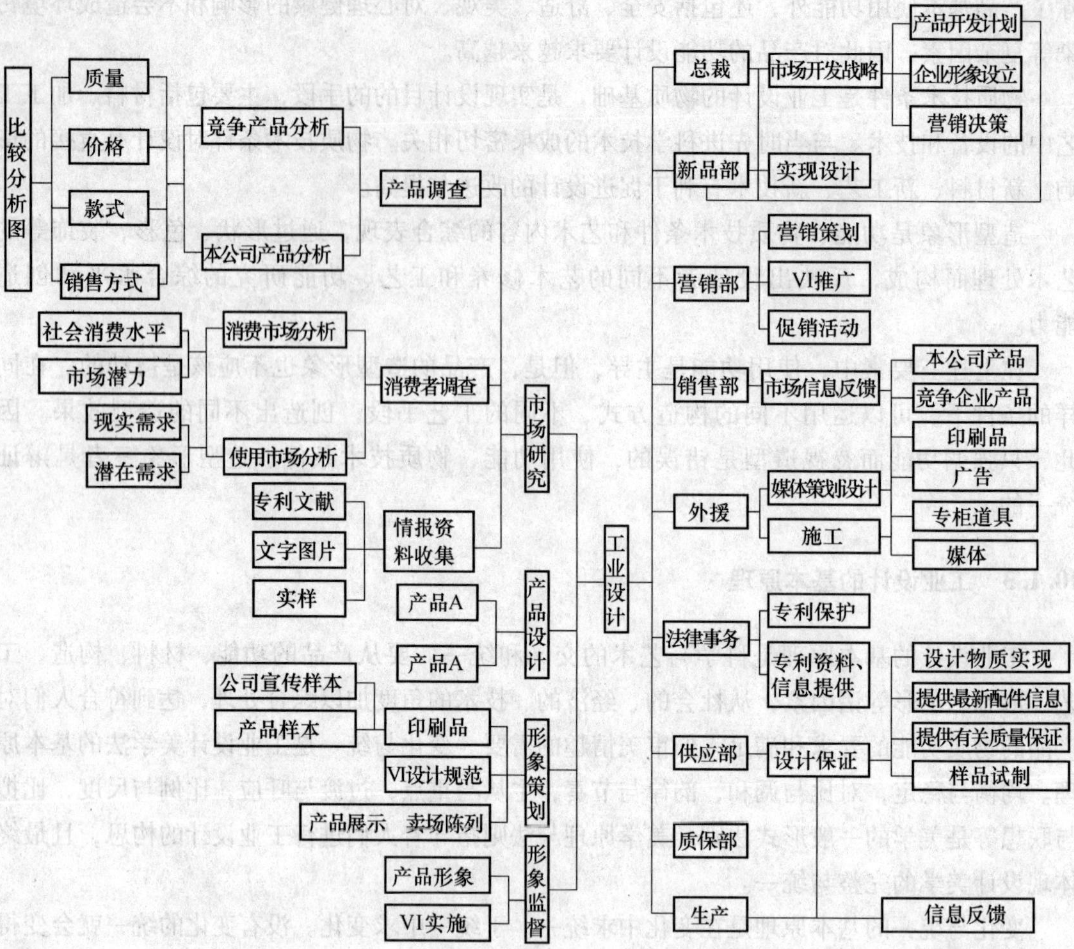

图 10-2 产品设计的范围及与企业部门的关系图

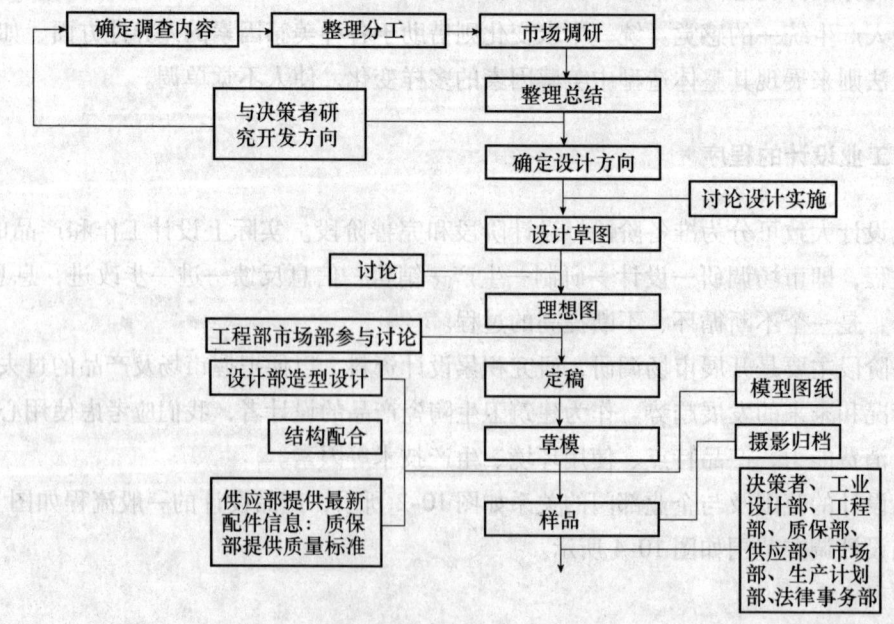

第10章 建筑卫生陶瓷产品的工业设计

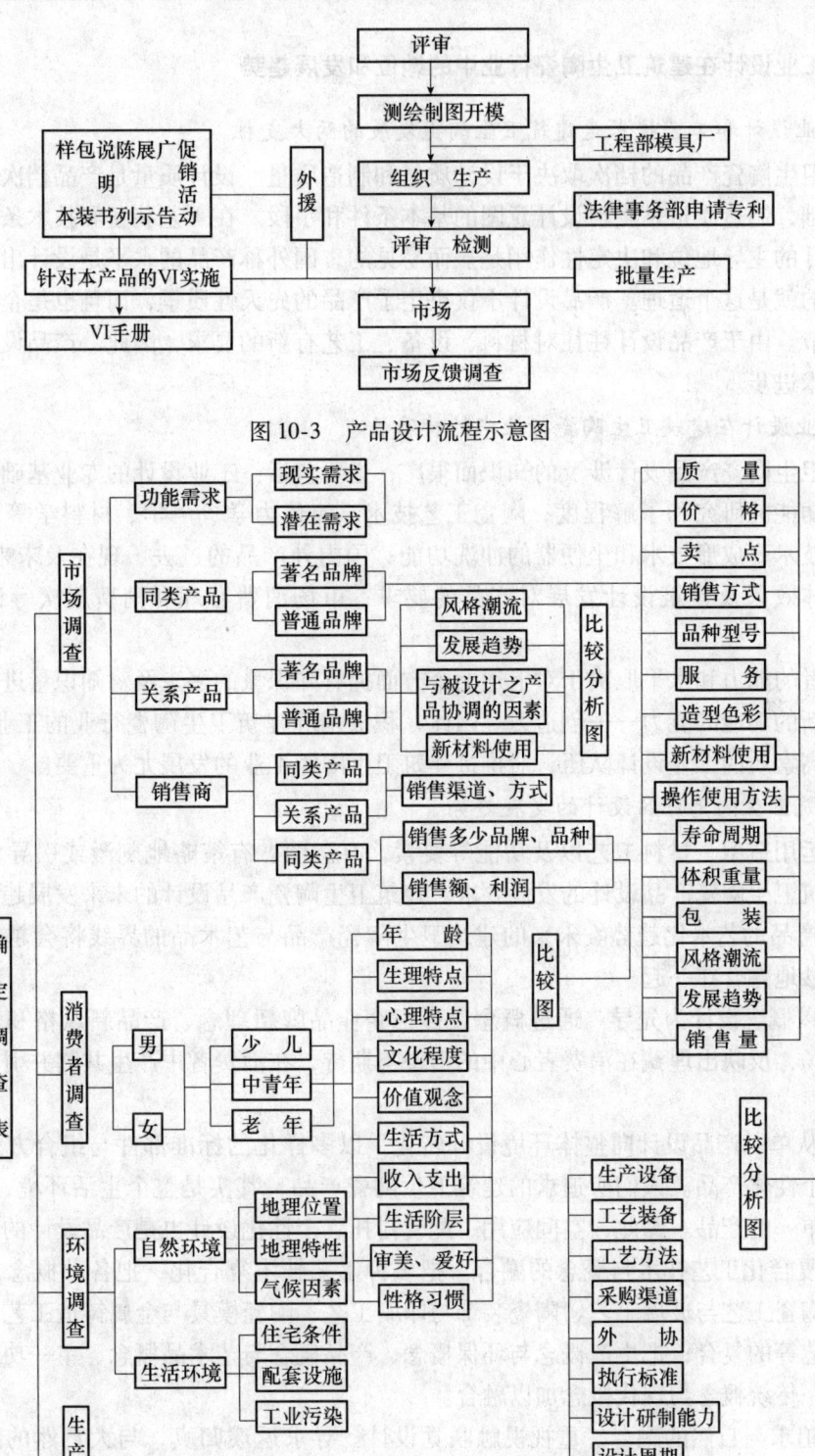

图 10-3　产品设计流程示意图

图 10-4　产品设计调查范围示意图

10.1.5 工业设计在建筑卫生陶瓷行业中的地位和发展趋势

1. 工业设计和工艺技术是建筑卫生陶瓷发展的两大支柱

建筑卫生陶瓷产品的档次取决于设计质量和制造质量。设计质量是产品档次先天性质量水平的基础，制造质量是实现设计意图的基本条件和手段。在工艺装备和技术条件相同的情况下，设计的主导地位和决定性作用是显而易见的，国外称产品的水平是设计出来的而不是制造出来的就是这个道理。产品设计不仅决定了产品的先天性质量，而且也是企业应变能力的中心环节。由于产品设计往往对材料、设备、工艺有新的要求，因此，产品设计又有力地促进了技术进步。

2. 工业设计在建筑卫生陶瓷行业中的特殊性

建筑卫生陶瓷产品设计涉及的知识面很广，主要包括：工业设计的专业基础知识；对产品结构、功能的研究和了解程度；陶瓷工艺技术、流体力学、声学、材料学等多学科的知识；模型技术、成形技术和坐便器的冲洗功能；国内外产品的过去、现在及未来发展趋势；卫生间整体效果及建筑设计发展对产品的要求；市场消费心理和消费层次等诸多方面的内容。

设计者的能力和水平取决于对上述七个方面拥有知识量的多少及对知识量进行分解组合从而实现新的功能的能力——创造力。因此，积极培养建筑卫生陶瓷行业的工业设计人才，造就一支高素质的工业设计队伍，对推进建筑卫生陶瓷工业的发展尤为重要。

3. 建筑卫生陶瓷产品设计的发展趋势

综合运用造型、材料工艺以及功能等要素，有意图、有策略地刺激或引导消费者的需求，是建筑卫生陶瓷产品设计的发展要求。建筑卫生陶瓷产品设计的未来发展趋势体现为：

(1) 产品的艺术化趋势。未来的建筑卫生陶瓷产品与艺术品的界线将会越来越模糊不清，并巧妙地融合在一起。

(2) 以概念设计为先导。通过概念设计把企业品牌新理念、产品新风格和设计发展趋势推向市场，反映出埋藏在消费者心中的渴望与期待，在消费者中产生共鸣并引导消费市场方向。

(3) 从单一产品设计向整体环境设计转化，以多样化的标准部件与组合方式构成多样化产品、个性化产品。人们所追求的建筑卫生陶瓷产品，其实是整个生活环境、生活方式，而不只是单一的产品。因此，空间应用、配套衬托、个性化设计也是产品设计的重要内容。

(4) 复合化工艺技术与概念的融合。把多种工艺技术复合化，把各种概念加以融合在一起，如陶瓷工艺与玻璃工艺、陶瓷装饰与印刷工艺、陶瓷模具与金属铸造工艺、釉彩装饰与电镀工艺等的复合；把生产概念与环保概念、产品概念与艺术品概念、单一功能概念与多功能概念、传统概念与现代概念加以融合。

(5) 追求与自然的融合，重视视触联觉设计。寻求返璞归真，与大自然的融合，注重肌理、色泽、质感的表现。如仿岩石、仿鹅卵石、仿木材、仿金属、仿皮、仿布、仿丝绸等质感，仿荷叶、竹木、石臼等造型和肌理等都是设计表现的题材。

(6) 陶瓷自身独特语言的发挥和应用。陶瓷极强的可塑性、丰富多变的装饰手法和只有通过"火"才能达到的境界，是陶瓷艺术区别于其他艺术最重要的特征。所以，建筑卫生陶瓷的设计也应充分考虑陶瓷自身独特语言的应用。

(7) 对传统艺术的借鉴和与现代设计的融合。采用中国古典的、传统的装饰元素和装饰手法与现代设计理念、设计形式融合，是设计发展趋势之一。

(8) 可持续发展的设计观与绿色设计。以"可持续发展观"为指导，进行有利于节能减排、资源节约与利用、健康、环保陶瓷产品的设计。

10.2 卫生陶瓷产品设计

10.2.1 卫生陶瓷产品设计的特点和基本要素

1. 卫生陶瓷产品设计的特点

卫生陶瓷产品设计具有以下三个方面的特点：

(1) 生理需要与心理需要的统一

由于卫生陶瓷产品的使用与人体直接或间接接触，因此它的造型要满足人们的生理和生活需要。对其使用功能和艺术功能的开发，就要研究与人们需要有关的各种特点，并通过结构上的设计和艺术上的处理去实现。

(2) 从属性和独立性的对立统一

对整个建筑物来说，一个卫生间、一件卫生陶瓷产品属于从属的地位，它的线型、风格、色彩、气质等都要服从整个建筑的需要。从属性还表现在它的程式化结构方面，通过一定的排列组合形成了一个空间结构。然而，对每件（套）产品来讲，它又相对具有自己的独立性；每件（套）产品都各有自己的设计原则和构思，有它独立的优劣评价，二者既对立又统一。

(3) 单一表现与组合效应的对立统一

产品本身的线型、色彩、造型要求完整和统一称为第一整体，即单一表现。配套效果称为第二整体，它产生组合效应。各件产品高低变化产生空间节奏、艺术效果。空间节奏包括虚空间、实空间两个空间。产品本身是实空间，四周是虚空间。卫生间的整体布局又构成了虚空间，虚实对比、软硬变化一起组织出虚实空间，产生总体效果。最后，还要求和整个建筑协调起来，称为第三整体。这就是单一表现与组合效应的对立统一。

2. 卫生陶瓷产品设计的基本要素

卫生陶瓷产品设计的基本要素包括：使用功能、物质技术条件和艺术造型。

(1) 使用功能

功能要求是人们生活对卫生陶瓷产品的特定要求。功能效用决定于产品的基本结构及有关尺寸。设计中要做好多种适应因素的平衡协调，要注意功能、技术、材料、艺术等构成要素间的辩证统一关系。

功能的内容包括：排水好、噪声小，容水量适当，使用舒适，便于储存、包装及运输，便于保持卫生，理化性能稳定，重心稳定，触觉舒适等。卫生陶瓷产品功能的设计祥见 10.2.2。

过去坐便器的使用功能仅以排便的好坏来衡量，现在不仅增加了节约用水、减少噪声等要求，而且还要考虑使用舒适的因素。例如，有的便器由原来平面圈口已经发展成为带弧边下凹的圈口（图 10-5、图 10-6）。

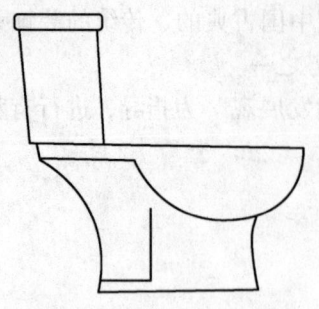
图 10-5　平面圈口坐便器

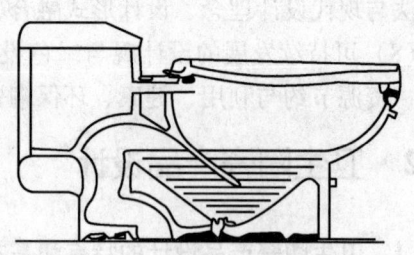
图 10-6　凹面圈口坐便器（美国）

图 10-5 是美国 20 世纪 60 年代的一种产品。坐便器圈口是平面的，到了 70 年代（图 10-6），某些产品已发展成为带弧边的圈口了。在使用时，一方面圈口的弧边与臀部相吻合，另一方面在竖起以后的便盖的曲线与腰相吻合，倍觉舒适，这里既反映了造型功能在不同时代的发展变化，又体现了设计者的苦心构思。

图 10-7、图 10-8 代表了两个不同时期的洗涤器（妇洗器）的功能设计。前者是单眼向上垂直喷射冲洗，后者则发展成为前后交叉成弧线进行冲洗，大大前进了一步。使用者于舒适中解决了卫生问题，改变了过去直喷式使用时紧张的心理状态。

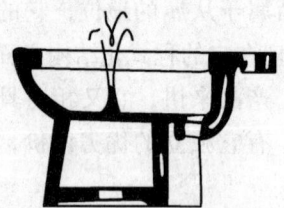
图 10-7　单眼直喷洗涤器（妇洗器）

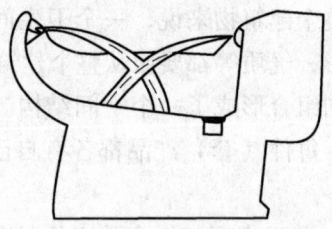
图 10-8　前后交叉斜喷洗涤器（美国）

图 10-9 是一种日本产品，水箱盖的设计既作盖又作洗手盆，洗手后的水流入水箱再作冲便之用，节约用水，一物多用，这种设计使产品做到了多功能。另外，为了改善坐便器冲水噪声，坐便器结构不断改进、提高，经历了冲洗—虹吸—喷射虹吸—旋涡虹吸连体四个阶段。

洗面器、小便器、坐便器等产品由原来落地式改变为悬挂式也是造型功能上的一个发展，一则可以减去产品的笨重，节约原材料，便于包装运输；二则安装使用后便于清扫卫生，增加空间感。

便器的高度是一个值得很好研究的重要因素。最理想的高度是坐下后，脚底面不高不低地放在地上，能使全身肌肉放松，给人以舒适之感。经过长期的研究和实际使用，找出了一般人高度为 360mm 的理想高度。但是由于人高矮不等，故标准中设有 360mm、390mm 两个高度尺寸，便于使用者有所选择。

（2）物质技术条件

科学地运用物质材料，简化工艺制作，防止工艺过

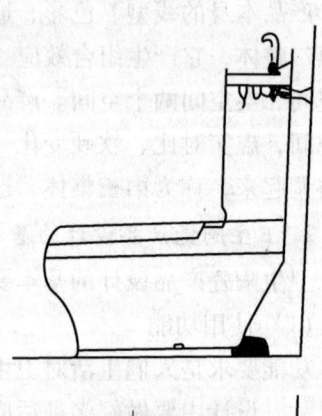

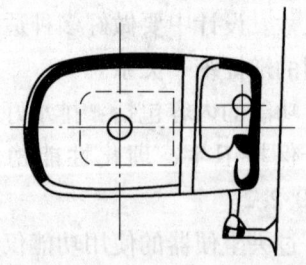
图 10-9　一物多用的设计（日本）

程中产生烧裂、变形，便于制作生产等是造型设计中必须考虑的基本因素，所以卫生陶瓷产品造型设计的能动性反映在材料使用的科学性、工艺处理的适应性和模型结构的合理性。

随着生产和科学技术的发展，新工艺不断出现，新工艺、新材料的应用与研究是促进设计的有利因素。新结构、新材料、新工艺、高性能、多功能等是各时代的物质技术条件在卫生陶瓷产品造型上的具体体现。

图 10-10 是一件美国 20 世纪 70 年代的新产品，水箱、坐便器结构连在一起的连体坐便器，制作工艺难度较高。这种设计如果没有雄厚的物质技术条件作后盾是难以实现的。

随着科学技术的发展，物质技术条件日新月异，卫生陶瓷产品造型的结构也突飞猛进，不少国家已生产带自动冲洗、烘干等功能的坐便器（图 10-11）。

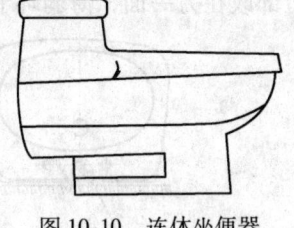

图 10-10 连体坐便器
（美国）

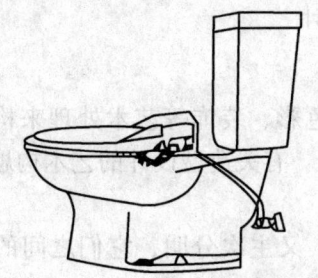  

图 10-11 自动冲洗、烘干的坐便器

便于工艺制作不等于迁就原有的一些落后工艺，工艺应该根据产品的发展相应地变化前进，做到设计与工艺互相促进。一些高档产品的工艺应该允许其有较大的难度，只要其最后的经济效益或意义上是可取的。为了达到符合工艺制作技术，设计者就要认真研究产品结构在制作（成形、烧成）中的力学关系。如某个部位可能受到压力，单双面吃浆交接处、粘结部位的张力，以及重心与空间的力的平衡等许多因素。以下用实例讨论造型设计与工艺的关系。

图 10-12 是一件坐便器。图 10-12（a）情况下，由于排水管道部的重量落在坐便器底下，在烧成过程中，底盘由于受压，十分容易开裂，破损大。图 10-12（b）情况下，采取局部处理，将排水管接触坐便器底盘的部位设计成好像截去一段的样子，从而能消除底盘开裂。

图 10-13（a）情况下，坐便器后端 MN 部与下面形成的空间关系比例得当，使人感到舒服。设计中这一部分的力学关系考虑合理，MN 段的重心通过坐便器底面内部，比例稳定，有利于工艺制作。图 10-13（b）中坐便器后端 $M'N'$ 部与下面形成的空间不合理，给人感觉不稳定，$M'N'$ 段的重心通过点已超过坐便器的底面，失去了支撑，从而将给烧成工艺造成无法解决的困难。烧成中将会产生部位开裂，而尾端还要下坍。

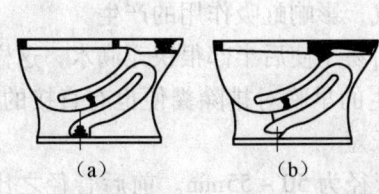 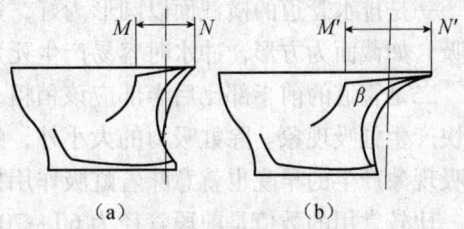

图 10-12 某类型坐便器的两种设计方案比较图　　图 10-13 坐便器后端的两种设计方案比较图

图 10-14 是一件洗面器的设计。图 10-14（a）为俯视图；在图 10-14（b）的结构中，安装面与溢水眼通道部（亦称鼻子）相邻很近，它们是单双面吃浆的交接处，形成了一个工艺上的薄弱环节。而在烧成中，洗面器立装窑车时，溢水眼中部位正是全产品重心所在，承压最重，因此溢水眼中部易于烧裂。图 10-14（c）中，结构设计作了改变，把溢水眼通道部改在另一面，薄弱环节的烧裂问题迎刃而解。

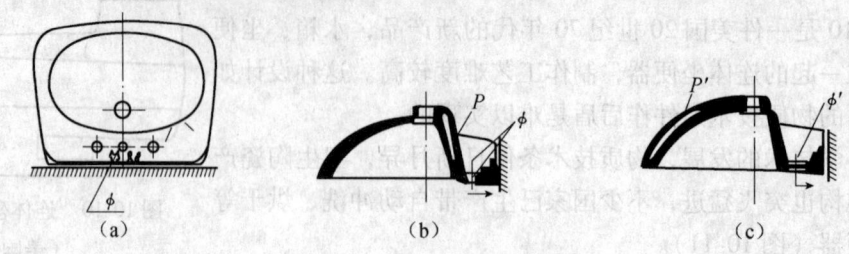

图 10-14　洗面器的设计

（3）造型形象

造型形象是艺术功能的表现，通过器物的形状、色彩、装饰等艺术处理来构成，从形式、格调和艺术情趣反映出人们的审美爱好和时代特征。有关造型设计的艺术构思和饰面艺术见 10.2.3，10.2.4 节。

造型形象的实用性、工艺性、艺术性三者既统一，又主次分明，它们之间的关系如图 10-15 所示。

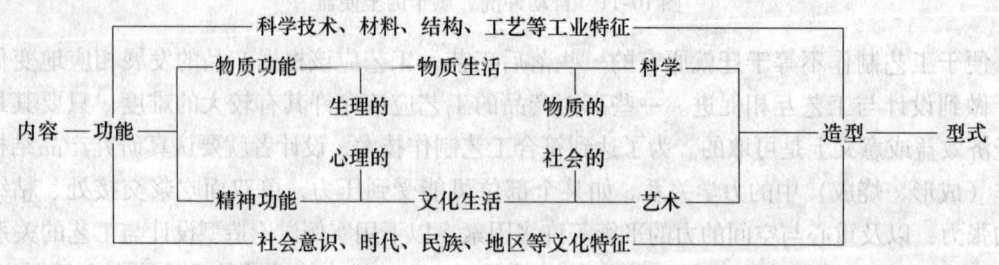

图 10-15　造型形象的实用性、工艺性、艺术性的关系

10.2.2　卫生陶瓷产品功能的设计

1. 排水功能设计

（1）排水三要素：管道结构，水封高度，冲水眼的大小、部位及冲水作用力的方向。这三种因素是动态的，互相影响，互相制约。

1）管道结构　在处理管道结构上要掌握以下两条原则：

一是排水管道的横截面以圆形为好，这有利于水很好地充满管道的各个部位，迅速产生虹吸。如截面为方形，冲水时容易产生死角，存有空气，影响虹吸作用的产生。

二是管道的前半部比后半部应该稍粗，以便冲水后易于使后半部很快充满水，这样才能很快产生虹吸现象。除虹吸力的大小外，虹吸现象产生的早晚对排除粪便也有直接的影响。虹吸现象产生的早晚也就意味着虹吸作用持续时间的长短。

比较常用的数值是前段管径为 60～70mm，后段管径为 50～55mm。前后管径之比约为 1.2:1。前后段管径的数值和比值是综合功能、结构、用水量等诸因素反复试验而取得的较佳数值。

2）水封高度　在虹吸式坐便器中，水封高度是影响虹吸力的大小和排水功能的又一重要因素。

虹吸式坐便器水封大小与虹吸作用的关系如图10-16所示。

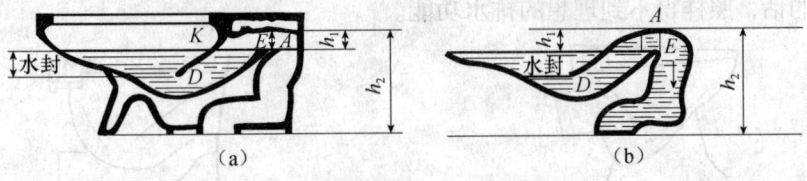

图10-16　坐便器排水原理示意图

图10-16（a）中，当排水管充满水的时候，管道成了一个临时的虹吸管［图10-16（b）］。在这个临时的虹吸管中，h_2的值是固定的，水封下端D的位置大体上也是固定的。也就是说，当水封越大时，二档顶端E点的位置就越高，那么相应的h_1的值就越小，随之而来(P_0-h_1V)与(P_0-h_2V)的差也就越大，液面A所受的向右的压力与向左的压力之差相应增大，液面A越能迅速向右移动。即从虹吸便器来说，水封越高，虹吸力越强，大便和水能迅速地排出。但是由于受到便器高度和其他使用功能的制约，水封加大也只能在一定的范围内考虑。

国内现行水封高度，国家标准规定为50mm以上，实际上为50mm左右，很少有超过60mm的。根据对国外产品的研究，日本的便器水封一般为60mm，英国的为70mm，而美国的则高达75～88mm(3～3.5in)。曾测试过美国标准牌的一个虹吸式坐便器的排水，它的水封为88mm，排水负压达到100～105mm H_2O。而我国生产的虹吸式坐便器一般水封为50mm左右，排水负压则一般只能达到80～100mm H_2O。美国样品获得这么大的负压，因素固然很多（如冲水圈眼的安排、管道结构以及管道内壁施釉等），但是，水封较高是它的一个明显特点。

水封大有利于解决溅水问题。水封高，相应的水封面到坐便器圈面的距离减小，等于缩小了粪便落到水封面的高度。笔者曾在许多宾馆卫生间里取得如下数据：水封面距便器圈面达到200mm以上者溅水严重，很难使用；水封面距便器圈面在140mm以内者，使用安全，无溅水之忧。其临界高度在160mm左右。

另外，水封高大还能增加便器内的水浴面，减小了粘污便器周壁的可能性，卫生好。

3）冲水眼的大小、部位及冲水作用力的方向。

由于水封的存在，粪便需要经过由水封面到大档底部的一段行程，才能进入管道里，这需要一定的作用力。这个作用力从虹吸坐便器来说，光靠负压所产生的抽力还不够，需要借助于圈上冲水时所产生的向下的压力，二者相互配合。而这个压力的大小、方向、部位都影响着排粪的效果。一般来说，从圈上冲下的水，除平均分布的小眼冲出的水外，还需要由圈的前部或后部另扎一个较大、较长的眼，以加强向下的冲力。其大小和长度相当于普通圈眼的4～6倍即可。这个大眼的位置安排在圈的前部还是后部则需要根据具体情况而定（图10-17、图10-18）。对冲落式坐便器来说，则完全靠圈下冲水的力量和方向起决定作用，因为它没有虹吸力的配合。

在图10-17的情况下，适合在圈的前部（即左方）中间扎一个大长眼，因为冲出的水流与排粪口方向一致；在图10-18的情况下则适合在后部扎大眼，或者前后都扎。当然这不等于说排水的好坏全在这一个大眼上，但是在一定的条件下，借助于这个大眼的冲水力量能收到很好的效果。它与管道的结构、水封的高度相互配合而发挥其作用。没有合理的管道与水封，只从扎眼上做文章，当然解决不了问题。反之，有了合理的管道和水封而冲水力量和部位配合不当的话，照样得不到理想的排水功能。

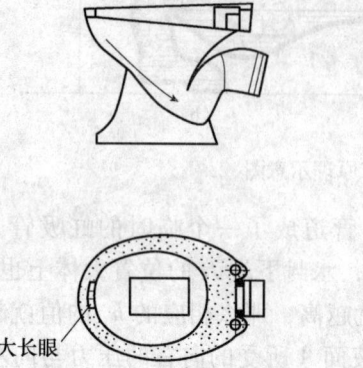

图 10-17　坐便器冲水圈前大长眼位置

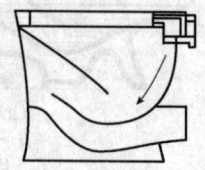
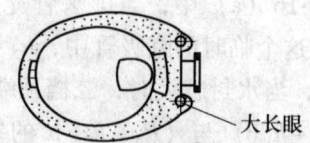

图 10-18　坐便器冲水圈后大长眼位置

国外旋涡虹吸连体便器旋涡式出水口的设计则是充分发挥了冲水作用力方向的优势。

（2）补助办法

1）管道阻截法　为了进一步使排水功能达到更理想的效果，充分利用每个有利因素，更大地提高负压，可以在虹吸便器的二档下面出水口稍前一点的部位，在保证能排污的情况下（直径最好不小于50mm），可以将管的横截面积处理得比其他部位的横截面面积更小一些。如果说在水达到这个部位之前，管道里面有的地方充水不满、存有空气的话，那么通过这一部位的阻截，管道里各部位水便可迅速充满，把空气排净，有利于产生虹吸和延长虹吸作用的时间，有利于把粪便排除干净，这种办法适用于一些管道设计不合理的产品的改进（图10-19）。

2）管道施釉法　管道内壁施釉可以减少摩擦，减小阻力，有利于粪便排出。不过这给工艺上带来一定的麻烦，但如果通过技术革新实行机械操作，这将不是一件很困难的事。国外一些便器管道内壁就是采取施釉处理，确实有利于提高产品质量，提高排水功能。国内也有许多工厂实施了管道施釉。

3）加大便器圈后部水瓢 Q 的体积和由水瓢 Q 进入便器圈内的进水口部的面积（图10-20），以加大单位时间圈内进水量，提高水的压力，有利于提高排水功能。

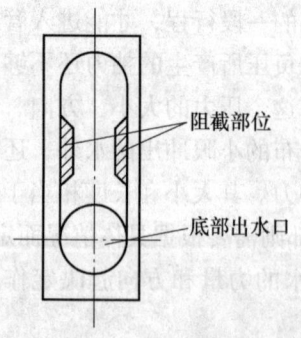

图 10-19　虹吸管道阻截部位

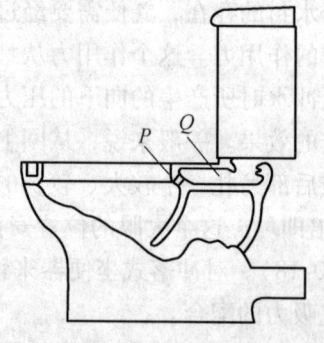

图 10-20　坐便器圈后水瓢的位置

(3) 强化虹吸效果，节约冲洗水量特别有效的结构设计

1) 改进传统的坐便器圈体结构设计，改进刷洗孔的结构设计。压缩坐便器圈体内腔体积，大大缩小刷洗孔喷水孔径（降为$\phi 2mm$），改变刷洗孔出水角度为180°（设刷洗孔定位坎，以便打孔与圈口平行，实现180°），在保证刷洗功能的前提下，大大降低刷洗用水量，从而增加冲洗的用水量，增大冲洗水流冲力，延长冲洗时间，提高冲洗效果。

2) 改变喷射口传统的设计部位，移到内排污口的底部，喷射角度与排污管中心一致，缩短喷射距离，减少摩擦，大大提高冲洗效果。

3) 在排污口末端设置一拱形回弯，以减少坐便器冲洗时在产生虹吸之前耗费的用水，可降低总体用水量。

4) 改进水箱结构设计，提高水箱内高度，增加冲水势能，有利于提高冲水功能。

2. 减小冲水噪声设计

(1) 冲水噪声产生的原因

一般虹吸大便器及冲落式大便器产生噪声的原因主要来自三个方面：

1) 冲水开始，打开水箱泄水口的胶皮塞，水进入便器圈内，这时由于水量大、速度快，水在通过便器圈内空气层时因克服空气阻力和瓷壁摩擦力前进而产生很大的响声；

2) 水从便器圈下面的冲水眼受压冲出与瓷壁发生冲撞，产生噪声；

3) 水箱进水时，配件没有消声措施，进水在水管内冲击空气并因高位落差产生噪声。

(2) 解决冲水噪声的有效办法

1) 便器和水箱联成一体的结构，如图10-21所示，把水箱泄水口A的位置降到便器水封面S以下，解决水箱放水时的噪声。其原理是由于水箱泄水口A的位置和副水道部分低于便器的水封面S，所以在冲水之前，水箱内的水和副水道内部的贮水，实际上只隔胶皮泄水阀联成一体，中间没有空气隔开。打开泄水阀，水箱内的水直接顶推着副水道内的水前进，在没有空气混入的情况下，形成一股一定速度的潜流在水封面以下进行冲洗，消除了噪声；从而解决了以前两件式结构水箱放水先通过便器圈所产生的噪声。

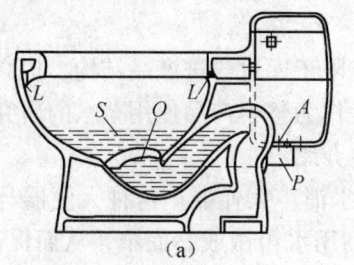 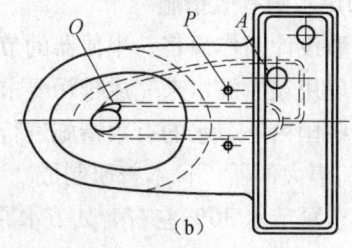

图10-21 旋涡虹吸式坐便器出水口设计

2) 减小冲水与胎壁的撞击：

①改变便器圈内下壁冲水眼的角度和位置　在处理便器圈冲水眼的时候，可以改变过去的结构，使便器圈的内下壁与胎体相切而不是相交，或者说使其相交的角度γ极小。冲水眼的位置分布在这一圈切弧的靠坯体的边上，使水一喷出就紧贴着胎体，从而达到减小噪声的目的（图10-22）。

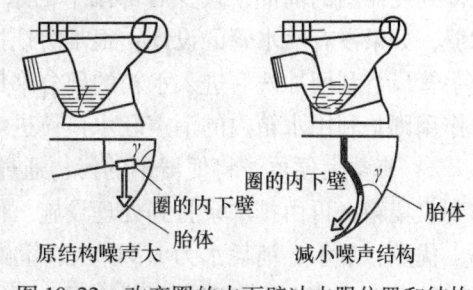

图10-22 改变圈的内下壁冲水眼位置和结构

②水下冲击（水封隔声法） 如图 10-23 所示，水箱下来的水经过便器圈，除由圈上的冲水眼流出一部分水外，剩余大量的水则集中到圈的前部，通过结构 L 进入到水封以下的 G 处，产生一股强大的水流 F，直对排污口冲去。由于水流 F 是在水封面以下进行冲洗，所以它巧妙地利用水封进行了隔声，从而达到消除噪声的效果。目前，国外（如美国）等一些国家的喷射虹吸式坐便器的结构多采用此法，取得了很好的消声效果。但其水箱下水通过便器圈的噪声没有解决（上述旋涡虹吸连体便器是在喷射虹吸法的基础上进一步改进发展而来的，所以它在消除噪声方面取得较为完善的效果）。

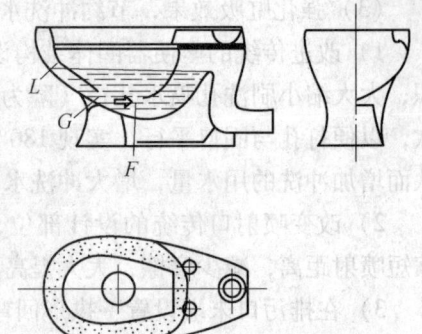

图 10-23　坐便器水封隔声设计

3）消声吐水口与消声调节筒　虽然水箱配件不属于陶瓷结构造型设计研究范畴，但不解决它，整个冲水噪声便不能得到理想效果。现作为解决冲水噪声整个系统不可分割的一部分，加以适当介绍。

过去我国的水箱配件进水没有消声措施，噪声极大。近十年来，国内外一些水箱配件的设计采取了消声吐水口与消声调节筒，较好地解决了水箱配件进水噪声问题。

3. 节水功能设计

（1）绝对必要用水量（即最少用水量）

本节所述的节水，系指大便器使用时的节水。大便器的功能是保持干净和彻底清洗掉便器内的粪便，并且还要有水封，以防止下水管道的气体进入室内。另外，还应考虑冲洗出便器体外的污物能借助于水体流动而推移一定距离，以免造成堵塞。在完成上述功能的条件下，才能尽量考虑节约用水。因此应有一个绝对必要用水量（也即最少用水量），超出部分称为无用消耗用水。能节约的只是后者。如果不恰当地减少必要用水量，就有可能引起卫生条件恶化或二次冲水，反而耗水更多。更甚者是造成管道堵塞，产生严重后果。

（2）节约用水的有效措施

就产品造型设计工作而言，坐便器的节水只是限于通过改进产品结构，提高虹吸功能或冲水功能，实现用较少的水来完成排污要求。但是作为整个产品使用节水的研究范围是广阔的。这里将一些国内外节水的有效措施进行一般性介绍。

1）节水消声大便器　日本曾研制成功一种节水消声大便器。这种大便器与同类型的普通大便器相比，可节水 30% 左右。其节水原理是利用水箱做成高而窄，从而提高水的势能，提高水的冲量，另外便器圈内预埋的喷水管也能使水箱放出的水冲量发挥得更好，以保证水能冲到便器圈的前部，减少后部圈下的水损失（这是件一次成形的坐便器，圈内是一条泄水缝，如果没有喷水管的设计，很难实现把水送到便器圈的前部）。另外，这种产品还设有洗手管口，利用冲洗后进入水箱的部分水作洗手用，洗后仍流回水箱，作下一次冲洗用，消声作用则是利用水箱内的消声吐水口使进水时没有噪声。

2）真空大便器　将便器中的污物通过特殊构造的阀吸引到真空配管内，然后靠真空输送到收集箱，再由排水泵打到处理设施。便器内的使用水仅作为输送污物的媒介体。

优点：节水，消耗水为 1.9L/次，室内无气味，适用于缺水区。

缺点：必须上百套真空便器连用，不能在单独住宅使用，要消耗能量，必须和节水作经济比较。

瑞典已将该便器用于旅馆。

3）压缩空气式的低冲水量大便器 这种大便器每次冲洗水量仅 2.2L，大大减少耗水量及解决污水处理问题。冲洗机械是气动式。冲洗杆驱动空气-水，连续作用于阀，这种阀控制冲水时间和用水量（仅 2.2L/次）。冲洗机械装在大便器下部或装在远处。

4）双冲水量大便器水箱 水箱上安装有两档，向左开小便冲水，量少；向右开大便冲水，量多，节约小便冲水时不必要的浪费。

10.2.3 卫生陶瓷产品造型设计的艺术构思

卫生陶瓷产品是一种体积较大的立体产品，所以在设计时要考虑到各个角度的视觉效果。以单件产品而言，就要考虑到俯视、正视和侧视的效果。配套产品则要考虑各件产品之间整体效果的变化与统一、局部与整体的关系，其空间组合要有高低起伏的变化和大小、方圆的结合。产品造型大体上可以定为圆弧形、方正型、方圆结合型（方中有圆、圆里藏方）和特异型四大类。流线型可以包括在圆弧形内，是圆弧形中最具特色的代表。也可以单独把流线型作为一类，但是在产品造型中，圆弧形与流线很难截然分开，特异型则属设计者有独特创意的构思，下面分别结合图例来加以论述。

1. 流线型

流线型的特点是给人以流畅、轻快的感觉，就像轻音乐给人艺术感受一样。这类线条在造型中容易取得秀丽、灵巧的效果。采取流线型的造型在制胎、翻模和其他工序生产工艺上都较为有利。其造型以各种不同情调的弧线组成，节奏轻松明快。图 10-24 是流线型造型的一个产品图例，从中可以看出其造型的特点和组织规律。

2. 方正型

这类造型给人以庄重、严谨、大方的感觉。造型的主旋律多以方直线条组成，有的根据造型和结构的需要局部采用一些弧线。所谓方正型是与流线型相对比较而言，在棱角的地方，为了照顾生产工艺和使用的便利，应该稍有圆弧，不能取真棱真角。图 10-25 为方正型造型的产品图例。

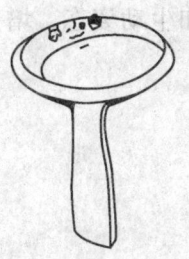

图 10-24 流线型产品图例

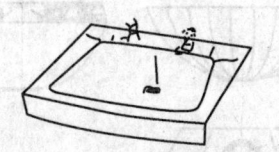

图 10-25 方正型产品图例

3. 方圆结合型（方中有圆、圆里藏方型）

方圆结合型的造型艺术效果介于流线型和方正型之间，线条方中带圆或圆中藏方、方圆结合使人感到刚中有柔，柔中见刚，于雄健中见优美、秀丽中见挺拔。这类造型往往靠直线和弧线的微妙过渡和细微变化来取得特有的艺术效果。

在我国古代造型装饰图案中，很多形式是在方形中出现圆，圆形中出现方，方圆两个对立面相互结合,使之落落大方,气概不凡。卫生陶瓷产品的造型可以从传统的造型艺术中吸取营养,作为借鉴。

从图10-26中四个形状比较一下可以看出,1、2两个纯方与纯圆形都不如3、4两个富有艺术性,后者方中带圆、圆里藏方的造型使方、圆两个对立面巧妙地结合,形式更美、气魄更大、陶瓷产品造型其内在规律亦与此相同。图10-27是方中带圆、圆里藏方形的卫生陶瓷产品图例。

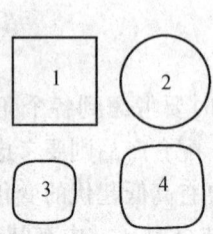

图 10-26　方圆结合型产品图例

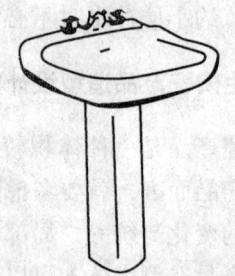

图 10-27　方圆型产品图例

4. 特异型

所谓特异型指的是根据特殊的艺术构思来造型,如以荷叶式的形状来设计一个洗面盆或者一整套产品的造型;又如以一个罐子、坛子的形状来设计一个水箱等。日用陶瓷和艺术陶瓷此类造型较多,如金鱼烟缸、熊猫台灯、大象酒具等。由于卫生陶瓷产品自身的特点,在构思这类特异型的造型时要十分注意简练、概括。从大效果出发,要强调变形(图案变化),不能搞自然主义,不能追求形似和细节,否则就喧宾夺主,画蛇添足,失去其艺术光彩,设计时要注意统一和有利于工艺制作。这种造型需要苦心经营,以巧妙的艺术构思将整个造型融为一体。也有一种从特殊的用途出发,设计有别于一般产品的某些特异型产品,如理发专用盆、蹲坐两用便器、老弱病残便器等,这也属于特异型的产品。图10-28是几种特异型卫生陶瓷的产品图例。

5. 装饰线条在产品造型中的应用

采用装饰线是丰富造型效果的一个常用办法。图10-29中坐便器下部利用前后两条装饰线打破了大面积的呆板、单调和沉默,增加了活泼的动感和生动姿态,增加了造型的感染力。

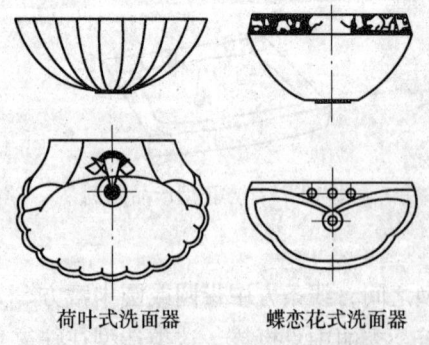

荷叶式洗面器　　蝶恋花式洗面器

图 10-28　几种特异型卫生陶瓷产品图例

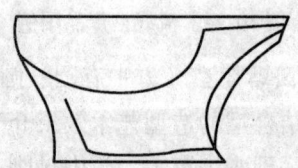

图 10-29　坐便器的装饰线条

在运用装饰线的时候要注意简练和结合产品结构,使之恰到好处,如图10-28中的两条装饰线能有利于缩小便器内部排水管道的横截面积,因而有利于排水管道的结构安排。

图 10-30、图 10-31 是国外带装饰线的不同产品造型图例,从中可以看出,装饰线能取得造型生动活泼的艺术效果。

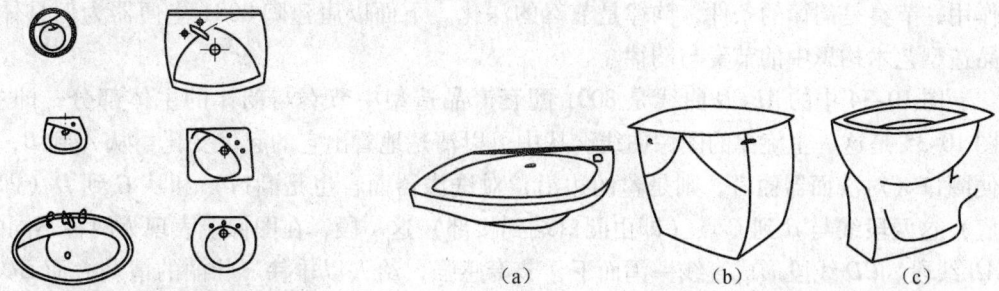

图 10-30　国外一些洗面器的线条装饰　　图 10-31　国外某些产品的线条装饰

6. 卫生陶瓷产品设计的美学法则

产品设计的美学法则是人们借鉴于一般艺术规律,在从事产品造型设计的创作实践中及其他造型艺术创作中抽象概括出来的。它具有一般艺术所共有的普遍性意义,又具有卫生陶瓷产品造型本身独特范畴的特殊意义。变化与统一是美学法则的基本原理。

如图 10-32 侧视图中的 a、正视图中的 b、俯图中的 d、底视图中的 f,都是比较柔和的流线弧线,这是四个不同部位的美感因素的一致性方面,相互呼应,相互协调,各部位造型给人以统一的感觉。而侧视图中的 h、正视图中的 c、俯图中的 e、底视图中的 g,这几个线条则是比较直和挺拔的弧线,给人以比较刚劲的感觉,与前者产生柔和的对比,使人觉得整个便器造型有柔有刚,有骨有肉,秀丽中见挺拔,既统一中又有变化,使造型不觉单调。

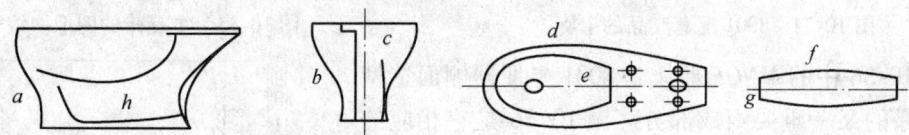

图 10-32　各种装饰线条的比较

在配套卫生陶瓷产品的造型中,各单件产品之间的变化与统一更为重要,其处理手法和单件产品本身各部位之间的统一与变化相同。借助于各单件产品的一致性方面,以呼应、调和等形式取得统一,又以各单件产品的差异性方面如对比等求取变化,于变化中求统一,在统一中求变化。把不同功能的几件产品(洗面器、坐便器、洗涤器、水箱)组合成有主有次的和谐的造型群。其中,洗面器(包括洗面器立柱)是配套产品的主要构件,是一套产品的主要形象。洗面器的造型直接或间接地影响到坐便器、水箱、洗涤器的造型,如同音乐中的主旋律、合唱中的领唱一般(图 10-33)。

图 10-33　配套产品格调的一致性设计

节奏与韵律是决定产品造型艺术效果好坏的基本要素。节奏与韵律都必须在统一与变化的美学法则的基本前提下来构思，是产品造型艺术构思的基本内容。严格来说，不同的造型风格，是通过不同的节奏与韵律来体现的。节奏带有机械的美，而韵律则是情调在节奏中起作用，节奏是韵律的条件，韵律是节奏的深化。下面以唐建陶8001坐便器为例具体说明产品造型艺术构思中的节奏与韵律。

图 10-34 中的 $ABCD$ 曲线是8001配套产品造型中节奏与韵律的主体部分，即主旋律。图 10-35 是这一主旋律的图像曲线。从中可以清楚地看出它的起伏变化：从 A 到 B，也就是便圈口（对洗面器而言，则是盆的边沿，对洗涤器而言也是圈口）和从 C 到 D（即从腰到底）这两段线与 B 到 C 点（即由圈口端到腰部）这一段，在图像上表现为两种不同的曲线。AB 线段、CD 线段形成直线一泻而下，节奏感强，给人以雄伟、壮丽的情调，而 BC 这段是弧线，于 AB、CD 两线段的雄健中委婉优美，如一幅山水画于雄山巨石之中缀以山花小草，顿臻灵秀。可以设想，没有 BC 这段弧线的韵律变化，整个造型便会陷入呆板的局面。

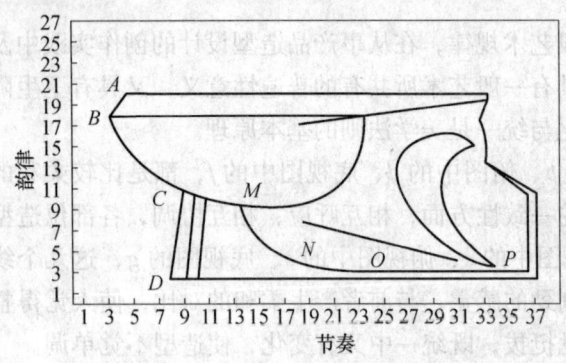

图 10-34　8001 配套产品的主旋律

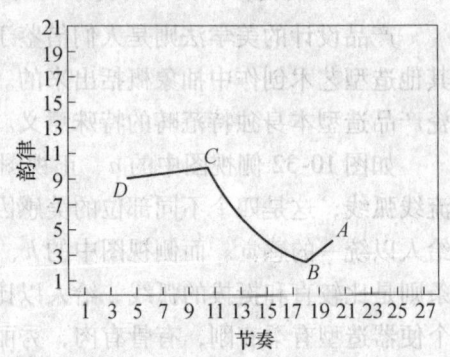

图 10-35　主旋律的图像曲线图

图 10-36 中的 $MNOP$ 曲线是8001坐便器侧面造型艺术效果的又一重要组成部分。图 10-36 是它相应的节奏韵律的图像。$MNOP$ 曲线在8001坐便器造型的艺术效果中占着重要的地位，给人以前进和向上的情感，静中生动，而且是强烈的冲动，犹如一幅画面中最强烈的色彩，也好比一首乐曲中最高音阶。它将上面讲过的主旋律推向一个新的高潮，是8001坐便器造型艺术构思中出奇制胜的一环。它使得8001坐便器虽然只是一只大便器的图样，却好像一辆急速行驶的小汽车要离开路面而一往直前，飞向前方，这就是造型艺术的艺术魅力。

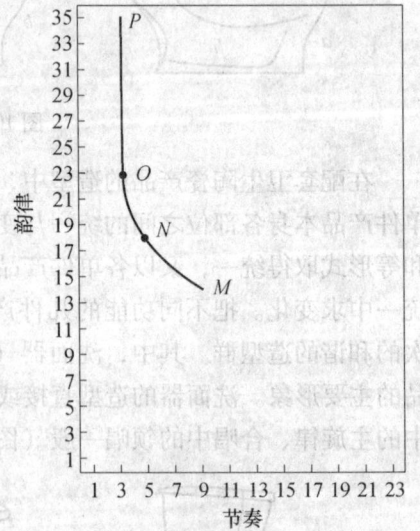

10.2.4　卫生陶瓷产品的饰面艺术

产品造型的饰面效果，首先要充分发挥陶瓷特点，图 10-36　$MNOP$ 曲线的节奏与韵律

其次才是必要的装饰。造型与装饰都必须统一在符合功能效用的前提下，造型与装饰应是完整的统一。要浑然一体，要协调，不能为装饰而装饰。还要注意生产技术条件，不能给工艺带来过多的麻烦。另一方面，工艺又要配合产品的发展而不断改进。特别是一些高档产品，

工艺上应该允许比普通产品复杂一些，要从整个经济效益出发。如增加冷加工和素烧工艺、贴花烤花和浮雕装饰等。下面是几种常见的饰面方法。

1. 颜色釉和双色釉装饰

颜色釉是卫生陶瓷产品表面装饰的一种普通办法，造型与色釉要形成完整的统一体。颜色釉不借助于纹样彩绘，而是利用形体线型曲率的大小变化，配合颜色釉的色彩来使产品造型取得进一步的艺术效果。

从产品饰面色彩来讲，它受到国际流行色的影响，而国际流行色是随时间的发展而变化的。流行色的确定与时代的科学技术、社会生活、工业生产、文化思潮等息息相关。因此，要及时研究市场的动态。一般而言，既要有淡色，又要有重色，以便于有较大的适应性。颜色没有绝对的好坏，主要在于人的欣赏。通常中间灰调子带有颜色倾向的复色比较沉着雅致，容易给人舒服的视感。原色太飘，不宜采用。用于一些特定环境的特定色彩则另当别论。

为了使颜色釉的装饰效果具有丰富的变化和新颖的艺术感，可以采取双色釉的饰面方法。比如一个洗面器，在使用面喷白釉而在使用面之外喷色釉，或在白釉的基础上，沿洗面器边缘喷上色釉。通过色、白对比，互相衬托而更显其美，同时保持了使用面的洁净感。

2. 艺术釉装饰

艺术釉是我国陶瓷的一种绚丽多彩的装饰釉，它是我国古代陶瓷工匠在美术陶瓷领域的一大创造。把艺术釉引用到卫生陶瓷产品的表面装饰上可以取得出奇制胜的效果。艺术釉的特点是釉层凝厚，多种颜色互相交错，釉色十分美丽，光彩夺目，灿烂异常。也称花釉。

花釉是由于釉料中含有微量的呈色金属元素形成各种自然的花纹和斑点，有的则借助于釉的流动性使两种不同的色釉自然地掺和而取得生动的效果。所以，产品一经装饰成花釉，可以身价倍增。我们应从祖国灿烂的民族文化和艺术宝库中吸取艺术釉的精华，推陈出新，用于卫生陶瓷产品的表面装饰，充分发挥中国的文化元素。

3. 浮雕装饰和贴花装饰

产品上以浮雕效果的凹凸变化表现某种特定的造型或纹样。这种装饰手法要简练，还可以利用透明釉的流动产生出丰富多变的效果。因为它不给纹样加彩，而是利用色釉的流动性形成同色调的深浅不同的色彩层次，所以特别典雅大方，工艺上也容易掌握。生产这类产品，批量不宜太多，只做一些高档产品。成形用的石膏模型注意控制使用期，保持造型线条的清晰。图 10-37~图 10-40 是一套带浮雕装饰的意大利卫生陶瓷产品。

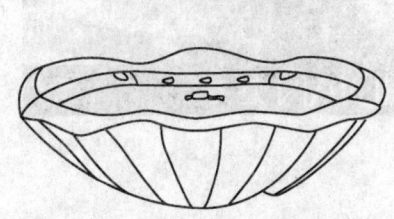

图 10-37　洗面器图

图 10-38　带水箱坐便器

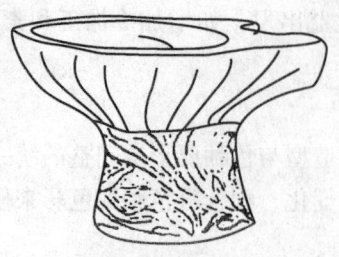 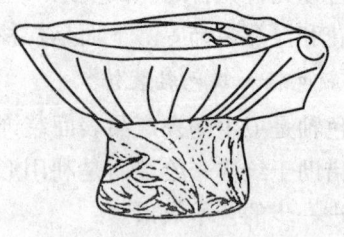

图 10-39　坐便器（低水箱）　　　　　　图 10-40　洗涤器

　　贴花、喷花等也可以作为卫生陶瓷产品的装饰手法。喷花可以用色料喷，也可以用色釉喷，以色釉喷制的效果称为釉彩，生动活泼，丰富多彩，效果甚佳，能达到种种不可刻意追求的变化微妙的艺术效果。由此可见，产品造型的艺术具有广阔的天地，也有少量产品采用手工制绘装饰。

10.2.5　卫生陶瓷产品设计经典范例图片

1. 乐家（Roca）产品范例

2. 瑞士劳芬（LAUFEN）产品范例

3. 德国杜拉维特（DURAVIT）产品范例

第 10 章 建筑卫生陶瓷产品的工业设计

4. 美国科勒（KOHLER）产品范例

5. 日本东陶（TOTO）产品范例

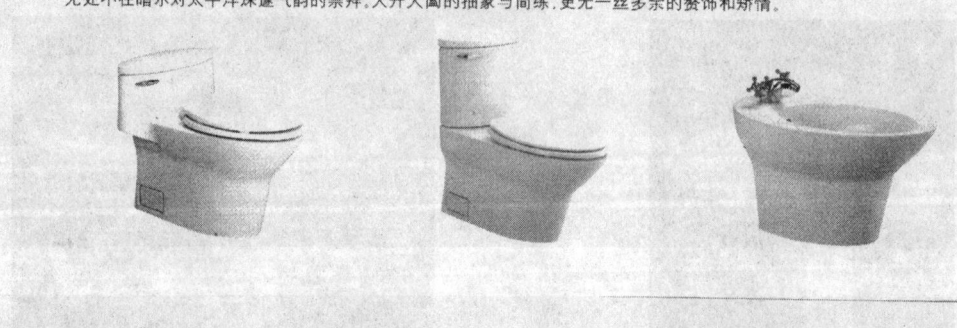

第 10 章 建筑卫生陶瓷产品的工业设计

6. 和成卫浴（HCG）产品范例

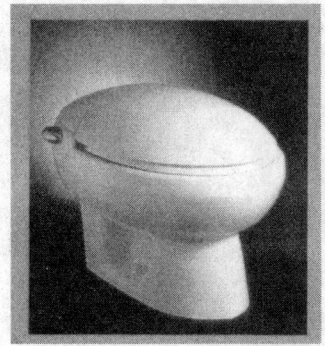
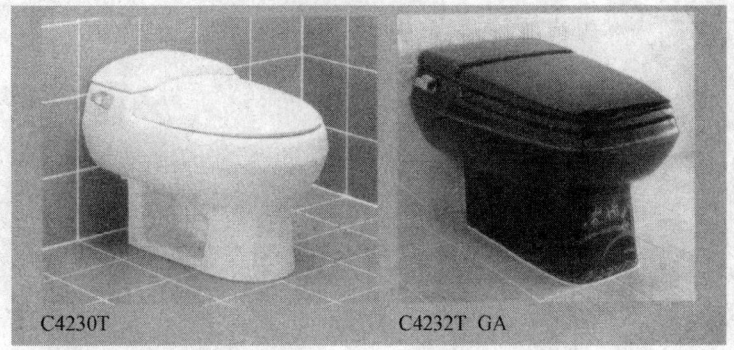

C4230T　　　　　　　　　C4232T GA

7. 卡西奥（CASERO）产品范例

8. 顺德乐华产品范例

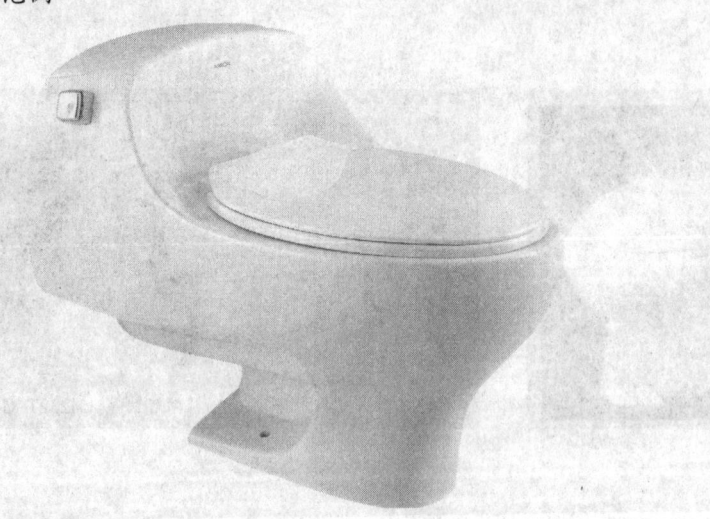

9. 顺德上华产品范例

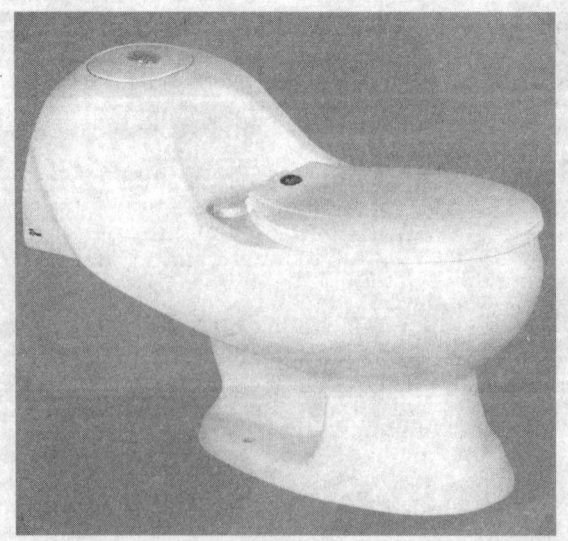

第10章 建筑卫生陶瓷产品的工业设计

10. 唐山惠达产品范例

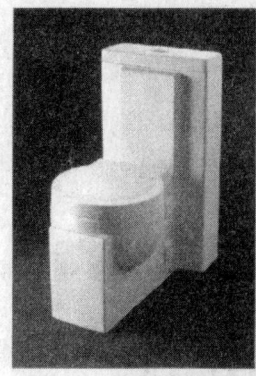  

"大卫"卫浴系列

11. 益高产品范例

 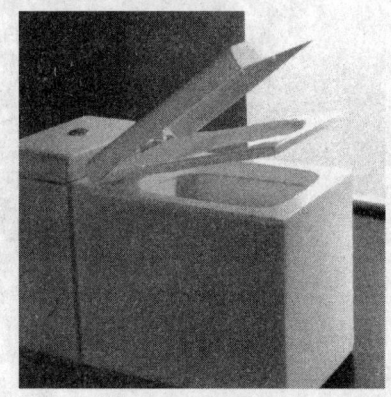

12. 北京乐伊产品范例

亚马逊小便斗 Amazon Urial	
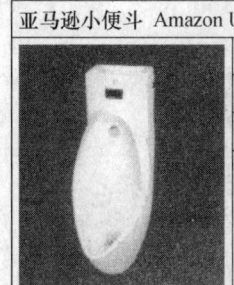	型号：U107
	产地：中国
	尺寸：355×270×760（mm）
	白色

贝加尔小便斗 Baikal Urial	
	型号：U110
	产地：中国
	尺寸：312×360×670（mm）
	白色

爱琴海小便斗 Aegean sea Urial	
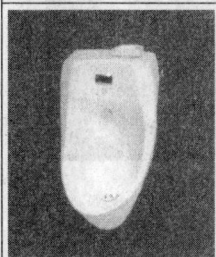	型号：U108
	产地：中国
	尺寸：355×350×690（mm）
	白色

真纳华小便斗 Ganana Urial	
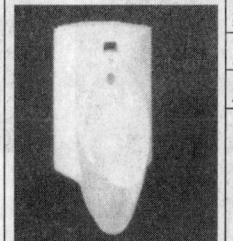	型号：U115
	产地：中国
	尺寸：355×400×805（mm）
	白色

13. 北京金世爵产品范例（多种不同装饰手法的艺术洗脸盆）

14. 潮州美伊莎产品范例（浮雕系列）

15. 顺德法恩莎产品范例

10.3 陶瓷墙地砖产品设计

10.3.1 墙地砖产品设计的特点

1. 设计特点

陶瓷墙地砖是建筑物和环境的饰面材料之一,通过胶结材料依附在建筑物外表来发挥它的功能。在制造技术允许和使用要求获得满足的情况下,都不要求过厚,以减轻负荷和节省资源,所以绝大部分墙地砖均是平板状,且是平面装饰居多。墙地砖产品设计的特点是:(1) 以平面和浮雕装饰设计为主,立面造型设计为辅;(2) 非显见面的背纹,虽无装饰作用,但却是必不可少的设计内容之一;(3) 产品的单体与组合铺贴、大面积使用、配套环境等情况存在明显的效果差异,整体功能必须充分包容于单件产品的设计中。

2. 创作意念

墙地砖产品的装饰设计是要在方寸之地支撑起被铺贴的整个环境美,可见其困难的一面。目前常用的墙地砖,看似平常,其实是经历了长时间的积累,现代文明乃至历史文化,都给它刻上了烙印。因此设计者要提高文化艺术修养,熟悉生活,掌握制造技术,领悟现代世界潮流,运用美学原理,努力地继承、发扬和创新,才能设计出现代装饰陶瓷墙地砖。

陶瓷墙地砖产品设计,如同其他工业设计一样,必须有一个明确的主题,确立一个鲜明的风格,并据此开创新的题材,才能给设计和制造出来的产品赋予生命,能体现出它自身的意图,让使用者与之共鸣,感受到时代的美,这是设计者的出发点和落脚点。

对于设计主题,是墙地砖的实用与完美功能的定向化。香港楼宇建设日新月异,作为家居建设,先后发展了多种模式,如和睦型、康和型等,尽管楼宇结构不一,但其内容却和主题丝丝入扣。

墙地砖的风格是多种多样的,就大环境而言,有现代气息、回归自然、仿古怀旧、异地情怀、民俗风情等;就小环境而言,有浓烈、淡雅、高贵华丽和平民习俗等。设计者只要围绕主题和确立的风格,构思好新颖技术与艺术的表现手法,好的设计方案便呼之欲出。

往往有一些图案与色调俱佳的墙地砖,说是为了满足更广泛用户的选择,就用同一图案而盲目地变换多种配色进行生产，结果大多数款式的产品无人问津，这就是表现手法和风格离异的后果。因此，要重视创作意念，切不可随意发挥。

墙地砖产品设计的主要内容是外观造型的设计、图案与色彩的设计两个方面。

10.3.2 墙地砖产品设计的使用功能设计的相关因素

陶瓷墙地砖使用范围广，对其实用功能的要求也是多方面的。影响实用功能的因素来自工艺技术设计和产品设计等方面，作为产品设计必须顾及对实用功能的影响因素。

1. 产品标准中限定的实用功能及与产品设计因素的关系（表10-1）

表10-1 墙地砖产品实用功能及与产品设计因素之一

项 目	产品设计因素
外观	外观及造型
强度	规格尺寸特别是厚度尺寸
耐急冷急热性	装饰釉层材料选用及釉层厚度
抗冻性	装饰釉层材料选用及釉层厚度
耐酸碱性	装饰釉料、彩料的选用
耐磨性	装饰釉料、彩料、坯料的选用
粘结强度	背纹结构、干挂结构

2. 习惯性和潜在性的实用功能及其与产品设计因素的关系（表10-2）

表10-2 墙地砖产品实用功能及其与产品设计因素之二

项 目	产品设计因素
防滑	外表形状
保温	厚度尺寸
隔声及吸声	外表形状
防静电	外表形状
保洁	外表形状

10.3.3 外观造型、图案与色彩的设计

1. 外观造型的设计

墙地砖的外观造型设计包括规格尺寸、外表形状和背纹构造等方面。目前常用的款式是在不断创新和淘汰的反复较量中保存下来的，设计者需要发挥无限创意，设计出更新更好的外观造型。

（1）立体造型

墙地砖的造型绝大多数是平板状的，只有在特殊装饰和配套中才使用其他造型。墙地砖的造型有三类：一类是平板型；二类是固定截面型；三类是立体异型。二、三类砖虽然起配套作用，用量不多，但对整体装饰效果作用很大，产生一种完美的感觉，提高了装饰层次。

同时二、三类砖的造型具有很强的使用功能，如防滑、防潮、折光等。所以，这些砖的造型必须根据使用特点和与之配砌砖的风格、规格等因素进行设计，在保证使用功能的前提下，寻找最美的造型线条。各类造型实例见表10-3。

表10-3 各类造型实例

类别	名称	形状	应用实例
平板型	平板型		普通墙地砖
固定截面型	刀型	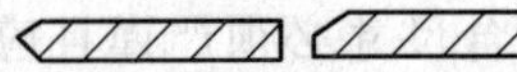	墙角砖、梯级砖
	矩形波型	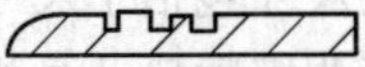	梯级砖、泳池砖
	曲尺型	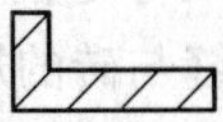	弯角砖
	弓型	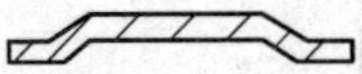	劈离砖、压顶砖
	山型	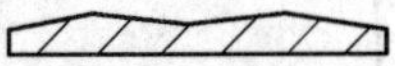	外墙砖
	弯月型	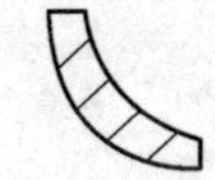	弯角砖、圆柱砖
立体异型	阴角型	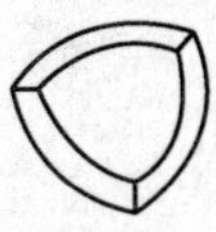	弯角砖
	阳角型	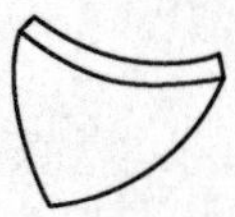	弯角砖

（2）几何形状及规格尺寸

陶瓷墙地砖的几何形状除了常见的矩形、方形外，已发展为多种形状，这有赖于制造技术的进步和设计者的创意。常见墙地砖的几何形状列于表10-4。

表10-4 常见墙地砖的几何形状

矩形	方形	菱形	三角形	六角形	梯形	圆形	花形
				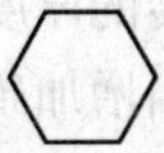			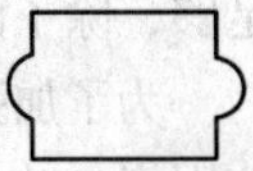

几何形状的设计主要考虑的因素是拼贴的整体效果、单体之间的尺寸配合和灵活多变的组合性。

作为规格尺寸的设计，应注意大面积铺贴场合既可以用大规格砖，也可以用小规格砖，但小面积铺贴场合则不宜用太大规格砖，由此要设计多个规格系列，以满足不同场合的需要。

对于矩形的长宽尺寸比例，一定要以整体效果考虑，还要计算好铺贴时横竖等多种组合和灰缝尺寸的匹配。对配套使用场合的墙地砖，如墙角砖、腰线砖、梯级砖、弯角砖、压顶砖等，其尺寸大小和长宽比例均应和使用的环境以及与之配用的砖相适应。对于拼花铺贴的砖，不管单件什么形状，其配合尺寸必须严谨且应用灵活。1998 年通过的国际标准 ISO 13006—1998《陶瓷砖定义、分类、性能和标记》（GB/T 4100—2006）中，已明确提出模数尺寸和非模数尺寸的规定，模数尺寸包括了尺寸为 M（1M～100mm）、2M、3M、5M 以及它们的倍数或分数为基数的砖，而非模数尺寸是指通常在大多数国家销售的砖的尺寸，并不以 M 为基数，设计者有责任使墙地砖尺寸走向模数化。使其大小与实施模数化的建筑空间相吻合，提高整体美的效果。铺贴灰缝与砖的规格关系如图 10-41 所示。

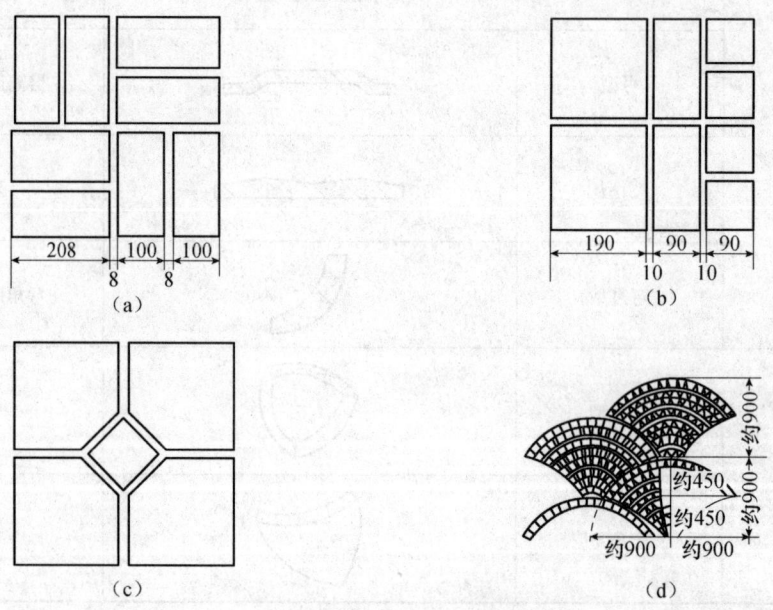

图 10-41　铺贴灰缝与砖的规格关系
(a) 同一规格砖配砌；(b) 2～3 种规格砖配砌；(c) 2 种规格砖配砌；(d) 多种规格砖配砌

墙地砖厚度是重要的规格尺寸之一，设计时要考虑的因素是多方面的，最主要的是强度因素。内墙砖基本上不承受荷重，只是偶尔发生冲击；外墙砖虽然承受自然界的风、砂、雨、雹等冲击，但也不算太大；室内地砖视生活、工业、商业等不同使用环境其承受力有所不同；而室外地砖要经受机动车，杂物，货物等多种不同物体的重压或冲击，其承受力必须足够，除了陶瓷本身的强度特性外，砖的厚度是必要的保证。

为了加强边棱型面装饰效果，适当增加砖厚也是常用的手法，考虑到成形生坯强度的工艺因素，砖的平面规格越大，其厚度也相应增加，使用原材料不同，其厚度也不一样。表 10-5 列出不同材质、不同规格砖的厚度。

表 10-5　不同材质、不同规格的厚度　　　　　　　　　　　　　　　　　mm

釉面内墙砖	规格	152×152	150×200	200×200	280×200	333×225	380×265	450×300
	厚度	5	5.5	7	7.5	8	8	9
彩釉墙地砖	规格	240×60	200×200	300×300	400×400	500×500	—	—
	厚度	8	8	8.5	10	10	—	—
瓷质砖	规格	45×95	100×100	300×300	400×400	500×500	600×600	—
	厚度	7	8	9	10	12	13	—
花岗岩瓷质砖	规格	100×100	108×108	190×190	290×290	300×300	480×300	—
	厚度	18	18	15	15	15	15	—

（3）表面形状

由于墙地砖的造型简单，墙地砖的装饰主要依靠表面的装饰来发挥，表面形状的设计是主要装饰手法之一。大部分墙地砖的表面形状是平整的平面形，除此之外就是浮雕形。浮雕装饰的形式有多种：一是仿天然石材凿刻面；二是仿天然片岩开凿面；三是仿红砖断裂；四是图案纹样浮雕。表面形状的设计必须构思巧妙，如仿天然石材凿刻面的浮雕，要有自然质感。另一方面就是它的实用效果，如各种图案浮雕的防滑砖，要注意真正起到防滑的作用时，便于清洁，还有就是生产制造的可行性，因为浮雕形墙地砖对工艺技术的要求更高。墙地砖表面实例如图 10-42 所示。

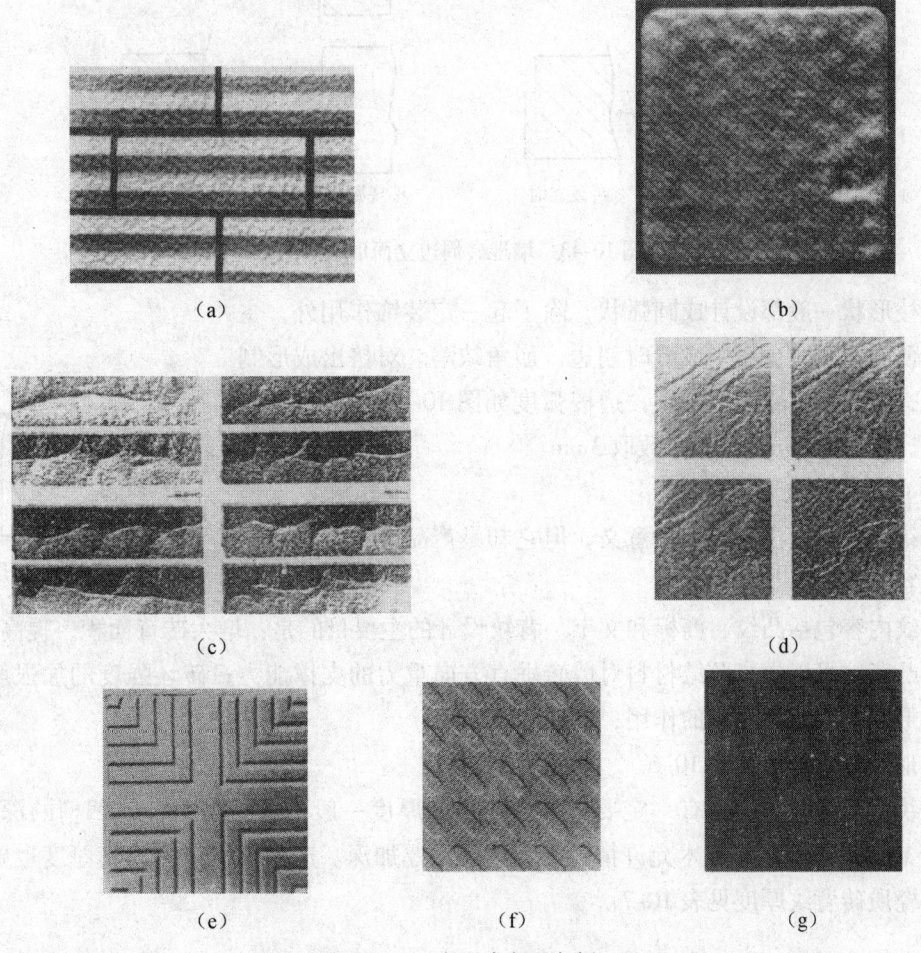

图 10-42　墙地砖表面实例

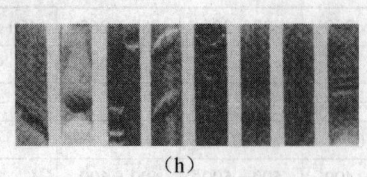
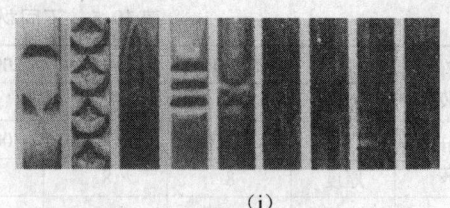

图 10-42 （续）

(a)、(b) 仿石材凿刻面；(c) 仿红砖断裂面；(d) 仿天然片岩开凿面；(e)~(i) 图案浮雕

(4) 周边立面形状

周边立面因墙地砖铺砌时已埋入水泥砂浆中，本无多大装饰作用，但逐渐地也被设计者作为开发新装饰的地方。大部分砖的周边立面是平整的平面或两级平面，其主要作用是便于压制成形和挤出成形。除此之外，起装饰作用的立面是有序或无序的曲面，这些曲面给人的感觉也是多种多样的，如活泼等风格。

为了使铺贴的灰缝达到一致，有些砖边还设有凸钉，以便砖与砖靠紧时形成的空隙标准化。墙地砖周边立面形状实例如图 10-43 所示。

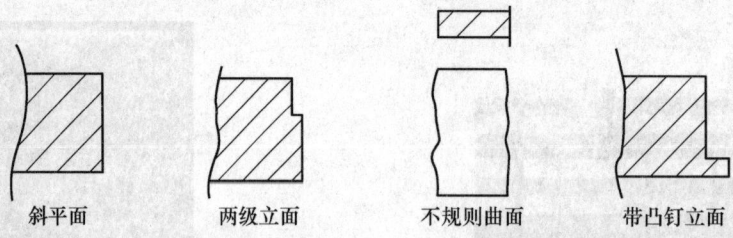

图 10-43 墙地砖周边立面形状实例

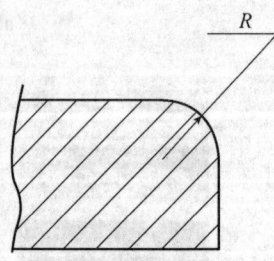

边棱形状一般都设计成圆弧状，除了起一定装饰作用外，主要是方便制造，减少压制成形时崩边、崩角缺陷。对挤出成形制品而言，是为了克服边棱裂纹，边棱弧度如图 10-44 所示。一般情况下，R 为 2~3mm，大多数取 3mm。

(5) 背纹形状

背纹形状完全没有装饰的意义，但它却是产品设计中必不可少的内容。

图 10-44 边棱弧度图

背纹内容包括凸纹、商标和文字。背纹设计的主要目的是：增大砖背面积，提高粘结强度；凹凸背纹可以提高胶结材料对墙砖垂直方向重力的支撑能力；砖坯强度的加强筋作用；砖坯成形时改善压力分布的作用；商标标识作用。

墙地砖背纹类型见表 10-6。

背纹的厚度和排布是有一定要求的。凸出的厚度一般不少于 0.5mm，凹槽的深度一般不少于 1.0mm。在制造技术允许情况下，应该加厚加深。产品规格越大，其厚度也要加大。方格形瓷质砖背纹厚度见表 10-7。

表 10-6 墙地砖背纹类型

名 称	形 状	应用实例
平底型		无釉马赛克
凸条贯通型		釉面马赛克 劈离砖
凹槽型（燕尾槽）		外墙砖 地砖
方格型		地砖
凸钉（槽）型		内墙砖
网型		地砖
综合型		地砖

表 10-7 方格形瓷质砖背纹厚度   mm

规格	200×200	300×300	400×400	500×500	600×600
背纹厚度	0.5	0.6	0.8	1.0	1.0~1.5

背纹的排布，要求线条和形状互补，分布均匀，背纹距砖边的最小距离为 3~5mm。为了增大成形时的密度，砖的四个角位置一般比砖底平面下凹 0.5mm。

2. 图案与色彩的设计

图案与色彩、表面形状是墙地砖艺术功能设计的两个主要内容，也是墙地砖设计的关键所在。

（1）图案纹样实例

根据多年的发展，墙地砖的图案纹样已经成了一定的规律，不论在釉面还是在坯体上反映出来的样式,大致可分为四类:散花、拼花、纹理和抽象幻彩。散花是由"花"、"点"、"线"有序或无序的排布构成;拼花是各种几何图案构成;纹理则以仿云石、花岗岩、仿木纹、仿皮革、仿金属、仿各类编织纹等构成;抽象幻彩是由不规则的纹样、变幻的色彩等各种手法组合而成。这些图案纹样虽然反映在众多的产品中,但也有一个流行的主次,从过去至今天,是沿着有规则发展到无规则,从写实发展到写意,从一式图案纹样铺砌发展到多种图案纹样配套铺贴,从图案纹样的单一装饰发展到多种手法综合装饰。常见图案纹样实例如图10-45 所示。

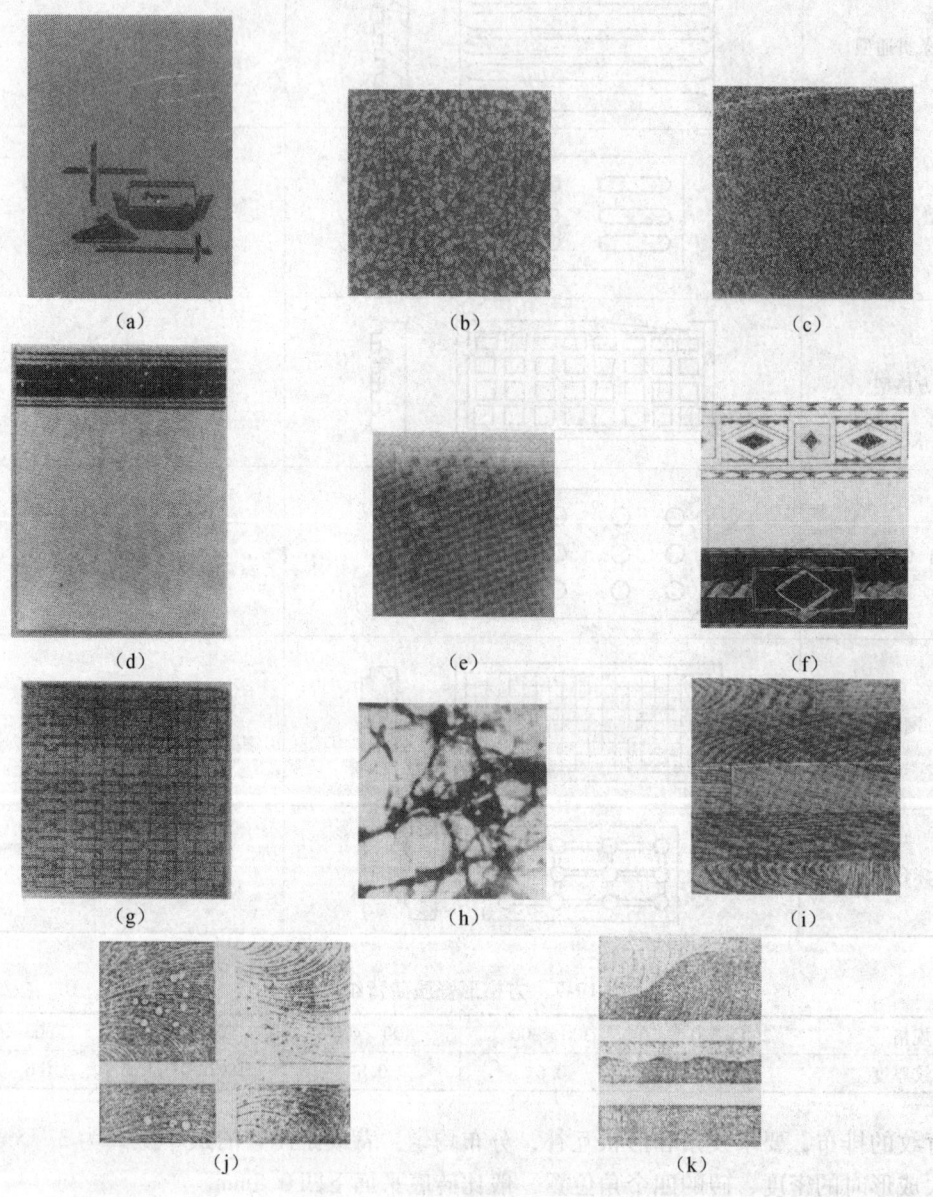

图 10-45 常见图案纹样实例

(a)~(c) 散花;(d)~(f) 拼花;(g) 仿编织纹;(h) 仿石纹;(i) 仿木纹;(j)~(k) 抽象幻彩

(2) 图案的形态处理

图案的世界千姿百态,丰富多彩,但是不同的图案有不同的体系和风格。每一种图案都是一个统一体。就形态而言，无论现实中物象的差异多大，在图案里始终都以某种相似关系而存在，这种相似虽然有主观因素，却没有做作的痕迹，它犹如天生地长一般，通体充满了和谐的美。因此，图案艺术作为一种和谐有机体，图案的形态就不能停留在模仿自然的表象上，而是模仿特征，保留结构，汇入情感。形象地表现出来。

(3) 图案的空间处理

图案基本上是在二度空间内展开的，尽管有时附着在四度空间中，实际上仍然以平面形式发展和延伸。因此，图案世界从物象的存在形式而言是一个平面的影象世界。

就二度空间量的分配而言，虚形面积（图与图之间空隙的面积）和实形面积（图的轮廓面积）都同等重要，处于同等地位。原因是实形与虚形相互依存，互为其根，它们在相互作用中形成，都是构成图案美的实在形态。因此在图案设计中不仅要考虑实形，同样要考虑虚形，更重要的是要看虚形与实形所占有的空间是否平衡。

(4) 色彩

色彩是最富有表现力的，有专家指出，色彩将成为主宰未来设计的主体。不管怎样，色彩以它强烈的表现力成为墙地砖设计的重要内容是肯定的。

由于色彩具有各种独特的性质，对人能产生冷、暖、明、暗、进、退、轻、重等心理感应。不同时代、地区、民族、习俗、气候等环境，对色彩的喜好常常表现出不同的差异，因而，最能表达出我们设计的主题、形象、风格和特点。设计者必须运用色彩原理，采用各种陶瓷装饰手法进行设计。

10.4 建筑琉璃制品和装饰瓦产品设计

10.4.1 产品结构和风格特点

建筑琉璃制品和装饰瓦都是建筑物屋面的装饰材料，主要功能是防水和装饰。尽管它们品种繁多、结构不一，但总体结构已形成一个独特的体系，一般由瓦件、配件、饰件三大类制品组成，通过各种组合，形成千变万化的装饰效果。

我国建筑琉璃陶瓷生产历史悠久，在发展的历史长河中，形成了南派和北派风格，在现代社会中，又派生出古建筑和现代建筑的新格调，随着各地区的文化习俗不同，在各大派系风格中，又形成了不同的特点。自从我国引入世界各国众多款式的装饰瓦生产后，现又增加了许多新风格，如西班牙式、法国式、德国式、日本式和东南亚式等各显风姿，美不胜收。

琉璃制品和装饰瓦的艺术效果并不表现在单体上，而是充分反映在铺贴后的线条，立面、整体形态的构成中。造型艺术性的设计，必须充分利用单件制品的各种结构，从整体艺术形象出发进行构思。

10.4.2 中式琉璃制品设计要点

中式建筑琉璃制品，除四大瓦件为主要用量的品种外，配件和饰件两大类的品种极其复杂而丰富，进行产品设计时，可参照以下原则：

(1) 根据建筑物的使用特点，如庙宇、纪念堂、园林、古旧建筑修建、现代建筑装饰；建筑物所在地的传统习惯和新的要求，如脊、吻、卷、尾、脊上兽等配置习惯，新颖吉祥饰物的要求等；建筑物的形态结构，如高度、宽度、层次、独立或群体等，确定整体形象风格。然后确定配件、饰件等各大类品种的配置方式，选择色调，以及各类制品的总体尺寸比例这三方面的设计基调。

（2）用琉璃制品装饰的建筑物部位的建筑物结构，一定要与琉璃制品的结构和装饰特点相适应，特别是建筑物的抛物线和抛物面等关键部位的结构，相互配合才能获得良好的效果。

（3）在上述两个原则下进行具体设计时，造型和尺寸规格是重点。建筑物越高，建筑面积越大，产品的规格尺寸要相应放大，才能显出雄伟壮观。在同一建筑中，从高到低多层装饰时，制品的规格尺寸也应随之逐渐变小，才使整个立面保持匀称，浑然一体。总体尺寸确定之后，就是各瓦件、配件、饰件之间的配合尺寸调整，务求衔接顺利，铺砌美观。造型设计不是现有品种的简单放大和缩小，而是在总体风格指导下作新的变形构思，特别是各种花、鸟、兽吉祥物饰件，应大胆创新。

（4）色彩的运用在产品设计中较为简单，就现行产品来说，都是单一色釉，但从整个建筑物来说，则可以单色、双色、三色来配合使用，如瓦、脊、饰物分别用三种颜色的制品组合铺砌，其效果极具特色。

（5）瓦件、配件、饰件的配置方法，不仅是使用方法，也是产品设计的重要内容。我国各地的配置方法差异较大，手法繁多，众多的配置形式不仅反映出各种外观特点，而且有丰富的内涵，必须充分掌握这些情况进行设计。中式建筑琉璃陶瓷制品实例如图10-46和图10-47所示。

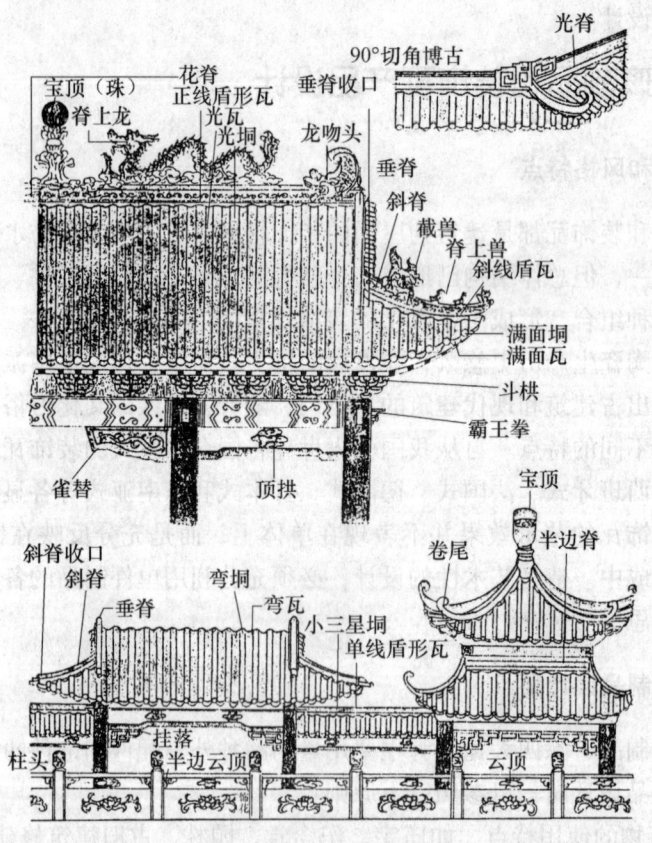

图10-46　建筑琉璃制品名称及安装使用示意图

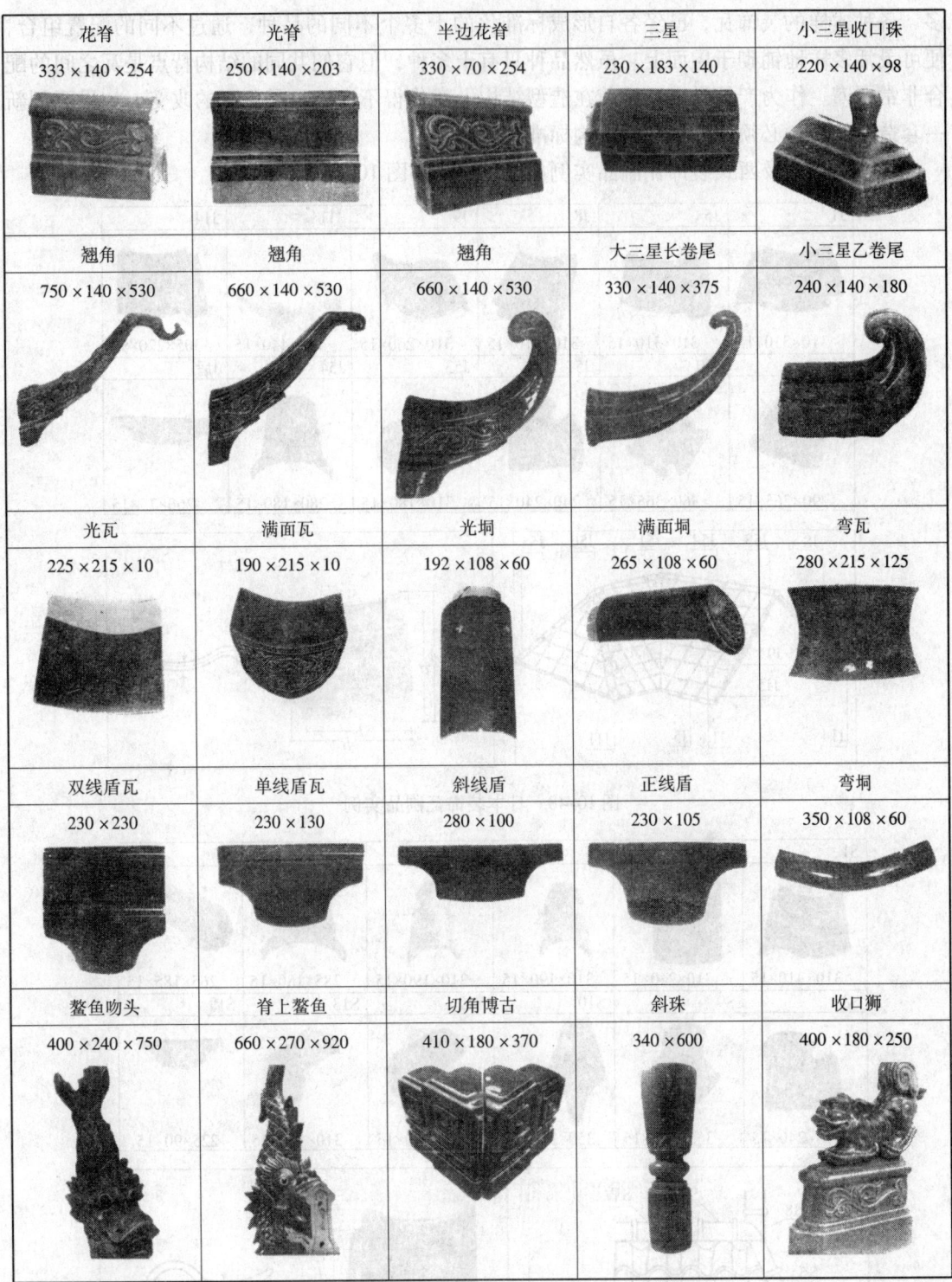

图 10-47 中式建筑琉璃陶瓷制品

10.4.3 西式装饰瓦设计要点

西班牙等西欧各国式样的装饰瓦和日本装饰瓦等，其品种配套上比中式琉璃制品简单得多，各种式样的装饰瓦，已经各自形成标准化的十多个不同的品种，通过不同的配置组合，便可灵活多样地铺砌于屋面上。虽然品种只有十多种，但它们共同的结构特点是瓦之间的配合非常严谨。作为产品设计，目前在造型结构上变化得不多，只是色彩的改变，如果要创新一套造型的话，必须达到周密的结构标准化。

日本装饰瓦及西式装饰瓦制品实例如图 10-48 和图 10-49 所示。

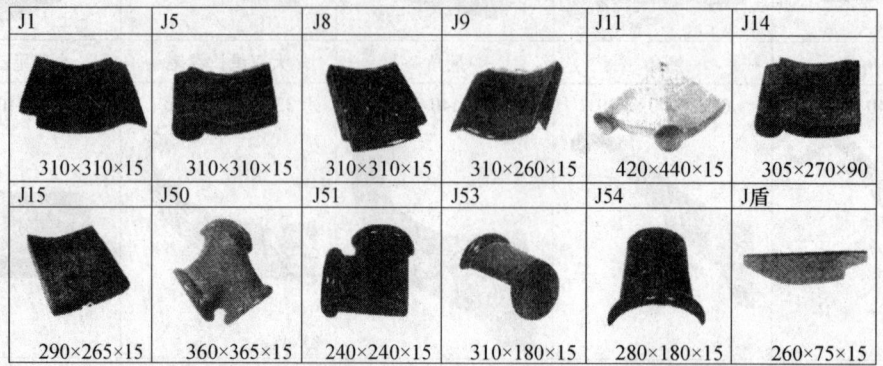
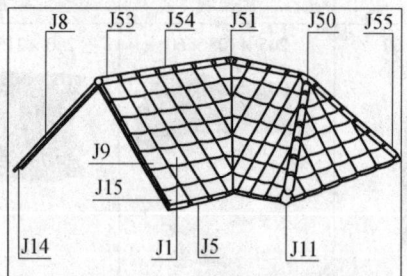
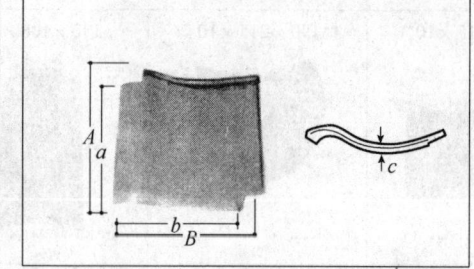

图 10-48　日本装饰瓦制品实例

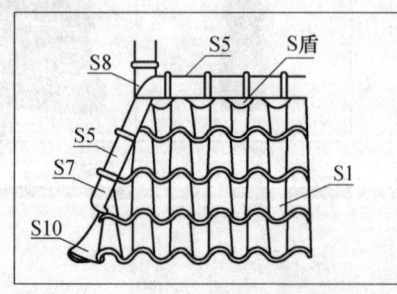
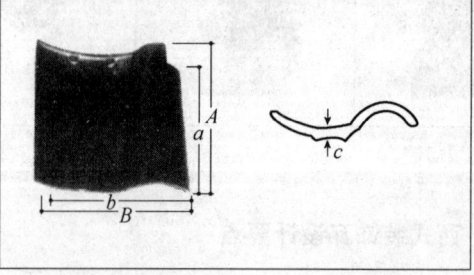

图 10-49　西班牙装饰瓦制品实例

10.4.4 简易装饰瓦设计要点

这类装饰瓦造型结构简单，显出一种简洁、无拘束的风格。但由于配件品种极少，也显得单调，而且铺砌时多采用不搭接形式，存在着使用上的缺陷。因此，产品设计除从造型更新上考虑以外，结构上的改进也是个重点。简易装饰瓦制品实例如图10-50所示。

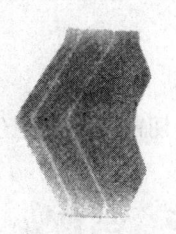

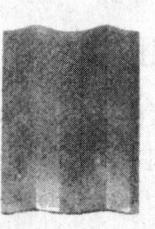

图 10-50　简易装饰瓦制品实例

10.4.5 其他方面的设计要点

（1）安装方式一般有两种：一种是挂瓦，另一种是水泥砂浆铺贴。不管采用什么方式，所有制品的安装尺寸均需标准化，才便于施工。

（2）防水功能在现代建筑中，已逐渐被建筑结构预设防水承载层承担，但在不少地方使用中，仍依赖瓦件的搭接解决。所以要求各瓦件、配件、饰件之间的搭接配合面有足够的防雨水功能。

（3）简易装饰瓦中，很多制品不设搭接位，而在使用时又采用紧靠的连续铺贴形式，由于陶瓷和水泥混凝土的膨胀收缩不一，使用一段时间后易造成剥离。所以，增加和改善简易装饰瓦的搭接配合面是显得极为重要的。

（4）生产工艺方式有多种，对于造型复杂的配件、饰件，应充分考虑生产工艺的可行性。

参考文献

1. 李中祥. 论卫生陶瓷产品开发的相关技术要素及其系统工程特性. 四维瓷业十年厂庆暨中国卫浴互动发展论坛报告材料之五，2002，3.
2. 李中祥. 论卫浴产品的创新设计. 景德镇千年庆典暨陶瓷材料与工程国际研讨会交流论文之一，2004，10.
3. 张展，王虹. 产品设计［M］. 上海：上海美术出版社.
4. 胡文杰，胡文娟. 工业产品设计［M］. 广西：广西美术出版社.
5. 王受之. 世界现代设计史［M］. 北京：中国青年出版社.
6. 李中祥. 用造型美为自己的产品增加一剂市场竞争的兴奋剂——新千年中国洁具造型的思考［J］. 中国建筑卫生陶瓷，2002，11.

第 11 章 陶瓷产品的后加工、配套与应用

11.1 陶瓷产品的后加工

陶瓷产品的后加工包括对陶瓷砖进行抛光、磨边与倒角、切割以及对卫生陶瓷制品的安装面、安装孔进行打磨等物理工艺过程。

11.1.1 陶瓷砖的后加工

1. 陶瓷砖的抛光

所谓抛光,就是利用抛光机械的各种磨头的高速旋转,对瓷质陶瓷砖、瓷质陶瓷板的表面进行磨抛、磨边、倒角,使其使用面平整、光亮如镜,因此抛光加工也称为镜面加工。对于瓷质渗花砖,通过抛光,可使渗花图案纹样更加清晰、鲜艳,获得镜面装饰效果。

(1) 工艺流程

烧成砖→刮平磨削→粗磨→细磨→抛光→磨边→倒边角→烘干→涂防污剂→分选→成品包装→入库。

整个过程由全自动抛光线完成,对于某些规格较大的瓷质砖,由于烧成收缩不一致,砖与砖的边长差异较大,不利进入自动抛光机,此时可先磨边后磨平面。

(2) 刮平定厚

为了提高瓷质砖的抛光产量和质量,降低抛光砖的加工成本,有些瓷质砖生产厂家在对烧成的瓷质砖进行抛光前,先利用刮平定厚机对瓷质砖表面进行铣刮加工,使瓷质砖得到一个平整的表面和均匀的厚度。

(3) 工艺参数与注意事项

①为了能顺利进行抛光,不被压裂或磨得不完整,烧成后的砖必须达到以下要求:

中心弯曲度不大于 0.2%;

同一批砖边长尺寸偏差不大于 3mm;

砖的断裂模数大于 32MPa。

②磨具、磨料 磨具和磨料是抛光最为关键的材料,它们直接与砖接触,其质量与工作状况直接影响瓷质砖的抛光效果。磨具、磨料的规格见表 11-1。

表 11-1 磨具、磨料的规格

工 序	磨料材质	磨料粒度(孔径 mm)	磨头转速(r/min)
刮平磨削	金刚石		2800
粗磨	碳化硅	0.280~0.063(60~240 目)	320~500
中磨	碳化硅	0.0480~0.015(320~800 目)	320~500
细磨	碳化硅	1000~1200 目	3200

续表

工 序	磨料材质	磨料粒度（孔径 mm）	磨头转速（r/min）
抛光	碳化硅	1500~1800目	3200
磨边	碳化硅		2800
倒边角	碳化硅	0.125~0.088(120~180目)	2800

抛光机的磨头组合，由使用单位设定，根据烧成砖的质量和规格、设定产量、特别要求等安排。

③磨削量 整个砖的磨削量视砖的平整度质量水平而有所变化，一般总磨削量为0.5~0.8mm。每组磨头的磨削量不宜太大，否则会影响整台抛光机的产量。砖的输送速度一般为3.5~5m/min。

④在整个磨削抛光过程中应有足够的水流冲洗砖面，这一方面是为了清除砖面的磨屑；另一方面，磨头高速旋转并与磨面摩擦会在砖面局部产生大量的热并使之温度剧增，水流的冷却作用能防止砖面过热而爆裂。水压应保持在0.12MPa以上，用水量视抛光机产量而定，一般为50~60m^3/h。

⑤抛光后烘干风温为50~70℃，抛光后还可以在砖面上抹水、蜡或其他涂料以增强砖面的抗污能力。

⑥经精磨抛光后，瓷质砖面的光泽度可达60以上。

2. 陶瓷砖的磨边与倒角

为了有效地消除陶瓷砖的尺寸偏差、大小头、波浪边及微量崩边等缺陷，可以使用陶瓷砖磨边倒角生产线对陶瓷砖的四边进行侧向磨削修整和倒角磨削修整，以提高陶瓷砖的质量等级。

3. 陶瓷砖的切割

陶瓷砖的切割就是采用切割设备对成品砖坯进行分块处理，主要目的是为生产工艺服务或满足客户对异型砖及尺寸的要求，以及部分破损砖坯的再利用。

陶瓷砖的切割设备一般为各种类型手动切割机，采用金刚石锯片。砖坯通过切割机工作平面上的导轨，人工推入金刚石锯片下方。在砖坯被切割的同时，锯片与砖坯表面淋水，以防止因摩擦产生的高温破坏砖坯以及影响锯片的使用寿命。采用手动切割机的最大缺点是噪声大，要注意工人的劳动保护。

对于地砖的切割主要是满足客户对小批量异型砖的需求，当然建筑装饰施工中根据现场需要，有时也少量切割地砖。对于墙砖而言，有时切割是为生产工艺服务的。例如，内墙砖的高档三次烧产品中许多腰线砖就是采用大规格砖进行前期印花烧制等工序，最后通过切割机把砖分成一定规格的小型产品砖。采用大砖的原因是生产中设备的需要。

陶瓷砖的切割还是轻微破损砖坯再利用的一条捷径。按照预先设定的图案，用数控水刀对残破的抛光砖进行再次加工，可以生产拼花砖，不但提高了产品的附加值，也利用了残次品。

11.1.2 卫生陶瓷制品的后加工

1. 安装面的后加工

高档卫生陶瓷制品要求其外形非常规整，安装面平整，能与地面、墙面、台板面紧密贴合，使贴合处自然、美观。但在大件卫生陶瓷制品的烧成过程中，由于耐火垫板的质量以及瓷件本身的烧成收缩等原因，烧成后制品多少都有点变形，因此需要对某些卫生陶瓷制品的安装面，如坐便器的下底面、台式洗面器与台板的接触面、挂式洗面器和挂式小便器的靠墙面进行后加工。

卫生瓷制品安装面后加工的工艺原理是利用特殊设计的平面磨床，将瓷件固定在研磨台上，加工面向上，研磨台开始作往复运动或旋转运动，瓷件也随之运动，然后在瓷件正上方的砂轮转动并给进，将瓷件加工面磨平。在整个加工过程中，磨床一般均对瓷件加工面喷水，以防止加工面过热而引起瓷件爆裂，并可冲走磨屑，起除尘作用。

2. 安装孔的后加工

卫生陶瓷五金及塑料配件的装配要求陶瓷件的安装孔要圆滑、规整，这就需要除去安装孔内表面的毛刺、流釉等杂物，一般采用电动磨具对其进行手工磨削。为便于对不同尺寸的安装孔进行磨削加工，采用锥形金刚砂质磨头。

11.2 陶瓷产品的配套

11.2.1 陶瓷产品配套的重要性

卫生陶瓷只是卫生洁具的陶瓷件部分，要成为一套完整的卫生洁具，必须要配上给排水的五金配件、密封胶垫和有关塑料配件。卫生陶瓷只有通过与配件的有效配套才能实现其使用功能，一个单独的卫生陶瓷是无法实现其使用功能的。同时，配套的好坏也决定了卫生洁具的品质，也是实现卫生洁具节水的重要基础，便器与配件的有效配套，是彻底解决便器漏水问题的根本途径。

陶瓷砖、饰面瓦同样有一个配套问题。一幢大楼不但需要一般的外墙砖，还应配上角砖、楼梯砖、腰线砖、宽椎砖、饰面瓦等，以便将整个建筑物装修成非常完善的整体，而不至于在各种转折处露出很多破绽，造成建筑物的积灰和污染，破坏了整个装饰效果。一个卫生间不但要有好的卫生洁具，还应配上相匹配的内墙砖和地砖、台面和其他小瓷件。

因此，要提高我国陶瓷产品的档次和水平，除提高自身的品质因素外，还要特别注意配套工作，包括健全配套组织、完善不同行业、企业间产品的配套设计、配套生产、配套销售。

11.2.2 陶瓷产品配套的主要内容

卫生陶瓷的配套可分为三个层次：第一层次为基础配套：包括陶瓷产品之间的配套、陶瓷产品与五金配件之间的配套、陶瓷产品与塑料配件的配套；第二层次为卫生洁具之间的配套；第三层次为整体配套，也称卫生间的配套。

首先应做好基础配套，确保各种卫生洁具的功能，而完善以陶瓷产品为中心的整体配套则是卫生陶瓷配套工作的最终目标。

1. 卫生间的基础配套

（1）构成卫生陶瓷基础配套的组件

①陶瓷产品

卫生间 {
  坐便器
  蹲便器
  水　箱：高水箱、低水箱
  洗面器 { 台式 / 立柱式 / 壁挂式 }
  小便器
  净身器
  淋浴盆
  浴　缸
  小　件：皂盒、手纸盒等
}

公共卫生间 {
  坐便器、蹲便器
  小便器：壁挂式、落地式
  洗面器：台式、立柱式、壁挂式
}

厨房：洗涤槽

② 五金配件

用于与卫生洁具（包括洗涤槽、浴缸）配套的五金制品称为五金配件。五金配件的种类很多，用于各种卫生洁具的配套。本书按照五金配件表面的装饰情况和五金配件的不同用途进行分类，具体分类如下：

按表面装饰分 {
  镀铬：最常用
  镀钛金：表面硬度高，颜色亮丽，防腐性好
  镀金：档次高，华贵气派
  烤漆：花色多，成本低，美观
  喷塑：设备简单，颜色丰富，档次低
  有机玻璃：用于手轮、标牌
  塑料电镀：用于手轮、喷头等
}

按用途分 {
  浴盆配件 {
    浴盆水嘴：单柄、双柄
    排水配件：S 型、P 型
    花洒 { 手持式 / 固定式 }
  }
  洗面器配件 {
    面盆水嘴：接触式、非接触式
    排水配件：S 型、P 型
  }
  洗涤器配件 {
    给水阀：单手柄、双手柄
    排水配件：S 型、P 型
  }
  坐便器配件：冲洗阀
  蹲便器配件：冲洗阀
  小便器配件 {
    给水阀：手动式、缓闭式
    排水配件：S 型、P 型
  }
  洗涤槽配件 {
    给水阀：单手柄、双手柄
    排水配件：S 型、P 型
  }
  卫生间小五金配件：漱口杯架、毛巾杆、浴帘杆、浴巾架
}

③塑料配件

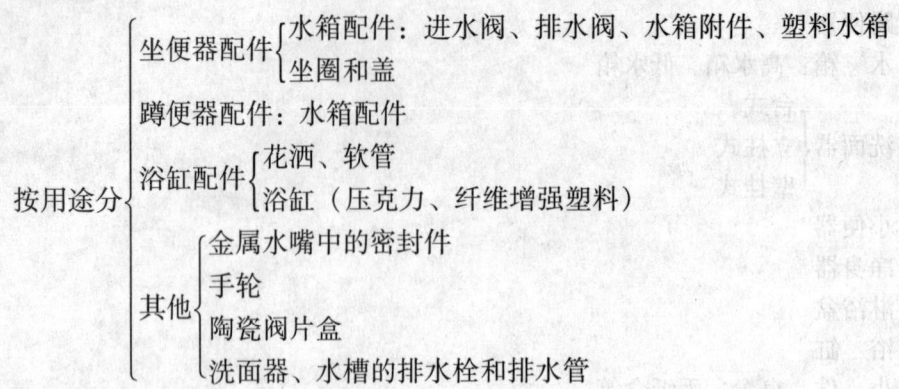
按用途分
- 坐便器配件
  - 水箱配件：进水阀、排水阀、水箱附件、塑料水箱
  - 坐圈和盖
- 蹲便器配件：水箱配件
- 浴缸配件
  - 花洒、软管
  - 浴缸（压克力、纤维增强塑料）
- 其他
  - 金属水嘴中的密封件
  - 手轮
  - 陶瓷阀片盒
  - 洗面器、水槽的排水栓和排水管

(2) 基础配套要点

①陶瓷产品之间的配套应注意它们之间色调和造型的一致性，交接处应严丝合缝。

②五金、塑料配件应力求性能好、功能多、造型美、规格全、装饰效果好、使用方便、款式协调、排水噪声小、节约用水、密封性好。

③提高五金、塑料配件的生产水平：在发达国家，五金配件行业已经进入产品、工艺、设备全面发展的成熟时期，生产过程日趋自动化，全面应用于电子、化工、陶瓷、机械、塑料行业的高新技术，使产品的质量越来越高，花色品种越来越多，功能日益齐全，特别是节水功能的产品得到广泛开发。

2. 各种卫生洁具之间的配套

完成卫生陶瓷的基础配套后，就应考虑各种具有使用功能的卫生洁具，如坐便器、洗面器、浴盆等之间的配套。进入同一卫生间的各项产品，一要造型风格统一，色调协调一致；二要使用功能的档次一致；三要制造工艺质量必须在同一档次的水平线上。要做到以上三点，卫生陶瓷企业，五金、塑料配件企业，浴盆生产企业等各协作企业之间事先要统一部署，协调各配套产品的设计和制造要求，这样配套才能有保障。

3. 整体配套

卫生间的整体配套涵盖上述两个层次的配套，内容最为丰富。卫生间配套的构成要素可归纳为横向和纵向两个系列。纵向表现为各个产品自身构成档次水平的基本要素，横向表现为产品与产品之间的关系对配套档次的影响。

(1) 纵向　单品种产品自身构成档次水平的基本要素为：

①使用功能水平；

②制造工艺水平；

③造型艺术水平。

在上述三个基本要素中，使用功能与制造工艺表现为产品的物质功能；使用功能与造型艺术表现为产品的精神功能；制造工艺水平与造型艺术水平表现为时代性。物质功能是基础，但现代卫生间所追求的应是物质功能与时代性的完美统一。从现代文明的要求而言，对于卫生间产品配套的档次要求，不可忽视任何一个方面。明确了单品种产品的纵向三个基本要素，就可以有针对性地采取措施，提高产品水平。换言之，一件产品必须样式美、做工细、功能好，三个方面同时下工夫，顾此失彼就会前功尽弃。

(2) 横向　各品种之间的配套性、统一性，表现为五个方面：

①洁具三大件（坐便器、洗面器、浴缸）或四大件（增加洗涤器）的档次及其协调统一性；

②水暖五金件、塑料配件的档次及其与洁具基本件配套组装后的协调统一性；

③墙面材料、地面材料的档次及其与洁具套件的协调效果；

④大理石台板、镜子、灯具、吊顶等配套材料的档次及其与整体装饰的配套协调效果；

⑤卫生间的综合设计效果。由于室内装饰设计的各品种之间的配套性、统一性对高档卫生间尤为重要，仅有个别的或几个的高级产品构不成高档卫生间。

11.2.3 不同用途对卫生间的配套要求

按照类别不同，可将卫生间分为住宅卫生间、宾馆卫生间和公共建筑卫生间。

1. 住宅卫生间

住宅卫生间根据不同功能需求可以分为便溺、洗浴、盥洗、洗涤四种基本的卫生单元。各卫生单元根据使用要求可分别独立设置，亦可组合设置。

住宅卫生间各卫生单元配套设备设置见表11-2。

表11-2 住宅卫生间各卫生单元配套设备设置

卫生单元种类	应安装的设备	其他设备、设施
便溺单元	坐便器或蹲便器及冲水装置	净身器、小便器、照明设备、换气设备、电源等
洗浴单元	淋浴装置或浴缸、地漏	照明设备、换气设备、电源等
盥洗单元	洗面器、水嘴	照明设备、电源等
洗涤单元	洗衣机专用水嘴、地漏	拖布池、电源等

2. 宾馆卫生间

宾馆卫生间至少应配置便器、洗浴器、洗面器三种卫生洁具，并应根据宾馆的级别设置相应的配套设备。

3. 公共建筑卫生间

公共建筑卫生间根据不同功能需求可以分为便溺、盥洗两种基本的卫生单元。各卫生单元根据使用要求可分别独立设置，亦可组合设置。

公共建筑卫生间各卫生单元配套设备设置见表11-3。

表11-3 公共建筑卫生间各卫生单元配套设备设置

卫生单元种类	应安装的设备	其他设备、设施
便溺单元	坐便器或蹲便器及冲水装置、小便器及冲水装置	照明设备、换气设备、电源等
盥洗单元	洗面器、水嘴	照明设备、电源等

公共建筑卫生间应使用节水型装置。

4. 卫生间配套的其他要求

（1）卫生间配套设备所用的各种材料应符合国家和行业的相关标准要求。

（2）产品与水接触的部位应使用耐腐蚀材料制造，直接影响产品寿命的零部件表面应做防腐蚀处理或采用不易腐蚀的材料制造。

（3）产品所使用的所有与饮用水直接接触的材料，应符合国家相关标准的规定。其他材料应满足产品使用性能的要求。

(4) 各类卫生间配套设备应符合相关标准的要求。

(5) 各类卫生间配套设备的安装尺寸应与建筑模数协调，优先采用 50mm 建筑模数。

11.3 陶瓷产品的安装与施工

11.3.1 卫生陶瓷的安装与施工

1. 一般要求

(1) 应积极采用节水型器具。

(2) 各种卫生设备及管道安装均应符合设计要求及国家现行标准规范的有关规定。

(3) 卫生陶瓷的品种、规格、颜色应符合设计要求，并应有产品合格证书。

(4) 给排水管材、件应符合设计要求，并应有产品合格证书。

2. 施工注意事项

(1) 各种卫生陶瓷与地面或墙体的连接应用金属固定件安装牢固。金属固定件应进行防腐处理。当墙体为多孔砖墙时，应凿孔填实水泥砂浆后再进行固定件安装。当墙体为轻质隔墙时，应在墙体内设后置埋件，后置埋件应与墙体连接牢固。

(2) 各种卫生陶瓷安装的管道连接件应易于拆卸、维修。排水管道连接应采用有橡胶垫片排水栓。卫生陶瓷与金属固定件的连接表面应安置铅质或橡胶垫片。各种卫生陶瓷类器具不得采用水泥砂浆窝嵌。

(3) 各种卫生陶瓷与台面、墙面、地面等接触部位均应采用硅酮胶或防水密封条密封。

(4) 各种卫生陶瓷安装验收合格后应采取适当的成品保护措施。

(5) 管道敷设应横平竖直，管卡位置及管道坡度等均应符合规范要求。各类阀门安装应位置正确且平正，便于使用和维修。

(6) 嵌入墙体、地面的管道应进行防腐处理并用水泥砂浆保护，其厚度应符合下列要求：墙内冷水管不小于 10mm，热水管不小于 15mm，嵌入地面的管道不小于 10mm。嵌入墙体、地面或暗敷的管道应做隐蔽工程验收。

(7) 冷热水管安装应左热右冷，平行间距应不小于 200mm。当冷热水供水系统采用分水器供水时，应采用半柔性管材连接。

(8) 各种新型管材的安装应按生产企业提供的产品说明书进行施工。

3. 卫生陶瓷安装要求

(1) 卫生陶瓷的安装应在建筑物排水管路安装好后进行，预埋木砖和支托架防腐良好，埋设平整良好，支架与器具接触紧密。

(2) 卫生间地板预留孔（供上下水管或通风道安装用）的位置和大小应与所用卫生器具和通风道的连接尺寸符合。在旧房内安装时，凿洞位置和大小也应如此。

(3) 给水管在引入器具前的管路上应单设阀门。卫生陶瓷器具在接排水管前，均安装返水管，与器具构成一体，以防下水管网的污水臭气散发于室内，但大便器的排污口应直接连接排污管，不能设置存水弯，否则将影响冲洗功能。大便器与洗涤器的排污口周围应填充一道宽约 20mm 的密封材料。除大便器与洗涤器外，在排水管口均应安装滤栅，以防污水中的固体杂物堵塞管路。

(4) 安装时，不能用水泥砂浆填塞器具脚部和隐蔽底部，以免因水泥砂浆与陶瓷的收缩、膨胀不一致而造成开裂。不能把硬纸团、建筑施工杂物投入器具内，以免堵塞管道。

(5) 卫生陶瓷安装的允许偏差应符合有关国家标准、施工规范的要求。

4. 卫生陶瓷器具的排水要求

由于生活污水含杂质多，排水量大而急，为防止管道堵塞，各种卫生陶瓷器具的排水量、排水管径及坡度应符合有关标准和规范的要求。

卫生器具安装时，应保证其排水的排出口与排水管的连接处必须严密不漏。排水栓和地漏的安装应平正、牢固，并低于排水平面，不能有渗漏现象。排水栓应低于盆、槽底表面2mm，低于地表面5mm；地漏低于安装处排水表面5mm。

11.3.2 陶瓷砖的铺贴施工

1. 铺贴施工

主要分内墙、外墙、地面的铺贴。这三种铺贴施工，虽然场所不同，所用的砖也有所不同，但其施工的方法大同小异。

(1) 湿法铺贴

①墙地面的基础处理，填坑找平；把现场清洗干净，先洒适量的水以利于施工；

②设置标筋（做抹灰厚度标记）；

③抹底灰；

④弹分线路，预排砖，主要为了合理安排砖缝，使砖缝平直；

⑤铺贴，即根据不同场合和要求使用不同的粘贴材料，选定合理的厚度，最后将砖敲实，使砖紧密和基础面粘实；

⑥嵌缝，将砖缝修饰平整。为防止落污，建议采用优质防污剂（有机硅类型）对嵌缝进行防污处理。

以上各工序的基本目标是铺贴牢固，表面平整，砖缝平直，安排合理，非整砖应安排在不明显处。其中牢固性特别重要，尤其是外墙砖，如有剥落，非但严重损害整个建筑物的美观，还有伤害行人的危险。

(2) 干法铺贴

①由于湿法铺贴的美观效果不佳、难度大，现铺贴方式均采用干法铺贴；

②将楼面层洒水湿润；

③涂刷水灰比为1:(0.4~0.5)的水泥浆一道，随刷随铺水泥浆找平层，找平层为1:3的干硬性水泥砂，其表面应保持干燥（含水率=9%）；

④先用砖试铺找平后厚度为25mm左右；

⑤涂刷2~3mm厚度底胶；

注：按产品配套，可采用非水溶性同类胶粘剂加入其质量的10%的65号汽油和10%醋酸或乙酸乙酯，并搅拌均匀。当采用水溶性胶粘剂时，可按同类胶加水稀释后使用（胶水比例为1:1）。胶粘剂按使用说明采用单面涂胶或双面涂胶的办法。

⑥将瓷砖与基础面贴密实，并用水平尺测量，确保瓷砖铺贴水平。

2. 注意事项

(1) 铺贴前，应检查砖的质量，选用合格的砖，砖表面应平整、无裂缝和缺棱、掉角、熔洞、斑点等缺陷，尺寸准确，颜色一致，不同规格、品种、色号或有色差的砖应分别堆放，不得混用。

（2）铺贴前应将瓷砖放在清水中浸透（浸泡2~3h），取出阴干或擦干。墙面砖也应浇水湿润，以防止干瓷砖、干墙面吸水过快，使水泥砂浆失水，不能充分水化而失去粘结力。砖背面的浮灰应扫净，基础层应处理干净，粘结层不宜过厚，以免引起空鼓和各层之间粘结不牢固。

（3）铺砖基础层要抹平并要养护达到足够稳定和一定的刚度，再进行铺贴施工。基础面为木板、塑料板者不宜铺贴陶瓷砖。

（4）在选用陶瓷砖粘结材料时，必须考虑二者的热膨胀系数应相匹配，否则会引起墙地砖脱落或开裂事故。

（5）铺贴12h，用木槌敲击砖面，检查空鼓现象，如出现空鼓现象，该砖须重贴，重铺时一定要将底层清理干净，重新铺垫找平层。

（6）清理：铺贴完后，清理砖表面的水泥浆和砂粒。

（7）除蜡：铺贴完48h之后，方可使用除蜡设备进行除蜡。

（8）施工人员应考虑铺贴的顺序，以便退出。铺贴完毕的部分不要踩踏，以保证质量。

3. 陶瓷墙地砖胶粘剂

传统铺贴陶瓷墙地砖用粘结材料主要是水泥砂浆。近年来，在水泥砂浆中加入各种胶粘剂，增强了粘结强度，减少了粘结层厚度，缩短了施工时间。有些施工方法已完全不用水泥，单用某种胶粘剂。

（1）陶瓷砖胶粘剂按产品组成分为：
——水泥基胶粘剂（C）；
——膏状乳液胶粘剂（D）；
——反应型树脂胶粘剂（R）。

（2）根据不同的使用性能可以分为：
——普通型胶粘剂（1）；
——增强型胶粘剂（2）；
——快速硬化胶粘剂（F）；
——抗滑移胶粘剂（T）；
——加长晾置时间胶粘剂（E）。

普通型胶粘剂的技术要求见表11-4。

表11-4 普通型胶粘剂的技术要求

性能	水泥基胶粘剂	膏状乳液胶粘剂	反应型树脂胶粘剂
拉伸胶粘原强度（MPa）	≥0.5	—	—
浸水后的拉伸胶粘强度（MPa）	≥0.5	—	—
热老化后的拉伸胶粘强度（MPa）	≥0.5	—	—
冻融循环后的拉伸胶粘强度（MPa）	≥0.5	—	—
晾置时间20min拉伸胶粘强度（MPa）	≥0.5	≥0.5	≥0.5
压缩剪切胶粘原强度（MPa）	—	≥1.0	≥2.0
热老化后压缩剪切胶粘强度（MPa）	—	≥1.0	—
浸水后压缩剪切胶粘强度（MPa）	—	—	≥2.0

4. 陶瓷砖干挂

如果陶瓷砖面积较小，可采用干法铺贴的方式，但一般来讲，为解决陶瓷砖自重的问题，干挂更加适合上墙。

（1）内墙干挂

内墙干挂一般采用无龙骨挂贴式干挂方式，适用于砖面较大，室内要铺贴的高度较高，但又需要节省面积的情况。无龙骨挂贴式干挂方式和陶瓷砖的干铺法一致。所不同的是，为了克服陶瓷砖自重的影响，需要在墙面找平之前预埋挂杆，将瓷砖固定。其基本步骤为：

①确定铺贴方案；
②放线，根据铺贴位置，使用相关工具确定陶瓷砖铺贴位置和预埋龙骨的位置；
③预埋挂杆，找平，找平层干爽后贴砖；
④嵌缝。

（2）外墙干挂

外墙干挂根据市场提供的挂件形状不同，可分为插销式、扣槽式和背栓式；根据材质不同，可分为铝合金挂件和不锈钢挂件。不同挂件干挂情况对比见表11-5。

表11-5　不同挂件干挂情况对比

	背栓式	扣槽式和插销式
结构体系	传力简洁明确，不会产生应力集中；板材受力弯矩较小，安全性更高；充分体现柔性设计意图，特别适用于超高层或抗震结构	传力不明确，板材之间易产生应力积累，造成板材变形破坏；刚性结构，易在板材内部产生复合应力
安装施工	板材独立安装，预制化程度高，施工效率提高50%，板材更换方便；可以采用开放体系，具备良好的防雨屏及保温节能功效，减少幕墙维护费用	基本是现场施工，受天气影响大，而且板材更换困难，板缝间有可见挂件，无法采用开放体系

参考文献

1　全国建筑卫生陶瓷标准化技术委员会. GB 6952—2005. 卫生陶瓷［S］. 北京：中国标准出版社，2006.
2　全国建筑卫生陶瓷标准化技术委员会. GB/T 12856—2008. 卫生间配套设备［S］. 北京：中国标准出版社，2008.
3　全国轻质与装饰装修建筑材料标准化技术委员会. JC/T 547—2005. 陶瓷墙地砖胶粘剂［S］. 北京：中国标准出版社，2005.
4　全国建筑卫生陶瓷标准化技术委员会. JC 932—2003. 卫生洁具排水配件［S］. 北京：中国建材工业出版社，2003.
5　全国建筑卫生陶瓷标准化技术委员会. JC 987—2005. 便器水箱配件［S］. 北京：中国建材工业出版社，2005.

第12章 理化分析与测试技术

12.1 化学分析

12.1.1 化学组成分析

陶瓷化学分析的目的是分析测定出原料、辅料、成品、半成品的化学组成。通常的测定项目为：SiO_2、Al_2O_3、Fe_2O_3、TiO_2、CaO、MgO、K_2O、Na_2O 和灼减量（$I.L$），但对陶瓷色釉料除上述项目外，还须分析 ZrO_2、MnO、CuO、CoO、Cr_2O_3、NiO、ZnO、PbO、SnO_2、BaO、P_2O_5、Li_2O、B_2O_3 等，有时还需分析 S 和 F。

这里介绍常用的四种化学组成分析方法。

1. 陶瓷材料及制品化学分析方法（GB/T 4734—1996）

（1）试样的制备

试样应按产品标准中的规定或技术要求抽样，使其对全体具有代表性。

试样应按经验公式分取样品量。

$$Q = kd^2$$

式中 Q——处理后具有代表性的最低质量，kg；

k——特性常数，本标准中定为0.2；

d——处理后的最大粒径，mm。

将送检样粉碎、过筛、缩分处理成分析试样，使其不失去原送检样的代表性。

分析试样最大粒径小于0.09mm，最低质量不小于50g，分析试样在各组分测定之前，须经过 105~110℃ 干燥 2~3h。

1）碱熔试样的制备

称取试样0.5g，精确至0.0001g，置于铂坩埚中，取碳酸钠4g（或混合熔剂3g），将熔剂的三分之二与试样混匀，剩下的三分之一覆盖于上面，先低温加热，逐渐升高至1000℃，熔融 10~15min，取出冷却后，将熔块用热水浸出于500mL烧杯中，加入盐酸（密度1.19g/cm³）20mL，盖上表皿，待反应停止后用盐酸（1+1）及热水洗净坩埚、坩埚盖及表皿，将烧杯移至沸水浴上，浓缩至硅酸胶体析出仅带少量液体为止（约10mL）。取下，冷却至室温，加入丙三醇10mL以除硼，摇匀，再加入聚环氧乙烷溶液（0.05%）10mL，搅匀，放置5min，加沸水10mL使盐类溶解，然后使用慢速定量滤纸过滤于250mL容量瓶中，用热盐酸（1+19）洗涤 5~6 次，最后用一小片滤纸及带胶头的玻璃棒擦洗烧杯，使沉淀转移完全。再用热水洗涤沉淀至无氯离子，将沉淀移入已恒重的铂坩埚中，加硫酸（1+1）1滴，加盖并留一缝隙，先炭化再灰化至白色，然后放入高温炉内于 950~1000℃ 灼烧1h，移入干燥器中冷却至室温，反复操作至恒重，记为 m_1。润湿上述沉淀后，加入硫酸（1+1）5滴和氢氟酸（密度1.14g/cm³）10mL，先小火逐渐升温蒸至开始冒白烟，取下冷却再加硫酸（1+1）3滴，氢氟酸5mL，蒸至白烟逸尽，移入950~1000℃高温炉中灼烧1h，移入干燥器中冷却至室温，称量，反复操作直至恒重，记为m_2（如果残渣超出10mg须重新称样，返工重做）。用焦硫酸钾1g在500~600℃熔融残渣，冷却后用几滴盐酸（1+1）和少量水加热溶解，并入滤液，稀释至刻度，此溶液称为试液A。此溶液供残留SiO_2、Al_2O_3、Fe_2O_3、TiO_2、CaO、MgO含量的测定。

2）酸溶试样的制备

当SiO_2含量在98%以上时，可用此法制备试液。

称取试样1g，精确至0.0001g，置于铂坩埚中，加水湿润，加入1mL高氯酸（密度1.75g/cm³）、10mL氢氟酸（密度1.14g/cm³），盖上坩埚盖并使之留有空隙，在不沸腾的情况下加热约15min，打开坩埚盖用少量水洗两遍（洗液并入坩埚内），在普通电热器上小心蒸发至近干，取下坩埚。稍冷后用少量水冲洗坩埚壁，再加3mL氢氟酸并蒸发至近干，稍冷后加4滴高氯酸，继续蒸发至干，稍冷后加入盐酸（1+1）10mL，放在普通电热器上加热分解至溶液澄清。用热水将溶液洗至烧杯内，冷却后移至250mL容量瓶中，用水稀释至刻度，摇匀。此溶液称为试液B，以上溶液供Al_2O_3、Fe_2O_3、TiO_2、CaO、MgO、K_2O、Na_2O含量的测定。

(2) 仪器、设备

原子吸收分光光度计：铁在波长248.3nm处的灵敏度应高于0.1μg/mL（1%吸收）；钙在波长422.7nm处的灵敏度应高于0.1μg/mL（1%吸收）；镁在波长285.2nm处的灵敏度应高于0.1μg/mL（1%吸收）。

火焰光度计：以石油气、液化石油气或煤气为燃气。其灵敏度对氧化钾或氧化钠均应高于每分度0.05μg/mL。

分光光度计：符合GB 9721的规定。

(3) 方法提要

1）灼烧减量

试料经1025℃±25℃灼烧，所损失的质量为灼烧减量。

2）二氧化硅

聚环氧乙烷凝聚与硅钼蓝光度联用法：试料用碳酸钠（或混合熔剂）熔融，在盐酸介质中，用聚环氧乙烷使硅酸凝聚析出，灼烧沉淀，称量。用氢氟酸使二氧化硅挥发，再灼烧、称量，由其减量求出主二氧化硅含量。分取滤液，用硅钼蓝光度法测出滤液中残留二氧化硅含量，二者之和则为试样的二氧化硅含量。

氢氟酸法：测定灼烧减量后的试料，加入氢氟酸使二氧化硅挥发，再灼烧、称量，由其减量求出二氧化硅含量。

3）三氧化二铝

铜铁试剂－三氯甲烷萃取分离，EDTA络合滴定法：分取分离硅后之滤液（或氢氟酸去硅后，溶解残渣之溶液）调节溶液酸度为2.5mol/L，用铜铁试剂和三氯甲烷萃取分离铁、钛等干扰元素，在过量EDTA标准溶液中，以二甲酚橙作指示剂，用乙酸锌返滴过量EDTA。

氟化物取代，EDTA络合滴定法：分取分离硅后之滤液（或氢氟酸去硅后，用盐酸溶解残渣之滤液），加入过量的EDTA，调节pH≈4，使之与铝、钛等离子完全络合，以二甲酚橙为指示剂，以乙酸锌标准溶液回滴过量的 EDTA，再加入氟化钠置换出铝、钛络合的 EDTA，然后继续用乙酸锌标准溶液滴定铝、钛含量。

4) 三氧化二铁

邻菲罗啉光度法：分取碱熔之滤液或酸溶之溶液，用柠檬酸掩蔽共存干扰离子，以抗坏血酸将三价铁还原成二价铁后，在 pH≈3 的溶液中，加邻菲罗啉使与 Fe^{2+} 共成橘红色络合物，在分光光度计上于 510nm 处测吸光度。

火焰原子吸收分光光度法：将试料用氢氟酸和高氯酸分解，蒸干后溶于盐酸，用原子吸收分光光度计在 248.3nm 处测定铁的吸光度。

5) 二氧化钛

二安替比林甲烷分光光度法：四价钛离子与二安替比林甲烷，在盐酸酸度为 1.2~2.5mol/L 之间形成稳定的黄色络合物。用抗坏血酸消除铁的干扰，在分光光度计上于波长 390nm 处测定钛黄色络合物的吸光度。

6) 氧化钙和氧化镁

EDTA 络合滴定法：分取碱熔之滤液或酸溶之溶液两份，其中一份加三乙醇胺掩蔽铁、铝、钛，在强碱性溶液中，加钙黄绿素与百里酚酞混合指示剂，用 EDTA 标准溶液滴定钙；另一份同样以三乙醇胺作掩蔽剂，在氨性溶液中，加甲基百里酚蓝指示剂，用 EDTA 标准溶液滴定钙、镁合量，用差减法求出氧化镁的含量。

火焰原子吸收分光光度法：将试液在原子吸收分光光度计上，以钙空心阴极灯于波长 422.7nm 处，镁空心阴极灯于波长 285.2nm 处分别测定钙、镁的吸光度。

7) 氧化钾及氧化钠

火焰光度法：将试液与标准溶液同时在火焰光度计上分别测定其相对辐射强度，以计算氧化钾或氧化钠的含量。

8) 一氧化锰

试料以硫酸－氢氟酸分解，在磷酸介质中，用高碘酸钾将低价锰氧化成紫红色高锰酸钾，用分光光度计于波长 530nm 处测定溶液的吸光度。

9) 五氧化二磷

试料以硝酸－氢氟酸分解，在硝酸介质中，磷酸与钒酸盐和钼酸盐生成黄色络合物，在分光光度计上于 390nm 处测定溶液的吸光度。

10) 三氧化硫

试料用碳酸钠－氧化镁混合熔剂熔融，将硫全部转化成可溶性硫酸盐后，在盐酸介质中，加入氯化钡，使硫生成硫酸钡沉淀，经 800℃ 灼烧，称量，计算三氧化硫百分含量。

2. 多元素快速分析

多元素快速分析方法是针对硅酸盐行业长期以来采用重量法、容量法、分光光度法、火焰光度法及原子吸收光度法联合进行材料的化学分析时流程长，不能满足生产工艺控制要求而研制的，可在数小时内完成一个样品的全分析，适用于陶瓷、耐火材料、无机非金属矿产、建材、地质等领域的化学分析。

(1) 工作原理

本方法以光度分析为基础，通过采用以微电流向左扩展标尺，光电流向右扩展标尺，实现了大范围的线性化,避免了在光度法分析中浓度较大的溶液偏离比尔定律、线性差、分析结果误差较大的缺陷。在本分析方法中采用了稳定的快速准确的显色体系和系统分析流程,解决了多元素间的相互干扰问题,分析结果准确可靠。

(2) 测定范围

1) 可以测定以下项目:

SiO_2: 0.10%~99%　K_2O: 0.10%~15%　Al_2O_3: 0.10%~99%　Na_2O: 0.10%~15%

Fe_2O_3: 0.10%~15%

CaO: 0.10%~60%　TiO_2: 0.10%~15%　MgO: 0.10%~60%　Li_2O: 0.10%~15%

ZrO_2: 0.1%~99%

CoO: 0.1%~10%　P_2O_5: 0.1%~30%　B_2O_3: 0.1%~30%　SnO: 0.1%~99%

PbO: 0.1%~20%

ZnO: 0.1%~15%　BaO: 0.1%~10%　NiO: 0.1%~15%　MnO: 0.1%~15%

Cr_2O_3: 0.1%~15%

长石、黏石、高岭土、石灰石、白云石、方解石、矾土、石英等陶瓷原材料的全分析;

2) 石英($SiO_2 > 98.00\%$);

3) 锆英石中锆、硅、铁、钛;

4) 熔块釉中8个常规元素以及锆、钴、铅、硼、钡、锌、铬等;

5) 锂辉石、锂长石中8个常规元素及锂;

6) 钛白粉中钛;

7) 陶瓷原材料中P_2O_5;

8) 氧化锰化工原料;

9) 氧化钴化工原料;

10) 氧化镍化工原料;

11) 氧化锌化工原料($ZnO > 90\%$);

12) 氧化钡化工原料;

13) 电瓷、玻璃行业中低含量组分: Fe_2O_3(0.005%); K_2O(0.02%); Na_2O(0.02%); P_2O_5(0.02%); MnO(0.02%); CoO(0.10%); Cr_2O_3(0.10%)。

(3) 方法提要

称取一定量样品于银坩埚中,加熔剂1.35g±0.01g,用小玻璃棒搅匀,刷净玻璃棒。于750℃马弗炉中熔融15~25min(对于不含碳质的黏土、长石、高岭土,熔样时间可以短一点,以能彻底打开样品为准,用户可根据分析对象自行掌握),取出坩埚稍冷后,按下列方法处理:

将熔好的样品放入600mL干燥的烧杯中,用500mL容量瓶定量加入500mL浸取液[浸取液为含HCl(1+1)35mL的二次水],边搅边在超声波上浸出样品后,再倒回原容量瓶中,摇匀供测定各元素使用。

分析过程为:样品→制样→称量→熔样→浸取→显色→测定→数据处理→结果打印。

从称样开始,2~3h完成8个常规项目的化学成分分析全过程。4h完成所有项目的分析。一次最多检测样品数为10个。

3. X射线荧光光谱分析

(1) 简介

利用初级X射线光子或其他微观离子激发待测物质中的原子,使之产生荧光(次级X射线)而进行物质成分分析和化学态研究的方法。按激发、色散和探测方法的不同,分为X射线光谱法(波长色散)和X射线能谱法(能量色散)。

当原子受到X射线光子(原级X射线)或其他微观粒子的激发使原子内层电子电离而出现空位,原子内层电子重新配位,较外层的电子跃迁到内层电子空位,并同时放射出次级X射线光子,此即X射线荧光。较外层电子跃迁到内层电子空位所释放的能等于两电子能量级的能量差,因此,X射线荧光的波长对不同元素是特征的。

X射线荧光光谱仪和X射线荧光能谱仪各有优缺点。前者分辨率高,对轻、重元素测定的适应性广,对高低含量的元素测定灵敏度均能满足要求。后者的X射线探测的几何效率可提高2~3数量级,灵敏度高,可以对能量范围很宽的X射线同时进行能量分辨(定性分析)和定量测定。对于能量小于2万电子伏特左右的能谱的分辨率差。

X射线荧光分析法,除用于物质成分分析外,还可用于原子的基本性质如氧化数、离子电荷、电负性和化学键等的研究。

(2) 方法提要

制样:称取细度大于200目有代表性样品2g左右,与不小于8g的专有熔剂混合,放入铂金坩埚中,于1050℃熔制,待完全熔化后自然冷却。制成的样品大约为$D \times H = 30mm \times 3mm$玻璃状圆瓶。

测试:每台仪器试样架可放置约60个样品,测定时间为2~3min/样品。

4. 原子吸收光谱分析法

该分析法又称原子吸收分光光度分析法,简称原子吸收分析法。它是基于试样中待测原子蒸气对该元素原子特征谱线的吸收程度进行定量分析的一种方法。

分析过程,先将试样制成溶液或直接置于原子化器中,在高温下进行原子化。将试样中待测元素转变成原子蒸气。让元素灯发射的特征光谱线穿过有一定厚度的原子蒸气,该特征光谱线部分被原子蒸气中待测元素的基态原子所吸收,强度减弱,经分光系统后照射在检测器上,再经放大后读数或记录。

原子吸收分析的优点是灵敏度高,分析速度快。火焰原子化法绝对检出限达10^{-10}g,无火焰原子化法可达10^{-14}g。其次是选择性好。对于元素特征光谱线吸收的测量,干扰成分少,同一试样可不经分离直接测定多种元素。再有是准确度高。一般分析时,火焰原子吸收光谱分析法的相对误差可达0.1%~0.5%。其适用范围广,既适用于常量元素分析,也适用于微量元素分析,分析元素的面也较广。该方法的主要缺点是分析一个元素就要换一支元素灯,不够方便,多数非金属元素不能直接测定。此外,对于高含量成分的测定误差较大,但对做精密、准确的、低含量分析却是不可缺少的分析方法。

12.1.2 排放废气分析

1. 大气污染物排放控制要求

现有企业自2008年7月1日起执行表12-1规定的大气污染物排放浓度限值。

表12-1 现有企业大气污染物排放浓度限值 mg/m³

生产工序	原料制备、干燥		烧成、烤花		监控位置
生产设备	喷雾干燥塔		辊道窑、隧道窑、梭式窑		
燃料类型	水煤浆	油、气	水煤浆	油、气	
颗粒物	100	50	100	50	
二氧化硫	500	300	500	300	
氮氧化物（以 NO_2 计）	240	240	650	400	
烟气黑度（林格曼黑度，级）	1				
铅及其化合物	—		0.5		污染物净化设施排放口
镉及其化合物	—		0.5		
镍及其化合物	—		0.5		
氟化物（以 HF 计）	—		5.0		
氯化物（以 HCl 计）			50		

现有企业自 2010 年 1 月 1 日、新建企业自 2008 年 7 月 1 日执行表12-2规定的大气污染物排放浓度限值。

表12-2 新建企业大气污染物排放浓度限值 mg/Nm³

生产工序	原料制备、干燥		烧成、烤花		监控位置
生产设备	喷雾干燥塔		辊道窑、隧道窑、梭式窑		
燃料类型	水煤浆	油、气	水煤浆	油、气	
颗粒物	50	30	50	30	
二氧化硫	300	100	300	100	
氮氧化物（以 NO_2 计）	240	240	550	200	
烟气黑度（林格曼黑度，级）	1				
铅及其化合物	—		0.1		污染物净化设施排放口
镉及其化合物	—		0.1		
镍及其化合物	—		0.2		
氟化物（以 HF 计）	—		3.0		
氯化物（以 HCl 计）			25		

企业法定边界外空气中大气污染物控制执行表12-3浓度限值。

表12-3 企业法定边界外空气中大气污染物浓度限值 mg/Nm³

污染物项目	现有	新建
总悬浮颗粒物（TST）	1.0	0.5

其他要求：

废气排放的生产工艺和装置应采取大气污染物收集、集中治理措施，防止和减少发生污染物无组织排放，净化后的气体由排气筒排放。陶瓷企业各工艺废气排放烟囱（排气筒）最低允许高度为 15m。

陶瓷企业生产设备排气筒周围半径 200m 内有建筑物时，其工艺废气排放烟囱（排气筒）高度应高出最高建筑物 3m 以上，不能达到该要求的排气筒，应按其高度对应的表列排放标准值严格 50% 执行。

新建企业各工艺废气排放烟囱（排气筒）高度除执行上述两项规定外，还应按通过审批的环境影响报告书确定。

陶瓷工业企业与敏感区域之间的合理距离按通过审批的环境影响报告书（表）要求确定。

2. 污染物监测要求

污染物监测的一般要求：

对企业废水和废气采样应根据监测污染物的种类，在规定的污染物排放监控位置进行。在污染物排放监控位置须设置永久性排污口标志。

新建企业应按照《污染源自动监控管理办法》的规定，安装污染物排放自动监控设备，并与监控中心联网。各地现有企业安装污染物排放自动监控设备的要求由省级环境保护行政主管部门规定。

对企业污染物排放情况进行监督性监测的频次、采样时间等要求，按国家有关污染源监测技术规范的规定执行。

企业产品产量的核定，以法定报表为依据。

3. 大气污染物监测要求

采样点的设置与采样方法按 GB/T 16157 执行。

喷雾干燥塔、炉窑过量空气系数规定为 1.7，实测的喷雾干燥塔、炉窑的有害污染物排放浓度，应换算为规定的过量空气系数时的数值。

对企业排放大气污染物浓度的测定采用表 12-4 所列的方法标准。

表 12-4 大气污染物监测项目测定方法

序号	污染物项目	方法标准名称	标准编号
1	颗粒物	固定污染源排气中颗粒物测定与气态污染物采样方法	GB/T 16157—1996
		固定污染源排放烟气连续监测系统技术要求及检测方法	HJ/T 76—2007
2	二氧化硫	固定污染源排气中二氧化硫的测定　碘量法	HJ/T 56—2000
		固定污染源排气中二氧化硫的测定　定电位电解法	HJ/T 57—2000
		固定污染源排放烟气连续监测系统技术要求及检测方法	HJ/T 76—2007
3	氮氧化物	固定污染源排气中氮氧化物的测定　紫外分光光度法	HJ/T 42—1999
		固定污染源排气中氮氧化物的测定　盐酸萘乙二胺分光光度法	HJ/T 43—1999
		固定污染源排放烟气连续监测系统技术要求及检测方法	HJ/T 76—2007

续表

序号	污染物项目	方法标准名称	标准编号
4	烟气黑度	固定污染源排放烟气黑度的测定 林格曼烟气黑度图法	HJ/T 398—2007
		测烟望远镜法	依烟、气黑度
		光电测烟仪法	监测方法执行
5	铅及其化合物	火焰原子吸收分光光度法	依铅及其化合物
		石墨炉原子吸收分光光度法	监测方法执行
		络合滴定法	
6	镉及其化合物	大气固定污染源 镉的测定 火焰原子吸收分光光度法	HJ/T 64.1—2001
		大气固定污染源 镉的测定 石墨炉原子吸收分光光度法	HJ/T 64.2—2001
		大气固定污染源 镉的测定 对—偶氮苯重氮氨基偶氮苯磺酸吸收分光光度法	HJ/T 64.3—2001
7	镍及其化合物	大气固定污染源 镍的测定 丁二酮肟 正丁醇萃取分光光度法	HJ/T 63.3—2001
		大气固定污染源 镍的测定 石墨炉原子吸收分光光度法	HJ/T 63.2—2001
		大气固定污染源 镍的测定 火焰原子吸收分光光度法	HJ/T 63.1—2001
8	氟化物	环境空气 氟化物质量浓度的测定 滤膜氟离子选择电极法	GB/T 15434—1995
		环境空气 氟化物的测定 石灰滤纸氟离子选择电极法	GB/T 15433—1995
		大气固定污染源 氟化物的测定 离子选择电极法	HJ/T 67—2001
9	氯化物（HCl计）	固定污染源排气中氯化氢的测定 硫氰酸汞分光光度法	HJ/T 27—1999

4. 标准实施与监督

本标准由县级以上人民政府环境保护行政主管部门负责监督实施。

在任何情况下，陶瓷工业企业均应遵守本标准的污染物排放控制要求，采取必要措施保证污染防治设施正常运行。各级环保部门在对陶瓷工业企业进行监督性检查时，可以现场即时采样，将监测的结果作为判定排污行为是否符合排放标准以及实施相关环境保护管理措施的依据。

对现有和新建陶瓷工业企业执行水污染物特别排放限值的地域范围、时间，由国家环境保护行政主管部门或省级人民政府另行发文规定。

12.1.3 工业用水分析

陶瓷工业生产工艺中，使用水的硬度，水中含有的硫酸盐、钙离子、铁离子以及其他对泥浆性能、产品品质及使用管道等都会产生影响。根据实际需求，确实适合本企业的水质量指标，是不容忽视的问题。

陶瓷工业当前无水质量国标，参照以下方法对水进行分析

GB/T 6907 　锅炉用水和冷却水分析方法　水样的采集方法

GB/T 14427 　锅炉用水和冷却水分析方法　铁的测定　分光光度计法

GB/T 6910 　锅炉用水和冷却水分析方法　钙的测定　络合滴定法

GB/T 6911.1 　锅炉用水和冷却水分析方法　硫酸盐的测定　重量法

GB/T 6909.2 　锅炉用水和冷却水分析方法　低硬度的测定　低硬度

12.2 矿物组成分析和显微结构的研究

12.2.1 偏光显微镜分析

偏光显微镜是研究陶瓷材料（矿物）晶体薄片光学性质的重要仪器，主要由镜架、载物台、下偏光镜（起偏镜）、上偏光镜（分析镜）和镜筒组成。

试样薄片磨制法简介：用切片机从试样上切下一小块，先把一面磨平，用加拿大树胶把一平面粘在载玻璃上（其大小为25mm×50mm，厚约1mm）。再磨另一面，磨至厚度为0.03mm为止，用加拿大树胶把盖玻璃粘在它的表面（盖玻璃大小为15mm×15mm~20mm×20mm，厚度为0.1~0.2mm）。

陶瓷材料的物相由透明矿物组成。透明矿物薄片系统鉴定的内容是：

1. 单偏光镜下的观察

（1）晶形　观察晶体的完整程度，结晶习性。根据各方向切面形态，初步判断晶体形状及可能属于哪一个晶系。

（2）解理　观察解理的完全程度，根据不同方向切面上的解理，判断解理的组数。如为两组解理，需要测定解理夹角，尽可能确定解理与结晶轴之间的关系。

（3）凸起　观察矿片的边缘、糙面及凸起明显程度，结合贝克线移动规律确定其凸起等级，估计矿物折射率的大致范围。

（4）颜色、多色性　观察矿片有无颜色，如有颜色，则观察有无多色性、多色性变化的情况，并在定向切片上测定多色性公式及吸收公式。

此外，还应观察有无包裹体，其排列与分布情况；有无次生变化，其变化程度及变化产物。

2. 正交偏光镜下的观察

（1）干涉色　观察矿片的最高干涉色级序，在平行光轴或光轴面切片上详细测定干涉色级序，有无异常干涉色，其特点如何。

（2）测定双折射率　根据矿片的最高干涉色级序（定光程差）、薄片厚度，确定双折射率值。

（3）消光类型　根据不同方向切片上的消光情况，确定矿物的消光类型。

（4）测定消光角　对斜消光的矿物，在定向切片上测定消光角。

（5）测定延性符号　对一向延长的矿物，测定其延长方向的光率体椭圆半径名称，确定延性符号。

（6）双晶　观察矿物有无双晶，确定双晶类型。

3. 锥光镜下的观察

根据有无干涉图区分均质体与非均质体。根据干涉图特征确定轴性（区分一轴晶与二轴晶）、切片方向。测定光性符号、光轴角大小。观察色散类型、强弱及紫光与红光光轴角的相对大小。

12.2.2 电子显微镜分析

1. 透射式电子显微镜（TEM）

利用从电子枪发射出的具有一定波长的高速电子流，轰击在很薄的样品上，产生明区和暗区，然后经过物镜、中间镜、投影镜逐级放大，并把图像投影到荧光屏上进行观察、照相。其特点是分辨率极高，放大倍数可达 80 万倍以上，线分辨可达 1.44Å，可直接观察到某些重要元素的原子在点阵中的排列。

(1) 样品的制备

透射电镜样品通常放在一个带有支持膜的格网上。通用的是直径约 3mm 的圆形铜制格网。样品通常需放在附着于铜网上的支持膜上。膜要薄，一般厚度不大于 100~150Å。这样既能充分透过电子，又能良好地附着于铜网上。支持膜应是非晶质的，广泛采用的是塑料和蒸发碳膜。

①粉末样品的分散和固定方法　分湿法和干法两种。湿法是用蒸馏水、酒精或两者的混合液作分散剂（或悬浮剂），把粉末样品制成适当浓度的悬浮液或糊糊，再固定在支持膜上。干法则是把样品粉末直接散布在支持膜上，但它容易脱落，故一般高性能电镜不允许干法分散固定。

②块状样品的制备方法　透射电镜用的块状样品必须制备成能透过电子的薄膜，其厚度需控制在微米范围内，常采用离子减薄法。当氩离子束轰击样品表面时，样品表层原子一个一个地被弹出，这就是样品的薄化过程或腐蚀过程。

③复型膜的制备方法　对陶瓷制品而言，常采用制作表面复型的方法以观察其显微结构特征。按操作程序不同可分为一级复型法、二级复型法和多级复型法。

一级复型方法是把复型物质直接覆盖或沉淀到样品表面上，然后把复型膜（印上样品表面形貌的复型物质）和样品分开。在透射电镜中直接观察复型膜，而不是样品本身。这种一级复型的凹凸形貌与样品相反，适合于具有光滑表面的样品，对粗糙表面的样品常采用二级或多级复型法。

(2) 透射电镜在陶瓷研究领域中的应用

①用于陶瓷原料的研究　陶瓷制品的许多性质在很大程度上依赖于所用原料的特性。对氧化物粉末和黏土等原料，可用透射电镜进行分析鉴定。如用来观察颗粒的形状、大小和分布，通过电子衍射，可分析相组成和其他结构要素。

②用于陶瓷制品的研究　陶瓷制品的性质与它的显微结构有直接关系。对于这类块状材料，除可制成薄膜样品外，更大量的制作表面复型薄膜，以观察其显微结构特征，如素瓷、瓷釉及各种特种陶瓷的显微结构。

2. 扫描电子显微镜（SEM）

扫描电镜是一种快速、直观、综合的分析仪器。与透射电镜比较，它的放大倍数较小但样品室大，适合观察大块试样；景深大，图像立体感强；试样制备简单等。在观察扫描形貌的同时可作试样微区元素分析，利用电子通道效应，可作晶体结构微区分析等。

SEM 的成像原理与 TEM 的完全不同。TEM 是用成像电磁透镜将试样图像一次呈现在镜体内的荧光屏上（同时成像），而 SEM 则不需要成像透镜。它是按一定时间、空间顺序在镜外显像管荧光屏上用扫描的方法呈现试样的像（逐点成像）。

(1) 样品制备

①试样必须是干净的固体（块状、粉末或沉积物），在真空中能保持稳定。含有水分的试样应先进行脱水处理，并要采取措施防止试样因脱水而变形。有些试样因表面生锈或被尘埃污染而影响观察，对此必须进行适当清洗后再观察。沾有油污的试样必须先用丙酮等溶剂

仔细清洗。

②试样应有良好的导电性。导电不好或不导电的试样，如陶瓷坯、釉等，在入射电子照射时，表面易积累电荷，严重影响图像质量，因此必须对这些试样被覆导电膜。通常用真空镀膜机在试样表面蒸镀一层几十埃厚的金属膜或碳膜，以避免荷电现象。

③试样尺寸不能过大，必须能放置在试样台上。

(2) SEM 的应用

①对陶瓷产品表面缺陷的研究 可定量地分析针孔附近的组成和结构，找出形成的原因，从而指出减少针孔的方法。对铁点可进行定量分析。

②提供准确清晰的形貌字信息 诸如陶瓷表面的形貌、晶粒大小和形状、晶粒间相互结合的状况、晶粒间或晶粒内气孔的形状与分布，以及断口的形貌等。

③可对界面进行观察 如对坯釉结合层、瓷坯中的玻璃相以及耐火材料中颗粒间的粘合剂层等进行观察和研究。

④样品的成分分析 当配有不同形式能谱仪时，在观察样品的同时可对微区进行化学元素的定性和定量分析（原子序数 $Z \geq 11$）。

⑤样品的晶体结构分析 利用电子通道效应，当入射电子束与样品的平面夹角大于布拉格方程式 $2d \sin \theta = n\lambda$ 中的 θ 角时，由于被散射的电子量少，进入电子接收器的电子数量就少，反映到显像管上呈暗条带，反之则呈亮条带。

12.2.3 热分析

物质随着温度的变化，其物理和化学性质也会发生变化，并伴随有能量的吸收和放出、体积和质量的改变等。热分析法就是关于物质物理性质（能量、质量、尺寸大小等）依赖于温度变化而进行测量的一项技术。通过分析物质在加热过程中产生吸热和放热的热效应、质量和体积的改变等特征，可对矿物晶系进行定性和定量分析，为生产工艺提供重要依据。

热分析的方法很多，有差热分析、失重分析、热膨胀和收缩的测定及组合在一起的综合热分析。其中用差热分析（DTA）和失重分析（TG）对原料的测定、陶瓷的烧成制度有重要的指导作用。不同方法适用的测试性能不同，热分析方法与其适用的测试性能见表 12-5。

表 12-5 热分析方法与其适用的测试性能

测试性能	DTA	TG	测试性能	DTA	TG
熔化、凝固	√	×	纯度鉴定	√	×
升华、挥发、吸收	√	△	软化	×	√
氧化、还原、脱水	√	△	结晶度	√	×
相图	△	×	升华反应和挥发速度	√	△

注：△表示最适用；√表示可用；×表示不能用。

1. 差热分析

(1) 概述

陶瓷矿物原料或坯料在受热或冷却过程中，随着温度的变化，产生物理化学变化，如分解或化合、氧化或还原、晶型转变、固相反应、结晶或析晶、熔融或凝固等。这些变化往往都伴随着热效应，即以吸热或放热的形式表现出来，其物理特性及化学特性与热效应的关系见表12-6。测定热效应值的简便而准确的方法是差热分析法。差热分析（DTA）是测定矿物在不同温度下，伴随物理-化学变化所产生的热效应，从而得到该矿物的加热（冷却）曲线的一种方法。它是最基本、最通用的一种热分析方法。图12-1为几种试样的差热分析图谱。

所用试样的量要在仪器灵敏度许可范围内尽量小，一般用量在10mg，粒度在200～300目筛。

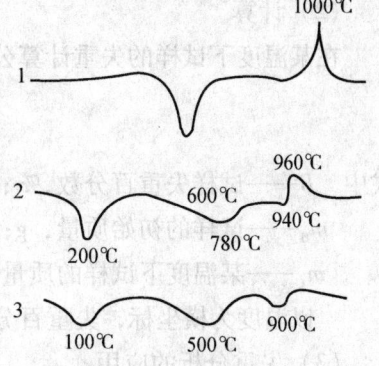

图12-1 几种试样的差热分析图谱
1—高岭石；2—蒙脱石；3—伊利石

表12-6 物理特性及化学特性与热效应的关系

物理特性	热效应		化学特性	热效应	
	吸热	放热		吸热	放热
晶型转化	√	√	化学吸附		√
溶化	√		去水	√	
蒸发	√		分解	√	√
升华	√		氧化性降解		√
吸附		√	气态氧化		√
解吸	√		气态还原	√	
吸收	√		氧化还原	√	√
凝聚		√	固态反应	√	

（2）差热分析的应用

①陶瓷原料的定性和定量分析　由于矿物在各自特定的温度范围内产生相应的热效应值，通过测定矿物这些热效应值，就可以了解各种矿物受热变化的特征及变化的实质，作为鉴定矿物类型的依据；并且在一定条件下，还可根据热效应曲线中的峰谷面积与生产这一效应的作用物质的质量之间的比例关系进行定量分析。

②制定合理的工艺制度　由于差热分析不仅能鉴定矿物种类，而且能掌握它们在加热过程中的变化，因此测定坯料的差热曲线，以便改进配方和制定合理的烧成制度，保证产品质量。

2. 失重分析

（1）概述

生产陶瓷所用的许多矿物原料，如黏土矿物在加热时，会排除诸如吸附水、结晶水、结构水等，分解释放出二氧化碳等各种气体，还有升华等反应，使质量减少。而某些矿物，由于加热中的氧化，又使质量有所增加。失重分析法就是在程序控制温度下，测量物质的质量随温度变化的一种试验技术。

(2) 计算

在某温度下试样的失重计算公式为：

$$B = \frac{m_0 - m_t}{m_0} \times 100$$

式中 B——试样失重百分数，%；

m_0——试样的初始质量，g；

m_t——某温度下试样的质量，g。

以温度为横坐标，失重百分数为纵坐标，绘制出试样热失重曲线。

(3) 失重分析的应用

利用失重分析可以研究物质热变化过程中试样的组成、热稳定性、热分解温度、热分解产物及推知反应机理等内容。实践证明，在加热过程中，不同的原料，由于物质的化学组成和结构的不同，都具有各自的热失重特征，这也是失重分析的基础。如果测定出被测原料的热失重曲线，与有关的矿物典型热失重曲线（可从有关资料中获得或实际测出）进行比较，可以鉴别该原料的矿物类型，从而为陶瓷配方和制定烧成制度提供一定的依据。但是必须指出，在许多情况下，黏土或矿岩往往不只含有一种矿物，而有些矿物的失重温度常常相差不大或基本一样，这就给单凭失重曲线鉴定矿物组成带来困难，因此确定矿物组成还应和其他研究方法相配合，才能获得可靠的结果。因此失重分析可补充差热分析的不足。

(4) 综合热分析

科学技术的发展，要求在相同的试样条件下，尽可能多地获得表征试样特征的各种信息，以便于分析、比较，从而对所测试样做出比较正确的判断。因此仪器的综合化是分析仪器发展的方向。为适应科学研究和生产实践的需要，热分析法也有必要把各个单独的仪器组合在一起，使之在相同的试样条件下，得到关于试样热变化的各种信息的数据，这就是综合热分析仪。把差热分析、失重分析、线膨胀系数分析组合在一起，在相同的试验条件下得到差热曲线、失重曲线、体积变化曲线，以及升温曲线。

利用综合热分析试验可做如下分析：

①当有吸热效应并伴有质量损失时，可能是物质脱水或分解；有放热反应，伴有质量增加时为氧化过程。

②当有热效应而无质量变化时，为晶型转变所致，同时伴有体积变化。

③当有放热效应，并伴有体积收缩时，表示有新物质形成。

④当没有明显的热效应，开始收缩或以膨胀转为收缩时，表示烧结开始，收缩越大，表示烧结进行得越剧烈。图12-2为高压电瓷坯料的综合热谱图。

12.2.4 X射线衍射分析

晶体的空间格子构造可以成为X射线的光栅。当X射线穿过晶体后可以发生衍射，且符合布拉格公式 $d_{(hkl)} = \frac{n\lambda}{2\sin\theta}$。式中 θ 是入射线与反射面网间的夹角，称为掠射角或布拉格角；n 为一整数，称为反射级数；d 为面间距；λ 为波长。由于 n 为整数，因而 θ 值必然是某几个不连续的确定值。因此晶体对X射线的衍射（在形式上可看成是面网对X射线的反

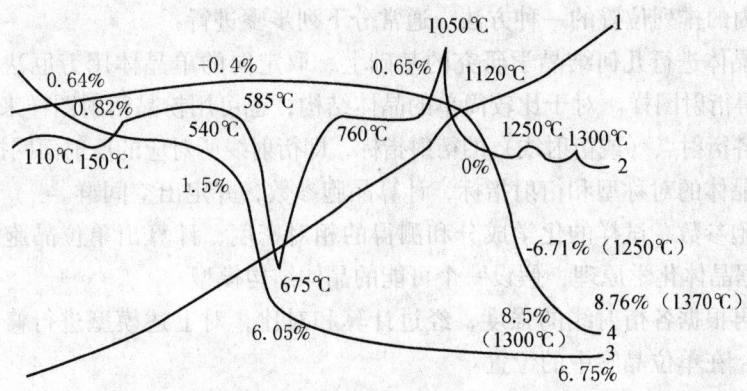

图 12-2 高压电瓷坯料的综合热谱图
1—升温曲线；2—差热曲线；3—体积变化曲线；4—失重曲线

射），其衍射线的方向仅与晶体结构中单位晶胞的形状和大小有关，衍射线的相对强度则取决于所包含的原子的种类和它们在晶胞中的相互配置。据此可以鉴定结晶物质的物相组成及其内部原子（或离子）间的距离和排列结合方式。

1. X 射线物相分析

根据晶体对 X 射线的衍射方向和强度来鉴定物相的方法。它采用粉末状多晶样品，用照相法或计数器衍射仪法来获得其粉末衍射图样；前者称为 X 射线粉晶（照相）法，后者称为 X 射线衍射（仪）法。这两种方法的分析结果，都是用晶体面网间距 $d_{(hkl)}$ 和相对强度 I/I_0 来表示矿物的许多衍射特征的。所不同的是：粉晶法一般采用圆柱形样品，入射的 X 射线束的轴线与样品柱的轴线始终保持垂直，用底片记录衍射线，称之为粉晶图或德拜图；衍射仪法一般采用的是平板样品，入射线与样品平面的交角连续梯度，用计数器在记录纸上记录衍射线。目前广泛应用的是 X 射线衍射仪法，因为它是以计数器记录衍射的方向和强度来获得数据的。其记录的分辨率高，时间也短，具有速度快、精度高和低角度、盲区小等优点，但所需试样比粉晶照相法所需要得多。

图 12-3 为石英的 X 射线衍射仪记录图，右上角为石英的德拜图。

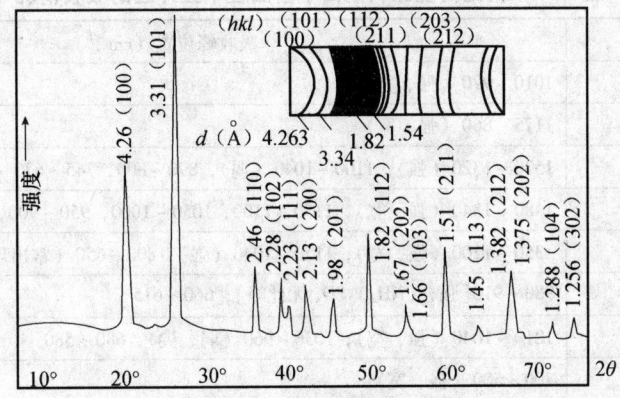

图 12-3 石英的 X 射线衍射记录图（CuK_α）

2. X 射线结构分析

利用 X 衍射线的衍射效应来测定晶体的晶胞参数、格子类型、空间群和各个原子（或离子）在晶胞内的排列位置的一种方法。通常分下列步骤进行：

（1）在对晶体进行几何结晶学研究的基础上，取定向的单晶体用劳厄法、回摆法或运动底片法等获得衍射图样。对于比较简单的晶体结构，也可用粉晶衍射图样来测定。

（2）确定各衍射点（或衍射线）的衍射指标，即衍射线所对应的反射面网指数 h、k、l。

（3）根据晶体的对称型和衍射指标，计算晶胞参数，并定出空间群。

（4）由晶胞参数、试样的化学成分和测得的相对密度，计算出单位晶胞中各种原子的原子数，并根据晶体化学原理，假设一个可能的晶体结构模型。

（5）最后再根据各衍射线的强度，经过计算和对比，对上述模型进行修正，最终定出原子（或离子）在单位晶胞中的位置。

陶瓷原料通常通过 X 射线衍射法进行物相分析鉴定矿物组成。

12.2.5 红外光谱分析

红外吸收光谱简称红外光谱，即物质在红外线照射下引起分子中振动能级（电偶极矩）的跃迁而产生的一种吸收光谱。被吸收的特征频率取决于被照射物质分子的原子质量、键力以及分子中原子分布的几何特点，即取决于物质的化学成分和内部结构。因此每一种物质都具有各自特征的红外吸收光谱，包括谱带位置、谱带数目、带宽及强度。借此可对不同物质进行鉴定，特别对于确定结晶水或化合水，研究阳离子置换造成的类质同相系列、物质的相变以及非晶质矿物等方面有其独到之处。

测定物质红外光谱的仪器是红外光度计。它设有一个红外光源，以产生连续的红外辐射。仪器的关键部件是单色器。它的功能是将通过样品槽和参比槽进入入射狭缝的复色光分成"单色光"，即按波长（或波数）分离开来，以实现红外辐射的分光。此外，它还配有红外检测器，以检测透过物质的辐射在不同波长的透过率。由红外光源、单色器和红外检测器等构成了红外分光光度计的光学系统。红外光度计的电子学系统由电子放大器和自动平衡记录器构成。其机械系统由波长扫描机构和狭缝程序机构构成。这三个系统构成了整个红外光度计。表 12-7 列出常见陶瓷原料阴离子基团在中红外区的吸收情况。

表 12-7 常见陶瓷原料阴离子基团在中红外区的吸收情况

基 团	吸收峰位置（cm^{-1}）
SiO_3^{2-}	1010~970（强、宽）
SiO_4^{4-}	1175~860（强、宽）
CO_3^{2-}	1530~1320（强），1100~1040（弱），890~800，745~670（弱）
$B_2O_7^{2-}$	1480~1340（强、宽），1150~1100，1050~1000，950~900，~825
PO_3^-	1350~1200（强、宽），1150~1040（强），800~650（常出现多个峰）
SO_3^-	980~910[强，$(NH_4)_2SO_3$ 无此峰]，660~615
SO_4^{2-}	1210~1040（强），1036~960（弱、尖），680~580
TiO_3^{2-}	700~500（强、宽）
ZrO_3^{2-}	790~700（弱），600~500（强、宽）
SnO_3^{2-}	700~600（强、宽）
HPO_3^{2-}	2400~2340（强），1120~1070（强、宽），1020~1005（强、尖），1000~970

续表

基团	吸收峰位置（cm^{-1}）
VO_4^{3-}	900~700（强、宽）
$Cr_2O_7^{2-}$	990~880（强，常在920~800出现1~2个尖峰），8400~720（强）
$Cr_2O_4^{2-}$	930~850（强、宽）
MnO_4^-	950~870（强、宽）
结晶水	3600~3000（强、宽），1670~1600

12.3 陶瓷材料性能的测试

12.3.1 光学性能的测定

陶瓷材料的光学性能测定包括光白度、光泽度、透光度、颜色四个方面。

1. 白度、光泽度、透光度的测定

（1）定义

可见光照射在瓷片试样上，产生镜面反射与漫反射。漫反射决定了陶瓷表面的白度；镜面反射决定了陶瓷表面的光泽度；镜面透射决定了陶瓷的透光度。

1）白度是用仪器在额定波长下（使用不同波长的滤色片）测得的与标准样品比较后所得的相对漫反射（散射）率。

2）透光度是用透过一定厚度瓷坯的透射光强度与其入射光强度之比的相对百分率来表示。

3）光泽度是将折射率 $N_b = 1.567$ 的黑色玻璃的镜面反射极小的反光量作为100%（实际上黑色玻璃镜面反射的反光量<1%），将被测瓷片的反光能力与此黑色玻璃的反光能力相比较所得的数据。由于瓷釉表面的反光能力比黑色玻璃强，所以瓷釉表面的光泽度往往大于100。

（2）测定

1）白度的测定　瓷片样品应平整，无彩饰，无明显缺陷，表面施釉，样品不得小于 20mm×20mm。标准白板以优级氧化镁粉压制而成，其光谱漫反射率以98%计。

测试仪器为白度计（具有主波长420nm、520nm、620nm三块滤色片）。

2）透光度的测定　试样为长方形（20mm×25mm）或圆形（φ20mm），厚度为2mm、1.5mm、1mm、0.5mm四种不同规格的薄片。制备时应从同一部位切取，要求平整、光洁，研磨后烘干，精确测量厚度。

测试仪器为透光度仪。

3）光泽度的测定　试样表面应平滑，无彩饰及明显的凹凸不平，应有足够的平面范围以供测试。具体尺寸按仪器而定，厚度不小于3mm。

测试仪器采用电光光泽计。

2. 颜色的测定

（1）颜色及表示方式　人的视觉可辨别的颜色多达百种，已知每种颜色在一定光源下都有其特有的光谱特性曲线，它可以定量地用两种方式来表示。

1）孟塞尔色标系（Munsell color system）　它是目前国际上通用的一种颜色表示方式，即用颜色的三个基础属性：色调 H(Hue)、高度 V(Value 又称明度)、色度 C(Colour 又称色饱和度或彩度）来表示颜色。具体方法是将色调分成十类：即红（R）、橙（YR）、黄（Y）、草绿（GY）、绿（G）、青（BG）、蓝（B）、紫蓝（PB）、紫（P）、紫红（RP）。每类又分为2个（或4个），计20（或40）种色调。

2）CIE色标系和CIE色图　国际照明委员会（CIE）制定了CIE色标系。规定红（R）、绿（G）、蓝（B）为三原色。这三原色相应单色光的波长分别为700nm、546nm和436nm。其余色可由三原色合成。CIE在三原色的基础上引出X、Y、Z"三刺激值"的概念。以X、Y、Z三点为顶点的等腰直角三角形刚好可将所有颜色都包含进去，组成CIE色图。

(2) 颜色的测定方法　颜色的测定方法有视感法、照相法和仪器分析法三大类。视感法就是在日光或标准光源下，通过人的视觉与色谱进行对照后确定。照相法则是在上述光源下，将试样拍成彩色照片，再与色谱进行对照后确定。以上两种方法受鉴别人的视觉、胶卷等多种因素的影响，使结果有一定偏差。故最准确和科学的方法是采用仪器分析。常用的仪器是分光光度仪，它有多种类别。

仪器分析用样品要求如下：

①粉末状样品经模压后，应紧密并保持光滑。

②块状样品应烧成符合测试设备要求的片状，如30mm×5mm的圆片试样。

12.3.2　力学性能的测定

陶瓷材料常用的力学性能测定内容有：强度（包括弯曲、抗压、抗拉、冲击弯曲强度）、弹性模量、硬度（包括莫氏、维氏和显微硬度）。

下面讨论几种常用的力学性能的测定方法。

1. 强度的测定

材料的强度是抵抗各种外界机械应力作用的能力，具有实际意义。根据陶瓷材料所承受的负荷的性质，其机械强度可分为抗压强度、抗折强度、抗冲击强度等。

(1) 弯曲强度　陶瓷材料的弯曲强度，是试样受到静弯曲力作用破坏时，单位面积上的最大应力。在陶瓷中最广泛地被测定的抗折强度、断裂模数与抗弯强度是同一回事。

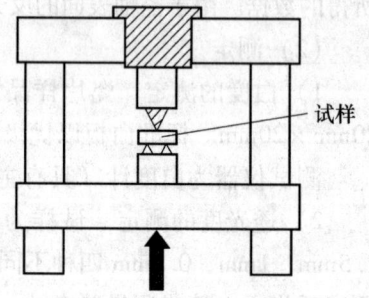

图12-4　万能材料试验机简图

1）测试

试验装置一般用万能材料试验机或各种专用抗弯试验机。图12-4为万能材料试验机简图。按负荷支点数大致可分为3点弯曲法与4点弯曲法，测试方法如图12-5所示。试样形状可使用圆柱形或棱柱形。

2）计算

圆截面试样

$$\sigma_f = \frac{8FL}{\pi d^3}$$

方形截面试样

$$\sigma_f = \frac{3FL}{2bh^2}$$

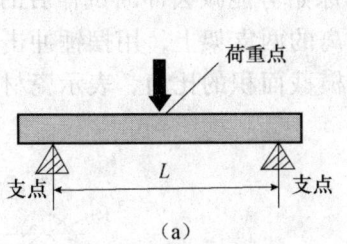 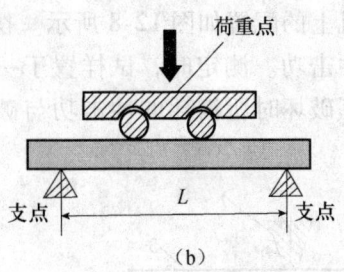

图 12-5 弯曲强度的测试方法

(a) 3 点弯曲法；(b) 4 点弯曲法

式中　σ_f——试样的弯曲强度，N/mm；

　　　F——试样弯曲破坏负荷，N；

　　　L——两支架间的距离，mm；

　　　d——试样断口处的直径，mm；

　　　b——试样断口处的宽度，mm；

　　　h——试样断口处的高度，mm。

(2) 抗压强度　抗压强度是材料受到压缩（或挤压）力作用而破损时的最大应力。如图 12-6 所示，试样两端加压，测定破坏试样的最大负荷 P，抗压强度用 P 值除以受压面积 A 的商来表示。

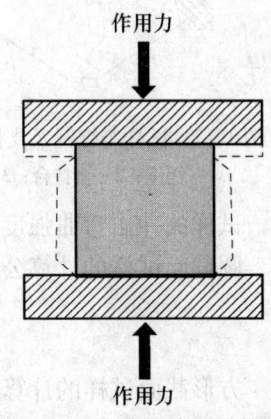

图 12-6 抗压强度测试简图

$$\sigma_c = \frac{P}{A}$$

式中　σ_c——抗压强度，MPa。

试样可用圆柱体、立方体和棱柱体等各种形状，圆柱体内部的应力较其他形状均匀，立方体试样不同方向的抗压强度有差异，因此一般最好选用圆柱体试样。测试设备为万能材料试验机。一般陶瓷的抗压强度比抗拉强度要大 10 倍以上。

(3) 抗拉强度　陶瓷材料的抗拉强度（又称抗张强度或拉伸强度），是试样两端受到拉伸力作用破坏时，单位横截面上所承受的最大应力值。

由于陶瓷材料的脆性，其拉伸变形很小，所以只要不是在高温下测定，可采用下式表示：

$$\sigma_t = \frac{P}{A}$$

式中　P——拉断负荷，N；

　　　A——试样的断面积，mm²。

抗拉强度也是表示瓷材料的机械性能之一，特别是对使用时受到拉伸负荷作用的瓷材料进行测定，具有特殊的意义。从经验上看，其值约相当于抗弯强度的 0.5~0.7。

(4) 冲击弯曲强度测定　陶瓷材料的冲击弯曲强度（也叫冲击韧性），是试样受到冲击弯曲力作用而断裂时，单位横截面积上所需的功。目前大多采用陶瓷材料的冲击韧性来衡量陶瓷材料的冲击强度。

用微型摆锤式冲击强度试验机进行试验，试样与摆锤及支持台的配置如图 12-7 所示。

试样在试验机上的配置如图 12-8 所示。摆锤的原始势能减去冲断试样后的残余势能为试样所消耗的冲击功。测定时，试样置于一定距离的两支架上，用摆锤冲击试样，使之弯曲破坏。计算破坏时所消耗的冲击功与破坏处横截面积的比值，表示瓷材料的冲击弯曲强度。

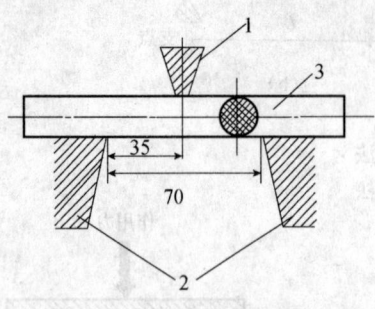

图 12-7　试样与摆锤及支持台的配置
1—摆锤；2—支持台；3—试样

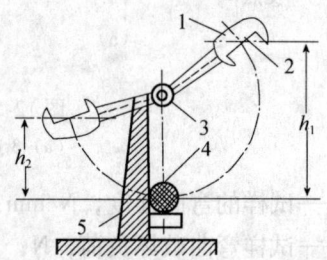

图 12-8　试样在试验机上的配置
1—摆锤；2—刀口；3—轴心；4—试样；5—支持台架

试样的冲击弯曲强度计算：
圆截面试样的计算公式

$$\sigma_R = \frac{4A}{\pi d^2}$$

方形截面试样的计算公式

$$\sigma_R = \frac{A}{bh}$$

式中　σ_R——试样的冲击弯曲强度，$N \cdot mm/mm^2$；
　　　A——击断试样所消耗的冲击功，$N \cdot mm$；
　　　d——试样直径，mm；
　　　b——试样宽度，mm；
　　　h——试样高度，mm。

（5）强度数据的评价　由于有种种影响强度的因素，所以即使同一材料也必须经常考虑同时使用这些因素来评价强度。影响强度的因素大致可以分为：由显微结构和组成引起的材料固有因素及与材料本身没有直接关系的外来因素。例如，晶粒尺寸和气孔大小及其分布状态等，均属于材料固有的值，作为缺陷对强度起作用，因此这些值的大小对强度的影响很大。

由于影响强度的因素诸多，因此只有在相同的测试条件和试样制备条件下，强度才有可比性。

2. 弹性模量测定

根据胡克定律，引起物体单位长度改变所需的应力，称为弹性模量。它是反映陶瓷材料力学性能的主要指标之一，在弹性范围内，也是反映固体材料质点间结合力大小的一个物理量。

（1）试样规格　试样的要求是边角要整齐，试样要平直光滑，采用直径 20.0mm ± 0.5mm、长 200mm ± 2mm 的长棒或尺寸为 150mm × 25mm × 5mm 的扁平长方棒状试样。

（2）计算　根据试样弯曲振动的固有共振频率计算弹性模量。

圆柱形试样的计算公式

$$E = \frac{4\pi^2 L^3 Tmf^2}{gK^4 I}$$

式中　E——试样的弹性模量，GPa；
　　　L——试样的长度，mm；
　　　f——试样弯曲振动的共振频率，Hz；
　　　m——试样的质量，kg；
　　　g——重力加速度，9800mm/s^2；
　　　K——常数；
　　　I——惯性矩，mm^4，$I = \dfrac{\pi d^4}{64}$
　　　d——试样的直径，mm；
　　　T——修正系数，取决于试样的回转半径 R 与长度之比和泊松比。

扁平长方棒状试样的计算公式：

当 $3 < L/h \leqslant 24$ 时

$$E = \frac{mM}{bR^2}$$

当 $L/h > 24$ 时

$$E = 3.97 \times 10^3 \times \frac{mL}{bh^2 R^2}$$

式中　E——试样的杨氏弹性模量，kg/mm^2；
　　　m——试样质量，g；
　　　L——试样长度，mm；
　　　b——试样宽度，mm；
　　　h——试样厚度，mm；
　　　R——仪器读数；
　　　M——形变因数（查有关表格）。

3. 硬度的测定

硬度是材料抵抗弹性变形、塑性变形或破坏的能力，或者抵抗其中两种或三种情况同时发生的能力，是材料的一种重要力学性能。陶瓷材料的硬度常用维氏硬度、莫氏硬度、显微硬度来评价。

（1）莫氏硬度　陶瓷及矿物材料常用的划痕硬度称为莫氏硬度，它只表示硬度由小到大的顺序，不表示软硬的程度。后面的矿物可划破前面的矿物表面。一般莫氏硬度按 10 级标准的莫氏硬度计确定，后来因为出现了一些人工合成的硬度大的材料，又将莫氏硬度分为 15 级。表 12-8 为莫氏硬度两种分级的顺序。

表 12-8　莫氏硬度两种分级的顺序

10级标准的顺序	材　料	15级标准的顺序	材　料
1	滑石	1	滑石
2	石膏	2	石膏
3	方解石	3	方解石

续表

10级标准的顺序	材料	15级标准的顺序	材料
4	萤石	4	萤石
5	磷灰石	5	磷灰石
6	正长石	6	正长石
7	石英	7	SiO$_2$ 玻璃
8	黄玉	8	石英
9	刚玉	9	黄玉
10	金刚石	10	石榴石
		11	熔融氧化锆
		12	刚玉
		13	碳化硅
		14	碳化硼
		15	金刚石

(2) 维氏硬度 在陶瓷材料的研究中,精确测定材料的硬度,通常在维氏显微硬度计上进行。

维氏硬度试验法是两相对面间的夹角为136°的正四棱锥形金刚石压头,如图12-9所示,在一定的负荷作用下压入试样表面,经规定的负荷保持时间后,卸除负荷,在试样的表面上压出一个正方形的压痕,以所采用的负荷除以压痕的表面积所得的商(N/mm^2)来表示硬度值。维氏硬度用符号 HV 表示。

测量点压痕对角线长的计算

$$d = \frac{1}{2}(d_1 + d_2)$$

式中 d——压痕对角线长,mm;
d_1——压痕一条对角线长,mm;
d_2——压痕另一条对角线长,mm。

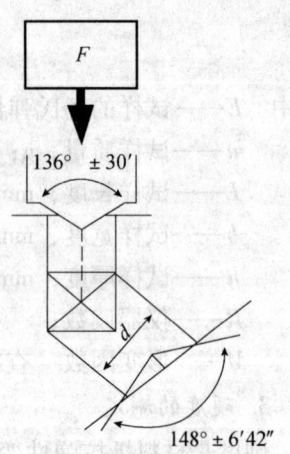

图 12-9 维氏硬度试验法原理

维氏硬度的计算:每一个测量点的维氏硬度(N/mm^2)根据负荷 F(N) 和压痕对角线长 d(mm) 的关系来进行计算。

$$HV = 1.854 \times 10^{-6} \times \frac{F}{d^2}$$

在测试时,负荷的大小可根据试样的大小、厚度和其他条件不同而定,一般陶瓷材料从9.807~294.21N中选择。另外也可以直接查《显微硬度计说明书》的附表。

(3) 显微硬度 其原理与维氏硬度的测试一样,只是由于使用的负荷小于9.8N,且压痕以微米(μm)为单位,故称为显微硬度。其压痕对角线尺寸需通过仪器中的光学放大系统用读数显微镜测出。计算公式与维氏硬度的相同。

12.3.3 热学性能的测定

陶瓷材料的热学性能包括比热容、热膨胀、热传导、热稳定性、熔化和升华等。它们在工程中有许多特殊的要求和广泛的应用。

1. 平均线膨胀系数的测定

(1) 概述

陶瓷材料在加热时，体积产生膨胀。在某一温度区间内，温度平均升高1℃，试样单位长度的平均伸长量，称为该温度区间的平均线膨胀系数，有时也用平均线膨胀率表示，而不是指某一温度下的绝对增加值。某一温度区间的平均线膨胀率以百分率表示。它实际上也就是该温度区间平均线膨胀系数与温度的乘积。

(2) 测试

平均线膨胀系数的测定方法是在程序控制温度下，测量物质的体积或长度随温度变化的一种实验技术。仪器采用各种类型的热膨胀仪。它们主要由两部分组成，即温度控制系统和位移测量系统。位移测定有多种方法，通常采用推杆膨胀仪法。它利用某种稳定材料制成杆（如石英玻璃棒），把试样的膨胀从加热区传递到伸长区。

陶瓷工业中平均线膨胀系数的测定温度区间，一般为 20~100℃、20~300℃、20~600℃、20~700℃、20~1000℃，有时也测定20~1300℃，甚至更高的线膨胀系数，这主要由材料的性质决定。

试样的规格应符合使用仪器的要求。陶瓷材料试样，按照试样规格，用弯曲强度试样方法制备；釉试样用釉粉干压成形，埋入装有氧化铝粉或石英粉的匣钵内，按照相应坯料的烧成温度烧成。瓷和釉的试样烧成后，在平板玻璃上，用细金刚砂粉，采用湿法将试样两端仔细磨平，使其尺寸符合试样规格要求。

(3) 计算

试样的平均线膨胀系数计算：

$$\alpha = \frac{\Delta L}{L_0} \times \frac{1}{t_h - t_0} + \alpha_0$$

式中 α——试样的 $(t_h - t_0)$ 平均线膨胀系数，$℃^{-1}$；

ΔL——试样由温度 t_0 升至 t_h 的长度伸长量，mm；

L_0——室温（t_0）下试样的长度，mm；

t_0——试验时的起始温度，℃；

t_h——试验实际加热温度，℃；

α_0——仪器的校正系数，$℃^{-1}$。

试样的平均线膨胀率：

$$A = \frac{\Delta L}{L_0} \times 100 + \alpha_0 (t_h - t_0) \times 100$$

式中 A——试样的平均线膨胀率，%。

2. 平均线膨胀系数的计算

釉的平均线膨胀系数除可用仪器测量外，也可利用釉的化学成分进行计算，阿宾推荐的公式为：

$$\alpha = \frac{\sum \alpha_i \overline{\alpha}_i}{\sum \alpha_i}$$

式中 α——线膨胀系数，$\times 10^{-7} \text{℃}^{-1}$；

α_i——各氧化物成分的分子数；

$\overline{\alpha}_i$——釉玻璃中各氧化物线膨胀系数的平均计算分因数。

在硅酸盐中，氧化物和氟化物线膨胀系数的平均计算分因数 $\overline{\alpha}_i$ 见表 12-9。表中 SiO_2、B_2O_3、TiO_2 和 PbO 的 $\overline{\alpha}_i$ 值是变化的，应由下述方法计算得出。

表 12-9 氧化物和氟化物的 $\overline{\alpha}_i$

组分	$\overline{\alpha}_i(20 \sim 100\text{℃})/ \times 10^{-7}\text{℃}^{-1}$	相对分子质量	组分	$\overline{\alpha}_i(20 \sim 100\text{℃})/ \times 10^{-7}\text{℃}^{-1}$	相对分子质量
SiO_2	5~38	60.06	CoO	50	74.9
Li_2O	270	29.9	NiO	50	74.7
Na_2O	395	62.0	CuO	30	79.6
K_2O	465	94.2	Al_2O_3	-30	101.9
BeO	45	25.0	B_2O_3	0~50	69.6
MgO	60	40.3	Sb_2O_3	75	291
CaO	130	56.1	TiO_2	+30~-15	79.9
SrO	160	103.6	ZrO_2	-60	123.2
BaO	200	153.4	SnO_2	-45	150.7
ZnO	50	81.4	P_2O_5	140	142
CdO	115	128.4	CaF_2	180	78.1
PbO	130~190	223.2	Na_3AlF_6	480	210.0
MnO、$MnO_{1.5}$	105	70.9, 78.9	Na_2SiF_6	340	188.1
FeO、$FeO_{1.5}$	55	21.8, 79.8			

(1) SiO_2 的 $\overline{\alpha}_i$ 计算公式

$$\overline{\alpha}_i = 38 - 1.0(A - 67)$$

式中 A——釉的化学成分中的 SiO_2 分子分数。

上式只适用于 SiO_2 的分子分数大于 67%。当 SiO_2 的分子分数小于 67% 时，为常数，即 $\overline{\alpha}_i = 38 \times 10^{-7}\text{℃}^{-1}$。

(2) B_2O_3 的 $\overline{\alpha}_i$ 计算公式

$$\overline{\alpha}_i = 12.5(4 - \psi) - 50$$

式中 ψ——Li_2O、Na_2O、K_2O、CaO、BaO 氧化物的分子总数对 B_2O_3 分子数之比。

如果 ψ 大于 4，则 $\overline{\alpha}_i$ 为常数（等于 50）。在计算 ψ 时，釉玻璃中所含氧化物 MgO、ZnO 与 PbO 不必加以注意。在釉玻璃中有硼酐与氧化铝共存时，ψ 的系数可根据下式决定：

$$\psi = \frac{\alpha_{Me_2O} + \alpha_{MeO} - \alpha Al_2O_3}{\alpha_{B_2O_3}}$$

式中　　α——不同氧化物的分子分数；

Me_2O、MeO——一价和二价金属氧化物。

（3）TiO_2 的 $\overline{\alpha}_i$ 计算公式

$$\overline{\alpha}_i = 30 - 1.5(A_{SiO_2} - 50)$$

式中　A_{SiO_2}——SiO_2 的分子分数。

（4）PbO 的 $\overline{\alpha}_i$ 计算公式

$$\overline{\alpha}_i = 30 - 1.5(A_{SiO_2} - 50)$$

$\overline{\alpha}_i$ 为负值不应理解为相应的氧化物在玻璃中加热时在"收缩"，而是表示该氧化物引入釉玻璃，能大大降低釉玻璃的热膨胀系数。

3. 热导率的测定

（1）概述　当固体材料一端的温度比另一端高时，热量就会自动地从热端传导到另一端（即冷端），或热量从一个物体传导相接触的另一物体上，这个现象称为热传导。

材料的导热能力用热导率来表示。热导率的物理意义是截面积为 $1cm^2$，长为 $1cm$ 的导热体，在两端温度差为 $1℃$ 时，在 $1s$ 内通过的热量。

（2）测试　热线法的基本原理：在恒定均匀温度场中，一个理想直线形热源向一个无限的物体输入一恒定热流，根据线形热源——热线温度的升高来计算物体的热导率。

热线法测定导热系数主要有 6 种，本文仅介绍 Mittonbuhler 法。在足够大的两块试样之间埋置一细真空电热丝，通过恒定电流或交流电流作为直线形热源。电热丝中部焊接热电偶以测定热线温度。被测材料热导率的 Mittonbuhler 法计算式为：

$$\lambda = \frac{Q}{4\pi(T_2 - T_1)} \ln \frac{\tau_2}{\tau_1}$$

式中　λ——试样的热导率，$W/(m \cdot ℃)$；

　　　Q——热线单位长度的热输出，W/m，$Q = IE$；

　　　I——电流，A；

　　　E——每米电压降，V/m，$E = V/I$；

　　　τ_1、τ_2——分别为第一、第二计算时刻，s；

　　　T_1、T_2——分别在第一、第二计算时刻的热线温度，℃。

由于热线与热电偶接点本身蓄热及试样尺寸因素的影响，最小允许计算时刻和最大允许计算时刻受到限制。该法用支流电源时，仅适合于测热导率 $\lambda \leqslant 1.5W/(m \cdot ℃)$ 的材料，用交流电可消除焊点不对称性的影响。

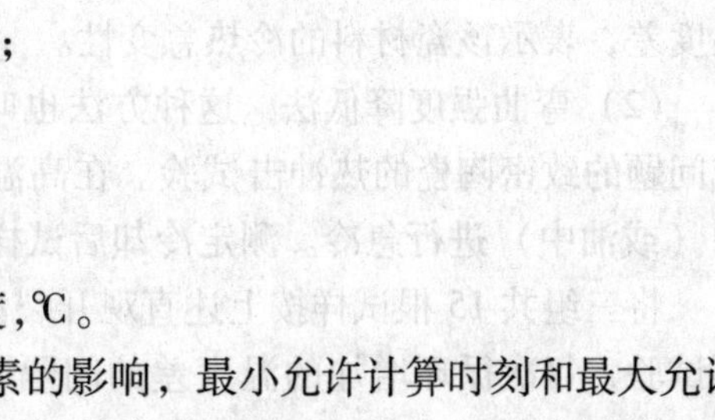

试样准备：取两块尺寸为 $114mm \times 114mm \times 65mm$（长×宽×高）相同的材料，以 $114mm \times 114mm$ 面叠合在一起，组成一个完整的测试试样。叠合面必须磨平以保证接触良好。在试样接触面间置入热线、热电偶线及测压降线，线路布置方式如图 12-10 所示。对于硬质材料，试样截面上铣出宽深与线径相同的细沟，以安放各线，

图 12-10　试样的线路布置方式

线置入后用相同材料的细粉填平。热线采用ϕ4mm 的镍铬-镍铝热电偶线，测压降则用相同的线材。热电偶采用ϕ0.4mm 的镍铬-镍铝热电偶。

4. 热稳定性测定

通常固态物质受热膨胀，受冷收缩。当规则形状的物体受到外界温度迅速加热时，外表温度比中心部分的温度高，从中心到外表有一个温度梯度，由此出现暂态应力。陶瓷材料的热稳定性是指陶瓷材料抵抗温度剧变而不破坏的性能，热稳定性又称抗热震性、耐急冷急热性，陶瓷制品的热稳定性在很大程度上取决于坯、釉的适应性，特别是二者的热膨胀系数的适应性。热稳定性好坏可用来判断陶瓷抗后期龟裂性的好坏。

试样规格：可塑法挤制成形的瓷材料为圆柱体，直径 20.0mm ± 0.5mm，高 20.0mm ± 0.5mm，每次试验需要 5 个试样；压制法成形的瓷材料与弯曲强度测定中的方形截面长条试样相同，每次试验至少需要制备 4 组共 5 根试样。

比较简单的试验方法有两种。

(1) 直观开裂法　直观开裂法也称为急冷急热循环法。

①测定流动冷却水的温度，其温度一般应在 10~20℃ 之间。以冷却水的实测温度加上 100℃（即试验温差 100℃）为起始温度，将加热装置升至此温度保温。

②将试样放入搪瓷盘或铁丝网篮内，迅速放入加热装置内，其温度应在 5min 内达到试验温度点，并在此温度保温 30min。

③将达到保温时间的试样迅速投入到冷却水中，此时冷却水的温度不得升上 1℃，冷却 5min，取出试样，用布抹干，通过在试样表面上粘上一层粉末，或染色法观察试样表面是否有开裂。

④没有开裂的试样进行下一个增大温差的热冷循环试验，每次增加的温差为 10℃，加热温度为 200℃ 时，每次增加温差为 20℃。直至 5 个试样中出现 2 个及 2 个以上的开裂试样为止。

直观开裂法试验结果，以出现或累计出现 2 个及 2 个以上开裂试样时的加热与冷却水的温度差，表示该瓷材料的冷热急变性。

(2) 弯曲强度降低法　这种方法也叫急冷强度测定方法，大多用于那种裂纹的产生构成问题的致密陶瓷的热冲击试验。在高温下保温的棒状试样（圆棒或方棒）放至室温的水中（或油中）进行急冷。测定冷却后试样的抗弯强度。

将三组共 15 根试样按上述直观开裂法的起始试验温度、保温时间及要求，进行热冷循环试验，每次循环增加的温度差的间隔 50℃。每次循环后取出一组 5 根试样，抹干水分，在 105~110℃ 温度下烘干 2h，然后测定其抗弯强度，直至三组试样全部试验完毕。同时测定一组 5 根未经热冷循环试验试样的弯曲强度。

12.3.4　化学稳定性能的测定

陶瓷材料的化学稳定性是指瓷或釉抵抗各种化学试剂侵蚀的能力。测定陶瓷化学稳定性主要是测定其耐酸性和耐碱性。

1. 耐酸性测试

(1) 测试　耐酸性的检测应在通风橱内进行。将干燥至恒重并称量精度达 0.0002g 的 1g 试料颗粒放于容积为 250mL 的圆锥形烧瓶内，并倒入 25mL 70% 的硫酸或 25mL 20% 的盐酸溶液。然后将烧瓶与冷凝器相连，放入砂浴，加热至沸腾1h。在沸腾时不允许有颗粒碰上烧瓶的壁。沸腾一开始就在酸的表面出现小气泡，而试样微粒则在碱液中运动。然后将烧瓶大约冷却30min，直至在烧瓶和冷凝器中白色气泡完全消失为止。

将冷凝器断开，注入50mL的水，并洗去冷凝器内壁和塞子的残余酸，将冲洗水收集在原烧瓶内。将烧瓶的内容物倒入过滤器，用加热至50~60℃的水冲洗颗粒，直至以硝酸银（或甲基橙）试验对酸呈负反应为止。

最后，将颗粒连同滤纸干燥，放入预先煅烧和称量过的瓷质坩埚内，在1000℃下煅烧至恒重，在干燥器中冷却并称量，精度为0.0002g。

（2）计算　耐酸性按下式算出：

$$\chi(\%) = \frac{G - G_1}{G} \times 100$$

式中　G——试验之前陶瓷材料颗粒的质量，g；
　　　G_1——试验之后陶瓷材料颗粒的质量，g。

结果采用两次重复测定结果的算术平均数，其间的偏差不应超过0.5%（绝对值）。

2. 耐碱性测试

（1）测试　将干燥至恒重并称量精度达0.0002g的1g试料颗粒放于容积为250mL的圆锥形烧瓶内，并倒入100mL 1%的氢氧化钠溶液。然后将烧瓶与冷凝器相连，放入砂浴，加热到沸腾1h。在沸腾时不允许有颗粒碰上烧瓶的壁。沸腾一开始就在碱溶液的表面出现小气泡，而试样微粒则在碱液中运动。然后将烧瓶大约冷却10min，达到约50℃的温度，将冷凝器断开，注入50mL的水，并洗去冷凝器内壁和塞子的残余碱，将冲洗水收集在原烧瓶内。将烧瓶的内容物倒入过滤器，用加热至50~60℃的水和加热至50~60℃的30mL的盐酸溶液冲洗颗粒，将全部冲洗用水倒入同一过滤器中。

用热水冲洗颗粒，直至以硝酸银（或甲基橙）试验对酸呈负反应为止。

最后，将颗粒连同滤纸干燥，放入预先煅烧和称量过的瓷质坩埚内，在1000℃下煅烧至恒重，在干燥器中冷却并称量，精度为0.0002g。

（2）计算　耐碱性按下式算出：

$$\chi(\%) = \frac{G - G_1}{G} \times 100$$

式中　G——试验之前陶瓷材料颗粒的质量，g；
　　　G_1——试验之后陶瓷材料颗粒的质量，g。

结果采用两次重复测定结果的算术平均数，其间的偏差不应超过0.5%（绝对值）。

12.3.5　吸水率的测定

1. 陶瓷砖吸水率的测定

（1）试样

①每种类型取10块整砖进行测试。

②如每块砖的表面积大于0.04m²时，只需用5块整砖进行测试。

③如每块砖的质量小于50g，则需足够数量的砖使每个试样质量达到50~100g。

④砖的边长大于200mm且小于400mm时，可切割成小块，但切割下的每一块应计入测

量值内。多边形和其他非矩形砖，其长和宽均按外接矩形计算。若砖的边长大于400mm时，至少在3块整砖的中间部位切取最小边长为100mm的5块试样。

(2) 步骤

将砖放在110℃±5℃的烘箱中干燥至恒重，即每隔24h的两次连续质量之差小于0.1%，砖放在有硅胶或其他干燥器剂的干燥器内冷却到室温，不能使用酸性干燥剂，每块砖按表12-10的测量精度称量和记录。

表12-10　砖的质量和测量精度　　　　　　　　　　　　　　　　　　　　　　　g

砖的质量	测量精度
$50 \leqslant m \leqslant 100$	0.02
$100 < m \leqslant 500$	0.05
$500 < m \leqslant 1000$	0.25
$1000 < m \leqslant 3000$	0.50
$m > 3000$	1.00

1) 水的饱和

①煮沸法　将砖竖直地放在盛有去离子水的加热器中，使砖互不接触。砖的上部应保持有5cm深度的水。在整个试验中都应保持高于砖5cm的水面，将水加热至沸腾并保持煮沸2h。然后切断热源，使砖完全浸泡在水中冷却至室温，并保持4h±0.25h。也可用常温下的水或制冷器将样品冷却至室温。将一块浸湿过的鹿皮用手拧干，并将鹿皮放在平台上轻轻地依次擦干每块砖的表面，对于凹凸或有浮雕的表面应用鹿皮轻快地擦去表面水分，然后称重，记录每块试样的称量结果。保持与干燥状态下的相同精度。

②真空法　将砖竖直放入真空容器中，使砖互不接触。抽真空至10kPa±1kPa，并保持30min，在保持真空的同时，加入足够的水将砖覆盖并高出5cm。停止抽真空，让砖浸泡15min后取出。将一块浸湿过的鹿皮用手拧干。将鹿皮放在平台上依次轻轻擦干每块砖的表面，对于凹凸或有浮雕的表面应用鹿皮轻快地擦去表面水分，然后立即称重并记录，与干砖的称量精度相同。

2) 悬挂称量

试样在真空下吸水后，称量试样悬挂在水中的质量（m_3），精确至0.01g。称量时，将样品挂在天平一臂的吊环、绳索或篮子上。实际称量前，将安装好并浸入水中的吊环、绳索或篮子放在天平上，使天平处于平衡位置。吊环、绳索或篮子在水中的深度与放试样称量时相同。

3) 结果表示

m_1——干砖的质量，g；

m_{2b}——砖在沸水中吸水饱和的质量，g；

m_{2v}——砖在真空下吸水饱和的质量，g。

在下面的计算中，假设1cm³水重1g，此假设室温下误差在0.3%以内，吸水率计算如下。

计算每一块砖的吸水率 $E_{(b,v)}$，用干砖的质量分数（%）表示，计算公式如下：

$$E_{(b,v)} = \frac{m_{2(b,v)} - m_1}{m_1} \times 100$$

式中 m_1——干砖的质量，g；

m_2——湿砖的质量，g。

E_b 表示用 m_{2b} 测定的吸水率，E_v 表示用 m_{2v} 测定的吸水率。E_b 代表水仅注入容易进入的气孔，而 E_v 代表水最大可能地注入所有气孔。

2. 卫生瓷吸水率试验方法

（1）制样

由同一件产品的三个不同部位上敲取一面带釉或无釉的面积约为 3200mm²、厚度不大于 16mm 的一组试样，每块试片的表面都应包含与窑具接触过的点，试样也可在相同品种的破损产品上敲取。

（2）试验步骤

将试样置于（110±5）℃的烘箱内烘干至恒重（m_0），即两次连续称量之差小于 0.1%，称量精确至 0.01g。将已恒重试样竖放在盛有蒸馏水的煮沸容器内，且使试样与加热容器底部及试样之间互不接触，试验过程中应保持水面高出试样 50mm。加热至沸，并保持 2h 后停止加热，在原蒸馏水中浸泡 20h，取出试样，用拧干的湿毛巾擦干试样表面的附着水后，立刻称量每块试样的质量（m_1）。

（3）计算

试样的吸水率按下式计算：

$$E = \frac{m_1 - m_0}{m_0} \times 100$$

式中 E——试样吸水率，%；

m_1——吸水饱和后的试样质量，g；

m_0——干燥试样的质量，g。

（4）试验结果

以所测三块试样吸水率的算术平均值作为试验结果，修约至小数点后一位。

12.3.6 陶瓷砖性能的测定

按国家标准 GB/T 3810《陶瓷砖试验方法》中的要求，基本性能分为 14 个部分，因内容较多，仅将各部分名称列于此处，具体内容参阅 GB/T 3810—2006。

GB/T 3810《陶瓷砖试验方法》分为 16 个部分：

——第 1 部分：抽样和接收条件；

——第 2 部分：尺寸和表面质量的检验；

——第 3 部分：吸水率、显气孔率、表观相对密度和容重的测定；

——第 4 部分：断裂模数和破坏强度的测定；

——第 5 部分：用恢复系数确定砖的抗冲击性；

——第 6 部分：无釉砖耐磨深度的测定；

——第 7 部分：有釉砖表面耐磨性的测定；

——第 8 部分：线性热膨胀的测定；

——第9部分：抗热震性的测定；
——第10部分：湿膨胀的测定；
——第11部分：有釉砖抗釉裂性的测定；
——第12部分：抗冻性的测定；
——第13部分：耐化学腐蚀性的测定；
——第14部分：耐污染性的测定；
——第15部分：有釉砖铅和镉溶出量的测定；
——第16部分：小色差的测定。

12.3.7 陶瓷便器冲水功能的测定

1. 坐便器冲洗功能试验方法

坐便器及冲水装置应保持在所调节的试验状态下进行试验。防溅污性试验在规定的最高试验压力下进行，其他冲洗功能试验在规定的最低试验压力下进行。

（1）墨线试验

将洗净面擦洗干净，在坐便器水圈下方25mm处沿洗净面画一条细墨线，启动冲水装置。观察、测量残留在洗净面上墨线的各段长度，并记录各段长度和各段长度之和。连续进行三次试验，报告三次测试残留墨线的总长度平均值和单段长度最大值。

（2）球排放试验

将100个直径为（19±0.4）mm、质量为（3.01±0.15）g的实心固体球轻轻投入坐便器中，启动冲水装置，检查并记录冲出坐便器排污口外的球数，连续进行三次，报告三次冲出的平均数。

（3）颗粒试验

1）试验介质：

①65g（约2500个）直径为（3.80±0.25）mm，厚度为（2.64±0.38）mm的圆柱形聚乙烯颗粒。

②100个直径为（6.35±0.25）mm的尼龙球。100个尼龙球的质量应在15~16g之间。

2）步骤：将试验介质放入坐便器存水弯中，启动冲水装置，记录首次冲洗后存水弯中的可见颗粒数和尼龙球数。进行三次试验，在每次试验之前，应将上次的颗粒冲净。报告三次测定的平均数。

（4）污水置换试验

①染色液：用约80℃的自来水配制浓度为5g/L的亚甲蓝溶液。

②标准液：在试验条件下将坐便器冲洗干净，完成正常进水周期后，将30mL染色液倒入便器水封中，搅拌均匀，由水封水中取10mL溶液至容器中，测定坐便器大档冲水时，加水稀释至1000mL（标准稀释率为100）；测定坐便器小档冲水时，加水稀释至170mL（标准稀释率为17），混匀后移入比色管中作为标准液待用。

③冲洗数次：使坐便器中有色液全部排出，至水封中水为清水。将30mL染色液倒入坐便器水封中，搅拌均匀，启动冲水装置冲水，冲水周期完成后，将坐便器内的稀释液装入与装标准液同样规格的比色管中，目测与标准液的色差：

a. 若比标准液颜色深，则记录稀释率小于标准稀释率；

b. 若与标准液颜色相同,则记录稀释率等于标准稀释率;

c. 若比标准液颜色浅,则记录稀释率大于标准稀释率。

(5) 排水管道输送特性试验

①试验介质为已规定的 100 个固体球。

②将 100 个固体球放入坐便器中,启动冲水装置冲水,观察并记录固体球排出的位置。测定三次。

③试验记录

球在沿管道方向传送的位置分为八组进行记录,代表不同的传输距离。将 18m 排水横管分为六组,由 0~18m 每 3m 为一组,残留在坐便器中的球为一组,冲出排水横管的球为一组。

④试验结果计算

加权传输距离 = 每组的总球数 × 该组平均传输距离

所有球总传输距离 = 加权传输距离之和

球的平均传输距离 = 所有球总传输距离 ÷ 总球数

示例:为便于理解,表 12-11 为排水管道输送特性试验结果记录表。

表 12-11　排水管道输送特性试验结果记录表

组　别	第一次	第二次	第三次	每组总球数	平均传输距离(m)	加权传输距离(m)
坐便器内	5	2	7	14	0	0
0~3m	14	22	15	51	1.5	76.5
3~6m	8	9	6	23	4.5	103.5
6~9m	5	2	4	11	7.5	82.5
9~12m	2	0	3	5	10.5	52.5
12~15m	5	8	2	15	13.5	202.5
15~18m	9	12	7	28	16.5	462
排出管道	52	45	56	153	18	2754
总球数				$3 \times 100 = 300$		

所有球总传输距离 = 各加权传输距离之和:3733.5m

球的平均传输距离:12.4m

(6) 防溅污性试验

用三块厚度为 10mm 的小垫块,将一块至少 500mm × 500mm 的透明模板支垫在坐便器坐圈上面,使其和坐圈上表面之间有 10mm 的间隙。启动冲水装置冲水,观察并记录模板上直径大于 5mm 的水滴数,测试 5 次,报告最大值。

2. 小便器冲洗功能试验方法

小便器及冲水装置应保持在所调节的试验状态下,在规定的最低试验压力下进行下列试验。

(1) 墨线试验

将洗净面擦洗干净,在小便器洗净面 1/2 处沿洗净面画一条细墨线,启动冲水装置。观察、测量残留在洗净面上墨线的各段长度，并记录各段长度和各段长度之和。连续进行三次试验，报告三次测试残留墨线的总长度平均值和单段长度最大值。

(2) 污水置换试验

与坐便器污水置换试验相同。

3. 蹲便器冲洗功能试验访求

蹲便器及冲水装置应保持在所调节的试验状态下进行下列试验。溅污性试验在规定的最高试验压力下进行，其他冲洗功能试验在规定的最低试验压力下进行。无存水弯蹲便器进行功能试验时，应装配所配套的存水弯。

(1) 墨线试验

将洗净面擦洗干净，将市售墨水在蹲便器冲洗水圈下 30mm 处画一条细墨线，启动冲水装置，观察、测量残留墨线长度并记录，连续测试三次，报告三次测试残留墨线的总长度平均值。

(2) 排放试验

按蹲便器排放试验用人造试体示意图的规定制备四个试体，将四个试体一起放到便器冲洗面上，立即冲水，观察并记录排出便器外的试体个数，测试三次，报告三次排出便器外的试体总数。

(3) 防溅污性试验

用三块厚度为 25mm 的垫块，将一块至少 600mm × 500mm 的透明模板支垫在蹲便器圈面上，使其和便器圈上表面之间有 25mm 的间隙。启动冲水装置冲水，观察并记录模板上直径大于 5mm 的水滴数。测试 5 次，取最大值。

12.4 陶瓷原料性能的测定

12.4.1 可塑性的测定

由于黏土加入适量的水后，其颗粒之间具有吸引力和相对滑动的能力。因此，黏土与适量的水调和/或混练以后，能捏成所需的形状，但不开裂，当外力除去后，仍然保持该形状，黏土的这种性质称为黏土的可塑性。

陶瓷生产中黏土的可塑性能常用塑性限度（塑限）、液性限度（液限）、可塑性指数、可塑性指标和相应含水率等参数来表示。

1. 可塑性指数的测定

可塑性指数是表示黏土和坯料呈可塑状态时含水量上限和下限之间的范围，也就是可成形的水分范围，具体用液性限度（液限）含水率和塑性限度（塑限）含水率之差来表示。

(1) 液性限度

1) 概述

液性限度是黏土或坯料呈可塑状态时的上限含水率。若超过此含水率，黏土即进入半流动状态，此时承受剪切应力的能力急剧下降。因此液性限度也是黏土（或坯料）由流动状态进入了塑性状态时的含水量。

2) 测试

测定液性限度的方法，一般采用 A.M 华西里耶夫平衡锥法（简称华氏平衡锥法），它是用质量为76g、圆锥顶角为30°的锥体自由而缓慢地沉入试样中10mm深时，测定其试样的含水率，即为液性限度。华氏平衡锥如图12-11所示。

称取通过网孔尺寸为0.15mm分析筛的黏土或坯料200~300g，放入搪瓷盘中，徐徐加水调和，直到泥料呈液限状态（凭经验）时，将泥料倒在湿布上揉练均匀，并隔着布用手捏成泥团，用华氏平衡锥初步试一试泥料是否接近液性限度，即锥体是否自由沉入坯料10mm深左右。若泥料太稀，沉入深度超过10mm，可在干布上揉练片刻，以吸除水分；若泥料太干，沉入深度小于10mm，则加入少量的水，继续在湿布上揉练。这样反复操作，直至泥料接近液性限度含水率后，用塑料布将泥料包好，陈腐24h，使水分进一步均匀。

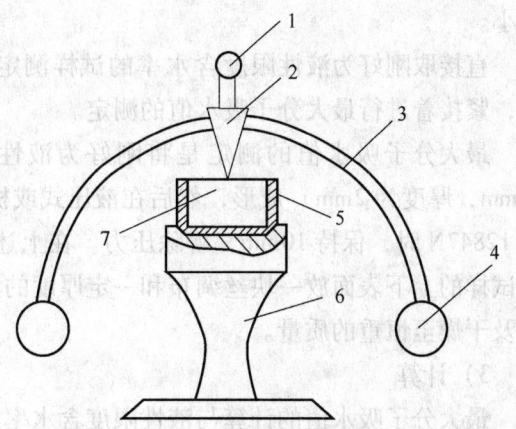

图12-11 华氏平稳锥
1—手柄；2—圆锥体；3—弧形钢丝；4—平衡球；
5—试样杯；6—底座；7—试样

将制备好的试样用布包着再揉练一次，用华氏平衡锥预测其液相限度。若锥体下沉的深度刚好为10mm时，即表示试样恰好达到液性限度；否则按试样制备方法调整试样的含水量，直至达到液性限度为止。将接近锥体下沉标准高度的试样装入试样杯中，在不同的部位进行测试（共5次）。用烘干称量法测定达到液性限度试样的含水率。

3）计算

试样液性限度含水率的计算见下式：

$$试样液性限度含水率(\%) = \frac{m_1 - m_2}{m_2} \times 100$$

式中 m_1——湿试样的质量，g；

m_2——干试样的质量，g。

（2）塑性限度

1）概述

塑性限度（简称塑限）是黏土或坯料呈可塑状态时的下限含水率。若低于此含水率，黏土和坯料丧失可塑性而呈半固体状态，即塑限系黏土（或坯料）由固相状态进入塑性状态时的含水量。

2）测试

塑性限度的测定有滚搓法。滚搓法是按可塑性指标测定中制备试样方法制备泥料试样，然后将泥料用双手搓成椭圆形，再用手掌在毛玻璃板上轻轻滚搓至泥料直径约为3mm，并断裂成长约10mm互不相连的泥条为止。用烘干称量法测定其水分，表示塑性限度。滚搓时应注意不使泥条空心和扭断。由于此方法全系手工操作，人为的误差大，结果不易准确；同时对可塑性过高或过低的黏土不太适用，因此已基本淘汰。一般采用测定最大分子吸水值代替。

最大分子吸水值是受黏土颗粒吸引而牢固地保持在颗粒表面的水化膜，表征黏土中不受重力作用的吸附水量。经过试验验证，最大分子吸水值与塑限含水率相当。因此，用最大分子吸水值代替黏土或坯料的塑性限度含水量。最大分子吸水值测定方法简单，平行试验误差小。

直接取刚好为液性限度含水率的试样测定最大分子吸水值，因此一般是液性限度试验后，紧接着进行最大分子吸水值的测定。

最大分子吸水值的测定是将刚好为液性限度含水率的试样由金属模环（内直径为50mm，厚度为2mm）成形，然后在液压式或机械式材料试验机上施加压力，当施加的力达到12847N时，保持10min，解除压力。在上述两个过程中，要除去重力作用的吸附水，需在试样的上下表面放一块丝绸布和一定厚度的滤纸。最后称量除去重力作用吸附水试样的质量及干燥至恒重的质量。

3）计算

最大分子吸水值的计算与液性限度含水率的计算公式相同。

(3) 可塑性指数

$$可塑性指数 = 液性限度 - 塑性限度$$

对黏土来说，根据可塑性指数的大小，一般可以把它分为4类：指数大于15为高可塑性黏土；指数7~15为中等可塑性黏土；指数1~7为低可塑性黏土；指数小于1为非可塑性黏土。应当指出，这种分法在实际工作中有时只能作为参考。

2. 可塑性指标的测定

(1) 概述

根据可塑性的含义，可塑性指数并不是评定黏土和坯料可塑性能好坏的直接方法，它只表示具有可塑性能时含水率的高低和范围。而可塑性指标系指在工作水分下，黏土受外力作用最初出现裂纹时应力与应变的乘积及此时的相应含水率。因此可塑性指标较直观地反映了黏土或坯料的可塑性能。

根据可塑性指标值的大小，可以简单地把黏土分为三类：指标大于3.6为高可塑性黏土；指标2.5~3.6为中等可塑性黏土；指标小于2.4为低可塑性黏土。

(2) 测试

可塑性指标的测定仪器是捷米亚禅斯基可塑性指标仪，如图12-12所示。

将一定细度的试样（通过网孔尺寸为0.15mm筛的试样），放入搏瓷盘，徐徐加水拌和成可塑状态（正常操作水分），并充分揉练排除空气，尽量使其达到致密，用塑料布包好，陈腐24h，将经过充分揉练的试样，切成直径×高为45mm×45mm的圆柱体，放在玻璃板上，修整成圆形锥形，用双手将其搓成表面光滑、无折纹的直径为45mm左右的圆球，共10个，用湿布盖好。逐个用可塑性指标仪进行测试，获得试样变形后有微裂纹出现时的高度及所加负荷（盛有铅丸的容器的质量）。同时将测试过的试样分别切取约20g的样品，进行含水率的测试。

(3) 计算

试样可塑性指标的计算公式为：

$$可塑性指标 = (d - h)F$$

式中　d——试样的直径，mm；

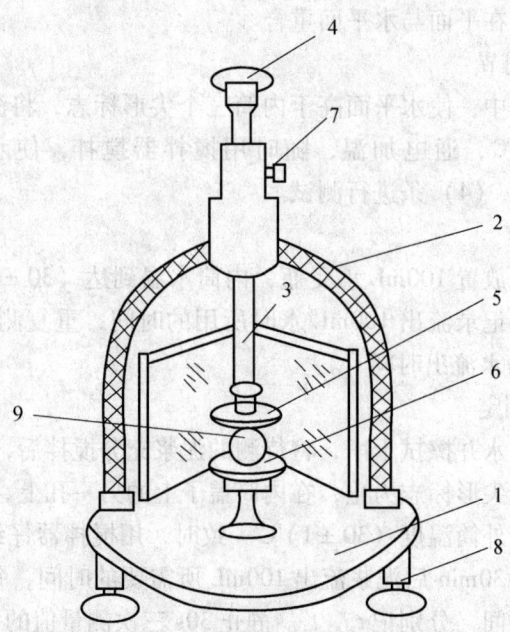

图 12-12 捷米亚禅斯基可塑性指标仪
1—机座;2—机架;3—金属压杆(带有刻度,能自由上下移动);
4—金属平盘;5,6—金属下压盘;7—调节阀;8—水平调整器;9—试样

h——试样受压后的高度,mm;

F——试样起始开裂时重力负荷,N。

可塑性指标的相应含水率计算按液限含水率的计算公式进行。

12.4.2 泥浆特性的测定

陶瓷泥浆性能测定包括流动性、触变性和吸浆速度。

1. 概念

(1) 流动性 泥浆发生流动后的剪切应力与剪切速率的比值为常数,称为塑性黏度,塑性黏度的倒数即为流动度。工艺上以一定体积的泥浆静止一定时间后,从一定孔径的流出孔流出的时间表征泥浆的流动度。

(2) 触变性 黏土泥浆或可塑泥团受到振动或搅拌时,黏度会降低而流动性增加,静置后又能恢复至原来状态;反之,相同的泥料放置一段时间后,在维持原有水分的情况下会增加黏度,出现变稠和固化现象。上述情况下可以重复无数次,这种性质称作触变性。泥浆的触变性大小用厚化系数表示,它是泥浆静置 30min 和 30s 后相对黏度之比。

(3) 吸浆速度 在泥浆的其他条件固定不变的情况下,在吸浆过程中注件厚度 L 的平方与吸浆时间 t 之比 (L^2/t) 为一常数,称为吸浆速度常数。

2. 仪器与试样

仪器使用恩格拉黏度计,量取充分搅拌并过 0.25mm 孔径筛的泥浆 1000mL。

3. 测定步骤

(1) 黏度计水平的调节

往黏度计内筒注入蒸馏水,使注入水的水平面到仪器三个尖形标志为止,调节仪器底脚螺丝，使三个尖形标志所在平面与水平面重合。

(2) 温度控制器的调节

将水注入黏度计外筒中，使水平面高于内筒三个尖形标志，将测温探头插入外筒水中，将控制温度旋钮调到30℃，通电加温，随时用搅拌器搅拌，使水温度均匀，当温度到$(30±1)$℃时，再按（3）、（4）条进行测试。

(3) 水流出时间测定

在黏度计流出口下方放置100mL承受瓶，内筒水温到达$(30±1)$℃时拔起塞在流出口的塞子，同时启动秒表，记录流出100mL水时所用的时间，重复测试三次，测量值差不得大于0.2s，取平均值作为水流出时间t_1。

(4) 泥浆流出时间测定

放出黏度计内筒中的水并擦拭干净，将待测的泥浆充分搅拌后，注入黏度计内筒，使注入泥浆液面到达仪器三个尖形标志为止，在内筒盖子上的另一孔上，放上一支温度计，观察泥浆温度。当其与黏度计外筒温度$(30±1)$℃一致时，用搅拌器仔细搅拌泥浆约5min后静止，分别测定静止30s和30min后泥浆流出100mL所需要的时间，每项测定重复测试三次。取平均值作为泥浆流出时间，分别记t_2、t_3。静止30s三次测量值的平均偏差不得大于0.5s，静止30min三次测量值的平均偏差不得大于0.8s，否则需要重新测量。

4. 计算公式

$$V_s = \frac{t_2}{t_1}$$

$$F_s = \frac{t_1}{t_2}$$

$$T_s = \frac{t_3}{t_2}$$

式中　V_s——泥浆相对黏度；

　　　F_s——泥浆相对流动性；

　　　T_s——泥浆触变性；

　　　t_1——水流出100mL所用的时间，s；

　　　t_2——泥浆静止30s后流出100mL所用的时间，s；

　　　t_3——泥浆静止30min后流出100mL所用的时间，s。

12.4.3 粉料的细度和颗粒分析

1. 概念

(1) 细度　细度是指组成粉料的颗粒尺寸大小。

(2) 粒度、颗粒组成、颗粒分散度　指粉料中各种不同粒径颗粒的相对含量，如粒径分布、各种粒径的累计百分数等。

2. 测定方法、仪器设备

常用下列方法测定细度和粒度。

(1) 筛分析法　常采用手动或振动筛组。即用选定的筛子或选定的若干筛子所组成的一套筛组，经过一定时间震动筛分后，测定筛子或筛组上的筛余量的方法。测定粉料的颗粒分布，可用一系列不同孔径的标准筛，依孔径的大小顺序进行筛分，然后以每只筛上的筛余来表示颗粒分布情况。由此可做出分级筛析曲线，利用分级筛析曲线可以清楚地看出粒度分布情况。筛分析法分干法和湿法两大类。其测定范围粒度大于30μm（相当于500目筛）。

（2）沉降法测定　对于更细的颗粒（<30μm），就不能采用筛分析法，而采用沉降法进行测定。这种方法是以球形颗粒尺寸的沉降率公式——斯托克斯公式作为理论基础的。一定直径的颗粒只要测出在已知深度的悬浮液中沉淀所需的时间，就可根据斯托克斯公式计算出粒度：

$$D = \sqrt{\frac{18\eta v}{g\Delta d}}$$

式中　v——沉降速度，cm/s；

　　　g——重力常数，981cm/s；

　　　Δd——固体与液体间的密度差，g/cm³；

　　　D——颗粒直径，cm；

　　　η——流体黏度，P。

该方法的简单之处在于可以反复进行，它适用于对黏土的测试。其中对黏土的最小颗粒尺寸要求降至5μm。采用该技术可对黏土和坯料进行测试，以实现定期的质量控制。

实验方法：

①分散　对象为黏土或坯料20g，20mL去离子水，20mL解凝溶液。

解凝溶液中含有质量比为1.0%的固体碳酸钠盐和0.5%的固体六偏磷酸钠。将要求用量的解凝溶液放入带搅拌器的烧杯中，加入一定数量的干黏土（或者加入数量相当的湿黏土）。然后将蒸馏水或去离子水倒入其中，再将混合物在最高转速下混合搅拌1min。

②稀释　将搅拌均匀的分散液倒入量筒中并用水稀释至200mL。

将混合物倒入一直径为50~60mm、容量700mL的玻璃量筒中，量筒筒底以上100mm处有一个刻度标记，加水使液面达到刻度线。再用一个橡皮塞将量筒密封后用力晃动30s。

③沉降　将装有分散液的量筒无干扰地直立起来，同时开始计时。

④倾析　沉降过程结束后，用一个专门设计的虹吸管吸出液体直至液面降至10mm处，剩余物再重复分散。稀释和沉降过程量少5次，以确保能将细颗粒全部排出。将沉淀物放入蒸发皿中，干燥并称重。

⑤计算　计算的结果是粒径大于已确定（尺寸）粒径的所有颗粒的累积质量（%）= 5×最终残余干重。

（3）安德逊法测定（Andreasen）其理论依据是斯托克斯定律，如前所述。

1）分散　取5g干黏土，35mL水，5mL解凝溶液备用。解凝溶液中含有质量百分含量为1.0%的固体碳酸钠和0.5%固体六偏磷酸钠，将规定数量的溶液放入沉降法所用的那种搅拌杯中，然后称量干黏土（或者相当重量的湿黏土）加入其中，再加入蒸馏水或去离子水。在最大转速下将混合液搅拌1min。

2）稀释　将分散后的混合液倒入量筒并加水稀释至250mL的刻度线处。将混合液倒入容积为400mL的玻璃量筒中，并用水稀释至250mL。用力搅动后，立即用移液管取出试样20g，用以精确地测定其初始浓度。

3）沉降　将量筒直立着放入温控水浴中，并控制在需要的温度上。

例如：要求温度在25℃，样品提取深度为50mm。

当量球径（μm）	时　间（min）
5	34
2	213
1	852
0.5	3408

4）测试　吸取一份标准试液，并测出其中的干固体质量作为初始固体质量。

在沉淀结束后，自液面下50mm处用虹吸管提取样液20mL，并将样液干燥后称重。此质量为最终固体质量。

5）计算　计算的结果可看作粒度小于已确定粒径的所有颗粒的累积质量（%）
$$= [(初始固体质量 - 最终固体质量)/初始固体质量] \times 100\%$$

（4）激光法测定　采用激光衍射粒度分析仪。

1）测定原理　将一只傅里叶透镜置于一束平行激光束前，把这束平行光束聚焦在一个焦平面上。在焦平面上放置一只平面光电探测器。如果激光束没有遇到颗粒，或没有被颗粒散射，则该束平行激光将被傅里叶透镜聚焦在激光束的轴线与焦平面的交点上，也就是说聚焦在光电探测器中心处。该光电探测器的中心位置有一个小孔，正好让未被散射的激光束穿过，从而光电探测器就接收不到信号。反之，如有任何颗粒存于激光束中，则该颗粒会引起激光束的散射，而散射的角度与颗粒大小有关。颗粒愈大，散射角愈小；反之，颗粒愈小，散射角愈大。被散射的激光束通过傅里叶透镜后恰好聚焦在焦平面上的光电探测器上，产生电信号。这样，通过测量光环的直径和强度就可测出颗粒的大小，因为光环的强度是与颗粒的总数成正比的。对于颗粒大小连续分布的样品而言，在焦平面上将产生连续光环。如果样品连续通过激光束，则随着某粒径的含量改变，光环强度也会连续改变。通过计算机，可将光环强度的积分值换算成某粒径含量的平均值，这样就可得到该样品的粒度分布曲线。

2）激光颗粒分析仪的特点

①快速测定，其测定时间可缩短到几分钟。

②颗粒大小的测定范围宽，测定精度高。

颗粒大小仅与傅里叶透镜的焦距长短，以及激光束的波长有关，完全不需要标样校正。其精度也不受操作者的视觉影响。

③测试范围宽，从0.3~600m，完全可以满足通常陶瓷原材料的颗粒测定之用。

④不足之处是仪器价格昂贵，需要精细保养。

12.4.4　气孔率和体积密度的测定

1. 试样

（1）每种类型取10块整砖进行测试。

（2）如每块砖的表面积大于$0.04m^2$时，只需用5块整砖进行测试。

（3）如每块砖的质量小于50g，则需足够数量的砖使每个试样质量达到50~100g。

（4）砖的边长大于200mm且小于400mm时，可切割成小块，但切割下的每一块应计入测量值内，多边形和其他非矩形砖，其长和宽均按外接矩形计算。若砖的边长大于400mm时，至少在3块整砖的中间部位切取最小边长为100mm的5块试样。

2. 步骤

将砖放在110℃±5℃的烘箱中干燥至恒重,即每隔24h的两次连续质量之差小于0.1%,砖放在有硅胶或其他干燥器剂的干燥器内冷却至室温,不能使用酸性干燥剂,称量并记录每块试样的质量。

3. 水的饱和

真空法:将砖竖直放入真空容器中,使砖互不接触。抽真空至10kPa±1kPa,并保持30min,在保持真空的同时,加入足够的水将砖覆盖并高出5cm。停止抽真空,让砖浸泡15min后取出。将一块浸湿过的鹿皮用手拧干,将鹿皮放在平台上依次轻轻擦干每块砖的表面,对于凹凸或有浮雕的表面应用鹿皮轻快地擦去表面水分,然后立即称重并记录。

4. 悬挂称量

试样在真空下吸水后,称量试样悬挂在水中的质量(m_3),精确至0.01g。称量时,将样品挂在天平一臂的吊环、绳索或篮子上。实际称量前,将安装好并浸入水中的吊环、绳索或篮子放在天平上,使天平处于平衡位置。吊环、绳索或篮子在水中的浓度与放试样称量时相同。

5. 结果表示

m_1——干砖的质量,g;

m_{2v}——砖在真空下吸水饱和的质量,g;

m_3——真空法吸水饱和后悬挂在水中的砖的质量,g。

在下面的计算中,假设1cm³水重1g,此假设室温下误差在0.3%以内。

6. 显气孔率

(1)用下列公式计算表观体积V(cm³)

$$V = m_{2v} - m_3$$

(2)用下式计算开口气孔部分体积V_0和不透水部分V_1的体积(cm³)

$$V_0 = m_{2v} - m_1$$
$$V_1 = m_1 - m_3$$

(3)显气孔率P用试样的开口气孔体积与表观体积的关系式的百分数表示,计算公式如下:

$$P = \frac{m_{2v} - m_1}{V} \times 100$$

7. 表观相对密度

计算试样不透水部分的表观相对密度T,计算公式如下:

$$T = \frac{m_1}{m_1 - m_3}$$

12.4.5 釉高温熔体特性的测定

釉高温熔体特性包括熔融温度范围和润湿情况。

通过高温显微镜可以直接观察焙烧试样在各不同温度下的轮廓投影尺寸与形状的变化情况,根据这一变化情况可测定原料及釉料的热膨胀系数、烧结温度、软化温度、熔融温度。

如果对一定的托板,又可以测定与瓷坯的润湿情况。

1. 测试

将试样磨细过 200 目筛,然后加适量的水用特制钢模成形,大小为 $2\sim3\text{mm}^3$ 的立方体或圆柱体。若不是可塑性的试样,可加少量粘结剂以便成形。如果是坯体,可磨成上述试样的大小,在烘箱中干燥 1h,然后用放大镜检查边角,要求整齐。

试选好的试样放在耐火材料托板上,一起装入炉内进行测试。

2. 计算

根据测量的长度变化,按下式求出长度变化的百分数,即

$$\text{长度变化百分数} = \frac{L_T - L_{室温}}{L_{室温}}$$

式中　$L_{室温}$——室温下的长度,mm;
　　　L_T——某温度 T 下的长度,mm。

然后以温度为横坐标,长度变化百分数为纵坐标,绘制烧成曲线。

3. 应用

(1) 熔融温度范围的测定

图 12-13 为某一釉试样的形状随温度的变化。

釉的熔融温度范围是指釉料在温度作用下开始熔融(圆柱体试样成半球状)至开始流动(试样接触角30℃,或方格网低于2格)之间的温度。有些资料以三角锥开始变形的温度至最终弯倒的温度作为釉的熔融温度范围,是不确切的。因为试样的熔融温度高于软化温度,软化发生在熔融之前,也就是说试样圆柱体在完全熔融之前,釉锥早已弯倒。

釉的熔融温度对瓷烧成质量至关重要。熔融温度太低,则在坯体未烧结前覆盖在坯体上,把开口气孔完全封闭,容易引起釉泡。熔融温度太高,则坯体浸润不良,有釉面不光滑、光泽差等缺陷。

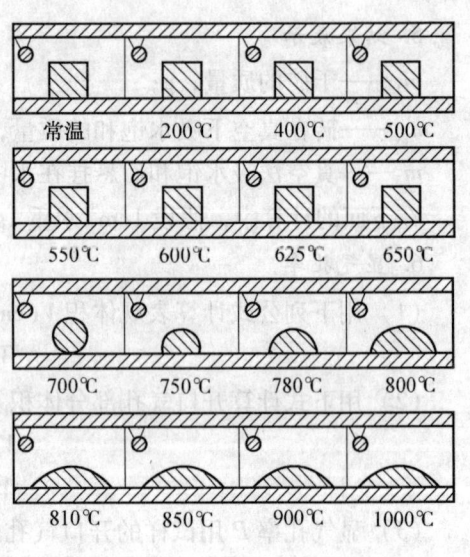

图 12-13　高温显微镜测试

熔融温度范围的测定是将釉料制成的圆柱体试样在高温下连续观察各种温度点试样变化情况,一般用高温显微镜。

釉在各温度点变化的意义如下:

开始软化温度:圆柱形试样棱角刚开始稍稍变圆;

开始熔融温度:圆柱形试样变为半球形;

开始流动温度:试样流展低于显微镜目镜上的方格网第2格,或接触角小于30℃;

软化温度范围:开始软化和开始熔融之间的温度范围;

熔融温度范围:开始熔融和开始流动之间的温度范围。

(2) 润湿情况的测定

润湿在陶瓷生产中是重要的,为了能够使液相均匀地覆盖于陶瓷制品上,要求高温下的

液相对坯体是充分润湿的。

而在耐火材料中则要求矿渣体对它不润湿，否则矿渣熔体很容易渗入耐火材料中去，发生化学反应引起熔融，缩短其使用寿命。在金属陶瓷中，则要求金属相对陶瓷有良好的润湿性，这样有利于提高强度，改善脆性和抗冲击性能。

① 润湿角的测定方法。润湿现象如图 12-14 所示，设 F 为润湿能力，θ 为润湿角（接触角），则有

$$F = \gamma_{LV}\cos\theta = \gamma_{SV} - \gamma_{SL}$$
$$\gamma_{SV} = \gamma_{SL} + \gamma_{LV}\cos\theta$$

式中　θ——液体在固体表面上的接触角；

　　　γ_{SV}——固-气界面张力；

　　　γ_{SL}——固-液界面张力；

　　　γ_{LV}——液-气界面张力。

当 $\theta > 90°$，不润湿；

　　$\theta < 90°$，润湿；

　　$\theta = 0$，液体铺展于固体表面。

② 湿角的计算公式　按照接触角 θ 的几何关系（图 12-15），得

$$\theta = 2\tan^{-1}(2h/d)$$

式中　h——液滴高度；

　　　d——液滴铺展的距离。

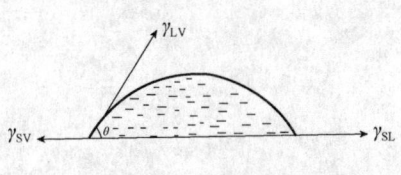

图 12-14　固-液润湿示意

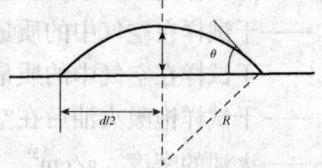

图 12-15　接触角 θ 的几何关系

12.4.6　干燥灵敏指数测定

1. 概述

在自然风干的条件下，正常可塑状态（工作水分）的湿坯试样，干燥体积收缩率和孔隙率的比值，称为干燥灵敏指数（K）。因此干燥灵敏指数与坯料正常可塑状态所含的水分高低、干燥收缩率及颗粒大小、形状和堆积密度等因素有关。

根据黏土的干燥灵敏指数的大小，可把黏土分为 3 种类型：灵敏指数小于 1 为低干燥灵敏性；灵敏指数为 1~2 的为中等干燥灵敏性；灵敏指数大于 2 的为高灵敏性。坯料的干燥灵敏指数小于 1，干燥过程安全，不容易开裂；坯料干燥灵敏指数大于 2，即使干燥速度很慢，也容易引起开裂。坯料中使用高干燥灵敏性黏土，且用量高时，将增大坯料的干燥灵敏指数。

2. 测试

将均匀致密的可塑坯料切成 50mm×50mm×20mm 或 25mm×25mm×10mm 的方形试样，用天平称量湿试样在空气中的质量，随后放入有机溶剂中，常用的有机溶剂为火油、饱吸火油，称取在火油中的质量。取出后，用浸过火油的纱布抹去试样表面的火油，称其饱吸火油

后在空气中的量。然后放在垫有薄纸的玻璃板上,在温度和湿度变化不大的条件下阴干。要注意发翻动,防止变形开裂,并记录每天的温度和湿度。3d 后开始称量,以后每隔一天称量一次,至前后两次称量相等或相差小于 0.01g 为止。

把恒重后的试样放入抽真空装置中,在相对真空度不低于97%的条件下,抽真空 0.5h,然后加入火油值高出试样 5cm,再抽真空 1h。从抽真空中取出,放入火油中,称取试样在火油中的量,再从火油中取出,用浸过火油拧干的纱布抹去试样表面的火油,称取试样饱吸火油后在空气中的量。

3. 计算

$$K = \frac{V}{V_0 \left(\frac{m_0 - m_3}{V_0 - V} - 1 \right)}$$

$$V_0 = \frac{m_2 - m_1}{\rho}$$

$$V = \frac{m_5 - m_4}{\rho}$$

式中 V_0——湿试样的体积,cm^3;
V——干试样的体积,cm^3;
m_0——湿试样在空气中的质量,g;
m_1——湿试样在火油中的质量,g;
m_2——湿试样饱吸火油后在空气中的质量,g;
m_3——干试样在空气中的质量,g;
m_4——干试样在空气中的质量,g;
m_5——干试样饱吸火油后在空气中的质量,g;
ρ——火油的密度,g/cm^3。

12.4.7 烧成温度范围的测定

1. 概述

黏土或坯料的烧成温度范围(或称玻璃化温度范围)是试样烧结成瓷,其开口孔隙率或吸水率达到并保持为零,线收缩率和体积密度达到并保持在最大值或只有微小的变化时,最低温度和最高温度区间。

对于坯料,一般也常用制瓷原料中的黏土类原料的烧成线收缩曲线开始突然下降时的温度来表示最低烧结温度。

生产中常用吸水率来反映坯料的烧结程度,一般要求坯料烧后的吸水率<5%。坯料或黏土的烧结范围宽,有利于不同尺寸坯件的烧成,烧成停火温度易掌握,不容易出现生烧或过烧。一般坯料的烧成温度范围应大于30℃。瓷材料的体积密度、吸水率、开口孔隙率和闭口孔隙率,都是评定坯体是否烧结成瓷和瓷材料结构的致密程度。

2. 测试

坯料或黏土烧成温度范围的测定,是将坯料试样置于电炉中进行焙烧,随着温度的升高,在不同的温度点下,取出一定数量的试样,冷却后测定其孔隙率、吸水率、体积收缩率、体积密度，综合起来确定坯料的烧成温度范围。

将试样制成直径×长度为12mm×30mm或23mm×15mm的干试条，并在砂纸上磨去毛边棱角，并沿轴向磨出一平面，以便堆放。

将制好的试样放入电炉中加热，按下述升温速度和预定的温度点取样。

升温速度：室温到1100℃为100~150℃/h；1100℃到停火为50~60℃/h。

取样温度：300~900℃，每隔100℃取样一次；900~1200℃，每隔50℃取样一次；1200℃停火，每隔10~20℃取样一次。

每到取样温度点时，应保温10min，然后在电炉内取出试样，迅速埋在预先加热好的石英粉或氧化铝粉内，不使试样急冷而产生炸裂。待试样冷却至接近室温后，测定其体积密度、吸水率、开口气孔。由于900℃以前，取出的试样放入水中会崩解，应采用火油。

3. 计算

体积密度、吸水率、开口孔隙率的计算公式如下：

$$体积密度\ \rho_a = \frac{m\rho_f}{m_2 - m_1}$$

$$吸水率(\%) = \frac{m_2 - m}{m} \times 100$$

$$开口孔隙率(\%) = \frac{m_2 - m}{m_2 - m_1} \times 100$$

式中　　m——试样的质量，g；

m_1——试样饱吸水后在水中的质量，g；

m_2——试样饱吸水后在空气中的质量，g；

ρ_f——试验温度下水的密度，g/cm³。

参考文献

1　淡国强，刘新年，宁青菊. 硅酸盐工业产品性能及测试分析 [M]. 北京：化学工业出版社，2004.
2　李九团. 最新陶瓷与陶瓷制品生产加工工艺及质量检验实务全书 [M]. 北京：中软电子出版社，2003.
3　全国建筑卫生陶瓷标准化技术委员会等. 建筑卫生陶瓷标准汇编 [M]. 北京：中国标准出版社，2006.
4　中国硅酸盐学会陶瓷分会建筑卫生陶瓷专委会. 现代建筑卫生陶瓷工程师手册 [M]. 北京：中国建材工业出版社，1997.
5　刘属兴. 陶瓷鉱物原料与岩相分相 [M]. 武汉：武汉理工大学出版社，2006.
6　须藤谈话会土みつめる　黏土鉱物の世界一. 日本东京：三共出版株式会社，1986.
7　赵晨阳. 化工产品手册 [M]. 北京：化学工业出版社，2008.

第 13 章　工业卫生与环境保护

环境是指人类生存的环境，包括自然环境和一定的社会环境。自然环境是人类及一切生物赖以生存的物质基础。为了实施可持续发展战略，预防因开发利用矿产资源、项目建设后对环境造成不良影响，保护自然和生态环境，必须进行环境保护。

工业卫生的研究对象主要是指工人工作区域的环境卫生。环境保护是指保护人类赖以生存的生态环境。同时，工业卫生与环境卫生是有着有机联系的，"坚持节约发展、清洁发展、安全发展，实现可持续发展"是构建和谐社会的重要方面。

13.1　工业卫生

13.1.1　建筑卫生陶瓷工业有害物质的来源及危害

建筑卫生陶瓷工业生产过程不可避免地产生一些与生产中所使用的原料、辅料、燃料等有关的有害物质。建筑卫生陶瓷生产中常见的有害物质及来源见表 13-1，有害因素引起的中毒临床表现见表 13-2。

表 13-1　建筑卫生陶瓷工业生产常见的有害物质及来源

序号	有害源的地点	产生的有害物质
1	原料车间干法粉碎、筛分、配料	游离二氧化硅含量高的粉尘
2	干修坯	游离二氧化硅含量高的粉尘
3	陶瓷色料的生产	铅、铬、镉、锰等化合物
4	窑炉及干燥器	粉尘、高温热辐射及一氧化碳
5	陶瓷贴花纸的生产	铅及其他毒性化合物
6	硅酸盐的化学分析	硫酸、盐酸、硝酸、氢氟酸及其他有毒物

表 13-2　有害因素引起的中毒临床表现

名称	损害的主要组织或器官	主要临床症状和体征
硅尘（矽尘）	引起肺组织发生广泛的纤维性变化和硅肺结节的形成	表现在呼吸系统如胸闷、胸痛、气急、咳嗽、咳痰等，也有食欲不振的表现
铅中毒	引起代谢过程的高度障碍，产生多种症状，但主要作用于神经系统和造血器官	急性中毒少见；慢性中毒有头晕，头痛，易疲乏，记忆力减退，手足麻木，四肢无力，月经异常等症状
锰中毒	主要作用于中枢神经系统和末梢神经系统，能引起严重的器质性改变，也能作用于肝、肾、肺和血液循环器官——毛细血管	锰中毒是一种慢性病变，能使全身衰弱疲劳，记忆力减退，四肢无力酸痛，手指和眼睑震颤，轻度语言障碍，表现呆板，肌肉抽搐，运动障碍，步态笨拙等

续表

名 称	损害的主要组织或器官	主要临床症状和体征
铬中毒	对人体表皮有腐蚀作用，对呼吸道有强烈刺激作用	可引起皮炎，多见于手部和腕部，严重者可发生溃疡，并刺激上呼吸道，能引起喷嚏、流鼻涕、鼻塞、咳嗽；严重者鼻腔溃疡和鼻中膈穿孔等，全身性症状有头痛、头晕、消瘦、消化障碍、便秘等
镉中毒	由呼吸道吸入，对肺、肾有损害作用	重者引起肺水肿和肾脏损坏，轻者倦怠、无力、头痛、头晕、失眠等
锌中毒	对呼吸道有刺激作用	引起支气管炎或合并肺炎
钴中毒	对人体表皮有腐蚀作用	引起过敏性皮炎，其粉尘引起支气管哮喘和尘肺
氟化物中毒	对呼吸道有强烈的刺激作用，对皮肤及骨骼有腐蚀性	吸入浓度较高时，呼吸道内有灼痛，严重者有反射性窒息。长期在氟蒸气环境下工作，可能引起酸蚀症，慢性鼻炎，鼻黏膜溃疡。且对皮肤有腐蚀性，不易愈合，慢性中毒者为氟骨症
苯中毒	能损害一系列器官和系统，急性中毒主要作用于中枢神经系统，慢性中毒主要抑制造血机能	急性：头晕、嗜睡、恶心、呕吐、步态蹒跚、兴奋、意识丧失、肌肉痉挛、晕倒； 慢性：早期主要为神经衰弱症，即头痛、头晕、失眠、记忆力减退、无力、食欲不振，进一步出现贫血，鼻、皮肤、齿龈出血，月经过多等症状
环己酮中毒		高浓度气体有麻痹和刺激黏膜作用，直接接触造成角膜、鼻黏膜损伤
硫化氢中毒	有较强的刺激作用和不逆转的麻痹作用	能引起头痛、头晕、倦怠无力、失眠、咳嗽、腹泻等病症
氯仿中毒		大量吸入有麻痹作用，长期吸入可能出现消化不良、精神抑郁、失眠、头痛，并对肺、肾有一定程度损害
一氧化碳中毒	它能和血红蛋白结合而成碳氧血红蛋白，使血液携氧功能发生障碍	头痛、头晕、恶心、呕吐、视力减退、无力、昏睡、肌肉痉挛、大便失禁等
高温热辐射	引起水盐代谢平衡紊乱，同时亦对消化系统、肾脏、神经系统都有影响	先兆中暑：大量出汗、口渴、头晕、耳鸣、胸闷、心悸、恶心、全身疲乏、四肢无力、注意力不集中等； 轻度中暑：除有上述症状外，尚有面色潮红，皮肤灼热，有呼吸循环衰竭的早期表现，体温在38℃以上； 严重中暑：除有轻度中暑症状外，出现晕倒或痉挛或皮肤干燥无汗，体温在40℃以上

13.1.2 有害物浓度和卫生标准

1. 有害物浓度

有害物对人体造成的危害，不但取决于有害物的性质，还取决于有害物在空气中的含量。单位体积空气中的有害物含量称为浓度。有害物浓度愈大，危害也愈严重。

有害物质的浓度有两种表示方法：一种是质量浓度，另一种是体积浓度。质量浓度即每立方米空气中所含有害物质的毫克数，以 mg/m^3 表示。体积浓度即每立方米空气中所含有害物质的毫升数，以 mL/m^3 表示。因为 $1m^3 = 10^6 mL$，常采用百万分率符号 ppm 表示。1ppm 表示空气中某种有害物质的体积浓度为百万分之一。

在标准状态下，质量浓度和体积浓度可按下式进行换算：

$$y = \frac{M \times 10^3}{22.4 \times 10^3} \cdot C = \frac{M \cdot C}{22.4}$$

式中 y——有害物质的质量浓度，mg/m^3；

M——有害物质的摩尔质量，g/mol；

C——有害物质的体积浓度，ppm 或 mL/m^3。

粉尘在空气中的含量，即含量浓度也有两种表示方法：一种是质量浓度，另一种是颗粒浓度，即每立方米空气中所含粉尘的颗粒数。在陶瓷工业中常用质量浓度。

2. 卫生标准

（1）有害物　卫生部颁布了《工业企业设计卫生标准》（GBZ 1—2002）、《工作场所有害因素职业接触限值　第1部分：化学有害因素》（GBZ 2.1—2007）《工作场所有害因素职业接触限值　第2部分：物理因素》（GBZ 2.2—2007）。其中规定了车间空气中有毒、有害物质浓度，与陶瓷工业有关的部分工作场所有毒物质允许浓度见表13-3，部分有害物质允许浓度见表13-4。

表13-3　工作场所空气中有毒物质允许浓度

序　号	物质名称	平均允许浓度时间加权（mg/m^3）	短时间接触允许浓度（mg/m^3）
1	二氧化氟	5	10
2	二氧化硫	5	10
3	二氧化碳	9000	18000
4	二氧化锡（按Sn计）	2	
5	酚	10	
6	五氧化二钒烟尘	0.05	
7	氟化物（不含HF，按F计）	2	
8	锆及其化合物（按Zr计）	5	10
9	镉及其化合物（按Cd计）	0.01	0.02
10	钴及其氧化物	0.05	0.1
11	锰及其化合物（按MnO_2计）	0.15	
12	三氧化铬、铬酸盐、重铬酸盐（按Cr计）	0.05	

表 13-4 工作场所空气中有害物质允许浓度

序号	物质名称	总尘（mg/m³）	呼尘（mg/m³）
1	白云石粉尘	84	4
2	硅灰石粉尘	5	
3	滑石粉尘（游离 SiO₂ 含量<10%）	3	1
4	铝、氧化铝、铝合金粉尘 铝、铝合金 氧化铝	 3 4	
5	煤尘（游离 SiO₂ 含量<10%）	4	2.5
6	凝聚 SiO₂ 粉尘	1.5	0.5
7	膨润土粉尘	6	
8	砂轮磨尘	8	
9	石膏粉尘	8	4
10	石灰石粉尘	8	4
11	硅尘 10%≤游离 SiO₂ 含量≤50% 50%<游离 SiO₂ 含量<80% 游离 SiO₂ 含量>80%	 1 0.7 0.5	 0.7 0.3 0.2
12	其他粉尘	8	

（2）气温　《工业企业设计卫生标准》（GBZ 1—2002）对车间内工作地点的气温规定了一个以外界气温为基础的上限，见表 13-5。

表 13-5 车间内工作地点的夏季空气温度规定

夏季通风室外计算温度（℃）	22 及以下	23	24	25	26	27	28	29~32	33 及以上
工作地点与室外温度差（℃）	10	9	8	7	6	5	4	3	2

（3）噪声　《工业企业设计卫生标准》（GBZ 1—2002）中规定：

①工作场所操作人员每天连续接触噪声 8h，噪声声级卫生限值为 85dB（A）。

②对于操作人员每天接触噪声不足 8h 的场合，可根据实际接触噪声的时间，按接触时间减半，噪声声级卫生限值增加 3dB（A）的原则，确定其噪声声级限值（表 13-6）。

表 13-6 工作地点噪声声级的卫生限值

日接触噪声时间（h）	卫生限制［dB(A)］
8	85
4	88
2	91
1	94
1/2	97
1/4	100
1/8	103
最高不得超过 115dB	

13.1.3 主要防护措施

1. 改进生产设备和工艺过程

生产设备的好坏对生产区域卫生环境有很大影响。一条先进的自动化连续生产线较之传统生产线尘源发生点将显著减少，辅以必要的通风措施将使工作区域卫生得到很大改善。如大吨位自动压砖机在同等产量下产生的粉尘仅是传统手动压机的40%左右。同样在满足生产的条件下尽量简化工艺流程，减少物料转运，也将大大减少尘源的产生。

2. 湿法作业

用湿法处理物料，可以在很大程度上减少粉尘，有些扬尘甚至可完全消除粉尘，而且方法简单，费用较低。绝大部分陶瓷原料，其粉尘对水有良好的"亲和力"，采用湿法生产后就可避免产生粉尘飞扬的现象，故在原料破碎、筛分、物料的转运与提升等工艺过程中都可在生产工艺许可条件下，考虑采用湿法生产。

3. 水力抑尘

用水直接加湿物料以减少或消除粉尘的产生，或者用水雾加湿粉尘，以利于捕捉和抑制粉尘的措施称为水力抑尘。水力抑尘，适合于矿山原料工厂。

物料的湿度，如系由工艺条件确定的称为最大允许湿度；如以物料不扬尘为条件确定的称为最佳湿度。

（1）加水量确定　水力抑尘加水量一般按下式计算：

$$W = G(\varphi_2 - \varphi_1)K$$

式中　W——加进被处理物料中的水量，kg/h；

　　　G——处理物料量，kg/h；

　　　φ_1——物料的起始湿度，kg/kg；

　　　φ_2——物料的最大允许湿度或最佳湿度（通过试验确定），kg/kg；

　　　K——考虑水分蒸发和加水不均匀而附加的系数，一般采用1.3~1.5。硬质原料如长石、石英、石灰石等，φ_2取0.04~0.08。

（2）对水质的要求　水中不应含有严重影响产品质量的物质及病原菌，所含固体悬浮物以不堵塞喷嘴为宜。

（3）喷嘴　无论是物料的加湿或喷雾捕尘均应用喷嘴使水成细小的雾滴。常用的喷嘴有：

①用直径为20mm的管子焊成丁字状，小钻小孔喷水，用于加湿物料，如图13-1所示。

②角型喷嘴。它借助于一定压力的水通过特殊结构的喷头而使水成细雾。其构造简单、体积小、轻便，并且市场有现货供应。适用于物料加湿、扬尘点捕尘和人工降雨装置，如图13-2所示。角型喷嘴的技术性能见表13-7。

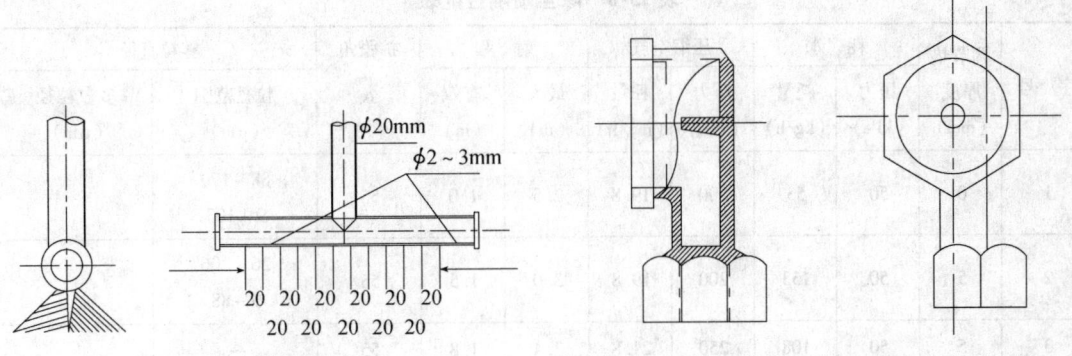

图 13-1 丁字形管　　　　　　图 13-2 角型喷嘴

表 13-7 角型喷嘴技术性能

供水压力 (MPa)	在如下喷口直径（mm）下的喷水量（kg/h)									喷射角度 (°)	有效射程 (mm)	有效直径 (m)	有效面积 (m²)
	1.5	2.0	2.5	3.0	3.5	4.0	4.5	5.0	5.5	6.0			
0.1	100	135	165	200	230	260	290	330	360	390	46	350	0.30	0.071
0.2	140	195	235	285	335	385	420	465	510	570	49	430	0.40	0.13
0.25	160	215	270	320	375	435	475	525	570	640	52	530	0.51	0.20
0.3	175	240	300	355	415	485	530	580	630	700	54	620	0.63	0.31
0.4	200	280	340	410	490	550	620	680	740	820	61	750	0.90	0.61

③移动型喷嘴。采用压缩空气和水混合喷射形成细雾，其水雾密集，水滴较细，可移动或固定于窗台、墙上、柱上供原料堆场等大面积除尘用。移动型喷嘴如图 13-3 所示，性能见表 13-8。

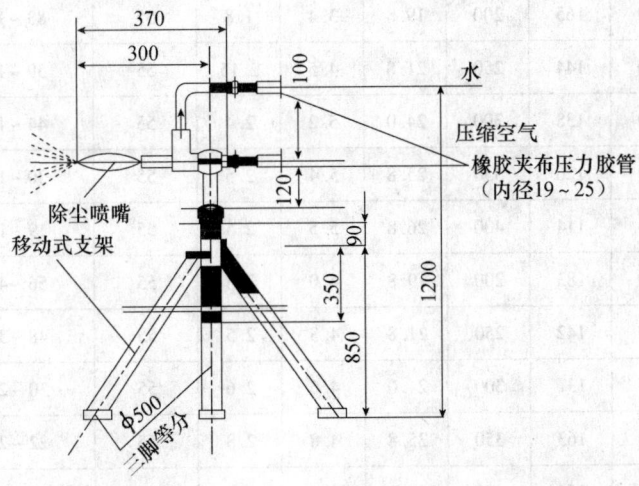

图 13-3 移动型喷嘴（mm）

表13-8 除尘喷嘴性能表

序号	调节垫厚度 (mm)	耗水		压缩空气		射程		扩张角 α (°)	雾粒直径	
		压力 (kPa)	耗量 (kg/h)	压力 (kPa)	耗量 (m³/h)	最大 (m)	有效 (m)		粒径范围 (μm)	多数粒径 (μm)
1	0	50	53	200	19.8	2.5	1.0	55	88~170 9~103	—
2	5	50	153	200	19.8	3.0	1.5	55	26~206 9~88	
3	5	50	108	250	21.8	3.4	1.8	55	—	—
4	5	50	96	300	24.0	4.0	2.2	55	—	—
5	5	50	94	350	25.8	4.2	2.8	55	12~147	35
6	5	50	55	410	26.8	4.4	3.0	55		
7	5	100	75	200	19.8	3.0	1.5	55	44~176	96
8	5	100	80	250	21.8	3.8	1.8	55	29~148	74
9	5	100	141	300	24.0	4.4	2.2	55	24~140	68
10	5	100	150	330	25.8	4.8	2.8	55	18~132	45
11	5	100	100	400	26.8	5.0	3.0	55	6~132	30
12	5	150	104	200	19.8	3.0	1.0	55	30~207	118
13	5	150	100	250	21.8	3.9	1.0	55	30~202	59
14	5	150	96	300	24.0	4.4	2.0	55	20~180	44
15	5	150	94	350	25.8	4.4	2.2	55	18~176	35
16	5	150	92	400	26.8	4.9	2.4	55	16~147	28
17	5	200	165	200	19.8	3.4	1.8	55	83~176	120
18	5	200	144	250	21.8	4.5	2.15	55	59~147	74
19	5	200	138	300	24.0	5.2	2.4	55	44~147	56
20	5	200	126	330	25.8	5.4	2.5	55	30~136	48
21	5	200	114	400	26.8	5.5	2.5	55	19~128	22
22	5	250	183	200	19.8	4.0	2.3	55	56~495	188
23	5	250	142	250	21.8	4.3	2.5	55	48~350	160
24	5	250	137	300	24.0	4.6	2.6	55	30~274	120
25	5	250	163	350	25.8	4.8	2.8	55	22~207	74
26	5	250	156	400	26.8	5.3	2.9	55	10~184	60
27	5	300	340	200	19.8	4.8	2.5	55	74~660	248

续表

序号	调节垫厚度 (mm)	耗水		压缩空气		射程		扩张角 α (°)	雾粒直径	
		压力 (kPa)	耗量 (kg/h)	压力 (kPa)	耗量 (m³/h)	最大 (m)	有效 (m)		粒径范围 (μm)	多数粒径 (μm)
28	5	300	250	250	21.8	5.0	2.7	55	63~577	206
29	5	300	228	300	24.0	5.2	2.9	55	50~412	160
30	5	300	192	350	25.8	5.4	2.9	55	33~330	148
31	5	300	180	400	26.8	5.5	3.0	55	18~206	122
32	3	300	324	200	19.8	4.4	2.3	55	82~990	414
33	3	300	283	400	26.8	5.0	2.0	55	50~320	148
34	5	350	336	200	19.8	4.8	2.7	55	83~660	248
35	5	350		250	21.8	5.0	2.8	55	76~570	230
36	5	350	328	300	24.0	5.3	3.0	55	46~495	185
37	5	350	288	350	25.8	5.5	3.2	55	38~330	154
38	5	350	269	400	26.8	5.5	3.5	55	22~248	130

4. 湿法清扫

湿法清扫包括洒水清扫、水冲洗和湿抹设备等方法。这些方法不仅可以消除二次尘源，还能搞好环境卫生，提高产品质量。

（1）水冲洗的条件

①地面应设有排水管（沟）。供水压力可保持在150~200kPa表压为宜，对水质无特殊要求。

②地坪和楼板最好用水泥涂抹，并向一定方向做成坡度（不应小于3%）；在最低洼处设排水槽或下水篦子等。墙内表面应光滑平整，并用防水砂浆抹面，建筑上尽量要避免造成冲洗死角。楼板上所有的孔道应设有高度不小于100mm的凸缘。

③凡能与水接触的金属结构及设备要涂防锈油漆，对忌水设备与构件（如电气设备等）应很好地加以防湿保护。

（2）防尘密闭罩

密闭罩是把产生粉尘的工艺设备或生产工序局部或全部地密闭起来，借用较小的排风量，使罩内产生负压以保证操作口和缝隙处形成一定的吸入风速，防止有害物的外逸。

（3）渐缩罩

排风管道与密闭罩的连接，除了考虑罩内气流均匀外，还要防止抽走大量粉料。因此，密闭罩与排风管不应直接相连，一般采用渐缩罩（上圆下方）作过渡连接。渐缩罩的位置应避免正对粉尘溅射的方向，同时不要靠近罩子的敞口处，以防抽走与除尘无关的空气而破坏罩内负压分布。渐缩口的风速不宜过大，宜采用下列数据：

①粒径细的粉尘

罩口距尘源较近：≥1m/s；

罩口距尘源较远：≥1.5m/s。

② 粒径粗的粉尘

罩口距尘源较近：≥1.5m/s；

罩口距尘源较远：≥3m/s。

一般情况下，防尘密闭罩的排风量由两部分组成，即运动物料带入罩内的诱导空气量和为消除罩内正压由孔口或不严密缝隙吸入的空气量。

$$L = L_1 + L_2$$

式中　L——工艺设备的排风量，m^3/h；

L_1——随物料带入空气量，m^3/h；

L_2——为使罩内形成一定的负压而由不严密处吸入的空气量：

$$L_2 = 3600 A V_a$$

A——密闭罩不严密处的缝隙面积，m^2；

V_a——密闭罩不严密处的缝口速度，m/s。

除尘抽风量与很多因素有关，目前多数是根据类似设备实测的除尘抽风量进行设计。

(4) 建筑卫生陶瓷行业常用密闭方式和抽风量

① 颚式破碎机密闭方式和抽风量的估算　颚式破碎机应密闭进出料口，并在进料处和下料口处设抽风罩。图13-4为常用的颚式破碎机密闭抽尘方式。颚式破碎机的抽风量估算见表13-9。

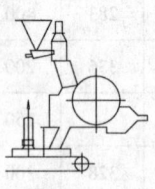
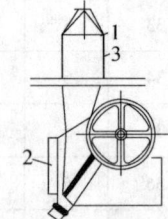

图 13-4　颚式破碎机密闭抽尘方式
1—排尘口；2—挡板；3—排尘管

表 13-9　颚式破碎机的抽风量估算

序号	设备规格（mm）	设备排风量（m^3/h）	下部排风量（m^3/h）	
			上部有排风	上部无排风
1	150×250	800	当破碎机卸料至皮带机上时按表13-10中的L_2选用	当破碎机卸料至皮带机上时按表13-10中的L_1+L_2选用
2	250×350	1000		
3	250×400	1200		
4	400×600	1500		

② 皮带运输机的密闭方式及转运点抽风量确定

a. 陶瓷行业皮带运输机一般在皮带卸料点和受料点采取局部密闭措施，如图13-5所示。

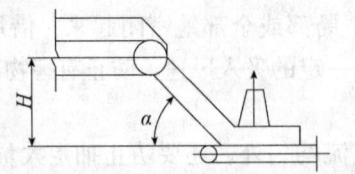
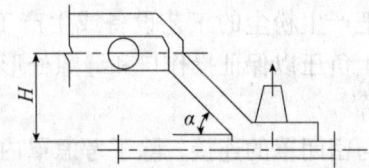

图 13-5　皮带运输机受料点除尘排风形式

b. 对车间卫生条件要求较高地点的皮带运输机还可采用整体密闭的方式。整体密闭通常有两种做法：一种是利用皮带机支架或骨架的密闭形式；另一种是将整个皮带机封闭于密闭小室中，以抽风排尘，如图13-6所示。

采用单层局部密闭罩时，当皮带机宽度为 $B=500mm$ 时，其排风量可按下列规定计算：

受料点在皮带机尾部时［图13-6（a）］，根据落料高度 H 和溜槽倾斜角 α，按表13-10采用；当受料点在皮带中部时［图13-6（b）］，表13-10中的 L_2，应乘以系数1.3。

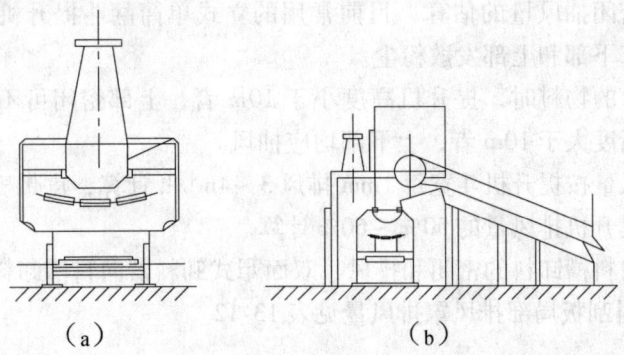

图13-6　皮带机的整体密封

当皮带机宽度不同于表13-10时，应按表中查出的 L 值乘以修正系数 φ，其值见表13-11。

表13-10　排风量表（皮带宽度 $B=500$mm 时）

溜槽角度			物料落差（m）			物料末速度（m/s）	排风量 L（m³/h）		
α	α_1	α_2	H	H_1	H_2		L_1	L_2	$L=L_1+L_2$
45°			1.0			2.1	50	750	800
			2.0			2.9	100	1000	1100
			3.0			3.6	150	1300	1450
50°			1.0			2.4	50	850	900
			2.0			3.3	150	1200	1350
			3.0			4.1	200	1400	1600
60°			1.0			3.3	150	1200	1350
			2.0			4.6	250	1600	1850
			3.0			5.6	350	2000	2350
70°			1.0			3.8	150	1300	1450
			2.0			5.3	300	1900	2200
			3.0			6.5	500	2300	2800
90°			1.0			4.4	200	1600	1800
			2.0			6.3	450	2200	2650
			3.0			7.7	650	2700	3350

表13-11　皮带运输机宽度与风量的修正系数（φ）

皮带机宽度 B（mm）	500	650	800	1000
修正系数 φ	1.00	1.25	1.50	1.75

对整体密闭罩则要求罩内保持一定的负压。具体抽风量估算则按照其缝隙或不严密处的空气速度，一般为 1.5~2.0m/s；对密闭小室选用 0.75~1.2m/s；对于敞开的孔洞或人孔，吸入速度采用 0.5~1.0m/s。

③斗式提升机密闭抽风量的估算　目前常用的立式单筒翻斗提升机本身有较严密的外壳，所以运行时只有下部和上部发散粉尘。

提升温度 <50℃ 的物料时，提升机高度小于 10m 者，上部密闭可不抽风，而下部应密闭并抽风；提升机高度大于 10m 者，上下部均应抽风。

斗式提升机排风量按提升机斗宽每 1mm 排风 3~4m^3/h 计算，皮带机向斗式提升机供料时皮带机排风量按提升机排风量的 50%~60% 计算。

④犁式卸料器向料槽卸料的密闭和排风　双面犁式卸料器向料槽卸料的密闭和排风如图 13-7 所示。犁式卸料刮板局部排风罩排风量见表 13-12。

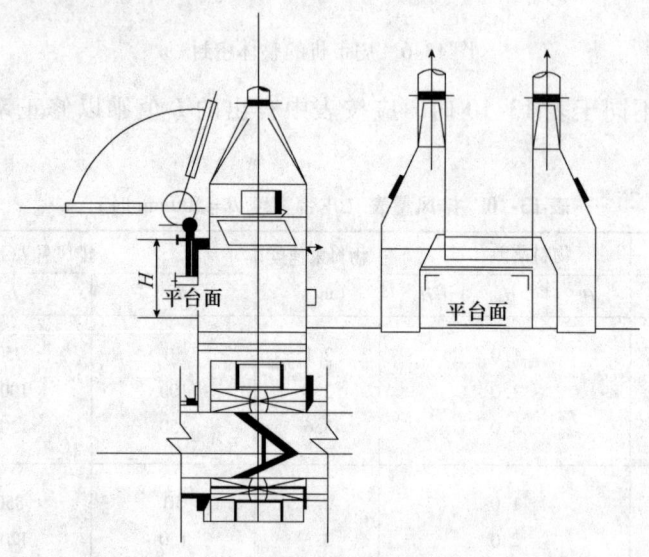

图 13-7　双面犁式卸料器向料槽卸料的密闭和排风

表 13-12　犁式卸料刮板局部排风罩排风量　　　　　　　　　　m^3/h

排风量(m^3/h)　皮带宽 B(mm)　卸料方式	400	500	650	800
单面卸料	800	1000	1500	2000
双面卸料	2×800	2×1000	2×2000	2×2000

5. 柜式排风罩

柜式排风罩在建筑卫生陶瓷生产中广泛使用，如化学试验用通风柜、卫生瓷喷釉柜。图 13-8~图 13-12 是陶瓷行业常见的柜式排风罩。

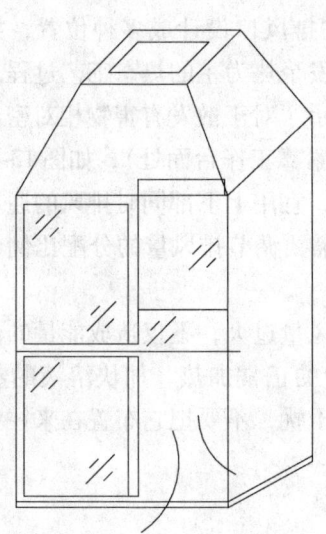
图 13-8　化学试验用通风柜图

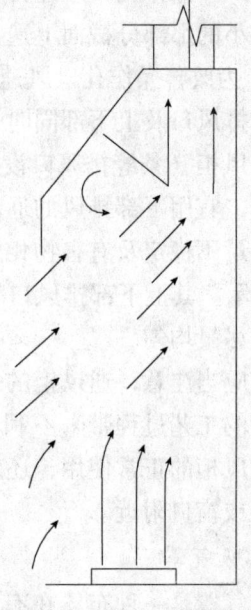
图 13-9　热态过程的上部排风通风柜

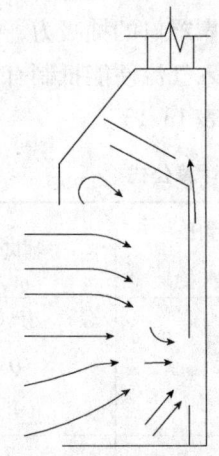
图 13-10　冷态过程的下部排风通风柜

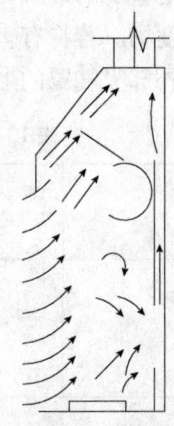
图 13-11　上下部同时排风的通风柜

柜式排风罩顶部或后部设有排风管，当通风机排风时，柜内便形成负压，敞口处产生一定的吸入风速，从而控制住有害物的外逸。

柜式排风罩的排风量可按下式计算：

$$v = 3600AV\beta \quad (\mathrm{m^3/h})$$

式中　A——操作口或缝隙实际开启面积，$\mathrm{m^2}$；

　　　V——操作口或缝隙处的空气吸入速度，$\mathrm{m/s}$；对化学试验一般取 0.4～0.6m/s，对喷釉柜一般取 1.0～1.5m/s；

　　　β——安全系数，一般取 $\beta = 1.05 \sim 1.10$。

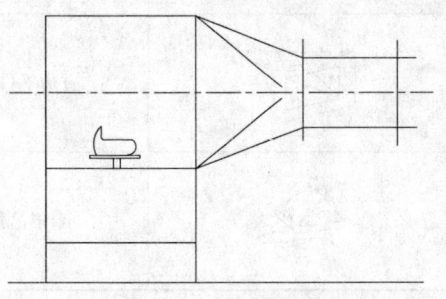
图 13-12　卫生瓷喷釉通风柜

柜式排风罩操作孔口风速分布的均匀性对于排风效果有很大影响。风速分布不均，有害物会从风速小的那部分截面上逸出。一般要求操作孔口截面上任一点的速度不应小于平均风速的80%。为改善操作孔口风速的分布，可将通风柜的排风口设计成多种位置，如上部排风口、下部排风口及上下部同时设排风口等。对于以散发余热为主的热态工艺过程，宜用上部排风的通风柜（条缝排风口设在上部），如图13-9所示。对于散发有害物相对密度大的冷态工艺过程，宜用下部排风的通风柜（条缝排风口设在紧靠工作台面处），如图13-10所示。对于散发热量不稳定及有害物相对密度较大的工艺过程，宜用上下部同时排风的通风柜，如图13-11所示。其上下部排风口均装可调挡板，以便随需要调节排风量的分配比例，使操作孔口的风速尽量均匀。

设计时应当注意，通风柜的排风量不宜过大，如果风量过大，不仅造成能量的浪费，而且会给柜内的工艺过程带来不利的影响（例如影响电炉的正常加热，加快溶液的蒸发等）。为了保证通风柜的正常使用，还应避免室内横向气流的干扰，不要把它布置在来往频繁的走廊内以及门或窗口附近。

6. 外部吸气罩

外部吸气罩是一种布置在有害物源附近的局部排风装置，在建筑卫生陶瓷行业应用甚广，在不便于密闭的有害物源附近都可采用。可以根据生产设备散发有害物质的具体情况和不影响操作来确定罩子的形式和安装部位。外部吸气罩依靠罩口的抽吸力，使罩口附近形成一个吸入气流速度场。若将有害物源置于该速度场内，吸入气流便能抵制有害物质的扩散并把它吸进罩内。外部吸气罩的形式及其抽风量计算公式见表13-13。

表13-13 侧吸罩的形式及其抽风量计算公式

形 式	名 称	罩口尺寸比 (W/L)	抽风量 Q（m³/h）
	条缝罩	<0.2	$Q = 13000VLX$
	有边条缝罩	<0.2	$Q = 10000VLX$
	有边平口罩	>0.2	$Q = 2700(10X^2 + A_f)V$ $A_f = W \cdot L$
	伞形吊罩	按操作要求	侧面无围挡时 $Q = 5000VPH$

注：V—控制风速，m/s；X—罩口至尘源点间距离，m；W—罩口高度，m；H—工作台面至罩口距离，m；A_f—罩口面积，m²；P—工作台周长，m；L—罩口长度。

根据经验，建筑卫生陶瓷行业外部吸尘罩控制风速（V）可在0.5~1.5m/s的范围内选取。当粉尘飞扬速度缓慢，室内气流不大，或者易于在罩边加设挡板，以隔断干扰气流影响时，可取较低的 V 值；反之则取较高的 V 值。

13.1.4 防暑

建筑卫生陶瓷厂主要高温车间为：烧成车间、卫生瓷注浆车间及锅炉房、干燥器、喷雾干燥塔。产生高温的热源为各种窑炉、干燥器、锅炉，通过窑墙、出窑灼热产品散出的热量及工艺要求的高温车间（如卫生瓷注浆车间）。在车间通风不良的情况下，高温往往对工人身体产生极不利的影响。

为改善工人的劳动条件，保证夏季车间内的工作地点温度不超过卫生标准规定的最高温度，首先应尽量采取积极措施，以减少热源对作业地带的影响。如采用各种节能型窑炉及生产设备（指设备隔热性能好、表面散失热量少的窑及设备）、微机控制或其他自动化操作系统，使工人远离热源。其次还应采取以下措施。

1. 合理布置热源

高温车间热源布局要恰当，热源一般应布置在操作现场的下风向。当采取自然通风时，在厂房有天窗的情况下，应尽量将散热设备布置在天窗下面位置；当散热设备设置在多层建筑物内时，在工艺允许的情况下，应将其布置在建筑物的最上层；放出大量热的厂房应尽量采用单层建筑。在工艺布置时，若热源布置在厂房的一侧靠外墙处，则靠近热源一侧的进风孔应尽量布置在热源间断处（图13-13）。

2. 自然通风

当车间内空气温度比车间外高时，车间空气的相对密度就比室外空气的相对密度小，结果形成一个内外热压差。在这个热压差的作用下，室外空气就由车间下部开口处压进车间，而室内空气就自车间上部开口处排出，形成了全面自然通风换气（图13-14），使车间内气温下降。

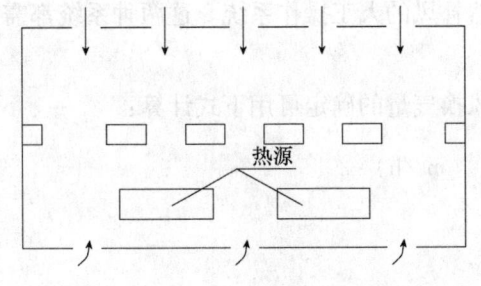

图 13-13　热源的合理布置

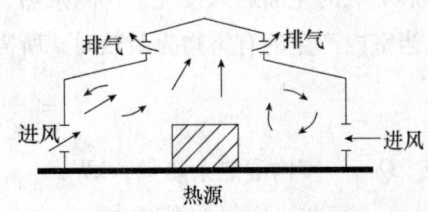

图 13-14　热压自然通风

当有风吹向车间，在迎面处就会产生正压，而背风面产生负压，形成了内外风压差，使内外空气进行全面交换（图13-15），这叫做风压自然通风。由于风的变化很大，一般难以掌握，故在实际中常用热压自然通风。

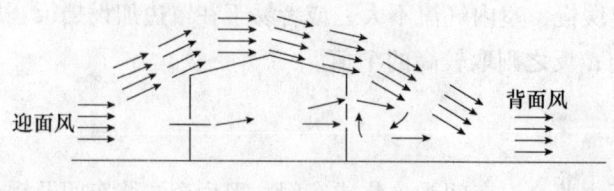

图 13-15 风压自然通风

3. 局部送风降温

高温车间自然通风的风速很小，气流方向较难控制，因此，在热辐射较强烈和空气温度较高的工作地点还必须采用局部送风。

它是用来在工作地点创造较大的风速，促进人体汗液的蒸发，加速人体散热。选用风扇的风速要结合作业地点的对流热辐射强度来确定。在辐射热小 [2cal/(cm² · min) 以下]、劳动强度不大的车间，风速一般采用 3~4m/s；而辐射热大 [2cal/(cm² · min) 以上]、劳动强度也大的车间，风速宜采用 6~7m/s，个别地点还需增大至 8~10m/s。

送风风扇有台扇、落地扇、壁挂扇、吊扇等几种，可根据需要选用。吊扇安装在顶棚之下，这种风扇造成的气流直接向下吹，接近地面处风速较大，大部分气流经过地面再被吹起。采用这种风扇时，要求地面潮湿、干净，在粉尘多的房间不宜采用。

4. 全面通风换气

卫生陶瓷产品系注浆成形生产，白天成形后要求晚上排除其坯体和模具中的绝大部分水分，因而工艺要求车间温度白天在 25~28℃，夜间在 38~40℃ 之间，相对湿度小于 60%。所以上班前需要排除车间积存的大量热湿空气，使之达到卫生标准和满足生产要求。这就需要进行全面通风。目前卫生瓷注浆成形车间全面通风换气采用两种方法：一是采用热风供暖，自动温湿度控制，当车间温湿度大于（或小于）设定温湿度时，送排风系统自动开启排除余热余湿，送入新鲜空气（或送入加热加湿的循环空气）；另一种是采用普通散热设备供暖，屋顶风机或轴流风机排除余热、余湿，自然补风的人工操作系统。这两种系统都需要在早晨上班前全面通风换气，排除余热、余湿。

当室内产生的有害物为余热时，所需全面通风换气量的确定可用下式计算：

$$L = \frac{Q}{c\rho(t_p - t_i)} \quad (m^3/h)$$

式中　Q——室内湿热余热量，kW；

　　　t_p——排出空气的温度，℃；

　　　t_i——进入空气的温度，℃；

　　　c——空气的比热，1.01kJ/(kg·K)；

　　　ρ——进入空气密度，kg/m³。

当室内产生的有害物为余湿时，所需全面通风换气量 L 可按下式计算：

$$L = \frac{W}{\rho(d_p - d_i)} \quad (m^3/h)$$

式中　W——散湿量，g/h；

d_p——排出空气的含湿量，g/kg；

d_i——进入空气的含湿量，g/kg；

ρ——进入空气密度，kg/m³。

全面通风换气量的计算结果应按具体情况予以确定。当有几种有害物时，应分别计算换气量，一般取最大值作为通风换气量。

13.1.5 个人防护

个人防护是防尘、防毒、防暑降温中的一项辅助性措施。个人防护用品包括防护口罩、防护服、防护眼镜及面罩、皮肤防护油膏等，应根据不同的需要发给使用。此外，还应对广大职工进行卫生保健教育。

13.2 环境保护

13.2.1 环境污染的影响和环境保护标准

在一个相对稳定的生态系统中，任一环境因素的变化，都会导致生态系统平衡的破坏。但由于生态系统具有一定的稳定性和适应外界变化的能力，所以在外界变化较小时，生态系统能自动恢复动态平衡关系。通常把环境所具有的恢复生态系统动态平衡的能力称为自净能力。环境的自净能力不仅与进入环境的污染物的量有关，还与各种环境因素的容量有关。

环境的容量与环境的自净能力都是有一定限度的。当由于人类活动的干扰，使环境因素变化超过了环境的自净能力，即超过了环境生态系统动态平衡的恢复能力时，则环境恢复不到原来的动态平衡状态，这种超出部分即构成对环境的污染。或者说，由于人类活动的干扰，使环境的组成或状态发生了变化，对人体健康或社会经济福利造成了危害，或破坏了生态平衡，就叫做环境污染。

环境保护就是要正确处理或调整这种人和环境之间的相互关系，防止环境污染，保证生态系统的良性循环。

环境标准是管理环境、治理污染的重要依据。目前我国已制定了一整套环境标准体系，使得环境管理有法可依。与建筑卫生陶瓷行业有关的标准摘录如下：

1. 环境空气质量标准（GB 3095—1996）

环境空气质量功能区的分类和标准分级如下：

①环境空气质量功能区分类　一类区为自然保护区、风景名胜区和其他需要特殊保护的地区。二类区为城镇规划中确定的居住区、商业交通居民混合区、文化区、一般工业区和农村地区。三类区为特定工业区。

②环境空气质量标准分级　环境空气质量标准分为三级。一类区执行一级标准，二类区执行二级标准，三类区执行三级标准。各项污染物的浓度限值列于表13-14。

表 13-14　各项污染物的浓度限值

污染物名称	取值时间	浓度限值			浓度单位
		一级标准	二级标准	三级标准	
二氧化硫 SO_2	年平均 日平均 1h 平均	0.02 0.05 0.15	0.06 0.15 0.50	0.10 0.25 0.70	毫克/立方米 (mg/m^3) （标准状态）
总悬浮颗粒物 TSP	年平均 日平均	0.08 0.12	0.20 0.30	0.30 0.50	
可吸入颗粒物 PM_{10}	年平均 日平均	0.04 0.05	0.10 0.15	0.15 0.25	
氮氧化物 NO_x	年平均 日平均 1h 平均	0.05 0.10 0.15	0.05 0.10 0.15	0.10 0.15 0.30	
二氧化氮 NO_2	年平均 日平均 1h 平均	0.04 0.08 0.12	0.04 0.08 0.12	0.08 0.12 0.24	
一氧化碳 CO	日平均 1h 平均	4.00 10.00	4.00 10.00	6.00 20.00	
臭氧 O_3	1h 平均	0.12	0.16	0.20	
铅 Pb	季平均 年平均		1.50 1.00		微克/立方米 ($\mu g/m^3$) （标准状态）
苯并[a]芘 B[a]P	日平均		0.01		
氟化物 F	日平均 1h 平均		7 20		
	月平均 植物生长季平均	1.8 1.8		3.0 3.0	微克/（平方分米·日） [$\mu g/(dm^2 \cdot d)$]

注：1. 适用于城市地区；
2. 适用于牧业区和以牧业为主的半农半牧区、蚕桑区；
3. 适用于农业和林业区。

2. 地表水环境质量标准(GB 3838—2002)(表13-15)

表13-15 地表水环境质量标准　　　　　　　　　　　　　　　　　mg/L

序号	项目 / 标准值 / 分类		I类	II类	III类	IV类	V类
1	水温(℃)		人为造成的环境水温变化应限制在: 夏季周平均最大温升≤1; 冬季周平均最大温降≤2				
2	pH值(无量纲)		6~9				
3	溶解氧	≥	饱和率90% (或7.5)	6	5	3	2
4	高锰酸盐指数	≤	2	4	6	10	15
5	化学需氧量(COD)	≤	15	15	20	30	40
6	5日生化需氧量(BOD_5)	≤	3	3	4	6	10
7	氨氮(NH_3-N)	≤	0.15	0.5	1.0	1.5	2.0
8	总磷(以P计)	≤	0.02 (湖、库0.01)	0.1 (湖、库0.025)	0.2 (湖、库0.05)	0.3 (湖、库0.1)	0.4 (湖、库0.2)
9	总氮(湖、库以N计)	≤	0.2	0.5	1.0	1.5	2.0
10	铜	≤	0.01	1.0	1.0	1.0	1.0
11	锌	≤	0.05	1.0	1.0	2.0	2.0
12	氟化物(以F^-计)	≤	1.0	1.0	1.0	1.5	1.5
13	硒	≤	0.01	0.01	0.01	0.02	0.02
14	砷	≤	0.05	0.05	0.05	0.1	0.1
15	汞	≤	0.00005	0.00005	0.0001	0.001	0.001
16	镉	≤	0.001	0.005	0.005	0.005	0.01
17	铬(六价)	≤	0.01	0.05	0.05	0.05	0.1
18	铅	≤	0.01	0.01	0.05	0.05	0.1
19	氰化物	≤	0.005	0.05	0.2	0.2	0.2
20	挥发酚	≤	0.002	0.002	0.005	0.01	0.1

续表

序号	分类 项目 标准值		Ⅰ类	Ⅱ类	Ⅲ类	Ⅳ类	Ⅴ类
21	石油类	≤	0.05	0.05	0.05	0.5	1.0
22	阴离子表面活性剂	≤	0.2	0.2	0.2	0.3	0.3
23	硫化物	≤	0.05	0.1	0.2	0.5	1.0
24	总大肠菌群（个/L） ≤		200	2000	10000	20000	40000

依据地表水水域环境功能和保护目标，按功能高低依次划分为以下五类：

①Ⅰ类　主要适用于源头水、国家自然保护区；

②Ⅱ类　主要适用于集中式生活饮用水地表水源地一级保护区、珍稀水生生物栖息场、仔稚幼鱼的索饵场等；

③Ⅲ类　主要适用于集中式生活饮用水地表水源地二级保护区、鱼虾类越冬场、洄游区等渔业水域及游泳区；

④Ⅳ类　主要适用于一般工业用水区及人体非直接接触的娱乐用水区；

⑤Ⅴ类　主要适用于农业用水区及一般景观要求水域。

3. 声环境质量标准（GB 3096—2008）（表 13-16）

表 13-16　环境噪声限值（GB 3096—2008）　　　　　　　　dB(A)

声环境功能区类别		时段 昼间	夜间
0 类		50	40
1 类		55	45
2 类		60	50
3 类		65	55
4 类	4a 类	70	55
	4b 类	70	60

注：1 类声环境功能区：指以居民住宅、医疗卫生、文化教育、科研设计、行政办公为主要功能，需要保持安静的区域；2 类声环境功能区：指以商业金融、集市贸易为主要功能，或者居住、商业、工业混杂，需要维护住宅安静的区域；3 类声环境功能区：指以工业生产、仓储物流为主要功能，需要防止工业噪声对周围环境产生严重影响的区域；4 类声环境功能区：指交通干线两侧一定距离之内，需要防止交通噪声对周围环境产生严重影响的区域，包括 4a 类和 4b 类两种类型，4a 类为高速公路、一级公路、二级公路、城市快速路、城市主干路、城市次干路、城市轨道交通（地面段）、内河航道两侧区域；4b 类为铁路干线两侧区域。

4. 工业企业厂界环境噪声排放标准（GB 12348—2008）

GB 12348—2008 规定了工业企业和固定设备厂界环境噪声排放限值及其测量方法。适用于工业企业噪声排放的管理、评价及控制。机关、事业单位、团体等对外环境排放噪声的单位也按该标准执行。

(1) 标准值 工业企业厂界环境噪声不得超过表13-17规定的排放限值。

表13-17 工业企业厂界环境噪声排放限值   dB（A）

厂界外声环境功能区类别	昼间	夜间
0	50	40
1	55	45
2	60	50
3	65	55
4	70	55

①夜间频发噪声的最大声级超过限值的幅度不得高于10dB(A)；
②夜间偶发噪声的最大声级超过限值的幅度不得高于15dB(A)；
③根据《中华人民共和国环境噪声污染防治法》，"昼间"是指6：00～22：00之间的时段；"夜间"是指22：00～次日6：00之间的时段。县级以上人民政府为环境噪声污染防治的需要（如考虑时差、作息习惯差异等）而对昼间、夜间的划分另有规定的，应按其规定执行。

(2) 引用标准 GB 12348—2008《工业企业厂界环境噪声排放标准》。
(3) 监测方法 按 GB 12348—2008《工业企业厂界环境噪声排放标准》执行。

5. 大气污染物综合排放标准（GB 16297—1996）摘录

大气污染物综合排放标准（GB 16297—1996）已经废止，目前没有现行的国家标准，企业可参考由北京市质量技术监督局发布的《大气污染物综合排放标准》（DB 11/501—2007）。大气污染物综合排放标准（GB 16297—1996）规定现有污染源大气污染物排放限值见表13-18，新污染源大气污染物排放限值见表13-19。

表13-18 大气污染物排放限值

污染物	最高允许排放浓度（mg/m³）	最高允许排放速率（kg/h）				无组织排放监控浓度限值	
		排气筒(m)	一级	二级	三级	监控点	浓度(mg/m³)
颗粒物	80*（玻璃棉尘、石英粉尘、矿渣棉尘）	15	禁排	2.2	3.1	无组织排放源上风向设参照点，下风向设监控点	2.0（监控点与参照点浓度差值）
		20		3.7	5.3		
		30		14	21		
		40		25	37		
	150（其他）	15	2.1	4.1	5.9	无组织排放源上风向设参照点，下风向设监控点	5.0（监控点与参照点浓度差值）
		20	3.5	6.9	10		
		30	14	27	40		
		40	24	46	69		
		50	36	70	110		
		60	51	100	150		

* 指含游离二氧化硅超过10%的各种尘。

表 13-19 新污染源大气污染物排放限值

污染物	最高允许排放浓度 (mg/m³)	最高允许排放速率 (kg/h)			无组织排放监控浓度限值	
		排气筒 (m)	二级	三级	监控点	浓度 (mg/m³)
颗粒物	60* (玻璃棉尘、石英粉尘、矿渣棉尘)	15 20 30 40	1.9 3.1 12 21	2.6 4.5 18 31	周界外浓度最高点	1.0
	120 (其他)	15 20 30 40 50 60	3.5 5.9 23 39 60 85	5.0 8.5 34 59 94 130	周界外浓度最高点	1.0

* 指含游离二氧化硅超过 10% 以上的各种尘。

6. 锅炉大气污染物排放标准 (GB 13271—2001)

(1) 适用范围 本标准 (GB 13271—2001) 适用于除煤粉发电锅炉和 >45.5MW(65t/h) 沸腾、燃油、燃气发电锅炉以外的各种容量和用途的燃烧锅炉、燃油锅炉和燃气锅炉排放大气污染物的管理,以及建设项目环境影响评价、设计、竣工验收和建成后的排污管理。使用甘蔗渣、锯末、稻壳、树皮等燃料的锅炉,参照本标准中燃煤锅炉大气污染物最高允许排放浓度执行。

(2) 本标准中的一类区、二类区、三类区相应指 GB 3095—1996 的一类区、二类区、三类区。

(3) 本标准按锅炉建成使用年限分为两个阶段,执行不同的大气污染物排放标准。Ⅰ时段:2000 年 12 月 31 日前建成使用的锅炉;Ⅱ时段:2001 年 1 月 1 日起建成使用的锅炉 (含在Ⅰ时段立项未建成或未运行使用的锅炉和建成使用锅炉中需要扩建、改造的锅炉)。

(4) 锅炉烟尘最高允许排放浓度和烟气黑度限值按表 13-20 的时段规定执行。

表 13-20 锅炉烟尘最高允许排放浓度和烟气黑度限值

锅炉类别		适用区域	烟尘排放浓度 (mg/m³)		烟气黑度 (林格曼黑度,级)
			Ⅰ时段	Ⅱ时段	
燃煤锅炉	自然通风锅炉 [<0.7MW(1t/h)]	一类区	100	80	1
		二、三类区	150	120	
	其他锅炉	一类区	100	80	1
		二类区	250	200	
		三类区	350	250	
燃油锅炉	轻柴油、煤油	一类区	80	80	1
		二、三类区	100	100	
	其他燃料油	一类区	100	80*	1
		二、三类区	200	150	
燃气锅炉		全部区域	50	50	1

* 禁止新建以重油、渣油为燃料的锅炉。

(5) 锅炉二氧化硫和氮氧化物最高允许排放浓度，按表13-21的时段规定执行。

表13-21　锅炉二氧化硫和氮氧化物最高允许排放浓度

锅炉类别		适用区域	SO_2 排放浓度（mg/m^3）		NO_x 排放浓度（mg/m^3）	
			Ⅰ时段	Ⅱ时段	Ⅰ时段	Ⅱ时段
燃油锅炉		全部区域	1200	900	—	—
燃油锅炉	轻柴油、煤油	全部区域	700	500	—	400
	其他燃料油	全部区域	1200	900*	—	400*
燃气锅炉		全部区域	100	100	—	400

* 一类区内禁止新建以重油、渣油为燃料的锅炉。

(6) 燃煤锅炉烟尘初始排放浓度和烟气黑度限值，根据锅炉销售出厂时间，按表13-22的时段规定执行。

表13-22　燃煤锅炉烟尘初始排放浓度和烟气黑度限值

锅炉类别		燃煤收到基灰分（%）	烟尘初始排放浓度（mg/m^3）		烟气黑度（林格曼黑度，级）
			Ⅰ时段	Ⅱ时段	
层燃锅炉	自然通风锅炉 [<0.7MW(1t/h)]	—	150	120	1
	其他锅炉 [≤2.8MW(4t/h)]	$A_{ar} \leq 25\%$	1800	1600	1
		$A_{ar} \geq 25\%$	2000	1800	
	其他锅炉 [>2.8MW(4t/h)]	$A_{ar} \leq 25\%$	2000	1800	1
		$A_{ar} \geq 25\%$	2200	2000	
沸腾锅炉	循环流化床锅炉	—	15000	15000	1
	其他沸腾炉	—	20000	18000	
抛煤机锅炉		—	5000	5000	1

(7) 其他规定

①每个新建锅炉房只能设一个烟囱。烟囱高度应根据锅炉房总容量，按表13-23规定执行。

表13-23　锅炉房总容量及允许烟囱高度

锅炉房总容量	(MW)	<0.7	0.7~<1.4	1.4~<2.8	2.8~<7	7~<14	14~<28
	(t/h)	<1	1~<2	2~<4	4~<10	10~<20	20~≤40
烟囱最低允许高度（m）		20	25	30	35	40	45

②锅炉房装机总容量大于28MW（40t/h）时，其烟囱高度应按批准的环境影响报告书（表）要求确定，但不得低于45m。新建锅炉房烟囱周围半径200m距离内有建筑物时，其烟囱应高出最高建筑物3m以上。

③燃气、燃轻柴油、煤油锅炉烟囱高度应按批准的环境影响报告书（表）要求确定，

但不得低于8m。

④各种锅炉烟囱高度如果达不到①、②、③的任何一项规定时，其烟尘、SO_2、NO_x最高允许排放浓度，应按相应区域和时段排放标准值的50%执行。

⑤≥0.7MW（1t/h）各种锅炉烟囱应按GB 5468—1991和GB/T 16157—1996的规定设置便于永久采样监测孔及其相关设施，自1996年3月6日起，新建成使用（含扩建、改造）单台容量≥14MW（20t/h）的锅炉，必须安装固定的连续监测烟气中烟尘、SO_2排放浓度的仪器。

7. 工业窑炉大气污染物排放标准（GB 9078—1996）

工业窑炉大气污染物排放标准（GB 9078—1996）已经废止，但目前没有现行的国家标准，陶瓷工业窑炉的有毒、有害废气及烟（粉）尘最高允许排放标准可参考执行此标准，见表13-24。

表13-24 有害物最高允许排放标准（GB 9078—1996）

序号	有害物名称	窑炉类型	标准级别	1997年1月1日前安装的工业窑炉 排放浓度（mg/m³）	1997年1月1日起新建、改建、扩建的工业窑炉 排放浓度（mg/m³）
1	二氧化硫	燃煤(油)窑炉	一	1200	禁排
			二	1430	850
			三	1800	1200
2	氟及其化合物（以F计）		一	6	禁排
			二	15	6
			三	50	15
3	铅及其化合物（以Pb计）		一	0.05	禁排
			二	0.10	0.10
			三	0.20	0.10
4	烟（粉）尘	隧道窑	一	100	禁排
			二	250	200
			三	400	300
		其他窑	一	100	禁排
			二	300	200
			三	500	400
5	烟气黑度（林格曼级）	隧道窑	一	1	0
			二	1	1
			三	1	1
		其他窑	一	1	0
			二	1	1
			三	2	2

注：1. 本标准分为一级标准、二级标准、三级标准，分别适用于GB 3095—1996《大气环境质量标准》中的一类区、二类区和三类区。

2. 工业窑炉烟囱（或排气筒）最低允许高度为15m。

8. 污水综合排放标准（GB 8978—1996）

污水综合排放标准（GB 8978—1996）已经废止，目前没有现行的国家标准。

（1）标准分级

①排入 GB 3838 Ⅲ类水域（划定的保护区和游泳区除外）和排入 GB 3097 中二类海域的污水，执行一级标准。

②排入 GB 3838 中Ⅳ、Ⅴ类水域和排入 GB 3097 中三类海域的污水，执行二级标准。

③排入设置二级污水处理厂的城镇排水系统的污水，执行三级标准。

④排入未设置二级污水处理厂的城镇排水系统的污水，必须根据排水系统出水受纳水域的功能要求，分别执行①、②的规定。

⑤GB 3838 中Ⅰ、Ⅱ类水域和Ⅲ类水域中划定的保护区，GB 3097 中一类海域，禁止新建排污口，现有排污口应按水体功能要求，实行污染物总量控制，以保证受纳水体水质符合规定用途的水质标准。

（2）标准值

本标准（GB 8978—1996）将排放的污染物按其性质及控制方式分为两类。

①第一类污染物，不分行业和污水排放方式，也不分受纳水体的功能类别，一律在车间或车间处理设施排放口采样，其最高允许排放浓度必须达到本标准要求（采矿行业的尾矿坝出水口不得视为车间排放口）。其最高允许排放浓度必须符合表 13-25 的规定。

②第二类污染物，在排污单位排放口采样，其最高允许排放浓度必须达到本标准要求。其最高允许排放浓度必须符合表 13-26 的规定。

表 13-25 第一类污染物最高允许排放浓度　　　　　　　　　　　　　　mg/L

污染物	最高允许排放浓度
1. 总汞	0.05
2. 烷基汞	不得检出
3. 总镉	0.1
4. 总铬	1.5
5. 六价铬	0.5
6. 总砷	0.5
7. 总铅	1.0
8. 总镍	1.0
9. 苯并[a]芘	0.00003

表 13-26 第二类污染物最高允许排放浓度（1997 年 12 月 31 日之前建设的单位）　　mg/L

污染物	一级标准		二级标准		三级标准
	新建、扩建、改建	现有	新建、扩建、改建	现有	
	标准值				
1. pH 值	6~9	6~9	6~9	6~9	6~9
2. 色度（稀释倍数）	50	80	80	100	—
3. 悬浮物	70	100	200	250	400
4. 生化需氧量（BOD_5）	30	60	60	80	300

续表

污染物	一级标准		二级标准		三级标准
	新建、扩建、改建	现有	新建、扩建、改建	现有	
	标准值				
5. 化学需氧量（CODCr）	100	150	150	200	500
6. 石油类	10	15	10	20	30
7. 动植物油	20	30	20	40	100
8. 挥发酚	0.5	1.0	0.5	1.0	2.0
9. 氰化物	0.5	0.5	0.5	0.5	1.0
10. 硫化物	1.0	1.0	1.0	2.0	2.0
11. 氨氮	15	25	25	40	—
12. 氟化物	10	15	10	15	20
	—	—	20	30	—
13. 磷酸盐（以 P 计）	0.5	1.0	1.0	2.0	—
14. 甲醛	1.0	2.0	2.0	3.0	5.0
15. 苯胺类	1.0	2.0	2.0	3.0	5.0
16. 硝基苯胺	2.0	3.0	3.0	5.0	5.0
17. 阴离子合成洗涤剂（LAS）	5.0	10	10	15	20
18. 铜	0.5	0.5	1.0	1.0	2.0
19. 锌	2.0	2.0	4.0	5.0	5.0
20. 锰	2.0	5.0	2.0	5.0	5.0

13.2.2 废水的产生及处理

1. 废水的产生

在陶瓷厂厂区生产活动中产生的废弃水，总称为工业废水。其中，间接冷却水为只受到热污染的洁净废水，其余则为各种不同程度污染的污水。后者在本文中统称工业污水。

厂区生活污水指厂区中淋浴间、厨房、洗衣房、厕所等污水。在厂区中露天原料堆场中，地面的暴雨径流往往受到严重的污染，特别是初期雨水，应纳入污水系统进行处理。

根据节水的原则，间接冷却水（洁净废水）应单设系统，经降温后回收利用。

工业废水是总称，生产污水是工业污水的主要组成，而工业污水则是处理的全部对象。

生产污水中主要含固体悬浮物；部分生产熔块、色料的工厂废水中含有少量重金属，厂区中煤气站内所排废水含有机物酚。生活污水中主要为生活废料和人的排泄物，一般不含有毒物质，但含有大量细菌和病原体。

含有各种污染物的工业废水和生活污水排入水体后，不但使水中原有物质组成发生变化，而且污染物还参与了能量和物质的转化及循环过程。当水中污染物超过允许浓度时，就破坏了水体的平衡，甚至危及原有的生态系统。

水体遭到污染，对居民健康、工农业生产和鱼类、水生物等自然环境都能造成危害，而危害的程度则取决于废水中污染物的浓度、特性等多种因素。当含有较多悬浮物的废水排入水体后，提高了水的浊度，改变了水的颜色，悬浮固体沉积河底，淤塞河道，危害水体底栖生物的繁殖，影响渔业生产。用含较多悬浮物的废水灌溉农田，会堵塞土壤孔隙，影响通风，不利于作物生长。当含有重金属废水排入水体后，除部分为水生物、鱼类吸收外，其他大部分均沉积于水体底部，水中浓度随水温、pH 值等不同而变化。冬季水温低，重金属盐类在水中溶解度小；夏季水温升高，重金属盐类溶解度增大，水中浓度高，故水体经含有重金属的废水污染后，危害持续的时间很长。

2. 废水处理技术

目前处理废水的方法有很多，但在陶瓷工业中常用的处理技术为：自然沉淀、混凝沉淀、化学沉淀和污泥处理。

(1) 自然沉淀　自然沉淀就是利用重力作用使相对密度大于 1 的粗粒悬浮物质沉降分离。

由于一般陶瓷厂各车间排水量不大，且在时间分布上无规律，加之某些车间废水中悬浮物质浓度较高，当流速很小时极易在管沟中沉淀，引起管道堵塞，因此在这些车间外设置自然沉淀池极有必要。自然沉淀池形式多样，布置灵活，池深以人工易于清掏为宜。一般采用 1.5~2.0m；池内水平流速应小于 50mm/s，可设置一格或两格，但需经常人工清掏。常用的自然沉淀池形式如图 13-16 所示。

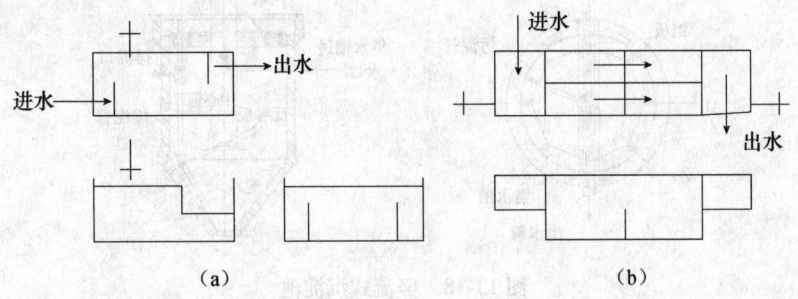

图 13-16　常用自然沉淀池形式

(2) 混凝沉淀　混凝沉淀是向废水中投加化学凝聚剂，使胶体和粒径与其接近的悬浮固体凝聚沉淀。

由于经自然沉淀池处理后的废水一般不能达到排放标准，因而陶瓷厂应在废水出厂前设置混凝沉淀处理设施，使废水经处理后回用或达标排放。混凝沉淀一般应有混合、反应、沉淀设施。常用混凝剂有硫酸铝、硫酸亚铁、三氯化铁、碱式氯化铝、三氯化铝、聚丙烯酰胺。沉淀池一般可采用平流式沉淀池、竖流式沉淀池、斜管（斜板）沉淀池及一体化污水净化装置。

① 平流式沉淀池　池表面呈矩形，废水从池首流入，水平流过池身，从池尾流出。池首底部设有贮泥斗，可采用多斗重力排泥（图 13-17）。

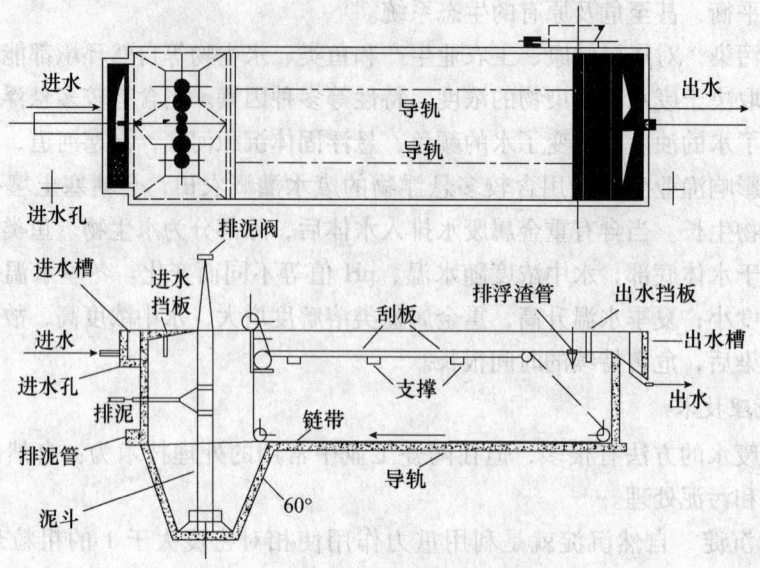

图 13-17　带链刮泥机的平流式沉淀池

②竖流式沉淀池　池表面呈圆形或方形，废水由中心筒底流入，通过反射板的阻拦向四周分布，然后沿沉淀区的整个断面均匀上升，澄清后的出水由池四周溢出。流出区设于池周，采用自由堰或三角堰出水。池底锥体为贮泥斗，污泥靠水静压力排除（图13-18）。

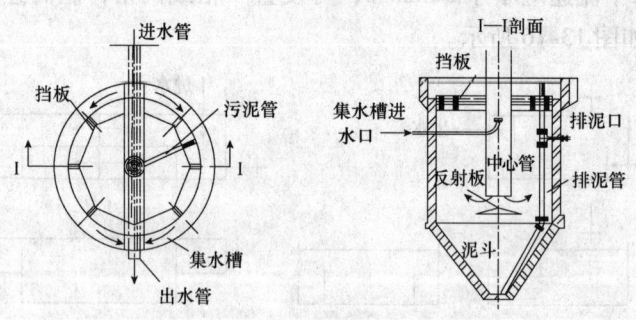

图 13-18　竖流式沉淀池

③斜管（斜板）沉淀池　是一种在普通沉淀池澄清区内设置平行的斜管（斜板）的沉淀池。特点是沉淀效率高，池子容积小和占地面积少。斜板（斜管）沉淀池因沉淀时间短，故在运转中应保证水量、水质稳定，加强管理（图13-19）。

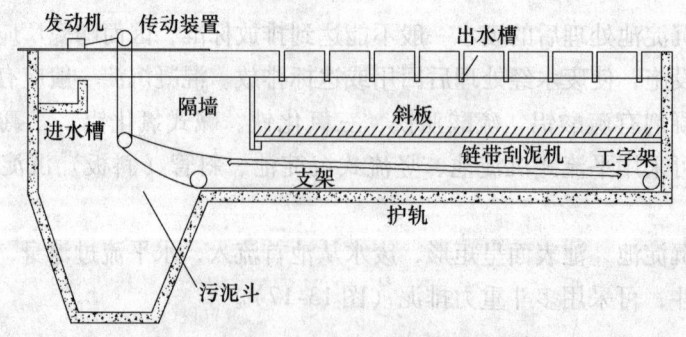

图 13-19　斜管（斜板）沉淀池

④一体化废水净化装置　是指集混合、反应、沉淀于一体的废水净化设备。目前市场上规格、型号较多，常用的有：JSC 型和 JCL 型一体化净水器，它们可用于陶瓷行业的废水净化。

在生产过程中，对流量较大而污染较轻的废水应经适当处理使其循环使用，不宜排入厂区下水道，以免增加城市排水管道和城市污水处理厂的负荷。

（3）化学沉淀　化学沉淀法是向废水中投加某种化学物质，使它与废水中的溶解物质发生互换反应，生成难溶于水的沉淀物，以降低废水中溶解的有害物。这种方法常用于含重金属废水的处理。根据互换反应生成的难溶盐的不同，将其分为氢氧化物法、硫化物法和钡盐法、铁氧体沉淀法。

重金属废水来源于熔块、色釉料生产车间。处理原则是：首先改革生产工艺，不用或少用毒性大的重金属；其次采用合理的工艺流程、科学的管理和操作，减少重金属用量和废水流失量。重金属废水应当在厂区就地处理，不与其他废水混合，以免使处理工艺复杂化，更不能不经处理直接排入城市下水道，造成重金属污染扩大。

含酚废水主要来自于厂区煤气站中的煤气洗涤水。废水中主要含有酚基化合物，它是一种原生质毒物，可使蛋白质凝固。陶瓷厂区煤气站产生的废水属于浓度小于 1000mg/L 的低浓度含酚废水。通常在废水站内循环使用，基本不外排。目前常见的处理方法有生物氧化法和汽提工艺法，也可用于制造喷雾干燥器热风炉的燃料水煤浆。

（4）污泥处理　在废水处理过程中，将产生大量污泥，如不妥善处理，不但危害环境，而且将危及废水处理系统本身不能发挥正常作用。

陶瓷厂废水处理中产生污泥的处理主要为脱水。

自然沉淀池中污泥一般可人工清理出后自然干燥，及时处理。

混凝沉淀后排出污泥可自然干化或机械脱水。

自然干化需设置干化场，通过蒸发和渗透而脱水。但干化场脱水率低，时间长，占地面积大，可在气候干燥且又面积大的地方采用。

机械脱水常用设备为板框压滤机，工作原理如同陶瓷厂榨泥机。这种设备构造简单，不受气候条件限制，但不能连续运行。

板框压滤机可人工或自动操作。人工板框压滤机卸料和组装都需人工完成，效率较低。自动板框的卸料和组装都是自动的，效率较高。

自动和人工操作板框压滤机我国均有系列定型产品，可满足陶瓷工业污泥处理用。

污泥最终的处置可作为其他工业原料（如烧砖）或填埋凹地用。

3. 废水处理工艺流程

现代建筑卫生陶瓷企业，必须有一套完整的环境保护设施及必要的管理操作人员，保证废水处理设施的正常运行。

建筑卫生陶瓷厂完整的废水处理系统流程如下：

流程一：

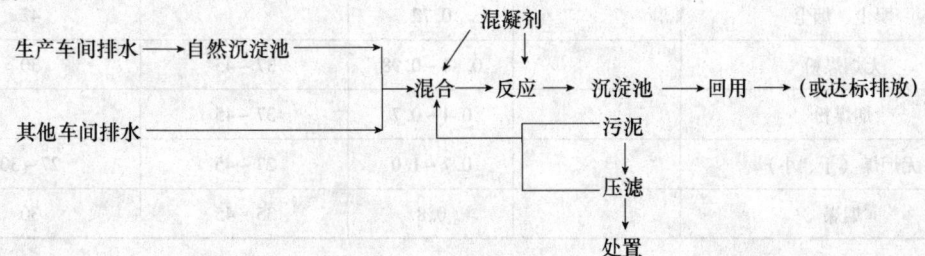

流程二：

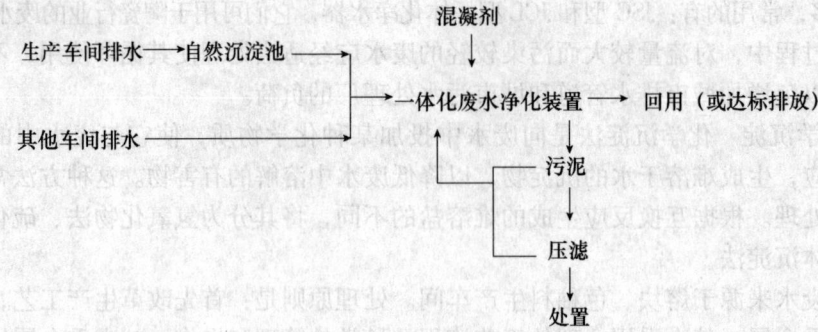

13.2.3 粉尘治理技术及设备

1. 粉尘性质

（1）粉尘化学成分　陶瓷厂生产过程所产生的粉尘大部分为含二氧化硅高的矿物粉尘。各产尘点粉尘中游离二氧化硅量在14%~75%之间。

（2）粉尘分散度　根据对陶瓷厂各扬尘点粉尘分散度的测定，粉尘颗粒直径小于5μm的占51%~95%，绝大部分在70%左右；5~10μm的占4%~30%，大部分在10%~20%；大于10μm的占1%~35%。

（3）粉尘真相对密度　建筑卫生陶瓷厂生产所产生粉尘的真相对密度在2.128~3.026之间，一般多在2.4~2.6之间。

粉尘其他性质可参考表13-27及性质相似的其他粉尘。

表13-27　粉尘的相对密度及安息角

粉尘名称	相对密度（g/cm³）		安息角（°）	
	真相对密度	堆积相对密度	静安息角	动安息角
硅砂粉：通过标准筛105μm	2.63	1.55	—	—
$d = 30\mu m$	2.63	1.45	—	—
$d = 8\mu m$	2.63	1.15	—	—
$d = 0.5 \sim 72\mu m$	2.63	1.26	—	—
烟灰 $d = 0.7 \sim 56\mu m$	2.20	1.07	—	—
黏土（小块）		0.7~1.5	50	40
黏土（湿）		1.7		27~45
飘尘、烟尘		0.72		42
无烟煤粉		0.84~0.98	37~45	30
烟煤粉		0.4~0.7	37~45	
无烟煤（干、小）		0.7~1.0	27~45	27~30
烟煤		0.8	35~45	30

2. 除尘设备

从尘源发散点抽出的含尘空气，如果直接排入大气会污染环境，因此必须将含尘空气中粉尘捕集处理，这种捕集粉尘设备就是除尘器。

(1) 除尘器分类、压力损失及除尘效率

根据除尘器除尘机机理不同可分为以下几类：①重力除尘器；②惯性力除尘器；③离心力除尘器；④过滤除尘器；⑤洗涤除尘器；⑥电除尘器。

按是否用水或其他液体作除尘介质可分为湿式除尘和干式除尘。

一般情况下，干式除尘器捕集下来的粉尘便于清理和回收。湿式除尘器存在着污水、污泥和污泥的再处理问题，维护管理也比较复杂。

除尘压力是指除尘器进口端的全压与出口端的全压之差。

在表达除尘器的压力损失时，往往给出除尘器的进口局部阻力系数值（以进口风速为准）。将除尘器看做为一个局部构件，这样可按下式估算压力损失：

$$\Delta P = \zeta \frac{\rho_0 V_1^2}{2} \quad (Pa)$$

式中 ζ——进口端的局部阻力系数，由实测得出。

ρ_0——气体密度，kg/m^3；

V_1——进口速度，m/s。

除尘效率是衡量除尘器好坏的一项主要指标。除尘工程中一般采用全效率（或称总效率）和分级效率。

全效率：为单位时间内除尘器除下的粉尘量与进入除尘器的粉尘量之百分比，用下式表示：

$$\eta = \frac{G_C}{G_B} \times 100\% = \frac{G_B - G_E}{G_B} \times 100\%$$

式中 η——除尘器的全效率，%；

G_E——在单位时间内通过除尘器的粉尘量，g/s；

G_B——在单位时间内进入除尘器的粉尘量，g/s；

G_C——在单位时间内除尘器除下来的粉尘量，g/s。

或

$$\eta = 1 - \frac{Q_E C_E}{Q_B C_B}$$

式中 Q_E、Q_B——分别表示除尘器出、进口的风量，m^3/s；

C_E、C_B——分别表示除尘器出、进口的粉尘浓度，g/m^2。

当除尘器不漏风，出口和进口风量不变，即 $Q_E = Q_B$ 时，

$$\eta = 1 - \frac{C_E}{C_B}$$

有时用一个除尘器达不到要求，需要串联第二个除尘器，在这种情况下的全效率为：

$$\eta = \eta_1 + \eta_2 - \eta_1 \cdot \eta_2$$

式中 η_1、η_2——一级和二级除尘器的全效率。

分级效率：除尘器对某一代表粒径 d_c 或粒径在 $d_c \pm \frac{\Delta d_c}{2}$ 范围内粉尘的除尘效率用下式表

示：

$$\eta_c = \frac{\Delta S_c}{\Delta S_j} \times 100\%$$

式中　ΔS_c——Δd_c 粒径范围内，除尘器捕集的粉尘量，g/s；

ΔS_j——Δd_c 粒径范围内，进入除尘器的粉尘量，g/s。

(2) 除尘器的性能参数

①旋风除尘器　其构造如图 13-20 所示。它由筒体、锥体及排出管组成。它利用含尘气流沿切线进入筒体做旋转运动，而作用于尘粒上的离心力将尘粒从气流中分离出来。由于旋风除尘器构造简单，体积小，维护方便而在陶瓷行业原料处理及锅炉房烟尘处理中广泛应用。

旋风除尘器对于 10μm 以上的尘粒，净化效率很高，适宜净化 5μm 以上较粗尘粒，常用于较粗尘粒净化及作为二级净化中的初级净化。旋风除尘器带出口蜗壳的称为 X 型；不带出口蜗壳的称为 Y 型。从除尘器顶视，气流顺时针旋转称为右旋（S 型）；反时针旋转称为左旋（N 型）。故旋风除尘器有"SX"、"SY"、"NX"、"NY"四种组合形式。

目前生产的旋风除尘器型号、规格很多，本节仅介绍陶瓷行业常用的 XCX 型、XLP 型和 CLT/A 型除尘器。

XCX 型旋风除尘器结构如图 13-21 所示，主要由蜗壳斜底板、长锥体和具有减阻器的芯管组成。优点是在相同条件下除尘效率较其他旋风除尘器高。其主要性能见表 13-28。

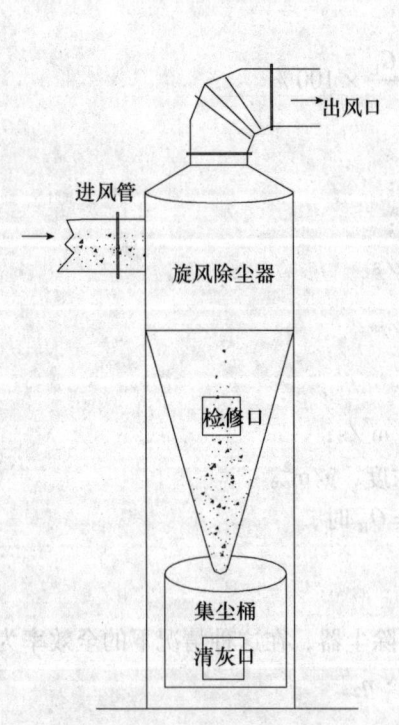

图 13-20　旋风除尘器构造图

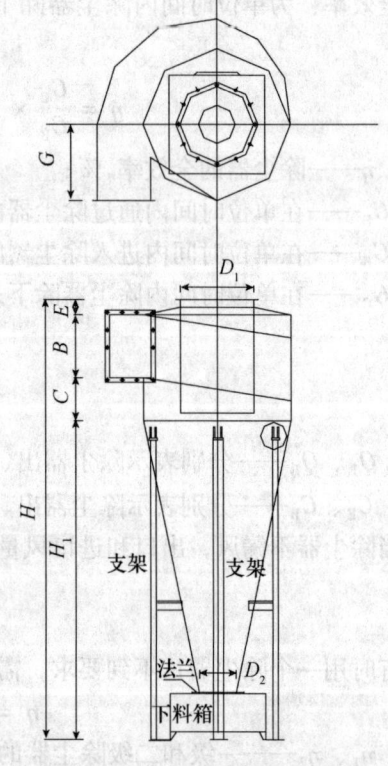

图 13-21　XCX 型旋风除尘器

表 13-28 XCX 型旋风除尘器性能表

项目	型号	主要性能						备注
		进口流速（m/s）						
		18	20	22	24	26	28	
风量 （m³/h）	XCX-ϕ200	150	170	180	200	220	230	1. 表中所列风量和阻力为标准状况下的数据（大气压力 760mmHg、温度 20℃）； 2. 除尘器阻力系数： 有减阻器 $s=2.8$； 无减阻器 $s=3.48$
	XCX-ϕ300	340	370	410	450	490	520	
	XCX-ϕ400	600	660	730	800	860	930	
	XCX-ϕ500	930	1040	1140	1250	1350	1450	
	XCX-ϕ600	1350	1500	1650	1800	1940	2080	
	XCX-ϕ700	1830	2040	2240	2440	2640	2840	
	XCX-ϕ800	2400	2660	2930	3200	3460	3740	
	XCX-ϕ900	3020	3360	3700	4040	4370	4700	
	XCX-ϕ1000	3740	4150	4580	5000	5400	5840	
	XCX-ϕ1100	4540	5040	5550	6050	6550	7050	
	XCX-ϕ1200	5380	5980	6540	7160	7780	8380	
	XCX-ϕ1300	6320	7020	7720	8420	9140	9840	
阻力 （Pa）	有减阻器	550	690	830	990	1160	1340	
	无减阻器	690	850	1030	1230	1440	1670	

XLP 型旋风除尘器如图 13-22 所示，分为 A、B 两种。A 型除尘器具有螺旋线形的粉尘旁路分离室，有利于含尘气体中较细粉尘分离，属于高效旋风除尘器之一。其性能见表 13-29。

表 13-29 XLP 型旋风除尘器性能表

项目	规格	XLP/A 型				
		进口风速（m/s）			质量（kg）	
		12	14	16	X 型	Y 型
风量 （m³/h）	XLP/A-3.0	750	870	1000	51.64	41.12
	XLP/A-4.2	1460	1700	1940	93.90	76.16
	XLP/A-5.4	2280	2660	3040	150.88	121.76
	XLP/A-7.0	4020	4680	5360	251.98	203.26
	XLP/A-8.2	5500	6410	7330	346.10	278.66
	XLP/A-9.4	7520	8780	10040	450.36	265.94
	XLP/A-10.6	9520	11100	12700	600.73	460.05

续表

XLP/B 型

项目	规格	进口风速（m/s）			质 量（kg）	
		14	16	18	X 型	Y 型
风量 （m³/h）	XLP/B-3.0	740	840	950	45.92	35.40
	XLP/B-4.2	1470	1700	1890	83.16	65.42
	XLP/B-5.4	2440	2780	3130	134.26	105.14
	XLP/B-7.0	4260	4860	5470	221.96	173.24
	XLP/B-8.2	5850	6710	7520	309.07	241.63
	XLP/B-9.4	7650	8740	9840	396.56	312.14
	XLP/B-10.6	9700	11170	12500	497.97	393.29

CLT/A 型旋风除尘器适用于捕集气体中含有相对密度和颗粒较大的、干燥的纤维粉尘。

根据处理风量不同，可采用单筒、双筒、四筒、六筒等多种组合使用（图 13-23）。除尘器每一组合由两种出风形式：Ⅰ型（水平出风）和Ⅱ型（上部出风）。根据组合不同，进风方式也有不同。在陶瓷行业喷雾干燥尾气处理中常作初级净化采用。CLT/A 型旋风除尘器性能见表 13-30。图 13-23 为 CLT/A 型双筒旋风除尘器。

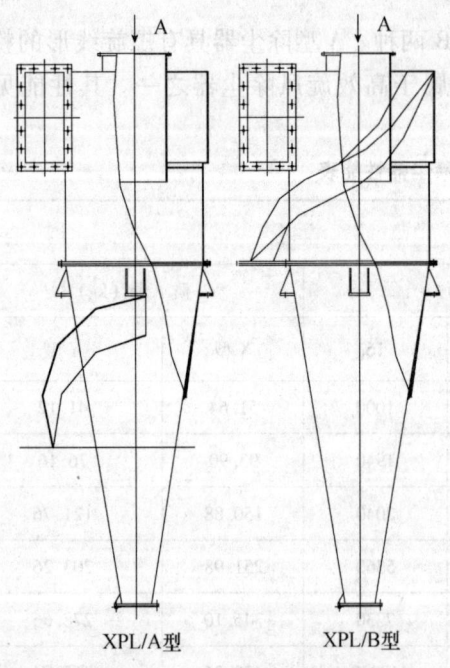

图 13-22 XLP 型旋风除尘器

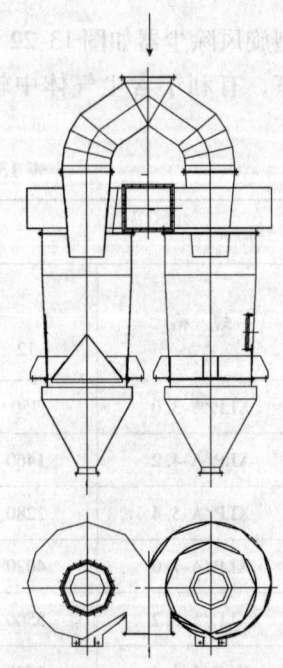

图 13-23 CLT/A 型双筒旋风除尘器

表 13-30 CLT/A 型旋风除尘器

筒数	项目	筒径 (mm)	Ⅱ300	Ⅱ350	Ⅱ400	Ⅱ450	Ⅱ500	Ⅱ550	Ⅱ600	Ⅱ650	Ⅱ700	Ⅱ750	Ⅱ800
单筒	除尘器型号		CLT/A-1× 3.0	CLT/A-1× 3.5	CLT/A-1× 4.0	CLT/A-1× 4.5	CLT/A-1× 5.0	CLT/A-1× 5.5	CLT/A-1× 6.0	CLT/A-1× 6.5	CLT/A-1× 7.0	CLT/A-1× 7.5	CLT/A-1× 8.0
	生产能力 (m³/h)	$\Delta p/\gamma$-55	816	1111	1451	1837	2268	2744	3266	3832	4444	5102	5605
		$\Delta p/\gamma$-75	953	1297	1694	2144	2647	3202	3811	4473	5187	595.5	677.5
	灰斗容积 (m³)		0.08	0.12	0.18	0.26	0.35	0.47	0.60	0.80	0.96	1.22	1.45
	灰斗容灰 总质量(kg)	容量1.5	120	180	270	390	525	705	900	1200	1470	1830	2175
		容量2.0	160	240	360	520	700	940	1200	1600	1960	2440	2900
双筒	除尘器型号		CLT/A-2× 3.0	CLT/A-2× 3.5	CLT/A-2× 4.0	CLT/A-2× 4.5	CLT/A-2× 5.0	CLT/A-2× 5.5	CLT/A-2× 6.0	CLT/A-2× 6.5	CLT/A-2× 7.0	CLT/A-2× 7.5	CLT/A-2× 8.0
	生产能力 (m³/h)	$\Delta p/\gamma$-55	1632	2222	2902	3674	4536	5488	6532	7664	8888	10204	11610
		$\Delta p/\gamma$-75	1906	2594	3368	4288	5294	6404	7622	8946	10374	11910	1350
	灰斗容积 (m³)		0.21	0.33	0.48	0.68	0.90	1.20	1.54	1.94	2.43	2.96	3.57
	灰斗容灰 总质量(kg)	容量1.5	315	495	720	1020	1350	1800	2310	2910	3645	4440	5355
		容量2.0	420	660	960	1360	1800	2400	3060	3880	4860	5920	7140
四筒	除尘器型号		—	CLT/A-4× 3.5	CLT/A-4× 4.0	CLT/A-4× 4.5	CLT/A-4× 5.0	CLT/A-4× 5.5	CLT/A-4× 6.0	CLT/A-4× 6.5	CLT/A-4× 7.0	CLT/A-4× 7.5	CLT/A-4× 8.0
	生产能力 (m³/h)	$\Delta p/\gamma$-55	—	4444	5804	7348	9072	10976	13064	14328	17776	20408	23220
		$\Delta p/\gamma$-75	—	5188	6776	8576	10588	12808	15244	17892	20748	23820	27100
	灰斗容积 (m³)		—	0.72	1.05	1.49	2.00	2.65	3.39	4.29	5.34	6.51	790
	灰斗容灰 总质量(kg)	容量1.5	—	1080	1575	2235	3000	3975	5085	6435	8010	6765	11850
		容量2.0	—	1440	2100	2980	4000	5300	6760	8580	10680	13020	15800

②过滤式除尘器 是指使含尘气流通过过滤介质（通常采用织物、硅砂等）将尘粒分离出来的装置。采用织物作过滤介质时通常作成布袋形，所以又称袋式除尘器；采用硅砂作过滤介质时称为颗粒层除尘器。

过滤式除尘器对于 $5\mu m$ 以下的尘粒，其过滤效率均在 99% 以上。

袋式除尘器对细粉尘有较高的净化效率而且比较稳定，广泛应用于陶瓷行业原料细碎及物料运转等各环节的除尘。颗粒层除尘器由于能耐高温、耐磨、耐腐，且除尘效率高，处理风量大而适宜于处理 350～400℃ 之间的高温烟气。

袋式除尘器按其清灰方法可分为机械振打和气流清灰两大类。气流清灰的气源常用压缩空气或专设鼓风机供给，也可利用除尘器本身负压直接吸引大气。

袋式除尘器的滤带材料常用天然或合成纤维，各种滤带材料的性能见表 13-31。

表 13-31 各种滤袋材料的性能

名称 性能		天然纤维		合成纤维						玻璃纤维
		羊毛	棉	聚氯乙烯	聚酰胺	聚酰胺（芳香族）	聚丙烯腈	聚酯	聚四氟乙烯	
密度（g/cm³）		1.32	1.47～1.50	1.39～1.44	1.13～1.15	1.38～1.14	1.14～1.16	1.38	2.3	2.54
抗拉强度（kg/cm²）		9～15.3	22.5～36	24.3～35	40.5～55		23～30	40～49	45～80	56～62
断裂延伸率（%）		25～30	7～10	12～25	25～45		24～30	40～55	10～25	3～4
气温20℃、相对湿度65%时吸湿率（%）		10～15	8～9	0	4.0～4.5	4.5～5.0	1	0.4	0	0
膨胀率（%）		50～70	50～80	最大时为1	10～14		约13	3～4	0	0
抗酸稳定性		低温低浓度时好	不良	各种浓度下均好	好，高温低浓度下不好	不好	好	几乎对各种酸均好	非常好	对某些酸不良
抗碱稳定性		不良	好	几乎能抗各种浓度	稳定	好	对弱碱很稳定	低浓度室温下好	非常好	强浓度下不良
耐温性能（℃）	长期	80～90	75～90	40～50	75～85	220	110～130	140～160	200～250	250～300
	短期	100	95	65	95	260				350

袋式除尘器的类型很多，但有些是从典型的袋式除尘器改进而来。下面介绍几种常用的典型袋式除尘器。

a. 脉冲袋式除尘器 是指一种借助压缩空气脉冲喷吹进行清灰的袋式除尘器，如图 13-24 所示。

MC-I型脉冲袋式除尘器是其中的一种。它的脉冲控制仪分为电控、气控、机控等几种不同的形式。其特点是周期性的向滤袋内喷吹压缩空气，造成与过滤气流相反的逆气流和振动作用以清除滤袋积灰，清灰效果好又不损伤滤带。具有使用寿命长、净化效率高、过滤速度大、占地面积小等优点，但需具备压缩空气气源，也不适宜于高温、高湿及腐蚀性气体。MC-I型脉冲袋式除尘器技术性能见表13-32。

表13-32　MC-I型脉冲袋式除尘器技术性能

技术性能	型号					
	MC24-I	MC36-I	MC48-I	MC60-I	MC72-I	MC84-I
过滤面积（m^2）	18	27	36	45	54	63
滤袋数量（条）	24	36	48	60	72	84
处理气量（m^3/h）	2160~4300	3250~6480	4320~8630	5400~10800	6540~12900	7550~15100
过滤速度（m/min）	2~4	2~4	2~4	2~4	2~4	2~4
脉冲阀数（个）	4	6	8	10	12	14
设备质量（kg）	850	1116.8	1258.7	1572.6	1776.7	2028.9

b. 机械回转反吹扁袋除尘器　是指一种兼有旋风和布袋除尘机理的组合除尘器。含尘气流以切线方向进入除尘器，经布袋过滤后排出。其特点是除尘效率高，处理风量大，动力消耗低，维护工作量小。采用专设的反吹高压风作为清灰气源而不需要用户配备压缩空气。反吹风的控制方法可采用手动，也可采用自动控制，如图13-25所示。

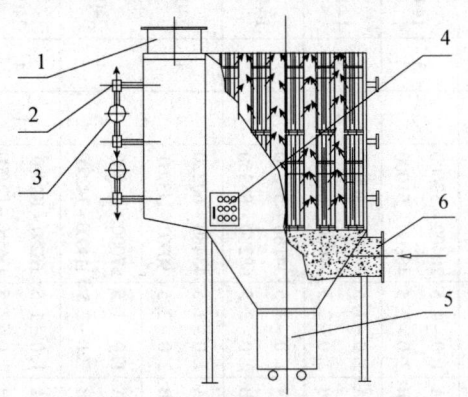

图13-24　脉冲袋式除尘器
1—出气口；2—卸尘阀；3—反吹用风机；
4—脉冲阀；5—集尘室梯形扁袋；6—进气口滤袋框架

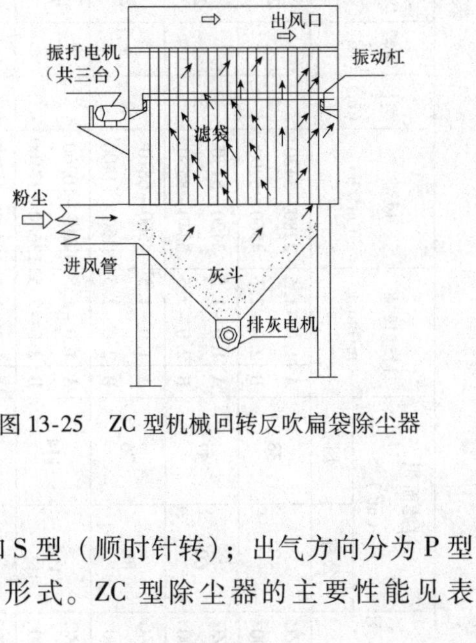

图13-25　ZC型机械回转反吹扁袋除尘器

该除尘器进气方向可分为N型（逆时针转）和S型（顺时针转）；出气方向分为P型（水平出口）和X型（下出口），故有四种组合形式。ZC型除尘器的主要性能见表13-33。

表 13-33　ZC 型除尘器的主要性能

型号	过滤面积 (m²) 公称	过滤面积 (m²) 实际		过滤风速 (m/min)	风量 (m³/h)	袋长 (m)	圈数 (圈)	袋数 (条)	反吹风机 型号	反吹风机 风量 (m³/h)	反吹风机 风压 (Pa)	反吹风机 转速 (r/min)	电动机 功率 (kW)	电动机 型号	减速器(摆线针轮) 型号	减速器 速比	减速器 输出转速	减速器 功率 (kW)	减速器 型号
24ZC200	40	38	A	1.0~1.5	2280~3420	2	1	24	9-19No.4.5	1174	4690	2890	4.0	Y112M-2	BLY2715-43×17 (JB 2982-81)	731	2.0	0.5	Y801-4
			B	2.0~2.5	4560~5700				9-19No.4.5	1721	4760	2890	4.0	Y112M-2					
24ZC300	60	57	A	1.0~1.5	3420~5130	3	1	24	9-19No.4.5	1721	4760	2890	4.0	Y112M-2					
			B	2.0~2.5	6840~8550				9-19No.4.5	2543	4250	2900	4.5	Y132S₁-2					
24ZC400	80	76	A	1.0~1.5	4560~6810	4	1	24	9-19No.4.5	2269	4450	2900	5.5	Y132S₂-2					
			B	2.0~2.5	9120~11400				9-19No.4.5	3521	4920	2900	7.5	Y132S₂-2					
72ZC200	110	114	A	1.0~1.5	6840~10260	2	2	72	9-19No.4.5	2266	4450	2900	5.5	Y132S₁-2	BLY2715-43×17 (JB 2982-81)	731	2.0	0.55	Y801-4
			B	2.0~2.5	13680~17100				9-19No.4.5	3521	4920	2900	7.5	Y132S₂-2					
72ZC300	170	170	A	1.0~1.5	10200~15300	3	2	72	9-26No.4.5	3521	4920	2900	7.5	Y132S₂-2					
			B	2.0~2.5	20400~25500				9-26No.4.5	5086	4160	2930	11.0	Y160M₁-2					
72ZC400	230	228	A	1.0~1.5	13680~20520	4	2	72	9-26No.4.5	4695	4400	2900	11.0	Y160M₁-2					
			B	2.0~2.5	27360~34300				9-26No.4.5	5903	5750	2930	15.0	Y160M₂-2					
114ZC300	340	340	A	1.0~1.5	20400~30600	3	3	144	9-19No.4.5	1995	4630	2900	4.0	Y112M-2	BLY3322-35×35 (JB 2982-81)	1225	1.2	0.75	Y801-4
			B	2.0~2.5	40800~51000				9-19No.4.5	2543	4250	2900	5.5	Y132S₁-2					
114ZC400	450	455	A	1.0~1.5	27300~40950	4	3	144	9-19No.4.5	2269	4450	2900	5.5	Y132S₁-2					
			B	2.0~2.5	54600~68230				9-26No.4.5	3521	4920	2900	7.5	Y132S₂-2					
144ZC500	570	569	A	1.0~1.5	34160~51210	5	3	144	9-26No.4.5	3130	5010	2900	7.5	Y132S₂-2					
			B	2.0~2.5	68280~85350				9-26No.4.5	4303	4610	2900	11.0	Y160M₁-2					
240ZC400	760	758	A	1.0~1.5	43480~60220	4	4	240	9-19No.4.5	2269	4450	2900	5.5	Y132S₁-2	BLY3322-35×35 (JB 2982-81)	1505	1.0	0.75	Y802-4
			B	2.0~2.5	90960~113700				9-26No.4.5	3521	4920	2900	7.5	Y132S₂-2					
240ZC500	950	950	A	1.0~1.5	57000~85500	5	4	240	9-26No.4.5	3130	5010	2900	7.5	Y132S₂-2					
			B	2.0~2.5	114000~142500				9-26No.4.5	4303	4610	2900	11.0	Y160M₁-2					
240ZC600	1140	1138	A	1.0~1.5	68280~102400	1	4	240	9-26No.4.5	3521	4920	2900	7.5	Y132S₂-2					
			B	2.0~2.5	136560~170700				9-26No.4.5	5367	5960	2930	5.0	Y160M₂-2					

c. 小型袋式除尘机组　其特点是除尘效率高，噪声低，体积小，清灰方便，使用灵活，可以直接布置在工艺设备上或近旁，进行局部通风除尘。连接风管短，阻力小，耗电少，非常适合在陶瓷行业皮带转运、料仓等处排风除尘。

国内生产的小型袋式除尘机组的形式有多种。LLH 型袋式除尘机组，按照处理风量大小编成系列（共 8 个型号），滤袋材料采用 208 工业涤纶绒布。其除尘效率 >99%，噪声 <70~75dB(A)，处理风量范围 320~2000m³/h，机组的真空度范围 550~1250Pa。

③洗涤式除尘器　是使含尘气体与液体（通常用水）相接触，将粉尘从气体中捕集下来的除尘器，又称为湿式除尘器。

洗涤式除尘器特点是结构较为简单，材料消耗少，它不仅能高效地去除较细粉尘，而且还能除去二氧化硫及其他有害气体。但对于处理腐蚀性气体时，应采取防腐措施，严寒地区冬季要防冻，适宜于陶瓷行业处理含湿量大的废气。

目前，在陶瓷行业应用较多的洗涤式除尘器有泡沫除尘器、卧式旋风水膜除尘器、冲激式除尘机组。

a. 泡沫除尘器　是最常见的一种湿式除尘器，如图 13-26 所示。

该除尘器特点是结构简单，消耗材料少，压力损失小；但除尘效率稍差，用水量较大。在陶瓷行业常用作喷雾干燥塔尾气的第二级除尘设备。

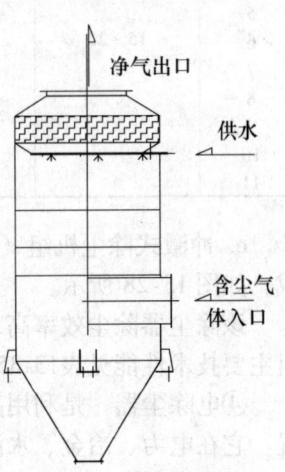

图 13-26　无溢流泡沫除尘器（两层筛板）

b. 卧式旋风水膜除尘器　如图 13-27 所示。

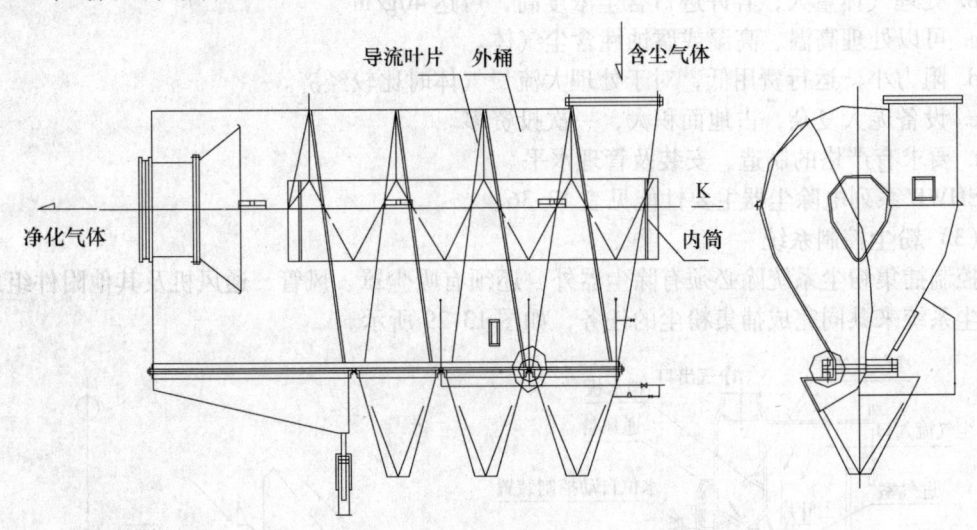

图 13-27　卧式旋风水膜除尘器

当含尘气体由进口沿切线方向进入，经螺旋状通道作急剧旋转运动，粉尘在离心力的作用下甩向外壳内壁。此时除尘器内存水由于气体旋转而使筒壁形成 3~5mm 厚的一层水膜，甩向筒壁的粉尘被水膜捕获。

该除尘器特点是效率高，阻力小，用水量少，工作性能稳定；但结构比较复杂，体积庞大。卧式旋风水膜除尘器主要性能见表 13-34。

表 13-34　卧式旋风水膜除尘器主要性能与设备质量

型号	进口气速 (m/s)	处理气量 (m³/h) 额定	处理气量 (m³/h) 适用范围	阻力 (Pa)	除尘效率 (%)	质量(檐板脱水) (kg)
1		1500	1200~1600			193
2		2000	1600~2200			231
3		3000	2200~3300			310
4		4500	3300~4800			405
5		6000	4800~6500			503
6	15~22	8000	6500~8500	750~1250	93~98	621
7		11000	8500~12000			969
8		15000	12000~16500			1224
9		20000	16500~21000			1604
10		25000	21000~26000			2481
11		30000	26000~33000			2969

c. 冲激式除尘机组（CCJ/A 除尘机组）是由排风机、除尘器、清灰和水位控制装置组成，如图 13-28 所示。

该除尘器除尘效率高，设计安装方便；但压力损失较大，耗水量也大。CCJ/A 型除尘机组主要技术性能见表13-35。

④电除尘器　是利用高压电场产生的静电力使尘粒荷电，并从气流中分离出来的一种装置。它在电力、冶金、水泥、化工等行业广泛应用，目前在国内陶瓷行业应用较少。

电除尘器主要特点是：

a. 电除尘效率高，可达 95%~99%，尤其是能捕集 0.01~5μm 的细微粉尘，而且可以用于回收干料。

b. 处理气体量大，容许进口含尘浓度高，可达 40g/m³。

c. 可以处理高温、高湿或腐蚀性含尘气体。

d. 阻力小，运行费用低，对于处理大流量气体时比较经济。

e. 设备庞大复杂，占地面积大，一次投资多。

f. 要求有严格的制造、安装及管理水平。

SHWB 系列电除尘器主要性能见表 13-36。

（3）粉尘控制系统

控制捕集粉尘系统除必须有除尘器外，还须有吸尘罩、风管、通风机及其他附件组成一个除尘系统来共同完成捕集粉尘的任务，如图 13-29 所示。

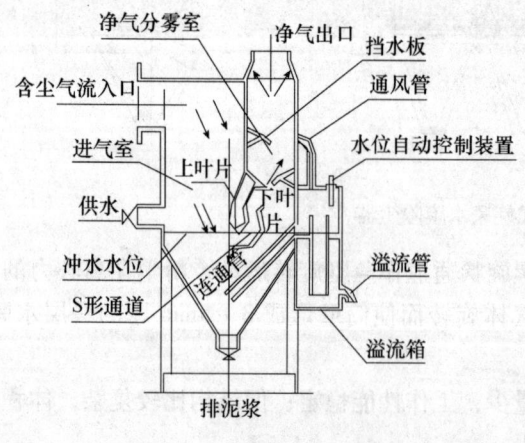

图 13-28　CCJ/A 型除尘机组工作原理示意图

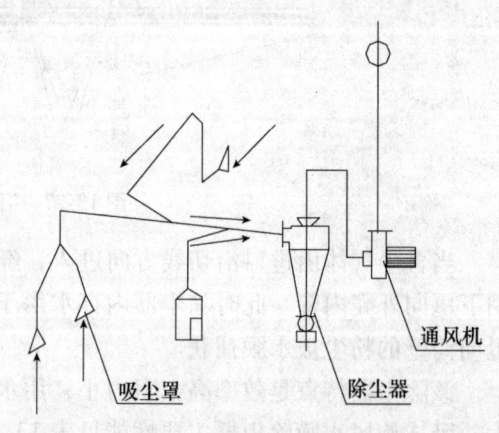

图 13-29　粉尘控制系统

表 13-35　CCJ/A 型除尘机组技术性能、设备配套表

型号	技术性能 风量 (m³/h) 设计	允许波动	设备阻力 (Pa)	净化效率 (%)	耗水量 (kg/h) 蒸发	溢流	带出	合计	充水容积 (m³)	4-72-11型通风机 型号	转数 (r/min)	风量 (m³/d)	全压 (Pa)	电动机 型号	功率 (kW)	电阀 型号	规格	设备质量 (kg) 通风机	电动机	除尘器	机组
CCJA-5	5000	4300~6000	1000~1600	799	17.5	150	425	592.5	0.48	4A	2900	4020~7420	2040~1340	Y132S1-2	5.5	LCLF-40	1 1/2"	54	63	674	741
CCJA-7	7000	6000~8450	1000~1600	700	24.5	210	602	8365	0.66	4 5A	2900	5730~10580	2580~1744	Y132S2-2	7.5	LCLF-40	1 1/2"	64	70	822	956
CCJA-10	10000	8100~12000	1000~1600	799	35	340	860	1195	1.04	5A	2900	7950~14720	3240~2240	Y160M2-2	13	LCLF-40	1 1/2"	76	110	1010	1196
CCJA-14	14000	12000~17000	1000~1600	799	49	420	1200	1669	1.20	6C	2240	11900~17100	2720~2290	Y160L-4	17	LCLF-50	2"	352	158	1916	2426
CCJA-20	20000	11000~25000	1000~1600	799	75	600	1700	2375	170	8C	1600	17920~31000	2520~1880	Y180M-2	22	LCLF-50	2"	720	235	2322	3277
CCJA-30	30000	25000~36200	1000~1600	799	105	900	2550	3555	2.50	8C	1800	20100~34800	3180~2410	Y200l2-2	40	LCLF-50	2"	720	420	2814	3954
CCJA-40	40000	35400~48250	1000~1600	799	140	1200	3400	4740	3.40	10C	1250	34800~50150	2390~1900	Y225S-4	40	LCLF-50	2"	850	425	3714	4989
CCJA-60	60000	53800~72500	1000~16000	799	210	1800	5100	7110	5.00	12C	1120	53800~77500	2770~2190	Y280S-4	75	LCLF-50	2"	1190	600	4974	6764

表 13-36 SHWB 系列电除尘器主要性能参数

型号	SHWB$_3$	SHWB$_5$	SHWB$_{10}$	SHWB$_{15}$	SHWB$_{20}$	SHWB$_{30}$	SHWB$_{40}$	SHWB$_{50}$	SHWB$_{60}$	注
有效断面积（m²）	3.2	5.1	10.4	15.2	20.11	30.39	40.6	53	63.3	
处理风量（m³/h）	6900~9200	11000~14700	30000~37400	43800~54700	57900~72400	109000~136000	146000~183000	191000~248000	228000~296000	
电场风速（m/s）	0.6~0.8	0.6~0.8	0.6~0.8	0.6~0.8	0.6~0.8	1~1.25	1~1.25	1~1.3	1~1.3	
正负极距离（mm）	140	140	140	140	150	150	150	150	150	
电场长度（m）	4	4	5.6	5.6	5.6	6.4	7.2	8.8	8.8	
每个电场电晕极排数	5	8	11	14	15	17	21	21	25	硅整流装置、振打机组及卸尘装置等附件规格未列出
每个电场收尘极排数	6	9	12	15	16	18	22	22	26	
收尘极板总面积（m²）	106	159	440	647	776	1331	1982	3168	3743	
电晕线形式	星形					星形或螺旋形				
电晕极振打方式	电磁振打					提升脱离机构				
收尘极板振打方式	挠臂锤机械振打					挠臂锤机械振打（双面）				
空气阻力（Pa）	<200					<300				
允许气体最高温度（℃）	300									
设计除尘效率（%）	98									

各类除尘器对运行条件的适应性见表 13-37。

除尘系统布置应力求简单，系统吸尘点不宜超过 6 个。风道内的速度必须大于规定的最小风速（表 13-37）。应在风道的适当部位设置清扫口。支管应尽可能从侧面与主管道连接，夹角以 15°~30°为宜。除尘器之后的管道风速一般取 8~12m/s。

除尘系统应进行水力计算，并根据粉尘性质、特点及排放标准，参照表 13-38、表 13-39，合理选用除尘器，根据整个系统阻力选择合适风机。这样，才能经济合理地组成一个粉尘控制系统。

圆形通风管道统一规格见表 13-40，除尘风道计算见表 13-41。

表 13-37 除尘风管的最小风速　　　　　　　　　　　　　　　　　　　　　　　　　　m/s

粉尘名称	垂直风管	水平风管	粉尘名称	垂直风管	水平风管
耐火材料粉尘	14	17	重矿物粉尘	14	16
黏土	13	16	轻矿物粉尘	12	14
石灰石	14	16	灰土、砂尘	16	18
水泥	12	18	干细型砂	17	20
湿土（含水2%以下）	15	18	金刚砂、刚玉粉	15	19

表 13-38 各类除尘器对运行条件的适应性

运行条件 类型	全效率高于99%	气体温度高	气体相对湿度高	腐蚀性粉尘	粘结性粉尘	疏水性粉尘	吸湿性粉尘	水硬性粉尘	可燃性气体及粉尘	风量波动影响小	占用空间少	维修量小	捕下的粉尘便于处理	初投资少	运行费用低
中效旋风除尘器	×	○	△	○	○	○	○	○	×	○	○	○	○	○	○
高效旋风除尘器	×	○	△	○	○	○	○	○	×	○	△	○	○	○	○
水膜、泡沫除尘器	×	×	○	△	△	○	×	○	○	○	×	○	×	○	△
卧式旋风水膜除尘器	×	×	○	△	×	○	×	○	○	○	△	△	△	△	△
冲激式除尘机组	×	×	○	△	×	○	×	○	○	○	△	△	△	△	△
袋式除尘器	○	△	△	△	×	○	×	○	×	△	×	×	○	×	×
旋风-颗粒层除尘器	△	○	○	○	×	○	○	○	○	○	×	△	○	×	×
文丘里除尘器	○	○	○	×	△	×	○	×	○	△	○	△	△	△	×
电除尘器	○	○	○	△	×	○	○	○	×	△	△	△	○	×	○

注：○表示适应；△表示勉强适应或采取措施后尚可适应；×表示不适应。

表 13-39 常用除尘器的主要技术性能概况

除尘器类别形式		适用条件			技术指标			经济指标	
类别	型式与名称	被处理粉尘粒径 d_c (μm)	容许初含尘浓度（作净化时）c (g/m³)	允许最高温度 t (℃)	处理风量 L (m³/h)	压力损失 ΔP (Pa)	概率除尘效率 η (%)	设备费	运行费
离心式（干式）	XLP/A,B 型旋风除尘器	>5	<30	150~250	740~12700	700~1250	82~98	小	中
	XP 型旋风除尘器	>5	<30	150~250	320~14630	650~2160	88~93	小	中
	CLK 型扩散式旋风除尘器	>5	<60	150~250	295~8300	1080~1790	90~95	小	中
	XCX 型旋风除尘器	>1	<50	150~250	150~9840	550~1670	90~96	小	中
	XNX 型旋风除尘器	>1	<50	150~250	600~8380	550~1670	90~96	小	中
	CZT 型旋风除尘器	>1	<50	150~250	790~5700	750~1470	75~92.5	小	中
	CLG 型多管除尘器	>5	<30	150~250	1910~9980	630~670	75~90	小	中
	XS-A,B 型双旋风除尘器	>5	<30	150~250	2730~14730	600~1000(冷态) 510~930(热态)	93~94(冷态) 90~92(热态)	小	中
	XG 型旋风除尘器	>1	<30	150~250	2000~19500	650~1620(冷态) 470~890(热态)	90~97(冷态) 88.3~95.8(热态)	小	中
袋式	简易袋式除尘器	≥1	<10	—	设计确定	200~600	98	较大	中
	ZC 型机械回转反吹扁袋除尘器	≥1	<15	—	2280~170700	800~1600	95~99.5	较大	中
	BMC24-48-1 型脉冲袋式除尘器	≥1	<15	—	3000~10000	800~1200	99~99.5	较大	中

续表

除尘器类别形式		型式与名称	适用条件				技术指标		经济指标	
类别			被处理粉尘粒径 d_c (μm)	容许初含尘浓度(作净化时)c (g/m^3)	允许最高温度 t (℃)	处理风量 L (m^3/h)	压力损失 ΔP (Pa)	概率除尘效率 η (%)	设备费	运行费
干式	袋式	QMC24-120-ⅠD型脉冲袋式除尘器	≥1	<15	—	3240~21600	1000~1500	99~99.5	较大	中
		LLH型袋式除尘机组	≥1	<10	—	320~2000	500~1250	>99	较大	中
	静电式	SHWB型电除尘器	0.1~100	<40	300	6900~29600	<300	设计效率为98	较大	中
		GJX5、10/100型高压静电收尘器	0.01~100	<60	<500	单筒体<3000 多筒体<10000	100	95~99.5	较大	中
湿式	离心水膜式	CLS型水膜除尘器	>5	<2	—	1600~132000	500~760	<90	大	小
		卧式旋风水膜除尘器	>1	<15	—	1200~33000	750~1250	95~99.9	大	小
		水浴除尘器	>5	<30	—	设计确定	400~700	<90	中	大
	洗涤式	CCJ冲激式除尘器	>1	<100	—	3000~5000	1300~1500	96~98	中	大
		文丘里除尘器	≥0.3	<10	—	—	3000~10000	95~99	中	大

注：上述除尘器作为终净化时，允许进口含尘浓度应根据允许排放浓度及其除尘效率来确定。

表 13-40 圆形通风管道统一规格　　　　mm

外径 D	钢板制风管		塑料制风管		外径 D	除尘风管		气密性风管	
	外径允许偏差	壁厚	外径允许偏差	壁厚		外径允许偏差	壁厚	外径允许偏差	壁厚
100	±1	0.5	±4	3.0	**80** **90** **100**	±1	1.5	±1	2.0
120					**110** **120**				
140					130 **140**				
160					150 **160**				
180					170 **180**				
200					190 **200**				
220					210 **220**				
250					240 **250**				
280					260 **280**				
320		0.75			300 **320**				
360					340 **360**				
400					380 **400**				
450				4.0	420 **450**				
500					480 **500**				
560					530 **560**				
630					600 **630**				
700					670 **700**				
800		1.0		5.0	750 **800**		2.0		3.0~4.0
900					850 **900**				
1000					950 **1000**				
1120			±1.5		1060 **1120**				
1250					1180 **1250**				
1400				6.0	1320 **1400**				
1600		1.2~1.5			1500 **1600**		3.0		4.0~6.0
1800					1700 **1800**				
2000					1900 **2000**				

注：1. 本通风管道统一规格系经"通风管道定型化"审查会议通过，作为通用规格在全国使用。
　　2. 表中的除尘、气密性风管分基本系列和辅助系列，应优先采用基本系列（即黑体数字）。

表 13-41　除尘风道计算表

外径 D(mm)，上行——风量(m^3/h)，下行——λ/d

动压 (Pa)	风速 (m/s)	80	90	100	110	120	130	140	150	160	170	180	190	200	210	220	240	250	260	280	300	320
60.1	10.0	168 / 0.342	214 / 0.293	266 / 0.255	324 / 0.226	387 / 0.202	456 / 0.182	531 / 0.166	611 / 0.152	697 / 0.140	789 / 0.129	886 / 0.120	989 / 0.112	1097 / 0.105	1212 / 0.0991	1331 / 0.0935	1588 / 0.0838	1725 / 0.0797	1867 / 0.0759	2169 / 0.0692	2494 / 0.0635	2841 / 0.0544
75.3	11.2	188 / 0.338	240 / 0.290	298 / 0.253	363 / 0.223	433 / 0.200	510 / 0.180	594 / 0.164	684 / 0.150	781 / 0.138	883 / 0.128	992 / 0.119	1107 / 0.111	1229 / 0.104	1357 / 0.0981	1491 / 0.0925	1779 / 0.0830	1932 / 0.0789	2092 / 0.0751	2430 / 0.0685	2797 / 0.0629	3182 / 0.0580
92.4	12.4	208 / 0.335	265 / 0.287	330 / 0.250	401 / 0.221	480 / 0.198	565 / 0.179	658 / 0.162	758 / 0.149	864 / 0.137	978 / 0.127	1098 / 0.118	1126 / 0.110	1361 / 0.103	1502 / 0.0972	1651 / 0.0917	1969 / 0.0823	2139 / 0.0782	2316 / 0.0745	2690 / 0.0679	3093 / 0.0623	2523 / 0.0575
111.1	13.6	228 / 0.333	291 / 0.285	362 / 0.248	440 / 0.220	526 / 0.196	620 / 0.177	722 / 0.161	831 / 0.148	948 / 0.136	1072 / 0.126	1205 / 0.117	1345 / 0.109	1492 / 0.103	1648 / 0.0965	1811 / 0.0911	2160 / 0.0817	2346 / 0.0776	2540 / 0.0739	2950 / 0.0674	3392 / 0.0619	3864 / 0.0571
131.6	14.8	248 / 0.330	317 / 0.283	394 / 0.247	479 / 0.218	573 / 0.195	675 / 0.176	785 / 0.160	904 / 0.147	1031 / 0.135	1167 / 0.125	1311 / 0.116	1463 / 0.109	1624 / 0.102	1793 / 0.0959	1970 / 0.0905	2350 / 0.0812	2553 / 0.0771	2764 / 0.0735	3111 / 0.0670	3691 / 0.0615	4205 / 0.0568
153.8	16.0	268 / 0.328	342 / 0.281	426 / 0.245	518 / 0.217	619 / 0.194	730 / 0.175	849 / 0.159	978 / 0.146	1115 / 0.134	1262 / 0.124	1417 / 0.116	1582 / 0.108	1756 / 0.101	1938 / 0.0954	2130 / 0.0900	2541 / 0.0807	2760 / 0.0767	2988 / 0.0731	3471 / 0.0666	3990 / 0.0612	4546 / 0.0565
177.7	17.2	288 / 0.327	368 / 0.280	458 / 0.244	557 / 0.216	666 / 0.193	784 / 0.174	913 / 0.158	1051 / 0.145	1199 / 0.134	1356 / 0.124	1524 / 0.115	1701 / 0.108	1887 / 0.101	2084 / 0.0949	2290 / 0.0896	2732 / 0.0803	2967 / 0.0763	3212 / 0.0727	3731 / 0.0663	4290 / 0.0609	4887 / 0.0562
203.4	18.4	308 / 0.325	394 / 0.279	490 / 0.243	596 / 0.215	712 / 0.192	839 / 0.173	976 / 0.158	1124 / 0.145	1282 / 0.133	1451 / 0.123	1630 / 0.115	1819 / 0.107	2019 / 0.100	2229 / 0.0945	2450 / 0.0892	2922 / 0.0800	3174 / 0.0760	3436 / 0.0724	3992 / 0.0660	4589 / 0.0606	5228 / 0.0560
230.8	19.6	329 / 0.324	419 / 0.278	521 / 0.242	634 / 0.214	759 / 0.191	894 / 0.173	1040 / 0.157	1198 / 0.144	1366 / 0.133	1546 / 0.123	1736 / 0.114	1938 / 0.107	2151 / 0.100	2375 / 0.0941	2610 / 0.0888	3113 / 0.0797	3381 / 0.0757	3660 / 0.0721	4252 / 0.0658	4888 / 0.0604	5569 / 0.0557
260.0	20.8	349 / 0.323	445 / 0.277	553 / 0.241	673 / 0.213	805 / 0.191	949 / 0.172	1104 / 0.157	1271 / 0.143	1450 / 0.132	1640 / 0.122	1842 / 0.114	2057 / 0.106	2282 / 0.100	2520 / 0.0938	2769 / 0.0885	3303 / 0.0794	3588 / 0.0755	3884 / 0.0719	4512 / 0.0655	5188 / 0.0602	5910 / 0.0556
290.9	22.0	369 / 0.322	471 / 0.276	585 / 0.241	712 / 0.213	852 / 0.190	1003 / 0.172	1167 / 0.156	1344 / 0.143	1533 / 0.132	1735 / 0.122	1949 / 0.114	2175 / 0.106	2414 / 0.0994	2665 / 0.0935	2929 / 0.0882	3494 / 0.0791	3795 / 0.0752	4108 / 0.0716	4773 / 0.0653	5487 / 0.0600	6251 / 0.0554
323.4	23.2	389 / 0.321	496 / 0.275	617 / 0.240	751 / 0.212	898 / 0.190	1058 / 0.171	1231 / 0.156	1417 / 0.143	1617 / 0.131	1829 / 0.122	2055 / 0.113	2294 / 0.106	2546 / 0.0991	2811 / 0.0933	3089 / 0.0880	3684 / 0.0789	4002 / 0.0750	4333 / 0.0714	5033 / 0.0652	5786 / 0.0598	6592 / 0.0552
357.8	24.4	409 / 0.320	522 / 0.274	649 / 0.239	790 / 0.211	944 / 0.189	1113 / 0.171	1295 / 0.155	1491 / 0.142	1701 / 0.131	1924 / 0.121	2161 / 0.113	2412 / 0.105	2677 / 0.0989	2956 / 0.0930	3249 / 0.0878	3875 / 0.0787	4209 / 0.0748	4557 / 0.0713	5293 / 0.0650	6085 / 0.0597	6933 / 0.0551
393.8	25.6	429 / 0.319	548 / 0.274	681 / 0.239	829 / 0.211	991 / 0.189	1167 / 0.170	1359 / 0.155	1564 / 0.142	1784 / 0.131	2019 / 0.121	2268 / 0.113	2531 / 0.105	2809 / 0.0986	3102 / 0.0928	3408 / 0.0875	4066 / 0.0785	4416 / 0.0746	4781 / 0.0711	5554 / 0.0648	6385 / 0.0595	7274 / 0.0550

表 13-41 除尘风道计算表

外径 D(mm),上行——风量(m³/h),下行——λ/d

动压 (Pa)	风速 (m/s)	80	90	100	110	120	130	140	150	160	170	180	190	200	210	220	240	250	260	280	300	320
60.1	10.0	168 0.342	214 0.293	266 0.255	324 0.226	387 0.202	456 0.182	531 0.166	611 0.152	697 0.140	789 0.129	886 0.120	989 0.112	1097 0.105	1212 0.0991	1331 0.0935	1588 0.0838	1725 0.0797	1867 0.0759	2169 0.0692	2494 0.0635	2841 0.0544
75.3	11.2	188 0.338	240 0.290	298 0.253	363 0.223	433 0.200	510 0.180	594 0.164	684 0.150	781 0.138	883 0.128	992 0.119	1107 0.111	1229 0.104	1357 0.0981	1491 0.0925	1779 0.0830	1932 0.0789	2092 0.0751	2430 0.0685	2797 0.0629	3182 0.0580
92.4	12.4	208 0.335	265 0.287	330 0.250	401 0.221	480 0.198	565 0.179	658 0.162	758 0.149	864 0.137	978 0.127	1098 0.118	1126 0.110	1361 0.103	1502 0.0972	1651 0.0917	1969 0.0823	2139 0.0782	2316 0.0745	2690 0.0679	3093 0.0623	2523 0.0575
111.1	13.6	228 0.333	291 0.285	362 0.248	440 0.220	526 0.196	620 0.177	722 0.161	831 0.148	948 0.136	1072 0.126	1205 0.117	1345 0.109	1492 0.103	1648 0.0965	1811 0.0911	2160 0.0817	2346 0.0776	2540 0.0739	2950 0.0674	3392 0.0619	3864 0.0571
131.6	14.8	248 0.330	317 0.283	394 0.247	479 0.218	573 0.195	675 0.176	785 0.160	904 0.147	1031 0.135	1167 0.125	1311 0.116	1463 0.109	1624 0.102	1793 0.0959	1970 0.0905	2350 0.0812	2553 0.0771	2764 0.0735	3111 0.0670	3691 0.0615	4205 0.0568
153.8	16.0	268 0.328	342 0.281	426 0.245	518 0.217	619 0.194	730 0.175	849 0.159	978 0.146	1115 0.134	1262 0.124	1417 0.116	1582 0.108	1756 0.101	1938 0.0954	2130 0.0900	2541 0.0807	2760 0.0767	2988 0.0731	3471 0.0666	3990 0.0612	4546 0.0565
177.7	17.2	288 0.327	368 0.280	458 0.244	557 0.216	666 0.193	784 0.174	913 0.158	1051 0.145	1199 0.134	1356 0.124	1524 0.115	1701 0.108	1887 0.101	2084 0.0949	2290 0.0896	2732 0.0803	2967 0.0763	3212 0.0727	3731 0.0663	4290 0.0609	4887 0.0562
203.4	18.4	308 0.325	394 0.279	490 0.243	596 0.215	712 0.192	839 0.173	976 0.158	1124 0.144	1282 0.133	1451 0.123	1630 0.115	1819 0.107	2019 0.100	2229 0.0945	2450 0.0892	2922 0.0800	3174 0.0760	3436 0.0724	3992 0.0660	4589 0.0606	5228 0.0560
230.8	19.6	329 0.324	419 0.278	521 0.242	634 0.214	759 0.191	894 0.173	1040 0.157	1198 0.144	1366 0.133	1546 0.123	1736 0.114	1938 0.107	2151 0.100	2375 0.0941	2610 0.0888	3113 0.0797	3381 0.0757	3660 0.0721	4252 0.0658	4888 0.0604	5569 0.0557
260.0	20.8	349 0.323	445 0.277	553 0.241	673 0.213	805 0.191	949 0.172	1104 0.157	1271 0.143	1450 0.132	1640 0.122	1842 0.114	2057 0.106	2282 0.100	2520 0.0938	2769 0.0885	3303 0.0794	3588 0.0755	3884 0.0719	4512 0.0655	5188 0.0602	5910 0.0556
290.9	22.0	369 0.322	471 0.276	585 0.241	712 0.213	852 0.190	1003 0.172	1167 0.156	1344 0.143	1533 0.132	1735 0.122	1949 0.114	2175 0.106	2414 0.0994	2665 0.0935	2929 0.0882	3494 0.0791	3795 0.0752	4108 0.0716	4773 0.0653	5487 0.0600	6251 0.0554
323.4	23.2	389 0.321	496 0.275	617 0.240	751 0.212	898 0.190	1058 0.171	1231 0.156	1417 0.143	1617 0.131	1829 0.122	2055 0.113	2294 0.106	2546 0.0991	2811 0.0933	3089 0.0880	3684 0.0789	4002 0.0750	4333 0.0714	5033 0.0652	5786 0.0598	6592 0.0552
357.8	24.4	409 0.320	522 0.274	649 0.239	790 0.211	944 0.189	1113 0.171	1295 0.155	1491 0.142	1701 0.131	1924 0.121	2161 0.113	1412 0.105	2677 0.0989	2956 0.0930	3249 0.0878	3875 0.0787	4209 0.0748	4557 0.0713	5293 0.0650	6085 0.0597	6933 0.0551
393.8	25.6	429 0.319	548 0.274	681 0.239	829 0.211	991 0.189	1167 0.170	1359 0.155	1564 0.142	1784 0.131	2019 0.121	2268 0.113	2531 0.105	2809 0.0986	3102 0.0928	3408 0.0875	4066 0.0785	4416 0.0746	4781 0.0711	5554 0.0648	6385 0.0595	7274 0.0550

(4) 粉尘处理

对于除尘器收集的粉尘或排出的含尘污水，应根据生产条件、除尘器类型、粉尘的回收价值和便于管理等因素，采取恰当的回收或处理措施。当干法收尘粉尘成分与原料一致时，应予以回收利用；当粉尘成分复杂不能利用时，应及时处置。当采用湿法除尘时，含尘污水应纳入全厂污水处理系统。

(5) 厨房的分析和处理

①厨房污染问题分析

厨房是按餐饮人数和餐厅与厨房面积比来确定厨房面积，但厨房通风排油烟问题一直没有引起足够的重视。

有的油烟排放方式及气流组织不合理。工作人员始终处于余热油烟污染区。厨房与相邻的其他场所，如餐厅、会议室等发生"窜味"。由于厨房通风系统的室外排风口与其他空调系统的室外进风口相距太近，形成所气流短路。厨房负压过大，补风与排气不成比例。

厨房工作环境恶劣。由于中餐灶热辐射强度大，导致厨房平均温度较高，工作岗位温度高达50℃左右。大量的热量及蒸汽散发导致厨房顶部结露。凝结水的产生加剧了厨房吊顶损坏及空调管道锈蚀。

②厨房污染综合治理措施

厨房与餐厅之间要设有过渡性隔离带，如过道、内走廊或配料间等。对于单层厨房在炉灶正上方宜设置避风百叶天窗，厨房位置设在该建筑一侧且处于城市主导风向下风侧。

厨房操作中产生油烟较多的灶具尽量布置，便于分区设置独立的排油烟系统。

对于热加工间应采取机械局部排风为主，空调为辅的方针。最好采用低悬罩。对产生大量蒸汽的设备上部也宜安装排气罩，以便排除烟油及蒸汽。厨房空调宜采用直流式送风系统，其系统所处理的空气全部来自室外，这样可防止回风污染空调器盘管。

为改善厨房的工作环境，增设厨师岗位的局部送风。

充分采用大门空气幕。大门空气幕能够隔断工作间的气流与室外冷热空气及相邻房间空气的对流，即可减少空调工作间的能量损失，同时还能防止"窜味"及飞行害虫、尘埃进入室内。

在产生大量水蒸气的设备上方安装排气罩，排风管道内的流速不能过低，流速可采用10m/s左右，水平管道应保持一定的坡度建议采用3%，坡向排泄口，排泄口处设置集水罐且定期排放集水。

未设空调的公共厨房采用机械送排风方式，造成厨房始终处于负压状态，出风口进风口设在异侧，条件不允许时间侧也可酌情布置，但须离开一定距离，进风口设在排风口的上风侧且应低于排风口。

13.2.4 噪声的产生及控制

1. 噪声及其分类

噪声是一种声波，具有声波的一切特性。从物理学观点来看，噪声指声强和频率的变化都无规律、杂乱无章的声音。从生物学观点来看，凡是使人烦躁的、不受欢迎的声音都属于噪声。

按声源不同噪声可分为:
(1) 空气动力性噪声 如通风机、鼓风机、空气压缩机、真空泵产生的噪声。
(2) 机械性噪声 如球磨机、破碎机、磨边机、抛光机等产生的噪声。
(3) 电磁性噪声 如电动机、变压器等产生的噪声。

按频谱的性质,噪声又可分为有调噪声和无调噪声。有调噪声就是含有非常明显的基频和伴随着基频的谐波,这种噪声大部分是由旋转机械(如风机)产生的。无调噪声是没有明显的基频和谐波的噪声,如排气放空。

2. 噪声危害

表 13-42 列出了噪声的危害情况。

表 13-42 噪声的危害一览表

影响方面	内 容
影响正常生活	使人们没有一个安静的环境休息和学习。吵闹的噪声使人惶惶不安,烦恼异常,妨碍休息、睡眠、干扰谈话,影响听广播、打电话、上课和开会等
对人体听觉的损伤	长年累月在强噪声(90dB 以上)下工作,将导致暂时性听阈偏移,久而久之会转变永久性听阈偏移;当 500Hz、1000Hz、2000Hz 听阈平均偏移 25dB,称为噪声性耳聋
引起多种疾病	1. 噪声作用于人的中枢神经系统,使人的基本生理过程失调,引起神经衰弱症; 2. 噪声对心血管系统的影响,将引起血管痉挛或血管紧张度降低,血压改变,心律不齐等; 3. 使人们的消化机能衰退,胃功能紊乱,消化不良,食欲不振,体质减弱; 4. 其他
影响安全生产和降低劳动生产力	1. 在嘈杂环境里工作,人们心情烦躁,容易疲劳,反应迟钝,注意力不集中,影响工作进度和质量,也容易引起工伤事故; 2. 由于噪声的掩蔽效应,使人们听不到事故的前兆和各种警戒信号,更容易发生事故

3. 噪声控制原理及基本方法

(1) 噪声控制原理 噪声是声源向空中以弹性的形式辐射出去的一种压力脉动,在环境中不积累,对人的干扰是局部性的,当声源停止发声,噪声立即消失。只有当声源、声音传播的途径和接受者三个因素同时存在,才对听者形成干扰。所以对任何噪声控制,既要分别研究这三个部分,又要把这三个方面作为一个系统综合考虑,既满足噪声控制标准,又符合技术、经济合理性。

表 13-43 为噪声控制的基本途径。当用表 13-43 所列的措施控制噪声仍不能满足要求时,可以采用技术措施来解决。

表 13-43 噪声控制的基本途径

途 径	主要措施
降低声源噪声	1. 改造生产工艺和选用低噪声设备,如以焊代铆,以液压代替冲压、气动等; 2. 提高机械加工及装配精度,以减少机械振动和摩擦产生的噪声; 3. 对高压、高速气流要降低压差和流速或改变气流喷嘴形状

续表

途径	主要措施
要在传播途径上控制	1. 在总体设计上合理布局　在工厂总平面设计时，应将主要噪声源车间或装置远离要求安静的车间、试验室和办公室等，或将高噪声设备尽量集中以便于控制； 2. 利用屏障阻止噪声传播　利用天然地形，如山岗、土坡、树林、草丛或不怕吵闹的高大建筑或构筑物（如仓库、贮罐等）； 3. 利用声源的指向性特点来控制噪声　如将高压锅炉排气出口朝向旷野或天空，以减少对环境影响
对接受者的保护	1. 对工人进行个人防护　如佩戴耳塞、耳罩、头盔等防噪声用品； 2. 采取工人轮换作业，缩短工人进入高噪声环境的工作时间

（2）噪声控制的基本方法

①消声器　是一种允许气流通过而使声能衰减的装置。如把消声器安装在空气动力设备的气流通道上，就可以降低该设备的噪声。

消声器的种类很多，主要有三类：阻性消声器、抗性消声器和阻抗复合式消声器。近年来，我国又研制成功一种新型消声器——微穿孔板消声器。

a. 阻性消声器　把吸声材料固定在气体流动的管道内壁，或按一定的方式在管道中排列起来，利用吸声材料消声就构成了阻性消声器。声波进入消声器后，引起吸声材料的细孔或间隙内空气分子的振动，使一部分声能由于小孔摩擦和黏滞而转化为热能，使声波衰减，见表 13-44。

表 13-44　阻性消声器的结构及性能

名称	图例	消声频率	阻力	流速（m/s）	适用范围
管式		中	小	<15	中、小型风机进、排气消声
井式		中	小	<15	大、中型风机进、排气消声
蜂窝式		中	小	<15	中型风机进、排气消声
折板式		中高	中	<10	大、中型风机进、排气消声
迷宫式		中高	大	<5	小型风机进、排气消声
声流式		中高	大	<20	大、中型风机排气消声

阻性消声器的特点是结构简单，加工容易，对高、中频噪声有较好的消声效果。其缺点是在高温、水蒸气以及对吸声材料有侵蚀作用的气体中，使用寿命较短；另外，它对低频噪声消声效果较差。

b. 抗性消声器　抗性消声器借助管道截面的突变或旁接共振腔，利用声波的反射或干涉来达到消声的目的。

抗性消声器种类很多，常见的有扩张室式和共振腔式两种。

单扩张室式消声器　扩张室式消声器也称膨胀室式消声器。最简单的结构形式是由一个扩张室和连接管组成，如图13-30所示。

图13-31为共振消声器示意图。这种消声器是利用共振吸收原理进行消声的。当声波传至颈口时，颈中的空气柱在声压作用下产生了振动。为了克服气体的惯性，需要消耗一部分能量，其大小与颈中空气柱的振动速度有关。振动的速度越大，消耗的能量越大。当外来声波的频率与消声器的共振频率相同时，就产生共振。在共振频率及其附近，空气振动速度达到最大值。因此，消耗的声能最多，消声值也最大。

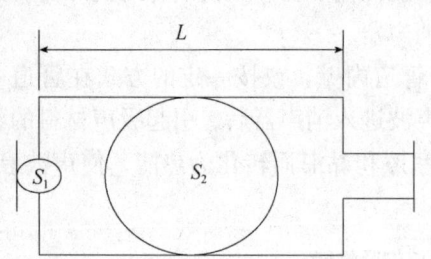

图13-30　单扩张室式消声器

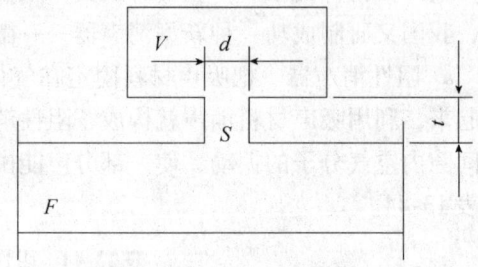

图13-31　共振消声器示意图

抗性消声器具有良好的消除低频噪声的性能，而且能在高温、高速、脉动气流下工作。缺点是消声频带窄，对高频效果较差。

c. 阻抗复合式消声器　由阻性消声器与抗性消声器复合而成，是工程实践中经常应用的消声器。其特点是消声量大，消声频带宽。图13-32给出了几种阻抗复合消声器的示意图。其中（a）、（b）为扩张室—阻性复合消声器；（c）、（d）为共振腔—阻性复合消声器；（e）、（f）为穿孔屏—阻性复合消声器。

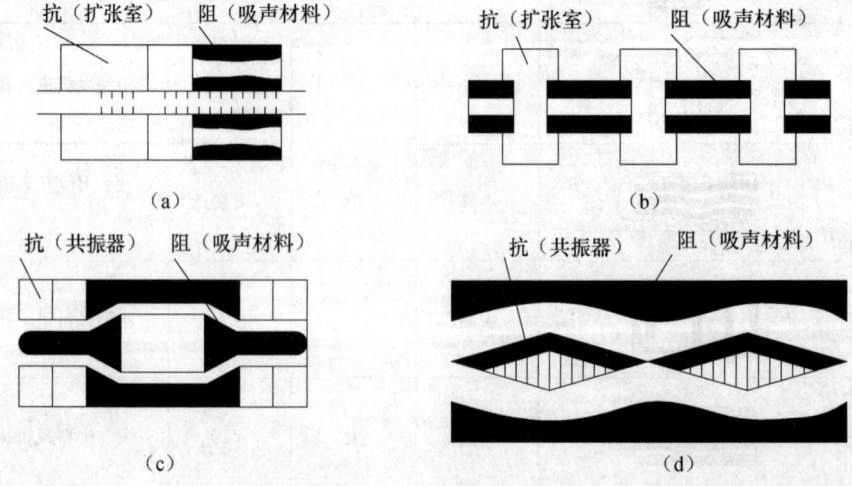

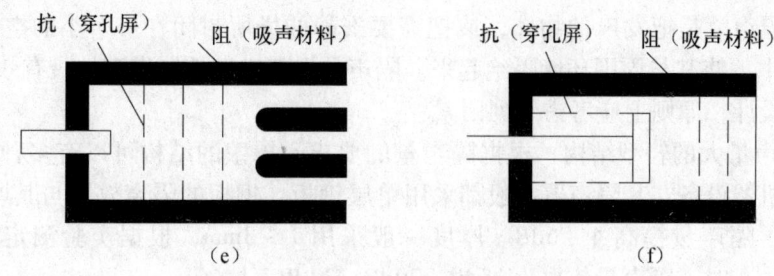

图 13-32 几种阻抗复合消声器示意图

由于阻抗复合消声器中使用了吸声材料,因此在高温(特别是有火时)、蒸气浸蚀和高速气流冲击下使用寿命较短。

将微穿孔板吸声结构作为消声器的贴衬材料,就构成了微穿孔板消声器。这种消声器不仅消声效果好,而且空气动力性能好,不怕油雾和水蒸气,能耐高温。

国产消声器消声性能见表13-45。

表 13-45 国产消声器消声性能

类别	型号	用途	适用流量范围 (m^3/h)	消声量 ΔL [dB(A)]
阻性消声器	D 型(折板式)	用于罗茨叶氏鼓风机及高压离心式风机进、排气消声	75~15000	≥30
	ZHZ-55 型(直管式)		1680~6720	>25
	ZY 型(圆筒式)		60~15000	20~25
	ZP 型(阻片式)		7800~88200	20~30
	Z_1 型(改良折板式)		75~12000	>20
	Z_2 型(圆管加芯式)		75~12000	>20
	XZ-02 型	低压离心式风机进、排气消声	1330~116900	>20
	XZ-03 型	高、中压离心式风机进、排气消声	620~48800	20~25
	ZDL 型	中、低压离心风机进、排气消声	1000~350000	15~40
抗性消声器	CP 型(开孔扩压和迷路式)	柴油机排气消声	φ70~300	≥30
	GUK 型(多级扩容减压式)	锅炉排汽放空消声	适用于锅炉容量 1~65t/h,出口压力 0.4~3.5MPa	
阻抗复合式消声器	F 型	高压离心通风风机进、排气及封闭式机房进风口	2000~50000	≥25
	K 型(阻性和迷路抗性)	空压机进气口消声	180~6000	20~25
	KZK 型		90~15000	>30
	J 型		60~3600	20~25
	T701-6 型	空调采暖通风系统	2000~60000	低频 10~15 中频 15~25 高频 25~30
	P 型	适用压力为 0.1~18MPa		30~40

②隔声　隔声就是把发声的物体，或把需要安静的场所封闭在一个小的空间（如隔声罩及隔声间）中，使其与周围环境隔绝起来。隔声是一般工厂控制噪声的最有效措施之一。

隔声罩的设计，原则上应考虑下列因素：

a. 采用隔声量大的轻型结构　根据隔声量的要求，罩壁的结构可以有多种形式。小型或噪声不大的机器设备，其隔声罩一般都采用单层钢板。钢板的隔声效果与其厚度成正比，厚度增加1倍，隔声量提高 4~6dB。厚度一般采用 1~3mm，根据实验测定，钢板厚为1mm、2mm、3mm 时，隔声量依次为 25dB、29dB、32dB。

b. 壳体应有适量阻尼层以抑制共振的不利影响　阻尼层一般是在钢板上涂由弹性材料构成的阻尼浆，如沥青或由某种高分子做基料与其他配料组成。阻尼层的厚度一般为罩壁厚度的 1~3 倍。

c. 内表面应衬吸声材料　由于声源发出的声能密封在罩内，如内表面没有吸声处理，必然使罩内混响声加强，使之实际隔声效果受到影响。为此，内表面应衬以多孔或纤维吸声材料，其平均吸声系数 α 不低于 0.5 为宜。

d. 隔声罩与地面间应设减振措施　当振动经地面传至隔声罩时，罩体往往成为噪声辐射源。为此，隔声罩与地面之间一般衬垫橡胶、毛毡等材料，机座采用减振器等减振措施。

隔声罩体如有开孔及缝隙，将使隔声效果降低。经验证明，只要占有全部面积1%的开孔面积，则隔声量不会超过20dB。因此，隔声罩一般不开孔洞。如因传动轴等需延伸罩外而必须开孔时，在开孔处需加套管，管内填充泡沫塑料、毛毡等吸声材料。对于排气、进气的孔洞，可设置消声道。

e. 用通风的办法排除热量　对于散发热量的机器设备，隔声罩应有足够的通风（自然的或机械的）条件，将其散发的热量排出。

③隔振与阻尼　许多噪声是由于机械或板的振动而产生的。因此，为了降低噪声，必须控制振动。最常采用的方法有隔振和阻尼。

a. 振动的隔绝　减弱设备传给基础的振动是用消除它们之间的刚性连接来达到的。在振动源与其基础之间，或在怕振的仪器与其基础之间安装弹簧减振器或垫以橡胶、软木、沥青毛毡、沥青矿棉毡、玻璃纤维毡等，可以使振动得到减弱。前者称为积极隔振，后者称为消极隔振。这种噪声控制技术统称为振动的隔绝。

隔振装置的基本形式是由弹性支承部件和能量消耗部件（阻尼）组成，如图13-33 所示。

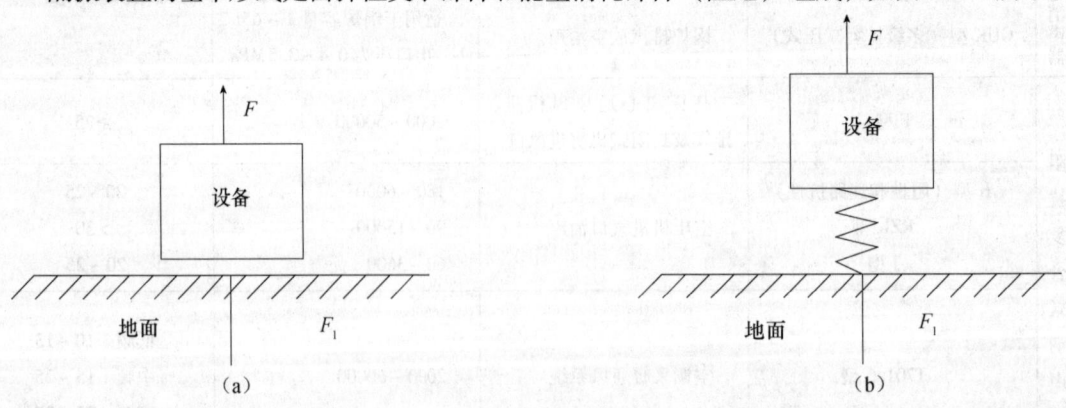

图 13-33　隔振原理示意图
(a) 刚性支承结构；(b) 没有减振器的支承结构

b. 减振阻尼　空气动力机械的管道，机器的防护壁，隔声罩的外壳，一般均由薄金属板制成。机器的噪声常由它辐射出来。为了防治这种辐射噪声，常在该金属板上涂一层阻尼浆，这种措施称之为减振阻尼。

阻尼浆是由沥青、软橡胶或其他高分子涂料配制成的，是一种内损耗和内摩擦大的材料。当金属板发生振动时，其振动能量迅速传给紧密贴在薄板上的阻尼浆，引起阻尼浆内部的摩擦和相互错动。由于阻尼浆的内损耗和内摩擦大，使相当部分的金属板振动能量转变成热能而被消耗掉，减弱了薄板的弯曲振动，从而降低了金属板噪声辐射。

常用的几种阻尼涂料有：J-70-1防振隔热阻尼浆、软木防热隔振阻尼浆、沥青阻尼浆等。

涂在金属板上的阻尼层厚度一般应为金属板的3倍以上，或为金属板重量的20%。此外需将阻尼涂料紧密地贴在金属板上，才能得到良好的效果。

④个人防护　个人防护是减少噪声对听觉及人体危害的有效措施之一。当工人必须在机械旁操作，而有效的噪声控制暂时不能实现时，就必须采取必要的个人防护措施。

防护用具主要有耳塞、耳罩及防声头盔。

13.2.5　煤气站、油站、配气站的环境保护与安全防护

1. 环境保护

煤气站、油站及配气站，其中煤气站是有粉尘、毒气、废水、废渣、噪声等多种污染的生产场所。因此，在筹建煤气站时必须进行环境评价，以利于煤气站周围的环境保护。油站与配气站产生的污染较少，但也应该注意油品与燃气的泄漏。

（1）粉尘　煤气站的扬尘点，主要产生在煤场（或煤棚）和备煤过程中的受煤坑、破碎机、振动筛以及皮带运输机头轮等处。

煤堆场应采用水泥地面，便于用水冲洗。如遇干旱与大风季节，可向煤堆喷淋水，以减少因煤尘飞扬所造成的污染。

破碎机与振动筛处的扬尘量最高，一般都在500mg/m³左右，可在此处设局部收尘装置，使其周围的含尘量下降至10~20mg/m³。

（2）毒气　从煤气站内的设备、管道、阀门及其附件处泄漏出的煤气，含有CO、H_2S等有毒气体，其中主要是CO，而且在煤气中的含量又较多，而H_2S含量较少。CO与H_2S在车间内的最高允许浓度：CO为30mg/m³；H_2S为15mg/m³。

操作现场CO的允许浓度与允许工作时间，见表13-46。

表13-46　操作现场CO的允许浓度与允许工作时间

最高允许浓度		允许连续工作时间
(ppm)	(mg/m³)	
<27	<30	可以连续工作
27~45	30~50	不超过1h
46~90	51~160	不超过30min
91~180	101~200	15~20min
>180	>200	必须戴氧气呼吸器

空气中 CO 浓度与中毒征兆，见表 13-47。

表 13-47　空气中 CO 浓度与中毒征兆

CO 浓度（mg/m³）	呼吸时间（min）	中毒征兆	备注
20	120~180	头痛（较轻）	
40	60~120	头痛（气喘）	
80	45	头痛（晕眩）	120min 后失神
160	20	头痛（晕眩）	抽筋 120min 后死亡
320	5~10	头痛（晕眩）	30min 后死亡
640	1~2	头痛（晕眩）	10~15min 死亡
1280	1~3	死　亡	

另外，配气站中的天然气和液化石油气，调压站内的焦炉煤气，由于输送压力高，更容易从设备与管道等处泄漏，也对人体有害。

因此，再有天然气、液化石油气、焦炉煤气以及发生炉混合煤气与水煤气的操作室，必须考虑通风换气次数。有害气体操作场所的通风换气次数，见表 13-48。

表 13-48　有害气体操作场所的通风换气次数

有害气体操作场所	有害气体	换气次数（次/h）
煤气站：		
主厂房底层	煤气、焦油蒸汽	5
主厂房操作层	煤气	10
主厂房顶层运煤皮带廊	煤气	3
煤气加压机房	煤气	12
焦油泵房	焦油蒸汽	10
水泵房（气化烟煤时）	焦油蒸汽、硫化物、酚类蒸发物	5
水泵房（气化无烟煤时）	硫化物、氰化物、酚类蒸发物	3
油站：		
油泵房	油气	10
配气站：		
配气室	天然气或液化石油气	10
调压站	焦炉煤气	8

（3）废水　气化烟煤时，冷煤气站的水循环系统中，含有有毒的酚类，尤其是采用单段式煤气炉时，会产生大量的含酚污水。虽然采取生物、瀑气、电解、树脂等许多方法，也可以处理这部分酚水，但投资太大，是一般中小型煤气站难以承受的。因此，对这部分含酚污水，采取闭路循环使用，并通过不断地补充新水，以降低含酚浓度。同时，应注意定期将循环水池中的沉淀物清理出去。

虽然采用闭路循环，可使大量的含酚污水不外排。但是，由于含酚污水还会有一些挥发酚蒸发出来，并散发到周围的空气当中，酚的毒性较大，有害于人体健康。煤气站周围空气中的酚含量，见表 13-49。

表 13-49 煤气站周围空气中的酚含量

场 所	酚含量（mg/m³）
煤气发生炉操作间	0.5~1.5
煤气发生炉除灰间	0.3~0.5
洗涤管与电气滤清池之间	0.6~1.9
水泵房	0.2~0.8
循环水沉淀池	0.1~4.0
凉水塔周围	0.2~2.0

采用两段炉时，由于所产生的酚液量很少，可以通过焚烧将其分解成无毒的 CO_2 和 H_2S，这也正是有利于环保的优点。

现在许多陶瓷厂将煤气站产生的酚水用于制造水煤浆，作为喷雾干燥器热风炉的燃料。把酚水彻底焚烧掉是一种可行的处理方法。

(4) 废渣 采用单段炉气化烟煤时，从竖管底部排出许多很难处理的焦油渣，黏性很大。这部分焦油渣由焦油、粉尘（煤尘与灰尘）、水所组成，虽然尚有一定热值，但是却不易再利用。尤其是焦油渣内含有致癌物质 3,4-苯并芘，不适宜用于裸烧（烧锅炉或烧砖），因此，处理焦油渣不容忽视。焦油渣的成分组成与热值，见表 13-50。

表 13-50 焦油渣的成分组成与热值

焦 油（%）	粉尘（%）	水 分（%）	热值（MJ/kg）
40~45	30~35	25~30	7.2~9.6

一种新型的焦油渣型煤，是以 60%的煤粉掺配 30%的焦油渣，再添加粘结剂与固化剂压制成型煤，不仅冷态强度较高，而且在 250℃、550℃、850℃各温度区间不软化，不崩碎，具有较好的热态强度。可以入炉气化，是处理焦油渣的较好途径。

另外，从煤气站循环水池中清理出来的沉淀物、从油站贮油罐罐底及油沟沟底清理出来的油垢，都含有酚化物、硫化物、氰化物等有毒物质，不能任意堆放，应及时运至固定的安全地带，将其埋入地下。

(5) 噪声 煤气站的噪声源，产生在备煤系统、风机房及泵房；油站的噪声源，主要是卸油与供油泵房。上述设备噪声都已超过 85dB，见表 13-51。

表 13-51 煤气站与油站的设备噪声

地 点	提升机	破碎机	振动筛	空气鼓风机	煤气加压站	油泵与水泵
噪声（dB）	90	95~100	95~100	95~105	95~105	90~95

当环境噪声>85dB时，对于 8h 在此环境下工作的操作人员，是有害于身体健康的。因此，对产生噪声的设备，应该考虑设备基础的减振措施，或配装消声器；对噪声特别大的空气鼓风机与煤气加压机，应在厂房建筑结构上，考虑隔音与吸声。

2. 安全防护

煤气站、油站、配气站都是属于易燃、易爆场所，而且有的燃气和油品还会引起中毒。因此，在生产运行过程中，注意安全是十分重要的。

（1）煤气站　容易产生着火、爆炸的生产场所，而且发生炉煤气又会引起中毒。因此，必须严格遵守《工业企业煤气安全规程》（GB 6222—2005）中的各项规定。其中应特别注意：

1）设计与施工

①设计煤气站时，主厂房与辅助设施应符合建筑防火安全要求。

a. 主厂房属乙类生产厂房，其耐火等级不应低于二级；

b. 主厂房为无爆炸危险厂房，但炉顶贮煤仓层应采取防爆措施，贮煤层属 H-2 级火灾危险场所；

c. 破碎筛分间、运煤皮带廊，属 H-2 级火灾危险场所；

d. 煤气加压机房，属乙类生产厂房，二级耐火等级；

e. 焦油泵房、焦油贮罐，属 H-1 级火灾危险场所；

f. 煤场属 H-3 级火灾危险场所。

②煤气站内必须设置消防设备，而且应该定期检查，以确保消防设施的完好与有效。

③煤气站内应设置防雷保护装置；煤气设备与管道应考虑放散装置，以及可靠的接地保护。

④在设计煤气管道时，应考虑煤气管道与铁路、公路、建筑物、构筑物以及与其他工厂管线之间的安全距离；在施工煤气管道时，应考虑煤气管道的坡度、焊接质量，防腐措施、接地安全以及试压效果等［见《输气管道工程设计规范》（GB 50251—2003）］。

2）生产运行　要使煤气站能够安全运行，必须具备健全的组织机构、完整的规章制度、完好的设备仪器以及具有良好业务素质的管理与司炉人员。根据有关规定，应注意下列事项：

①上岗人员除进行专业技术培训外，还应进行防火、防爆、防毒等安全意识教育。

②煤气站生产现场，严禁吸烟与明火操作；不得存放易燃、易爆物品。

③经检查并确认煤气站内的所有煤气设备、管道与阀门试压合格，水、电、风、气等必须保证供应，方可投入生产。

④严禁使用汽油或煤油进行点炉。

⑤送煤气之前，必须用蒸汽或其他惰性气体，对煤气设备及管道进行吹扫。煤气成分中 O_2 含量 <0.5% 时，方可并网使用。混合煤气与水煤气的爆炸极限，见表 13-52。

表 13-52　发生炉混合煤气与水煤气的爆炸极限

燃气名称 爆炸极限（%）	混合煤气	水煤气
上限	7.1	6.2
下限	63.5	75.6

⑥煤气站内所有设备，必须正常操作。

⑦煤气炉水夹套与集气包，必须符合压力容器设计与制造要求。

⑧进入煤气站危险区的操作人员，必须两人以上，而且事先经过培训，有一定经验，并戴好防毒面具，还应配备救护人员。

⑨若煤气站全站停电时，除按停电事故规程处理外，要特别注意站内的所有煤气与管道

维持正压，严防因煤气倒流或空气窜入而引起爆炸。

⑩若煤气站全站停水，应密切注意各设备水封的水位，当其水位高度低于规定线时，应立即停炉。

⑪鼓风机、煤气加压机、循环水泵、焦油泵等，均不得带负荷启动。

⑫带煤气作业（如抽堵盲板，接连煤气管道等）或在煤气设备与管道上动火，必须有作业方案和安全措施。尤其是动火施工，应向施工单位签发动火证，并要求焊工具有上岗合格证书。动火之前，应在有煤气的设备、容器、管道阀门及其附件处，用蒸汽或惰性气体吹扫、置换，并用盲板切断煤气来源。经对残留的气体取样分析合格之后，方可动火施工。此时，应使所有消防设施进入战备状态。

⑬煤气设备着火时，应逐渐降低煤气压力，通入大量的蒸汽或氮气。但设施内煤气压力最低不得小于100Pa，严禁突然关闭煤气闸阀或封水封，以防回火爆炸。

⑭发生煤气爆炸事故后，应立即切断电源，并迅速将其残余的煤气处理干净。

⑮如发现有人中毒，应立即将中毒人员救出危险区，并抬到空气新鲜的地方，解除一切阻碍呼吸的衣物，及时进行抢救。

(2) 油站　陶瓷厂所用的重油或轻柴油，由于闪点（闭口）都>45℃，属于可燃油品。重油的闪点在200℃左右，虽然不易着火，但是贮油罐内的上层油表面积聚着易燃油蒸汽，当贮运重油时加热，都存在着火灾危险。轻柴油的闪点（闭口）在60~65℃，已接近乙类火灾危险范围。因此，设计油站和使用油品时，必须注意防火，防爆安全。

1) 设计　在设计油站时，其有关设施应符合《建筑设计防火规范》（GB 50016—2006）中的有关规定：

①油罐区属丙类火灾危险区。

②轻柴油卸油、供油泵房属乙类生产厂房，耐火等级不低于二级。

③重油卸油、供油泵库属丙类生产厂房，耐火等级不低于二级。

④油泵房的电气设备，根据《爆炸和火灾危险环境电力装置设计规范》（GB 50058—92），按H-1级火灾危险场所设计。

⑤油站站区与高压架空电线，以及其他工厂管线，应保持规定的安全距离。

2) 防雷　防雷是保证油品安全储存及使用的必要措施。一般雷电的危害包括：直接雷击、感应过电压以及雷电侵入波。

①为防止直接雷击，一般采用避雷针进行保护。

②为防止感应过电压和雷电侵入波，一切安装在室内或室外的油品设备、贮罐、管线等，都应按规定进行可靠接地。

3) 防静电　油品沿管路流动、装油、卸油过程中，由于油品与管壁间的摩擦作用，管壁和油品均聚集了正负相反的电荷，往往会达到很高的电位，以致在与金属相接触的地方放出火花，而引起油品的着火与爆炸。为了防止由于静电所引起的危害，需要对金属管道和容器进行防静电接地处理。

4) 防爆　油品与空气接触时，特别是对油品加热，油蒸汽与空气混合成一定比例。就会形成可以爆炸的混合物。这种混合物一遇明火就会发生爆炸，重油的爆炸极限为1%~6%。为了防爆，措施如下：

①防止油气积聚　油站应力求布置在通风良好、宽敞、避免死角与低洼，以防止油气积

聚；油泵房必须考虑必要的泄压面积。泄压面积与泵房体积的比值一般为 0.05~0.10。

②防止产生火星　油站除有围墙，还应有明显的"严禁明火"、"严禁吸烟"的警告标牌；油站内不能穿带钉鞋，不能用铁器敲击，不能带电作业；油罐顶部的呼吸阀应保持灵活好用。

③严格遵守明火作业要求　严禁用明火烘烤冻凝的油管；必须认真执行用火制度；电火焊必须符合"燃油设备的电火焊作业安全措施"的要求；焊接现场应备有测爆仪。当测爆仪指示危险时，不得进行焊接；对动火容器内部的气体，应采样分析，其中氨气不大于 0.3%，一氧化碳加氧气不大于 0.5%（皆为体积百分比）。否则，不准动火。

5）防止油罐"冒罐"　由于油品含有一定的水分，为了避免因油罐内加热温度过高，使水沸腾而引起冒罐，油罐内的油品加热最高温度应比大气压时水的沸腾温度低 5~10℃。重油钢油罐的加热温度应 <95℃；柴油钢油罐的加热温度应 <50℃。

6）油站的消防设施齐备，而且完好有效。

7）防毒　油蒸汽对人具有刺激性和毒性。尤其是硫含量较高的油品中有较多的 H_2S 等有害气体，可能会造成操作人员急性或慢性中毒。如果采取积极的预防措施，油蒸汽对人体的毒害是完全可以避免的。例如，泵房、阀室、通道等经常有人操作的地方应保持足够通风量，不让油气聚在上述地方；经常洗刷水沟、泵座，保持排水沟畅通。防止其中沉积油垢；保持油罐顶部呼吸阀通畅；测量油位时，不要俯身油口，不要面对迎风的方向等。

(3) 配气站　配气站是中转或贮配天然气、液化石油气、焦炉煤气（都是高、中压燃气），属于易着火、易爆炸生产场所。因此，设计配气站和使用燃气时，必须注意防火、防爆。

1）在设计配气站时，其有关设施应符合《建筑设计防火规范》（GB 50016—2006）、《爆炸和火灾危险环境电力装置设计规范》（GB 50058—1992）中的有关规定：

①天然气配气站与液化石油气贮配站，属甲类生产厂房，耐火等级不应低于二级。

②配气室、调压站应设置在单独建筑物内，其内的电气设备，应按 Q-2 级防爆要求设计，并考虑应有的泄压措施。

③配气站区，必须设置防雷装置，所有的通气管道与设备必须做好安全接地。

④天然气、液化石油气、焦炉煤气的输气管道，由于输气压力不同，在设计与施工时，应根据各自的不同要求，必须符合有关安全规定。

2）生产运行

①由于天然气、液化石油气、焦炉煤气的压力较高，又都是易燃、易爆气体，其爆炸下限见表 13-53。例如，液化石油气在空气中只要有 1.9% 就能产生爆炸。因此，必须严格防止贮罐、阀门、管路及其附件的泄漏。

表 13-53　天然气、液化石油气、焦炉煤气的爆炸极限

燃气名称 爆炸极限（%）	天然气	液化石油气	焦炉煤气
下限	5.0	1.9	4.8
上限	15.0	11.5	31.7

②配气站内严禁携带火种，并在醒目的地方设置"严禁烟火"的警戒牌。

③液化石油气比空气重、无色、无臭，故气源厂对液化气都要进行加臭，以便能够及时发现泄漏，并及时处理。

④液化石油气贮罐或气瓶内的充装量不应超过85%，对其贮罐、气瓶以及附件，必须做定期检查和试验，并做好记录。

⑤人体吸入少量液化石油气时会产生麻醉，量多时会使人窒息。对中毒人员应立即抬到空气新鲜处进行抢救。

⑥人体皮肤接触液化石油气时会引起冻伤，应立即用大量的清水冲洗患处并及时治疗。

⑦夏季温度较高时，在贮罐周围应设置淋水装置，以防止贮罐内压力急增。

⑧为防止配气站发生事故时火焰蔓延，在进配气站引入管处设置紧急切断阀，以便及时切断电源。

⑨配气站内设施需动火检修时，应严格遵守动火施工时的有关安全规定。

13.2.6 环境保护管理

1. 环境管理的重要性

管理在现代化建设中占有重要地位。国际上一般称科学、技术和管理为现代化的三大要素，三者互相制约，相辅相承，而管理这一要素却又具有更加重要的意义。

环境管理就是在环境允许容量下，以环境科学的理论为基础，运用技术的、经济的、法律的、教育的和行政的手段，对人类的社会经济活动进行管理，协调社会经济发展与保护环境的关系，使人类具有一个良好的生活、劳动环境，实现经济效益，社会效益和环境效益的同步发展。

在环境保护工作中，管理和治理，两者是相辅相承的，缺一不可，而管理更加重要。通过管理，防止新污染；通过管理，促进治理；通过管理，巩固和发挥治理效果。因此，我国环境保护工作总的原则是预防为主，综合治理，以管促治，管治结合。

2. 环境管理的内容

环境管理的任务，是以环境保护为目标，运用技术、经济、法律、行政手段，对损害和破坏环境的生产经营活动进行管理，协调发展和保护环境的关系，合理利用资源、能源，使经济效益与环境效益统一，以实现控制污染，保护环境，为生产服务，为人民造福的目的。工业企业环境管理的主要内容有如下六方面：

（1）计划管理　企业的环境管理部门和计划部门，要根据区域环境规划和本企业生产发展规划来编制环境规划和计划。环境管理的主要指标，如各种污染物排放量和排放浓度、综合利用率，以及污水循环利用率等，都要纳入企业计划指标。同时要分轻重缓急，把防治污染工程纳入工厂生产建设规划和年度计划，并结合挖潜、革新、改造，将原有的污染问题逐步解决。

（2）生产管理　生产考核指标中要有环境指标。在安排、检查、总结生产任务时，要同时对有关的环境保护内容进行安排、检查和总结。制定生产岗位责任制时，要有防止污染的要求，要加强原料、产品和设备的管理，严防跑、冒、滴、漏，杜绝资源、能源的流失和浪费。此外，对环境保护设备要经常进行维修，定期大修，以保证设备的完好率。

（3）环境质量管理　要组织对污染源的调查，掌握污染状况，建立环境污染档案。根据国家和地方环境质量标准和排放标准，建立质量评价制度，对厂内外环境质量进行评价。

并要从实际出发。依据环境容量、自净能力和技术条件,对污染物排放点提出最适宜的排放控制指标,定期监测,定期评比考核。

(4) 技术管理　要把治理"三废"与技术改造结合起来。要积极开展新技术,新工艺的研究,选择无污染或少污染的工艺。对老产品挖潜、革新、改造的同时,要解决防治污染技术设施。治理污染设施要尽可能采用先进技术。此外,还要培训环境保护技术骨干,定期进行技术考核,不断提高治理"三废"和监测技术水平。

(5) 经济管理　要开展污染物的综合利用,使污染物资源化,变废为宝。同时要积极改革工艺,降低消耗定额,提高原材料、燃料及水的利用率。在制定车间或工段环境保护控制指标时,要与经济结合起来。列入奖励制度,把环境保护指标与车间、个人的经济利益联系起来。

(6) 法制管理　贯彻执行国家和地方颁布的环境保护法规、标准,是搞好企业环境保护工作的重要环节。企业、职工必须无条件地执行。我国在1989年12月公布的《中华人民共和国环境保护法》中对环境管理工作提出了明确的要求和规定,如建立环境影响评价制度;在进行新建、改建和扩建工程时必须提出环境影响报告书,经环境保护部门审查批准后方可进行设计;工业企业防止污染和其他公害的设施,必须与主体工程同时设计,同时施工、同时投产等。

3. 工厂环保机构及其技术人员的主要职责

(1) 工厂环境保护部门的主要职责是:

①贯彻并监督执行国家关于环境保护的方针、政策、法令以及上级制定的环境保护条例、规定;

②制定企业环境保护条例规章制度和实施细则,并检查督促各单位执行情况;

③会同计划部门编制企业环境保护长远规划和年度计划,提出重点治理项目,纳入企业生产建设规划和计划,并组织实施;

④监督检查企业执行"三同时"情况,参与企业各项工程设计的审查以及竣工验收工作,严格把好"三同时"关;

⑤协调有关部门开展"三废治理"、综合利用,推广先进经验;

⑥领导企业环境监测机构,对企业废水、废气、废渣、噪声、振动等污染进行监测,掌握环境质量和发展趋势;

⑦会同有关部门开展环境保护宣传教育和技术培训,表彰群众对污染部门的信访,调解有关矛盾;

⑧参与厂区及居民区规划,会同有关部门搞好厂区和生活区绿化;

⑨建立企业环境污染档案,编写企业环境质量报告书,定期向当地和上级环境保护部门报告情况;

⑩负责环境保护技术交流和技术情报工作。

(2) 工厂环保技术人员的主要职责有:

①贯彻执行国家和上级部门关于环境保护的方针、政策、法令和规定。认真执行企业有关环境保护的制度和规定,对企业内各单位环境管理、"三废"治理和监测工作进行技术指导;

②调查了解厂和车间"三废"排放情况,掌握企业内部和外部环境质量状况,按期向

领导部门汇报,并提出解决问题的建议;

③参加工厂、车间生产规划和计划的编制工作,并负责编制环境保护规划和计划;

④参加工厂新建、改建、扩建工程项目中的环境保护措施的设计审查和竣工验收工作,并审核新建工程项目的《环境影响报告书》以及建设工程设计方案的审定;

⑤收集、整理国内外先进技术和经验,开展环境保护技术培训工作,不断提高工厂环境保护技术水平;

⑥参加"三废治理"和综合利用实验研究工作,并依靠群众有计划有步骤地解决综合利用及防治污染技术上存在的突出问题。

13.2.7 国外陶瓷工业环境保护现状

国外(西方发达国家)由于工业化起步早,对工业化带来的环境问题也早有认识,因而已建立了一整套完整的环境保护法规体系。环境保护方面的技术、装备也较为先进,保护环境的意识也为国民所重视。所以学习和借鉴国外保护环境的技术、装备等先进经验,具有现实意义。

首先,国外陶瓷生产企业专业化生产分工较为合理,有各种专门为陶瓷工业服务的原料厂、色料厂、熔块厂、耐火材料等专业化工厂,且生产规模大,设备和技术先进。这样不但减少了工艺产生污染的因素,而且为治理污染创造了有利条件。其次,对产生的污染也采取了必要的技术措施加以治理,以保障达到规定的排放标准。目前,国外主要采取的废水、废气、粉尘治理技术如下:

1. 废水

废水一般都采取能循环利用的循环利用水(如冷却水)。不能循环利用的,全厂集中后混凝沉淀或化学沉淀(对于含重金属废水,如色釉料厂废水)处理。各厂都有根据自己情况设置的较完整的废水处理系统和设施,废水基本达标排放。污泥采取自然干化场或板框压滤机脱水。

2. 粉尘

首先是采用先进设备减少尘源点和降低灰尘量,其次是生产装置的密闭,然后采取通风收尘措施。对于原料处理和成形除尘多采用袋式除尘器;喷雾干燥塔采用旋风加湿式的复合除尘方式。据资料介绍:意大利喷雾塔进旋风除尘器时粉尘大约 $700mg/m^3$,出来时 $200 \sim 300mg/m^3$,然后进湿式除尘器,最终排放浓度约 $50 \sim 70mg/m^3$。施釉及卫生瓷喷釉多采用湿式除尘器。

3. 废气处理

陶瓷厂废气主要来自陶瓷窑炉。典型污染物为硫化物(SO_2、SO_3)、气态氟化物(F^-)及铅尘。

现代窑炉多采用柴油和天然气为燃料。国外的测定资料表明,所排放的硫化物浓度都在允许值范围之内,故不作处理。

卤化物是随原料而进入产品的。在产品入窑烧成时,氟化物将变成气态随废气一块排出。如不加以处理将危害环境。国外一般对含氟窑炉废烟气采取"干法收附净化法"加以处理。该方法基于熟石灰[$Ca(OH)_2$]与氟(F_2)反应生成氟化钙的特性,将熟石灰加入窑炉废气中,使其与烟气中的氟进行充分反应。然后进入除尘器,将其反应产物氟化钙从烟气中分离出来。此种方法对 SO_2、SO_3 也起一定降低作用。

$Ca(OH)_2$ 进入烟气后有单纯的物理吸收,也有化学反应,所以称为"收附"法。(图 13-34)为国外某工厂生产熔块窑炉典型尾气除氟、除铅工艺过程。

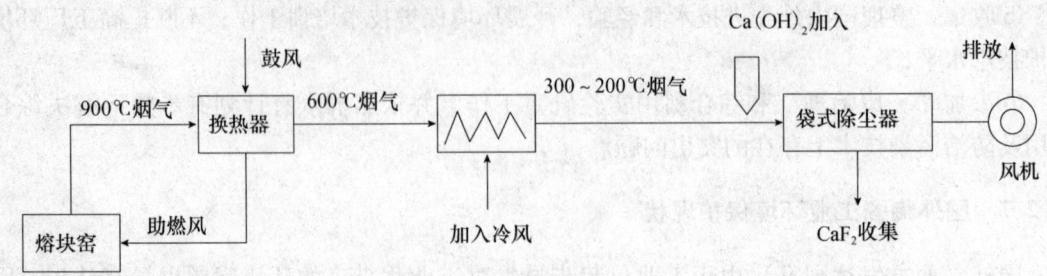

图 13-34　干法收附净化法

此工艺过程中,采用自动定时、定量加入 $Ca(OH)_2$,充分发挥 $Ca(OH)_2$ 的最大作用。收集的 CaF_2 可作为原料使用。由于尾气后有袋式收尘器,所以对含铅熔块中的铅尘也有一定的去除作用。

参考文献

1　卫生部　工业企业设计卫生标准（GBZ 2.1—2002）．
2　卫生部　工作场所有害因素职业接触限值　第1部分：化学有害因素（GBZ 2.1—2007）．
3　卫生部　工作场所有害因素职业接触限值　第2部分：物理因素（GBZ 2.2—2007）．
4　环境空气质量标准（GB 3095—1996）．
5　地表水环境质量标准（GB 3838—2002）．
6　声环境质量标准（GB 3096—2008）．
7　工业企业厂界环境噪声排放标准（GB 12348—2008）．
8　大气污染物综合排放标准（GB 16297）．
9　锅炉大气污染物排放标准（GB 13271—2001）．
10　工业窑炉大气污染物排放标准（GB 9078）．
11　污水综合排放标准（GB 8978）．
12　工业企业煤气安全规程（GB 6222—2005）．
13　建筑设计防火规范（GB 50016—2006）．
14　爆炸和火灾危险环境电力装置设计规范（GB 50058—1992）．
15　城镇燃气设计规范（GB 50028—2006）．
16　建设部采暖通风与空气调节设计规范（GB 50019—2003）．
17　建设部回转反吹类袋式除尘器（JB/T 8533—1997）．
18　建设部脉冲喷吹类袋式除尘器（JB/T 8533—1997）．
19　建设部内滤分室反吹类袋式除尘器（本标准适用于脉冲喷吹类袋装式除尘器）（JB/T 8534—2008）．
20　陆耀庆等．供热通风设计手册[M]．北京：中国建筑工业出版社,1987．
21　国发[2005]39号国务院关于落实科学发展观加强环境保护的决定．

第 14 章　工厂设计

工厂设计就是为新建、扩建和改建的工厂进行的规划、论证和编制成套的，包括文字和图纸的设计文件。工厂设计是一项技术与经济相结合的综合性设计工作。广义的工厂设计还包括对建设项目的投资决策。

工厂设计的基本原则：
(1) 使工厂达产、达标。生产环节运作协调、消耗少，对环境影响小。
(2) 采用的技术和设备必须是成熟的、先进的、可靠的。
(3) 要从全局和整体利益出发，简化或淡化某些局部利益。
(4) 进行多方案比较，这是区别于科学研究的一大特点。

14.1 基本建设程序

基本建设是指工厂新建、扩建和改建。技术改造是指用先进的技术和设备对老厂进行改造。基本建设程序是基本建设项目从立项、决策、设计、施工、试生产、竣工验收直到后评价的全过程及先后顺序。我国现行的基本建设程序和相应要做的工作见表 14-1。我国的建筑卫生陶瓷工厂设计必遵循这一基本建设程序。

表 14-1　基本建设程序

阶段	基本程序	主要工作内容
建设前期阶段	(1) 编制项目建议书； (2) 编制可行性研究报告； (3) 编制设计任务书	原料性能试验，初选厂址； 实验室配方试验，确定厂址； 收集与设计有关的基础资料、各种协议和证明文件
建设实施阶段	(4) 初步设计； (5) 施工图设计； (6) 土建施工和设备安装； (7) 试运转	半工业试验，设计人员到现场调查研究； 按期提交说明书和图纸； 设计人员驻厂，发现和修正设计存在的问题，并参加试运转
竣工验收正式生产阶段	(8) 试生产； (9) 竣工验收、交付生产； (10) 后评价	设计人员参加试生产，并认真总结设计中的经验教训

14.2 建设前期工作

建设前期工作是陶瓷工厂整个建设过程的重要组成部分。它包括项目建议书、可行性研究报告、环境影响评价、设计任务书编制等工作。

14.2.1 项目建议书

工程项目的成立，首先要编制项目建议书。其主要内容见表14-2。

表14-2 项目建议书主要内容

序 号	主要内容
1	项目名称、项目主办单位及负责人
2	建设项目提出的必要性和依据
3	市场预测（包括国内外供需情况的现状、发展趋势、销售预测和价格分析）
4	建设规模和产品方案设想
5	建设地点、自然条件、社会条件、环境影响的初步评价
6	原材料、燃料、动力供给和配套条件的可能性和可靠性
7	资金估算和来源
8	项目的进度安排
9	初步的技术经济分析

14.2.2 项目可行性研究

可行性研究是建厂前期的重要环节，一般是在初步可行性研究的基础上进行的详细研究。通过主要建设方案和建设条件的分析比选论证，从而得出该项目是否值得投资，建设方案是否合理。可行性研究报告的结论，为项目最终决策提供依据。可行性研究报告主要内容见表14-3。

表14-3 可行性研究报告主要内容

序 号	主要内容
1	总论项目的总体概况，包括项目建议书审批文件、项目提出背景、投资必要性和经济意义、可行性研究依据和范围、结论建议、各种经济技术指标表
2	需求预测和拟建规模及产品规划
3	原材料、能源概况
4	厂址、方案和建厂条件
5	技术方案
6	环境保护及综合利用
7	劳动保护、安全防护、工业卫生和消防安全
8	企业组织、劳动定员和人员培训
9	项目实施进度的建议
10	投资估算和资金筹措
11	财务及经济评价

14.2.3 环境影响评价

环境影响评价是指在项目的可行性研究阶段对其在建设过程中和投产后有可能给环境带来的影响，以及应采取的防治对策所做的预测和评价。环境影响报告书（表）是设计工作和审批设计文件的重要依据之一。

1. 环境影响评价工作程序

项目建议书批准
↓
环保部门提出编制环境影响报告书（表）意见
↓
建设单位委托有资质环境影响评价单位编制评价大纲
↓
建设单位将评价大纲送环保部门审查
↓
资质单位编制环境影响评价报告书（表）
↓
相应权限的环保部门审批环境评价报告书（表）

2. 建设项目环境影响评价的内容

根据建设项目环境保护分类管理要求，建设项目环境影响评价文件分为：环境影响报告书、环境影响报告表和环境影响登记表。这里主要把建设项目环境影响报告书应当包括的内容介绍如下：

(1) 建设项目概况；
(2) 建设项目周围环境现状；
(3) 建设项目对环境可能造成影响的分析、预测和评估；
(4) 建设项目环境保护措施及其技术经济论证；
(5) 建设项目对环境影响的经济损益分析；
(6) 对建设项目实施环境监测的建议；
(7) 环境影响评价的结论。

3. 建议项目环境影响评价有关标准

(1)《中华人民共和国环境保护法》1989 年；
(2)《中华人民共和国环境评价法》2003 年；
(3)《建设项目环境保护管理条例》1998 年；
(4)《关于加强建设项目环境影响评价分级审批的通知》2004 年；
(5)《建设项目环境影响评价资质管理办法》2006 年；
(6)《环境影响评价技术导则总纲》HJ/T 2.1—1993。

14.2.4 设计任务书

设计任务书又称为计划任务书，主要概括可行性研究报告的要点和结论性意见。设计任务书是指令性文件，经主管部门批准后就成为项目最终决策和初步设计的依据，可由项目建设单位和主管部门自行编制，也可委托设计单位代为编制。设计任务书的主要内容见表 14-4。

表14-4 设计任务书的主要内容

序 号	主要内容
1	根据经济预测和市场预测确定建设规模和产品方案
2	原材料、燃料的种类，数量，来源和供给可能
3	建设条件和厂址方案
4	技术工艺、主要设备选型、建设标准和相应技术经济指标
5	主要单项工程、公用辅助设施、协作配套工程构成，全厂布置方案和土建工程估算
6	环境保护、城市规划、防震、防空和文物保护等要求和应采取相应的措施方案
7	企业组织、劳动定员和人员培训设想
8	建设工期和实施进展
9	投资估算和资金筹措
10	经济效益和社会效益
11	附件

14.2.5 设计阶段和过程

1. 设计阶段划分

就整个陶瓷工厂设计工作的内容来看，它是由多种专业技术分工协作的一个综合性设计，包括工艺、土建、电气、给排水、采暖通风、动力、总图运输和技术经济等。为了避免设计中出现错误和返工，保证设计质量和进度，一般可按以下步骤进行设计工作：

（1）各专业对计划任务书和各项建厂原始资料作详细研究；

（2）按照设计任务书要求、资源勘察报告和工艺试验报告确定配方组成、生产方式和生产流程；

（3）按照产品纲领和生产流程进行物料平衡和设备选型计算；

（4）按照设计任务书的要求，场地基础资料和生产工艺流程进行总图和运输设计；

（5）根据工艺流程和设备选型计算结果进行车间工艺布置设计；

（6）工艺提供资料和要求后，先进行土建设计；

（7）工艺和土建提供资料要求后再进行电、水、暖通、动力和技术经济等专业设计。

设计工作由浅入深，一般分为三个阶段进行，即初步设计、技术设计和施工图设计。初步设计主要解决重大原则、方案和总体规划方向的问题。技术设计则是实现初步设计意图，进一步研究各车间之间及车间内部的技术方案问题。施工图设计是根据前两个设计阶段的结果绘制详细的工艺、建筑、结构、水、暖通、电力和总图专业的施工图，作为施工的依据。对于一些大型复杂和采用新工艺、新设备较多的工程要按照三个阶段进行设计，但是对规模不大、技术上比较成熟、设备已经定型和设计经验积累较多的工程，可以将上述三个阶段设计合并为初步设计和施工图设计两个阶段进行。

2. 初步设计

（1）初步设计的依据

①批准的设计任务书（利用外资的以可行性研究报告代替）；

②可行性研究报告；

③矿产资源及品位分析报告；
④原料评估报告；
⑤厂址选择报告及环境影响评价报告；
⑥工程地质与水文地质初步勘察报告；
⑦其他设计基础资料。
(2) 初步设计的内容
初步设计的具体内容见表14-5。

表14-5 初步设计的具体内容

序 号	内 容
1	总论、综述所建工厂的全面情况
2	总平面布置及运输
3	生产工艺
4	建筑结构
5	电气及控制测量仪表
6	给水排水
7	采暖通风
8	动力、煤气站、供油站、空压站、锅炉房和厂区动力管网
9	环境保护与综合利用
10	劳动安全
11	节约与合理利用能源
12	技术经济
13	总概全书

3. 施工图设计

施工图是根据批准的初步设计绘制的。施工图上必须确定所有设备、建筑物、构筑物、道路和管线等的确切位置及其相互之间的关系尺寸，施工图的深度应该满足建筑厂房、安装设备、修筑道路和敷设管线等各项施工的要求。

施工图设计的主要成果是施工图纸，施工图图纸类别见表14-6。

表14-6 施工图图纸类别

序 号	图纸类别
1	总平面布置和竖向布置，并标明地下管线
2	建筑物、构筑物的平面、立面建筑结构详图，并附有材料明细表
3	工艺平面图和剖面图，并附有设备和材料明细图
4	工艺设备安装图（设备基础图、安装图、非标件与设备连接图等）
5	室内管线汇总图
6	非标准件图，例如料仓、浆桶、浆池和支架等施工图
7	热工构筑物施工图，热工设备平面图、剖面图、结构施工图、管道图、轨道图和异型砖等
8	公用工程施工图，包括采暖、通风、动力、电气、给排水等工种施工图

4. 施工图与初步设计图的区别

施工图与初步设计图的不同之处是：施工图的平面图、剖面图较完整、详细，尺寸标注详尽，必要时还应附有局部放大图。施工图有设备安装图和非标准件图，而初步设计图则没有。

施工图设计一般没有说明书，只在图纸上对施工和安装中的注意事项作必要的说明。但如果施工图对初步设计有比较大的修改和变动，应对变动部分、变动原因和新设计方案的确定等问题予以说明，并做出修正概算和修正设备表。

14.3 工程设计的基本过程

14.3.1 设计资料的收集

1. 设计资料分类

（1）设计依据资料：国家有关基本建设的文件；经批准的立项报告、设计任务书、选址报告及原材料、燃料、水、电、运输等协议；辅助工程、公用福利设施协作、协议。

（2）设计基础资料：地理、气象、水文、地质、经济、交通运输和环保等资料。

（3）设计技术资料：总图运输、工艺设备、公用工程、建筑结构、技术经济等专业技术参数、数据、图样、样本等资料；先进工艺设备和技术的样本资料；国家、行业和地区颁发的工程、技术、经济方面的规范、标准、定额；施工作业条件、建设条件等。

2. 新建陶瓷厂设计资料收集提纲

设计资料收集分专业进行。建筑卫生陶瓷工程师一般只承担工艺专业的设计资料收集工作。因工艺设计属主导专业，因此建筑卫生陶瓷工程师也应对技术经济、总图、公用工程等其他专业设计资料收集工作有一定的了解，有时甚至需要代为收集资料。

（1）设计基础资料收集提纲

1）气象条件

①气温：历年平均最高、平均最低、绝对最高、绝对最低温度。

②湿度：历年平均、最大、最小、相对湿度和绝对湿度。

③雨雪：历年逐月平均、最大、最小降雨量，当地雨季初、终日期，一次暴雨持续时间及其最大降雨量。初、终雪日期、降雪日数及积雪厚度。

④风：历年逐月风向和频率（全年及夏季风向玫瑰）、年平均最大风速，历年最大风速。

⑤云雾和日照：历年逐月晴天及阴天日数、雾天日数。

⑥气压：历年逐月平均气压，绝对最高、最低气压。

⑦土壤最大冻结深度。年雷电日数。

2）地质水文资料

①厂区工程地质、水文地质勘察报告（由建设单位委托具有工程勘察资质的单位进行勘察后提供）。

②历年绝对最高、平均最高的洪水位标高。

③地下水特征，含水层深度、流量、流向、渗透性，有无侵蚀性，水质分析（温度，

pH 值，浑浊度，悬浮固体量，Ca^{2+}、Mg^{2+}、CO_3^{2-}、SO_4^{2-}）等。

④抗震设防烈度、设计地震分组及场地类别。

⑤拟建厂区适用的环境质量标准、污染物排放标准和总量控制指标。

3）交通运输

①原料到厂距离、用量及产品销售渠道。

②邻近铁路线情况，可能接轨点，可接受的本项目的运输量。

③邻近公路情况，与建设单位连接的公路等级、路面宽度、当地社会运输条件。

④水运可能利用码头的情况，起吊能力、航运条件、建专用码头的可能性（与当地航运部门协商）。

4）其他基础资料

①拟建工程区域位置地形图（1/10000 或 1/5000）。

②厂区地形图（1/500 或 1/1000，由建设单位委托测量单位实测后提出）。

③厂区附近主要大中型企业情况（对本项目协作的可能性）。

（2）技术经济专业资料收集提纲

①市场预测：国家及地方产业政策，现有同类产品规模及发展规划，建厂地区建筑卫生陶瓷需求现状及发展趋势，产品出口和进口替代分析，销售价格预测。

②成本分析资料：原材料、燃料、水、电及运输价格，当地工资及福利标准。

③资金筹措及税收：融资方案、还款条件和贷款利率、税收政策（包括税种和税率）。

（3）建筑结构专业资料收集提纲

①拟建工程确定的建设方案：建筑项目、规模、投资、结构形式、层数及有关功能要求。

②拟建工程所在地有关建设规范、规定、标准等技术文件。

③拟建场址的工程地质、水文地质资料：地下、地上设施，地形标高，地下土层情况，地耐力及地下水位、水质等。

④拟建场址的自然气象条件：温度、湿度、雨雪量、风向、风速、冰冻深度、地震烈度等。

⑤拟建场址的环境现状及要求。

⑥当地材料供应及施工技术条件。

⑦市政建设、环境、卫生，如厂区规划红线，当地规划部门对建筑立面的要求，对工厂绿化的要求及具体规定，当地消防部门对设计的要求，当地对用地，特别是占农用地的具体规定政策，当地的卫生、邮电、文教设施情况及利用的可能性，拟建厂与临近工厂的相互影响，当地建筑的民族特点及风格、习惯等要求，当地建筑施工的习惯做法，当地民宅、工业建筑的朝向习惯。

（4）电气专业资料收集提纲

①供电电源地点、接线位置、电压等级、供电时间，提供保安电源的可能性。

②当地供电部门对建设项目供电设计要求，如量电方式、计费方式、功率因数补偿及继电保护要求等。

③收集地区电讯部门提供的中继线对数、专用线、电传、网络的可能性以及要求投资等情况。

(5) 给排水专业资料收集提纲

①供水水源供水能力、水压及供水管径，接点标高、坐标。如果直接从江河、湖泊或地下水取水项目业主单位需申请取水许可证，并进行建设项目水资源论证。

②当地环保部门对排放污水的要求，污水处理方式，排水方向，接点标高、坐标。当地环保部门对拟建项目的环境影响评价及要求。

③对消防设施的要求。

(6) 采暖通风专业资料收集提纲

①当地室外气象资料：采暖室外计算温度；冬季室外计算温度；冬季通风室外计算温度；夏季通风室外计算温度；冬季空气调节室外计算湿度；夏季空气调节室外计算温度；夏季空气调节室外计算日平均温度；冬季空气调节室外计算相对湿度；夏季通风室外计算相对湿度；冬季通风室外计算相对湿度；冬季室外风速；夏季室外风速；冬季主要风向及频率；夏季主要风向及频率；年最多风向及频率冬季大气压力；夏季大气压力；冬季日照率；极端最低温度；极端最高温度；1日平均温度；≤5℃的天数；日平均温度；≤5℃期间内的平均温度；最大冻土层深度。

②夏季太阳辐射热的辐射强度资料：夏季太阳辐射热的逐时总辐射强度；昼夜总计和昼夜平均值；夏季通过普通窗玻璃的太阳总辐射强度逐时值。

③工程拟采用水源的水质资料：碳酸盐硬度；pH值；浑浊度；冬季水温；夏季水温；悬浮物含量；地下水深度、自来水水压。

④当地暖通、空调产品及保温材料的性能、质量与供货情况，施工、安装单位对本专业的习惯制作，安装方法。

⑤工厂如属于集中采暖地区，应了解当地行政部门对采暖起止日期及其他规定。

(7) 概预算专业资料收集提纲

①收集当地现行使用的土建工程、室内外给排水、采暖通风、工业管道、电气、照明等与项目设计有关的工程量清单计价规则。

②收集当地现行使用的建筑安装工程材料市场价格、设备价值及其有关费用。

 a. 征地补偿费：土地补偿费，安置补助费，地上附着物和青苗补偿费，征地动迁费；

 b. 建设场地上阻碍施工或确定拆除的原有建筑物的面积，拆除建筑物的金属结构，设备、管道、线路等的拆除费用及其回收价值；

 c. 当地对自来水、煤气和污水、废水排放增容费的收取规定；

 d. 当地预制构件厂至施工现场的运距、运价；

 e. 建设场地大型土方弃土、取土的运距、运价；

 f. 当地或邻近地区近期竣工的工业和民用建筑的单位面积造价。

③引进工程或中外合资工程补充以下资料：引进项目合同、租赁合同、卖方外国代理机构和银行手续费、外籍技术人员来华人数及费用。

④出国考察国别、人数、天数及其费用。生产人员出国实习、培训的国别、培训人数、天数及其费用。

(8) 工艺专业资料收集提纲

1) 原料工段

①原料的种类及产地：原料质量检验、储存方式、贮存期、堆场和料棚面积、运输方

法等。

②原料粗碎、中碎及细碎：设备名称及规格、数量、技术参数（进料粒度、出料粒度、生产能力、装机容量、重量）、制造厂；球磨周期、泥浆相对密度、细度，加工损失率、需加工量（t/a 或 t/班）；工作班次、人数。

③泥浆处理及贮存：除铁、过筛设备名称及规格、技术参数、生产厂家、数量；设备处理能力、实际加工量；泥浆均化、陈腐周期；泥浆池用途、数量及有效容积等。

④混料、揉练、陈腐：混料、练泥设备名称、规格、技术参数及生产厂家、数量；设备处理能力、实际加工量；泥料陈腐、均化周期。

⑤粉料制备：喷雾干燥器或干法造粒机型号、规格、技术参数、生产厂家及台数；日产量或年产量、主要工艺参数（如泥浆浓度、进风和排风温度、粉料含水率、粉料粒度、粉料表观密度、流动性、循环水量等）、影响喷雾干燥效率与坯料性能因素等；喷雾干燥塔或干法造粒机配套及附属设备情况；粉料制备工段工作班次、人数，损失率及回坯率。

⑥原料加工各车间工段的平面、立面布置示意图。

2）成形工段

①压制成形：压机种类、型号、规格、技术参数、制造厂家及台数；粉料含水率、半成品质量控制、压机的特点和性能、压制成形坯体的主要缺陷，生产班制及人数；日加工量及年加工量、成形损失率及回坯率。

②注浆成形：设备名称、规格、生产厂家；注浆时的操作方法、技术要点，生产班制及人数；劳动定额。

③塑性成形：主要设备名称、规格、生产厂家；工艺参数及工艺流程等；生产班制及人数；劳动定额。

3）干燥施釉工段

①干燥设备名称、规格、生产厂家及数量；干燥工艺参数（如进坯水分、出坯水分、干燥温度、干燥周期、干燥能耗等），干燥制度，干燥缺陷及克服办法；日产量及年产量，生产班制及人数，损失率及回坯率。

②施釉设备名称、规格、生产厂家及数量；施釉工艺过程、釉浆相对密度、坯釉比、釉坯储存方式等；日产量、施釉损失率；生产班次及人数；劳动定额。

4）烧成工段

窑炉的种类、规格、制造厂家；入窑坯体含水率，烧成温度、烧成周期及烧成能耗；预热带、烧成带、冷却带长度、温度、气氛、压力制度的控制方法；烧成制品的主要缺陷、生产班制及人数；烧成制品合格率；燃料种类及消耗量；日产量及年产量。

5）模型制备

工作模、母模、模种、原型制造方法。

①石膏模型：石膏粉种类，生产厂家；石膏模具使用次数。

②树脂模型：模型材质和制作、加工方法，生产厂家；树脂模具使用次数。

6）其他工段

质检方法和标准；磨边、抛光线规格、产量；实验室检测设备和检验内容；窑具使用次数、材质、生产厂家。

此外，应特别注意收集工艺流程、工艺布置特点，并绘出草图；注意厂房建筑结构形式、特点以及柱网布置情况；企业概况，水、电、气的供应情况，企业的综合能耗及各工段的水、电、气消耗。最后，应特别注意收集与物料平衡计算有关的主要工序损失率、回收率等数据，主要包括：

①泥浆相对密度（坯、釉）；泥浆水分（%）；粉料水分（%）；入窑水分（%）；烧成温度（℃）；烧成周期（min 或 h）；烧成合格率（%）；烧失率（%）；烧成收缩率（%）；成品单重（kg/m^2 或 kg/件）；拣选、包装损失率（%）；装卸损失率（%）；抛光、磨边合格率（%）；干燥合格率（%）；成形合格率（%）；制粉损失率（%）。

②泥浆制备损失率（除铁、过筛损失率)(%)；粗碎、中碎、细碎各自损失率（%）；釉料或色料制备损失率；坯釉比（干基重量比）；回坯率（成形、干燥工段)(%)；原料含水率（%）；储运损失率（%）。

③坯料、釉料（色料）配方。

3. 改扩建工程设计资料收集提纲

改扩建工程中新增建设项目的资料收集按新建工程要求收集。

（1）总图运输

①工厂总平面图、竖向布置图、实测总平面和竖向布置竣工图，并与实际情况进行校核。

②工厂地上、地下管线综合图。

③现有工厂全年运输量，其中水运、公路、铁路运输的年运输量。

④现有原料、辅助材料、半成品、成品的运输方式和运输量。

⑤现有运输能力、运输工具种类、规格、数量、维修人员。

⑥现有仓库贮存物品的种类、规格、数量、建筑面积。

⑦现有消防能力。

⑧全厂职工总数、最大班人数、居住区人数。

⑨现有生活福利设施内容、建筑面积。

⑩现有总平面建、构筑物管线使用情况及其存在问题。

⑪现有环保节能、节水措施及使用情况。

（2）工艺

①原料适应改建、扩建可能性的调查资料。

②现有工艺流程、设备布置、安装图、设备清单等资料，实际统计设备利用情况，原材料的实际消耗定额。

③安全防护、劳动保护、工业卫生现状的资料。

④工厂的设计、竣工验收资料（含工艺、设备、车间内外管道、竣工图以及以后变动的实际状况的资料）。

⑤主管部门及工厂对目前存在问题的改进意见及建议。

（3）建筑结构

①现有车间建筑布置图、车间面积、高度、利用情况、生产及起重设备布置。改、扩建的可能性。

②现有车间结构情况，已使用年数、损蚀情况。

③现有地下建、构筑物调查，包括使用现状、地下水渗及腐蚀等。

④现在车间内生活用房和厂内辅助建筑物的现状和使用情况。
⑤拟拆除的危险建筑物的技术鉴定文件。
⑥抗震设防或加固情况、耐火等级等安全防护方面的情况与问题。

(4) 给水排水

①给水排水总平面布置图（管网图），包括给水排水系统管道、管径、管材、坡度、埋深及构筑物、设备清单。
②车间内给水排水管道布置图。
③给水水源情况：供应水量，增加供应量的可能性与条件。
④实际用水量（车间分量、总量），水价。
⑤车间废水性质及水量，处理及排放标准、方法。
⑥现有污水处理设施、处理能力、人员配备、处理效果及增加处理量的可能性与条件；雨水排放情况；非组织排水对地面、土质的影响。
⑦工厂对改、扩建给水排水设计的意见、建议与要求。

(5) 供配电

①现有全厂供电系统图，各变电所位置及平面、系统图。
②近两年全年耗电量、最大负荷、平均功率因数及各车间变电所负荷情况。
③现有主要机电电器设备一览表。
④现有机电维修能力及装备。
⑤现有供、配电及机电维修人员配备情况。
⑥现有隐蔽工程、地下管线平剖面布置图。
⑦与改、扩建有关车间的电气设备平面布置图及配电系统图以及负荷情况。
⑧工厂主要电气设备运行情况。
⑨工厂历年遭受雷击情况。
⑩工厂对改、扩建供电设计的意见、建议与要求。

(6) 供热、采暖通风

现有供热设备规格、能力（使用台数和备用台数）；室内外管路布置情况；采暖通风设备及管道布置图。

(7) 技术经济

全厂固定资产明细表（原值、折旧及净值）；全厂组织机构及定员；工厂近期生产成本表及财务年报表，产品销售方式及产品流向，近期不同级别的产品构成。

14.3.2 设计过程的提资

在设计过程中，工艺专业向其他专业提资，其他专业才可以开始设计，因此提资是设计的重要环节。一般提资内容分为图样与文字表格两部分。在初步设计和施工图设计这两个不同阶段，提资内容有所不同（可行性研究参照初步设计进行）。现列出工艺专业向其他专业提资的内容和深度及相应的表格（表14-7）。其他专业向工艺专业及其他专业之间的提资和深度在此不加论述。

表 14-7　工艺专业向其他专业提资的内容和深度

接受专业	设计阶段	内　容
建筑	初步设计	1. 车间设备一览表； 2. 工艺布置图（平面、剖面图）及提资说明； 3. 建筑设计资料； 4. 生活室资料
建筑	施工图设计	1. 车间设备一览表； 2. 车间工艺设备布置图（包括各生产车间或工段以及中心实验、化验室的布置图），结合布置图，提供下列资料： ①设备定位和设备荷重（设备自重及满载重，不包括基础重）； ②各楼层和底层的相对标高，对楼面、地面的要求及门窗的特殊要求； ③楼面、平面的荷重资料； ④吊孔的尺寸和位置，吊重点的位置和吊重量； ⑤行车、葫芦的型号、规格及位置，吊重量，行车跨度，轨面高度； ⑥标明楼梯、办公室、生活室、检修间、仪表室、化验室位置及名称； ⑦采光通风和保温等要求； ⑧防火要求和防爆要求； 3. 单体基础（如工艺设备基础）及构筑物（如泥浆池）提资图： ①单体基础及构筑物除尺寸需齐全外，应注明总荷重（设备加介质的最大重量）、设备的动荷载系数； ②预留地脚螺栓孔尺寸； ③构筑物外形或内部尺寸（壁厚由土建专业决定）并要说明衬里、坡度等要求； 4. 生产设备基础沟道布置图（本图适用于生产设备布置于单层建筑或多层建筑的底层）： ①表明全部工艺生产设备的基础、构筑物和沟道的布置等； ②生产设备的安装基础大样图； ③构筑物需表明其形状； ④沟道要全部画出，表明其定位、大小、深度、坡向，配置何种盖板的说明和必要的剖面等； ⑤底层地坪设计相对标高为±0.00； ⑥地坪需表明其坡度和坡向的要求（如无规定需要的坡度要求时，可用箭头表示坡向）； 5. 生产设备基础、留孔、预埋件布置图（本图适用于车间布置等多层建筑的楼层）： ①表明全部生产设备基础，构筑物、柱、墙、梁、板各部分的工艺生产设备及管道安装的留孔，预埋件分布情况； ②预留孔比较集中、数量较多，在土建施工有困难时，可合并为大孔，安装后填补； 6. 建构筑物特征提资表； 7. 设备荷载提资表
结构	初步设计	同建筑专业 1、2、3 条
结构	施工图设计	同建筑专业； 设备基础二次提资表

续表

接受专业	设计阶段	内容
总图运输	初步设计	1. 车间运输量表或物料平衡计算表，物料、成品及半成品运输方式； 2. 工艺布置（平、剖面）图； 3. 建筑设计资料或建构筑物表
	施工图设计	1. 车间工艺布置图（平、剖面），并标明建在室外的构筑物； 2. 车间外管线进出口位置资料（可在布置图上标明），并注明管线名称、管径，各种管道输送物料的物理化学性质、管架类型及间距等； 3. 全部车间主要大型设备表，标明最大构件尺寸重量，同时采用下列4、5项提资表； 4. 物料物品运输提资表； 5. 建构筑物特征提资表
供电	初步设计	1. 车间设备一览表； 2. 工艺布置（平、剖面）图及提资说明； 3. 建筑设计资料； 4. 照明提资表； 5. 特殊照明资料； 6. 弱电讯号资料
	施工图设计	1. 工艺流程图； 2. 生产设备布置图（标明设备供电电源位置、坐标，并须考虑电缆沟道和排水沟道、地坑间的关系，电线管穿过基础等因素）或生产车间工艺布置图； 3. 特殊供电要求，如高低压特别开关位置，交、直流及周波等； 4. 特殊照明要求，如防潮、防爆、防尘、照度等； 5. 集中控制、联锁等具体操作要求； 6. 建（构）筑物特征提资表； 7. 用电设备提资表； 8. 弱电设备提资表
给排水	初步设计	1. 工艺布置（平、剖面）图及提资说明； 2. 水消耗量表； 3. 排水量表； 4. 生活室资料； 5. 消防提资表
	施工图设计	1. 生产设备布置图（在图中标明上、下水进出管径及标高）或生产车间工艺布置图； 2. 工艺用水水质要求资料（包括化学成分、硬度、浊度、色度及某些离子含量的限度等）； 3. 工艺排水水质资料； 注：上述2、3两项可用给水排水提资表； 4. 车间人员生活用水提资表； 5. 软水提资表； 6. 循环冷却水要求； 7. 建（构）筑物特征提资表

续表

接受专业	设计阶段	内容
采暖通风	初步设计	1. 车间工艺布置图； 2. 工艺设备通风、除尘、采暖、降温、空调资料表
	施工图设计	1. 生产设备布置图（注明除尘、通风、采暖、空调等在布置图中的位置及对采暖管、风管位置的建议）或车间工艺布置图； 2. 建构筑物特征提资表； 3. 采暖通风空调提资表； 4. 局部通风提资表
自控仪表	初步设计	1. 车间工艺流程图； 2. 车间设备一览表； 3. 工艺过程控制测量仪表
	施工图设计	1. 工艺流程图； 2. 车间工艺布置图（标明仪表室位置、大小）； 3. 工艺管路布置图； 4. 建构筑物特征提资表； 5. 仪表提资表
环境保护	初步设计	1. 工艺流程图； 2. 工业"三废"等污染源情况
	施工图设计	1. 三废排放提资表； 2. 噪声提资表
空压站	初步设计	压缩空气耗量表
	施工图设计	压缩气体提资表
实验、化验室	初步设计	1. 中央实验、化验室设置的目的、任务与车间化验室分工原则； 2. 车间分析室的任务
	施工图设计	同初步设计
概（预）算	初步设计	1. 车间设备一览表； 2. 材料表； 3. 设备安装工程概算表
技术经济	初步设计	1. 全厂生产规模、产品品种、规格； 2. 各种原材料、燃料所需平均备用天数，产品、半成品所需生产周期，成品周转储存期； 3. 定员表； 4. 原材料、燃料、动力消耗定额及消耗用量

14.4 工艺设计

建筑陶瓷厂的工艺设计在设计的全过程和各个阶段都占据主导和核心的地位，其他专业的设计应服从和服务于工艺设计。

14.4.1 工艺设计的主要任务和基本原则

1. 工艺设计的主要任务

（1）确定（或协助建设单位确定）产品方案（根据市场信息和当地条件）和建设规模；
（2）选择合理的生产方法和生产工艺流程（根据国内外生产该产品的现状、发展趋势以及在当地实现的可能性）；
（3）确定生产设备的类型、规格、数量（根据所选取的工艺指标及物料平衡计算的结果）；
（4）进行合理的车间工艺布置（包括工艺设备和工艺管路布置等）；
（5）指导或参与协调其他各专业的设计工作（包括向其他专业提资等）；
（6）保证项目建成后能达产达标的其他协调和协助工作（包括现场技术指导、竣工验收组织等）。

2. 工艺设计的基本原则

工艺设计应遵循"先进性、适用性、可靠性、可得性、安全环保性和经济合理性"的原则。

14.4.2 工艺设计的步骤和方法

在建设前期的规划性设计、初步设计和施工图设计等各个阶段，工艺设计的设计深度是有明显区别的，要求的全面、准确性程度也不同，因此工艺设计的步骤和方法也有所差异。

1. 建设前期的规划性设计（项目建议书、可行性研究、项目申请报告）阶段的工艺设计步骤

（1）分析研究各种市场信息和当地条件，协助建设单位确定产品方案和建设规模；
（2）围绕产品方案，在先进、安全、可靠、经济、适用的基础上确定工艺流程；
（3）参考同类工厂实际情况，结合当地情况确定工艺参数和指标；
（4）通过物料平衡计算，选择关键设备；
（5）进行工艺布置（引进设备由外方提供资料图），规划性设计仅需工艺平面布置简图，必要时要进行方案比较；
（6）向其他专业提资，根据设备选型和工艺布置要求，向总图运输、土建、电气、给排水、暖通、压缩空气、煤气（天然气、油）等；
（7）主持编制正式的规划性设计（项目建议书、可行性研究、项目申请报告）文件，按要求编写工艺技术章节内容，并根据各专业所提供的材料进行汇总，使之形成一个完整的技术文件。

2. 初步设计阶段的工艺设计步骤

（1）根据可行性研究报告所确定的产品方案和建设规模，进行详细、准确的物料平衡计算，必要时需要再次收集更加全面和准确的工艺设计参数和指标；
（2）根据生产工艺流程划分各主要生产车间、辅助生产车间设施；
（3）根据原有和补充的设计资料重新进行物料平衡计算；

(4) 验证所选择的关键设备的合理性和数量的准确性，补选所需的次要设备和生产工器具；

(5) 进行较准确的工艺平面、剖面布置（在此之前，土建专业工艺布置要求，提供符合初步设计深度的建筑平面、立面图给工艺专业）和管道系统图设计等；

(6) 重新向其他专业提供较准确的资料和设计要求；

(7) 确定车间工作制度、生产定额、生产组织等；

(8) 编写初步工艺部分内容，主持或协调汇总其他专业说明书及图纸，使之符合初步设计深度规定；

(9) 负责或协助项目工程师准备初步设计审批所需的各项材料。

3. 施工图阶段工艺设计的步骤

(1) 根据初步设计方案进行准确完整的各车间工艺布置，符合施工图纸的要求（在此之前，土建专业应提供准确完整的建筑图纸给工艺专业）；

(2) 绘制主要设备的安装大样图（根据主要设备生产厂提供的设备说明书及图纸）。

(3) 向土建专业提出主要设备的安装基础要求（如基础大小形状、设备动负荷、静负荷、预留孔位置、形状和尺寸等）；

(4) 向给排水、电气、采暖通风、动力等其他专业提供车间工艺布置图，并标明各项具体要求（如供气、供水、供电点等）；

(5) 绘制工艺管路（泥浆管）布置图（要确定所有管道材料、规格、数量及阀门等，其他管件的规格、数量等）；

(6) 协调和会签其他专业图纸，避免重复和矛盾；

(7) 编制施工图设计说明书。说明上述图纸使用时，应注意事项和其他用图纸难以表达的问题。

14.4.3 工艺流程的确定

1. 确定工艺流程的原则

(1) 在安全、可靠、经济、适用的前提下，尽可能考虑其先进性，以生产出高质量的产品；

(2) 在保证产品质量的前提下，应尽可能缩短工艺流程；

(3) 对改、扩建厂的设计，选择工艺流程时，应考虑尽可能接近原有生产方法，以使工人能很快适应新线生产的要求；

(4) 考虑改产和扩大规模的可能性，为发展留有余地。

2. 确定工艺流程的一般方法

(1) 围绕所确定的产品方案和建设规模，全面了解国内外的先进、可靠的生产方法；

(2) 根据小试和工业性试验结果来确定工艺流程，如有条件，最好让建设单位将当地原料委托科研单位或其他类似陶瓷厂进行配方试验，以取得更准确的工艺数据，并验证所选择工艺路线的先进性和可行性；

(3) 原料处理工艺取决于当地原料的品种、性能、加工条件、稳定供应的程度等；

(4) 成形和烧成工艺取决于是否引进以及引进哪些关键设备，如卫生陶瓷厂引进高压注浆机，则生产工艺就与一般的中压、微压注浆工艺有很大的区别；烧成是采用隧道窑、梭式窑还是采用辊道窑，则窑前和窑后的连接工艺有较大的差异；对于许多关键设备和技术引进的陶瓷工厂，应要求提供设备及技术的外方提出生产工艺路线和相应的成品、半成品的质量要求；

(5) 在确定主要生产工艺路线的同时，不要忽视辅助材料（石膏粉、窑具、色釉料等）和燃料（煤、天然气、柴油、重油、液化气、煤气等）的供应情况，这些因素会对某些关键生产设备的选择产生影响，从而就可能影响工艺流程的确定。

3. 可供参考的几种建筑卫生陶瓷工艺流程

本书第 4 章已列出了典型的建筑卫生陶瓷厂工艺流程，可供陶瓷厂设计者参考。

14.4.4 物料平衡计算

1. 物料平衡计算应达到的目的

（1）确定从原料进厂到成品出厂所有工艺流程中各主要工序（有时有些工序可以合并计算）的物料量或物品量，作为确定各工序人员班制和选择生产设备及工器具的依据；

（2）确定各工序所需要的各种原料、燃料及辅助材料的需要量，按一定的储存期可以估算出贮存、运输这些物料的运输工具、运输方式和堆场、仓库面积等；

（3）确定各工序水、电、气、蒸汽等消耗量，以便提供给其他专业作为设计的技术资料。

2. 工艺参数的选择（表 14-8）

表 14-8 主要工艺参数的选择实例

指标名称		指 标	釉面砖厂	彩釉砖厂	玻化砖厂	卫生瓷厂
原料储备期 其中：本省原料		月	2~3	2~3	2~3	2~3
外省原料		月	4	4	4	4~6
原料贮运损失		%	3~4	3~4	3~4	3~4
原料拣选损失		%	2~3	2~3	2~3	2~3
原料加工损失		%	3~5	3~5	3~5	3~5
球磨时间 其中：坯料		h	12	12	12	12
釉料		h	24	24	24	24
泥浆陈腐时间		d	2~3	2~3	2~3	5~7
泥浆水分		%	30~32	30~32	30~32	28~30
泥浆相对密度			1.5~1.6	1.6~1.7	1.6~1.7	1.7~1.8
成形过程回坯量		%	8	5~10	5~10	15（回浆量 10~15）
成形过程原料损失		%	2	2	2	5
成形水分	压制粉料	%	6~8	6~8	6~8	—
	注浆料	%	—	—	—	28~30
坯釉比例			(94~96):(6~4)	(94~96):(6~4)	(97~98):(3~2)	(95~96):(5~4)
坯料燃料		%	8~10	7~10	7~10	7~10
烧失率		%	6~7	6~7	6~7	6~7
干燥时间		h	20~30（辊道式）	20~40（min）（辊道式）	20~40（min）（辊道式）	12~15（室式干燥）

续表

指标名称	指 标	釉面砖厂	彩釉砖厂	玻化砖厂	卫生瓷厂
干燥温度	℃	80~90	120	120	120
坯体入干燥窑水分	%	6.5~9	6~8	6~8	13~18
坯体出干燥窑水分	%	<0.5	<0.5	<0.5	<0.5
素烧合格率	%	>90	—	—	—
釉烧合格率	%	90~95	90~95	90~95	80~85（一次烧）
素烧时间	min	30~45	—	—	—
釉烧或烧成时间	h min	25~40 （辊道窑）	50~60 （辊道窑）	50~60 （辊道窑）	16~18h （隧道窑）
素烧温度	℃	1110~1200	—	—	—
釉烧或烧成温度	℃	1080~1150	1100~1180	1200~1250	1150~1250
成品单重	kg/m^2 或 kg/件	11~18	20~25	20~25	18~20

注：表中所列参数随产品具体品种、原料种类、工艺路线及设备种类等不同会有所差异。

3. 工作制度的确定

确定工作制度时，一般应参照类似企业的现行制度和惯例，并考虑到生产的机械化程度、关键设备维修保养要求、劳动保护要求等，另外还应注意当地气候条件和民族习惯。

建筑卫生陶瓷厂工作制度包括年工作日和日生产班制两部分。我国建筑卫生陶瓷厂目前大部分实行的工作制度见表14-9。

表14-9 建筑卫生陶瓷厂工作制度表

工种或工段	年工作日	日生产班制	备注
原料库	300	一或二班	
原料粗中碎	300	一或二班	
球磨	335	三班	人员四班三运转
喷雾干燥	335	三班	人员四班三运转
压制	335	一或二班	无储坯时335d/a（三班/d）
储坯	335	三班	
注浆成形	335	一班	
干燥	335	三班	
施釉	335	一或二班	
烧成	335	三班	
装卸窑	335	二或三班	
成品检验	335	一班	
包装	335	一或二班	

4. 物料平衡计算

在确定了工艺流程、工艺参数及工作制度之后，便要进行物料平衡计算。这一计算过程是逆着工艺流程逐步完成的，不但可得出各道工序物料物品的处理量，还可以得出坯料、釉料购入量。这一方法可以称为"逆序放大计算法"。

对于一次烧成工艺，可有以下 11 个计算公式：

(1) 年出窑量（烧成量）＝ $\dfrac{\text{工厂年产量}}{1-\text{检验、包装废品率}}$ （m²/年 或 t/年）

(2) 年装窑量 ＝ $\dfrac{\text{年出窑量}}{1-\text{烧成废品率}}$ （m²/年 或 t/年）

(3) 年施釉量 ＝ $\dfrac{\text{年装窑量}}{1-\text{施釉废品率}}$ （m²/年 或 t/年）

(4) 年干燥量 ＝ $\dfrac{\text{年施釉量}}{1-\text{干燥废品率}}$ （m²/年 或 t/年）

(5) 年成形量 ＝ $\dfrac{\text{年干燥量}}{1-\text{成形、修坯废品率}}$ （m²/年 或 t/年）

(6) 年坯料需要量（干基）＝ $\dfrac{\text{年成形量} \times \text{坯占成品重量比} \times \text{成品单重}}{1-\text{烧失率}}$ （t/年）

年釉料需要量（干基）＝ $\dfrac{\text{年成形量} \times \text{釉占成品重量比} \times \text{成品单重}}{1-\text{釉料烧失率}}$ （t/年）

(7) 年喷雾干燥量（干基）＝ $\dfrac{\text{年坯料需要量（干基）}}{1-\text{喷雾干燥损失率}}$ （t/年）

(8) 新坯料加工量（干基）＝ 年喷雾干燥量（干基）－ 年回坯量 （t/年）

其中，年回坯量 ＝（年成形量 × 成形回坯率 + 年喷雾干燥率 × 喷干回坯率）

(9) 各种坯用原料处理量（干基）＝ $\dfrac{\text{新坯料加工量} \times \text{该原料在配料中的百分比}}{(1-\text{粉料损失率}) \times (1-\text{除铁过筛损失率})}$ （t/年）

(10) 各种坯用原料进厂量（湿基）＝

$\dfrac{\text{各种坯用原料处理量（干基）}}{(1-\text{储存损失率}) \times (1-\text{洗选损失率}) \times (1-\text{自然含水率})}$ （t/年）

(11) 各种坯用原料购入量（湿基）＝ $\dfrac{\text{各种坯用原料年进厂量（湿基）}}{1-\text{运输损失率}}$ （t/年）

需要说明的是，随着建筑陶瓷品种和工艺路线的不同，以上计算公式会有所不同。

下面通过几个实例来进一步说明物料平衡计算的过程。

【例 14-1】 某厂年产 400 万 m² 内墙砖，产品规格 200mm × 300mm × 8mm，物料平衡计算的主要参数及结果见表 14-10。

表 14-10 主要生产工序处理量

产品名称	规格（mm）	单重（kg/m²）	年产量		釉烧		
			万 m²	t	损失率（%）	万 m²/a	t/a
内墙砖	200×300×8	12	400	48000	8	434.8	52174

	装窑、施釉			素烧、干燥			
损失率（%）	万 m²/a	t/a	坯：釉	灼减量（%）	损失率（%）	万 m²/a	t/a
1	439.2	52701	94：6	6.5	10	488.0	58621

续表

成形				喷雾干燥		新坯料加工量（干基）		
损失率 (%)	万 m²/a	万片/a	t/a	损失率 (%)	t/a	成形废坯回坯率 (%)	喷干回坯率 (%)	t/a
5	513.7	8562	61706	3	63614	85	80	59465

【例 14-2】 某卫生陶瓷生产厂年产 60 万件中高档卫生洁具，其物料平衡计算结果见表 14-11。

表 14-11 各工序处理

产品名称	年产量		平均单重 (kg/件)	检验包装		
	万件/a	t/a		废品率	万件/a	t/a
卫生瓷	60	10800	18	1%	60.61	10909
	烧成				施釉	
废品率	灼减量	万件/a	t/a	废品率	万件/a	t/a
5%	7%	63.80	12287	1%	64.44	12411
	干燥				成形	
废品率	万件/a	t/a		废品率	万件/a	t/a
3%	66.43	12795		4%	69.20	13328
	干坯重量			新坯料加工量		
平均单重 (kg/件)	干坯总重 (t/a)		干燥回坯率	成形回坯率		t/a
19.26	12795		98%	97%		11902

严格地说，物料平衡计算还应计算出釉用原料、坯用原料、色料、外加剂、球石、燃料、窑具、石膏粉等的消耗量。这些物料的计算过程较为简单，在此不一一叙述。

14.4.5 设备选型和计算

1. 设备选型时应遵循"技术先进、成熟可靠"的原则
2. 确定设备的数量应考虑以下原则
（1）满足设备所在工序的处理量的要求；
（2）考虑一定的备用台数，以避免因设备损坏或出故障时生产能力下降；
（3）考虑工艺连贯性和设备所在车间的空间限制；
（4）考虑与引进设备的协调配套；
（5）在保证生产的情况下，力求减少设备台数，以避免过多挤占资金。
3. 确定设备数量的通用公式

$$某设备需要台数 = 备用系数 \times \frac{单位时间内该设备所在工序处理量}{单台设备单位时间处理量}$$

备用系数一般可取 1.2~1.5，计算结果需凑成整数。

建筑卫生陶瓷厂主要设备数量确定时常用的公式有：

(1) 球磨机台数计算公式

$$球磨机台数 = 备用系数 \times \frac{每天球磨处理量（干基）\times 球磨周期(h)}{单台球磨机装磨量（干基）\times 24}$$

(2) 浆池数量计算公式

$$浆池个数 = \frac{每天浆需要量（干基 t）\times 贮浆天数}{(1-泥浆含水率)\times 浆容量(t/m^3)\times 单个浆池容积(m^3)\times 有效容积系数}$$

有效容积系数一般取0.8~0.9。

(3) 喷雾干燥塔台数计算公式

$$喷雾干燥台数 = 备用系数 \times \frac{每天粉料需要量（干基）\div(1-粉料含水率)}{单台喷干塔产粉能力（kg/台·h）\times 24 \times 10^3}$$

或

$$喷干塔台数 = 备用系数 \times \frac{(每天泥浆含水总量 - 每天粉料含水总量)(t)}{单台喷干塔每小时蒸发水量（kg/h）} \div 24 \times 10^3$$

(4) 压机台数计算公式

$$压机台数 = 备用系数 \times \frac{每天成形总量（m^2/d）\times 每平方米片数}{单台压机每天可压片数（片/d）}$$

其中，

单台压机每天可压片数 = 压机每分钟压制次数 × 每次所压片数 × 每天压机工作时间（min）

(5) 辊道窑窑长计算公式

$$辊道窑窑长（mm）= \frac{每分钟应入窑坯数 \times 烧成周期(min) \times 砖坯长度(mm)}{窑宽方向排放砖数}$$

其中，

$$每分钟应入窑坯数 = \frac{每天入窑批量（m^2）\times 每平方米片数}{24 \times 60}$$

$$砖坯长度 = \frac{产品长度（mm）}{1-烧成线收缩率} + 砖坯与砖坯之间间隙（mm）$$

$$窑宽方向排放砖数 = \frac{窑有效内宽（mm）}{砖坯长度（mm）}（取小整数）$$

(6) 隧道窑窑长的计算公式

$$隧道窑窑长（mm）= \frac{每天装窑量(件或 m^2/d) \times 烧成周期(min)}{单台窑车装坯量（件或 m^2/车）\times 24 \times 60} \times 单台窑车长度（mm）$$

(7) 隧道窑窑车数量计算公式

$$N = N_1 + N_2 + N_3 + N_4 + N_5 + N_6 + N_7$$

式中 N——隧道窑窑车总量；

N_1——窑内容车数；

N_2——装车占用数，一般为3~4辆；

N_3——卸车占用数，一般为2~3辆；

N_4——回车道上窑车数，一般为2辆；

N_5——已装车占用数，一般为0.5~1班入窑车数；

N_6——准备卸车占用数，一般为0.5班出窑车数；

N_7——窑车检修占用数，一般为2~3辆。

14.4.6 工艺贮库堆场的面积计算

建筑卫生陶瓷厂要贮存或堆放的物料物品一般包括原料、燃料、半成品、成品、废品废料及其他辅助材料（色料、球石、常用备品备件、包装材料、石膏、窑具材料等）。

1. 原料的贮存和堆放

原料的贮存有露天堆场和库内贮存两种方式。露天堆场常堆放长石、石英等块状硬质原料。原料库主要用于贮放各种黏土和粉状原料。

原料仓库所需面积取决于被贮存原料的种类、堆积密度及堆料高度。一般情况下，原料的存放面积（S_v）可按下式计算（燃料、废料、球石、石膏粉等粉块状物料也可参照此公式计算）：

$$S_v = \frac{Q}{h \cdot \rho \cdot v}(m^2)$$

式中 Q——原料的贮存量，t（每天贮存量×贮存时间）；
h——原料的堆料高度，m；
ρ——料堆的有效体积系数，一般在 0.7~0.8 范围；
v——原料的堆积密度，t/m^3。

原料库的间数要根据半工业试验提供的原料配方、贮存量和供应情况予以确定，一般一种原料应有两个库使用和储存更替。此外，考虑原料、配方变化因素及发展的可能，要留有 2~4 间的余地。

原料的贮存期、堆料高度、堆积密度及自然休止角等见表 14-12、表 14-13。

表 14-12 原料贮存期及堆料高度

原料类别	储存方式	储存期（月）	堆料高度（m）	备注
不需要风化的高岭土类	库棚	4~6	1.5	袋装原料堆料高度 1.5~2m
黏土类及要风化的高岭土类	库棚	3~4	1.5	人工堆料
	露天	6~12	1.5~2	人工堆料
硬质原料类	库棚	0.5~1.0	1~1.2	人工堆料
	露天	3~6	0.8~1.0	人工堆料

表 14-13 原料的堆积密度及自然休止角

物料名称	堆积密度（t/m^3）	自然休止角	水分（%）
黏土类原料（包括苏州土、木节土等）	1.2~1.3	45°	5~12
大块硬质原料（50~300mm）	1.5~1.6	45°	—
粒状滑石（10~40mm）	1.2	40°	—
粉状硬质原料（0~50mm）	1.4~1.5	40°	1~2
粉状硬质原料（0~50mm）	1.2	40°	1~2

2. 半成品贮放面积

砖坯贮存一般采用储坯器贮存，储坯器数量计算公式如下：

储坯器数量 =（每天需储坯量/单台储坯器储坯量）×(1.1~1.2)

卫生瓷坯件采用坯车（少数采用吊篮）或坯架来贮坯。其所占面积为：

$$卫生瓷坯件贮存面积 = k \times \frac{每天坯件数 \times 贮存天数}{每车贮存件数} \times 坯车或架占地面积\ (m^2)$$

式中　k——通道系数，取 1.4。

3. 成品贮存面积

墙地砖成品一般以包装纸箱包装以后贮放。为便于叉车运输，一般均成堆放在木托板上，堆高一般为 1.8~2m，木托板尺寸一般为 825mm×1100mm、1100mm×1100mm、1320mm×1100mm、1000mm×1200mm 等（国际标准化组织确定）。应注意每托板上的成品加托板重量不要超过叉车的最大载重量。因此

$$墙地砖成品堆放面积 = \frac{每天成品箱数}{每托板箱数} \times 托板占地面积 \times 1.4\ (通道系数)。$$

卫生瓷成品贮放一般以木架固定（大件产品）的方式。如考虑叉车装卸，则堆高高度计算公式类似墙地砖成品（如用人工装卸成品，则可堆高度至 2.2~2.4m，贮放面积则可以更有效地利用）。

14.4.7　主要生产单元的工艺布置

1. 车间工艺布置的基本原则

（1）工艺流程顺畅、简捷，避免工序交叉往返。

（2）生产区域划分清晰，设备归类合理。一般墙地砖产品的生产区域（车间）分为三大区域：原料、喷雾干燥塔和成形烧成区域。卫生瓷生产，由于成形车间有温湿度要求，故成形设备应集中在一起布置，而与原料加工设备、烧成设备适当分离布置。

（3）尽可能采用联合厂房集中布置设备，这样有利于充分利用面积，工序紧凑，建筑结构简洁、统一，对今后的生产管理也十分有利。

（4）留足人员通道、运输通道、成品半成品贮存面积、安装检修通道等，在立面布置时还要考虑吊装和检修的空间。

2. 原料车间工艺布置

建筑卫生陶瓷厂的原料车间一般包括四个部分：原料贮存堆场，坯料破碎，粉料干燥及贮存，釉料贮存及加工（卫生陶瓷厂无粉料干燥及贮存部分）。现代化的陶瓷厂往往将这四部分紧密布置在一起，以节约用地和便于管理。但是为了保证产品的高质量，釉料处理部分应当相对独立和封闭（适当或完全与坯料处理部分分开）。

（1）原料贮存堆场布置

原料贮存堆场布置要符合总平面布置的要求，避免对周围环境造成不利影响，同时又要布置在各种废料场的上风向，避免废弃物对原料的污染。石英、长石等硬质料可露天分格堆放，软质料或袋装粉状原料分格置放于室内。分格的堆料仓纵深不应过长，一般不超过 5m，隔墙的高度一般为 1.5~2m。无论是堆场或贮库都应靠近破碎设备，并留有输送机械灵活运动和运输的通道（铲车运动通道一般为 6~9m）。

（2）坯料破碎和泥浆处理工艺布置

坯料一般是采用喂料机→斜皮带输送机→球磨机的方式。喂料机往往布置在地坑内，装料口与地面相平，便于装料。

坯料球磨机可以成一排或两排布置。由于它是经常运转且振动较大的设备，球磨机之间及球磨机与墙壁、柱基础之间都应留有足够的距离。球磨机均应设加料平台，8t 以上球磨机应考虑磨盖起吊设备。

坯料泥浆池一般均设于地下（采用钢筋混凝土结构）且成排布置，配以平浆搅拌机或螺旋桨搅拌机。

除铁筛分、泥浆输送（泵）设备布置在地面上，并使连接管路尽可能短捷，少拐弯。

为了保持坯料处理部分的清洁，地面应做成一定坡度且设有水沟。

(3) 粉料干燥及贮存工艺布置

粉料干燥及贮存系统的工艺布置一般应分两部分来进行，即以喷雾干燥塔为主体区域和以储粉料仓为主体区域。前一区域内的设备（包括喷雾干燥塔、柱塞泵、热风炉、排风机、淋浴塔、旋风除尘器等）一般都由喷雾干燥器生产厂提供的图纸进行布置，后一区域由工艺设计者确定。彩釉砖和釉面砖粉料比较单一，料仓布置也就比较简单。可将料仓排成一排或二排，然后通过皮带运输机、斗式提升机等设备与喷雾干燥塔以及压机前小料斗紧凑相连即可。玻化砖因有色料、基料之分，有时色料还有好多种，另外还要有相应的粉料称量、混合设备。故在这一区域设备设施较多，布置也较为复杂和多样化。

(4) 釉料贮存及加工

这部分的工艺布置与坯料贮存加工部分是类似的。两者不同之处在于：釉料球磨机规格一般有多种，加料方式有别于大吨位坯料球磨机；釉料中转池（罐）和贮釉池（罐）较多。地上式的贮釉池或罐（用混凝土、玻璃钢或不锈钢）便于放釉和换釉时的釉池冲洗，地下式的贮釉池或中转池则便于球磨机放釉，但不便于冲洗，可根据情况选择具体类型。

3. 成形车间的工艺布置

一般都与烧成车间联系起来布置。成形一般选用自动液压砖机与干燥器、施釉线、储坯器、装卸坯机等均联成一体，砖坯无需人工搬运，砖坯破损率较低，工艺布置时也比较流畅方便。

在施釉工序附近应布置一些水沟以便冲洗，自动压机因压砖时冲力大，故应布置在地基基础较好的地面上。

卫生瓷成形车间（除高压注浆成形外）需要室内有一定的湿度和温度，因此厂房相对独立（单层或多层均可），多层布置时一般将同一类别的产品（如洗面器类、坐便器类、小件类等）集中在一层完成。

坯体和模具的干燥可部分使用隧道窑的余热，因此卫生瓷成形车间不应离烧成车间太远。卫生瓷的泥浆管路较复杂，泥浆输送和处理系统应紧靠成形车间，以免造成回浆管路过长。还要采取措施改善工人的工作条件，以减轻他们的劳动强度，比如在成形车间采用吊篮输送方式则有利于降低工人的劳动强度；在修坯、施釉工序应设置除尘设备有利于减轻有害粉尘对工人的危害；车间设温、湿度自动控制系统，以改善工人操作环境。

4. 烧成车间的工艺布置

烧成车间的关键设备是窑炉，其工艺布置要围绕窑炉来进行。

烧成车间工艺特点及布置原则

烧成车间属于大批量生产，设备高度集中，同时又是高温作业车间。其工艺布置原则及要求如下：

①应靠近成形、上釉、坯件库、制钵工段（或匣钵库）以及成品库。

②生产工艺流程顺畅，前后工序衔接合理。比如辊道窑与施釉线一般平行布置，但流向与施釉线相反。

③应尽量使煤气管道、蒸汽管道、余热风道等的长度短、拐弯少。

④留有发展余地，以便增建窑炉时，既能与原工艺流程相适应，又能与原附属设备相配套。

⑤窑炉布置时应与土建密切配合。注意窑炉的排气孔不要正对屋架及屋面板，烟道不与柱子基础及砖墙基础发生冲突。

⑥一般窑体和基础对地面的压力约为 $6\sim8t/m^2$，因此窑体基础的地耐力要求在 $15t/m^2$ 以上，否则基础施工须采取必要的措施。

5. 隧道窑及其附属设备的工艺布置

(1) 装卸窑车方式　对一座隧道窑，一般采用侧面装卸车方式，设一条装卸车道；对两座隧道窑，如焙烧同类产品，可侧面装卸车，也可集中在窑头装卸；对两座以上隧道窑，视产品品种和车间布置等具体情况而定（如三座隧道窑可设 $2\sim3$ 条装卸车道或设装卸车场）。

(2) 窑车回车线的布置　对一座窑，一般设一条回车线，并另设容纳 $3\sim4$ 辆窑车的修车线；对两座窑，一般设两条回车线，修车线和存车线应另设。窑车回车线常沿窑的长度方向布置在窑体的一侧或两侧，窑中心线与轨道中心线之间的距离一般为 $5.0\sim6.0m$，安装风机的一侧应更远些。两轨道中心距与窑体宽度有关，一般取 $4\sim5m$。回车线上应安装回车装置。

(3) 窑体标高的确定　窑体标高一般以窑车轨面或窑车面的高度作为确定标准。当建厂地区的地下水位较高时，常将窑车轨面定为 ±0.000。采取这种标高时，窑体土方工程量较少，但窑车车面高出地坪，因此需在卸车位置设与窑车面处于同一标高的卸车平台。卸车平台边沿距窑车面衬砖边沿20mm。在地下水位较低或建厂地形有利的情况下，可将窑车车面标高定为 ±0.000，就是窑车车面与地坪处于同一标高。这种形式给装卸窑车带来方便，但有时土方工程量较大。窑内轨道可水平铺设，也可自进车端至出车端按3‰的坡度铺设。

(4) 推车机的布置　推车机的安装高度需根据其推力点高度与窑车受力点高度确定。安装时应使推车机中心线与窑体中心线重合。推车机与窑体进车端之间的距离，应在推车机的极限行程范围内留有50mm左右的调节余地，在试生产过程中，通过调整限位开关的位置，确定实际需要的行程。

(5) 托车及托车坑道　托车安装位置应与推车机的安装位置统一考虑。托车坑道的深度应使托车上的轨面与窑内轨面处于同一标高。

(6) 窑车检修线与检修地坑　窑车检修线是当窑车发生故障时，停放检修的专用线，常设在窑的尾部。检修地坑的设置是为了便于检修工人的操作，地坑的长度尺寸应分别大于窑车的长度尺寸 $1\sim1.2m$。确定地坑深度时，要考虑工人在直立状态下对窑车轮轴部分进行检修操作时的理想高度。

(7) 检查门（标准门）　设于回车线的进车端，如需专门检查窑车衬砖和垫砖时，也可在回车线的出车端设一检查门，此门只做垫砖以下的部分即可。

(8) 风机和烟囱　排风机布置在窑体预热带的一侧或窑顶，应使排烟烟道尽可能短。排烟风机常与烟囱配用，当不考虑停电因素时，可做铁皮烟囱，烟囱高度露出屋面 $3\sim5m$；考虑停电时，排烟风机也可与砖砌烟囱配用，此时风机出风管与烟囱的下部夹角一般为45°。另外，根据不同的情况亦可布置单一烟囱排烟。烟囱的位置要靠近窑头，且应布置在烧成车间外并处下风向。

助燃风机布置在窑体烧成带侧面或冷却带窑顶，冷却风机布置在窑体冷却带侧面或顶部。

6. 辊道窑的工艺布置

辊道窑的布置方式与隧道窑方式相类似。只不过由于其没有附属轨道，因此占车间面积更少。如有多条辊道窑，则可较紧凑地并行布置，但是要考虑留出在某一侧抽出辊棒的空间（换辊棒时）。

辊道窑布置时一般与施釉线平行，以减少厂房在长度方向的延伸。在辊道窑的出窑口一端可以留一定的空间，以便产品的拣选、包装和一定数量的成品堆放。

14.5 总平面、土建及公用工程设计

14.5.1 总平面

1. 设计的内容和基本原则

（1）总平面设计的内容

①厂址选择，根据项目建议书或可行性研究报告，在满足建标［1993］730号有关原则的基础上，尽可能多地对厂址进行多方案比较；

②厂区平面布置，包括对厂区进行合理功能分区，对所有建（构）筑物进行平面布置，并确定它们的间距；

③厂区竖向布置，涉及场地平整、厂区防洪、排水等问题；

④厂区工程管线综合，涉及地上、地下工程管线的综合敷设和埋置间距、深度等问题；

⑤厂区绿化、美化，涉及厂区面貌和环境卫生等问题。

（2）总平面设计的基本原则

①必须遵循国家《工业企业总平面设计规范》和国土资源部关于《工业项目建设用地控制指标》的规定；

②符合建筑卫生陶瓷厂生产工艺要求，使生产线通顺、连续和短捷，避免主要生产作业线交叉往返；

③考虑工厂的生产安全和卫生，厂区建（构）筑物间距必须满足防火、卫生、安全等要求，应将产生大量烟尘及有害气体的车间布置在厂区的下风向；

④因地制宜，结合厂址的地形、地质、水文、气象等条件进行总体布置，充分考虑环境保护和节能、节地、节水的有关规定；

⑤考虑工厂的发展，使近期建设与远期发展相结合，并使近期建设集中，避免过早、过多占用土地；

⑥满足厂内外交通运输要求，避免人流与货运路线的交叉；

⑦满足地上、地下工程管线敷设的要求；

⑧尽可能使厂区建（构）筑物及其他设施与厂区内外环境协调，达到一定的艺术效果。

2. 建筑卫生陶瓷厂的组成及厂区功能分区

（1）建筑卫生陶瓷厂的组成

①主要生产部分　包括原料车间（坯料及釉料车间）、成形车间、烧成车间等；

②辅助生产部分 包括匣钵及耐火材料车间、石膏模车间、机修车间、中心试验室或试验工场、包装车间、熔块车间等；

③生产服务设施 包括动力设施（压缩空气、电力、热力等）、运输设施、给排水设施、工程技术管网、堆场、仓库、行政管理和生活福利设施、绿化美化设施等。

（2）建筑卫生陶瓷厂的厂区功能分区

①厂前区 包括行政管理、产品研发展示和文化福利设施的布置区域；

②生产区 包括主要生产区（布置主要生产车间）和辅助生产区（布置辅助生产设施）；

③仓库、堆场区 布置各种原料、燃料、废品的仓库和堆场的区域；

④动力公用设施区 布置变电所、锅炉房、煤气发生站、油罐、空压机站等区域。

这四个区域是一个基本的总体划分，这些区域往往会交叉重合的。

3. 工厂总平面的布置方式

工厂总平面的布置方式，按照工厂生产工艺流程的组织和特点、建筑物的体量大小和幢数的多少、场地地形特征等条件，分为以下几种布置方式：街区式、台阶区带式、成片式、自由式等，如图 14-1 所示。

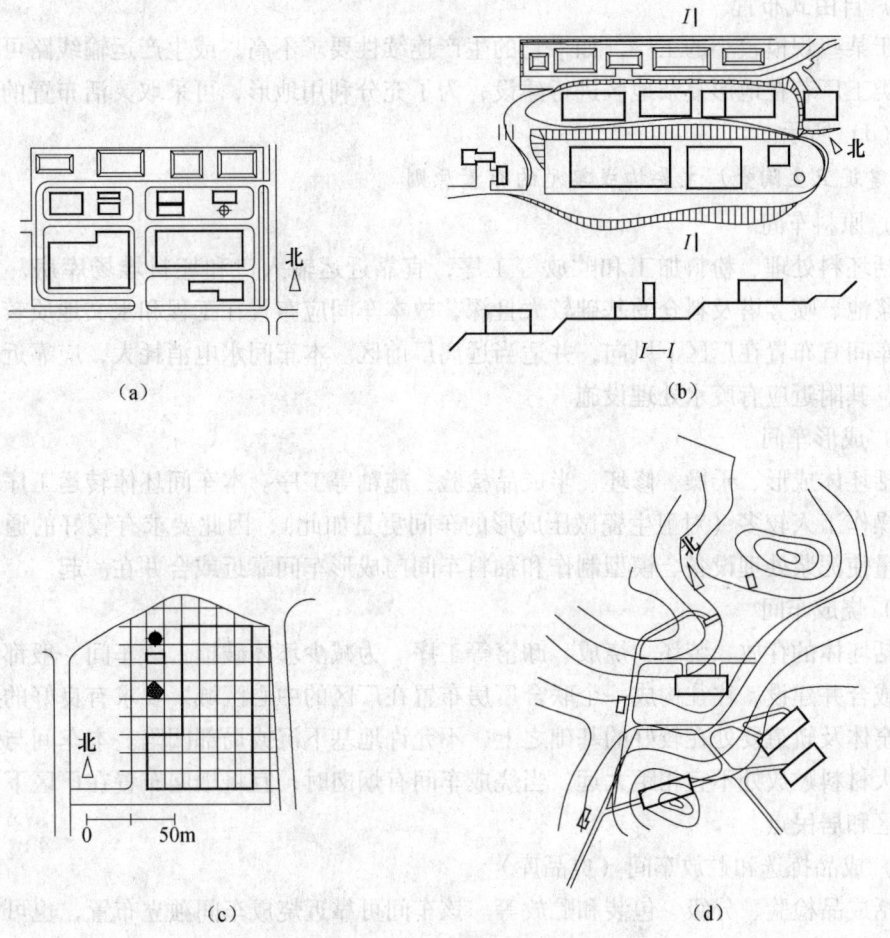

图 14-1 工厂总平面布置方式示例
(a) 街区式布置；(b) 台阶区带式布置；(c) 成片式布置；(d) 自由式布置

(1) 街区式布置

街区式布置是根据工厂生产工艺流程的组织和特点，在由四周道路环绕的街区内，成组地布置相应建（构）筑物，如图14-1（a）所示。这种布置方式适合厂区建（构）筑物数量较多，且地形平坦又呈矩形的场地，它具有利于组织生产、布置交通运输线路、铺设管线和有效组织厂区建筑群体的特点。

(2) 台阶区带式布置

在具有一定坡度的场地上，为了保证生产和有效利用地形，常将厂区纵轴平行等高线布置，并在厂区内顺应等高线划分若干条区带，区带间形成台阶，在每条区带上按生产使用功能要求，布置相应的建（构）筑物及设施，如图14-1(b)所示。

(3) 成片式布置

成片式布置以成片厂房（联合厂房）为主体建筑，在主体建筑附近的适当位置，根据生产使用要求和建筑群的空间规划格局，布置相应的体量较小的辅助性建筑，如图14-1(c)所示。这种布置方式是适应现代工业生产的连续化、内部化、自动控制要求而逐渐兴起的，比较节约用地，要求场地比较平坦。

(4) 自由式布置

对于某些规模较小的工厂，如果它的生产连续性要求不高，或生产运输线路可以灵活组织，这类工厂若在地形复杂地区进行建设，为了充分利用地形，可采取灵活布置的方式，如图 14-1(d) 所示。

4. 建筑卫生陶瓷厂主要构成单元的布置原则

(1) 原料车间

包括坯料处理、粉料加工和贮放等工序，宜靠近运输入口和坯料堆场库房，由于球磨机、贮浆池、喷雾塔及料仓的基础较大且深，故本车间应布置在工程和水文地质较好的场地上。本车间宜布置在厂区下风向，并适当远离厂前区。本车间水电消耗大，应靠近水源和变配电所，其附近应有废水处理设施。

(2) 成形车间

包括坯体成形、干燥、修坯、半成品检验、施釉等工序。本车间坯体转运工序多，运输量大，操作工人较多（对卫生瓷微压成形的车间更是如此），因此要求有较好的通风采光条件，尽量使泥浆处理设备、模型制作和釉料车间与成形车间靠近或合并在一起。

(3) 烧成车间

包括坯体的存放、装坯、烧成、卸窑等工序。为减少坯体破损，该车间一般都与成形工段靠近或合并建设。往往构成一个联合厂房布置在厂区的中心区域。要求有良好的通风散热措施，窑体及轨道要处在较好的基础之上，不允许地基下沉或局部凹陷。本车间与燃料供应处、耐火材料贮放处不宜相距太远。当烧成车间有烟囱时，宜将烟囱布置在厂区下风向并远离厂前区和居民点。

(4) 成品拣选和贮放车间（成品库）

包括成品检验、分级、包装和贮放等。该车间可靠近烧成车间独立布置，也可以与烧成车间合并为一体。为避免检验误差，车间需采光较好（人工拣选时）。该车间宜靠近中心试验室和产品销售处。故该车间有时布置在靠近厂前区地段。

卫生瓷产品冷加工和墙地砖产品磨抛处理时，则需另设车间，需考虑防噪声措施。

(5) 模型制作

卫生陶瓷厂设模型制作车间，包括原胎母模制作、工作模制作、石膏模型干燥等。模型车间应靠近成形车间，并远离坯釉料仓库堆场，以避免石膏粉对原料的污染。

(6) 中心试验室及试验工场

中心试验室及试验工场应尽可能靠近主要生产车间。中心试验室要求环境清洁，宜选择在厂区上风向，在一般情况下，应布置在厂前区。此外，它要远离振动和噪声，以保证仪器的灵敏性和准确性。对于中、小型陶瓷厂，中心试验室可合并在厂部办公楼内。试验工场一般布置在生产区内，以便于原料、燃料的供应。

(7) 厂部办公楼

厂部办公楼应当布置在靠近主要入口处或与入口合并建筑。对现代化的大型陶瓷厂，厂部办公楼一般均设计独特，置于厂前区的中心位置，代表该厂的独特形象。中、小型陶瓷厂则偏重于其生产管理功能，离生产区较近，有时处于联合厂房的一侧而成为联合厂房的一部分。

(8) 锅炉房与煤气站

锅炉房主要供给全厂生产和取暖用蒸汽。它应该布置在靠近蒸汽用量较多的车间，同时应尽量布置在厂区较低的地区以便于回水，锅炉房应布置在厂区下风向。煤气站布置必须保证防火间距。

(9) 变电所和配电房

变电所应考虑进线方便和靠近负荷中心。如为露天变电设施，则要在原料、燃料和废料堆场的上风侧。车间变配电房可单独设置，或/和发电机合并在同一建筑内，还可以附设于车间建筑物一侧（应布置在人员来往较少的一角，并有明显的标志）。

(10) 材料五金库

材料五金库布置时应该考虑交通方便，还应便于与全厂各车间联系。

(11) 成品库

成品库常和包装车间合并在一起，成品库应该靠近成品的检验车间和汽车或火车的交通道。

(12) 露天堆场及原料棚

在不影响厂容的情况下，尽可能布置在厂区下风带，并考虑运输方便。

(13) 消防机构

对大型陶瓷厂可设一部或两部消防车，一般布置在厂区与工人居住区之间的防护区内。消防车不能和汽车合用一个车库，以免影响消防出车的速度。若是混合在一起，应有两个出车门，并将汽车道和消防道分开。消防车库前应有一个广场供消防人员训练之用。消防人员宿舍应和消防车库靠近。中、小型陶瓷厂不设消防机构。

(14) 食堂和职工宿舍

食堂和职工宿舍应布置于厂前区，用围墙与厂区隔开而形成一独立的部分。食堂应布置在靠近人数较多的车间和近于全厂工人上下班的主要入口处。

(15) 汽车库

汽车库应该包括车库、露天停车广场等。布置在厂区内出车方便之处，布置车库时应保证有较好的自然采光。在严寒地区，不应使冬季主导风向和车库门相对。车库前应留有足够的场地作停车广场，在门前20m之内不应该有任何的障碍物。

(16) 污水处理站

污水处理站宜靠近污水量大的生产车间或厂区最低处。

图14-2、图14-3、图14-4是三个典型建筑卫生陶瓷厂的总平面布置图。

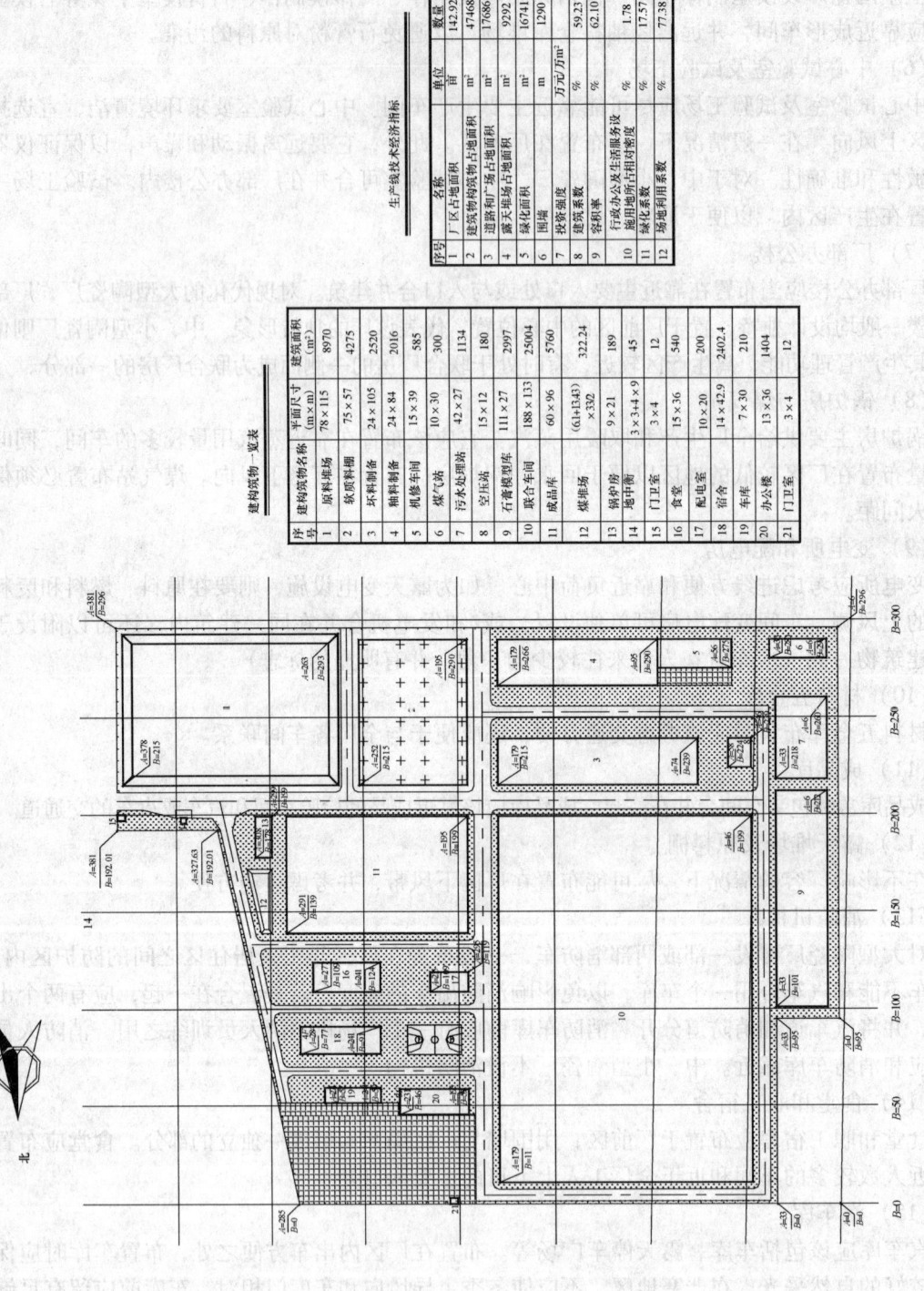

图14-2 年产120万件高档卫生陶瓷生产线的总平面布置图

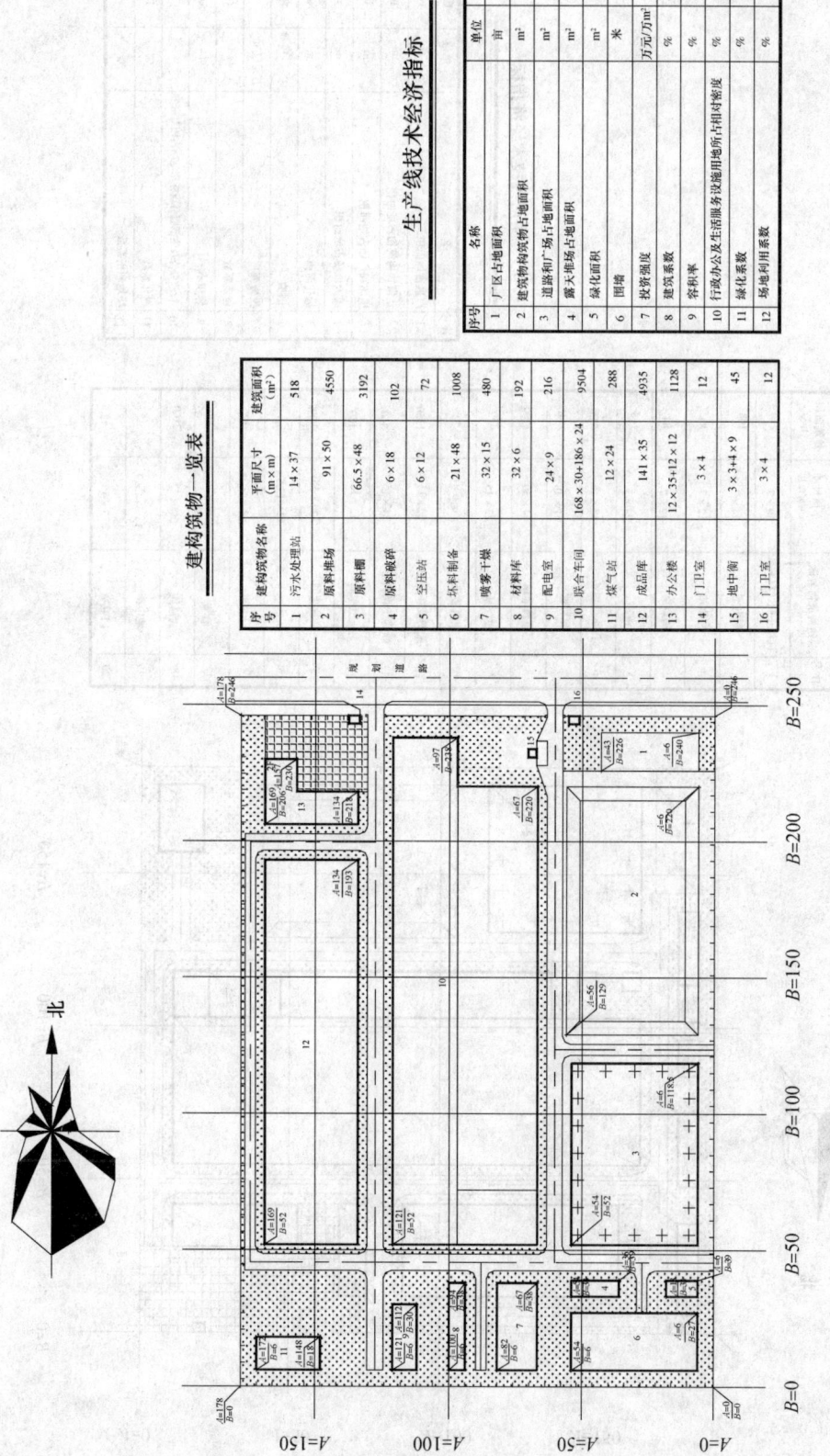

图14-3 年产400万m^2陶瓷釉面内墙砖生产线的总平面布置图

建构筑物一览表

序号	建构筑物名称	平面尺寸 (m×m)	建筑面积 (m²)
1	机修车间、材料库	30×7	210
2	配电室	24×7	168
3	空压站	12×7	84
4	锅炉房	12×7	84
5	浴室	24×7	168
6	污水处理站	35×15	525
7	原料棚	51×48	2448
8	原料堆场	64×50	3200
9	煤气站	22×15	330
10	原料破碎	6×6+6×6	72
11	配料及坯料制备	90×15	1350
12	喷雾干燥制粉	24×15	360
13	压型车间	12×15	180
14	联合车间	156×48	7488
15	办公楼	42×13.8	2898
16	门卫室	3×4	12
17	食堂	30×9	270
18	成品库	30×72	2160
19	地中衡	3×3+4×9	45
20	门卫室	3×4	12

生产线技术经济指标

序号	名称	单位	数量
1	厂区占地面积	亩	53.53
2	建筑构筑物占地面积	m²	16513
3	道路和广场占地面积	m²	6441
4	露天堆场占地面积	m²	3200
5	绿化占地面积	m²	6637
6	围墙	米	721.1
7	投资强度	万元/万m²	
8	建筑系数	%	55.27
9	容积率	%	52.80
10	行政办公及生活服务设施用地所占相对密度	%	1.88
11	绿化系数	%	18.61
12	场地利用系数	%	73.33

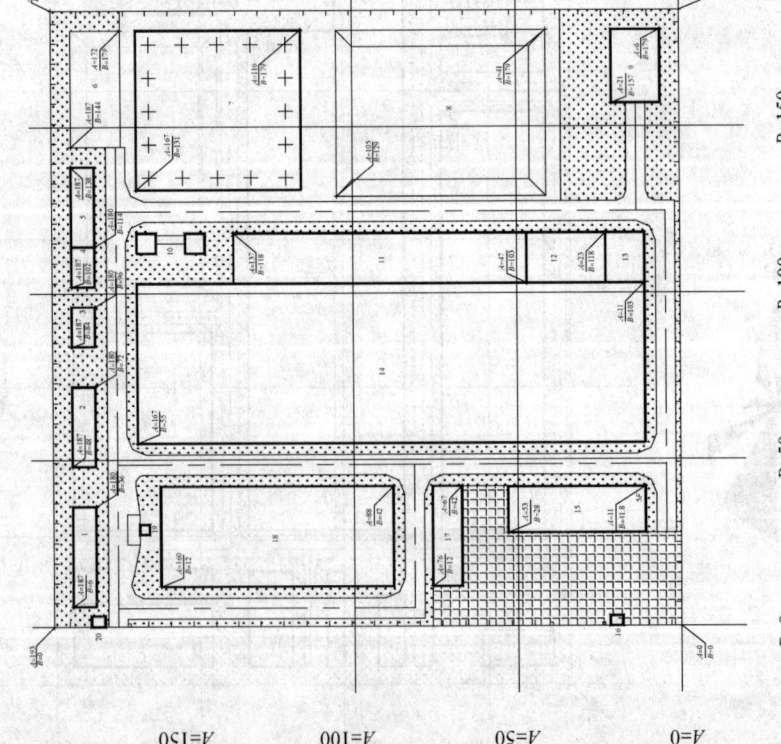

图14-4 年产300万m²抛光砖生产线的总平面布置图

5. 竖向布置

竖向布置就是确定建设场地上的高程（标高）关系。既是根据建设项目的使用要求，结合场地的地形特点和施工技术条件，研究建筑物、构筑物、道路等相互的标高关系，充分利用地形，减少土石方量，经济、合理地确定建（构）筑物及道路等的标高。

（1）竖向布置的基本任务

①选择厂区竖向布置方式，合理确定标高，力求减少土石方量并满足工厂的生产和交通运输要求。

②确定建筑物、构筑物、露天仓库的地坪标高，以及铁路、道路、排水、构筑物的标高并使厂内外能相互衔接。

③拟定厂区排水方式，保证地面雨水的顺利排除，不使场地积水和被水淹。

④计算确定土石方工程量和场地土方平整方案，选定弃土或取土的场地。

⑤合理确定厂区场地内由于挖、填方而必须建造的工程构筑物（护坡、挡土墙）及排水设施。

（2）竖向布置的方式

根据场址地形情况，厂区竖向布置方式一般有连续式和阶梯式两种。

现在的建筑卫生陶瓷厂大多采用连续式布置。因地形特殊，对局部（比如原料贮存及处理部分）可采取重点式平整的办法，其余成形、烧成等大片区域仍采用连续式平整。此种情形称作混合式布置。

6. 工程管线综合

建筑卫生陶瓷厂的各种工程技术管线的合理及安全敷设是全厂正常生产、生活的基本保证。这些管线的具体尺寸、阀门设置、大体走向是由各专业设计的，但汇总及敷设方式却是总图设计者应考虑的问题。

（1）管线布置原则

必须遵守《工业企业总平面设计规范》GB 50187—1993 第七章有关规定。

（2）建筑卫生陶瓷厂管线的主要种类及用途

①上、下水管道：供给生产和生活用水，排除雨水和污水；

②电缆、电线：供给生产动力与照明用电；

③热力管道：供给生产和生活用的蒸汽和热水等；

④压缩空气管道：用于球磨机出浆，驱动设备上的气动元件，气动隔膜泵送浆，喷釉，修坯吹灰，成形脱模等；

⑤重油、煤油、柴油管道或煤气、天然气管道：供给喷雾干燥塔、干燥器、窑炉等燃料；

⑥弱电线：通讯及广播电线；

⑦泥浆管道：原料车间、卫生瓷成形车间的泥浆输送等。

7. 交通运输布置

交通运输布置是总平面设计的一个重要内容。通过运输组织，可以保证生产中所需的原材料、燃料和半成品的供应，使生产连续不断。

陶瓷厂运输种类分为厂内运输和厂外运输。厂内运输主要是道路运输、架空吊篮运输、空气水力运输及各种机械运输等；厂外运输主要是公路运输、铁路运输、水路运输。

一般而言，年运输量大于 5 万 t 时，才考虑铁路运输。布置在江河海岸边的工厂，可以利用水路进行物料运输，水路运输与铁路运输一样具有运输量大的特点，另外，它投资较少，不占土地，运费较低。但水运的缺点是有些航道会受到水位变化和季节性的影响。

对大多数陶瓷厂而言，道路运输是最常见和经济方便的运输方式。它灵活性大，适应性强，并有利于利用当地运输力量。故在此重点介绍道路运输。

道路布置的一般原则：

①满足各种交通运输要求：如厂区道路要满足厂内车间之间的运输线路短捷、顺畅和不往返交叉。

②考虑安全和环保要求：厂区及生活区道路均要考虑行车和人行安全，尽量少设置长直线下坡路段以避免车祸。货运车辆尽可能远离或穿越生活区，以保持生活区的安静。

③注意与道路两旁绿化及工程技术设施（如管路布置）等协调统一。

④节约用地和投资：工厂道路比城镇公路要求低（就车速和通行量而言），故尽可能选用较小的转弯半径和较窄的路面宽度。在交通不频繁的生活区和厂内辅助生产区，采用尽端式道路比环形道路更能节约用地。

⑤充分利用地形：平缓地形道路可采用横平竖直的布置，在丘陵或山地处则宜按自然地形布置。如将主干道布置在地形相对平坦处，将次干道选在坡度较大的地段。

8. 厂区绿化

(1) 厂区绿化的作用

①调节气温：一般情况下，夏季林荫下的气温比无林荫地带的气温低 $3\sim5℃$，冬季则可提高气温 $0.1\sim0.5℃$。

②调节湿度：植物叶面能蒸发水分，绿化地区的空气湿度较非绿化地区高。

③调节气流：在林带高度的 1 倍距离内，可减低风速 60%；10 倍距离时，可减低风速 20%。在静风时，林荫带又可促进气流交换。

④吸收二氧化碳，产生氧气：一公顷阔叶林，在一天内可消耗 1t 二氧化碳，放出 0.75t 氧。如每人有 $25m^2$ 的草坪，就可以把一个人白天呼出的二氧化碳全部吸收。

⑤吸收有害气体：建筑卫生陶瓷厂在生产过程中，或多或少会产生一些二氧化碳、一氧化碳、碳氢化合物和铅等有害物质，不少植物对这些物质有抗性并有吸收有害气体的能力，能起净化空气的作用。

⑥滤尘杀菌：植物的枝叶能过滤空气中的烟尘，有的还能分泌一种能杀菌的有机物质，挥发到大气中去杀灭细菌。

⑦减弱噪声：一般绿化可降低噪声 $8\sim10dB$。分支低、树冠低的乔木降噪声效果好。

⑧加固坡地、堤岸和稳定土壤作用，以免水土流失。

(2) 工厂绿化布置

工厂绿化可分为厂内局部环境绿化、厂内道路绿化、厂前区绿化、周边绿化，以及工厂与居住区之间的防护绿化。由上述各部分绿化组成工厂的整体绿化效果。

①厂内局部绿化：包括车间周围环境和休息场地的绿化。一般车间都要求比较洁净，对隔热（南方地区）、防风（北方地区）、防尘、防噪声均有一定要求，故在树种选择和绿化方面就应考虑这些要求。如在车间的南面宜种落叶乔木，以便冬季采光和获得充足的阳光；在东西侧宜种高大荫浓的乔木以防夏日暴晒；在北侧宜种常绿、落叶乔木和灌木混交配植，以挡冬季的寒风和尘土，尤以北方地区更应对此注意。车间周围的空地，宜以草皮覆盖，以使环境清新、明快。

面临主干道的入口处，可配合建筑造型和临近环境种植常绿树和花灌木加以点缀，配植露地草花加以陪托，使入口环境富有生机勃勃之感。

②厂内道路绿化：应满足吸尘、防噪、遮阳、交通安全和路容美观的要求。道路绿化通常采取在道路两侧人行道上种植高大稠密的乔木，形成行列式的林荫道。当道路较窄时，可采取交错排列种植，或在道路一侧种植，以期获得遮阳效果。从道路绿化功能考虑，在车行道和人行道之间可配置绿化带，绿化带采取落叶大乔木与灌木混交种植，可获得良好效果，既可防尘、防噪、遮阳，又可分隔人流与车流，还利于冬季车间的采光。

③厂前绿化：工厂主要出入口及行政、生活福利建筑等周围环境的绿化，应结合厂前建筑群体组合和美化设施统一考虑，合理布置。为便于人流集散，工厂大门往往后退建筑红线布置。此时可沿厂前城市道路井然有序地种植树形美观的乔木，以引导人流通向厂区，在入口附近可重点进行装饰性绿化并配以建筑小品，以加强入口气氛。行政办公楼往往是厂前区建筑主体，对工厂面貌影响较大，应重点绿化，在重点地方配以池、花坛、假山、棚架，并注意与临近的广场、道路的绿化相协调。

9. 建筑卫生陶瓷厂总平面布置的发展趋势

现代化的建筑卫生陶瓷厂具有连续性、联动性、高效能、自动控制的特点。随着生产工艺的革新、生产组织和管理体制的变革、生产规模的不断扩大，陶瓷厂工业建筑的平面空间组合和总平面布置，无论在功能上和技术上或是在改善环境和建筑艺术质量上，与传统的建筑陶瓷厂建筑群体规划布置和方法相比，都在发生深刻的变化。其特点如下：

(1) 强调工厂的区域性规划和环境质量

从人类环境结构出发，考虑城市、工业和建筑的综合要求，以提高环境质量。即从整个城市或大的区域未来发展规划出发，来考虑建筑陶瓷厂的位置选择和合理布局，使之符合社会效益和经济效益、环境保护和美学要求。

(2) 重视工厂的长远发展

总平面布置要适应工厂规模不断扩大的需要。建筑卫生陶瓷厂的主要生产流程有封闭式，连续性特征，扩建比较灵活。

(3) 发展联合厂房

伴随陶瓷工业现代化而产生的"联合厂房"，在实践中不断发展完善，并得到广泛采用。逐步打破了过去工业厂房传统的设计原则和特征。只有连成一片的联合厂房最能适应内部调整和向外部扩充的灵活性的要求，但要注意保持良好的通风和照明条件。

(4) 有效开拓空间，建多层厂房和仓库

多层厂房可以充分发挥垂直空间效应，布局较灵活，它可以有不同的体型和空间，适应多种生产功能和场地变化的需要。我国许多现代化的卫生陶瓷厂都采用多层厂房，半成品、成品及石膏模型也分楼层堆放，以人货两用电梯或吊篮输送线将各层生产关系相联系，同时也使管路系统十分简洁有效。

(5) 重视物料储运

世界各国均重视工厂物料储运的研究，并且采取多种生产运输方式，以实现物料搬运及仓库作业的机械化和自动化。物料搬运是科学组织生产、调节生产的手段，也是降低成本的重要对象。此外，物料搬运还直接影响到产品质量。近年来，国外多层自动立体仓库有一定的发展。

10. 总平面设计的步骤

(1) 收集总平面设计资料

①区域位置地形图　比例尺为1:5000或1:10000。

②建设用地地形图　比例尺为1:500或1:1000。

③气象、水文地质、工程地质、防洪等见本章相关内容。

④公路运输　临近公路等级宽度和结构形式；接线点坐标、标高和到达接线点的距离；当地车辆的主要种类。

⑤供电　电源位置，引入供电线的方向和到建设地点的距离，线路敷设方式，是否有高压线经过。

⑥施工、材料、条件　施工力量、建筑机械、施工方法等。

⑦当地规划要求。

(2) 方案设计

方案设计主要是考虑一些原则问题，如厂区方位、建构筑物相对位置、厂内交通与厂外连接方式和位置、给排水，供电方式和进出厂线路。尤其工艺设计者要与总图设计者共同调整研究方案，做出不同方案反复比较利弊。

(3) 初步设计

1) 初步设计总平面布置图应附有区域位置图。初步设计文件中总平面布置内容包括设计依据和布置特点（包括平面分区、竖向布置、运输布置等）。估计土方量和拆迁量，列出主要技术经济指标，叙述存在的问题。

2) 初步设计图纸一般内容。

①区域位置图

a. 地形和地物；

b. 城市坐标网、坐标值；

c. 工程场地范围的测量坐标或尺寸；

d. 场地附近原有或规划的交通线路及公用设施，本工程道路、铁路接线点及进入场地的位置、坐标和标高；

e. 场地附近河道、水库的名称、位置、主要高程；

f. 场地附近大型公共建筑的位置和名称；

g. 指北针、风玫瑰图；

h. 区域位置图可视工程规模等情况与总平面图合并。

②总平面图

a. 地形和地物；

b. 测量坐标网、坐标值，场地施工坐标网、坐标值（或标注尺寸），规划红线；

c. 建筑物、构筑物、出入口、围墙位置，其中主要建筑物、构筑物的坐标（或相关尺寸）；

d. 废旧建筑物的拆除范围、相邻建筑物的名称和层数与相邻建筑物的距离、日照阴影图；

e. 道路、铁路和排水沟的主要坐标（或相关尺寸）；

f. 停车库（场）的车位布置、消防登高场地、绿化及美化设施的布置示意；

g. 指北针、风玫瑰图；

h. 主要技术经济指标和工程量表；

i. 说明栏内应有尺寸单位、比例、场地施工坐标和测量坐标的关系、补充图例及必要的说明等。

③竖向布置图

a. 场地施工坐标网、坐标值（或尺寸）；

b. 建筑物、构筑物的名称（或编号）、室内外设计标高；
c. 场地外围的道路、铁路、河渠或地面的要害性标高；
d. 道路、铁路、排水沟的起点、峦坡点、转折点和终点等设计标高；
e. 用坡面箭头表示地面坡向；
f. 指北针；
g. 比例、尺寸单位；
h. 工程简单时，可与总平面图合并。

(4) 施工图设计

1) 施工图设计应对所有建（构）筑物准确定位，地形复杂时要对道路设计单独出图，并做出道路剖面图；竖向规划和排水方式，必要时要单独绘制竖向布置图；管线复杂的情况下须绘制综合平面图。

2) 施工图设计内容。

①图纸目录

先列新绘制图纸后列选用的标准图或重要利用图纸。

②总平面图
a. 地形和地物；
b. 测量坐标网、坐标值，场地施工坐标网、坐标值（或标注尺寸），规划红线；
c. 建筑物、构筑物、出入口、围墙位置，其中主要建筑物、构筑物的坐标（或相关尺寸）；
d. 废旧建筑物的拆除范围、相邻建筑物的名称和层数与相邻建筑物的距离、日照阴影图；
e. 道路、铁路和排水沟的主要坐标（或相关尺寸）；
f. 停车库（场）的车位布置、消防登高场地、绿化及美化设施的布置示意；
g. 指北针、风玫瑰图；
h. 主要技术经济指标和工程量表；
i. 说明栏内应有尺寸单位、比例、场地施工坐标和测量坐标的关系、补充图例及必要的说明等。

③竖向布置图
a. 场地施工坐标网、坐标值（或尺寸）；
b. 建筑物、构筑物的名称（或编号）、室内外设计标高；
c. 场地外围的道路、铁路、河渠或地面的要害性标高；
d. 道路、铁路、排水沟的起点、峦坡点、转折点和终点等设计标高；
e. 用坡面箭头表示地面坡向；
f. 指北针；
g. 比例、尺寸单位；
h. 当工程简单时，可与总平面图合并。

④管线综合图
a. 总平面布置；
b. 场地四界施工坐标（或尺寸）；
c. 各管线平面布置，注明各管线与建筑物、构筑物的距离和管线间距；
d. 场外管线接入点的坐标和标高；
e. 管线密集地段和典型部位断面图；
f. 指北针、补充图例、比例、尺寸单位。

⑤室外环境设计

a. 总平面布置；

b. 场地四界施工坐标或尺寸；

c. 道路、硬地和硬质景观布置和设计；

d. 绿化和种植设计；

e. 指北针、图例、比例、尺寸单位。

11. 风玫瑰图及总平面技术经济指标

（1）风玫瑰图

风向频率玫瑰图（简称风玫瑰图）是根据某一地区多年统计的平均各个方向吹风次数的百分数值，按一定比例绘制的。一般多用 6 个或 16 个罗盘方位表示。玫瑰图所表示的风的吹向，是指从外面吹向地区的中心。风玫瑰图绘制步骤如下：

①确定方位坐标，绘出方向坐标图，如图 14-5（a）所示。

②根据多年统计的平均值资料，用一定比例绘出各个方向的长度。

③连接各点，绘成封闭图形，如图 14-5（b）所示。

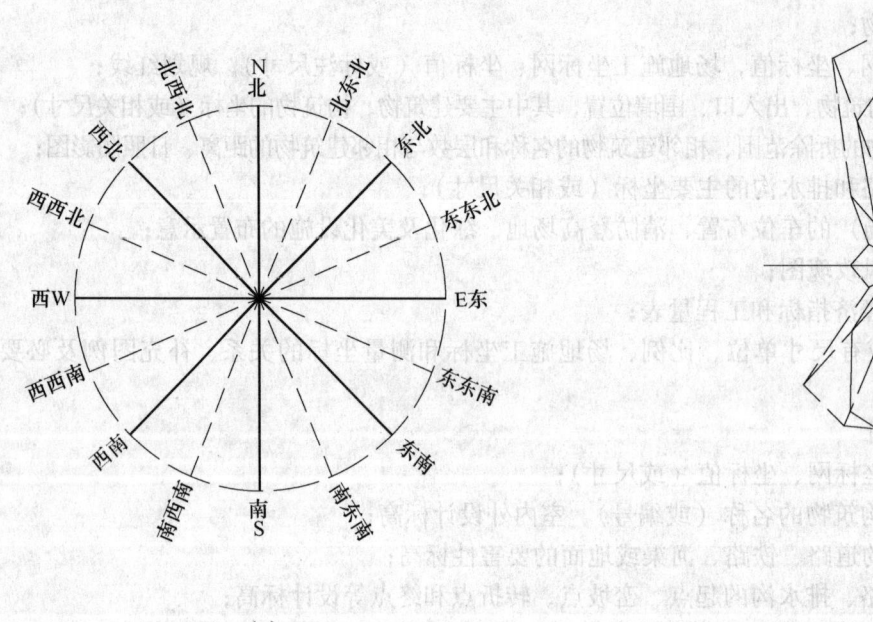

图 14-5 风玫瑰绘制（根据 1961~1970 年气象资料绘制）图中实线为全年平均，虚线为最热月平均
(a) 方向坐标绘制；(b) 风玫瑰图示例

（2）总平面技术经济指标及其计算方法

①厂区占地面积：指厂区围墙以内的用地面积（如无围墙时，指厂区规定的界限）。

②建筑物、构筑物占地面积：指厂区内全部建筑物、构筑物占地面积。有固定装卸设备的露天堆场：指无盖的仓库和堆场（如露天栈桥、龙门吊堆场、矿石中和场）的占地面积。露天堆场：指各种原料、燃料、半成品等堆存面积。

建筑面积的计算方法一般按建筑物行列线计算，小型房屋和构筑物可按外墙中心线计算。当局部地区的建筑物和构筑物小而密集时，可将其当成一座建筑物计算，如煤气站的占地面积。

③建筑系数：指项目用地范围内各种建筑物、构筑物、堆场占地面积总和占总用地面积

的比例，其计算方法如下：

建筑系数＝（建筑物占地面积＋构筑物占地面积＋堆场用地面积）÷项目总用地面积×100%

④道路总延长：按厂区内可通行汽车的车行道中心线计算（包括回车道、车间行道，计算时扣除与道路中心重合部分）。

⑤场地利用系数指厂区内所有建筑物、构筑物、露天堆场、铁路、道路及回车场、地上、地下工程管线，建（构）筑物散水坡占地面积之和与厂区占地面积之比。

a. 铁路占地面积以铁路总延长乘以平均路基宽度计算。填土或挖土地段的铁路，以路堤底部或路堑顶部的实际宽度计算。

b. 郊区型道路包括车行道路肩及排水沟的占地面积。场地利用系数计算方法如下：

场地利用系数＝建筑系数＋（道路、广场及人行道占地面积＋铁路占地面积＋管线及管廊占地面积）÷项目总用地面积×100%

⑥土方工程量　指厂区内粗平土方工程量的挖方和填方数量（厂内土方工程量应包括建筑物、构筑物基槽的余土）。

⑦绿地率　绿地面积总和系指小游园、花坛以及成块成带植物的总和。

绿地率＝绿地面积总和÷项目总用地面积×100%

⑧行政办公及生活服务设施用地所占相对密度计算

行政办公及生活服务设施用地所占相对密度＝行政办公、生活服务设施占地面积÷项目总用地面积×100%

工业项目行政办公及生活服务设施用地面积不得超过项目总用地面积的7%。

12. 总平面布置常用图例

总平面布置常用图例见表14-14。

表14-14　总平面布置常见图例

名称	图例	说明	名称	图例	说明
新设计的建筑物		1. 比例小于1:2000时，可以不画出入口 2. 需要时可在右上角以点或数字表示层数	桥梁		上图表示公路桥 下图表示铁路桥
原有的建筑物		在设计中拟利用者，均应编号说明	雨水井		
计划扩建的预留地或建筑物		用细虚线表示	室内地坪标高	154.20	
拆除的建筑物			室外整平标高	143.00	
地下建筑物或构筑物		用粗虚线表示	设计的填挖道坡		道坡较长时，可在一端或两端局部表示
散状材料露天堆场			平隧或隧道		下图为铁路隧道

续表

名称	图例	说明	名称	图例	说明
漏斗式贮仓		底卸式	码头	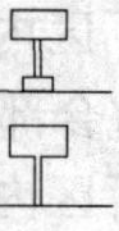	1. 上图表示浮码头，下图表示固定码头 2. 新设计的用粗实线，原有的用细实线，计划扩建的用细虚线，拆除的用细实线并加"×"符号
冷却塔	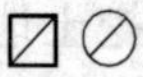	左图表示方形 右图表示圆形	汽车衡	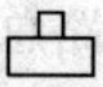	
贮罐或水塔			斜坡卷扬机道	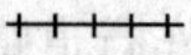	
烟囱			斜坡栈桥 （皮带廊等）	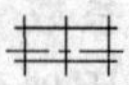	细实线表示支架中心线位置
围墙	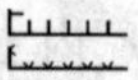		露天单轨吊车	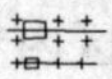	"+"表示支架位置
挡土墙			架空索道		方框表示支架位置
台阶	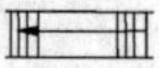	箭头方向表示下坡	透水路堤		道坡较长时，可在一端两端局部表示
其他材料露天堆场或露天作业场			新设计的道路	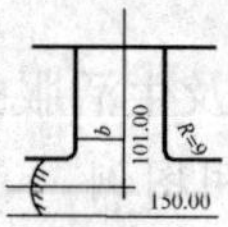	1. R 为道路转弯半径 "150.00"表示路面中心标高，"6"表示6%或6‰，为纵坡度，"101.00"表示变坡点间距 2. 斜线为道路断面示意
铺砌场地					
敞棚或敞廊	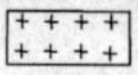				
露天桥式吊车	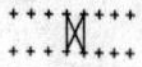		过水路面		
龙门吊车	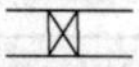		原有的道路		
洪水淹没线		阴影部分表示淹没区，在底图背面涂红表示	计划的道路		
地表排水方向			人行道	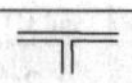	
坐标	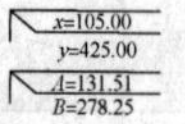	上图表示测量坐标，下图表示建筑坐标	截水沟或排洪沟	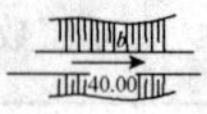	"6"表示6%，为沟底坡度，"40.00"表示变坡间距离，箭头表示水流方向
护坡		道坡较长时，可在一端或两端局部表示	排水明沟	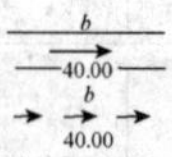	1. 上图用于比例较大的图面中，下图用于比例较小的图面中 2. 其余同截水沟说明
方格网交叉点标高	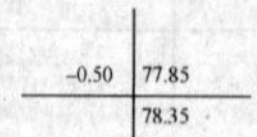 −0.50 77.85 78.35	"78.35"为原地面标高，"77.85"为设计标高，"−0.50"为施工高度"−"为挖方"+"为填方	沟底标高	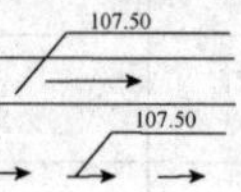	上图用于比例较大的图面中，下图用于比例较小的图面中
填方区，挖方区，未整平区及零点线	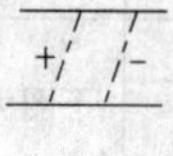	"+"为填方区，"−"为挖方区，中间为未整平区，点划线为零点线	有盖的排水沟	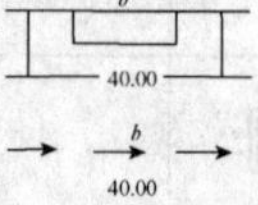	同截水沟说明

14.5.2 土建

1. 陶瓷工厂的建筑工程

主要是生产性工业建筑和与其相配套的非生产性办公、生活服务性建筑，其结构形式有钢筋混凝土结构、钢（轻钢）结构和砖混结构，建筑层数一般为单层和多层建筑。单层轻钢厂房构造示意图如图 14-6 所示。

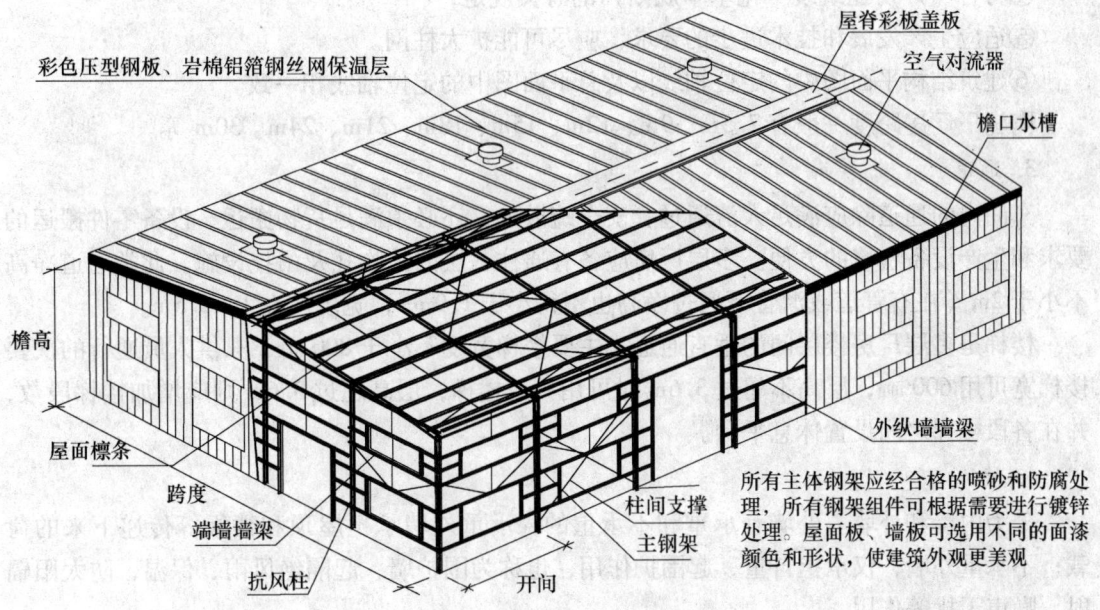

图 14-6 单层轻钢厂房构造示意图

建筑设计必须遵循适用、经济、美观的设计原则，力求客观地将使用功能、物质技术和建筑艺术三方面的要求统一起来，努力创造既满足生产需求，又坚固耐用、经济合理，还有我国特色的建筑工程设计。

2. 建筑物体量的确定

工业建筑的大体型，一般由生产需求来决定，工艺的变化将直接影响主题形式的变化。一般情况下体形组合的常用方法有：雕凿法（即减法）、附加法（即加法）相贯、悬挑、叠落、平接、差别、积聚、嵌入等组合形式，在可修建多层厂房的情况下，杜绝修建单层厂房。

影响建筑内间组成的各种因素有：内部空间的性质、生产工艺的布置、建筑结构节能、抗震设防、建筑材料、建筑采光通风、噪声与环境因素的影响等。

(1) 平面组合

平面组合是综合考虑和全面解决平面设计中各种矛盾，要妥善处理建筑平面和生产工艺的关系，根据地形、气象运输等条件来合理确定柱网尺寸和结构形式。

平面组合的内容包括：建筑平面的确定、生产工段和辅助用房的确定、生产运输路线组织、柱网尺寸和平面形状的决定，以及门窗的选择等。在平面组合中，应综合考虑水、电、暖、气等技术设施要求。应在技术经济合理的基础上，力求简单。

（2）柱网的确定

厂房的承重柱子或承重墙的纵向和横向定位轴线，在平面上构成规则的网络，这就是柱网。柱网选择的原则一般应为：

①符合生产和工艺布置要求；
②建筑平面和结构方案经济合理；
③在厂房结构形式和施工方法上方具有先进性和合理性；
④符合《厂房建筑统一化基本规则》的有关规定；
⑤适应生产发展和技术进步的要求，应尽可能扩大柱网。
⑥建筑结构平面图中的定位轴线以及总平面图中的定位轴线相一致。

陶瓷厂厂房跨度一般有7.5m、9m、12m、15m、18m、21m、24m、30m等。

3. 通道

车间内的通道除应满足人流通过、安全疏散外，还必须满足货物搬运、设备零件搬运的要求和生产设备检修的方便。多层厂房应备有通往各层的吊物孔及吊挂设施。此类通道净高不小于2m（在有管道或溜管下通过净高也不得小于1.9m），宽度应在1~1.5m。

楼梯是多层厂房楼层间的垂直通道，主要楼梯宽度不小于800mm，只供人员通行的次要楼梯宽可用600mm，层高不超过3.6m时可用一般楼梯；层高超过3.6m则应增加楼梯段数，并在各段楼梯之间设置休息平台。

4. 墙

分为内墙和外墙。外墙有承重和不承重的，承重外墙承担屋顶和楼板等传递下来的荷载；不承重外墙，仅承担自重，起围护作用，也称为围护墙，起隔绝风雨、保温，防太阳辐射、噪声干扰等作用。

内墙也分承重和非承重的。一般厂房承重内墙不多，通常用非承重内墙。

5. 门

厂房大门设置的位置应满足生产联系、安全、人流疏散等要求，常用门洞尺寸见表14-15。

表14-15 常用门洞尺寸

通行车辆	手推车	电瓶车	一般载重汽车	大型载重汽车	火车及平车
门洞尺寸宽×高（m）	1.5×2.1~2.7	2.1~2.4×2.4	3.0~3.3×3.0~3.6	3.6~4.5×3.6~4.2	4.2~6.0×5.1~6.0

6. 窗

建筑卫生陶瓷厂的主要生产车间一般都要求有较好的天然采光和自然通风条件，故应设置侧窗或天窗等。

14.5.3 供电

1. 陶瓷厂供电系统

一般大型陶瓷工厂的电源进线电压是6~10kV，先经过高压配电所，然后由高压配电线路将电能输送给各车间变电所，降低成一般用电设备所需的电压（如380V/220V）。图14-7是比较典型的中型工厂供电系统主接线示意图。

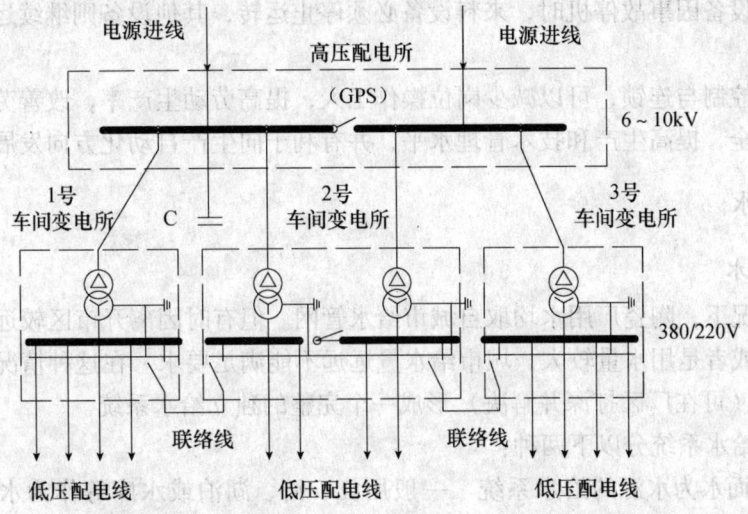

图 14-7　典型的中型工厂供电系统主接线示意图
——— 母线；— — 线路；■■■ 中性线；◯ 变压线；C = 电容器

2. 负荷分类和计算

工厂电力负荷按其重要性及其中断供电造成的损失或影响的程度，分为三级：

（1）一级负荷：中断供电将造成人身伤亡者；或在政治、经济上造成重大损失者，如重大设备损坏，重大产品报废，用重要原料生产的产品大量报废，国民经济中重点企业的连续生产过程被打乱需要长时间才能恢复等。

（2）二级负荷：中断供电将在政治上、经济上造成重大损失者，如主要设备损坏，大量产品报废，连续生产过程被打乱需较长时间才能恢复，重点企业大量减速产等。

（3）三级负荷：一般电力负荷，不属于一、二级负荷者。

建筑卫生陶瓷厂一般不要求一级负荷供电。属于二级负荷的设备有窑炉及其辅助设备，如喷雾干燥器、水泵房、变电所、锅炉房、煤气站、配气站、油库等。其余设备均属三级负荷。因此陶瓷厂往往采用一个主电源和一个保安电源（或备用电源）的供电方式，主电源或备用电源取自电力部门，保安电源取自自备的发电机。

3. 工厂变电所

变电所担负着从电力系统受电，经过变压，然后配电的任务。

在负荷大而集中、设备布置比较稳定的大型生产厂房内，可以考虑采用车间内变电所的形式。由于它位于车间的负荷中心，可以降低电能损耗和有色金属消耗量，并减小线路的电压损耗，容易保证电压质量。而对那些生产面积较紧和生产流程要经常调整的车间，宜采用附设变电所的形式。

4. 集中控制与联锁

陶瓷厂的生产系统由各生产车间所组成，在车间的生产过程中，所用的机械设备较多，且设备安装分散。故在设计时，应考虑尽量将电气控制设备集中在车间的一处或几处，实行集中控制。目前陶瓷厂大部分采用车间集中控制和生产岗位集中控制。

陶瓷厂的许多部分是连续性生产，任何一个设备出现故障或发生事故时，如果来料设备不及时停机，必将造成物料堵塞的不良后果，故在设计控制线路时，必须考虑逆生产流程的联锁。当一台设备因事故停机时，来料设备必须停止运转，其他设备则继续运转直至将物料运完。

采用集中控制与连锁，可以减少岗位操作工人，提高劳动生产率，改善劳动条件，保护人身和设备安全，提高生产和技术管理水平，并有利于向生产自动化方向发展。

14.5.4 给排水

1. 厂区给水

在一般情况下，陶瓷厂用水均取自城市给水管网。但有时因离开市区较远，周围没有城市给水管道，或者是用水量较大，城市给水量远远不能满足要求。在这种情况下就要求工矿企业自备水源（可在厂区打深井解决）形成一个完整的独立给水系统。

陶瓷厂的给水系统分以下两种：

（1）以地面水为水源的给水系统　一般用江、河、湖泊或水库等作为水源。其特点是需用净水构筑物内的净水设备将水净化，如图14-8所示。

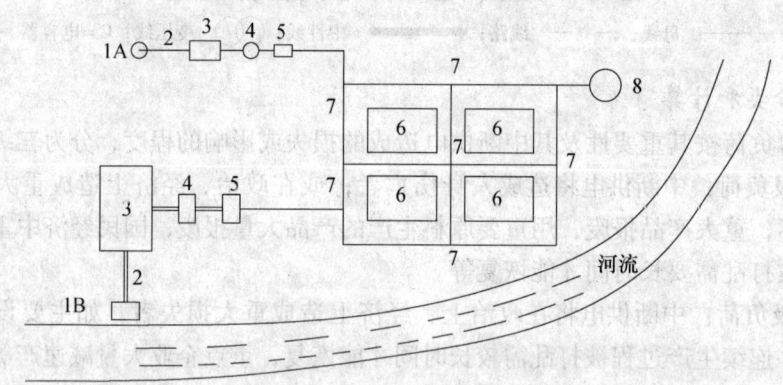

图14-8　地面水为水源的给水系统示意图
1A—地下水取水构筑物；1B—地面水取水构筑物；2—输水管；3—处理构筑物；
4—调节构筑物（清水池）；5—给水泵房；6—工业厂区；7—配水管网；8—调节构筑物（水塔）

（2）以地下水为水源的给水系统　一般用潜水、自流水或泉水为水源。由于地下水的水质较好，往往能满足生活饮用水质标准的要求，所以一般无需净化。在这种情况下就不需要建造净水构筑物。但地下水中含矿物质较多，所以净化问题由原水水质与用户要求来决定。

鉴于工业用水的特点，厂区给水系统又可分为以下几种形式：

①直流给水系统　在直流给水系统中，厂区所需要的全部生产用水均直接由水源供给，水经使用过一次后就以污水的形式全部排入沟渠。

②循环给水系统　在循环给水系统中，使用过的水并不排入沟渠，而是经过适当的处理后再供给同一生产过程使用。厂区冷却循环给水系统就属于这种类型。

③循序给水系统　在这种给水系统中，由水源送来的水先供甲车间使用，甲车间用过的水或者直接送往乙车间使用，或者经过适当处理后（如冷却、沉淀等）再送往乙车间使用，

但水质标准必须满足乙车间的使用要求,如冷却水使用后可以供浴室使用。

循序给水系统的优点是水源的水可以得到最大限度的利用。

厂区给水系统的选择,应根据具体情况而定,陶瓷厂一般采取直流给水系统,对成品磨抛光车间、原料车间等用水量较大的车间可采用循环给水系统,以节约用水。

2. 厂区排水

(1) 工业废水及其分类

工业废水按其来源和性质大致可以分为生活污水和生产污水两大类。从城市及工矿企业中排除的雨水和冰雪融化水也属于应被排除的废水。

①生活污水　生活污水来自办公楼中的公共厕所和职工生活用水及居住建筑的厨房、厕所、浴室、公共食堂等,这类污水中含有大量的有机物与细菌。必须经过适当处理,才能排入水体或用于灌溉农田。

②生产污水　生产污水是指生产过程中产生的废水。由于车间的性质及生产过程各不相同,因此所产生的废水在性质上有显著的差异。

有的工业废水比较清洁,如用于冷却设备的冷却水,使用之后一般只升高温度,水质没有受到污染或轻微污染,这类废水通常可经过冷却降温后重复使用,或送到其他车间继续使用。有的工业废水中可能含有酚和碱,甚至是有毒的物质。在工业废水中往往含有各种工业原料(如泥料),因此要尽可能考虑回收处理后再进行排除。

③雨、雪水　雨、雪水一般比较清洁,但降雨历时短,水量较大,如不及时排除,轻者影响交通,重者造成灾害,雨水一般可以不经处理直接排入水体。

(2) 排水系统的组成和分类

排水系统可分为工业废水和雨水排除系统两部分。

①工业废水排除系统　室内或车间的排水系统,主要是由室内卫生设备或生产设备排除废水。

室外排水系统:由管道、泵站、处理构筑物及出水口所组成。

②雨水排除系统　雨水排除系统包括以下组成部分:雨水排除设备及管道、道路雨水管道及出水口。

3. 室内(车间)给水

室内用水主要包括生产设备冷却水、配料用水、地面和设备冲洗水、职工生活用水等。用水量计算依据工艺设计人员提供的用水设备资料、职工人数、车间面积等和其他专业提供的用水资料,再根据本专业的设计规范、规定来确定总用水量。

室内给水系统一般由引入管、干管、主管、支管和用水设备等组成。给水管上还需附设给水附件,如阀门、止回阀等,便于检修管路或控制水流方向。有时还附设水池、水箱、水泵等。

室内给水方式主要取决于室外给水系统的供水情况,看它的水压和水量能否满足室内给水系统的要求。此外,建筑物高度、设备的设置,还有生产设备对用水的要求等也起着重要的作用。常用的有下列几种:

①直接给水方式　室内仅有给水管道系统,无任何加压设备。此方式适用于室外给水系统的水压、水量在任何时间内都能满足室内最高点和最远点的用水要求。

②设有水箱的给水方式　室内设有给水管道系统及屋顶水箱。此方式适用于要求水压恒

定或需安全供水的情形。

③设有水泵的给水方式　适用于室内用水量均匀而室外供水系统压力不足，需要局部增压的给水系统。

4. 室内（车间）排水

室内排水体制分为分流制和合流制两类。所谓分流制，即分别设置生活污水、生产污水及雨水管道；组合任意两种或三种污水的系统，称为合流制。工业废水排水量一般按用水量乘以 0.7~1.0 的系数来确定。

决定排水体制的主要因素有：污水的性质、污水的污染程度、室外排水体制、污水的处理及综合利用等。

（1）在民用建筑内，应设置生活污水和雨水的分流系统，特别是粪便污水不得与雨水管道合流。

（2）不含泥沙和有机杂质的生产废水，可与雨水合流；生产污水如只含泥沙或矿物质而不含有机物时，经过沉淀处理后可与雨水合流。

（3）被有机杂质污染的生产污水，如符合污水净化标准，则允许与生活污水合流。

（4）当两种化学成分不同的工业废水混合后的化学反应对排水管道有害，或可能造成事故时，则应分别排除。

（5）含有大量汽油、油脂（如车库）的污水应经过除油；含酸、碱性的污水应经过中和，高温污水应降温到 40~50℃ 以下；含大量固体杂质的污水应用格栅阻留清除或经沉淀处理，才允许排入室外排水管道。

（6）熔块厂、色釉料厂排出的生产污水中含有重金属离子时，宜采用化学沉淀将水中重金属离子去除；陶瓷厂煤气站废水中含有有机物酚，宜采用生物氧化法和汽提工艺法将其从水中除去。

（7）目前陶瓷厂主要设备——窑炉长度的增长，厂房普遍采用轻钢结构和彩钢板围护，屋面雨水由落水管收集后通过立管引至厂房内的排水沟中，这样只能采用雨污合流的形式以减少工程造价。所以厂区采用何种排水体制要经过技术与经济分析后，再结合实际情况来决定合理的排水形式。

5. 消防给水

消防给水管网系统，按其用途可分为四种：生活用水与消防用水合并的给水管网；生产用水与消防用水合并的给水管网；生产用水、生活用水与消防用水合并的给水管网；独立的消防给水管网。

大中型的陶瓷厂一般采用合并的消防给水管网。只有生产生活用水量较小而消防用水量较大时，才采用独立的消防给水管网。

消防给水管网上应连有室外消防栓和室内消防栓。在北方、南方地区宜分别采用地下式和地上式消火栓。室外消防栓应沿厂区道路的两旁设置，且尽量靠近十字路口。其保护半径为 150m，设计流量为 10~15L/s。室内消防栓的最大间距不超过 50m，应保证按要求的水柱股数同时到达室内有火灾危险的部分。一般设置在靠近房间出口的内侧、楼梯间的平台、走道内明显易于取用的地方，其每支水枪的水量为 5L/s。

14.5.5 采暖通风

采暖通风是为了调节厂房（室内）空气的温度、湿度和纯净度，保护操作人员的健康或满足生产要求。

1. 采暖

冬季向室内供热以保持室内所需温度的设备及管道系统称为采暖系统。它由热源、供热管道及散热设备组成。输送热量的物质或带热体称为热媒。热媒从热源获得热量，供热管道把热媒输配到各个用户或散热设备，散热设备则把热量发散到室内。

我国陶瓷厂采用集中采暖系统。其根据热媒性质可分为热水采暖系统、蒸汽采暖系统和热风采暖系统。

热水采暖系统以热水为热媒。水在锅炉内加热后，沿热水管道输送到散热器。其流量均匀，故能保持均匀的室内温度，在使用时也不产生噪声。供水温度低于100℃的称为低温热水采暖，而高于100℃的称为高温热水采暖（需采取密闭和加压措施）。通常用低温热水采暖时，供水温度应采用95℃。

蒸汽采暖系统以水蒸气为热媒。水在锅炉内加热汽化而变为蒸汽。由于锅炉内蒸汽压力大于散热器内空气压力，因此锅炉中的蒸汽便沿着汽管进入散热器。蒸汽采暖系统按蒸汽压力分为真空式（蒸汽压力低于大气压力）、低压蒸汽式（蒸汽压力低于0.7MPa）和高压蒸汽式（蒸汽压力高于0.7MPa）。低压蒸汽采暖常用于厂前区的公用建筑，高压蒸汽采暖多用于生产厂房；而真空蒸汽采暖系统由于施工使用要求较高，故一般很少采用。蒸汽采暖的优点是传热迅速，而且它比热水采暖系统的一次性投资少。其缺点是管道容易锈蚀，燃料消耗比热水采暖多，而且散热器表面温度高，易产生噪声等。

热风采暖系统以热空气为热媒。当空气中不含大量的灰尘和易燃易爆气体时，可用暖风机来供暖。暖风机是由通风机、电动机和空气加热器组成的整体机组，可以加热循环使用室内空气，还可以加热一部分由于排气设备排气而补充给室内的室外冷空气。暖风机的散热量大，一台暖风机散出的热量相当于几十甚至几百片散热器的散热量。但它消耗电能，需有人管理，通风机运转时产生噪声。这种系统在体积大的房中被广泛采用。

2. 通风

通风的任务就是改善室内空气环境，把不符合卫生标准的污浊空气排至室外，把新鲜空气或经过净化符合卫生要求的空气送入室内。实施通风的目的在于通过控制空气传播污染物，采用净化、排除或稀释等技术，保证环境空间具有良好的空气品质，提供人的生命过程的需氧量，提供适合生活和生产的空气环境。

(1) 按通风系统的动力的不同可分为自然通风和机械通风。

①自然通风是由于室内外空气的温度不同而形成的空气柱重量差或风力的作用，使房间内的空气和室外空气得到交换的一种通风方式。

自然通风可分为有组织的自然通风和无组织的自然通风两种。前者是按照空气自然流动的规律，利用侧窗和天窗控制和调节进、排气地点和数量；后者则是依靠门窗及其缝隙自然进行的。有组织地通风对于布置了窑炉的车间是一种行之有效又经济的通风方法。

②机械通风是借助于通风机产生的动力，使空气沿着一定的通风管网分送到车间各需要地点，或从车间将污浊空气排除到室外的通风系统。

机械通风的特点在于动力强，能控制风量和送风参数，因此可以满足较高的通风要求。

机械通风的种类很多。用安装在墙洞或窗口上的轴流风机排风是机械通风中最简单的一种。

(2) 按通风系统的作用范围分为全面通风和局部通风。

①全面通风是在房间内全面地进行通风换气。全面通风的目的在于将房间内的有害物冲淡至容许的浓度标准，可以利用机械通风来实现，也可用自然通风来实现。

②局部通风可分为局部排风和局部送风两种。局部排风就是在有害物产生的地方将其就地排走，使有害物不致在房间内扩散，污染大量的空气；而局部送风则是将经过处理的、合乎要求的空气送到局部工作地点，造成一种良好的空气环境。

局部通风与全面通风比较，效果好，而且经济。在控制有害物扩散方面，起了很大的作用。

(3) 按通风特征分进气式通风和排气式通风。

进气式通风是向房间内送入新鲜空气，它可以是全面的，也可以是局部的。排气式通风是将房间内的污浊空气排出，它也可以是局部的或全面的。

在实际工程中，进气式通风或排气式通风往往是联合使用的。一方面将污浊空气排出，另一方面将洁净新鲜的空气补充进来，这样就能达到较好的通风效果。

在实际中，各种通风方法也常常是联合使用的，如全面通风和局部排风联合使用；全面通风和局部进风联合使用；全面通风和局部进、排风联合使用等。不论采用何种方法，都应根据卫生技术要求、建筑物和生产工艺特点及经济适用等具体情况来决定。

14.5.6 压缩空气

现代化的建筑卫生陶瓷工厂中，压缩空气是一种重要的动力源。它驱动各种气动元件，驱动气动隔膜泵输送泥浆，通入球磨机中加快出浆速度，供卫生陶瓷注浆巩固、施釉、修坯、吹灰等。因压缩空气有输送安全方便以及清洁无污染的优点，所以在陶瓷工业中正日益受到重视。

大中型陶瓷厂一般都采用集中供压缩空气的方式，即在工厂的一角设置一个单独的房间布置两台或两台以上的压缩空气机组向全厂的各用气点供气。

1. 空气压缩机及其辅助设备

空压机分为螺杆式、活塞式、滑片式、隔膜式和离心式五种。陶瓷厂常用的是螺杆式，因其噪声低、重量轻、振动小、操作方便、易损件少、运行效率高，目前已被多数陶瓷厂应用。

螺杆式空压机又分为单螺杆空压机及双螺杆空压机。

螺杆式空气压缩机的核心部件是压缩机主机，是容积式压缩机中的一种。空气的压缩是靠装置于机壳内互相平行啮合的阴阳转子的齿槽之容积变化而达到。转子附在与它精密配合的机壳内转动使转子齿槽之间的气体不断地产生周期性的容积变化而沿着转子轴线，由吸入侧推向排出侧，完成吸入、压缩、排气三个工作过程。陶瓷厂常用中小型压缩机。选择空压机时最重要的是确定排气量和排气压力。陶瓷厂常用排气压力为 $7 \sim 8 kgf/cm^2$（$0.7 \sim 0.8 MPa$）的压缩机。因为陶瓷厂各用气点常用的是 $2 \sim 3\ kgf/cm^2$ 和 $6\ kgf/cm^2$ 的压力，空压机排出的气体经一级或二级减压阀减压后使用。

空压机的主要辅助设备有空气过滤器、冷却器、油气分离器、贮气罐和减震装置等。

2. 双螺杆空压机的工作流程

空气通过进气过滤器将大气中的灰尘或杂质滤除后，由进气控制阀进入压缩机主机，在压缩过程中与喷入的冷却润滑油混合，经压缩后的混合气体从压缩腔排入油气分离罐，此时压缩排出的含油气体通过碰撞、拦截、重力作用，绝大部分的油介质被分离下来，然后进入油气精分离器进行二次分离，得到含油量很少的压缩空气。当空气被压缩到规定的压力值时，最小压力阀开启，排出压缩空气到冷却器进行冷却，最后送入使用系统。

14.5.7 概预算及技术经济

1. 概预算

（1）概述

建设工程项目（单项工程、单位工程）所需费用总和包括建筑工程费、安装工程费、设备工器具购置费和其他工程建设相关费用；而设计概算和施工图预算，系根据不同设计阶段建设文件和有关国家规定的标准和计算办法，预先计算和确定新建、改扩建工程所需的全部投资额（工程造价）的文件，是基本建设程序的重要组成部分。

采取两阶段设计的建设项目，在初步设计阶段须编制总概算，在施工图设计阶段，必须编制施工图预算。采用三阶段设计的建筑项目，在技术设计阶段，必须编制修正总概算。

工程造价是指形成建筑产品的价格、包括成本、利润和税金。

成本由直接费、工程费和间接费组成，而直接费、工程费是施工过程中构成工程实体和有助于工程实体形成新消耗的人工费、材料费、施工机械使用费构成，间接费包括企业经营管理和组织生产的施工管理费及政府规定必须缴纳的有关统筹、保险等费用（简称规费）构成。

利润是指企业完成工程任务所获得建筑产品价格和成本间的差额。

税金是指按国家规定应计入工程造价的营业税、城市建设维护税和教育附加费等。

工程量清单计价方法：在建筑工程招投标中，招标人按照国家统一的工程量计算规则提供拟招标工程的工程量清单，投标人依据工程量清单、拟建工程的施工方案当地有关工程消耗量定额及规定结合自身的实际情况，并考虑风险后自主报价的工程造价计价模式，其计价程序见表14-16。

14-16 工程量清单计价程序表

序 号	名 称	计算办法
1	部分项工程费	清单工程量×综合单价
2	措施项目费	按规定计算
3	其他项目费	按招标文件规定计算
4	规费	按规定计算
5	不含税工程造价	1+2+3+4
6	税金	按税务部门规定计算
7	含税工程造价	5+6

(2) 概算、预算的作用

①概算的作用

a. 概算是确定和控制固定资产投资、编制和安排投资计划、控制施工图预算的主要依据；

b. 概算是签订建设项目总承包合同、实行投资包干以及核定贷款额度的主要依据；

c. 概算是考核工程设计技术经济合理性和工程造价的主要依据之一；

d. 概算是筹备设备、材料和签订订货合同的主要依据；

e. 概算在工程招标承包制中是确定标底的主要依据。

②预算的作用

a. 预算是考核工程成本、确定工程造价的主要依据；

b. 预算是签订工程承、发包合同的依据；

c. 预算是工程价款结算的主要依据；

d. 预算是考核施工图设计技术经济合理性的主要依据之一。

(3) 概算、预算的编制依据

①概算的编制依据

a. 批准的可行性研究报告；

b. 初步设计或扩大初步设计图纸、设备材料和有关技术文件；

c. 建设工程概算定额及编制说明；

d. 建设工程费用定额及有关文件；

e. 建设项目所在地政府发布的有关土地征用和赔补费等有关规定。

②预算的编制依据

a. 批准的初步设计或扩大初步设计概算及有关文件；

b. 施工图、通用图、标准图及说明；

c. 建设工程概算定额及编制说明；

d. 建设工程费用定额及有关文件；

e. 建设项目所在地政府发布的有关土地征用和赔补费等有关规定。

(4) 概算、预算的组成

①概算由编制说明和概算表组成。

②预算由编制说明和预算表组成。

③概算编制说明应包括下列内容：

a. 工程概况、规模及概算总价值；

b. 编制依据：依据的设计、定额、价格及地方政府的有关规定和费用计算依据和说明；

c. 投资分析：主要分析各项投资的比例和费用构成，分析投资概况，说明设计的经济合理性及编制中存在的问题；

d. 其他需要说明的问题。

④预算编制说明应包括下列内容：

a. 工程概况、预算总价值；

b. 编制依据及对采用的取费标准和计算方法的说明；

c. 工程技术经济指标分析;

d. 其他需要说明的问题。

(5) 建设工程概算、预算的编制,应按相应的设计阶段进行。当建设项目采用两阶段设计时,初步设计阶段编制概算,施工图设计阶段编制预算。采用三阶段设计时,在技术设计阶段应编制修正概算。采用一阶段设计时,只编制施工图预算(含预备费)。

(6) 一个建设项目如果有几个设计单位共同设计时,总体设计单位应负责统一概算、预算的编制原则,并汇总建设项目的总概算。分设计单位负责本设计单位所承担的单项工程概算、预算的编制。

(7) 初步设计概算和施工图预算应按单项工程编制。

(8) 概算、预算的编制应按下列程序进行:

①收集资料、熟悉图纸;

②计算工程量;

③套用定额,选用价格;

④计算各项费用;

⑤复核;

⑥写编制说明;

⑦汇总。

2. 技术经济

现代化的陶瓷工程,技术上要求很高,工程的综合性极强,从资源利用、厂址选择、工艺路线确定、设备选择等都存在一个技术水平和经济效果相统一的问题,因此任何工程都需要进行技术经济分析才能投入建设和运营。可行性研究报告中的各个关键部分,如总平面设计、工艺路线、引进设备选择、厂址选择等都需要进行技术经济分析,最后对总体经济效果还要进行评价。如果技术经济指标达不到同行业同类企业的平均水平、则需要对技术方案做一定调整。初步设计则要对整个项目作更详细的准确的技术经济分析(包括静态和动态分析),以确保项目建成有较好的经济效果。

技术经济分析的关键是针对整体项目或项目的某一方面建立一套指标体系,而且这些指标在同类企业中具有可比性。表14-17列出一般陶瓷工程项目的主要技术经济指标。

表14-17 一般陶瓷工程项目的技术经济指标

序 号	指标项目	单 位	数 值	备 注
1	生产规模(年产量)	万 m^2 或万件		
2	主要原材料消耗	t/a		
3	燃料消耗	t/a、Nm^3/a		
	其中:生产用	t/a、Nm^3/a		
	生活用	t/a、Nm^3/a		
4	全厂装机容量	kW		

续表

序号	指标项目	单 位	数 值	备 注
5	耗电量	kW·h/a		
6	耗水量	t/a		
	其中：生产用	t/a		
	生活用	t/a		
7	货物运输总量	t/a		
	其中：运入	t/a		
	运出	t/a		
8	全厂职工总数	人		
	其中：生产人员	人		
	管理人员	人		
	服务人员	人		
9	全员劳动生产率	元/(人·a)		
10	工人实物劳动生产率	m^2/(人·a) 或万件/(人·a)		
11	厂区占地面积	公顷		
12	厂区建筑物占地面积	公顷		
13	建筑面积	万m^2		
14	固定资产总投资	万元		
15	流动资金	万元		
16	销售收入	万元/a		
17	所得税	万元/a		
18	税后利润	万元/a		
19	总成本	万元/a		
20	投资回收期	a、m		
21	贷款偿还期	a、m		
22	财务内部收益率	%		
23	投资利润率	%		
24	投资利税率	%		
25	盈亏平衡点	%		

（1）产品成本估算

产品成本是企业生产产品所耗用的以货币反映的人力物力的总和。按其性质分为实际成本、目标成本、设计成本等。在可行性研究中的成本估算类似于设计成本。根据费用发生的地点，产品成本可分为车间成本、工厂成本、经营成本和销售成本等。成本中不随生产负荷改变的部分称为固定成本，包括车间、企业管理费、折旧、辅助工人和职工工资等。

图14-9显示了三种成本的构成方法。也反映了国内外在成本划分上的区别。图中所谓的财务费用主要是指各种金融机构，如银行的贷款利息。

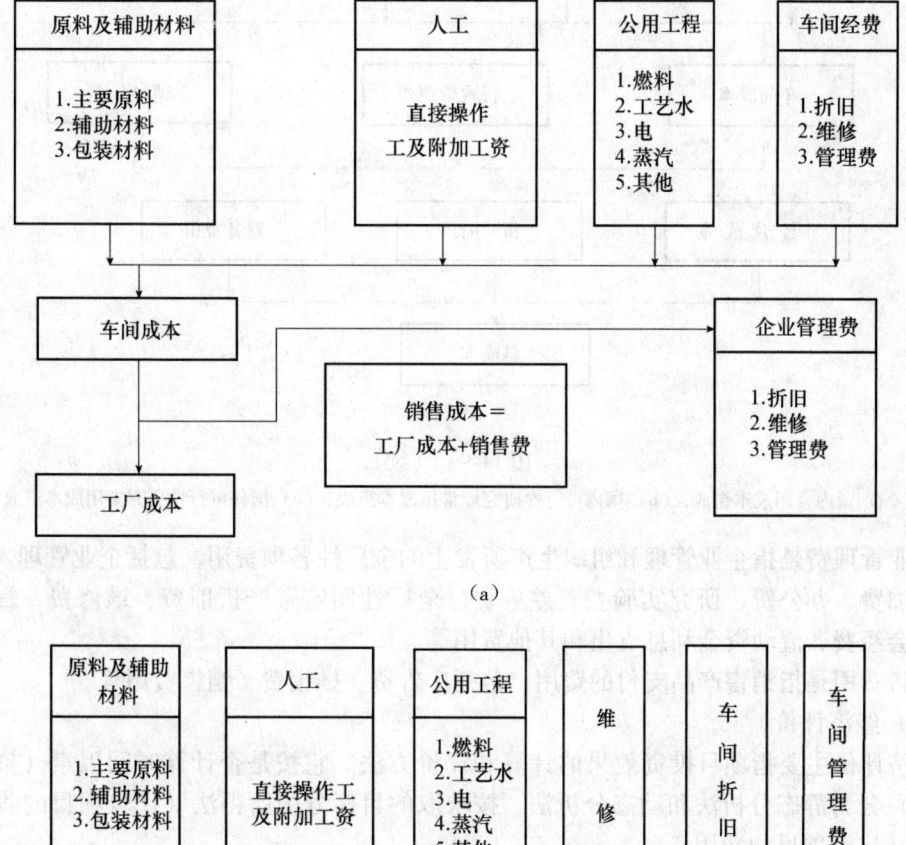

图14-9 三种成本的构成方法

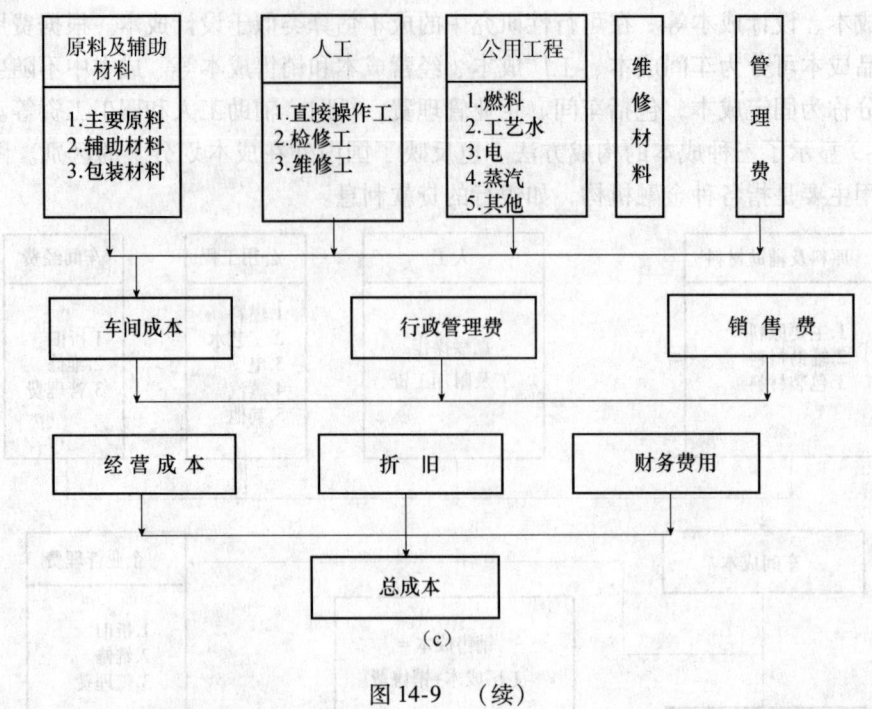

图 14-9 （续）

(a) 国内常用成本组成；(b) 国内可行性研究经常用成本组成；(c) 国外可行性研究常用成本组成

企业管理费是指企业管理和组织生产所发生的全厂性各项费用，包括企业管理人员的工资及附加费、办公费、研究实验费、差旅费、全厂性固定资产折旧费、维修费、福利设施费、工会经费、流动资金利息支出和其他费用等。

销售费用是指销售产品支付的费用，包括广告费、推销费、销售费用等。

(2) 经济评价

经济评价主要指项目投资效果的计算和评价方法。它按是否计算时间因素（资金的时间价值）分为静态分析法和动态分析法。按求取的目标分为所得法（比较项目的收益）和所费法（比较项目的费用）。

表 14-18 列出财务分析和财务评价指标与基本报表的对应关系。

表 14-18 财务分析和财务评价指标与基本报表的对应关系

评价与分析内容	基本报表	静态指标	动态指标
盈利能力分析	项目财务现金流量表	投资回收期	财务内部收益率（税前） 财务净现值（税前） 全部投资回收期
	资本金财务现金流量表		财务内部收益率（税后）
	投资各方财务现金流量表		投资各方内部收益率
	损益和利润分配表	投资利润率 投资利税率 资本金利润率	
清偿能力分析	资金来源运用表	借款偿还期 偿债准备率 利息备付率	
其他分析		价值指标或其他实物指标	

(3) 不确定性分析

在对项目的经济评价中，由于经济计算所采用的数据大部分来自预测或估计。其中必然包含某些不定因素和风险，为了使评价结果符合实际，提高经济评价的可靠性，减少项目实施的风险，需要作盈亏分析和敏感分析。分析这些不定因素的变化对工程项目投资经济效果的影响。

①盈亏分析　盈亏分析或盈亏平衡点分析，是通过分析销售收入、可变成本、固定成本和盈利等四者之间的关系，求出当销售收入等于生产成本，即盈亏平衡时候的产量，从而在售价、销售量和成本三个变量间找到最佳盈利方案。

盈亏平衡点有三种表示方法：

第一种是以 BEP_1 表示盈亏平衡点的生产（销售）量时，则计算公式如下：

$$BEP_1 = f/[P(1-T_r)-V]$$

式中　f——年总固定成本（包括基本折旧）；

　　　P——单位产品价格；

　　　T_r——产品税金；

　　　V——单位产品可变成本。

BEP_1 值小，说明项目适应市场需求变化能力大，抗风险能力强。

第二种是以 BEP_2 表示盈亏平衡点的总销售收入，则计算公式如下：

$$BEP_2 = Y = PX$$

式中　Y——年总销售收入；

　　　P——销售单价；

　　　X——产品产量，即所求之盈亏点。

第三种 BEP_3 表示盈亏平衡点的生产能力利用率，则：

$$BEP_3 = f/(r-V_t)$$

式中　f——年总固定资本，（包括基本折旧）；

　　　r——达到设计能力时的销售收入（不包括销售税金）；

　　　V_t——年总可变资本。

某项目盈亏分析图如图 14-10 所示。图中显示：当产量达到最大设计产量的 55% 时，收支刚好相抵；产量高于 55%，项目盈利（收入 y_1 > 支出 y_2）；产量低于 55% 时，项目亏损（收入 y_1 < 支出 y_2）。

②敏感性分析　敏感性分析就是对项目的销售量、单价、成本等变化最敏感的因素进行变化程度的预测分析，对可能出现的最理想和最不理想情况下的最高和最低数值，作多种方案比较，从而确定较切合实际的指标来分析项目的投资经济效果，减少分析的误差，提高分析的可靠性。

敏感性分析的具体计算举例见表 14-19。

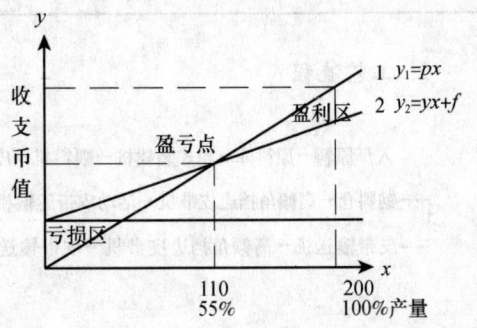

图 14-10　盈亏分析图

表 14-19 财务全投资内部收益率（FIRR）敏感性分析

人民币单位：万元；外汇单位：万美元

序号	不确定性因素	基本方案因素值	财务全投资内部收益率 FIRR（%）												
			因素-35%	因素-30%	因素-25%	因素-20%	因素-15%	因素-10%	因素-5%	因素+5%	因素+10%	因素+15%	因素+20%	因素+25%	因素+30%	因素+35%
1	平均销售收入	3063.9	-32.1	-19.1	-7.9	1.5	10.0	18.0	25.6	40.5	47.9	55.3	62.8	70.3	77.8	85.4
2	平均变动成本	2551.1	61.4	57.3	53.3	49.2	15.2	41.1	37.1	20.0	24.3	20.8	16.7	12.4	8.0	3.4
3	建设投资（扣息）	2442.2	46.1	43.7	41.4	39.5	37.6	36.0	44.5	31.8	30.6	29.4	28.4	27.4	26.5	25.6
4	外汇汇率	8.31	-3.9	2.2	7.8	13.2	18.3	23.3	28.2	37.3	42.7	47.4	52.5	57.0	61.7	66.5

表 14-19 说明了平均销售收入等四种因素对 FIRR 的影响，其影响大小顺序依次为平均销售收入、外汇汇率、平均变动成本和建设投资。当平均销售收入下降 13.3% 以下，变动成本上升 25.5% 和外汇汇率下降 21.1% 时，FIRR 将降低于行业基准值 12%。因此将导致设计方案不可行。

14.6 设计方案示例

14.6.1 年产 400 万 m^2 陶瓷釉面内墙砖生产线设计方案

1. 产品纲领（表14-20）

表 14-20 产品纲领

产品种类	生产规模（万 m^2/a）	产品规格（mm）
陶瓷釉面内墙砖	100	200×200
	100	200×300
	100	250×330
	100	300×450

2. 工艺流程

入厂原料→原料库→轮式装载机→喂料机→皮带输送机→湿式球磨机←球石和水→除铁、过筛→泥浆柱塞泵→

→钢料仓←高倾角挡边皮带机←活动皮带运输机←喷雾干燥器←泥浆柱塞泵←伺服罐←储浆池陈腐←

→皮带输送机→高倾角挡边皮带机→皮带输送机→压机料仓→自动压砖机→干燥→素烧→

→包装、入库←检验、分级←磨边←烧成←施釉←

电动单梁起重机→电动单梁起重机→湿式球磨机→除铁、过筛→釉浆罐→隔膜泵→移动釉浆罐
↑
配料电子称←釉用原料

3. 主要设备选型

(1) 原料球磨车间（表14-21）

表14-21 原料球磨车间设备选型

序 号	设备名称	规格、型号	单位	数量
1	轮式装载机	ZL20	辆	4
2	喂料机	WL/20	台	6
3	皮带输送机	B500	条	12
4	可逆配仓皮带机	B500	条	6
5	湿式球磨机	40t	台	6
6	平浆搅拌机	$\phi 7000$	台	6
7	螺旋桨搅拌机	$\phi 750$（Ⅱ）	台	3
8	泥浆柱塞泵	YB140	台	4
9	泥浆柱塞泵	YB200	台	8
10	电磁除铁器	TS-170B	个	6
11	泥浆振动筛	$\phi 800$	台	6
12	加料斗	非标	个	3
13	电动葫芦	3t	台	4
14	配料秤	2000kg	台	3

(2) 制釉车间（表14-22）

表14-22 制釉车间设备选型

序 号	设备名称	规格、型号	单位	数量
1	配料车		辆	6
2	配料秤	1500kg	台	2
3	加料斗	非标	个	3
4	电动单梁起重机	3t	台	1
5	湿式球磨机	3t	台	5
6	湿式球磨机	1.5t	台	2
7	湿式球磨机	1t	台	2
8	过滤搅拌机	TCLJ2000	台	10
9	气动隔膜泵		台	4
10	泥浆搅拌机	$\phi 750$	台	4
11	电磁除铁器	TS-170B	台	2
12	泥浆振动筛	$\phi 600$	台	2

(3) 喷雾干燥车间（表14-23）

表 14-23 喷雾干燥车间设备选型

序 号	设备名称	规格、型号	单 位	数 量
1	泥浆伺服罐		个	2
2	泥浆柱塞泵	YB200	台	2
3	喷雾干燥器	4000 型	座	1
4	活动皮带输送机	B500	条	1
5	斗式提升机	D250	台	1
6	可逆配仓皮带机	B500	条	1
7	钢料仓	80m³	个	10
8	螺旋闸门		台	10
9	叶轮给料机	GZ-300	台	10
10	皮带输送机	B500	条	1

(4) 联合车间 (表 14-24)

表 14-24 联合车间设备选型

序 号	设备名称	规格、型号	单 位	数 量
1	高倾角皮带输送机	B500	条	1
2	皮带输送机	B500	条	1
3	压机料仓	非标	个	1
4	自动压砖机	2080 型	台	1
5	三层干燥辊道窑	$L=50m$	座	1
6	素烧辊道窑	$L=201.6m$	座	4
7	施釉线		条	1
8	丝网印花机		台	3
9	釉泵		台	3
10	施釉线子母桶		个	3
11	烧成辊道窑	$L=233.1m$	座	1
12	切边机		台	2

4. 主要工艺参数

(1) 烧成合格率　　　　　　　　　95%
(2) 施釉合格率　　　　　　　　　95%
(3) 干燥、素烧合格率　　　　　　97%
(4) 成形合格率　　　　　　　　　98%
(5) 制粉损失率　　　　　　　　　4%
(6) 球磨损失率　　　　　　　　　3%
(7) 原料拣选、储运损失　　　　　5%
(8) 烧失率　　　　　　　　　　　6%

(9) 坯料球磨周期　　　　　　　　24h（包括装出磨时间）
(10) 釉料球磨周期　　　　　　　　24h（包括装出磨时间）
(11) 烧成周期　　　　　　　　　　25～50min
(12) 干燥、素烧周期　　　　　　　20～40min
(13) 成形废坯回收率　　　　　　　80%
(14) 施釉量　　　　　　　　　　　1kg/m^2
(15) 粉料含水率　　　　　　　　　5%～7%
(16) 料:球:水　　　　　　　　　　1:2:0.42
(17) 泥浆含水率　　　　　　　　　30%
(18) 燃料　　　　　　　　　　　　发生炉煤气
(19) 产品平均单重　　　　　　　　15kg/m^2
(20) 烧成能耗　　　　　　　　　　2000kJ/kg 制品
(21) 喷雾干燥器能耗　　　　　　　3553kJ/kg 水

5. 主要技术经济指标（表 14-25）

表 14-25　主要技术经济指标

序号	指标名称	单位	指标	备注
1	生产规模	万 m^2/a	400	釉面内墙砖
2	燃料消耗量	t/a	12704.05	
3	原料用量	t/a	57012.17	
4	辅助材料用量	t/a	4816.48	
5	年用电量	万 kW·h	468	
6	年用水量	t/a	56958	
7	劳动定员	人	198	
8	年平均销售收入	万元	3528.00	
9	年平均总成本费用	万元	2641.73	
10	投资回收期	a	4.56	
11	财务内部收益率	%	22.34	

14.6.2　年产 90 万件卫生陶瓷生产线

1. 产品纲领（表 14-26）

表 14-26　产品纲领

序号	产品名称	产量（件/a）	比例（%）
1	大连体坐便器	30000	3.33
2	小连体坐便器	148800	16.53
3	分体坐便器	135000	15.00
4	低水箱及盖	135000	15.00

续表

序 号	产品名称	产 量（件/a）	比 例（%）
5	台式洗面器	154800	17.20
6	立柱式洗面器	97400	10.82
7	洗面器立柱	97400	10.82
8	联台式洗面器	40000	4.44
9	挂式洗面器	21600	2.40
10	小便器	30000	3.30
11	皂盒等小件产品	10000	1.11
	合 计	900000	100.00

2. 工艺流程

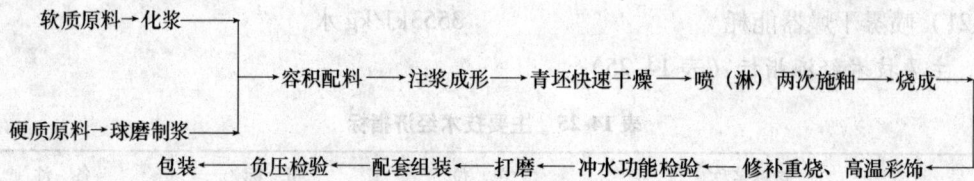

3. 主要设备选型

（1）单项项目名称：坯釉料制备车间（表14-27）

表14-27 坯釉料制备车间设备选型

序 号	设备名称	规格、型号	单 位	数 量	装机容量（kW）	
					单 台	合 计
1	加料斗	非标	个	1		
2	球磨机	5t	台	8	45.00	360.00
3	电动单梁起重机	1t	台	1	5.00	5.00
4	螺旋桨搅拌机	φ750（Ⅱ）	台	2	15.00	30.00
5	螺旋桨搅拌机	φ750	台	4	7.50	30.00
6	框式搅拌机	XT234	台	8	5.50	44.00
7	气动泵	M15	台	7		
8	容积配料器		台	2		
9	电磁除铁器	TS-170B	台	10	1.00	10.00
10	泥浆振动筛	φ900	台	10	1.10	11.00
11	电子秤	1t	台	2		
12	球磨机内衬		套	8		
13	加料斗	非标	个	1		
14	球磨机	2.5t	台	1	22.00	22.00
15	球磨机	1.5t	台	2	15.00	30.00
16	球磨机	1t	台	3	6.00	18.00
17	螺旋桨搅拌机	φ630	台	10	5.50	55.00

续表

序号	设备名称	规格、型号	单位	数量	装机容量（kW）	
					单台	合计
18	气动泵	M8	台	4		
19	电磁除铁器	TS-170B	台	10	1.00	10.00
20	泥浆振动筛	φ900	台	10	1.10	11.00
21	球磨机内衬		套	6		
22	釉浆罐		个	10		
23	抗菌剂加工设备		套	1		
24	切片机		台	2		

（2）单项项目名称：联合车间（表14-28）

表14-28 联合车间设备选型

序号	设备名称	规格、型号	单位	数量	装机容量（kW）	
					单台	合计
1	螺旋桨搅拌机	φ750（Ⅱ）	台	4	15.00	60.00
2	螺旋桨搅拌机	φ630	台	3	5.50	16.50
3	平桨搅拌机	φ3200	台	6	5.50	33.00
4	气动泵	M15	台	13		
5	泥浆振动筛	φ900	台	3	1.10	3.30
6	电磁除铁器	TS-170B	台	3	1.00	3.00
7	供浆罐	φ3200	个	9	5.50	49.50
8	小连体坐便器组合浇注线	32套模/条	条	26		
9	分体坐便器组合浇注线	32套模/条	条	21		
10	水箱盖组合浇注线	2×65套模条	条	4		
11	洗面器立柱组合浇注线	60套模/条	条	3		
12	立柱洗面器组合浇注线	60套模/条	条	7		
13	台式洗面器组合浇注线	62套模/条	条	10		
14	连台式洗面器组合浇注线	60套模/条	条	6		
15	挂式洗面器组合浇注线	60套模/条	条	2		
16	低水箱组合浇注线	70套模/条	条	8	5.50	44.00
17	大连体坐便器架子化管道注浆线	11套模/条	条	15		
18	小便器架子化管道注浆线	10套模/条	条	13		
19	皂盒等小件架子化管道注浆线	10套模/条	条	2		
20	青坯快速干燥器	10.2×10.2×2.2	座	4	30.00	30.00
21	干修台		台	17	1.00	17.00
22	喷釉柜		台	17	1.00	17.00
23	存坯架		个			
24	回坯手推车		辆	4		

续表

序号	设备名称	规格、型号	单位	数量	装机容量（kW）	
					单台	合计
25	回浆斗		个	90		
26	隧道窑		座	2	120.00	240.00
27	梭式窑	60m³	座	1	40.00	40.00
28	立式砂轮机		台	3		
29	负压检测		台	1		
30	冲水功能检测线		台	1		
31	产品打包装配线		条	4		
32	叉车		辆	4		
33	打磨转台		个	117		
34	产品冷加工设备		台	2		

(3) 石膏模型制作（表14-29）

表14-29 石膏模型制作设备选型

序号	设备名称	规格、型号	单位	数量	装机容量（kW）	
					单台	合计
1	电动单梁起重机	1t	台	1	5.00	5.00
2	钢料仓		个	3		
3	石膏真空搅拌机	Z200	台	1	5.50	5.50
4	石膏浆搅拌机		台	2	5.50	11.00
5	螺旋闸门	200×200	个	3		
6	电磁振动给料机	GZ4	台	3	1.45	4.35
7	磅秤	500kg	台	3		
8	石膏模型干燥室		座	1		
9	模型干燥车		辆	130		
10	制模工作台		个	4		
11	制模工具		套	4		

4. 主要工艺参数

(1) 各种产品烧成合格率、施釉合格率、干燥合格率、成形合格率及其成品单重（表14-30）

表14-30 各种产品项目指标

序号	项目 指标 名称	烧成合格率（%）	施釉合格率（%）	干燥合格率（%）	成形合格率（%）	成品单重（kg/件）
1	大连体坐便器	90.00	96.74	97.64	70.19	33.92
2	小连体坐便器	90.00	96.74	97.64	70.19	29.46
3	分体坐便器	90.00	98.23	98.45	75.34	20.08
4	低水箱	99.00	98.84	99.25	90.00	8.50

续表

序号	项目\指标名称	烧成合格率(%)	施釉合格率(%)	干燥合格率(%)	成形合格率(%)	成品单重(kg/件)
5	水箱盖	99.00	98.84	99.25	90.00	2.50
6	台式洗面器	95.00	98.56	98.87	88.15	7.67
7	立柱式洗面器	95.00	98.46	99.54	87.26	9.39
8	洗面器立柱	98.00	98.35	98.74	92.96	7.00
9	连台式洗面器	90.00	78.47	78.69	73.26	30.00
10	挂式洗面器	95.00	97.68	98.04	88.97	13.58
11	小便器	95.00	95.33	95.54	91.25	14.40
12	皂盒等小件	94.00	94.98	99.98	99.98	1.00

(2) 烧失率　　　　　　　　　　6.7%
(3) 产品平均单重　　　　　　　16.01kg/件
(4) 坯浆球磨周期　　　　　　　20h
(5) 釉浆球磨周期　　　　　　　23h
(6) 坯浆相对密度　　　　　　　1.80t/m³
(7) 釉浆相对密度　　　　　　　1.74t/m³
(8) 坯浆含水率　　　　　　　　28%
(9) 釉浆含水率　　　　　　　　34%
(10) 坯浆制浆损失率　　　　　 1.5%
(11) 废坯破损回收率　　　　　 95%
(12) 原料拣选、贮运损失率　　 2%
(13) 坯釉比例　　　　　　　　 90:10
(14) 坯浆陈腐期　　　　　　　 7d
(15) 青坯干燥周期　　　　　　 8~10h
(16) 产品烧成温度　　　　　　 1220℃
(17) 产品重烧温度　　　　　　 1160℃
(18) 烧成周期　　　　　　　　 13~14h
(19) 烧成能耗　　　隧道窑　　 4598kJ/kg 瓷
　　　　　　　　　梭式窑　　 7524kJ/kg 瓷
(20) 石膏模型平均使用寿命　　 80次

5. 主要技术经济指标（表14-31）

表14-31　主要技术经济指标

序号	指标名称	单位	指标	备注
1	天然气消耗量	万 Nm³/a	1008.21	
2	原料用量	t/a	20535.54	
3	辅助材料用量		3741.85	
4	年用电量	万 kW·h	613.48	

续表

序号	指标名称	单位	指标	备注
5	年用水量	m³	105000	
6	劳动定员	人	532	
7	全厂生产区占地面积	公顷	30.12	
8	年平均销售收入	万元	17640	正常年1.80亿元
9	年平均总成本费用	万元	12625.12	
10	投资回收期	a	4.55	含建设期
11	财务内部收益率	%	27.69	所得税后

14.6.3 年产300万 m² 抛光砖生产线

1. 产品纲领（表14-32）

表14-32 产品纲领

产品种类	生产规模（万 m²/a）	产品规格（mm）
瓷质抛光砖	240	600×600×12
	60	800×800×15

2. 工艺流程

各种原料→轮式装载机→地面料仓→喂料机→皮带输送机→可逆配仓皮带机→湿式球磨机←球石及水

可逆配仓皮带机←斗式提升机←活动皮带机←喷雾干燥器←泥浆柱塞泵←储浆池←除铁、过筛←

钢料仓→皮带输送机→斗式提升机→皮带输送机→压机料仓→自动压砖机→干燥、素烧→渗花→

包装、入库←检验、分级←抛光←烧成←

3. 主要设备选型

（1）单项项目名称：配料及坯料制备工段（表14-33）

表14-33 配料及坯料制备工段设备选型

序号	设备名称	规格、型号	单位	数量	装机容量（kW）		备注
					单台	合计	
1	轮式装载机	ZL20	辆	2			
2	喂料机	WL/20	台	1	7.70	7.70	
3	固定皮带输送机	B650	条	2	2.20	4.40	
4	加料斗	非标	个	2			
5	电动葫芦	2t	台	1	3.80	3.80	
6	可逆配仓皮带机	B500	条	1	3.00	3.00	
7	配料秤	2t	台	1			
8	湿式球磨机	QM3500×6000	台	5	115.50	577.50	

续表

序号	设备名称	规格、型号	单位	数量	装机容量（kW） 单台	装机容量（kW） 合计	备注
9	平浆搅拌机	φ4500	台	8	15.00	120.00	
10	泥浆柱塞泵	YB200	台	2	18.50	37.00	
11	电磁除铁器	TS-170B	台	2	1.00	2.00	
12	泥浆振动筛	XT-208	台	2	1.10	2.20	
13	球磨机内衬		套	5			
	合计					757.60	

(2) 项目名称：喷雾干燥制粉工段（表14-34）

表14-34 喷雾干燥制粉工段设备选型

序号	设备名称	规格、型号	单位	数量	装机容量（kW） 单台	装机容量（kW） 合计	备注
1	泥浆伺服罐	非标	个	1			
2	泥浆柱塞泵	YB200	台	2	18.50	37.00	
3	喷雾干燥器	4000型	座	1	88.00	88.00	
4	活动皮带输送机	B500	条	1	2.20	2.20	
5	斗式提升机	D250	台	2	2.20	4.40	
6	固定皮带输送机	B500	条	1	2.20	2.20	
7	可逆配仓皮带机	B500	条	2	3.00	6.00	
8	钢料仓		个	8			
9	螺旋闸门		台	8			
10	振动给料机	GZ-300	台	8	2.20	17.60	
11	球磨机	0.5t	台	1	4.00	4.00	
12	球磨机	0.2t	台	3	2.20	6.60	
13	釉浆罐		个	4			
	合计					168.00	

(3) 项目名称：压型工段（表14-35）

表14-35 压型工段设备选型

序号	设备名称	规格、型号	单位	数量	装机容量（kW） 单台	装机容量（kW） 合计	备注
1	固定皮带输送机	B500	条	1	2.20	2.20	
2	自动压机	YP3800	台	2	96.42	192.84	
	合计					195.04	

(4) 项目名称：联合车间（表14-36）

表14-36 联合车间设备选型

序号	设备名称	规格、型号	单位	数量	装机容量（kW） 单台	装机容量（kW） 合计	备注
1	输坯线		条	4	20.00	80.00	
2	干燥辊道窑	$L=144.9m$	座	1	120.00	120.00	
3	烧成辊道窑	$L=144.9m$	座	1	120.00	120.00	
4	储坯机		台	2			
5	印花机		台	6			
6	90°转弯机		台	4			
7	抛光机		条	2	438.69	877.38	
	合计					1197.38	

(5) 项目名称：实验室（表14-37）

表14-37 实验室设备选型

序号	设备名称	规格、型号	单位	数量	装机容量（kW） 单台	装机容量（kW） 合计	备注
1	电子天平	感量0.01g	台	1			
2	电子天平	感量0.1g	台	1			
3	pH值检测装置		台	1			
4	扭力黏度计		台	2			
5	电子秤		台	1			
6	抗折强度仪	KSB-10000	台	1			
7	翘曲度测定仪	QD_1	台	1			
8	硅酸盐快速分析仪		台	1			
9	差热天平	LR2-1	台	1			
10	颗粒分析仪	TEC-2	台	1			
11	膨胀仪		台	1			
12	电热鼓风干燥箱		台	1	2.40	2.40	
13	秒表		只	2			
14	温度计	200℃	支	4			
15	玻璃器皿						
	合计					2.40	

4. 主要工艺参数

(1) 烧成合格率　　　　　　　　　　　　　　　95%
(2) 干燥合格率　　　　　　　　　　　　　　　97%
(3) 成形合格率　　　　　　　　　　　　　　　97%
(4) 制粉损失率　　　　　　　　　　　　　　　2%

(5) 球磨损失率　　　　　　　　　　2%
(6) 原料储运损失　　　　　　　　　3%
(7) 烧失率　　　　　　　　　　　　8%
(8) 球磨周期　　　　　　　　　　　12h（包括装出磨时间）
(9) 泥浆相对密度　　　　　　　　　1.68~1.70t/m³
(10) 图案渗入深度　　　　　　　　　2.5~3.0mm
(11) 渗花釉 pH 值　　　　　　　　　5.0~8.0
(12) 年工作日　　　　　　　　　　　330d
(13) 燃料　　　　　　　　　　　　　发生炉煤气
(14) 产品平均单重　　　　　　　　　23kg/m²
(15) 素烧、烧成能耗　　　　　　　　2508kJ/kg 瓷
(16) 喷雾干燥器能耗　　　　　　　　3344kJ/kg 水
(17) 干燥、素烧周期　　　　　　　　50~60min
(18) 烧成周期　　　　　　　　　　　55~65min

5. 主要技术经济指标（表 14-38）

表 14-38　主要技术经济指标

序号	指标名称	单位	指标	备注
1	产品平均单重	kg/m²	23	
2	燃料煤消耗量	t/a	54450	
3	原料用量	t/a	88157.45	
4	辅助材料用量			
	其中：球石	t/a	5355.76	
	渗花釉	t/a	90.00	
	泥浆外加剂	t/a	256.54	
5	设备总装机容量	kW	3590.20	
	其中：生产	kW	3488.20	
	照明	kW	102.00	
6	年用电量	万kW·h	1124.22	
	其中：生产	万kW·h	1098.72	
	照明	万kW·h	25.50	
7	年用水量	t/a	179850	
	其中：生产	t/a	161370	
	生活及其他	t/a	18480	
8	劳动定员	人	192	
	其中：生产	人	156	
	管理及其他人员	人	36	
9	劳动生产率（按实物）			
	全员	m²/(人·a)	15625.00	
	生产人员	m²/(人·a)	19230.77	

续表

序 号	指标名称	单 位	指 标	备 注
10	劳动生产率（按产值）			
	全员	万元/(人·a)	36.75	
	生产人员	万元/(人·a)	45.23	
11	全厂占地面积	亩	36.84	
12	年平均销售收入	万元	7056.00	
13	年平均总成本费用	万元	5237.83	
14	投资回收期	年	5.54	含建设期
15	财务内部收益率	%	19.71	所得税后

参考文献

1 中国工业运输协会．工业企业总平面设计规范（GB 50187—1993）．
2 公安部．建筑设计防火规范（GB 50016—2006）．
3 国家计划委员会．工业企业噪声控制设计规范（GBJ 87—1985）．
4 交通部．厂矿道路设计规范（GBJ 22—1987）．
5 廖祖裔等．工业建筑总平面设计［M］．北京：中国建筑工业出版社，1984．
6 中南设计院．建筑工程设计文件编制深度规定，2008年．
7 中国建筑科学研究院．建筑结构荷载规范（GB 50009—2001），2006．
8 建设部．建筑抗震设计规范（GB 50011—2008）．
9 建设部．混凝土结构设计规范（GB 50010—2002）．
10 湖北省计划委员会．冷弯薄壁钢结构技术规范（GBJ 18—1987）．
11 中国建筑东北设计研究院．砌体结构设计规范（GBJ 3—1988）．
12 袁齐家．房屋建筑设计与建筑技术［M］．北京：中国建筑工业出版社，1989．
13 同济大学．单层厂房设计与施工［M］．北京：中国建筑工业出版社，1982．
14 中国节能技术政策大纲（2006年版）［M］．北京：中国建筑工业出版社，2005．
15 轻型钢结构设计指南（实例与图集）编辑委员会．轻型钢结构设计指南（实例与图集）［M］．北京：中国建筑工业出版社，2000．
16 陶瓷墙地砖生产编写组．陶瓷墙地砖生产［M］．北京：中国建筑工业出版社，1983．
17 于丽达等．陶瓷墙地砖 釉面砖生产技术手册［M］．北京：国家展望出版社，1993．
18 裴秀娟等．卫生陶瓷工厂技术员手册［M］．北京：化学工业出版社，2006．
19 吴晓东．陶瓷工厂工艺设计概论［M］．武汉：武汉工业大学出版社，1992．
20 郑岳华．陶瓷工厂设计手册［M］．武汉：华南理工大学出版社，1990．
21 刘华章．建筑制品厂工艺设计与生产［M］．北京：中国建筑工业出版社，2006．
22 严生等．新型干法水泥厂工艺设计手册［M］．北京：中国建材工业出版社，2007．
23 中国市政工程东北设计研究院．给水排水设计手册［M］．北京：中国建筑工业出版社，2000．
24 陆耀庆等．供热通风设计手册［M］．北京：中国建筑工业出版社，1987．
25 建设部．采暖通风与空气调节设计规范（GB 50019—2003）．
26 建设部．环境空气质量标准（GB 3095—1996）．

27 建设部. 回转反吹类袋式除尘器（JB/T 8533—1997）.
28 建设部. 脉冲喷吹类袋式除尘器（JB/T 8533—1997）.
29 建设部. 内滤分室反吹类袋式除尘器（JB/T 8534—1997）.
30 任玉峰等. 建筑工程概预算与投标报价［M］. 上海：上海科学技术出版社，1992.
31 建设部. 建筑工程工程量清单计价规范（GB 50500—2008）.
32 国家发展改革委员会，建设部. 建设项目经济评价方法与参数.

附 录

附表1 我国陶瓷工业常用黏土的化学组成

产地名称	化学组成（%）										
	SiO_2	Al_2O_3	Fe_2O_3	TiO_2	MnO	CaO	MgO	K_2O	Na_2O	烧失量	总量
高岭石类：											
江西明砂高岭土（精泥）	47.69	36.01	0.99	0.04	0.14	0.40	0.25	2.51	0.95	11.12	100.10
江西马鞍山碱石	44.23	38.29	0.72	2.38	痕迹	痕迹	0.26	0.35	0.21	14.13	100.57
江西星子高岭土（精泥）	54.60	41.30	1.46	—	0.16	0.15	0.22	2.01	0.19	—	100.09
河北开滦	45.55	36.68	3.29	1.24	—	0.31	0.14			14.18	101.72
河北唐山碱干	43.50	40.09	0.63	0.30		0.47	—	0.49	0.22	14.28	99.98
河北唐山柴木节	46.15	32.58	1.32	1.32		1.27	0.43	0.70	0.74	16.16	
河北灵山土	44.66	34.28	0.58	0.30		0.22	0.52	0.25	0.40	17.78	98.99
河北上庄土	42.25	36.94	0.66	0.90		1.23		0.70	0.19	16.20	99.07
山西大同黏土	43.44	39.44	0.27	0.09		0.24	0.38	痕迹	痕迹	16.07	100.24
福建同安高岭土	52.73	33.93	0.02	—		0.68	0.59	5.60	0.44	9.95	
广东飞天燕土	46.58	36.47	0.46			1.03	0.11	4.96	0.38	9.54	99.53
广东高州高岭土	58.68	26.36	0.12			0.44	0.09	0.84		6.24	
湖南黄茅园高岭土	45.62	39.13	0.0			0.23	0.08	0.70		14.21	
湖南新宁高岭土	45.41	35.71	0.34			0.8		2.00	2.39	13.27	
陕西铜川上店土	46.08	37.62	1.08	1.36	—	0.36	0.15	0.06	0.23	13.46	
江苏苏州高岭土（阳西）	46.43	39.87	0.50	—		0.32	0.10			12.30	
江苏苏州高岭土（阳东）	46.01	39.82	1.51	—		0.15	0.14	—		12.11	
河南巩县钟岭	40.09	37.42	0.77	0.88		0.49	0.38	0.55	0.83	10.71	92.12
山东新汶碱石	47.68	35.55	0.48	0.49		0.48	0.58	0.10	0.15	14.17	99.68
山东博山焦宝石	44.39	38.70	0.89	1.60		0.23	—	痕迹	0.01	14.42	100.24
吉林舒兰七道河子	57.98	29.79	1.53	—		0.24	0.46	—		9.85	99.85
辽宁复州湾	45.37	36.94	2.30			0.28	0.48			14.09	100.06
理论组成	46.54	39.50								13.96	
一般组成范围	43.6~54.7	30.0~40.2	0.3~2.0	0~1.40		0.03~1.5	0~1.0	0~1.5	0~1.2	11~14.3	

续表

产地名称	化学组成（%）										
	SiO_2	Al_2O_3	Fe_2O_3	TiO_2	MnO	CaO	MgO	K_2O	Na_2O	烧失量	总量
多水高岭土：											
四川叙永	44.56	38.80	0.30			0.82	0.20	0.11	0.13	15.40	100.32
江西贵溪上清乡	48.28	35.05	1.58	—	—	0.17	0.37	2.41	0.28	12.31	100.45
辽宁沈阳王家沟	61.28	24.25	2.35	—	—	1.14	2.15	—	—	21.58	97.97
江苏南京栖霞山土	40.31	35.65	1.12			0.49	0.12	0.35	0.40	13.80	100.02
贵州贵阳高坡	46.42	39.40	0.10	0.03		0.09	0.09	0.05	0.09	15.48	100.17
内蒙古清水河白蜡石	45.01	37.78	0.26	0.49		0.67	0.52	0.15	0.34	9.32	100.71
湖南界牌大牌高火泥	67.64	22.16	0.28			0.33	0.10	0.38		10.40	100.21
湖南界牌大牌岭桃红泥	63.18	24.47	0.54			0.21	0.12	0.34		13.76	99.26
湖南界牌马迹泥	50.52	33.62	0.31			0.32	0.16	1.34		6.96	100.03
湖南界牌马迹泥	72.80	17.47	0.40			0.28	0.20	1.58		19.60	99.69
理论组成	43.50	36.90									
一般组成范围	40.0~45.8	33.8~39.2	0.0~0.4	—	—	0.1~0.8	0.3	0.3	0.3	13.4~23.7	
膨润土类：											
辽宁锦西	47.95	21.43	3.86	FeO 0.40	0.11	1.79	2.07	1.0	0.30	21.48	100.39
吉林九台	69.57	16.60	3.34	—		2.02	2.42	—	—	6.97	100.92
吉林华甸	73.99	14.82	1.27	—		1.49	1.62			6.69	99.84
黑龙江穆陵县	52.48	22.96	3.86			2.72	0.54	1.69	4.47	9.95	99.57
河北易县膨润土	70.06	14.54	0.16			2.36	3.75	0.14	0.23	7.76	
河北宣化	62.73	13.15	0.88		0.079	6.57	2.35	3.47	—	11.32	
浙江余杭	60.74	14.33	2.58			1.56	2.57	0.09		12.23	
福建连城	71.75	19.65	0.10			2.93	2.84			19.46	
四川达县	61.32	13.65	4.52			3.63	6.70	—		9.31	
江苏溧阳	63.54	16.06	1.15			2.00	2.49	2.50	0.45	12.18	100.37
理论组成	53.40	22.60								24.00	
一般组成范围	47.9~51.2	20.0~27.1	0.2~1.4	—		1.0~3.7	2.1~6.6	0.2~0.6	0.3~0.8	17.1~23.7	
叶蜡石类：											
浙江温州叶蜡石	62.71	29.92	0.33	0.32			痕迹	0.185	0.17	6.17	99.77
浙江青田叶蜡石	67.46	27.40	0.20	—		0.03	0.08	0.12	—	5.03	100.32
理论组成	66.65	28.35	—	—		—	—	—	—	5.00	

续表

产地名称	化学组成（%）									
	SiO_2	Al_2O_3	Fe_2O_3	TiO_2	MnO	CaO	MgO	K_2O	Na_2O	烧失量	总量
瓷石和瓷土类：										
安徽祁门瓷石（精泥）	69.93	17.65	0.66	0.07	0.01	2.11	0.40	4.61	0.54	4.31	100.29
江西屋柱槽釉果	74.43	14.64	0.62	0.06	0.02	1.97	0.16	2.90	2.38	2.85	100.03
江西南港瓷石	76.12	14.97	0.76	—	0.06	1.45	—	2.77	0.42	3.71	100.26
江西青树下釉果	74.85	14.66	1.30		0.14	1.52	0.21	3.11	3.39	2.28	100.46
江西三宝莲瓷石	73.70	15.34	0.70		0.04	0.70	0.16	4.13	3.79	1.13	99.69
江西余千瓷石	77.50	14.72	0.43	—	痕迹	0.37	0.18	2.65	0.24	3.72	99.81
湖南醴陵马颈坳瓷石	76.35	14.21	0.71			0.75	0.43	4.04	0.23	3.19	101.92
湖南醴陵千冲瓷土	73.19	17.34	1.05			0.22	0.21	3.89		4.35	101.14
福建小岭山瓷石	78.03	14.65	0.67	0.06	—	0.16	0.16	5.44	0.56	2.19	
福建观音岐瓷石	79.04	14.20	0.34	0.04		0.69	0.19	3.80	0.15	2.65	100.78
江苏吴县光福瓷石	79.90	19.58	1.48	—		0.26	0.43	4.09	0.24	2.36	99.28
浙江列泉宝溪瓷土	70.50	19.24	0.39	—		0.53	痕迹	5.35	0.25	4.25	100.51
云南玉门瓷土	70.26	19.61	0.30			0.36	0.14	0.37	5.24	4.00	
河北徐水县黏土	69.50	18.98	0.40	0.20	—	—	0.67	3.55	0.18	7.03	
江苏宜光茗岭瓷土	73.54	17.04	0.45			0.46	0.41	1.25	3.00	4.02	
江苏新沂瓷土	78.35	12.76	0.96			0.34	0.14	1.44	0.20	2.89	
伊利石类：										
江西乐平桥头丘	64.93	21.38	1.02	0.80	P_2O_5 0.2	0.62	—	1.55	0.20	8.73	99.48
青海鄂博梁地区	37.19	16.45	9.64	0.50	—	3.71	2.95	1.00	1.20	24.00	96.64
甘肃镇源	48.12	22.77	10.24	0.64		0.30	3.63	3.75	0.14		
河北邢台章村土	41.88	40.92	0.36	0.43	—	0.66	1.37	5.95	2.85	4.94	99.36
一般组成范围	50.1~51.7	21.7~32.8	0~6.2	0.5	—	0~0.6	2.0~4.5	4.1~6.9	0.1~0.5	6.4~7.0	
海泡石类①：										
江西乐平	66.78	0.45	0.57	—	—	0.12	23.29	0.15	0.20	5.57	
湖南醴陵冷水坑	66.26	3.35	0.49			2.70	22.15	2.15		2.90	
绿泥石类②：										
辽宁海城英落山	23.45	5.41	0.47	0.16		0.85	39.55	—	0.18	30.12	
山东栖霞	35.97	18.48	0.97	0.10		0.18	33.52	—	—	11.60	100.82
其他各地黏性土：										
山东坊子黏土	56.52	30.05	0.69	—	—	0.28	0.35	1.37	0.09	10.68	
山西塑县土	55.70	27.48	0.90	—	—	0.98		2.81	2.43	9.77	
吉林水曲柳黏土	50.80	31.50	1.50	—	—	0.20	0.50	1.50	1.50	14.00	
吉林烟筒山黏土	52.40	30.10	2.40			1.50	1.50	2.50	2.50	9.90	
辽宁锦州紫木节	48.79	32.33	1.87			0.72	0.83	0.80	0.26	12.78	
广东东莞二顺泥	52.62	31.39	1.59			0.30	0.84	2.08	0.76	9.56	
广东佛山石湾黑泥	51.52	23.27	2.51			0.49	0.73	—	—	22.64	
广东潮安双白土	48.45	35.58	0.23			痕量	0.32	1.27		11.79	

续表

产地名称	化学组成（%）										
	SiO_2	Al_2O_3	Fe_2O_3	TiO_2	MnO	CaO	MgO	K_2O	Na_2O	烧失量	总量
台湾台北县北投耐火黏土	49.80	34.83	1.47							13.63	
台湾台北县北投瓷土	73.34	17.96	0.44			0.26	0.55	1.75	2.34	4.95	
浙江龙泉宝溪紫金土	46.58	28.29	7.82	1.57	—	1.16	0.78	3.84	0.35	9.66	100.56
浙江宁海黏土	56.73	25.78	3.50	—		0.80	1.15	2.85	—	9.18	
浙江台州木节土	57.33	24.58	2.90	0.69		0.62	1.22	2.75	0.09	10.14	100.32
云南永胜跑楼黏土	75.46	15.80	0.25	—		0.33	0.40	3.49	0.32	1.78	
江苏无锡白泥	68.31	22.93	0.70			0.73	0.15	2.13	2.13	3.97	
江苏宜兴东山白泥	70.25	20.90	1.80			0.45	0.39	1.02	0.30	5.08	100.19
江苏宜兴西山面头	65.57	20.80	4.29			0.22	0.35	0.32	0.44	7.27	99.26
江苏宜东山甲泥	68.18	28.80	5.96	0.45		0.78	0.22	0.20	0.10	5.87	99.96
江苏宜兴本山紫泥	49.86		8.42			0.36	0.48	0.24	0.24	10.76	99.16

① 海泡石（Sepiolote）是一种镁质耐火黏土，化学式为：$4MgO \cdot 6SiO_2 \cdot 2H_2O$，景德镇用为制匣钵的原料。据彭瑞琪等著《中国黏土矿物研究》一书断定："江西乐平是迄今为止我国唯一已知的海泡石产地。"但湖南醴陵惯用的优质匣钵原料冷水坑镁质黏土，其成分极为相似，故一并列入。一般放为系一种天然水合硅酸镁。

② 绿泥石（Chlorite）是富含镁质的黏土，化学式为：$5MgO \cdot Al_2O_3 \cdot 3SiO_2 \cdot 4H_2O$，烧失量和MgO含量都很高，而$Al_2O_3$和$SiO_2$含量均低，可以认为是夹在滑石与菱镁矿之间产生的。现有人利用于制造堇青石瓷的原料。

附表2 国际标准组织推荐的筛网系列（ISO/R 565—1972）

主要系列（R20/3）mm	辅助系列		主要系列（R20/3）mm	辅助系列	
	具有2个中间值（R20）	具有1个中间值（R40/3）		具有2个中间值（R20）	具有1个中间值（R40/3）
125	125	125	11.2	11.2	11.2
	112			10.0	
		106			9.5
	100			9.00	
90	90.0	90.0	5.60	5.60	5.60
	80.0			5.00	
					4.75
	71.0			4.50	
63.0	63.0	63.0	4.00	4.00	4.00
	56.0			3.55	
		53.0			3.35
	50.0			3.15	
45.0	45.0	45.0	2.80	2.80	2.80
	40.0			2.50	
		37.5			2.36
	35.5			2.24	
31.5	31.5	31.5	2.00	2.00	2.00
	28.0			1.80	
		26.5			1.70
	25.0			1.60	
22.4	22.4	22.4	1.40	1.40	1.40
	20.0			1.25	
		19.0			1.18
	18.0			1.12	
16.0	16.0	16.0	1.00	1.00	1.00
	14.0			900	
		13.2			850
	12.5			800	

续表

主要系列 (R20/3) μm	辅助系列		主要系列 (R20/3) μm	辅助系列	
	具有2个中间值 (R20)	具有1个中间值 (R40/3)		具有2个中间值 (R20)	具有1个中间值 (R40/3)
710	710	710	125	125	125
	630			125	
		600			125
	560			112	
500	500	500	90	90	90
	450			80	
		425			75
	400			71	
355	355	355	63	63	63
	315			56	
		300			53
	280			50	
250	250	250	45	45	45
	224			40	
		212			38
	200			36	
180	180	180	32	32	32
	160			28	
		150			26
	140			25	
				22	22
				20	

附表3 各种筛网对照

筛孔净宽名义尺寸 (mm)	筛孔数 (筛孔数/cm²)	相当于"目"		相当于德国筛号 (筛孔数/cm)
		每英寸筛孔数	筛孔净宽 (mm)	
2.0	2.3~2.7	—	—	—
4.0	3.2~4	5	3.962	—
3.3	4.4~5.8	6	3.327	—
2.8	6.2~7.8	7	2.794	—
2.3	8.4~11.0	8	2.362	—
2.0	11.0~13.8	9	1.981	—

续表

筛孔净宽名义尺寸（mm）	筛孔数（筛孔数/cm²）	相当于"目"		相当于德国筛号（筛孔数/cm）
		每英寸筛孔数	筛孔净宽（mm）	
1.7	14.4~19.4	10	1.651	4
1.4	20~26	12	1.397	5
1.2	28~35	14	1.168	6
1.0	40~48	16	0.991	—
0.85	50~64	20	0.833	8
0.70	76~90	24	0.701	—
0.60	100~124	28	0.589	10
0.50	140~177	32	0.495	12
0.42	194~244	35	0.417	14
0.355	250~325	42	0.351	16
0.30	372~476	48	0.295	20
0.25	540~660	60	0.246	24
0.21	735~920	65	0.208	30
0.18	990~1190	80	0.175	—
0.15	1370~1760	100	0.147	40
0.125	1980~2400	115	0.124	50
0.105	2640~3270	150	0.104	60
0.085	4070~5100	170	0.089	70
0.075	5500~6970	200	0.074	80
0.063	7200~9400	250	0.061	100
0.053	10200~12900	270	0.053	—
0.042	16900~19300	325	0.043	—

附表4 测温锥的软化温度与锥号对照

标定软化温度（℃）	国内采用的编号	塞格尔锥号（SK）	标定软化温度（℃）	国内采用的编号	塞格尔锥号（SK）
600	60	022	855	85	012
650	65	021	880	88	011
670	67	020	900	90	010
690	69	019	920	92	09
710	71	018	940	94	08
730	73	017	960	96	07
750	75	016	980	98	06
790	79	015	1000	100	05
815	81	014	1020	102	04
835	83	013	1040	104	03

标定软化温度 （℃）	国内采用的 编号	塞格尔锥号 （SK）	标定软化温度 （℃）	国内采用的 编号	塞格尔锥号 （SK）
1280	128	9	1520	152	19
1300	130	10	1530	153	20
1320	132	11	1540	154	—
1350	135	12	1580	158	26
1380	138	13	1610	161	27
1410	141	14	1630	163	28
1430	143	15	1650	165	29
1460	146	16	1670	167	30
1480	148	17	1690	169	31
1500	150	18	1710	171	32
1060	106	02	1730	173	33
1080	108	01	1750	175	34
1100	110	1	1770	177	35
1110	—	2	1790	179	36
1120	112	—	1820	182	—
1140	114	3	1830	183	37
1160	116	4	1850	185	38
1180	118	5	1880	188	39
1200	120	6	1920	192	40
1230	123	7	1960	196	41
1250	125	8	2000	200	42

注：21~25 的塞格尔三角锥已不再制造，因为它们的熔点太接近了。

附表5　常用陶瓷原料常数

原料名称	别名	化学式	成分	摩尔质量 （g/mol）	质量分数 （%）	成分比例		熔点 （℃）	密度 （g/cm³）	溶解度
氧化银	—	Ag_2O	—	231.76	—	—	—	D300	7.143	I
硝酸银	—	$AgNO_3$	—	169.89	—	—	—	D212	4.352	S
碳酸银	—	Ag_2CO_3	—	275.77	—	—	—	D218	6.08	I
氧化铝	—	Al_2O_3	—	101.90	—	—	—	2050	3.5~4.1	I
氢氧化铝	—	$Al(OH)_3$	—	78.0	—	—	—	D300	3.42	I
一水铝石	水铝石	$Al_2O_3 \cdot H_2O$	Al_2O_3	101.90	85.0	1.000	5.67	—		
			H_2O	18.0	15.0	0.177	1.000	—		
				119.9	100.0	—	—	D300	3.02~3.4	I
三水铝石	水铝矿	$Al_2O_3 \cdot 3H_2O$	Al_2O_3	101.90	65.4	1.000	1.887	—		
	—		H_2O	18.0	34.6	0.530	1.000	—		

续表

原料名称	别名	化学式	成分	摩尔质量 (g/mol)	质量分数 (%)	成分比例			熔点 (℃)	密度 (g/cm³)	溶解度
硫酸铝	—	$Al_2(SO_4)_3$		119.9	100.0	—	—	—	D300	2.423	I
			Al_2O_3	101.90	29.79	1.000	0.424	—			
			SO_3	240.2	70.21	2.357	1.000	—			
含水硫酸铝		$Al_2(SO_4)_3 \cdot 18H_2O$		324.0	100.0	—	—	—	D770	2.71	S
			Al_2O_3	101.9	15.30	1.000	0.424	0.315			
			SO_3	240.2	36.06	2.357	1.000	0.741			
			H_2O	324.0	48.64	3.180	1.349	1.000			
硅线石		$Al_2O_3 \cdot SiO_2$		666.1	100.00	—	—	—	D865	1.62	S
			Al_2O_3	101.9	62.9	1.000	1.690				
			SiO_2	60.1	37.1	0.590	1.000				
				162.0	100.0	—	—		1860	3.25	I
高岭石		$Al_2O_3 \cdot SiO_2 \cdot 2H_2O$	Al_2O_3	101.9	39.5	1.000	0.848	2.830			
			SiO_2	120.2	46.5	1.180	1.000	3.340			
			H_2O	36.0	14.0	0.355	0.301	1.000	约1930	2.58~2.95	I
				258.1	100.0	—	—	—	D600~650		
叶蜡石		$Al_2O_3 \cdot 4SiO_2 \cdot H_2O$	Al_2O_3	101.9	28.3	1.000	0.424	5.66			
			SiO_2	240.4	66.7	2.359	1.000	13.35			
			H_2O	18.0	5.0	0.177	0.075	1.000			
				360.3	100.0	—	—	—	1760	2.66~2.9	I
蒙脱石	斑脱石	$Al_2O_3 \cdot 4SiO_2 \cdot 6H_2O$	Al_2O_3	101.9	22.6	1.000	0.424	0.944			
			SiO_2	240.4	53.4	2.360	1.000	2.226			
			H_2O	108.0	24.0	1.060	0.449	1.000			
				450.3	100.0	—	—	—	D1150	2.5~2.6	I
莫来石	—	$3Al_2O_3 \cdot 2SiO_2$	Al_2O_3	305.7	71.8	1.000	2.54				
			SiO_2	120.2	28.2	0.393	1.00				
				425.9	100.0	—	—		1930	3.03~3.15	I
红柱石		$Al_2O_3 \cdot SiO_2$	Al_2O_3	101.9	62.9	1.000	1.696				
			SiO_2	60.1	37.1	0.590	1.000				
				162.0	100.0	—	—		1860	3.1~3.29	I
蓝晶石		$Al_2O_3 \cdot SiO_2$	Al_2O_3	101.9	62.9	1.000	1.696				
			SiO_2	60.1	37.1	0.590	1.000				
				162.0	100.0	—	—			3.53~3.67	
冰晶石	氟化铝钠	$AlF_3 \cdot 3NaF$	—	210.0	—				920	2.9~3.0	I
硫酸铝铵	—	$Al_2(SO_4)_3 \cdot (NH_4)_2SO_4 \cdot 24H_2O$		906.7	—				94.5	1.65	S
硫酸钾铝	钾明矾	$Al_2(SO_4)_3 \cdot K_2SO_4 \cdot 24H_2O$		948.8	—				84.5	1.73~1.76	S
三氧化二砷	白砷石、砒霜	As_2O_3		197.8	—				218 升华	3.74	S(热水)
五氧化二砷	—	As_2O_5		229.8	—					4.086	I
金	—	Au		197.0	—					19.3	I
氧化硼	—	B_2O_3		69.6	—				577	1.83~1.88	SI
硼酸	—	$B_2O_3 \cdot 3H_2O$		123.7	—				184~186	1.435	S

续表

原料名称	别名	化学式	成分	摩尔质量 (g/mol)	质量分数 (%)	成分比例			熔点 (℃)	密度 (g/cm³)	溶解度
氧化钡	—	BaO	—	153.4	—	—	—	—	1923	5.72~5.32	S
碳酸钡	—	BaCO$_3$	—	197.3	—	—	—	—	D1740	4.275	I
含水氯化钡	—	BaCl$_2 \cdot$ 2H$_2$O	—	244.2	—	—	—	—	960	3.879	S
氢氧化钡	—	Ba(OH)$_2$	—	171.3	—	—	—	—	D	4.50	S
硫酸钡	重晶石	BaSO$_4$	BaO	153.4	65.7	1.000	1.915			—	
			SO$_3$	80.1	34.3	5.23	1.000				
				233.5	100.0	—	—		D1580	4.48~4.30	I
铬酸钡	—	BaCrO$_4$	—	253.5						4.50	I
含水氢氧化钡	—	Ba(OH)$_2 \cdot$ 8H$_2$O	BaO	171.3	54.3	1.000	1.190				
			H$_2$O	114.0	46.7	0.84	1.000				
				315.3	100.0				779	2.19	SI
钡长石	—	BaO$\cdot$Al$_2$O$_3 \cdot$2SiO$_2$	BaO	153.4	40.8	1.000	1.505	1.278			
			Al$_2$O$_3$	101.9	27.1	0.664	1.000	0.847			
			SiO$_2$	120.0	32.1	0.784	1.180	1.000			
				375.5	100.0				1550	3.3~3.45	I
氧化铍	—	BeO	—	25.0					2520	3.03	I
绿柱石	铍长石	3BeO$\cdot$Al$_2$O$_3 \cdot$6SiO$_2$	BeO	75.1	14.6	1.000	0.736	0.206			
			Al$_2$O$_3$	101.9	19.0	1.360	1.000	0.274			
			SiO$_2$	360.6	67.0						
				537.6	100.0				1410~1430	2.65~2.9	I
氧化铋	—	Bi$_2$O$_3$	—	466.0					820	8.2~8.9	I
氯化铋	—	BiCl$_3$	—	315.4					230	4.75	S
硝酸铋	—	Bi(NO$_3$)$_3$	—	395.01							S
含水硝酸铋	—	Bi(NO$_3$)$_3 \cdot$ 5H$_2$O	—	485.01					D30	2.83	S
氧化钙	生石灰	CaO	—	56.1					275	3.4	S
碳酸钙	方解石	CaCO$_3$	CaO	56.1	56.00	1.000	1.275				
			CO$_2$	44.0	44.00	1.430	1.000				
				100.1	100.0				D825	2.71	I
氯化钙	—	CaCl$_2$	—	101.98					772	2.15	
含水氯化钙	—	CaCl$_2 \cdot$ 6H$_2$O	—	219.0					30.2	1.68	S
硫酸钙	无水石膏	CaSO$_4$	CaO	56.1	41.2	1.000	0.700				
			SO$_3$	80.1	58.8	1.430	1.000				
				106.2	100.0				1450	22.96	SI
含水硫酸钙	生石膏	CaSO$_4 \cdot$ 2H$_2$O	CaO	56.1	32.6	1.000	0.700	1.56			
			SO$_3$	80.1	46.5	1.43	1.000	2.23			
			H$_2$O	36.0	20.9	0.64	0.450	1.00			
				172.2	100.0				D900	2.32	S
半水石膏		CaSO$_4 \cdot$ 1/2H$_2$O	CaO	56.1	38.5	1.000	0.700	6.23			
			SO$_3$	80.1	55.2	1.43	1.000	8.90			

续表

原料名称	别名	化学式	成分	摩尔质量 (g/mol)	质量分数 (%)	成分比例			熔点 (℃)	密度 (g/cm³)	溶解度
			H_2O	9.0	6.2	0.160	0.110	1.000			
				145.2	100.0	—	—	—	D180	2.60	SI
氟化钙	萤石	CaF_2	—	78.1	—				1330	3.18	I
白云石	—	$CaMg(CO_3)_2$	CaO	56.1	30.4	1.000	1.390	0.640			
			MgO	40.3	21.9	0.720	1.000	0.460			
			CO_2	88.0	47.7	1.570	2.180	1.000			
				184.4	100.0	—	—	—	D730	2.8~2.9	I
正磷灰石	磷灰石	$Ca_3(PO_4)_2$	CaO	168.3	54.3	1.000	1.190				
			P_2O_5	141.9	45.7	0.84	1.000				
				310.2	100.0	—	—	—	1550	3.8	I
钙长石		$CaO \cdot Al_2O_3 \cdot 2SiO_2$	CaO	56.1	20.2	1.000	0.550	0.470			
			Al_2O_3	101.9	36.6	1.820	1.000	0.850			
			SiO_2	120.2	43.2	2.140	1.180	1.000			
				278.2	100.0	—	—	—	1552	2.77	I
硼酸钙	硼灰石	$Ca(BO_2)_2 \cdot 2H_2O$	CaO	56.1	4.7	1.000	0.810	1.560			
			B_2O_3	69.6	43.0	1.240	1.000	1.930			
			H_2O	36.0	22.3	0.640	0.52	1.000			
				161.7	100.0	—	—	—	1150		SI
灰钙石	钙钛矿	$CaO \cdot TiO_2$	CaO	56.1	41.3	1.000	0.700	—			
			TiO_2	79.9	58.7	1.420	1.000	—			
				136.0	100.0	—	—	—	1970	4.0	I
氧化镉	—	CdO	—	128.4	—				D900	8.15	I
硫化镉	—	CdS	—	—	—				980	3.9~4.8	I
含水氯化镉	—	$CdCl_2 \cdot 2.5H_2O$	—	228.4	—				D	3.33	S
碳酸镉	—	$CdCO_3$	CdO	128.4	74.5	1.000	2.920	—			
			CO_2	44.0	25.5	0.340	1.000	—			
				172.4	100.0	—	—	—	D500	4.26	I
二氧化铈		CeO_2	—	172.1					2600	7.2~7.5	I
氧化钴		Co_2O_3	—	165.9					895(O_2)	5.13	I
氧化亚钴		CoO	—	74.9					D1800	5.68	I
四氧化三钴		Co_3O_4	—	240.8					995(O_2)	6.07	I
碳酸钴	—	$CoCO_3$	—	118.9					D	4.13	I
硅酸钴	—	Co_2SiO_4	CoO	149.8	71.4	1.000	2.490				
			SiO_2	60.1	28.6	0.400	1.000				
				209.9	100.0	—	—	—	1325	4.63	I
含水氯化钴	—	$CoCl_2 \cdot 6H_2O$	$CoCl_2$	129.8	54.6	1.000	1.200				
			H_2O	108.0	45.4	0.830	1.000				
				237.8	100.0	—	—	—	86.75	1.84	S
含水硝酸钴	—	$Co(NO_3)_2 \cdot 6H_2O$		290.9					56	1.88	S
含水硫酸钴	—	$CoSO_4 \cdot 7H_2O$	CoO	74.9	26.7	1.000	0.940	0.590			

续表

原料名称	别名	化学式	成分	摩尔质量 (g/mol)	质量分数 (%)	成分比例			熔点 (℃)	密度 (g/cm³)	溶解度
			SO_3	80.1	28.6	1.070	1.000	0.650			
			H_2O	126.0	44.7	1.640	1.570	1.000			
				281.0	100.0	—	—	—	96.8	1.95	S
磷酸钴	—	$Co_3(PO_4)_2$	CoO	224.7	61.3	1.000	—	4.160			I
			P_2O_5	141.9	38.7	0.640	—	1.000			I
				366.6	100.0	—	—	—	1900~2140	5.21	I
氧化铬	—	Cr_2O_3	—	152.0	—	—	—	—	196	2.7	S
铬酐	—	CrO_3		99.99							
铬矾	—	$Cr_2(SO_4)_3 \cdot K_2SO_4 \cdot 24H_2O$	Cr_2O_3	152.0	15.2	1.000	0.470	1.620			
			K_2O	49.2	9.4	0.620	0.290	1.000			
			SO_3	320.4	32.1	2.110	1.000	3.400			
			H_2O	432.0	43.3	2.840	1.350	4.590			
				998.6	100.0	—	—	—	89	1.83	S
硫酸铬	—	$Cr_2(SO_4)_3 \cdot 18H_2O$	Cr_2O_3	152.0	21.2	1.000	0.630	0.470			
			SO_3	240.3	33.6	1.580	1.000	0.740			
			H_2O	324.0	45.2	2.130	1.350	1.000			
				716.3	100.0	—	—	—		1.7	S
氧化铜	黑铜矿	CuO	—	79.5	—	—	—	—	D1026	6.3~6.5	I
氧化亚铜	赤铜矿	Cu_2O	—	143.1	—	—	—	—	1210~1235	5.75~6.09	I
含水硝酸铜	—	$Cu(NO_3)_2 \cdot 6H_2O$	CuO	79.5	26.9	1.000	0.740	0.740			
			N_2O_5	108.0	36.5	1.360	1.000	1.000			
			H_2O	108.0	36.5	1.360	1.000	1.000			
				295.5	99.9	—	—	—	D26.4	2.074	S
氢氧化铜	—	$Cu(OH)_2$	CuO	79.5	81.5						
			H_2O	18.0	18.5						
				97.5	100.0				D	3.368	I
碱式碳酸铜	—	$CaCO_3 \cdot Cu(OH)_2 \cdot H_2O$	CuO	79.6	36.9						
			CaO	56.1	26.0						
			CO_2	44.0	20.4						
			H_2O	36.0	16.7						
				215.7	100.0				D		
含水硫酸铜	—	$CuSO_4 \cdot 5H_2O$	CuO	79.5	31.8	1.000	0.990	—			
			SO_3	80.1	32.1	1.010	1.000	—			
			H_2O	90.0	36.1						
				249.6	100.0	—	—	—	D400 以上	2.87	
三氧化铒	—	Er_2O_3		382.4	—	—	—	—		8.61	I
三氧化二铁	—	Fe_2O_3		159.7	—	—	—	—	1560	5.12	I
氧化亚铁	—	FeO		71.7	—	—	—	—	1410	5.7	I
氯化铁	—	$FeCl_3$		162.2	—	—	—	—	282	2.8	S
氢氧化铁	—	$Fe(OH)_3$		106.8	—	—	—	—	D599	3.4~3.9	I

续表

原料名称	别 名	化学式	成 分	摩尔质量 (g/mol)	质量分数 (%)	成分比例			熔 点 (℃)	密 度 (g/cm³)	溶解度
硫酸亚铁	铁矾	$FeSO_4 \cdot 7H_2O$	FeO	71.8	28.8	—	—	—			
			SO_3	80.1	28.8	—	—	—			
			H_2O	126.0	45.5	—	—	—			
				277.9	100.0	—	—	—	D64	1.9	S
硫化铁	—	FeS	FeO	87.9	—	—	—	—	1170	4.75~5.4	I
四氧化三铁	磁铁矿	Fe_3O_4	Fe_2O_3	71.8	31.0	1.000	0.450				
				159.8	69.0	2.220	1.000				
				231.4	100.0	—	—	—	1538	4.96~5.4	I
钼酸	—	$H_2MoO_4 \cdot H_2O$	MoO_3	143.9	80.0	—	—	—			
			H_2O	36.0	20.0	—	—	—			
				179.9	100.0	—	—	—		3.1	
正硅酸	—	H_2SiO_3	SiO_2	60.1	76.8	—	—	—			
			H_2O	18.0	23.0	—	—	—			
				78.1	100.0	—	—	—	D15	2.1~2.3	I
原硅酸	—	H_4SiO_4	SiO_2	60.1	62.5	—	—	—			
			H_2O	36.0	37.5	—	—	—			
				96.1	100.0	—	—	—		1.58	I
正锡酸	—	H_2SnO_3	SiO_2	150.6	89.3	—	—	—			
			H_2O	18.0	10.7	—	—	—			
				168.6	100.0	—	—	—			SI
硒酸	—	H_2SeO_3	SeO_2	110.9	86.3	—	—	—			
			H_2O	18.0	14.0	—	—	—			
				128.9	100.0	—	—	—	D	3004	
钨酸	—	H_2WO_4	WO_3	231.8	92.8	—	—	—			
			H_2O	18.0	7.2	—	—	—			
			—	249.8	100.0	—	—	—		5.5	
氧化铟	—	In_2O_3	—	277.6	—	—	—	—	850	7.18	I
氧化铱		IrO_2		224.2	—	—	—	—	D	3.12	
三氧化铱		Ir_2O_3		432.4	—	—	—	—	D1000		
氧化钾	—	K_2O		94.2	—	—	—	—	红热	2.32	S
硝酸钾	—	KNO_3		101.1	—	—	—	—	D400	2.106	S
氢氧化钾	—	KOH		56.1	—	—	—	—	360.4	2.044	S
氯化钾	—	KCl		74.5	—	—	—	—	772	1.987	S
铬酸钾	—	K_2CrO_4		194.2	—	—	—	—	975	2.732	S
重铬酸钾	红矾钾	$K_2Cr_2O_7$		294.2	—	—	—	—	397.5	2.692	S
过锰酸钾	灰锰氧	$KMnO_4$		158.0	—	—	—	—	D240	2.70	S
亚铁氰化钾	黄血盐	$K_4Fe(CN)_6 \cdot 3H_2O$		422.3	—	—	—	—	D	1.85	S
碳酸钾	真珠灰、钾碱	K_2CO_3	K_2O	94.2	—	—	—	—			
			CO_2	44.0	—	—	—	—			
				138.0	—	—	—	—	891	2.33	S

续表

原料名称	别名	化学式	成分	摩尔质量(g/mol)	质量分数(%)	成分比例			熔点(℃)	密度(g/cm³)	溶解度
白榴石	—	$K_2O \cdot Al_2O_3 \cdot 4SiO_2$	K_2O	94.2	21.6	1.000	0.920	0.390			
			Al_2O_3	101.9	23.3	1.080	1.000	0.420			
			SiO_2	240.4	55.1	2.550	2.36	1.000			
				436.5	100.0				1686	2.47	
正长石	钾长石	$K_2O \cdot Al_2O_3 \cdot 6SiO_2$	K_2O	94.2	16.9	1.000	0.920	0.260			
			Al_2O_3	101.9	18.3	1.080	1.000	0.280			
			SiO_2	360.6	64.8	3.830	3.540	1.000			
				556.7	100.0	—	—	—	1220	2.54~2.57	I
绢云母	—	$K_2O \cdot 3Al_2O_3 \cdot 6SiO_2 \cdot 2H_2O$	K_2O	94.2	11.08	1.000	0.300	0.260			
			Al_2O_3	305.7	38.4	3.250	1.000	0.850			
			SiO_2	360.6	45.3	3.830	1.180	1.000			
			H_2O	36.0	4.5	0.450	1.120	0.100	1300		
				796.5	100.0	—	—	—	D550~750	2.76~3.0	I
氧化镧	—	La_2O_3	—	325.8	—	—	—	—	2315	6.51	I
氧化锂	—	Li_2O		29.9	—	—	—	—	1270	2.03	S
碳酸锂	—	Li_2CO_3	Li_2O	29.9	40.5	—	—	—			
			CO_2	44.0	59.5	—	—	—			
				73.9	100.0				618	2.11	SI
锂辉石	—	$Li_2O \cdot Al_2O_3 \cdot 4SiO_2$	Li_2O	29.9	80.0	1.000	0.290	0.120			
			Al_2O_3	101.9	27.4	3.410	1.000	0.420			
			SiO_2	240.4	64.6	8.040	2.360	1.000			
				372.2	100.0	—	—	—	1380	2.33~2.67	I
氧化镁	—	MgO	—	40.3	—	—	—	—	2800	3.654	I
碳酸镁	—	$MgCO_3$	MgO	40.3	47.8	—	—	—			
			CO_2	44.0	52.2	—	—	—			
				84.3	100.0				D350		
含水氯化镁	—	$MgCl_2 \cdot 6H_2O$	—	203.2	—	—	—	—	D100		
斜顽火辉石	—	$MgO \cdot SiO_2$	MgO	40.3	40.1	1.000	0.670			3.04	I
			SiO_2	60.1	59.9	1.500	1.000			1.569	S
				100.4	100.0				D≈1560	3.28	I
堇青石	—	$2MgO \cdot 2Al_2O_3 \cdot 5SiO_2$	MgO	80.6	13.8	1.000	0.400	0.270			
			Al_2O_3	203.8	34.8	2.530	1.000	0.680			
			SiO_2	300.5	51.4	3.730	1.470	1.000			
				584.9	100.0	—	—	—	D1440	2.57~2.66	I
滑石	—	$3MgO \cdot 4SiO_2 \cdot H_2O$	MgO	120.9	31.9	1.000	0.503	6.790			
			SiO_2	240.4	63.4	1.988	1.000	13.500			
			H_2O	18.0	4.7	0.147	0.074	1.000			
				379.3	100.0	—	—	—	D700~900	2.7~2.8	I
尖晶石	—	$MgO \cdot Al_2O_3$	MgO	40.3	28.3	1.000	0.400	—			
			Al_2O_3	101.9	71.7	2.530	1.000	—			

续表

原料名称	别名	化学式	成分	摩尔质量 (g/mol)	质量分数 (%)	成分比例			熔点 (℃)	密度 (g/cm³)	溶解度
蛇纹石	—	$2MgO \cdot SiO_2 \cdot 2H_2O$		142.2	100.0	—	—	—	2135	3.5~4.5	I
			MgO	120.9	43.6	1.000	1.010	3.35			
			SiO_2	120.2	43.4	0.990	1.000	3.34			
			H_2O	36.0	13.0	0.290	0.300	1.000			
镁橄榄石	—	$2MgO \cdot SiO_2$		277.1	100.0	—	—	—	D1000	2.36~2.5	I
			MgO	80.6	57.3	1.000	1.340	—			
			SiO_2	60.1	42.7	0.750	1.000	—			
				140.7	100.0	—	—	—	1890	3.26	I
氧化钼	—	MoO_3	—	143.9	—				795	4.5	SI
氧化锰	—	MnO		70.9	—				1650	5.18	I
三氧化锰	—	Mn_2O_3		157.9	—				热至1080 失氧	4.50	I
碳酸锰	—	$MnCO_3$	MnO	70.9	61.7						
			CO_2	44.0	38.3						
				114.6	100.0	—	—	—	D	3.125	I
含水氯化锰	—	$MnCl_2 \cdot 4H_2O$		197.8	—				58	2.01	S
四氧化三锰	—	Mn_3O_4		228.8	—				1750	4.856	I
二氧化锰	—	MnO_2		86.9	—				D	5.03	I
硫酸锰	—	$Mn_2(SO_4)_3$	Mn_2O_3	157.9	39.7						
			SO_3	240.3	60.3						
				398.2	100.0	—	—	—	D160	3.24	S
含水硫酸锰	—	$MnSO_4 \cdot 4H_2O$	Mn_2O_3	70.9	31.8						
			SO_3	80.1	35.9						
			H_2O	72.0	32.3						
				223.0	100.0	—	—	—	700	2.107	S
氧化钠	—	Na_2O		62.0	—				红热	2.27	S
氯化钠	食盐	NaCl	—	58.5	—				801	2.16	S
碳酸钠	苏打	Na_2CO_3	Na_2O	62.0	48.5						
			CO_2	44.0	51.5						
				106.0	100.0	—	—	—	840	2.5	S
碳酸氢钠	小苏打	$NaHCO_3$		84.0	—				D270	2.22	S
含水碳酸钠	—	$Na_2CO_3 \cdot 10H_2O$	Na_2O	62.0	21.7						
			CO_2	44.0	15.4						
			H_2O	180.0	62.0						
				286.0	100.0	—	—	—	—	1.46	S
含水硫酸钠	—	$Na_2SO_4 \cdot 10H_2O$	Na_2O	62.0	19.2						
			SO_3	80.1	24.9						
			H_2O	180.0	55.9						
				322.1	100.0	—	—	—	32	1.49	S
硝酸钠	—	$NaNO_3$	—	85.0	—				310	2.27	S
氟化钠	—	NaF		42	—				982	2.79	—

续表

原料名称	别名	化学式	成分	摩尔质量 (g/mol)	质量分数 (%)	成分比例			熔点 (℃)	密度 (g/cm³)	溶解度
铬酸钠	—	$Na_2CrO_4 \cdot 10H_2O$	Na_2O	62.0	18.1	1.000	0.620	0.340			
			CrO_3	100.0	29.0	1.610	1.000	0.560			
			H_2O	180.0	52.9	2.900	1.800	1.000			
				342.0	100.0	—	—	—	19.9	1.48	S
铀酸钠	—	Na_2UO_4	—	348.0					—	—	I
重铬酸钠	—	$Na_2Cr_2O_7 \cdot 2H_2O$		298.0				—	无水时320	2.52	S
钼酸钠	—	$Na_2MoO_4 \cdot 2H_2O$	Na_2O	62.0	25.6						
			MoO_3	144.0	59.5						
			H_2O	36	14.9						
				242.0	100.0				热至100失水	1.73	S
钠长石	—	$Na_2O \cdot Al_2O_3 \cdot 6SiO_2$	Na_2O	62.0	11.8	1.000	1.000	0.610			
			Al_2O_3	101.9	19.4	1.640	1.640	1.000			
			SiO_2	360.6	68.8	5.820	5.820	3.540			
				524.5	100.0	—	—	—	1100	2.6	I
钠霞石	—	$Na_2O \cdot Al_2O_3 \cdot 2SiO_2$	Na_2O	62.0	21.8	1.000	1.000	0.610			
			Al_2O_3	101.9	35.9	1.640	1.640	1.000	1526	2.55~2.65	I
			SiO_2	120.2	42.3	1.940	1.940	1.180			
				284.1	100.0	—	—	—			
氧化钕	—	Nd_2O_3		336.4	—				1930	7.24	I
五氧化铌	铌酐	Nb_2O_5		265.8	—				1520	4.60	I
氯化铵	—	NH_4Cl		53.5	—				D350	1.50	S
碳酸铵	—	$(NH_4)_2CO_3 \cdot H_2O$		114.0	—				D85	—	S
硝酸铵	—	NH_4NO_3		80.0	—				169.6	1.725	S
硫酸铵	—	$(NH_4)_2SO_4$		132.0	—				140	1.769	S
氧化镍	—	NiO		74.7	—				D2400	7.45	I
三氧化镍	—	Ni_2O_3		165.4	—				D600	4.84	I
含水硫酸镍	碧矾	$NiSO_4 \cdot 7H_2O$		280.8	—				98~100	1.98	S
氧化铅	密陀僧	PbO		223.2	—				888	9.5	I
二氧化铅	—	PbO_2		239.2	—				D290	9.36	I
四氧化三铅	铅丹	Pb_3O_4		685.6	—				D500	9.096	I
碳酸铅	—	$PbCO_3$		267.2	—				D345	6.6	I
铅白	碱式碳酸铅	$PbCO_3 \cdot Pb(OH)_2$		775.6	—				D400	6.4	I
铬酸铅	—	$PbCrO_4$		323.2	—				844	6.3	I
氯化铅	—	$PbCl_2$		278.1	—				498	5.89	I
硫酸铅	—	$PbSO_4$		303.3	—				1170	6.23	I
硫化铅	方铅矿	PbS		239.3	—				1015	7.1~7.7	I
二氧化镨	—	PrO_2		172.9	—				—	—	—
三氧化二镨	—	Pr_2O_3		329.8	—				D	6.88	I

续表

原料名称	别名	化学式	成分	摩尔质量 (g/mol)	质量分数 (%)	成分比例			熔点 (℃)	密度 (g/cm³)	溶解度
二氧化硫	—	SO_2	—	64.1	—	—	—	—	—	A2.26	S
氧化锑	—	Sb_2O_3	—	291.4	—	—	—	—	656	5.67	I
五氧化二锑	方锑矿	Sb_2O_5	—	323.4	—	—	—	—	D450	3.78	I
四氧化二锑	—	Sb_2O_4	—	307.4	—	—	—	—	930	4.07	I
氧化锡	—	SnO_2	—	150.6	—	—	—	—	1127	6.3~6.9	I
氧化硒	—	SeO_2	—	110.9	—	—	—	—	340	3.95	S
氧化硅	燧石	SiO_2	—	60.1	—	—	—	—	1600~1750	2.20~2.65	I
氧化亚锡	—	SnO	—	134.6	—	—	—	—	D	6.45	I
氯化锡	—	$SnCl_4$	—	260.4	—	—	—	—	D	2.23	S
氯化亚锡	—	$SnCl_2$	—	189.5	—	—	—	—	247.2	2.2	S
氧化锶	—	SrO	—	103.6	—	—	—	—	2430	4.5~4.7	S
碳酸锶	—	$SrSO_3$	—	147.6	—	—	—	—	D110	3.62	SI
硫酸锶	—	$SrSO_4$	—	183.7	—	—	—	—	D1580	3.7~3.9	I
氧化钛	钛白	TiO_2	—	80.0	—	—	—	—	1560	3.75~4.25	I
五氧化钽	—	Ta_2O_5	—	441.9	—	—	—	—	D6001470	7.6	I
氧化铀	—	UO_2	—	270.0	—	—	—	—	2800	10.95	I
三氧化铀	—	UO_3	—	286.0	—	—	—	—	D750	7.92	I
八氧化铀	—	U_2O_8	—	842.1	—	—	—	—	1300 升华	8.20	I
三氧化二钒	—	V_2O_3	—	149.9	—	—	—	—	1970	4.87	SI
五氧化二钒	—	V_2O_5	—	181.9	—	—	—	—	690	3.35	SI
三氧化钨	—	WO_3	—	231.8	—	—	—	—	1473	7.16	I
氧化锌	—	ZnO	—	81.4	—	—	—	—	>1800	5.47	I
碳酸锌	—	$ZnCO_3$		81.4	64.9	—	—	—			
				44.0	35.1	—	—	—			
				125.4	100.0	—	—	—	D300	4.42	SI
含水硫酸锌	—	$ZnSO_4 \cdot 7H_2O$	ZnO	81.4	28.4	—	—	—			
			SO_3	80.1	27.8	—	—	—			
			H_2O	126.0	43.8	—	—	—			
				287.5	100.0	—	—	—	D50	2.05	S
硅锌矿	—	$2ZnO \cdot SiO_2$	ZnO	162.8	—	—	—	—			
			SiO_2	60.1	—	—	—	—			
				222.9	—	—	—	—	—	—	—
氧化锆	—	ZrO_2	—	123.2	—	—	—	—	2700	5.49	I
锆英石	—	$ZrSiO_4$	ZrO_2	123.2	67.2	1.000	2.050	—			
			SiO_2	60.1	32.8	0.490	1.000	—			
				183.3	100.0	—	—	—	>2500	4.66~4.70	I

附表6　陶瓷常用国家和行业标准目录

序号	标准号	标准名称
1	GB/T 2479—2008	普通磨料　白刚玉
2	GB/T 2481.1—1998	固结磨具用磨料　粒度组成的检测和标记　第1部分：粗磨粒F4～F220
3	GB/T 3295—1996	陶瓷制品45°镜向光泽度试验方法
4	GB/T 3810.1—2006	陶瓷砖试验方法　第1部分：抽样和接收条件
5	GB/T 3810.2—2006	陶瓷砖试验方法　第2部分：尺寸和表面质量的检验
6	GB/T 3810.3—2006	陶瓷砖试验方法　第3部分：吸水率、显气孔率、表观相对密度和容重的测定
7	GB/T 3810.4—2006	陶瓷砖试验方法　第4部分：断裂模数和破坏强度的测定
8	GB/T 3810.5—2006	陶瓷砖试验方法　第5部分：用恢复系数确定砖的抗冲击性
9	GB/T 3810.6—2006	陶瓷砖试验方法　第6部分：无釉砖耐磨深度的测定
10	GB/T 3810.7—2006	陶瓷砖试验方法　第7部分：有釉砖表面耐磨性的测定
11	GB/T 3810.8—2006	陶瓷砖试验方法　第8部分：线性热膨胀的测定
12	GB/T 3810.9—2006	陶瓷砖试验方法　第9部分：抗热震性的测定
13	GB/T 3810.10—2006	陶瓷砖试验方法　第10部分：湿膨胀的测定
14	GB/T 3810.11—2006	陶瓷砖试验方法　第11部分：有釉砖抗釉裂性的测定
15	GB/T 3810.12—2006	陶瓷砖试验方法　第12部分：抗冻性的测定
16	GB/T 3810.13—2006	陶瓷砖试验方法　第13部分：耐化学腐蚀性的测定
17	GB/T 3810.14—2006	陶瓷砖试验方法　第14部分：耐污染性的测定
18	GB/T 3810.15—2006	陶瓷砖试验方法　第15部分：有釉砖铅和镉溶出量的测定
19	GB/T 3810.16—2006	陶瓷砖试验方法　第16部分：小色差的测定
20	GB/T 3979—2008	物体色的测量方法
21	GB/T 4100—2006	陶瓷砖
22	GB/T 4734—1996	陶瓷材料及制品化学分析方法
23	GB 6566—2001	建筑材料放射性核素限量
24	GB 6952—2005	卫生陶瓷
25	GB/T 9086—2007	用于色度和光度测量的标准白板
26	GB/T 9195—1999	陶瓷砖和卫生陶瓷分类及术语
27	GB/T 11942—1989	彩色建筑材料色度测量方法
28	GB/T 11977—2008	住宅卫生间功能及尺寸系列

续表

序号	标准号	标准名称
29	GB/T 12956—2008	卫生间配套设备
30	GB/T 13691—2008	陶瓷生产防尘技术规程
31	GB/T 13891—2008	建筑饰面材料镜向光泽度测定方法
32	GB 18145—2003	陶瓷片密封水嘴
33	GB/T 18870—2002	节水型产品技术条件与管理通则
34	GB 21252—2007	建筑卫生陶瓷单位产品能源消耗限额
35	GB/T 23266—2009	陶瓷板
36	GB/T 23447—2009	卫生洁具 淋浴用花洒
37	GB/T 23448—2009	卫生洁具 软管
38	GB/T 23458—2009	广场用陶瓷砖
39	GB/T 23459—2009	陶瓷工业窑炉热平衡、热效率测定与计算方法
40	GB/T 23460.1—2009	陶瓷釉料性能测试方法 第1部分：高温流动性测试 熔流法
41	GB/T 16537—1996	陶瓷熔块釉化学分析方法
42	GB/T 14563—2008	高岭土及其试验方法
43	GB/T 4734—1996	陶瓷材料及制品化学分析方法
44	GB/T 6297—2002	陶瓷原料差热分析方法
45	GB/T 16399—1996	黏土化学分析方法
46	GB/T 17911—2006	耐火材料陶瓷纤维制品试验方法
47	GB/T 3003—2006	耐火材料陶瓷纤维及制品
48	GB/T 14982—2008	黏土质耐火泥浆
49	GB/T 3994—2005	黏土质隔热耐火砖
50	GB/T 4742—1984	日用陶瓷冲击韧性测定方法
51	GB/T 4966—1985	日用陶瓷抗张强度测定方法
52	GB/T 5000—1985	日用陶瓷名词术语
53	GB/T 5001—1985	日用陶瓷分类
54	GB/T 5003—1999	日用陶瓷器釉面耐化学腐蚀性的测定
55	GB/T 15614—1995	日用陶瓷颜料光泽度测定方法
56	GB/T 3303—1982	日用陶瓷器缺陷术语
57	GB/T 3534—2002	日用陶瓷器铅、镉溶出量的测定方法
58	GB/T 4739—1995	日用陶瓷颜料色度测定方法
59	GB/T 10816—2008	紫砂陶器

续表

序号	标准号	标准名称
60	GB 13121—1991	陶瓷食具容器卫生标准
61	GB 14147—1993	陶瓷包装容器铅、镉溶出量允许极限
62	GB/T 5009.62—2003	陶瓷制食具容器卫生标准的分析方法
63	GB 13691—2008	陶瓷生产防尘技术规程
64	GB/T 14848—1993	地下水质量标准
65	GB 3838—2002	地表水环境质量标准
66	GB 3096—2008	声环境质量标准
67	GB/T 28002—2002	职业健康安全管理体系 指南
68	GB/T 28001—2001	职业健康安全管理体系 规范
69	GB 12348—2008	工业企业厂界环境噪声排放标准
70	GB/T 6721—1986	企业职工伤亡事故经济损失统计标准
71	GB 5044—1985	职业性接触毒物危害程度分级
72		陶瓷工业污染物排放标准（草案）
73		陶瓷行业清洁生产评价指标体系（草案）
74	GB/T 13234—2009	企业节能量计算方法
75	GB/T 15316—2009	节能监测技术通则
76	GB/T 22336—2008	企业节能标准体系编制通则
77	GB/T 15320—2001	节能产品评价导则
78	GB/T 15316—2009	节能监测技术通则
79	GB/T 13234—2009	企业节能量计算方法
80	GB 50189—2005	公共建筑节能设计标准
81	GB 50411—2007	建筑节能工程施工质量验收规范
82		建筑卫生陶瓷工厂节能设计规范（草案）
83	GB 4387—2008	工业企业厂内铁路、道路运输安全规程
84	GB 6222—2005	工业企业煤气安全规程
85	JC/T 456—2005	陶瓷马赛克
86	JC/T 694—2008	卫生陶瓷包装
87	JC/T 758—2008	面盆水嘴
88	JC/T 760—2008	浴盆及淋浴水嘴
89	JC/T 764—2008	坐便器坐圈和盖
90	JC/T 765—2006	建筑琉璃制品

续表

序号	标准号	标准名称
91	JC/T 931—2003	机械式便器冲洗阀
92	JC/T 932—2003	卫生洁具排水配件
93	JC/T 945—2005	透水砖
94	JC 987—2005	便器水箱配件
95	JC/T 994—2006	微晶玻璃陶瓷复合砖
96	JC/T 1043—2007	水嘴铅析出限量
97	JC/T 1045—2007	纤维陶瓷板
98	JC/T 1046.1—2007	建筑卫生陶瓷用色釉料 第1部分：建筑卫生陶瓷用釉料
99	JC/T 1046.2—2007	建筑卫生陶瓷用色釉料 第2部分：建筑卫生陶瓷用色料
100	JC/T 1047—2007	陶瓷色料用电熔氧化锆
101	JC/T 1080—2008	干挂空心陶瓷板
102	JC/T 897—2002	抗菌陶瓷制品抗菌性能
103	JC/T 1047—2007	陶瓷色料用电熔氧化锆
104	JC/T 547—2005	陶瓷墙地砖胶粘剂
105	JC/T 1004—2006	陶瓷墙地砖填缝剂
106	JC/T 895—2001	泡沫陶瓷过滤器
107	JC/T 686—1998	蜂窝陶瓷
108	JC/T 413—2005	辊道窑用陶瓷辊
109	JC/T 1058—2007	氧化锆陶瓷刀口环
110	JC/T 508—1994	热电偶用陶瓷绝缘管
111	JC/T 509—1994	热电偶用陶瓷保护管
112	JC/T 910—2003	陶瓷砖自动液压机
113	JC/T 970.1—2005	陶瓷瓷质砖抛光技术装备 第1部分：抛光机
114	JC/T 970.2—2005	陶瓷瓷质砖抛光技术装备 第2部分：磨边倒角机
115	JC/T 970.3—2005	陶瓷瓷质砖抛光技术装备 第3部分：刮平定厚机
116	CJ 164—2002	节水型生活用水器具
117	CJ/T 194—2004	非接触式给水器具
118	JG/T 3040.1—1997	大便器冲洗装置 液压式水箱配件
119	JG/T 3040.2—1997	大便器冲洗装置 液压缓闭式冲水阀
120	QB 1334—2004	水嘴通用技术条件
121	QB/T 3649—1999	大便器冲洗阀
122	QB/T 2578—2002	陶瓷原料化学成分光度分析方法

附表7　陶瓷工业常用烟煤组成（工业分析）举例

燃料产地	工业分析				
	WY（%）	VY（%）	AY（%）	FCY（%）	QYD 低热值（kcal/kg）
淮南	4.0	26.98	23.64	45.38	5340
大同	1.08	29.29	11.28	58.41	6107
开滦	0.48	25.43	26.92	47.17	5717
徐州	2.69	30.11	22.90	44.30	6025
萍乡		11.80	24.50	63.70	6030
铜川	0.50	31.07	22.48	46.45	5311

附表8　常用煤气的化学组成分析举例

煤气种类	CH_4	C_mH_n	H_2	CO	CO_2	O_2	H_2S	N_2	Q_u（kcal/标 m^3）
发生炉煤气	2.6	0.4	15.5	25.5	7.0	0.2	0.1	48.7	1452
发生炉煤气	0.5	—	13.5	27.5	5.5	0.2	0.2	52.6	1230
焦炉煤气	22.3	2.7	57.0	6.8	2.3	0.8	0.4	7.7	4185
石油加工煤气	41.0	43.0	14.0	0.8	0.5			0.2	11332
天然煤气	44.2	41.1	—		0.3			0.4	12700
天然煤气	71.7	15.5	—		0.8			10.0	9529
天然煤气	97.9	0.1	—		0.2			5.6	8136

附表9　国产轻柴油规格

序号	项目	品质指标				
		10号	0号	-10号	-20号	-35号
1	运动黏度（20℃）（×$10^{-6}m^2/s$）	3.0~8.0	3.0~8.0	3.0~8.0	2.5~8.0	2.5~7.0
2	10%蒸余物残炭不大于（%）	0.4	0.4	0.3	0.3	0.3
3	灰分不大于（%）	0.025	0.025	0.025	0.025	0.025
4	硫含量不大于（%）	0.2	0.2	0.2	0.2	0.2
5	机械杂质	无	无	无	无	无
6	水分含量	痕迹	痕迹	痕迹	痕迹	痕迹
7	内点（闭口）不低于（℃）	60	60	60	60	60
8	凝点不高于（℃）	10	0	-10	-20	-35

注：由含硫0.3%以上原油制得的轻柴油，硫含量许可不大于0.5%；由含硫0.5%以上原油制得的轻柴油，硫含量许可不大于1%。

附表10　国产重柴油规格

序号	项目	品质指标		
		RC3-10	RC3-20	RC3-30
1	运动黏度（50℃）不大于（$\times 10^{-5} m^2/s$）	13.5	20.5	36.5
2	残炭不大于（%）	0.5	0.5	1.5
3	硫含量不大于（%）	0.4	0.6	0.8
4	机械杂质不大于（%）	0.5	0.5	1.5
5	水分不大于（%）	0.5	1.0	1.5
6	闪点（闭口）不低于（℃）	65	65	65
7	凝点不高于（℃）	10	20	30

注：由含硫0.5%以上原油制得的重柴油，硫含量许可不大于2.0%，残炭许可不大于3.0%。

附表11　我国部分天然气组成

体积%

序号	产地	种类	CH_4	C_2H_6	C_3H_8	C_4H_{10}	C_5H_{12}	H_2S	其他
1	大庆油田	伴生气	79.75	1.9	7.6	5.62			3.31
2	胜利油田	伴生气	86.6	4.2	3.5	2.6	1.1		2.0
3	大港油田	伴生气	76.29	11.0	6.0	4.0			2.07
4	四川自流井气田	非伴生气	97.12	0.56	0.07			0.02	2.23
5	四川威运气田	非伴生气	86.8	0.11				0.88	12.88
6	四川卧龙河气田	非伴生气	95.97	0.55	0.10	0.03	0.04	1.52	1.80

附表12　常用液化石油气组成

体积%

序号	Q（MJ/Nm^3）	C_2H_6	C_2H_4	C_3H_8	C_3H_6	C_4H_{10}	C_5H_8	C_5H_{12}	其他
1	105.86	0.57		15.37	34.06	40.23	9.5	0.45	0.37
2	84.24	16.0	0.8	63.4	14.4	2.6	0.2	0.3	2.3
3	95.05			76.8	10.9	6.6	1.9	2.3	1.5
4	86.25			61.2	12.7	14.5			11.6
5	92.11			90.7	3.5	3.8	0.1	0.5	1.4

附表13　液化石油气组分和性能数据

序号	项目	单位	CH_4	C_2H_6	C_2H_4	C_3H_8	C_3H_5	C_4H_{10}	i-C_4H_{10}	C_4H_8	i-C_4H_8
1	分子量		16.042	30.068	28.052	44.094	42.078	58.120	58.120	56.104	56.104
2	标态密度	kg/Nm^3	0.7168	1.356	1.2604	2.020	1.915	2.958	2.527	2.503	2.368
3	液体密度（0℃）	kg/L				0.528	0.546	0.601	0.581	0.619	

续表

序号	项目		单位	CH_4	C_2H_6	C_2H_4	C_3H_8	C_3H_6	C_4H_{10}	i-C_4H_{10}	C_4H_8	i-C_4H_8
4	沸点		℃	-161.5	-88.6	-103.7	-42.07	-47.70	-0.50	-11.73	-6.26	-6.90
5	蒸发潜热（在沸点）		kJ/kg	510.4	489.9	483.2	426.2	438.0	385.6	366.7	390.9	394.5
6	低位热值 Q_{net}		MJ/kg	50.05	47.52	47.20	46.39	45.81	45.75	45.61	45.33	45.03
7	低位热值 Q_{net}		MJ/Nm³	35.88	64.44	59.49	93.71	87.73	135.33	115.26	113.46	106.63
8	理论空气量		Nm³/Nm³	9.55	16.66	14.32	23.80	21.42	30.94	30.94	28.56	28.56
9	理论烟气量		Nm³/Nm³	10.55	18.16	15.31	25.80	22.92	33.44	33.44	30.56	30.56
10	发热温度		℃	2043	2097	2284	2110	2224	2118	2118	2203	2203
11	着火浓度范围	上限	体积%	15.0	12.45	18.6	9.50	11.10	8.41	8.44	9.00	
11	着火浓度范围	下限	体积%	5.0	3.22	2.57	2.37	2.00	1.86	1.80	1.70	
12	最大火焰传播速度		m/s	0.67	0.855	1.65	0.81	1.01	0.825			

附表14 陶瓷工业常用典型焦炉煤气基本数据

序号	干煤气组成（体积%）							Q_{net}
	H_2	CH_4	CO	C_mH_n	CO_2	O_2	N_2	(MJ/Nm³)
1	49.7	16.2	7.2	2.0	3.0	2.4	19.5	13.35
2	58.0	25.0	7.0	2.0	3.0	1.0	4.0	18.00
3	57.0	22.3	5.8	2.7	2.3	0.8	7.7	17.52
4	56.0	22.0	6.0	2.0	3.0	1.0	16.0	15.83

附表15 陶瓷工业常用典型水煤气基本数据

序号	干煤气组成（体积%）						Q_{net}
	H_2	CO	CH_4	CO_2	O_2	N_2	(MJ/Nm³)
1	51.0	38.0	0.5	6.3	0.2	4.0	10.47
2	48.0	38.5	0.5	6.0	0.2	6.4	10.38

附表16 我国部分无烟煤及焦炭典型气化数据

矿区	工业分析（%）				煤炭热值 $Q_{net \cdot d}$ (MJ/kg)	干煤气热值 $Q_{net \cdot d}$ (MJ/Nm³)	气化强度 [kg/(m²·h)]
	M_{ad}	A_d	V_{def}	S_{tdaf}			
山西阳泉无烟煤	4.0	23.0	9.56	0.83	25.12	5.69	200
河南焦作无烟煤	4.05	32.62	11.94	0.45	21.34	4.88	194
云南富源无烟煤	2.15	13.50	9.51		30.72	4.91	180
贵州轿子山无烟煤	3.0	17.80	6.20	4.37	25.85	5.53	
焦炭	6.0	8.5	1.0		25.12	5.0	225

附表17 部分适用于常压固定床煤气发生炉烟煤的基本数据

序号	矿区	煤种	工业分析（%）				煤炭热值 $Q_{net \cdot d}$ (MJ/kg)	焦渣特征	煤灰软化温度（℃）	干煤气热值 $Q_{net \cdot d}$ (MJ/Nm³)
			M_{ad}	A_d	V_{daf}	S_{tdaf}				
1	山西大同	弱黏	2.3~5.5	5~8	28~30	0.53	29.30	<3	>1350	6.45
2	陕西黄陵	弱黏	2.2	15.69	40.35	0.70	28.50	3~4	1310	6.22
3	陕西神木	弱黏	5.36	8.38	34.30	0.36	27.32	2	1130	6.03
4	陕西崔家沟	长焰	6.61	25.06	37.26	2.35	24.27	2	1190	6.15
5	内蒙古东胜	不黏	9.16	5.21	42.37	0.41		0		
6	宁夏石嘴山榆树沟	贫	1.72	8.76	12.11	0.59	31.79	2	1280	6.11
7	宁夏汝箕沟	贫	0.87	10.43	11.27	0.30	31.11	1	1170	5.95
8	河南义马	长焰	15.05	13.43	39.77	0.88	21.8	<3	1250	5.71
9	山东兖州兴隆庄	不黏	3.3	9.83	31.71	0.41	29.34	1	1290	
10	安徽淮南	气	4.6	19.1	28.00	1.37	25.54	<3	1500	5.73
11	辽宁抚顺	气	3.84	9.95	41.00	0.6	29.10	<3	1400	6.48
12	辽宁阜新	长焰	5~8	11~12	35~40	1.2	25.12	0	1190~1267	6.66
13	吉林辽	长焰	9~10	18~22	43	1.09	23.02			5.86
14	黑龙江鹤岗	气	2.79	18.9	35.00	0.15	25.36	1~2	1340	6.02
15	贵州水城	弱黏	1.77	20.64	37.02	1.03	27.53	4	1310	

附表18 陶瓷窑炉窑墙外表面与空气（静止）的传热系数

窑墙外表面温度（℃）	对流传热系数 [kcal/(m²·h·℃)]	辐射传热系数 [kcal/(m²·h·℃)]	综合传热系数 [kcal/(m²·h·℃)]
50	4.6	4.9	9.5
100	5.9	5.9	11.8
150	6.6	7.7	14.3
200	7.3	9.5	16.8
250	8.0	11.5	19.5
300	8.6	14.2	22.8
350	9.2	17.3	26.5
400	9.8	20.4	30.2
450	10.2	24.5	34.7
500	10.6	29.2	39.8

附表19 水玻璃的成分与密度的关系

SiO_2 (%)	Na_2O (%)	密度	SiO_2 (%)	Na_2O (%)	密度
(1) $Na_2O \cdot 1.69SiO_2$			(2) $Na_2O \cdot 2.06SiO_2$		
1.05	0.64	1.0161	2.96	1.48	—
3.13	1.90	1.0548	5.98	2.99	1.0820
6.35	4.04	1.1069	9.00	4.50	1.1328
9.90	6.02	1.1637	12.12	6.06	1.1789
13.34	8.10	—	15.32	7.66	—
16.70	10.14	1.2970	16.86	8.43	1.2664
19.82	12.04	1.3705	18.76	9.38	1.3028
21.40	13.00	1.4037	21.06	10.53	1.3426
22.94	13.93	1.4444	22.24	11.12	1.3653
23.81	14.46	1.4646	23.10	11.55	1.3849
24.70	15.00	—	24.02	12.01	1.4023
24.69	15.60	—	24.86	12.43	1.4188
26.51	16.10	—	25.78	12.93	1.4428
28.23	17.14	—	26.60	13.30	—
29.69	18.03	—	29.60	14.80	—
31.58	19.18	—	—	—	—
32.58	19.78	—	—	—	—
(3) $Na_2O \cdot 2.44 SiO_2$			(4) $Na_2O \cdot 3.36 SiO_2$		
1.21	0.52	1.014	1.80	0.55	1.0183
2.41	1.03	1.013	3.36	1.03	—
7.06	3.02	1.0935	6.72	0.06	1.0733
11.66	4.99	1.1600	9.89	3.03	1.1137
16.68	7.04	—	13.15	4.03	1.1499
19.64	8.29	1.2866	16.58	5.08	1.1934
21.92	9.25	1.3266	19.49	5.97	1.2404
24.17	10.20	1.3783	21.18	6.49	1.2653
25.64	10.82	1.3969	22.46	6.88	1.2839
27.00	11.40	1.4230	24.38	7.47	1.3170
28.39	11.98	1.4529	26.24	8.04	1.3476
29.43	12.42	—	27.74	8.50	1.3692
30.64	12.93	—	29.76	9.12	1.4078
31.65	13.36	—	—	—	—
32.890	13.88	—	—	—	—

附表20　窑炉烧成火焰颜色与温度对照

火焰颜色	温度（℃）	火焰颜色	温度（℃）
最初赤色	475	橘黄至黄色	900~1090
最初赤至暗赤	475~650	黄色至浅黄色	1090~1320
暗赤至樱桃红	650~750	浅黄色至白色	1320~1540
樱桃红至鲜红	750~820	灰白色	1540以上
鲜红至橘红	820~900		

附表21　常用陶瓷泥浆固体含量与浓度、相对密度换算表（20℃）

浓度波美（°Be）	泥浆相对密度（20℃）	固:液	泥浆中固体物质的（%）	浓度波美（°Be）	泥浆相对密度（20℃）	固:液	泥浆中固体物质的（%）
5	1.035	1:15.61	6	26	1.219	1:2.45	29
6	1.042	1:13.29	7	27	1.228	1:2.33	30
7	1.050	1:11.50	8	28	1.240	1:2.23	31
8	1.058	1:10.14	9	29	1.250	1:2.03	33
9	1.068	1:9.0	10	30	1.261	1:1.94	34
10	1.074	1:8.09	11	31	1.272	1:1.86	35
11	1.082	1:7.33	12	32	1.284	1:1.78	36
12	1.090	1:6.7	13	33	1.295	1:1.70	37
13	1.098	1:6.14	14	34	1.307	1:1.63	38
14	1.106	1:5.25	16	35	1.319	1:1.56	39
15	1.115	1:4.88	17	36	1.331	1:1.50	40
16	1.124	1:4.56	18	37	1.334	1:1.38	42
17	1.133	1:4.26	19	38	1.356	1:1.33	43
18	1.142	1:4.0	20	39	1.369	1:1.27	44
19	1.151	1:3.76	21	40	1.382	1:1.22	45
20	1.160	1:3.55	22	41	1.396	1:1.17	46
21	1.169	1:3.35	23	42	1.409	1:1.13	47
22	1.179	1:3.0	25	43	1.423	1:1.08	48
23	1.189	1:2.85	26	44	1.43.7	1:1.04	49
24	1.198	1:2.70	27	45	1.452	1:1.00	50
25	1.208	1:2.57	28	46	1.467	1:0.97	51

附表22 摩氏硬度对照表

Friedrich mohs 提出用10种矿物来衡量世界上最硬和最软的物体,这就是所谓的摩氏硬度计。摩氏硬度分为十级:

(1) 滑石　　(2) 石膏　　(3) 方解石　　(4) 萤石　　(5) 磷灰石
(6) 正长石　(7) 石英　　(8) 黄玉　　　(9) 刚玉　　(10) 金刚石